वस्तुनिष्ठ गणित

Objective Mathematics

लेखक
प्रसून कुमार

वी एण्ड एस पब्लिशर्स

प्रकाशक

वी एण्ड एस पब्लिशर्स

F-2/16, अंसारी रोड, दरियागंज, नई दिल्ली-110002
☎ 23240026, 23240027 • फैक्स: 011-23240028
E-mail: info@vspublishers.com • *Website:* www.vspublishers.com

क्षेत्रीय कार्यालय : हैदराबाद
5-1-707/1, ब्रिज भवन (सेन्ट्रल बैंक ऑफ इण्डिया लेन के पास)
बैंक स्ट्रीट, कोटी, हैदराबाद-500 095
☎ 040-24737290
E-mail: vspublishershyd@gmail.com

शाखा : मुम्बई
जयवंत इंडस्ट्रिअल इस्टेट, 1st फ्लोर-108, तारदेव रोड
अपोजिट सोबो सेन्ट्रल, मुम्बई - 400 034
☎ 022-23510736
E-mail: vspublishersmum@gmail.com

BUY OUR BOOKS FROM: AMAZON FLIPKART

ISBN 978-93-505719-5-8

संस्करण: 2020

प्रकाशकीय

वी एण्ड एस पब्लिशर्स पिछले अनेक वर्षों से जनहित, आत्मविकास, एवं शैक्षणिक पुस्तकें प्रकाशित करते आ रहे हैं। पुस्तकें प्रकाशित करने के क्रम में जब हमारा ध्यान गणित विषय की ओर गया तो प्रतियोगी परीक्षाओं में अभ्यर्थियों की सफलता के लिए हमने 'वस्तुनिष्ठ गणित' प्रकाशित किया है।

प्रस्तुत पुस्तक प्रतियोगी परीक्षाओं की तैयारी कर रहे अभ्यर्थियों की इस विषय में निपुणता हासिल करने के उद्देश्य से लिखी गई है। इस पुस्तक के माध्यम से गणित के पूरे पाठ्यक्रम को वस्तुनिष्ठ प्रश्नों के रूप में संकलित करने का प्रयास किया गया है। जिसका निरंतर अभ्यास कर कोई भी अभ्यर्थी प्रतियोगी परीक्षाओं में कठिन से कठिन प्रश्नों के उत्तर आसानी से दे सकें।

आज अभ्यर्थियों के लिए परीक्षा में निर्धारित समय में गणित के सभी प्रश्नों के हल करना आवश्यक है। इसके लिए सभी प्रतिभागियों को गणित के शार्ट ट्रिक्स की जानकारी होना आवश्यक है। इसके अभाव में निश्चित समयावधि में भी सभी प्रश्नों को हल करना संभव प्रतीत नहीं होता है। इस पुस्तक में शार्ट ट्रिक्स की जानकारी के लिए गणित के मूलभूत सूत्रों तथा उसके सूक्ष्म रूप, जिसे शार्ट ट्रिक्स के लिए स्मरण रखना अनिवार्य है, को उदाहरण के साथ समझाया गया है। इसके साथ पुस्तक के प्रत्येक अध्याय में प्रश्नों को हल करने की पारम्परिक विधि के साथ शार्ट ट्रिक्स को भी इस प्रकार समझाया गया है, जिससे अभ्यर्थी सभी प्रश्नों को दोनों विधियों से हल कर सके। इस प्रकार के वस्तुनिष्ठ प्रश्नों के अभ्यास से अभ्यर्थियों की गणनात्मक एवं बौद्धिक प्रतिभा का संपूर्ण विकास हो सकेगा।

हम आशा करते हैं कि प्रस्तुत वस्तुनिष्ठ गणित का सतत् अभ्यास करने से अभ्यर्थियों को प्रतियोगी परीक्षाओं में अवश्य सफलता मिलेगी। पुस्तक में मिली किसी त्रुटि या सुझावों के लिए आपके पत्र सादर आमंत्रित है।

विषय सूची

भाग-1 : अंक गणित (Arithmetic)

भाग-2 : बीजगणित (Algebra)

भाग–1 : अंक गणित (Arithmetic)

संख्या पद्धति
Number System

संख्याओं एवं उनके बीच संबंधों के अध्ययन को अंकगणित कहते हैं।

किसी संख्या को लिखने के लिए दस अंकों का प्रयोग किया जाता है ये अंक है :-

0, 1, 2, 3, 4, 5, 6, 7, 8, 9.

संख्याओं को निम्नलिखित वर्गों में विभाजित किया जाता है।

प्राकृत संख्या (Natural Number):- जिन संख्याओं का प्रयोग वस्तुओं को गिनने के लिए किया जाता है उन्हें प्राकृत संख्या कहते हैं।

इन्हें N से सूचित किया जाता है।

$N = \{1, 2, 3, 4, 5, 6 \ldots\ldots\ldots\ldots..\}$

पूर्ण संख्या (Whole Number):- प्राकृत संख्याओं में जब शून्य को भी शामिल कर लिया जाता है तो इसे पूर्ण संख्या कहते हैं, इसे W से सूचित किया जाता है।

$W = \{0, 1, 2, 3, 4 \ldots\ldots\ldots\ldots..\}$

अभाज्य संख्या (Prime Number):- ऐसी प्रत्येक संख्या जिसके सिर्फ दो (1 एवं स्वयं) गुणनखण्ड हो। तो वह अभाज्य संख्या कहलाती है।

जैसे :- 2, 3, 5, 7, इत्यादि

यौगिक संख्या (Composite Number):- 1 के अतिरिक्त वे समस्त संख्याएँ, जो अभाज्य नहीं हैं यौगिक कहलाती है। इसे संयुक्त संख्या भी कहा जाता है।

उदाहरण :- 4, 6, 8, इत्यादि।

सम संख्या (Even Number):- वे संख्याएँ जिनके अंत में 2, 4, 6, 8 एवं 0 आए उन्हें सम संख्याएँ कहते हैं।

जैसे :- 2, 4, 6, 8, 10..........

विषम संख्या (Odd Number):- वह संख्या जो 2 से विभाजित नहीं होतीं है उन्हें विषम संख्या कहतें हैं।

जैसे :- 1, 3, 5, 7, 9..........

पूर्णांक (Integers):- संख्याओं का ऐसा समुच्चय जिसमें पूर्ण संख्याओं के साथ-साथ ऋणात्मक संख्याएँ भी सम्मिलित हों पूर्णांक कहलाती है। इसे I से सूचित किया जाता है।

$I = \{-4, -3, -2, -1, 0, 1, 2, 3, 4, 5\}$

परिमेय संख्या (Rational Number):- भिन्न के रूप में लिखी गई संख्याएँ परिमेय कहलाती हैं।

इन्हें Q से सूचित किया जाता है

जैसे:- $\frac{1}{2}, \frac{3}{4}, \frac{55}{40}$ आदि।

अपरिमेय संख्या (Irrational Number):- वह संख्या जिसे भिन्न के रूप में नहीं लिखा जा सके उसे अपरिमेय संख्या कहतें हैं।

जैसे:- $\sqrt{3}, \sqrt{4}$ इत्यादि।

वास्तविक संख्या (Real Number):- परिमेय एवं अपरिमेय संख्याओं को सम्मिलत रूप से वास्तविक संख्या कहते हैं।

किसी संख्या के पूर्ण विभाजित होने के नियम

2 से विभाजित होने का नियम:- कोई संख्या 2 से तभी विभाजित होगा जब उसके इकाई अंक के स्थान पर 0, 2, 4, 6, अथवा 8 हो।

जैसे:- 2468, 2932, 4164 आदि।

3 से विभाजित होने का नियम:- जब किसी संख्याओ के अंकों का योग 3 से विभाजित होगा तब वह संख्या 3 से विभक्त होगी।

जैसे:- 363, 4923, 66852 इत्यादि।

8 से विभाजित होने का नियम:- कोई संख्या 8 से तभी विभाजित होगी जब उसके सैकड़े, दहाई तथा इकाई अंकों से बनी संख्या 8 से पूर्णतया विभाजित हो।

जैसे:- 1589128

11 से विभाजित होने का नियम:- जब किसी संख्या के इकाई से बायीं ओर चलने पर सम-स्थानों के अंकों के योग तथा विषम स्थानों के अंकों के योग का अन्तर 0 हो अथवा 11 से विभाजित हो।

जैसे:- 1361052

(सम स्थानों का योग) – (विषम स्थानों का योग)

$= (5+1+3) - (2+0+6+1) = 0$

कुछ महत्वपूर्ण सूत्रः-

1. $(a+b)(a-b)=a^2-b^2$
2. $(a+b)^2=a^2+2ab+b^2$
3. $(a-b)^2=a^2-2ab+b^2$
4. $(a+b)^3=a^3+3a^2b+3ab^2+b^3$
5. $(a-b)^3=a^3-3a^2b+3ab^2-b^3$
6. $\dfrac{a^3+b^3}{a^2-ab+b^2}=a+b$
7. $\dfrac{a^3-b^3}{a^2+ab+b^2}=a-b$
8. $\dfrac{a^3+b^3+c^3}{a^2+b^2+c^2-ab-ba-ca}=(a+b+c)$
9. $a^x+a^y=a^{x+y}$
10. $a^x \div a^y=a^{x-y}$
11. $\left(a^x\right)^y=a^{xy}$
12. $(a+b)^2-(a-b)^2=4ab$
13. प्रथम n प्राकृत संख्याओं का योग $=\dfrac{n(n+1)}{2}$
14. प्रथम n सम संख्याओं का योग $=n(n+1)$
15. प्रथम विषम संख्याओं का योग $=n^2$
16. भाज्य $=$ (भाजक $\times$ भागफल) $+$ शेष
17. भाजक $=\dfrac{\text{भाज्य - शेष}}{\text{भागफल}}$
18. भागफल $=\dfrac{\text{भाज्य - शेष}}{\text{भाजक}}$

उदाहरण (Examples)

1. $\dfrac{137\times137+137\times133+133\times133}{137\times137\times137-133\times133\times133}=?$

   सूत्र$=a^3-b^3=(a-b)\left(a^2+ab+b^2\right)$

   प्रदत्त समीकरण$=\dfrac{1}{137-133}=\dfrac{1}{4}$

2. $\left(2-\dfrac{1}{3}\right)\left(2-\dfrac{3}{5}\right)\left(2-\dfrac{5}{7}\right)\text{.........}\left(2-\dfrac{997}{999}\right)=?$

   $\dfrac{5}{3}\times\dfrac{7}{5}\times\dfrac{9}{7}\times\text{...........}\times\dfrac{1001}{999}=\dfrac{1001}{3}$

3. $\left(1-\dfrac{1}{3}\right)\left(1-\dfrac{1}{4}\right)\left(1-\dfrac{1}{5}\right)\text{.........}\left(1-\dfrac{1}{n}\right)=?$

   $\dfrac{2}{3}\times\dfrac{3}{4}\times\dfrac{4}{3}\times\text{...........}\dfrac{n-1}{n}=\dfrac{2}{n}$

4. चार अंकों वाली सबसे बड़ी संख्या कौन-सी है, जो 88 से पूरी तरह विभाजित हो जाए?
   चार अंकों वाली महत्तम संख्या $=9999$
   9999 को 88 से भाग देने पर 55 शेष होता है।
   $9999-55=9944$ यह 88 से पूर्णतः विभाज्य होगी।

5. यदि $\sqrt{\left\{1+\dfrac{27}{169}\right\}}=\left\{1+\dfrac{x}{13}\right\}$ हो तो $x=?$

   $\sqrt{1+\dfrac{27}{169}}=\sqrt{\dfrac{196}{169}}=\dfrac{14}{13}=1+\dfrac{1}{13}$

   $\therefore x=1$

6. यदि $\dfrac{x}{y}=\dfrac{3}{4}$ हो तो $\dfrac{6}{7}+\dfrac{y-x}{y+x}$ का मान क्या होगा?

   $\dfrac{x}{y}=\dfrac{3}{4}$ (Componendo-dividendo के अनुसार)

   $\dfrac{y-x}{y+x}=\dfrac{4-3}{4+3}=\dfrac{1}{7}$

   $\dfrac{6}{7}+\dfrac{y-x}{y+x}=\dfrac{6}{7}+\dfrac{1}{7}=\dfrac{7}{7}=1$

7. वह कौन-सी सबसे बड़ी प्राकृत संख्या है, जिससे तीन लगातार सम प्राकृत संख्याओं का गुणनफल सदा विभाज्य हो?
   ऐसी महत्तम संख्या $2\times4\times6=48$ है।

8. यदि $a=16$, एवं $b=15$ हो तो

   $\dfrac{a^2+b^2+ab}{a^3-b^3}=?$

   $\dfrac{a^2+b^2+ab}{a^3-b^3}=\dfrac{1}{a-b}$

   $=\dfrac{1}{16-15}=1$

9. 10000 में से 79 को कितनी बार घटाया जाए की शेष 6445 बचे?

अभीष्ट बारंबारता $= \frac{10000 - 6445}{79} = 45$

10. प्रथम 200 अर्थात् 1 से 200 तक लिखने के लिए टाइपराइटर की कुंजी को कितनी बार दबाना होगा?

200 तक एक, दो एवं तीन अंकों की संख्याएँ क्रमशः, 9, 90 एवं 101 हैं।

$\therefore$ टाइपराइटर की कुंजी $= 9 \times 1 + 90 \times 2 + 101 \times 3$

$9 + 180 + 303 = 492$ बार दबानी होगी।

अभ्यास प्रश्न (Practice Questions)

1. यदि किसी पूर्ण धनात्मक संख्या का वर्ग उस संख्या के 10 गुने में से घटाने पर शेष 9 बचता है, तो वह संख्या क्या है?
   (a) – 8 (b) 8
   (c) 9 (d) 7
2. दो संख्याओं का योग 60 है और उनका अन्तर 5 है। उनके वर्गों का अंतर क्या होगा?
   (a) 55 (b) 300
   (c) 60 (d) 5
3. दो लगातार धनात्मक संख्याएँ क्या होंगी, जिनके वर्गों का योग 761 है-
   (a) 18, 19 (b) 20, 21
   (c) 19, 20 (d) 17, 18
4. वह छोटी से छोटी संख्या, जिससे 2028 को गुणा करने पर पूर्ण वर्ग संख्या प्राप्त होती है क्या है?
   (a) 2 (b) 13
   (c) 4 (d) 3
5. यदि किसी संख्या के आधे, तिहाई तथा चौथाई भागों का योग संख्या से 4 बढ़ जाता है, तो वह संख्या क्या है?
   (a) 36 (b) 48
   (c) 72 (d) 24
6. एक संख्या किसी अन्य संख्या से 155 अधिक है और उन संख्याओं का योग 547 है, तो बड़ी संख्या है-
   (a) 392 (b) 374
   (c) 196 (d) 351
7. किसी संख्या के एक तिहाई के एक चौथाई का दो-तिहाई 6 है, तो वह संख्या क्या है?
   (a) 108 (b) 78
   (c) 144 (d) 96
8. किन्हीं दो अंकों की एक संख्या और अंकों के स्थान बदलने से बनने वाली संख्या का अंतर 54 है। इस संख्या के दोनों अंकों का अंतर क्या होगा?
   (a) 6 (b) 1
   (c) 4 (d) इनमें से कोई नहीं।
9. तीन क्रमागत सम संख्याओं का योग 114 है। उनमें से बीच वाली संख्या क्या होगी?
   (a) 40 (b) 38
   (c) 42 (d) इनमें से कोई नहीं।
10. यदि दो संख्याओं का अंतर 3और उनके वर्गों का अंतर 39 है, तो उनमें से बड़ी संख्या क्या होगी?
   (a) 9 (b) 13
   (c) 12 (d) 8
11. यदि किसी संख्या का आधा उसके तिहाई से 8 अधिक हो, तो वह संख्या क्या है?
   (a) 48 (b) 36
   (c) 52 (d) 60
12. तीन संख्याओं का औसत 135 है, सबसे बड़ी संख्या 180 है तथा अन्य दोनों संख्याओं का अंतर 25 है, तो सबसे छोटी संख्या क्या है?
   (a) 125 (b) 100
   (c) 130 (d) 80
13. किसी हॉल में कुर्सियों की 20 पंक्तियाँ हैं। प्रत्येक पंक्ति में समान कुर्सियाँ हैं। यदि 2 पंक्तियों में 30 कुर्सियाँ हो, तो हॉल में कुल कुर्सियों की संख्या क्या है?
   (a) 300 (b) 100
   (c) 600 (d) 1200
14. एक आदमी ने 1000 रुपये अपने मित्रों में बराबर बराबर बाँटे। यदि उसके 5 मित्र और होते, तो प्रत्येक को 10 रु. कम मिलते। उसके कितने मित्र थे?
   (a) 30 (b) 20
   (c) 40 (d) 50
15. किसी संख्या को आधा करने पर उसकी 100 से उतना कम है, जितनी उस संख्या का 100 से अधिक का आधा है। वह संख्या क्या होगी?
   (a) 150 (b) $\frac{400}{3}$
   (c) 132 (d) 110
16. दो संख्याओं के वर्गों का योग 250 है तथा वर्गों का अंतर 88 है, तो संख्याएँ क्या हैं?
   (a) 8, 14 (b) 10, 12
   (c) 7, 15 (d) इनमें से कोई नहीं।

17. किसी संख्या का दो-तिहाई उसी संख्या के $\frac{7}{3}$ से घटाया जाए, तो परिणाम संख्या से 2 अधिक होगा, तो संख्या क्या हैं?

(a) 42 (b) 3
(c) 9 (d) 21

18. दो संख्याओं का योग 78 है। पहली संख्या के 5 गुने तथा दूसरी संख्या के 3 गुने का योग 318 है, तो दूसरी संख्या क्या है?

(a) 28 (b) 18
(c) 30 (d) 36

19. यदि किसी संख्या को उसके वर्ग में से घटाने पर 272 प्राप्त होता है, तो वह संख्या क्या है?

(a) 22 (b) 14
(c) 24 (d) 17

20. दो संख्याओं का योग 10 है तथा उनका गुणनफल 20 है, उनके विलोम का योग क्या होगा?

(a) $\frac{1}{2}$ (b) $\frac{1}{10}$
(c) 2 (d) 1

21. किसी संख्या को 4 से भाग देने पर अपने से 21 कम हो जाती है, तो वह संख्या क्या है?

(a) 38 (b) 20
(c) 18 (d) 28

22. प्रथम 20 विषम संख्याओं का योग क्या होगा?

(a) 600 (b) 625
(c) 381 (d) 400

23. एक दो अंकों की संख्या अंकों के योग की चार गुनी तथा अंकों के गुणनफल की तीन गुनी है, तो वह संख्या क्या है?

(a) 64 (b) 12
(c) 48 (d) 24

24. 26 व्यक्तियों के समूह में 8 चाय पीते हैं, लेकिन कॉफी नहीं पीते तथा 16 व्यक्ति चाय पीते हैं। उन व्यक्तियों की संख्या जो कॉफी पीते हैं, लेकिन चाय नहीं पीते, क्या होगी?

(a) 10 (b) 8
(c) 18 (d) 16

25. एक विद्यार्थी को किसी संख्या को 7 से भाग करने को कहा गया, किन्तु उसने संख्या को 7 से गुणा कर दिया। यदि इस प्रकार उसका उत्तर 7 आया हो तो सही उत्तर क्या होगा?

(a) $\frac{1}{7}$ (b) 7
(c) 1 (d) 49

26. यदि किसी दो अंकों की संख्या में इकाई का अंक दहाई के अंक से 2 अधिक है और संख्या और अंकों के योग का गुणनफल 144 है, तो संख्या क्या है?

(a) 42 (b) 24
(c) 26 (d) 46

27. दो संख्याओं का योग 22 तथा उनके वर्गों का योग 404 है, तो उनका गुणनफल क्या होगा?

(a) 88 (b) 80
(c) 44 (d) 40

28. दो संख्याओं का गुणनफल 192 है। अगर इन दो संख्याओं का अंतर 4 हो, तो उन संख्याओं का योग क्या होगा?

(a) 28 (b) 32
(c) 26 (d) इनमें से कोई नहीं।

29. यदि एक संख्या जो दो अंकों की हो, उसे तथा अंक पलटने पर बनी संख्या का योग 88 है, तो उस संख्या के अंकों का योग क्या होगा?

(a) 10 (b) 7
(c) 8 (d) 6

30. इतिहास में सरोज के अंक का $\frac{1}{3}$ भूगोल में उसके अंक के बराबर है। यदि दोनों विषयों में कुल मिलाकर 160 अंक आता है, तो सरोज ने भूगोल में कितना अंक पाया?

(a) 60 (b) 90
(c) 40 (d) 30

31. किसी छात्र को किसी संख्या का $\frac{1}{15}$ करने को कहा गया, परन्तु उसने $\frac{1}{3}$ कर दिया, जिससे उसका उत्तर पहले की तुलना में 16 अधिक आया, तो वह संख्या क्या थी?

(a) 60 (b) 90
(c) 80 (d) 75

32. एक संख्या का घन एक अन्य संख्या के घन का 8 गुना है। यदि संख्याओं के घनों का योग 243 हो, तो उन संख्याओं का अंतर क्या होगा?

(a) 3 (b) 6
(c) 4 (d) इनमें से कोई नहीं

33. वह न्यूनतम संख्या जिससे 1800 को गुणा करने पर एक पूर्ण घन संख्या प्राप्त हो, तो उसके अंकों का योग क्या होगा?

(a) 2 (b) 3
(c) 8 (d) 6

34. यदि 5 अंकों की बड़ी से बड़ी संख्या, जो 736 द्वारा पूर्णतया विभक्त है, तो संख्या क्या है?

(a) 99360 (b) 99999
(c) 99366 (d) 99466

35. किस संख्या को स्वयं में 10 बार जोड़ने पर 264 प्राप्त होता है।

(a) 20 (b) 22
(c) 24 (d) 26

36. दो संख्याओं के वर्गों का योग 386 है। यदि एक संख्या 5 है, तो दूसरी संख्या क्या होगी?

(a) 18 (b) 20
(c) 19 (d) 15

37. किसी प्राकृत संख्या के घन से उसका वर्ग घटाने पर 100 प्राप्त होता है, तो वह संख्या क्या है?

(a) 25 (b) 5
(c) 6 (d) 16

38. 24 के दो भाग करने पर पहले भाग का 7 गुणा तथा दूसरे भाग का 5 गुणा मिलाकर 146 हो जाता है। पहला भाग क्या है?

(a) 13 (b) 11
(c) 7 (d) 17

39. यदि किसी संख्या के 75% में 75 जोड़ा जाता है, तो वही संख्या प्राप्त होता है, संख्या क्या होगी?

(a) 400 (b) 50
(c) 60 (d) 300

40. दो संख्याओं का योग 22 है। एक संख्या का 5 गुणा, दूसरी संख्या के छह गुने के बराबर है। उनमें से बड़ी संख्या क्या है?

(a) 12 (b) 10
(c) 16 (d) 15

41. तीन क्रमागत विषम संख्याओं का योग 87 है, तो इनमें से सबसे छोटी संख्या क्या है?

(a) 31 (b) 27
(c) 23 (d) 29

42. लगातार 6 विषम संख्याओं का योग सबसे बड़ी संख्या के दो गुने से 38 अधिक है, तो इन संख्याओं का योग क्या होगा?

(a) 42 (b) 60
(c) 50 (d) 72

43. दो धनात्मक संख्याओं का अंतर 3 है, यदि उनके वर्गों का योग 369 है, तो उन संख्याओं का योग क्या होगा?

(a) 25 (b) 33
(c) 27 (d) 81

44. तीन क्रमागत विषम संख्याओं का योग 153 है। उनमें सबसे छोटी संख्या कौन है?

(a) 47 (b) 41
(c) 43 (d) 49

45. 0, 1, 3, 6 से बनी न्यूनतम और अधिकतम संख्याओं का योगफल क्या होगा, जब संख्याओं में अंकों का प्रयोग एक बार ही होता है?

(a) 7346 (b) 7426
(c) 7386 (d) 7456

46. 200 से 500 के बीच में कितनी संख्याएँ हैं, जिसका इकाई अंक 7 है?

(a) 28 (b) 31
(c) 30 (d) 32

47. दो संख्याओं के घनों का अंतर 5131 है तथा उसके घनों का योग 8587 है। दोनों संख्याओं का अंतर क्या है?

(a) 9 (b) 12
(c) 7 (d) 14

48. वह न्यूनतम संख्या कौन सी है, जिसमें 13 या 9 से भाग देने पर प्रत्येक स्थिति में 6 शेष बचता है?

(a) 246 (b) 123
(c) 117 (d) 120

49. चार अंकों की ऐसी कितनी संख्याएँ हैं, जो 4 से पूर्णत: विभाज्य है?

(a) 2249 (b) 2248
(c) 2251 (d) 2250

50. किसी संख्या के 5 वें भाग को जब 80 से बढ़ाया जाता है। तब ऐसी संख्या प्राप्त होती है जो उस संख्या के $\frac{3}{4}$ भाग को 19 से घटाने से प्राप्त संख्या के बराबर होती है, तो वह संख्या क्या है?

(a) 180 (b) 175
(c) 190 (d) 170

51. तीन क्रमागत संख्याओं का योग बीच वाली संख्या से 286 अधिक है। वह बीच वाली संख्या क्या है?

(a) 147 (b) 142

(c) 145 (d) 143

52. दो संख्याओं के वर्गों का योग 818 है तथा उसके वर्गों का अंतर 240 है। उन संख्याओं का योग क्या है?

(a) 40 (b) 48

(c) 42 (d) 44

53. $(2933)^{513}$ का इकाई का अंक क्या होगा?

(a) 7 (b) 3

(c) 1 (d) 9

54. एक संख्या दूसरी संख्या के तिगुना का $\frac{3}{4}$ से 7 कम है। यदि दोनों संख्याओं का योग 32 हो, तो छोटी संख्या क्या है?

(a) 14 (b) 12

(c) 16 (d) 18

55. वह छोटी से छोटी संख्या क्या है, जिसे 84 से गुणा करने पर जो संख्या प्राप्त होती है, वह 147 का भी गुणज है?

(a) 7 (b) 8

(c) 4 (d) 6

56. एक धनात्मक संख्या को जब 12 से घटा दिया जाता है तब वह अपने व्युत्क्रम की 288 गुना हो जाती है। वह संख्या क्या है?

(a) 36 (b) 18

(c) 24 (d) 48

57. महेश अपनी आय का एक चौथाई बच्चों की शिक्षा पर,एक पंचमांश मनोरंजन पर तथा $\frac{2}{5}$ भाग वस्त्र पर खर्च करके कुल 1200 बचा लेते हैं। उसकी वार्षिक आय क्या है?

(a) 80000 रु. (b) 96000 रु.

(c) 10000 रु. (d) 8000 रु.

58. तीन संख्याओं में से पहली तथा तीसरी संख्या का योग 39 है। पहली और दूसरी संख्या का योग 45 है। यदि दूसरी संख्या के चार गुना और तीसरी संख्या का योग 114 है, तो दूसरी संख्या क्या है?

(a) 28 (b) 32

(c) 24 (d) 18

59. किसी संख्या को 8 से भाग देकर जब 432 घटा दिया जाता है, तब 16 प्राप्त होता है। वह संख्या क्या है?

(a) 3424 (b) 3584

(c) 3494 (d) 3564

60. किसी संख्या के वर्ग में 102 जोड़ने पर प्राप्त संख्या, उस संख्या के वर्ग के दो गुना से 42 कम है, वह संख्या क्या है?

(a) 18 (b) 16

(c) 14 (d) 12

61. किसी संख्या को 564 से भाग देने पर शेष 100 बचता है, यदि उसमें 47 से भाग दिया जाए तो शेष कितना होगा?

(a) 12 (b) 6

(c) 8 (d) 29

62. दो संख्याओं के वर्गों का अंतर 56 है तथा उसका योग 28 है, वे संख्याएँ क्या हैं?

(a) (18, 10) (b) (17, 11)

(c) (16, 12) (d) (15, 13)

63. तीन क्रमागत संख्याओं का योग 39 है। उनमें से सबसे छोटी और सबसे बड़ी संख्या के वर्गों का योग क्या है?

(a) 380 (b) 360

(c) 320 (d) 340

64. यदि 4629, 24, 343 और 1297 को गुणा किया जाये तो प्राप्त गुणनफल के इकाई का अंक क्या होगा?

(a) 8 (b) 4

(c) 3 (d) 6

65. कोई भी लगातार चार प्राकृत संख्याओं के गुणनफल की वह सबसे बड़ी संख्या क्या है, जो पूर्णतः विभाजित कर देगी?

(a) 36 (b) 48

(c) 24 (d) 18

66. 400 तथा 600 के बीच ऐसी कितनी संख्याएँ होंगी, जिनके शुरू या अंत में 5 आता हो?

(a) 50 (b) 110

(c) 20 (d) 10

67. यदि किसी संख्या का 35% उस संख्या के 50% से 12 कम हो, तो वह संख्या क्या है?

(a) 80 (b) 70

(c) 120 (d) 60

68. कोई संख्या घटकर अपनी से $\frac{1}{5}$ रह जाती है, जब उसमें से 64 घटाया जाता है। उस संख्या का 60% क्या होगा?

(a) 48 (b) 56

(c) 40 (d) 45

69. किसी संख्या के वर्ग को उसके घन में से घटाने पर 48 प्राप्त होता है, तो वह संख्या क्या है?

(a) 3 (b) 4

(c) 5 (d) 6

70. 65973 में 9 के स्थानीय मान तथा जातीय मान में क्या अंतर है?

(a) 9 (b) 900

(c) 882 (d) 891

उत्तरमाला (Answer Key)

1. (c)	2. (b)	3. (c)	4. (d)	5. (b)	6. (d)	7. (a)	8. (a)	9. (b)	10 (d)
11. (a)	12. (b)	13. (a)	14. (b)	15. (a)	16. (d)	17. (b)	18. (d)	19. (d)	20. (a)
21. (d)	22. (d)	23. (d)	24. (a)	25. (a)	26. (b)	27. (d)	28. (a)	29. (c)	30. (c)
31. (a)	32. (a)	33. (d)	34. (a)	35. (c)	36. (c)	37. (b)	38. (a)	39. (d)	40. (a)
41. (b)	42. (d)	43. (c)	44. (d)	45. (a)	46. (c)	47. (c)	48. (b)	49. (d)	50. (a)
51. (d)	52. (a)	53. (b)	54. (b)	55. (a)	56. (c)	57. (b)	58. (c)	59. (b)	60. (d)
61. (b)	62. (d)	63. (d)	64. (d)	65. (c)	66. (b)	67. (a)	68. (a)	69. (b)	70. (d)

हल (Solutions)

1. (c)

माना कि संख्या $= x$

प्रश्न से,

$10x - x^2 = 9$

$x^2 - 10x + 9 = 0$

$x^2 - 9x - x + 9 = 0$

$x(x-9) - 1(x-9) = 0$

$\Rightarrow (x-9)(x-1) = 0$

$x = 9$ या $x = 1$

2. (b)

माना संख्याएँ x और y हैं।

$x + y = 60$

$x - y = 5$

$(x+y)(x-y) = 60 \times 5$

$x^2 - y^2 = 300$

3. (c)

माना दो लगातार धनात्मक संख्याएँ x तथा $x + 1$ हैं।

$x^2 + (x+1)^2 = 761$

$x^2 + x^2 + 2x + 1 = 761$

$2x^2 + 2x - 760 = 0$

$x^2 + x - 380 = 0$

$x^2 + 20x - 19x - 380 = 0$

$x(x+20) - 19(x+20) = 0$

$(x-19)(x+20) = 0 \Rightarrow x = 19$

दूसरी संख्या $= 19 + 1 = 20$

4. (d)

2	2028
2	1014
3	507
13	169
	13

$2028 = (2 \times 2) \times 3 \times (13 \times 13)$

2028 को पूर्ण वर्ग बनाने के लिए 3 से गुणा करना होगा।

5. (b)

माना संख्या $= x$

प्रश्न से,

$\frac{x}{2} + \frac{x}{3} + \frac{x}{4} = x + 4$

$\Rightarrow \frac{6x + 4x + 3x}{12} = x + 4$

$\Rightarrow 13x = 12x + 48$

$x = 48$

6. (d)

माना बड़ी संख्या $= x$

छोटी संख्या $= x - 155$

प्रश्न से,

$x + x - 155 = 547$

$2x = 702$

$x = 351$

7. (a)

माना संख्या $= x$

x का $\frac{1}{3}$ का $\frac{1}{4}$ का $\frac{2}{3} = 6 \Rightarrow x = \frac{6 \times 3 \times 4 \times 3}{2}$

$= 108$

8. (a)

माना इकाई का अंक y तथा दहाई का अंक x है।

संख्या $= 10x + y$

अंकों के स्थान बदलने पर संख्या $= 10y + x$

$10y + x - (10x + y) = 54$

$10y + x - 10x - y = 54$

$\Rightarrow -9x + 9y = 54$

$y - x = 6$

9. (b)

माना तीन क्रमागत सम संख्याएँ $x, x + 2$ तथा $x + 4$ है।

$x + x + 2 + x + 4 = 114$

$\Rightarrow 3x = 108$

$x = 36$

संख्याएँ $= 36, 38, 40$

10. (d)

माना बड़ी संख्या x तथा छोटी संख्या y है।

प्रश्न से, $x - y = 3$ ....(i)

$x^2 - y^2 = 39$ ....(ii)

$(x+y)(x-y) = 39$

$(x+y)\, 3 = 39$

$\Rightarrow x + y = 13$ ....(iii)

समीकरण (i) और (iii) को हल करने पर

$x = 8, \; y = 5$

11. (a)

माना संख्या $= x$

प्रश्न से,

$\frac{x}{2} - \frac{x}{3} = 8$

$\Rightarrow 3x - 2x = 8 \times 6$

$x = 48$

12. (b)

माना x, y, z तीन संख्याएँ हैं। x सबसे बड़ी संख्या है।

$x = 180$

$\frac{x+y+z}{3} = 135$

$\Rightarrow \quad x + y + z = 405$

$y + z = 405 - 180$

$= 225 \quad \ldots\ldots\ldots\ldots(i)$

$y - z = 25 \quad \ldots\ldots\ldots\ldots(ii)$

समीकरण (i) और (ii) को हल करने पर,

$y = 125, z = 100$

13. (a)

कुर्सियों की संख्या $= \frac{20 \times 30}{2} = \frac{600}{2} = 300$

14. (b)

माना मित्रों की संख्या $= x$

प्रश्न से,

$\frac{1000}{x+5} = \frac{1000}{x} - 10$

$\frac{1000}{x+5} = \frac{1000-10x}{x}$

$\Rightarrow \quad \frac{100}{x+5} = \frac{100-x}{x}$

$100x - x^2 + 500 - 5x - 100x = 0$

$\Rightarrow \quad x^2 + 5x - 500 = 0$

$\Rightarrow \quad x + 25)(x - 20) = 0$

$\Rightarrow \quad x = 20$

15. (a)

माना संख्या x है।

$2\left(100 - \frac{x}{2}\right) = x - 100$

$200 - x = x - 100$

$\Rightarrow \quad 2x = 300$

$\Rightarrow \quad x = 150$

16. (d)

माना संख्याएँ x और y है।

प्रश्न से,

$x^2 + y^2 = 250 \quad \ldots\ldots\ldots(i)$

$x^2 - y^2 = 88 \quad \ldots\ldots\ldots(ii)$

समीकरण (i) और (ii) को जोड़ने पर,

$2x^2 = 338$

$\Rightarrow x^2 = 169$

$\Rightarrow x = 13 \quad y^2 = 81$

$\Rightarrow y = 9$

17. (b)

माना संख्या $= x,$

प्रश्न से,

$\frac{7x}{3} - \frac{2x}{3} = x + 2$

$\Rightarrow \quad \frac{5x}{3} = x + 2$

$\Rightarrow \quad 5x = 3x + 6 \Rightarrow 2x = 6 \Rightarrow x = 3$

18. (d)

माना पहली संख्या x तथा दूसरी संख्या y है।

$x + y = 78 \quad \ldots\ldots\ldots(i)$

$5x + 3y = 318 \quad \ldots\ldots\ldots(ii)$

समीकरण (i) और (ii) को हल करने पर,

$y = 36$

19. (d)

माना संख्या $= x$

$x^2 - x = 272$

$x^2 - x - 272 = 0$

$x^2 - 17x + 16x - 272 = 0$

$x(x - 17) + 16(x - 17) = 0$

$(x - 17)(x + 16) = 0$

$x = 17$

20. (a)

माना संख्या x और y हैं।

$x + y = 10, xy = 20$

$\frac{1}{x} + \frac{1}{y} = \frac{x+y}{xy} = \frac{10}{20} = \frac{1}{2}$

21. (d)

माना संख्या x है।

$\frac{x}{4} = x - 21$

$x = 4x - 84 \Rightarrow 3x = 84 \Rightarrow x = 28$

22. (d)

प्रथम n विषम संख्याओं का औसत n होता है।

अतः प्रथम 20 विषम संख्याओं का योग

$= 20 \times 20 = 400$

23. (d)

माना इकाई का अंक x तथा दहाई का अंक y है।

संख्या $= 10y + x$

प्रश्न से,

$10y + x = 4(x + y)$

$10y + x = 4x + 4y$

$\Rightarrow \quad 3x = 6y$

$x = 2y$ ....(i)

$10y + x = 3xy$

$10y + 2y = 3(2y)y$

$12y = 6y^2 \Rightarrow 6y = 12 \Rightarrow y = 2$

$x = 2 \times 2 = 4$

संख्या $= 10y + x = 10 \times 2 + 4 = 24$

24. (a)

$n(T \cup C) = 26$

$n(T) = 16$

सिर्फ चाय पीने वालों की संख्या $= 8$

$n(T) - n(T \cap C) = 8$

$n(T \cap C) = 16 - 8 = 8$

$n(T \cup C) = n(T) + n(C) - n(T \cap C)$

$26 = 16 + n(C) - 8$

$n(C) = 26 - 8 = 18$

सिर्फ कॉफी पीने वालों की संख्या

$= n(C) - n(T \cap C)$

$= 18 - 8 = 10$

25. (a)

माना संख्या $= x$

$x \times 7 = 7 \Rightarrow x = 1$

सही उत्तर $= \frac{1}{7}$

26. (b)

माना दहाई का अंक $= x$

इकाई का अंक $= x + 2$

संख्या $= 10x + x + 2 = 11x + 2$

संख्या के अंकों का योग $= x + x + 2 = 2x + 2$

प्रश्न से,

$(11x + 2)(2x + 2) = 144$

$22x^2 + 22x + 4x + 4 = 144$

$22x^2 + 26x - 140 = 0$

$11x^2 + 13x - 70 = 0$

$11x^2 + 35x - 22x - 70 = 0$

or, $x(11x + 35) - 2(11x + 35) = 0$

$(x - 2)(11x + 35) = 0$

$x = 2$

संख्या $= 11x + 2 = 11 \times 2 + 2 = 24$

27. (d)

माना संख्याएँ x तथा y हैं।

$x + y = 22$

$x^2 + y^2 = 404$

$2xy = (x + y)^2 - (x^2 + y^2)$

$2xy = (22)^2 - 404 = 484 - 404 = 80$

$xy = 40$

28. (a)

माना संख्याएँ x और y हैं।

प्रश्न से,

$xy = 192$

$x - y = 4$

$(x + y)^2 = (x - y)^2 + 4xy$

$= (4)^2 + 4 \times 192$

$= 16 + 768 = 784$

$x + y = 28$

29. (c)

माना दहाई का अंक x तथा इकाई का अंक y है।

संख्या $= 10x + y$

प्रश्न से,

$10x + y + 10y + x = 88$

$11(x + y) = 88$

$\Rightarrow \quad x + y = 8$

30. (c)

माना इतिहास का अंक H तथा भूगोल का अंक G है।

$H + G = 160$

$\frac{H}{3} = G \Rightarrow H = 3G$

$3G + G = 160 \Rightarrow 4G = 160$

$G = 40$

31. (a)

माना संख्या $= x$

$\frac{x}{3} - \frac{x}{15} = 16$

$\Rightarrow \quad \frac{5x - x}{15} = 16 \Rightarrow 4x = \frac{16 \times 15}{4} = 60$

32. (a)

माना एक संख्या $= x$

अन्य संख्या $= y$

$x^3 = 8y^3$

$x^3 + y^3 = 243$

$8y^3 + y^3 = 243 \Rightarrow y^3 = 27 \Rightarrow y = 3$

$x^3 = 8 \times y^3 = 8 \times 27 = 216$

$x = \sqrt[3]{216} = 6$

$x - y = 6 - 3 = 3$

33. (d)

$1800 = 2 \times 2 \times 2 \times 3 \times 3 \times 5 \times 5$

पूर्ण घन संख्या प्राप्त करने के लिए $3 \times 5 = 15$ से गुणा करना होगा।

अंकों का योग $= 1 + 5 = 6$

34. (a)

5 अंकों की सबसे बड़ी संख्या $= 99999$

$99999 \div 736 = 736 \times 135 + 639$

अभीष्ट संख्या $= 99999 - 639 = 99360$

35. (c)

माना संख्या $= x$

$10x + x = 264 \Rightarrow 11x = 264$

$x = 24$

36. (c)

माना दूसरी संख्या $= x$

$5^2 + x^2 = 386 \Rightarrow x^2 = 386 - 25 = 361$

$x = 19$

37. (b)

माना प्राकृत संख्या x है।

$x^3 - x^2 = 100$

$x^2(x - 1) = 100 = 25 \times 4 = 5^2 \times (5 - 1)$

$x = 5$

38. (a)

माना पहला भाग x है।

दूसरा भाग $= 24 - x$

$7x + 5(24 - x) = 146$

$7x + 120 - 5x = 146$

$2x = 26 \Rightarrow x = 13$

39. (d)

माना संख्या $= x$

x का $75\% + 75 = x$

$x \times \frac{75}{100} + 75 = x \Rightarrow x - \frac{3x}{4} = 75$

$\frac{x}{4} = 75$

$x = 75 \times 4 = 300$

40. (a)

माना संख्याएँ x तथा y हैं।

$x + y = 22$ ....(i)

$5x = 6y$

$5x - 6y = 0$ ....(ii)

समीकरण (i) और (ii) को हल करने से,

$x = 12, y = 10$

बड़ी संख्या $= 12$

41. (b)

माना तीन क्रमागत विषम संख्याएँ $x, x + 2, x + 4$ हैं।

$x + x + 2 + x + 4 = 87 \Rightarrow 3x = 81$

$x = 27$

27, 29, 31

42. (d)

माना 6 लगातार विषम संख्याएँ $x, x + 2, x + 4, x + 6, x + 8$ तथा $x + 10$ हैं।

$x + x + 2 + x + 4 + x + 6 + x + 8 + x + 10$

$= 2(x + 10) + 38$

$6x + 30 = 2x + 20 + 38$

$4x = 58 - 30 \Rightarrow 4x = 28 \Rightarrow x = 7$

इन संख्याओं का योग $= 6x + 30 = 6 \times 7 + 30$

$= 42 + 30 = 72$

43. (c)

माना एक संख्या $= x$

दूसरी संख्या $= x + 3$

$x^2 + (x + 3)^2 = 369$

$x^2 + x^2 + 9 + 6x = 369$

$2x^2 + 6x - 360 = 0$

$x^2 + 3x - 180 = 0$

$x^2 + 15x - 12x - 180 = 0$

$x(x + 15) - 12(x + 15) = 0$

$x = 12$

अभीष्ट योग $= 12 + 15 = 27$

44. (d)

तीन क्रमागत विषम संख्याएँ $x, x + 2, x + 4$ हैं।

$x + x + 2 + x + 4 = 153$

$3x = 153 - 6 \Rightarrow 3x = 147$

$x = 49$

संख्याएँ $= 49, 51, 53$

45. (a)

0, 1, 3, 6 से बनी

न्यूनतम संख्या $= 1036$

अधिकतम संख्या $= 6310$

अभीष्ट योगफल $= 1036 + 6310 = 7346$

46. (c)

संख्याएँ 207, 217, 227, ... 497 हैं।

माना संख्याओं की संख्या $= n$

$207 + (n - 1) 10 = 497$

$(n - 1) 10 = 290 \Rightarrow n - 1 = 29$

$n = 30$

47. (c)

$$x^3 - y^3 = 5131$$
$$x^3 + y^3 = 8587$$
$$2x^3 = 13718$$

$\Rightarrow x^3 = 6859 = (19)^3$

$x = 19$

$y^3 = 8587 - 6859 = 1728 = (12)^3$

$x - y = 19 - 12 = 7$

48. (b)

13 और 9 का ल. स. $= 13 \times 9 = 117$

अभीष्ट संख्या $= 117 + 6 = 123$

49. (d)

4 से विभाज्य चार अंकों की संख्याएँ

1000, 1004, 1008, …….. 9996

$t_n = a + (n - 1)\, d$

$9996 = 1000 + (n - 1)\, 4$

$(n - 1)\, 4 = 8996 \Rightarrow n - 1 = 2249$

$n = 2250$

50. (a)

माना संख्या x है।

$$\frac{x}{5} + 80 = \frac{3x}{4} - 19$$

$$\frac{3x}{4} - \frac{x}{5} = 99 \Rightarrow \frac{11x}{20} = 99$$

$$x = \frac{99 \times 20}{11} = 180$$

51. (d)

माना तीन क्रमागत संख्याएँ $x, x + 1$ तथा $x + 2$ हैं।

$x + x + 1 + x + 2 = x + 1 + 286$

$3x + 3 = x + 287 \Rightarrow 2x = 284 \Rightarrow x = 142$

52. (a)

माना संख्याएँ x तथा y हैं।

$$x^2 + y^2 = 818$$
$$x^2 - y^2 = 240$$
$$2x^2 = 1058$$

$\Rightarrow x^2 = 529 \Rightarrow x = 23$

$y^2 = 818 - x^2 = 818 - 529 = 289 \Rightarrow y = 17$

$x + y = 23 + 17 = 40$

53. (b)

$(2933)^1$ का इकाई अंक $= 3$

$(2933)^2$ का इकाई अंक $= 9$

$(2933)^3$ का इकाई अंक $= 7$

$(2933)^4$ का इकाई अंक $= 1$

$(2933)^{512}$ का इकाई अंक $= 1$

$(2933)^{513}$ का इकाई अंक $= 3$

54. (b)

माना पहली संख्या $= x$

दूसरी संख्या $= y$

प्रश्न से,

$$x = 3y \times \frac{3}{4} - 7$$

$$x - \frac{9y}{4} = -7$$

$$x + y = 32$$

$$- \quad - \quad -$$

$$-\frac{13y}{4} = -39$$

$$y = \frac{39 \times 4}{13} = 12$$

$x = 32 - 12 = 20$

55. (a)

माना संख्या x है।

$$\frac{x \times 84}{147} = \frac{x \times 12}{21} = \frac{x \times 4}{7}$$

$x = 7$

56. (c)

माना संख्या x है।

$$x - 12 = \frac{1}{x} \times 288$$

$x^2 - 12x - 288 = 0$

$x^2 - 24x + 12x - 288 = 0$

$x(x - 24) + 12\,(x - 24) = 0$

$(x - 24)\,(x + 12) = 0$

$x = 24, x = -12$

57. (b)

माना महेश की मासिक आय $= x$ रु.

कुल खर्च $= \frac{x}{4} + \frac{x}{5} + \frac{2x}{5} = \frac{17x}{20}$

बचत $= 1200$

$$x - \frac{17x}{20} = 1200 \Rightarrow \frac{3x}{20} = 1200$$

$$x = \frac{1200 \times 20}{3} = 800 \text{ रु.}$$

वार्षिक आय $= 12 \times 8000 = 96000$ रु.

58. (c)

माना पहली संख्या x, दूसरी y तथा तीसरी z है।

प्रश्न से,

$x + z = 39 \Rightarrow x = 39 - z$

$x + y = 45 \Rightarrow x = 45 - y$

$4y + z = 114$

$39 - z = 45 - y$

$y - z = 6$ ....(i)

$4y + z = 114$

$5y = 120$

$\Rightarrow \; y = \frac{120}{5} = 24$

59. (b)

माना संख्या x है।

$\frac{x}{8} - 432 = 16 \; \Rightarrow x = 448 \times 8 = 3584$

60. (d)

माना संख्या x है।

$x^2 + 102 = 2x^2 - 42 \Rightarrow x^2 = 144$

$x = 12$

61. (b)

564, 47 का गुणज है।

$100 \div 47$ में भागफल $= 2$, शेष $= 6$

62. (d)

माना संख्याएँ x और y हैं।

$x^2 - y^2 = 56$

$x + y = 28$ ......(i)

$x^2 - y^2 = (x + y)(x - y)$

$56 = 28(x - y) \Rightarrow x - y = 2$ ....(ii)

समीकरण (i) और (ii) से,

$x = 15, y = 13$

63. (d)

माना तीन क्रमागत संख्याएँ $x, x + 1, x + 2$

$x + x + 1 + x + 2 = 39$

$3x = 36 \Rightarrow x = 12$

संख्याएँ = 12, 13, 14

अभीष्ट योग $= (12)^2 + (14)^2 = 144 + 196 = 340$

64. (d)

$9 \times 4 \times 3 \times 7 = 756$

इकाई का अंक = 6

65. (c)

$1 \times 2 \times 3 \times 4 = 24$

66. (b)

400 से 499 के बीच की संख्या, जिनके अंत में 5 हो = 10

500 से 599 तक की संख्याएँ, जिनके शुरू या अंत में 5 हो = 100

कुल संख्या = 10 + 100 = 110

67. (a)

माना संख्या $= x$

x का 35% = x का 50% – 12

$\frac{35x}{100} = \frac{50x}{100} - 12$

$\frac{50x}{100} - \frac{35x}{100} = 12 \; \Rightarrow \; \frac{15x}{100} = 12$

$\Rightarrow \; x = \frac{12 \times 100}{15} = 80$

68. (a)

माना संख्या $= x$

$x - 64 = \frac{x}{5} \; \Rightarrow \; x - \frac{x}{5} = 64$

$\frac{4x}{5} = 64 \; \Rightarrow \; x = \frac{5 \times 64}{4}$

$x = 80$

80 का 60% $= \frac{80 \times 60}{100} = 48$

69. (b)

माना संख्या $= x$

$x^3 - x^2 = 48 \Rightarrow x^2(x - 1) = 48$

$4^2(4 - 1) = 48 \Rightarrow x = 4$

70. (d)

65973 में 9 का स्थानीय मान = 900

9 का जातीय मान = 9

अंतर = 900 – 9 = 891

दशमलव भिन्न
Decimal Fraction

जब किसी संख्या को $\frac{p}{q}$ के रूप में लिखते हैं तो इसे भिन्न कहा जाता है। जैसे:- $\frac{4}{5}, \frac{5}{7}$

ऐसी भिन्नातमक संख्याएँ जिनके हर 10 के घातों में हो, दशमलव भिन्न कही जाती है।

$\frac{3}{10}, \frac{4}{100}$ आदि।

पुनरावृत्ति दशमलव भिन्न (Recurring Decimals):- यदि किसी दशमलव भिन्न में दशमलव के एक अथवा अधिक अंकों की लगातार पुनरावृति हो तो ऐसी भिन्न पुनरावृत्ति दशमलव भिन्नें कहलाती हैं। ऐसी भिन्नों को व्यक्त करने के लिए पुनरावृत्ति अंकों के सबसे पहले तथा अन्तिम अंक के ऊपर के बिन्दु लगाते हैं अथवा पुनरावृत्त अंकों पर रेखा खींच देते हैं।

जैसे:- $\frac{22}{7} = 3.142857142857.......$

$= 3.\dot{1}4285\dot{7} = 3.\overline{142857}$

विशुद्ध आवर्ती दशमलव (Pure Recurring Decimals):- जिस दशमलव भिन्न में दशमलव के बाद की सभी संख्याएँ आवर्ती हों, उसे विशुद्ध आवर्ती दशमलव कहते हैं।

मिश्र आवर्ती दशमलव (Mixed Recurring Decimals):- ऐसा दशमलव भिन्न जिसका कुछ अंक आवर्ती नहीं हों, मिश्र आवर्ती दशमलव कहलाता है।

उदाहरण (Examples)

1. $\left(\frac{0.1\times0.1\times0.1-0.01\times0.01\times0.01}{0.1\times0.1+0.01\times0.01+0.1\times0.01}\right)=?$

$$\frac{(0.1)^3-(0.01)^3}{(0.1)^2+(0.01)^2+(0.1\times0.01)}$$

$$\frac{(a^3-b^3)}{a^2+b^2+ab}=(a-b)$$

$$(0.1-0.01)=0.09$$

2. $\left(.\bar{3}+.\bar{6}+.\bar{7}+.\bar{8}\right)=?$

$$\frac{3}{9}+\frac{6}{9}+\frac{7}{9}+\frac{8}{9}=\frac{24}{9}$$

$$=\frac{8}{3}=2\frac{2}{3}$$

3. यदि $1.125\times10^n=0.00125$, तब n का क्या मान होगा?

$$10^n=\frac{0.001125}{1.125}=\frac{1.125}{1125}=\frac{1.125\times10^3}{1125\times10^3}$$

$$\frac{1125}{1125\times10^3}=\frac{1}{10^3}=10^{-3}\Rightarrow n=-3$$

4. $0.84\overline{181}$ को साधारण भिन्न के सरलतम रूप में व्यक्त करने पर अंश से हर कितना बड़ा होगा?

$$0.84\overline{181}=\frac{84181-841}{99000}=\frac{83340}{99000}=\frac{463}{550}$$

हर-अंश $=550-463=87$

5. यदि $(11.98\times11.98+11.98\times x+.02\times.02)$ एक पूर्ण वर्ग हो तो x का मान क्या होगा?

$$(11.98)^2+(.02)^2+11.98\times x$$

$$2\times11.98\times.02=11.98\times x$$

$$\therefore x=.04$$

6. यदि $\sqrt{2916}=54$ तो

$$\sqrt{29.16}+\sqrt{0.2916}+\sqrt{0.002916}+\sqrt{0.00002916}$$

का मान क्या होगा?

यदि $\sqrt{2916}=.54$ तो प्रदत व्यंजक

$$=5.4+.54+0.0054$$

$$=5.9994$$

7. निम्नलिखित संख्याओं को अवरोही क्रम में लिखें:-

$$\frac{2}{7},\frac{3}{8},\frac{5}{11},\frac{9}{16}$$

$\frac{2}{7} = 0.285$

$\frac{3}{8} = 0.375$

$\frac{5}{11} = 0.454$

$\frac{9}{16} = 0.562$

$0.562 > 0.454 > 0.375 > 0.285$

अतः $\frac{9}{16} > \frac{5}{11} > \frac{3}{8} > \frac{2}{7}$

8. $\frac{15}{16}, \frac{19}{20}, \frac{24}{25}, \frac{34}{35}$ में सबसे छोटी भिन्न है।

$\frac{15}{16} = .937, \quad \frac{19}{20} = .95$

$\frac{24}{25} = .96, \quad \frac{34}{35} = .971$

सबसे छोटी भिन्न $\frac{15}{16}$ है।

9. वह संख्या, जिसे $\frac{4^2}{9^2}$ के अंश और हर दोनों में जोड़ने पर भिन्न $\frac{4}{9}$ हो जाती है, होगी?

माना कि वह संख्या x है जिसे $\frac{4^2}{9^2}$ के अंश और हर दोनों में जोड़ने पर भिन्न $\frac{4}{9}$ हो जायेगी।

$\frac{4^2 + x}{9^2 + x} = \frac{4}{9}$

$(16 + x) \times 9 = (81 + x)4$

$144 + 9x = 324 + 4x$

$5x = 180$

$x = 36$

10. $\left(1 - \frac{1}{5}\right)\left(1 - \frac{1}{6}\right)\left(1 - \frac{1}{7}\right) \ldots\ldots \left(1 - \frac{1}{100}\right)$ बराबर है।

$\frac{4}{5} \times \frac{5}{6} \times \frac{6}{7} \ldots\ldots \frac{99}{100}$

$= \frac{4}{100} = \frac{1}{25}$

अभ्यास प्रश्न (Practice Questions)

1. $0.2 + 0.2 - 0.2 \div 0.2 \times (0.2 \times 0.2)$ को सरल करने पर क्या प्राप्त होगा?
   (a) 0.36 (b) 1
   (c) 0.2 (d) 0.04

2. $0.\overline{6} + 0.\overline{7} + 0.\overline{8} + 0.\overline{3} = ?$
   (a) $2\frac{3}{10}$ (b) $2\frac{2}{3}$
   (c) $2.\overline{35}$ (d) $2\frac{33}{100}$

3. $4 + 0.02 + 8 \div 0.2 + 8 \times 0.02$ का मान क्या होगा?
   (a) 44.18 (b) 40.24
   (c) 44.28 (d) 44.08

4. $5.678 + 567.8 + 56.78 = ?$
   (a) 610.258 (b) 630.258
   (c) 620.258 (d) 630.285

5. $1 \times 0.1 \times 0.01 \times 0.001$ का मान क्या होगा?
   (a) 1.1 (b) 0.000001
   (c) 1.00001 (d) 0.00001

6. $\sqrt{2}$ का दशमलव के तीन स्थान तक मान क्या होगा?
   (a) 1.410 (b) 1.414
   (c) 1.413 (d) 1.412

7. $\frac{50}{0.2} \div \frac{0.5}{5} = ?$
   (a) 250 (b) 2500
   (c) 5000 (d) 350

8. $\frac{0.32 \times 0.64}{0.016 \times 0.008} = ?$
   (a) 80 (b) 800
   (c) 1600 (d) 160

9. यदि $\sqrt{15} = 3.87$ तो $\sqrt{\frac{5}{3}}$ किसके बराबर है?
   (a) 0.43 (b) 1.29
   (c) 1.63 (d) 1.89

10. $\frac{1}{1 \times 2} + \frac{1}{2 \times 4} + \frac{1}{2 \times 4 \times 6}$ का मान दशमलव के तीन अंकों तक क्या होगा?
    (a) 0.643 (b) 0.642
    (c) 0.646 (d) 0.647

11. यदि $\frac{17.28 \times x}{3.6 \times 0.2} = 2$ तो x का मान क्या होगा?
    (a) 0.12 (b) 1
    (c) 4 (d) $\frac{1}{12}$

12. $0.5\overline{7}$ का मान क्या होगा?
    (a) $\frac{57}{10}$ (b) $\frac{57}{99}$
    (c) $\frac{52}{9}$ (d) $\frac{26}{45}$

13. $0.37\dot{5}$ का मान क्या होगा?
    (a) $\frac{172}{900}$ (b) $\frac{162}{450}$
    (c) $\frac{169}{450}$ (d) $\frac{179}{450}$

14. $\frac{8.85 \times 8.85 \times 8.85 + 1.15 \times 1.15 \times 1.15}{8.85 \times 8.85 + 1.15 \times 1.15 - 8.85 \times 1.15} = ?$
    (a) 10 (b) 7.70
    (c) 8.85 (d) 1.15

15. $0.\overline{2} + 0.\overline{5} + 0.\overline{6} + 0.\overline{8} = ?$
    (a) $2.\overline{1}$ (b) $2.\overline{3}$
    (c) $2.\overline{2}$ (d) $2.\overline{4}$

16. $0.\dot{2} + 0.\dot{3} + 0.\dot{4} + 0.\dot{9} + 0.\overline{39} = ?$
    (a) $0.\overline{57}$ (b) $1\frac{20}{33}$
    (c) $2\frac{13}{39}$ (d) $2\frac{13}{33}$

17. $8.\dot{1} + 2.1\dot{6}\dot{4} + 16.0\dot{3}\dot{2} = ?$
    (a) $26.\dot{3}0\dot{8}$ (b) $26.3\dot{0}\dot{8}$
    (c) $26.\dot{2}9\dot{6}$ (d) $26.2\dot{9}\dot{6}$

18. $\left(0.\overline{45} \times 0.1\right)$ का मान क्या होगा?
    (a) 0.045 (b) $0.0\overline{45}$
    (c) 0.05 (d) $0.\overline{05}$

19. $\frac{(2.5)^2 - (1.5)^2}{2.5 + 1.5} = ?$
    (a) 1 (b) 3
    (c) 2 (d) 0

20. $\frac{7.84 \times 7.84 - 2.16 \times 2.16}{7.84 - 2.16} \div 0.5 = ?$

(a) 20 (b) 5
(c) 6 (d) 4

21. $\frac{0.25 \times 0.25 - 0.24 \times 0.24}{0.49} = ?$

(a) 0.1 (b) 0.0006
(c) 0.49 (d) 0.01

22. $\frac{(0.5)^4 - (0.4)^4}{(0.5)^2 + (0.4)^2} = ?$

(a) 0.9 (b) 9.009
(c) 0.08 (d) 0.09

23. $\frac{0.2 \times 0.2 + 0.8 \times 0.8 + 2 \times 0.16}{0.2 + 0.8} = ?$

(a) 0.2 (b) 0.8
(c) 1 (d) 0

24. $\frac{5.7 \times 5.7 \times 5.7 + 2.3 \times 2.3 \times 2.3}{5.7 \times 5.7 + 2.3 \times 2.3 - 5.7 \times 2.3} = ?$

(a) 2.3 (b) 8
(c) 5.7 (d) 3.4

25. $\frac{(8.6)^3 + (1.4)^3}{8.6 \times 8.6 - 8.6 \times 1.4 + 1.4 \times 1.4} = ?$

(a) 1000 (b) 7.2
(c) 1 (d) 10

26. $\frac{(2.3)^3 - 0.027}{(2.3)^2 + 0.69 + 0.09} = ?$

(a) 1.6 (b) 3.4
(c) 0 (d) 2

27. $(2.3)^{3 - 3 (2.3)2 \times (0.3) + 3 (2.3) (0.09) - (0.3)3 = ?}$

(a) 2 (b) 8
(c) 3 (d) 1

28. $(0.98)^3 + (0.02)^3 + 3 \times 0.98 \times 0.02 - 1 = ?$

(a) 1.98 (b) 1.09
(c) 0 (d) 1

29. $\frac{(1.7)^3 + (2.5)^3 + (6.8)^3 - 3 \times 1.7 \times 2.5 \times 6.8}{(1.7)^2 + (2.5)^2 + (6.8)^2 - 1.7 \times 2.5 - 2.5 \times 6.8 - 1.7 \times 6.8} = ?$

(a) 11 (b) 14
(c) 15 (d) 12

30. $0.\overline{63} + 0.\overline{37} + 0.\overline{80} = ?$

(a) $1.\overline{81}$ (b) $1.\overline{80}$
(c) $1.\overline{79}$ (d) 1.83

31. $\frac{(0.637)^3 + (1.363)^3}{(0.637)^2 - (0.637)(1.363) + (1.363)^2} = ?$

(a) 1 (b) 0.9
(c) 2.6 (d) 2

32. $\frac{0.2 \times 0.2 + 0.02 \times 0.02 - 0.4 \times 0.02}{0.36} = ?$

(a) 0.9 (b) 9
(c) 0.009 (d) 0.09

33. $\frac{(67.542)^2 - (32.458)^2}{75.458 - 40.374} = ?$

(a) 10 (b) 1
(c) 100 (d) इनमें से कोई नहीं

34. $\bar{2}.75$ और $\bar{3}.78$ का योग क्या होगा?

(a) $\bar{5}.53$ (b) $\bar{4}.53$
(c) $\bar{1}.03$ (d) $\bar{1}.53$

35. $0.008 \times ? = 0.4 \times 0.01$

(a) 0.40 (b) 0.10
(c) 0.5 (d) 0.20

36. $0.004 \times 0.000016 \times ? = 0.00000064$

(a) 10 (b) 20
(c) 15 (d) 12

37. $12.5 \times 12.5 + 12.5 = ?$

(a) 168.75 (b) 180.25
(c) 150.5 (d) 170.65

38. $28.8 \times 12.5 - 13.8 \times 12.5 = ?$

(a) 190.5 (b) 180.5
(c) 187.5 (d) 195.5

39. $0.08 \times 0.0009 = 0.16 \times 0.0018 \times \frac{1}{?}$

(a) 8 (b) 3
(c) 6 (d) 4

40. $\frac{1.8 \times 2.4}{0.3 \times 0.8} = \sqrt{?}$

(a) 324 (b) 225
(c) 289 (d) 361

41. $102 \times 0.8 + 240 \times 0.16 - 175 \times 0.8 = ?$

(a) 25.76 (b) 23.28
(c) – 20.0 (d) 21.4

42. $12.25 \times ? = 0.105 \times 500$

(a) $\frac{40}{3}$ (b) $\frac{30}{7}$

(c) 6 (d) $\frac{32}{5}$

43. $0.007 \times ? = 0.0007 \times 0.7$

(a) 1 (b) 0.01

(c) 10 (d) 100

44. $\frac{968 \div 2.2}{45.6 \div 1.6} = ?$

(a) 10 (b) 9

(c) 8 (d) इनमें से कोई नहीं

45. $84 \div 0.4 \times 0.4 = ?$

(a) 48 (b) 94

(c) 84 (d) 64

46. $\frac{40.40 \div 0.8}{0.004 \times 20} = ?$

(a) 631.25 (b) 640.15

(c) 620.30 (d) 624.50

47. $6 \div 0.0006 = 0.6 \div ? \div 0.01$

(a) 0.06 (b) 0.6

(c) 0.0006 (d) 0.006

48. $42.48 \div 0.004248 = ?$

(a) 1000 (b) 10

(c) 10000 (d) 100000

49. $0.125 \div 0.5 \times 25 \div 1.25 = ?$

(a) 3 (b) 5

(c) 6 (d) 4

50. $\left(\frac{36.1}{0.19} \times \frac{32.4}{0.18}\right) \div 90 = ?$

(a) 400 (b) 420

(c) 450 (d) 380

51. $\frac{126 \div 0.063}{? \div 0.036} = 40$

(a) 1.5 (b) 1.8

(c) 1.6 (d) 2.2

52. $\frac{102.9 \div 0.7}{88.2 \div 0.6} \div \frac{1}{6} \div ? = \frac{1}{2}$

(a) 16 (b) 12

(c) 10 (d) 14

53. $2.4 \times 0.024 = ?$

(a) 5.76 (b) 0.0576

(c) 0.00576 (d) 0.576

54. $3.05 \times 3.005 + 3.005 = ?$

(a) 12.16575 (b) 12.16755

(c) 12.17025 (d) 12.15675

55. $\frac{3.6 \times 0.48 \times 250}{0.12 \times 0.09 \times 0.5} = ?$

(a) 8000 (b) 800

(c) 80 (d) 80000

56. $\frac{(12.47 + 1.53) \times 5}{100 \times 0.35} = ?$

(a) 2 (b) 200

(c) 1.16 (d) 6.70

57. $4.8 \times 1.4 + 2.8 \times 1.6 = ?$

(a) 11.20 (b) 11.40

(c) 6.72 (d) 10.36

58. $6.8 \times 1.2 + 1.8 \times 2.6 = ?$

(a) 48.15 (b) 4.0815

(c) 0.4815 (d) 12.84

59. $0.26 \times 0.28 = ?$

(a) 0.728 (b) 72.8

(c) 0.0728 (d) 7.280

60. $4.8 \times 0.48 = ?$

(a) 0.2304 (b) 20.304

(c) 2.304 (d) 0.02304

61. $1000 \div 0.01 \div 0.001 = ?$

(a) 100 (b) 10000

(c) 1000000 (d) 10000000

62. $0.45 \div 0.05 \div 0.3 = ?$

(a) 27 (b) 3

(c) 30 (d) 0.3

63. $40 \div 0.08 \div 0.25 = ?$

(a) 2000 (b) 250

(c) 12.5 (d) 20

64. $0.98 \div 0.14 \div 0.7 = ?$

(a) 100 (b) 10

(c) 0.1 (d) 4

65. $\frac{0.0024}{0.08} = ?$

(a) 3 (b) 0.03

(c) 0.003 (d) 0.3

66. $3.36 \div 0.048 = ?$

(a) 7 (b) 0.07

(c) 0.7 (d) 70

67. $\dfrac{20.16 \div 14}{14.4 \div 2} = ?$

(a) 40 (b) 2

(c) 20 (d) 0.2

68. $800 \div 40 \div 4 = ?$

(a) 0.16 (b) 40

(c) 0.8 (d) 5

69. $1512 \div 1.8 \div 0.9 = ?$

(a) $756\frac{2}{3}$ (b) 756

(c) $933\frac{2}{3}$ (d) $933\frac{1}{3}$

70. $0.6\bar{3} \div 0.0\bar{9}$ को हल करने पर परिणाम होगा।

(a) $6\frac{3}{9}$ (b) $7\frac{1}{8}$

(c) $8\frac{1}{8}$ (d) $9\frac{1}{8}$

उत्तरमाला (Answer Key)

1. (a)	2. (b)	3. (a)	4. (b)	5. (b)	6. (b)	7. (b)	8. (c)	9. (b)	10 (c)
11. (d)	12. (d)	13. (c)	14. (a)	15. (b)	16. (d)	17. (b)	18. (b)	19. (a)	20. (a)
21. (d)	22. (d)	23. (c)	24. (b)	25. (d)	26. (d)	27. (b)	28. (c)	29. (a)	30. (a)
31. (d)	32. (d)	33. (c)	34. (b)	35. (c)	36. (a)	37. (a)	38. (c)	39. (d)	40. (a)
41. (c)	42. (b)	43. (a)	44. (d)	45. (c)	46. (a)	47. (d)	48. (c)	49. (b)	50. (d)
51. (b)	52. (b)	53. (b)	54. (c)	55. (d)	56. (a)	57. (a)	58. (d)	59. (c)	60. (c)
61. (d)	62. (c)	63. (a)	64. (b)	65. (b)	66. (d)	67. (b)	68. (d)	69. (d)	70. (a)

हल (Solutions)

1. (a)

$0.2 + 0.2 - 0.2 \div 0.2 \times (0.2 \times 0.2)$
$= 0.2 + 0.2 - 0.2 \div 0.2 \times (0.04)$
$= 0.2 + 0.2 - 0.2 \times \frac{1}{0.2} \times 0.04$
$= 0.4 - 0.04 = 0.36$

2. (b)

$0.\overline{6}+0.\overline{7}+0.\overline{8}+0.\overline{3}$
$= \frac{6}{9}+\frac{7}{9}+\frac{8}{9}+\frac{3}{9} = \frac{6+7+8+3}{9}$
$= \frac{24}{9} = 2\frac{6}{9} = 2\frac{2}{3}$

3. (a)

$4 + 0.02 + 8 \div 0.2 + 8 \times 0.02$
$= 4 + 0.02 + 8 \times \frac{1}{0.2} + 8 \times 0.02$
$= 4.02 + 40 + 0.16 = 44.18$

4. (b)

$5.678 + 567.8 + 56.78 = 630.258$

5. (b)

$1 \times 0.1 \times 0.01 \times 0.001 = 0.000001$

6. (b)

	1.414		
4	$2.\overline{00}$	$\overline{00}$	$\overline{00}$
1	1		
24	100		
4	96		
281	400		
1	281		
2824	11900		
4	11296		
2828	604		

$\sqrt{2} = 1.414$

7. (b)

$\frac{50}{0.2} \div \frac{0.5}{5} = \frac{50\times10}{2} \times \frac{5\times10}{5}$
$= 250 \times 10 = 2500$

8. (c)

$\frac{0.32\times0.64}{0.016\times0.008} = \frac{32\times64\times1000\times1000}{16\times8\times100\times100} = 1600$

9. (b)

$\sqrt{\frac{5}{3}} = \sqrt{\frac{5\times3}{3\times3}} = \frac{\sqrt{15}}{3} = \frac{3.87}{3} = 1.29$

10. (c)

$\frac{1}{1\times2}+\frac{1}{2\times4}+\frac{1}{2\times4\times6}$
$= \frac{1}{2}+\frac{1}{8}+\frac{1}{48} = 0.500 + 0.125 + 0.0208$
$= 0.6458 = 0.646$

11. (d)

$\frac{17.28\times x}{3.6\times0.2} = 2$

$x = \frac{2\times3.6\times0.2}{17.28} = \frac{2\times36\times2\times100}{1728\times10\times10} = \frac{1}{12}$

12. (d)

$0.5\overline{7} = \frac{57-5}{90} = \frac{52}{90} = \frac{26}{45}$

13. (c)

$0.37\overline{5} = \frac{375-37}{900} = \frac{338}{900} = \frac{169}{450}$

14. (a)

$\frac{a^3 \times b^3}{a^2+b^2-ab} = a+b$
$= 8.85 + 1.15 = 10$

15. (b)

$0.\overline{2}+0.\overline{5}+0.\overline{6}+0.\overline{8} = \frac{2}{9}+\frac{5}{9}+\frac{6}{9}+\frac{8}{9} = \frac{21}{9}$
$= 2\frac{3}{9} = 2.\overline{3}$

16. (d)

$0.\dot{2}+0.\dot{3}+0.\dot{4}+0.\dot{9}+0.\overline{39}$
$= \frac{2}{9}+\frac{3}{9}+\frac{4}{9}+\frac{9}{9}+\frac{39}{99} = \frac{22+33+44+99+39}{99}$
$= \frac{237}{99} = 2\frac{39}{99} = 2\frac{13}{33}$

17. (b)

$$8.\dot{1}+2.1\dot{6}\dot{4}+16.0\dot{3}\dot{2}$$
$$= 8+0.\dot{1}+2+0.1\dot{6}\dot{4}+16+0.0\dot{3}\dot{2}$$
$$= 26+\frac{1}{9}+\frac{164-1}{990}+\frac{32-0}{990}$$
$$= 26+\frac{1}{9}+\frac{163}{990}+\frac{32}{990}$$
$$= 26+\frac{110+163+32}{990} = 26+\frac{305}{990}$$
$$= 26+\frac{308-3}{990}=26.3\dot{0}\dot{8}$$

18. (b)

$$0.\overline{45}\times 0.1$$
$$= \frac{45}{99}\times\frac{1}{10}=\frac{1}{22}$$
$$= \frac{45}{990}=0.0\overline{45}$$

19. (a)

$$\frac{(2.5)^2-(1.5)^2}{2.5+1.5} = \frac{(2.5+1.5)(2.5-1.5)}{(2.5+1.5)} = 1$$

20. (a)

$$\frac{7.84\times 7.84-2.16\times 2.16}{7.84-2.16}\div 0.5$$
$$(7.84+2.16)\times\frac{1}{0.5} = 10\times\frac{10}{5}=20$$

21. (d)

$$\frac{(0.25)^2-(0.24)^2}{0.49} = \frac{(0.25+0.24)(0.25-0.24)}{0.49}$$
$$= 0.01$$

22. (d)

$$\frac{(0.5)^4-(0.4)^4}{(0.5)^2+(0.4)^2}$$
$$= \frac{\left[(1.5)^2+(0.4)^2\right]\left[(0.5)^2-(0.4)^2\right]}{(0.5)^2+(0.4)^2}$$
$$= 0.25 - 0.16 = 0.09$$

23. (c)

$$\frac{(0.2)^2+(0.8)^2+2\times 0.16}{0.2+0.8} = \frac{(0.2+0.8)^2}{0.2+0.8}$$
$$= 0.2 + 0.8 = 1$$

24. (b)

$$\frac{a^3+b^3}{a^2-b^2-ab}=a+b$$
$$= 5.7 + 2.3 = 8$$

25. (d)

$$\frac{a^3+b^3}{a^2-ab+b^2}=a+b$$
$$= 8.6 + 1.4 = 10$$

26. (d)

$$\frac{(2.3)^3-0.027}{(2.3)^2+0.69+0.09} = \frac{(2.3)^3-(0.3)^3}{(2.3)^2+2.3\times 0.3\times(0.3)^2}$$
$$= 2.3 - 0.3 = 2$$

27. (b)

व्यंजक $= a^3 - 3a^2b + 3ab^2 - b^3$

$= (a - b)^3 = (2.3 - 0.3)^3 = 23 = 8$

28. (c)

$(0.98)^3 + (0.02)^3 + 3 \times 0.98 \times 0.02\ (0.98 + 0.02) - 1$

$= (0.98 + 0.02)^3 - 1 = 13 - 1 = 1 - 1 = 0$

29. (a)

व्यंजक $= \dfrac{a^3+b^3+c^3-3abc}{a^2+b^2+c^2-ab-bc-ca}$

$= a + b + c$

$= 1.7 + 2.5 + 6.8 = 11.0$

30. (a)

$$0.\overline{63}+0.\overline{37}+0.\overline{80} = \frac{63}{99}+\frac{37}{99}+\frac{80}{99}$$
$$= \frac{180}{99}=1\frac{81}{99}=1.\overline{81}$$

31. (d)

$$\frac{a^3+b^3}{a^2-ab+b^2}=a+b = 0.637 + 1.363 = 2$$

32. (d)

$$\frac{(0.2)^2+(0.02)^2-2(0.2)0.02}{0.36}$$
$$= \frac{(0.2-0.02)^2}{0.36}=\frac{(0.18)^2}{0.36}$$
$$= \frac{0.18\times 0.18}{0.36}=0.09$$

33. (c)

$$\frac{a^2-b^2}{a-b}=\frac{(a+b)(a-b)}{a-b}=a+b$$

67.542 + 32.458 = 100

34. (b)

$\bar{2}.75 = -2 + 0.75$

$\bar{3}.78 = -3 + 0.78$

$\bar{2}.75+\bar{3}.78 = -2 + 0.75 - 3 + 0.78$
$= -5 + 1.53$
$= -5 + 1 + 0.53$
$= -4 + 0.53 = \bar{4}.53$

35. (c)

0.008 × ? = 0.4 × 0.01

$$? = \frac{0.4\times0.01}{0.008}=\frac{0.004}{0.008}=\frac{4}{8}=0.5$$

36. (a)

0.004 × 0.000016 × ? = 0.00000064

$$? = \frac{0.00000064}{0.004\times0.000016}$$

$$= \frac{64\times1000\times1000000}{100000000\times4\times16} = 10$$

37. (a)

? = 12.5 × 12.5 + 12.5 = 12.5 (12.5 + 1)
= 12.5 × 13.5 = 168.75

38. (c)

? = 12.5 (28.8 – 13.8) = 12.5 × 15 = 187.5

39. (d)

$$? = \frac{0.16\times0.0018}{0.08\times0.0009}=\frac{16\times18}{8\times9}=4$$

40. (a)

$$\sqrt{?}=\frac{1.8\times2.4}{0.3\times0.8}=\frac{18\times24}{3\times8}=18$$

? – 18 × 18 = 324

41. (c)

? = 0.8 (102 + 240 × 0.2 – 175)
= 0.8 (102 + 48 – 175)
= 0.8 (150 – 175)
= 0.8 × (–25)
= – 20

42. (b)

$$? = \frac{0.105\times500}{12.25}=\frac{105\times500\times100}{1000\times1225}=\frac{30}{7}$$

43. (a)

$$? = \frac{0.0007\times0.7}{0.007\times0.07}=\frac{7\times7\times100\times10}{10000\times10\times7\times7}=1$$

44. (d)

$$? = \frac{968\div2.2}{45.6\div1.6}=\frac{968\times\frac{1}{2.2}}{45.6\times\frac{1}{1.6}}$$

$$? = \frac{\frac{968\times10}{22}}{\frac{456}{10}\times\frac{10}{16}}$$

$$= \frac{968\times10}{22}\times\frac{10\times16}{456\times10}$$

$$= \frac{880}{57}$$

45. (c)

84 ÷ 0.4 × 0.4

$$= 84\times\frac{1}{0.4}\times0.4=84$$

46. (a)

$$? = \frac{40.40\div0.8}{0.004\times20}=\frac{40.40\times\frac{1}{0.8}}{0.08}=\frac{50.5}{0.08}=631.25$$

47. (d)

6 ÷ 0.0006 = 0.6 ÷ ? ÷ 0.01

$$\frac{6}{0.0006}=0.6\times\frac{1}{?}\times\frac{1}{0.01}$$

$$? = \frac{0.6\times0.0006}{6\times0.01}=\frac{6\times6\times100}{6\times10\times10000}=0.006$$

48. (c)

42.48 ÷ 0.004248

$$\frac{42.48}{0.004248}=\frac{4248\times1000000}{100\times4248}=10000$$

49. (b)

0.125 ÷ 0.5 × 25 ÷ 1.25

$$= \frac{0.125}{0.5}\times\frac{25}{1.25}=\frac{125\times25\times10\times100}{1000\times5\times125}=5$$

50. (d)

$$\left(\frac{36.1}{0.19}\times\frac{32.4}{0.18}\right)\div90$$

$$\left(\frac{361\times324\times100\times100}{10\times19\times18\times10}\right)\div90$$

$$= 19\times18\times100\times\frac{1}{90}=380$$

51. (b)

$$\frac{126\div0.063}{?\div0.036}=40$$

$$40 \times ? \div 0.036 = 126 \times \frac{1}{0.063}$$

$$? \times 40 \times \frac{1}{0.036} = \frac{126}{0.063}$$

$$? = \frac{126\times0.036}{0.063\times40}=\frac{126\times36}{63\times40}$$

$? = 1.8$

52. (b)

$$\frac{102.9\div0.7}{88.2\div0.6}\div\frac{1}{6}\div?=\frac{1}{2}$$

$$\frac{\frac{102.9}{0.7}}{\frac{88.2}{0.6}}\times6\times\frac{1}{?}=\frac{1}{2}$$

$? = 6 \times 2 = 12$

53. (b)

$2.4 \times 0.024 = 0.0576$

54. (c)

$3.05 \times 3.005 + 3.005$

$= 9.16525 + 3.005$

$= 12.17025$

55. (d)

$$\frac{3.6\times0.48\times250}{0.12\times0.09\times0.5}$$

$$= \frac{36\times48\times250\times100\times100\times10}{10\times100\times12\times9\times5}$$

$= 80000$

56. (a)

$$? = \frac{(12.47+1.53)\times5}{100\times0.35}=\frac{14\times5}{35} = 2$$

57. (a)

$4.8 \times 1.4 + 2.8 \times 1.6 = 6.72 + 4.48 = 11.20$

58. (d)

$6.8 \times 1.2 + 1.8 \times 2.6$

$= 8.16 + 4.68 = 12.84$

59. (c)

$0.26 \times 0.28 = 0.0728$

60. (c)

$4.8 \times 0.48 = 2.304$

61. (d)

$1000 \div 0.01 \div 0.001$

$$= 1000\times\frac{1}{0.01}\times\frac{1}{0.001}$$

$$= 1000\times\frac{10}{1}\times\frac{1000}{1}$$

$= 10000000$

62. (c)

$0.45 \div 0.05 \div 0.3$

$$= \frac{45}{100}\times\frac{100}{5}\times\frac{10}{3} = 30$$

63. (a)

$40 \div 0.08 \div 0.25$

$$= 40\times\frac{100}{8}\times\frac{100}{25}$$

$= 2000$

64. (b)

$0.98 \div 0.14 \div 0.7$

$$= \frac{98}{100}\times\frac{100}{14}\times\frac{10}{7} = 10$$

65. (b)

$$\frac{0.0024}{0.08}=\frac{24}{10000}\times\frac{100}{8}=0.03$$

66. (d)

$3.36 \div 0.048$

$$3.36\times\frac{1}{0.048} = \frac{336}{100}\times\frac{1000}{48} = 70$$

67. (b)

$$\frac{20.16\div14}{14.4\div2} = \frac{\frac{2016}{100}\times\frac{1}{14}}{\frac{144}{10}\times\frac{1}{2}}$$

$$= \frac{2016}{10}\times\frac{1}{14}\times\frac{10\times2}{144}$$

$= 2$

68. (d)

$800 \div 40 \div 4$

$= 800 \times \frac{1}{40} \times \frac{1}{4} = 5$

69. (d)

$1512 \div 1.8 \div 0.9$

$= 1512 \times \frac{10}{18} \times \frac{10}{9} = \frac{2800}{3} = 933\frac{1}{3}$

70. (a)

$$0.6\bar{3} = \frac{(63.333 - 6.\bar{3})}{90} = \frac{57}{90}$$

$$0.0\bar{9} = \frac{9.\bar{9} - 0.\bar{9}}{100 - 10} = \frac{9.\bar{9} - 0.\bar{9}}{90} = \frac{9}{90}$$

$$\therefore 0.6\bar{3} \div 0.0\bar{9} = \frac{57}{9} = 6\frac{3}{9}$$

लघुत्तम समापर्त्तक तथा महत्तम समापवर्त्तक

Least Common Multiple and Highest Common Factor

गुणनखण्ड एवं गुणज (Factor and Multiple):- यदि संख्या x संख्या y को पूर्णतया विभाजित कर दे, तो x को y का गुणनखण्ड कहते हैं तथा y को का x गुणज कहते हैं।

जैसे:- 8 संख्या 24 का गुणनखण्ड है जबकि 24, 8 का गुणज है।

समापवर्त्तक (Common Factor):- वह संख्या जो दो या दो से अधिक दी हुई संख्याओं को पूर्णतया विभाजित कर दे, उन संख्याओं को समापवर्त्तक कहते हैं।

जैसे:- 8, 16, 32, का एक समापवर्त्तक 4 है।

समापवर्त्य (Common Multiple):- दो या उससे अधिक संख्याओं का समापवर्त्य वह संख्या है, जो उन सभी संख्याओं से पूर्णतया विभाज्य हो।

जैसे:- 40, 2, 4, 5, 10 का समापवर्त्य है।

लघुत्तम समापवर्त्य (Least Common Multiple):- दो या उससे अधिक संख्याओं का लघुत्तम समापवर्त्य वह न्यूनतम संख्या है, जो उन सभी संख्याओं से पूर्णतया विभाजित हो।

जैसे:- 3 एवं 5 का समापवर्त्य है 15

3 एवं 5 का समापवर्त्य है 30

3 एवं 5 का समापवर्त्य है 45

लेकिन 3 एवं 5 का लघुत्तम समापवर्त्य है 15

नोट:- अगर दो संख्याएँ Prime Number हों तो तो उनका लघुत्तम समापवर्त्य उन संख्याओं के गुणनफल के बराबर होता है।

जैसे:- 15 एवं 17 का लघुत्तम समापवर्त्य

$15 \times 17 = 255$

महत्तम समापवर्त्तक (Highest Common Factor)

दो यो उससे अधिक संख्याओं का महत्तम समापवर्त्तक वह महत्तम संख्या है, जो सभी प्रदत्त संख्याओं को पूरी तरह विभाजित कर दे।

जैसे:- 18 एवं 24 का महत्तम समापवर्त्तक 6 है, क्योंकि 6 से बड़ी ऐसी कोई संख्या नहीं है, जिससे 18 एवं 24 दोनों एक साथ विभाजित हो जाएँ।

नोट:- यदि संख्याओं को उनके महत्तम समापतर्त्तक से भाग दिया जाए तो परस्पर अभाज्य (Prime) संख्याएँ प्राप्त होती हैं।

जैसे:- $42 \div 14 = 3$ एवं $70 \div 14 = 5$

3 एवं 5 आपस में अभाज्य हैं।

महत्वपूर्ण सूत्र

(i) दो संख्याओं को गुणनफल = इनका म.स. × इनका ल.स.

उदाहरण:-

दो संख्याओं का लघुत्तम समापवर्त्य 2520 तथा म.स. 12 है इनमें यदि एक संख्या 504 हो, तो दूसरी संख्या ज्ञात करें।

पहली संख्या × दूसरी संख्या = ल.स. × म.स.

दूसरी संख्या $= = \frac{2520 \times 12}{504} = 60$

(ii) भिन्नों का म0 स0 $= \frac{\text{अंशों का म0 स0}}{\text{हरों का ल0 स0}}$

(iii) भिन्नों का ल0 स0 $= \frac{\text{अंशों का ल0 स0}}{\text{हरों का म0 स0}}$

उदाहरण (Examples)

1. $\frac{3}{8}, \frac{5}{12}$ तथा $\frac{9}{16}$ का म.स. तथा ल.स. ज्ञात करें।

   म0 स0 $= \frac{\text{3, 5, 9 का म0 स0}}{\text{8, 12, 16 का ल0 स0}} = \frac{1}{48}$

   ल.स. $= \frac{\text{3, 5, 9 का ल0 स0}}{\text{8, 12, 16 का म0 स0}} = \frac{45}{4}$

2. तीन अंकों की ऐसी दो संख्याएँ ज्ञात करो जिनका महत्तम समापवर्त्तक 80 तथा लघुत्तम समापवर्त्य 5760 हो।

   माना संख्याएँ $80a$ तथा $80b$ हैं।

$80a \times 80b = 80 \times 5760$

$ab = 72$

a तथा b के संभव जोड़े जिनका गुणनफल 72 हो तथा जो सह अभाज्य हो (1, 72) तथा 8, 9 हैं।

$\therefore$ संभव संख्याओं के जोड़े

$(80 \times 1, 80 \times 72)$ तथा $(80 \times 8, 80 \times 9)$

इनमें 3 अंकों वाली संख्याएँ

640 तथा 720 हैं।

3. दो संख्याओं का ल.स. उनके म.स. से 45 गुना है। यदि एक संख्या 125 हो तथा म.स. एवं ल.स. का योग 1150 हो, तो दूसरी संख्या क्या है?

माना म.स. $= x$

तथा ल.स. $= 45x$

तब, $x + 45x = 1150$

$x = 25$

म.स. $= 25$ तथा ल.स. $= 1125$

दूसरी संख्या $= \left(\frac{25 \times 1125}{125}\right) = 225$

4. ऐसी संख्याओं के कितने जोड़े होंगे जिनका म.स. 16 तथा ल.स. 136 हो।

किन्हीं दो संख्याओं का म.स. सदैव इन संख्याओं के ल.स. को विभक्त करेगा चूँकि 16, 36 को विभक्त नहीं करता, अत: एक भी जोड़ा ऐसा नहीं होगा।

5. नापने की तीन छड़ें क्रमशः 64 सेमी., 80 सेमी. तथा 96 सेमी. लम्बी है इनमें से किसी भी छड़ का प्रयोग करके कम से कम किस लम्बाई का कपड़ा पूर्ण रूप से नापा जा सकता है?

अभिष्ट लम्बाई = 64 सेमी., 80 सेमी., एवं 96 सेमी. का ल.स.

= 960 सेमी

= 9.60 मीटर।

6. तीन विभिन्न चौराहों पर यातायात की बत्तियाँ क्रमशः 48 सेकेण्ड, 75 सेकेण्ड तथा 108 सेकेण्ड के बाद बदलती रहती हैं। यदि वे 8:20 बजे एक साथ बदलें तो पुनः वे एक साथ कितने बजे बदलेंगी?

वह समय जिसके बाद बत्तियाँ पुनः इक्कट्ठी बदलेंगी।

48 सेकेण्ड, 72 सेकेण्ड, 108 सेकेण्ड का ल.स.

$= 432$ सेकेण्ड $= 7$ मिनट 12 सेकेण्ड

पुनः इक्कठ्ठा परिवर्त्तन होगा।

$= 8 : 27 : 12$ बजे

7. वह छोटी से छोटी संख्या कौन सी है जिसे 8, 9, 12 तथा 15 से भाग देने पर हर दशा में 1 शेष बचे?

अभीष्ट संख्या $= (8, 9, 12, 15$ का ल0 स0$) + 1$

= 361

8. 16.5, 0.45 एवं 15 का म.स. क्या होगा?

दी गयी संख्याएँ 16.50, 0.45 एवं 15.00 के समतुल्य हैं।

1650, 45 एवं 1500 का म.स. निकालें।

इनका म.स. = 15

अभिष्ट म.स. = 0.15

9. दो संख्याओं का म.स. एवं ल.स. क्रमशः 44 एवं 264 है। यदि पहली संख्या में 2 से भाग दिया जाता है तो भागफल 44 प्राप्त होता है। दूसरी संख्या क्या है?

पहली संख्या $= 2 \times 44 = 88$

दूसरी संख्या $= \frac{44 \times 264}{88} = 132$

10. वह न्यूनतम संख्या ज्ञात कीजिए जिसमें यदि 8 जोड़ दिया जाए तो वह 32, 36 एवं 40 से पूर्णतया विभाज्य हो जाए 32, 36 एवं 40 का ल.स. $= 1440$

अभीष्ट संख्या $= 1440 - 8 = 1432$

अभ्यास प्रश्न (Practice Questions)

1. दो संख्याओं का म. स. 16 तथा ल. स. 160 है। यदि इनमें से एक संख्या 32 है, तो दूसरी संख्या क्या है?
   (a) 80 (b) 48
   (c) 112 (d) 96
2. दो संख्याओं का म. स. 11 तथा ल. स. 693 है। यदि इनमें से एक 77 है, तो दूसरी संख्या क्या है?
   (a) 44 (b) 101
   (c) 88 (d) 99
3. दो संख्याओं का म. स. तथा ल. स. क्रमशः 44 तथा 264 है। प्रथम संख्या को 2 से भाग देने पर भागफल 44 प्राप्त होता है, तो दूसरी संख्या क्या है?
   (a) 66 (b) 33
   (c) 264 (d) 132
4. दो संख्याओं के ल. स. तथा म. स. का गुणनफल 24 है। दोनों संख्याओं का अंतर 2 हो, तो वे संख्याएँ क्या है?
   (a) 8 और 6 (b) 6 और 4
   (c) 8 और 10 (d) 2 और 4
5. दो संख्याओं का गुणनफल 2160 है तथा उनका म. स. 12 है। यदि उनका योग 96 है तो संख्याएँ क्या है?
   (a) 52, 44 (b) 48, 48
   (c) 60, 36 (d) 72, 24
6. दो संख्याओं का म. स. 12 है और उनके बीच का अंतर 12 हो, तो संख्याएँ होंगी
   (a) 84, 96 (b) 12, 84
   (c) 84, 108 (d) 60, 84
7. दो संख्याओं का ल. स. 864 है तथा उनका म. स. 144 है। यदि उनमें से एक संख्या 288 है तो दूसरी संख्या क्या है?
   (a) 144 (b) 432
   (c) 576 (d) 1296
8. दो संख्याओं का ल. स. 495 तथा म. स. 5 है। यदि उन संख्याओं का योग 100 हो, तो उनका अंतर क्या है?
   (a) 10 (b) 90
   (c) 46 (d) 70
9. वह छोटी से छोटी संख्या जिसे 4, 6, 8, 12 और 16 से भाग देने पर प्रत्येक दशा में 2 शेष रह जाए, क्या है?
   (a) 48 (b) 56
   (c) 50 (d) 46
10. दो संख्याओं का म. स. 15 तथा ल. स. 300 है। यदि उनमें से एक संख्या 60 है, तो दूसरी संख्या क्या है?
    (a) 75 (b) 100
    (c) 50 (d) 65
11. $10a^2bc$, $15abc^2$, $20a^2b^2$ का लघुतम समापवर्त्य क्या होगा–
    (a) $90abc^2$ (b) $300a^2b^2c^2$
    (c) $60a^2b^2c^2$ (d) $60a^2b^2c$
12. 29 से बड़ी दो संख्याओं का म. स. 29 और ल. स. 4147 है। इन संख्याओं का योग क्या है?
    (a) 666 (b) 696
    (c) 669 (d) 966
13. नीचे दी गयी संख्याओं में से कौन 3, 7, 9, 11 से विभाजित होगी?
    (a) 3791 (b) 2079
    (c) 693 (d) 37911
14. वह छोटी से छोटी संख्या जिसमें यदि 20 जोड़ दिया जाए तो योगफल में 1 से लेकर 10 तक की सभी संख्याओं से पूरा-पूरा भाग लग जाए, क्या है?
    (a) 2500 (b) 75
    (c) 55 (d) 2320
15. वह बड़ी से बड़ी संख्या जिससे 122 तथा 243 को भाग देने पर क्रमशः 2 तथा 3 शेष बचे, क्या होगी?
    (a) 120 (b) 30
    (c) 24 (d) 12
16. यदि किसी वर्ग के छात्रों को 6 या 8 या 10 के पूरे-पूरे समूहों में रखा जा सके, तो वर्ग के छात्रों की निम्नतम संख्या क्या होगी?
    (a) 240 (b) 120
    (c) 60 (d) 180
17. छह घंटियाँ एक साथ बजनी प्रारंभ हुई। यदि ये घंटियाँ क्रमशः 2, 4, 6, 8, 10, 12 सेकण्ड के

अंतराल पर बजें, तो 30 मिनट में कितनी बार एक साथ बजेंगी?

(a) 10 (b) 4
(c) 16 (d) 5

18. दो संख्याओं का अनुपात 5:3 है। यदि उनका महत्तम समापवर्तक 13 है, तो संख्याएँ क्या हैं?

(a) 60, 40 (b) 65, 40
(c) 65, 39 (d) 195, 143

19. दो संख्याओं का गुणनफल 2160 है। उनका महत्तम समापवर्त्तक 12 है। यदि उनका योग 96 है तो संख्याएँ क्या हैं?

(a) 60, 36 (b) 52, 44
(c) 72, 24 (d) 48, 48

20. वह बड़ी से बड़ी संख्या बताएँ जिससे यदि 1475, 3155 तथा 5255 को भाग दे, तो प्रत्येक दशा में समान शेष बचे?

(a) 60 (b) 190
(c) 120 (d) 420

21. 200 और 600 के बीच कितनी संख्याएँ हैं, जो 4, 5 तथा 6 से पूर्णतः विभाजित हैं?

(a) 6 (b) 7
(c) 8 (d) 5

22. किसी कमरे के 15 मीटर 17 सेंमी लंबे तथा 9 मीटर 2 सेंमी चौड़े फर्श पर लगायी जा सकनेवाली वर्गाकार टाइलों की न्यूनतम संख्या क्या है?

(a) 840 (b) 841
(c) 814 (d) 820

23. किसी संख्या का ल.स. उसके म.स. का 45 गुना है। यदि पहली संख्या 125 है। दोनों संख्याओं के ल.स. और म.स. का योग 1150 है तो दूसरी संख्या क्या है?

(a) 275 (b) 215
(c) 225 (d) 230

24. वह सबसे छोटी संख्या कौन सी है, जिसको 5, 6, 7 तथा 8 से भाग देने पर 3 शेष बचता है। लेकिन जब उस संख्या में 9 से भाग दिया जाए, तो कुछ शेष नहीं बचता?

(a) 2523 (b) 1683
(c) 1677 (d) 3363

25. वह छोटी से छोटी संख्या क्या है, जिसमें से यदि 11 घटा दें, तो शेषफल 14, 15, 21, 32 और 60 से पूर्णतः विभाजित हो जाता है?

(a) 3381 (b) 3371
(c) 3349 (d) 3352

26. तीन घंटियाँ क्रमशः 36 सेकण्ड, 40 सेकण्ड तथा 48 सेकण्ड के अंतराल पर बजती हैं। यदि वे तीनों एक साथ बजना आरंभ करती हैं, तो कितने समय के बाद पुनः तीनों एक साथ बजेंगी?

(a) 12 मिनट (b) 18 मिनट
(c) 6 मिनट (d) 24 मिनट

27. दो संख्याओं का ल. स. 7700 है तथा म. स. 11 है। यदि एक संख्या 275 है, तो दूसरी संख्या क्या है?

(a) 283 (b) 318
(c) 308 (d) 279

28. 7 मीटर, 3 मीटर 85 सेंमी तथा 12 मीटर 95 सेंमी लम्बाइयों के यथार्थ मापन के लिए सबसे बड़ी संभवतः लम्बाई प्रयोग की जा सकती है

(a) 25 सेंमी (b) 42 सेंमी
(c) 15 सेंमी (d) 35 सेंमी

29. $(2^3 \times 3^3 \times 5^2)$, $(2^2 \times 3^4 \times 5 \times 7)$ तथा $(2 \times 3^5 \times 7^9)$ का लघुत्तम समापवर्त्य क्या होगा?

(a) $2^3 \times 3^5 \times 7^9$ (b) $2^3 \times 3^5 \times 5^2 \times 7^9$
(c) $2 \times 3 \times 5 \times 7$ (d) इनमें से कोई नहीं

30. x^2+xy+y^2 और x^3-y^3 का लघुत्तम समापवर्त्य क्या होगा?

(a) $x-y$ (b) x^3-y^3
(c) x^2-y^2 (d) x^2+xy+y^2

31. $4^7, 4^5, 4^6, 4^4$ का लघुत्तम समापवर्त्य क्या है?

(a) 4^6 (b) 4^7
(c) 4^4 (d) 4^5

32. 0.9, 0.18, 3.6, 7.2, 0.144 का लघुत्तम समापवर्त्य क्या होगा?

(a) 7.2 (b) 12.96
(c) 1.44 (d) इनमें से कोई नहीं

33. $\frac{1}{3},\frac{5}{6},\frac{2}{9},\frac{4}{27}$ का लघुत्तम समापवर्तक क्या है?

(a) $\frac{20}{3}$ (b) $\frac{20}{27}$
(c) $\frac{10}{27}$ (d) $\frac{1}{54}$

34. $4\frac{3}{8}, 2\frac{1}{2}, 6\frac{1}{4}$ का महत्तम समापवर्त्य क्या है?

(a) $\frac{5}{8}$ (b) $\frac{5}{2}$

(c) $\frac{5}{64}$ (d) $\frac{35}{8}$

35. $5^{-11}, 5^{-9}, 5^{-16}, 5^{-10}$ का ल. स. तथा म. स. क्रमशः क्या होगा?

(a) $5^{-16}, 5^{-9}$ (b) $5^{-11}, 5^{-16}$

(c) $5^{-16}, 5^{-11}$ (d) $5^{-9}, 5^{-16}$

36. तीन संख्याओं का अनुपात 3:5:9 है। यदि उनका म.स. 17 है, तो बड़ी संख्या तथा छोटी संख्या में अंतर क्या है?

(a) 96 (b) 104

(c) 102 (d) 92

37. $6^{-3}, 6^{-1}, 6^{-10}, 6^{-12}$ का महत्तम समापवर्त्तक क्या होगा?

(a) 6 (b) 6^{-1}

(c) 6^{-24} (d) 6^{-12}

38. किसी संख्या को जब 12, 24, 48 तथा 60 से विभाजित किया जाता है, तो प्रत्येक स्थिति में क्रमशः 5, 17, 41, 53 शेष बचता है। वह संख्या क्या है?

(a) 220 (b) 233

(c) 240 (d) 247

39. $20^{1.4}, 20^{1.6}, 20^{1.1}, 20^{0.96}$ का ल. स. क्या होगा?

(a) 20^{5} (b) $20^{0.96}$

(c) 20 (d) $20^{1.6}$

40. दो अंकों वाली दो संख्याओं का गुणनफल 1350 है। यदि उनका महत्तम समापवर्त्तक 15 है। वे संख्याएँ क्या हैं?

(a) 30, 45 (b) 45, 60

(c) 60, 75 (d) 75, 90

41. दो संख्याओं का म.स. तथा ल.स. क्रमशः 9 तथा 315 है। यदि दूसरी संख्या में 3 से भाग देने पर भागफल 21 प्राप्त होता है, तो पहली संख्या क्या है?

(a) 72 (b) 45

(c) 54 (d) 63

42. 13 का वह न्यूनतम गुणज कौन सा है, जिसमें 8, 12, 14, 16, 18 से भाग देने पर प्रत्येक दशा में 6 शेष बचता है?

(a) 1016 (b) 1014

(c) 1009 (d) 1008

43. 5 अंकों की सबसे बड़ी संख्या क्या है, जो 28, 42, 77 और 98 से पूर्णतः विभाजित हो जाती है?

(a) 97020 (b) 98510

(c) 98126 (d) 98040

44. दो संख्याओं में 5:8 का अनुपात है। यदि उनके ल.स. 480 है, तो बड़ी संख्या क्या है?

(a) 72 (b) 64

(c) 96 (d) 108

45. दो संख्याओं का अंतर 6 तथा उसके वर्गों का योग 1476 है। यदि उनका ल.स. 120 है, तो उनका म.स. क्या होगा?

(a) 6 (b) 8

(c) 4 (d) 9

46. दो संख्याओं का योग 121 है। यदि उसके ल.स. तथा म.स. का योग तथा अंतर क्रमशः 341 तथा 319 हैं, तो संख्याएँ क्या हैं?

(a) 54, 67 (b) 55, 66

(c) 57, 64 (d) 51, 70

47. दो संख्याओं में 14:15 का अनुपात है। यदि उनका ल.स. 420 है, तो संख्याएँ क्या हैं?

(a) 30, 32 (b) 28, 26

(c) 28, 30 (d) 24, 28

48. दो संख्याओं का योग 272 है। यदि उनका महत्तम समापवर्तक 34 हों, तो वे संख्याएँ क्या हैं?

(a) 100, 172 (b) 68, 204

(c) 34, 238 (d) 136, 136

49. एक कमरा की लम्बाई 30 मीटर 34 सेमी तथा चौड़ाई 18 मीटर 4 सेमी है। कमरा के फर्श पर न्यूनतम कितने वर्गाकार टाइल्स बिछाये जा सकते हैं?

(a) 814 (b) 810

(c) 802 (d) 824

50. वह सबसे बड़ी संख्या जिससे 1135, 618 तथा 900 में भाग देने पर प्रत्येक दशा में समान शेष बचता है?

(a) 57 (b) 47

(c) 53 (d) 37

51. $\frac{1.2}{5}, \frac{0.8}{7}, \frac{0.2}{3.5}, \frac{0.7}{14}$ का महत्तम समापवर्तक क्या हैं?

(a) $\frac{1}{1400}$ (b) $\frac{1}{700}$

(c) $\frac{1}{140}$ (d) $\frac{1}{350}$

52. तीन तरह के तारों की लम्बाई क्रमशः 4672 मीटर, 3869 मीटर तथा 2993 मीटर है। एक दूसरे तार की अधिकतम लम्बाई क्या होगी, जिससे तीनों तारों की लंबाई पूर्णतः मापी जा सके?

(a) 71 मीटर (b) 73 मीटर

(c) 74 मीटर (d) 76 मीटर

53. $\frac{1}{1.2}, \frac{2}{0.3}, \frac{2}{0.6}, \frac{4}{1.5}$ का लघुत्तम समापवर्त्य क्या होगा?

(a) $\frac{40}{3}$ (b) $\frac{80}{9}$

(c) 40 (d) $\frac{80}{3}$

54. वह अधिकतम संख्या जो 324, 513 तथा 486 को पूर्णतः विभाजित कर दे, क्या है?

(a) 24 (b) 36

(c) 27 (d) 54

55. वह न्यूनतम वर्ग संख्या कौन सी है जो 4, 6, 9, 12 तथा 15 से पूर्णतः विभाजित होती है?

(a) 1600 (b) 900

(c) 400 (d) 3600

56. किसी संख्या को जब 42, 70, 84 तथा 91 से भाग दिया जाता है तो प्रत्येक स्थिति में क्रमशः 23, 51, 65 और 72 शेष बचता है, तो वह संख्या क्या है?

(a) 5021 (b) 5441

(c) 5371 (d) 5261

57. किसी कमरे की लम्बाई 13 मीटर तथा चौड़ाई 7.5 मीटर है। कमरे के फर्श में समान आकार के वर्गाकार टाइल लगाने हैं। टाइल की अधिकतम लम्बाई क्या होगी?

(a) 1.5 मी. (b) 5 मी.

(c) 1 मी. (d) 0.5 मी.

58. यदि एक पेन का मूल्य 12 रु., एक किताब का मूल्य 20 रु. तथा कॉपी का मूल्य 15 रु. हो तो कोई व्यक्ति कम से कम कितना धन खर्च करे कि वह पूर्णांक में पेन, किताब या कॉपी खरीद सके?

(a) 80 रु. (b) 60 रु.

(c) 45 रु. (d) 30 रु.

59. दो संख्याओं का म.स. 44 तथा ल.स. 264 है। यदि पहली संख्या में 2 से भाग देने पर भागफल 44 आता है, तो दूसरी संख्या क्या है?

(a) 48 (b) 138

(c) 132 (d) 68

60. 1000 तथा 2000 के बीच की संख्या को जब 2, 3, 4, 5, 6, 7 तथा 8 से विभाजित किया जाता है तो शेष क्रमशः 1, 2, 3, 4, 5, 6 तथा 7 बचता है, तो वह संख्या क्या है?

(a) 1554 (b) 1778

(c) 1876 (d) 1679

61. वह कौन सी सबसे छोटी पूर्ण संख्या है, जो 4, 5, 6, 12, 15, 18 तथा 36 से विभाजित हो?

(a) 3240 (b) 900

(c) 3600 (d) 2250

62. वह छोटी से छोटी संख्या कौन सी होगी जिसमें 5, 6, 7 तथा 8 से भाग देने पर प्रत्येक दशा में 3 शेष बचे, परन्तु 9 से भाग देने पर शून्य शेष बचे?

(a) 1677 (b) 2523

(c) 1683 (d) 3363

63. तीन संख्याएँ 1 : 2 : 3 के अनुपात में हैं तथा इनका म.स. 12 है। ये संख्याएँ क्या हैं?

(a) 4, 8, 12 (b) 5, 10, 15

(c) 10, 20, 30 (d) 12, 24, 36

64. एक फूल वाले के पास 200 गुलाब तथा 180 जास्मीन हैं। उससे कहा गया कि वह या तो केवल जास्मीन या केवल गुलाब की माला बनायें और उसमें उसी संख्या में फूल हो। फूलों की वह अधिकतम संख्या कौन सी है, जिससे वह माला बना सकता है और एक भी फूल छूटे नहीं?

(a) 30 (b) 10

(c) 20 (d) 50

65. वह बड़ी से बड़ी संख्या कौन सी है, जिससे 25, 73, 97 में भाग देने पर प्रत्येक दशा में समान शेष बचे?

(a) 6 (b) 21

(c) 23 (d) 24

66. दो संख्याओं का लघुत्तम समावर्त्य 180 है। यदि इन संख्याओं का अनुपात 4:5 हो, तो इनमें से छोटी संख्या क्या होगी?

(a) 54 (b) 45

(c) 63 (d) 36

67. 12 किमी. लंबे वृत्ताकार मार्ग पर तीन धावक A, B तथा C एक ही समय पर एक ही बिन्दु से तथा एक ही दिशा में क्रमशः 3 किमी/घंटा, 4

किमी/घंटा तथा 6 किमी/घंटा की चाल से चलते हैं। कितने घंटे उपरान्त वे एक साथ मिलेंगे?

(a) 6 घंटे (b) 18 घंटे
(c) 12 घंटे (d) 24 घंटे

68. वह छोटी-से-छोटी संख्या जिसे 8, 9, 12 तथा 15 में से किसी से भाग देने पर शेष सदा 1 रहे, क्या है?

(a) 181 (b) 361
(c) 179 (d) इनमें से कोई नहीं।

69. $(2^3 \times 3 \times 5^2 \times 7)$ $(2^2 \times 3^2 \times 5 \times 7^2 \times 17)$ $(2 \times 3^3 \times 5^3 \times 7^4 \times 11)$ का महत्तम समापवर्तक है-

(a) $(2 \times 3 \times 5 \times 7)$
(b) $(2 \times 3 \times 5^2 \times 7^4 \times 11)$
(c) $(2 \times 3 \times 5 \times 7 \times 11 \times 17)$
(d) $(2^3 \times 3^3 \times 5^2 \times 7^2 \times 17 \times 11)$

70. $\frac{7}{9}, \frac{14}{15}, \frac{7}{10}$ का महत्तम समापवर्तक है-

(a) $\frac{14}{45}$ (b) $\frac{7}{45}$
(c) $\frac{7}{675}$ (d) $\frac{7}{90}$

उत्तरमाला (Answer Key)

1. (a)	2. (d)	3. (d)	4. (b)	5. (c)	6. (a)	7. (b)	8. (a)	9. (c)	10 (a)
11. (c)	12. (b)	13. (c)	14. (a)	15. (a)	16. (b)	17. (c)	18. (c)	19. (a)	20. (d)
21. (a)	22. (c)	23. (c)	24. (b)	25. (b)	26. (a)	27. (c)	28. (d)	29. (b)	30. (b)
31. (b)	32. (a)	33. (a)	34. (a)	35. (d)	36. (c)	37. (d)	38. (b)	39. (d)	40. (a)
41. (b)	42. (b)	43. (a)	44. (c)	45. (a)	46. (b)	47. (c)	48. (c)	49. (a)	50. (a)
51. (b)	52. (b)	53. (b)	54. (c)	55. (b)	56. (b)	57. (d)	58. (b)	59. (c)	60. (d)
61. (b)	62. (c)	63. (d)	64. (c)	65. (d)	66. (d)	67. (c)	68. (b)	69. (a)	70. (d)

हल (Solutions)

1. (a)

दूसरी संख्या $= \frac{16\times160}{32} = 80$

2. (d)

दूसरी संख्या $= \frac{11\times693}{77} = 99$

3. (d)

प्रथम संख्या $= 2 \times 44 = 88$

दूसरी संख्या $= \frac{44\times264}{88} = 132$

4. (b)

माना संख्याएँ x तथा y हैं।

$xy = 24$

$x - y = 2$

$(x-y)^2 = (x+y)^2 - 4xy$

$(x+y)^2 = (x-y)^2 + 4xy = 2^2 + 4 \times 24$

$= 4 + 96 = 100$

$x + y = 10$

$x = 6, y = 4$

5. (c)

माना संख्याएँ x तथा y हैं।

$xy = 2160$

$x + y = 96$

$(x+y)^2 = (x-y)^2 + 4xy$

$(96)^2 = (x-y)^2 + 4 \times 2160$

$(x-y)^2 = 9216 - 8640 = 576$

$x - y = 24$

$x = 60, y = 36$

6. (a)

दो संख्याओं का म.स. = 12

दो संख्याओं का अंतर = 12

संख्याएँ = 84, 96

7. (b)

दूसरी संख्या $= \frac{864\times144}{288} = 432$

8. (a)

माना संख्या x तथा y हैं।

$xy = 495 \times 5 = 2475$

$x + y = 100$

$(x-y)^2 = (x+y)^2 - 4xy$

$= (100)^2 - 4 \times 2475$

$= 10000 - 9900$

$(x-y)^2 = 100$

$x - y = 10$

9. (c)

4, 6, 8, 12, 16 का ल.स. = 48

अभीष्ट संख्या = 48 + 2 = 50

10. (a)

दूसरी संख्या $= \frac{15\times300}{60} = 75$

11. (c)

$10a^2bc = 5 \times 2 \times a^2 \times b \times c$

$15abc^2 = 5 \times 3 \times a \times b \times c^2$

$20a^2 b^2 c = 5 \times 2^2 \times a^2 \times b^2 \times c$

अभीष्ट ल.स. $= 5 \times 3 \times 2^2 \times a^2 b^2 c^2 = 60\, a^2b^2c^2$

12. (b)

माना संख्याएँ $29x$ तथा $29y$ हैं।

$29x \times 29y = 29 \times 4147$

$xy = 143$

x, y के संभावित जोड़े (1, 143) तथा (11, 13)

दोनों संख्याएँ 29 से बड़ी हैं,

अभीष्ट संख्याएँ $= 29 \times 11 = 319$ तथा 29×13

$= 377$

योग = 319 + 377 = 696

13. (c)

3, 7, 9, 11 का ल. स. = 693

14. (a)

1, 2, 3, 4, 5, 6, 7, 8, 9, 10 का ल.स. = 2520

अभीष्ट संख्या = 2520 – 20 = 2500

15. (a)

अभीष्ट संख्या = (122 – 2) = 120 तथा (243 – 3)

= 240 का म.स. = 120

16. (b)

6, 8, 10 का ल. स. = 120

17. (c)

2, 4, 6, 8, 10, 12 का ल.स. = 120

120 सेकेण्ड अर्थात 2 मिनट बाद घंटियाँ इकट्ठी बजेंगी।

30 मिनट में घंटियाँ $\left(\frac{30}{2}+1\right) = 16$ बार बजेंगी।

18. (c)

माना संख्याएँ $5x$ तथा $3x$ हैं।

$5x$ तथा $3x$ का म.स. $= x$

$x = 13$

संख्याएँ $5x = 5 \times 13 = 65$

$3x = 3 \times 13 = 39$

19. (a)

माना दो संख्याएँ $= x$ एवं y हैं।

$x \times y = 2160$

$x + y = 56$

$x + \frac{2160}{x} = 96$

$x^2 - 96x + 2160 = 0$

$x^2 - 36x - 60x + 2160 = 0$

$x(x - 36) - 60(x - 36) = 0$

$x = 36,\ x + y = 96$

$= 36 + y = 96$

$y = 96 - 36 = 60$

अतः संख्याएँ 60, एवं 36 हैं।

20. (d)

$3155 - 1475 = 1680$

$5255 - 1475 = 3780$

$5255 - 3155 = 2100$

अभीष्ट संख्या

$= 1680, 3780$ और 2100 का म.स. $= 420$

21. (a)

4, 5, 6 का ल.स. $= 60$

$\frac{600-1}{60} - \frac{200}{60} = 9\frac{59}{60} - 3\frac{20}{60} = 6\frac{39}{60}$

22. (c)

प्रत्येक वर्गाकार टाइल की भुजा $= 1517$ सेमी तथा 902 सेंमी का म.स. $= 41$ सेंमी

टाइलों की संख्या =

$= \frac{1517 \times 902}{41 \times 41} = 814$

23. (c)

ल.स. = म.स. $\times 45$

ल.स. + म.स. $= 1150$

45 म.स. + म.स. $= 1150$

म.स. $= \frac{1150}{46} = 25$

दूसरी संख्या $= \frac{25 \times 45 \times 25}{125} = 225$

24. (b)

5, 6, 7, 8 का ल.स. $= 840$

अभीष्ट संख्या $= 840 \times n + 3$

$840 \times n + 3$, 9 से विभाज्य हो उसके लिए न्यूनतम मान $n = 2$

अभीष्ट संख्या $= 840 \times 2 + 3 = 1683$

25. (b)

14, 15, 21, 32, 60 का ल.स. $= 3360$

अभीष्ट संख्या $= 3360 + 11 = 3371$

26. (a)

36, 40, 48 का ल.स. $= 720$ सेकण्ड

$\frac{720}{60} = 12$ मिनट बाद तीनों घंटियाँ एक साथ बजेंगी।

27. (c)

दूसरी संख्या $= \frac{11 \times 7700}{275} = 308$

28. (d)

700 सेमी, 385 सेंमी तथा 1295 सेंमी का म.स. $= 35$ सेंमी

29. (b)

अभीष्ट ल. स. $= 2^3 \times 3^5 \times 5^2 \times 7^9$

30. (b)

$x^2 + xy + y^2$ और $x^3 - y^3 = (x - y)(x^2 + xy + y^2)$

का ल.स. $= (x - y)(x^2 + xy + y^2)$

$= x^3 - y^3$

31. (b)

$4^7, 4^5, 4^6, 4^4$ का ल.स. $= 4^7$ क्योंकि 7 सबसे बड़ा घात हैं।

32. (a)

0.9, 0.18, 3.6, 7.2, 0.144 में दशमलव के बाद अधिकतम तीन अंक हैं। अतः सब संख्याओं में 1000 से गुणा कर ल.स. निकालना है।

900, 180, 3600, 7200, 144 का ल.स.

$= 7200$

अभीष्ट ल.स. $= \frac{7200}{1000} = 7.2$

33. (a)

$\frac{1}{3}, \frac{5}{6}, \frac{2}{9}, \frac{4}{27}$ का ल.स. $= \frac{1, 5, 2, 4 \text{ का ल० स०}}{3, 6, 9, 27 \text{ का म० स०}}$

$= \frac{20}{3}$

34. (a)

$4\frac{3}{8}, 2\frac{1}{2}, 6\frac{1}{4}$ का म.स.

$= \frac{35}{8}, \frac{5}{2}, \frac{25}{4}$ का म.स. $= \frac{35, 5, 25 \text{ का म० स०}}{8, 2, 4 \text{ का ल० स०}}$

$= \frac{5}{8}$

35. (d)

$5^{-11}, 5^{-9}, 5^{-16}, 5^{-10}$

सब संख्याओं का आधार 5 है।

$-9 > -10 > -11 > -16$

अभीष्ट ल.स. $= 5^{-9}$

अभीष्ट म.स. $= 5^{-16}$

36. (c)

माना संख्याएँ $3x, 5x$ तथा $9x$ हैं।

महत्तम समापवर्त्तक = 17

$x = 17$

बड़ी संख्या $= 9x = 9 \times 17 = 153$

छोटी संख्या $= 3x = 3 \times 17 = 51$

अंतर $= 153 - 51 = 102$

37. (d)

$6^{-3}, 6^{-1}, 6^{-10}, 6^{-12}$ में सबका आधार 6 है।

सबसे छोटा घातांक −12 है।

महत्तम समापवर्त्तक $= 6^{-12}$

38. (b)

$12 - 5 = 7,\ 24 - 17 = 7, 48 - 41$
$= 7, 60 - 53 = 7$

12, 24, 48, 60 का लघुत्तम समापवर्त्तक = 240

अभीष्ट संख्या $= 240 - 7 = 233$

39. (d)

$20^{1.4}, 20^{1.6}, 20^{1.1}, 20^{0.96}$ में सबका आधार 20 है।

सबसे बड़ा घात = 1.6

अतः लघुत्तम समापवर्त्तक $= 20^{1.6}$

40. (a)

माना संख्याएँ $15x$ तथा $15y$ है।

$15x \times 15y = 1350 \Rightarrow xy = 6$

जब $x = 2, y = 3$

संख्याएँ $= 15x = 15 \times 2 = 30$

$15y = 15 \times 3 = 45$

41. (b)

दूसरी संख्या $= 21 \times 3 = 63$

पहली संख्या $= \frac{9 \times 315}{63} = 45$

42. (b)

8, 12, 14, 16, 18 का लघुत्तम समापवर्त्तक = 1008

= 1008K + 6

K = 1 तो संख्या = 1008 + 6 = 1014

43. (a)

28, 42, 77 और 98 का लघुत्तम समापवर्त्तक = 6468

5 अंकों की सबसे बड़ी संख्या = 99999

$99999 \div 6468$ में शेष = 2979

अभीष्ट संख्या $= 99999 - 2979 = 97020$

44. (c)

माना संख्याएँ $5x$ तथा $8x$ हैं।

$5x$ तथा $8x$ का लघुत्तम समापवर्त्तक $= 5 \times 8x$

$= 5 \times 8x = 480 \Rightarrow x = \frac{480}{5 \times 8} = 12$

बड़ी संख्या $= 8x = 8 \times 12 = 96$

45. (a)

माना संख्याएँ x और y हैं।

$x - y = 6$

$x^2 + y^2 = 1476$

$(x - y)^2 = x^2 + y^2 - 2xy$

$(6)^2 = 1476 - 2xy \Rightarrow 2xy = 1440$

$xy = 720$

$xy =$ ल० स० × म० स०

म० स० $= \frac{xy}{\text{ल० स०}} = \frac{720}{120} = 6$

46. (b)

ल० स० + म० स० = 341

ल० स० + म० स० = 341

2 ल० स० = 660

ल० स० = 330

म० स० $= 341 - 330 = 11$

अतः संख्याएँ 55, 66

47. (c)

माना संख्याएँ $14x$ तथा $15x$ हैं।

ल० स० = 420

$14x \times 15 = 420\ x = \frac{420}{14 \times 15} = 2$

संख्याएँ $= 14 \times 2$ तथा 15×2

= 28 तथा 30

48. (c)

म० स० $= 34$

संख्याएँ $34x$ तथा $34y$ हैं।

$34x + 34y = 272$

$x + y = \frac{272}{34} \Rightarrow x + y = 8$

अत: $x = 1 \Rightarrow y = 7$

संख्याएँ $34x = 34 \times 1 = 34$

$34y = 34 \times 7 = 238$

49. (a)

टाइल्स की संख्या न्यूनतम होगी, जब उसका आकार अधिकतम होगा।

लम्बाई और चौड़ाई का म०स० ही टाइल्स की भुजा होगी।

3034 और 1804 का म०स० $= 82$

टाइल्स की संख्या $= \frac{3034 \times 1804}{82 \times 82} = 37 \times 22$

$= 814$

50. (a)

$1135 - 900 = 235$

$1135 - 618 = 517$

$900 - 618 = 282$

235, 517 और 282 का म० स० $= 47$

51. (b)

$\frac{1.2}{5}, \frac{0.8}{7}, \frac{0.2}{3.5}, \frac{0.7}{14}$ का ल० स०

$= \frac{1.2,\ 0.8,\ 0.8,\ 4 \text{ का म० स०}}{1.2,\ 0.3,\ 0.6,\ 1.5 \text{ का ल० स०}}$

$= \frac{0.1}{70} = \frac{1}{700}$

52. (b)

4672, 3869 तथा 2993 का म० स० $= 73$ मीटर

53. (b)

$\frac{1}{1.2}, \frac{2}{0.3}, \frac{2}{0.6}, \frac{4}{2.5}$ का ल० स०

$= \frac{1,\ 2,\ 2,\ 4 \text{ का ल० स०}}{1.2,\ 0.3,\ 0.6,\ 1.5 \text{ का ल० स०}}$

$= \frac{4}{0.3} = \frac{40}{3}$

54. (c)

324, 513 तथा 486 का म०स० $= 27$

55. (b)

4, 6, 9, 12, 15 का ल०स० $= 900$

56. (b)

$42 - 23 = 19$

$70 - 51 = 19$

$84 - 65 = 19$

$91 - 72 = 19$

42, 70, 84 तथा 91 का ल० स० $= 5460$

अभीष्ट संख्या $= 5460 - 19 = 5441$

57. (d)

13 तथा $\frac{15}{2}$ का म०स० $= \frac{13 \text{ तथा } 15 \text{ का म० स०}}{10 \text{ तथा } 12 \text{ का ल० स०}}$

$= \frac{1}{2} = 0.5$ मीटर

58. (b)

12, 20, 15 का ल० स० $= 60$ रू०

59. (c)

पहली संख्या $= 44 \times 2 = 88$

दूसरी संख्या $= \frac{44 \times 264}{88} = 132$

60. (d)

2, 3, 4, 5, 6, 7, 8 का ल० स० $= 840$

अभीष्ट संख्या $= 840 \times 2 - 1 = 1679$

61. (b)

4, 5, 6, 12, 15, 18, 36 का ल० स० $= 900$

62. (c)

5, 6, 7, 8 का ल०स० $= 840$

अभीष्ट संख्या $= 840\text{ K} + 3$, जो 9 का गुणज है, का मान 2 रखने पर 9 का गुणज प्राप्त हो जाता है

संख्या $= 840 \times 2 + 3 = 1683$

63. (d)

संख्याएँ $= 12 \times 1, 12 \times 2, 12 \times 3 = 12, 24, 36$

64. (c)

200 और 180 का म० स० $= 20$

65. (d)

$73 - 25 = 48$

$73 - 25 = 48$

$97 - 25 = 72$

$97 - 73 = 24$

48, 72, 24 का म० स० $= 24$

66. (d)

माना संख्याएँ $4x$ तथा $5x$ हैं।

ल०स० = 180

$4 \times 5x = 180 \Rightarrow x = \frac{180}{4\times5} = 9$

छोटी संख्या $= 4x = 4 \times 9 = 36$

67. (c)

एक चक्कर लगाने में A को लगा समय $= \frac{12}{3}$

= 4 घंटा

एक चक्कर लगाने में B को लगा समय $= \frac{12}{4}$

= 3 घंटा

एक चक्कर लगाने में C को लगा समय $= \frac{12}{6}$

= 2 घंटा

एक साथ मिलने में लगा समय = 4, 3, 2 का

ल० स० = 12

68. (b)

8, 9, 12, 15 का ल० स०= 360

अभीष्ट संख्या = 360 + 1 = 361

69. (a)

अभीष्ट म० स० $= 2 \times 3 \times 5 \times 7$

70. (d)

$\frac{7}{9}, \frac{14}{15}, \frac{7}{10}$ का म० स०

$= \frac{7, 14, 7 \text{ का म० स०}}{9, 15, 10 \text{ का ल० स०}} = \frac{7}{90}$

वर्गमूल तथा घनमूल
Square Root and Cube Root

वर्गमूल (Square Root) :- किसी संख्या का वर्गमूल वह संख्या है जिसे अपने से गुणा करने पर दी गई संख्या प्राप्त हो। इसे $\sqrt{\ }$ से व्यक्त करते हैं।

जैसे:- $\sqrt{9}=3, \sqrt{196}=14$

गुणनखण्ड़ो द्वारा वर्गमूल :- किसी दी गयी संख्या के अभाज्य गुणनखण्ड़ों के प्रत्येक जोड़े में से एक लेकर इनके गुणनफल ही, दी गई संख्या का अभीष्ट वर्गमूल है।

6084 का वर्गमूल

$6084 = 2\times2\times3\times3\times13\times13$

$= 2^2\times3^3\times13^2$

$\sqrt{6084}=78$

घनमूल (Cube Root) :- किसी संख्या x का घनमूल y होगा,

यदि $y^3 = x$

x के घनमूल को हम $\sqrt[3]{x}$ से व्यक्त करते हैं।

जैसे:- $=\sqrt[3]{x}=(3\times3\times3)^{1/3}=3$

घनमूल ज्ञात करने की विधि:- दी गई, संख्या को अभाज्य गुणनखण्डों के गुणनफल बराबर रखें। एक ही प्रकार के तीन गुणनखण्डों में से एक लेकर, इस प्रकार प्राप्त गुणनखण्डों का गुणनफल, अभीष्ट घनमूल होगा।

जैसे:- $21952 = 2^3\times2^3\times7^3$

$\sqrt[3]{21952}=(2\times2\times7)=28$

उदाहरण (Examples)

1. $\sqrt{15612+\sqrt{154+\sqrt{225}}}$ बराबर है।

$\sqrt{15612+\sqrt{154+\sqrt{225}}}=\sqrt{15612+\sqrt{154+15}}$

$=\sqrt{15612+\sqrt{169}}$

$\sqrt{15612+13}$

$=\sqrt{15625}=125$

2. यदि $\sqrt{1+\frac{x}{144}}=\frac{13}{12}$ तो x बराबर है।

$\left(1+\frac{x}{169}\right)=\frac{196}{169}$

$\frac{x}{169}=\left(\frac{196}{169}-1\right)$

$\frac{x}{169}=\frac{27}{169}$

$x=27$

3. यदि $\sqrt{6}=2.449$

तो $\frac{3\sqrt{2}}{2\sqrt{3}}$ का मान है:

$\frac{3\sqrt{2}}{2\sqrt{3}}=\frac{3\sqrt{2}}{2\sqrt{3}}\times\frac{\sqrt{3}}{\sqrt{3}}$

$=\frac{3\sqrt{6}}{6}=\frac{\sqrt{6}}{2}=\frac{2.449}{2}$

$=1.2245$

4. यदि $\sqrt{2}=1.4142$ तो

$\left(\frac{\sqrt{2}-1}{\sqrt{2}+1}\right)$ के वर्गमूल का मान है:-

$=\frac{\sqrt{2}-1}{\sqrt{2}+1}\times\frac{\sqrt{2}-1}{\sqrt{2}-1}$

$=\left(\sqrt{2}-1\right)^2$

5. यदि $(676)^2=456976$ तो 45.6976 का मान क्या होगा?

$(676)^2=456976$

$\sqrt{456976}=676$

$\therefore \sqrt{45.6976}=\sqrt{\frac{456976}{10000}}$

$\frac{\sqrt{456976}}{100}=\frac{676}{100}=6.76$

6. $\sqrt{12+\sqrt{12+\sqrt{12.......}}}=?$

माना दिये गये व्यंजक का मान x है।

तब,

$x=\sqrt{12+x}=x^2$

$(12+x)$ अर्थात्

$x^2-x-12=0$

$\therefore (x-4)(x+3)=0$

अर्थात् $x=4$

7. $\sqrt{100000}$

$=\sqrt{100\times100}\times10$

$=100\sqrt{10}$

$=100\times3.162$

$=316.2\approx316$

8. $\sqrt{\sqrt{17956}+\sqrt{24025}}=?$

$=\sqrt{\sqrt{17956}+\sqrt{24025}}$

$=\sqrt{134+155}$

$=\sqrt{289}$

$=17$

9. $\left(\sqrt{7921}-\sqrt{(2070.25)}\right)\times\frac{1}{4}=?$

$\left(\sqrt{7921}-\sqrt{2070.25}\right)\times\frac{1}{4}$

$\frac{(89-45.5)}{4}=\frac{43.5}{4}$

$\approx\frac{44}{4}=11$

10. $\left[\left\{(144)^2\div48\times18\right\}\right]\div36=\sqrt{?}$

$\left[\left\{(144)^2\div48\times18\right\}\div36\right]^2$

$=\left[\frac{144\times144\times18}{48\times36}\right]^2$

$=(216)^2=46656$

अभ्यास प्रश्न (Practice Questions)

1. $\frac{\sqrt{196}}{7} \times \frac{\sqrt{900}}{?} = 4$

(a) 15 (b) 150
(c) 1575 (d) 5605

2. $\frac{\sqrt{32}+\sqrt{48}}{\sqrt{8}+\sqrt{12}}$ का मान होगा?

(a) $\sqrt{2}$ (b) 8
(c) 4 (d) 2

3. $\frac{112}{\sqrt{196}} \times \frac{\sqrt{576}}{12} \times \frac{\sqrt{256}}{8}$ का मान होगा?

(a) 8 (b) 16
(c) 12 (d) 32

4. $\sqrt{?} + 7 = \sqrt{576}$

(a) 16 (b) 510
(c) 289 (d) 19

5. $\sqrt{15612 + \sqrt{154 + \sqrt{225}}}$ का मान होगा?

(a) 13 (b) 25
(c) 15 (d) 125

6. $\frac{\sqrt{98}-\sqrt{72}+\sqrt{50}}{\sqrt{18}}$ का मान है?

(a) 6 (b) 2
(c) $-\frac{4}{3}$ (d) $\frac{\sqrt{38}}{3}$

7. $\left(\sqrt{2} - \frac{}{\sqrt{}}\right) = ?$

(a) $2\frac{1}{2}$ (b) $\frac{1}{2}$
(c) $3\frac{1}{2}$ (d) $4\frac{1}{2}$

8. यदि $\sqrt{1+\frac{27}{169}} = 1 + \frac{x}{13}$, तो $x = ?$

(a) 1 (b) 7
(c) 3 (d) 5

9. यदि $\sqrt{b} = 4a$ तो $\frac{a^2}{b} = ?$

(a) $\frac{1}{4}$ (b) $\frac{1}{16}$
(c) $\frac{1}{8}$ (d) इनमें से कोई नहीं।

10. यदि $\sqrt{289} \div \sqrt{x} = \frac{1}{5}$, तो $x = ?$

(a) 7225 (b) 245
(c) $\frac{25}{17}$ (d) $\frac{17}{25}$

11. यदि $8a^2b = 27ab^2 = 216$ तो $ab = ?$

(a) 6 (b) 27
(c) 8 (d) इनमें से कोई नहीं।

12. यदि $\sqrt{4x+10} = 5$ तथा $5y + 3 = \sqrt[3]{64}$ हो तो $xy = ?$

(a) 0.75 (b) 1.00
(c) 1.25 (d) 1.50

13. यदि $a = \frac{\sqrt{5}+1}{\sqrt{5}-1}$ तथा $b = \frac{\sqrt{5}-1}{\sqrt{5}+1}$, तो $\frac{a^2+ab+b^2}{a^2-ab+b^2}$

(a) $\frac{1}{4}$ (b) $\frac{1}{16}$
(c) $\frac{1}{8}$ (d) इनमें से कोई नहीं।

14. वह छोटी से छोटी संख्या ज्ञात करो, जिसे 1038 में से घटाने पर एक पूर्ण संख्या प्राप्त हो–

(a) 14 (b) 15
(c) 6 (d) 10

15. $\sqrt{625} \times \sqrt[3]{729}$ का मान क्या होगा?

(a) 675 (b) 5025
(c) 225 (d) 2025

16. $\frac{\sqrt{7}+\sqrt{5}}{\sqrt{7}-\sqrt{5}}$ किसके बराबर है–

(a) $6+\sqrt{35}$ (b) $6-\sqrt{35}$
(c) 2 (d) 1

17. $\sqrt{16\sqrt[3]{512\times8}}$ का मान क्या है?

(a) 16 (b) 64

(c) 8 (d) 32

18. वह छोटी से छोटी संख्या जिसे 24 से गुणा करने पर एक पूर्ण संख्या प्राप्त हो, क्या होगी?

(a) 6 (b) 3

(c) 4 (d) 2

19. $\frac{*}{21}\times\frac{*}{189}=1$ में प्रत्येक * के स्थान पर कौन-सी संख्या आएगी?

(a) 63 (b) 3969

(c) 147 (d) 21

20. 60 का सबसे छोटा गुणज जो कि एक पूर्ण वर्ग हो, क्या होगा?

(a) 600 (b) 360

(c) 3600 (d) 900

21. वह छोटी से छोटी पूर्ण वर्ग संख्या, जो 15, 24 तथा 25 से विभाजित हो, क्या होगी?

(a) 900 (b) 2025

(c) 3600 (d) 9000

22. एक बगीचे में 15625 आम के पौधों को इस प्रकार लगाया गया है कि प्रत्येक कतार में उतने ही पौधे हैं, जितनी कतारों की संख्या है। प्रत्येक कतार में कितने पौधे हैं?

(a) 85 (b) 135

(c) 105 (d) 125

23. यदि B=2, C=3, तो $\left(\frac{1}{\sqrt{B}+1}+\frac{1}{\sqrt{C}+\sqrt{B}}+\frac{1}{2+\sqrt{C}}\right)$ का मान क्या होगा?

(a) 0 (b) –1

(c) 1 (d) $\frac{1}{3}\left(\frac{1}{\sqrt{B}+\sqrt{C}}\right)$

24. वह छोटी से छोटी पूर्ण वर्ग संख्या, जो 3, 4, 5, 6 और 8 प्रत्येक से पूर्णतया विभक्त हो, क्या होगी?

(a) 1200 (b) 3600

(c) 2500 (d) 900

25. यदि $\sqrt{1+\frac{27}{169}}=1+\frac{x}{13}$, तो $x=?$

(a) 1 (b) 7

(c) 5 (d) 3

26. दो संख्याओं का योग 100 और अंतर 37 है। उनके वर्गों का अंतर क्या होगा?

(a) 63 (b) 3700

(c) 100 (d) 37

27. यदि $2*3=\sqrt{13}$ तथा $3*4=5$ हो, तो $5*12$ का मान क्या होगा?

(a) $\sqrt{17}$ (b) 13

(c) $\sqrt{29}$ (d) 12

28. यदि $64a^3 = 125b^6$ तो $\frac{a}{b^2}=?$

(a) $1\frac{1}{4}$ (b) $3\frac{1}{8}$

(c) $1\frac{61}{64}$ (d) $1\frac{3}{4}$

29. $\left[\sqrt{21+\sqrt{11+\sqrt{25}}}\right]\times\left[(3\times8-4)\div4\right]^{-1}=?$

(a) 0 (b) 6

(c) 1 (d) 5

30. यदि $\sqrt{1+\frac{25}{144}}=1+\frac{x}{12}$, तो $x=?$

(a) 1 (b) 7

(c) 5 (d) 2

31. यदि $\sqrt{b}=4a$ तो $\frac{a^2}{b}=?$

(a) $\frac{1}{8}$ (b) $\frac{1}{16}$

(c) $\frac{1}{4}$ (d) $\frac{1}{12}$

32. $\sqrt{1089}\times\sqrt{?}+550$ का $20\% = 1463$

(a) 1681 (b) 1849

(c) 1764 (d) 1600

33. $\sqrt{0.0006+\sqrt{0.00000009}}=?$

(a) 0.3 (b) 0.03

(c) 0.003 (d) 0.0003

34. $\sqrt{425+\sqrt{271+\sqrt{324}}}=?$

(a) 26 (b) 22

(c) 21 (d) 24

35. $\frac{54}{\sqrt{729}}+\frac{\sqrt{576}}{24}=?$

(a) 4 (b) 5
(c) 6 (d) 3

36. किसी पार्टी में प्रत्येक बच्चे ने उतना ही उपहार दिया जितनी उनकी संख्या थी। यदि उपहारों की कुल संख्या 1521 थी, तो उस पार्टी में कितने बच्चे थे?

(a) 49 (b) 41
(c) 39 (d) 51

37. $\sqrt{260\times\sqrt{0.676\times\sqrt{100}}}=?$

(a) 32 (b) 26
(c) 27 (d) 30

38. किसी बस में जितने यात्री थे, उतना ही भाड़ा किसी गंतव्य स्थान का था। यदि बस मालिक को कुल 3844 रुपये प्राप्त हुए, तो उस स्थान का भाड़ा कितना था?

(a) 64 (b) 68
(c) 62 (d) 78

39. किसी भोज में कुल 3278 लोग थे। कितने और लोग होने चाहिए, जिससे प्रत्येक पंक्ति में उतने ही लोग बैठ पाते, जितने पंक्तियों की संख्या होगी?

(a) 89 (b) 81
(c) 86 (d) 82

40. $\sqrt{17\times6\times?}=102$

(a) 204 (b) 102
(c) 17 (d) 51

41. $\sqrt{529}\times\sqrt{729}=\sqrt{?}\times9\times46$

(a) $\frac{9}{25}$ (b) $\frac{9}{4}$
(c) $\frac{4}{9}$ (d) $\frac{9}{16}$

42. श्याम 6241 रुपये लेकर किताबें खरीदने बाजार गया। उसके द्वारा खरीदी गयी किताबों की कुल संख्या तथा प्रत्येक किताब का मूल्य बराबर था। प्रत्येक किताब का मूल्य क्या था?

(a) 89 रु. (b) 79 रु.
(c) 81 रु. (d) 71 रु.

43. सैनिकों की भर्ती के लिए कुल 1738 उम्मीदवार पहुँचे। सभी को पंक्तियों में इस तरह से खड़ा होने को कहा गया कि प्रत्येक पंक्ति में उतने ही उम्मीदवार हों जितना पंक्तियों की संख्या हो। ऐसे कितने उम्मीदवार थे, जो पंक्तियों में खड़ा न हो सके?

(a) 58 (b) 52
(c) 54 (d) 57

44. $\frac{80\times40}{\sqrt{1024}}=\frac{\sqrt{625}}{\sqrt{?}}$

(a) $\frac{1}{16}$ (b) $\frac{1}{9}$
(c) $\frac{1}{25}$ (d) $\frac{1}{4}$

45. $\frac{4}{\sqrt{3}}-\frac{1}{\sqrt{3}}+\frac{6}{\sqrt{3}}=\sqrt{?}$

(a) 27 (b) 81
(c) 3 (d) 9

46. किसी पार्टी में प्रत्येक पुरुष तथा प्रत्येक महिला ने उतना ही उपहार दिए जितनी क्रमशः उनकी संख्या थी। यदि कुल उपहार 1405 प्राप्त किया गया तथा महिलाओं की संख्या 26 थी, तो पुरुषों की संख्या क्या थी?

(a) 28 (b) 27
(c) 26 (d) 25

47. $\frac{16}{\sqrt{4096}}=\frac{9}{\sqrt{?}}$

(a) 961 (b) 1296
(c) 1089 (d) 1024

48. $\sqrt{25\times\sqrt{25\times\sqrt{625}}}=?$

(a) 25 (b) 125
(c) 625 (d) 5

49. $\sqrt{157-\sqrt{152+\sqrt{289}}}=?$

(a) 12 (b) 13
(c) 14 (d) 22

50. $\sqrt{2+\sqrt{2+\sqrt{2+......}}}=x$, तो x का मान है-

(a) 2, –1 (b) 1, – 2
(c) 3, –2 (d) 4, –2

51. यदि किसी समकोण त्रिभुज के कर्ण की लम्बाई 26 सेंमी. है एवं एक भुजा 24 सेंमी लम्बी है, तो तीसरी भुजा की लम्बाई क्या है?

(a) 10 सेंमी. (b) 12 सेंमी.
(c) 5 सेंमी. (d) 25 सेंमी.

52. किसी l लम्बाई एवं b चौड़ाई वाले कमरे में अधिकतम कितनी लम्बाई का छड़ रखा जा सकता है?

(a) l (b) b
(c) $\frac{l+b}{2}$ (d) $\sqrt{l^2+b^2}$

53. $\sqrt[3]{8}\times\frac{1}{\sqrt{125}}\times\sqrt{20}$ का मान होगा–

(a) $\frac{3}{5}$ (b) $\frac{4}{5}$
(c) 1 (d) $\frac{6}{5}$

54. यदि घन का आयतन 729 सेमी^{3} है, तो घन का पृष्ठीय क्षेत्रफल कितना होगा–

(a) 486 सेमी^{2} (b) 162 सेमी^{2}
(c) 324 सेमी^{2} (d) 243 सेमी^{2}

55. यदि घनाभ की लंबाई, चौड़ाई एवं ऊँचाई क्रमश: 3, 4, 5 सेंमी है, तो विकर्ण की लंबाई होगी?

(a) $5\sqrt{2}$ सेंमी (b) $4\sqrt{2}$ सेंमी
(c) $2\sqrt{5}$ सेंमी (d) $3\sqrt{2}$ सेंमी

56. यदि समबाहु त्रिभुज की भुजा की लम्बाई 3 सेमी है, तो क्षेत्रफल होगा?

(a) $\frac{3\sqrt{3}}{2}$ सेमी^{2} (b) $\frac{3\sqrt{3}}{4}$ सेमी^{2}
(c) $\frac{9\sqrt{3}}{2}$ सेमी^{2} (d) $\frac{9\sqrt{3}}{4}$ सेमी^{2}

57. यदि किसी गोले का आयतन 2145.52 मी^{3} है, तो पृष्ठीय क्षेत्रफल क्या होगा (सेमी^{2} में)?

(a) $\frac{8\times22}{7}$ (b) $\frac{16\times22}{7}$
(c) $\frac{15\times22}{7}$ (d) $\frac{18\times22}{7}$

58. यदि शंकु की ऊँचाई 3 सेमी. एवं त्रिज्या (तल की) 4 सेमी. है, तो तिर्यक ऊँचाई होगी (सेंमी. में)?

(a) 6 (b) 5
(c) 4 (d) 3

59. $\sqrt{54\times(3+x)}=6$, x का मान होगा?

(a) $\frac{-3}{2}$ (b) –4
(c) $\frac{-5}{2}$ (d) $\frac{-7}{2}$

60. $\sqrt{11+\sqrt{25}}=\sqrt{x^2+1}$ तो x का मान क्या होगा?

(a) $\pm\sqrt{13}$ (b) $\pm\sqrt{15}$
(c) ±4 (d) ±6

61. 540 में कौन सी छोटी से छोटी संख्या जोड़ी जाए, ताकि नई संख्या एक पूर्ण वर्ग हो?

(a) 26 (b) 36
(c) 25 (d) 100

62. 50 का सबसे छोटा गुणज, जो एक पूर्ण वर्ग हो क्या होगा?

(a) 100 (b) 10000
(c) 400 (d) 900

63. किसी बगीचे में एक पंक्ति में उतने ही पौधे हैं, जितनी पंक्तियाँ हैं? यदि बगीचे में कुल 841 पौधे हैं, तो पंक्तियों की संख्या क्या होगी?

(a) 21 (b) 29
(c) 31 (d) 39

64. $2\sqrt{2}-\frac{3}{\sqrt{2}}+\frac{1}{\sqrt{2}}$ का मान क्या होगा?

(a) $\frac{3}{\sqrt{2}}$ (b) 0
(c) $\sqrt{2}$ (d) $\frac{\sqrt{2}}{3}$

65. यदि समबाहु त्रिभुज की ऊँचाई 1.5 सेमी है, तो भुजा की लम्बाई होगी?

(a) 1.414 सेमी (b) 1.732 सेमी
(c) 2 सेमी (d) 2.25 सेमी

66. $\sqrt{x}+\frac{1}{\sqrt{x}}=2$ है, तो $x+\frac{1}{x}$ का मान क्या होगा?

(a) –1 (b) 1
(c) 2 (d) 3

67. $\sqrt{x}+\sqrt{64}=\sqrt{625}$ तो x का मान है–

(a) 576 (b) 289
(c) 256 (d) 324

68. $\sqrt{3\sqrt{3\sqrt{3\sqrt{3.......}}}} = x$ है, तो x का मान क्या है?

(a) 2 (b) 3

(c) 0 (d) 5

69. $\sqrt[3]{-8} \div \frac{1}{\sqrt{576}} \times \frac{1}{\sqrt{512}} + \frac{1}{\sqrt{441}}$ का मान क्या होगा?

(a) $5\frac{20}{21}$ (b) $-5\frac{20}{21}$

(c) $6\frac{20}{21}$ (d) $7\frac{20}{21}$

70. $\frac{\sqrt[3]{216}}{\sqrt{36}} \times \frac{\sqrt[3]{64}}{\sqrt{x}} = 1$ तो x^3 क्या होगा?

(a) 3024 (b) 4096

(c) 2016 (d) 1032

उत्तरमाला (Answer Key)

1. (a)	2. (d)	3. (d)	4. (c)	5. (d)	6. (b)	7. (b)	8. (a)	9. (b)	10. (a)
11. (a)	12. (a)	13. (d)	14. (a)	15. (c)	16. (a)	17. (a)	18. (a)	19. (a)	20. (d)
21. (c)	22. (d)	23. (c)	24. (b)	25. (a)	26. (b)	27. (b)	28. (a)	29. (c)	30. (a)
31. (b)	32. (a)	33. (b)	34. (c)	35. (d)	36. (c)	37. (b)	38. (c)	39. (c)	40. (b)
41. (b)	42. (b)	43. (d)	44. (a)	45. (a)	46. (b)	47. (b)	48. (a)	49. (a)	50. (a)
51. (a)	52. (d)	53. (b)	54. (c)	55. (a)	56. (d)	57. (b)	58. (b)	59. (d)	60. (b)
61. (b)	62. (a)	63. (b)	64. (c)	65. (b)	66. (c)	67. (b)	68. (b)	69. (b)	70. (b)

हल (Solutions)

1. (a)

$$\frac{\sqrt{196}}{7}\times\frac{\sqrt{900}}{?}=4$$

$$\frac{14}{7}\times\frac{30}{?}=4$$

$$?=\frac{2\times30}{4}=15$$

2. (d)

$$\frac{\sqrt{32}+\sqrt{48}}{\sqrt{8}+\sqrt{12}}=\frac{4\sqrt{2}+4\sqrt{3}}{2\sqrt{2}+2\sqrt{3}}=\frac{4\left(\sqrt{2}+\sqrt{3}\right)}{2\left(\sqrt{2}+\sqrt{3}\right)}=2$$

3. (d)

$$\frac{112}{\sqrt{196}}\times\frac{\sqrt{576}}{12}\times\frac{\sqrt{256}}{8}=\frac{112}{14}\times\frac{24}{12}\times\frac{16}{8}=32$$

4. (c)

$$\sqrt{?}+7=\sqrt{576}$$

$$\sqrt{?}+7=24 \Rightarrow \sqrt{?}=17 \Rightarrow ?=289$$

5. (d)

$$\sqrt{15612+\sqrt{154+\sqrt{225}}}=\sqrt{15612+\sqrt{154+13}}$$

$$=\sqrt{15612+13}=\sqrt{15625}=125$$

6. (b)

$$\frac{\sqrt{98}-\sqrt{72}+\sqrt{50}}{\sqrt{18}}=\frac{7\sqrt{2}-6\sqrt{2}+5\sqrt{2}}{3\sqrt{2}}$$

$$=\frac{6\sqrt{2}}{3\sqrt{2}}=2$$

7. (b)

$$\left(\sqrt{2}-\frac{1}{\sqrt{2}}\right)^2=\left(\sqrt{2}\right)^2+\left(\frac{1}{\sqrt{2}}\right)^2-2\times\sqrt{2}\times\frac{1}{\sqrt{2}}$$

$$=2+\frac{1}{2}-2=\frac{1}{2}$$

8. (a)

$$\sqrt{1+\frac{27}{169}}=1+\frac{x}{13}$$

$$\sqrt{\frac{196}{169}}=1+\frac{x}{13} \Rightarrow \frac{14}{13}-1=\frac{x}{13}$$

$$\frac{1}{13}=\frac{x}{13}\Rightarrow x=1$$

9. (b)

$$\sqrt{b}=4a \Rightarrow b=16a^2$$

$$\frac{a^2}{b}=\frac{1}{16}$$

10. (a)

$$\sqrt{289}\div\sqrt{x}=\frac{1}{5}$$

$$17\div\sqrt{x}=\frac{1}{5}$$

$$\frac{17}{\sqrt{x}}=\frac{1}{5} \Rightarrow \sqrt{x}=17\times5$$

$$x=(17\times5)^2=7225$$

11. (a)

$8a^2b=216$

$27ab^2=216$

$8a^2b\times27ab^2=216\times216$

$$a^3\,b^3=\frac{216\times216}{8\times27}$$

$$a^3b^3=\frac{6^3\times6^3}{2^3\times3^3}$$

$$(ab)^3=\left(\frac{6\times6}{2\times3}\right)^3$$

$ab=6$

12. (a)

$$\sqrt{4x+10}=5 \Rightarrow 4x+10=25 \Rightarrow x=\frac{15}{4}$$

$$5y+3=\sqrt[3]{64}=4 \Rightarrow y=\frac{1}{5}$$

$$xy=\frac{15}{4}\times\frac{1}{5}=\frac{3}{4}=0.75$$

13. (d)

$$a=\frac{\sqrt{5}+1}{\sqrt{5}-1}\times\frac{\sqrt{5}+1}{\sqrt{5}+1}=\frac{6+2\sqrt{5}}{4}$$

$$b=\frac{\sqrt{5}-1}{\sqrt{5}+1}\times\frac{\sqrt{5}-1}{\sqrt{5}-1}=\frac{6-2\sqrt{5}}{4}$$

$$ab=\frac{36-20}{16}=\frac{16}{16}=1$$

$$a+b=\frac{6+2\sqrt{5}+6-2\sqrt{5}}{4}=\frac{12}{4}=3$$

$$a-b=\frac{6+2\sqrt{5}-6+2\sqrt{5}}{4}=\sqrt{5}$$

$$\frac{a^2+ab+b^2}{a^2-ab+b^2}=\frac{(a+b)^2-ab}{(a-b)^2+ab}$$

$$=\frac{3^2-1}{(\sqrt{5})^2+1}=\frac{8}{6}=\frac{4}{3}$$

14. (a)

शेष $= 14$

$1038 - 14 = 1024$ जो एक पूर्ण वर्ग है।

15. (c)

$\sqrt{625}\times\sqrt[3]{729} = 25 \times 9 = 225$

16. (a)

$$\frac{\sqrt{7}+\sqrt{5}}{\sqrt{7}-\sqrt{5}}\times\frac{\sqrt{7}+\sqrt{5}}{\sqrt{7}+\sqrt{5}}=\frac{7+5+2\sqrt{7}\sqrt{5}}{7-5}$$

$$=\frac{12+2\sqrt{35}}{2}=6+\sqrt{35}$$

17. (a)

$$\sqrt{16\sqrt[3]{512\times8}}=\sqrt{16\times\sqrt[3]{8\times8\times8\times2\times2\times2}}$$

$$=\sqrt{16\times16}=16$$

18. (a)

$24 \times 6 = 144$

19. (a)

$\frac{*}{21}\times\frac{*}{189}=1 \Rightarrow (*)^2 = 21 \times 189$

$* = \sqrt{21\times189} = \sqrt{3969} = 63$

20. (d)

$60 = 2 \times 2 \times 3 \times 5$

पूर्ण वर्ग होने के लिए 3×5 से गुणा करना होगा

अभीष्ट संख्या $= 60 \times 3 \times 5 = 900$

21. (c)

15, 24, 25 का ल. स. $= 600$

अभीष्ट वर्ग संख्या $= 600 \times 6 = 3600$

22. (d)

माना कतारों की संख्या = पेड़ों की संख्या $= x$

$x \times x = 15625 \Rightarrow x^2 = 15625$

$x = 125$

23. (c)

$$\frac{1}{\sqrt{B}+1}\times\frac{\sqrt{B}-1}{\sqrt{B}-1}+\frac{1}{\sqrt{C}+\sqrt{B}}\times\frac{\sqrt{C}-\sqrt{B}}{\sqrt{C}-\sqrt{B}}$$

$$+\frac{1}{2+\sqrt{C}}\times\frac{2-\sqrt{C}}{2-\sqrt{C}}$$

$$=\frac{\sqrt{B}-1}{2-1}+\frac{\sqrt{C}-\sqrt{B}}{3-2}+\frac{2-\sqrt{C}}{4-3}$$

$$=\sqrt{B}-1+\sqrt{C}-\sqrt{B}+2-\sqrt{C}=1$$

24. (b)

3, 4, 5, 6, 8 का ल.स. $= 120$

$120 = 2 \times 2 \times 2 \times 3 \times 5$

पूर्ण वर्ग करने के लिए $2 \times 3 \times 5$ से गुणा करने पर

$120 \times 30 = 3600$

25. (a)

$$\sqrt{\frac{169+27}{169}}=1+\frac{x}{13} \Rightarrow \sqrt{\frac{196}{169}}=1+\frac{x}{13}$$

$$\frac{14}{13}-1=\frac{x}{13}$$

$$\frac{1}{13}=\frac{x}{13} \Rightarrow x=1$$

26. (b)

माना संख्याएँ x तथा y हैं।

$x + y = 100$

$x - y = 37$

$(x + y)(x - y) = 100 \times 37$

$x^2 - y^2 = 3700$

27. (b)

$2 * 3 = \sqrt{13} \Rightarrow \sqrt{2^2+3^2}$, $3 * 4 = 5 = \sqrt{3^2+4^2}$

$5 * 12 = \sqrt{5^2+12^2} = \sqrt{25+144}=\sqrt{169}$

$5 * 12 = 13$

28. (a)

$64a^3 = 125b^6$

$$\frac{a^3}{b^6}=\frac{125}{64} \Rightarrow \left(\frac{a}{b^2}\right)^3=\left(\frac{5}{2^2}\right)^3$$

$$\frac{a}{b^2}=\frac{5}{4}=1\frac{1}{4}$$

29. (c)

$$\left[\sqrt{21+\sqrt{11+5}}\right]\times\left[(3\times8-4)\div4\right]^{-1}$$

$$=\sqrt{21+4}\times\left[(24-4)\div4\right]^{-1}$$

$$5\times5^{-1}=5\times\frac{1}{5}=1$$

30. (a)

$$\sqrt{\frac{144+25}{144}}=1+\frac{x}{12}\Rightarrow\frac{13}{12}-1=\frac{x}{12}$$

$$\frac{1}{12}=\frac{x}{12}\Rightarrow x=1$$

31. (b)

$$\sqrt{b}=4a$$

$$b=16a^2\Rightarrow\frac{a^2}{b}=\frac{1}{16}$$

32. (a)

$\sqrt{1089}\times\sqrt{?}+550$ का $20\%=1463$

$$33\times\sqrt{?}+\frac{550\times20}{100}=1463$$

$$33\times\sqrt{?}+110=1463$$

$$\Rightarrow\sqrt{?}=\frac{1463-110}{33}$$

$$\sqrt{?}=\frac{1353}{33}=41$$

$$?=(41)^2=1681$$

33. (b)

$$\sqrt{0.0006+\sqrt{0.00000009}}=\sqrt{0.0006+0.0003}$$

$$=\sqrt{0.0009}=0.03$$

34. (c)

$$\sqrt{424+\sqrt{271+\sqrt{324}}}=\sqrt{424+\sqrt{271+81}}$$

$$=\sqrt{424+\sqrt{289}}=\sqrt{424+17}=\sqrt{441}=21$$

35. (d)

$$\frac{54}{\sqrt{729}}+\frac{\sqrt{576}}{24}=\frac{54}{27}+\frac{24}{24}=2+1=3$$

36. (c)

माना बच्चों की संख्या $=x$

उपहारों की संख्या $=x$

$x\times x=1521\Rightarrow x^2=1521$

$x=39$

37. (b)

$$\sqrt{260\times\sqrt{0.676\times\sqrt{100}}}=\sqrt{260\times\sqrt{0.676\times10}}$$

$$=\sqrt{260\times\sqrt{6.76}}=\sqrt{260\times2.6}=\sqrt{26\times26}=26$$

38. (c)

माना यात्रियों की संख्या $=x$

भाड़ा $=x$

$x\times x=3844\Rightarrow x^2=3844$

$x=\sqrt{3844}$

$x=62$ रु.

39. (c)

$(57)^2<3278<(58)^2$

$=(58)^2-3278=3364-3278=86$

40. (b)

$$\sqrt{17\times6\times?}=102$$

$$17\times6\times?=102\times102$$

$$?=\frac{102\times102}{17\times6}=102$$

41. (b)

$$\sqrt{529}\times\sqrt{729}=\sqrt{?}\times9\times46$$

$$\sqrt{?}=\frac{23\times27}{9\times46}=\frac{3}{2}$$

$$?=\left(\frac{3}{2}\right)^2=\frac{9}{4}$$

42. (b)

माना किताबों की संख्या $=x$

किताब का मूल्य $=x$

$x\times x=6241\Rightarrow x^2=6241$

$x=\sqrt{6241}=79$ रु.

43. (d)

	41
4	17 38
4	16
81	138
1	81
82	57

अभीष्ट उत्तर 57

44. (a)

$\sqrt{?} = \dfrac{\sqrt{625}\times\sqrt{1024}}{80\times40} = \dfrac{25\times32}{80\times40} = \dfrac{1}{4}$

$? = \dfrac{1}{16}$

45. (a)

$\dfrac{4}{\sqrt{3}} - \dfrac{1}{\sqrt{3}} + \dfrac{6}{\sqrt{3}} = \dfrac{4-1+6}{\sqrt{3}} = \sqrt{?}$

$\dfrac{9}{\sqrt{3}} = \sqrt{?}$

$? = \dfrac{9\times9}{\sqrt{3}\times\sqrt{3}} = \dfrac{9\times9}{3} = 27$

46. (b)

माना पुरुषों की संख्या $= x$

पुरुषों द्वारा दिए गए कुल उपहार $= x \times x = x^2$

$x^2 + (26)^2 = 1405$

$x^2 = 1405 - 676 \Rightarrow x^2 = 729$

$x = 27$

47. (b)

$\dfrac{16}{\sqrt{4096}} = \dfrac{9}{\sqrt{?}}$

$\sqrt{?} = \dfrac{9\times\sqrt{4096}}{16}$

$? = \dfrac{9\times9\times4096}{16\times16} = 1296$

48. (a)

$\sqrt{25\times\sqrt{25\times\sqrt{625}}} = \sqrt{25\times\sqrt{25\times25}}$

$= \sqrt{25\times25} = 25$

49. (a)

$\sqrt{157-\sqrt{157+\sqrt{289}}} = \sqrt{157-\sqrt{152+17}}$

$= \sqrt{157-13}$

$= \sqrt{144} = 12$

50. (a)

$\sqrt{2+\sqrt{2+\sqrt{2+\sqrt{2+}}}} = x$

$\Rightarrow \sqrt{2+x} = x$

$\Rightarrow x^2 = x + 2$

$\Rightarrow x^2 - x - 2 = 0$

$\Rightarrow x = 2, -1$

51. (a)

$AB^2 + BC^2 = AC^2$ {पाइथागोरस प्रमेय से}

$\Rightarrow AB^2 + (24)^2 = (26)^2$

$\Rightarrow AB^2 = 100$

$\Rightarrow AB = 10$ सेमी

52. (d)

सबसे बड़ी लम्बाई की छड़ विकर्ण की लम्बाई के बराबर होगी।

$\therefore$ अभीष्ट लम्बाई $= \sqrt{l^2 + b^2}$

53. (b)

$\sqrt[3]{8} = 2, \sqrt{125} = 5\sqrt{5}$, $\sqrt{20} = 2\sqrt{5}$

$\therefore 2\times\dfrac{1}{5\sqrt{5}}\times2\sqrt{5} = \dfrac{4}{5}$

54. (c)

घन का आयतन $= a^3$

$\therefore a^3 = 729$

$\Rightarrow a = \sqrt[3]{729} = 9$ सेमी

घन का पृष्ठीय क्षेत्रफल $= 4a^2 = 4 \times (9)^2 = 4 \times 81$

$= 324$ सेमी^{2}

55. (a)

घनाभ के विकर्ण की लम्बाई

$= \sqrt{l^2 + b^2 + h^2}$

$= \sqrt{(3)^2 + (4)^2 + (5)^2} = 5\sqrt{2}$ सेमी

56. (d)

समबाहु त्रिभुज का क्षेत्रफल

$= \dfrac{\sqrt{3}a^2}{4} = \dfrac{\sqrt{3}(3)^2}{4} = \dfrac{9\sqrt{3}}{4}$ सेमी^{2}

57. (b)

गोले का आयतन $= \dfrac{4}{3}\pi r^3$

$\Rightarrow \dfrac{4}{3}\pi r^3 = 2145.52$ सेमी^{3}

$\Rightarrow \quad r^3 = \dfrac{2145.52\times3\times7}{4\times22} = 8$

$\Rightarrow \quad r = \sqrt[3]{8} = 2 \Rightarrow r = 2$ सेमी

$\therefore$ पृष्ठीय क्षेत्रफल $= 4\pi r^2 = 4 \times \dfrac{22}{7} \times 4$

$= \dfrac{16\times22}{7}$

58. (b)

त्रिभुज की तिर्यक ऊँचाई $= l = \sqrt{b^2+h^2}$

$= \sqrt{(4)^2+(3)^2} = 5$ सेमी

59. (d)

दोनों ओर वर्गीकृत करने पर

$54\,(3+x) = (6)^2$

$\Rightarrow (3+x) = \frac{36}{54}$

$\Rightarrow x = \frac{2}{3} - 3 = \frac{-7}{2}$

60. (b)

$\sqrt{11+5} = \sqrt{x^2+1}$ $\{\because \sqrt{25} = 5\}$

$\Rightarrow 16 = x^2 + 1$ {वर्गीकरण करने पर}

$\Rightarrow x^2 = 15$

$\Rightarrow x = \pm\sqrt{15}$

61. (b)

540 का वर्गमूल निकालने पर,

$\because$ 11 शेष बच रहा है।

$\therefore$ 540, 23 से ठीक बड़ी प्राकृत संख्या का वर्गमूल होगा।

$\therefore$ 24 का वर्ग $= 576$

$\therefore$ छोटी अभीष्ट संख्या $= (576 - 540) = 36$

62. (a)

$50 = 2 \times 5 \times 5$

$\therefore$ पूर्ण वर्ग के लिए 2 से गुणा करने की जरूरत है।

$\therefore 50 \times 2 = 100$

63. (b)

माना कि बगीचे में x पंक्तियाँ हैं।

$\therefore x \times x = 841$

$\Rightarrow x = \sqrt{841} = 29$

64. (c)

$2\sqrt{2} = \frac{2\sqrt{2}\times\sqrt{2}}{\sqrt{2}} = \frac{4}{\sqrt{2}}$

$\therefore \frac{4}{\sqrt{2}} - \frac{3}{\sqrt{2}} + \frac{1}{\sqrt{2}} = \frac{2}{\sqrt{2}} = \sqrt{2}$

65. (b)

त्रिभुज (समबाहु) की ऊँचाई $= \frac{\sqrt{3}a}{2} = \frac{3}{2}$

$\Rightarrow a = \sqrt{3} = 1.732$ सेमी

66. (c)

$\left(\sqrt{x}+\frac{1}{\sqrt{x}}\right)^2 = (2)^2 \Rightarrow x + \frac{1}{x} = 4 - 2\times\sqrt{x}\times\frac{1}{\sqrt{x}}$

$= 4 - 2 = 2$

67. (b)

$\sqrt{x} + 8 = 25 = \sqrt{x} = 17 \Rightarrow x = 289$

68. (b)

$\sqrt{3\sqrt{3\sqrt{3......}}} = x$

$\Rightarrow \sqrt{3x} = x$

$\Rightarrow 3x = x^2$

$\Rightarrow x = 0, 3$

$\therefore x = 3$ $\{\because \sqrt{3\sqrt{3\sqrt{3......}}}$ एक धनात्मक मान देगा।$\}$

69. (b)

$-2 \div \frac{1}{24} \times \frac{1}{8} + \frac{1}{21}$

$\Rightarrow (-2\times 24)\times\frac{1}{8} + \frac{1}{21}$

$\Rightarrow -48\times\frac{1}{8} + \frac{1}{21} = -6 + \frac{1}{21} = \frac{-125}{21} = -5\frac{20}{21}$

70. (b)

$\frac{6}{6}\times\frac{4}{\sqrt{x}} = 1$

$\Rightarrow 4 = \sqrt{x}$

$\Rightarrow x = 16$

$\therefore x^3 = (16)^3 - 256 \times 16 = 4096$

घातांक एवं करणी
Indices and Surds

करणीः- वे राशियाँ जिनका निश्चित मान नहीं निकाला जा सके उन्हें करणी कहतें हैं।

जैसेः- $\sqrt{2}, \sqrt{3}$

माना x एक परिमेय संख्या है तथा y एक धन पूर्णांक है। तब, यदि x का y वॉ मूल $x^{\frac{1}{y}}$ अर्थात $\sqrt[y]{x}$ एक अपरिमेय राशि हो, तो $\sqrt[y]{x}$ को y घात करणी कहा जाएगी।

जैसेः-

$\sqrt{2} = 2^{\frac{1}{2}}$ एक द्वितीय घात की करणी है।

$\sqrt[5]{5} = 5^{\frac{1}{5}}$ एक करणी है, जिसकी घात है।

करणी संबंधित सूत्रः-

1. $\left(\sqrt[n]{a}\right)^n = \left(a^{1/n}\right)^n = a$
2. $\sqrt[n]{ab} = \sqrt[n]{a} \cdot \sqrt[n]{b}$
3. $\sqrt[n]{\frac{a}{b}} = \frac{\sqrt[n]{a}}{\sqrt[n]{b}}$
4. $\left(\sqrt[n]{a}\right)^m = \sqrt[n]{a^m}$
5. $\sqrt[m]{\sqrt[n]{a}} = \sqrt[mn]{a}$

घातांक संबंधित सूत्रः-

1. $a^m \times a^n = a^{m+n}$
2. $\frac{a^m}{a^n} = a^{m-n}$
3. $\left(a^m\right)^n = a^{mn}$
4. $(ab)^n = a^n b^n$
5. $\left(\frac{a}{b}\right)^n = \frac{a^n}{b^n}$
6. $a^0 = 1$

कुछ अन्य सूत्र जिनका प्रयोग प्रस्तुत अध्याय में आपेक्षित हैः-

1. $\sqrt{a} \times \sqrt{a} = a$
2. $\sqrt{a} \times \sqrt{b} = \sqrt{ab}$
3. $\sqrt{a^2 \times b} = a\sqrt{b}$
4. $\left(\sqrt{a} + \sqrt{b}\right)^2 = a + b + 2\sqrt{ab}$
5. $\left(\sqrt{a} - \sqrt{b}\right)^2 = a + b - 2\sqrt{ab}$
6. $\left(\sqrt{a} + \sqrt{b}\right)\left(\sqrt{a} - \sqrt{b}\right) = a - b$

कुछ महत्वपूर्ण वर्गमूलो का मान

$\sqrt{2} = 1.41421$ $\qquad$ $\sqrt{5} = 2.23607$

$\sqrt{3} = 1.73205$ $\qquad$ $\sqrt{6} = 2.44949$

उदाहरण (Examples)

1. $$\frac{\sqrt[r]{9^{\left(r+\frac{1}{4}\right)}\sqrt{3 \cdot 3^{-r}}}}{3.\sqrt{3^{-r}}} = ?$$

$$\left[\frac{3^{2\left(\frac{4r+1}{4}\right)} \cdot \left(3^{1-r}\right)^{1/2}}{3.\left(3^r\right)^{1/2}}\right]^{\frac{1}{r}}$$

$$= \left[\frac{3^{\left(\frac{4r+1}{2}\right)} . 3^{\left(\frac{1-r}{2}\right)}}{3^{\left(1-\frac{r}{2}\right)}}\right]^{\frac{1}{r}}$$

$$= \left[3^{\frac{4r+1}{2} + \frac{(1-r)}{2} - \frac{(2-r)}{2}}\right]^{\frac{1}{r}}$$

$$= \left[3^{\left(\frac{4r+1+1-r-2+r}{2}\right)}\right]^{\frac{1}{r}}$$

$$= 3^{\left(2r \times \frac{1}{r}\right)} = 3^2 = 9$$

2. $$\frac{\left(x+\frac{1}{y}\right)^a\left(x-\frac{1}{y}\right)^b}{\left(y+\frac{1}{x}\right)^a\left(y-\frac{1}{x}\right)^b}=?$$

$$\frac{\left(x+\frac{1}{y}\right)^a\left(x-\frac{1}{y}\right)^b}{\left(y+\frac{1}{x}\right)^a\left(y-\frac{1}{x}\right)^b}$$

$$=\frac{\left(\frac{xy+1}{y}\right)^a\left(\frac{xy-1}{y}\right)^b}{\left(\frac{xy+1}{x}\right)^a\left(\frac{xy-1}{x}\right)^b}$$

$$=\frac{\frac{(xy+1)^a}{y^a}.\frac{(xy-1)^b}{y^b}}{\frac{(xy+1)^a}{x^a}.\frac{(xy-1)^b}{x^b}}$$

$$=\frac{(xy+1)^a(xy-1)^b}{y^{(a+b)}}\times\frac{x^{(a+b)}}{(xy+1)^a(xy-1)^b}$$

$$=\left(\frac{x}{y}\right)^{a+b}$$

3. यदि $\sqrt[5]{5}\times 5^3\div 5^{\frac{-3}{2}}=5^{a+2}$

तो a का मान क्या होगा?

$$\frac{\sqrt[5]{5}\times 5^3}{5^{\frac{-3}{2}}}=5^{a+2}$$

$$\frac{5\times 5^{\frac{1}{2}}\times 5^3}{5^{\frac{-3}{2}}}$$

$$5^{a+2}=5^{\left(3+\frac{1}{2}+1+\frac{3}{2}\right)}$$

$$5^{a+2}$$

$$5^6=5^{a+2}$$

$$\therefore a+2=6\Rightarrow a=4$$

4. $$\frac{2^{n+4}-2.2^n}{2.2^{n+3}}+2^{-3}=?$$

दिया गया व्यंजक

$$=\frac{2^{n+4}-2^{n+1}}{2^{n+4}}+2^{-3}$$

$$=\frac{2^{n+1}\left(2^3-1\right)}{2^{n+4}}+2^{-3}$$

$$=7\times 2^{(n+1)-(n+4)}+2^{-3}$$

$$=7\times 2^{-3}+2^{-3}=2^{-3}(7+1)$$

$$2^{-3}\times 8=2^{-3}\times 2^3$$

$$3^{(-3+3)}=2^0=1$$

5. यदि $\frac{\left(x^3\right)^2\times x^4}{x^{10}}=x^p$ तो p का मान क्या होगा?

$$\frac{\left(x^3\right)^2\times x^4}{x^{10}}=x^p$$

$$\frac{x^6\times x^4}{x^{10}}=x^p$$

$$x^{10-10}=x^p$$

$$p=0$$

6. यदि $\frac{9^n\times 3^2\times\left(3^{\frac{-n}{2}}\right)^{-2}-(27)^n}{3^{3m}\times 2^3}=\frac{1}{27}$ तो

$(m-n)$ का मान क्या होगा?

$$\frac{9^n\times 3^2\times\left(3^{\frac{-n}{2}}\right)^{-2}-(27)^n}{3^{3m}\times 2^3}=\frac{1}{27}$$

$$\frac{3^{2n}\times 3^2\times 3^n-3^{3n}}{8\times 3^{3m}}=\frac{1}{3^3}$$

$$\frac{3^{3n+2}-3^{3n}}{8\times 2^{3m}}=\frac{1}{3^3}$$

$$\frac{3^{3n}\left(3^2-1\right)}{8\times 2^{3m}}=3^{-3}$$

$$3^{3n-3m}=3^{-3}$$

$$3n-3m=-3$$

$$m-n=1$$

7. $\dfrac{1}{1+x^{(b-a)}+x^{(c-a)}}+\dfrac{1}{1+x^{(a-b)}+x^{(c-b)}}+\dfrac{1}{1+x^{(b-c)}+x^{(a-c)}}=?$

दिया गया व्यंजक

$$=\frac{1}{1+\frac{x^b}{x^a}+\frac{x^c}{x^a}}+\frac{1}{1+\frac{x^a}{x^b}+\frac{x^c}{x^b}+}\frac{1}{1+\frac{x^b}{x^c}+\frac{x^a}{x^c}}$$

$$=\frac{x^a}{x^a+x^b+x^c}+\frac{x^b}{x^a+x^b+x^c}+\frac{x^c}{x^a+x^b+x^c}$$

$$=\left(\frac{x^a+x^b+x^c}{x^a+x^b+x^c}\right)=1$$

8. $\left[x^{(b-c)}\right]^{b+c}.\left[x^{(c-a)}\right]^{c+a}.\left[x^{(a-b)}\right]^{a+b}=?$

दिया गया व्यंजक

$=x^{(b-c)(b+c)}.x^{(c-a)(c+a)}.x^{(a-b)(a+b)}$

$x^{\left(b^2-c^2\right)}.x^{\left(c^2-a^2\right)}.x^{\left(a^2-b^2\right)}$

$=x^{\left(b^2-c^2+c^2-a^2+a^2-b^2\right)}$

$=x^0=1$

9. $\dfrac{(0.6)^0-(0.1)^{-1}}{\left(\frac{3}{2^3}\right)^{-1}\cdot\left(\frac{3}{2}\right)^3+\left(-\frac{1}{3}\right)^{-1}}=?$

प्रदत्त व्यंजक $=\dfrac{1-\left(\frac{1}{10}\right)^{-1}}{\left(\frac{2^3}{3}\right)\cdot\left(\frac{3}{2}\right)^3+(-3)^1}$

$$=\frac{1-10}{\frac{2^3}{3}\times\frac{3^3}{2^3}-3}=\frac{-9}{9-3}=\frac{-9}{6}=\frac{-3}{2}$$

10. यदि $2^x=4^y=8^z$ तथा $\left(\dfrac{1}{2x}+\dfrac{1}{4y}+\dfrac{1}{6z}\right)=\dfrac{24}{7}$ तो z का मान क्यो होगा?

$2x=3y=6^{-2}=k$

$2=k^{1/x},3=k^{1/y},6=k-^{1/z}$

$2\times3=6\Rightarrow k^{1/x}\times k^{1/y}$

$k^{-1/z}=x^{\left(\frac{1}{x}+\frac{1}{y}\right)=k^{-1/z}}$

$\dfrac{1}{x}+\dfrac{1}{y}=-\dfrac{1}{2}$ अर्थात् $\dfrac{1}{x}+\dfrac{1}{y}+\dfrac{1}{z}=0$

अभ्यास प्रश्न (Practice Questions)

1. $\sqrt[4]{(625)^3}$ का मान क्या है?
   (a) 25 (b) 125
   (c) $\sqrt[4]{1875}$ (d) $\sqrt[3]{1875}$

2. $\left(\sqrt{8}\right)^{\frac{1}{3}}$ का मान किसके बराबर है?
   (a) 2 (b) $\sqrt{2}$
   (c) $2\sqrt{2}$ (d) 4

3. $\sqrt[5]{12\frac{209}{243}}$ के व्युत्क्रम का मान क्या है?
   (a) $\frac{5}{3}$ (b) $\frac{2}{5}$
   (c) $\frac{3}{5}$ (d) $\frac{5}{4}$

4. $\frac{2^n + 2^{n-1}}{2^{n+1} - 2^n}$ का मान क्या है?
   (a) $2^{\frac{n-1}{n-1}}$ (b) 2^n
   (c) $\frac{3}{2}$ (d) $2^{\frac{2(n-1)}{n+1}}$

5. $2^{-2} + (-2)^2$ किसके बराबर है?
   (a) 0 (b) $4\frac{1}{2}$
   (c) $-2\frac{1}{2}$ (d) $4\frac{1}{4}$

6. $\frac{(-1)^{132}}{5^{-1} + 3^{-1}}$ =?
   (a) $\frac{15}{132}$ (b) $\frac{132}{5}$
   (c) $\frac{15}{8}$ (d) $\frac{15}{2}$

7. $[(2^3)^7 \div 4^7]$ =?
   (a) $\sqrt{128}$ (b) $\sqrt[3]{128}$
   (c) $\sqrt[4]{64}$ (d) इनमें से कोई नहीं

8. $2^x \times 8^{\frac{1}{5}} = 2^{\frac{1}{5}}$ हो, तो x का मान क्या होगा?
   (a) $\frac{1}{5}$ (b) $-\frac{1}{5}$
   (c) $\frac{2}{5}$ (d) $-\frac{2}{5}$

9. $4^{2x} = 256$ तो x का मान क्या है?
   (a) 2 (b) 4
   (c) 6 (d) 8

10 यदि $m^n : n^m = 800$ हो तो $\frac{n}{m}$ का मान क्या होगा?
   (a) $\frac{1}{2}$ (b) $\frac{4}{5}$
   (c) $\frac{5}{2}$ (d) $\frac{1}{5}$

11. यदि m तथा n पूर्ण संख्याएँ हैं तथा $m^n = 25$, तो n^m का मान क्या है?
   (a) 10 (b) 32
   (c) 4 (d) 25

12. $27^{\frac{2}{3}} \times 81^{-\frac{1}{2}} = 3^n$ हो, तो n का मान क्या होगा?
   (a) 1 (b) 27
   (c) 0 (d) 81

13. $2^x \times 8^{\frac{1}{5}} = 2^{\frac{1}{5}}$ हो, तो $x = ?$
   (a) $-\frac{1}{5}$ (b) $\frac{2}{5}$
   (c) $-\frac{2}{5}$ (d) $\frac{1}{5}$

14. $4^x = 5^y = 20^z$ हो, तो z = ?
   (a) $\frac{xy}{x+y}$ (b) $x\,y$
   (c) $\frac{y}{x+y}$ (d) $\frac{x+y}{xy}$

15. $(246)^{0.12} \times (243)^{0.08} = ?$
   (a) 9 (b) 3
   (c) 27 (d) 12

16. $(2^m)^m = 512$ तो m = ?
   (a) 2 (b) 5
   (c) 4 (d) 3

17. यदि $\left(\sqrt{3}\right)^5 \times (9)^2 = 3^a \times 3\sqrt{3}$ हो, तो a = ?

(a) 5 (b) 3

(c) 4 (d) 2

18. $(125)^{\frac{1}{3}} - (343)^{\frac{1}{3}} + (64)^{\frac{1}{3}} = x,$ तो $x = ?$

(a) 2 (b) 4

(c) 3 (d) 1

19. $\frac{3^x \times 9^5 \times 27^2}{3 \times (81)^4} = 243,$ तो $x = ?$

(a) 1 (b) 0

(c) 6 (d) 5

20. यदि $\sqrt{2^n} = 64$ तो n = ?

(a) 2 (b) 12

(c) 4 (d) 6

21. यदि $x^y = y^x$ तो $\left(\frac{x}{y}\right)^{\frac{x}{y}}$ का मान क्या है ?

(a) $x^{\frac{y}{x}}$ (b) $x^{\frac{y}{x}-1}$

(c) $x^{\frac{x}{y}-1}$ (d) $x^{\frac{x}{y}}$

22. $125^x = 3125$ तो $x = ?$

(a) $\frac{5}{3}$ (b) 25

(c) $\frac{1}{4}$ (d) $\frac{3}{5}$

23. $\sqrt[3]{4} \times \sqrt[4]{8}$ का मान क्या है?

(a) $\sqrt[7]{12}$ (b) $2 \times \sqrt[12]{32}$

(c) $\sqrt[27]{12}$ (d) $\sqrt[12]{32}$

24. $(4)^{0.5} \times (0.5)^4 = ?$

(a) 4 (b) 1

(c) $\frac{1}{8}$ (d) $\frac{1}{32}$

25. यदि m तथा n दो पूर्ण संख्याएँ हैं, ताकि $m^n = 121$ हो, तो $(m-1)^{n+1}$ का मान क्या होगा?

(a) 10 (b) 1000

(c) 121 (d) 1

26. $(2.4 \times 10^3) \div (8 \times 10^{-2}) = ?$

(a) 3×10^4 (b) 30

(c) 3×10^{-3} (d) 3×10^5

27. यदि a और b दो धनात्मक पूर्णांक इस प्रकार हैं कि $a^b = 125$ तो $(a-b)^{a+b-4} = ?$

(a) 16 (b) 30

(c) 25 (d) 28

28. $(1296)^{0.75} \times (36)^{-1} = ?$

(a) 196 (b) 36

(c) 1176 (d) इनमें से कोई नहीं।

29. $\sqrt{(64)^{-4} \times (125)^{-2}} = ?$

(a) 3200 (b) $\frac{1}{3200}$

(c) 6400 (d) $\frac{1}{6400}$

30. यदि $a = b^x, b = c, c = a^z$ तो xyz का मान क्या होगा?

(a) abc (b) 0

(c) 1 (d) –1

31. $\left(\frac{8}{27}\right)^{-\frac{1}{3}} \times \left(\frac{81}{10}\right)^{\frac{3}{4}} \times \left(\frac{32}{243}\right)^{-\frac{2}{5}} = ?$

(a) $\frac{9}{4}$ (b) $-\frac{9}{7}$

(c) $-\frac{9}{2}$ (d) $\frac{4}{9}$

32. यदि $2^x = 3^y = 36^z$ तो z = ?

(a) $\frac{x+y}{8}$ (b $\frac{x+y}{4}$

(c) $\frac{x-y}{4}$ (d) इनमें से कोई नहीं।

33. $3^{x+5} = 27^{2x-5}$ मे $x = ?$

(a) 2 (b) 12

(c) 4 (d) 6

34. यदि x = 0 तो $\frac{2^x + 2^{x-1}}{2^{x+1} - 2^x} = ?$

(a) 1 (b) 2

(c) $\frac{3}{2}$ (d) $\frac{4}{3}$

35. $\left[(81)^6\right]^{\frac{1}{24}} = ?$

(a) 27 (b) 9

(c) 3 (d) 81

36. $2^{x-1} + 2^{x+1} = 320$ तो $x = ?$

(a) 6 (b) 5

(c) 7 (d) 8

37. $3^{2x} \div 9^{y} = 27$ तथा $4^{x-1} = 8^{y+1}$ में $x = ?$

(a) 7 (b) 3

(c) 4 (d) $\frac{7}{2}$

38. $\sqrt{x^4\{\sqrt{x^4\sqrt{x^4}}} = ?$

(a) x^4 (b) $x^{\frac{7}{2}}$

(c) $0\,x^7$ (d) $x^{\frac{6}{2}}$

39. यदि $8^x + 8^{x-1} = 72$ तो $(2x)^{-\frac{3}{2}x} = ?$

(a) 46 (b) 256

(c) $\frac{1}{256}$ (d) $\frac{1}{64}$

40. यदि $9^{2x-1} = 2^5 – 5$ हो, तो $x = ?$

(a) 2 (b) $\frac{5}{4}$

(c) 1 (d) $-\frac{4}{5}$

41. $a^x \div a^{x-3} = 27$ हो, तो $a = ?$

(a) 5 (b) 4

(c) 6 (d) 3

42. यदि $\sqrt{\frac{x}{y}} + \sqrt{\frac{y}{x} = \frac{10}{3}}$ तथा $x + y = 10$ तो $xy = ?$

(a) 24 (b) 36

(c) 3 (d) 9

43. यदि $3^{2x} = 7^{2y} = 63^z$ हो, तो

(a) $z = \frac{x+2y}{2xy}$ (b) $z = \frac{2xy}{x+2y}$

(c) $z = 2(x + y)$ (d) $z = 2xy$

44. व्यंजक $\frac{1}{5^{-1}+3\times3^{-2}} - \left(\frac{8}{15}\right)^{-1}$ का मान है-

(a) 0 (b) 1

(c) $\frac{3}{15}$ (d) इनमें से कोई नहीं।

45. व्यंजक $\sqrt[3]{x^4} \div \left(\sqrt[6]{x}\right)^{-1}$ का सरल रूप क्या है?

(a) $x^{\frac{3}{2}}$ (b) $x^{\frac{6}{7}}$

(c) $x^{\frac{2}{3}}$ (d) $x^{\frac{7}{6}}$

46. $\frac{\left(p+\frac{1}{q}\right)^m \times \left(p-\frac{1}{q}\right)^m}{\left(q+\frac{1}{p}\right)^m \times \left(q-\frac{1}{p}\right)^m} = ?$

(a) $\left(\frac{p}{q}\right)^{2m}$ (b) $\left(\frac{q}{p}\right)^{2m}$

(c) $\left(\frac{p}{q}\right)^{m}$ (d) इनमें से कोई नहीं

47. $\frac{2^{x-1}\,3^{2x+1}5^{x+y}6^{y-2}}{3^y6^{x+1}10^{y+2}15^{x-1}} = ?$

(a) $\frac{1}{36}$ (b) $\frac{1}{960}$

(c) $\frac{1}{15}$ (d) इनमें से कोई नहीं

48. $x^{\frac{3}{2}} - xy^{\frac{1}{2}} + x^{\frac{1}{2}}y - y^{\frac{3}{2}}$ को $x^{\frac{1}{2}} - y^{\frac{1}{2}}$ से विभाजित किया जाए, तो भागफल क्या होगा?

(a) $x + y$ (b) $x – y$

(c) $x^2 – y^2$ (d) $x^{\frac{1}{2}} + y^{\frac{1}{2}}$

49. $a^{-5} \times a^{-4} \times a^{-3} \times a^{-2} \times a^5 \times a^6 \times a^7 = ?$

(a) a^5 (b) a^4

(c) a^7 (d) a^6

50. यदि $5\sqrt{5}\times5^3 \div 5^{\frac{-3}{2}} = 5^{a+b}$. यदि $b = 2$ तो a का मान क्या होगा ?

(a) 5 (b) 6

(c) 4 (d) 8

51. $\frac{2^6+4}{7} = 3^{2x-3}$, तो x का मान क्या होगा ?

(a) 2 (b) 2.5

(c) 3 (d) 4

52. $2^5 + 4 = 6^{x+y}\ 2^5 – 5 = 03^x$, तो x तथा y का मान क्या होगा ?

(a) 3 (b) –1

(c) 2 (d) –2

53. $2^{6n-2} = 2^{3n+1}$, तो n का मान क्या होगा ?

(a) 1 (b) –1

(c) 2 (d) –2

54. $(6)^{3x-2} = (3)^{3x+1}(2)^{y}$ एवं $y = 2x+1$ है, तो x का मान क्या होगा?

(a) 1 (b) 2
(c) 3 (d) –3

55. $\sqrt[5]{5}\times 5^{\left(\frac{1}{2}\right)}\times 5^{3} = ?$

(a) 5^3 (b) 5^4
(c) $5^{\frac{5}{2}}$ (d) 5^2

56. यदि दो वर्गों के क्षेत्रफलों का गुणनफल 16 है एवं वर्ग समरूप हैं, तो वर्ग की भुजा क्या होगी?

(a) 2 (b) $\sqrt{2}$
(c) $2\sqrt{2}$ (d) 4

57. $6^x = 2^y . 3^z$ तो z का मान ज्ञात करें यदि $x = y = 2$

(a) 2 (b) –2
(c) $2\sqrt{2}$ (d) 4

58. यदि $a^b = b^a$ तो $(b)^{\frac{a}{b}}$ का मान क्या होगा ?

(a) a (b) $(-a)^a$
(c) b (d) $(b)^b$

59. $(3^n)^m = 81, m = ?$

(a) $\pm\sqrt{2}$ (b) ±2
(c) $\pm 2\sqrt{2}$ (d) ±4

60. $(32)^{\frac{3}{5}}\times\frac{1}{\left(2\sqrt{2}\right)^{2}}\times(81)^{-\frac{2}{4}}\times(3)^{x} = 1$, तो x का मान क्या होगा ?

(a) 2 (b) 3
(c) 4 (d) $2\sqrt{2}$

61. $(2)^{+\text{ü}}$ [illegible] (-3) (-4) $(3)^4 = x$, का मान क्या होगा?

(a) 51 (b) 102
(c) 230 (d) 98

62. $3^x \times 27^{\frac{1}{5}} = 3^{\frac{1}{5}}$ तो x का मान क्या होगा ?

(a) 6 (b) 5
(c) 7 (d) $-\frac{2}{5}$

63. $8^{x^2-2x} = 2^{-3}$ तो x का मान क्या होगा ?

(a) 1 (b) –1
(c) 2 (d) –2

64. $(27)^{\frac{2}{3}x^2+4} = (27)\times(3)^{3x+1}$ तो x का मान क्या होगा?

(a) 2 (b) 4
(c) –2 (d) अवास्तविक

65. $(2^2)^x = 8^2$, तो $x = ?$

(a) 1 (b) 2
(c) 3 (d) 2.5

66. $8^{2x^2+5} = (2)^{23x}, x = ?$

(a) ±3 (b) $3\frac{5}{6}$
(c) $3\frac{6}{5}$ (d) $-3\frac{5}{6}$

67. $\sqrt{\frac{x}{y}}+\sqrt{\frac{y}{x}} = \frac{17}{4}$ एवं $x - y = 15$ है, तो $x^2 + y^2 = ?$

(a) 197 (b) 101
(c) 257 (d) 226

68. $$\frac{\left(p+\frac{4}{q}\right)^{2x}\left(p-\frac{1}{q}\right)^{2x}}{\left(p^2-\frac{1}{q^2}\right)^{2}} = \left(p^2-q^{-2}\right)^6, x = ?$$

(a) 3 (b) 4
(c) –3 (d) –4

69. $\sqrt[7]{x^6}\div(x)^{\frac{14}{3}}$ है, तो सरल रूप क्या है?

(a) n^{-4} (b) $x^{-\frac{81}{20}}$
(c) $x^{-\frac{81}{21}}$ (d) $x^{-\frac{70}{21}}$

70. $5^x + 5^{x-1} = 150$, x का मान क्या होगा?

(a) 2 (b) 3
(c) 4 (d) –3

उत्तरमाला (Answer Key)

1. (b)	2. (b)	3. (c)	4. (c)	5. (d)	6. (c)	7. (d)	8. (d)	9. (a)	10 (c)
11. (b)	12. (c)	13. (c)	14. (a)	15. (b)	16. (d)	17. (a)	18. (a)	19. (c)	20. (b)
21. (c)	22. (a)	23. (b)	24. (c)	25. (b)	26. (a)	27. (a)	28. (d)	29. (d)	30. (c)
31. (a)	32. (a)	33. (c)	34. (c)	35. (c)	36. (c)	37. (d)	38. (b)	39. (d)	40. (b)
41. (d)	42. (d)	43. (b)	44. (a)	45. (a)	46. (a)	47. (b)	48. (a)	49. (b)	50. (c)
51. (b)	52. (b)	53. (a)	54. (c)	55. (b)	56. (a)	57. (a)	58. (a)	59. (d)	60. (a)
61. (b)	62. (d)	63. (a)	64. (d)	65. (c)	66. (b)	67. (c)	68. (b)	69. (b)	70. (b)

हल (Solutions)

1. (b)

$$\sqrt[4]{(625)^3} = (625)^{\frac{3}{4}} = \left(5^4\right)^{\frac{3}{4}} = 5^{4\times\frac{3}{4}} = 5^3 = 125$$

2. (b)

$$\left(\sqrt{8}\right)^{\frac{1}{3}} = \left(8^{\frac{1}{2}}\right)^{\frac{1}{3}} = 8^{\frac{1}{2}\times\frac{1}{3}} = 8^{\frac{1}{6}} = \left(2^3\right)^{\frac{1}{6}}$$

$$= 2^{3\times\frac{1}{6}} = 2^{\frac{1}{2}} = \sqrt{2}$$

3. (c)

$$\sqrt[5]{12\frac{209}{243}} = \sqrt[5]{\frac{3125}{243}} = \sqrt[5]{\left(\frac{5}{3}\right)^5}$$

$$= \left[\left(\frac{5}{3}\right)^5\right]^{\frac{1}{5}} = \frac{5}{3}$$

$\frac{5}{3}$ का व्युत्क्रम $= \frac{3}{5}$

4. (c)

$$\frac{2^n + 2^{n-1}}{2^{n+1} - 2^n} = \frac{2^{n-1}[2+1]}{2^n[2-1]} = \frac{2^{n-1}\times 3}{2^n \times 1} = \frac{3}{2}$$

5. (d)

$$2^{-2} + (-2)^2 = \frac{1}{2^2} + 4 = \frac{1}{4} + 4 = \frac{17}{4} = 4\frac{1}{4}$$

6. (b)

$$\frac{(-1)^{132}}{5^{-1} + 3^{-1}} = \frac{1}{\frac{1}{5} + \frac{1}{3}} = \frac{1}{\frac{3+5}{15}} = \frac{15}{8}$$

7. (d)

$$\left[(2^3)^7 \div 4^7\right]^{\frac{1}{4}} = \left[2^{21} \div (2^2)^7\right]^{\frac{1}{4}}$$

$$= \left[2^{21} \div 2^{14}\right]^{\frac{1}{4}} = \left[2^7\right]^{\frac{1}{4}} = \sqrt[4]{128}$$

8. (d)

$$2^x \times 8^{\frac{1}{5}} = 2^{\frac{1}{5}}$$

$$2^x \times (2^3)^{\frac{1}{5}} = 2^{\frac{1}{5}}$$

$$2^x \times 2^{\frac{3}{5}} = 2^{\frac{1}{5}}$$

$$2^x = 2^{\frac{1}{5}-\frac{3}{5}} = 2^{-\frac{2}{5}}$$

$$\Rightarrow x = -\frac{2}{5}$$

9. (a)

$4^{2x} = 256$

$4^{2x} = 4^4 \Rightarrow 2x = 4 \Rightarrow x = 2$

10. (c)

$m^n.\ n^m = 800$

$m^n.\ n^m = 2^5 \times 5^2 = \frac{n}{m} = \frac{5}{2}$

11.(b)

$m^n = 25 = 5^2$

$m = 5$, n =2

$n^m = 2^5 = 32$

12.(c)

$$(27)^{\frac{2}{3}} \times (81)^{-\frac{1}{2}} = 3^n$$

$$\left[(3)^3\right]^{\frac{2}{3}} \times (3^4)^{-\frac{1}{2}} = 3^n$$

$$3^{3\times\frac{2}{3}} \times 3^{4\times-\frac{1}{2}} = 3^n$$

$3^2 \times 3^{-2} = 3^n = 3^0 = 3^n \Rightarrow n = 0$

13.(c)

$$2^x \times (8)^{\frac{1}{5}} = 2^{\frac{1}{5}}$$

$$\Rightarrow 2^x \times (2^3)^{\frac{1}{5}} = 2^{\frac{1}{5}}$$

$$\Rightarrow 2^x \times 2^{\frac{3}{5}} = 2^{\frac{1}{5}}$$

$$\Rightarrow 2^x = 2^{\frac{1}{5}-\frac{3}{5}}$$

$$\Rightarrow 2^x = 2^{-\frac{2}{5}}$$

$$\Rightarrow x = -\frac{2}{5}$$

14.(a)

$4^x = 5^y = 20^z = k$

$4 = k^{\frac{1}{x}}, 5 = k^{\frac{1}{y}}, 20 = k^{\frac{1}{z}}$

$4 \times 5 = 20$

$$k^{\frac{1}{x}} \times k^{\frac{1}{y}} = k^{\frac{1}{z}} \Rightarrow \frac{1}{x} + \frac{1}{y} = \frac{1}{z} \Rightarrow z = \frac{xy}{x+y}$$

15.(b)

$(243)^{0.12} \times (143)^{0.08}$

$$(243)^{0.2} = (243)^{\frac{1}{5}} = (3^5)^{\frac{1}{5}} \times 3^{5\times\frac{1}{5}} = 3$$

16.(d)

$(2^m)^m = 512$

$2^{m^2} = 2^9$

$\Rightarrow m^2 = 9 \Rightarrow m = 3$

17.(a)

$$\left(\sqrt{3}\right)^5 \times 9^2 = 3^a \times 3\sqrt{3}$$

$$3^{\frac{5}{2}} \times 3^4 = 3^a \times 3\sqrt{3}$$

$$3^{\frac{5}{2}} + 4 = 3^a + 1 + \frac{1}{2}$$

$$\frac{5}{2} + 4 = a + \frac{3}{2}$$

$$a = \frac{5}{2} + 4 - \frac{3}{2} = \frac{5+8-3}{2} = \frac{10}{2} = 5$$

18.(a)

$$(125)^{\frac{1}{3}} - (334)^{\frac{1}{3}} + (64)^{\frac{1}{3}} = x$$

$$(5^3)^{\frac{1}{3}} - (7^3)^{\frac{1}{3}} + (4^3)^{\frac{1}{3}} = x$$

$5 - 7 + 4 = x \Rightarrow x = 2$

19 (c)

$$\frac{3^x \times 9^5 \times 27^2}{3 \times (81)^4} = 243$$

$$\Rightarrow \frac{3^x \times (3^2)^5 \times (3^3)^2}{3 \times (3^4)^4} = 243$$

$$\Rightarrow \frac{3^x \times 3^{10} \times 3^6}{3^7} = 243$$

$\Rightarrow 3^{16+x-17} = 243 = 3^5$

$3^{x-1} = 3^5 \Rightarrow x - 1 = 5$

$\Rightarrow x = 6$

20 (b)

$\sqrt{2^n}$ 64

$$2^{\frac{n}{2}} = 64 = 2^6$$

$$\frac{n}{2} = 6 \Rightarrow n = 12$$

21 (c)

$x^y = y^x$

$$y = (x)^{\frac{y}{x}}$$

$$\left(\frac{x}{y}\right)^{\frac{x}{y}} = \left(\frac{x}{x^{\frac{y}{x}}}\right)^{\frac{x}{y}} = \frac{x^{\frac{x}{y}}}{x^{\frac{y}{x}\times\frac{x}{y}}}$$

$$\frac{x^{\frac{x}{y}}}{x} = x^{\frac{x}{y}-1}$$

22 (a)

$(125)^x = 3125$

$(5^3)^x = 3125 = 5^5$

$5^{3x} = 5^5 \Rightarrow 3x = 5$

$$\Rightarrow x = \frac{5}{3}$$

23. (b)

$\sqrt[3]{4}\times\sqrt[4]{8}$

$= 4^{\frac{1}{3}}\times 8^{\frac{1}{4}} = \left(2^2\right)^{\frac{1}{4}} = 2^{\frac{2}{3}}\times 2^{5\times\frac{1}{12}}$

$= 2\times\left(32\right)^{\frac{1}{12}}$

$= 2\times\sqrt[12]{32}$

24. (c)

$(4)^{0.5}\times(0.5)^4$

$= \left(2^2\right)^{\frac{5}{10}}\times\left(\frac{5}{10}\right)^4 = 2^{\frac{10}{10}}\times\left(\frac{1}{2}\right)^4 = 2\times\frac{1}{16} = \frac{1}{8}$

25. (b)

$m^n = 121 = 11^2$

$m = 11, n = 2$

$\left(m-1\right)^{n+1} = (11-1)^{2+1} = \left(10\right)^3 = 1000$

26. (a)

$\left(2.4\times 10^3\right)\div\left(8\times 10^{-2}\right)$

$\frac{2.4\times 10^3}{8\times 10^{-2}} = 0.3\times 10^5 = 3\times 10^4$

27. (a)

$a^b = 125$

$5^3 = 125 \Rightarrow a = 5, b = 3$

$(a-b)^{a+b-4} = (5-3)^{5+3-4} = 2^4 = 16$

28. (d)

$(1296)^{0.75}\times(36)^{-1}$

$\left[(6)^4\right]^{\frac{75}{100}}\times\frac{1}{36}$

$= 6^{4\times\frac{1}{4}}\times\frac{1}{36} = 6\times\frac{1}{36} = \frac{1}{6}$

29. (d)

$\sqrt[3]{(64)^{-4}\times(125)^{-2}}$

$= (64)^{-\frac{4}{3}}\times(125)^{-\frac{2}{3}}$

$= \left(4^3\right)^{-\frac{4}{3}}\times\left(5^3\right)^{-\frac{2}{3}}$

$= 4^{3\times-\frac{4}{3}}\times 5^{3\times-\frac{2}{3}}$

$= 4^{-4}\times 5^{-2}$

$= \frac{1}{256}\times\frac{1}{25} = \frac{1}{6400}$

30. (c)

$a = b^x = (c^y)^x = c^{xy} = (a^z)^{xy} = a^{xyz}$

$a = a^{xyz} \Rightarrow xyz = 1$

31. (a)

$\left(\frac{8}{27}\right)^{-\frac{1}{3}}\times\left(\frac{81}{16}\right)^{\frac{3}{4}}\times\left(\frac{32}{243}\right)^{-\frac{2}{5}}$

$= \left[\frac{2^3}{3^3}\right]^{-\frac{1}{3}}\times\left[\frac{3^4}{2^4}\right]^{\frac{3}{4}}\times\left[\frac{3^5}{2^5}\right]^{-\frac{2}{5}}$

$= \left(\frac{2}{3}\right)^{3\times-\frac{1}{3}}\times\left(\frac{3}{2}\right)^{4\times\frac{3}{4}}\times\left(\frac{3}{2}\right)^{5\times-\frac{2}{5}}$

$= \left(\frac{2}{3}\right)^{-1}\times\left(\frac{3}{2}\right)^{3}\times\left(\frac{3}{2}\right)^{-2}$

$= \frac{3}{2}\times\left(\frac{3}{2}\right)^3\times\frac{3^2}{2^2} = \frac{9}{4}$

32. (a)

$2^x = 2^y = 36^z$

$2^x\,3^y = (36^z)\;(36^z)$

$2^x\,3^y = 36^{2z} = 6^{4z}$

$2^x\,3^y = 2^{4z}\times 3^{4z}$

$4z = x\;4z = y$

$z = \frac{x}{4}$

$z = \frac{y}{4}$

$z + z = \frac{x+y}{4}$

$2z = \frac{x+y}{4}$

$z = \frac{x+y}{8}$

33. (c)

$3^{x+5} = (27)^{2x-5}$

$3^{x+5} = (3^3)^{2x-5}$

$3^{x+5} = 3^{6x-15}$

$x + 5 = 6x - 15$

$5x = 20 \Rightarrow x = 4$

34. (c)

$\frac{2^x+2^{x-1}}{2^{x+1}-2^x} = \frac{2^0+2^{0-1}}{2^{0+1}-2^0} = \frac{1+\frac{1}{2}}{2-1} = \frac{3}{2}$

35. (c)

$\left[(81)^6\right]^{\frac{1}{24}} = \left[\left(3^4\right)^6\right]^{\frac{1}{24}}$

$= 3^{24\times\frac{1}{24}} = 3$

36. (c)

$2^{x-1}+2^{x+1}=320$

$2^x.2^{-1}+2^x,2^1=320$

$2^x\left(\frac{1}{2}+2\right)=320$

$2^x=\frac{320\times}{5}=34\times 2=128$

$2^x=2^7 \Rightarrow x=7$

37. (d)

$3^{2x}\div 9^y=27$

$\frac{3^{2x}}{3^{2y}}=3^3 \Rightarrow 2x-2y=3$ ———— (i)

$4^{x+1}=8^{y+1}$

$(2^2)^{x+1}=(2^3)^{y+1}$

$2^{2x+2}=2^{3y+3}$

$\Rightarrow 2x+2=3y+3$

$2x-3y=1$ ———— (ii)

समीकण (i) और (ii) को हल करने से $x=\frac{7}{2}$, y = 2

38. (b)

$\sqrt{x^4\left\{\sqrt{x^4\sqrt{x^4}}\right\}}=?$

$\sqrt{x^4\left\{\sqrt{x^4\times x^2}\right\}}=\sqrt{x^4\times x^3}=\sqrt{x^7}=x^{\frac{7}{2}}$

39. (d)

$8^x+8^{x-1}=72$

$8^x+8^{x.\frac{1}{8}}=72$

माना $8^x=y$

$y+\frac{y}{8}=72 \Rightarrow 9y=72\times 8$

$y=64$

$8^x=8^2 \Rightarrow x=2$

$(2x)^{-\frac{3}{2}x}=(2\times 2)^{\frac{-3}{2}\times 2}=(4)^{-3}=\frac{1}{64}$

40. (b)

$9^{2x-1}=2^5-5$

$(3^2)^{2x-1}=32-5=27=3^3$

$4x-2=3 \Rightarrow 4x=5 \Rightarrow x=\frac{5}{4}$

41. (d)

$a^x\div a^{x-3}=27$

$a^{x-x+3}=3^3 \Rightarrow a^3=3^3 \Rightarrow a=3$

42. (d)

$\sqrt{\frac{x}{y}}+\sqrt{\frac{y}{x}}=\frac{10}{3}$

$\frac{x+y}{\sqrt{xy}}=\frac{10}{3}$

$\frac{10}{\sqrt{xy}}=\frac{10}{3} \Rightarrow \sqrt{xy}=3$

$xy=9$

43.(b)

$3^{2x}=7^{2y}=63^z$

$3^{2x}=7^{2y}=(9\times 7)^z=(3^2\times 7)^z$

$3^{2x}=7^{2y}=3^{2z}\times 7^z=k$

$3^{2x}=k \Rightarrow 3=k^{\frac{1}{2x}}$

$7^{2y}=k \Rightarrow 7=k^{\frac{1}{2y}}$

$3^{2z}\times 7^z=k$

$k^{\frac{1}{2}\times 2z}\times k^{\frac{1}{2y}\times z}=k$

$k^{\frac{2z}{2x}+\frac{z}{2y}}=k$

$k^{\frac{z}{x}+\frac{z}{2y}}=k$

$\frac{z}{x}+\frac{z}{2y}=1 \Rightarrow \frac{2yz+xz}{2xy}=1 \Rightarrow 2yz+xz=2xy$

$z(2y+x)=2xy$

$z=\frac{2xy}{x+2y}$

44.(a)

$\frac{1}{5^{-1}+3\times 3^{-2}}-\left(\frac{8}{15}\right)^{-1}$

$=\frac{1}{\frac{1}{5}+3\times\frac{1}{3^2}}-\frac{1}{\frac{8}{15}}=\frac{1}{\frac{1}{5}+\frac{1}{3}}-\frac{15}{8}$

$=\frac{1}{\frac{3+5}{15}}-\frac{15}{8}$

$=\frac{15}{8}-\frac{15}{8}=0$

45.(a)

$$\sqrt[3]{x^4} \div \left(\sqrt[6]{x}\right)^{-1}$$

$$= x^{\frac{4}{3}} \div \left(x^{\frac{1}{6}}\right)^{-1} = x^{\frac{4}{3}} \div \frac{1}{x^{\frac{1}{6}}} = x^{\frac{4}{3}} \times x^{\frac{1}{6}}$$

$$= x^{\frac{4}{3}+\frac{1}{6}} = x^{\frac{8+1}{6}} = x^{\frac{9}{6}} = x^{\frac{3}{2}}$$

46.(a) $$\frac{\left[\left(p+\frac{1}{q}\right)\left(p-\frac{1}{q}\right)\right]^m}{\left[\left(q+\frac{1}{p}\right)\left(q-\frac{1}{p}\right)\right]^m} = \frac{\left[p^2-\frac{1}{q^2}\right]^m}{\left(q^2-\frac{1}{p^2}\right)^m}$$

$$= \left[\frac{p^2q^2-1}{q^2} \times \frac{p^2}{p^2q^2-1}\right]^m$$

$$= \left(\frac{p^2}{q^2}\right)^m = \left(\frac{p}{q}\right)^{2m}$$

47.(b)

$$\frac{2^{x-1}3^{2x+1}5^{x+y}6^{y-2}}{3^y6^{x+1}10^{y+2}15^{x-1}}$$

$$= \frac{2^x.2^{-1}.3^{2x}.3.5^x.5^y.6^y.6^{-2}}{3^y.6^x.6.10^y.10^2.15^x.15^{-1}}$$

$$= \frac{2^x.3^{2x}.5^x.5^y.6^y.2^{-1}.3.6^{-2}}{3^y.3^x.2^x.5^y.2^y.5^x.3^x.6.100.15^{-1}}$$

$$= \frac{9\times\frac{1}{2}\times3\times\frac{1}{36}}{6\times100\times\frac{1}{15}}$$

$$= \frac{9\times3\times15}{2\times36\times6\times100} = \frac{1}{960}$$

48.(a)

$$x^{\frac{1}{2}} - y^{\frac{1}{2}} \overline{\Big)\, x^{\frac{3}{2}} - xy^{\frac{1}{2}} + x^{\frac{1}{2}}y - y^{\frac{3}{2}}}\ (x+y$$

$$\underline{x^{\frac{3}{2}} - xy^{\frac{1}{2}}}$$

$$x^{\frac{1}{2}}y - y^{\frac{3}{2}}$$

$$\underline{x^{\frac{1}{2}}y - y^{\frac{3}{2}}}$$

49.(b)

$$a^{-5}\times a^{-4}\times a^{-3}\times a^{-2}\times a^5\times a^6\times a^7$$

$$= a^{-14}\times a^{18} = a^4$$

50.(c)

$$5\sqrt{5}\times5^3 \div 5^{-\frac{3}{2}} = 5^{a+b}$$

$$5\sqrt{5}\times5^3 \div \frac{1}{5^{\frac{3}{2}}} = 5^{a+b}$$

$$5\sqrt{5}\times5^3 \div 5^{\frac{3}{2}} = 5^{a+b}$$

$$5\sqrt{5}\times5^3 \div 5\sqrt{5} = 5^{a+b}$$

$$5^6 = 5^{a+b}$$

$6 = a + 2 \Rightarrow a = 6 - 2 = 4$

51.(b)

$2^6 = 64$

$\therefore \frac{2^6-1}{7} = \frac{64-1}{7} = 9$

$\Rightarrow 9 = 3^{3n-3}$

$\Rightarrow 3^2 = 3^{3n-3}$

$\Rightarrow 2x = 5$

$\Rightarrow x = 2.5$

52.(b)

$2^5 = 32$

$\therefore\ 36 = 6^{x+y}$ ——————(i)

$27 = 3^x \Rightarrow$

$x = 3$

समीकरण (i) में x का मान रखने पर

$x + y = 2$

$\Rightarrow y = 2 - 3 = -1$

53.(a)

$6n - 2 = 3n + 1$

$\Rightarrow 3n = 3$

$\Rightarrow\ n = 1$

54.(c)

$$(6)^{3x-2} = (3)^{2x+1}\ (2)^{2x+1}$$

$$\Rightarrow (6)^{3x-2} = (6)^{2x-2}$$

$\Rightarrow 3x - 2 = 2x + 1$

$\Rightarrow x = 3$

55.(b)

$$\sqrt[5]{5}\times\frac{1}{\sqrt{5}} \times 5^3 = 5^4$$

56.(a)

$\because$ दोनों वर्ग समरूप हैं

$\therefore$ दोनों वर्गों की भुजा $= x$

$\therefore$ वर्गों के क्षेत्रफल का गुणफल $= 16$

$x^2 \times x^2 = 16$

$\Rightarrow x^4 = 16$

$\Rightarrow x = (16)^{\frac{1}{4}} = 2$

57.(a)

$36 = 4.3^2$

$3^z = 9 \Rightarrow z = 2$

58.(a)

$a^b = b^a$

$\Rightarrow (a^b)^{\frac{1}{b}} = (b)^{\frac{a}{b}}$

$\Rightarrow a = (b)^{\frac{a}{b}}$

59.(d)

$3^{m^2} = 81$

$\Rightarrow 3^{m^2} = 3^4 \Rightarrow m^2 = 4$

$\Rightarrow m = \pm 4$

60.(a)

$(32)^{\frac{1}{5}} = 2\left(\sqrt[2]{2}\right)^2 (2)^2 \times \left(\sqrt{2}\right)^2 = 4\times 2 = 6$

$(81)^{-\frac{1}{4}} = \frac{1}{3}$

$\therefore (2)^3 \times \frac{1}{8} \times \frac{1}{9} \times 3^x = 1$

$\Rightarrow 3^x = 3^2$

$\Rightarrow x = 2$

61.(b)

$4 + 81 - 64 + 81$

$= 162 + 4 - 64$

$= 166 - 64 = 102$

62.(d)

$3^x \times 3^{\frac{3}{5}} = 3^{\frac{1}{5}}$

$\Rightarrow x + \frac{3}{5} = \frac{1}{5} \Rightarrow x = \frac{-2}{5}$

63.(a)

$\left((3)^3\right)^{x^2-2x} = 2^{-3}$

$\Rightarrow x^2 - 2x = -1$

$\Rightarrow x^2 - 2x + 1 = 0 \Rightarrow x = 1$

64.(d)

$\left((27)^{\frac{2}{3}}\right)^{x^2} \times (27)^4 = (27) \times (3)^{2x+1}$

$\Rightarrow (3)^{2x^2} \times (3)^{4\times 3} = (3)^3 \times (3)^{2x+1}$

$\Rightarrow 2x^2 + 12 = 3 + 2x + 1$

$\Rightarrow 2x^2 - 2x + 8 = 0$

$\Rightarrow x^2 - x + 4 = 0$

$\Rightarrow x = \frac{1 \pm \sqrt{1-16}}{2}$

$\therefore x$ का मान अवास्तविक होगा

65.(c)

$2^{2x} = \left(2^3\right)^2$

$\Rightarrow 2x = 6 \Rightarrow x = 3$

66.(b)

$\left((2)^3\right)^{2x^2+} = (2)^{23x}$

$\Rightarrow 6x^2 + 15 = 23x$

$\Rightarrow 6x^2 - 23x + 15 = 0$

$\Rightarrow x = \frac{23 \pm \sqrt{529 - 360}}{12} = \frac{23 \pm 13}{12}$

$= 3\frac{10}{12} = 3\frac{5}{6}$

67.(c)

$\sqrt{\frac{x}{y}} = t$

$\Rightarrow t + \frac{1}{t} = \frac{17}{4}$

$\Rightarrow 4\left(t^2 + 1\right) = 17t \qquad \Rightarrow 4t^2 - 17t + 4 = 0$

$\Rightarrow 4t^2 - 16t - t + 4 = 0$

$\Rightarrow 4t(t-4) - 1(t-4) = 0$

$\Rightarrow t = 4, \frac{1}{4}$

$\sqrt{\frac{x}{y}} = 4, \frac{1}{4}$

$\Rightarrow 0$ एवं $x - y = 15$ को हल करने पर

$(x, y) = (16, 1)$

$\therefore x^2 + y^2 = (16)^2 + (1)^2 = 257$

68.(b)

$$\left(p^2-\frac{1}{q^2}\right)^{2x-2}=\left(p^2-\frac{1}{q^2}\right)^6$$

$\Rightarrow 2x-2=6$

$\Rightarrow 2x=8 \Rightarrow x=4$

69.(b)

$x^{\frac{6}{7}} \div x^{\frac{14}{3}}$

$= (x)^{\frac{6}{7}-\frac{14}{3}} = (x)^{\frac{18-98}{21}} = (x)^{\frac{-81}{21}}$

70.(b)

$5^{x-1}\ (5+1) = 150$

$\Rightarrow 5^{x-1} = \frac{150}{6} = 25$

$\Rightarrow 5^{x-1} = 5^2$

$\Rightarrow x-1=2$

$\Rightarrow x=3$

सरलीकरण
Simplification

सरलीकरण के प्रश्नों का उत्तर देते समय हमें अंग्रेजी का शब्द BODMAS का अनुसरण करना चाहिए। यहाँ BODMAS का तात्पर्य है:-

B = Bracket, O = of, D = Division, M = Multiplication, A = Addition, S = Subtraction,

दिए गए प्रश्नों का उत्तर देने के लिए हिंदी में निम्न क्रम का अनुसरण करेंगें:-

A) कोष्ठक B) का

C) भाग D) गुणा

E) जोड़ F) घटाव

इसके अलावा सरलीकरण के प्रश्नों का उत्तर देने के लिए कुछ महत्वपूर्ण फार्मूलों का अवश्य ध्यान रखना चाहिए:-

$$a^2 - b^2 = (a+b)(a-b)$$

$$(a+b)^2 = a^2 + b^2 + 2ab$$

$$(a-b)^2 = a^2 + b^2 - 2ab$$

$$a^3 - b^3 = (a-b)(a^2 + ab + b^2)$$

$$a^3 + b^3 = (a+b)(a^2 - ab + b^2)$$

$$(a+b)^3 = a^3 + b^3 + 3ab(a+b)$$

$$(a-b)^3 = a^3 - b^3 - 3ab(a-b)$$

$$a^3 + b^3 + c^3 - 3abc = (a+b+c)(a^2 + b^2 + c^2 - ab - bc - ca)$$

नोट:- कोष्टक वाले प्रश्नों में सबसे पहले छोटा कोष्टक ( ), उसके बाद मंझला कोष्टक { } और अंत में बड़ा कोष्टक [ ] को हल किया जाता है।

उदाहरण (Examples)

1. सरल करें

$1 \div [1 + 1 \div \{1 + 1 \div (1 + 1 \div 2)\}]$

(a) 1 (b) $\frac{5}{8}$

(c) 2 (d) $\frac{1}{2}$

हल : $1 \div [1 + 1 \div \{1 + 1 \div (1 + 1 \div 2)\}]$

$$1 \div \left[1 + 1 \div \left\{1 + 1 \div \left(1 + \frac{1}{2}\right)\right\}\right]$$

$$= 1 \div \left[1 + 1 \div \left\{1 + 1 \div \left(\frac{3}{2}\right)\right\}\right]$$

$$= 1 \div \left[1 + 1 \div \left\{1 + 1 \times \left(\frac{2}{3}\right)\right\}\right]$$

$$= 1 \div \left[1 + 1 \div \left\{1 + \frac{2}{3}\right\}\right]$$

$$= 1 \div \left[1 + \frac{3}{5}\right] = 1 \div \left[\frac{8}{5}\right]$$

$$= 1 \times \frac{5}{8} = \frac{5}{8}$$

2. $$\left[\left(1 + \frac{1}{10 + \frac{1}{10}}\right) \times \left(1 + \frac{1}{10 + \frac{1}{10}}\right) - \left(1 - \frac{1}{10 + \frac{1}{10}}\right) \times \left(1 - \frac{1}{10 + \frac{1}{10}}\right)\right]$$
$$\div \left[\left(1 + \frac{1}{10 + \frac{1}{10}}\right) + \left(1 - \frac{1}{10 + \frac{1}{10}}\right)\right]$$

का सरलीकृत मान है।

(a) $\frac{100}{101}$ (b) $\frac{90}{101}$

(c) $\frac{20}{101}$ (d) $\frac{101}{100}$

हल :

माना a = $1 + \frac{1}{10 + \frac{1}{10}}$, b = $1 - \frac{1}{10 + \frac{1}{10}}$

$$\frac{a^2 - b^2}{a + b} = \frac{(a+b)(a-b)}{(a+b)}$$

a और b का मान रखने पर

$$1+\frac{1}{10+\frac{1}{10}}-1-\frac{1}{10+\frac{1}{10}}$$

$$=1+\frac{10}{101}-1-\frac{10}{101}$$

$$=\frac{111}{101}-\frac{91}{101}$$

$$=\frac{20}{101}$$

3. सरल करें

$$1+\frac{4}{2+\frac{3}{5-\frac{1}{2}}}-\frac{1}{2}(10\div 2)$$

(a) 1 (b) 0

(c) $-\frac{15}{2}$ (d) $-\frac{1}{2}$

हल : $$1+\frac{4}{2+\frac{3}{5-\frac{1}{2}}}-\frac{1}{2}(10\div 2)$$

$$=1+\frac{4}{2+\frac{2}{3}}-\frac{5}{2}$$

$$=1+\frac{2}{3}-\frac{5}{2}$$

$$=\frac{2+3-5}{2}=0$$

4. $\frac{2}{2+\frac{2}{3+\frac{2}{3+\frac{2}{3}}}}\times 0.39$ का सरलीकृत रूप है।

(a) $\frac{1}{3}$ (b) 2

(c) 6 (d) इनमें से कोई नहीं

हल : $$\frac{2}{2+\frac{2}{3+\frac{2}{3+\frac{2}{3}}}}\times 0.39$$

$$=\frac{2}{2+\frac{2}{3+\frac{2\times 3}{11}}}\times 0.39$$

$$=\frac{2}{2+\frac{2\times 11}{39}}\times 0.39$$

$$=\frac{2}{2+\frac{22}{100}}$$

$$\frac{2\times 100}{222}\Rightarrow\frac{200}{222}\Rightarrow\frac{100}{111}$$

(5) $\frac{\frac{1}{3}\div\frac{1}{3}\times\frac{1}{3}}{\frac{1}{3}\div\frac{1}{3}\text{ का }\frac{1}{3}}-\frac{1}{9}$ का सरलीकृत रूप है

(a) 0 (b) 1

(c) $\frac{1}{3}$ (d) $\frac{1}{9}$

हल : $$\frac{\frac{1}{3}\div\frac{1}{3}\times\frac{1}{3}}{\frac{1}{3}\div\frac{1}{3}\text{ का }\frac{1}{3}}-\frac{1}{9}$$

$$=\frac{\frac{1}{3}\times\frac{3}{1}\times\frac{1}{3}}{\frac{1}{3}\div\left(\frac{1}{3}\times\frac{1}{3}\right)}-\frac{1}{9}$$

$$=\frac{\frac{1}{3}}{\frac{1}{3}\div\frac{1}{9}}-\frac{1}{9}\Rightarrow\frac{\frac{1}{3}}{\frac{1}{3}\times\frac{9}{1}}-\frac{1}{9}$$

$$=\frac{1}{3}\times\frac{1}{3}-\frac{1}{9}=\frac{1}{9}-\frac{1}{9}$$

$$=0$$

6. $\dfrac{(2.697-0.498)^2+(2.697+0.498)^2}{2.697\times2.697+0.498\times0.498}$ का मान है।

(a) 4 (b) 2

(c) 2.199 (d) 3.195

हल : माना $a=2.697$ तथा $b=0.498$

$$\frac{(a-b)^2+(a+b)^2}{a^2+b^2}$$

$$=\frac{a^2+b^2-2ab+a^2+b^2+2ab}{a^2+b^2}$$

$$=\frac{2a^2+2b^2}{a^2+b^2}$$

$$=\frac{2(a^2+b^2)}{(a^2+b^2)}$$

$$=2$$

7. $\dfrac{4.41\times0.16}{2.1\times1.6\times0.21}$ का सरलीकृत रूप है।

(a) 1 (b) 0.1

(c) 0.01 (d) 10

हल : $\dfrac{4.41\times0.16}{2.1\times1.6\times0.21}$

$$=\frac{2.1\times2.1\times0.16}{2.1\times1.6\times0.21}$$

$$=\frac{21\times16}{16\times21}$$

$$=1$$

8. $\dfrac{5.42\times6+5.42\times24}{32.71\times32.71-27.29\times27.29}$ बराबर है:-

$\div\dfrac{6.54\times6354-346\times346}{3.08\times5+3.08\times95}$

(a) 0.3 (b) 0.4

(c) 0.7 (d) 2.5

हल : माना $a=32.71, b=27.29, c=6.54, d=3.46$

$$\frac{5.42\times6+5.42\times24}{32.71\times32.71-27.29\times27.29}$$

$$\div\frac{6.54\times6354-346\times346}{3.08\times5+3.08\times95}$$

$$\frac{5.42\times(6+24)}{a^2-b^2}\div\frac{c^2-d^2}{3.08(5+45)}$$

$$=\frac{5.42\times30}{(a+b)(a-b)}\div\frac{(c+d)(c-d)}{3.08\times50}$$

$$=\frac{5.42\times30}{60\times5.42}\div\frac{10\times3.08}{3.08\times50}$$

$a, b, c, d,$ का मान रखने पर

$$\frac{5.42\times30\times3.08\times50}{60\times5.42\times10\times3.08}$$

$$=\frac{5}{2}=2.5$$

9. $\dfrac{5}{6}\div\dfrac{6}{7}\times?-\dfrac{8}{9}\div1\dfrac{3}{5}+\dfrac{3}{4}\times3\dfrac{1}{3}=2\dfrac{7}{9}$

a) $\dfrac{7}{8}$ b) $\dfrac{6}{7}$

c) 1 d) 0

हल : $\dfrac{5}{6}\div\dfrac{6}{7}\times?-\dfrac{8}{9}\div\dfrac{8}{5}+\dfrac{3}{4}\times\dfrac{10}{3}=\dfrac{25}{9}$

$$\frac{35}{36}\times?-\frac{5}{9}+\frac{5}{2}=\frac{25}{9}$$

$$\frac{35}{36}?=\frac{5}{6}$$

$$?=\left(\frac{5}{6}\times\frac{36}{35}\right)=\frac{6}{7}$$

10. सोहन को किसी भिन्न को 72 से गुणा करने के लिए कहा गया। भूलवश सोहन ने इसे 27 से गुणा कर दिया। इस प्रकार सोहन द्वारा प्राप्त उत्तर सही गुणनफल से 25 कम था तो वह भिन्न क्या है?

हल : माना भिन्न $=x$

तब, $x\times72-x\times27=25$

अर्थात् $(72x-27x)=25$

अर्थात् $45x=25$

अर्थात् $x=\dfrac{25}{45}=\dfrac{5}{9}$

भिन्न $=\dfrac{5}{9}$

अभ्यास प्रश्न (Practice Questions)

1. $\dfrac{38\times38\times38+34\times34\times34}{38\times38\times34\times34+28\times28}$ $\dfrac{+28\times28\times28-3\times38\times34\times28}{-38\times34-34\times28-38\times28}$

(a) 44 (b) 100
(c) 32 (d) 24

2. $\dfrac{0.8\times0.8\times0.8-0.5\times0.5\times0.5}{0.8\times0.8+0.8\times0.5+0.5\times0.5}$

(a) 0.3 (b) 0.8
(c) 0.4 (d) 0.13

3. $999\frac{1}{7}+999\frac{2}{7}+999\frac{3}{7}+999\frac{4}{7}+999\frac{5}{7}+999\frac{6}{7}$ का सरलतम रूप है

(a) 5994 (b) 2997
(c) 5979 (d) 5997

4. 10 –[9–{8–(7–6)}] –5

(a) 9 (b) 3
(c) 1 (d) –5

5. $\dfrac{1}{3+\dfrac{1}{2-\dfrac{1}{\dfrac{7}{9}}}}+\dfrac{17}{22}$ का मान क्या होगा?

(a) 1 (b) $\frac{12}{22}$
(c) $\frac{22}{5}$ (d) $\frac{5}{22}$

6. $\frac{1}{30}+\frac{1}{42}+\frac{1}{56}+\frac{1}{72}+\frac{1}{90}+\frac{1}{110}=?$

(a) $\frac{6}{55}$ (b) $\frac{5}{27}$
(c) $\frac{1}{9}$ (d) $\frac{2}{27}$

7. $140\sqrt{?}+315=1015$

(a) 25 (b) 5
(c) 36 (d) 48

8. $\frac{a}{3}=\frac{b}{4}=\frac{c}{7}$ तो $\frac{a+b+c}{c}$ का मान क्या होगा?

(a) 2 (b) $\frac{1}{2}$
(c) $\frac{1}{7}$ (d) 7

9. यदि $8-[7-\{x-(4-\frac{7}{2})\}]=5$ हो तो x का मान क्या होगा?

(a) 3.2 (b) 2.5
(c) 4.5 (d) 5

10. $\dfrac{5+5+\frac{5}{5}}{\left(\frac{5+5+5}{5}\right)}$ का मान क्या होगा?

(a) $\frac{13}{3}$ (b) $\frac{11}{3}$
(c) 1 (d) $\frac{17}{3}$

11. $2-\{3-(4-\overline{2-3})\}$ का मान क्या होगा?

(a) 4 (b) 2
(c) 6 (d) 1

12. यदि $x^2+4y^2=4xy$ हो, तो $x:y$ क्या होगा?

(a) 2:1 (b) 1:1
(c) 1:4 (d) 1:2

13. $\frac{2}{3}\times\dfrac{3}{\frac{5}{6}\div1\frac{1}{4}}$ का $\frac{2}{3}$ = ?

(a) 2 (b) $\frac{2}{3}$
(c) $\frac{1}{2}$ (d) 1

14. यदि $x=3+3+\sqrt{8}$ एवं $\frac{1}{x}3-\sqrt{8}$ हो, तो $x^4+\frac{1}{x^4}$ मान क्या होगा?

(a) 1154 (b) 6239
(c) $1024+204\sqrt{8}$ (d) $577+12\sqrt{8}$

15. $\frac{a}{b}=\frac{4}{5}$, तो $\left(\frac{3}{5}+\frac{b-a}{b+a}\right)$ का मान है-

(a) $\frac{45}{32}$ (b) $\frac{32}{45}$

(c) $\frac{16}{9}$ (d) $\frac{32}{64}$

16. यदि $x+y=70$ एवं $x-y=10$ हो, तो $\frac{1}{x}+\frac{1}{y}=?$

(a) $\frac{7}{10}$ (b) $\frac{7}{12}$

(c) $\frac{7}{120}$ (d) $\frac{1}{70}$

17. $2.5-\cfrac{1}{3.25-\cfrac{2.5}{0.75+0.5}}$ का मान होगा?

(a) 0.25 (b) 0.7

(c) 1.25 (d) 1.70

18. $1+[1\div\{5\div4-1\div(13\div3-1\div3)\}]=?$

(a) 2 (b) 1

(c) $\frac{3}{2}$ (d) $\frac{4}{3}$

19. $6.5-[5.4-\{4.3-(3.2-\overline{2.1-1}\}]=?$

(a) 2.3 (b) 3.2

(c) 3.1 (d) 3.3

20. $4-\cfrac{5}{1+\cfrac{1}{3+\cfrac{1}{2+\cfrac{1}{4}}}}=?$

(a) $\frac{4}{9}$ (b) $\frac{31}{40}$

(c) $\frac{40}{31}$ (d) $\frac{1}{8}$

21. यदि $a+b=13$ और $4ab=144$ हो, तो $a-b$ का मान होगा?

(a) 6 (b) ± 4

(c) ± 6 (d) ± 5

22. $1^2, 2^2, 3^2, 4^2, 5^2, 6^2$ तथा 7^2 का माध्य क्या होगा?

(a) 40 (b) 30

(c) 20 (d) 10

23. यदि $(30)^2-(20)^2=10x$, तो $x=?$

(a) 40 (b) 30

(c) 50 (d) 60

24. $1+\frac{1}{4\times3}+\frac{1}{4\times3^2}+\frac{1}{4\times3^3}=?$

(a) $\frac{3}{2}$ (b) $\frac{31}{2}$

(c) $\frac{32}{3}$ (d) $\frac{121}{108}$

25. $1+\frac{1}{1\times2}+\frac{1}{1\times2\times4}+\frac{1}{1\times2\times4\times8}+\frac{1}{1\times2\times4\times8\times16}=?$

(a) 1.6414 (b) 1.6415

(c) 1.6416 (d) 1.6417

26. $\left(1+\frac{1}{2}\right)\left(1-\frac{1}{2}\right)\left(1+\frac{1}{3}\right)\left(1-\frac{1}{3}\right)\left(1+\frac{1}{4}\right)\left(1-\frac{1}{4}\right)=?$

(a) $\frac{3}{8}$ (b) $\frac{4}{7}$

(c) $\frac{5}{8}$ (d) $\frac{5}{7}$

27. $\frac{5+5\times5}{5\times5+5}\times\frac{\frac{1}{5}\div\frac{1}{5}\text{ का }\frac{1}{5}}{\frac{1}{5}\text{ का }\frac{1}{5}\div\frac{1}{5}}$ का सरलतम रूप है

(a) 20 (b) 35

(c) 25 (d) 30

28. $\frac{1}{1\times2}+\frac{1}{2\times3}+\frac{1}{3\times4}+\frac{1}{4\times5}+\frac{1}{5\times6}$ का सरलतम रूप है-

(a) $\frac{4}{7}$ (b) $\frac{3}{7}$

(c) $\frac{5}{6}$ (d) $\frac{6}{7}$

29. $\left(5^{\frac{1}{2}}+3^{\frac{1}{2}}\right)\left(5^{\frac{1}{2}}-3^{\frac{1}{2}}\right)$ का सरलतम रूप है-

(a) 8 (b) 2

(c) 3 (d) 1

30. $\frac{2.6\times2.6-2.4\times2.4}{2.6-2.4}=?$

(a) 4 (b) 2

(c) 5 (d) 3

31. $\left(8+\frac{1}{3}\right)\left(9+\frac{3}{5}\right)\times 0.12 = ?$

(a) 8.6 (b) 9.4

(c) 9.6 (d) 8.4

32. $3.6\div 0.6\times 6^2 \times 6\div 6$ का मान क्या होगा?

(a) 216 (b) 212

(c) 36 (d) 1296

33. $\dfrac{\frac{4}{5} \text{ का } \frac{4}{5} \div \frac{4}{5}}{\frac{4}{5} \div \frac{4}{5} \text{ का } \frac{4}{5}}$ का मान है-

(a) $\frac{4}{5}$ (b) 1

(c) $\frac{5}{4}$ (d) $\frac{16}{25}$

34. $\dfrac{(12+12+12)\div 4}{(6+6+6)\div 12}$ का मान क्या है?

(a) 6 (b) 9

(c) 4 (d) 8

35. ? का 20% का 10% + 5000 का 2% का 2.5% = 9284 में ? का मान क्या है?

(a) 4354 (b) 6472

(c) 4690 (d) इनमें से कोई नहीं।

36. $(12 \times 12 + 12 \div 0.04) \div 4 = ?$

(a) 112 (b) 109

(c) 111 (d) 105

37. $\dfrac{256-32\times 8}{1.4\times 1.6-1.25} = ?$

(a) 2 (b) 0

(c) 12 (d) 4

38. $32\div 0.04 - 12\div 0.03 = ?$

(a) 300 (b) 800

(c) 400 (d) 200

39. $39.84 \div 3.32 \times 12^2 \div 12 = ?$

(a) 72 (b) 144

(c) 288 (d) 12

40. $\dfrac{(413-48)\times(49-16)}{(369-303)\times(76-39.5)} = ?$

(a) 5 (b) 6

(c) 10 (d) 4

41. 13.2 का 30% = 3.3 का ? %

(a) 90 (b) 60

(c) 120 (d) 140

42. $\dfrac{7.8\times 3.5-3.5}{0.02\times 10} = ?$

(a) 116 (b) 123

(c) 119 (d) 112

43. $8 + 8 \times 8 \div 8 \times 8 - 8 \div 8 = ?$

(a) 64 (b) 71

(c) 8 (d) 48

44. 2625 का $\frac{2}{3}$ का $\frac{4}{5}$ का $\frac{1}{7}$ = ?

(a) 300 (b) 220

(c) 200 (d) 250

45. $8 - \frac{16}{5}\div\frac{24}{15} = ?$

(a) 0 (b) 8

(c) 2 (d) 6

46. $\dfrac{9\times 8+13\times 12+3\times 4}{9\times 2+9\times 3+10^2\div 10} = ?$

(a) 3 (b) 2

(c) 8 (d) 4

47. 45% का ? = $\left(\frac{72}{25}\div\frac{4}{5}\right)$ का 5 %

(a) $\frac{3}{5}$ (b) $\frac{1}{5}$

(c) $\frac{2}{5}$ (d) $\frac{4}{5}$

48. $\frac{27}{16}\div 9\times\frac{1}{9}\div\frac{1}{3} = ?$

(a) $\frac{1}{3}$ (b) 9

(c) $\frac{1}{16}$ (d) $\frac{1}{9}$

49. 960÷ 24 +99 का $\frac{3}{4}$ × 50 = ?

(a) 540 (b) 520

(c) 550 (d) 590

50. 400 का 20% का 20% = ?

(a) 140 (b) 180

(c) 150 (d) 160

51. $0.72 \div 0.008 + 64 = ?$
(a) 144 (b) 174
(c) 154 (d) 156

52. $1.2 \times 4.8 + 490$ का $2\frac{1}{5} = 1000$ का ? %
(a) 108.376 (b) 105
(c) 112.25 (d) 120.086

53. $26 \div \frac{1}{3} \times \frac{1}{3} + 26 = ?$
(a) 42 (b) 62
(c) 52 (d) 72

54. $80 + 4 \times 12 \div (116 \div 29) = ?$
(a) 94 (b) 98
(c) 90 (d) 92

55. $260 \times 3\frac{2}{5} + 9\frac{1}{3} \div \frac{2}{15} = ?$
(a) 964 (b) 960
(c) 945 (d) 954

56. $\dfrac{32 \times 32 - 24}{\frac{1}{2} \div 2} = ?$
(a) 40 (b) 4000
(c) 800 (d) 80

57. $16 \div ? \times 16 \div 4 = 4$
(a) 4 (b) 32
(c) 16 (d) 8

58. $\dfrac{14.45 \div ?}{10 \times 0.50} = 0.5$
(a) 5.18 (b) 5.28
(c) 5.08 (d) 5.78

59. 84 का 40% = ? का 60%
(a) 64 (b) 56
(c) 63 (d) 65

60. 550 का 0.25% + 420 का 0.24% = ? का 0.84%
(a) 225 (b) 230
(c) 280 (d) 240

61. $\dfrac{-\frac{1}{2}-\frac{2}{3}+\frac{4}{5}-\frac{1}{3}+\frac{1}{5}+\frac{3}{4}}{\frac{1}{2}+\frac{2}{3}-\frac{4}{3}+\frac{1}{3}-\frac{1}{5}-\frac{4}{5}}$ का सरलतम रूप है?
(a) $-\frac{3}{10}$ (b) $-\frac{10}{3}$
(c) –2 (d) 1

62. $\frac{1}{9}+\frac{1}{6}+\frac{1}{12}+\frac{1}{20}+\frac{1}{30}+\frac{1}{42}+\frac{1}{56}+\frac{1}{72} = ?$
(a) 0 (b) $\frac{1}{9}$
(c) $\frac{1}{2}$ (d) $\frac{1}{2520}$

63. $\dfrac{1\frac{2}{3} \div 2\frac{3}{4} \text{ का } 4\frac{2}{5}}{1\frac{2}{3} \times 2\frac{3}{4} \div 4\frac{2}{5}}$ का सरलतम मान क्या है?
(a) 11 (b) $\frac{5}{8}$
(c) 0 (d) 1

64. $\frac{1}{4}+\frac{1}{4\times5}+\frac{1}{4\times5\times6}$ का दशमवल के चार अंकों तक शुद्ध मान क्या होगा?
(a) 0.3082 (b) 0.3075
(c) 0.3083 (d) 0.3085

65. $1+\frac{1}{1\times3}+\frac{1}{1\times3\times9}+\frac{1}{1\times3\times9\times27}$ का मान दशमलव के दो अंकों तक क्या होगा?
(a) 1.37 (b) 1.35
(c) 1.30 (d) 1.40

66. यदि $(30)^2 - (20)^2 = 10x$, तो x मान है–
(a) 30 (b) 50
(c) 60 (d) 40

67. $1^2, 2^2, 3^2, 4^2, 5^2, 6^2$ तथा 7^2 का माध्य क्या होगा?
(a) 20 (b) 10
(c) 40 (d) 30

68. यदि $\frac{x}{y} = \frac{3}{4}$ तथा $\frac{x}{2z} = \frac{3}{2}$ हो, तो $\frac{2x+z}{x-2z} + \left(\frac{6}{7} + \frac{y-x}{y+x}\right)$ का मान क्या होगा?
(a) $7\frac{6}{7}$ (b) 8
(c) $7\frac{1}{7}$ (d) $7\frac{36}{32}$

69. $\dfrac{5}{8+\dfrac{6}{8-\dfrac{10}{11}}}$ को सरल करने पर क्या होगा?

(a) $\frac{11}{13}$
(b) $\frac{13}{23}$
(c) $\frac{5}{23}$
(d) $\frac{6}{13}$

70. $\frac{1}{30}+\frac{1}{42}+\frac{1}{56}+\frac{1}{72}+\frac{1}{90}+\frac{1}{110}=?$

(a) $\frac{1}{9}$
(b) $\frac{6}{55}$
(c) $\frac{5}{27}$
(d) $\frac{2}{27}$

उत्तरमाला (Answer Key)

1. (b)	2. (a)	3. (d)	4. (b)	5. (a)	6. (a)	7. (a)	8. (a)	9. (c)	10. (b)
11. (a)	12. (a)	13. (a)	14. (a)	15. (b)	16. (c)	17. (d)	18. (a)	19. (d)	20. (d)
21. (d)	22. (c)	23. (c)	24. (d)	25. (c)	26. (c)	27. (c)	28. (b)	29. (b)	30. (c)
31. (c)	32. (a)	33. (d)	34. (a)	35. (d)	36. (c)	37. (b)	38. (c)	39. (b)	40. (a)
41. (c)	42. (c)	43. (b)	44. (c)	45. (d)	46. (b)	47. (c)	48. (c)	49. (d)	50. (d)
51. (c)	52. (a)	53. (c)	54. (d)	55. (d)	56. (b)	57. (c)	58. (d)	59. (b)	60. (c)
61. (a)	62. (c)	63. (d)	64. (c)	65. (a)	66. (b)	67. (a)	68. (b)	69. (b)	70. (b)

हल (Solutions)

1. (b)

$a^3 + b^3 + c^3 - 3abc = (a + b + c)(a^2 + b^2 + c^2 - ab - bc - ca)$

$$\frac{a^3 + b^3 + c^3 - 3abc}{a^2 + b^2 + c^2 - ab - bc - ca} = a + b + c$$

प्रश्न से,

$a + b + c = 38 + 34 + 28 = 100$

2. (a)

$$\frac{(0.8)^3 - (0.5)^3}{(0.8)^2 + 0.8\times0.5 + (0.5)^2}$$

$$= \frac{(0.8 - 0.5)[(0.8)^2 + 0.8\times0.5 + (0.5)^2]}{(0.8)^2 + 0.8\times0.5 + (0.5)^2}$$

$= 0.3$

3. (d)

$$999\times6 + \left(\frac{1}{7}+\frac{2}{7}+\frac{3}{7}+\frac{4}{7}+\frac{5}{7}+\frac{6}{7}\right)$$

$$= 5994 + \frac{21}{7} = 5994+3 = 5997$$

4. (b)

$10 - [9 - \{8 - (7 - 6)\}] - 5$

$= 10 - [9 - \{8 - 1\}] - 5 = 10 - [9 - 7] - 5$

$= 10 - 2 - 5 = 3$

5. (a)

$$\frac{1}{3+\frac{1}{2-\frac{9}{7}}}+\frac{17}{22} = \frac{1}{3+\frac{1}{\frac{5}{7}}}+\frac{17}{22}$$

$$= \frac{1}{3+\frac{7}{5}}+\frac{17}{22}$$

$$= \frac{5}{22}+\frac{17}{22} = \frac{22}{22} = 1$$

6. (a)

$$\frac{1}{30}+\frac{1}{42}+\frac{1}{56}+\frac{1}{72}+\frac{1}{90}+\frac{1}{110}$$

$$\left(\frac{1}{5}-\frac{1}{6}\right)+\left(\frac{1}{6}-\frac{1}{7}\right)+\left(\frac{1}{7}-\frac{1}{8}\right)+\left(\frac{1}{8}-\frac{1}{9}\right)$$

$$+\left(\frac{1}{9}-\frac{1}{10}\right)+\left(\frac{1}{10}-\frac{1}{11}\right)$$

$$= \frac{1}{5}-\frac{1}{11} = \frac{11-5}{55} = \frac{6}{55}$$

7. (a)

$140\sqrt{?} + 315 = 1015$

$140\sqrt{?} = 1015 - 315$

$140\sqrt{?} = 700$

$\Rightarrow \sqrt{?} = 5 \quad ? = 25$

8. (a)

$$\frac{a}{3} = \frac{b}{4} = \frac{c}{7} = k$$

$$\frac{a+b+c}{c} = \frac{3k+4k+7k}{7k} = \frac{14k}{7k} = 2$$

9. (c)

$$8 - [7 - \{x - \frac{1}{2}\}] = 5$$

$$8 - [7 + \frac{1}{2} - x] = 5$$

$$8 - \left[\frac{15}{2} - x\right] = 5$$

$$8 - \frac{15}{2} + x = 5$$

$$\frac{1}{2} + x = 5$$

$$x = 5 - \frac{1}{2} = \frac{9}{2} = 4.5$$

10. (b)

$$\frac{5+5+\frac{5}{5}}{\frac{5+5+5}{5}} = \frac{5+5+1}{\frac{15}{5}} = \frac{11}{3}$$

11. (a)

$2 - \{3 - (4 - \overline{2-3})\}$

$= 2 - \{3 - (4 + 1)\} = 2 - \{3 - 5\} = 2 + 2 = 4$

12. (a)

$x^2 + 4y^2 = 4xy$

$x^2 - 4xy + 4y^2 = 0$

$(x - 2y)^2 = 0 \Rightarrow x = 2y$

$$x : y = \frac{2y}{y} = 2:1$$

13. (a)

$$\frac{2}{3} \times \frac{3}{\frac{5}{6}, \frac{5}{4} \text{ का } \frac{2}{3}}$$

$$= \frac{2}{3} \times \frac{3}{\frac{5}{6} \times \frac{5}{6}} = \frac{2}{3} \times 3 = 2$$

14. (a)

$$x = 3 + \sqrt{8} \quad = \frac{1}{x} = 3 - \sqrt{8}$$

$$x + \frac{1}{x} = 3 - \sqrt{8} + 3 - \sqrt{8} = 6$$

$$\left(x + \frac{1}{x}\right)^2 = 6^2 = 36$$

$$x^2 + \frac{1}{x^2} = 36 - 2 = 34$$

$$\left(x^2 + \frac{1}{x^2}\right)^2 = (34)^2$$

$$x^4 + \frac{1}{x^4} = (34)^2 - 2$$

$$x^4 + \frac{1}{x^4} = 1156 - 2 = 1154$$

15. (b)

$$\frac{a}{b} = \frac{4}{5} \quad \Rightarrow a = \frac{4b}{5}$$

$$\frac{3}{5} + \frac{b-a}{b+a} = \frac{3}{5} + \frac{b - \frac{4b}{5}}{b + \frac{4b}{5}} = \frac{3}{5} + \frac{\frac{b}{5}}{\frac{9b}{5}}$$

$$= \frac{3}{5} + \frac{1}{9} = \frac{27+5}{45}$$

$$= \frac{32}{45}$$

16. (c)

$$x + y = 70$$
$$x - y = 10$$

$$2x = 80 \Rightarrow x = 40$$

$$y = 70 - 40 = 30$$

$$\frac{1}{x} + \frac{1}{y} = \frac{1}{40} + \frac{1}{30} = \frac{3+4}{120} = \frac{7}{120}$$

17. (d)

$$2.5 - \frac{1}{3.25 - \frac{2.5}{0.75 + 0.5}} = 2.5 - \frac{1}{3.25 - \frac{2.5}{1.25}}$$

$$= 2.5 - \frac{1}{3.25 - 2}$$

$$= 2.5 - \frac{1}{1.25} = 2.5 - \frac{100}{125}$$

$$= 2.5 - 0.8 = 1.7$$

18. (a)

$$1 + [1 \div \{5 \div 4 - 1 \div (13 \div 3 - 1 \div 3)\}]$$

$$= 1 + [1 \div \{5 \div 4 - 1 \div \left(\frac{13}{3} - \frac{1}{3}\right)\}]$$

$$= 1 + [1 \div \{5 \div 4 - 1 \div 4\}]$$

$$= 1 + [1 \div \{5 \div 4 - \frac{1}{4}\}]$$

$$= 1 + [1 \div \left\{\frac{5}{4} - \frac{1}{4}\right\}] = 1 + [1 \div 1]$$

$$= 1 + 1 \times 1 = 1 + 1 = 2$$

19. (d)

$$6.5 - [5.4 - \{4.3 - (3.2 - \overline{1-1})\}]$$

$$= 6.5 - [5.4 - \{4.3 - (3.2 - 1.1)\}]$$

$$= 6.5 - [5.4 - \{4.3 - 2.1\}]$$

$$= 6.5 - [5.4 - 2.2] = 6.5 - 3.2 = 3.3$$

20. (d)

$$4 - \frac{5}{1 + \frac{1}{3 + \frac{1}{2 + \frac{1}{4}}}} = 4 - \frac{5}{1 + \frac{1}{3 + \frac{1}{\frac{9}{4}}}}$$

$$= \quad 4 - \frac{5}{1 + \frac{1}{3 + \frac{4}{9}}} = 4 - \frac{5}{1 + \frac{1}{\frac{31}{9}}}$$

$$= \quad 4 - \frac{5}{1 + \frac{9}{31}} = 4 - \frac{5}{\frac{40}{31}}$$

$$= \quad 4 - \frac{31}{8} = \frac{1}{8}$$

21. (d)

$a + b = 13,\ 4ab = 144$

$(a-b)^2 = (a+b)^2 - 4ab$

$= (13)^2 - 144 = 169 - 144 = 25$

$= a - b = \mp 5$

22. (c)

$$\frac{1^2+2^2+3^2+4^2+5^2+6^2+7^2}{7}$$

$$= \frac{1+4+9+16+25+36+49}{7}$$

$$= \frac{140}{7} = 20$$

23. (c)

$10x = (30+20)(30-20)$

$$x = \frac{50\times10}{10} = 50$$

24. (d)

$$1+\frac{1}{12}+\frac{1}{36}+\frac{1}{108} = \frac{108+9+3+1}{108} = \frac{121}{108}$$

25. (c)

$$1+\frac{1}{2}+\frac{1}{8}+\frac{1}{64}+\frac{1}{1024}$$

$$= \frac{1024+512+128+16+1}{1024}$$

$$= \frac{1681}{1024} = 1.6416$$

26. (c)

$$\left(1+\frac{1}{2}\right)\left(1-\frac{1}{2}\right)\left(1+\frac{1}{3}\right)\left(1-\frac{1}{3}\right)\left(1+\frac{1}{4}\right)\left(1-\frac{1}{4}\right)$$

$$= \left(1-\frac{1}{4}\right)\left(1-\frac{1}{9}\right)\left(1+\frac{1}{16}\right)$$

$$= \frac{3}{4}\times\frac{8}{9}\times\frac{15}{16} = \frac{5}{8}$$

27. (c)

$$\frac{5+5\times5}{5\times5+5} \times \frac{\frac{1}{5} \div \frac{1}{5} \text{ का } \frac{1}{5}}{\frac{1}{5} \text{ का } \frac{1}{5} \div \frac{1}{5}}$$

$$\frac{5+25}{25+5} \times \frac{\frac{1}{5} \div \frac{1}{25}}{\frac{1}{25} \div \frac{1}{5}} = \frac{30}{30} \times \frac{\frac{1}{5}\times\frac{25}{1}}{\frac{1}{25}\times\frac{5}{1}}$$

$$= 1 \times \frac{5}{\frac{1}{5}} = 1 \times 5 \times 5 = 25$$

28. (b)

$$\frac{1}{2}+\frac{1}{6}+\frac{1}{12}+\frac{1}{20}+\frac{1}{30}$$

$$= \frac{60+20+10+6+4}{120} = \frac{100}{120} = \frac{10}{12} = \frac{5}{6}$$

29. (b)

$$\left(5^{\frac{1}{2}}+3^{\frac{1}{2}}\right)\left(5^{\frac{1}{2}}-3^{\frac{1}{2}}\right) = \left(\sqrt{5}+\sqrt{3}\right)\left(\sqrt{5}-\sqrt{3}\right)$$

$= 5 - 3 = 2$

30. (c)

$$\frac{(2.6)^2-(2.4)^2}{2.6-2.4} = \frac{(2.6+2.4)(2.6-2.4)}{(2.6-2.4)} = 5$$

31. (c)

$$\left(8+\frac{1}{3}\right)\left(9+\frac{3}{5}\right)\times 0.12$$

$$= \frac{25}{3}\times\frac{48}{5}\times 0.12 = 5\times16\times0.12 = 9.6$$

32. (a)

$3.6 \div 0.6 \times 6^2 \times 6 \div 6$

$$3.6 \times \frac{1}{0.6} \times 6^2 \times 6 \times \frac{1}{6} = 6 \times 36 \times 1 = 216$$

33. (d)

$$\frac{\frac{4}{5} \text{ का } \frac{4}{5} \div \frac{4}{5}}{\frac{4}{5} \div \frac{4}{5} \text{ का } \frac{4}{5}} = \frac{\frac{16}{25} \div \frac{4}{5}}{\frac{4}{5} \div \frac{16}{25}} = \frac{\frac{16}{25}\times\frac{5}{4}}{\frac{4}{5}\div\frac{25}{16}}$$

$$= \frac{16}{25}\times\frac{5}{4}\times\frac{5}{4}\times\frac{16}{25} = \frac{16}{25}$$

34. (a)

$$\frac{(12+12+12)\div4}{(6+6+6)\div12} = \frac{36\div4}{18\div12}$$

$$= \frac{36\times\frac{1}{4}}{18\frac{1}{12}} = 9\times\frac{12}{18} = 6$$

35. (d)

? का 20% का 10% + 5000 का 2% का 2.5%

= 9284

$? \times \frac{20}{100} \times \frac{10}{100} + 5000 \times \frac{2}{100} \times \frac{2.5}{100} = 9284$

$? \times \frac{20 \times 10}{100 \times 100} = 9284 - 2.5$

$? = \frac{(9284 - 2.5) \times 100 \times 100}{200}$

$? = \frac{9281.5 \times 100}{2} = \frac{928150}{2} = 464075$

36. (c)

$(12 \times 12 + 12 \div 0.04) \div 4$

$= \left(12 \times 12 + 12 \times \frac{.1}{0.04}\right) \div 4$

$= \left(144 + 12 \times \frac{100}{4}\right) \div 4$

$= (144+300) \div 4$

$= 444 \times \frac{1}{4} = 111$

37. (b)

$\frac{256 - 32 \times 8}{1.4 \times 1.6 - 1.25} = \frac{256 - 256}{1.4 \times 1.6 - 1.25} = 0$

38. (c)

$32 \div 0.04 - 12 \div 0.03$

$= 32 \times \frac{1}{0.04} - 12 \times \frac{1}{0.03}$

$= 32 \times \frac{100}{4} - 12 \times \frac{100}{3} = 800 - 400 = 400$

39. (b)

$39.84 \div 3.32 \times 12^2 \div 12$

$39.84 \times \frac{1}{3.32} \times 12^2 \times \frac{1}{12} = 12 \times 12 = 144$

40. (a)

$\frac{(413 - 48) \times (49 - 16)}{(369 - 303) \times (76 - 39.5)} = \frac{365 \times 33}{66 \times 36.5} = \frac{10}{2} = 5$

41. (c)

13.2 का 30% = 3.3 का ? %

$13.2 \times \frac{30}{100} = 3.3 \times \frac{?}{100}$

$? = \frac{13.2 \times 30}{3.3} = \frac{132}{33} \times 30 = 120$

42. (c)

$\frac{7.8 \times 3.5 - 3.5}{0.02 \times 10} = \frac{3.5(7.8 - 1)}{0.2} = \frac{35 \times 6.8}{2}$

$= 35 \times 3.4$

$= 119$

43. (b)

$8 + 8 \times 8 \div 8 \times 8 - 8 \div 8$

$= 8 + 8 \times 8 \times \frac{1}{8} \times 8 - 8 \times \frac{1}{8}$

$= 8 + 64 - 1 = 72 - 1 = 71$

44. (c)

2625 का $\frac{2}{3}$ का $\frac{4}{5}$ का $\frac{1}{7}$

$\frac{2625 \times 2 \times 4}{3 \times 5 \times 7} = 200$

45. (d)

$8 - \frac{16}{5} \div \frac{24}{15} = 8 - \frac{16}{5} \times \frac{15}{24} = 8 - 2 = 6$

46. (b)

$\frac{9 \times 8 + 13 \times 2 + 3 \times 4}{9 \times 2 + 9 \times 3 + 10^2 \div 10} = \frac{72 + 26 + 12}{18 + 27 + 10^2 \times \frac{1}{10}}$

$= \frac{110}{55} = 2$

47. (c)

45% का $? = \left(\frac{72}{25} \div \frac{4}{5}\right)$ का 5%

$\frac{45}{100}$ का $? = \left(\frac{72}{25} \times \frac{5}{4}\right)$ का $\frac{5}{100}$

$? = \frac{72 \times 5}{25 \times 4} \times \frac{5}{100} \times \frac{100}{45} = \frac{2}{5}$

48. (c)

$? = \frac{27}{16} \div 9 \times \frac{1}{9} \div \frac{1}{3}$

$= \frac{27}{16} \times \frac{1}{9} \times \frac{1}{9} \times \frac{3}{1} = \frac{1}{16}$

49. (d)

960 ÷ 24 + 99 का $\frac{1}{9} \times 50$

$= 960 \times \frac{1}{24} + 99 \times \frac{1}{9} \times 50$

$= 40 + 550 = 590$

50. (d)

4000 का 20% का 20% $= 4000\times \frac{20}{100}\times\frac{20}{100}$

$= 160$

51. (c)

$0.72 \div 0.008 + 64$

$= 0.72 \times \frac{1000}{8} + 64 = \frac{720}{8} + 64 = 90 + 64 = 154$

52. (a)

$1.2 \times 4.8 + 490$ का $\frac{11}{5}$ = 1000 का ? %

$5.76 + 1078 = 1000 \times \frac{?}{100}$

$? = \frac{1083.76}{10} = 108.376$

53. (c)

$26\div\frac{1}{3}\times\frac{1}{3}+26$

$= 26 \times\frac{3}{1}\times\frac{1}{3} + 26 = 52$

54. (d)

$80 + 4\times12\div(116 \div29)$

$80 + 4\times12\div4 = 80 + 4\times12 \times\frac{1}{4}$

$= 80 +12 = 92$

55. (d)

$260 \times\frac{17}{5}+\frac{28}{3}\div\frac{2}{15}$

$= 52 \times 17+\frac{28}{3}\times\frac{15}{2} = 884 + 70 = 954$

56. (b)

$\frac{32\times32 - 24}{\frac{1}{2}\div2} = \frac{1024 - 24}{\frac{1}{2}\times\frac{1}{2}} = 1000\times 4$

$= 4000$

57. (c)

$16 \div ? \times 16 \div 4 = 4$

$16 \times\frac{1}{?}\times16 \times\frac{1}{4} = 4$

$? = \frac{16\times16}{4\times4} = 16$

58. (d)

$\frac{14.45 \div ?}{10\times0.50} = 0.5$

$14.45 \div ? = 0.5\times5$

$14.45 \times\frac{1}{?} = 2.5$

$? = \frac{14.45}{2.5} = \frac{1445\times10}{25\times100} = 5.78$

59. (b)

84 का 40% = ? का 60%

$84 \times \frac{40}{100} = ? \times \frac{60}{100}$

$? = \frac{84\times40}{60} = 56$

60. (c)

$550 \times\frac{0.25}{100} + 420 \times\frac{0.24}{100} = ? \times \frac{0.84}{100}$

$= \frac{137.5+100.5}{100} = \frac{? \times0.84}{100}$

$? = \frac{238.3}{0.84} = 283.6$

61. (a)

$$\frac{\left(\frac{4}{5}+\frac{1}{5}+\frac{3}{4}\right)-\left(\frac{1}{2}+\frac{2}{3}+\frac{1}{3}\right)}{\left(\frac{1}{2}+\frac{2}{3}+\frac{1}{3}\right)-\left(\frac{4}{5}+\frac{1}{5}+\frac{4}{5}\right)} = \frac{\frac{35}{20}-\frac{9}{6}}{\frac{9}{6}-\frac{35}{15}}$$

$$= \frac{\frac{7}{4}-\frac{3}{2}}{\frac{3}{2}-\frac{7}{3}} = \frac{\frac{1}{4}}{-\frac{5}{6}} = \frac{1}{4}\times\frac{-6}{5} = \frac{-3}{10}$$

62. (c)

$$\frac{1}{9}+\frac{1}{6}+\frac{1}{12}+\frac{1}{20}+\frac{1}{30}+\frac{1}{42}+\frac{1}{56}+\frac{1}{72}$$

$$= \frac{1}{9}+\left(\frac{1}{2}-\frac{1}{3}\right)+\left(\frac{1}{3}-\frac{1}{4}\right)+\left(\frac{1}{4}-\frac{1}{5}\right)+\left(\frac{1}{5}-\frac{1}{6}\right)$$

$$+\left(\frac{1}{6}-\frac{1}{7}\right)+\left(\frac{1}{7}-\frac{1}{8}\right)+\left(\frac{1}{8}+\frac{1}{9}\right)$$

$$= \frac{1}{2}$$

63. (d)

$$\frac{\frac{5}{3} \div \frac{11}{4} \text{ का } \frac{22}{5}}{\frac{5}{3} \times \frac{11}{4} \div \frac{22}{5}}$$

$$\frac{\frac{5}{3} \div \frac{11}{4} \times \frac{22}{5}}{\frac{5}{3} \times \frac{11}{4} \times \frac{5}{22}} = \frac{\frac{5}{3} \times \frac{11}{4} \times \frac{22}{5}}{\frac{5}{3} \times \frac{11}{4} \times \frac{5}{22}} = 1$$

64. (c)

$$\frac{1}{4} + \frac{1}{4 \times 5} + \frac{1}{4 \times 5 \times 6} = \frac{1}{4} + \frac{1}{20} + \frac{1}{120}$$

$$= \frac{30 + 6 + 1}{120} = \frac{37}{120} = 0.3083$$

65. (a)

$$1 + \frac{1}{1 \times 3} + \frac{1}{1 \times 3 \times 9} + \frac{1}{3 \times 9 \times 27}$$

$$= 1 + \frac{1}{3} + \frac{1}{27} + \frac{1}{729}$$

$$= \frac{729 + 243 + 27 + 1}{729} = \frac{1000}{729} = 1.3717$$

66. (b)

$(30)^2 - (20)^2 = 10x$

$(30 + 20)(30 - 20) = 10x$

$$x = \frac{50 \times 10}{10} = 50$$

67. (a)

$$\text{माध्य} = \frac{1^2 + 2^2 + 3^2 + 4^2 + 5^2 + 6^2 + 7^2}{7}$$

$$= \frac{1 + 4 + 9 + 16 + 25 + 36 + 49}{7}$$

$$\text{माध्य} = \frac{140}{7} = 20$$

68. (b)

$\frac{x}{y} = \frac{3}{4}$ तथा $\frac{x}{2z} = \frac{3}{2}$

$x = 3, y = 4, z = 1$ रखने पर

$$= \frac{2x + z}{x - 2z} + \left(\frac{6}{7} + \frac{y - x}{y + x}\right)$$

$$= \frac{6 + 1}{3 - 2} + \left(\frac{6}{7} + \frac{4 - 3}{4 + 3}\right)$$

$$= \frac{7}{1} + \left(\frac{6}{7} + \frac{1}{7}\right) = 7 + 1 = 8$$

69. (b)

$$\frac{5}{8 + \frac{6}{8 - \frac{10}{11}}} = \frac{5}{8 + \frac{6}{\frac{78}{11}}} = \frac{5}{8 + \frac{66}{78}}$$

$$= \frac{5}{8 + \frac{33}{39}} = \frac{5 \times 34}{312 + 33}$$

$$= \frac{5 \times 39}{345} = \frac{39}{69} = \frac{13}{23}$$

70. (b)

$$\frac{1}{30} + \frac{1}{42} + \frac{1}{56} + \frac{1}{72} + \frac{1}{90} + \frac{1}{110}$$

$$= \left(\frac{1}{5} - \frac{1}{6}\right) + \left(\frac{1}{6} - \frac{1}{7}\right) + \left(\frac{1}{7} - \frac{1}{8}\right)$$

$$+ \left(\frac{1}{8} - \frac{1}{9}\right) + \left(\frac{1}{9} - \frac{1}{10}\right) + \left(\frac{1}{10} - \frac{1}{11}\right)$$

$$= \frac{1}{5} - \frac{1}{11} = \frac{11 - 5}{55} = \frac{6}{55}$$

औसत
Average

किन्ही परिणामों का औसत ज्ञात करने के लिए दिये गये परिमाणों के योग में, परिणामों की कुल संख्या से भाग देतें हैं।

अर्थात्

$$\text{औसत} = \left(\frac{\text{दिये गए परिणामों का योग}}{\text{परिणामों की कुल संख्या}}\right)$$

उदाहरण (Examples)

1. 7 वर्ष पूर्व शादी के समय पति एवं पत्नी की औसत आयु 25 वर्ष थी। अब पत्नी, पति तथा एक बच्चे की औसत आयु 22 वर्ष है। बच्चे की आयु कितनी है?

   7 वर्ष पूर्व पति तथा पत्नी की कुल आयु
   $= (25 \times 2) = 50$ वर्ष
   अब पति तथा पत्नी की कुल आयु $= [50 + (7 \times 2)]$ वर्ष $= 64$ वर्ष
   अब पति, पत्नी एवं बच्चे की कुल आयु $= (3 \times 22)$ वर्ष $= 66$ वर्ष
   बच्चे की अब आयु $= (66 - 64)$ वर्ष $= 2$ वर्ष

2. एक स्थान P से दूसरे स्थान Q तक एक मोटर साईकिल सवार की औसत गति 65 कि0मी0 प्रति घण्टा है तथा Q से P तक आने में इसकी औसत गति 60 कि0मी0 प्रति घण्टा है। पूरी यात्रा में उसकी औसत गति क्या है?

   माना P से Q तक की दूरी $= x$ किमी0
   कुल यात्रा की दूरी $= 2x$ किमी0
   कुल यात्रा में लगा समय $= \left(\frac{x}{65} + \frac{x}{60}\right)$
   $\frac{25x}{780} = \frac{5x}{156}$ घण्टे।
   कुल यात्रा में औसत चाल $\left(2x \times \frac{156}{5x}\right)$ कि0मी0/घंटा
   $= 62.4$ किमी0/घंटा

   दूसरी विधिः-
   पूरी यात्रा में औसत चाल $= \frac{2xy}{x+y}$ कि0मी0/घंटा
   $\left(\frac{2 \times 65 \times 60}{125}\right)$ किमी0/घंटा $= 62.4$ कि0मी0/घंटा

3. क्रिकेट के एक खिलाड़ी ने 11 पारियों में कुछ रन बनाये। 12वीं पारी में उसने 90 रन बनाये तथा इससे उसकी औसत रन संख्या में 5 की वृद्धि हो गई। 12 वीं पारी के बाद इस खिलाड़ी की औसत रन संख्या ज्ञात करें।

   माना 12 वीं पारी के बाद औसत रन संख्या $= x$
   तब, 11 वीं पारी के बाद औसत रन संख्या
   $= (x - 5)$
   12 वीं पारी की रन संख्या
   $= (12x - 11)\ (x - 5)$
   $= x + 55$
   $\therefore x + 55 = 90$
   $x = 35$

4. 40 विद्यार्थियों की औसत ऊँचाई 163 से0 मी0 है। एक दिन तीन विद्यार्थी यदि P Q R अनुपस्थित रहें। शेष 37 विद्यार्थियों की औसत ऊँचाई 162 से0 मी0 है यदि P तथा Q की ऊँचाई समान हो तथा R की ऊँचाई P से 2 से0 मी0 कम हो तो, P, Q, R में से प्रत्येक की ऊँचाई ज्ञात करें।

   माना P, Q, R ऊँचाइयाँ क्रमशः x से0मी0, x से0मी0, $(x - 2)$ से0मी0 हैं।
   तब $x + x + (x-2) = 163 \times 40 - 162 \times 37$
   $2x(x-2) = 6520 - 5994$
   $2x^2 - 4x - 526 = 0$
   इसे हल करने पर x का मान ज्ञात होगा।

5. एक समिति के 8 सदस्यों की औसत आयु 40 वर्ष थी। एक 55 वर्षीय सदस्य के सेवानिवृत होने पर इसके स्थान पर एक 39 वर्षीय व्यक्ति इस समिति का सदस्य बन जाता है। वर्तमान समिति की औसत आयु क्या है?

वर्तमान समिति के सदस्यों की कुल आयु

$(40 \times 8 - 55 + 39) = 30$ वर्ष

समिति की औसत आयु $= \left(\frac{304}{8}\right)$ वर्ष

$= 38$ वर्ष

अभ्यास प्रश्न (Practice Questions)

1. 5 संख्याओं का औसत 9 है। 5 संख्याओं में से 3 संख्याओं का औसत 7 है। अन्य दो संख्याओं का औसत क्या होगा?
   (a) 10 (b) 8
   (c) 11 (d) 12
2. 8 संख्याओं का औसत 6 है तथा अन्य 6 संख्याओं का औसत 8 है। सभी 14 संख्याओं का औसत कितना है?
   (a) 6 (b) $6\frac{6}{7}$
   (c) $7\frac{6}{7}$ (d) $6\frac{5}{7}$
3. तीन संख्याओं का औसत 15 है। यदि उनमें से दो संख्याओं में 7 तथा 28 है, तो तीसरी संख्या क्या है?
   (a) 14 (b) 10
   (c) 5 (d) 21
4. तीन संख्याओं में से दूसरी, पहली की दुगुनी तथा तीसरी की तीन गुनी है। यदि तीनों संख्याओं का औसत 44 हो, तो सबसे बड़ी संख्या होगी-
   (a) 36 (b) 108
   (c) 24 (d) 72
5. यदि छः क्रमागत विषम संख्याओं का औसत 48 है, तो न्यूनतम तथा अधिकतम संख्याओं के बीच का अंतर क्या है?
   (a) 10 (b) 12
   (c) 9 (d) इनमें से कोई नहीं।
6. चार लगातार सम संख्याओं का औसत 23 है। इन संख्याओं में सबसे छोटी संख्या कौन है?
   (a) 20 (b) 22
   (c) 28 (d) 26
7. 7 संख्याओं का औसत 7 है। यदि प्रत्येक संख्या को 7 से गुणा कर दें, तो नई संख्याओं का औसत क्या है?
   (a) 49 (b) 7
   (c) 14 (d) 21
8. 6 संख्याओं का औसत 12 है। यदि प्रत्येक संख्या में से 2 घटा दिया जाए, तो नया औसत क्या होगा?
   (a) 10 (b) 12
   (c) 14 (d) इनमें से कोई नहीं
9. प्रथम 50 प्राकृत संख्याओं का औसत क्या होगा?
   (a) 12.25 (b) 25
   (c) 25.5 (d) 22.3
10. तीन संख्याओं का औसत 135 है। इनमें से सबसे बड़ी संख्या 180 है, अन्य दोनों संख्याओं का अंतर 25 है। सबसे छोटी संख्या क्या है?
    (a) 100 (b) 125
    (c) 80 (d) 130
11. तीन संख्याओं में पहली संख्या दूसरी संख्या की दुगुनी परन्तु तीसरी संख्या की आधी है। यदि तीनों संख्याओं का औसत 56 है, तो वे संख्याएँ क्या हैं?
    (a) 96, 24, 48 (b) 48, 24, 96
    (c) 48, 86, 24 (d) 96, 48, 24
12. तीन क्रमागत सम संख्याओं का औसत तीनों में से पहली संख्या के एक तिहाई से 14 ज्यादा है। इनमें से पहली संख्या क्या है?
    (a) 20 (b) 22
    (c) 18 (d) इनमें से कोई नहीं
13. 8 संख्याओं का औसत 21 है। यदि प्रत्येक संख्या को 8 से गुणा कर दिया जाए, तो नयी संख्याओं का औसत क्या होगा?
    (a) 8 (b) 168
    (c) 29 (d) 21
14. प्रथम 9 अभाज्य संख्याओं का औसत क्या होगा?
    (a) 11 (b) 9
    (c) $11\frac{1}{9}$ (d) $11\frac{2}{9}$
15. चार क्रमागत सम संख्याओं का औसत 27 है। इनमें सबसे छोटी संख्या क्या है?
    (a) 24 (b) 30
    (c) 28 (d) 26
16. 9 संख्याओं का औसत 50 है। यदि प्रथम 4 संख्याओं का औसत 52 और अंतिम 4 संख्याओं का औसत 49 हो, तो 5 वीं संख्या क्या है?
    (a) 46 (b) 54
    (c) 48 (d) 50

17. 20 संख्याओं का औसत 12 है। पहली 12 संख्याओं का औसत 11 है तथा अगली 7 संख्याओं का औसत 10 है। अंतिम संख्या क्या होगी?
(a) 50 (b) 48
(c) 38 (d) 40

18. 60 मानों का औसत 40 है तथा 40 मानों का औसत 60 है, तो सभी मानों का औसत क्या है?
(a) 40 (b) 50
(c) 48 (d) 24

19. एक विद्यार्थी के 4 विषयों में प्राप्त अंकों का औसत 75 है। यदि वह पाँचवें विषय में 80 अंक प्राप्त करता है, तो नया औसत क्या होगा?
(a) 72.5 (b) 77
(c) 76 (d) 77.5

20. 40 छात्रों की औसत आयु 9 वर्ष है। यदि अध्यापक की आयु शामिल कर ली जाए, तो औसत आयु 10 वर्ष हो जाती है। अध्यापक की आयु क्या होगी?
(a) 50 (b) 45
(c) 54 (d) 58

21. पाँच वर्ष पहले A तथा B की औसत आयु 15 वर्ष थी। A, B तथा C की वर्तमान औसत आयु 20 वर्ष है, C की आयु 10 वर्ष बाद क्या होगी?
(a) 40 वर्ष (b) 50 वर्ष
(c) 35 वर्ष (d) 30 वर्ष

22. एक कक्षा के 20 लड़कों की औसत आयु 12 वर्ष है। यदि उनके अध्यापक की आयु जोड़ दी जाए, तो औसत आयु एक वर्ष बढ़ जाती है। अध्यापक की आयु क्या है?
(a) 30 वर्ष (b) 25 वर्ष
(c) 35 वर्ष (d) 33 वर्ष

23. किसी क्रिकेट टीम के 11 खिलाड़ियों का औसत स्कोर 24 रन है। जब टीम के कुल स्कोर में से कैप्टन का स्कोर घटा लिया जाता है, तो औसत 2 रनों से बढ़ जाता है। कैप्टन ने कितने रन बनाए थे?
(a) 24 (b) 8
(c) 18 (d) 4

24. 13 लड़कों के समूह की औसत आयु 13 वर्ष है। जब दो और लड़के समूह में आये, तो समूह की औसत आयु 2 वर्ष बढ़ गयी। नये लड़कों की आयु का योग क्या होगा?
(a) 30 (b) 26
(c) 50 (d) 56

25. एक परीक्षा में परीक्षार्थियों का औसत अंक 70 है। कम्प्यूटर की त्रुटि के कारण 50 परीक्षार्थियों का अंक 90 से 50 आ गया जिससे औसत घटकर 60 हो गया, तो परीक्षा में कुल परीक्षार्थी कितने थे?
(a) 400 (b) 250
(c) 200 (d) 150

26. 1, 2, 3 सितम्बर का औसत तापमान 31°C था 1 सितंबर को तापमान 37°C तथा 4 सितंबर को 33°C था 2, 3, 4 सितंबर का औसत तापमान था?
(a) 30°C (b) 34°C
(c) 32°C (d) $29\frac{2}{3}°C$

27. प्रथम 51 प्राकृत सम संख्याओं का औसत क्या होगा?
(a) 48 (b) 52
(c) 49 (d) 48

28. 16 परीक्षार्थियों का औसत अंक 60 है। बाद में पता चला कि एक परीक्षार्थी का अंक 87 के बदले 55 तथा दूसरे परीक्षार्थी का अंक 43 के बदले 59 लिखा गया है। सही औसत क्या है?
(a) 61 (b) 59
(c) 63 (d) 58

29. 20 परिणामों का औसत 30 है। 30 अन्य परिणामों का औसत 20 है। सभी परिणामों का औसत क्या होगा?
(a) 24 (b) 25
(c) 12 (d) 50

30. 18 महिलाओं की औसत आयु में 1 वर्ष की कमी हो जाती यदि इसमें से एक महिला जिसकी आयु 35 वर्ष है, के स्थान पर एक लड़की को शामिल किया जाता, लड़की की आयु क्या है?
(a) 12 वर्ष (b) 17 वर्ष
(c) 15 वर्ष (d) 14 वर्ष

31. 100 तक के सभी विषम संख्याओं का औसत क्या है?
(a) 50 (b) 51
(c) 49 (d) 49.5

32. A, B, C तथा D चार छात्रों का औसत भार 46 किग्रा है। B, C, D तथा E का औसत भार 52 किग्रा है, A का भार 38 किग्रा है, तो E का भार कितना है?
(a) 44 किग्रा (b) 56 किग्रा
(c) 52 किग्रा (d) 62 किग्रा

33. संख्याएँ $1^3, 2^3, 3^3, 4^3, \ldots\ldots, 20^3$ का औसत क्या है?
(a) 2212 (b) 2202
(c) 2205 (d) 2215

34. 7 संख्याओं का औसत 18 है। यदि प्रत्येक संख्या को 3 से भाग दिया जाए, तो इस तरह से प्राप्त संख्याओं का औसत क्या है?
(a) 8 (b) 6
(c) 7 (d) 3

35. तीन वर्ष पहले मोहन, विजय तथा राम की औसत आयु 28 वर्ष थी। यदि मोहन की आयु 26 वर्ष हो, तो 4 वर्ष बाद उन सबकी औसत आयु क्या होगी?
(a) 36 वर्ष (b) 38 वर्ष
(c) 35 वर्ष (d) 32 वर्ष

36. 10 वर्ष पूर्व चार व्यक्तियों की औसत आयु 42 वर्ष थी। 7 वर्ष बाद उन चारों की औसत आयु क्या होगी?
(a) 58 वर्ष (b) 49 वर्ष
(c) 59 वर्ष (d) 52 वर्ष

37. एक कमिटी के 12 सदस्यों की औसत आयु 56 वर्ष है। दो सदस्य जिनकी आयु क्रमश: 60 वर्ष तथा 52 वर्ष थी, की मृत्यु हो गयी। शेष सदस्यों की औसत आयु क्या है?
(a) 56 वर्ष (b) 55 वर्ष
(c) 58 वर्ष (d) 54 वर्ष

38. किसी कक्षा के सभी छात्रों का औसत वजन 37.5 किलोग्राम है। 12 और छात्रों के शामिल होने से जिनका औसत वजन 50 किग्रा था, पूरे वर्ग का औसत 2.5 किग्रा बढ़ जाता है। उस कक्षा में शुरू में कितने छात्र थे?
(a) 52 (b) 48
(c) 46 (d) 45

39. 40 संख्याओं का औसत 45 है। यदि उसमें से चार संख्याएँ 41, 38, 32, 35 को हटा दिया जाए, तो शेष संख्याओं का औसत क्या होगा?
(a) 42 (b) 49
(c) 46 (d) 44

40. चार संख्याओं का औसत 59 है। यदि प्रथम तीन संख्याओं का औसत 47 है, तो चौथी संख्या क्या है?
(a) 97 (b) 89
(c) 91 (d) 95

41. 1 से 200 तक की सभी सम संख्याओं का औसत क्या होगा?
(a) 106 (b) 104
(c) 101 (d) 100

42. एक मोटर साइकिल पहले 80 किमी 2 लीटर पेट्रोल में जाती है। अगला 60 किमी वह 3 लीटर में जाती है। यदि अंतिम 60 किमी वह 1.5 लीटर में जाती है, तो पूरी यात्रा में उसका औसत माइलेज क्या है?
(a) 40 किमी/ली. (b) 31 किमी/ली.
(c) 36 किमी/ली. (d) 29 किमी/ली.

43. 9 बच्चों की औसत उम्र 12 वर्ष है। दो बच्चों जिनकी उम्र 8 वर्ष और 2 वर्ष हैं, चले जाते हैं। शेष बच्चों की औसत उम्र तीन वर्ष बाद क्या होगी?
(a) 17 वर्ष (b) 14 वर्ष
(c) 18 वर्ष (d) 16 वर्ष

44. 36 छात्रों की औसत आयु 13 वर्ष है। एक शिक्षक को शामिल कर लेने से औसत 1 वर्ष बढ़ जाती है। शिक्षक की आयु क्या है?
(a) 55 वर्ष (b) 58 वर्ष
(c) 48 वर्ष (d) 50 वर्ष

45. 12 लड़कियाँ जिसका औसत वजन 41 किलोग्राम है, 18 लड़कों के समूह में शामिल हो जाती हैं और इस प्रकार पूरे समूह का औसत वजन प्रारंभ में लड़के के औसत वजन से 2 किलोग्राम कम हो जाता है। प्रारंभ में सभी लड़कों के वजन का कुल योग क्या था?
(a) 844 किग्रा (b) 824 किग्रा
(c) 830 किग्रा (d) 828 किग्रा

46. A, B और C का औसत 62 और B + C का औसत 60 है। यदि B और C में 20 का अंतर है तो D का मान क्या होगा, जिसका मान A, B, C के आधे मान का 8 गुना है?
(a) 764 (b) 744
(c) 774 (d) 724

47. किसी वर्ग में 24 छात्रों का औसत वजन 32 किग्रा है। एक शिक्षक को शामिल कर लेने से औसत वजन 2 किग्रा बढ़ जाता है। उस शिक्षक का वजन कितना है?
(a) 84 किग्रा (b) 80 किग्रा
(c) 85 किग्रा (d) 82 किग्रा

48. किसी समूह में 46 पुरुष हैं, जिनकी औसत उम्र 48 वर्ष है। एक पुरुष के चले जाने से औसत उम्र $\frac{1}{9}$ वर्ष से घट जाती है। जाने वाले पुरुष की उम्र क्या है?

(a) 52 वर्ष (b) 43 वर्ष
(c) 58 वर्ष (d) 53 वर्ष

49. किसी विद्यायल के एक कक्षा के दो छात्रों ने शून्य अंक प्राप्त किये। शेष 18 ने 80% अंक प्राप्त किए। पूरी कक्षा का औसत अंक क्या है?

(a) 70 (b) 72
(c) 80 (d) 75

50. 500 मजदूरों की औसत मजदूरी 200 रु. थी। दो मजदूरों की मजदूरी क्रमश: 80 और 220 की जगह 180 और 20 पढ़ ली गयी, तो सही औसत मजदूरी कितनी है?

(a) 200.20 रु. (b) 201 रु.
(c) 200.50 रु. (d) 200.10 रु.

51. किसी कक्षा में 45 छात्रों के प्राप्तांकों का औसत 40 है। उत्तीर्ण छात्रों का औसत 52 तथा अनुत्तीर्ण छात्रों का औसत 16 है। कितने छात्र अनुत्तीर्ण हुए?

(a) 20 (b) 15
(c) 30 (d) 25

52. एक छात्र साइकिल द्वारा घर से विद्यालय 12 किमी/घंटा की चाल से गया तथा पुन: 10 किमी/घंटा की चाल से घर वापस आया, तो छात्र की औसत चाल क्या है?

(a) 10 किमी/घंटा (b) $\frac{10}{11}$ किमी/घंटा
(c) 15 किमी/घंटा (d) $10\frac{10}{11}$ किमी/घंटा

53. सोमवार से बुधवार तक के तापमान का माध्य 37° तथा मंगलवार से गुरुवार तक के तापमान का माध्य 34° है। यदि गुरुवार का तापमान सोमवार के तापमान का $\frac{4}{5}$ हो, तो गुरुवार का तापमान कितना है?

(a) 36° (b) 34°
(c) 36.5° (d) 35.5°

54. पूनम को प्रथम यूनिट टेस्ट में 180 अंक मिले तथा दूसरे यूनिट टेस्ट में 258 अंक मिले। अब वह तीसरे यूनिट टेस्ट में कितने अंक प्राप्त करे, कि तीनों का औसत 210 अंक हो जाए?

(a) 219 (b) 334
(c) 230 (d) 252

55. 9 जनवरी तक दोनों दिन सहित रोज का औसत तापमान 38.6°C और 10 से 17 जनवरी तक 39. 2°C था। यदि 9 जनवरी का तापमान 34.6°C था, तो 17 जनवरी का तापमान क्या था?

(a) 39.1°C (b) 39.3°C
(c) 39.2°C (d) 39.4°C

56. यदि 120 रु. प्रति कुर्सी की दर से 20 कुर्सियाँ, 130 रु. प्रति कुर्सी की दर से 15 कुर्सियों तथा 150 रु. प्रति कुर्सी की दर से 25 कुर्सियाँ खरीदी गयी, तो प्रति कुर्सी औसत मूल्य क्या होगा?

(a) 145 रु. (b) 165 रु.
(c) 155 रु. (d) 135 रु.

57. A की 15 दिनों की औसत आय 70 रु. है। पहले 5 दिनों की आय का औसत 80 रु. है। उसकी छठे दिन की आय क्या है?

(a) 80रु. (b) 60रु.
(c) 30रु. (d) 40रु.

58. एक बल्लेबाज अपनी 51वीं पूर्ण पारी में कुछ रन बनाता है जिससे उसका औसत 59.6 से बढ़कर 60 हो जाता है। बल्लेबाज ने 51वें पारी में कितने रन बनाए?

(a) 85 (b) 70
(c) 80 (d) 75

59. 10 मेजों तथा 5 कुर्सियों को 2000 रुपये में खरीदा। यदि एक कुर्सी का औसत मूल्य 120 रुपये हो, तो एक मेज का औसत मूल्य क्या होगा?

(a) 130 रु. (b) 150 रु.
(c) 140 रु. (d) 120 रु.

60. 5 बच्चों की औसत आयु 8 वर्ष है। यदि बच्चों की उम्र में पिता की उम्र जोड़ दी जाए, तो उनकी औसत उम्र 15 वर्ष हो जाती है। पिता की आयु कितनी है?

(a) 40 वर्ष (b) 42 वर्ष
(c) 45 वर्ष (d) 50 वर्ष

61. A, B, C की औसत मजदूरी 950 रु. है। B की मजदूरी A से 50 रु. अधिक है तथा C की मजदूरी A से 20 रु. कम है। C की मजदूरी कितनी है?

(a) 920 रु. (b) 960 रु.
(c) 980 रु. (d) 950 रु.

62. चार संख्याएँ A, B, C, D का औसत 84 है। E का मान A से 4 कम है। D का मान क्या होगा, यदि E का मान 84 है और B + C का मान 165 है?
(a) 78 (b) 86
(c) 83 (d) 89

63. 25 भेड़ों और 18 बकरियों का कुल मूल्य 22060 रु. है। यदि प्रति भेड़ मूल्य 580 रु. है, तो प्रति बकरी मूल्य क्या है?
(a) 550रु. (b) 420रु.
(c) 480रु. (d) 415रु.

64. 14 संख्याओं का औसत 28 है। यदि सभी संख्याओं में 3 जोड़ दिया जाए, तो इस तरह से प्राप्त नयी संख्याओं का औसत कितना होगा?
(a) 34 (b) 31
(c) 30 (d) 32

65. किसी आदमी का औसत मासिक खर्च पहले 3 महीनों के लिए 2000 रु., अगले 5 महीनों के लिए 2200 रु. और शेष चार महीनों के लिए 2600 रु. था यदि वार्षिक बचत 3800 रु. है, तो उसकी औसत मासिक आय क्या है?
(a) 2400 रु. (b) 2800 रु.
(c) 2600 रु. (d) 2500 रु.

66. 5 वस्तुओं का औसत मूल्य 5 वर्ष पूर्व 500 रु. था। यदि वर्तमान में उसका कुल मूल्य पूर्व मूल्य का 125% हो, तो उसका औसत मूल्य क्या होगा?
(a) 650 रु. (b) 625 रु.
(c) 600 रु. (d) 725 रु.

67. 9 संख्याओं का औसत 24 है। यदि प्रत्येक संख्या को 12 से गुणा किया जाए, तो नयी संख्याओं का औसत क्या होगा?
(a) 288 (b) 278
(c) 274 (d) 298

68. किसी परिवार में 5 सदस्य नौकरी करते हैं, जिनकी औसत मासिक आय 4500 रु.. है। एक सदस्य की मृत्यु हो जाने पर औसत मासिक आय घटकर 3800 रु.. हो जाती है। उस मृत सदस्य की मासिक आय क्या थी?
(a) 6900 रु. (b) 7000 रु.
(c) 7500 रु. (d) 7300 रु.

69. किसी फैक्ट्री में 50 मजदूर काम करते हैं, जिनकी औसत मजदूरी 2100 रु. है। यदि मैनेजर का वेतन शामिल कर दिया जाए, तो औसत मजदूरी 90 रु. से बढ़ जाती है? मैनेजर का वेतन कितना है?
(a) 7060 रु. (b) 7080 रु.
(c) 6690 रु. (d) 7000 रु.

70. राकेश ने सात विषयों में औसत 72 अंक प्राप्त किए। विज्ञान और गणित को छोड़कर अन्य विषयों में उसका औसत अंक 68 है। विज्ञान और गणित में उसका औसत अंक क्या था?
(a) 84 (b) 82
(c) 80 (d) 78

उत्तरमाला (Answer Key)

1. (d)	2. (b)	3. (b)	4. (d)	5. (a)	6. (a)	7. (a)	8. (a)	9. (c)	10. (a)
11. (b)	12. (c)	13. (b)	14. (c)	15. (a)	16. (a)	17. (c)	18. (c)	19. (c)	20. (a)
21. (d)	22. (d)	23. (d)	24. (d)	25. (c)	26. (d)	27. (b)	28. (a)	29. (a)	30. (b)
31. (a)	32. (d)	33. (c)	34. (b)	35. (c)	36. (c)	37. (a)	38. (b)	39. (c)	40. (d)
41. (d)	42. (b)	43. (a)	44. (d)	45. (d)	46. (b)	47. (d)	48. (d)	49. (b)	50. (a)
51. (b)	52. (d)	53. (a)	54. (d)	55. (d)	56. (d)	57. (c)	58. (c)	59. (c)	60. (d)
61. (d)	62. (c)	63. (b)	64. (b)	65. (c)	66. (b)	67. (a)	68. (d)	69. (c)	70. (b)

हल (Solutions)

1. (d)

5 संख्याओं का योग $= 9 \times 5 = 45$

3 संख्याओं का योग $= 3 \times 7 = 21$

अन्य दो संख्याओं का औसत

$= \frac{45-21}{2} = \frac{24}{2} = 12$

2. (b)

सभी 14 संख्याओं का औसत

$= \frac{8\times6+6\times8}{14} = \frac{96}{14} = \frac{48}{7} = 6\frac{6}{7}$

3. (b)

तीसरी संख्या $= 15 \times 3 - (7 + 28) = 45 - 35 = 10$

4. (d)

माना दूसरी संख्या $= x$

पहली संख्या $= \frac{x}{2}$

तीसरी संख्या $= \frac{x}{3}$

$\therefore\ x+\frac{x}{2}+\frac{x}{3} = 3\times44$

$\frac{6x+3x+2x}{6} = 3\times44 \Rightarrow x = \frac{3\times44\times6}{11} = 72$

5. (a)

माना छह क्रमागत विषम संख्याएँ हैं

$x, x + 2, x + 4, x + 6, x + 8, x + 10$

प्रश्न से,

$x + x + 2 + x + 4 + x + 6 + x + 8 + x + 10 = 48 \times 6$

$6x + 30 = 288 \Rightarrow 6x = 258 \Rightarrow x = 43$

सबसे बड़ी संख्या $= x + 10 = 43 + 10 = 53$

अभीष्ट अंतर $= 53 - 43 = 10$

6. (a)

माना चार क्रमागत सम संख्याएँ हैं

$x, x + 2, x + 4, x + 6$

प्रश्न से,

$x + x + 2 + x + 4 + x + 6 = 4 \times 23$

$4x + 12 = 92 \Rightarrow 4x = 80 \Rightarrow x = 20$

7. (a)

अभीष्ट औसत $= 7 \times 7 = 49$

8. (a)

अभीष्ट औसत $= 12 - 2 = 10$

9. (c)

अभीष्ट औसत $= \frac{50+1}{2} = \frac{51}{2} = 25.5$

10. (a)

माना सबसे छोटी संख्या x है।

बीच वाली संख्या $= x + 25$

प्रश्न से,

$x + x + 25 + 180 = 3 \times 135$

$2x + 205 = 405 \Rightarrow 2x = 200 \Rightarrow x = 100$

11. (b)

प्रश्न से,

पहली संख्या	दूसरी संख्या	तीसरी संख्या
$2x$	x	$4x$

$\frac{2x+x+4x}{3} = 56 \Rightarrow 7x = 56 \times 3$

$x = \frac{56\times3}{7} = 24$

पहली संख्या $= 2x = 2 \times 24 = 48$

तीसरी संख्या $= 4x = 4 \times 24 = 96$

12. (c)

माना तीन क्रमागत सम संख्याएँ $x, x + 2, x + 4$ है।

$\frac{x+x+2+x+4}{3} = \frac{x}{3}+14$

$\frac{3x+6}{3} = \frac{x+42}{3}$

$3x - x = 42 - 6 \Rightarrow x = \frac{36}{2} = 18$

13. (b)

8 संख्याओं का औसत $= 21$

नया औसत $= 21 \times 8 = 168$

14. (c)

प्रथम 9 अभाज्य संख्याओं का औसत

$= \frac{2+3+5+7+11+13+17+19+23}{9} = \frac{100}{9} = 11\frac{1}{9}$

15. (a)

$\frac{x+x+2+x+4+x+6}{4} = 27$

$4x + 12 = 108$

$4x = 96 \Rightarrow x = 24$

16. (a)

5 वीं संख्या $= 9 \times 50 - 4 \times 52 - 4 \times 49$
$= 450 - 208 - 196 = 46$

17. (c)

अंतिम संख्या $= 20 \times 12 - 12 \times 11 - 7 \times 10$
$= 240 - 132 - 70 = 240 - 202 = 38$

18. (c)

अभीष्ट औसत $= \dfrac{60\times40+40\times60}{60+40} = \dfrac{4800}{100} = 48$

19. (c)

4 विषयों का कुल प्राप्तांक $= 4 \times 75 = 300$

नया औसत $= \dfrac{300+80}{5} = \dfrac{380}{5} = 76$

20. (a)

40 छात्रों की कुल आयु $= 40 \times 9 = 360$ वर्ष

अध्यापक की आयु $= 41 \times 10 - 360$

$= 410 - 360 = 50$ वर्ष

21. (d)

A और B की वर्तमान आयु $= 2\,(15 + 5) = 40$ वर्ष

A, B, C की वर्तमान आयु $= 20 \times 3 = 60$ वर्ष

C की वर्तमान आयु $= 60 - 40 = 20$ वर्ष

10 वर्ष बाद C की आयु $= 20 + 10 = 30$ वर्ष

22. (d)

20 लड़कों की कुल आयु $= 20 \times 12$

अध्यापक की आयु $= 21 \times 13 - 20 \times 12$

$= 273 - 240 = 33$ वर्ष

23. (d)

11 खिलाड़ियों का कुल स्कोर $= 11 \times 24 = 264$

माना कैप्टन ने x रन बनाए

$\dfrac{264-x}{10} = 26$

$264 - x = 260 \Rightarrow x = 264 - 260 = 4$ रन

24. (d)

13 लड़कों की कुल आयु $= 13 \times 13 = 169$

15 लड़कों की कुल आयु $= 15 \times 15 = 225$

नये लड़कों की आयु का योग $= 225 - 169$

$= 56$ वर्ष

25. (c)

माना परीक्षार्थियों की संख्या $= x$

$\dfrac{70x - 50(90-50)}{x} = 60$

$70x - 50 \times 40 = 60x$
$10x = 2000 \Rightarrow x = 200$

26. (d)

2 और 3 सितंबर का कुल तापमान $= 3 \times 31 - 37$
$= 93 - 37 = 56$

2, 3, 4 सितंबर का औसत तापमान

$= \dfrac{56+33}{3} = \dfrac{89}{3} = 29\dfrac{2}{3}°C$

27. (b)

अभीष्ट औसत $= 51 + 1 = 52$

28. (a)

सही औसत $= 60 + \dfrac{(87-55)-(59-43)}{16}$

$= 60 + \dfrac{32-16}{16} = 60 + \dfrac{16}{16} = 60 + 1 = 61$

29. (a)

कुल परिणामों का औसत $= \dfrac{20\times30+30\times20}{20+30}$

$= \dfrac{600+600}{50} = \dfrac{1200}{50} = 24$

30. (b)

लड़की की आयु $= 35 - 18 \times 1$

$= 35 - 18 = 17$ वर्ष

31. (a)

औसत $= \dfrac{99+1}{2} = \dfrac{100}{2} = 50$

32. (d)

$A - E = 4\,(46 - 52)$

$38 - E = 4\,(-6) \Rightarrow E = 38 + 24 = 62$ किग्रा

33. (c)

$1^3, 2^3, 3^3, \ldots\ldots\ldots, 20^3$ का औसत

$= \dfrac{20(20+1)^2}{4} = \dfrac{20\times441}{4} = 2205$

34. (b)

अभीष्ट औसत $= \dfrac{18}{3} = 6$

35. (c)

मोहन की आयु $= 26$ वर्ष

तीन वर्ष पहले तीनों की औसत आयु $= 28$ वर्ष

3 वर्ष पूर्व तथा 4 वर्ष बाद, यानी $3 + 4 = 7$ वर्ष बाद सबकी औसत आयु $= 28 + 7 = 35$ वर्ष

36. (c)

10 वर्ष पूर्व और 7 वर्ष बाद यानी $10 + 7 = 17$ वर्ष बाद औसत आयु $= 42 + 17 = 59$ वर्ष

37. (a)

12 सदस्यों की कुल आयु $= 12 \times 56 = 672$ वर्ष

शेष सदस्यों की औसत आयु $= \frac{672-(60+52)}{10}$

$= \frac{672-112}{10} = \frac{560}{10} = 56$ वर्ष

38. (b)

माना शुरू में छात्रों की संख्या $= x$

प्रश्न से,

$x \times 37.5 + 12 \times 50 = (x + 12)\ 40$

$37.5x + 600 = 40x + 480$

$2.5x = 120 \Rightarrow x = \frac{120\times10}{25} = 48$

39. (c)

40 संख्याओं का योग $= 40 \times 45 = 1800$

दी गई चार संख्याओं का योग

$= 41 + 38 + 32 + 35 = 146$

शेष संख्याओं का औसत

$= \frac{1800-146}{36} = \frac{1654}{36} = 46$

40. (d)

चार संख्याओं का योग $= 59 \times 4 = 236$

प्रथम तीन संख्याओं का योग $= 47 \times 3 = 141$

चौथी संख्या $= 236 - 141 = 95$

41. (c)

1 से 200 तक की सभी सम संख्याओं का औसत

$= \frac{200}{2} + 1 = 101$

42. (b)

औसत माइलेज $= \frac{80+60+60}{2+3+1.5}$

$= \frac{200}{6.5} = 30.77 = 31$ किमी/लीटर

43. (a)

9 बच्चों की कुल उम्र $= 12 \times 9 = 108$ वर्ष

7 बच्चों की कुल उम्र $= 108 - (8 + 2) = 98$ वर्ष

3 वर्ष बाद 7 बच्चों की कुल उम्र $= 98 + 7 \times 3$

$= 98 + 21 = 119$ वर्ष

औसत उम्र $= \frac{119}{7} = 17$ वर्ष

44. (d)

36 छात्रों की कुल आयु $= 36 \times 13 = 468$ वर्ष

शिक्षक समेत छात्रों की कुल आयु $= 37 \times 14$

$= 518$

शिक्षक की आयु $= 518 - 468 = 50$ वर्ष

45. (d)

माना लड़कों का औसत वजन $= x$ किग्रा

लड़कों का वजन + लड़कियों का वजन = समूह का वजन

$18 \times x + 12 \times 41 = (12 + 18)\ (x - 2)$

$18x + 492 = 30x - 60$

$12x = 552 \Rightarrow x = \frac{552}{12} = 46$

सभी लड़कों का कुल वजन $= 46 \times 18 = 828$ किग्रा

46. (b)

$A + B + C = 62 \times 3 = 186$

D का मान $= \frac{186}{2} \times 8 = 186 \times 4 = 744$

47. (d)

24 छात्रों का कुल वजन $= 24 \times 32 = 768$ किग्रा

शिक्षक समेत छात्रों का कुल वजन $= 25 \times 34$

$= 850$ किग्रा

शिक्षक का वजन $= 850 - 768 = 82$ किग्रा।

48. (d)

जाने वाले पुरुष की उम्र $= 48 + (46 - 1) \times \frac{1}{9}$

$= 48 + 45 \times \frac{1}{9}$

$= 48 + 5 = 53$ वर्ष

49. (b)

छात्रों की कुल संख्या $= 2 + 18 = 20$

औसत $= \frac{18\times80+2\times0}{20} = \frac{1440}{20} = 72$

50. (a)

500 मजदूरों की कुल मजदूरी $= 500 \times 200$

$= 100000$ रु.

सही औसत मजदूरी

$$= \frac{100000 + 80 + 220 - 180 - 20}{500}$$

$$= \frac{100100}{500} = 200.20 \text{ रु.}$$

51. (b)

माना अनुत्तीर्ण छात्रों की संख्या $= x$

45 छात्रों का कुल प्राप्तांक $= 45 \times 40 = 1800$

उत्तीर्ण छात्रों का कुल प्राप्तांक $= 52\,(45 - x)$

$= 2340 - 52x$

अनुत्तीर्ण छात्रों का कुल प्राप्तांक $= 16x$

प्रश्न से,

$2340 - 52x + 16x = 1800$

$\Rightarrow \quad -36x = 1800 - 2340$

$\Rightarrow \quad x = \frac{-540}{-36} = 15$

52. (d)

औसत चाल

$= \frac{2 \times 12 \times 10}{12 + 10} = \frac{240}{22} = \frac{120}{11} = 10\frac{10}{11}$ किमी./घंटा

53. (a)

सोमवार से बुधवार तक का कुल तापमान

$= 37 \times 3 = 111°$

मंगलवार से गुरुवार तक का कुल तापमान

$= 3 \times 34 = 102°$

माना सोमवार का तापमान $= x°$

गुरुवार का तापमान $= \frac{4}{5}x°$

$111 - x = 102 - \frac{4}{5}x \Rightarrow x - \frac{4}{5}x = 9$

गुरुवार का तापमान $= 45 \times \frac{4}{5} = 36°$

$\Rightarrow x = 9 \times 5 = 45°$

54. (d)

माना तीसरे यूनिट टेस्ट में x अंक मिले।

प्रश्न से,

$\frac{180 + 258 + x}{3} = 230$

$438 + x = 690$

$x = 690 - 438 = 252$

55. (d)

9 जनवरी से 16 जनवरी तक का कुल तापमान

$= 38.6 \times 8$

$= 308.8°C$

10 से 17 जनवरी तक का कुल तापमान

$= 39.2° \times 8$

$= 313.6°C$

10 से 16 जनवरी तक का कुल तापमान

$= 308.8°C - 34.6°C$

$= 274.2°C$

17 जनवरी का तापमान $= 313.6°C - 274.2°C$

$= 39.4°C$

56. (d)

प्रति कुर्सी औसत मूल्य

$$= \frac{120 \times 20 + 130 \times 15 + 150 \times 25}{20 + 15 + 25}$$

$$= \frac{2400 + 1950 + 3750}{60} = \frac{8100}{60} = 135 \text{ रुपये}$$

57. (c)

15 दिनों की कुल आय $= 15 \times 70 = 1050$ रु.

पहले 5 दिनों की कुल आय $= 5 \times 60 = 300$ रु.

अंतिम 9 दिनों की कुल आय $= 9 \times 80 = 720$ रु.

छठे दिन की आय $= 1050 - (300 + 720)$

$= 1050 - 1020 = 30$ रु.

58. (c)

माना 51वीं पारी में x रन बनाया।

प्रश्न से,

$50 \times 59.6 + x = 51 \times 60$

$2980 + x = 3060$

$x = 3060 - 2980 = 80$ रन

59. (c)

एक मेज का औसत मूल्य $= \frac{2000 - (120 \times 5)}{10}$

$= \frac{2000 - 600}{10} = \frac{1400}{10} = 140$ रु.

60. (d)

पिता की आयु $= 15 \times 6 - 8 \times 5 = 90 - 40$

$= 50$ वर्ष

61. (d)

$A + B + C = 950 \times 3 = 2850$ रु.

$A + A + 50 + A - 20 = 2850$

$3A + 30 = 2850 \Rightarrow 3A = 2820$

$A = \frac{2820}{3} = 940$ रु.

$C = A - 20 = 940 - 20 = 920$ रु.

62. (c)

$A + B + C + D = 84 \times 4 = 336$

$E = 84$

$A = 84 + 4 = 88$

$B + C = 165$

$D = 336 - (88 + 165) = 336 - 253 = 83$

63. (b)

भेड़ों का कुल मूल्य $= 25 \times 580 = 14500$ रु.

18 बकरियों का मूल्य $= 22060 - 14500$

$= 7560$ रु.

प्रति बकरी मूल्य $= \frac{7560}{18} = 420$ रु.

64. (b)

अभीष्ट औसत $= 28 + 3 = 31$

65. (c)

कुल खर्च $= 3 \times 2000 + 5 \times 2200 + 4 \times 2600$

$= 6000 + 11000 + 10400 = 27400$ रु.

बचत $= 3800$ रु.

वार्षिक आय $= 27400 + 3800 = 31200$ रु.

मासिक आय $= \frac{31200}{12} = 2600$ रु.

66. (b)

5 वर्ष पूर्व 5 वस्तुओं का कुल मूल्य $= 5 \times 500$

$= 2500$ रु.

वर्तमान में कुल कीमत $= 2500 \times \frac{125}{100}$

$= 3125$ रु.

औसत मूल्य $= \frac{3125}{5} = 625$ रु.

67. (a)

अभीष्ट औसत $= 24 \times 12 = 288$

68. (d)

5 सदस्यों की कुल आय $= 5 \times 4500 = 22500$ रु.

4 सदस्यों की कुल आय $= 4 \times 3800 = 15200$ रु.

मृत सदस्य की आय $= 22500 - 15200 = 7300$ रु.

69. (c)

मैनेजर का वेतन $= 2100 + (50 + 1)\,90$

$= 2100 + 51 \times 90$

$= 2100 + 4590$

$= 6690$ रु.

70. (b)

7 विषयों में कुल अंक $= 72 \times 7 = 504$

5 विषयों में कुल अंक $= 5 \times 68 = 340$

विज्ञान और गणित का अंक $= 504 - 340 = 164$

औसत अंक $= \frac{164}{2} = 82$

लाभ एवं हानि
Profit and Loss

क्रय-मूल्य (Cost Price) :- जिस मूल्य पर कोई वस्तु खरीदी जाती है वह मूल्य इस वस्तु का क्रय-मूल्य कहा जाता हैं।

विक्रय-मूल्य (Selling Price) :- जिस मूल्य पर कोई वस्तु बेची जाती है वह मूल्य इस वस्तु का विक्रय-मूल्य कहा जाता हैं।

लाभ तथा हानि हमेशा क्रय-मूल्य पर निकाले जाते हैं।

महत्वपूर्ण सूत्र (Important Formula) :-

1. लाभ = विक्रय मूल्य – क्रय मूल्य
2. हानि = क्रय मूल्य – विक्रय मूल्य
3. प्रतिशत लाभ $= \left(\frac{\text{लाभ} \times 100}{\text{क्रय मूल्य}}\right)\%$
4. प्रतिशत हानि $= \left(\frac{\text{हानि} \times 100}{\text{क्रय मूल्य}}\right)\%$
5. यदि क्रय मूल्य $= x$ रु., लाभ = 20%
   वि. मू. = (x का 120%)
6. यदि क्रय मूल्य $= x$ रु., हानि = 15%
   विक्रय मूल्य = (x का 85%)
7. यदि विक्रय मूल्य $= x$ रु., लाभ 15%
   क्रय मूल्य $= \left(\frac{100}{115} \times x\right)$ रु.
8. यदि वि. मू. $= x$ रु., हानि = 15%
   क्रय मूल्य $= \left(\frac{100}{85} \times x\right)$ रु.

उपरिव्यय (Over Expenditure) :- जब कोई व्यापारी अपने सामानो की ढुलाई आदि के लिए क्रय मूल्य के अतिरिक्त राशि व्यय करता है, तो उसे उपरिव्यय कहते हैं।

उदाहरण (Examples)

1. A एक वस्तु को जिसकी कीमत उसके लिए 500 रु. है B को 20% लाभ पर बेचता हैं। B इसे C को 10% लाभ पर बेचता है तो C, B को कितने रु. देगा?

   B का क्र. मू. = 500 रु. का 120%
   $= \left(\frac{120}{100} \times 500\right)$ रु.
   $= 600$ रु.
   C का क्र. मू. = 600 का 110%
   $\left(\frac{110}{100} \times 600\right) = 660$ रु.

2. एक व्यक्ति एक वस्तु को किसी निश्चित कीमत पर बेचकर 20% काम अर्जित करता हैं। यदि वह इसे दो गुनी कीमत पर बेचे तो कितना प्रतिशत लाभ होगा?

   माना क्र. मू. $= x$ रु.
   वि. मू. = (x का 120%)रु. $= \frac{6x}{5}$
   नया वि. मू. $= \left(2 \times \frac{6x}{5}\right)$ रु.
   $= \frac{12x}{5}$ रु.
   लाभ $= \left(\frac{12x}{5} - x\right)$ रु.
   $= \frac{7x}{5}x$
   % लाभ $= \left(\frac{7x}{5} \times \frac{1}{x} \times 100\right)$ %
   $= 140\%$

3. एक वस्तु को 960 रु. की अपेक्षा 1200 रु. में बेचने से 30% अधिक लाभ होता हैं। वस्तु का क्रय मूल्य क्या है?

   माना कि क्रय मू. $= x$ रु.
   $(1200 - x) = (960 - x)$ का 130%
   अर्थात् $1200 - x = (960 - x) \times \frac{130}{100}$
   अर्थात् $x = 160$
   अतः क्रय मूल्य = 160 रु.

4. एक ट्रांजिस्टर के अंकित मूल्य में से 32 रु. कम कर देने के बाद भी एक दुकानदार को 15% लाभ होता है। यदि इस ट्रांजिस्टर का क्र. मू. 320 रु. हो, तो अंकित मूल्य पर इसे बेचने पर कितने प्रतिशत का लाभ होगा

क्रय मूल्य $=$ 320 रु.

लाभ $= 15\%$

विक्रय मूल्य $=$ 320 रु. का 115%

$\Rightarrow \left(320 \times \frac{115}{100}\right) = 368$रु.

अंकित मूल्य $= (368 + 32) = 400$रु.

$\therefore$ अभीष्ट लाभ $= \left(\frac{80}{320} \times 100\right)\%$

$= 25\%$

5. एक व्यक्ति ने कुछ केले एक रु. के 3 की दर से खरीदे। उतने ही केले उसने एक रूपये के 2 की दर से खरीदे। इन सब पर 20% लाभ कमाने हेतु वह इन्हें कितने रूपये प्रति दर्जन की दर से बेचेगा?

माना वह प्रत्येक प्रकार के 6 केले खरीदता है।

1 दर्जन केलों का क्रय मूल्य

$= \left(\frac{1}{3} \times 6 + \frac{1}{2} \times 6\right)$ रु.

$= 5$ रु.

1 दर्जन केलों का विक्रय मूल्य

$= 5$ रु. का 120%

$= \left(5 \times \frac{120}{100}\right)$ रु. $= 6$ रु.

6. एक कपड़ा व्यापारी ने 80 मीटर सिल्क 55रु. प्रति मीटर की दर से खरीदकर इसका $\frac{3}{4}$ भाग 6% लाभ पर बेच दिया। शेष को कितने प्रतिशत लाभ से बेचे कि कुल माल पर 10% लाभ हो?

कुल क्रय मूल्य $= (80 \times 55)$ रु. $= 4400$ रु.

इच्छित वि. मू. $=$ (4400 का 110%)

$= 4840$ रु.

$\frac{3}{4}$ भाग का वि. मू. $= \frac{3}{4} \times 4400$ का 106%

$= 3498$ रु.

$\frac{1}{4}$ भाग का वि. मू. $= (4840 - 3498)$ रु.

$= 1342$ रु.

$\frac{1}{4}$ भाग का क्र. मू. $= (\frac{1}{4} \times 4400)$

$= 1100$ रु.

इस भाग पर लाभ % $= \left(\frac{242}{1100} \times 100\right)\%$

$= 22\%$

7. कुछ टॉफियाँ 10 रूपये में 11 के भाव से तथा उतनी ही टॉफियाँ 10 रूपये में 9 के भाव से खरीदी गयीं। यदि कुल भण्डार को 1 रूपया प्रति टॉफी के भाव से बेचा गया हो तो पूरे सौदे में लाभ अथवा हानि बताइये

माना प्रत्येक प्रकार की टॉफियाँ $= x$

$\therefore$ कुल लागत $= \frac{10x}{11} + \frac{10x}{9}$

$= \frac{90x + 110x}{99} = \frac{200x}{99}$

कुल वि. मू. $= 2x \times 1 = 2x$

$\therefore$ हानि $= \frac{200x}{99} - 2x = \frac{2x}{99}$

$\therefore$ सौदे में हानि% $= \frac{\frac{2x}{99}}{\frac{200x}{99}} \times 100$

$= \frac{2x}{99} \times \frac{99}{200x} \times 100$

$= \frac{100}{100} = 1$

$\therefore$ सौदे मे 1% की हानि होगी।

8. X, दो वस्तुएँ बिना किसी लाभ-हानि के 4000 रुपये प्रति वस्तु की दर से बेचता है। यदि उनमें एक 25% लाभ पर बेची हो, तो दूसरी कितने प्रतिशत हानि पर बेची थी?

दोनों वस्तुओं का कुल मूल्य $= 4000 \times 2$

$= 8000$

माना प्रथम वस्तु का क्र. मू. x रु. है,

$x + x$ का 25% $= 4000$

$x+\frac{x}{4}=4000$

$\frac{5x}{4}=4000$

$x=3200$ रु.

$\therefore$ दूसरी वस्तु का वि. मू. = 8000 – 3200

= 4800रु.

हानि = 4800 – 4000 = 800 रु.

% हानि $=\frac{800\times100}{4800}=16\frac{2}{3}\%$

9. किसी वस्तु का अंकित मूल्य क्र. मू. से 10% अधिक है। अंकित मूल्य पर 10% की छूट दी जाती है। इस प्रकार की बिक्री में दूकानदार को हानि या लाभ होगा?

माना वस्तु का क्र. मू. $=x$

अंकित मू. $=\frac{110}{100}\times x=\frac{11}{10}x$

10% की छूट के बाद वि. मू. $=\frac{11}{10}x\times=\frac{90}{100}$

$=\frac{99}{100}x$

$\therefore$ हानि प्रतिशत $=\frac{x-\frac{99}{100}}{x}\times100$

= 1%

10. यदि काई व्यक्ति अपनी हानि को वि. मू. का 20% अनुमानित करता है, तो उसकी हानि प्रतिशत है।

माना वि. मू. = 100रु. है।

$\therefore$ हानि = 100रु. का 20%

= 20रु.

$\therefore$ क्रय मू. = 100 + 20 = 120 रु.

$\therefore$ प्रतिशत हानि $=\frac{20\times100}{120}$

$=\frac{50}{3}\%$

अभ्यास प्रश्न (Practice Questions)

1. एक वस्तु को 36 रुपये में बेचने पर 20% हानि होती है, तो वस्तु का क्रय मूल्य क्या था?
   (a) 16 रु. (b) 41 रु.
   (c) 45 रु. (d) 28.80 रु.

2. किसी वस्तु का क्रय मूल्य 380 रुपये है। लाभ क्रय मूल्य का 20% है तथा पैकिंग पर खर्च विक्रय मूल्य के 5% के बराबर है, तो विक्रय मूल्य क्या है?
   (a) 510 रु. (b) 480 रु.
   (c) 456 रु. (d) 450 रु.

3. एक वस्तु को 450 रुपये में बेचने पर 20% की हानि होती है। 20% लाभ प्राप्त करने के लिए उसे कितने में बेचना चाहिए?
   (a) 600 रु. (b) 625 रु.
   (c) 675 रु. (d) 680 रु.

4. एक अंडे बेचने वाला 6 दर्जन अंडे 1 रु. के 3 के भाव से खरीदता है। आधे दर्जन अंडे ले जाने में टूट जाते हैं। 10% लाभ कमाने के लिए वह प्रति अंडा किस दर से बेचेगा?
   (a) 37 पैसा (b) 40 पैसा
   (c) 35 पैसा (d) 39 पैसा

5. एक वस्तु को 240 रुपये में बेचने पर किसी व्यक्ति को 10% की हानि होती है। वह उसे किस मूल्य पर बेचे कि उसको 20% का लाभ हो?
   (a) 288 रु. (b) 264 रु.
   (c) 300 रु. (d) 320 रु.

6. एक व्यक्ति को एक घोड़ा 8000 रुपये में बेचने से कुछ हानि होती है। यदि वह 9800 रुपये में बेचता तो उसका लाभ उसकी हानि के दुगुने के बराबर होता, बताओ घोड़े का क्रय मूल्य क्या है?
   (a) 7200 रु. (b) 8900 रु.
   (c) 8500 रु. (d) 8600 रु.

7. किसी वस्तु को 69 रुपये की अपेक्षा 78 रुपये में बेचने पर लाभ प्रतिशत दुगुना है। इस वस्तु का क्रय मूल्य क्या है?
   (a) 51 रु. (b) 60 रु.
   (c) 55.50 रु. (d) इनमें से कोई नहीं।

8. उस वस्तु का क्रय मूल्य क्या होगा, जिसे 5% लाभ पर बेचने पर 5% हानि पर बेचने से 8 रु. अधिक मिलता है?
   (a) 96 (b) 75
   (c) 84 (d) 80

9. यदि किसी वस्तु को 10% लाभ तथा 15% के लाभ पर क्रमशः बेचने पर अंतर 20 रु. है, तो दोनों विक्रय मूल्य क्रमशः हैं?
   (a) 420 रु. तथा 440 रु. (b) 400 रु. तथा 420 रु.
   (c) 440 रु. तथा 460 रु. (d) 460 रु. तथा 440 रु.

10. एक वस्तु को 960 रु. की अपेक्षा 1200 रुपये में बेचने पर 30% अधिक लाभ होता है। वस्तु का क्रय मूल्य क्या है?
    (a) 800 रु. (b) 1000 रु.
    (c) 900 रु. (d) इनमें से कोई नहीं।

11. किसी घड़ी के अंकित मूल्य पर 10% छूट देने पर घड़ी का मूल्य 1080 रुपये है। यदि छूट न दी जाती, तो दुकानदार को 20% लाभ होता। घड़ी का क्रय मूल्य क्या है?
    (a) 1000 रु. (b) 1296 रु.
    (c) 1200 रु. (d) इनमें से कोई नहीं।

12. A एक रेडियो B को 20% लाभ पर बेचता है। B उसे C को 25% लाभ पर बेचता है। यदि C ने रेडियो का मूल्य 225 रुपये दिए, तो A ने रेडियो का क्या क्रय मूल्य दिया?
    (a) 150 रु. (b) 120 रु.
    (c) 125 रु. (d) 200 रु.

13. एक वस्तु को किसी मूल्य पर बेचने से एक व्यक्ति को 20% का लाभ होता है। यदि वह उसे दुगुने मूल्य पर बेचे, तो कितना प्रतिशत लाभ होगा?
    (a) 40 % (b) 140 %
    (c) 120 % (d) 100 %

14. 10 रु. में 11 वस्तुएँ खरीदी जाती हैं, लेकिन 11 रु. में 10 वस्तुएँ बेची जाती हैं, तो बताएँ कि इस सौदे में लाभ या हानि का प्रतिशत क्या होगा?
    (a) 18 % हानि (b) 21% लाभ
    (c) $12\frac{1}{2}$% हानि (d) $12\frac{1}{2}$% लाभ

15. एक दुकानदार 1 रुपये में 5 नींबू बेचकर 40% लाभ उठाता है। उसने एक रुपये में कितने नींबू खरीदे?
    (a) 6 (b) 7
    (c) 9 (d) 8

16. एक दुकानदार अपने सामान को क्रय मूल्य पर बेचता है। परन्तु 1 किलोग्राम के स्थान पर 900 ग्राम का बाट प्रयोग करता है। उसका प्रतिशत लाभ क्या है?

(a) $11\frac{1}{9}$% (b) 9 %

(c) 10 % (d) $9\frac{1}{11}$%

17. 1 रुपये की 12 की दर से टॉफी बेचने पर एक व्यक्ति को 20% हानि होती है। 20% लाभ कमाने के लिए एक रुपये की कितनी टॉफी बेचनी चाहिए?

(a) 5 (b) 10

(c) 15 (d) 8

18. 17 गेंदों को 720 रुपये में बेचने पर 5 गेंदों के क्रय मूल्य के बराबर हानि होती है, तो एक गेंद का क्रय मूल्य ज्ञात करें?

(a) 50 रु. (b) 45 रु.

(c) 60 रु. (d) 55 रु.

19. 40 वस्तुओं का विक्रय मूल्य 50 वस्तुओं के क्रय मूल्य के बराबर है, तो लाभ या हानि का प्रतिशत क्या होगा?

(a) 25% लाभ (b) 25% हानि

(c) 20% हानि (d) इनमें से कोई नहीं

20. यदि 12 वस्तुओं का क्रय मूल्य 9 वस्तुओं के विक्रय मूल्य के बराबर है, तो लाभ प्रतिशत क्या है?

(a) 25% (b) 67.7%

(c) $33\frac{1}{3}$% (d) 30%

21. यदि एक वस्तु का विक्रय मूल्य क्रय मूल्य का $\frac{4}{3}$ गुना है, तो लाभ प्रतिशत क्या है?

(a) $25\frac{1}{4}$% (b) $33\frac{1}{3}$%

(c) $20\frac{1}{4}$% (d) $20\frac{1}{2}$%

22. एक वस्तु का क्रय मूल्य विक्रय मूल्य का 40% है, तो विक्रय मूल्य क्रय मूल्य का कितना प्रतिशत है?

(a) 40% (b) 250%

(c) 240% (d) 60%

23. एक बेईमान व्यापारी अपना माल लागत मूल्य पर बेचता है, लेकिन कम तौलकर 25% लाभ कमाता है। एक किलोग्राम वजन तौलने के लिए वह कितने वजन का बाट काम में लाता है?

(a) 750 ग्राम (b) 825 ग्राम

(c) 725 ग्राम (d) 800 ग्राम

24. एक घोड़े और एक गाय में से प्रत्येक 12000 रुपये में बेचा जाता, यदि घोड़े पर 20% लाभ तथा गाय पर 20% हानि हुई, तो पूरे प्रकरण में व्यापारी को क्या मिला?

(a) 1000रु. हानि (b) 1000रु. लाभ

(c) 2000रु. लाभ (d) न लाभ न हानि

25. एक बेईमान दुकानदार एक किलोग्राम के स्थान पर 800 ग्राम बट्टा का प्रयोग करता है तथा अपनी वस्तुओं को क्रय मूल्य पर बेचने का दावा करता है, उसका लाभ प्रतिशत क्या है?

(a) 20% (b) 21%

(c) 25% (d) 24%

26. मोहन ने अपनी घड़ी 5% हानि पर बेची। यदि वह इसको 27 रु. अधिक में बेचता है, तो उसको 7% लाभ होता। घड़ी का क्रय मूल्य क्या है?

(a) 220 रु. (b) 275 रु.

(c) 225 रु. (d) 250 रु.

27. एक आलमारी को 16% लाभ पर बेचा गया। यदि उसे 10% कम पर खरीदा गया होता और 14 रु. कम कीमत पर बेचा जाता, तो 25% लाभ होता। आलमारी का क्रय मूल्य क्या है?

(a) 375 रु. (b) 500 रु.

(c) 400 रु. (d) 250 रु.

28. सोहन 25% के छूट पर एक सामान खरीदता है। 660 रुपये में बेचकर वह 10% का लाभ कमाता है। उस सामान का क्रय मूल्य क्या था?

(a) 800 रु. (b) 700 रु.

(c) 600 रु. (d) इनमें से कोई नहीं।

29. 4 कुर्सियों का विक्रय मूल्य 5 कुर्सियों के लागत मूल्य के समान है। लाभ प्रतिशत क्या है?

(a) 25 % (b) 35 %

(c) 30 % (d) 20 %

30. यदि 9 किताबों का क्रय मूल्य 8 किताबों के विक्रय मूल्य के बराबर है, तो इस सौदे में क्या होगा?

(a) $12\frac{1}{2}$% लाभ (b) $11\frac{1}{9}$% हानि

(c) $11\frac{1}{9}$% लाभ (d) न लाभ न हानि

31. यदि 16 मोबाइल का विक्रय मूल्य 20 मोबाइल के क्रय मूल्य के बराबर है, तो लाभ प्रतिशत क्या है?
(a) 30% (b) 25%
(c) 32% (d) 20%

32. लिखित मूल्य पर 20% छूट देने पर 60% लाभ प्राप्त होता है। यदि छूट को 5% बढ़ा दिया जाए, तो लाभ प्रतिशत क्या होगा?
(a) 25% (b) $33\frac{1}{3}\%$
(c) $16\frac{2}{3}\%$ (d) 50%

33. एक व्यापारी की कीमतें क्रय मूल्य से 20% अधिक है। वह ग्राहकों को क्रय मूल्य पर कितना छूट दे कि व्यापारी को 8% लाभ हो?
(a) 12% (b) 4%
(c) 10% (d) 6%

34. एक वस्तु को 270 रुपये में बेचने पर उतनी ही हानि हुई जितनी कि 10% लाभ पर बेचने से लाभ होता है। वस्तु का क्रय मूल्य क्या होगा?
(a) 110 रु. (b) 363 रु.
(c) 300 रु. (d) 90 रु.

35. यदि किसी वस्तु का विक्रय मूल्य दुगुना हो जाता है, तो लाभ तिगुना हो जाता है। प्रतिशत लाभ क्या होगा?
(a) 100% (b) 120%
(c) $103\frac{1}{3}\%$ (d) $66\frac{2}{3}\%$

36. एक वस्तु के क्रय मूल्य और विक्रय मूल्य का अनुपात 6 : 5 है। उसे बेचने पर कितने प्रतिशत की हानि हुई?
(a) $16\frac{2}{3}\%$ (b) 20%
(c) 15% (d) $8\frac{2}{3}\%$

37. एक व्यापारी एक गाय को 20% हानि पर बेच देता है। यदि उसे वह 20% कम में खरीदकर 6000 रुपये अधिक में बेचा देता, तो उसे 60% का लाभ हुआ होता। गाय का क्रय मूल्य क्या है?
(a) 12400 रु. (b) 10800 रु.
(c) 12200 रु. (d) 12500 रु.

38. एक वस्तु को 264 रुपये में बेचने से जो प्रतिशत लाभ होता है, उसका संख्यात्मक मान उस वस्तु के क्रय मूल्य के बराबर है। उस वस्तु का क्रय मूल्य क्या है?
(a) 140 रु. (b) 110 रु.
(c) 120 रु. (d) 150 रु.

39. 40 वस्तुओं का विक्रय मूल्य 36 वस्तुओं के क्रय मूल्य के बराबर है, तो प्रतिशत हानि क्या होगी?
(a) 5% (b) 10%
(c) 15% (d) 20%

40. एक व्यक्ति ने एक रेडियो 450 रुपये में खरीदा तथा उसकी मरम्मत पर 50 रुपये खर्च करके उसे 560 रुपये में बेच दिया। उसने कितने प्रतिशत लाभ कमाया?
(a) 16% (b) 18%
(c) 10% (d) 12%

41. रमन प्रति महीने 565 अंडे बेचकर 65 अंडे के विक्रय मूल्य के बराबर लाभ कमाता है। उसका प्रतिशत लाभ क्या है?
(a) 13% (b) 15%
(c) 20% (d) 10%

42. सोहन अपनी सभी वस्तुओं पर 15% लाभ कमाता है। लेकिन वह ऐसे तराजू का इस्तेमाल करता है, जो 800 ग्राम के बदले 900 ग्राम दिखाता है। उसका लाभ प्रतिशत क्या है?
(a) 40% (b) 25%
(c) 20% (d) 29.375%

43. किसी सामान को 1326 रुपये में बेचने पर जो लाभ होता है, वह उसे 1158 रुपये में बेचने से हुई हानि का तीन गुना है। उस सामान को 10% लाभ पर बेचने पर विक्रय मूल्य क्या होगा?
(a) 1480 रु. (b) 1360 रु.
(c) 1200 रु. (d) 1320 रु.

44. एक फल विक्रेता हर एक फल पर 20% लाभ कमाता है। लेकिन वह 1 किग्रा के बाट की जगह 800 ग्राम के बाट का ही इस्तेमाल करता है। उसे कितना प्रतिशत लाभ होता है?
(a) 45% (b) 48%
(c) 50% (d) 52%

45. एक बेईमान व्यापारी माल खरीदते समय 10% तथा बेचते समय 20% ठगता है। उसे कितना प्रतिशत लाभ होता है?
(a) 35% (b) 32%
(c) 28% (d) 30%

46. रामलाल ने 20% लाभ लेकर 96000 में एक कार बेची। उसने विक्रय मूल्य का 3% दलाल को दिया था, तो उसका वास्तविक लाभ कितना है?

(a) 10980 रु. (b) 14240 रु.
(c) 12180 रु. (d) 13120 रु.

47. एक दुकानदार को 243 कलम बेचने पर 57 कलमों के विक्रय मूल्य के बराबर हानि होती है। प्रतिशत हानि क्या है?

(a) 14% (b) 19%
(c) 10% (d) 20%

48. एक वस्तु को 500 रुपये में बेचा गया। यदि क्रय मूल्य तथा लाभ का अनुपात 7 : 3 है, तो उसे बेचने पर कितना प्रतिशत लाभ हुआ?

(a) $44\frac{5}{7}$% (b) $42\frac{6}{7}$%
(c) $38\frac{3}{7}$% (d) $40\frac{3}{7}$%

49. दो टेबुल में से प्रत्येक का विक्रय मूल्य 1680 रु. है। यदि एक को 40% लाभ पर तथा दूसरे को 40% हानि पर बेचा जाए, तो कुल मिलाकर कितने रुपये की हानि होगी?

(a) 540 रु. (b) 640 रु.
(c) 580 रु. (d) 680 रु.

50. एक रुपये में 30 बटन बेचकर एक आदमी 20% लाभ कमाता है। 50% लाभ कमाने के लिए उसे एक रुपये में कितने बटन बेचना चाहिए?

(a) 24 (b) 22
(c) 28 (d) 25

51. एक फल विक्रेता 4 रुपये प्रति दर्जन की दर से 7 दर्जन केला, 6 रु. प्रति दर्जन की दर से 8 दर्जन तथा 10 रु. प्रति दर्जन की दर से 9 दर्जन केला खरीदा। वह प्रति दर्जन किस दर से केला बेचे कि उसे 44% लाभ हो?

(a) 8 रु. (b) 10.50 रु.
(c) 12 रु. (d) 9.96 रु.

52. सरोज 20 रुपये में 24 पेन खरीदकर 24 रुपये में 20 पेन की दर से बेचता है, तो उसका प्रतिशत लाभ या हानि क्या है?

(a) 42% हानि (b) 44% लाभ
(c) 40% हानि (d) 48% लाभ

53. एक वस्तु को 3390 रुपये में बेचने से जो लाभ होता है, वह क्रय मूल्य का 13% है। वस्तु को बेचकर दुकानदार ने कितना लाभ कमाया?

(a) 420 रु. (b) 400 रु.
(c) 350 रु. (d) 390 रु.

54. 58 संतरों का क्रय मूल्य 50 संतरों के विक्रय मूल्य के बराबर है, तो प्रतिशत लाभ क्या है?

(a) 15 % (b) 20 %
(c) 16 % (d) 10 %

55. किसी मोबाइल फोन को 2700 रुपये में बेचने से 8% का लाभ होता है। उसे कितने रुपये में बेचा जाए ताकि 16% का लाभ हो?

(a) 2580 % (b) 2690 %
(c) 3000 % (d) 2900 %

56. एक आदमी ने 3 रुपये प्रति दर्जन की दर से कुछ नींबू खरीदे तथा दूसरे प्रकार के उतने ही नींबू 4 रु. में डेढ़ दर्जन की दर से खरीदा। सभी नींबू को उसने 2.40 रुपये प्रति दर्जन की दर से बेचने पर उसे 117 रु. की हानि हुई। उसने कुल कितने नींबू खरीदे थे?

(a) 3280 (b) 3240
(c) 3162 (d) 3246

57. एक टी.वी. को A ने B को 10% हानि पर, B ने C को 20% लाभ पर, C ने D को 25% लाभ पर बेचा। यदि D ने उस टी.वी. को 27000 रुपये में खरीदा, तो A ने उसे कितने रुपये में खरीदा था?

(a) 20000 रु. (b) 24000 रु.
(c) 22000 रु. (d) 18000 रु.

58. किसी वस्तु को 80 रु. की अपेक्षा 110 रु. में बेचने पर लाभ प्रतिशत तिगुना है, तो उस वस्तु का क्रय मूल्य क्या है?

(a) 68 रु. (b) 70 रु.
(c) 60 रु. (d) 65 रु.

59. एक दुकानदार कोई वस्तु बेचकर 60 रु. लाभ कमाता है। यदि उस वस्तु को 520 रु. में बेचा होता तो उसे 30% लाभ होता, उसने उस वस्तु को कितने रुपये में बेचा?

(a) 460 रु. (b) 350 रु.
(c) 500 रु. (d) 400 रु.

60. एक वस्तु को 450 रु. में बेचने पर 10% की हानि होती है। उस वस्तु को 20% हानि पर बेचने से विक्रय मूल्य क्या होगा?

(a) 480 रु. (b) 320 रु.
(c) 400 रु. (d) 350 रु.

61. एक व्यक्ति ने 5% लाभ पर एक बाल्टी बेची यदि वह उसे 24 रु. अधिक में बेचता, तो उसे 11% लाभ होता, बालटी का क्रय मूल्य क्या था?
(a) 500 रु. (b) 400 रु.
(c) 450 रु. (d) 475 रु.

62. एक रेडियो को 250 रु. में बेचने पर क्रय मूल्य का $\frac{1}{9}$ भाग लाभ होता है, तो क्रय मूल्य क्या है?
(a) 275 रु. (b) 620 रु.
(c) 225 रु. (d) 230 रु.

63. एक बेईमान व्यापारी सामान खरीदते समय 15% तथा बेचते समय भी उतना ही प्रतिशत ठगता है। बेईमानी से वह कितना प्रतिशत लाभ कमाता है?
(a) 40% (b) 32.25%
(c) 25% (d) 38%

64. यदि वस्तु के लागत मूल्य तथा विक्रय मूल्य का अंतर 720 रु. है यदि लाभ 20% है, तो विक्रय मूल्य क्या होगा?
(a) 4320 रु. (b) 4200 रु.
(c) 4500 रु. (d) 3720 रु.

65. एक व्यापारी ने एक सामान खरीदकर उसे 10% हानि पर बेच दिया। यदि वह उसे 20% कम कीमत पर खरीदकर 55 रु. अधिक में बेचता तो उसे 40% का लाभ होता। उस वस्तु का क्रय मूल्य क्या था?
(a) 300 रु. (b) 275 रु.
(c) 200 रु. (d) 250 रु.

66. यदि किसी वस्तु पर 10% छूट देने के बाद भी 10% का लाभ हो, तो अंकित मूल्य क्रय मूल्य से कितना प्रतिशत अधिक है?
(a) $11\frac{1}{9}\%$ (b) $9\frac{1}{11}\%$
(c) 20% (d) $22\frac{2}{9}\%$

67. एक आदमी ने 20% बट्टे पर एक घड़ी खरीदकर 15 रु. बचाया, तो उसने घड़ी कितने में खरीदी?
(a) 75 रु. (b) 80 रु.
(c) 85 रु. (d) 60 रु.

68. किसी वस्तु को 56 रु. में बेचने पर प्रतिशत लाभ का संख्यात्मक मान क्रय मूल्य के बराबर हो, तो उस वस्तु का क्रय मूल्य क्या है?
(a) 40 रु. (b) 60 रु.
(c) 35 रु. (d) 30 रु.

69. एक फल वाले को 250 संतरे बेचने पर 50 संतरों के विक्रय मूल्य के बराबर हानि होती है, तो उसका हानि प्रतिशत क्या होगा?
(a) $33\frac{1}{3}\%$ (b) 20%
(c) $16\frac{2}{3}\%$ (d) $12\frac{1}{2}\%$

70. एक दुकानदार 10% लाभ पर चाय बेचता है। वह वास्तविक माप से 20% कम तौल के बाट का प्रयोग करता है। उसका कुल प्रतिशत लाभ क्या है?
(a) 37.5% (b) 33.5%
(c) 30% (d) 35%

उत्तरमाला (Answer Key)

1. (c)	2. (b)	3. (c)	4. (b)	5. (d)	6. (d)	7. (b)	8. (d)	9. (c)	10 (a)
11. (a)	12. (a)	13. (b)	14. (b)	15. (b)	16. (a)	17. (d)	18. (c)	19. (a)	20. (c)
21. (b)	22. (b)	23. (d)	24. (a)	25. (c)	26. (c)	27. (c)	28. (a)	29. (a)	30. (a)
31. (b)	32. (d)	33. (c)	34. (c)	35. (a)	36. (a)	37. (d)	38. (c)	39. (b)	40. (d)
41. (a)	42. (d)	43. (c)	44. (c)	45. (b)	46. (d)	47. (b)	48. (b)	49. (b)	50. (a)
51. (d)	52. (b)	53. (d)	54. (c)	55. (d)	56. (b)	57. (a)	58. (d)	59. (a)	60. (c)
61. (b)	62. (c)	63. (b)	64. (a)	65. (d)	66. (d)	67. (d)	68. (a)	69. (c)	70. (a)

हल (Solutions)

1. (c)

$\because$ 80 रु. वि. मू. तो क्रय मूल्य = 100 रु.

$\therefore$ 36 रु. वि. मू. तो क्रय मूल्य $= \frac{100 \times 36}{80} = 45$ रु.

2. (b)

लाभ = 380 रु. का 20% $= \frac{380 \times 20}{100} = 76$ रु.

माना विक्रय मूल्य $= x$ रु.

पैकिंग पर खर्च $= x$ का 5% $= \frac{5x}{100} = \frac{x}{20}$

कुल लागत $= 380 + \frac{x}{20}$

प्रश्न से,

$$x - \left(380 + \frac{x}{20}\right) = 76$$

$$x - \frac{x}{20} = 76 + 380$$

$$\frac{19x}{20} = 456 \Rightarrow x = \frac{456 \times 20}{19}$$

$x = 480$ रु.

3. (c)

अभीष्ट विक्रय मूल्य $= 450 \times \frac{120}{80} = 675$ रु.

4. (b)

क्रय मूल्य $= \frac{12 \times 6}{3} = 24$ रु.

विक्रय मूल्य $= \frac{24 \times 110}{100} = 26.40$ रु.

आधा दर्जन अंडे टूटने के बाद शेष अंडे

$= 72 - 6 = 66$

1 अंडा का विक्रय मूल्य $= \frac{26.40}{66} = 40$ पैसे

5. (d)

अभीष्ट विक्रय मूल्य $= 240 \times \frac{120}{90} = 320$ रु.

6. (d)

माना हानि $= x$ रु.

प्रश्न से,

$8000 + x = 9800 - 2x$

$3x = 1800 \Rightarrow x = 600$ रु.

घोड़े का क्रय मूल्य = 8000 + 600 = 8600 रु.

7. (b)

माना क्रय मूल्य $= x$ रु.

प्रश्न से,

$$\frac{78 - x}{x} \times 100 = 2 \times \frac{69 - x}{x} \times 100$$

$78 - x = 138 - 2x$

$x = 60$ रु.

8. (d)

5% + 5% = 10% = 8

तो 100% $= 1\frac{-8}{52} = \frac{11}{13} = 80$ रुपये

9. (c)

15% – 10% = 5%

5% = 20

100% $= \frac{20}{5} \times 100 = 400$ रुपये क्रय मूल्य

पहला विक्रय मूल्य = 400 + 400 का 10%

= 400 + 40 = 440 रुपये

दूसरा विक्रय मूल्य = 400 + 400 का 15%

= 400 + 60 = 460 रुपये

10. (a)

माना क्रय मूल्य x रु. है।

प्रश्न से,

$(1200 - x) - (960 - x) = x$ का 30%

$$1200 - x - 960 + x = \frac{30x}{100}$$

$$x = \frac{240 \times 100}{30} = 800 \text{ रुपये}$$

11. (a)

माना अंकित मूल्य $= x$ रुपये

x का 90% = 1080

$$x = \frac{1080 \times 100}{90} = 1200 \text{ रुपये}$$

क्रय मूल्य $= 1200 \times \frac{100}{120} = 1000$ रुपये

12. (a)

माना A का क्रय मूल्य $= x$ रु.

$x + x$ का $20\% = \frac{6x}{5}$

$\frac{6x}{5} + \frac{6x}{5}$ का $25\% = 225$

$\frac{6x}{5} + \frac{6x}{20} = 225 \Rightarrow x = \frac{225 \times 20}{30} = 150$ रु.

13. (b)

माना क्रय मूल्य $= 100$ रुपये

विक्रय मूल्य $= 100 + 20 = 120$ रुपये

दुगुने मूल्य पर बेचने से विक्रय मूल्य $= 240$ रु.

प्रतिशत लाभ $= 240 - 100 = 140\%$

14. (b)

11 वस्तुओं का क्रय मूल्य $= 10$ रु.

$\because$ 10 वस्तुओं का विक्रय मूल्य $= 11$ रु.

11 वस्तुओं का विक्रय मूल्य $= \frac{11 \times 11}{10} = 12.10$रु.

लाभ $= 12.10 - 10 = 2.10$ रु.

प्रतिशत लाभ $= \frac{2.10 \times 100}{10} = 21\%$

15. (b)

एक नींबू का विक्रय मूल्य $= \frac{1}{5}$ रु.

1 नींबू का क्रय मूल्य $= \frac{\frac{1}{5} \times 100}{100 + 40} = \frac{20}{140} = \frac{1}{7}$ रु.

16. (a)

प्रतिशत लाभ $= \frac{1000 - 900}{900} \times 100$

$= \frac{100}{900} \times 100 = \frac{100}{9} = 11\frac{1}{9}\%$

17. (d)

$12 \times \frac{(100 - 20)}{(100 + 20)} = 12 \times \frac{80}{120} = 8$ टॉफी

18. (c)

माना एक गेंद का क्रय मूल्य $= x$ रु.

17 गेंदों का क्रय मूल्य $= 17x$ रु.

प्रश्न से,

$17x - 5x = 720 \Rightarrow x = 60$ रुपये

19. (a)

माना 50 वस्तुओं का क्रय मूल्य $= 100$ रु.

40 वस्तुओं का वि. मू. $= 100$ रु.

50 वस्तुओं का वि. मू. $= \frac{100 \times 50}{40} = 125$ रु.

लाभ $= 25\%$

20. (c)

प्रतिशत लाभ $= \frac{12 - 9}{9} \times 100 = \frac{100}{3} = 33\frac{1}{3}\%$

21. (b)

$\left(\frac{4}{3} - 1\right) \times 100 = \frac{1}{3} \times 100 = 33\frac{1}{3}\%$

22. (b)

माना वि. मू. $= 100$ रु.

क्रय मूल्य $= 40$ रु.

वि. मू. क्रय मूल्य का प्रतिशत

$= \frac{100}{40} \times 100 = 250\%$

23. (d)

माना 1000 ग्राम माल का लागत मूल्य $= 100$ रु.

लाभ $= 25\%$

125 रुपये में बेचता है 1000 ग्राम माल

100 रुपये में बेचता है $= \frac{1000 \times 100}{125} = 800$ ग्राम

24. (a)

माना घोड़े का क्रय मूल्य $= x$ रु.

$x + x$ का $20\% = 12000$

$x + \frac{20x}{100} = 12000 \Rightarrow \frac{120x}{100} = 12000$

$x = \frac{12000 \times 100}{120} = 10000$ रु.

गाय का क्रय मूल्य $= y$

$y - y$ का $20\% = 12000$

$y - \frac{20y}{100} = 12000$

$\frac{80y}{100} = 12000 \Rightarrow y = \frac{12000 \times 100}{80} = 15000$ रु.

कुल क्रय मूल्य $= 10000 + 15000 = 25000$ रु.

कुल विक्रय मूल्य $= 12000 + 12000 = 24000$ रु.

हानि $= 25000 - 24000 = 1000$ रु.

25. (c)

प्रतिशत लाभ

$= \frac{(1000 - 800) \times 100}{800} = \frac{200 \times 100}{800} = 25\%$

26. (c)

$(5+7)\% = 27$

$12\% = 27$

$100\% = \frac{27}{12}\times100 = 225$ रु.

27. (c)

माना अलमारी का क्रय मूल्य $= x$ रु.

विक्रय मूल्य $= x + x$ का $16\% = x+\frac{16x}{100}=\frac{116x}{100}$

नया क्रय मूल्य $= x$ का $90\% = \frac{9x}{10}$ रु.

नया विक्रय मूल्य $= \frac{9x}{10}\times\frac{125}{100}=\frac{9x}{8}$ रु.

प्रश्न से,

$\frac{116x}{100}-\frac{9x}{8}=14 \Rightarrow \frac{232x-225x}{200}=14$

$x=\frac{14\times200}{7}=400$ रु.

28. (a)

क्रय मूल्य $= \frac{10}{11}\times660=600$ रु.

माना मूल दाम $= x$ रु.

$x - x$ का $25\% = 600$

$x-\frac{25x}{100}=600$

$\frac{75x}{100}=600$

$x=\frac{600\times100}{75}$

$= 800$ रु.

29. (a)

माना 5 कुर्सी का क्रय मूल्य $= x$ रु.

1 कुर्सी का क्रय मूल्य $= \frac{x}{5}$ रु.

4 कुर्सी का विक्रय मूल्य $= x$ रु.

1 कुर्सी का विक्रय मूल्य $= \frac{x}{4}$ रु.

लाभ $= \frac{\frac{x}{4}-\frac{x}{5}}{\frac{x}{5}}\times100 \Rightarrow \frac{\frac{x}{20}}{\frac{x}{5}}\times100$

$= \frac{x}{20}\times\frac{5}{x}\times100=25\%$

30. (a)

प्रतिशत लाभ $= \frac{1}{8}\times100=\frac{25}{2}=12\frac{1}{2}\%$

31. (b)

प्रतिशत लाभ $= \frac{20-16}{16}\times100=\frac{4}{16}\times100=25\%$

32. (d)

$160\% = 80$

$100\% = \frac{80}{160}\times100=50$ रु.

5% छूट बढ़ाने पर छूट $= 20+5=25\%$

वि. मू. $= 100-25=75$ रु.

प्रतिशत लाभ $= \frac{75-50}{50}\times100=\frac{25}{50}\times100=50\%$

33. (c)

प्रतिशत छूट $= \frac{20-8}{120}\times100 \Rightarrow \frac{12}{120}\times100=10\%$

34. (c)

माना वस्तु का क्रय मूल्य $= x$ रु.

वि. मू. $= 270$ रु.

हानि $= x-270 = x$ का 10%

$x-270=\frac{10x}{100} \Rightarrow x-\frac{10x}{100}=270$

$\frac{90x}{100}=270$

$x=\frac{270\times100}{90}=300$ रु.

35. (a)

माना वि. मू. $= 100$ रु.

लाभ $= x$ रु.

क्र. मू. $= (100-x)$ रु.

प्रश्न से,

वि. मू. $= 200$ तो लाभ $= 3x$ रु.

क्र. मू. $= 200-3x$

$100-x=200-3x \Rightarrow 2x=100 \Rightarrow x=50$

लाभ प्रतिशत $= \frac{50\times100}{(100-50)}=\frac{50\times100}{50}=100\%$

36. (a)

प्रतिशत हानि $= \frac{6-5}{6}\times100=\frac{1}{6}\times100=16\frac{2}{3}\%$

37. (d)

माना क्रय मूल्य $= 100$ रु.

वि. मू. $= 100 - 20 = 80$ रु.

नया क्रय मूल्य $= 100 - 20 = 80$ रु.

दूसरा वि. मू. $= 80 \times \frac{160}{100} = 128$ रु.

वि. मू. में अंतर $= 128 - 80 = 48$ रु.

क्रय मूल्य $= \frac{100}{48} \times 6000 = 12500$ रु.

38. (c)

यदि किसी वस्तु को x रु. में बेचने से प्रतिशत लाभ का संख्यात्मक मान अगर वस्तु के क्रय मूल्य के बराबर हो तो:

वस्तु का क्र. मू. $= 10\sqrt{x+25} - 50$

$= 10\sqrt{264+25} - 50$

$= 10\sqrt{289} - 50$

$= 10 \times 17 - 50$

$= 170 - 50$

$= 120$ रु.

39. (b)

प्रतिशत हानि $= \frac{40-36}{40} \times 100 = \frac{4}{40} \times 100 = 10\%$

40. (d)

रेडियो में कुल लागत $= 450 + 50 = 500$ रु.

प्रतिशत लाभ $= \frac{560-500}{500} \times 100$

$= \frac{60}{500} \times 100 = 12\%$

41. (a)

प्रतिशत लाभ $= \frac{65}{565-65} \times 100 = \frac{65}{500} \times 100 = 13\%$

42. (d)

कम तौलने के कारण प्रतिशत लाभ

$= \frac{900-800}{800} \times 100$

$= \frac{100}{800} \times 100 = 12\frac{1}{2}\%$

उसका कुल लाभ $= 15 + 12.5 + \frac{15 \times 12.5}{100}$

$= 15 + 12.5 + 1.875$

$= 29.375\%$

43. (c)

माना हानि $= x$ रु.

लाभ $= 3x$

प्रश्न से,

$1326 - 3x = 1158 + x$

$4x = 1326 - 1158 \Rightarrow 4x = 168 \Rightarrow x = 42$

क्रय मूल्य $= 1158 + 42 = 1200$ रु.

44. (c)

कम तौल के कारण प्रतिशत लाभ

$= \frac{1000-800}{800} \times 100$

$= \frac{200 \times 100}{800} = 25\%$

कुल लाभ $= (20 + 25) + \frac{20 \times 25}{100} = 45 + 5$

$= 50\%$

45. (b)

प्रतिशत लाभ $= (20 + 10) + \frac{20 \times 10}{100}$

$= 30 + 2 = 32\%$

46. (d)

कार का क्रय मूल्य $= \frac{100}{120} \times 96000 = 80000$ रु.

दलाली की राशि $= 96000$ का 3%

$= 96000 \times \frac{3}{100} = 2880$ रु.

वास्तविक लाभ $= (96000 - 80000) - 2880$

$= 16000 - 2880 = 13120$ रु.

47. (b)

प्रतिशत हानि $= \frac{57}{300} \times 100 = 19\%$

48. (b)

अभीष्ट लाभ $= \frac{3}{7} \times 100 = \frac{300}{7} = 42\frac{6}{7}\%$

49. (b)

प्रतिशत हानि $= \left(\frac{40}{10}\right)^2 = 16\%$

कुल विक्रय मूल्य $= 1680 + 1680 = 3360$ रु.

वि. मू. $= 100 - 16 = 84$ रु.

84 रुपये वि. मू., तो हानि $= 16$ रु.

3360 रु. वि. मू. तो हानि $= \left(\frac{22}{7} \times \frac{49}{4} \times 2\right)$

$= 640$ रु.

50. (a)

प्रति रुपये वि. मू. $= 30\times\left(\frac{100+20}{100+50}\right)$

$= 30\times\frac{120}{150} = 24$ बटन

51. (d)

केला का कुल क्रय मूल्य

$= 4\times7+6\times8+10\times9 = 166$ रु.

प्रति दर्जन वि. मू. $= \frac{166\times144}{(7+8+9)\times100} = \frac{166\times144}{24\times100}$

$= 9.96$ रु.

52. (b)

प्रतिशत लाभ $= \frac{(24\times24-20\times20)}{20\times20}\times100$

$= \frac{576-400}{400}\times100 = \frac{176}{4} = 44\%$

53. (d)

माना क्र. मू. $= 100$ रु.

वि. मू. $= 113$ रु.

लाभ $= \frac{13}{113}\times3390 = 390$ रु.

54. (c)

प्रतिशत लाभ $= \frac{58-50}{50}\times100 = \frac{8}{50}\times100 = 16\%$

55. (d)

वि. मू. $= 2700\times\frac{100+16}{100+8} = 2700\times\frac{116}{108} = 2900$ रु.

56. (b)

माना पहले तथा दूसरे प्रकार के नींबू की संख्या

$= 12$ और 18 का ल. स. $= 36$

पहले प्रकार के 36 नींबू का क्र. मू.

$= \frac{36}{12}\times3 = 9$ रु.

दूसरे प्रकार के 36 नींबू का क्र. मू $= \frac{36}{18}\times4 = 8$ रु.

72 नींबू का क्रय मूल्य $= 9+8 = 17$ रु.

वि. मू. $= \frac{72}{12}\times2.40 = 14.40$ रु.

हानि $= 17-14.40 = 2.60$ रु.

2.60 रु. हानि तो नींबू की संख्या $= 72$

117 रु. हानि तो नींबू की संख्या

$= \frac{72\times217}{2.60} = 3240$ नींबू

57. (a)

टी. वी. का क्रय मूल्य

$= \frac{100}{(100-10)}\times\frac{100}{(100+20)}\times\frac{100}{(100+25)}\times27000$

$= \frac{100}{90}\times\frac{100}{120}\times\frac{100}{125}\times27000 = 20000$ रु.

58. (d)

वस्तु का क्रयमूल्य $= \frac{3\times80-110}{3-1} = \frac{240-110}{2}$

$= \frac{130}{2} = 65$ रु.

59. (a)

वस्तु का क्रय मूल्य $= \frac{520\times100}{130} = 400$ रु.

वि. मू. $= 400+60 = 460$ रु.

60. (c)

अभीष्ट विक्रय मूल्य $= \frac{450\times(100-20)}{(100-10)}$

$= \frac{450\times80}{90} = 400$ रु.

61. (b)

बाल्टी का क्रय मूल्य $= \frac{24\times100}{(11-5)} = \frac{24\times100}{6}$

$= 400$ रु.

62. (c)

माना क्रय मूल्य $= x$ रु.

लाभ $= x$ का $\frac{1}{9} = \frac{x}{9}$ रु.

$x+\frac{x}{9} = 250 \Rightarrow \frac{10x}{9} = 250$

$\Rightarrow x = \frac{250\times9}{10} = 225$ रु.

63. (b)

कुल लाभ $= (15+15)+\frac{15\times15}{100}$

$= 30+\frac{225}{100} = 32.25\%$

64. (a)

माना वस्तु का लागत मूल्य $= x$ रु.

प्रश्न से

$$\frac{720}{x}\times100 = 20$$

$$x = \frac{720 \times 100}{20} = 3600 \text{ रु.}$$

विक्रय मूल्य $= \frac{3600 \times 120}{100} = 4320$ रु.

65. (d)

नया विक्रय मूल्य का प्रतिशत = (100 – 20)% का 140%

$= 80$ का $140\% = \frac{80 \times 140}{100} = 112\%$

क्रय मूल्य $= \frac{55 \times 100}{112 - 90} = \frac{55 \times 100}{22} = 250$ रु.

66. (d)

अंकित मूल्य का क्रय मूल्य से प्रतिशत वृद्धि

$$= \frac{10 + 10}{100 - 10} \times 100$$

$$= \frac{20}{90} \times 100 = \frac{200}{9} = 22\frac{2}{9}\%$$

67. (d)

घड़ी का क्रय मूल्य

$= \frac{15 \times (100 - 20)}{20} = \frac{15 \times 80}{20} = 60$ रु.

68. (a)

वस्तु का क्रयमूल्य $= 10\sqrt{56 + 25} - 50$

$= 10\sqrt{81} - 50$

$= 90 - 50 = 40$ रु.

69. (c)

प्रतिशत हानि $= \frac{50}{250 + 50} \times 100$

$$= \frac{50}{300} \times 100 = \frac{50}{3} = 16\frac{2}{3}\%$$

70. (a)

गलत माप = 1000 – 1000 का 20%

= 1000 – 200 = 800 ग्राम

त्रुटि $\% = \frac{200}{800} \times 100 = 25\%$

कुल लाभ $= 10 + 25 + \frac{10 \times 25}{100}$

$= 35 + 2.5 = 37.5\%$

प्रतिशतता
Percentage

जिस भिन्न का हर सौ (100) होता है उसे प्रतिशत कहते हैं।

x प्रतिशत का अर्थ है, किसी वस्तु को 100 बराबर भागों में से x भाग। इसे $x\%$ के रूप में व्यक्त करते हैं।

अतः $x\% = \frac{x}{10}$

प्रतिशत %	**भिन्न के रूप में**
100%	1
80%	$\frac{4}{5}$
75%	$\frac{3}{4}$
60%	$\frac{3}{5}$
50%	$\frac{1}{2}$
40%	$\frac{2}{5}$
25%	$\frac{1}{4}$
20%	$\frac{1}{5}$
15%	$\frac{3}{20}$
5%	$\frac{1}{20}$
$33\frac{1}{2}\%$	$\frac{1}{3}$
$66\frac{2}{3}\%$	$\frac{2}{3}$

इस अध्याय में निम्न प्रकार के प्रश्न पूछे जातें हैं:-

i) चुनाव सम्बन्धित प्रश्न

ii) परीक्षा में प्राप्त अंकों से सम्बन्धित प्रश्न

iii) जनसंख्या से सम्बन्धित प्रश्न

iv) खपत में कमी (मूल्य में वृद्धि के कारण) से सम्बन्धित प्रश्न

v) मूल्य में कमी से सम्बन्धित प्रश्न

vi) कुल प्रतिशत में बदलाव सम्बन्धित प्रश्न

vii) विविध प्रकार के प्रश्न

चुनाव सम्बन्धित प्रश्न

1. एक चुनाव में दो उम्मीदवार थे। एक उम्मीदवार ने कुल मतों का 43% मत प्राप्त किये तथा वह 336 मतों से हार गया। कुल मतों की संख्या ज्ञात करें।

   हारे हुए उम्मीदवार का मत = 43%, जीते हुए उम्मीदवार का मत = 57%

   माना कुल मत = x

   x का 57% − x का 43% = 336

   x का 14% = 336

   $x \times \frac{14}{100} = 336$

   $x = 336 \times \frac{100}{14} = 2400$

   कुल मतों की संख्या = 2400

2. एक चुनाव में एक उम्मीदवार ने 62% वोट पाए और वह 144 मतों से विजय घोषित हुआ। जीते हुए उम्मीदवार को कितने मत मिले।

   माना कुल मतों की संख्या = x

   जीते हुए उम्मीदवार ने मत पाए = x का 62%

   हारे हुए उम्मीदवार ने मत पाए = x का 38%

   x का 62% − x का 38% = 144

   x का 24% = 144

   $x = \frac{144}{24} \times 100 = 600$

   जीते हुए उम्मीदवार को प्राप्त मतों की संख्या

   $= \frac{62}{100} \times 600 = 372$

3. एक चुनाव में दो उम्मीदवार थे। इस चुनाव में मतदाता सूची के कुल 10% मतों का प्रयोग नहीं किया गया तथा 60 मतों को अवैध घोषित कर दिया गया। सफल उम्मीदवार 308 मतों से जीता तथा इसने मतदाता सूची के कुल मतों के 47% मत प्राप्त किये। प्रत्येक उम्मीदवार को कितने वैध मत मिलें?

माना मतदाता सूची में कुल मतों की संख्या = x

डाले गए मतों की संख्या = x का 90%

$$= x \times \frac{90}{100} = \frac{9x}{10}$$

वैध मत $= \left(\frac{9x}{10} - 60\right)$

सफल उम्मीदवार के मत = x का 47% = $\frac{47x}{100}$

असफल उम्मीदवार के मत

$$= \frac{9x}{10} - 60 - \frac{47x}{100} = \frac{43x - 6000}{100}$$

$$\therefore \frac{47x}{10} - \frac{(43x - 6000)}{100} = 308$$

$$\frac{x}{25} = 248$$

$$x = 6200$$

सफल उम्मीदवार को मत = $\frac{47}{100} \times 6200 = 2914$

असफल उम्मीदवार को मत = 2914 − 308

= 2606

परीक्षा में प्राप्त अंकों से संबंधित प्रश्न

उदाहरण 1 गणेश को एक परीक्षा में उतीर्ण होने के लिए 36% अंक प्राप्त करने थे। उसने 24% अंक प्राप्त किये तथा वह 9 अंकों से अनुतीर्ण घोषित कर दिया गया। पूर्णांक ज्ञात कीजिए।

माना पूर्णांक = x

तब x का 24 % + 9 = x का 36 %

$$\left(x \times \frac{24}{100}\right) + 9 = \left(x \times \frac{36}{100}\right)$$

$$\frac{9x}{25} - \frac{6x}{25} = 9$$

$$x = 75$$

पूर्णांक = 75

उदाहरण 2 एक परीक्षा में एक विद्यार्थी ने 30% अंक प्राप्त किये तथा वह 85 अंकों से अनुतीर्ण रहा। इसी परीक्षा में दूसरे विद्यार्थी ने 44% अंक प्राप्त किये तथा उतीर्ण होने के न्यूनतम अंकों से 34 अंक अधिक प्राप्त किये। पूर्णांक तथा उतीर्ण होने के न्यूनतम अंक ज्ञात करें।

माना पूर्णांक = x

(x का 30 %) + 85 = (x का 44%) − 34

$$x \times \frac{44}{100} - x \times \frac{30}{100} = 119$$

$$44x - 30x = 11900$$

$$14x = 11900$$

$x = 850$ पूर्णांक = 850

उतीर्ण होने के न्यूनतम अंक $= (850 \times 30\%) + 85$

$$\left(850 \times \frac{30}{100}\right) + 85 = 255 + 85 = 340$$

उदाहरण 3 राहुल ने एक परीक्षा में 240 अंक प्राप्त किए एवं वह 24 अंकों से उनुतीर्ण हो गया। उतीर्ण होने का न्यूनतम प्रतिशत 33% हैं। पूर्णांक ज्ञात करें।

राहुल द्वारा प्राप्त अंक = 240

अंक जिससे वह अनुतीर्ण हो गया = 24

पास होने का अंक = 240 + 24 = 264

माना पूर्णांक = x

पास होने का अंक = x का 33%

x का 33% = 264

$$x = \frac{264}{33} \times 100 = 800$$

उदाहरण 4 अंकित ने एक परीक्षा में 360 अंक लाए। उसके अंकों का प्राप्त प्रतिशत 60% हैं तो पूर्णांक ज्ञात करें।

माना पूर्णांक = x

x का 60 % = 360

$$x = \frac{360}{60\%}$$

$$= \frac{360}{60} \times 100 = 600$$

जनसंख्या से सम्बन्धित प्रश्न

सूत्र

1) माना किसी शहर की जनसंख्या P है तथा यह $R\%$ वार्षिक दर से बढ़ती है।
तब,

i) n वर्ष बाद जनसंख्या $= P\left(1+\frac{R}{100}\right)^n$

ii) n वर्ष पूर्व जनसंख्या $= \frac{P}{\left(1+\frac{R}{100}\right)^n}$

2) माना किसी शहर की जनसंख्या P है तथा इसमें पहले, दूसरे, व तीसरे वर्ष में क्रमशः $R_1\%$, $R_2\%$ तथा $R_3\%$ वृद्धि होती है।
तब, 3 वर्ष बाद जनसंख्या

$$= P\left(1+\frac{R_1}{100}\right)\left(1+\frac{R_2}{100}\right)\left(1+\frac{R_3}{100}\right)$$

3) माना किसी शहर की जनसंख्या प्रथम वर्ष में $R\%$ की वृद्धि एवं दूसरे वर्ष में $R\%$ की कमी हो तो दो वर्ष बाद जनसंख्याः

$$= P\left(1+\frac{R_1}{100}\right)\left(1-\frac{R_2}{100}\right)$$

उदाहरण 1 एक शहर की जनसंख्या 16000 है। एवं यह 5% की दर से वृद्धि कर रही है तो बताओ 3 वर्ष बाद नगर की जनसंख्या क्या होगी?

तीन वर्ष बाद जनसंख्या $= P\left(1+\frac{R}{100}\right)^n$

$$= 16000\left(1+\frac{5}{100}\right)^3$$

$$= 16000\times\frac{21}{20}\times\frac{21}{20}\times\frac{21}{20}$$

$$= 2\times 9261 = 18522$$

उदाहरण 2 एक कस्बे की जनसंख्या 176400 है। इसमें 5% वार्षिक दर से वृद्धि हो तो, 2 वर्ष बाद कस्बे की जनसंख्या ज्ञात करें। दो वर्ष पूर्व इस कस्बे की जनसंख्या क्या थी?

i) 2 वर्ष बाद कस्बे की जनसंख्या

$$= 17\,6400\times\left(1+\frac{}{100}\right)$$

$$= \left(17\,6400\times\frac{21}{20}\times\frac{21}{20}\right) = 19\,4481$$

ii) 2 वर्ष पूर्व कस्बे की जनसंख्या $= \frac{17\,6400}{\left(1+\frac{5}{100}\right)^2}$

$$= \left(17\,6400\times\frac{20}{21}\times\frac{20}{21}\right) = 16\,0000.$$

उदाहरण 3 एक गाँव की वर्तमान जनसंख्या 67600 है। यह 4% वार्षिक की दर से बढ़ती रही है। गाँव की जनसंख्या दो वर्ष पूर्व कितनी थी?

माना दो वर्ष पूर्व गाँव की जनसंख्या $= x$ वर्ष

प्रश्न से,

$$67600 = x\left(1+\frac{4}{100}\right)^2$$

$$67600 = x\left(\frac{26}{25}\right)^2$$

$$x = \frac{67600\times 25\times 25}{26\times 26} = 100\times 625$$

$$= 62500$$

उदाहरण 4 किसी गाँव की जनसंख्या में प्रतिवर्ष 25% की दर से बढ़ोतरी हुई है। यदि तीन वर्ष के उपरान्त जनसंख्या 1000 हो तो प्रथम वर्ष के आरम्भ में यह कितनी थी?

माना प्रथम वर्ष के आरम्भ में जनसंख्या $= x$

$$10\,000 = \left(1+\frac{25}{100}\right)^3\times x$$

$$x = \frac{10\,000\times 4\times 4\times 4}{5\times 5\times 5} = 64\times 80$$

$$= 5120$$

खपत में वृद्धि एवं कमी पर आधारित प्रश्न

सूत्र

i) किसी वस्तु के भाव में $R\%$ वृद्धि हो जाने पर इस मद पर खर्च न बढें, इसके लिए वस्तु की खपत में प्रतिशत कमी

$$= \left[\frac{R}{(100+R)}\times 100\right]\%$$

ii) किसी वस्तु के भाव में $R\%$ कमी आ जाने पर इस मद पर खर्च कम न हो इसके लिए वस्तु की खपत में वृद्धि $= \left[\frac{R}{100-R}\times 100\right]\%$

उदाहरण 1 यदि चीनी के मूल्यों में 50% वृद्धि हो जाये तो एक गृहिणी को इसकी खपत में कितने प्रतिशत कम कर देनी चाहिए जिससे उसका खर्च न बढ़े?

खपत में कमी $=\left[\frac{50}{100+50}\times 100\right]\% = 33\frac{1}{3}\%$

उदाहरण 2 यदि चावल के मूल्यों में 10% कमी हो जाये, तो इसकी खपत कितने प्रतिशत बढ़ा देनी चाहिए जिससे खर्च मे कोई परिवर्त्तन न हो?

खपत में वृद्धि $=\left[\frac{100}{100-10}\times 100\right]\%$

$=\left[\frac{10}{90}\times 100\right]\% = 11\frac{1}{9}\%$

उदाहरण 3 यदि किसी उपभोक्ता वस्तु के मूल्य में 50% की वृद्धि हो जाए, तो इसकी खपत में कितनी भाग कमी की जाए जिससे इसकी खपत पर होने वाला व्यय पहले जितना ही रहे?

माना वस्तु का प्रारम्भिक मूल्य 100 रू0 है तथा वस्तु की खपत 100 इकाई है।

वृद्धि के बाद वस्तु का मूल्य

= 100 + 100 का 50%

= 150 रू0

वस्तु की खपत = 100

माना x भाग की कमी करने पर इसकी खपत पर होने वाला खपत, खपत वस्तुओं का कुल मूल्य = 100 × 100 = 10000 रू0

प्रश्न से,

$10000 = 150\times 100x$

$x = \frac{10000}{15000} = \frac{2}{3}$

खपत में कमी $= 1-\frac{2}{3} = \frac{1}{3}$

मूल्य में कमी से सम्बन्धित प्रश्न

उदाहरण 1 : चीनी की कीमत में 20% कमी हो जाने पर मुझे 600 रूपये में 5 किलो अतिरिक्त चीनी खरीदने का अवसर मिल गया। तदनुसार कीमत में कमी होने से पहले चीनी की कीमत कितने रूपये प्रति किलो थी?

माना प्रारंभ में चीनी का मूल्य x रू0 कि0 ग्रा0 था

चीनी की कीमत में कमी = 600 का 20%

$= 600\times\frac{20}{100}$

= 120 रू0

∴ प्रति कि0 ग्रा0 चीनी का नया मूल्य

$=\frac{120}{5} = 24$ रू0

अतः चीनी का पुराना मूल्य

$= x - x$ का 20% = 24

$x - \frac{x}{5} = 24$

$\frac{4x}{5} = 24$

$4x = 24\times 5$

$4x = 120$

$x = \frac{120}{4}$

$x = 30$ रू0

उदाहरण 2 आमों के मूल्य में 20% की वृद्धि हो जाने से एक व्यक्ति को 40 रू0 में 4 आम कम मिलते है, वृद्धि से पहले 15 आमों का मूल्य क्या था।

माना कि आम का आरम्भिक मूल्य x रू0 है।

आम की नई दर $= x + x$ का 20%

$=\frac{6x}{5}$ रू0

40 रू0 में खरीदे गये आमों की आरम्भिक संख्या

$=\frac{40}{x}$

भाव बढ़ने के पश्चात् आमों की नई संख्या

$=\frac{40\times 5}{6x} = \frac{100}{3x}$

$\frac{40}{x} - \frac{100}{3x} = 4$

$$\frac{20}{3x} = 4$$

$$x = \frac{5}{3} \text{ रू0}$$

15 आमों का अभिष्ट मूल्य $= 15 \times \frac{5}{3}$ रू0

$= 25$ रू0

प्रतिशत बदलाव परिवर्त्तन

उदाहरण 1 यदि किसी आयत की लम्बाई 25% बढ़ जाए और चौड़ाई 20% घट जाए, तो आयत के क्षेत्रफल में क्या परिवर्त्तन होगा।

सूत्रः $A + B + \frac{AB}{100}$

$\begin{pmatrix} \text{where}: A = \text{लम्बाई} \\ B = \text{चौडाई} \end{pmatrix}$

$= 25 - 20 - \frac{25 \times 20}{100}$

$= (5) - \frac{500}{100}$

$= 5 - 5$

$= 0 =$ अपरिवर्तित

उदाहरण 2 कम्प्यूटरों के मूल्य में 20% की गिरावट के बाद इसके खपत में 30% की वृद्धि दर्ज हुई। दूकानदार के कुल आय पर क्या प्रभाव पडा?

% परिवर्त्तन $= A + B + \frac{AB}{100}$

$= -20 + 30 + \frac{-20 \times 30}{100}$

$= 10 - 6 = 4\%$

विविध

सूत्र

i) यदि A का मान B से $R\%$ अधिक हो, तो B का मान A से कम है

$= \left[\frac{R}{(100 + R)} \times 100 \right] \%$

ii) यदि A का मान B से कम हो, तो B का मान A से अधिक है

$= \left[\frac{R}{(100 - R)} \times 100 \right] \%$

उदाहरण 1 यदि A की आय B की आय से 25% अधिक हो, तो B की आय A की आय से कितने प्रतिशत कम है।

B की आय A की आय से कम हैः-

$\left[\frac{R}{100 + R} \times 100 \right] \%$

$\left[\frac{25}{100 + 25} \times 100 \right] \% = 20\%$

उदाहरण 2 यदि A की ऊँचाई B की ऊँचाई से 36% कम हो तो B की ऊँचाई A की ऊँचाई से कितना प्रतिशत अधिक होगी?

B की ऊँचाई A की ऊँचाई से अधिक है

$= \left[\frac{R}{(100 - R) \times 100} \right] \%$

$\left[\frac{36}{100 - 36} \times 100 \right] \% = 56.25\%$

अभ्यास प्रश्न (Practice Questions)

1. 3% कितने प्रतिशत है 5% का?
   (a) 60% (b) 30%
   (c) 50% (d) 40%

2. यदि x का 40% का 40% = 40, तो x = ?
   (a) 1000 (b) 250
   (c) 400 (d) 100

3. यदि y का 90% x है, तो y, x का कितना प्रतिशत है?
   (a) 90% (b) 190%
   (c) $101\frac{1}{9}$% (d) $111\frac{1}{9}$%

4. यदि किसी संख्या का 20% 120 हो, तो उसी संख्या का 120% होगा
   (a) 720 (b) 20
   (c) 220 (d) 360

5. यदि किसी संख्या का 35% उस संख्या के 50% से 12 कम है, तो संख्या क्या है?
   (a) 80 (b) 60
   (c) 40 (d) 50

6. यदि किसी संख्या का 40% का 16%, 8 है, तो वह संख्या क्या होगी?
   (a) 225 (b) 320
   (c) 125 (d) 200

7. किसी संख्या के $\frac{2}{9}$ के $\frac{3}{7}$ का $\frac{1}{3}$ = 16 हो, तो उस संख्या का 25% क्या होगा?
   (a) 504 (b) 252
   (c) 126 (d) 378

8. यदि एक संख्या 50 से 20% अधिक है, तो वह संख्या क्या है?
   (a) 10 (b) 20
   (c) 60 (d) 40

9. किसी संख्या में से उसका 40% घटाने पर 30 प्राप्त होता है, तो वह संख्या क्या है?
   (a) 50 (b) 70
   (c) 52 (d) 28

10. यदि x में x का 5% जोड़ दिया जाए, तो प्राप्त संख्या x का कितना गुणा होगा?
    (a) 10.5 (b) 105
    (c) 0.105 (d) 1.05

11. A, B का 5 गुना है, तो B, A से कितने प्रतिशत कम है?
    (a) 20% (b) 75%
    (c) 25% (d) 80%

12. 600 रुपये का $\frac{5}{6}$ एवं 600 रुपये का $\frac{5}{6}$% के बीच अंतर है?
    (a) 500 (b) 600
    (c) 5 (d) 495

13. 2 घंटे दिन का कितना प्रतिशत है?
    (a) $\frac{25}{6}$% (b) 8%
    (c) 12% (d) $\frac{25}{3}$%

14. किसी परीक्षा में 65% परीक्षार्थी पास हुए। यदि फेल परीक्षार्थियों की संख्या 420 है, तो कुल कितने परीक्षार्थी परीक्षा में बैठे थे?
    (a) 693 (b) 1200
    (c) 1000 (d) 567

15. 38 लड़कियों की एक कक्षा में 3 अनुपस्थित थीं। शेष का 20% ने गृहकार्य नहीं किया था। कितनी लड़कियों ने अपना काम किया था?
    (a) 27 (b) 25
    (c) 30 (d) 28

16. यदि आयकर 19% बढ़ जाए, तो नेट आय 1% कम हो जाती है। आयकर की दर प्रतिशत क्या होगी?
    (a) 18% (b) 5%
    (c) $5\frac{5}{9}$% (d) 20%

17. एक परीक्षा में A, B से 10% कम अंक प्राप्त करता है और B, C से 10% कम अंक प्राप्त करता है। यदि A कुल 810 अंक प्राप्त करता है, तो C कितना अंक प्राप्त करेगा?
    (a) 840 (b) 900
    (c) 960 (d) 1000

18. A के वेतन का 30% B के वेतन के $\frac{3}{5}$ के 20% के बराबर है। यदि B का वेतन 2400 रुपये है, तो A का वेतन क्या होगा?
(a) 2160 रु. (b) 960 रु.
(c) 1880 रु. (d) 1000 रु.

19. A अगर B से 20% अधिक है जबकि C से 20% कम, तो B, C से कितना प्रतिशत कम है?
(a) 50% (b) 40%
(c) 44% (d) $33\frac{1}{3}\%$

20. कमीशन की दर 4% से 5% बढ़ने पर भी किसी दलाल की आय अपरिवर्तित रहती है। व्यवसाय में एकाएक कितने प्रतिशत की कमी हुई?
(a) 1 (b) 80
(c) 8 (d) 20

21. A की आय B की आय से 20% कम है तथा B की आय C की आय से 10% कम है। यदि C की आय 3600 रु. हो, तो A की आय क्या होगी?
(a) 3240 रु. (b) 2520 रु.
(c) 2592 रु. (d) 2600 रु.

22. 300 ग्राम चीनी के घोल में 40% चीनी है। इसमें कितने ग्राम चीनी और मिलाई जाए कि नए घोल में 50% चीनी हो जाए?
(a) 40 ग्राम (b) 80 ग्राम
(c) 50 ग्राम (d) 60 ग्राम

23. 15 लीटर मिश्रण में अल्कोहल तथा शेष पानी है। यदि इसमें 3 लीटर पानी और मिला दिया जाए, तो नये मिश्रण में अल्कोहल कितने प्रतिशत होगी?
(a) $16\frac{2}{3}$ (b) 17
(c) $18\frac{1}{2}$ (d) 15

24. किसी संख्या के 65% में से 65 घटाने पर 39 प्राप्त होता है। उस संख्या का $\frac{5}{8}$ भाग कितना होगा?
(a) 120 (b) 160
(c) 200 (d) 100

25. कोई कम्पनी जब मोबाइल के मूल्य में 50% की वृद्धि कर देती है, तो उसकी बिक्री 20% से घट जाती है। कम्पनी की आय पर क्या प्रभाव पड़ेगा?
(a) 30% कमी (b) 20% वृद्धि
(c) 30% वृद्धि (d) 20% कमी

26. किसी त्रिभुज की ऊँचाई 6 मीटर है। यदि आधार को 20% बढ़ा दिया जाए, तो उसकी ऊँचाई को कितना मीटर से घटाना पड़ेगा, ताकि क्षेत्रफल में कोई परिवर्तन न हो?
(a) 1.5 मीटर (b) 2 मीटर
(c) 1 मीटर (d) 0.5 मीटर

27. किसी आयत की लंबाई में 20% वृद्धि तथा चौड़ाई में 25% की कमी की जाए, तो इस प्रकार नये आयत का क्षेत्रफल पहले आयत के क्षेत्रफल से कितना प्रतिशत अधिक या कम होगा?
(a) 10% वृद्धि (b) 10% कमी
(c) 20% कमी (d) 20% वृद्धि

28. किसी संख्या के $\frac{3}{7}$ का $\frac{2}{7}$ का $\frac{2}{5}$ भाग 96 है। उस संख्या का 200% कितना होगा?
(a) 3600 (b) 4000
(c) 3920 (d) 3880

29. एक चुनाव में दो उम्मीदवार थे। एक उम्मीदवार ने 43.5% मत प्राप्त किया और वह 3744 से पराजित हो गया। जीतने वाले उम्मीदवार को कितने मत प्राप्त हुए?
(a) 17378 (b) 15482
(c) 18428 (d) 16272

30. एक विद्यार्थी को किसी परीक्षा में उत्तीर्ण होने के लिए 45% अंक चाहिए। उसने 206 अंक प्राप्त किए और 19 अंकों से अनुत्तीर्ण हो गया। उस परीक्षा में कुल पूर्णांक क्या था?
(a) 800 (b) 600
(c) 400 (d) 500

31. किसी मशीन के मूल्य में प्रतिवर्ष 8% की दर से कमी होती है। यदि वर्तमान में उसका मूल्य 10580 रु. हो, तो 2 वर्ष पहले उसका मूल्य कितना था?
(a) 12500 रु. (b) 13500 रु.
(c) 12200 रु. (d) 12000 रु.

32. सेब का भाव 20 रुपये प्रति किलो से बढ़कर 24 रुपये प्रति किलो हो गया। एक व्यक्ति खपत में कितने प्रतिशत की कमी करे, ताकि उसका खर्च स्थिर रहे?
(a) $16\frac{2}{3}\%$ (b) 18%
(c) $20\frac{1}{2}\%$ (d) 15%

33. राम की आय मोहन की आय से 40% अधिक है। मोहन की आय सोहन से 30% अधिक है। यदि सोहन की आय 250 रु. हो, तो राम की आय क्या है?
(a) 455 रु.   (b) 475 रु.
(c) 465 रु.   (d) 480 रु.

34. एक वृत्त की परिधि 22% से कम कर देने पर उसका क्षेत्रफल कितना प्रतिशत कम हो जाएगा?
(a) 36.78%   (b) 39.16%
(c) 38.44%   (d) 40.12%

35. दो संख्याओं का योग 900 है। उनमें से एक संख्या दूसरे की 80% है। उन संख्याओं का अंतर क्या है?
(a) 100   (b) 120
(c) 80   (d) 105

36. A की आय B की आय का चार गुना है। C की आय B की आय का दो तिहाई है। C की आय A का कितना प्रतिशत है?
(a) $16\frac{2}{3}\%$ (b) 18%
(c) 20%   (d) 25%

37. एक आदमी की आय जब 420 रुपये बढ़ जाती है, तब उसकी आय 1620 रुपये हो जाती है। उसकी आय में कितने प्रतिशत की वृद्धि हुई?
(a) 40%   (b) 35%
(c) 30%   (d) 36%

38. एक भिन्न का अंश 12% से बढ़ा दिया जाता है तथा हर को 10% घटा दिया जाता है, तो भिन्न $\frac{4}{5}$ के समतुल्य हो जाता है। उस भिन्न के अंश तथा हर का अनुपात क्या है?
(a) 9 : 14   (b) 14 : 9
(c) 10 : 7   (d) 13 : 8

39. किसी परीक्षा में 47% छात्र गणित में तथा 42% छात्र विज्ञान में उत्तीर्ण हुए तथा 12% छात्र दोनों विषयों में उत्तीर्ण हुए। यदि अनुत्तीर्ण होने वाले छात्रों की संख्या 276 हो, तो छात्रों की कुल संख्या क्या थी?
(a) 1200   (b) 1000
(c) 1400   (d) 900

40. जब चीनी के मूल्य में 25% वृद्धि होती है, तब एक परिवार चीनी के खपत में 10% की कमी करता है। उसका वर्तमान खर्च पहले खर्च से कितना प्रतिशत कम या अधिक है?
(a) 12% अधिक   (b) 10% कम
(c) 12.5% अधिक   (d) 15% कम

41. राजू की आय रामू से 20% अधिक तथा श्याम से 8% अधिक है। श्याम की आय 5500 रुपये है, तो रामू की आय क्या है?
(a) 4950 रु.   (b) 5000 रु.
(c) 4500 रु.   (d) 4820 रु.

42. A ने 20000 रुपये की एक स्कूटर B को 20% लाभ पर बेच दिया। लेकिन B ने पुनः 20% हानि पर उसे A को बेच दिया। इस तरह A ने कितना रुपया लाभ कमाया?
(a) 5000 रु.   (b) 4500 रु.
(c) 4400 रु.   (d) 4800 रु.

43. एक गाँव में पुरुष, महिला तथा बच्चों की संख्या का अनुपात 5 : 4 : 2 है। 80% पुरुष साक्षर है तथा 40% महिलाएँ निरक्षर हैं। यदि बच्चों की साक्षरता 90% है, तो गाँव की निरक्षरता क्या है?
(a) $25\frac{5}{11}\%$ (b) $21\frac{3}{11}\%$
(c) $28\frac{3}{11}\%$ (d) 20%

44. जब किसी संख्या को 16 से गुणा किया जाता है, तो गुणनफल दूसरी संख्या का 80 प्रतिशत हो जाता है। पहली तथा दूसरी संख्या में क्या अनुपात है?
(a) 1 : 16   (b) 20 : 1
(c) 1 : 20   (d) 1 : 10

45. यदि किसी संख्या के 60% में से 60 घटाने पर 60 आता है, तो वह संख्या क्या है?
(a) 300   (b) 150
(c) 400   (d) 200

46. आलू के मूल्य में 60% कमी आ जाने पर एक गृहिणी को इसकी खपत कितनी बढ़ा देनी चाहिए, ताकि इस माह के खर्च में कोई परिवर्तन न हो?
(a) 90%   (b) 150%
(c) 120%   (d) 60%

47. किसी सामान पर दलाली की दर 8% से बढ़कर 10% होने पर भी एक दलाल की आय पूर्ववत रहे, तो उसके व्यापार में कितने प्रतिशत कमी हुई?
(a) 16%   (b) 28%
(c) 20%   (d) 80%

48. यदि प्याज के दाम में 20% की वृद्धि हो जाए, तो एक आदमी 360 रुपये में 10 किलोग्राम प्याज कम खरीद पाता है। प्रति किलोग्राम प्याज का प्रारंभिक दाम क्या था?

(a) 10 रु. (b) 6 रु.

(c) 8 रु. (d) 5 रु.

49. 510 लीटर नमक तथा पानी के मिश्रण में 40% पानी है। कितना पानी मिश्रण से वाष्प द्वारा उड़ा दिया जाए कि मिश्रण में 15% पानी रह जाए?

(a) 100 लीटर (b) 200 लीटर

(c) 120 लीटर (d) 150 लीटर

50. एक चुनाव में दो उम्मीदवार थे। जीतने वाले उम्मीदवार ने 52% मत प्राप्त कर 98 मतों से चुनाव जीता। यदि उस चुनाव में 68 मत अवैध घोषित कर दिए गए, तो कुल कितने मत वैध थे?

(a) 2450 (b) 2382

(c) 2518 (d) 3450

51. किसी परीक्षा में एक छात्र को उत्तीर्ण होने के लिए 40% अंक लाना चाहिए था। वह 178 अंक पाया तथा 22 अंकों से अनुत्तीर्ण हो गया। परीक्षा में कुल पूर्णांक कितना था?

(a) 500 (b) 200

(c) 1000 (d) 800

52. एक परीक्षा में 58% विद्यार्थी गणित में तथा 37% अंग्रेजी में तथा 19% दोनों विषयों में अनुत्तीर्ण रहे। कुल कितने प्रतिशत छात्र अनुत्तीर्ण हुए?

(a) 75% (b) 72%

(c) 78% (d) 76%

53. दाल के मूल्य में 10% वृद्धि हो जाने पर कोई आदमी 400 रुपये में 8 किलोग्राम दाल कम खरीद पाता है। दाल का प्रति किलोग्राम बढ़ा हुआ मूल्य क्या है?

(a) 8 रु. (b) 10 रु.

(c) 6 रु. (d) 5 रु.

54. किसी पुस्तकालय में 20% किताब अंग्रेजी भाषा में तथा शेष के 50% किताब हिन्दी भाषा में है। यदि शेष 900 किताबें अन्य क्षेत्रीय भाषा में हैं, तो पुस्तकालय में किताबों की कुल संख्या क्या है?

(a) 2250 (b) 2850

(c) 4050 (d) 3350

55. यदि किसी परीक्षा में 15% परीक्षार्थी प्रथम श्रेणी में 20 प्रतिशत द्वितीय श्रेणी में तथा 35 प्रतिशत तृतीय श्रेणी में उत्तीर्ण हुए। यदि उस परीक्षा में 120 परीक्षार्थी अनुत्तीर्ण रहे, तो परीक्षा में शामिल परीक्षार्थियों की कुल संख्या क्या थी?

(a) 250 (b) 400

(c) 300 (d) 350

56. एक गाँव की जनसंख्या 4500 है। उसमें $\frac{11}{18}$ भाग पुरुष तथा शेष महिलाएँ हैं। यदि 40% महिलाएँ विवाहित हैं, तो विवाहित पुरुषों की संख्या कितनी है?

(a) 700 (b) 1500

(c) 1750 (d) 900

57. नमक के 25 लीटर घोल में 10% नमक है। इस घोल में से 5 लीटर पानी वाष्प द्वारा निकल जाने के बाद शेष बचे घोल में नमक का प्रतिशत क्या है?

(a) 12% (b) $16\frac{2}{3}\%$

(c) $12\frac{1}{2}\%$ (d) 20%

58. एक विद्यालय में कुल विद्यार्थियों का 65% छात्र है। यदि छात्र तथा छात्राओं की संख्या में 60 का अंतर है, तो कुल विद्यार्थियों की संख्या क्या है?

(a) 300 (b) 250

(c) 200 (d) 350

59. एक क्रिकेट टीम ने वर्ष में खेले गए कुल मैचों के 30% मैच जीते हैं। यदि यह टीम 55% मैच हारी है तथा 3 मैच बराबर रहे, तो टीम ने वर्ष में कुल कितने मैच खेले?

(a) 18 (b) 20

(c) 12 (d) 10

60. एक गाँव में स्त्री तथा पुरुष का अनुपात 3 : 5 है। यदि 36% स्त्रियाँ तथा 28% पुरुष अशिक्षित है, तो कितने प्रतिशत व्यक्ति शिक्षित हैं?

(a) 65% (b) 69%

(c) 60% (d) 72%

61. एक निर्माता किसी वस्तु को थोक विक्रेता को 50% लाभ पर बेचता है। थोक विक्रेता वह वस्तु खुदरा विक्रेता को 20% लाभ पर 3600 रुपये में बेचता है तो निर्माता की लागत क्या है?

(a) 3000 रु. (b) 2700 रु.

(c) 2500 रु. (d) 2000 रु.

62. एक आदमी एक घड़ी 200 रु. में खरीदता है, एवं उसे 240 रु. पर बेचता है, तो प्रतिशत लाभ क्या होगा?

(a) 20% (b) 30%
(c) 40% (d) 25%

63. यदि (x का $x\% + x$) $= 39$, तो x क्या होगा

(a) 20 (b) 30
(c) 25 (d) 35

64. यदि किसी परीक्षा में उत्तीर्णांक 30% है एवं एक विद्यार्थी 17 अंक लाकर 1 अंक से अनुत्तीर्ण हो गया, तो पूर्णांक कितना था?

(a) 40 (b) 50
(c) 60 (d) 100

65. यदि किसी आयत की लम्बाई एवं चौड़ाई को 10% से बढा दिया जाए, तो परिमिति में कितने प्रतिशत की वृद्धि होगी?

(a) 20 (b) 10
(c) 15 (d) 30

66. यदि किसी नगर की जनसंख्या गुजरे साल के ठीक पहले वाले साल से 30% बढ़ जाती है एवं उस नगर की वर्तमान जनसंख्या यदि 600 है, तो 2 वर्ष बाद नगर की जनसंख्या होगी

(a) 1014 (b) 2014
(c) 2015 (d) 1088

67. 200 लीटर पानी एवं चीनी के घोल में 60% पानी है। इस मिश्रण से कितना पानी वाष्प के रूप में उड़ाया जाए ताकि मिश्रण में 20% पानी बचा रहे।

(a) 100 लीटर (b) 50 लीटर
(c) 80 लीटर (d) 70 लीटर

68. श्यामा ने एक कपड़ा 950 रु. में खरीदा और इसकी डिजाइनिंग पर 300 रु. खर्च किए। 30% लाभ कमाने के लिए उसे यह किस कीमत पर बेचना चाहिए?

(a) 1650 रु. (b) 1625 रु.
(c) 1550 रु. (d) 1525 रु.

69. नरेन्द्र अपने मासिक वेतन का 52% व्यय गृह खर्च पर करता है और 23% अन्य खर्च पर करता है। यदि वह 4500 रु. बचाता है, तो उसका मासिक वेतन कितना है?

(a) 16000 रु. (b) 17500 रु.
(c) 18000 रु. (d) 18500 रु.

70. 1 से 32 तक संख्याओं का योग, 1 से 99 तक संख्याओं के योग का कितना प्रतिशत होगा?

(a) $10\frac{2}{3}\%$ (b) $11\frac{2}{3}\%$
(c) $12\frac{2}{3}\%$ (d) इनमें से कोई नहीं।

उत्तरमाला (Answer Key)

1. (a)	2. (b)	3. (d)	4. (a)	5. (a)	6. (c)	7. (c)	8. (c)	9. (a)	10 (d)
11. (d)	12. (d)	13. (d)	14. (b)	15. (d)	16. (b)	17. (d)	18. (b)	19. (d)	20. (d)
21. (c)	22. (d)	23. (a)	24. (d)	25. (b)	26. (c)	27. (b)	28. (c)	29. (d)	30. (d)
31. (a)	32. (a)	33. (a)	34. (b)	35. (a)	36. (a)	37. (b)	38. (a)	39. (a)	40. (c)
41. (a)	42. (d)	43. (a)	44. (c)	45. (d)	46. (b)	47. (c)	48. (b)	49. (d)	50. (c)
51. (a)	52. (d)	53. (d)	54. (a)	55. (b)	56. (a)	57. (c)	58. (c)	59. (b)	60. (b)
61. (d)	62. (a)	63. (b)	64. (c)	65. (b)	66. (a)	67. (a)	68. (b)	69. (c)	70. (a)

हल (Solutions)

1. (a)

माना 3%, x % है 5% का

प्रश्न से, 5% का $x\% = 3\%$

$$\frac{5}{100}\times\frac{x}{100}=\frac{3}{100}$$

$$\Rightarrow x=\frac{3}{100}\times\frac{100}{5}\times100=60\%$$

2. (b)

x का 40% का 40% = 40

$$x\times\frac{40}{100}\times\frac{40}{100}=40 \Rightarrow x=40\times\frac{100}{40}\times\frac{100}{40}=250$$

3. (d)

y का 90% = x

$$y=\frac{100x}{90}$$

माना x का $z\%=y$

$$x\times\frac{z}{100}=y \Rightarrow z=\frac{100y}{x}$$

$$=\frac{100}{x}\times\frac{100x}{90}$$

$$=\frac{1000}{9}=111\frac{1}{9}\%$$

4. (a)

संख्या का 20% = 120

$$\text{संख्या} = 120\times\frac{100}{20}=600$$

$$600 \text{ का } 120\% = 600\times\frac{120}{100}=720$$

5. (a)

माना संख्या x है।

प्रश्न से,

x का 50% = x का 35% = 12

$$\frac{50x}{100}-\frac{35x}{100}=12$$

$$15x = 12\times100$$

$$x=\frac{12\times100}{15}=80$$

6. (c)

संख्या का 40% का 16% = 8

$$\text{संख्या}\times\frac{40}{100}\times\frac{16}{100}=8$$

$$\text{संख्या} = 8\times\frac{100}{40}\times\frac{100}{16}=125$$

7. (c)

संख्या का $\frac{2}{9}$ का $\frac{3}{7}$ का $\frac{1}{3}$ = 16

$$\text{संख्या} = 16\times\frac{9}{2}\times\frac{7}{3}\times\frac{3}{1}=504$$

$$504 \text{ का } 25\% = 504\times\frac{25}{100}=126$$

8. (c)

संख्या = 50 + 50 का 20% = 60

9. (a)

माना संख्या = x

$$x-\frac{40x}{100}=30$$

$60x = 30\times100 \Rightarrow x = 50$

10. (d)

$$x + x \text{ का } 5\% = x+\frac{5x}{100}=\frac{105x}{100}=1.05x$$

11. (d)

$$\text{प्रतिशत कमी} = \frac{4}{5}\times100=80\%$$

12. (d)

(600 रुपये का $\frac{5}{6}$) – (600 रुपये का $\frac{5}{6}$%)

$$\left(600\times\frac{5}{6}\right)-\left(600\times\frac{5}{6}\times\frac{1}{100}\right)$$

= 500 – 5 = 495 रुपये

13. (d)

$$\frac{2}{24}\times100=\frac{25}{3}\%$$

14. (b)

माना कुल परीक्षार्थियों की संख्या = x

प्रश्न से, x का 35% = 420

$$x=\frac{420\times100}{35}=1200$$

15. (d)

कक्षा में उपस्थित लड़कियों की संख्या = 38 – 3 = 35

गृहकार्य नहीं करने वालों की संख्या = 35 का 20% = $35\times\frac{20}{100}=7$

गृहकार्य करने वालों की संख्या = 35 – 7 = 28

16. (b)

माना आयकर $= x\,\%$

यदि आय $= 100$ रु.

आयकर देने के बाद आय $= (100 - x)$ रु.

प्रश्न से नया आयकर $= \frac{119x}{100}$

आयकर के बाद नयी आय $= 100 - \frac{119x}{100}$

$$100 - \frac{119x}{100} = (100 - x)\frac{99}{100}$$

$$\Rightarrow x = 5\%$$

17. (d)

B का प्राप्तांक $= 810 \times \frac{100}{100-10} = \frac{810 \times 100}{90}$

$= 900$

C का प्राप्तांक $= 900 \times \frac{100}{100-10} = \frac{900 \times 100}{90}$

$= 1000$

18. (b)

A का 30% = B का $\frac{3}{5}$ का 20%

$$\frac{A \times 30}{100} = B \times \frac{3}{5} \times \frac{20}{100} \Rightarrow A = \frac{2}{5}B$$

$$A = \frac{2}{5} \times 2400 = 960 \text{ रु.}$$

19. (d)

अभीष्ट प्रतिशत $= \frac{2 \times 20}{100 + 20} \times 100$

$= \frac{40}{120} \times 100 = 33\frac{1}{3}\%$

20. (d)

माना व्यवसाय में परिवर्तन x से y हुआ

प्रश्न से,

x का 4% = y का 5%

$$\frac{4x}{100} = \frac{5y}{100} \Rightarrow y = \frac{4x}{5}$$

व्यवसाय में कमी $= x - \frac{4x}{5} = \frac{x}{5}$

प्रतिशत कमी $= \frac{x}{5} \times \frac{1}{x} \times 100 = 20\%$

21. (c)

B की आय = 3600 का 90% = 3240 रुपये

A की आय = 3240 का 80% = 2592 रुपये

22. (d)

चीनी की मात्रा $= \frac{40}{100} \times 300$ ग्राम

माना x ग्राम चीनी मिलायी गयी।

$$(300 + x) \times \frac{50}{100} = 120 + x$$

$$300 + x = 240 + 2x = x = 60 \text{ ग्राम}$$

23. (a)

अल्कोहल की मात्रा = 15 लीटर का 20%

= 3 लीटर

3 लीटर पानी मिलाने पर, मिश्रण = 15 + 3

= 18 लीटर

अल्कोहल का प्रतिशत $= \frac{3}{18} \times 100 = \frac{50}{3} = 16\frac{2}{3}\%$

24. (d)

माना संख्या $= x$

x का 65% – 65 = 39

$$\frac{65x}{100} = 104 \Rightarrow x = \frac{104 \times 100}{65} = 160$$

160 का $\frac{5}{8}$ = 100

25. (b)

आय पर प्रभाव $= (50 - 20) - \frac{50 \times 20}{100}$

= 30 – 10 = 20% की वृद्धि

26. (c)

ऊँचाई में प्रतिशत कमी $= \frac{20}{100 + 20} \times 100$

$= \frac{20 \times 100}{120} = \frac{50}{3} = 16\frac{2}{3}\%$

नयी ऊँचाई = 6 – 6 का $\frac{50}{3}\%$

$= 6 - 6 \times \frac{50}{3} \times \frac{1}{100} = 6 - 1 = 5$ मीटर

अभीष्ट उत्तर = 6 – 5 = 1 मीटर

27. (b)

क्षेत्रफल में परिवर्तन $= (20 - 25) - \frac{20 \times 25}{100}$

= – 5 – 5 = – 10%

28. (c)

माना संख्या $= x$ है।

x का $\frac{3}{7}$ का $\frac{2}{7}$ का $\frac{9}{5}$ = 96

$$x = \frac{96 \times 7 \times 7 \times 5}{3 \times 2 \times 9} = 1960$$

1960 का 200% $= \frac{1960 \times 200}{100} = 3920$

29. (d)

माना कुल मत $= 100$

हारने वाले उम्मीदवार का मत $= 43.5$

जीतने वाले उम्मीदवार का मत $= 100 - 43.5$

$= 56.5$

अंतर $= 56.5 - 43.5 = 13$

जीतने वाले उम्मीदवार को प्राप्त मत

$$= \frac{56.5 \times 3744}{13} = 16272$$

30. (d)

उत्तीर्णांक का प्रतिशत $= 45\%$

उत्तीर्णांक $= 206 + 19 = 225$

पूर्णांक $= \frac{100}{45} \times 225 = 500$

31. (a)

माना मशीन का पहले का मूल्य $= \text{P}$ रु.

बाद का मूल्य $= \text{P}\left(1 - \frac{8}{100}\right)^2$

$$10580 = \text{P}\left(\frac{92}{100}\right)^2 = \text{P}\left(\frac{23}{25}\right)^2$$

$$\text{P} = \frac{10580 \times 625}{529} = 12500 \text{ रु.}$$

32. (a)

खपत में प्रतिशत कमी $= \frac{24 - 20}{24} \times 100$

$$= \frac{4}{24} \times 100 = \frac{100}{6} = \frac{50}{3} = 16\frac{2}{3}\%$$

33. (a)

माना मोहन की आय $= 100$ रु.

राम की आय $= 100 + 40 = 140$ रु.

$100 =$ सोहन की आय का $\frac{130}{100}$

सोहन $= \frac{1000}{13}$

जब सोहन की आय $\frac{1000}{13}$ रु.

तो राम की आय 140 रु.

जब सोहन की आय 250 रु. तो राम की आय

$$= \frac{140 \times 13 \times 250}{1000}$$

$= 455$ रु.

34. (b)

परिधि 22% कम होने पर त्रिज्या में भी 22% कमी होगी।

क्षेत्रफल में प्रतिशत कमी $= 2 \times 22 - \frac{(22)^2}{100}$

$= 44 - 4.84$

$= 39.16\%$

35. (a)

माना पहली संख्या $= x$

दूसरी संख्या $= x \times \frac{80}{100} = \frac{4x}{5}$

$$x + \frac{4x}{5} = 900 \Rightarrow x = \frac{900 \times 5}{9} = 500$$

अंतर $= x - \frac{4x}{5} = \frac{x}{5} = \frac{500}{5} = 100$

36. (a)

$\text{A} : \text{B} = 4 : 1$

$\text{C} = \text{B}$ का $\frac{2}{3} \Rightarrow 3\text{C} = 2\text{B}$

$$\frac{B}{C} = \frac{3}{2}$$

$\text{B} : \text{C} = 3 : 2$

A : B : C

4 : 1

3 : 2

12 : 3 : 2

अभीष्ट प्रतिशत $= \frac{2}{12} \times 100 = \frac{100}{6}$

$$= \frac{50}{3} = 16\frac{2}{3}\%$$

37. (b)

आदमी की मूल आय $= 1620 - 420 = 1200$ रु.

आय में प्रतिशत वृद्धि $= \frac{420}{1200} \times 100 = \frac{420}{12}$

$= 35\%$

38. (a)

माना भिन्न $= \frac{x}{y} = \frac{x \times \frac{112}{100}}{y \times \frac{90}{100}}$

$$= \frac{4}{5} \Rightarrow \frac{112x}{90y} = \frac{4}{5}$$

$$= \frac{x}{y} = \frac{4 \times 90}{5 \times 112} = \frac{18}{28} = \frac{9}{14}$$

39. (a)
माना छात्रों की कुल संख्या = 100
केवल गणित में उत्तीर्ण छात्र = 47 – 12 = 35
केवल विज्ञान में उत्तीर्ण छात्र = 42 – 12 = 30
दोनों विषयों में उत्तीर्ण छात्र = 12
कुल उत्तीर्ण छात्र = 35 + 30 + 12 = 77
अनुत्तीर्ण छात्र = 100 – 77 = 23%
छात्रों की संख्या = $\frac{100}{23}\times 276$ = 1200

40. (c)
माना 100 रुपये में 100 किलोग्राम चीनी मिलती है।
बढ़ा हुआ मूल्य = 100 + 25 = 125 रु.
वर्तमान खपत = 100 – 10 = 90 किलोग्राम
90 किलोग्राम चीनी पर आया खर्च = $\frac{125\times 90}{100}$
= 112.50 रु.

41. (a)
माना श्याम की आय = 100 रु.
राजू की आय = 100 + 8 = 108 रु.
108 = रामू की आय का 120%
रामू की आय = $\frac{108\times 100}{120}$ = 90 रु.
रामू की अभीष्ट आय = $\frac{90\times 5500}{100}$ = 4950 रु.

42. (d)
B के लिए स्कूटर का क्रय मूल्य = $20000\times\frac{120}{100}$
= 24000 रु.
पुनः A का क्रय मूल्य = $24000\times\frac{80}{100}$ = 19200रु.
A का लाभ = 24000 – 19200 = 4800रु.

43. (a)
माना पुरुष की संख्या = 500, महिलाओं की = 400 तथा बच्चों की = 200 है।
निरक्षर पुरुष = 500 का $\frac{(100-80)}{100}=\frac{500\times 20}{100}$
= 100
निरक्षर महिला = 400 का 40%
= $400\times\frac{40}{100}$ = 160
निरक्षर बच्चे = 200 का $\frac{100-90}{100}=\frac{200\times 10}{100}$
= 20
कुल निरक्षर = 100 + 160 + 20 = 280
अभीष्ट निरक्षरता = $\frac{280}{1100}\times 100$
$=\frac{280}{11}=25\frac{5}{11}\%$

44. (c)
माना संख्याएँ x और y है।
प्रश्न से,
$16\times x = y$ का 80%
$16x=\frac{80y}{100}$
$\frac{x}{y}=\frac{80}{100\times 16}=\frac{1}{20}=1:20$

45. (d)
माना संख्या = x
x का 60% – 60 = 60
$x\times\frac{60}{100}=120\Rightarrow x=\frac{120\times 100}{60}=200$

46. (b)
खपत में वृद्धि = $\frac{60}{(100 \quad 60)}\times 100$
$=\frac{60}{40}\times 100=150\%$

47. (c)
व्यापार में कमी = $\frac{10-8}{10}\times 100$
$=\frac{2}{10}\times 100=20\%$

48. (b)
प्रति किग्रा प्याज का प्रारंभिक दाम
$=\frac{360\times 20}{(100+20)10}=\frac{360\times 20}{120\times 10}$ = 6 रु.

49. (d)
उड़ाई गयी पानी की मात्रा = $\frac{510\times(40-15)}{(100-15)}$
$=\frac{510\times 25}{85}$ = 150 लीटर

50. (c)
पराजित उम्मीदवार को प्राप्त मत = 100 – 52%
= 48%
52% – 48% = 4% = 98
100% = $\frac{98}{4}\times 100$ = 2450
कुल मतों की संख्या = 2450 + 68 = 2518

51. (a)

$40\% = 178 + 22 = 200$

$100\% = \frac{200}{40} \times 100 = 500$

52. (d)

अनुत्तीर्ण छात्र का प्रतिशत $= (58 + 37 - 19)\%$
$= (95 - 19)\%$
$= 76\%$

53. (d)

प्रति किग्रा बढ़ा हुआ मूल्य $= \frac{400 \times 10}{100 \times 8} = 5$ रु.

54. (a)

माना पुस्तकालय में किताबों की संख्या $= x$

$$x\left(1 - \frac{20}{100}\right)\left(1 - \frac{50}{100}\right) = 900$$

$$x \times \frac{80}{100} \times \frac{50}{100} = 900$$

$$x = \frac{900 \times 100 \times 100}{80 \times 50} = 2250$$

55. (b)

अनुत्तीर्ण छात्रों का प्रतिशत

$= 100 - (15 + 20 + 35)$

$= 100 - 70 = 30\%$

$30\% = 120$

$100\% = \frac{120}{30} \times 100 = 400$

56. (a)

पुरुषों की संख्या $= 4500 \times \frac{11}{18} = 2750$

महिलाओं की संख्या $= 4500 - 2750 = 1750$

1750 का $40\% = 1750 \times \frac{40}{100} = 700$

विवाहित पुरुषों की संख्या $= 700$

57. (c)

माना नमक का प्रतिशत x है।

$(25 - 5)$ का $x\% = 25$ का 10%

$$\frac{20 \times x}{100} = \frac{25 \times 10}{100}$$

$$x = \frac{250}{20} = 12\frac{1}{2}\%$$

58. (c)

छात्रों की संख्या $= 65$

छात्राओं की संख्या $= 35$

अंतर $= 65 - 35 = 30$

अंतर 30 तो विद्यार्थियों की संख्या $= 100$

अंतर 60 तो विद्यार्थियों की संख्या $= \frac{100 \times 60}{30}$

$= 200$

59. (b)

$100\% - (30 + 55)\% = 3 \quad 15\% = 3$

$100\% = \frac{3}{15} \times 100 = 20$

60. (b)

शिक्षित व्यक्तिओं की संख्या

$= \frac{3}{8}$ का $64\% + \frac{5}{8}$ का 72%

$= 24\% + 45\% = 69\%$

61. (d)

माना लागत मूल्य $= x$ रु.

$$x\left(1 + \frac{50}{100}\right)\left(1 + \frac{20}{100}\right) = 3600$$

$$x \times \frac{150}{100} \times \frac{120}{100} = 3600$$

$$x = \frac{3600 \times 100 \times 100}{150 \times 120} = 2000 \text{ रु.}$$

62. (a)

क्रय मूल्य = रु. 200

विक्रय मूल्य = रु. 240

$\therefore$ लाभ $= 240 - 200 = 40$

% लाभ $= \frac{\text{लाभ}}{\text{क्रय मूल्य}} \times 100 = \frac{40}{200} \times 100 = 20\%$

63. (b)

$x \times \frac{x}{100} + x = 39$

$\Rightarrow x^2 + 100x - 3900 = 0$

$\Rightarrow x^2 + 130x - 30x - 3900 = 0$

$\Rightarrow x(x + 130) - 30(x + 130) = 0$

$\Rightarrow x = 30, -130$

$\therefore x = 30$ {विकल्पानुसार}

64. (c)

परीक्षा के लिए उत्तीर्णांक = (17 + 1) = 18 अंक

माना कि पूर्णांक x है।

∴ प्रश्नानुसार,

$$x \times \frac{30}{100} = 18 \quad \Rightarrow x = 60$$

65. (b)

परिमिति में बढ़ोतरी

$$= 2\left(l+\frac{10}{100}\times l+b+\frac{10}{100}\times b\right)-2(l+b)$$

$$= 2\left\{\frac{l}{10}+\frac{b}{10}\right\}$$

∴ % बढ़ोतरी $= \dfrac{2\left\{\frac{l}{10}+\frac{b}{10}\right\}}{2\{l+b\}}\times 100$

= 10%

66. (a)

एक साल बाद नगर की जनसंख्या

$$= 600\times\frac{30}{100}+600$$

= 780

दो साल बाद नगर की जनसंख्या

$$= 780+780\times\frac{30}{100}$$

= 1014

67. (a)

वाष्पित पानी की मात्रा होगी,

$\dfrac{200\times(60-20)}{(100-20)} = \dfrac{200\times 40}{80}$ = 100 लीटर

68. (b)

श्यामा द्वारा खर्च कि गयी कुल राशि

= (950 + 300)

= 1250

∴ विक्रय मूल्य $= 1250 + 1250 \times \dfrac{30}{100}$

= 1250 + 375

= रु.1625

69. (c)

माना कि नरेन्द्र की मासिक आय रु. x है।

∴ गृह खर्च $= \dfrac{52\times x}{100} = \dfrac{52x}{100}$

अन्य खर्च $= \dfrac{23\times x}{100} = \dfrac{23x}{100}$

कुल खर्च $= \dfrac{52x}{100}+\dfrac{23x}{100} = \dfrac{75x}{100} = \dfrac{3x}{4}$

∴ बचत राशि $= x-\dfrac{3x}{4} = \dfrac{x}{4} = 4500$

∴ $x = 18000$ रु.

70. (a)

1 से 32 तक संख्याओं का योग $= \dfrac{32\times 33}{2}$

1 से 99 तक संख्याओं का योग $= \dfrac{99\times 100}{2}$

∴ अभीष्ट प्रतिशत $= \left(\dfrac{32\times 33}{99\times 100}\right)\times 100\%$

$= 10\frac{2}{3}\%$

अनुपात एवं समानुपात
Ratio and Proportion

अनुपात (Ratio)

यदि दो राशियाँ एक ही किस्म की हो तो एक राशि में दूसरी राशि जितनी बार समाहित होती हैं, उसे उन दो राशियों का अनुपात कहते हैं।

$\frac{a}{b}$ को a तथा b का अनुपात कहते हैं,

तथा इसे $a : b$ लिखते हैं।

$a : b$ में, a को प्रथम पद तथा b को द्वितीय पद कहते हैं।

किसी अनुपात के प्रत्येक पद को एक ही अशून्य संख्या से गुणा अथवा भाग करने पर अनुपात नहीं बदलता।

जैसे : $\frac{35}{28} = \frac{5}{4} = 5 : 4$

समानुपात (Proportion)

दो अनुपातों के समानता को समानुपात कहतें हैं।

जैसे :

$4 : 8 = 8 : 16$

को इस प्रकार लिखा जाएगा

$4 : 8 :: 6 : 10$

यदि $a : b : c : d$ तो हम a तथा d को बाहरी राशियाँ तथा b एवं c को माध्यमिक राशियाँ कहते हैं।

बहरी राशियों का गुणनफल = माध्यमिक राशियों का गुणनफल

अगर दो राशियाँ a और b हो तो उनका मध्यानुपाती $= \sqrt{ab}$

तीन राशियाँ a, b, c का चतुर्थानुपाती x हो, तो

$a : b :: c : x$ अर्थात् $= a \times xa = b \times c$

अर्थात् $x = \frac{bc}{a}$

दो राशियों a तथा b का तृतीयानुपाती x हो, तो

$a : b :: b : x$ अर्थात् $a \times x = b^2$

अर्थात् $x = \frac{b^2}{a}$

x को $a : b$ के अनुपात में बाँटना हो तो :

पहला भाग $= \left[x \times \frac{a}{a+b}\right]$

दूसरा भाग $= \left[x \times \frac{b}{a+b}\right]$

x को $a : b : c$ के अनुपात में बाँटना हो तो :

पहला भाग $= \left[x \times \frac{a}{a+b+c}\right]$

दूसरा भाग $= \left[x \times \frac{b}{a+b+c}\right]$

तीसरा भाग $= \left[x \times \frac{c}{(a+b+c)}\right]$

उदाहरण (Examples)

1. एक थैली में 1रु., 50 पैसा तथा 10 पैसे के सिक्के हैं। 1 रु. तथा 50 पैसे के सिक्कों का अनुपात 2 : 5 है तथा 50 पैसे एवं 10 पैसे के सिक्कों का अनुपात 4 : 9 हैं। यदि थैली में कुल धन 1125 रु. हो, तो प्रत्येक प्रकार के सिक्कों की संख्या ज्ञात करें।

1 रु. के सिक्के : 50 पै. के सिक्के $= 2 : 5$

50 पैसे के सिक्के : 10 पै. के सिक्के $= 4 : 9$

$4 \times \frac{5}{4} : 9 \times \frac{5}{4} = 5 : \frac{45}{4}$

1 रु. सिक्के : 50 पै. के सिक्के : 10 पै. के सिक्के

$2 : 5 : \frac{45}{4} = 8 : 20 : 45$

माना 1 रु. 50 पै. तथा 10 पै. के सिक्कों की संख्या क्रमशः $8x$, $20x$ तथा $45x$ हैं, तब

$\frac{8x}{1} + \frac{20x}{2} + \frac{45x}{10} = 1125$

अर्थात् $x = 50$

1 रु. के सिक्कों की संख्या $= 8x = 400$

50 पै. के सिक्कों की संख्या $= 20x = 1000$

10 पै. के सिक्कों की संख्या $= 45x = 2250$

2. सोना पानी से 19 गुना भारी है तथा ताँबा पानी से 9 गुना भारी हैं। सोने तथा ताँबे को किस अनुपात में मिलायें कि इस प्रकार बना धातु पानी से 15 गुना भारी हो?

माना 1 ग्राम सोने के साथ x ग्राम ताँबा मिलाने पर नई धातु का $(1 + x)$ ग्राम प्राप्त होता हैं।

$1G = 19W$

$1C = 9W$, धातु $= 15W$

1 ग्राम सोना $+ x$ ग्राम ताँबा $= (1 + x)$ ग्राम धातु

$19W + 9Wx = (1 + x) \times 15\ W$

अर्थात् $x = \frac{4W}{6W} = \frac{2}{3}$

सोने तथा ताँबे का अनुपात $= 1 : \frac{2}{3}$ अयोत 3 : 2

3. 390 रु. को तीन भागों में विभाजित करें, जो $\frac{1}{2}, \frac{2}{3}$ एवं $\frac{3}{4}$ के समानुपाती हों :

प्रदत अनुपातों को हर 2, 3 एवं 4 का ल. स. = 12 से गुणा करने पर

$\frac{1}{2} : \frac{2}{3} : \frac{3}{4} = \frac{1}{2} \times 12 : \frac{2}{3} \times 12 : \frac{3}{4} \times 12$

$= 6 : 8 : 9$ प्राप्त होता है।

$6 + 8 + 9 = 23$

पहला भाग $= \frac{6}{23} \times 391 = 102$ रु.

दूसरा भाग $= \frac{8}{23} \times 391 = 136$ रु.

तीसरा भाग $= \frac{9}{23} \times 391 = 153$रु.

4. एक दो अंकों की संख्या तथा अंकों के योग का अनुपात 7:1 हैं। यदि दहाई अंक इकाई अंक से 1 कम हो, तो संख्या क्या हैं?

माना दहाई का अंक $= x$ तब इकाई का अंक $= (x - 1)$

$$\frac{10x + (x-1)}{x + (x-1)} = \frac{7}{1}$$

अर्थात् $\frac{11x - 1}{2x - 1} = \frac{7}{1}$ अर्थात्

$x = 2$

अत: संख्या $= 21$

5. एक प्रतिष्ठान में बिजली का बिल आंशिक रूप से निश्चत तथा आंशिक रूप से खपत की गई बिजली की यूनिट की संख्या के अनुसार निर्धारित किया जाता है। जब एक महीने में 540 यूनिट की खपत होती है तो बिल 1800 रु. हैं। अन्य महीने में 620 यूनिट की खपत होती है तो बिल 2040 रु. हैं। एक अन्य महीने में 500 यूनिट की खपत होती है तो उस महीने के लिए बिल क्या होगा?

माना निश्चित राशि x रु. हैं

तथा प्रत्येक यूनिट की कीमत y रु. है तो,

$540y + x = 1800$ (i)

$620y + x = 2040$ (ii)

(ii) में से (i) घटाने पर

$80y = 240$

(i) में $y = 3$ रखने पर

$540 \times 3 + x = 1800$

$x = (1800 - 1620) = 180$

निश्चत चार्ज = रु. 180, चार्ज प्रति यूनिट = 3 रु.

500 यूनिट की खपत पर कुल चार्ज

$= (180 + 500 \times 3)$ रु.

$= 1680$ रु.

6. 53 रु. को A, B और C के बीच इस प्रकार बाँटा जाता हैं कि A को B से 7 रु. ज्यादा मिलते हैं तथा B को C से 8 रु. ज्यादा मिलते हैं। इनके भागों का अनुपात हैं।

माना C को मिलने वाला भाग $= x$

तो B को $(x + 8)$ रु. और A को $(x + 15)$ रु. मिलते हैं तो

$x + (x + 8) + (x + 15) = 53$

$x = 10$

$A : B : C = (10 + 15) : (10 + 8)$

$10 = 25 : 18 : 10$

7. यदि $x=\frac{1}{3}y$ और $y=\frac{1}{2}z$ है तब $x:y:z$ बराबर हैं?

$x=\frac{1}{3}y$

$\frac{x}{y}=\frac{1}{3}$ या $x:y=1:3$

$y=\frac{1}{2}z$

$\frac{y}{z}=\frac{1}{2}$ या $y:z=1:2$

$x:y:z=1:3:6$

8. एक 2 अंकीय संख्या का इसके अंकों के योग से अनुपात 7:1 हैं। यदि दहाई का अंक इकाई के अंक से 1 अधिक हो, तो वह संख्या होगी?

माना इकाई का अंक $=x$

दहाई का अंक $=x+1$

संख्या $=x+10(x+1)$

$=11x+10$

इकाई तथा दहाई के अंकों का योग $=x+x+1$

$=2x+1$

प्रश्नानुसार,

$\frac{11x+10}{2x+1}=\frac{7}{1}$

$11x+10=14x+7$

$3x=3$

$x=1$

अतः संख्या $=11x+10$

$=11\times 1+10$

$=11+10$

$=21$

9. अनुक्रम 1, 3, 6, 10 ...... के पाँचवें तथा छठे पदों का अनुपात हैं?

अनुक्रम (1, 3, 6, 10, 15, 21)

$1+2=3$

$3+3=6$

$6+4=10$

$10+5=15$

$15+6=21$

उपर्युक्त दी गई श्रृंखला में पाँचवें तथा छठे पद क्रमशः 15 तथा 21 हैं।

पाँचवा पद : छठा पद

15 : 21

5 : 7

10. यदि A का 30% = B का 0.25 = C का $\frac{1}{5}$ तो,

A : B : C बराबर हैं?

A का $\frac{30}{100}$ = B का $\frac{25}{100}$ = C का $\frac{1}{5}=K$

$\therefore A=\frac{100K}{30}$

$B=\frac{100K}{25}$

तथा $C=\frac{5K}{1}$

A = 500K, B = 600K, C = 750K

A : B : C = 500 : 600 : 750

10 : 12 : 15

11. यदि $a:b=7:9$ और $b:c=15:7$ हो तो $a:c$ क्या होगा ?

$a:b=7:9=35:45$

$b:c=15:7=45:21$

$a:b:c=35:45:21$

$a:c=35:21=5:3$

अभ्यास प्रश्न (Practice Questions)

1. दो अंकों की एक संख्या और उस संख्या के अकों के योग के बीच अनुपात 7:1 है। यदि दहाई का अंक इकाई के अंक से 1 अधिक है, तो संख्या क्या है?
   (a) 21 (b) 32
   (c) 14 (d) 24
2. दो संख्याएँ 2:3 के अनुपात में हैं। यदि पहली संख्या में से 2 घटाया जाए तथा दूसरी संख्या में 2 जोड़ दिया जाए, तो उनमें 1:2 का अनुपात हो जाता है। संख्याओं का योग क्या होगा ?
   (a) 10 (b) 28
   (c) 24 (d) 30
3. दो संख्याओं का अनुपात 5:9 है। प्रत्येक संख्या में 9 जोड़ देने पर उनका अनुपात 16:27 हो जाता है, तो दूसरी संख्या क्या होगी?
   (a) 77 (b) 99
   (c) 66 (d) 88
4. यदि $x : y = 7 : 3$ हो, तो $\frac{xy+y^2}{x^2-y^2} = ?$
   (a) $\frac{3}{4}$ (b) $\frac{7}{3}$
   (c) $\frac{3}{7}$ (d) $\frac{4}{3}$
5. यदि A, B से 40% अधिक है, B, C से 20% कम है, तब A : C = ?
   (a) 26 : 25 (b) 3 : 1
   (c) 3 : 2 (d) 28 : 25
6. दो व्यक्तियों की आय का अनुपात 5 : 3 है तथा उनके व्यय का अनुपात 9 : 3 है। यदि वे क्रमशः 1300 रु और 900 रु की बचत करते हैं, तो प्रत्येक की आय कितनी है?
   (a) 3000 रु, 1800 रु (b) 4000 रु, 2400 रु
   (c) 4500 रु, 2700 रु (d) 5000 रु, 3000 रु
7. यदि A : B = 5 : 9, B : C = 4 : 3, C : D = 2 : 3, D : E = 2 : 5, तो A : E = ?
   (a) 2 : 3 (b) 16 : 50
   (c) 16 : 81 (d) 81: 16
8. यदि m : n = 2 : 3, तो $\frac{3m+5n}{6m-n}$ का मान क्या होगा?
   (a) $\frac{3}{7}$ (b) $\frac{5}{3}$
   (c) $\frac{7}{3}$ (d) इनमें से कोई नहीं।
9. 66 किलोग्राम मिलावटी दूध में पानी का अनुपात 5 : 1 है, इसमें पानी कितना है?
   (a) 12 कि॰ग्रा॰ (b) 11 कि॰ग्रा॰
   (c) 14 कि॰ग्रा॰ (d) 10 कि॰ग्रा॰
10. 76 को 7 : 5 : 3 : 4 के अनुपात में विभक्त करने पर सबसे छोटा भाग क्या है?
   (a) 19 (b) 15
   (c) 16 (d) 12
11. यदि $\frac{a}{3} = \frac{b}{4} = \frac{c}{7}$, तो $\frac{a+b+c}{c}$ का मान क्या है?
   (a) $\sqrt{2}$ (b) $\frac{1}{\sqrt{7}}$
   (c) 2 (d) 7
12. यदि 378 सिक्के एक रुपये, 50 पैसे तथा 25 पैसे के सिक्के के रूप में है तथा इनके मान 13 : 11 : 7 के अनुपात में हैं, तो 50 पैसे के सिक्कों की संख्या क्या होगी ?
   (a) 128 (b) 132
   (c) 136 (d) 153
13. एक दुकान में पेंसिल, पेन तथा कॉपियाँ 10 : 2 : 3 के अनुपात में हैं। यदि दुकान में 120 पेंसिल हों, तो कॉपियों की संख्या क्या होगी?
   (a) 72 (b) 48
   (c) 36 (d) 400
14. (2 : 3), (6 : 11) तथा (11 : 2) का मिश्र अनुपात क्या होगा?
   (a) 2 : 1 (b) 1 : 2
   (c) 36 : 121 (d) 11 : 24
15. यदि $(4x^2 - 3y^2) : (2x^2 - 5y^2) = 12 : 19$, तो $x : y$?
   (a) 1 : 2 (b) 3 : 2
   (c) 2 : 1 (d) 2 : 3
16. 7500 रुपये को A, B और C में इस प्रकार बाँटे कि A और B के भागों का अनुपात 5 : 2 हो तथा B और C के भागों का अनुपात 7 : 13 हो, तो B को कितनी राशि प्राप्त होगी?
   (a) 3500 रु0 (b) 1400 रु0
   (c) 7000 रु0 (d) 2600 रु0

17. यदि $\frac{x}{2} = \frac{y}{3} = \frac{z}{5}$ हो, तो $\frac{x+y-z}{x-y+z}$ का मान क्या होगा?

(a) 1 (b) 0
(c) 2 (d) 3

18. तीन संख्याओं में 3 : 2 : 5 का अनुपात है और उनके वर्गों का योग 1862 है। इन संख्याओं में सबसे छोटी संख्या क्या है?

(a) 21 (b) 35
(c) 14 (d) 24

19. 45 लीटर मिश्रण में दूध और पानी का अनुपात 4 : 1 है। इसमें कितना पानी मिलाया जाए कि अनुपात 3 : 2 हो जाए?

(a) 20 लीटर (b) 10 लीटर
(c) 17 लीटर (d) 15 लीटर

20. एक थैले में 20 रुपये, 10 रुपये तथा 5 रुपये के नोट 3 : 4 : 5 के अनुपात में है। यदि थैले में कुल 1000 रु0 हों, तो 5 रुपये के नोटों की संख्या क्या होगी?

(a) 40 (b) 36
(c) 25 (d) 30

21. A : B = 3 : 5, B : C = 2 : 3, तो A : B : C = ?

(a) 6 : 10 : 15 (b) 10 : 6 : 15
(c) 2 : 3 : 5 (d) 15 : 10 : 6

22. करीम के पास कुछ मुर्गियाँ और गायें हैं। यदि सभी के सिरों की संख्या 48 तथा पैरों की संख्या 140 हों, तो मुर्गियों की संख्या क्या होगी ?

(a) 23 (b) 26
(c) 24 (d) 22

23. दो छात्रों के उम्र का अनुपात 3 : 2 है। उनमें एक दूसरे से 5 वर्ष बड़ा है। छोटे छात्र की आयु कितनी है?

(a) 10 वर्ष (b) 2 वर्ष
(c) $2\frac{1}{2}$ वर्ष (d) 15 वर्ष

24. यदि a + b : b + c : c + a = 6 : 7 : 8 तथा a + b + c = 14 हो, तो C का मान क्या होगा ?

(a) 14 (b) 7
(c) 6 (d) 8

25. यदि m का 15% = n का 20% हो, तो m : n = ?

(a) 4 : 3 (b) 3 : 4
(c) 16 : 17 (d) 17 : 16

26. तीन संख्याओं का योग 98 है। यदि पहली और दूसरी संख्याओं में 2 : 3 का अनुपात है, दूसरी और तीसरी संख्या में 5 : 8 का अनुपात है, तो दूसरी संख्या क्या है?

(a) 20 (b) 48
(c) 30 (d) 38

27. 80 लीटर दूध और पानी के मिश्रण में दूध और पानी का अनुपात में 7 : 3 है। इस अनुपात को में 2 : 1 करने के लिए पानी की कितनी मात्रा मिलायी जाये ?

(a) 4 लीटर (b) 6 लीटर
(c) 5 लीटर (d) 8 लीटर

28. 700 रुपये A, B और C में इस तरह बाँटें कि A को B से आधे मिलते है तथा B को C से आधे मिलते हैं, तो C को कितना मिलेगा?

(a) 400 रु0 (b) 600 रु0
(c) 200 रु0 (d) 300 रु0

29. एक विद्यालय में लड़के तथा लड़कियाँ 8 : 5 के अनुपात में हैं। यदि लड़कियों की संख्या 160 है। तो विद्यालय में कुल कितने विद्यार्थी हैं?

(a) 260 (b) 250
(c) 416 (d) 356

30. 21, 38, 55, 106 प्रत्येक में से क्या घटाया जाए कि नयी संख्याएँ समानुपाती हो जायें ?

(a) 4 (b) 2
(c) 6 (d) 8

31. किसी फैक्टरी में पुरुष तथा महिला कर्मचारी की संख्या का अनुपात 8 : 5 है। यदि 20% पुरुष तथा 25% महिलायें निरक्षर हैं, तो साक्षर पुरुषों की संख्या क्या है, यदि महिलायें पढ़ी लिखी हैं ?

(a) 1220 (b) 1240
(c) 1250 (d) 1280

32. दो संख्याओं का अनुपात 4 : 7 है। तथा उनका योग 1331 है तो छोटी संख्या क्या है ?

(a) 420 (b) 424
(c) 476 (d) 484

33. दो संख्याओं के बीच 4 : 7 का अनुपात है। यदि संख्याओं को 10 से बढ़ा दिया जाए, तो ये 13 : 19 अनुपात में हो जाती है, उन संख्याओं के बीच अन्तर है?

(a) 16 (b) 12
(c) 14 (d) 10

34. किसी पुस्तकालय में अंग्रेजी, हिन्दी और उर्दू भाषाओं की पुस्तकों की संख्या का अनुपात 9 : 13 : 7 है, यदि उर्दू भाषा की 686 पुस्तकें हो, तो पुस्तकालय में कुल कितनी पुस्तकें हैं?

(a) 2584 (b) 2925
(c) 2842 (d) 3015

35. तीन संख्याएँ जो 2 : 3 : 1 के अनुपात में हैं, के वर्गो का योग 504 है। दूसरी संख्या क्या है?

(a) 21 (b) 15
(c) 12 (d) 18

36. किसी स्कूल में लड़के तथा लड़कियों की कुल संख्या 1200 है, जो क्रमशः 7 : 5 अनुपात में है। कितनी लड़कियाँ और दाखिला लें, जिससे यह अनुपात 7 : 9 हो जाए?

(a) 200 (b) 300
(c) 600 (d) इनमें से कोई नहीं।

37. 13475 रु0 को तीन भागों में इस प्रकार बाँटा गया है कि पहले भाग का आधा, दूसरे भाग का चौथाई भाग तथा तीसरे भाग का पाँचवाँ भाग सभी बराबर हैं। दूसरा भाग क्या है?

(a) 4900 रु0 (b) 5050 रु0
(c) 4800 रु0 (d) 5060 रु0

38. A, B तथा C की आय का अनुपात 3 : 5 : 8 है। यदि C की आय A से 1495 रु0 अधिक हो, तो B की आय क्या है?

(a) 1750 रु0 (b) 1825 रु0
(c) 1640 रु0 (d) इनमें से कोई नहीं

39. कोई धन अमर और मदन के बीच 7 : 11 के अनुपात में बाँटा गया। यदि अमर को कुल 2065 रु0 प्राप्त हुआ हो, तो कुल राशि क्या थी?

(a) 5450 (b) 5460
(c) 5240 (d) 5310

40. एक बर्तन में 26 लीटर दूध और पानी का मिश्रण 11 : 2 के अनुपात में है। उसमें कितना दूध और डाल दिया जाये, जिससे उसके अनुपात क्रमशः 12 : 1 हो जाए?

(a) 26 लीटर (b) 22 लीटर
(c) 24 लीटर (d) 48 लीटर

41. माधुरी और नेहा के पास कुल 2128 रु0 है यदि माधुरी के हिस्से का 9/16 भाग, नेहा के हिस्से के 3/4 भाग के बराबर हो, तो माधुरी का हिस्सा कितना होगा?

(a) 1216 रु0 (b) 1250 रु0
(c) 1236 रु0 (d) 1280 रु0

42. किसी व्यवसाय में हुए लाभों को तीन साझेदारों में $\frac{1}{4} : \frac{1}{6} : \frac{1}{9}$ के अनुपात में क्रमशः बाँटा जाता है। यदि कुल लाभ 8455 रु0 हो, तो सबसे अधिक लाभ की राशि क्या होगी ?

(a) 4005 रु0 (b) 4015 रु0
(c) 4050 रु0 (d) 4025 रु0

43. एक आदमी 68000 रु0 अपने 5 पुत्र, 2 पुत्री तथा 3 भतीजे में बाँटता है। प्रत्येक पुत्र को प्रत्येक भतीजे से पाँच गुना अधिक मिलता है तथा प्रत्येक पुत्री को प्रत्येक भतीजे से तीन गुना अधिक मिलता है, प्रत्येक पुत्र को कितने रुपये प्राप्त होता है?

(a) 10000 रु0 (b) 9000 रु0
(c) 12000 रु0 (d) 8000 रु0

44. किसी धनराशि को A, B,C और D के बीच क्रमशः 2 : 3 : 7 : 9 के रूप में बाँटना है। यदि B तथा D को मिली राशि A तथा C को प्राप्त राशि से 735 रु0 अधिक हो, तो A तथा D के हिस्सों में क्या अन्तर है ?

(a) 1810 रु0 (b) 1725 रु0
(c) 1715 रु0 (d) 1820 रु0

45. दो संख्याओं का योग और घटाव का अनुपात 15 : 11 है। यदि उसका घटाव 99 हो, तो उसका योग कितना है?

(a) 135 (b) 120
(c) 160 (d) 150

46. एक थैला में 50 रु0, 20 रु0 और 10 रु0 के करेंसी नोटों की संख्या 4 : 3 : 5 के अनुपात में है । यदि उसमें कुल 620 रु0 रखे हों, तो 20 रु0 के नोटों की संख्या क्या है ?

(a) 12 (b) 8
(c) 10 (d) 6

47. यदि दो संख्याओं का योग तथा उसके व्युत्क्रम के योग का अनुपात 7 : 17 हो, तो उन दोनों संख्याओं के गुणनफल का मान क्या होगा ?

(a) $\frac{10}{7}$ (b) $\frac{7}{10}$
(c) $\frac{7}{17}$ (d) $\frac{17}{7}$

48. तीन संख्याओं का अनुपात 7 : 8 : 339 है। यदि पहली तथा दूसरी संख्या के वर्गों का योग तीसरी संख्या के बराबर हो, तो तीसरी संख्या क्या है ?

(a) 983 (b) 963
(c) 1017 (d) 1087

49. तीन संख्याएँ 7 : 8 :10 के अनुपात में है। सबसे बड़ी तथा छोटी संख्याओं का योग मध्य संख्या से 729 अधिक है। मध्य तथा बड़ी संख्याओं का योग क्या है?
(a) 1468 (b) 1428
(c) 1485 (d) 1458

50. किसी गाँव की जनसंख्या 6800 है जिसमें पुरुष और महिलायें 19 : 15 के अनुपात में हैं। उस गाँव में लगभग कितनी महिलायें और आ जाए, जिससे यह अनुपात उलट जाए?
(a) 1800 (b) 1809
(c) 1750 (d) 1813

51. तीन बर्तनों में दूध और पानी के मिश्रणों का अनुपात क्रमशः 2 : 1, 5 : 2 और 8 : 3 है। तीन बर्तनों को एक अन्य बर्तन में डाल देने पर उसमें दूध और पानी का अनुपात क्या होगा ?
(a) 179 : 102 (b) 93 : 67
(c) 21 : 11 (d) 487 : 206

52. राम और रहीम को प्रति महिना प्राप्त वेतन का अनुपात 7:10 है। राम अपने वेतन का 60% तथा रहीम अपने वेतन का 75% खर्च कर देता है। उसके द्वारा मासिक बचत का अनुपात क्या है?
(a) 28 : 25 (b) 7 : 5
(c) 19 : 17 (d) 20 : 17

53. किसी समकोण त्रिभुज के न्यूनकोणों में 1.5 : 3.5 का अनुपात है। दोनों न्यूनकोणों में कितने डिग्री का अन्तर है?
(a) 42° (b) 45°
(c) 36° (d) 35°

54. किसी थैले में 50 रु0, 20 रु0, 10 रु0 और 5 रु0 के करेन्सी नोटो की संख्या 10 : 6 : 3 : 2 के अनुपात में है। यदि 50 रु0 तथा 10 रु0 के नोटों की संख्या 20 रु0 के नोटों की संख्या से 49 अधिक हो, तो उस थैला में कुल कितने रुपये हैं?
(a) 4640 रु0 (b) 4680 रु0
(c) 4660 रु0 (d) 4620 रु0

55. अहमद और सरफराज की आय दो वर्ष पूर्व 3:5 अनुपात में थी । वर्तमान में उसकी आय में क्रमशः 9:10 की वृद्धि हो गयी। यदि दोनों की वर्तमान आयों का योग 6700 रुपये हो, तो सरफराज की पूर्व आयु क्या थी?
(a) 2100 रु0 (b) 3800 रु0
(c) 3600 रु0 (d) 4000 रु0

56. किसी धनराशि को A, B तथा C में इस प्रकार वितरित किया जाता है कि A के हिस्से का सात गुना, B के हिस्से का चार गुना और हिस्से C के दोगुना, सभी बराबर हैं। उनके द्वारा प्राप्त धनराशि का अनुपात क्या है?
(a) 4:8:15 (b) 4:7:14
(c) 2:5:7 (d) 3:7:10

57. तीन संख्याओं के घनों में 27:64:216 का अनुपात है। उसके वर्गों का अनुपात क्या होगा?
(a) 16:9:36 (b) 36:9:16
(c) 36:16:9 (d) इनमें से कोई नहीं।

58. किसी स्कूल के तीन कक्षाओं में विद्यार्थियों की संख्या 4:7:10 के अनुपात में है। यदि 56 छात्र और आ जाते तो यह अनुपात 8:11:14 हो जाता, उन तीनों कक्षाओं में पहले कुल कितने विद्यार्थी हैं?
(a) 272 (b) 296
(c) 284 (d) 294

59. 5600 रु0 को A, B, C और D में इस तरह बाँटा गया है कि A और B को C और D से तीन गुना अधिक प्राप्त होता है तथा B को C का चार गुना और C को D का $\frac{5}{2}$ गुना अधिक प्राप्त होता है। C को कुल कितने रुपये प्राप्त हुए?
(a) 800 रु0 (b) 900 रु0
(c) 1000 रु0 (d) 1200 रु0

60. 15 कुर्सी तथा 21 मेज का मूल्य 18 कुर्सी और 12 मेज के मूल्य के बराबर है। एक मेज और एक कुर्सी के मूल्यों में क्या अनुपात है?
(a) 3:1 (b) 4:5
(c) 1:3 (d) 5:4

61. कोई दो संख्याओं का गुणनफल, योगफल और अन्तर का अनुपात 84:13:1 है। उन संख्याओं का योगफल क्या है?
(a) 65 (b) 52
(c) 26 (d) 39

62. तीन बोतलों में रखे दूध और पानी के मिश्रणों में दूध और पानी का अनुपात क्रमशः 2:3, 3:7 तथा 7:8 है। यदि तीनों बोतलों के मिश्रणों को एक टब में मिला दिया जाए, तो इस मिश्रण में दूध और पानी का अनुपात क्या होगा?
(a) 7:11 (b) 11:9
(c) 3:5 (d) 5:11

63. तीन कक्षाओं में छात्रों का अनुपात 3:5:4 है। यदि प्रत्येक कक्षा में 30 छात्र बढ़ा दिए जाएँ, तो इनका अनुपात 6:8:7 हो जाता है। तीनों कक्षाओं में कुल छात्रों की संख्या क्या है?

(a) 130 (b) 120
(c) 110 (d) 100

64. गायों तथा मुर्गों के एक समूह के पैरों की संख्या उनके सिरों की संख्या के दुगुने से 14 अधिक है। उस समूह में गायों की संख्या कितनी है?

(a) 10 (b) 7
(c) 12 (d) 5

65. एक वर्ग में लड़के तथा लड़कियों की संख्या का अनुपात 3:5 है, लेकिन जब 5 लड़के तथा 5 लड़कियाँ चले जाते हैं तो अनुपात 1:2 हो जाता है। उस वर्ग में प्रारंभ में कुल कितने विद्यार्थी थे?

(a) 24 (b) 40
(c) 32 (d) 48

66. 5 नारंगी तथा 4 सेबों का मूल्य 3 नारंगी और 7 सेबों का मूल्य बराबर हो, तो एक नारंगी तथा एक सेब के मूल्यों का अनुपात क्या होगा?

(a) 1:3 (b) 4:3
(c) 3:4 (d) 3:2

67. A, B और C की मासिक आय का अनुपात 4:5:7 है यदि A की मासिक आय C की मासिक आय से 900 रु0 कम है, तो B की वार्षिक आय कितनी है?

(a) 20,000 रु0 (b) 15,000 रु0
(c) 18,000 रु0 (d) 12,000 रु0

68. 13, 45, 18, 60 प्रत्येक पद में क्या जोड़ दिया जाए कि नई संख्याएँ समानुपाती हो जाए?

(a) 7 (b) 1
(c) 3 (d) 5

69. एक दुकान में गणित, अंग्रेजी तथा विज्ञान के पुस्तकों का अनुपात 5:12:7 है। यदि दुकान में 140 विज्ञान की पुस्तकें हैं, तो अंग्रेजी की पुस्तकों की संख्या कितनी है?

(a) 220 (b) 320
(c) 540 (d) 240

70. यदि तीन संख्याएँ 1:2:3 के अनुपात में हों तथा उनके वर्गों का योग 2366 हो, तो तीसरी संख्या क्या होगी?

(a) 36 (b) 33
(c) 39 (d) 32

उत्तरमाला (Answer Key)

1. (a)	2. (d)	3. (b)	4. (a)	5. (d)	6. (b)	7. (c)	8. (c)	9. (b)	10. (a)
11. (c)	12. (c)	13. (c)	14. (a)	15. (b)	16. (b)	17. (b)	18. (c)	19. (d)	20. (a)
21. (a)	22. (b)	23. (a)	24. (c)	25. (a)	26. (c)	27. (a)	28. (a)	29. (c)	30. (a)
31. (d)	32. (d)	33. (b)	34. (c)	35. (d)	36. (d)	37. (a)	38. (d)	39. (d)	40. (a)
41. (a)	42. (a)	43. (a)	44. (c)	45. (a)	46. (d)	47. (c)	48. (c)	49. (d)	50. (d)
51. (d)	52. (a)	53. (c)	54. (d)	55. (c)	56. (b)	57. (d)	58. (d)	59. (c)	60. (c)
61. (c)	62. (a)	63. (b)	64. (b)	65. (b)	66. (d)	67. (c)	68. (c)	69. (d)	70. (c)

हल (Solutions)

1. **(a)**

माना इकाई का अंक $= x$

$\therefore$ दहाई का अंक $= x + 1$

$\therefore$ संख्या $= 10(x + 1) + x = 10x + 10 + x$

$= 11x + 10$

प्रश्न से, $\dfrac{11x+10}{x+x+1} = \dfrac{7}{1}$

$11x + 10 = 14x + 7$

$11x - 14x = 7-10$

$-3x = -3$

$x = 1$

अभीष्ट संख्या $= 11x + 10 = 11\times1+10 = 21$

2. **(d)**

माना संख्याएँ $2x$ तथा $3x$ है।

प्रश्न से,

$\dfrac{2x-2}{3x+2} = \dfrac{1}{2}$

$4x - 4 = 3x + 2$

$4x - 3x = 2 + 4$

$x = 6$

संख्याओं का योग $= 2x + 3x = 5x$

$= 5 \times 6 = 30$

3. **(b)**

माना पहली संख्या $5x$ तथा दूसरी संख्या $9x$ है।

प्रश्न से,

$\dfrac{5x+9}{9x+9} = \dfrac{16}{27}$

$144x + 144 = 135x + 243$

$9x = 99$

$x = 11$

दूसरी संख्या $= 9x = 9\times 11 = 99$

4. **(a)**

माना $x = 7$ तथा $y = 3$

$\dfrac{xy+y^2}{x^2-y^2} = \dfrac{7\times3+(3)^2}{(7)^2-(3)^2} = \dfrac{21+9}{49-9} = \dfrac{30}{40} = \dfrac{3}{4}$

5. **(d)**

माना B = 100

प्रश्न से, A = 100 + 40 =140

$100 = C - \dfrac{20C}{100}$

$100 = \dfrac{80C}{100} \Rightarrow C = \dfrac{100\times100}{80} = 125$

A : C = 140 : 125 = 28 : 25

6. **(b)**

माना आय क्रमशः $5x$ और $3x$ है

प्रश्न से,

$\dfrac{5x-1300}{3x-900} = \dfrac{9}{5}$

$27x - 8100 = 27x - 6500$

$2x = 1600 \Rightarrow x = 800$

प्रत्येक की आय $= 5 \times 800$ और 3×800

$= 4000$ रु0 और 2400 रु0

7. **(c)**

A: E $= \dfrac{A}{B}\times\dfrac{B}{C}\times\dfrac{C}{D}\times\dfrac{D}{E}$

$= \dfrac{5}{9}\times\dfrac{4}{3}\times\dfrac{2}{3}\times\dfrac{2}{5} = \dfrac{16}{81}$ = 16:81

8. **(c)**

माना $m = 2$, $n = 3$

$\dfrac{3m+5n}{5m-n} = \dfrac{3\times2+5\times3}{5\times2-3} = \dfrac{6+15}{10-3} = \dfrac{21}{9} = \dfrac{7}{3}$

9. **(b)**

पानी की मात्रा $= \dfrac{1}{5+1}\times66 = \dfrac{1}{6}\times66 = 11$ किग्रा0

10. **(a)**

सबसे छोटा भाग $= \dfrac{3}{7+5+3+4}\times 76$

$= \dfrac{3}{19}\times76 = 12$

11. **(c)**

माना $\dfrac{a}{3} = \dfrac{b}{4} = \dfrac{c}{7}$ तब $a = 3$, b = 4, c = 7

$\therefore \dfrac{a+b+c}{c} = \dfrac{3+4+7}{7} = \dfrac{14}{7} = 2$

12. (c)

1 रुपये के सिक्कों की संख्या = 13 × 1 = 13

50 पैसे के सिक्कों की संख्या = 11 × 2 = 22

25 पैसे के सिक्कों की संख्या = 7 × 4 = 28

कुल सिक्कों की संख्या = 13 + 22 + 28 = 63

∵ 63 सिक्कों में 50 पैसे के सिक्कों की संख्या = 22

∴ 378 सिक्कों में 50 पैसे के सिक्कों की संख्या $= \frac{22}{63} \times 378$ = 132

13. (c)

कॉपियों की संख्या $= \frac{3}{10} \times 120 = 36$

14. (a)

मिश्र अनुपात = 2 × 6 × 11 : 3 × 11 × 2 = 2:1

15. (b)

$$\frac{4x^2 - 3y^2}{2x^2 + 5y^2} = \frac{12}{19}$$

$\Rightarrow 76^2 - 57y^2 = 24x^2 + 60y^2$

$52x^2 = 117y^2$

$$\frac{x^2}{y^2} = \frac{117}{52} = \frac{9}{4}$$

$$\frac{x}{y} = \sqrt{\frac{9}{2}} = \frac{3}{2} = 3:2$$

16. (b)

A:B = 5:2

B:C = 7:13

ABC के मानों का अनुपात = A : B : C

= 5×7 : 2×7 : 2×13

= 35 : 14 : 26

B को प्राप्त राशि $= \frac{14}{35+14+26} \times 7500$

$= \frac{14}{75} \times 7500 = 1400$ रु0

17. (b)

माना $\frac{x}{2} = \frac{y}{3} = \frac{z}{5}$

∴ $x = 2, y = 3, z = 5$

$$\frac{x+y-z}{x-y+z} = \frac{2+3-5}{2-3+5} = \frac{0}{4} = 0$$

18. (c)

माना संख्याएँ $3x$, $2x$ तथा $5x$ हैं।

प्रश्न से, $(3x)^2 + (2x)^2 + (5x)^2 = 1862$

$9x^2 + 4x^2 + 25x^2 = 1862$

$38x^2 = 1862$

$x^2 = 49 \Rightarrow x = 7$

सबसे छोटी संख्या $= 2x = 2 \times 7 = 14$

19. (d)

छोटी $= \frac{4}{4+1} \times 45 = \frac{4}{5} \times 45 = 36$ लीटर

पानी $= \frac{1}{4+1} \times 45 = \frac{1}{5} \times 45 = 9$ लीटर

∴ $\frac{36}{9+x} = \frac{3}{2} \Rightarrow 27 + 3x = 72$

$3x = 45$

$x = 15$ लीटर

20. (a)

माना 20 रुपये 10 रुपये तथा 5 रुपये के नोटों की संख्या क्रमशः

$3x$, $4x$ तथा $5x$ है।

∴ $3x \times 20 + 4x \times 25x = 1000$

$60x + 40x + 25x = 1000$

$125x = 1000$

$x = 8$

5 रुपये के नोटों की संख्या $= 5x = 5 \times 8 = 40$

21. (a)

A:B:C = 3:5

2:3

3×2:5×2:5×3 = 6:10:15

22. (b)

माना मुर्गियों की संख्या $= x$ तथा गायों की संख्या $= y$ है

प्रश्न से $x + y = 48$ ——(i)

$2x + 4y = 140$ ——(ii)

समीकरण (i) और (ii) को हल करने से

$x = 26$

23. (a)

छोटे छात्र की आयु $= \frac{2}{3-2} \times 5 = 10$ वर्ष

24. (c)

माना a + b = 6k, b + c = 7k, c + a = 8k

a + b + b + c + c + a = 21k

$2(a+b+c) = 21k \Rightarrow 2\times14 = 21k$

$K = \frac{28}{21} = \frac{4}{3}$

$a + b = 6k = 6\times\frac{4}{3} = 8$

$c = (a+b+c) - (a+b) = 14 - 8 = 6$

25. (a)

m का 15% = n का 20%

$\frac{15m}{100} = \frac{20n}{100} \Rightarrow \frac{m}{n} = \frac{20}{15} = \frac{4}{3}$

26. (c)

पहली संख्या : दूसरी संख्या : तीसरी संख्या

2	:	3		
		5	:	8
10	:	15	:	24

(10 + 15 + 24) इकाई = 98

1 इकाई = $\frac{98}{49} = 2$

15 इकाई = 2 × 15 = 30

27. (a)

मिश्रण में दूध की मात्रा $\frac{7}{7+3}\times80$ = 56 लीटर

पानी की मात्रा = 80 – 56 = 24 लीटर

माना x लीटर पानी मिलाया जाता है।

$\frac{56}{24+x} = \frac{2}{1}$

$\Rightarrow 48 + 2x = 56$

$2x = 56 - 48$

$x = 4$ लीटर

28. (a)

माना C का हिस्सा = x रु.

B का हिस्सा = $\frac{x}{2}$ रु.

A का हिस्सा = $\frac{x}{2}\times\frac{1}{2} = \frac{x}{4}$ रु.

प्रश्न से,

$\frac{x}{4} + \frac{x}{2} + x = 700$

$\frac{x+2x+4x}{4} = 700$

$x = \frac{700\times4}{7} = 400$ रु.

29. (c)

लड़का : लड़की = 8 : 5

कुल विद्यार्थियों की संख्या = $\frac{8+5}{5}\times160$

= 13 × 32 = 416

30. (a)

माना प्रत्येक संख्या में से x घटाया जाता है।

$\frac{21-x}{38-x} = \frac{55-x}{106-x} \Rightarrow x = 4$

31. (d)

साक्षर पुरुष = 100 – 20 = 80%

साक्षर महिला = 100 – 25 = 75%

साक्षर पुरुष = $8x\times\frac{80}{100} = \frac{32x}{5}$

साक्षर महिला = $5x\times\frac{75}{100} = \frac{15x}{4}$

साक्षरता अनुपात = $\frac{\frac{32x}{5}}{\frac{15x}{4}} = \frac{32x}{5}\times\frac{4}{15x} = \frac{128}{75}$

साक्षर पुरुषों की संख्या = $\frac{128}{75}\times750 = 1280$

32. (d)

छोटी संख्या = $\frac{4}{4+7}\times1331 = \frac{4}{11}\times1331$

= 4 × 121

= 484

33. (b)

माना संख्याएँ $4x$ तथा $7x$ हैं।

$\frac{4x+10}{7x+10} = \frac{13}{19} \Rightarrow 91x + 130 = 76x + 190$

$91x - 76x = 60$

$x = 4$

$7x - 4x = 3x = 3\times4 = 12$

34. (c)

पुस्तकों की संख्या = $\frac{9+13+7}{7}\times686$

= $\frac{29}{7}\times686$

= 29 × 98

= 2842

35. (d)

माना संख्याएँ $2x, 3x$ तथा x हैं।

प्रश्न से,

$(2x)^2 + (3x)^2 + x^2 = 504$

$4x^2 + 9x^2 + x^2 = 504$

$x^2 = 36 \Rightarrow x = 6$

दूसरी संख्या $= 3x = 18$

36. (d)

लड़का : लड़की $= 7 : 5$

लड़कों की संख्या $= \frac{7}{7+5} \times 1200 = 700$

लड़कियों की संख्या $= 1200 - 700 = 500$

$\frac{700}{500+x} = \frac{7}{9} \Rightarrow 3500 + 7x = 6300$

$7x = 2800 \Rightarrow x = 400$

37. (a)

$\frac{x}{2} = \frac{y}{4} = \frac{z}{5}$

$x : y : z = 2 : 4 : 5$

दूसरा भाग $= \frac{4}{2+4+5} \times 13475$

$= \frac{4}{11} \times 13475 = 4900$ रु.

38. (d)

B की आय $= \frac{5}{8-3} \times 1495$

$= \frac{5 \times 1495}{5} = 1495$ रु.

39. (d)

कुल राशि $= \frac{7+11}{7} \times 2065$

$= \frac{18}{7} \times 2065$

$= 18 \times 295 = 5310$ रु.

40. (a)

दूध की मात्रा $= \frac{11}{11+2} \times 26 = 22$ लीटर

पानी की मात्रा $= 26 - 22 = 4$ लीटर

$\frac{22+x}{4} = \frac{12}{1} \Rightarrow 22 + x = 48$

$\Rightarrow x = 48 - 22 = 26$ लीटर

41. (a)

माधुरी का $\frac{9}{16}$ = नेहा का $\frac{3}{4}$

$\frac{\text{माधुरी}}{\text{नेहा}} = \frac{3}{4} \times \frac{16}{9} = \frac{4}{3}$

माधुरी का हिस्सा $= \frac{4}{4+3} \times 2128$

$= \frac{4}{7} \times 2128 = 1216$ रु.

42. (a)

$\frac{1}{4} : \frac{1}{6} : \frac{1}{9}$

4, 6, 9 का ल. स. = 36

$\frac{1}{4} \times 36 : \frac{1}{6} \times 36 : \frac{1}{9} \times 36$

$= 9 : 6 : 4$

सबसे अधिक लाभ की राशि $= \frac{9}{9+6+4} \times 8455$

$= \frac{9}{19} \times 8455$

$= 4005$ रु.

43. (a)

माना प्रत्येक भतीजे को x रु. मिलता है।

प्रत्येक पुत्र को $5x$ रु. तथा पुत्री को $3x$ रु.

5 पुत्र, 2 पुत्री तथा 3 भतीजे को मिली राशि का अनुपात

$= 5x \times 5 : 3x \times 2 : x \times 3$

$= 25x : 6x : 3x = 25 : 6 : 3$

सभी 5 पुत्रों को प्राप्त राशि $= \frac{25}{25+6+3} \times 68000$

$= \frac{25}{34} \times 68000$

$= 50000$ रु.

प्रत्येक पुत्र को प्राप्त राशि $= \frac{50000}{5} = 10000$ रु.

44. (c)

A तथा D के हिस्सों में अंतर

$= \frac{9-2}{(9+3)-(2+7)} \times 735$

$= \frac{7}{12-9} \times 735$

$= \frac{7}{3} \times 735$

$= 7 \times 245 = 1715$ रु.

45. (a)

माना संख्याएँ x तथा y हैं।

$$\frac{x+y}{x-y}=\frac{15}{11}\Rightarrow\frac{x+y}{99}=\frac{15}{11}$$

$$x+y=\frac{15}{11}\times 99=135$$

46. (d)

20 रुपये के नोटों की संख्या

$$=\frac{3}{(50\times 4+20\times 3+10\times 5)}\times 620$$

$$=\frac{3}{310}\times 620=6$$

47. (c)

माना संख्याएँ x और y हैं।

$$\frac{x+y}{\frac{1}{x}+\frac{1}{y}}=\frac{7}{17}\Rightarrow\frac{x+y}{\frac{y+x}{xy}}=\frac{7}{17}$$

$$xy=\frac{7}{17}$$

48. (c)

माना संख्याएँ $7x$, $8x$ तथा $339x$ हैं।

$(7x)^2+(8x)^2=339x$

$49x^2+64x^2=339x$

$113x^2=339x$

$x=3$

तीसरी संख्या $=339\times 3=1017$

7 : 8 : 10

49. (d)

मध्य तथा बड़ी संख्याओं का योग

$$=\frac{8+10}{(7+10)-8}\times 729$$

$$=\frac{18}{9}\times 729$$

$=1458$

50. (d)

पुरुषों की संख्या $=\frac{19}{19+15}\times 6800=3800$

महिलाओं की संख्या $=6800-3800=3000$

प्रश्न से,

$$\frac{3800}{3000+x}=\frac{15}{19}\Rightarrow x=1813$$

51. (d)

दिया गया अनुपात $=2:1, 5:2, 8:3$

सभी मिश्रण को एक में मिलाने पर,

नया अनुपात

$$=\left(\frac{2}{2+1}+\frac{5}{5+2}+\frac{8}{8+3}\right):\left(\frac{1}{2+1}+\frac{2}{5+2}+\frac{3}{8+3}\right)$$

$$=\left(\frac{2}{3}+\frac{5}{7}+\frac{8}{11}\right):\left(\frac{1}{3}+\frac{2}{7}+\frac{3}{11}\right)$$

$$=\left(\frac{487}{231}\right):\left(\frac{206}{231}\right)$$

$=487:206$

52. (a)

माना राम का वेतन $7x$ रु. तथा रहीम का वेतन $10x$ रु. है।

राम की बचत $=7x\times\frac{40}{100}=\frac{14x}{5}$ रु.

रहीम की बचत $=10x\times\frac{25}{100}=\frac{5x}{2}$

राम और रहीम की बचत का अनुपात $=\dfrac{\frac{14x}{5}}{\frac{5x}{2}}$

$$=\frac{14x}{5}\times\frac{2}{5x}$$

$$=\frac{28}{25}$$

$=28:25$

53. (c)

न्यूनकोणों के डिग्री में अंतर $=\frac{3.5-1.5}{3.5+1.5}\times 90^\circ$

$$=\frac{2}{5}\times 90^\circ$$

$=36^\circ$

54. (d)

माना नोटों की संख्या $10x$, $6x$, $3x$, $2x$ है।

$(10x+3x)-6x=49\Rightarrow 7x=49\Rightarrow x=7$

थैले में कुल रुपये

$=10\times 7\times 50+6\times 7\times 20+3\times 7\times 10+2\times 7\times 5$

$=3500+840+210+70$

$=4620$ रु.

55. (c)

माना दो वर्ष पूर्व अहमद की आय $= 3x$ रु.

दो वर्ष पूर्व सरफराज की आय $= 5x$ रु.

अहमद की वर्तमान आय $= 3x \times \frac{5}{4} = \frac{15x}{4}$

सरफराज की वर्तमान आय $= 5x \times \frac{10}{9}$

$= \frac{50x}{9}$

$\frac{15x}{4} + \frac{50x}{9} = 6700$

$\Rightarrow x = 720$

$5x = 5 \times 720 = 3600$ रु.

56. (b)

$7A = 4B = 2C$

7, 4, 2 का ल. स. $= 28$

$\frac{7A}{28} = \frac{4B}{28} = \frac{2C}{28} \Rightarrow \frac{A}{4} = \frac{B}{7} = \frac{C}{14}$

$A : B : C = 4 : 7 : 14$

57. (d)

घनों में अनुपात $= 27 : 64 : 216 = 3^3 : 4^3 : 6^3$

वर्गों में अनुपात $= 3^2 : 4^2 : 6^2 = 9 : 16 : 36$

58. (d)

4 : 7 : 10

+4 ↓ +4 ↓ +4 ↓

8 : 11 : 14

कुल विद्यार्थी $= (4 + 7 + 10) \times \frac{56}{4}$

$= \frac{21 \times 56}{4} = 21 \times 14 = 294$

59. (c)

$A + B = 3 (C + D)$

$B - 4C$

$C = D$ का $\frac{5}{2} \Rightarrow D = \frac{2C}{5}$

$A + B + C + D = 5600$

$3(C + D) + C + D = 5600$

$\Rightarrow C + D = 1400$

$C + \frac{2C}{5} = 1400$

$7C = 1400 \times 5$

$C = \frac{1400 \times 5}{7} = 1000$ रु.

60. (c)

माना कुर्सी का मूल्य C तथा मेज का मूल्य T है।

$15C + 21T = 18C + 12T$

$9T = 3C$

$\frac{T}{C} = \frac{3}{9} = \frac{1}{3}$

61. (c)

माना गुणनफल $84x$, योगफल $= 12x$, अंतर

$= x\ (x + y)^2 = (x - y)^2 + 4xy \Rightarrow (13x)^2 = x^2 + 4 \times 84x$

$168x^2 = 336x$

$x = 2$

योगफल $= 13x = 13 \times 2 = 26$

62. (a)

मिश्रण 2 : 3, 3 : 7, 7 : 8

दूध और पानी का अभीष्ट अनुपात

$= \left(\frac{2}{5} + \frac{3}{10} + \frac{7}{15}\right) : \left(\frac{3}{5} + \frac{7}{10} + \frac{8}{15}\right)$

$= \frac{35}{30} : \frac{55}{30}$

$= 35 : 55 = 7 : 11$

63. (b)

कुल छात्रों की संख्या $= \frac{3+5+4}{6-3} \times 30$

$= \frac{12}{3} \times 30$

$= 120$

64. (b)

माना गायों और मुर्गों के समूह में कुल सिरों की संख्या $= x$

पैरों की संख्या $= 2x + 14$

अगर गायों की संख्या $= y$

मुर्गों की संख्या $= x - y$

$4y + 2 (x - y) = 2x + 14$

$4y + 2x - 2y = 2x + 14$

$2y = 14 \Rightarrow y = 7$

65. (b)

माना वर्ग में लड़कों की संख्या $= 3x$

लड़कियों की संख्या $= 5x$

$\frac{3x - 5}{5x - 5} = \frac{1}{2} \Rightarrow 6x - 10 = 5x - 5$

$\Rightarrow x = 5$

प्रारंभ में कुल विद्यार्थी $= 3x + 5x = 8x$

$= 8 \times 5 = 40$

66. (d)

माना नारंगी का मूल्य x रु. तथा सेब का मूल्य y रु. है।

$5x + 4y = 3x + 7y$

$2x = 3y$

$\frac{x}{y} = \frac{3}{2}$

67. (c)

B की वार्षिक आय $= \frac{5}{(7-4)} \times 900 \times 12$

$= \frac{5}{3} \times 900 \times 12 = 18000$ रु.

68. (c)

माना प्रत्येक संख्या में x जोड़ा जाता है।

$= \frac{13+x}{45+x} = \frac{18+x}{60+x}$

$780 + 13x + 60x + x^2 = 810 + 45x + 18x + x^2$

$73x - 63x = 810 - 780$

$\Rightarrow 10x = 30 \Rightarrow x = 3$

69. (d)

अंग्रेजी की पुस्तकों की संख्या $= \frac{12}{7} \times 140 = 240$

70. (c)

माना संख्याएँ x, $2x$ तथा $3x$ हैं।

$x^2 + (2x)^2 + (3x)^2 = 2366$

$x^2 + 4x^2 + 9x^2 = 2366$

$14x^2 = 2366$

$x^2 = 169 \Rightarrow x = 13$

तीसरी संख्या $= 3x = 3 \times 13 = 39$

मिश्रण एवं साझेदारी
Mixture and Partnership

मिश्रण (Mixture)

समान्यत: एक सस्ती तथा दूसरी मँहगी वस्तु को एक विशेष अनुपात में मिलाकर एक नया मिश्रण प्राप्त किया जाता है।

मिश्रण का नियम

$$\frac{\text{सस्ती वस्तु की मात्रा}}{\text{महँगी वस्तु की मात्रा}} = \frac{\text{महँगी वस्तु का क्र. मू.} - \text{औसत मू.}}{\text{औसत मू.} - (\text{सस्ते का क्र. मू.})}$$

मना सस्ती वस्तु की एक इकाई का क्रय मूल्य $= c$ रु.

मँहगी वस्तु की 1 इकाई का क्रय मूल्य $= d$ रु.

औसत मूल्य $= m$ रु.

तब,

(सस्ती वस्तु की मात्रा) : मँहगी वस्तु की मात्रा

$(d - m)$: $(m - c)$

इस नियम को निम्न प्रकार से व्यक्त कर सकते हैं

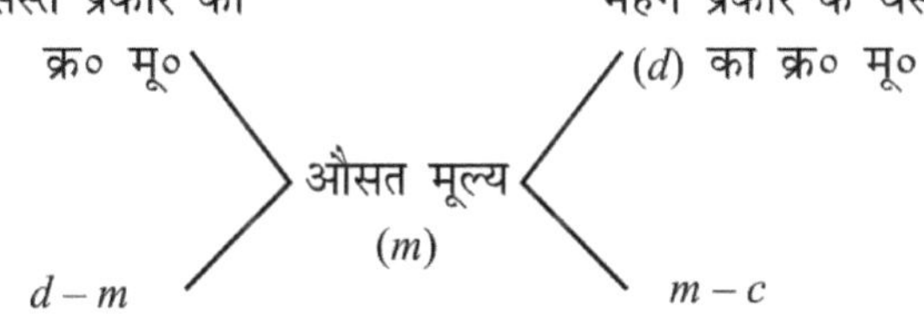

$\therefore$ (सस्ती वस्तु की मात्रा) : मँहगी वस्तु की मात्रा

$(d - m)$: $(m - c)$

साझा (Partnership)

दो या दो से अधिक व्यापारियों द्वारा मिलकर व्यापार करने को साझा कहते हैं तथा इसमें सम्मिलित प्रत्येक व्यापारी साझीदार कहलाता है। साझीदारों द्वारा लगाए गए धन को पूँजी कहते हैं।

प्रत्येक वर्ष के अन्त में व्यापार में होने वाले लाभ या हानि को प्रत्येक साझीदार की पूँजी $\times$ पूँजी लगे रहने का समय, के अनुपात में साझीदारों में बाँटा जाता है। यदि सभी साझीदार अपनी पूँजी समान समय के लिए लगाते हैं तो यह साधारण साझा कहलाता है तथा लाभ या हानि को साझीदारों द्वारा लगाई गई पूँजी के अनुपात में बाँटा जाता है।

यदि साझीदार अपनी पूँजी भिन्न-भिन्न समय के लिए लगाते हैं तो यह जटिल साझा कहलाता हैं। इस दशा में लाभ या हानि को (पूँजी $\times$ समय) के अनुपात में बाँटा जाता है।

उदाहरण (Examples)

1. 729 मि. ली. मिश्रण में दूध और पानी का अनुपात 7 : 2 है। इसमें कितना पानी डाला जाए कि नए मिश्रण में दूध और पानी का अनुपात 7 : 3 हो?

   दिये मिश्रण में दूध की मात्रा $= \left(729 \times \frac{7}{9}\right)$ मि. ली.

   $= 567$ मि.ली.

   इस मिश्रण में पानी की मात्रा $= (729 - 567)$ मि. ली.

   $= 162$ मि.ली.

   माना इस मिश्रण में x मि. ली. पानी डाला जाए। तब,

   $$\frac{567}{162 + x} = \frac{7}{3}$$

   अर्थात् $1134 + 7x = 1701, x = 81$

2. ह्विस्की से भरे एक गिलास में 40% अल्कोहल है। इसमें ह्विस्की के कुछ भाग के स्थान पर 19% अल्कोहल वाला द्रव बदल देने से नए द्रव में 26% अल्कोहल हो जाता है। ह्विस्की के कितने मात्रा को नए द्रव से बदला गया।

   मिश्रण नियम के द्वारा

   बदले गिलास में अल्कोहल (40%)

   दूसरे गिलास में अल्कोहल (19%)

   औसत अल्कोहल 26%

   7   14

   $\therefore$ पहले गिलास की मात्रा : दूसरे गिलास की मात्रा

   $7:14 = 1:2$

   अत: ह्विस्की का बदला गया भाग $= \frac{2}{3}$

3. एक जार में दो द्रव A तथा B, 7 : 5 के अनुपात में भरे हैं। इसमें से 9 लीटर मिश्रण निकाल कर उसके स्थान पर द्रव भर देने के बाद A तथा B का अनुपात 7 : 9 हो जाता है। प्रारम्भ में कनस्तर में द्रव A कितने लीटर था?

माना प्रारम्भ में A तथा B क्रमशः $7x$ तथा $5x$ लीटर द्रव था।

द्रव B भरने के बाद कनस्तर में A की मात्रा

$= \left(7x - \frac{7}{12} \times 9\right) = \left(7x - \frac{21}{4}\right)$ लीटर

द्रव B भरने के बाद कनस्तर में B की मात्रा

$= \left(5x - \frac{5}{12} \times 9\right) = \left(5x - \frac{15}{4}\right)$ लीटर

$\therefore \frac{7x - \frac{21}{4}}{5x - \frac{15}{4}} = \frac{7}{9}$ अर्थात् $\frac{28x - 21}{20x - 15} = \frac{7}{5}$

अर्थात् $x = 3$

$\therefore$ प्रारम्भ में कनस्तर में A द्रव की मात्रा = 21 लीटर

4. एक दुकानदार के पास 1000 किग्रा. चीनी थी। इसका कुछ भाग उसने 8% लाभ पर तथा शेष 18% लाभ पर बेच दिया। इससे उसे कुल 14% लाभ प्राप्त हुआ। कितनी चीनी उसने 18% लाभ पर बेची?

मिश्रण नियम के द्वारा:

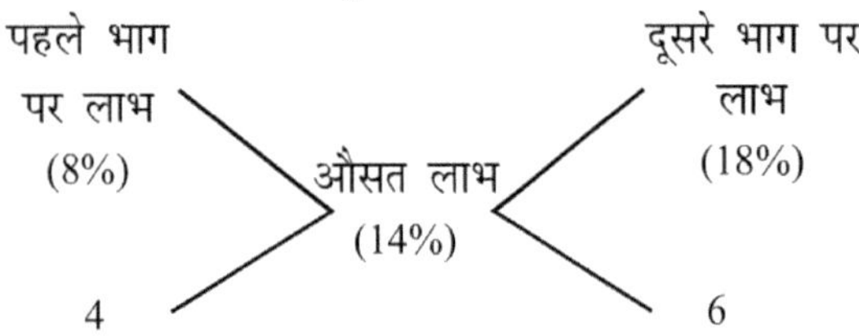

पहले भाग की मात्रा : दूसरे भाग की मात्रा

$4 : 6 = 2 : 3$

अतः 18% लाभ पर बेची गई चीनी

$= \left(1000 \times \frac{3}{5}\right)$ किग्रा.

$= 600$ किग्रा.

5. एक व्यक्ति ने 2000 कि.मी. दूरी 18 घन्टे में कुछ बस द्वारा तथा शेष रेल द्वारा तय की। यदि बस की चाल 72 कि.मी. प्रति घण्टा तथा रेल की चाल 160 कि.मी. प्रति घण्टा हो, तो बस द्वारा तय की गई दूरी कितनी है।

मिश्रण के नियम द्वारा:

1 घण्टे में बस द्वारा तय की गई दूरी

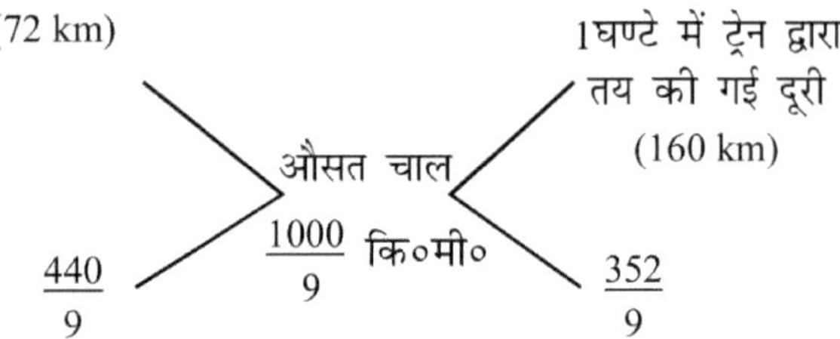

बस द्वारा लिया गया समय : रेल द्वारा लिया गया समय

$\frac{440}{9} : \frac{352}{9} = 5 : 4$

$\therefore$ बस द्वारा लिया गया समय $= \left(18 \times \frac{5}{9}\right)$ घण्टे

$= 10$ घण्टे

10 घण्टे में बस द्वारा तय की गई दूरी

$= (72 \times 10)$ किमी.

$= 720$ किमी.

6. A, B, C ने मिलकर एक व्यापार आरम्भ किया। कुल पूँजी का $\frac{1}{3}$ भाग A ने लगाया तथा B ने उतनी पूँजी लगाई जितनी कि A तथा C ने मिलकर लगाई। वर्ष के अन्त में 23520 रु. लाभ होने पर प्रत्येक का भाग ज्ञात करें।

A की पूंजी $= \left(\frac{1}{3} \times \text{कुल पूँजी}\right)$, B की पूँजी

$= (A + C)$ की पूँजी

$\therefore 2 \times$ (B की कुल पूँजी) $= (A + B + C)$ की पूँजी = कुल पूँजी

$\therefore$ B की पूँजी $= \frac{1}{2} \times$ कुल पूँजी

माना कुल पूँजी = x रु.

तब A की पूँजी $\frac{x}{3}$, B की पूँजी $= \frac{x}{2}$

C की पूँजी $= x - \left(\frac{x}{3} + \frac{x}{2}\right) = \frac{x}{6}$

$\therefore$ A, B, C की पूँजियों का अनुपात $= \frac{x}{3} : \frac{x}{2} : \frac{x}{6}$
$= 2 : 3 : 1$

अतः A का भाग $\left(23520 \times \frac{2}{6}\right)$ रु. $=$ 7840 रु.

B का भाग $\left(23520 \times \frac{3}{6}\right)$ रु. $=$ 11760 रु.

C का भाग $[23520 - (7840 + 11760)]$ रु.
$=$ 3920 रु.

7. दो साझीदार A तथा B क्रमशः 12500 रु. तथा 8500 रु. व्यापार में लगाते हैं। वर्ष के अन्त में 60% लाभ बराबर बाँट लेते हैं तथा शेष लाभ इन पूँजियों पर ब्याज के रूप में बाँटते हैं। यदि एक साझीदार को दूसरे से 630 रु. अधिक मिला तो कुल लाभ ज्ञात करें।

माना कुल लाभ $= x$ रु.

लाभ जो बराबर बाँटा $\left(x \times \frac{60}{100}\right) = \frac{3x}{5}$ रु.

इस लाभ में प्रत्येक व्यापारी का भाग $= \frac{3x}{5}$ रु.

शेष लाभ $= \left(x - \frac{3x}{5}\right) = \frac{2x}{5}$ रु.

$\frac{2x}{5}$ रु. को ब्याज में बाँटे जाने का अनुपात
$= 12500 : 8500 = 25 : 17$

A को मिला ब्याज $= \left(\frac{2x}{5} \times \frac{25}{42}\right) = \frac{5x}{21}$ रु.

B को मिला ब्याज $= \left(\frac{2x}{5} \times \frac{17}{42}\right) = \frac{17x}{105}$ रु.

A को मिला कुल लाभ $= \left(\frac{3x}{10} \times \frac{5x}{21}\right) = \frac{113x}{210}$ रु.

B को मिला कुल लाभ $= \left(\frac{3x}{10} \times \frac{17x}{105}\right) = \frac{97x}{210}$ रु.

$\therefore \frac{113x}{210} - \frac{97x}{210} = 630$

अर्थात्

$x = \left(\frac{210 \times 630}{6}\right) = 22050$ रु.

8. एक संयुक्त व्यापार में A तथा B द्वारा आरम्भ में लगाई गई पूँजियों का अनुपात 9 : 8 है तथा उनके लाभ का अनुपात 3 : 4 है। यदि A का धन 8 माह व्यापार में लगा रहा हो तो B का धन कितने समय तक लगा रहा?

माना प्रारम्भ में A तथा B का धन क्रमशः $9x$ तथा $8x$ रु. तथा माना B का धन y माह के लिए लगा रहा।

तब A तथा B की पूँजियों का अनुपात
$= (9x \times 8 : 8x \times y) = 9 : y$

अतः $\frac{9}{y} = \frac{3}{4}$

अर्थात् $y = 12$ माह

9. जयन्त ने 30000 रु. लगाकर एक दुकान आरम्भ की दो माह बाद 45000 रु. लगा कर राजू इस दुकान में साझीदार हो गया। एक वर्ष के अन्त में कुल 54000 रु. के लाभ में से राजू का भाग क्या होगा?

जयन्त तथा रामू की पूँजियों का अनुपात
$= (30000 \times 12 : 45000 \times 10) = 4 : 5$

राजू का भाग $= \left(54000 \times \frac{5}{9}\right)$ रु.
$=$ 30000 रु.

10. आलोक ने 90000 रु. लगाकर एक व्यापार आरम्भ किया। तीन माह बाद रणबीर भी 120000 रु. लगाकर साझीदार हो गया। यदि 2 वर्ष के अन्त में कुल लाभ 96000 रु. हो, तो दोनों के भागों का अन्तर कितना होगा?

आलोक तथा रणबीर की पूँजियों का अनुपात
$= (90000 \times 24 : 120000 \times 21) = 6 : 7$

दोनों के भागों का अन्तर
$= \left(96000 \times \frac{7}{13} - 96000 \times \frac{6}{13}\right)$
$= \left(\frac{96000}{13}\right)$ रु.
$=$ 7384.62 रु.

अभ्यास प्रश्न (Practice Questions)

1. मोहिन्दर और सुरिन्दर क्रमशः 12000 रु. तथा 9000 रु. लगाकर एक व्यापार प्रारंभ करते हैं। 3 महीने बाद 15000 रु. लगाकर सुधीर भी उसमें शामिल हो जाता है। छमाही लाभ 9500 रु. में सुधीर का हिस्सा कितना है?

   (a) 3500 रु. (b) 3000 रु.

   (c) 2500 रु. (d) 4000 रु.

2. सुनेत्रा ने 50000 रु. की राशि निवेश करके सॉफ्टवेयर व्यवसाय शुरू किया। छह महीने बाद 80000 रु. की राशि के साथ निखिल उसका सहयोगी बना। तीन वर्ष के अन्त में 24500 रु. लाभ अर्जित किया, तो उस लाभ में सुनेत्रा का हिस्सा कितना था?

   (a) 14000 रु. (b) 9423 रु.

   (c) 12500 रु. (d) इनमें से कोई नहीं।

3. जय, विजय तथा अजय 350 रु. में एक सप्ताह के लिए वी.सी.पी. भाड़ा पर लाये। वे लोग क्रमशः 6 घंटा, 10 घंटा तथा 12 घंटा उसका प्रयोग करते हैं, तो बताओ अजय को कितना भाड़ा देना पड़ेगा?

   (a) 75 रु. (b) 125 रु.

   (c) 35 रु. (d) 150 रु.

4. असिफ ने 50000 रु. का निवेश करके कारोबार आरम्भ किया। अफनान 60000 रु. के रकम के साथ छह माह बाद शामिल हो गई। उसके छह माह बाद 75000 रु. के साथ आतिफ शामिल हो गया। कारोबार आरम्भ करने के 2 साल बाद 53000 रु. का लाभ अर्जित किया गया। अफनान का उसमें हिस्सा क्या होगा?

   (a) 18000 रु. (b) 20000 रु.

   (c) 17189 रु. (d) 9291 रु.

5. A और B मिलकर एक व्यापार में कुछ पूँजी लगाते हैं। वह लाभ को अपने पूँजियों के अनुपात में 2 : 3 के अनुपात में विभाजित करते हैं। यदि A की पूँजी 40 रुपए हो, तो B की पूँजी कितनी थी?

   (a) 30 रु. (b) 60 रु.

   (c) 90 रु. (d) 100 रु.

6. A, B, C किसी कारोबार के लिए रु. 47000 अंशदान देते हैं। यदि A, B से 7000 रु. अधिक और B, C से 5000 रु. अधिक अंशदान देते हों, तो कुल लाभ 9400 रु. में से B प्राप्त करता है

   (a) 1737.90 रु. (b) 2000 रु.

   (c) 3000 रु. (d) 4400 रु.

7. कृष्णा और नंदन एक फर्म शुरू करते हैं। कृष्णा की पूँजी नंदन की पूँजी से दुगुना तथा अवधि भी दुगुनी है। अगर नंदन को उसके निवेशित पूँजी के आधार पर 4000 रु. का लाभ प्राप्त हो, तो उनका कुल लाभांश ज्ञात करें यदि लाभांश का वितरण उनके पूँजी तथा अवधि के अनुरूप हो?

   (a) 20000 रु. (b) 18000 रु.

   (c) 16000 रु. (d) 19000 रु.

8. कान्ति ने 9000 रु. का निवेश करके एक कारोबार शुरू किया। पाँच महीने के बाद सुधाकर भी 8000 रु.का निवेश करके उस कारोबार में शामिल हो गया। यदि वर्ष के अन्त में उन्हें 6970 रु. का लाभ होता है, तो लाभ में सुधाकर का हिस्सा होगा-

   (a) 3690 रु. (b) 1883.78 रु.

   (c) 2380 रु. (d) 3864 रु.

9. मोहन, ललन तथा नवल ने 700 रु. में एक सप्ताह के लिए एक कार भाड़े पर ली। यदि वे लोग क्रमशः 6 घंटे, 10 घंटे तथा 12 घंटे इसका प्रयोग करें, तो नवल को कितना रुपया देना पड़ेगा?

   (a) 350 रु. (b) 300 रु.

   (c) 250 रु. (d) 150 रु.

10. P ने 3200 रु. लगाकर कोई व्यापार प्रारंभ किया। कुछ समय बाद Q भी उसमें 4800 रु. लगाकर सम्मिलित हो गया। यदि वर्ष के अन्त में दोनों को समान लाभ मिला, तो Q कितने महीने बाद उसमें शामिल हुआ?

    (a) 6 (b) 5

    (c) 3 (d) 4

11. तीन हिस्सेदार A, B, एवं C अपने व्यापार में क्रमशः 34000, 26000 और 10000 रूपयों की पूँजी लगाते हैं। कुल लाभ 17500 रु. में से A का क्या हिस्सा है-

    (a) 8750 रु. (b) 8500 रु.

    (c) 7500 रु. (d) 3750 रु.

12. A और B ने मिलकर साझे में एक व्यापार प्रारंभ किया। उनकी पूँजी का अनुपात 3: 5 था। यदि वर्ष के अन्त में कुल 2400 रु. लाभ हुआ, तो B को A से कितना अधिक मिलेगा?

(a) 900 रु. (b) 600 रु.
(c) 415 रु. (d) 400 रु.

13. A, B तथा C संयुक्त रूप से एक व्यापार प्रारंभ करते हैं, जिसमें प्रत्येक को उनके निवेशित पूँजी के अनुपात में लाभ प्राप्त होता है। A की पूँजी 240 रु. है तथा B की पूँजी 640 रु. है। प्रत्येक 100 रु. में A का हिस्सा 15 रु. है, तो B का हिस्सा कितना होगा?

(a) 80 रु. (b) 60 रु.
(c) 40 रु. (d) 25 रु.

14. यश ने 60000 रु. निवेश करके एक व्यवसाय शुरू किया। चार माह बाद 80000 रु. लगाकर विपुल उसमें शामिल हो गया। व्यवसाय शुरू किए जाने के दो वर्ष समाप्त होने पर 28975 रु. का लाभ हुआ। इसमें यश का हिस्सा कितना होगा?

(a) 15250 रु. (b) 15340 रु.
(c) 13725 रु. (d) इनमें से कोई नहीं।

15. एक कम्पनी में A, B तथा C साझेदार हैं। किसी वर्ष A लाभ का $\frac{1}{3}$ भाग, जबकि B $\frac{1}{4}$ भाग प्राप्त करता है। उसी वर्ष C शेष भाग में 5000 रु. प्राप्त करता है, तो A ने कितने प्राप्त किए?

(a) 5000 रु. (b) 4000 रु.
(c) 3000 रु. (d) 4000 रु.

16. किसी व्यवसाय में रमेश 6 महीना के लिए 50000 रु. लगाता है, सुरेश 4 महीने के लिए 60000 रु.और महेश 5 महीना के लिए 40000 रु. लगाता है। कुल लाभ 14800 रु. है। रमेश का लाभ क्या है?

(a) 6000 रु. (b) 4800रु.
(c) 4000 रु. (d) इनमें से कोई नहीं।

17. A और B ने साझेदारी में क्रमशः 2500 रु. तथा 7500 रु. की पूँजी लगा कर व्यापार प्रारंभ किया। A काम करने वाला साझेदार भी है तथा व्यापार के अन्त में लाभ का 15% काम करने के उपलक्ष्य में प्राप्त करता है। यदि 5200 रु. लाभ हुआ हो, तो लाभ में A का हिस्सा क्या है?

(a) 1885 रु. (b) 1765 रु.
(c) 1395 रु. (d) 2197 रु.

18. विनय ने 9000 रु. के कुल लाभ में 3000 रु. हिस्सा पाया। यदि व्यापार में विनय 5000 रु. पूरे वर्ष के लिए लगाता है तथा सदानन्द 6 माह के लिए लगाता है, तो सदानन्द की पूँजी बताएँ–

(a) 20000 रु. (b) 12000 रु.
(c) 1000 रु. (d) 15000 रु.

19. निर्मल और कपिल क्रमशः 9000 रु. तथा 12000 रु. के साथ एक व्यापार करता है। 6 महीने के बाद कपिल अपनी आधी पूँजी निकाल लेता है। यदि वर्ष के अन्त में 4600 रु. का लाभ प्राप्त हो, तो कपिल का हिस्सा क्या होगा?

(a) 2000 रु. (b) 2600 रु.
(c) 1900 रु. (d) 2300 रु.

20. A ने 80000 रु. लगाकर एक व्यापार शुरू किया 3 माह के बाद B 50000 रु. के साथ व्यापार में शामिल हो गया। वर्षान्त में उन्हें 23500 रु. का लाभ हुआ तो बताएँ A का हिस्सा B से कितना अधिक होगा?

(a) 7500 रु. (b) 16000 रु.
(c) 8500 रु. (d) 17000 रु.

21. A, B, C ने क्रमशः 2000 रु., 3000 रु. तथा 4000 रु. लगाकर व्यापार आरंभ किया। एक वर्ष बाद A ने अपनी पूँजी वापिस ले ली तथा B एवं C ने एक वर्ष और व्यापार चलाया। यदि 2 वर्ष बाद कुल लाभ 3200 रु. हो, तो A का भाग कितना होगा?

(a) 1000 रु. (b) 600 रु.
(c) 800 रु. (d) 400 रु.

22. दीपक, दिलीप, अमर क्रमशः 2700 रु., 8100 रु. तथा 7200 रु. लगाकर एक व्यापार शुरू करते हैं तथा व्यापारिक लाभ को पूँजी के अनुपात में बाँटते हैं। यदि राम को 3600 रु. मिला, तो कुल लाभ बताओ?

(a) 10800 रु. (b) 11600 रु.
(c) 8000 रु. (d) इनमें से कोई नहीं।

23. राम, श्याम तथा मोहन ने 5900 रु. लगाकर एक व्यापार प्रारंभ किया। राम ने श्याम से 500 रु.अधिक तथा श्याम ने मोहन से 300 रु. अधिक धन लगाया हो, तो 590 रु. के लाभ में R का क्या हिस्सा होगा?

(a) 320 रु. (b) 240 रु.
(c) 290 रु. (d) 250 रु.

24. दो साझेदारों ने क्रमश: 9500 रु. और 10500 रु. लगाकर एक व्यापार आरम्भ किया। यदि दूसरे साझेदार को 1701 रु. लाभ के रूप में प्राप्त हुआ हो, तो उस व्यापार में कुल कितने रुपये पहले साझेदार को प्राप्त हुआ?

(a) 1526 रु. (b) 1539 रु.
(c) 1569 रु. (d) 1572 रु.

25. किसी व्यापार में कुल 18000 रु. का लाभ हुआ जो कुल निवेशित पूँजी का $\frac{1}{12}$ भाग है। यदि पहले तथा दूसरे साझेदार की समान पूँजी तथा तीसरे साझेदार की पूँजी उससे 20% अधिक हो, तो तीसरे साझेदार की पूँजी क्या थी?

(a) 84000 रु. (b) 83000रु.
(c) 82000रु. (d) 81000 रु.

26. चंदन को रंजन से 15% कम लाभ प्राप्त हुआ यदि चंदन की पूँजी 4896 रु. की थी, तो रंजन की पूँजी क्या थी?

(a) 5900 रु. (b) 5880 रु.
(c) 5575 रु. (d) 5760 रु.

27. विभा और नूतन ने क्रमश: 60000 रु. 72000 रु. का निवेश कर एक व्यापार प्रारम्भ किया। यदि नूतन को विभा से 7200 रु. अधिक लाभांश प्राप्त हुआ हो, तो उस व्यापार में कुल कितने रूपये का लाभांश हुआ?

(a) 82250 रु. (b) 80500 रु.
(c) 78400 रु. (d) 79200 रु.

28. कमल ने 50000 रु. लगाकर एक दुकान खोली और 4 महीने बाद नयन भी उसमें 60000 रु. लगाकर शामिल हो गया। यदि वर्ष के अन्त में नयन को कमल से 2520 रु. कम लाभ प्राप्त हुआ हो, तो लाभ की कुल राशि क्या थी?

(a) 20040 रु. (b) 23480 रु.
(c) 21260 रु. (d) 22680 रु.

29. दो दोस्तों ने 2500 रु. और 4000 रु. लगाकर एक व्यापार प्रारंभ किया तथा 2 वर्ष की समाप्ति पर 1200 रु. का कुल लाभ हुआ। कुल लाभ की राशि में से 550 रु. को उन्होंने बराबर-बराबर बाँटा तथा शेष राशि को वे दोनों निवेशित पूँजी के अनुपात में बाँटा। उनको क्रमश: कितने-कितने रु. प्राप्त हुए?

(a) 525 रु. 675 रु. (b) 550 रु. 650 रु.
(c) 575 रु. 625 रु. (d) 600 रु. 600 रु.

30. A, B, और C ने क्रमश: 4000 रु., 6000 रु. और 10000 रु. लगाकर एक व्यापार शुरू किया। एक साल बाद A ने तथा दो साल बाद B ने अपनी पूँजी वापस ले ली। यदि तीन साल के बाद कुल लाभ 4140 रु. हुआ हो, तो उसमें से A का हिस्सा B से कितना कम था?

(a) 700 रु. (b) 720 रु.
(c) 740 रु. (d) 760 रु.

31. A और B में प्रत्येक 50000 रु. लगाकर एक व्यापार शुरू किया और छह महीने बाद A ने अपनी पूँजी 20% कम कर दी। एक साल बाद यदि B को 12000 रुपये लाभ प्राप्त हुआ हो, तो कुल लाभ कितने रुपये का हुआ?

(a) 24600 रु. (b) 20800 रु.
(c) 21600 रु. (d) 22800 रु.

32. रहीम ने 60000 रु. लगाकर एक व्यापार शुरू किया और 8 महीने बाद सरफराज ने कुछ धन लगाकर उसमें शामिल हो गया। यदि दो वर्षों के बाद हुए कुल लाभ 5000 रु. में से सरफराज का हिस्सा 2000 रु. हो, तो उसने कितनी पूँजी लगायी थी?

(a) 54000 रु. (b) 56000 रु.
(c) 72000 रु. (d) इनमें से कोई नही।

33. सुरेश तथा ब्रजेश ने क्रमश: 40000 रु. तथा 45000 रु. लगाकर एक व्यापार शुरू किया और 9 महीने बाद भूषण भी 30000 रु. के साथ उसमें शामिल हो गया। यदि दो वर्षों के बाद कुल लाभ 9960 रु. हुआ हो, तो उसमें से भूषण का हिस्सा कितना होगा?

(a) 1850 रु. (b) 1900 रु.
(c) 1800 रु. (d) 1950 रु.

34. A, B और C ने क्रमश: 4000 रु., 3500 रु. और 3200 रु. लगाकर "जेनरल स्टोर्स" एक की दुकान खोली। A ने 4 महीने बाद 2000 रु., B ने उसके 4 महीने बाद 1500 रु. अपनी पूँजी में और जोड़ लिया। वर्ष के अन्त में यदि C को 1800 रु. लाभ के रूप में मिला हो, तो A का हिस्सा कितना था?

(a) 3500 रु. (b) 2800 रु.
(c) 2500 रु. (d) इनमें से कोई नहीं।

35. तीन मित्रों द्वारा किसी व्यापार में लगायी गयी पूँजी का अनुपात ज्ञात कीजिए, यदि उनके उस व्यापार में रहने के समय का अनुपात क्रमश: 3 : 4 : 6 है, तथा उसके द्वारा प्राप्त लाभों का अनुपात क्रमश: 2 : 6 : 7 है?

(a) 2 : 4 : 5 (b) 4 : 9 : 7
(c) 4 : 9 : 16 (d) 8 : 12 : 15

36. A और B ने बराबर पूँजी निवेशित कर एक व्यापार प्रारंभ किया, लेकिन A 9 महीने तक उस व्यापार में रहा और B 15 महीने तक उस व्यापार में रहा। यदि उस व्यापार में कुल लाभ 2256 रु. हुआ हो, तो B का हिस्सा क्या होगा?
(a) 1420 रु. (b) 1415 रु.
(c) 1478 रु. (d) 1410 रु.

37. A, B और C ने कार को एक महीने के लिए भाड़े पर लिया। A ने 8 दिनों तक 5 घंटे प्रतिदिन चलाया; B ने 12 दिनों तक 6 घंटे प्रतिदिन चलाया तथा C ने शेष दिनों में 4 घंटे प्रतिदिन चलाया। यदि B को कुल 9000 रु. भाड़ा देना पड़ा हो, तो A और C द्वारा चुकाये गये भाड़े का अन्तर क्या है?
(a) 600 रु. (b) 550 रु.
(c) 450 रु. (d) 500 रु.

38. A और B ने 4:5 के अनुपात में पूँजी लगाकर एक व्यापार प्रारंभ किया। उस व्यापार में हुए कुल लाभ का 9.1% दान में दे दिया गया। यदि A का हिस्सा 404 रु. हो, तो कुल लाभ कितने रुपये का हुआ?
(a) 1050 रु. (b) 800 रु.
(c) 1500 रु. (d) 1000 रु.

39. समर और अमर ने 4500 रु. और 3000 रु. के साथ एक संयुक्त व्यापार प्रारंभ किया। 9 महीने बाद दोनों ने अपनी अपनी पूँजी 30% कर दिया तथा 2000 रु. लेकर अनिल उसमें शामिल हो गया। यदि $1\frac{1}{2}$ वर्ष के अन्त में कुल लाभ 16450 रु. हो, तो उसमें से समर और अनिल को प्राप्त लाभ का योग कितना था?
(a) 12250 रु. (b) 13650 रु.
(c) 14160 रु. (d) 12780 रु.

40. A, B तथा C ने क्रमशः 20000 रु., 25000 रु. तथा 40000 रु. लगाकर एक व्यापार शुरू किया। 6 महीने बाद A ने अपनी पूँजी दोगुना, B ने 1.5 गुना तथा C ने आधा कर लिया। वर्ष के अन्त में यदि कुल लाभ 25550 रु. हुआ हो, तो उसमें से B का हिस्सा कितना होगा?
(a) 8675 रु. (b) 8775 रु.
(c) 8650 रु. (d) 8750 रु.

41. गोपाल और रत्नेश्वर में से प्रत्येक ने 15000 रुपये लगाकर एक संयुक्त व्यापार प्रारंभ किया लेकिन 2 वर्षों के बाद गोपाल ने अपनी पूँजी का $\frac{3}{10}$ भाग और बढ़ा दिया। 10 वर्षों के बाद यदि कुल लाभ 16800 रु. हुआ हो, तो उसमें से रत्नेश्वर का हिस्सा क्या होगा?
(a) 7500 रु. (b) 7200 रु.
(c) 7800 रु. (d) 7000 रु.

42. मनोज ने 4000 रु. एक व्यापार में लगाया और अनिल ने उसी व्यापार में 4500 रु. लगाया। 2890 रु. के लाभ में मनोज का हिस्सा क्या होगा?
(a) 1360 रु. (b) 1350 रु.
(c) 1340 रु. (d) 1400 रु.

43. A ने 3000 रु. तथा B ने 4500 रु. निवेश कर एक किराना की दुकान खोली और 8 महीने बाद A उससे अलग हो गया। एक निश्चित समय बाद A और B ने क्रमशः 200 तथा 450 रु. लाभ के रूप में पाया। B कुल कितने समय तक उस दुकान में शामिल था?
(a) 10 महीना (b) 9 महीना
(c) 15 महीना (d) 12 महीना

44. वैद्यनाथ, शिवा तथा दीना क्रमशः 3500000 रु., 4200000 रु. तथा 4000000 लगाकर एक व्यापार में प्रवेश करते हैं। दो वर्ष के अन्त में वैद्यनाथ उसी पूँजी में से 11 लाख रु. निकाल लेता है और उसी समय दीना 8 लाख रु. और लगा देता है। यदि 3 वर्ष के अन्त में उन्हें 348000 रु. का लाभ हुआ तो लाभांश में से दीना को कितनी राशि मिलेगी?
(a) 364382 रु. (b) 283117 रु.
(c) 389886 रु. (d) इनमें से कोई नहीं।

45. अमर तथा सुरेश ने क्रमशः 30000 रु. तथा 45000 रु. लगाकर एक व्यापार आरम्भ किया। 6 माह बाद सुरेश ने अपनी पूरी पूँजी निकाल ली तथा मनोज 20000 रु. लगाकर व्यापार में साझेदार हो गया। वर्ष के अन्त में 7500 रु. के लाभ में से मनोज को कितना मिलेगा?
(a) 1000 रु. (b) 3000 रु.
(c) 1200 रु. (d) 4000 रु.

46. A, B तथा C ने क्रमशः 2000 रु., 3000 रु., 4000 रु. लगाकर एक व्यापार आरम्भ किया। एक वर्ष बाद A ने अपनी पूँजी वापस ले ली तथा B एवं C ने एक वर्ष और व्यापार चलाया। 2 वर्ष बाद कुल लाभ 3200 रु. हो तो A का कितना भाग होगा?

(a) 120 रु. (b) 200 रु.
(c) 400 रु. (d) 300 रु.

47. A तथा B ने क्रमशः 12000रु. तथा 16000रु. लगाकर एक व्यापार आरंभ किया तथा 8 माह बाद C भी 15000 रु. लगाकर उसमें सम्मिलित हो गया। 2 वर्ष बाद 45600 रु. के लाभ में से C का कितना भाग होगा?

(a) 12000 रु. (b) 5000 रु.
(c) 16000 रु. (d) 20000 रु.

48. A और B क्रमशः 16000 रु. तथा 12000 रु. लगाकर एक व्यापार आरंभ किया। 3 माह बाद A ने 5000 रु.अपनी पूँजी में से निकाल लिया तथा B ने 5000 रु. और निवेशित कर दिया। इसके 3 माह बाद C भी 21000 रु. लगाकर व्यापार में साझीदार हो गया। वर्ष के अंत में 26400 रु. के लाभ में से B तथा C के भागों का अन्तर क्या होगा?

(a) 3000 रु. (b) 2500 रु.
(c) 3500 रु. (d) 3600 रु.

49. A, B तथा C मिलकर एक व्यापार आरंभ करते हैं जिसमें B की पूँजी A की पूँजी की दुगुनी और C की पूँजी की तिगुनी है। वर्ष के अंत में 3300 रु. का लाभ होता है, जो कि कुल पूँजी का $\frac{1}{10}$ भाग है। A की पूँजी कितनी है?

(a) 3000 रु. (b) 6000 रु.
(c) 9000 रु. (d) 12000 रु.

50. एक व्यापार में A ने कुल पूँजी का $\frac{1}{6}$ भाग, $\frac{1}{6}$ समय के लिए, B ने $\frac{1}{3}$ भाग $\frac{1}{3}$ समय के लिए और शेष धन C ने पूरे समय के लिए निवेशित किया 4600 रु. के कुल लाभ में से B तथा C के भागों का अंतर क्या होगा?

(a) 2000 रु. (b) 8000 रु.
(c) 2800 रु. (d) 2400 रु.

51. सोनल और रवि मिलकर किसी घास के मैदान को 10 महीने के लिए किराये पर लेते हैं। जिसका किराया 80 रु. प्रतिमाह है। सोनल की 10 गायें 7 महीने के लिए चरती हैं, तो ज्ञात कीजिए कि रवि शेष महीने के लिए कितनी गायें चरा सकता है, यदि वह 100 रु. सोनल से अधिक किराया देता है?

(a) 60 गायें (b) 58 गायें
(c) 75 गायें (d) 30 गायें

52. किसी व्यापार में समान समय के लिए A, B तथा C इस प्रकार पूँजी निवेशित करते हैं कि लाभांश का जब A को 3 रु. मिलता है, तो B को 4 रु. मिलता है तथा जब B को 2 रु. मिलता है तो C को 5 रु. मिलता है। इस प्रकार A तथा C के लाभांश का अन्तर 1400 रु. हो, तो B का लाभांश क्या होगा?

(a) 800 रु. (b) 600 रु.
(c) 700 रु. (d) 1000 रु.

53. चार ग्वाले मिलकर एक चारगाह किराये पर लेते हैं। A अपनी 24 गायें 3 महीने चराता है, B अपनी 10 गायें 5 महीने चराता है, C अपनी 35 गायें 4 महीने चराता है तथा D अपनी 21 गायें 3 महीने चराता है। यदि कुल किराये में से A का भाग 1440 रु. हो, तो चारागाह का कुल किराया कितना है?

(a) 6000 रु. (b) 6400 रु.
(c) 6500 रु. (d) 5760 रु.

54. किसी व्यापार में A द्वारा लगायी गई पूँजी B द्वारा लगाई गई पूँजी से 25% अधिक तथा B द्वारा लगाई गई पूँजी C द्वारा लगाई गई पूँजी से 20% अधिक है। एक वर्ष के अन्त में कुल लाभांश में से A तथा B के लाभांश का अन्तर 15000 रु. हो, तो B और C के लाभांश का अन्तर कितना होगा?

(a) 12000 रु. (b) 20000 रु.
(c) 10000 रु. (d) 25000 रु.

55. एक व्यापार में A, B तथा C के पूँजियों का अनुपात 5 : 6 : 8 है। यदि एक निश्चित समय के अन्त में उनके लाभ का अनुपात 5 : 3 : 12 हो, तो उनके द्वारा लगाए गये समय का अनुपात क्या है?

(a) 1 : 2 : 3 (b) 3 : 2 : 1
(c) 1 : 3 : 2 (d) 2 : 1 : 3

उत्तरमाला (Answer Key)

1. (c)	2. (d)	3. (d)	4. (a)	5. (b)	6. (c)	7. (a)	8. (c)	9. (b)	10 (d)
11. (b)	12. (b)	13. (c)	14. (c)	15. (b)	16. (a)	17. (a)	18. (a)	19. (d)	20. (c)
21. (d)	22. (c)	23. (b)	24. (b)	25. (d)	26. (d)	27. (d)	28. (d)	29. (a)	30. (b)
31. (d)	32. (d)	33. (c)	34. (d)	35. (b)	36. (d)	37. (d)	38. (d)	39. (b)	40. (d)
41. (a)	42. (a)	43. (d)	44. (d)	45. (c)	46. (c)	47. (a)	48. (d)	49. (c)	50. (c)
51. (d)	52. (a)	53. (c)	54. (c)	55. (d)					

हल (Solutions)

1. (c)

मोहिन्दर : सुरिन्दर : सुधीर का अनुपात

$= 1200 \times 6 : 9000 \times 6 : 15000 \times 3$

$= 72000 : 54000 : 45000$

$= 8 : 6 : 5$

$\therefore$ सुधीर का हिस्सा $= \frac{5 \times 9500}{19} = 2500$ रु.

2. (d)

सुनेत्रा की धन राशि 1 माह के लिए

$= 50000 \times 36 = 1800000$ रु.

तथा निखिल की धनराशि 1 माह के लिए

$= 80000 \times 30$

$= 2400000$ रु.

$\therefore$ सुनेत्रा और निखिल की धनराशियों का अनुपात

$= 1800000 : 2400000 = 3 : 4$

$\therefore$ सुनेत्रा का लाभ में हिस्सा $= \frac{3}{(3+4)} \times 24500$

$= 10500$ रु.

3. (d)

अजय का हिस्सा $= \frac{12}{28} \times 350$

$= 150$ रु.

4. (a)

निवेशित धन का अनुपात

आसिफ : अफनान : आतिफ

$50000 \times 24 : 60000 \times 18 : 75000 \times 12$

$= 20 : 18 : 15$

$\therefore$ अफनान का कुल लाभ में हिस्सा

$= \frac{18}{(20+18+15)} \times 53000 = 18000$ रु.

5. (b)

माना कि B की पूँजी $= x$ रु.

$\therefore \frac{40}{x} = \frac{2}{3}$

या, $x = 60$ रु.

6. (c)

प्रश्नानुसार, $A + B + C = 47000$

$\therefore B + 7000 + B + B - 5000 = 47000$

$\therefore B = 15000$ रु.

$\therefore$ B का लाभांश $= \frac{15000}{47000} \times 9400$

$= 3000$ रु.

7. (a)

	पूँजी	समय
कृष्णा	2	2
नन्दन	1	L

कृष्णा तथा नन्दन के लाभांश का अनुपात

$= \frac{2 \times 2}{1 \times 1} = \frac{4}{1} = 4 : 1$

$\because$ नन्दन (1) = 4000

$\therefore$ कृष्णा (4) $= 4000 \times 4 = 16000$ रु.

$\therefore$ कुल लाभांश $= 4000 + 16000 = 20000$ रु.

8. (c)

लाभ का अनुपात (कान्ति : सुधाकर)

$= 9000 \times 12 : 8000 \times 7 = 27 : 14$

$\therefore$ सुधाकर का हिस्सा $= \frac{14}{(27+14)} \times 6970$

$= 2380$ रु.

9. (b)

मदन : ललन : नवल

6 : 10 : 12

नवल $= \frac{12}{28} \times 700 = 300$ रु.

10. (d)

माना कि Q, x समय के लिए धन लगाता है

प्रश्नानुसार,

P की पूँजी $\times 12 =$ Q की पूँजी $\times x$

या, $\frac{3200 \times 12}{4800 \times x} = \frac{1}{1}$ [$\because$ लाभ बराबर है।]

$\therefore \quad x = 8$

$\therefore$ Q $(12 - 8) = 4$ माह बाद व्यापार में शामिल हुआ।

11. (b)

$A : B : C = 34000 : 26000 : 10000$

$= 17 : 13 : 5$

$\therefore$ A का हिस्सा $= \frac{17}{(17+13+5)} \times 17500$

$= \frac{17}{35} \times 17500 = 8500$ रु.

12. (b)

B को A से प्राप्त अधिक लाभ $= \frac{(5-3) \times 2400}{5+3}$

$= \frac{2 \times 2400}{}$

$= 600$ रु.

13. (c)

A की पूँजी $= 240$

तथा B की पूँजी $= 640$

$\therefore$ अनुपात $= 3 : 8$

$\because \quad 3 = 15$ रु.

$\therefore \quad 8 = 40$ रु.

अतः B को 40 रु. मिलेगा।

14. (c)

एक माह के लिए यश और विपुल की लगी पूँजियों का अनुपात क्रमशः

$= 60000 \times 24 : 80000 \times 20 = 9 : 10$

$\therefore$ यश का लाभ $= \frac{9}{(9+10)} \times 28975$

$= 13725$ रु.

15. (b)

$A = \frac{1}{3}, B = \frac{1}{4}$

$\therefore \quad C = 1 - \left(\frac{1}{3} + \frac{1}{4}\right) = \frac{5}{12}$

$\therefore \quad A : B : C = \frac{1}{3} : \frac{1}{4} : \frac{5}{12} = 4 : 3 : 5$

फिर, $\because 5 = 5000$ रु.

$\therefore 4 = 4000$ रु.

अतः A, 4000 रु. प्राप्त करेगा।

16. (a)

रमेश, सुरेश तथा महेश की पूँजियों का अनुपात

$= 50000 \times 6 : 60000 \times 4 : 40000 \times 5$

$= 15 : 12 : 10$

$\therefore$ रमेश का लाभ $= \frac{15}{(15+12+10)} \times 14800$

$= 6000$ रु.

17. (a)

व्यापार में काम करने के उपलक्ष्य में A का हिस्सा

$= 5200$ का $15\% = 5200 \times \frac{15}{100} = 780$ रु.

शेष लाभ $= 5200 - 780 = 4420$ रु.

A का पूँजी के अनुपात में हिस्सा

$= \frac{2500 \times 4420}{(2500+7500)} = 1105$ रु.

$\therefore$ A का कुल हिस्सा $= 780 + 1105 = 1885$ रु.

18. (a)

माना कि सदानन्द की पूँजी $= x$ रु.

$\therefore \quad \frac{5000 \times 12}{x \times 6} = \frac{3}{6}$

$\therefore \quad x = 20000$ रु.

19. (d)

$$\frac{9\times12}{12\times6+6\times6}=\frac{1}{1}$$

कुल लाभ = 4600 रु.

कपिल का हिस्सा = $\frac{1}{2}\times4600$ = 2300 रु.

20. (c)

$$\frac{8\times12}{5\times9}=\frac{32}{15}$$

∴ अंतर = $\frac{(32-15)}{(32+15)}\times23500$ = 8500 रु.

21. (d)

A, B, C की पूँजियों का अनुपात
= 2000 × 12 : 3000 × 24 : 4000 × 24
= 1 : 3 : 4

A का लाभ = $3200\times\frac{1}{8}$ = 400 रु.

22. (c)

पूँजी का अनुपात = 2700 : 8100 : 7200
= 3 : 9 : 8

∵ 9 = 3600

∴ 20 = $\frac{3600}{9}\times20$ = 8000 रु.

23. (b)

माना कि मोहन ने x रु. लगाया

तो श्याम की पूँजी = $(300 + x)$

तथा राम की पूँजी = $(300 + x + 500)$
= $(800 + x)$ रु.

तो प्रश्न से, $800 + x + 300 + x + x = 5900$

∴ $3x = 5900 - 1100 = 4800$

∴ $x = 1600$ रु.

अत: राम, श्याम तथा मोहन की पूँजी क्रमश: 2400, 1900 तथा 1600 रु. होगी।

∴ अनुपात = 2400 : 1900 : 1600
= 24 : 19 : 16

∴ राम का हिस्सा = $\frac{24}{59}\times590$ = 240 रु.

24. (b)

9500 : 10500 = $P_1 : P_2$

या, $P_1 : P_2$ = 95 : 105
= 19 : 21

∴ पहले साझेदार को प्राप्त लाभ = $\frac{19}{21}\times1701$
= 1539 रु.

25. (d)

कुल निवेशित पूँजी = 18000 × 12 = 216000 रु.

अत: $x + x + \frac{120x}{100} = 216000$

या, $2x + \frac{6x}{5} = 216000$

या, $\frac{16x}{5} = 216000$

∴ $x = \frac{216000\times5}{16}$ = 67500 रु.

∴ तीसरे साझेदार की पूँजी = $\frac{6x}{5}=\frac{6\times67500}{5}$
= 81000 रु.

26. (d)

4896 : CR = 85 : 100

या, $\frac{4896}{CR}=\frac{85}{100}$

या, CR = $\frac{4896\times100}{85}$ = 5760 रु.

∴ रंजन की अभीष्ट पूँजी = 5760 रु.

27. (d)

60000 : 72000 = PV : PN

या, PV : PN = 60 : 72 = 5 : 6

∴ अभीष्ट कुल लाभांश = $\frac{5+6}{6-5}\times7200$

= $\frac{11}{1}\times7200$

= 79200 रु.

28. (d)

50000 × 12 : 60000 × (12 – 4) = PK : PN

या, 50 × 12 : 60 × 8 = PK : PN

PK : PN = 60 : 48 = 5 : 4

∴ लाभ की कुल राशि = $\frac{5+4}{5-4}\times2520$

= $\frac{9}{1}\times2520$

= 22680 रु.

29. (a)

यहाँ समय बराबर है।

∴ प्रश्नानुसार,

550 रु. में से प्रत्येक को प्राप्त लाभ $= \frac{550}{2}$

$= 275$ रु.

शेष लाभ $= 1200 - 550 = 650$ रु.

पूँजी का अनुपात $= 2500 : 4000 = 5 : 8$

अतः पहले दोस्त को प्राप्त कुल लाभ

$$= \left(\frac{5}{5+8} \times 650\right) + 275$$

$$= \left(\frac{5}{13} \times 650\right) + 275$$

$= 250 + 275 = 525$ रु.

दूसरे दोस्त को प्राप्त कुल लाभ

$$= \left(\frac{8}{5+8} \times 650\right) + 275$$

$$= \left(\frac{8}{13} \times 650\right) + 275$$

$= 400 + 275 = 675$ रु.

∴ अभीष्ट पूँजी = (525 रु., 675 रु.)

30. (b)

$4000 \times 1 : 6000 \times 2 : 10000 \times 3 = P_A : P_B : P_C$

या, $P_A : P_B : P_C = 4 : 12 : 30$

$= 2 : 6 : 15$

∴ अभीष्ट उत्तर $= \frac{6-2}{2+6+15} \times 4140$

$= \frac{4}{23} \times 4140 = 720$ रु.

31. (d)

$$\left(50000 \times 6 + 50000 \times \frac{80}{100} \times 6\right) : 50000 \times 12$$

$= P_A : P_B$

या, $(300000 + 240000) : 600000 = P_A : P_B$

या, $540000 : 600000 = P_A : P_B$

या, $P_A : P_B = 54 : 60$

$= 9 : 10$

∴ अभीष्ट कुल लाभ $= \frac{9+10}{10} \times 12000$

$= \frac{19}{10} \times 12000 = 22800$ रु.

32. (d)

$60000 \times 24 : C_S \times (24 - 8) = 3000 : 2000$

$$\frac{60000 \times 24}{C_S \times 16} = \frac{3}{2}$$

या, $C_S = \frac{60000 \times 24 \times 2}{16 \times 3} = 60000$

∴ अभीष्ट पूँजी = 60000 रु.

33. (c)

$40000 \times 24 : 45000 \times 24 : 30000 \times 15$

$= P_S : P_B : P_{BH}$

या, $P_S : P_B : P_{BH} = 40 \times 24 : 45 \times 24 : 30 \times 15$

$= 32 : 36 : 15$

∴ भूषण का हिस्सा $= \frac{15}{32+36+15} \times 9960$

$= \frac{15}{83} \times 9960 = 1800$ रु.

34. (d)

$(4000 \times 4 + 6000 \times 8) : (3500 \times 8 + 5000 \times 4) : 3200 \times 12 = P_A : P_B : P_C$

या, $(16000 + 48000) : (28000 + 20000) : 38400 = P_A : P_B : P_C$

या, $P_A : P_B : P_C = 64000 : 48000 : 38400$

$= 640 : 480 : 384$

$= 20 : 15 : 12$

∴ A का हिस्सा $= \frac{20}{12} \times 1800$

$= 3000$ रु.

35. (b)

यदि उनकी पूँजी क्रमशः x, y तथा z हो तो,

$x \times 3 : y \times 4 : z \times 6 = 2 : 6 : 7$

अब $= \frac{x \times 3}{y \times 4} = \frac{2}{6}$

$$\frac{x}{y} = \frac{4 \times 2}{3 \times 6} = \frac{4}{9}$$

∴ $x : y = 4 : 9$

पुनः $\frac{y \times 4}{z \times 6} = \frac{6}{7}$

या, $\frac{y}{z} = \frac{6 \times 6}{4 \times 7} = \frac{9}{7}$

$\therefore y : z = 9 : 7$

$\therefore x : y : z$

4 : 9

↖ ↑ ↖

9 : 7

36 : 81 : 63

या, 4 : 9 : 7

36. (d)

$9 : 15 = P_A : P_B$

या, $P_A : P_B = 3 : 5$

$\therefore$ B का अभीष्ट हिस्सा $= \frac{5}{3+5} \times 2256$

$= \frac{5}{8} \times 2256$

$= 1410$ रु.

37. (d)

$8 \times 5 : 12 \times 6 : 11 \times 4 = P_A : P_B : P_C$

या, $P_A : P_B : P_C = 40 : 72 : 44$

$= 10 : 18 : 11$

$\therefore$ अभीष्ट उत्तर $= \frac{11-10}{18} \times 9000$

$= \frac{1}{18} \times 9000 = 500$ रु.

38. (d)

A और B में बाँटा गया कुल लाभ $= \frac{4+5}{4} \times 404$

$= \frac{9}{4} \times 404$

$= 909$ रु.

$\therefore$ कुल लाभ $= \frac{100}{(100-9.1)} \times 909$

$= \frac{100}{90.9} \times 909$

$= 1000$ रु.

39. (b)

$\left(4500 \times 9 + 4500 \times \frac{30}{100} \times 9\right)$

$\left(3000 \times 9 + 3000 \times \frac{30}{100} \times 9\right) : 2000 \times 9$

$= P_S : P_A : P_{AN}$

$(40500 + 12150) : (27000 + 8100) : 18000$

$= P_S : P_A : P_{AN}$

या, $52650 : 35100 : 18000 = P_S : P_A : P_{AN}$

$\therefore P_S : P_A : P_{AN} = 2106 : 1404 : 720$

$= 117 : 78 : 40$

$\therefore$ समर और अमर को प्राप्त कुल लाभ

$= \frac{117+78}{117+78+40} \times 16450$

$= \frac{195}{235} \times 16450 = 13650$ रु.

40. (d)

$(20000 \times 6 + 20000 \times 2 \times 6) : (25000 \times 6 + 25000 \times 1.5 \times 6) : (40000 \times 6 + 40000 \times \frac{1}{2} \times 6) = P_A : P_B : P_C$

या, $(120 + 240) : (150 + 225) : (240 + 120)$

$= P_A : P_B : P_C$

$P_A : P_B : P_C = 72 : 75 : 72$

$= 24 : 25 : 24$

$\therefore$ B का हिस्सा $= \frac{25}{24+25+24} \times 25550$

$= \frac{25}{73} \times 25550 = 8750$ रु.

41. (a)

$(15000 \times 2 + 15000 \times \frac{13}{10} \times 8) : 15000 \times 10$

$= P_G : P_R$

या, $(30000 + 156000) : 150000 = P_G : P_R$

या, $186000 : 150000 = P_G : P_R$

या, $P_G : P_R = 186 : 150$

$= 93 : 75$

रत्नेश्वर का हिस्सा $= \frac{75}{93 \quad 75} \times 16800$

$= \frac{75}{168} \times 16800 = 7500$ रु.

42. (a)

$4000 : 4500 = P_M : P_A$

या, $P_M : P_A = 8 : 9$

$\therefore$ मनोज का अभीष्ट हिस्सा $= \frac{8}{8+9} \times 2890$

$= \frac{8}{17} \times 2890 = 1360$रु.

43. (d)

$3000 \times 8 : 4500 \times 7 = 200 : 450$

या, $\dfrac{3000\times 8}{4500\times T} = \dfrac{200}{450}$

या, $\dfrac{2\times 8}{3\times T} = \dfrac{4}{9}$

या, $T = \dfrac{2\times 8\times 9}{3\times 4} = 12$

∴ अभीष्ट समय = 12 महीना

44. (d)

वैद्यनाथ : सिवा : दीना

$= (35 \times 2 + 24 \times 1) : (42 \times 3) : (40 \times 2 + 48 \times 1)$

$= 94 : 126 : 128$

∴ दीना का लाभांश $= \dfrac{128\times 348000}{(94+126+128)}$

$= \left(\dfrac{128\times 348000}{348}\right)$

$= 128000$ रु.

45. (c)

अमर : सुरेश : मनोज

$= 30000 \times 12 : 45000 \times 6 : 20000 \times 6$

$= 12 : 9 : 4$

∴ मनोज का भाग $= \dfrac{4}{(12+9+4)}\times 7500$

$= \left(\dfrac{4}{25}\times 7500\right) = 1200$ रु.

46. (c)

$A : B : C = 2000 \times 12 : 3000 \times 24 : 4000 \times 24$

$= 1 : 3 : 4$

∴ A का भाग $= \left(\dfrac{1}{1+3+4}\right)\times 3200$

$= \left(\dfrac{1}{8}\times 3200\right) = 400$ रु.

47. (a)

$A : B : C = 12000 \times 24 : 16000 \times 24 : 15000 \times 16$

$= 6 : 8 : 5$

∴ C का भाग $= \dfrac{5}{(6+8+5)}\times 45600$

$= \left(\dfrac{5}{19}\times 45600\right) = 12000$ रु.

48. (d)

$A : B : C = (16 \times 3 + 11 \times 9) : (12 \times 3 + 17 \times 9) : 21 \times 6$

$= 147 : 189 : 21 \times 6 = 7 : 9 : 6$

∴ B तथा C के भागों का अन्तर

$= \dfrac{(9-6)}{(7+9+6)}\times 26400$

$= \left(\dfrac{3}{22}\times 26400\right) = 3600$ रु.

49. (c)

माना कुल पूँजी $= x$ रु.

∴ $\dfrac{1}{10}x = 3300 \Rightarrow x = 33000$ रु.

अब, $A : B : C = 3 : 6 : 2$

∴ A की पूँजी $= \dfrac{3}{(3+6+2)}\times 33000$

$= \left(\dfrac{3}{11}\times 33000\right) = 9000$ रु.

50. (c)

$A : B : C = \dfrac{1}{6}\times\dfrac{1}{6} : \dfrac{1}{3}\times\dfrac{1}{3} : \dfrac{1}{2}\times 1$

$= \dfrac{1}{36} : \dfrac{1}{9} : \dfrac{1}{2} = 1 : 4 : 18$

∴ B तथा C के भागों का अन्तर

$= \dfrac{(18-4)}{(1+4+18)}\times 4600 = \left(\dfrac{14}{23}\times 4600\right) = 2800$ रु.

51. (d)

कुल किराया $= (10 \times 80) = 800$ रु.

रवि द्वारा देय किराया $= \dfrac{800+100}{2}$

$= \dfrac{900}{2} = 450$ रु.

∴ सोनल द्वारा देय किराया $= (800 - 450) = 350$ रु.

$\dfrac{10\times 7}{x\times 3} = \dfrac{350}{450} \Rightarrow x = \left(\dfrac{10\times 7\times 450}{3\times 350}\right) = 30$ गायें

52. (a)

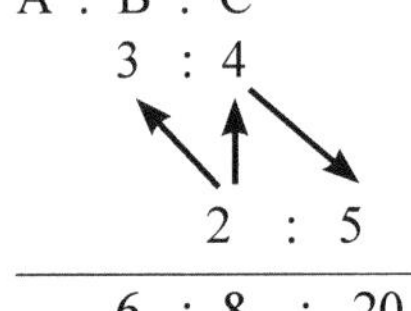

$= 3 : 4 : 10$

$\therefore$ B का लाभांश $= \frac{4}{(10-3)} \times 1400 = \frac{4}{7} \times 1400$

$= 800$ रु.

53. (c)

A : B : C : D

$= (24 \times 3) : (10 \times 5) : (35 \times 4) : (21 \times 3)$

$= 72 : 50 : 140 : 63$

$\therefore$ कुल किराया $= \frac{(72+50+140+63)}{72} \times 1440$

$= \left(\frac{325}{72} \times 1440\right) = 6500$ रु.

54. (c)

माना C की पूँजी = 100 रु.

$\therefore A : B : C = 150 : 120 : 100 = 15 : 12 : 10$

अब, B तथा C के लाभांश का अन्तर

$= \frac{(12-10)}{(15-12)} \times 15000$

$= \frac{2}{3} \times 15000 = 10000$ रु.

55. (d)

A, B तथा C द्वारा दिए गए समय का अनुपात

$= \frac{5}{5} : \frac{3}{6} : \frac{12}{8} = 1 : \frac{1}{2} : \frac{3}{2} = 2 : 1 : 3$

मिश्र समानुपात
Compound Proportion

12

त्रैराशिक विधि : यदि चार राशियों समानुपाती हों, इनमें से तीन राशियाँ ज्ञात हों, तो चौथी राशि को x मानकर समानुपात के गुण का प्रयोग करके इसका मान ज्ञात करते हैं।

इस विधि को त्रैराशिक विधि कहते हैं।

अनुलोम या सीधा अनुपात (Direct Proportion) : यदि दो राशियाँ इस प्रकार हों कि एक राशि के घटने या बढ़ने पर दूसरी राशि भी क्रमशः घटे तथा बढ़े तो ये राशियाँ सीधे अनुपात में कहलाती है। इस प्रकार के प्रश्नों में, चौथी राशि को x मानकर समानुपात की विधि से इसका मान ज्ञात करते हैं।

प्रतिलोम या विलोमानुपात (Inverse Proportion): यदि दो राशियाँ इस प्रकार हों कि एक राशि के घटने अथवा बढ़ने पर दूसरी राशि क्रमशः बढ़े तथा घटे, तो ये राशियाँ प्रतिलोम या विलोमानुपाती कहलाती है।

ऐसे प्रश्नों में पहली राशियों के विलोमानुपाती लेते हैं तथा अज्ञात राशि को चतुर्थानुपाती लेकर इसका मान ज्ञात करते हैं।

मिश्र समानुपात (Compound Proportion) : जब तीन या तीन से अधिक राशियाँ इस प्रकार की हों कि किसी एक राशि का मान, शेष राशियों के मान पर आश्रित हो तो वे राशियाँ एक मिश्र समानुपात में होती हैं।

उदाहरण (Examples)

1. 200 सैनिकों की एक टुकड़ी के लिए 24 सप्ताह के लिए राशन पर्याप्त है। पहले सप्ताह के अन्त में 80 सैनिक सहायता के लिए और आ गए और इस कारण प्रति सैनिक के प्रतिदिन का राशन 900 ग्राम से हटकर 750 ग्राम कर दिया गया तो बताएँ कितने अधिक दिनों तक वे रह सकते हैं?

   माना कि शेष भोदन x सप्ताह तक चलेगा अतः

सैनिक	राशन (ग्राम)	समय (सप्ताह)
200 ↑	900 ↑	23 ↓
280	750	x

(विलोमानुपात)

$$\therefore \left.\begin{matrix}280:200\\750:900\end{matrix}\right\}::23:x$$

या $280\times750:200\times900::23:$

या $280\times750\times x=200\times900\times23$

$$x=\frac{200\times900\times23}{280\times750}=\frac{138}{7}=138 \text{ दिन}$$

2. एक भवन मालिक ने एक काम करने के लिए 8 घंटे प्रतिदिन काम करके, 19 दिन में समाप्त करने के लिए 42 व्यक्ति काम पर लगाये। 10 दिन बाद किसी कारणवश काम दो दिन के लिए बन्द रहा। बताएँ कितने और व्यक्ति काम पर लगाये जाये जो सब मिलकर 9 घंटे प्रतिदिन काम करके काम को समय से समाप्त कर दें?

दिन	घंटे	काम	व्यक्ति
10 ↑	8 ↑	$\frac{10}{15}$ ↓	42 ↓
7	9	$\frac{9}{19}$	x

$$\therefore \left.\begin{matrix}7 & : & 10\\ 9 & : & 8\\ \frac{10}{19} & : & \frac{9}{19}\end{matrix}\right\}::\ 42:x$$

या $7\times9\times\frac{10}{19}:10\times8\times\frac{9}{19}::42:x$

$$7\times9\times\frac{10}{19}\times x=10\times8\times\frac{9}{19}\times42$$

$$x=\frac{10\times8\times9\times42\times19}{7\times9\times10\times19}=48 \text{ व्यक्ति}$$

$\therefore$ बढ़े हुए व्यक्ति $=48-42=6$ व्यक्ति

3. यदि 44 महिलाएँ किसी काम को 10 घंटे प्रतिदिन काम करते हुए 15 दिन में पूरा करती हैं। तो उससे 3/4 अधिक काम को 11 घंटे प्रतिदिन काम करते हुए कितने आदमी 7 दिन में पूरा करेंगे, जबकि 3

आदमी 5 महिलाओ के बराबर काम करते हैं।

घंटा	दिन	काम	महिलाएँ
10 ↑	15 ↑	1 ↓	44 ↓
11	7	$1+\frac{3}{4}$	x

$$\therefore \left.\begin{array}{ccc} 11 & : & 10 \\ 7 & : & 15 \\ 1 & : & \frac{7}{4} \end{array}\right\} :: 44 : x$$

या, $11\times 7\times 1 : 10\times 15\times \frac{7}{4} :: 44 : x$

$$11\times 7\times 1\times x = 10\times 15\times \frac{7}{4}\times 44$$

$\therefore\ x = \frac{10\times 15\times 7\times 44}{11\times 7\times 1\times 4} = 150$ महिलाएँ

$\because$ 5 महिलाएँ = 3 आदमी

$\therefore$ 1 महिला $= \frac{3}{5}$ आदमी

$\therefore$ 150 महिलाएँ $= \frac{3\times 150}{5} = 90$ आदमी

4. 50 मीटर लम्बी, 2 मीटर चौड़ी और 2 मीटर गहरी खाई को 64 मनुष्य प्रतिदिन 12 घंटे काम करके 5 दिन में खोदते हैं। 75 मीटर लम्बी, 4 मीटर चौड़ी और 3 मीटर गहरी खाई को 80 मनुष्य 8 घंटे प्रतिदिन कार्य करके कितने दिन में खोदेंगें?

लम्बाई	चौड़ाई	गहराई	मनुष्य	घंटे	दिन
50 ↓	2 ↓	2 ↓	64 ↑	12 ↑	5 ↑
75	4	3	80	8	x

$$\therefore \left.\begin{array}{ccc} 50 & : & 75 \\ 2 & : & 4 \\ 2 & : & 3 \\ 80 & : & 64 \\ 8 & : & 12 \end{array}\right\} :: 5 : x$$

या $50\times 2\times 2\times 80\times 8 : 75\times 4\times 3\times 64\times 12 :: 5 : x$

$$50\times 2\times 2\times 80\times 8\times x = 75\times 4\times 3\times 64\times 12\times 5$$

$x = \frac{75\times 4\times 3\times 69\times 12\times 5}{50\times 2\times 2\times 80\times 8} = 27$ दिन

5. बस द्वारा यात्रा करने में यदि 165 किमी. का किराया 62.70 रू. हो, तो 70 किमी. का किराया ज्ञात करें।

कम दूरी, कम किराया (अनुलोमानुपात)

माना अभीष्ट किराया $= x$ रु

$$\therefore 165 : 70 :: 62.70 : x$$

$$x = \left(\frac{70\times 62.70}{165}\right)$$

$= 26.60$ रू.

6. यदि 24 मजदूर प्रतिदिन 7 घंटे कार्य करके एक खाई को 18 दिन में खोद सकें तो कितने मजदूर 9 घंटे प्रतिदिन कार्य करके इस खाई को 16 दिन में खोद सकेंगे?

माना मजदूरों की अभिष्ट संख्या x

$$\left.\begin{array}{ccc} 9 & : & 7 \\ 16 & : & 18 \end{array}\right\} :: 24 : x$$

$$9\times 16\times x = 7\times 18\times 24$$

$$x = \left(\frac{7\times 18\times 24}{9\times 16}\right) = 21$$

7. यदि 9 ईंजन 8 घंटे प्रतिदिन कार्यरत रहने पर 24 मिट्रिक टन कोयले की खपत करते हों, तो 8 ईंजन प्रतिदिन 13 घंटे कार्यरत रहकर कितने कोयले की खपत करेंगे जबकि पहली प्रकार के 3 ईंजन उतनी खपत करते हों जितनी दूसरी प्रकार के 4 ईंजन कम ईंजन, कम कोयले की खपत (अनुलोनामुपात), माना अभीष्ट खपत $= x$

$$\left.\begin{array}{ccc} 9 & : & 8 \\ 8 & : & 13 \\ \frac{1}{3} & : & \frac{1}{4} \end{array}\right\} :: 24 : x$$

$$\therefore 9\times 8\times \frac{1}{3}\times x = 8\times 13\times \frac{1}{4}\times 24$$

$$x = 26$$

अत: कोयले की अभीष्ट खपत $= 26$ मीट्रिक टन

अभ्यास प्रश्न (Practice Questions)

1. 40 आदमी किसी काम को 24 दिनों में समाप्त करते हैं। 16 आदमी उस काम को कितने दिनों में समाप्त करेंगे?
   (a) 60 दिन (b) 80 दिन
   (c) 75 दिन (d) 50 दिन
2. 40 आदमी 250 मीटर लंबी दीवार 5 दिन में बनाते हैं। कितने आदमी 275 मीटर लंबी दीवार 11 दिन में बना पाएँगे?
   (a) 20 (b) 24
   (c) 18 (d) 25
3. 40 व्यक्ति 20 दिन में 120 किलो चावल की खपत करते हैं। कितने दिनों में 25 व्यक्ति 150 किलो चावल की खपत करेंगे?
   (a) 40 दिन (b) 42 दिन
   (c) 48 दिन (d) 50 दिन
4. 21 कारीगर 18 दिन में 78 शाल बनाते हैं। 27 दिन में 28 कारीगर कितने शाल बनाएँगे?
   (a) 156 (b) 178
   (c) 166 (d) 152
5. 140 किग्रा चना 10 घोड़ों के लिए 14 दिन की खाद्य सामग्री थी। 180 किग्रा चना 18 घोड़ों के लिए कितने दिन चलेगा?
   (a) 20 (b) 15
   (c) 10 (d) 12
6. 60 गायें 30 दिन में 600 रुपये की घास खा जाती हैं। 60 घोड़े 20 दिन में कितने रुपये की घास खा जाएँगे, जबकि तीन गायें उतनी घास खाती हैं जितनी 4 घोड़े उतने ही समय में खा सकते हैं?
   (a) 300 रु. (b) 450 रु.
   (c) 480 रु. (d) 280 रु.
7. 300 आदमी 5 घंटे प्रतिदिन काम करके किसी काम को 24 दिन में समाप्त कर सकते हैं। कितने दिनों में 25 आदमी 6 घंटे काम करके आधा काम को समाप्त कर देंगे?
   (a) 120 (b) 125
   (c) 130 (d) 150
8. किसी सैनिक छावनी में 360 सैनिकों के लिए 40 दिन की खाद्य सामग्री थी। दूसरे छावनी से 140 सैनिक और आ गए, तो यह खाद्य सामग्री कितने दिन चलेगी?
   (a) 24 (b) $28\frac{4}{5}$
   (c) $25\frac{1}{5}$ (d) $30\frac{1}{2}$
9. 42 आदमी किसी काम को 16 दिन में समाप्त करते हैं। उस काम को 28 दिन में समाप्त करने के लिए कितने आदमी चाहिए?
   (a) 24 (b) 42
   (c) 21 (d) 27
10. 175 गायें 12 दिन में 475 रुपये की घास चर जाती हैं। कितनी गायें 30 दिनों में 1187.50 रुपये की घास चर जाएँगी?
    (a) 175 (b) 160
    (c) 150 (d) 180
11. 12 मजदूर 7 घंटे प्रतिदिन काम करके 10 दिन में 2128 रुपये कमाते हैं। 18 मजदूर 5 घंटे प्रतिदिन काम करके 15 दिन में कितने रुपये कमायेंगे?
    (a) 3280 रु. (b) 3600 रु.
    (c) 3540 रु. (d) 3420 रु.
12. 25 लड़के 9 दिन में 1200 रुपये कमाते हैं। कितने लड़के 12 दिन में 1664 रुपये कमाएँगे?
    (a) 20 (b) 24
    (c) 26 (d) 18
13. एक आदमी किसी काम को 8 दिन में समाप्त करता है। यदि उसकी क्षमता 20% बढ़ जाए तो वह काम कितने दिन में समाप्त हो जाएगा?
    (a) 6 (b) 7
    (c) $7\frac{1}{2}$ (d) $6\frac{2}{3}$
14. A की क्षमता B की तिगुनी है तथा B की क्षमता C की चार गुनी है। यदि A किसी काम को 24 दिन में समाप्त कर सकता है, तो C उसे कितने दिन में समाप्त करेगा?
    (a) 288 (b) 300
    (c) 282 (d) 275
15. 60 आदमी 5 घंटे प्रतिदिन काम करके 25 दिन में 200 खिलौने बनाते हैं। 4 घंटे प्रतिदिन काम करके

20 दिन में 60% अधिक खिलौने बनाने के लिए कितने अतिरिक्त आदमियों की जरूरत होगी?

(a) 100 (b) 90

(c) 120 (d) 80

16. 16 आदमी प्रतिदिन 8 घंटे काम करके किसी काम को 18 दिन में समाप्त करते हैं। 32 बच्चे 6 घंटे काम करके कितने दिनों में उस काम समाप्त कर पायेंगे, जबकि 3 आदमी का काम 4 बच्चों के काम के बराबर है?

(a) 20 (b) 14

(c) 16 (d) 18

17. एक आदमी 20 दिन में 30 खिलौने तैयार करता है। यदि उसकी क्षमता 60% बढ़ जाए, तो वह 40 दिन में कितने खिलौने तैयार कर पाएगा?

(a) 92 (b) 85

(c) 96 (d) 90

18. किसी हौज का दो तिहाई भाग 120 मिनट में भर जाता है। उस हौज का 90% भाग भरने में कितना समय लगेगा?

(a) 170 मिनट (b) 175 मिनट

(c) 162 मिनट (d) 152 मिनट

19. एक ठेकेदार को एक काम को 12 दिन में समाप्त करने का ठेका दिया गया। उसने कुछ मजदूरों को काम पर लगाया, लेकिन 4 मजदूर शुरू से ही अनुपस्थित थे। यदि शेष मजदूरों ने काम को 18 दिनों में समाप्त कर दिया, तो शुरू में कितने मजदूर काम पर लगाये गये?

(a) 12 (b) 15

(c) 18 (d) 20

20. 55 आदमी किसी काम को 24 दिन में समाप्त करते हैं। 15 दिनों में काम समाप्त करने के लिए कितने और आदमियों की जरूरत पड़ेगी?

(a) 32 (b) 30

(c) 34 (d) 33

21. किसी अस्पताल में 250 मरीजों के लिए 20 दिनों तक 2000 लीटर दूध की आपूर्ति की गयी। कितने मरीजों के लिए 25 दिनों तक 4500 लीटर दूध की आपूर्ति की जाएगी?

(a) 480 (b) 490

(c) 400 (d) 450

22. किसी नक्शे में 0.9 सेमी 9.9 किमी को दिखाता है। उसी नक्शे का 112.5 सेमी कितने किमी को दिखाएगा?

(a) 1250.5 किमी (b) 1240 किमी

(c) 1237.5 किमी (d) 1222.5 किमी

23. 50 आदमी किसी काम को 32 दिन में समाप्त करते हैं। 10 दिन में काम समाप्त करने के लिए कितने आदमियों की जरूरत होगी?

(a) 145 (b) 150

(c) 160 (d) 162

24. 22 जिल्दसाज 33 दिनों में 1331 किताबें बनाते हैं। 1210 किताबों को 44 दिन में बनाने के लिए कितने जिल्दसाज की जरूरत होगी?

(a) 27 (b) 21

(c) 15 (d) 24

25. 21 मजदूर 6 घंटे प्रतिदिन काम करके 16 दिन में 60 मीटर लंबी दीवार बनाते हैं। यदि 14 मजदूर 4 घंटे प्रतिदिन काम करें, तो वे कितने दिनों में 75 मीटर लंबी दीवार बना पाएँगे?

(a) 42 (b) 48

(c) 50 (d) 45

26. 4 कारीगर 12 दिन में $(5 \times 4 \times 2)$घन मीटर साइज का एक बक्सा बनाते हैं। 2 कारीगर 3 दिनों तक बक्सा बनाते हैं, जिसकी लम्बाई 3 मीटर तथा ऊँचाई 2 मीटर है। उस बक्से की चौड़ाई कितनी है?

(a) $\frac{4}{5}$ मीटर (b) $\frac{5}{6}$ मीटर

(c) 1 मीटर (d) $\frac{3}{4}$ मीटर

27. एक सैनिक छावनी में 800 सैनिकों के लिए 36 दिन की भोजन सामग्री थी। कुछ अन्य सैनिक बगल के छावनी से आ गए तथा खाद्य सामग्री 24 दिन में समाप्त हो गयी, तो कितने अतिरिक्त सैनिक उस छावनी से आये थे?

(a) 400 (b) 440

(c) 500 (d) 300

28. यदि 24 मजदूर प्रतिदिन 7 घंटे काम करके एक खाई को 18 दिन में खोदते हैं, तो कितने मजदूर 9 घंटे प्रतिदिन काम करके इस खाई को 16 दिन में खोद सकेंगे?

(a) 21 (b) 27

(c) 25 (d) 22

29. यदि 9 आदमी एक काम को 16 दिन में पूरा कर सकते हैं, तो कितने आदमी उसको 24 दिन में पूरा करेंगे?

(a) 4 (b) 6
(c) 5 (d) 3

30. यदि 24 आदमी 7 घंटे प्रतिदिन काम करके 27 दिन में एक काम को पूरा करते हैं, तो 14 आदमी 9 घंटे प्रतिदिन काम करके उस काम को कितने दिन में पूरा करेंगे?

(a) 32 (b) 30
(c) 36 (d) 28

31. एक सैनिक छावनी में 150 सैनिकों के लिए 45 दिन की रसद है। यदि 10 दिन बाद 25 सैनिक छावनी से चले जाएँ, तो उसी दर से रसद कितने दिन में समाप्त हो जाएगी?

(a) 42 दिन (b) 38 दिन
(c) 40 दिन (d) 35 दिन

32. यदि 7 मकड़ियाँ 7 जाले 7 दिनों में बुनती है तो 1 मकड़ी 1 जाला कितने दिन में बुनेगी?

(a) 7 दिन (b) 35 दिन
(c) 49 दिन (d) 1 दिन

33. यदि 20 आदमी एक काम का एक तिहाई भाग 20 दिन में पूरा करते हैं। बचे हुए काम को 25 दिन में पूरा करने के लिए और कितने आदमी काम पर लगाने पड़ेंगे?

(a) 20 (b) 10
(c) 12 (d) 15

34. यदि 12 व्यक्ति एक कुएँ को 20 दिन में खोद सकते है, तो 15 दिन में उस कुएँ को खोदने के लिए कितने व्यक्ति लगाने होंगे?

(a) 13 (b) 15
(c) 16 (d) 18

35. यदि 18 आदमी 140 मीटर लंबी दीवार को 42 दिन में बनाते हैं, तो 30 आदमी ऐसी 100 मीटर लंबी दीवार कितने दिन में बनाएँगे?

(a) 21 (b) 18
(c) 24 (d) 28

36. यदि 6 व्यक्ति 8 घंटे प्रतिदिन कार्य करके 840 रु. प्रति सप्ताह कमाते हैं, तो 9 व्यक्ति 6 घंटे प्रतिदिन कार्य करके प्रति सप्ताह कितने रुपये कमाएँगे?

(a) 1620 रु. (b) 1680 रु.
(c) 945 रु. (d) 854 रु.

37. यदि 16 मजदूर 7 घंटे प्रतिदिन काम करके एक खेत को 48 दिन में जोतते हैं। 14 मजदूर 12 घंटे प्रतिदिन काम करके उस खेत को कितने दिन में जोतेंगे?

(a) 32 (b) 30
(c) 35 (d) 46

38. 21 मजदूर किसी दीवार को 25 दिन में बना सकते हैं। यदि 14 मजदूर और बढ़ा दिए जाएँ, तो ये पूरे काम को कितने दिनो में समाप्त कर सकेंगे?

(a) 14 दिन (b) 15 दिन
(c) 10 दिन (d) 12 दिन

39. 40 लोग किसी रसद को 12 दिनों में समाप्त कर सकते हैं, तो वही रसद 30 लोग कितने दिनों में समाप्त करेंगे?

(a) 9 दिन (b) 20 दिन
(c) 10 दिन (d) 16 दिन

40. यदि 18 जिल्दसाज 10 दिन में 900 पुस्तकों पर जिल्द चढ़ाते हैं, तो 660 पुस्तकों पर 12 दिन में कितने जिल्दसाज जिल्द चढ़ा सकेंगे?

(a) 22 (b) 11
(c) 13 (d) 14

उत्तरमाला (Answer Key)

1. (a)	2. (a)	3. (a)	4. (a)	5. (c)	6. (a)	7. (a)	8. (b)	9. (a)	10 (a)
11. (d)	12. (c)	13. (d)	14. (a)	15. (b)	16. (c)	17. (c)	18. (c)	19. (a)	20. (d)
21. (d)	22. (c)	23. (c)	24. (c)	25. (d)	26. (b)	27. (a)	28. (a)	29. (b)	30. (c)
31. (a)	32. (a)	33. (c)	34. (c)	35. (b)	36. (c)	37. (a)	38. (b)	39. (d)	40. (b)

हल (Solutions)

1. (a)

$40 \times 24 = 16 \times x$

$x = \frac{40 \times 24}{16} = 60$ दिन

2. (a)

$\frac{40 \times 5}{250} = \frac{x \times 11}{275}$

$\frac{40 \times 5}{10} = \frac{x \times 11}{11}$

$\Rightarrow x = \frac{40 \times 5 \times 11}{10 \times 11}$

$x = 20$ आदमी

3. (a)

$\frac{40 \times 20}{120} = \frac{25 \times x}{150}$

$\frac{20}{3} = \frac{x}{6} \Rightarrow x = \frac{20 \times 6}{3} = 40$ दिन

4. (a)

माना शालों की संख्या $= x$

$\frac{21 \times 18}{78} = \frac{28 \times 27}{x}$

$x = \frac{78 \times 28 \times 27}{21 \times 18} = 156$

5. (c)

माना अभीष्ट दिनों की संख्या $= x$

$\frac{10 \times 14}{140} = \frac{18 \times 4}{180}$

$x = \frac{10 \times 14 \times 180}{140 \times 18} = 10$ दिन

6. (a)

4 घोड़े = 3 गाय

60 घोड़े $= \frac{3}{4} \times 60 = 45$ गाय

माना 60 घोड़े x रुपये की घास खा जाएँगे।

$\frac{60 \times 30}{600} = \frac{45 \times 20}{x} \Rightarrow x = \frac{600 \times 45 \times 20}{60 \times 30} = 300$ रु.

7. (a)

$\frac{300 \times 5 \times 24}{1} = \frac{25 \times 6 \times x}{\frac{1}{2}}$

$x = \frac{300 \times 5 \times 24}{50 \times 6} = 120$ दिन

8. (b)

360 सैनिकों के लिए 40 दिन की खाद्य सामग्री थी।

500 सैनिकों के लिए $\frac{40 \times 360}{500} = \frac{144}{5} = 28\frac{4}{5}$ दिन

9. (a)

16 दिन में काम खत्म करते हैं 42 आदमी

28 दिन में काम खत्म करेंगे $= \frac{42 \times 16}{28} = 24$ आदमी

10. (a)

माना गायों की संख्या $= x$

$\frac{175 \times 12}{475} = \frac{x \times 30}{1187.50}$

$x = \frac{175 \times 12 \times 1187.50}{475 \times 30} = 175$

11. (d)

12 मजदूर 7 घंटे प्रतिदिन काम करके 10 दिन में 2128 रुपये कमाते हैं।

1 मजदूर 1 घंटे प्रतिदिन काम करके 10 दिन में $\frac{2128}{12 \times 7 \times 10}$

18 मजदूर 5 घंटे प्रतिदिन काम करके 15 दिन में $\frac{2128 \times 18 \times 5 \times 15}{12 \times 7 \times 10} = 3420$रु.

12. (c)

9 दिनों में 1200 रु. कमाते हैं 25 लड़के

1 दिन में 1 रु. कमायेंगे $= \frac{25 \times 9}{1200}$ लड़के

12 दिन में 1664 रु. कमायेंगे

$= \frac{25 \times 9 \times 1664}{12 \times 1200} = 26$ लड़के

13. (d)

$1 \times 8 = 1 \times \frac{120}{100} \times x$

$x = \frac{8 \times 100}{120} = \frac{8 \times 5}{6} = \frac{4 \times 5}{3} = \frac{20}{3} = 6\frac{2}{3}$ दिन

14. (a)

माना C उस काम को x दिनों में समाप्त कर सकेगा।

A : B : C
3 : 1
4 : 1

12 : 4 : 1

$24 \times 12 = 1 \times x$

$x = 288$ दिन

15. (b)

माना आदमियों की संख्या $= x$

$$\frac{60 \times 5 \times 25}{200} = \frac{x \times 4 \times 20}{200 \times \frac{160}{100}}$$

$$x = \frac{60 \times 5 \times 25 \times 200 \times 160}{200 \times 4 \times 20 \times 100}$$

$x = 150$

अतिरिक्त आदमी $= 150 - 60 = 90$

16. (c)

माना दिनों की सख्या x हैं।

3 आदमी $= 4$ बच्चे

1 आदमी $= \frac{4}{3}$ बच्चे

16 आदमी $= \frac{4}{3} \times 16 = \frac{64}{3}$ बच्चे

$$\frac{64 \times 8 \times 18}{3} = 32 \times 6 \times x$$

$$x = \frac{64 \times 8 \times 18}{3 \times 32 \times 6} = 16 \text{ दिन}$$

17. (c)

माना वह x खिलौने तैयार कर पायेगा।

$$\frac{1 \times 1 \times 20}{30} = \frac{1 \times 160 \times 40}{100 \times x}$$

$$x = \frac{160 \times 40 \times 30}{100 \times 20} = 96 \text{ खिलौने}$$

18. (c)

माना कि हौज भरने में लगा समय $= t$

$$\frac{\frac{120}{2}}{3} = \frac{t}{\frac{90}{100}}$$

$$\frac{120 \times 3}{2} = \frac{100 \times t}{90}$$

$$t = \frac{120 \times 3 \times 90}{2 \times 100} = 162 \text{ मिनट}$$

19. (a)

माना शुरू में x मजदूर काम पर लगाए गए।

$x \times 12 = (x - 4) \times 18$

$12x = 18x - 72$

$6x = 72 \Rightarrow x = 12$

20. (d)

24 दिन में काम खत्म करते हैं 55 आदमी

1 दिन में काम खत्म करते हैं 55×24

15 दिन में खत्म करते हैं $\frac{55 \times 24}{15} = 88$

अतिरिक्त आदमी $= 88 - 55 = 33$ आदमी

21. (d)

$$\frac{250 \times 20}{2000} = \frac{x \times 25}{4500}$$

$$x = \frac{250 \times 20 \times 4500}{25 \times 2000} = 450$$

22. (c)

$0.9 : 9.9 = 112.5 : ?$

$$\frac{0.9}{9.9} = \frac{112.5}{?}$$

$$? = \frac{112.5 \times 9.9}{0.9} = 1237.5 \text{ किमी}$$

23. (c)

32 दिन में काम समाप्त करते हैं 50 आदमी

10 दिन में काम समाप्त करते हैं $= \frac{50 \times 32}{10}$

$= 160$ आदमी

24. (c)

$$\frac{22 \times 33}{1331} = \frac{m_2 \times 44}{1210}$$

$$m_2 = \frac{22 \times 33 \times 1210}{1331 \times 44} = 15$$

25. (d)

$$\frac{21 \times 6 \times 16}{60} = \frac{14 \times 4 \times d_2}{75}$$

$$d_2 = \frac{21 \times 6 \times 16 \times 75}{60 \times 14 \times 4} = 45 \text{ दिन}$$

26. (b)

माना चौड़ाई = b मीटर

$$\frac{4\times12}{5\times4\times2}=\frac{2\times3}{3\times2\times x}$$

$$x=\frac{5\times4\times2\times2\times3}{4\times12\times3\times2}=\frac{5}{6}$$ मीटर

27. (a)

$800 \times 36 = m_2 \times 24$

$$m_2=\frac{800\times36}{24}=1200$$

अतिरिक्त सैनिक = 1200 – 800 = 400

28. (a)

$24 \times 7 \times 18 = m_2 \times 16 \times 9$

$$m_2=\frac{24\times7\times18}{16\times9}=21$$ मजदूर

29. (b)

16 दिन में काम पूरा करते है 9 आदमी

24 दिन में काम पूरा करते हैं $\frac{9\times16}{24}=6$ आदमी

30. (c)

$24 \times 7 \times 27 = 14 \times 9 \times d_2$

$$d_2=\frac{24\times7\times27}{14\times9}=36$$ दिन

31. (a)

$(150 - 25) \times x = 150 \times (45 - 10)$

$125 \times x = 150 \times 35$

$$x=\frac{150\times35}{125}=42$$ दिन

32. (a)

अभीष्ट दिन $=\frac{7\times7}{7}=7$ दिन

33. (c)

20 दिन बाद शेष कार्य $=1-\frac{1}{3}=\frac{2}{3}$ भाग

20 दिन में – काम पूरा करते हैं 20 आदमी

1 दिन में 1 काम पूरा करते हैं $= 20 \times 20 \times 3$

25 दिन में $\frac{2}{3}$ काम पूरा करते हैं

$$=\frac{20\times20\times3\times2}{25\times3}=32$$ आदमी

अतिरिक्त आदमियों की संख्या = 32 – 20

= 12 आदमी

34. (c)

$12 \times 20 = 15 \times m_2$

$$m_2=\frac{12\times20}{15}=16$$ व्यक्ति

35. (b)

$$d=\frac{18\times100\times42}{30\times140}=18$$ दिन

36. (c) x

अभीष्ट कमाई $=\frac{9\times6\times840}{6\times8}=945$ ₹

37. (a)

$16 \times 7 \times 48 = 14 \times 12 \times d_2$

$$d_2=\frac{16\times7\times48}{14\times12}=32$$ दिन

38. (b)

अभीष्ट दिन $=\frac{21\times25}{21+14}=\frac{21\times25}{35}=15$ दिन

39. (d)

$40 \times 12 = 30 \times d_2$

$$d_2=\frac{40\times12}{30}=16$$ दिन

40. (b)

$$\frac{900}{18\times10}=\frac{660}{m_2\times12}$$

$$m_2=\frac{660\times18\times10}{900\times12}=11$$ जिल्दसाज

समय तथा कार्य
Work and Time

- यदि x किसी कार्य को n दिन में समाप्त करे, तो x का 1 दिन का कार्य $=\frac{1}{n}$
- यदि x का 1 दिन का कार्य $(1/n)$ हो, तो पूरे कार्य को समाप्त करने में x को n दिन लगेंगे।
- यदि x की कार्य क्षमता y से दुगुनी हो तो किसी कार्य को समाप्त करने मे x को y से आधा समय लगेगा।
- यदि किसी कार्य को करने में लगे मनुष्यों की संख्या किसी विशेष अनुपात में घटा दी जाये (या बढ़ा दी जाये) तो उसी कार्य को समाप्त करने में लगा समय उसी अनुपात में बढ़ जाता है (या घट जाता है)।

उदाहरण (Examples)

1. तीन मजदूर A, B, C एक बालू की गाड़ी 8 घण्टे में भर सकते हैं। A तथा C मिलकर इसे 12 घण्टे में व A तथा B मिलकर इसे 13 घण्टे 20 मिनट में भर सकते हैं। यदि तीनों मजदूर मिलकर बालू की इस गाड़ी को भरें तथा कुल मजदूरी 225 रु. हो, तो प्रत्येक को कितने-कितने रूपये मिलेंगे?

B का 1 घण्टे का कार्य

= [(A + B + C) का 1 घण्टे का कार्य]

− [(A + B) का 1 घण्टे का कार्य]

$$=\left(\frac{1}{8}-\frac{1}{12}\right)=\frac{1}{24}$$

C का 1 घण्टे का कार्य

= [(A + B + C) का 1 घण्टे का कार्य]

− [(A + B) का 1 घण्टे का कार्य]

$$=\left(\frac{1}{8}-\frac{3}{40}\right)=\frac{2}{40}=\frac{1}{20}$$

A का 1 घण्टे का कार्य $=\frac{1}{8}-\left(\frac{1}{24}+\frac{1}{20}\right)=\frac{1}{30}$

$$\therefore A:B:C=\frac{1}{30}:\frac{1}{24}:\frac{1}{20}=4:5:6$$

A का भाग $=\left(225\times\frac{4}{15}\right)=60$ रु.

B का भाग $=\left(225\times\frac{5}{15}\right)=75$ रु.

C का भाग $[225-(60+75)]=90$ रु.

2. x की कार्य करने की क्षमता y से दुगुनी है। अतः किसी कार्य को x पूरा करने में y से 20 दिन कम लेता है। दोनों मिलकर उस कार्य को समाप्त करने में कितने दिन लेंगे?

x तथा y की कार्य क्षमता का अनुपात $=2:1$

x तथा y द्वारा कार्य को समाप्त करने में लगे समय का अनुपात $=1:2$

माना x तथा y को कार्य समाप्त करने में क्रमशः a तथा $2a$ दिन लगते हैं।

तब $2a-a=20$

अर्थात $a=20$

अतः x इस कार्य को 20 दिन में तथा y इसे 40 दिन में समाप्त करेगा।

$\therefore (x+y)$ का 1 दिन का कार्य $=\left(\frac{1}{20}+\frac{1}{40}\right)=\frac{3}{40}$

$\therefore$ A तथा B मिलकर इस कार्य को $\frac{40}{3}$ दिन

अर्थात $13\frac{1}{3}$ दिन में समाप्त कर सकेंगे।

3. 8 व्यक्ति एक कार्य को 16 दिन में समाप्त कर सकते हैं। आठों ने मिलकर कार्य आरम्भ किया तथा 2 दिन बाद 8 और व्यक्ति आ गये। शेष कार्य कितने दिनों में समाप्त होगा?

8 व्यक्तियों का 2 दिनों का कार्य $=\left(\frac{1}{16}\times 2\right)=\frac{1}{8}$

शेष कार्य $=\left(1-\frac{1}{8}\right)=\frac{7}{8}$

8 व्यक्तियों का 1 दिन का कार्य $=\frac{1}{16}$

1 व्यक्ति का 1 दिन का कार्य $=\frac{1}{128}$

16 व्यक्तियों का 1 दिन का कार्य $=\left(16\times\frac{1}{128}\right)=\frac{1}{8}$

माना शेष कार्य 16 व्यक्ति x दिन में करेंगे।

तब,

$$\frac{1}{8}:\frac{7}{8}::1:x$$

अर्थात $x=\left(\frac{7}{8}\times 1\times 8\right)=7$

4. A एक कार्य को 9 घण्टे प्रतिदिन कार्य करके 7 दिन में समाप्त कर सकता है जबकि B प्रतिदिन 7 घण्टे कार्य करके 6 दिन में समाप्त कर सकता है। दोनों मिलकर $8\frac{2}{5}$ घण्टे प्रतिदिन कार्य करके, कितने दिनों में कार्य समाप्त कर सकेंगे?

प्रश्नानुसार

A तथा B क्रमशः 63 घण्टे तथा 42 घण्टे में समाप्त कर सकते हैं।

$\therefore$ (A + B) का 1 घण्टे का कार्य

$$=\left(\frac{1}{63}+\frac{1}{42}\right)=\frac{5}{126}$$

अतः दोनों इस कार्य को समाप्त करने में $\frac{126}{5}$

चूँकि कार्य प्रतिदिन $8\frac{2}{5}$ घण्टे होता है,

अतः दिनों की संख्या $=\left(\frac{126}{5}\times\frac{5}{42}\right)=3$

5. x किसी कार्य को समाप्त करने में y से 3 दिन कम लेता है। इस पर x ने अकेले 4 दिन कार्य किया तथा शेष कार्य y ने अकेले समाप्त कर दिया। इस प्रकार कार्य समाप्त होने में 14 दिन लगे। x अथवा y अकेले इस कार्य को कितने दिनों में समाप्त करेंगे?

माना y कार्य को x दिन में तथा x इसे $(x-3)$ दिन में समाप्त कर सकता है।

$$\frac{4}{(x-3)}+\frac{10}{x}=1$$
$$4x+10(x-3)=x(x-3)$$
$$x^2-17x+30=0$$
$$(x-15)(x-2)=0$$
$$x=15$$

x इसे 12 दिन में तथा y इसे 15 दिन में समाप्त कर सकता है।

6. एक कार्य को 12 बच्चे 16 दिन में पूरा करते है। जबकि 8 व्यस्क इसे 12 दिन में पूरा कर सकते हैं। 16 व्यस्कों में मिलकर कार्य प्रारम्भ किया तथा 3 दिन बाद 10 व्यस्क काम छोड़कर चले गये तथा 4 और बच्चे कार्य में लग गये शेष, कार्य को समाप्त करने में कितने दिन लगेंगे?

माना 1 बच्चे का 1 दिन का कार्य $=x$

1 व्यस्क का 1 दिन का कार्य $=y$

$$\therefore \left[12x=\frac{1}{16}=x=\frac{1}{192}\right]$$
$$\left[8y=\frac{1}{12};y=\frac{1}{96}\right]$$

16 व्यस्को का 3 दिन का कार्य $=\left(16\times\frac{1}{96}\times 3\right)=\frac{1}{2}$

शेष कार्य $=\left(1-\frac{1}{2}\right)=\frac{1}{2}$

(6 व्यस्को + 4 बच्चों) का 1 दिन का कार्य

$$=\left(\frac{6}{96}+\frac{4}{192}\right)=\frac{1}{12}$$

अधिक कार्य अधिक दिन।

$\frac{1}{12}:\frac{1}{2}::1:x$ अर्थात $x=\left(\frac{1}{2}\times 1\times 12\right)=6$ दिन

7. यदि 10 आदमी अथवा 18 लड़के किसी कार्य को 15 दिन में समाप्त कर सके, तो 25 आदमी तथा 15 लड़के इससे दुगुने काम को कितने दिन में समाप्त कर सकेंगे?

10 आदमी $=18$ लड़के अर्थात 5 आदमी

$=9$ लड़के

$\therefore$ 25 आदमी $+$ 5 लड़के

$=\left(25\times\frac{9}{5}\right)$ लड़के $+15$ लड़के

$=60$ लड़के

अधिक लड़के, कम दिन (विलोनानुपात)

$60 : 18 : : 5 : x$

$x=\left(\frac{18\times15}{60}\right)$

$=4\frac{1}{2}$ दिन

8. B किसी काम को जितने समय में करता है उसके 1/6 समय में A आधा काम करता है, यदि काम को पूरा करने के लिए दोनों को कुल 10 दिन लगते हैं तो B अकेला उस काम को कितने समय में करेगा?

माना B अकेला उस काम को पूरा x दिन में करेगा

$\therefore$ B द्वारा 1 दिन में किया गया काम $=\frac{1}{x}$

$\because$ A अकेला उसका $\frac{1}{2}$ काम पूरा करेगा $=\frac{1}{6}x$

तब A अकेला उस पूरे काम को करेगा $=2\times\frac{1}{6}x$

$=\frac{x}{3}$ दिन में

$\therefore$ A द्वारा 1 दिन में किया गया काम $=\frac{3}{x}$

$\because$ (A + B) दोनों द्वारा 1 दिन में किया गया काम

$=\left(\frac{3}{x}+\frac{1}{x}\right)$

$\therefore \frac{3}{x}+\frac{1}{x}=\frac{1}{10}$

$\therefore \frac{4}{x}=\frac{1}{10}$

$x=40$

अत: B अकेले 40 दिन में काम पूरा कर लेगा।

9. A किसी काम के $\frac{4}{5}$ भाग को 20 दिनों में करता है। फिर वह B को बुलाकर उसके साथ मिलकर शेष काम को 3 दिनों में पूरा करता है। अकेले B को उस काम को करने में कितना समय लगेगा?

A का एक दिन का काम $=\frac{4}{5\times20}=\frac{1}{25}$

(A + B) द्वारा 3 दिन में किया गया काम $=\frac{1}{5}$

$\therefore$ (A + B) द्वारा एक दिन में किया गया काम $=\frac{1}{15}$

$\therefore$ B द्वारा एक दिन में किय गया काम $=\frac{1}{15}-\frac{1}{15}=\frac{2}{75}$

अत: B अकेले पूरा काम $=\frac{75}{2}=37\frac{1}{2}$ दिनों में करेगा।

10. किसी खेत के $\frac{2}{5}$ भाग को A, 6 दिन में जोत सकता है और उसी खेत के $\frac{1}{3}$ भाग को B, 10 दिन में जोत सकता है, A और B दोनों मिलकर उस खेत के $\frac{4}{5}$ भाग को कितने दिनों में जोतेंगे?

$\because$ A द्वारा 1 दिन में जोता गया खेत का भोग

$=\frac{2}{5}\times\frac{1}{6}=\frac{1}{5}$

B द्वारा 1 दिन में जोता गया खेत का भाग

$=\frac{1}{3}\times\frac{1}{10}=\frac{1}{30}$

$\therefore$ (A + B) द्वारा 1 दिन में जोता गया खेत का भाग $=\frac{1}{15}+\frac{1}{30}=\frac{1}{10}$

$\therefore$ (A + B) द्वारा पूरा खेत जोतने में लगा समय

$=10$ दिन

$\therefore$ (A + B) द्वारा $\frac{4}{5}$ भाग खेत जोतने में लगा समय

$=\frac{4}{5}\times10=8$ दिन

अभ्यास प्रश्न (Practice Questions)

1. A एक काम को 4 घंटों में कर सकता है। B और C उसे 3 घंटों में तथा A और C उसे 2 घंटों में कर सकते हैं। B अकेला उस काम को कितने समय में करेगा?
   (a) 12 घंटे (b) 10 घंटे
   (c) 24 घंटे (d) 8 घंटे
2. A एक काम को 25 दिन में कर सकता है और B उसी काम को 30 दिन में कर सकता है। ये दोनों मिलकर 5 दिन काम करते हैं, फिर A चला जाता है। B शेष काम को कितने दिन में करेगा?
   (a) 10 दिन (b) 21 दिन
   (c) 19 दिन (d) 20 दिन
3. रमेश किसी काम के $\frac{3}{4}$ भाग को 12 दिनों में कर सकता है, तो वह उसी काम के $\frac{1}{2}$ भाग को कितने दिनों में पूरा करेगा?
   (a) 8 दिन (b) 16 दिन
   (c) 12 दिन (d) 4 दिन
4. मोहन एक दिन में सोहन से दुगुना काम करता है और इसी लिए एक काम को सोहन से 60 दिन कम में करता है। उसी काम को मोहन और सोहन मिलकर कितने दिनों में पूरा कर सकेंगे?
   (a) 40 दिन (b) 25 दिन
   (c) 20 दिन (d) 30 दिन
5. यदि 5 पुरुष या 8 महिलाएँ किसी काम को 12 दिन में कर सकते हैं, उसी काम को 2 पुरुष और 4 महिलाएँ मिलकर कितने दिन में कर सकेंगे?
   (a) $13\frac{1}{2}$ दिन (b) 15 दिन
   (c) $13\frac{1}{3}$ दिन (d) 10 दिन
6. राम किसी काम को 60 दिन में कर सकता है। वह 15 दिन काम करता है, फिर श्याम ने अकेले शेष कार्य को 30 दिन में पूरा किया। दोनों मिलकर काम को कितने समय में पूरा कर सकते हैं?
   (a) 25 दिन (b) 24 दिन
   (c) 32 दिन (d) 30 दिन
7. आमिर एक काम को 15 दिन में पूरा कर सकता है। साबिर काम करने में आमिर से 50% अधिक कुशल है, उस काम को साबिर कितने दिन में कर सकेगा?
   (a) 12 दिन (b) 10 दिन
   (c) $10\frac{1}{2}$ दिन (d) 14 दिन
8. एक काम को 8 पुरुष और 4 महिलाएँ 12 दिन में करते हैं। यदि उसी काम को 8 महिलाएँ और पुरुष करें, तो काम कितने दिन में पूरा होगा?
   (a) 6 दिन (b) 12 दिन
   (c) 8 दिन (d) तय नहीं कर सकते
9. यदि 12 आदमी अथवा 18 औरतें एक खेत को 14 दिनों में जोत सकते हैं, तो 8 आदमी तथा 16 औरतें उसी खेत को कितने दिनों में जोतेंगे?
   (a) 9 (b) 7
   (c) 5 (d) 8
10. A, B तथा C एक काम को क्रमशः 10, 12 और 15 दिनों में कर सकते हैं। यदि B 2 दिन काम करके छोड़ दे, तो शेष काम A और C मिलकर कितने दिन में करेंगे?
    (a) 3 दिन (b) 2 दिन
    (c) $2\frac{1}{2}$ दिन (d) $3\frac{1}{2}$ दिन
11. दिनेश की कार्यक्षमता रमेश से डेढ़ गुनी है। अगर रमेश किसी कार्य को 12 दिन में पूरा करता है, तो दोनों मिलकर उसी कार्य को कितने दिन में पूरा करेंगे?
    (a) 7 दिन (b) 9 दिन
    (c) 12 दिन (d) इनमें से कोई नहीं।
12. 3 आदमी या 6 औरतें एक काम को 16 दिन में कर सकते हैं, तो 12 आदमी और 8 औरतें उस काम को कितने दिन में पूरा कर लेंगे?
    (a) 4 दिन (b) 2 दिन
    (c) 3 दिन (d) 5 दिन
13. 12 आदमी एक काम को 18 दिन में पूरा कर सकते हैं। उनके काम प्रारम्भ करने के 6 दिन बाद 4 आदमी और शामिल हो गए। शेष काम को सब मिलकर कितने दिन में पूरा कर लेंगे?
    (a) 12 दिन (b) 10 दिन
    (c) 9 दिन (d) 15 दिन

14. 20 व्यक्ति मिलकर एक काम को 20 दिन में पूरा करते हैं। 25 व्यक्ति जो पहले वाले व्यक्तियों जितने दक्ष हैं, उस काम को कितने दिन में कर लेंगे?
(a) 16 दिन (b) 12 दिन
(c) 20 दिन (d) 25 दिन

15. 12 आदमी एक काम को 9 दिन में पूरा कर सकते हैं, काम शुरू होने के 3 दिन के बाद 4 आदमी और आ गए। बाकी काम कितने दिन में समाप्त होगा?
(a) 2 दिन (b) 5 दिन
(c) 3 दिन (d) $4\frac{1}{2}$ दिन

16. यदि 12 आदमी किसी काम का $\frac{3}{5}$ भाग 10 दिनों में कर सकते हैं, तो 20 दिनों में काम समाप्त करने के लिए कितने आदमी काम पर लगाने होंगे?
(a) 10 आदमी (b) 7 आदमी
(c) 9 आदमी (d) 8 आदमी

17. 14 कारीगर 5 दिन में 1400 खिलौने बनाते हैं। काम शुरू करने के एक दिन बाद 14 कारीगर और उनके साथ शामिल होते हैं। बचा हुआ काम ये कितने दिनों में पूरा करेंगे?
(a) 2 दिन (b) $3\frac{1}{2}$ दिन
(c) 3 दिन (d) $2\frac{1}{2}$ दिन

18. कुछ आदमी एक काम को 40 दिन में पूरा करते हैं। यदि 8 आदमी और होते तो काम 10 दिन पहले पूरा हो जाता, प्रारंभ में कितने आदमी थे?
(a) 24 आदमी (b) 25 आदमी
(c) 23 आदमी (d) 22 आदमी

19. यदि 24 व्यक्ति 8 घंटे प्रतिदिन काम करके एक काम को 18 दिन में पूरा करते हैं, तो 36 व्यक्ति 12 घंटे प्रतिदिन काम करके उस काम को कितने दिन में पूरा करेंगे?
(a) 8 दिन (b) 6 दिन
(c) 12 दिन (d) 10 दिन

20. कुछ व्यक्तियों का एक समूह किसी काम को 90 दिन में पूरा कर सकते हैं। अगर 14 व्यक्ति चले जाते हैं, तो काम पूरा होने में 10 दिन और अधिक लगता है। व्यक्तियों की कुल वर्तमान संख्या क्या है?
(a) 126 (b) 110
(c) 96 (d) 140

21. एक काम को 12 आदमी 10 घंटे प्रतिदिन काम करके 32 दिन में पूरा करते हैं। 30 आदमियों को 16 दिन में काम समाप्त करने के लिए कितने घंटे प्रतिदिन लगेंगे?
(a) 8 घंटे (b) 21 घंटे
(c) 5 घंटे (d) 50 घंटे

22. 100 मीटर लंबी एक दीवार 7 पुरुष या 10 महिलाएँ 10 दिन में बना सकते हैं। 600 मीटर लंबी दीवार बनाने के लिए 14 पुरुष और 20 महिलाएँ कितने दिन लेंगे?
(a) 15 दिन (b) 25 दिन
(c) 20 दिन (d) 30 दिन

23. 64 आदमी 3 किमी लंबी नहर को 81 दिन में बना सकते हैं। काम शुरू होने के 27 दिन बाद कितने आदमी और लगाए जाएँ कि शेष काम 36 दिन में समाप्त हो जाए?
(a) 30 (b) 32
(c) 36 (d) 28

24. राम किसी कार्य को 20 दिन में कर सकता है, लेकिन वह केवल 4 दिन तक कार्य करने के बाद काम छोड़कर चला जाता है। शेष कार्य को श्याम 16 दिनों में पूरा करता है। अगर कुल कार्य के बदले उन्हें कुल 40 रु. की आय हो, तो श्याम को कितने रुपये मिलेगें?
(a) 24 रु. (b) 14 रु.
(c) 32 रु. (d) 8 रु.

25. 12 आदमी दिन भर काम कर किसी काम को 66 दिन में समाप्त करते हैं। उसमें से 3 सिर्फ आधा समय तक तथा 3 सिर्फ चौथाई समय तक काम करते हैं, तो काम कितने दिन में समाप्त होगा?
(a) 84 दिन (b) 90 दिन
(c) 132 दिन (d) 96 दिन

26. एक काम को पूरा करने के लिए 25 आदमी 20 दिन के लिए काम पर लगाए गए थे। लेकिन प्रत्येक 10 दिन पर 5-5 आदमी काम छोड़ते गए, तो काम कितने दिनों में पूरा होगा?
(a) $23\frac{1}{3}$ दिन (b) 26 दिन
(c) 27 दिन (d) 28 दिन

27. A तथा B की कार्यक्षमता का अनुपात 4:5 है यदि A अकेले किसी काम को 15 दिनों में पूरा करे, तो B अकेले उसे कितनें दिनों में पूरा करेगा?

(a) 12 दिन (b) 10 दिन
(c) 14 दिन (d) 8 दिन

28. A किसी काम को 30 घंटे में तथा B उसे 45 घंटे में अलग-अलग पूरा कर सकते हैं। दोनों एक साथ मिलकर उस काम को कितने समय में सम्पन्न करेंगे?
(a) 16 घंटे (b) 18 घंटे
(c) 15 घंटे (d) 20 घंटे

29. A, B और C एक साथ एक काम को 20 दिनों में कर सकते हैं। यदि B और C अलग-अलग उस काम को क्रमश: 40 और 50 दिनों में पूरा कर सकते हैं, तो A अकेले उसे कितने दिनों में पूरा करेगा?
(a) 180 दिन (b) 200 दिन
(c) 220 दिन (d) 210 दिन

30. 7 पुरुष या 10 महिलायें किसी काम को 24 दिनों में पूरा करते हैं। तथा 9 पुरुष 6 महिलायें उस काम को 16 दिनों में पूरा कर सकते हैं। एक पुरुष की कार्यक्षमता कितनी महिलाओं के बराबर है?
(a) $\frac{9}{4}$ (b) $\frac{7}{4}$
(c) $\frac{7}{3}$ (d) $\frac{9}{5}$

31. A और B एक काम को 12 दिनों में, A और C उसे 15 दिनों में और B तथा C उसे 20 दिनों में पूरा करते हैं। A, B और C उस काम का आधा भाग एक साथ मिलकर कितने दिनों में पूरा करेंगे?
(a) 4 दिन (b) 8 दिन
(c) 6 दिन (d) 5 दिन

32. 4 पुरुष और 6 औरतें किसी काम को 10 दिनों में तथा 5 पुरुष और 2 औरतें उसी काम को 12 दिनों में समाप्त कर सकते हैं। 10 पुरुष और 15 औरतें उसी काम को कितने दिनों में पूरा करेंगे?
(a) 3 दिन (b) 4 दिन
(c) 5 दिन (d) 6 दिन

33. B और C एक काम को 36 दिनों में, C और A उसे 24 दिनों में तथा A और B उसे 27 दिनों में पूरा करते हैं। B अकेले उसे कितने दिनों में पूरा करेगा?
(a) 86– दिन (b) $87\frac{2}{5}$ दिन
(c) $90\frac{2}{5}$ दिन (d) $88\frac{2}{5}$ दिन

34. A और B एक काम को अलग-अलग क्रमश: 12 और 18 दिनों में पूरा कर सकते हैं। 6 दिनों तक B अकेले काम करता है तथा शेष काम वह A के लिए छोड देता है। A शेष काम को कितने दिनों में पूरा करेगा?
(a) 10 दिन (b) 8 दिन
(c) 12 दिन (d) 6 दिन

35. 12 बच्चे और 20 पुरुष किसी काम को 30 दिनों में पूरा करते हैं। एक पुरुष एक बच्चा से निश्चित समय में तिगुना अधिक काम कर सकता है। 216 बच्चे उस काम को कितने दिनों में समाप्त करेंगे?
(a) 15 दिन (b) 12 दिन
(c) 8 दिन (d) 10 दिन

36. B, A से 40% अधिक सक्षम श्रमिक है। यदि B अकेले किसी काम को 30 दिनों में करे, तो A उसे अकेले कितने दिनों में पूरा करेगा?
(a) 44 दिन (b) 42 दिन
(c) 40 दिन (d) 46 दिन

37. B की कार्यक्षमता A का 80% है। यदि दोनों मिलकर एक काम को 24 दिनों में करतें है, तो B अकेले उस काम को कितने दिनों में पूरा करेगा?
(a) 48 दिन (b) 54 दिन
(c) 60 दिन (d) 45 दिन

38. मीरा और श्याम क्रमश: 10 और 25 दिनों में एक काम को समाप्त कर सकते हैं। दोनों ने क्रमागत ढंग से काम करना शुरू किया। यदि शुरुआत श्याम से हो, तो पूरा काम कितने दिनों में समाप्त हो जाएगा?
(a) $13\frac{1}{2}$ दिन (b) $14\frac{1}{2}$ दिन
(c) $15\frac{1}{2}$ दिन (d) $16\frac{1}{2}$ दिन

39. 20 पुरुष किसी काम को 25 दिनों में पूरा कर सकते हैं। जबकि उसी काम को 30 औरत 35 दिनों में कर सकती है। 10 पुरुष और 9 औरत मिलकर उस काम को कितने दिनों में पूरा करेंगे?
(a) 35 दिन (b) 40 दिन
(c) 36 दिन (d) 42 दिन

40. A और B की कार्यक्षमता का अनुपात 6:11 है। यदि A किसी काम को करने में B से 35 दिन अधिक समय ले, तो B अकेले उसे कितने दिनों में पूरा करेगा?
(a) 42 दिन (b) 49 दिन
(c) 35 दिन (d) 56 दिन

41. A किसी काम को 18 दिनों में, B 20 दिनों में तथा C 30 दिनों में पूरा कर सकता है। B और C 2 दिनों तक साथ-साथ काम करते हैं और उसके बाद वे दोनों काम करना छोड़ देते हैं। शेष काम A कितने दिनों में पूरा करेगा?

(a) 15 दिन (b) 14 दिन
(c) 20 दिन (d) 30 दिन

42. 36 आदमी एक नहर को 50 दिनों में खोद सकते हैं। एक आदमी की कार्यक्षमता एक लड़के की कार्यक्षमता से 50 प्रतिशत अधिक है। 10 आदमी और 10 लड़के मिलकर उसे खोदने में कितने दिन लेंगे?

(a) 108 दिन (b) 120 दिन
(c) 100 दिन (d) 112 दिन

43. किसी टंकी में तीन नल लगे हुए है, जो अलग - अलग उस टंकी को क्रमश: 30 घंटे, 20 घंटे और 10 घंटे में भर सकतें है। यदि तीनों नल एक साथ खोल दिया जाए तो वह कितने घंटे में भर जाएगा?

(a) $5\frac{5}{11}$ घंटे (b) $5\frac{3}{11}$ घंटे
(c) $5\frac{7}{11}$ घंटे (d) $5\frac{2}{11}$ घंटे

44. रोहन, सोहन और मनोज अलग-अलग किसी काम को क्रमशः 5 दिन, 10 दिन, 12 दिनों में पूरा कर सकते हैं। यदि वे एक साथ काम करें, तो 1380 रु. की कुल मजदूरी में से मनोज का हिस्सा क्या होना चाहिए?

(a) 300 रु. (b) 350 रु.
(c) 320 रु. (d) 360 रु.

45. अ, ब और स एक साथ 10 एकड़ में खड़े फसल को 80 मिनट में काट सकते हैं। अ और ब अलग-अलग उसे क्रमश: 160 और 240 मिनट में काट सकते हैं। स अकेले उसे कितने मिनटों में काट सकता है?

(a) 480 मिनट (b) 520 मिनट
(c) 500 मिनट (d) 460 मिनट

46. 30 आदमी 8 घंटे प्रतिदिन काम करके किसी काम को 24 दिनों में पूरा करते हैं, तो 18 आदमी 10 घंटे प्रतिदिन काम करके उससे दुगुने काम को कितने दिनों में समाप्त करेंगे?

(a) 45 दिन (b) 60 दिन
(c) 50 दिन (d) 64 दिन

47. A एक काम को 12 दिनों में करता है। B उसी काम को 10 दिनों में कर सकता है। लेकिन C की सहायता से वे उस काम को 4 दिनों में पूरा करते हैं। C अकेला उस काम को कितने दिन में पूरा करेगा?

(a) 18 दिन (b) 15 दिन
(c) 16 दिन (d) 8 दिन

48. A किसी काम को 16 दिनों तथा B उसे 24 दिनों में कर सकता है। C की सहायता से वे काम को 6 दिनों में पूरा करते हैं। यदि कुल परिश्रमिक 560 रु. मिला तो A का हिस्सा होगा

(a) 180 रु. (b) 210 रु.
(c) 230 रु. (d) 140 रु.

49. सुनील तथा विकास किसी काम को क्रमशः 15 तथा 20 दिनों में पूरा करते हैं। उन्होंने 5 दिनों तक काम किया। उसके बाद विकास ने काम करना छोड़ दिया। सुनील शेष काम को कितने दिनों में पूरा करेगा?

(a) 6 दिन (b) $6\frac{1}{4}$ दिन
(c) 8 दिन (d) $8\frac{2}{3}$ दिन

50. A और B मिलकर 200 रु. में कोई काम लेते हैं। A अकेला इसे 24 दिनों में कर सकता है और B अकेला 30 दिनों में कर सकता है। C की मदद से ये लोग उस काम को 12 दिन में पूरा कर देते हैं। C को क्या मिलेगा?

(a) 180 रु. (b) 100 रु.
(c) 20 रु. (d) 50 रु.

51. यदि 10 पुरुष या 18 लड़के किसी काम को 15 दिनों में करते हैं, तो 25 पुरुष तथा 15 लड़के उससे तिगुने काम को कितने दिनों में करेंगे?

(a) 12 दिन (b) 9 दिन
(c) 15 दिन (d) $13\frac{1}{2}$ दिन

52. यदि 2 पुरुष तथा 3 लड़के एक कार्य को 8 दिनों में और 3 पुरुष तथा 2 लडके उसी कार्य को 7 दिनों में पूरा कर सकते हैं, तो 5 पुरुष तथा 4 लड़के उसी कार्य को पूरा करने में कितना समय लेंगे?

(a) 2 दिन (b) 3 दिन
(c) 4 दिन (d) इनमें से कोई नहीं।

53. A एक काम को 40 दिनों में कर सकता है। उसने 5 दिनों तक काम किया। फिर B ने 21 दिनों में इसे पूरा किया। A और B दोनों मिलकर कितने दिनों में इसे पूरा करेंगे?

(a) 15 दिन (b) 18 दिन
(c) 12 दिन (d) 10 दिन

54. जयन्त एक काम को 15 दिनों में तथा प्रमोद उसी काम को 12 दिनों में कर सकता है। प्रमोद ने काम शुरू किया तथा कार्य समाप्त होने के 5 दिन पूर्व जयन्त भी काम में सम्मिलित हो गया। काम कितने दिन चला?

(a) 13 दिन (b) 12 दिन
(c) 24 दिन (d) 8 दिन

55. अमर तथा अकबर किसी काम को क्रमश: 25 तथा 20 दिनों में पूरा करते हैं। दोनों साथ-साथ काम करना आरम्भ करते हैं, लेकिन अमर काम आरम्भ होने के 10 दिन बाद काम करना छोड़ देता है। पूरे काम को समाप्त करने में कुल कितना समय लगेगा?

(a) 15 दिन (b) 12 दिन
(c) 10 दिन (d) 8 दिन

56. A किसी काम को 6 दिनों में पूरा कर सकता है जबकि B उसे 12 दिनों में पूरा कर सकता है। दोनों मिलकर इस काम को कितने दिनों में समाप्त करेंगे?

(a) 4 दिन (b) 6 दिन
(c) 8 दिन (d) 7 दिन

57. A, B से तिगुना काम करता है। यदि दोनों मिलकर किसी काम को 15 दिनों में करते हैं, तो A अकेला उस काम को कितने दिनों में पूरा करेगा?

(a) 20 दिन (b) 21 दिन
(c) 15 दिन (d) 18 दिन

58. A किसी काम को करने में B तथा C दोनों के मिलकर करने से चौगुना समय लेता है। यदि तीनों मिलकर किसी काम को 12 दिनों में करते हैं, तो A अकेला उस काम को कितने दिन में समाप्त करेगा?

(a) 50 दिन (b) 55 दिन
(c) 35 दिन (d) इनमें से कोई नहीं

59. A, B तथा C किसी काम को क्रमश: 20, 25 तथा 30 दिनों में पूरा करते हैं। तीनों साथ-साथ काम करना आरंभ करते हैं, लेकिन C काम शुरू होने के 3 दिन बाद काम करना छोड़ देता है। काम पूरा होने में कुल कितना समय लगेगा?

(a) 15 दिन (b) 10 दिन
(c) 8 दिन (d) 12 दिन

60. कुछ आदमियों द्वारा 24 दिनों में आधा काम पूरा करने के पश्चात 18 आदमी और काम पर लगाये गये और शेष आधा काम 16 दिनों में पूरा हुआ। शुरू में कितने आदमी काम पर लगाये गए थे?

(a) 64 (b) 32
(c) 36 (d) इनमें से कोई नहीं।

61. राम एक काम को 4 दिनों में करता है, जबकि रहीम उसी काम को 6 दिनों में करता है। जॉन, राम की तुलना में $1\frac{1}{2}$ गुना तेजी से काम करता है। तीनों मिलकर इसे कितने दिनों में पूरा करेंगें?

(a) $1\frac{5}{19}$ दिन (b) 12 दिन
(c) 18 दिन (d) 10 दिन

62. यदि 12 व्यक्ति तथा 16 लड़के किसी काम को 5 दिनों में पूरा कर सकते हैं और 13 व्यक्ति तथा 24 लड़के इसे 4 दिनों में पूरा कर सकते हैं। तो एक व्यक्ति तथा एक लड़के द्वारा रोज किए गए काम की तुलना कीजिए।

(a) 1 : 2 (b) 2 : 1
(c) 3 : 1 (d) 1 : 3

63. राम किसी कार्य को 8 दिन में और पारस उसी कार्य को 12 दिन में पूरा कर सकता है। यदि वे लोग कमल की मदद लें, तो तीनों मिलकर उस कार्य को 3 दिन में पूरा कर सकते हैं। राम और कमल उसी कार्य को कितने दिन में पूरा कर लेंगे?

(a) 12 दिन (b) 8 दिन
(c) 4 दिन (d) 6 दिन

64. 5 पुरुष तथा 3 लड़के 23 एकड़ खेत को 4 दिन में जोत सकते हैं। 3 परुष तथा 2 लड़के 7 एकड़ खेत को 2 दिन में जोत देते हैं। कितने लड़के 7 पुरुषों के साथ 45 एकड़ जमीन को 6 दिन में जोत लेंगे?

(a) 4 लड़के (b) 2 लड़के
(c) 6 लड़के (d) 1 लड़के

65. 110 मजदूर 8 घंटे प्रतिदिन कार्य करके 880 मी लम्बी, 7 मी चौड़ी तथा 2 मी गहरी खाई को 8 दिन में खोद सकते हैं। 490 मी लम्बी 8 मी चौड़ी, 3 मी गहरी खाई को 7 घंटे प्रतिदिन कार्य करके 6 दिन में खोदने के लिए कितने मजदूर लगाने पड़ेंगे?

(a) 140 (b) 160

(c) 180 (d) 120

66. A किसी कार्य का $\frac{2}{5}$ भाग 12 दिन में तथा B इस कार्य का $\frac{3}{4}$ भाग 18 दिन में कर सकता है। दोनों मिलकर इस कार्य को कितने दिन में कर लेंगे?

(a) $6\frac{2}{3}$ दिन (b) $8\frac{5}{11}$ दिन

(c) $7\frac{3}{7}$ दिन (d) $13\frac{1}{3}$ दिन

67. एक विद्युत पम्प एक टंकी को 3 घंटे में भर सकता है। टंकी के क्षरण के कारण टंकी को भरने में $\frac{7}{2}$ घंटे लगते हैं। क्षरण टंकी के पूरे पानी को कितने घंटे में निकाल सकता है

(a) 21 घंटे (b) $10\frac{1}{2}$ घंटे

(c) 12 घंटे (d) 16– घंटे

68. मजदूरों का एक समूह किसी कार्य को 10 दिन में करने का आश्वासन देता है, लेकिन उनमें से 5 अनुपस्थित हो जाते हैं। यदि शेष मजदूर कार्य को 15 दिन में पूरा कर देते हैं तो मजदूरों की कुल संख्या क्या है?

(a) 20 (b) 30

(c) 15 (d) इनमें से कोई नहीं।

69. किसी कार्य को A, B तथा C क्रमशः 24 दिन, 9 दिन, 12 दिन में कर सकते हैं। B तथा C कार्य को प्रारंभ करते हैं, परंतु उन्हें 3 दिन बाद यह कार्य छोड़ना पडता है। शेष कार्य को करने में A को लगा समय है

(a) $10\frac{1}{2}$ दिन (b) 6 दिन

(c) 10 दिन (d) 5 दिन

70. 3 आदमी किसी कार्य को 6 दिन में समाप्त कर सकते हैं। उनके कार्य आरंभ करने के 2 दिन बाद 3 आदमी और आ गए। शेष कार्य समाप्त होगा

(a) 3 दिन (b) 4 दिन

(c) 2 दिन (d) इनमें से कोई नहीं।

उत्तरमाला (Answer Key)

1. (a)	2. (c)	3. (a)	4. (a)	5. (c)	6. (b)	7. (b)	8. (b)	9. (a)	10 (a)
11. (d)	12. (c)	13. (c)	14. (a)	15. (d)	16. (a)	17. (a)	18. (a)	19. (a)	20. (d)
21. (a)	22. (a)	23. (b)	24. (c)	25. (d)	26. (a)	27. (a)	28. (b)	29. (b)	30. (a)
31. (d)	32. (b)	33. (a)	34. (b)	35. (d)	36. (b)	37. (b)	38. (b)	39. (a)	40. (a)
41. (a)	42. (a)	43. (a)	44. (a)	45. (a)	46. (d)	47. (b)	48. (b)	49. (b)	50. (c)
51. (d)	52. (c)	53. (a)	54. (d)	55. (b)	56. (a)	57. (a)	58. (d)	59. (b)	60. (c)
61. (a)	62. (b)	63. (c)	64. (b)	65. (b)	66. (d)	67. (a)	68. (c)	69. (c)	70. (c)

हल (Solutions)

1. (a)

A का 1 घंटे का काम $= \frac{1}{4}$

B + C का 1 घंटे का काम $= \frac{1}{3}$

A + C का 1 घंटे का काम $= \frac{1}{2}$

अकेले C का 1 घंटे का काम $= \frac{1}{2} - \frac{1}{4} = \frac{1}{4}$

अकेले B को काम करने में लगा समय

$= \frac{4 \times 3}{4-3} = 12$ घंटे

2. (c)

पूरा काम $= \frac{(25-5) \times 30}{25} = \frac{20 \times 30}{25} = 24$ दिन

B द्वारा शेष काम में लगा समय $= 24 - 5 = 19$ दिन

3. (a)

$12 \times \frac{4}{3} \times \frac{1}{2} = 8$ दिन

4. (a)

माना सोहन x दिन में काम पूरा करेगा।
मोहन उस काम को $(x-60)$ दिन में करेगा।

$\frac{1}{x-60} = \frac{2}{x}$

$x = 2x - 120 \Rightarrow x = 120$

मोहन और सोहन का एक दिन का काम

$= \frac{1}{60} + \frac{1}{120} = \frac{2+1}{120} = \frac{1}{40}$

मोहन और सोहन उस काम को 40 दिन में करेंगे।

5. (c)

8 महिलाएँ = 5 पुरुष

1 महिला $= \frac{5}{8}$ पुरुष

4 महिलाएँ $= \frac{5 \times 4}{8} = \frac{5}{2}$ पुरुष

2 पुरुष और 4 महिलाएँ $= 2 + \frac{5}{2} = \frac{9}{2}$ पुरुष

5 पुरुष 12 दिन में काम समाप्त करते हैं।

1 पुरुष 12×5

$\frac{9}{2}$ पुरुष $= \frac{12 \times 5 \times 2}{9} = \frac{40}{3} = 13\frac{1}{3}$ दिन

6. (b)

राम द्वारा 15 दिन में किया गया काम $= \frac{15}{60} = \frac{1}{4}$ भाग

शेष काम $= 1 - \frac{1}{4} = \frac{3}{4}$

श्याम $\frac{3}{4}$ भाग 30 दिन में करता है।

श्याम 1 भाग $30 \times \frac{4}{3} = 40$ दिन

राम और श्याम दोनों मिलकर $\frac{60 \times 40}{60+40} = \frac{60 \times 40}{100}$

$= 24$ दिन

7. (b)

आमिर का 1 दिन का काम $= \frac{1}{15}$

साबिर का 1 दिन का काम $= \frac{1}{15} \times \frac{150}{100} = \frac{1}{10}$

साबिर उस काम को 10 दिन में करेगा।

8. (b)

एक काम को 8 पुरुष और 4 महिलाएँ 12 दिन में करते हैं।
एक काम को 1 पुरुष और 1 महिला करेंगे

$12 \times 4 \times 8$

एक काम को 4 पुरुष और 8 महिलाएँ करेंगे

$\frac{12 \times 4 \times 8}{4 \times 8} = 12$ दिन

9. (a)

12 आदमी = 18 औरत

1 आदमी $= \frac{18}{12} = \frac{3}{2}$ औरत

8 आदमी $= \frac{3}{2} \times 8 = 12$ औरत

8 आदमी तथा 16 औरत $= 12 + 16 = 28$ औरत
18 औरतें खेत को 14 दिन में जोत सकती हैं।
1 औरतें खेत को 14×18

28 औरतें खेत को जोतेगीं $\frac{14 \times 18}{28} = 9$ दिन

10. (a)

A, B तथा C का 2 दिन का काम

$= \left(\frac{1}{10}+\frac{1}{12}+\frac{1}{15}\right)\times 2$

$= \left(\frac{6+5+4}{60}\right)\times 2 = \frac{1}{4}\times 2 = \frac{1}{2}$

शेष काम $= 1-\frac{1}{2} = \frac{1}{2}$ काम

A और C का 1 दिन का काम $= \frac{1}{10}+\frac{1}{15}$

$= \frac{3+2}{30} = \frac{5}{30} = \frac{1}{6}$

$\frac{1}{2}$ काम को A और C मिलकर करेंगे

$= 6\times\frac{1}{2} = 3$ दिन

11. (d)

दिनेश : रमेश

3 : 2 (क्षमता)

2 : 3 (समय)

: 3 = 12 दिन

: 2 = 8 दिन

दिनेश + रमेश $= \frac{12\times 8}{12+8} = \frac{96}{20} = \frac{24}{5} = 4\frac{4}{5}$ दिन

12. (c)

3 आदमी = 6 औरत

1 आदमी = 2 औरत

12 आदमी = 24 औरत

12 आदमी + 8 औरत = 24 + 8 = 32 औरत

6 औरतें एक काम को 16 दिन में करती हैं।

32 औरतें उस काम को करेगी $\frac{6\times 16}{32} = 3$ दिन

13. (c)

माना शेष काम को 16 आदमी x दिन में करते हैं।

$12 \times (18 - 6) = 16 \times x$

$x = \frac{12\times 12}{16} = 9$ दिन

14. (a)

20 व्यक्ति एक काम को 20 दिन में करते हैं।

25 व्यक्ति एक काम को $\frac{20\times 20}{25} = 16$ दिन

15. (d)

माना 16 आदमी बाकी काम को x दिन में समाप्त करते हैं।

$12 \times (9 - 3) = 16 \times x$

$x = \frac{12\times 6}{16} = \frac{9}{2} = 4\frac{1}{2}$ दिन

16. (a)

12 आदमी $\frac{3}{5}$ भाग 10 दिन में कर सकते हैं।

1 आदमी 1 भाग करेगा $= 10 \times 12 \times \frac{5}{3} = 200$ दिन

200 दिन में पूरा करता है 1 आदमी

20 दिन में पूरा करेगे $\frac{200}{20} = 10$ आदमी

17. (a)

अभीष्ट समय $= \frac{14\times 4}{28} = 2$ दिन

18. (a)

माना प्रारंभ में x आदमी थे।

$x \times 40 = (x + 8) \times (40 - 10)$

$40x = 30x + 240$

$10x = 240 \Rightarrow x = 24$

19. (a)

24 व्यक्ति 8 घंटे काम करके 18 दिन में पूरा करते हैं।

1 व्यक्ति 1 घंटे काम करके पूरा करेंगे

$= 18 \times 8 \times 24$ दिनो मे

36 व्यक्ति 12 घंटे काम करके पूरा करेंगे

$= \frac{18\times 8\times 24}{36\times 12} = 8$ दिन

20. (d)

माना व्यक्तियों की संख्या $= x$

$90x = (x - 14)\, 100$

$90x = 100x - 1400$

$10x = 1400 \Rightarrow x = 140$

21. (a)

$\because$ 12 आदमी 32 दिन में पूरा करते हैं 10 घंटे प्रतिदिन काम करके

$\therefore$ 1 आदमी 1 दिन में पूरा करेगा

$10 \times 12 \times 32$ घंटे में

$\therefore$ 30 आदमी 16 दिन में पूरा करेंगे

$\frac{10\times 12\times 32}{30\times 16} = 8$ घंटे

22. (a)

7 पुरुष = 10 महिला

14 पुरुष $= \frac{10}{7} \times 14 = 20$ महिला

14 पुरुष और 20 महिला = 20 + 20 = 40 महिला

10 महिलाएँ 100 मीटर लंबी दीवार 10 दिन में बना सकते हैं।

1 महिला 100 मीटर लंबी दीवार 10×10

1 महिला 1 मीटर लंबी दीवार $= \frac{10 \times 10}{100}$

10 महिलाएँ 600 मीटर लंबी दीवार

$\frac{10 \times 10 \times 600}{100 \times 40} = 15$ दिन

23. (b)

शेष दिन = 81 – 27 = 54 दिन

36 दिन में समाप्त करने के लिए आदमियों की संख्या $= \frac{54 \times 64}{36} = 96$ आदमी

अतिरिक्त आदमियों की संख्या = 96 – 64 = 32

24. (c)

राम का 4 दिन का काम $= \frac{1}{20} \times 4 = \frac{1}{5}$

राम का हिस्सा $= \frac{1}{5} \times 40 = 8$ रु.

श्याम का हिस्सा = 40 – 8 = 32 रु.

25. (d)

3 आदमी जो आधा समय काम करते हैं

$= \frac{3}{2}$ पूरा आदमी

3 आदमी जो चौथाई समय काम करते हैं

$= \frac{3}{4}$ पूरा आदमी

$\therefore$ 1 आदमी $= 6 + \frac{3}{2} + \frac{3}{4} = \frac{24+6+3}{4} = \frac{33}{4}$

अभीष्ट समय $= \frac{12 \times 66 \times 4}{33} = 96$ दिन

26. (a)

1 आदमी पूरा काम = 20 × 25 = 522 दिन

पहले 10 दिन = 10 × 25 = 250 दिन

दूसरे 10 दिन = 10 × 20 = 200 दिन

शेष आदमी = 25 – (5 + 5) = 15 आदमी

पूरा काम $= 10 + 10 + \frac{50}{15} = 23\frac{1}{3}$ दिन

27. (a)

अभीष्ट समय $= \frac{4}{5} \times 15 = 12$ दिन

28. (b)

अभीष्ट समय $= \frac{30 \times 45}{30+45} = \frac{30 \times 45}{75} = 18$ घंटा

29. (b)

A का 1 दिन का काम $= \frac{1}{20} - \left(\frac{1}{40} + \frac{1}{50}\right)$

$= \frac{1}{20} - \left(\frac{5+4}{200}\right)$

$= \frac{1}{20} - \frac{9}{200} = \frac{10-9}{200} = \frac{1}{200}$

A अकेले 200 दिन में करेगा।

30. (a)

(7 पुरुष + 12 महिला) 14 = (9 पुरुष + 6 महिला) 16

112 पुरुष + 168 महिला = 144 पुरुष + 96 महिला

(144 – 112) पुरुष = (168 – 96) महिला

32 पुरुष = 72 महिला

1 पुरुष $= \frac{72}{32}$ महिला $= \frac{9}{4}$ महिला

31. (d)

$(A + B) + (A + C) + (B + C) = \frac{1}{12} + \frac{1}{15} + \frac{1}{20}$

$2(A + B + C) = \frac{5+4+3}{60} = \frac{12}{60} = \frac{1}{5}$

$A + B + C = \frac{1}{10}$

A + B + C मिलकर पूरा काम 10 दिन में करते हैं।

A + B + C आधा काम 5 दिन में करेंगे।

32. (b)

(4 पुरुष + 6 औरत) 10 = (5 पुरुष + 2 औरत) 12

40 पुरुष + 60 औरत = 60 पुरुष + 24 औरत

20 पुरुष = 36 औरत

1 पुरुष $= \frac{36}{20} = \frac{9}{5}$ औरत

4 पुरुष + 6 औरत $= 4 \times \frac{9}{5} + 6 = \frac{66}{5}$ औरत

10 पुरुष + 15 औरत $= 10 \times \frac{9}{5} + 15 = 33$ औरत

अभीष्ट समय $= \frac{10 \times 66}{5 \times 33} = 4$ दिन

33. (a)

$(B + C) + (C + A) + (A + B) = \frac{1}{36}+\frac{1}{24}+\frac{1}{27}$

$2(A + B + C) = \frac{6+9+8}{216} = \frac{23}{216}$

$A + B + C = \frac{23}{432}$

B का 1 दिन का काम $= \frac{23}{432}-\frac{1}{24}$

$= \frac{23-18}{432} = \frac{5}{432}$

B पूरे काम को $= \frac{432}{5} = 86\frac{2}{5}$ दिन

34. (b)

अभीष्ट समय $= \frac{18-6}{18}\times12 = \frac{12}{18}\times12$

$= \frac{144}{18} = 8$ दिन

35. (d)

1 पुरुष = 3 बच्चे

20 पुरुष = 60 बच्चे

12 बच्चे + 20 पुरुष = 12 + 60 = 72 बच्चे

$\because$ 72 बच्चे 30 दिन में पूरा करते हैं।

$\therefore$ 1 बच्चा 30 × 72

$\therefore$ 216 बच्चे $\frac{30\times72}{216} = 10$ दिन

36. (b)

A : B = 100 : 140 = 5 : 7

37. (b)

A : B = 100 : 80 = 5 : 4

अभीष्ट समय $= \frac{24\times(5+4)}{4}$

$= \frac{24\times9}{4} = 54$ दिन

38. (b)

पहले दिन मीरा द्वारा किया गया काम $= \frac{1}{10}$

दूसरे दिन श्याम द्वारा किया गया काम $= \frac{1}{25}$

2 दिन में किया गया कुल काम $= \frac{1}{10}+\frac{1}{25}$

$= \frac{5+2}{50} = \frac{7}{50}$

14 दिन में किया गया काम $= \frac{7}{50}\times\frac{14}{2} = \frac{49}{50}$

शेष काम $= 1-\frac{49}{50} = \frac{1}{50}$

शेष काम को पूरा करने में श्याम द्वारा लगा समय

$= \frac{1}{50}\times25 = \frac{1}{2}$ दिन

कुल समय $= 14+\frac{1}{2} = 14\frac{1}{2}$ दिन

39. (a)

20 पुरुष × 25 = 30 औरत × 35

1 पुरुष $= \frac{30\times35}{20\times25} = \frac{21}{10}$ औरत

10 पुरुष $= \frac{21}{10}\times10 = 21$ औरत

10 पुरुष + 9 औरत = 21 + 9 = 30 औरत

$\because$ 30 औरत 35 दिन में काम का पूरा करती हैं।

$\therefore$ 1 औरत 35 × 30 दिन में करती हैं

$\therefore$ 30 औरत काम को पूरा करेंगी $= \frac{35\times30}{30}$

= 35 दिन

40. (a)

B को अकेले काम करने में लगा समय

$= \frac{6}{11-6}\times35$

$= \frac{6}{5}\times35 = 42$ दिन

41. (a)

2 दिन में B + C द्वारा किया गया काम

$= \frac{2}{20}+\frac{2}{30} = \frac{1}{10}+\frac{1}{15} = \frac{3+2}{30} = \frac{5}{30} = \frac{1}{6}$

शेष काम $= 1-\frac{1}{6} = \frac{5}{6}$

शेष काम को पूरा करने में A को लगा समय

$= \frac{5}{6}\times18 = 15$ दिन

42. (a)

1 आदमी $= \frac{150}{100} = \frac{3}{2}$ लड़का

36 आदमी $= 36\times\frac{3}{2} = 54$ लड़के

10 आदमी + 10 लड़के $= \frac{3}{2}\times10+10 = 25$ लड़के

54 लड़के 50 दिन में नहर खोद सकते हैं।

1 लड़का नहर खोदेगा $= 50 \times 54$ दिन में

25 लड़के $\frac{50\times54}{25} = 108$ दिन

43. (a)

अभीष्ट समय $= \frac{30\times20\times10}{30\times20+30\times10+20\times10}$

$= \frac{6000}{600+300+200} = \frac{6000}{1100}$

$= \frac{60}{11} = 5\frac{5}{11}$ घंटा

44. (a)

रोहन, सोहन, मनोज की मजदूरी का अनुपात

$= \frac{1}{5} : \frac{1}{10} : \frac{1}{12}$

5, 10, 12 का ल. स. $= 60$

$= \frac{60}{5} : \frac{60}{10} : \frac{60}{12} = 12 : 6 : 5$

मनोज का हिस्सा $= \frac{5}{12+6+5} \times 1380$

$= \frac{5}{23} \times 1380 = 300$ रु.

45. (a)

स द्वारा 1 मिनट में काटा गया भाग

$= \frac{1}{80} - \left(\frac{1}{160} + \frac{1}{240}\right)$

$= \frac{1}{80} - \frac{1}{160} - \frac{1}{240}$

$= \frac{6-3-2}{480} = \frac{1}{480}$

स अकेले 480 मिनट में उसे काट लेगा।

46. (d)

$\because$ 30 आदमी 8 घंटे काम करके 24 दिन में पूरा करते हैं।

$\therefore$ 1 आदमी 1 घंटे काम करके $24 \times 8 \times 30$

$\therefore$ 18 आदमी 10 घंटे काम करके $\frac{24\times8\times30}{18\times10}$

$= 32$ दिन

दुगुना काम को पूरा करने में लगा समय $= 2 \times 32$

$= 64$ दिन

47. (b)

A और B द्वारा पूरे काम को करने में लगा समय

$= \frac{12\times10}{12+10} = \frac{120}{22} = \frac{60}{11}$ दिन

C द्वारा अकेले काम को करने में लगा समय

$= \frac{\frac{60}{11}\times4}{\frac{60}{11}-4} = \frac{\frac{240}{11}}{\frac{16}{11}} = \frac{240}{16} = 15$ दिन

48. (b)

C का एक दिन का काम $= \frac{1}{6} - \left(\frac{1}{16} + \frac{1}{24}\right)$

$= \frac{1}{6} - \left(\frac{3+2}{48}\right) = \frac{1}{6} - \frac{5}{48} = \frac{8-5}{48} = \frac{3}{48} = \frac{1}{16}$

$A : B : C = \frac{1}{16} : \frac{1}{24} : \frac{1}{16} = 3 : 2 : 3$

A का हिस्सा $= \frac{3}{3+2+3} \times 560$

$= \frac{3}{8} \times 560 = 210$ रु.

49. (b)

सुनील द्वारा शेष काम को करने में लगा समय

$= \frac{15\times20-(15+20)\times5}{20}$

$= \frac{300-175}{20} = \frac{125}{20} = \frac{25}{4} = 6\frac{1}{4}$ दिन

50. (c)

C का 1 दिन का काम $= \frac{1}{12} - \left(\frac{1}{24} + \frac{1}{30}\right)$

$= \frac{1}{12} - \frac{1}{24} - \frac{1}{30} = \frac{10-5-4}{120} = \frac{1}{120}$

$A : B : C = \frac{1}{24} : \frac{1}{30} : \frac{1}{120} = 5 : 4 : 1$

C का हिस्सा $= \frac{1}{5+4+1} \times 200$

$= \frac{1}{10} \times 200 = 20$ रु.

51. (d)

10 पुरुष $= 18$ लड़के

1 पुरुष $= \frac{18}{10}$ लड़के

25 पुरुष $= \frac{18\times25}{10} = 45$ लड़के

25 पुरुष + 15 लड़के $= (45 + 15)$ लड़के

$= 60$ लड़के

18 लड़के 15 दिन में काम को पूरा करते हैं।

60 लड़के $= \frac{15\times18}{60} = \frac{9}{2}$

तिगुने काम करने में दिन लगेंगे

$9\times\frac{3}{2} = \frac{27}{2} = 13\frac{1}{2}$ दिन

52. (c)

(2 पुरुष + 3 लड़के) 8 = (3 पुरुष + 2 लड़के) 7

16 पुरुष + 24 लड़के = 21 पुरुष + 14 लड़के

5 पुरुष = 10 लड़के

1 पुरुष = 2 लड़के

2 पुरुष + 3 लड़के = (2 × 2 + 3) = 7 लड़के

5 पुरुष + 4 लड़के = 5 × 2 + 4 = 14 लड़के

∵ 7 लड़के 8 दिन में कार्य पूरा करते हैं।

∴ 14 लड़के $\frac{8\times7}{14}$ = 4 दिन

53. (a)

A और B दोनों मिलकर काम को पूरा करेंगे

$= \frac{40\times21}{40-5+21} = \frac{40\times21}{56} = 15$ दिन

54. (d)

माना प्रमोद ने अकेले x दिन तक काम किया।

$$\frac{x}{21}+\left(\frac{1}{15}+\frac{1}{12}\right)\times5=1$$

$$\frac{x}{21}+\left(\frac{4+5}{60}\right)\times5=1$$

$$\frac{x}{21}+\frac{45}{60}=1$$

$$\Rightarrow\frac{x}{21}=1-\frac{45}{60}=\frac{15}{60}$$

$$x=\frac{15\times12}{60}=3 \text{ दिन}$$

काम पूरा होने में लगा कुल समय = 5 + 3 = 8 दिन

55. (b)

काम समाप्त होने में लगा कुल समय

$= \frac{(25-10)\times20}{25} = \frac{15\times20}{25} = 12$ दिन

56. (a)

A और B का 1 दिन का काम $= \frac{1}{6}+\frac{1}{12}=\frac{2+1}{12}$

$= \frac{3}{12}=\frac{1}{4}$

A और B मिलकर 4 दिन में काम पूरा करेंगे।

57. (a)

A द्वारा अकेले काम को करने में लगा समय

$= \frac{(3+1)\times15}{3} = \frac{4\times15}{3} = 20$ दिन

58. (d)

A द्वारा अकेले काम करने में लगा समय

= (4 + 1) × 12 = 5 × 12 = 60 दिन

59. (b)

काम समाप्त होने में लगा कुल समय

$= \frac{20\times25}{45}\times\left(1-\frac{3}{30}\right)$

$= \frac{20\times25}{45}\times\frac{27}{30} = 10$ दिन

60. (c)

माना शुरू में x आदमी काम पर लगाये गये।

$$\frac{x\times24}{\frac{1}{2}} = \frac{(x+18)16}{\frac{1}{2}}$$

$24x = 16x + 18 \times 16$

$8x = 18 \times 16$

$x = \frac{18\times16}{8} = 36$ आदमी

61. (a)

जॉन और राम की कार्यक्षमता का अनुपात

$= \frac{3}{2}:1 = 3:2$

जॉन और राम द्वारा लिये गये समय का अनुपात

= 2 : 3

पूरे कार्य को समाप्त करने में जॉन को लगा समय

$= \frac{2}{3}\times4 = \frac{8}{3}$ दिन

तीनों का 1 दिन का काम $= \frac{1}{4}+\frac{1}{6}+\frac{3}{8}$

$= \frac{6+4+9}{24} = \frac{19}{24}$

तीनों द्वारा पूरे काम को समाप्त करने में लगा

समय $= \frac{24}{19} = 1\frac{5}{19}$ दिन

62. (b)

(12 व्यक्ति + 16 लड़के) 5

= (13 व्यक्ति + 24 लड़के) 4

60 व्यक्ति + 80 लड़के = 52 व्यक्ति + 96 लड़के

(60 – 52) व्यक्ति = (96 – 80) लड़के

8 व्यक्ति = 16 लड़के

1 व्यक्ति = 2 लड़के

एक व्यक्ति और एक लड़के द्वारा किये गए काम का अनुपात = 2 : 1

63. (c)

राम का 1 दिन का काम $= \frac{1}{8}$

पारस का 1 दिन का काम $= \frac{1}{12}$

माना कमल x दिन में काम पूरा करता है।

कमल का 1 दिन का काम $= \frac{1}{x}$

तीनों का 1 दिन का काम $= \frac{1}{8}+\frac{1}{12}+\frac{1}{x}$

$= \frac{12x+8x+96}{96x}$

तीनों मिलकर काम को $\frac{96x}{20x+96}$ दिन में पूरा करेंगे।

$\frac{96x}{20x+96} = 3$

$\Rightarrow 96x = 60x + 96 \times 3$

$36x = 96 \times 3$

$x = \frac{96 \times 3}{36} = 8$ दिन

राम + कमल $= \frac{1}{8}+\frac{1}{8} = \frac{1+1}{8} = \frac{2}{8} = \frac{1}{4}$

राम और कमल 4 दिन में पूरा करेंगे।

64. (b)

$\because$ 4 दिन में 23 एकड़ जोतते हैं

= 5 पुरुष + 3 लड़के

$\therefore$ 1 दिन में 23 एकड़ जोतते हैं

= 20 पुरुष + 12 लड़के

1 दिन में 23 × 7 एकड़ जोतते हैं

= 140 पुरुष + 84 लड़के

$\because$ 2 दिन में 7 एकड़ जोतते हैं

= 3 आदमी + 2 लड़के

1 दिन में 7 एकड़ जोतते हैं

= 6 आदमी + 4 लड़के

1 दिन में 7 × 23 एकड़ जोतते हैं

= 138 आदमी + 92 लड़के

2 आदमी = 8 लड़के ⇒ 1 आदमी = 4 लड़के

3 आदमी + 2 लड़के = 3 × 4 + 2 = 14 लड़के

$\because$ 7 एकड़ 2 दिन में जोतते हैं = 14 लड़के

$\therefore$ 45 एकड़ 6 दिन में जोतते हैं $\frac{14 \times 2 \times 45}{7 \times 6}$

= 30 लड़के

7 आदमी + x = 30 ⇒ 7 × 4 + x = 30

⇒ x = 30 – 28 = 2 लड़के

65. (b)

यदि M_1 व्यक्ति x_1 दिन में h_1 घंटे काम करके w_1 भाग कार्य करते हैं, तो M_2 व्यक्ति x_2 दिन में h_2 घंटे प्रतिदिन काम करके w_2 कार्य करेंगे।

$$\frac{M_1x_1h_1}{w_1} = \frac{M_2x_2h_2}{w_2}$$

$$\Rightarrow \frac{110 \times 8 \times 8}{880 \times 7 \times 2} = \frac{M_2 \times 6 \times 7}{490 \times 8 \times 3}$$

$$\Rightarrow M_2 = \frac{110 \times 8 \times 8 \times 490 \times 8 \times 3}{880 \times 7 \times 2 \times 6 \times 7}$$

= 160 मजदूर

66. (d)

A कार्य का $\frac{2}{5}$ भाग 12 दिन में करता है।

A कार्य का 1 भाग $\frac{12 \times 5}{2}$ = 30 दिन में

B कार्य का $\frac{3}{4}$ भाग 18 दिन में करता है।

B कार्य का 1 भाग $\frac{18 \times 4}{3}$ = 24 दिन

दोनों का 1 दिन का काम

$= \frac{1}{30}+\frac{1}{24} = \frac{4+5}{120} = \frac{9}{120}$

दोनों मिलकर कार्य को $\frac{120}{9} = \frac{40}{3} = 13\frac{1}{3}$ दिन में करेंगे।

67. (a)

माना क्षरण भरी हुई पानी को x घंटे में खाली कर सकता है।

$\frac{7}{2 \times 3} - \frac{7}{2 \times x} = 1$

$\frac{7}{6} - 1 = \frac{7}{2x}$

$\frac{1}{6} = \frac{7}{2x} \Rightarrow 2x = 7 \times 6$

$x = 7 \times 3 = 21$ घंटे

68. (c)

माना मजदूरों की मूल संख्या $= x$

$10x = (x - 5)\,15$

$10x = 15x - 75$

$5x = 75 \Rightarrow x = \dfrac{75}{5} = 15$

69. (c)

B और C का 1 दिन का कार्य

$= \dfrac{1}{9} + \dfrac{1}{12} = \dfrac{4+3}{36} = \dfrac{7}{36}$

B और C का 3 दिन का कार्य $= \dfrac{7}{36} \times 3 = \dfrac{7}{12}$

शेष कार्य $= 1 - \dfrac{7}{12} = \dfrac{5}{12}$

$1 : \dfrac{5}{12} :: 24 : x$

$\dfrac{1}{\frac{5}{12}} = \dfrac{24}{x} \Rightarrow \dfrac{12}{5} = \dfrac{24}{x}$

$x = \dfrac{5 \times 24}{12} = 10$ दिन

70. (c)

3 आदमी का 2 दिन का कार्य $= \dfrac{1}{6} \times 2 = \dfrac{1}{3}$ भाग

शेष कार्य $= 1 - \dfrac{1}{3} = \dfrac{2}{3}$ भाग

3 आदमी का 1 दिन का कार्य $= \dfrac{1}{6}$

6 आदमी का 1 दिन का कार्य $= \dfrac{1}{6} \times \dfrac{1}{3} \times 6 = \dfrac{1}{3}$ भाग

6 आदमी $\dfrac{1}{3}$ भाग कार्य करते हैं 1 दिन में

6 आदमी 1 भाग कार्य करते हैं 1×3

6 आदमी $\dfrac{2}{3}$ भाग कार्य करते हैं $1 \times 3 \times \dfrac{2}{3}$

$= 2$ दिन

पाईप तथा टंकी
Pipes and Tanks

पाईप तथा टंकी एवं समय तथा कार्य दोनों अध्यायों में समान्यत: समानता होती है।

इन दोनों अध्यायों में एक मात्र विषमता यह है कि पाईप तथा टंकी में एक ऋणात्मक कारक भी कार्य करता है जो निकास (outset) है। यह टंकी से जुड़ा होता है, यह नल या कोई छेद हो सकता है।

सूत्र (Formula)

- यदि एक पाईप किसी टंकी को x घण्टे में भरे, तो पाईप का 1 घण्टे का भराव कार्य $=\frac{1}{x}$
- यदि एक निकासी पाईप भरी टंकी को y घण्टे में खाली करे तो पाईप का 1 घण्टे का निकासी कार्य $=\frac{1}{y}$
- यदि एक पाईप खाली टंकी को x घण्टे में भरे तथा दूसरा पाईप भरी टंकी को y घण्टे में खाली करे, तो दोनों पाईपों द्वारा किया गया 1 घण्टे का कार्य $=\left(\frac{1}{x}-\frac{1}{y}\right)$
- यदि एक नल एक टंकी को x घंटे में भर सकता है तथा दूसरा नल उसी टंकी को y घंटे में भर सकता है तो जब वे दोनों एक साथ खोल दिए जाए तो 1 घंटे में टंकी का $\left(\frac{1}{x}+\frac{1}{y}\right)$ भाग भरा जाएगा।

  $\therefore$ टंकी को पूरी तरह भरने में लगा समय $=\frac{xy}{x+y}$
- यदि एक नल एक टंकी को x घंटे में भर सकता है तथा दूसरा नल उसी टंकी को y घंटे में भर सकता है लेकिन तीसरा एक खाली करने वाला नल भरी हुए टंकी को 2 घंटे में खाली कर सकता है तथा सभी को एक साथ खोल दिया जाता है। तो एक घंटा में टंकी का $\left(\frac{1}{x}+\frac{1}{y}-\frac{1}{z}\right)$ भाग भरा जाता है।

  टंकी को भरने में लगा समय

  $=\frac{xyz}{yz+xz-xy}$ घंटा

उदाहरण (Examples)

1. दो नल एक टंकी को क्रमश: 2 घण्टे तथा 3 घण्टे में भर देते हैं। यदि दोनों नल एक साथ खोल दिए जाएं तो टंकी भरने में कितना समय लगेगा?

   दोनों नलों का 1 घण्टे का कार्य $=\left(\frac{1}{2}+\frac{1}{3}\right)=\frac{5}{6}$

   अत: टंकी भरने में लगा समय $=\frac{6}{5}$ घण्टे

   = 1 घण्टा 12 मिनट
2. एक नल पानी के एक टब को 6 घण्टे में भर सकता है। टब के साथ लगा हुआ एक दूसरा नल भरे हुए टब को 10 घण्टे में खाली कर सकता हे। यदि दोनों नल एक साथ खाली टब में खोल दिए जाएं तो टब भरने में कितना समय लगेगा?

   दोनों नलों का 1 घण्टे का कार्य $=\left(\frac{1}{6}-\frac{1}{10}\right)=\frac{2}{30}$

   $=\frac{1}{15}$

   अत: टब को भरने में लगने वाला समय

   = 15 घण्टा
3. एक पम्प पानी की एक टंकी को 3 घण्टे में भर देता है, परन्तु टंकी की तली में छेद होने के कारण इस टंकी को भरने में $3\frac{1}{2}$ घण्टे लग जाते हैं। भरी टंकी को खाली करने में यह छेद कितना समय लेगा?

   छेद का 1 घण्टे का कार्य $=\left(\frac{1}{3}-\frac{2}{7}\right)$

   $=\frac{1}{21}$

   $\therefore$ छेद द्वारा भरी टंकी को खाली करने में लगा समय = 21 घण्टे।

4. नल A तथा B एक बाल्टी को भरने में क्रमशः 12 मिनट तथा 15 मिनट लेते हैं। यदि दोनों नल खोल दिए जाएं तथा 3 मिनट बाद A को बन्द कर दें तो शेष बाल्टी को भरने में B कितना समय और लेगा?

(A + B) का 3 मिनट का कार्य

$$= \times\left(\frac{1}{12}+\frac{1}{15}\right)=\frac{9}{20}$$

शेष भाग $=\left(1-\frac{9}{20}\right)=\frac{11}{20}$

माना B शेष भाग को x मिनट में भरेगा।

तब $\frac{1}{15}:\frac{11}{20}::1:x$

अर्थात् $= x=\left(\frac{11}{20}\times 1\times 15\right)$ मिनट

= 8 मिनट 15 से.

5. नल A तथा B एक टंकी को भरने में क्रमशः 20 मिनट तथा 60 मिनट लेते हैं। यदि दोनों नल खोल दिए जाएं तथा 10 मिनट बाद A को बन्द कर दें तो टंकी के शेष भाग को भरने में कितना समय लगेगा?

(A + B) का 10 मिनट का कार्य

$$=10\times\left(\frac{1}{20}\times\frac{1}{60}\right)=\frac{2}{3}$$

शेष भाग $=\left(1-\frac{2}{3}\right)=\frac{1}{3}$

माना B शेष भाग को x मिनट में भर देगा।

तब, $\frac{1}{60}:\frac{1}{3}::1:x$

$$x=\left(\frac{1}{3}\times 1\times 60\right)=20 \text{ मिनट}$$

6. पानी से भरी 12 बाल्टियों से एक टंकी भरी जा सकती है, जबकि प्रत्येक बाल्टी में 13.5 लीटर पानी आता है। इस टंकी को 9 लीटर क्षमता की कितनी बाल्टियां भर सकती है।

टंकी क्षमता $=(12\times 13.5)$ लीटर

= 162 लीटर

9 लीटर क्षमता वाली बाल्टियों की संख्या

$$=\frac{162}{9}=18$$

7. बाल्टी P की क्षमता बाल्टी Q से तिगुनी है। एक खाली टंकी के भरने के लिए बाल्टी P को 60 बार भर कर डालना पड़ता है। दोनों बाल्टियों को कितनी बार भरकर डालने से यह खाली टंकी भर जायेगी?

माना P की क्षमता = x लीटर, तब Q की क्षमता $=\frac{x}{3}$ लीटर

टंकी की क्षमता = $60x$ लीटर

P तथा Q की कुल संख्या $=\frac{60x}{\left(x+\frac{x}{3}\right)}=45$

8. एक पाईप किसी टंकी को 12 घण्टे में भर सकता है, जबकि एक अन्य पाईप इस भरी टंकी को 18 घण्टे में खाली कर सकता है। यदि दोनों पाईपों को खाली टंकी में खोल दिया जाए तो टंकी को भरने में कितना समय लगेगा?

दोनों पाईपों का 1 घण्टे का भराव कार्य

$$=\left(\frac{1}{12}-\frac{1}{18}\right)=\frac{1}{36}$$

अतः टंकी को भरने में लगा समय = 36 घण्टे

9. एक हौज को भरने के लिए पाईप लगे हैं जिनके व्यास क्रमशः 1 सेंमी., $1\frac{1}{3}$ सेंमी. तथा 2 सेंमी. है। सबसे अधिक व्यास वाला पाईप अकेला, टंकी को 61 मिनट में भर देता है। प्रत्येक पाईप में बहने वाली पानी की मात्रा व्यास के वर्ग के समानुपाती है। यदि तीनों पाईप इक्ट्ठे खोल दिए जाए तो हौज को भरने में कितना समय लगेगा?

पानी की मात्रा का अनुपात $=1:\frac{16}{9}:4$

$$=\frac{1}{4}:\frac{4}{9}:1$$

तीसरे पाईप का 1 मिनट का कार्य $=\frac{1}{61}$

पहले पाईप का 1 मिनट का कार्य $=\left(\frac{1}{4}\times\frac{1}{61}\right)=\frac{1}{244}$

दूसरे पाईप का 1 मिनट का कार्य $=\left(\frac{1}{4}\times\frac{1}{61}\right)$

$$=\frac{4}{549}$$

तीनों पाईपों का 1 मिनट का कार्य

$$=\left(\frac{1}{61}+\frac{1}{244}+\frac{4}{549}\right)$$

$$=\frac{1}{36}$$

तीनों पाईपों द्वारा हौज को भरने में लगा समय
= 36 मिनट

10. एक पानी की टंकी को एक नल द्वारा 20 घण्टे में भरा जा सकता है। जब टंकी भरी हो तो निकासी नल इसे 25 घण्टे में खाली कर सकता है। टंकी खाली है तथा दोनों नल खोल दिए गए हैं। 10 घण्टे बाद निकासी नल बन्द कर दिया जाता है। टंकी को भरने में कुल कितना समय लगेगा?

10 घण्टे में टंकी का भरा गया भाग

$$=10\times\left(\frac{1}{20}-\frac{1}{25}\right)=\frac{1}{10}$$

शेष भाग $=\left(1-\frac{1}{10}\right)=\frac{9}{10}$

$$\frac{1}{20}:\frac{9}{10}::1:x$$

$x=\frac{9}{10}\times1\times20=18$ घण्टा

अतः टंकी को भरने में लगा समय $=(10+18)$
= 28 घण्टे

अभ्यास प्रश्न (Practice Questions)

1. दो नल A और B किसी हौज को क्रमश: 30 और 40 मिनट में भर सकते हैं। तीसरा नल C उस हौज को 50 लीटर प्रति मिनट की दर से खाली करता है। यदि तीनों नल खोल दिए जाएँ, तो हौज 1 घंटे में भर जाता है। हौज की धारिता क्या है?
   (a) 1200 लीटर (b) 1500 लीटर
   (c) 8400 लीटर (d) 9000 लीटर
2. दो पाइप A और B एक टंकी को क्रमश: 24 मिनट और 30 मिनट में भर सकते हैं। दोनों पाइप एक साथ खोले जाते हैं, लेकिन 8 मिनट बाद पहली टंकी को बंद कर दिया जाता है। टंकी को पूरा भरने में दूसरा पाइप कितना समय लेगा?
   (a) 8 मिनट (b) 16 मिनट
   (c) 10 मिनट (d) 12 मिनट
3. A, B, C तीन पाइप मिलकर एक टैंक को 5 घंटे में भर देते हैं। पाइप C के भरने की क्षमता पाइप B की दुगुनी है। पाइप B की क्षमता पाइप A की दुगुनी है। अत: पाइप A अकेला टैंक को कितने समय में भरेगा?
   (a) 35 घंटा (b) 20 घंटा
   (c) 25 घंटा (d) इनमें से कोई नहीं।
4. एक नल किसी टंकी को पानी से 2 घंटे में भर सकता है। टंकी में पानी चूने से इसको भरने में $2\frac{1}{3}$ घंटे लगते हैं। भरी हुई टंकी पानी चूने के कारण कितनी देर में खाली हो जाएगी?
   (a) 7 घंटा (b) 14 घंटा
   (c) 8 घंटा (d) $4\frac{1}{3}$ घंटा
5. एक नल एक टंकी को 25 मिनट में भर सकता है। दूसरा नल टंकी को 50 मिनट में खाली कर सकता है। यदि टंकी का – भाग भरा हुआ हो, तो दोनों नलों को एक साथ खोलने पर टंकी कितने समय में पूरा भर जाएगी?
   (a) 12 मिनट (b) $12\frac{1}{2}$ मिनट
   (c) 40 मिनट (d) 14 मिनट
6. एक नल किसी टंकी को 5 घंटों में भर सकता है। दूसरा नल इस टंकी को 4 घंटों में खाली कर सकता है। टंकी पूरी भरी हुई हो और दोनों नलों एक साथ को खोल दिया जाये, तो टंकी कितने देर में खाली हो जाएगी?
   (a) 18 घंटा (b) 20 घंटा
   (c) 9 घंटा (d) $20\frac{1}{2}$ घंटा
7. दो नल एक हौज को क्रमश: 3 घंटे तथा 4 घंटे में भर सकते हैं। एक निकास नल उस हौज को 2 घंटे में खाली कर सकता है। यदि तीनों नल एक साथ खोल दिए जाएँ, तो हौज कितने देर में भर जाएगा?
   (a) 12 घंटा (b) 8 घंटा
   (c) 10 घंटा (d) 5 घंटा
8. दो नल A तथा B एक टंकी को क्रमश: 15 घंटे एवं 20 घंटे में भरते हैं। नल C भरी टंकी को 25 घंटे में खाली कर देता है। शुरू में तीनों नल खोल दिए जाते हैं और 10 घंटे बाद नल C बंदकर दिया जाता है। टंकी कितने समय में भर जाएगी?
   (a) 12 घंटा (b) 16 घंटा
   (c) 18 घंटा (d) 13 घंटा
9. पाइप A और B किसी टंकी को क्रमश: 20 मिनट एवं 30 मिनट में भर सकता है। तीसरा पाइप C टंकी को 1 घंटे में खाली कर सकता है। शुरू में यदि टंकी खाली है और तीनों पाइप एक साथ खोले जायें; तो उसे भरने में कितना समय लगेगा?
   (a) 15 मिनट (b) 13 मिनट
   (c) 14 मिनट (d) 12 मिनट
10. एक नल एक हौज को 6 घंटे में भर सकता है। दूसरा नल उसी हौज को 8 घंटे में भर सकता है। यदि दोनों नल एक साथ खोल दिए जायें, तो हौज को भरने में कितना समय लगेगा?
    (a) $4\frac{2}{7}$ घंटे (b) $4\frac{3}{7}$ घंटे
    (c) $3\frac{4}{7}$ घंटे (d) $3\frac{3}{7}$ घंटे
11. कोई पाइप एक हौज को 16 घंटों में भरता है। हौज की तली में छेद होने के कारण वह उसको 24 घंटे में भर पाता है। हौज पूरी भरी होने पर छेद के कारण वह कितने समय में खाली हो जाएगी?
    (a) 48 घंटे (b) 50 घंटे
    (c) 41 घंटे (d) 43 घंटे

12. दो नल किसी टंकी को क्रमशः 20 मिनट तथा 60 मिनट में भर सकते हैं। 10 मिनट तक दोनों नल को खोल दिया जाता है। उसके बाद पहले नल को बंद कर दिया जाता है, तो कितने मिनट के बाद टंकी पूरी भर जाएगी?
(a) 12 मिनट (b) 20 मिनट
(c) 10 मिनट (d) 15 मिनट

13. यदि तीन नल एक साथ खोल दिए जाएँ, तो एक टंकी 12 घंटे में भर जाती है। एक नल उसे 10 घंटे में भर सकता है। दूसरा उसे 15 घंटे में भर सकता है। तीसरा नल उसे कितने घंटे में खाली कर सकेगा?
(a) 12 घंटे (b) 6 घंटे
(c) 5 घंटे (d) 10 घंटे

14. एक पाइप दूसरे पाइप की तुलना में किसी तालाब को तीन गुना तेजी से भर सकता है। यदि दोनों पाइप मिलकर उसे 36 मिनट में भरते हों, तो धीमी गति से भरने वाला पाइप अकेले उस तालाब को कितने समय में भरेगा?
(a) 108 मिनट (b) 81 मिनट
(c) 192 मिनट (d) 144 मिनट

15. एक नल किसी टंकी को 6 घंटे में भर सकता है। जब टंकी आधी भर जाती है, तो इस प्रकार के तीन और नल खोल दिए जाते हैं। टंकी को पूरा भरने में कुल कितना समय लगेगा?
(a) 3 घंटे 45 मिनट (b) 4 घंटे 15 मिनट
(c) 4 घंटे (d) 3 घंटे 15 मिनट

16. एक नल किसी टंकी को 25 मिनट में भर सकता है। एक दूसरा नल उसे 50 मिनट में खाली कर सकता है। यदि दोनों नल एक साथ खोल दिए जाएँ, तो टंकी कितने देर में भरेगी?
(a) 23 मिनट (b) 24 मिनट
(c) $22\frac{1}{2}$ मिनट (d) 50 मिनट

17. एक पम्प किसी हौज को 3 घंटे में भर सकता है। हौज में छेद होने के कारण वह $3\frac{1}{2}$ घंटे में भरता है। भरा हुआ हौज छेद द्वारा कितने देर में खाली हो जाएगा?
(a) 16 घंटे (b) 12 घंटे
(c) 21 घंटे (d) 15 घंटे

18. दो नल क्रमशः 12 मिनट और 16 मिनट में एक टंकी को भर सकते है। दोनों नलों को खोल दिया जाता है। दूसरे नल को कितनी देर बाद बंद कर दिया जाए कि टंकी 9 मिनट में पूरी भर जाए?
(a) 4 मिनट (b) 5 मिनट
(c) $4\frac{1}{2}$ मिनट (d) $5\frac{1}{2}$ मिनट

19. एक नल दूसरे नल से तिगुना अधिक पानी फेंक सकता है। यदि दोनों मिलकर एक हौज को 12 मिनट में भर दें, तो अकेला दूसरा नल उसे कितने मिनट में भर देगा?
(a) 54 मिनट (b) 48 मिनट
(c) 60 मिनट (d) 42 मिनट

20. एक नल एक टंकी को 12 मिनट में भर सकता है तथा दूसरा नल उसे 8 मिनट में खाली कर सकता है। यदि टंकी पहले से तीन चौथाई भरी हो और दोनों नल एक साथ खोल दिए जाएँ तो टंकी कितने मिनट में खाली हो जाएगी?
(a) 18 मिनट (b) 16 मिनट
(c) 21 मिनट (d) 20 मिनट

21. दो नल X और Y क्रमशः 25 घंटे और 30 घंटे में एक हौज को भर सकते हैं। तीसरा नल Z उसे 40 घंटे में खाली कर सकता है। तीनों नलों को एक साथ खोल दिया जाता है तथा 5 घंटे बाद Z को बंद कर दिया जाता है। अब हौज कितने घंटे में भर जाएगा?
(a) $10\frac{4}{5}$ घंटे (b) $10\frac{15}{44}$ घंटे
(c) $10\frac{2}{5}$ घंटे (d) $10\frac{3}{5}$ घंटे

22. दो नल एक साथ एक टंकी को 60 मिनट में भर सकते हैं। यदि एक नल अकेले उसे 75 मिनट में भरता है। तो दूसरा अकेले उसे कितने देर में भर देगा?
(a) 320 मिनट (b) 270 मिनट
(c) 300 मिनट (d) 280 मिनट

23. तीन नल एक साथ एक टंकी को 15 मिनट में भर सकते हैं। यदि पहला उसे 45 मिनट में तथा दूसरा उसे 30 मिनट में भर देता है, तो तीसरा अकेले उसे कितने देर में भर देगा?
(a) 84 मिनट (b) 100 मिनट
(c) 90 मिनट (d) 108 मिनट

24. नल A किसी हौज को 10 घंटे में तथा नल B उसे 12 घंटे में भर सकता है। 2 घंटे तक नल B को चालू रखा जाता है और फिर उसे बंद कर दिया

जाता है। शेष हौज को नल A कितने देर में भरेगा?

(a) $8\frac{1}{3}$ घंटा (b) $9\frac{1}{2}$ घंटा

(c) $9\frac{1}{6}$ घंटा (d) $8\frac{1}{2}$ घंटा

25. दो नल किसी टंकी को अलग-अलग 20 घंटे तथा 24 घंटे में भर सकते हैं। दोनों को एक साथ खोला गया मगर टंकी भरने से 2 घंटे पूर्व दूसरा नल बंद कर दिया गया। पूरी टंकी कितने घंटे में भर जाएगी?

(a) 12 घंटे (b) $11\frac{1}{2}$ घंटे

(c) $10\frac{5}{11}$ घंटे (d) $11\frac{9}{11}$ घंटे

26. दो नलों के पानी फेंकने की क्षमता का अनुपात 4:9 है, यदि पहला नल एक टंकी को 27 घंटे में भर सकता है तो दूसरा नल उसे कितने घंटे में भरेगा?

(a) 9 घंटे (b) 12 घंटे

(c) 18 घंटे (d) 15 घंटे

27. एक नल एक टंकी को 40 मिनट में भर सकता है। लेकिन टंकी की पेंदी में छेद होने के कारण वह 50 मिनट में भरता है। वह छेद टंकी को कितने समय में खाली कर देगा?

(a) 100 मिनट (b) 200 मिनट

(c) 180 मिनट (d) 205 मिनट

28. दो नल A और B क्रमश: 25 मिनट और 35 मिनट में एक हौज को भर सकते हैं, नल C उसे 10 मिनट में खाली कर सकता है। 5 मिनट तक नल A और B को खुला रखा गया । फिर नल C को भी खोल दिया गया। अब हौज कुल कितने मिनट में खाली हो जाएगा?

(a) $12\frac{3}{4}$ मिनट (b) $12\frac{1}{2}$ मिनट

(c) $10\frac{10}{11}$ मिनट (d) $12\frac{2}{9}$ मिनट

29. तीन नल A, B तथा C एक टंकी में लगे हैं। A और B उसे क्रमश: 20 घंटे तथा 30 घंटे में भर सकता है। नल C उसे 60 घंटे में खाली कर सकता है। पहले घंटे में A तथा B को खोला जाता है, दूसरे घंटे में B तथा C को खोला जाता है तथा तीसरे घंटे में A और C को खोला जाता है। यह क्रिया तब तक जारी रहती है, जब तक हौज भर नहीं जाता है। पूरा हौज कितने घंटे में भर जाएगा?

(a) 40 (b) 50

(c) 44 (d) 48

30. दो नल एक टंकी को क्रमश: $8\frac{1}{3}$ मिनट तथा $12\frac{1}{2}$ मिनट में भर सकता है। तीसरा नल 1 मिनट में 162 लीटर पानी उस टंकी से बाहर निकाल सकता है। जब टंकी भरी हो तब तीनों नलों को एक साथ खोल देने पर पूरी टंकी 4 मिनट में खाली हो जाती है। उस टंकी की क्षमता क्या है?

(a) 420 लीटर (b) 330 लीटर

(c) 360 लीटर (d) 380 लीटर

31. तीन नल P, Q, R किसी हौज में लगे हुए हैं। नल P और Q उसे 4 घंटे में, P और R उसे 5 घंटे में तथा Q और R उसे 6 घंटे में भर सकते हैं। यदि तीनों नलों को एक साथ खोल दिया जाए, तो पूरा हौज कितने घंटे में भर जाएगा?

(a) 2 घंटे (b) 4 घंटे

(c) $3\frac{9}{37}$ घंटे (d) $3\frac{1}{2}$ घंटे

32. एक नल एक हौज को 10 घंटे में तथा एक दूसरा नल उसे 15 घंटे में भर सकता है। यदि दोनों को एक साथ खोल दिया जाए, तो पूरा हौज कितने घंटे में भर जाएगा?

(a) 4 घंटे (b) 7 घंटे

(c) 6 घंटे (d) $4\frac{1}{2}$ घंटे

33. एक नल एक हौज को 10 घंटे में तथा दूसरा उसे 15 घंटे में भर सकता है। यदि दोनों नलों को एक साथ खोल दिया जाए, तो पूरा हौज कितने घंटे में भर जाएगा?

(a) 4 घंटे (b) 6 घंटे

(c) 5 घंटे (d) $4\frac{1}{2}$ घंटे

34. किसी टंकी में तीन नल लगे हैं, जो अलग अलग उस टंकी को क्रमश: 30 घंटे, 20 घंटे तथा 10 घंटे में भर सकते है। यदि तीनों नल एक साथ खोल दिए जाएँ, तो टंकी कितने घंटे में भर जाएगी?

(a) $5\frac{7}{11}$ घंटे (b) $5\frac{3}{11}$ घंटे

(c) $5\frac{5}{11}$ घंटे (d) $5\frac{2}{11}$ घंटे

35. एक नल दूसरे नल से तिगुना अधिक पानी फेंक सकता है। यदि दोनों मिलकर एक हौज को 12 मिनट में भर दें, तो अकेला दूसरा नल उसे कितने मिनट में भर देगा?

(a) 48 मिनट (b) 54 मिनट
(c) 60 मिनट (d) 42 मिनट

36. एक हौज $11\frac{1}{9}$ घंटे में भर जाता है यदि दो नलों को एक साथ खोल दिया जाता है। यदि उन दो नलों में से एक नल दूसरे से 5 घंटे अधिक तेजी से हौज को भर सकता है, तो दूसरा नल उसे अकेले कितने घंटे में भर सकेगा?

(a) 25 घंटे (b) 30 घंटे
(c) 22 घंटे (d) 20 घंटे

37. दो नल A और B किसी टंकी को क्रमशः 40 मिनट और 60 मिनट में भर सकते है। तीसरा नल C उसे खाली कर रहा है। यदि तीनों को एक साथ खोल दिया जाए, तो पूरी टंकी 120 मिनट में भर जाती है। उस भरी हुए टंकी को नल C कितने मिनट में खाली कर देगा?

(a) 30 मिनट (b) 33 मिनट
(c) 27 मिनट (d) 24 मिनट

38. एक टंकी की पेंदी में एक छिद्र है, जो इसे 16 घंटे में खाली कर सकता है। एक नल इस टंकी में लगा दिया जाता है। जो एक मिनट में 12 लीटर पानी उसमें डालता है और अब यह 24 घंटे में खाली हो जाता है। उस टंकी में कितना पानी आएगा?

(a) 35120 लीटर (b) 32240 लीटर
(c) 34560 लीटर (d) 33470 लीटर

39. तीन नल A, B तथा C एक हौज में लगे हुए है, जो क्रमशः 20 घंटे, 24 घंटे, 30 घंटे में अलग-अलग उसे भर सकते हैं। पहले A को खोल दिया जाता है। और 1 घंटे बाद B को तथा उसके 1 घंटा बाद C को भी खोल दिया जाता है। पूरा हौज कुल कितने घंटे में भर जाएगा?

(a) 8.36 घंटे (b) 8.24 घंटे
(c) 8.52 घंटे (d) 8.12 घंटे

40. एक नल एक हौज को 50 मिनट में तथा दूसरा इसे 60 मिनट में भर सकता है। 10 मिनट तक एक साथ दोनों को चालू रखने के बाद A को बंद कर दिया जाता है। शेष हौज को B कितने मिनट में भर देगा?

(a) 38 मिनट (b) 40 मिनट
(c) 42 मिनट (d) 36 मिनट

उत्तरमाला (Answer Key)

1. (a)	2. (d)	3. (a)	4. (b)	5. (b)	6. (b)	7. (a)	8. (a)	9. (a)	10 (d)
11. (a)	12. (b)	13. (a)	14. (a)	15. (a)	16. (d)	17. (c)	18. (a)	19. (b)	20. (a)
21. (b)	22. (c)	23. (c)	24. (a)	25. (d)	26. (b)	27. (b)	28. (c)	29. (a)	30. (c)
31. (c)	32. (c)	33. (b)	34. (c)	35. (a)	36. (a)	37. (a)	38. (c)	39. (c)	40. (a)

हल (Solutions)

1. (a)

नल A द्वारा 1 मिनट में भरा गया भाग $= \frac{1}{30}$

नल B द्वारा 1 मिनट में भरा गया भाग $= \frac{1}{40}$

तीनों नलों द्वारा 1 मिनट में भरा गया भाग $= \frac{1}{60}$

तीनों नलों द्वारा 1 मिनट में खाली किया गया भाग

$$= \frac{1}{30}+\frac{1}{40}-\frac{1}{60}$$

$$= \frac{4+3-2}{120}=\frac{5}{120}=\frac{1}{24}$$

$\because \frac{1}{24}$ भाग में आता है 50 लीटर पानी

1 भाग में आता है $50\times\frac{24}{1} = 1200$ लीटर

2. (d)

पाइप A द्वारा 1 मिनट में भरा गया भाग $= \frac{1}{24}$

पाइप B द्वारा 1 मिनट में भरा गया भाग $= \frac{1}{30}$

8 मिनट में दोनों पाइपों द्वारा टंकी का भरा गया भाग

$$= \frac{8}{24}+\frac{8}{30}=\frac{40+32}{120}=\frac{72}{120}=\frac{3}{5}$$

टंकी का शेष भाग $= 1-\frac{3}{5}=\frac{2}{5}$

पाइप B द्वारा टंकी भरी जाती है 30 मिनट में

पाइप B द्वारा टंकी का $\frac{2}{5}$ भाग भरा जाता है

$$= 30\times\frac{2}{5}=12 \text{ मिनट में}$$

3. (a)

$B = 2A, C = 2B = 2 \times 2A = 4A$

$A + B + C = A + 2A + 4A = 7A$

7 पाइप A मिलकर टैंक को 5 घंटे में भरते हैं।

1 पाइप A मिलकर टैंक को भरेगा

$5 \times 7 = 35$ घंटे में

4. (b)

1 घंटे में भरा गया भाग $= \frac{1}{2}$

माना टंकी x घंटे में खाली किया गया।

$$\frac{1}{2}-\frac{1}{x}=\frac{3}{7}$$

$$\Rightarrow \frac{1}{x}=\frac{1}{2}-\frac{3}{7}=\frac{7-6}{14}=\frac{1}{14}$$

$x = 14$ घंटा

5. (b)

टंकी को पूरा भरने में लगा समय $= \frac{50\times25}{50-25}$

$$\frac{50\times25}{25}=50 \text{ मिनट}$$

शेष $= 1-\frac{3}{4}=\frac{1}{4}$

शेष भाग को भरने में लगा समय

$$= \frac{1}{4}\times50=\frac{25}{2}=12\frac{1}{2} \text{ मिनट}$$

6. (b)

अभीष्ट समय $= \frac{5\times4}{5-4} = 20$ घंटा

7. (a)

तीनों नल एक साथ खोलने पर हौज को भरने में लगा समय $= \frac{1}{3}+\frac{1}{4}-\frac{1}{2}=\frac{4+3-6}{12}=\frac{1}{12}$

पूरा हौज 12 घंटे में भर जाएगा।

8. (a)

10 घंटे तक तीनों नलों के खुले रहने पर टंकी का भरा गया भाग

$$= \frac{10}{15}+\frac{10}{20}-\frac{10}{25}=\frac{200+150-120}{300}=\frac{230}{300}=\frac{23}{30}$$

शेष भाग $= 1-\frac{23}{30}=\frac{7}{30}$

1 घंटे में A तथा B द्वारा भरा गया भाग

$$= \frac{1}{15}+\frac{1}{20}=\frac{4+3}{60}=\frac{7}{60}$$

शेष भाग भरने में लगा समय $= \frac{7}{30}\times\frac{60}{7}=2$ घंटा

कुल समय $= 10 + 2 = 12$ घंटा

9. (a)

तीनों नल एक साथ खोलने पर,

1 मिनट में भरा गया भाग

$$= \frac{1}{20}+\frac{1}{30}-\frac{1}{60}=\frac{3+2-1}{60}=\frac{4}{60}=\frac{1}{15} \text{ भाग}$$

पूरी टंकी को भरने में लगा समय = 15 मिनट

10. (d)

दोनों नल एक साथ खोलने पर,

एक घंटे में भरा गया भाग $= \frac{1}{6}+\frac{1}{8}=\frac{4+3}{24}=\frac{7}{24}$

हौज को भरने में लगा समय $= \frac{24}{7}=3\frac{3}{7}$ घंटा

11. (a)

अभीष्ट समय $= \frac{16\times24}{24-16}=\frac{16\times24}{8}=48$ घंटे

12. (b)

दोनों नल द्वारा 10 मिनट में टंकी का भरा गया भाग

$$= \left(\frac{1}{20}+\frac{1}{60}\right)\times10$$

$$=\frac{3+1}{60}\times10=\frac{40}{60}=\frac{2}{3} \text{ भाग}$$

शेष भाग $= 1-\frac{2}{3}=\frac{1}{3}$ भाग

दूसरे नल द्वारा $\frac{1}{3}$ भाग को भरने में लगा समय

$$= \frac{1}{3}\times60=20 \text{ मिनट}$$

13. (a)

तीनों नलों द्वारा 1 घंटे में भरा गया भाग $= \frac{1}{12}$

पहले तथा दूसरे नल द्वारा 1 घंटे में भरा गया भाग

$$= \frac{1}{10}+\frac{1}{15}=\frac{3+2}{30}=\frac{5}{30}=\frac{1}{6}$$

तीसरे नल द्वारा एक घंटे में खाली किया गया भाग

$$= \frac{1}{6}-\frac{1}{12}=\frac{2-1}{12}=\frac{1}{12}$$

तीसरा नल 12 घंटे में खाली कर देगा।

14. (a)

पहला पाइप : दूसरा पाइप = 1 : 3

दोनों पाइप मिलकर तालाब को 36 मिनट में भरते हैं।

धीमी गति (पहला पाइप) वाले पाइप से तालाब भरने में लगा समय $= \frac{1+3}{1}\times36$

$= 3 \times 36 = 108$ मिनट

15. (a)

आधा भाग भरने में लगा समय $= \frac{6}{2}=3$ घंटा

शेष भाग $= 1-\frac{1}{2}=\frac{1}{2}$

कुल नलों की संख्या = 4

चारों नलों द्वारा 1 घंटे में भरा जाने वाला भाग

$$= 4\times\frac{1}{6}=\frac{2}{3}$$

∵ चारों नल $\frac{2}{3}$ भाग 60 मिनट में भरते हैं।

∴ चारों नल $\frac{1}{2}$ भाग $60\times\frac{3}{2}\times\frac{1}{2}=45$ मिनट

कुल समय = 3 घंटा 45 मिनट

16. (d)

अभीष्ट समय $= \frac{25\times50}{50-25}=\frac{25\times50}{25}=50$ मिनट

17. (c)

1 घंटे में छेद द्वारा खाली किया गया भाग

$$= \frac{1}{3}-\frac{2}{7}=\frac{7-6}{21}=\frac{1}{21} \text{ भाग}$$

छेद 21 घंटे में टंकी को खाली कर देगा।

18. (a)

टंकी 9 मिनट में भर जाती है।

अत: पहला नल 9 मिनट तक चलता है।

9 मिनट में पहले नल द्वारा टंकी का भरा गया भाग

$$= \frac{9}{12} = \frac{3}{4}$$

शेष भाग $= 1-\frac{3}{4}=\frac{1}{4}$ भाग

दूसरे नल द्वारा किया गया समय $= \frac{1}{4}\times16=4$ मिनट

19. (b)

क्षमता का अनुपात = 3 : 1

हौज को भरने में लगा अभीष्ट समय

$$= \frac{12\times(3+1)}{1}=12\times4=48 \text{ मिनट}$$

20. (a)

दोनों नल एक साथ खोलने पर 1 मिनट में टंकी का खाली भाग $= \frac{1}{8} - \frac{1}{12} = \frac{3-2}{24} = \frac{1}{24}$

$\frac{3}{4}$ भाग को खाली करने में लगा समय

$= \frac{3}{4} \times \frac{24}{1} = 18$ मिनट

21. (b)

5 घंटे में तीनों नलों द्वारा हौज का भरा भाग

$= \frac{5}{25} + \frac{5}{30} - \frac{5}{40}$

$= \frac{1}{5} + \frac{1}{6} - \frac{1}{8}$

$= \frac{24+20-15}{120} = \frac{29}{120}$

शेष खाली भाग $= 1 - \frac{29}{120} = \frac{91}{120}$

इसे भरने में X और Y द्वारा लिया गया समय

$= \frac{91}{120} \times \frac{25 \times 30}{25+30}$

$= \frac{91}{120} \times \frac{25 \times 30}{55} = \frac{455}{44}$

$= 10\frac{15}{44}$ घंटे

22. (c)

टंकी को भरने में लगा अभीष्ट समय

$= \frac{60 \times 75}{75-60} = \frac{60 \times 75}{15} = 300$ मिनट

23. (c)

टंकी को भरने में लगा अभीष्ट समय

$= \frac{15 \times 45 \times 30}{45 \times 30 - 15 \times 45 - 15 \times 30}$

$= \frac{15 \times 45 \times 30}{1350 - 675 - 450}$

$= \frac{15 \times 45 \times 30}{225} = 90$ मिनट

24. (a)

हौज को भरने मे लगा अभीष्ट समय

$= \frac{12-2}{12} \times 10 = \frac{10}{12} \times 10 = \frac{25}{3} = 8\frac{1}{3}$ घंटे

25. (d)

टंकी को भरने में लगा अभीष्ट समय

$= \left(\frac{(20-2) \times 24}{20+24}\right) + 2$

$= \frac{18 \times 24}{44} + 2$

$= \frac{108}{11} + 2 = 9\frac{9}{11} + 2 = 11\frac{9}{11}$ घंटा

26. (b)

टंकी को भरने में लगा अभीष्ट समय

$= \frac{4}{9} \times 27 = 12$ घंटा

27. (b)

टंकी को भरने में लगा अभीष्ट समय

$= \frac{40 \times 50}{50-40} = \frac{40 \times 50}{10} = 200$ मिनट

28. (c)

5 मिनट में हौज का भरा भाग $= \frac{5}{25} + \frac{5}{35}$

$= \frac{1}{5} + \frac{1}{7} = \frac{7+5}{35} = \frac{12}{35}$

तीनों नल खुले रहने पर 1 मिनट में हौज का खाली होने वाला भाग $= \frac{1}{10} - \left(\frac{1}{25} + \frac{1}{35}\right)$

$= \frac{1}{10} - \frac{1}{25} - \frac{1}{35}$

$= \frac{35-14-10}{350} = \frac{11}{350}$

$\frac{12}{35}$ भाग को खाली करने में लगा समय

$= \frac{12}{35} \times \frac{350}{11} = \frac{120}{11} = 10\frac{10}{11}$ मिनट

29. (a)

पहले दो घंटे में हौज का भरा गया भाग

$= \left(\frac{1}{20} - \frac{1}{60}\right) + \left(\frac{1}{30} - \frac{1}{60}\right) = \frac{1}{20}$

$\frac{1}{20}$ भाग भरने में 2 घंटा समय लगता है।

1 भाग भरने में $= 2 \times \frac{20}{1} = 40$ घंटे

30. (c)

माना खाली करने वाला नल x मिनट में पूरे टंकी को खाली कर सकता है।

$$\frac{1}{x}-\left(\frac{3}{25}+\frac{2}{25}\right)=\frac{1}{4}$$

$$\frac{1}{x}-\frac{3}{25}-\frac{2}{25}=\frac{1}{4}$$

$$\frac{1}{x}=\frac{1}{4}+\frac{3}{25}+\frac{2}{25}=\frac{25+12+8}{100}$$

$$\frac{1}{x}=\frac{45}{100}\Rightarrow x=\frac{100}{45}=\frac{20}{9}$$

पूरा हौज $\frac{20}{9}$ मिनट में खाली हो जाएगा।

टंकी की क्षमता $=\frac{20}{9}\times162=20\times18=360$ लीटर

31. (c)

हौज को भरने मे लगा अभीष्ट समय

$$=\frac{2\times4\times5\times6}{4\times5+4\times6+5\times6}$$

$$=\frac{240}{74}=\frac{120}{37}=3\frac{9}{37} \text{ घंटे}$$

32. (c)

हौज को भरने मे लगा अभीष्ट समय

$$=\frac{10\times15}{10+15}=\frac{150}{25}=6 \text{ घंटे}$$

33. (b)

हौज को भरने मे लगा अभीष्ट समय

$$=\frac{10\times15}{10\quad15}=\frac{150}{25}= \text{ घंट}$$

34. (c)

टंकी को भरने मे लगा अभीष्ट समय

$$=\frac{30\times20\times10}{30\times20+30\times10+20\times10}=\frac{6000}{1100}=\frac{60}{11}$$

$$=5\frac{5}{11} \text{ घंटे}$$

35. (a)

क्षमता का अनुपात $=3:1$

अभीष्ट समय $=\frac{12(3+1)}{1}=12\times4=48$ मिनट

36. (a)

माना धीमा चलने वाला नल x घंटे में तथा तेज चलने वाला नल $x-5$ घंटे में हौज को भर सकता है।

$$\frac{x(x-5)}{x+x-5}=11\frac{1}{9}$$

$$\frac{x^2-5x}{2x-5}=\frac{100}{9}$$

$9x^2-45x=200x-500$

$9x^2-45x-200x+500=0$

$9x^2-245x+500=0$

$9x^2-225x-20x+500=0$

$9x(x-25)-20(x-25)=0$

$(x-25)(9x-20)=0$

$x-25=0\Rightarrow x=25$ घंटे

37. (a)

माना खाली करने वाला नल x मिनट में टंकी को खाली कर देगा।

$$\frac{1}{40}+\frac{1}{60}-\frac{1}{x}=\frac{1}{120}$$

$$\frac{1}{x}=\frac{1}{40}+\frac{1}{60}-\frac{1}{120}=\frac{3+2-1}{120}$$

$$\frac{1}{x}=\frac{4}{120}\Rightarrow x=30 \text{ मिनट}$$

38. (c)

माना पानी भरने वाला नल x घंटे में टंकी को भर सकता है।

$$\frac{1}{16}-\frac{1}{x}=\frac{1}{24}\Rightarrow\frac{1}{x}=\frac{1}{16}-\frac{1}{24}=\frac{3-2}{48}$$

$$\frac{1}{x}=\frac{1}{48}\Rightarrow x=48 \text{ घंटा}$$

टंकी की क्षमता $=48\times60\times12=34560$ लीटर

39. (c)

2 घंटे में A तथा 1 घंटे में B द्वारा भरा गया हौज

$$=\frac{2}{20}+\frac{1}{24}=\frac{12+5}{120}=\frac{17}{120}$$

शेष भाग $=1-\frac{17}{120}=\frac{103}{120}$ भाग

1 घंटे में तीनों नलों द्वारा भरा गया हौज

$$= \frac{1}{20} + \frac{1}{24} + \frac{1}{30}$$

$$= \frac{6+5+4}{120}$$

$$= \frac{15}{120} = \frac{1}{8}$$

$\frac{103}{120}$ भाग हौज को तीनों नलों द्वारा भरने में लगा

समय $= \frac{103}{120} \times 8 = \frac{103}{15}$

$= 6\frac{13}{15}$

कुल समय $= 2 + 6\frac{13}{15} = 8 + \frac{13}{15} \times 60$

$= 8$ घंटा 52 मिनट

$= 8.52$ घंटा

40. (a)

हौज को भरने मे लगा अभीष्ट समय

$$= \frac{50 \times 60 - 10(50+60)}{50}$$

$$= \frac{3000-1100}{50} = \frac{1900}{50} = 38 \text{ मिनट}$$

समय तथा दूरी
Time and Distance

चाल (Speed): चाल वह दूरी है जो समय से विभाजन देने पर प्राप्त होती है। दूरी मील, फीट, किलोमीटर, मीटर आदि में हो सकती हैं। वहीं समय घंटा, मिनट, सेकेण्ड आदि में रहता है।

चाल को एक भिन्न के रूप में लिखा जा सकता है जैसे कि दूरी मात्रक अंश में और समय मात्रक हर में।

$$\therefore \quad \text{चाल} = \frac{\text{दूरी}}{\text{समय}}$$

उसी प्रकार दूरी = चाल × समय

$$\text{समय} = \frac{\text{दूरी}}{\text{चाल}}$$

कुछ अन्य सूत्र

- ❑ माना किसी आदमी ने एक निश्चित दूरी x किमी0 प्रतिघण्टा की चाल से तय की है तथा इतनी ही दूरी y किमी0 प्रतिघण्टा की चाल से तय की है। तब पूरी यात्रा में औसत चाल $= \frac{2xy}{(x+y)}$ किमी0/घण्टा
- ❑ यदि A तथा B की चालों का अनुपात a : b हो तो एक ही दूरी तय करने में इनके द्वारा लिये गये समयों का अनुपात b : a होगा।

x किमी0/घण्टा $= \left(x \times \frac{5}{18}\right)$ मीटर/सेकेण्ड

y मीटर प्रति सेकेंड $= \left(y \times \frac{18}{5}\right)$ किमी0/घण्टा

उदाहरण (Examples)

1. एक हवाई जहाज एक निश्चित दूरी 5 घंटे में 240 किमी0/घण्टा की रफ्तार से तय करता है। समान दूरी को $1\frac{2}{3}$ घंटे में तय करने के लिए चाल होगी:-

दूरी = (240 × 5) = 1200 किमी0

$$\text{चाल} = \frac{\text{दूरी}}{\text{समय}}$$

$$\text{चाल} = \frac{1200}{\left(\frac{5}{3}\ \text{किमी/घण्टा}\right)}$$ [$1\frac{2}{3}$ घंटे को $\frac{5}{3}$ लिखा जा सकता है]

आवश्यक चाल $= \left(1200 \times \frac{3}{5}\right) = 720$ किमी0/घण्टा

2. एक रेलगाड़ी की चाल एक कार की अपेक्षा 50 किमी0/घण्टा ज्यादा तेज है, दोनों एक ही समय पर एक बिन्दु A से चलना प्रारम्भ करते हैं, और बिन्दु B जो कि A से 75 किमी0 दूर है, पर एक ही समय पर पहुँचते हैं। यदि रास्ते पर रेलगाड़ी को स्टेशनों पर रोका जाता है तो रेलगाड़ी 12.5 मिनट देरी से पहुँचती है। कार की गति है।

माना कार की गति x किमी0/घण्टा

तब रेलगाड़ी की गति $= \frac{150}{100}x = \left(\frac{3x}{2}\right)$ किमी0/घण्टा

$$\frac{75}{x} - \frac{50}{x} = \frac{5}{24}$$

$$x = \left(\frac{25 \times 24}{5}\right) = 120 \text{ किमी0/घण्टा}$$

3. ठहरावों को छोड़कर बस की गति 54 किमी0/घण्टा और ठहरावों को जोड़कर इसकी रफ्तार 45 किमी0/घण्टा है। बस एक घंटे में कितने मिनट के लिए ठहरती है?

ठहरावों की वजह से बस 9 किमी0 कम दूरी तय करती है।

9 किमी0 दूरी तय करने में लिया गया समय $= \left(\frac{9}{54} \times 60\right)$ मिनट = 10 मिनट

4. 600 किमी0 की हवाई यात्रा में एक हवाई जहाज खराब मौसम की वजह से धीमा हो जाता है। इसकी औसत गति निर्धारित गति से 200 किमी0/घण्टा कम हो जाती है और समय 30 मिनट बढ़ जाता है। यात्रा का समय होगा:-

माना हवाई यात्रा का समय = x घंटा है

तो $\frac{600}{x}-\frac{600}{x+\left(\frac{1}{2}\right)}=200$

$$\frac{600}{x}-\frac{1200}{2x+1}=200$$

$$x(2x+1)=3$$

$$2x^2+x-3=0$$

$$(2x+3)(x-1)=0$$

$$x = 1 \text{ घंटा}$$

5. एक आदमी 10 घंटे में यात्रा पूरी करता है। वह यात्रा का प्रथम आधा भाग 21 किमी0/घण्टा की चाल से और शेष आधा भाग 24 किमी0/घण्टा की चाल से पूरी करता है। कुल यात्रा की दूरी किमी0 में बताइए?

$$\frac{\left(\frac{1}{2}\right)x}{21}+\frac{\left(\frac{1}{2}\right)x}{24}=10$$

$$\frac{x}{21}+\frac{x}{24}=20$$

$$15x=168\times 20$$

$$x=\left(\frac{168\times 20}{15}\right)=224 \text{ किमी0}$$

6. दो रेलगाड़ियों की चालों का अनुपात 7 : 8 है। यदि दूसरी रेलगाड़ी 4 घंटे में 400 किमी0 जाती है। पहली रेलगाड़ी की चाल होगी:

माना दोनों रेलगाडि़यों की चाल = $7x$ और $8x$ किमी0/घण्टा है।

तब, $8x=\left(\frac{400}{4}\right)=100$

$$x=\left(\frac{100}{8}\right)=12.5$$

पहली रेलगाड़ी की चाल

= 7×12.5 किमी0/घण्टा

= 87.5 किमी0/घण्टा

7. एक आदमी यात्रा में 160 किमी0 की दूरी 64 किमी0/घण्टा की चाल से और पुनः 160 किमी0 की दूरी 80 किमी0/घण्टा की चाल से तय करता है। यात्रा के प्रथम 320 किमी0 के लिए औसत गति:

लिया गया कुल समय $=\left(\frac{160}{64}+\frac{160}{80}\right)=\frac{9}{2}$ घंटे

∴ औसत चाल $=\left(320\times\frac{2}{9}\right)$ घंटे

= 71.11 किमी0/घंटे

8. एक कार अपनी वास्तविक गति के $\frac{5}{4}$ भाग से 42 किमी0 की यात्रा 1 घंटा 40 मिनट 48 से0 में पूरी करती है। कार की वास्तविक गति बताइए?

लिया गया कुल समय

= 1 घंटा 40 मिनट 48 सेकेण्ड

1 घंटे $40\frac{4}{5}$ मिनट $=1\frac{51}{75}$ घंटे $=\frac{126}{75}$ घंटे

माना वास्तविक गति x किमी0/घण्टा है।

तब, $\frac{5x}{7}\times\frac{126}{75}=42$

$$x=\left(\frac{42\times 7\times 75}{5\times 126}\right)=35 \text{ किमी0/घण्टा}$$

9. एक मोटर साइकिल सवार 45 मिनट में 39 किमी0 दूरी तय करता है। वह पहले 15 मिनट तक x किमी0 प्रति घंटा की चाल से जाता है, अगले 20 मिनट तक दुगुनी चाल से जाता है तथा शेष दूरी पहले वाली चाल से तय करता है। x का मान निकालें?

$$x\times\frac{1}{4}+2x\times\frac{1}{3}+x\times\frac{1}{6}=39$$

अतः x = 39

10. दो लड़के A तथा B एक नियत समय पर दिल्ली से मेरठ के लिए प्रस्थान करते हैं। यह दूरी 60 किमी0 है। A की चाल B की चाल से 4 किमी0 प्रति घंटा धीमी है। B मेरठ पहुँच कर तुरन्त वापिस चल देता है। वापसी में वह मेरठ से 12 किमी0 की दूरी पर A से मिलता है। A की चाल क्या है?

B द्वारा 72 किमी0 दूरी उतने समय में तय की जाती है जितनी देर में A द्वारा 48 किमी0।

माना B की चाल = x किमी0 प्रति घंटा

तब A की चाल = $(x - 4)$ किमी0 प्रति घंटा

$$\frac{72}{x}=\frac{48}{x-4}$$

$$72(x-4)=48x$$

$$x = 12$$

अतः B की चाल = 12 किमी0/घण्टा

अभ्यास प्रश्न (Practice Questions)

1. एक एक्सप्रेस गाड़ी दिल्ली से चेन्नई 90 किमी/घंटा की चाल से चलती है। यदि उसे कुल 28.5 घंटे का समय लगता है, तो दोनों शहरों के बीच की दूरी क्या है?
   (a) 2525 किमी (b) 2545 किमी
   (c) 2565 किमी (d) 2510 किमी
2. 60 किमी/घंटा की चाल से चलती हुई एक बस एक निश्चित दूरी कितने समय में तय करेगी, जब उतनी ही दूरी वह 45 किमी/घंटा की चाल से 12 घंटे में तय करती है?
   (a) 7 घंटे (b) 8 घंटे
   (c) 9 घंटे (d) 10 घंटे
3. एक घोड़ा 30 मीटर जाने में जितना समय लेता है उतने समय में कुत्ता 50 मीटर जाता है। यदि कुत्ता 180 मिनट में कुल 9250 मीटर जाता है, तो उतने ही समय में घोड़ा कितनी दूर जाएगा?
   (a) 5550 मीटर (b) 5440 मीटर
   (c) 5770 मीटर (d) 5660 मीटर
4. दो साइकिल सवार एक ही स्थान से विपरीत दिशाओं में 20 किमी/घंटा तथा 25 किमी/घंटा की चाल से जाते हैं। 4 घंटे 45 मिनट में उनके बीच की दूरी क्या होगी?
   (a) 220 किमी (b) 218 किमी
   (c) 213.75 किमी (d) 230 किमी
5. एक कार चार समान दूरी क्रमशः 20 किमी/घंटा, 30 किमी/घंटा, 40 किमी/घंटा तथा 60 किमी/घंटा की चाल से जाती है। उसकी औसत चाल क्या है?
   (a) 40 किमी/घंटा (b) 36 किमी/घंटा
   (c) 32 किमी/घंटा (d) 44 किमी/घंटा
6. एक निश्चित दूरी एक निश्चित चाल से तय की जाती है। यदि एक तिहाई दूरी दूना समय में तय की जाती है, तो दोनों चालों का अनुपात क्या है?
   (a) 8 : 3 (b) 6 : 1
   (c) 5 : 3 (d) 4 : 1
7. मनोज 18 किमी 54 मिनट में जाता है। एक तिहाई दूरी वह $\frac{5}{9}$ समय में पूरा करता है। शेष समय में उसकी चाल कितने किमी/घंटा होनी चाहिए?
   (a) 45 किमी/घंटा (b) 30 किमी/घंटा
   (c) 15 किमी/घंटा (d) 60 किमी/घंटा
8. एक चोर एक सिपाही से 400 मीटर की दूरी पर था। चोर सिपाही को देखकर 50 मीटर/मिनट की चाल से भागा तथा सिपाही ने 70 मीटर/मिनट की चाल से उसका पीछा किया। कितने मिनट बाद सिपाही चोर को पकड़ लेगा?
   (a) 30 मिनट (b) 20 मिनट
   (c) 24 मिनट (d) 40 मिनट
9. दो मोटर साइकिल सवार एक ही स्थान से 40 किमी/घंटा तथा 50 किमी/घंटा की चाल से विपरीत दिशाओं में जाते हैं। कितने समय में उन दोनों के बीच की दूरी 495 किमी हो जाएगी?
   (a) $5\frac{1}{2}$ घंटे (b) $7\frac{1}{2}$ घंटे
   (c) $6\frac{1}{2}$ घंटे (d) $4\frac{1}{2}$ घंटे
10. एक लड़का जब 16 किमी/घंटा की चाल से साइकिल चलाकर शहर जाता है, तो 20 मिनट देर से पहुँचता है। लेकिन जब वह 20 किमी/घंटा की चाल से चलता है, तब 4 मिनट देर से पहुँचता है। उस शहर की दूरी क्या है?
    (a) 24 किमी (b) 22 किमी
    (c) $20\frac{1}{3}$ किमी (d) $21\frac{1}{3}$ किमी
11. एक बस पटना से आरा 120 मिनट में जाती है। यदि उसकी चाल 20 किमी/घंटा की दर से घटा दिया जाए, तो वह 150 मिनट में आरा पहुँचती है। पटना से आरा की दूरी क्या है?
    (a) 250 किमी (b) 280 किमी
    (c) 300 किमी (d) 200 किमी
12. एक बस A से B तक 50 किमी/घंटा की चाल से बिना रुकती हुई जाती है। लेकिन जब वह रुकती हुई जाती है, तब उसकी चाल 40 किमी/घंटा होती है। वह प्रति घंटा कितने मिनट तक रुकती है?
    (a) 15 मिनट (b) 10 मिनट
    (c) 12 मिनट (d) 20 मिनट
13. एक गाड़ी 2 घंटे में 90 किमी जाती है। यदि उसकी चाल को $33\frac{1}{3}\%$ से कम कर दिया जाए, तो उस दूरी को तय करने में कितना समय लगेगा?

(a) 4 घंटे (b) 3 घंटे
(c) 5 घंटे (d) 6 घंटे

14. एक बस 720 किमी एक समान चाल से चलती है। यदि उसकी चाल 20 किमी/घंटा से अधिक होती, तो उसे 3 घंटा कम समय लगता। बस की प्रारंभिक चाल कितने किमी/घंटा है?
(a) 60 किमी/घंटा (b) 40 किमी/घंटा
(c) 80 किमी/घंटा (d) 75 किमी/घंटा

15. दो साइकिल सवार एक ही दिशा में 16 किमी/घंटा तथा 21 किमी/घंटा की चाल से जाते हैं। कितने घंटे में दोनों के बीच की दूरी 65 किमी हो जाएगी?
(a) 13 घंटे (b) 12 घंटे
(c) 10 घंटे (d) $13\frac{1}{2}$ घंटे

16. एक आदमी एक स्थान से दूसरे स्थान तक 20 किमी/घंटा की चाल से जाता है तथा 5 किमी/घंटा की चाल से वापस लौट आता है। पूरी यात्रा के दौरान उसकी औसत चाल क्या थी?
(a) 7 किमी/घंटा (b) 10 किमी/घंटा
(c) 8 किमी/घंटा (d) 6 किमी/घंटा

17. रमेश एक निश्चित दूरी 84 मिनट में तय करता है। वह उस दूरी का $\frac{4}{5}$ भाग 6 किमी/घंटा की चाल से जाता है तथा शेष दूरी वह 2 किमी/घंटा की चाल से तय करता है। वह दूरी क्या है?
(a) 6 किमी (b) 10 किमी
(c) 12 किमी (d) 5 किमी

18. एक कार की चोरी 10 बजे हुई। चोर उसे 80 किमी/घंटा की चाल से भगाकर ले गया। चोरी का पता 11.45 बजे चला तथा पुलिस ने 90 किमी/घंटा की चाल से उसका पीछा किया। कितने घंटे में पुलिस चोर को पकड़ लेगी?
(a) 10 घंटे (b) 16 घंटे
(c) 12 घंटे (d) 14 घंटे

19. दो स्टेशनों A तथा B के बीच की दूरी 1450 किमी है। A से B की ओर एक गाड़ी 60 किमी/घंटा की चाल से तथा B से A की ओर एक अन्य गाड़ी 40 किमी/घंटा की चाल से चलती है। जब वे दोनों मिलती है, तब B से A की ओर चलने वाली गाड़ी कितनी दूरी तय कर चुकी होती है?
(a) 600 किमी (b) 540 किमी
(c) 580 किमी (d) 550 किमी

20. एक बस जब 40 किमी/घंटा की चाल से चलती है, तो नियत स्थान पर 12 मिनट पहले पहुँच जाती है। जब वह 30 किमी/घंटा की चाल से चलती है, तो 4 मिनट बाद में पहुँचती है। उस नियत स्थान की दूरी क्या है?
(a) 28 किमी (b) 36 किमी
(c) 32 किमी (d) 30 किमी

21. तीन मोटरसाइकिलों की गतियों का अनुपात 12:15:20 है। यदि दूसरी मोटरसाइकिल किसी दूरी को 64 मिनट में तय कर सकती है, तब तीसरी मोटरसाइकिल को उसी दूरी को तय करने में कितना समय लगेगा?
(a) 16 मिनट (b) 51 मिनट
(c) 48 मिनट (d) 84 मिनट

22. एक रेलगाड़ी 2500 मीटर 2 मिनट में जाती है। उसकी चाल कितने किमी/घंटा है?
(a) 80 किमी/घंटा (b) 90 किमी/घंटा
(c) 75 किमी/घंटा (d) 60 किमी/घंटा

23. दो रेलगाड़ी पटना और मथुरा से एक दूसरी की ओर क्रमशः 40 किमी/घंटा और 52 किमी/घंटा की चाल से चलती है। जब वे दोनों मिलती है, तब पता चलता है कि एक गाड़ी दूसरी से 144 किमी अधिक चली। पटना और मथुरा के बीच की दूरी क्या है?
(a) 1120 किमी (b) 1104 किमी
(c) 1100 किमी (d) 1200 किमी

24. दो बस एक स्थान A से 60 किमी/घंटा तथा 40 किमी/घंटा की चाल से समान दिशा में चलती है। जब तेज गति से चलने वाली बस एक स्थान B पर पहुँचकर उसी गति से लौटती है, तब B से 15 किमी की दूरी पर दोनों बसें मिलती हैं। A तथा B के बीच की दूरी क्या है?
(a) 60 किमी (b) 90 किमी
(c) 100 किमी (d) 75 किमी

25. एक आदमी 40 किमी की दूरी में कुछ दूरी 3 किमी/घंटा से तथा शेष 4 किमी/घंटा की चाल से चलता है। यदि वह उस दूरी को क्रमशः 4 किमी/घंटा तथा 3 किमी/घंटा से चले, तो वह 3 किमी कम चलता है। पूरी दूरी तय करने में उसे कितना समय लगेगा?
(a) 10 घंटा (b) 12 घंटा
(c) 11 घंटा (d) 9 घंटा

26. एक जीप सीधी सड़क पर 148 किमी, 50 किमी/घंटा की चाल से जाती है। उसके बाद वह एक ऐसे सड़क पर मुड़ जाती है, जो पहली सड़क से 30° कोण पर मुड़ी है। इस सड़क पर वह 148 किमी, 80 किमी/घंटा की चाल से जाती है। पूरी यात्रा में उस जीप की औसत चाल (किमी/घंटा) क्या थी?

(a) 64 किमी/घंटा (b) 65 किमी/घंटा
(c) 62 किमी/घंटा (d) कोई नहीं

27. एक बस 60 किमी/घंटा की चाल से चलती है तथा प्रत्येक 80 किमी चलने के बाद 20 मिनट रुकती है। 920 किमी जाने में उस बस को कितना समय लगेगा?

(a) 25 घंटे (b) 22 घंटे
(c) 19 घंटे (d) 21 घंटे

28. एक यात्री कुल यात्रा का 40% बस से, 50% कार से तथा शेष रिक्शा से तय करता है। यदि बस तथा कार से तय की गयी दूरी का अन्तर 150 किमी हो, तो रिक्शा की चाल (किमी/घंटा) क्या थी, यदि वह कुल 10 घंटे तक चली?

(a) 10 (b) 15
(c) 12 (d) 9

29. तीन आदमी एक निश्चित दूरी 5 घंटे, 8 घंटे और 10 घंटे में तय करते हैं। उसकी शारीरिक क्षमता का अनुपात क्या है?

(a) 8 : 5 : 4 (b) 6 : 5 : 4
(c) 10 : 8 : 3 (d) 9 : 6 : 4

30. एक गाड़ी 2 घंटे में 90 किमी जाती है। यदि उसकी चाल को 33.33% कम कर दिया, तो उस दूरी को तय करने में उसे कितना समय लगेगा?

(a) 5 घंटे (b) 4 घंटे
(c) 6 घंटे (d) 3 घंटे

31. एक आदमी एक वर्गाकार भूखंड के विकर्ण पर 10 किमी/घंटा की चाल से चलते हुए एक कोने से दूसरे कोने तक 90 मिनट में पहुँच जाता है। उस वर्गाकार भूखंड का क्षेत्रफल क्या है?

(a) 112.5 किमी^{2} (b) 115 किमी^{2}
(c) 144 किमी^{2} (d) 110 किमी^{2}

32. एक आदमी जब अपनी चाल सामान्य चाल का $\frac{9}{11}$ कर देता, तब वह 44 मिनट देर से अपने कार्यालय पहुँचता है। उसको कार्यालय जाने में कितना समय लगता है।

(a) 184 मिनट (b) 190 मिनट
(c) 198 मिनट (d) 202 मिनट

33. दो स्टेशनों के बीच की दूरी 1595 किमी है। दोनों स्टेशनों से एक दूसरे की ओर दो रेलगाड़ियाँ 70 किमी/घंटा की चाल से चलती है। कितने घंटे बाद वे एक दूसरी से मिलेगी? (दूसरी रेलगाड़ी की चाल 75 किमी/घंटा है)

(a) 13 घंटे (b) 12 घंटे
(c) 11 घंटे (d) 10 घंटे

34. एक आदमी पूरी यात्रा का $\frac{3}{5}$ भाग ट्रेन से, $\frac{2}{15}$ भाग बस से, $\frac{3}{20}$ भाग कार से तथा शेष 14 किमी पैदल जाता है। वह कितनी दूरी बस से तय करता है?

(a) 15 किमी (b) 16 किमी
(c) 20 किमी (d) 24 किमी

35. एक आदमी एक सड़क पर 750 मीटर, 10 मिनट में जाता है। उसकी चाल किमी/घंटा क्या है?

(a) 4 (b) 4.5
(c) 5.5 (d) 6

36. वाडेकर 5.5 घंटे में कार से 220 किमी जाता है, तो वह 500 किमी कितने समय में जा पायेगा?

(a) 14.5 घंटे (b) 10 घंटे
(c) 12.5 घंटे (d) 15.5 घंटे

37. एक कार A से B 30 किमी/घंटा की चाल से जाती है तथा एक निश्चित चाल से वापस चली आती है। यदि पूरी यात्रा में उसकी औसत चाल $27\frac{3}{11}$ किमी/घंटा थी, तो वह किस चाल (किमी/घंटा) से वापस लौटी थी?

(a) 28 किमी/घंटा (b) 30 किमी/घंटा
(c) 20 किमी/घंटा (d) 25 किमी/घंटा

38. 300 मी. लम्बी एक रेलगाड़ी 54 किमी/घंटा की रफ्तार से चल रही है। उसे एक पुल को पार करने में 40 से. लगते हैं, तो पुल की लम्बाई कितनी है?

(a) 250 मी (b) 325 मी
(c) 300 मी (d) 350 मी

39. 250 मी. लम्बी एक रेलगाड़ी 54 किमी/घंटा की गति से चलने पर दूसरी रेलगाड़ी को 45 से. में पार करती है। दूसरी रेलगाड़ी की क्या लम्बाई है?

(a) 365 मी (b) 414 मी
(c) 425 मी (d) 475 मी

40. एक रेलगाड़ी दो स्टेशनों के बीच की दूरी को 36 मिनट में तय करती है। यदि उसकी चाल को 14 किमी/घंटा से घटा दिया जाता है, तो वह उस दूरी को 50 मिनट में तय करती है। वह दूरी क्या है?
(a) 15 किमी (b) 30 किमी
(c) 20 किमी (d) 18 किमी

41. एक कार दिल्ली से पटना 70 किमी/घंटा की गति से जाती है और 80 किमी/घंटा की गति से वापस आती है, तो बताओ कार की औसत गति क्या है?
(a) 74.66 किमी/घंटा (b) 75 किमी/घंटा
(c) 75.66 किमी/घंटा (d) 76.5 किमी/घंटा

42. एक रेलगाड़ी एक खंभे को पार करने में 15 सेकेण्ड तथा 100 मी. लंबे प्लेटफॉर्म को पार करने में 25 से. लेती है। रेलगाड़ी की लम्बाई क्या है?
(a) 40 मी (b) 60 मी
(c) 150 मी (d) 300 मी

43. एक कार कोई यात्रा 18 घंटे में तय करती है। यदि आधी दूरी 40 किमी/घंटा तथा शेष दूरी 60 किमी/घंटा की गति से तय की गई हो, तो कुल तय की गई दूरी क्या थी?
(a) 432 किमी (b) 450 किमी
(c) 900 किमी (d) 864 किमी

44. एक व्यक्ति एक निश्चित दूरी को 10 किमी/घंटा की चाल से तय करता है तथा 12 किमी/घंटा की गति से प्रारंभिक बिंदु तक लौटता है। यदि कुल दूरी 5.5 घंटे में तय की गई हो, तो यह दूरी कितनी है?
(a) 20 किमी (b) 30 किमी
(c) 25 किमी (d) 27 किमी

45. एक रेलगाड़ी 60 किमी/घंटा की चाल से चलकर एक निश्चित दूरी को 45 मिनट में तय करती है। 36 मिनट में इसी दूरी को तय करने के लिए रेलगाड़ी की गति क्या होनी चाहिए?
(a) 55 किमी/घंटा (b) 65 किमी/घंटा
(c) 75 किमी/घंटा (d) 85 किमी/घंटा

46. एक व्यक्ति कार द्वारा अपनी यात्रा का कुछ भाग 60 किमी/घंटा की गति से तथा शेष भाग 48 किमी/घंटा की गति से तय किया। यदि कुल दूरी के लिए उसकी औसत गति 52 किमी/घंटा हो, तो 48 किमी/घंटा की गति से वह कितनी दूरी तय करेगा?
(a) 72 किमी (b) 106 किमी
(c) 96 किमी (d) 120 किमी

47. P तथा Q दो स्टेशनों के बीच की दूरी 500 किमी है। एक रेलगाड़ी स्टेशन P से Q की दिशा में 20 किमी/घंटा की गति से चलती है। दूसरी रेलगाड़ी उसी समय स्टेशन Q से P की दिशा में 30 किमी/घंटा की गति से चलती है। ये दोनों एक दूसरे को स्टेशन P से कितनी दूरी पर पार करेंगी?
(a) 200 किमी (b) 300 किमी
(c) 120 किमी (d) 40 किमी

48. एक व्यक्ति अपनी यात्रा 7 घंटे में पूरी करता है जिसका $\frac{2}{5}$ भाग बस से तय करता है तथा उसकी गति 40 किमी/घंटा है। शेष दूरी कार से तय करता है, जिसकी गति 50 किमी/घंटा है। उसने कितनी दूरी तय की?
(a) 280 किमी (b) 350 किमी
(c) 320 किमी (d) 300 किमी

49. एक रेलगाड़ी जो कि 40 किमी/घंटा की गति से जा रही है, एक व्यक्ति गाड़ी की गति की दिशा में रेल पटरी के समानान्तर घोड़े पर 25 किमी/घंटा की गति से दौड़ रहा था; उसने रेलगाड़ी को 4.8 सेकेण्ड में पार किया। रेलगाड़ी की लम्बाई (मीटर में) बताएँ?
(a) 120 (b) 140
(c) 240 (d) 200

50. एक व्यक्ति अपने कार्यालय जाने के लिये 10 किमी/घंटा की गति से चला तथा कार्यालय 3 मिनट देर से पहुँचा। दूसरे दिन उसने अपनी गति में 2 किमी/घंटा की बढ़ोत्तरी की, 2 मिनट पहले जिससे वह कार्यालय पहुँच गया। कार्यालय की दूरी क्या है?
(a) 4 किमी (b) 6 किमी
(c) 5 किमी (d) 7.5 किमी

51. एक चोर को एक सिपाही ने 200मी. की दूरी पर देखा। चोर और सिपाही दोनों उसी समय दौड़ पड़े। यदि चोर 10 किमी/घंटा और सिपाही 12 किमी/घंटा की चाल से दौड़े, तो सिपाही कितनी दूरी पर उसे पकड़ लेगा?
(a) 1 किमी (b) 1.2 किमी
(c) 2 किमी (d) 5 किमी

52. बराबर लम्बाई की दो रेलगाड़ियाँ एक बिजली के खंभे को क्रमश: 8 से. तथा 6 से. में पार कर जाती है। यदि दोनों रेलगाड़ियाँ एक ही दिशा में गतिमान हो, तो उनमें से एक-दूसरे को पार करने में कितना

समय लगेगा?

(a) 32 से. (b) 36 से.
(c) 45 से. (d) 48 से.

53. एक बस कोलकाता से दुर्गापुर 75 किमी/घंटा की चाल से जाती है तथा उसी रास्ते से 60 किमी/घंटा की चाल से वापस आती है। यदि वह वापसी की यात्रा में 40 मिनट अधिक समय ले, तो कोलकाता दुर्गापुर के बीच की दूरी कितनी है?

(a) 180 किमी (b) 200 किमी
(c) 225 किमी (d) 175 किमी

54. दो बराबर लम्बाई की रेलगाड़ियाँ समानांतर पटरी पर एक ही दिशा में क्रमशः 46 किमी/घंटा और 36 किमी/घंटा की गति से चल रही हैं। तेज गति वाली रेलगाड़ी धीमी गति वाली रेलगाड़ी को 36 से. में पार कर लेती है। दोनों ट्रेनों की लम्बाई कितनी है ?

(a) 50 मी (b) 72 मी
(c) 80 मी (d) 82 मी

55. एक रेलगाड़ी के 25 डिब्बे हैं और प्रत्येक डिब्बा 8 मी. लंबा है। इंजन की लम्बाई 25 मी. है। प्रत्येक डिब्बे तथा डिब्बे से इंजन के बीच का अन्तर 1 मी. है। रेलगाड़ी की गति 45 किमी/घंटा है। एक किमी लम्बे पुल को पार करने में रेलगाड़ी को कितना समय लगेगा?

(a) 1 मिनट (b) 1 मिनट 30 से.
(c) 1 मिनट 50 से. (d) 1 मिनट 40 से.

56. एक ट्रेन यदि रुके नहीं तो उसकी गति 80 किमी/घंटा है। लेकिन वह 560 किमी की दूरी 8 घंटे में तय करती है, तो उसे प्रति घंटे कितना रुकना पड़ा?

(a) 7.5 मिनट (b) $8\frac{4}{7}$ मिनट
(c) $8\frac{3}{4}$ मिनट (d) $5\frac{2}{7}$ मिनट

57. 150 मीटर लंबी गाड़ी 90 किमी/घंटा की चाल से चल रही है। एक पेड़ को पार करने में इस गाड़ी को कितना समय लगेगा?

(a) 4 सेकेण्ड (b) 8 सेकेण्ड
(c) 3 सेकेण्ड (d) 6 सेकेण्ड

58. एक कुत्ता एक बिल्ली का पीछा करता है, जो उससे 150 मीटर आगे है। बिल्ली 30 किमी/घंटा की चाल से दौड़ रही है। यदि कुत्ते की चाल 36 किमी/घंटा है, तो उसे बिल्ली को पकड़ने में कितना समय लगेगा?

(a) 80 सेकेण्ड (b) 100 सेकेण्ड
(c) 90 सेकेण्ड (d) 75 सेकेण्ड

59. यदि कोई व्यक्ति अपनी सामान्य गति की $\frac{5}{6}$ गति से चलता है। वह गन्तव्य स्थान पर 10 मिनट देर से पहुँचता है। उसके गन्तव्य स्थान पर पहुँचने की सामान्य समयावधि कितनी है?

(a) 45 मिनट (b) 120 मिनट
(c) 50 मिनट (d) 43 मिनट

60. राम 4 किमी/घंटा की चाल से चलता है। 4 घंटे बाद श्याम साइकिल से 10 किमी/घंटा की चाल से चलता है। श्याम कितनी दूरी पर राम को पकड़ लेगा?

(a) 18.6 किमी (b) 16.7 किमी
(c) 26.7 किमी (d) 21.5 किमी

61. एक कार एक यात्रा 8 घंटे में समाप्त करती है। इसने आधा रास्ता 40 किमी/घंटा की गति से तथा बाकी रास्ता 60 किमी/घंटा की गति से पूरा किया, तो यात्रा की लम्बाई क्या थी?

(a) 384 किमी (b) 400 किमी
(c) 420 किमी (d) 350 किमी

62. एक आदमी कुछ दूरी 8 किमी/घंटा की गति से तय करता है और वापस 6 किमी/घंटा की गति से आता है। यदि वह कुल यात्रा $3\frac{1}{2}$ घंटे में तय करता है, तो उसने कुल कितनी दूरी तय की है?

(a) 14 किमी (b) 12 किमी
(c) 28 किमी (d) 24 किमी

63. A तथा B दोनों एक ही समय पर क्रमशः 40 किमी/घंटा तथा 50 किमी/घंटा की गति से चलते हैं। यदि A यात्रा में B से 15 मिनट अधिक समय लेता है, तो यात्रा की दूरी क्या है?

(a) 48 किमी (b) 46 किमी
(c) 50 किमी (d) 52 किमी

64. यदि मोहन 4 किमी/घंटा की गति से पैदल चलता है, तो वह निर्धारित समय से 10 मिनट पहले स्कूल पहुँचता है। यदि वह 3 किमी/घंटा की गति से चलकर जाए, तो वह निर्धारित समय से 10 मिनट देर से पहुँचता है। उसके घर से स्कूल की दूरी कितनी है?

(a) 4.5 किमी (b) 6 किमी
(c) 4 किमी (d) 3 किमी

65. एक गाड़ी 70 किमी/घंटा की गति से शुरू होती है। प्रत्येक दो घंटे में उसकी गति 10 किमी/घंटा बढ़ती है। कितने घंटों में यह 345 किमी की यात्रा पूरी करेगी?

(a) $4\frac{1}{2}$ घंटे (b) 4 घंटे 5 मिनट

(c) $2\frac{1}{4}$ घंटे (d) 3 घंटे

66. दो साइकिल सवार एक ही स्थान पर जाने के लिए क्रमशः 10 किमी/घंटा तथा 12 किमी/घंटा की गति से चले। यदि उस स्थान पर पहुँचने के लिए एक दूसरे से 10 मिनट अधिक समय लेता है, तो उस स्थान की दूरी कितनी है?

(a) 12 किमी (b) 15 किमी

(c) 18 किमी (d) 10 किमी

67. एक व्यक्ति ने कुछ दूरी साइकिल से तथा वापसी यात्रा स्कूटर से तय की। दोनों ओर की यात्रा में उसे 2 घंटे 20 मिनट लगे। यदि वह पूरी यात्रा साइकिल से करता, तो उसे 3 घंटे 30 मिनट लगते। यदि वह पूरी यात्रा स्कूटर से करता, तो उसे कितना समय लगता?

(a) 60 मिनट (b) 90 मिनट

(c) 70 मिनट (d) 80 मिनट

68. 3 किमी/घंटा की चाल से चलकर सोहन अपने विद्यालय में नियत समय से 15 मिनट देर से पहुँचता है। यदि वह 4 किमी/घंटा की चाल से चले, तो नियत समय से 15 मिनट पहले पहुँच जाता है। उसके विद्यालय तथा घर के बीच की दूरी कितनी है?

(a) 12 किमी (b) 6 किमी

(c) 7 किमी (d) 1 किमी

69. रमन पैदल चलकर 4 घंटे में एक दूरी तय करता है। लौटते समय उसकी गति 2 किमी/घंटा घट जाती है तथा वह उस दूरी को 6 घंटे में तय करता है। वापसी यात्रा के समय उसकी गति क्या थी?

(a) 6 किमी/घंटा (b) 4 किमी/घंटा

(c) 4.5 किमी/घंटा (d) 5.6 किमी/घंटा

उत्तरमाला (Answer Key)

1. (c)	2. (c)	3. (a)	4. (c)	5. (c)	6. (b)	7. (b)	8. (b)	9. (a)	10 (d)
11. (d)	12. (c)	13. (b)	14. (a)	15. (a)	16. (c)	17. (a)	18. (c)	19. (c)	20. (c)
21. (c)	22. (c)	23. (b)	24. (d)	25. (c)	26. (d)	27. (c)	28. (b)	29. (a)	30. (d)
31. (a)	32. (b)	33. (c)	34. (b)	35. (b)	36. (c)	37. (d)	38. (c)	39. (c)	40. (b)
41. (a)	42. (c)	43. (d)	44. (b)	45. (c)	46. (c)	47. (a)	48. (d)	49. (d)	50. (c)
51. (a)	52. (d)	53. (b)	54. (a)	55. (d)	56. (a)	57. (d)	58. (c)	59. (c)	60. (c)
61. (a)	62. (d)	63. (c)	64. (c)	65. (a)	66. (c)	67. (b)	69. (b)		

हल (Solutions)

1.(c)

दोनों शहरों के बीच की दूरी $= 90 \times 28.5 = 2565$ किमी

2.(c)

$60 \times T = 45 \times 12$

$T = \frac{45 \times 12}{60} = 9$ घंटा

3.(a)

अभीष्ट दूरी $= \frac{30}{50} \times 9250 = 5550$ मीटर

4.(c)

1 घंटे में दोनों के बीच की दूरी $= 20 + 25$

$= 45$ किमी/घंटा

4 घंटा 45 मिनट $= 4\frac{45}{60} = 4\frac{3}{4} = \frac{19}{4}$ घंटा

अभीष्ट दूरी $= 45 \times \frac{19}{4} = 213.75$ किमी

5.(c)

माना दूरी $= x$ किमी

औसत चाल $= \frac{x}{\text{ट्रेन की चाल}} = \frac{x+x+x+x}{\frac{x}{20}+\frac{x}{30}+\frac{x}{40}+\frac{x}{60}}$

$= \frac{4x}{\frac{15x}{120}} = \frac{4x \times 120}{15x} = 32$ किमी/घंटा

6.(b)

माना दूरी $= d_1$

समय $= t_1$

चाल $= s_1 = \frac{d_1}{t_1}$

प्रश्न से,

$s_2 = \frac{d_1/3}{2t_1} = \frac{d_1}{6t_1}$

$\frac{s_1}{s_2} = \frac{\frac{d_1}{t_1}}{\frac{d_1}{6t_1}} = \frac{d_1}{t_1} \times \frac{6t_1}{d_1} = 6:1$

7.(b)

एक तिहाई दूरी $= \frac{1}{3} \times 18 = 6$ किमी

शेष दूरी $= 18 - 6 = 12$ किमी

$\frac{5}{9}$ समय $= \frac{5}{9} \times 54 = 30$ मिनट

शेष समय $= 54 - 30 = 24$ मिनट

अभीष्ट चाल $= \frac{12}{24} \times 60 = 30$ किमी/घंटा

8.(b)

अभीष्ट समय $= \frac{400}{70 \quad 50} = \frac{400}{20} = 20$ मिनट

9.(a)

आपेक्षिक चाल $= 40 + 50 = 90$ किमी/घंटा

समय $= \frac{495}{90} = 5\frac{45}{90} = 5\frac{1}{2}$ घंटा

10.(d)

शहर की दूरी $= \frac{16 \times 20 \times (20-4)}{(20-16) \times 60}$

$= \frac{16 \times 20 \times 16}{4 \times 60} = \frac{64}{3} = 21\frac{1}{3}$ किमी

11.(d)

माना बस की चाल $= 5$ किमी/घंटा

$5 \times 120 = (5 - 20) \times 150$

$1505 - 1205 = 20 \times 150$

$\Rightarrow S = \frac{20 \times 150}{30} = 100$ किमी/घंटा

पटना से आरा की दूरी = चाल × समय

$= 100 \times \frac{120}{60} = 200$ किमी

12.(c)

दूरी = 40 और 50 का ल.स. = 200 किमी

बिना रुके जाने में लगा समय $= \frac{200}{50} = 4$ घंटा

रुकते हुए जाने में लगा समय $= \frac{200}{40} = 5$ घंटा

5 घंटा में 1 घंटा रुकने में लगता है।

1 घंटा में $\frac{1}{5}$ घंटा $= \frac{1}{5} \times 60 = 12$ मिनट

13.(b)

गाड़ी की चाल $= \frac{90}{2} = 45$ किमी/घंटा

गाड़ी की नयी चाल $= 45 - 45$ का $33\frac{1}{3}\%$

$= 45 - 45 \times \frac{100}{3} \times \frac{1}{100}$

$= 45 - 15 = 30$ किमी/घंटा

समय $= \frac{90}{30} = 3$ घंटा

14.(a)

माना बस की प्रारंभिक चाल $= x$ किमी/घंटा

$$\frac{720}{x} - \frac{720}{x+20} = 3$$

$$720\left[\frac{x+20-x}{x(x+20)}\right] = 3$$

$$720\left[\frac{20}{x(x+20)}\right] = 3$$

$$\frac{20}{x^2+20x} = \frac{3}{720} = \frac{1}{240}$$

$x^2 + 20x - 4800 = 0$

$\Rightarrow$ $x^2 + 80x - 60x - 4800 = 0$

$\Rightarrow$ $x(x + 80) - 60(x + 80) = 0$

$\Rightarrow$ $(x - 60)(x + 80) = 0$

$x = 60$ किमी/घंटा

15.(a)

आपेक्षिक चाल $= 21 - 16 = 5$ किमी/घंटा

समय $= \frac{65}{5} = 13$ घंटा

16.(c)

औसत चाल $= \frac{2 \times 20 \times 5}{20+5} = 8$ किमी/घंटा

17.(a)

माना दूरी = x किमी

$\frac{4x}{5}$ दूरी को तय करने में लगा समय

$= \frac{4x}{5 \times 6} = \frac{2x}{15}$

शेष दूरी $= 1 - \frac{4x}{5} = \frac{x}{5}$

$\frac{x}{5}$ दूरी को तय करने में लगा समय $= \frac{\frac{x}{5}}{2} = \frac{x}{10}$

$$\frac{2x}{15} + \frac{x}{10} = \frac{84}{60}$$

$$\frac{4x+3x}{30} = \frac{84}{60} \Rightarrow x = \frac{84 \times 30}{60 \times 7} = 6 \text{ किमी}$$

18.(c)

आपेक्षिक चाल $= 90 - 80 = 10$ किमी/घंटा

चोर द्वारा तय की गयी दूरी

$= 80 \times 1\frac{45}{60} = 80 \times \frac{7}{4} = 140$ किमी

अभीष्ट समय $= \frac{140}{10} = 14$ घंटा

19.(c)

आपेक्षिक चाल $= 60 + 40 = 100$ किमी/घंटा

गाड़ियों के मिलने में लगा समय $= \frac{1450}{100}$ घंटा

B से A की ओर चलने वाली गाड़ी द्वारा तय की गयी दूरी $= 40 \times 14.5 = 580$ किमी

20.(c)

आपेक्षिक चाल $= 40 - 30 = 10$ किमी/घंटा

अभीष्ट दूरी $= \frac{40 \times 30 \times (12+4)}{10 \times 60}$

$= \frac{40 \times 30 \times 16}{10 \times 60} = 32$ किमी

21.(c)

मोटर साइकिल की गतियों का अनुपात $= 12 : 15 : 20$

दूरी तय करने में लगे समय का अनुपात

$= \frac{1}{12} : \frac{1}{15} : \frac{1}{20} = 5 : 4 : 3$

तीसरे मोटर साइकिल द्वारा तय करने में लगा समय

$= \frac{64}{4} \times 3 = 48$ मिनट

22.(c)

रेलगाड़ी की चाल $= \frac{\frac{2500}{1000}}{\frac{2}{60}} = \frac{2500}{1000} \times \frac{60}{2}$

$= 75$ किमी/घंटा

23.(b)

1 घंटा में गाड़ी दूसरी से $(52-40)=12$ किमी अधिक जाती है।

144 किमी अधिक जाने के लिए दोनों को $\frac{144}{12}$ $=12$ घंटे चलने पड़ेंगे।

अभीष्ट दूरी $=40\times12+52\times12$

$=480+624=1104$ किमी

24.(d)

माना A से B की दूरी $=x$ किमी

पहली बस द्वारा A से B तथा M तक वापस आने में लगा समय $=\frac{x}{60}+\frac{15}{60}$

दूसरी बस द्वारा M तक आने में लगा समय

$=\frac{x-15}{40}$

$\frac{x}{60}+\frac{15}{60}=\frac{x-15}{40}$

$\Rightarrow\frac{x}{40}-\frac{x}{60}=\frac{15}{60}+\frac{15}{40}$

$\Rightarrow x=75$ किमी

25.(c)

माना पहली दूरी तय करने में लगा समय $=x$ घंटा

दूसरी दूरी तय करने में लगा समय $=y$ घंटा

$3x+4y=40$ .... (i)

$4x+3y=37$ .... (ii)

समीकरण (i) और (ii) को हल करने से,

$x=4, y=7$

कुल समय $=4+7=11$ घंटा

27. (c)

80 किमी तक जाने तथा 20 मिनट रुकने तक लगा समय $=\frac{80}{60}+\frac{20}{60}=\frac{100}{60}=\frac{5}{3}$ घंटा

80 किमी $\times 11=880$ किमी

जाने में लगा समय $=\frac{5}{3}\times11=\frac{55}{3}$ घंटा

शेष दूरी $=920-880=40$ किमी

इस दूरी को तय करने में लगा समय $=\frac{40}{60}=\frac{2}{3}$ घंटा

कुल समय $=\frac{55}{3}+\frac{2}{3}=\frac{57}{3}=19$ घंटा

28.(b)

माना कुल दूरी $=x$ किमी

$\frac{x}{2}-\frac{2x}{5}=150\quad\Rightarrow x=1500$ किमी

रिक्शा द्वारा तय की दूरी $=1500$ का 10%

$=150$ किमी

रिक्शा की चाल $=\frac{150}{10}=15$ किमी/घंटा

29.(a)

समय का अनुपात $=5:8:10$

क्षमता का अनुपात $=\frac{1}{5}:\frac{1}{8}:\frac{1}{10}$

$=\frac{1}{5}\times40:\frac{1}{8}\times40:\frac{1}{10}\times40$

$=8:5:4$

30.(d)

गाड़ी की चाल $=\frac{90}{2}=45$ किमी/घंटा

नयी चाल $=45-45$ का $\frac{100}{3}\%$

$=45-45\times\frac{1}{3}=45-15=30$ किमी/घंटा

समय $=\frac{90}{30}=3$ घंटा

31.(a)

विकर्ण की लम्बाई $=10\times\frac{90}{60}=15$ किमी

अभीष्ट क्षेत्रफल $=\frac{\text{विकर्ण}^2}{2}$

$=\frac{15\times15}{2}=\frac{225}{2}$

$=112.5$ किमी^{2}

32.(b)

अभीष्ट समय $=\frac{9}{11-9}\times44$

$=\frac{9}{2}\times44=198$ मिनट

33.(c)

अभीष्ट समय $=\frac{1595}{70+75}=\frac{1595}{145}=11$ घंटे

34.(b)

माना कुल दूरी x है।

ट्रेन + बस + कार से तय की गई दूरी

$$= \frac{3x}{5}+\frac{2x}{15}+\frac{3x}{20}=\frac{36x+8x+9x}{60}$$

$$= \frac{53x}{60}$$

शेष दूरी $= x-\frac{53x}{60}=\frac{7x}{60}$

$$\frac{7x}{60}=14$$

$$x = \frac{14\times60}{7} = 120$$

बस से तय की दूरी $= \frac{2x}{15}=\frac{2\times120}{15}=16$ किमी

35.(b)

चाल $= \frac{\frac{750}{1000}}{\frac{10}{60}}=\frac{750}{1000}\times\frac{60}{10}=4.5$ किमी/घंटा

36.(c)

$$\frac{220}{\frac{11}{2}}=\frac{500}{T}$$

$$T = \frac{500\times11}{440}=\frac{25}{2}=12\frac{1}{2} \text{ घंटे}$$

37.(d)

$$27\frac{3}{11}=\frac{2\times30\times x}{30+x}$$

$$\frac{300}{11}=\frac{60x}{30+x}$$

$660x - 300x = 9000$

$360x = 9000$

$$x = \frac{9000}{360}$$

$= 25$ किमी/घंटा

38.(c)

रेलगाड़ी + पुल की लम्बाई $= 54\times\frac{5}{18}\times40$

$= 15 \times 40 = 600$

पुल की लम्बाई $= 600 - 300$

$= 300$ मीटर

39.(c)

माना दूसरी रेलगाड़ी की लम्बाई $= x$ मीटर

$$\frac{x+250}{54\times\frac{5}{18}}=45$$

$$x+250=45\times54\times\frac{5}{18}$$

$x + 250 = 675$

$x = 675 - 250$

$= 425$ मीटर

40.(b)

माना दूरी $= x$ किमी

$$\frac{x}{\frac{36}{60}}-14=\frac{x}{\frac{50}{60}}$$

$$\frac{60x}{36}-\frac{60x}{50}=14$$

$$\frac{15x}{9}-\frac{6x}{5}=14 \Rightarrow 75x - 54x = 14 \times 45$$

$$x = \frac{14\times45}{21} = 30 \text{ किमी}$$

41.(a)

कार की औसत चाल $= \frac{2\times70\times80}{70+80}$

$= \frac{2\times5600}{150}$

$= 74.66$ किमी/घंटा

42.(c)

माना रेलगाड़ी की लम्बाई $= x$ मीटर

$$\frac{x}{15}=\frac{x+100}{25}$$

$\Rightarrow 25x = 15x + 1500$

$10x = 1500$

$x = 150$ मीटर

43.(d)

कुल तय की गयी दूरी $= \frac{2\times40\times60}{40+60}\times18$

$= \frac{2\times40\times60}{100}\times18$

$= 864$ किमी

44.(b)

दूरी $= \frac{10\times12}{10+12}\times\frac{11}{2}=\frac{120}{22}\times\frac{11}{2}=30$ किमी

45.(c)

दूरी = चाल × समय = $60\times\frac{45}{60}=45$ किमी

गति = = $\frac{45}{\frac{36}{60}}=\frac{45\times60}{36}=75$ किमी/घंटा

46.(c)

मिश्रण के नियम से,

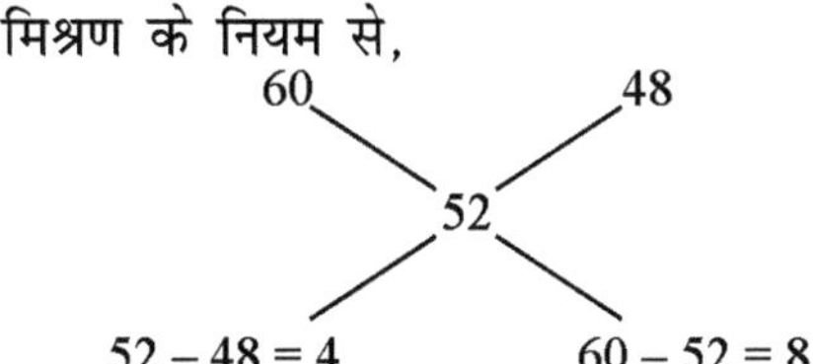

समय का अनुपात = 1 : 2

अभीष्ट दूरी = 2 × 48 = 96 किमी

47.(a)

माना दोनों रेलगाड़ियाँ एक दूसरे को t घंटे के बाद मिलेंगी।

प्रश्न से,

$20t + 30t = 500$

$50t = 500$

$t = 10$

P से दूरी = 20 × 10 = 200 किमी

48.(d)

माना कुल दूरी = d किमी

बस द्वारा तय की गयी दूरी = $\frac{2}{3}d$

कार द्वारा तय की गयी दूरी = $\frac{1}{3}d$

$$\frac{\frac{2}{3}d}{40}+\frac{\frac{1}{3}d}{50}=7$$

$$\frac{2d}{3\times40}+\frac{d}{3\times50}=7$$

$$\frac{d}{60}+\frac{d}{150}=7 \Rightarrow \frac{15d+6d}{900}=7$$

$$d=\frac{7\times900}{21}=300 \text{ किमी}$$

49.(d)

माना रेलगाड़ी की लम्बाई = x मीटर

आपेक्षिक चाल = 40 – 25 = 15 किमी

$= 15\times\frac{5}{18}=\frac{25}{6}$ मीटर

प्रश्न से,

$$\frac{x}{\frac{25}{6}}=48$$

$$x = 48\times\frac{25}{6}=200 \text{ मीटर}$$

50.(c)

कार्यालय की दूरी = $\frac{10\times(10+2)}{2}\times\frac{(3+2)}{60}$

$=\frac{10\times12}{2}\times\frac{5}{60}$

= 5 किमी

51.(a)

आपेक्षिक चाल = 12 – 10 = 2 किमी/घंटा

$= 2\times\frac{5}{18}=\frac{5}{9}$ मीटर/सेकण्ड

चोर को पकड़ने में लगा समय = $\frac{200}{\frac{5}{9}}=\frac{200\times9}{5}$

= 360 सेकेण्ड

$=\frac{360}{60\times60}=\frac{1}{10}$ घंटा

चोर द्वारा तय की गयी दूरी = $10\times\frac{1}{10}=1$ किमी

52. (d)

अभीष्ट समय = $\frac{2\times8\times6}{8-6}=\frac{2\times8\times6}{2}=48$ सेकेण्ड

53. (b)

कोलकत्ता से दुर्गापुर के बीच की दूरी

$=\frac{75\times60}{75-60}\times\frac{40}{60}=\frac{75\times60}{15}\times\frac{2}{3}=200$ किमी

54. (a)

माना ट्रेन की लम्बाई = x मीटर

आपेक्षिक चाल = 46 – 36 = 10 किमी/घंटा

$= 10\times\frac{5}{18}=\frac{25}{9}$ मी/से.

प्रश्न से,

$$\frac{x+x}{\frac{25}{9}}=36$$

$$2x = 36\times\frac{25}{9} = 100$$

x = 50 मीटर

55. (d)

रेलगाड़ी की लम्बाई $= 25 \times 8 + 25 + 25 \times 1$

$= 200 + 25 + 25 = 250$ मीटर

पुल की लम्बाई $= 1$ किमी $= 1000$ मीटर

कुल लम्बाई $= 1000 + 250 = 1250$ मीटर

समय $= \dfrac{1250}{45 \times \frac{5}{18}} = \dfrac{1250 \times 18}{45 \times 5}$

$= 100$ सेकेण्ड

$= 1$ घंटा 40 सेकेण्ड

56.(a)

बिना रुके लगा समय $= \dfrac{560}{80} = 7$ घंटा

रुककर चलने में लगा समय $= 8$ घंटा

$\because$ 8 घंटे में ट्रेन 1 घंटे रुकती है।

$\therefore$ 1 घंटे में ट्रेन $\frac{1}{8}$ घंटे रुकेगी।

समय $= \dfrac{1}{8} \times 60 = \dfrac{15}{2} = 7.5$ मिनट

57.(d)

पेड़ को पार करने में लगा समय $= \dfrac{150}{90 \times \frac{5}{18}}$

$= \dfrac{150 \times 18}{90 \times 5} = 6$ सेकेण्ड

58.(c)

आपेक्षिक चाल $= 36 - 30 = 6$ किमी/घंटा

$= 6 \times \dfrac{5}{18} = \dfrac{5}{3}$ मीटर/सेकेण्ड

बिल्ली को पकड़ने में लगा समय $= \dfrac{150}{\frac{5}{3}}$

$= \dfrac{150 \times 3}{5} = 90$ सेकेण्ड

59.(c)

माना गंतव्य स्थान पर पहुँचने का सामान्य समय $= x$ मिनट

यदि सामान्य गति 5 किमी/मिनट है।

कुल दूरी $= 5x$ किमी

घटी हुई गति $= \dfrac{5}{6}s$ किमी/मिनट

प्रश्न से,

$$\frac{5x}{\frac{5s}{6}} = x + 10$$

$$\frac{5x \times 6}{5s} = x + 10$$

$6x = 5x + 50 \Rightarrow x = 50$ मिनट

60.(c)

आपेक्षिक चाल $= 10 - 4 = 6$ किमी/घंटा

दूरी $= \dfrac{4 \times 4}{6} \times 10 = \dfrac{160}{6} = 26.7$ किमी

61.(a)

यात्रा की लम्बाई $= \dfrac{2 \times 40 \times 60}{40 + 60} \times 8$

$= \dfrac{2 \times 40 \times 60}{100} \times 8 = 384$ किमी

62.(d)

अभीष्ट दूरी $= \dfrac{2 \times 8 \times 6}{8 + 6} \times \dfrac{7}{2}$

$= \dfrac{2 \times 8 \times 6}{14} \times \dfrac{7}{2} = 24$ किमी

63.(c)

माना यात्रा की दूरी $= x$ किमी

प्रश्न से,

$$\frac{x}{40} - \frac{x}{50} = \frac{15}{60}$$

$$\Rightarrow \frac{50x - 40x}{40 \times 50} = \frac{15}{60}$$

$$\Rightarrow 10x = \frac{15}{60} \times 40 \times 50$$

$x = \dfrac{15 \times 40 \times 50}{60 \times 10} = 50$ किमी

64.(c)

माना घर से स्कूल की दूरी $= x$ किमी

$$\frac{x}{3} - \frac{x}{4} = \frac{10 + 10}{60}$$

$$= \frac{4x - 3x}{12} = \frac{20}{60} \Rightarrow \frac{x}{12} = \frac{1}{3}$$

$x = \dfrac{12}{3} = 4$ किमी

65.(a)

पहले दो घंटे में तय की गयी दूरी $= 70 \times 2$

$= 140$ किमी

शेष दूरी $= 345 - 140 = 205$ किमी

अगले दो घंटे में तय की गयी दूरी $= 80 \times 2$

$= 160$ किमी

शेष दूरी $= 205 - 160 = 45$ किमी

अगले दो घंटे में चाल $= 90$ किमी/घंटा

45 किमी जाने मे लगा समय $= \frac{45}{90} = \frac{1}{2}$ घंटा

कुल समय $= 2 + 2 + \frac{1}{2} = 4\frac{1}{2}$ घंटे

66.(d)

माना दूरी $= x$ किमी

प्रश्न से,

$$\frac{x}{10} - \frac{x}{12} = \frac{10}{60}$$

$$\Rightarrow \frac{12x - 10x}{120} = \frac{10}{60}$$

$$\Rightarrow \frac{2x}{120} = \frac{1}{6}$$

$$\Rightarrow x = \frac{120}{6 \times 2} = 10 \text{ किमी}$$

67.(c)

साइकिल से दोनों ओर की यात्रा करने में लगा समय $= 3$ घंटे 30 मिनट

एक ओर साइकिल से यात्रा करने में लगा समय $= 1$ घंटा 45 मिनट

एक ओर की यात्रा स्कूटर से तय करने में लगा समय $= 2$ घंटा 20 मिनट $- 1$ घंटा 45 मिनट

$= 35$ मिनट

स्कूटर से पूरी यात्रा करने में लगा समय

$= 2 \times 35 = 70$ मिनट

68.(b)

माना विद्यालय से घर की दूरी $= x$ किमी

$$\frac{x}{3} - \frac{x}{4} = \frac{15 + 15}{60} \Rightarrow \frac{4x - 3x}{12} = \frac{30}{60}$$

$$\frac{x}{12} = \frac{1}{2} \Rightarrow x = \frac{12}{2}$$

$x = 6$ किमी

69.(b)

माना जाते समय रमन की गति $= x$ किमी/घंटा थी

$x \times 4 = (x - 2) \times 6$

$4x = 6x - 12 \Rightarrow 2x = 12$

$x = 6$ किमी/घंटा

वापसी यात्रा के समय रमन की गति $= 6 - 2$

$= 4$ किमी/घंटा

रेलगाड़ी सम्बन्धित प्रश्न
Questions Related to Train

महत्वपूर्ण तथ्य (Important Facts)

- जब राशि x प्रति घण्टा में हो तो इसको मीटर प्रति सेकेंड में व्यक्त करने के लिए $\frac{5}{18}$ से गुणा करेंगें। उसी तरह x जब मीटर प्रति सेकेंड में हो तो किमी0 प्रति घण्टा में व्यक्त करने के लिए $\frac{18}{5}$ से गुणा करेंगें।
- x मीटर लम्बी रेलगाड़ी द्वारा एक खड़े व्यक्ति अथवा खम्बे को पार करने में लगा समय = अपनी चाल से x मी0 दूरी तय करने में लगा समय
- x मीटर लम्बी रेलगाड़ी द्वारा x मीटर लम्बी स्थिर वस्तु (जैसे पुल, प्लेटफार्म, सुरंग, खड़ी गाड़ी आदि) को पार करने में लगा समय $= (x + y)$ मीटर दूरी तय करने मे लगा समय।
  अगर किसी रेलगाड़ी की चाल x किमी0 प्रति घण्टा हो तथा इसी की दिशा में कोई चलायमान वस्तु y किमी0 प्रति घण्टा की चाल से जा रही है। तब गाड़ी की उस वस्तु के सापेक्ष चाल $= (x - y)$ किमी0 प्रति घण्टा
- अगर किसी रेलगाड़ी की चाल x किमी0 प्रति घण्टा है तथा इसकी विपरीत दिशा मे कोई चलायमान वस्तु y किमी0 प्रति घण्टा की चाल से आ रही है। तब गाड़ी की उस वस्तु के सापेक्ष चाल $= (x + y)$ किमी0 प्रति घण्टा
- अगर A मीटर लम्बी रेलगाड़ी x मीटर प्रति सेकेण्ड की चाल से जा रही है तथा B मीटर लम्बी रेलगाड़ी इसी की दिशा में समान्तर पटरी पर y मीटर प्रति सैकेण्ड की गति से जा रही है। तब, तेज गाड़ी द्वारा दूसरी गाड़ी को पार करने मे लगा समय $= \left(\frac{A+B}{x-y}\right)$ से0
- अगर A मीटर लम्बी रेलगाड़ी x मीटर प्रति सेकेण्ड की चाल से जा रही है तथा B मीटर लम्बी रेलगाड़ी इसकी विपरीत दिशा में y मीटर प्रति सेकेण्ड की गति से जा रही है। तब, इन गाड़ियों द्वारा एक दूसरे को पार करने में लगा समय $= \left(\frac{A+B}{x+y}\right)$ से0
- अगर एक रेलगाड़ी की लम्बाई A मीटर है। यह रेलगाड़ी x मीटर प्रति सेकेण्ड की गति से जा रही है। एक व्यक्ति y मीटर प्रति सेकेण्ड की दर से गाड़ी की दिशा में दौड़ रहा है। इस व्यक्ति को पार करने में गाड़ी द्वारा लिया गया समय $= \left(\frac{A}{x-y}\right)$ से0

उदाहरण (Examples)

1. 30 मीटर/से0 की गति से जा रही 270 मीटर लम्बी रेलगाड़ी 180 मीटर लम्बे पुल को पार करने मे कितना समय लेगी?

   अभीष्ट समय $= \left(\frac{270+180}{30}\right)$ से0

   $= 15$ से0

2. 270 मीटर लम्बी रेलगाड़ी टेलीफोन के एक खम्बे को 18 सेकेण्ड मे पार कर जाती है। रेलगाड़ी की चाल कितनी होगी?

   रेलगाड़ी की चाल $= \left(\frac{270}{18}\right)$ मी0/से0

   $= \left(15\times\frac{18}{5}\right)$ किमी0/घण्टा

   $= 54$ किमी0/घण्टा

3. 110 मीटर लम्बी रेलगाड़ी 132 किमी0 प्रति घण्टा की गति से दौड़ रही है। यह रेलगाड़ी 165 मी0 लम्बे प्लेटफार्म को पार करने में कितना समय लेगी?

गाड़ी की चाल = $\left(132\times\frac{5}{18}\right)$ मी0/से0

$= \left(\frac{110}{3}\right)$ मी0/से0

अभीष्ट समय = $\left[(110+165)\times\frac{3}{110}\right]$ से0

$= \left(275\times\frac{3}{110}\right)$ से0

= 7.5 से0

4. 60 किमी0 प्रति घण्टा की चाल से जा रही एक रेलगाड़ी एक खम्बे को 30 सेकेण्ड में पार कर जाती है। गाड़ी की लम्बाई कितनी है?

गाड़ी की चाल $=\left(60\times\frac{5}{18}\right)$ मी0/से0 $=\frac{50}{3}$ मी0/से0

गाड़ी की लम्बाई $=\left(\frac{50}{3}\times 30\right)$ मी0 $= 500$ मी0

5. 150 मीटर लम्बी रेलगाड़ी 450 मीटर प्लेटफार्म को 20 सेकेण्ड में पार कर जाती है। गाड़ी की चाल क्या है?

गाड़ी की चाल $=\left(\frac{150+450}{20}\right)$ मी0/से0

$=\left(30\times\frac{18}{5}\right)$ किमी0/घण्टा

6. एक रेलगाड़ी एक खम्बे को 15 सैकेंण्ड में तथा 100 मीटर लम्बे प्लेफार्म को 25 सेकेण्ड में पार कर जाती है। गाड़ी की लम्बाई कितनी है?

माना गाड़ी की लम्बाई = x मीटर तब

$\frac{x}{15}=\frac{x+100}{25}$ अर्थात x = 150 मीटर

7. 150 मीटर लम्बी रेलगाड़ी एक 300 मीटर लम्बी सुरंग को 40.5 सेकेण्ड में पार कर जाती है। गाड़ी की चाल किमी0 प्रति घण्टा में है:-

गाड़ी की चाल $=\left(\frac{150+300}{40.5}\right)$ मीटर/से0

$=\left(\frac{100}{9}\times\frac{18}{5}\right)$ किमी0/घण्टा

= 40 किमी0 प्रति घण्टा

8. एक रेलगाड़ी 162 मीटर लम्बे प्लेटफार्म को 18 से0 तथा एक दूसरे 120 मीटर लम्बे प्लेटफार्म को 15 से0 में पार कर जाती है। रेलगाड़ी की लम्बाई कितनी है?

माना रेलगाड़ी की लम्बाई = x मीटर

तब,

$\frac{x+162}{18}=\frac{x+120}{15}$

$x =$ 90 मीटर

9. 110 मीटर लम्बी एक रेलगाड़ी 58 किमी0 प्रति घण्टा की रफ्तार से जा रही है। इसी की दिशा में 4 किमी0 प्रति घण्टा की गति से जा रहे व्यक्ति को यह गाड़ी कितनी देर में पार कर लेगी?

व्यक्ति के सापेक्ष गाड़ी की चाल

= (58 – 4) किमी0 प्रति घण्टा

$=\left(54\times\frac{5}{18}\right)$

= 15 मी0/से0

अभीष्ट समय $=\left(\frac{110}{15}\right)$ से0 $= 7\frac{1}{3}$ सेकेण्ड

10. एक व्यक्ति 1 किमी0 लम्बे पुल से गुजरती हुई रेलगाड़ी को देखता है। गाड़ी की लम्बाई पुल की लम्बाई से आधी है। यदि रेलगाड़ी पुल को 2 मिनट में पार करे तो गाड़ी की चाल क्या है?

गाड़ी की लम्बाई = 500 मीटर

पुल की लम्बाई = 1000 मीटर

गाड़ी की चाल $=\left(\frac{500+1000}{120}\right)$ मीटर प्रति सेकेण्ड

$=\left(\frac{25}{2}\times\frac{18}{5}\right)$ किमी0/घण्टा

= 45 किमी0 प्रति घण्टा।

अभ्यास प्रश्न (Practice Questions)

1. 72 किमी/घंटा की गति से चल रही रेलगाड़ी एक सिग्नल को 9 सेकेण्ड में पार करती है तो रेलगाड़ी की लम्बाई कितने मीटर है?
(a) 180 (b) 90
(c) 18 (d) 1800

2. एक ट्रेन एक टेलीफोन पोल को पार करने में 1 सेकेण्ड और 300 मीटर लम्बे प्लेटफॉर्म को पार करने में 3 सेकेण्ड लेती है, तो ट्रेन की लम्बाई कितनी है?
(a) 200 मीटर (b) 150 मीटर
(c) 100 मीटर (d) 300 मीटर

3. 240 मीटर लम्बी एक रेलगाड़ी 260 मीटर लम्बे एक प्लेटफॉर्म को 30 सेकेण्ड में पार करती है। रेलगाड़ी की चाल कितने किमी प्रति घंटा है?
(a) 60 (b) 66
(c) 48 (d) 64

4. यदि 150 मीटर लम्बी एक रेलगाड़ी के एक खंभे को 5 सेकेण्ड में पार कर जाती है, तो रेलगाड़ी की चाल क्या है?
(a) 68 किमी/घंटा (b) 90 किमी/घंटा
(c) 108 किमी/घंटा (d) 6.8 किमी/घंटा

5. एक रेलगाड़ी अपनी ही दिशा में क्रमश: 2 किमी/घंटा तथा 4 किमी/घंटा की चाल से जा रहे दो व्यक्तियों को क्रमश: 9 सेकेण्ड तथा 10 सेकेण्ड में पार कर जाती है। रेलगाड़ी की लम्बाई क्या है?
(a) 50 मीटर (b) 45 मीटर
(c) 72 मीटर (d) 54 मीटर

6. दो रेलगाड़ी एक ही दिशा में क्रमश: 90 किमी/घंटा तथा 70 किमी/घंटा की गति से जा रही है। यदि तेज रेलगाड़ी सुस्त रेलगाड़ी में बैठे एक व्यक्ति को 36 सेकेण्ड में पार कर जाती है, तो तेज रेलगाड़ी की लम्बाई क्या है?
(a) 200 मीटर (b) 100 मीटर
(c) 190 मीटर (d) 150 मीटर

7. 300 मीटर लम्बी एक रेलगाड़ी 240 मीटर लंबे एक प्लेटफॉर्म को 27 सेकेण्ड में पार कर जाती है, तो रेलगाड़ी की चाल कितने किमी/घंटा है?
(a) 64 (b) 72
(c) 54 (d) 60

8. 150 मीटर लंबी एक रेलगाड़ी 60 किमी/घंटा की चाल से चलकर एक पुल को 30 सेकेण्ड में पार कर जाती है, तो पुल की लम्बाई कितने मीटर है?
(a) 500 मीटर (b) 200 मीटर
(c) 3500 मीटर (d) 350 मीटर

9. किसी रेलगाड़ी तथा एक प्लेटफॉर्म की लम्बाइयाँ बराबर है। यदि 90 किमी/घंटा की चाल से रेलगाड़ी उस प्लेटफॉर्म को 1 मिनट में पार करती है, तो गाड़ी की लम्बाई कितने मीटर है?
(a) 600 मीटर (b) 750 मीटर
(c) 500 मीटर (d) 900 मीटर

10. यदि एक रेलगाड़ी जिसकी गति 80 किमी/घंटा है। पटरी के पास खड़े एक पेड को 9 सेकेण्ड में पार कर जाती है, तो रेलगाड़ी की लम्बाई क्या है?
(a) 175 मीटर (b) 250 मीटर
(c) 200 मीटर (d) 150 मीटर

11. एक रेलगाड़ी 800 मीटर तथा 400 मीटर लम्बे दो पुलों को क्रमश: 100 सेकेण्ड और 60 सेकेण्ड में पार कर जाती है, तो रेलगाड़ी की लम्बाई कितनी हैं?
(a) 90 मीटर (b) 150 मीटर
(c) 200 मीटर (d) 80 मीटर

12. यदि एक रेलगाड़ी 72 किमी/घंटा की चाल से चलकर 260 मीटर लंबे एक प्लेटफॉर्म को 23 सेकेण्ड में पार कर जाती है, तो रेलगाड़ी की लम्बाई क्या है?
(a) 200 मीटर (b) 220 मीटर
(c) 160 मीटर (d) 240 मीटर

13. एक 130 मीटर लम्बी एक रेलगाड़ी एक पुल को 90 किमी/घंटा की गति से चलते हुए 21 सेकेण्ड में पार करती है, तो पुल की लम्बाई क्या होगी?
(a) 395 मीटर (b) 415 मीटर
(c) 295 मीटर (d) 285 मीटर

14. एक 540 मीटर लंबी रेलगाड़ी 54 किमी/घंटा की चाल से जा रही है। वह एक 180 मीटर लंबी गुफा को पार करने में कितना समय लेगी?
(a) 40 सेकेण्ड (b) 52 सेकेण्ड
(c) 48 सेकेण्ड (d) 44 सेकेण्ड

15. 110 मीटर लंबी एक रेलगाड़ी 132 किमी/घंटा की चाल से जा रही है। यह 165 मीटर लंबे प्लेटफॉर्म को पार करने में कितना समय लेगी?
(a) 7.5 सेकेण्ड (b) 5 सेकेण्ड
(c) 15 सेकेण्ड (d) 10 सेकेण्ड

16. एक रेलगाड़ी 90 किमी/घंटा की चाल से जा रही है। उसकी गति मीटर प्रति सेकेण्ड में क्या होगी?
(a) 20 मी/से (b) 45 मी/से
(c) 25 मी/से (d) 30 मी/से

17. 60 किमी/घंटा की चाल से चलते हुए एक रेलगाड़ी एक खंभे को 6 सेकेण्ड में पार कर जाती हैं। रेलगाड़ी की लम्बाई क्या है?
(a) 150 मीटर (b) 200 मीटर
(c) 100 मीटर (d) 120 मीटर

18. टेलीग्राफ के खंभे 50 मीटर की दूरी पर लगे है। एक रेलयात्री जैसे ही उनके पास से निकलता है खंभे गिनता है। यदि गाड़ी की गति 45 किमी/घंटा है, तो 4 घंटे में कितने खंभे निकल जाएँगे?
(a) 3000 (b) 3600
(c) 360 (d) 36000

19. एक गाड़ी प्लेटफॉर्म को 36 सेकेण्ड में तथा प्लेटफॉर्म पर खड़े एक व्यक्ति को 20 सेकेण्ड में पार कर जाती है। यदि गाड़ी की गति 54 किमी/घंटा है, तो प्लेटफॉर्म की लम्बाई कितनी है?
(a) 310 मीटर (b) 240 मीटर
(c) 300 मीटर (d) 120 मीटर

20. एक रेलगाड़ी की गति 45 किमी/घंटा है। दूसरी रेलगाड़ी की गति 10 मीटर/सेकेण्ड है। उनकी गतियों का अनुपात क्या है?
(a) 4 : 5 (b) 5 : 4
(c) 9 : 2 (d) 2 : 9

21. एक रेलगाड़ी 1 किमी लंबे पुल को 2 मिनट में पार कर जाती है। यदि रेलगाड़ी की लम्बाई पुल से आधी हो, तो रेलगाड़ी किस गति से चल रही है?
(a) 45 किमी/घंटा (b) 50 किमी/घंटा
(c) 60 किमी/घंटा (d) 30 किमी/घंटा

22. यदि एक रेलगाड़ी का पहिया जिसकी परिधि $4\frac{2}{7}$ मीटर है, 4 सेकेण्ड में 7 चक्कर लगाता है, तो रेलगाड़ी की गति कितने किमी/घंटा है?
(a) 30 (b) 25
(c) 27 (d) 35

23. दो रेलगाड़ियाँ जिनकी लम्बाई समान है क्रमशः 44 किमी/घंटा तथा 38 किमी/घंटा की गति से समान दिशा में चल रही है। अगर तेज गति वाली गाड़ी 48 सेकेण्ड में दूसरी गाड़ी को पार करे, तो प्रत्येक रेलगाड़ी की लम्बाई क्या है?
(a) 82 मीटर (b) 48 मीटर
(c) 60 मीटर (d) 40 मीटर

24. दो रेलगाड़ियाँ क्रमशः 72 किमी/घंटा तथा 36 किमी/घंटा की गति से एक ही दिशा में चल रही हैं। तेज गति से चलने वाली रेलगाड़ी कम गति से चलने वाली रेलगाड़ी में बैठे हुए एक व्यक्ति के पास से 5 सेकेण्ड में गुजर जाती है। तेज गति से चलने वाली रेलगाड़ी की लम्बाई क्या है?
(a) 100 मीटर (b) 150 मीटर
(c) 50 मीटर (d) 120 मीटर

25. एक रेलगाड़ी अपनी ही दिशा में क्रमशः 2 किमी/घंटा तथा 4 किमी/घंटा की चाल से जा रहे दो व्यक्तियों को क्रमशः 9 सेकेण्ड तथा 10 सेकेण्ड में पार कर जाती है तो रेलगाड़ी की लम्बाई क्या है?
(a) 45 मीटर (b) 72 मीटर
(c) 50 मीटर (d) 54 मीटर

26. एक रेलगाड़ी दो स्टेशनों के बीच की दूरी 48 मिनट में तय करती है। यदि उसकी चाल 5 किमी/घंटा बढ़ा दी जाए, तो वह उस दूरी को 45 मिनट में तय करती है। रेलगाड़ी की आरंभिक चाल कितने किमी/घंटा थी?
(a) 75 किमी/घंटा (b) 60 किमी/घंटा
(c) 70 किमी/घंटा (d) 55 किमी/घंटा

27. 30 किमी/घंटा की गति से चलती हुई ट्रेन में बैठा आदमी अनुभव करता है कि विपरीत दिशा में जाने वाली एक ट्रेन उसे 9 सेकेण्ड में पार कर जाती है। यदि इन रेलगाड़ियों की लम्बाई 200 मीटर है, तो दूसरी ट्रेन की चाल क्या होगी?
(a) 50 किमी/घंटा (b) 52 किमी/घंटा
(c) 51 किमी/घंटा (d) 55 किमी/घंटा

28. एक रेलगाड़ी 25 सेकेण्ड में एक सिग्नल पोस्ट को पार कर जाती है तथा 250 मीटर लंबे एक प्लेटफॉर्म को 30 सेकेण्ड में पार कर जाती है। रेलगाड़ी की लम्बाई क्या है?
(a) 1020 मीटर (b) 1268 मीटर
(c) 1080 मीटर (d) 1250 मीटर

29. एक यात्री गाड़ी में 18 डिब्बे हैं तथा प्रत्येक की लम्बाई 9 मीटर है तथा इंजन 18 मीटर लंबा है। यात्री गाड़ी की चाल 63 किमी/घंटा है। यह गाड़ी 300 मीटर लंबी मालगाड़ी को जो स्टेशन पर खड़ी है कितने देर में पार कर जाएगी?
(a) 36 सेकेण्ड (b) $39\frac{3}{7}$ सेकेण्ड
(c) 40 सेकेण्ड (d) $27\frac{3}{7}$ सेकेण्ड

30. 400 मीटर लंबी एक रेलगाड़ी एक सिग्नल पोस्ट को 10 सेकेण्ड में पार कर जाती है तथा एक प्लेटफॉर्म को 18 सेकेण्ड में पार कर जाती है। उस प्लेटफॉर्म की लम्बाई क्या है?
(a) 420 मीटर (b) 450 मीटर
(c) 400 मीटर (d) 320 मीटर

31. 800 मीटर लंबी एक रेलगाड़ी 36 किमी/घंटा की चाल से चल रही है तथा एक सुरंग को 2 मिनट में पार कर जाती है। सुरंग की लम्बाई कितने मीटर होगी?
(a) 500 मीटर (b) 420 मीटर
(c) 400 मीटर (d) 450 मीटर

32. 180 मीटर लंबी एक रेलगाड़ी पटरी के बगल में एक आदमी को 6 सेकेण्ड में पार कर जाती है। 120 मीटर लंबे एक पुल को कितने समय में पार कर जाएगी?
(a) 10 सेकेण्ड (b) 12 सेकेण्ड
(c) 15 सेकेण्ड (d) 9 सेकेण्ड

33. एक रेलगाड़ी 80 सेकेण्ड में 36 किमी/घंटे की चाल से चलती हुई एक विद्युत खम्भा को पार कर जाती है। 350 मीटर लंबे प्लेटफॉर्म को पार करने में उसे कितना समय लगेगा?
(a) 120 सेकेण्ड (b) 115 सेकेण्ड
(c) 130 सेकेण्ड (d) 100 सेकेण्ड

34. 200 मीटर लंबी एक रेलगाड़ी 300 मीटर लंबे एक पुल को 20 सेकेण्ड में पार कर जाती है। एक टेलीग्राफ खंभे को कितने देर में पार कर जाएगी?
(a) 8 सेकेण्ड (b) 12 सेकेण्ड
(c) 10 सेकेण्ड (d) 6 सेकेण्ड

35. एक रेलगाड़ी 90 किमी/घंटा की चाल से चल रही है। वह विपरीत दिशा से आती हुई आधी लम्बाई तथा आधी चाल वाली एक दूसरी रेलगाड़ी को 36 सेकेण्ड में पार कर जाती है। यदि पहली रेलगाड़ी 2 मिनट में एक प्लेटफॉर्म को पार कर जाती है, तो उस प्लेटफॉर्म की लम्बाई क्या है?
(a) 2400 मीटर (b) 2100 मीटर
(c) 2700 मीटर (d) 1800 मीटर

36. दो रेलगाड़ियाँ दो अलग-अलग स्टेशनों से एक दूसरे की ओर चलते हुए एक दूसरे से मिलने के बाद पहली रेलगाड़ी 1 घंटा 21 मिनट तथा दूसरी रेलगाडी 1 घंटा 40 मिनट में अगले स्टेशन पर पहुँचती है। यदि दूसरी रेलगाड़ी की चाल 63 किमी/घंटा है, तो पहली रेलगाड़ी की चाल क्या है?
(a) 81 किमी/घंटा (b) 70 किमी/घंटा
(c) 90 किमी/घंटा (d) 72 किमी/घंटा

37. एक स्टेशन पर एक पैसेंजर गाड़ी तथा एक मालगाड़ी एक ही पटरी पर 50 मीटर की दूरी पर खड़ी हैं। पैसेंजर गाड़ी की लम्बाई 600 मीटर तथा मालगाड़ी की लम्बाई उससे 100 मीटर कम है। एक एक्सप्रेस गाड़ी जिसकी लम्बाई 500 मीटर है, उन दोनों गाड़ियों को $73\frac{1}{3}$ सेकेण्ड में पार कर जाती है। एक्सप्रेस गाड़ी की चाल कितने किमी/घंटा है?
(a) 63 (b) 72
(c) 81 (d) 90

38. दो घुड़सवार क्रमशः 20 किमी/घंटा तथा 25 किमी/घंटा की चाल से एक ही दिशा में जा रहे हैं। समान दिशा में चलती हुई एक रेलगाड़ी उन्हें क्रमशः 12 सेकेण्ड तथा 15 सेकेण्ड में पार कर जाती है। रेलगाड़ी की चाल कितने किमी/घंटा है?
(a) 54 (b) 45
(c) 63 (d) 48

39. 200 मीटर लंबी एक रेलगाड़ी एक पेड को 8 सेकेण्ड में तथा उससे 40% अधिक लम्बी रेलगाड़ी उसे 10 सेकेण्ड में पार कर जाती है। पहली तथा दूसरी रेलगाड़ियों की चालों का अनुपात क्या है?
(a) 23 : 24 (b) 20 : 23
(c) 17 : 20 (d) 25 : 28

40. समान लम्बाई की दो रेलगाड़ियाँ विपरीत दिशाओं में चलते हुए पटरी के बगल में स्थित एक सिग्नल पोस्ट को क्रमशः 10 सेकेण्ड तथा 15 सेकेण्ड में पार कर जाती है। दोनों रेलगाड़ियाँ एक दूसरे को कितने समय में पार कर जाएगी?
(a) 14 सेकेण्ड (b) 18 सेकेण्ड
(c) 12 सेकेण्ड (d) 9 सेकेण्ड

41. एक रेलगाड़ी 25 किमी/घंटा की चाल से चलते हुए एक प्लेटफॉर्म को 36 सेकेण्ड में पार कर जाती है तथा अगले 14 सेकेण्ड में 7 किमी/घंटा की चाल से उसी दिशा में दौड़ते हुए एक आदमी को 6 सेकेण्ड में पार कर जाती है। प्लेटफॉर्म की लम्बाई क्या है?
(a) 220 मीटर (b) 180 मीटर
(c) 200 मीटर (d) 240 मीटर

42. एक रेलगाड़ी 48 किमी/घंटा की चाल से चल रही है। 45 मिनट बाद एक दूसरी रेलगाड़ी उसी दिशा में चलना प्रारंभ करती है। वह कितने किमी/घंटे की चाल से चले, ताकि वह आगे गयी रेलगाड़ी को 90 मिनट में पकड़ सके?
(a) 64 किमी/घंटे (b) 72 किमी/घंटे
(c) 81 किमी/घंटे (d) 63 किमी/घंटे

43. एक रेलगाड़ी का चालक 36 किमी/घंटा की चाल से गाड़ी चलाते हुए एक दूसरी रेलगाड़ी को बगल की पटरी पर 90 मीटर आगे देखता है। 40 सेकेण्ड के बाद आगे वाली रेलगाड़ी 90 मीटर पीछे हो जाती है। उस रेलगाड़ी की चाल कितने किमी/घंटा है?

(a) 18 (b) 22

(c) 19.8 (d) 20

44. एक रेलगाड़ी 25 सेकेण्ड में एक सिग्नल पोस्ट को पार कर जाती है। 250 मीटर लंबे एक प्लेटफॉर्म को 30 सेकेण्ड में पार कर जाती है, तो रेलगाड़ी की लम्बाई क्या है?

(a) 1250 मीटर (b) 1020 मीटर

(c) 1080 मीटर (d) 1268 मीटर

45. एक ट्रेन की लम्बाई 200 मीटर है और वह एक बिजली के खंभे को 10 सेकेण्ड में पार कर जाती है। उतनी ही लंबी विपरीत दिशा से आती हुई एक दूसरी ट्रेन को वह 9 सेकेण्ड में पार कर जाती है। दूसरी ट्रेन की चाल कितने किमी/घंटा है?

(a) 90 (b) 84

(c) 81 (d) 88

46. एक आदमी 180 मीटर लंबे एक प्लेटफॉर्म पर खड़ा है। वह अनुभव करता है कि एक रेलगाड़ी उसे $21\frac{3}{5}$ सेकेण्ड में पार कर जाती है तथा पूरे प्लेटफॉर्म को वह 36 सेकेण्ड में पार कर जाती है। उस रेलगाड़ी की लम्बाई क्या है?

(a) 284 मीटर (b) 270 मीटर

(c) 280 मीटर (d) 250 मीटर

47. एक रेलगाड़ी पटरी के बगल में खड़े एक आदमी को 6 सेकेण्ड में पार कर जाती है। एक दूसरी रेलगाड़ी जिसकी चाल पहली रेलगाड़ी की चाल से 60% अधिक है, पटरी के बगल में खड़े एक अन्य व्यक्ति को 9 सेकेण्ड में पार कर जाती है। पहली तथा दूसरी रेलगाड़ियों की लम्बाई का अनुपात क्या है?

(a) 3 : 7 (b) 2 : 5

(c) 5 : 12 (d) 4 : 9

उत्तरमाला (Answer Key)

1. (a)	2. (b)	3. (a)	4. (c)	5. (a)	6. (a)	7. (b)	8. (a)	9. (b)	10 (c)
11. (c)	12. (a)	13. (a)	14. (c)	15. (a)	16. (c)	17. (c)	18. (b)	19. (b)	20. (b)
21. (a)	22. (c)	23. (d)	24. (c)	25. (c)	26. (a)	27. (a)	28. (d)	29. (d)	30. (d)
31. (c)	32. (a)	33. (b)	34. (a)	35. (b)	36. (b)	37. (c)	38. (b)	39. (d)	40. (c)
41. (b)	42. (b)	43. (c)	44. (a)	45. (d)	46. (b)	47. (c)			

हल (Solutions)

1. (a)

रेलगाड़ी की लम्बाई $= \left(72\times\frac{5}{18}\right)\times 9 = 180$ मीटर

2. (b)

माना ट्रेन की लम्बाई $= x$ मीटर

पोल को पार करने में लगा समय $= \frac{x}{\text{ट्रेन की चाल}}$

$$1 = \frac{x}{\text{ट्रेन की चाल}}$$

ट्रेन की चाल $= x$ मीटर/सेकेण्ड

प्लेटफॉर्म पार करने में लगा समय $= \frac{\text{दूरी}}{\text{चाल}}$

$$= \frac{x+300}{x}$$

$$3 = \frac{x+300}{x} \Rightarrow 2x = 300$$

$x = 150$ मीटर

3. (a)

रेलगाड़ी की चाल $= \frac{\text{दूरी}}{\text{समय}} = \frac{240+260}{30} = \frac{500}{30}$

$= \frac{500}{30}\times\frac{18}{5} = 60$ किमी/घंटा

4. (c)

रेलगाड़ी की चाल $= \frac{150}{5}\times\frac{18}{5} = 108$ किमी/घंटा

5. (a)

माना रेलगाड़ी की चाल $= x$ किमी/घंटा

प्रश्न से,

$$(x-2)\times\frac{5}{18}\times 9 = (x-4)\times\frac{5}{18}\times 10$$

$$9x - 18 = 10x - 40$$

$x = 22$ किमी/घंटा

रेलगाड़ी की लम्बाई $= (x-2)\times\frac{5}{18}\times 9$

$= (22-2)\times\frac{5}{18}\times 9 = 50$ मीटर

6. (a)

तेज रेलगाड़ी की लम्बाई

$= (90-70)\times\frac{5}{18}\times 36 = 200$ मीटर

7. (b)

रेलगाड़ी की चाल $= \left(\frac{300+240}{27}\right)\times\frac{18}{5}$

$= 20\times\frac{18}{5} = 72$ किमी/घंटा

8. (a)

कुल दूरी $= 60\times\frac{5}{18}\times 30 = 500$ मीटर

पुल की लम्बाई $= 500 - 150 = 350$ मीटर

9. (b)

रेलगाड़ी की चाल $= 90\times\frac{5}{18} = 25$ मीटर/सेकेण्ड

रेलगाड़ी की लम्बाई + प्लेटफॉर्म की लम्बाई

$= 25 \times 60 = 1500$ मीटर

रेलगाड़ी की लम्बाई $= \frac{1500}{2} = 750$ मीटर

10. (c)

रेलगाड़ी की लम्बाई $= 80\times\frac{5}{18}\times 9 = 200$ मीटर

11. (c)

माना रेलगाड़ी की लम्बाई x मीटर है।

प्रश्न से,

$$\frac{800+x}{100} = \frac{400+x}{60}$$

$$2400 + 3x = 2000 + 5x$$

$2x = 400 \Rightarrow x = 200$ मीटर

12. (a)

रेलगाड़ी की चाल $= 72\times\frac{5}{18} = 20$ मीटर/सेकेण्ड

माना रेलगाड़ी की लम्बाई $= x$ मीटर

प्रश्न से,

$$\frac{260+x}{20} = 23$$

$x = 460 - 260 = 200$ मीटर

13. (a)

पुल की लम्बाई $= \left(90\times\frac{5}{18}\times 21\right) - 130$

$= 525 - 130 = 395$ मीटर

14. (c)

गुफा को पार करने में लगा समय

$= \frac{540+180}{54\times\frac{5}{18}} = \frac{720\times 18}{54\times 5} = 48$ सेकेण्ड

15. (a)

समय $= \dfrac{\text{कुल दूरी}}{\text{चाल}} = \dfrac{110+165}{132\times\frac{5}{18}} = \dfrac{275\times18}{132\times5}$

$= 7.5$ सेकेण्ड

16. (c)

$90\times\dfrac{5}{18} = 25$ मीटर/सेकेण्ड

17. (c)

रेलगाड़ी की लम्बाई $= 60\times\dfrac{5}{18}\times6 = 100$ मीटर

18. (b)

4 घंटे में तय की गयी दूरी $= 45 \times 4 = 180$ किमी

$= 180 \times 1000$ मीटर

खंभों की अभीष्ट संख्या $= \dfrac{180\times1000}{50} = 3600$

19. (b)

गाड़ी की चाल $= 54$ किमी/घंटा $= 54\times\dfrac{5}{18}$ 15

$= 15$ मीटर/सेकेण्ड

माना प्लेटफॉर्म की लम्बाई $= x$ मीटर तथा

रेलगाड़ी की लम्बाई $= y$ मीटर

$y = 15 \times 20 = 300$ मीटर

$x + y = 15 \times 36 = 540$ मीटर

$x = 540 - 300 = 240$ मीटर

20. (b)

गतियों का अनुपात $= \dfrac{45}{10\times\frac{18}{5}} = \dfrac{45\times5}{10\times18} = \dfrac{5}{4} = 5:4$

21. (a)

पुल की लम्बाई $= 1$ किमी $= 1000$ मीटर

रेलगाड़ी की लम्बाई $= \dfrac{1000}{2} = 500$ मीटर

रेलगाड़ी की गति $= \dfrac{1500}{2}\times\dfrac{18}{5} = 45$ किमी/घंटा

22. (c)

रेलगाड़ी की गति $= \dfrac{7\times\frac{30}{7}}{4} = \dfrac{30}{4}$ मीटर/सेकेण्ड

$= \dfrac{30}{4}\times\dfrac{18}{5} = 27$ किमी/घंटा

23. (d)

आपेक्षिक चाल $= 44 - 38 = 6$ किमी/घंटा

$= 6\times\dfrac{5}{18} = \dfrac{5}{3}$ मीटर/सेकेण्ड

तय की गयी दूरी $= \dfrac{5}{3}\times48 = 80$ मीटर

प्रत्येक रेलगाड़ी की लम्बाई $= \dfrac{80}{2} = 40$ मीटर

24. (c)

आपेक्षिक चाल $= 72 - 36 = 36$ किमी/घंटा

$= 36\times\dfrac{5}{18} = 10$ मीटर/सेकेण्ड

तेज गति से चलने वाली रेलगाड़ी की लम्बाई

$= 5 \times 10 = 50$ मीटर

25. (c)

माना रेलगाड़ी की चाल $= x$ किमी/घंटा

प्रश्न से,

$(x-2)\times\dfrac{5}{18}\times9 = (x-4)\times\dfrac{5}{18}\times10$

$9x - 18 = 10x - 40$

$x = 22$ किमी/घंटा

रेलगाड़ी की लम्बाई $= (x-2)\times\dfrac{5}{18}\times9$

$= (22-2)\times\dfrac{5}{18}\times9 = 50$ मीटर

26. (a)

माना रेलगाड़ी की आरंभिक चाल $= x$ किमी/घंटा

दोनों स्टेशनों के बीच की दूरी $= x\times\dfrac{48}{60} = \dfrac{4x}{5}$ किमी

नई चाल $= (x + 5)$ किमी/घंटा

प्रश्न से,

$\dfrac{4x}{5} = \dfrac{(x+5)45}{60}$

$16x = 15x + 75 \Rightarrow x = 75$ किमी/घंटा

27. (a)

माना रेलगाड़ी की चाल $= x$ किमी/घंटा

$\dfrac{200}{(x+30)\times\frac{5}{18}} = 9$

$200 \times 18 = 45\,(x + 30)$

$x = \dfrac{200\times18 - 45\times30}{45} = \dfrac{3600-1350}{45}$

$x = \dfrac{2250}{45} = 50$ किमी/घंटा

28. (d)

माना रेलगाड़ी की लम्बाई $= x$ मीटर

प्रश्न से,

$$\frac{x}{25} = \frac{x+250}{30}$$

$30x = 25x + 25 \times 250$

$5x = 25 \times 250$

$x = 1250$ मीटर

29. (d)

यात्री गाड़ी की लम्बाई $= 18 \times 9 + 18 = 180$ मीटर

यात्री गाड़ी की चाल $= 63$ किमी/घंटा

मालगाड़ी को पार करने में लगा समय

$$= \frac{180+300}{63\times\frac{5}{18}}$$

$$= \frac{480\times18}{63\times5} = \frac{192}{7}$$

$$= 27\frac{3}{7} \text{ सेकेण्ड}$$

30. (d)

रेलगाड़ी की चाल $= \frac{400}{10} = 40$ मीटर/सेकेण्ड

माना प्लेटफॉर्म की लम्बाई $= x$ मीटर

प्रश्न से

$$\frac{x+400}{18} = 40$$

$x = 720 - 400 = 320$ मीटर

31. (c)

माना सुरंग की लम्बाई $= x$ मीटर

प्रश्न से,

$$\frac{800+x}{36\times\frac{5}{18}} = 2\times60$$

$$800 + x = \frac{2\times60\times36\times5}{18}$$

$x = 1200 - 800 = 400$ मीटर

32. (a)

रेलगाड़ी की चाल $= \frac{180}{6} = 30$ मीटर/सेकेण्ड

पुल को पार करने में लगा समय

$$= \frac{180+120}{30} = \frac{300}{30} = 10 \text{ सेकेण्ड}$$

33. (b)

रेलगाड़ी की लम्बाई $= 80\times36\times\frac{5}{18} = 800$ मीटर

अभीष्ट समय $= \frac{800+350}{36\times\frac{5}{18}} = \frac{1150}{10} = 115$ सेकेण्ड

34. (a)

रेलगाड़ी की चाल $= \frac{200+300}{20} = \frac{500}{20}$

$= 25$ मीटर/सेकेण्ड

अभीष्ट समय $= \frac{200}{25} = 8$ सेकेण्ड

35. (b)

माना पहली रेलगाड़ी की लम्बाई $= L$ मीटर

प्रश्न से,

$$\frac{L+\frac{L}{2}}{\left(90+\frac{90}{2}\right)\times\frac{5}{18}} = 36$$

$$\frac{3L}{2} = 36\times135\times\frac{5}{18}$$

$$L = \frac{2\times135\times5\times2}{3} = 900 \text{ मीटर}$$

माना प्लेटफॉर्म की लम्बाई $= x$ मीटर

$$\frac{900+x}{90\times\frac{5}{18}} = 2\times60$$

$$900 + x = 2\times60\times90\times\frac{5}{18}$$

$x = 3000 - 900 = 2100$ मीटर

36. (b)

माना पहली रेलगाड़ी की चाल $= S_1$

दूसरी रेलगाड़ी की चाल $= S_2$

$t_1 = 1$ घंटा 21 मिनट $= 81$ मिनट

$t_2 = 1$ घंटा 40 मिनट $= 100$ मिनट

सूत्र से,

$$\frac{S_1}{S_2} = \sqrt{\frac{t_2}{t_1}}$$

$$\frac{S_1}{63} = \sqrt{\frac{100}{81}} = \frac{10}{9}$$

$$S_1 = \frac{63\times10}{9} = 70 \text{ किमी/घंटा}$$

37. (c)

पैसेंजर गाड़ी की लम्बाई = 600 मीटर

माल गाड़ी की लम्बाई = 600 – 100 = 500 मीटर

एक्सप्रेस गाड़ी की लम्बाई = 500 मीटर

कुल दूरी = 600 + 500 + 500 + 50 = 1650 मीटर

समय = $73\frac{1}{3}$ सेकेण्ड = $\frac{220}{3}$ सेकेण्ड

एक्सप्रेस गाड़ी की चाल = $\frac{\text{दूरी}}{\text{समय}} = \frac{1650}{\frac{220}{3}} \times \frac{18}{5}$

$= 1650 \times \frac{3}{220} \times \frac{18}{5}$

= 81 किमी/घंटा

38. (b)

माना रेलगाड़ी की लम्बाई = L मीटर

रेलगाड़ी की चाल = x किमी/घंटा

प्रश्न से,

$\frac{L}{x-20} = 12$

L = 12 (x – 20) ....(i)

$\frac{L}{x-25} = 15$

L = 15 (x – 25) ....(ii)

समीकरण (i) तथा (ii) से

12 (x – 20) = 15 (x – 25)

12x – 240 = 15x – 375

15x – 12x = 375 – 240

$3x = 135 \Rightarrow x = \frac{135}{3} = 45$ किमी/घंटा

39. (d)

पहली रेलगाड़ी की चाल = $\frac{200}{8} = 25$ मीटर/सेकेण्ड

दूसरी रेलगाड़ी की लम्बाई = $200 \times \frac{140}{100} = 280$ मीटर

दूसरी रेलगाड़ी की चाल = $\frac{280}{10} = 28$ मी/से.

अभीष्ट अनुपात = 25 : 28

40. (c)

जब गाड़ियाँ विपरीत दिशा में चल रही हो, तो एक दूसरे को पार करने में लगा समय

$= \frac{2 \times t_1 \times t_2}{t_1 + t_2} = \frac{2 \times 10 \times 15}{10 + 15} = \frac{2 \times 10 \times 15}{25} = 12$ सेकेण्ड

41. (b)

माना रेलगाड़ी की लम्बाई = L मीटर

प्लेटफॉर्म की लम्बाई = P मीटर

प्रश्न से,

$\frac{L}{25-7} = 14$

$L = 14 \times 18 \times \frac{5}{18} = 70$ मीटर

$\frac{L+P}{25 \times \frac{5}{18}} = 36 \Rightarrow L + P = 36 \times 25 \times \frac{5}{18} = 250$ मीटर

P = 250 – 70 = 180 मीटर

42. (b)

पहली रेलगाड़ी द्वारा 45 मिनट में तय की गयी दूरी = $48 \times \frac{3}{4} = 36$ किमी

माना दूसरी रेलगाड़ी की चाल = x किमी/घंटा

आपेक्षिक चाल = (x – 48) किमी/घंटा

प्रश्न से,

$\frac{36}{x-48} = \frac{90}{60}$

$\Rightarrow \frac{36}{x-48} = \frac{3}{2}$

3x – 144 = 72 ⇒ 3x = 216

$x = \frac{216}{3} = 72$ किमी/घंटा

43. (c)

माना दूसरी रेलगाड़ी की चाल = x किमी/घंटा

आपेक्षिक चाल = (36 – x) किमी/घंटा

प्रश्न से,

$\frac{180}{1000(36-x)} = \frac{40}{3600} \Rightarrow \frac{18}{10(36-x)} = \frac{4}{36}$

$36 - x = \frac{18 \times 36}{10 \times 4} = \frac{162}{10} = 16.2$

x = 36 – 16.2 = 19.8 किमी/घंटा

44. (a)

एक रेलगाड़ी t_1 सेकेण्ड में एक सिग्नल पोस्ट को तथा t_2 सेकेण्ड में एक प्लेटफॉर्म को पार कर जाती है तो रेलगाड़ी की लम्बाई = $\frac{P \times t_1}{t_2 - t_1}$

रेलगाड़ी की लम्बाई

$= \frac{250 \times 25}{30 - 25} = \frac{250 \times 25}{5} = 1250$ मीटर

45. (d)

पहली ट्रेन की चाल $= \frac{200}{10} = 20$ मी./से.

माना दूसरी ट्रेन की चाल $= x$ मीटर/सेकेण्ड है।

$$\frac{200+200}{20+x} = 9$$

$\Rightarrow \quad 180 + 9x = 400$

$\Rightarrow \quad 9x = 220$

$$x = \frac{220}{9}$$

$$x = \frac{220}{9} \times \frac{18}{5} = 88 \text{ किमी/घंटा}$$

46. (b)

माना रेलगाड़ी की लम्बाई $= L$ मीटर

रेलगाड़ी की चाल $= \frac{L}{21\frac{3}{5}} = \frac{L}{\frac{108}{5}} = \frac{5L}{108}$

पुनः रेलगाड़ी की चाल $= \frac{L+180}{36}$

$$\frac{5L}{108} = \frac{L+180}{36}$$

$36 \times 5L = 108L + 108 \times 180$

$72L = 108 \times 180$

$$L = \frac{108 \times 180}{72} = 270 \text{ मीटर}$$

47. (c)

माना पहली रेलगाड़ी की लम्बाई $= L_1$ मीटर

पहली रेलगाड़ी की चाल $= x$ मीटर/सेकेण्ड

$$\frac{L_1}{x} = 6 \Rightarrow L_1 = 6x$$

दूसरी रेलगाड़ी की लम्बाई $= L_2$

दूसरी रेलगाड़ी की चाल $= x \times \frac{160}{100} = \frac{16x}{10}$

$$\frac{L_2}{\frac{16x}{10}} = 9 \Rightarrow L_2 = \frac{9 \times 16x}{10} = \frac{144x}{10}$$

$$\frac{L_1}{L_2} = \frac{6x}{\frac{144x}{10}} = \frac{60x}{144x} = 60:144 = 5:12$$

नाव एवं धारा
Boat and Stream

इस अध्याय में सर्वप्रथम बात है कि हम यह जान लें कि इस अध्याय में चार प्रकार की चालों का वर्णन है।

A) नाव/नाविक की शांत चाल

B) धारा की चाल

C) नाविक या नाव की धारा की दिशा में चाल

D) नाविक या नाव की धारा के विरुद्ध चाल

प्रमुख तथ्य (Important Fact)

धारा की दिशा में नाव की चाल = (शान्त जल में नाव की चाल) + (धारा का वेग)

धारा की विपरीत दिशा में नाव की चाल = (शांत जल में नाव की चाल) – (धारा का वेग)

माना किसी नाव की धारा की दिशा में चाल x किमी0 प्रति घण्टा है तथा धारा के विपरीत चाल y किमी0 प्रति घण्टा है। तब,

शान्त जल में नाव की चाल

$$= \frac{1}{2}(x+y) \text{ किमी0/घण्टा}$$

धारा का वेग $= \frac{1}{2}(x-y)$ किमी0/घण्टा

उदाहरण (Examples)

1. शांत जल में नाव की चाल 8 किमी0/घण्टा है। नाव 6 किमी0 जाती है और प्रारम्भिक बिन्दु पर 2 घंटे में वापस आती है। धारा की चाल ज्ञात करें।

हल:

माना x = धारा की चाल

$$\frac{6}{8+x}+\frac{6}{8-x}=2$$

$$\frac{6(8-x)+6(8+x)}{8^2-x^2}=2$$

$$\frac{48-6x+48+6x}{64-x^2}=2$$

$$96=128-2x^2$$

$$32=2x^2$$

$$x^2=16$$

$x = 4$ किमी0/घण्टा

2. एक नाव धारा की दिशा में जाते हुए 30 किमी0 की दूरी 2 घंटे में तय करती है। जबकि वापस आने में समान दूरी नाव 6 घंटे में तय करती है। यदि धारा की चाल नाव की चाल की आधी है तो नाव की चाल प्रति घंटा क्या है?

हल : माना नाव की चाल x किमी0/घंटा

धारा की चाल = y किमी0/घंटा

$$\frac{30}{x+y}=2$$

$$x+y=15 \quad \text{....... i)}$$

$$\frac{30}{x-y}=2$$

$$x-y=5 \quad \text{........ ii)}$$

सभी i) और ii) से

$$2x=20$$

$x=10$ किमी0/घंटा

3) एक नाव धारा के अनुदिश 24 किमी० तथा धारा के विरुद्ध 36 किमी की दूरी 24 घंटे में तय करती है जबकि धारा के अनुदिश 36 किमी० तथा धारा के विरुद्ध 24 किमी० की दूरी 21 घंटे में तय करती है। नाव की चाल तथा धारा की चाल के बीच अन्तर क्या है?

माना x नाव की चाल तथा y धारा की चाल है।

$x + y$ = धारा के अनुकूल आदमी की चाल

$x - y$ = धारा के विरुद्ध आदमी की चाल

$$x+y=V$$

$$x-y=U$$

$$\frac{24}{V}+\frac{36}{U}=24 \quad \text{........ (i)}$$

$$\frac{36}{V}+\frac{24}{U}=21 \quad \text{........ (ii)}$$

समी (i) और (ii) से

$U = 2$

$x - y = 2$

$\therefore$ नाव व धारा के चाल का अन्तर = 2 किमी/घंटा

4. एक नाव को धारा के वितरित 40 किमी0 एवं धारा के साथ 55 किमी0 जाने में 13 घंटे लगते हैं, जब नाव धारा के विपरित 30 किमी0 एवं धारा के साथ 44 किमी0 जाती है, तो वह 10 घंटे का समय लेती है। नाव की स्थिर जल में चाल क्या होगी?

हल : नाव की चाल = x किमी0/घंटा

तथा धारा की चाल = y किमी0/घंटा

प्रतिकूल संयुक्त चाल U = $x - y$

अनुकूल संयुक्त चाल V = $x + y$

प्रश्नानुसार

$$\frac{40}{U} + \frac{55}{V} = 13 \qquad \text{........ i)}$$

$$\frac{30}{U} + \frac{44}{V} = 10 \qquad \text{....... ii)}$$

समी0 i) व ii) से

V = 11

U = 5

नाव की चाल $= \left(\frac{U+V}{2}\right)$

$= \left(\frac{11+5}{2}\right) = 8$ किमी0/घण्टा

5) एक नाव की शांत जल में चाल 8 किमी0 प्रति घंटे है। नाव 6 किमी0 तक गई और वापस आई जिसमें उसे 2 घंटे लगे। धारा की चाल ज्ञात करें।

हल : माना धारा की चाल = x किमी0/घंटा

प्रश्नानुसार

$$\frac{6}{8+x} + \frac{6}{8-x} = 2$$

$$\frac{48 - 6x + 48 + 6x}{(8+x)(8-x)} = 2$$

$$\frac{96}{64 - x^2} = 2$$

$$64 - x^2 = 48$$

$$x^2 = 16$$

$x = 4$ किमी0/घंटा

6. एक नाविक धारा के विपरीत दिशा में 1 घंटे में 2 किमी0 जाता है तथा धारा की दिशा में 10 मिनट में 1 किमी0 जाता है। शांत जल में 5 किमी0 जाने पर उसे कितना समय लगेगा?

हल : धारा के विपरीत चाल = 2 किमी0/घंटा

धारा के साथ चाल = 6 किमी0/घंटा

$\therefore$ शांत जल की चाल $= \frac{2+6}{2} = 4$ किमी/घंटा

$\therefore$ शांत जल में 5 किमी0 जाने में लगा समय $\frac{5}{4}$ घंटा

= 1 घंटा 15 मि0

7. एक आदमी शांत जल में 3 किमी0/घंटा की चाल से तैरता है यदि धारा की चाल 2 किमी0/घंटा है तो 10 किमी0 की दूरी धारा के साथ तथा धारा के विपरीत तय करने में समय लगेगा?

धारा के विपरीत दिशा में चाल

$= (3 - 2)$ किमी0/घंटा

= 1 किमी0/घंटा

धारा की दिशा में चाल = $(3 + 2)$ किमी0/घंटा

= 5 किमी0/घंटा

कुल लिया गया समय $= \left(\frac{10}{1} + \frac{10}{5}\right)$ घंटा

= 12 घंटा

8. धारा के साथ चाल का दोगुना धारा के विपरीत दिशा में चाल के 3 गुने के बराबर है। नाव की शांत जल में चाल तथा धारा की चाल में अनुपात क्या है।

हल : धारा के विपरीत दिशा में चाल

$= (3 - 2)$ किमी0/घंटा

= 1 किमी0/घंटा

धारा की दिशा में चाल = $(3 + 2)$ किमी0/घंटा

= 5 किमी0/घंटा

कुल लिया गया समय $= \left(\frac{10}{1} + \frac{10}{5}\right)$ घंटा

= 12 घंटे

9. A आदमी धारा के विपरीत 12 किमी0 तथा धारा के विपरीत 28 किमी0 नाव खेता है तथा प्रत्येक दशा में 5 घंटा लेता है। तो धारा की चाल क्या है?

हल : माना शांत जल में नाव की चाल $= x$ किमी0/घंटा

धारा की चाल $= y$ किमी0/घंटा

धारा के विपरित चाल $= (x-y)$ किमी0/घंटा

धारा के साथ चाल $= (x+y)$ किमी0/घंटा

$5\ (x-y) = 12$

$5\ (x+y) = 28$

घटाने पर

$10y = 16$

$y = \frac{8}{5} = 1\frac{3}{5}$ किमी0/घंटा

10. एक नाव उर्ध्वप्रवाह में B से A और अनुप्रवाह में A से B 3 घंटे में यात्रा करता है। यदि शांत जल में नाव की चाल 9 किमी0/घंटा है और धारा की चाल 3 किमी0/घंटा है तो A और B के बीच की दूरी है।

हल : धारा के साथ चाल $= (9+3)$ किमी0/घंटा

$= 12$ किमी0/घंटा

धारा के विपरित चाल $= (9-3) = 6$ किमी0/घंटा

माना दूरी AB $= x$ किमी0

तो, $\frac{x}{6} + \frac{x}{12} = 3$

$2x + x = 36$

$x = 12$

दूरी AB $= 12$ किमी0

अभ्यास प्रश्न (Practice Questions)

1. एक नाविक धारा के अनुकूल एक नाव को 4 घंटे में 18 किमी खेता है तथा धारा के प्रतिकूल वापस आने में 12 घंटे लेता है। धारा की चाल कितने किमी/घंटा है।
   (a) 1 (b) 2
   (c) 1.5 (d) 1.75
2. धारा के प्रवाह की गति 1 किमी/घंटा है। एक मोटरनाव धारा के विरुद्ध 35 किमी चलकर अपने चलने के स्थान पर वापस 12 घंटे में पहुँचती है। मोटर नाव की ठहरे हुए पानी में गति क्या होगी?
   (a) 7 किमी/घंटा (b) 6 किमी/घंटा
   (c) 8.5 किमी/घंटा (d) 8 किमी/घंटा
3. एक आदमी 5 घंटे में धारा के साथ 28 किमी तथा धारा के विपरीत 13 किमी जाता है। धारा की चाल कितने किमी/घंटा होगी?
   (a) 1.5 (b) 2
   (c) 0.4 (d) 4
4. एक नाव शांत जल में एक घंटे में 6 किमी जाती है। परन्तु वह धारा के प्रतिकूल यही दूरी तिगुना समय में तय करती है। धारा की चाल किमी/घंटा में क्या होगी?
   (a) 5 (b) 4
   (c) 2 (d) 3
5. एक नाव धारा की दिशा में 24 किमी की दूरी 3 घंटे में जबकि धारा की विपरीत दिशा में वही दूरी 6 घंटे में तय करती है। स्थिर जल में नाव की चाल क्या होगी?
   (a) 4 किमी/घंटा (b) 6 किमी/घंटा
   (c) 10 किमी/घंटा (d) 8 किमी/घंटा
6. एक नाव प्रवाह के विपरीत A से B तक और प्रवाह की दिशा में B से A तक की दूरी 3 घंटे में तय करती है। यदि स्थिर जल में नाव की चाल 9 किमी/घंटा है, और धारा की चाल 3 किमी/घंटा है, तो A और B के बीच की दूरी कितनी है?
   (a) 8 किमी (b) 6 किमी
   (c) 12 किमी (d) 14 किमी
7. एक व्यक्ति शांत जल में 3 किमी/घंटा की चाल से तैर सकता है। यदि धारा की चाल 2 किमी/घंटा है, तो वह व्यक्ति 6 किमी धारा के विपरीत जाने और वापस आने में कितना समय लेगा?
   (a) 5 घंटा 40 मिनट (b) 3 घंटा 40 मिनट
   (c) 7 घंटा 12 मिनट (d) 5 घंटा 20 मिनट
8. एक नाव धारा की दिशा के साथ 12 किमी जाने में 1 घंटा का समय लेती है। लौटने में उसे 4 घंटा समय लगता है। स्थिर जल में 8 किमी जाने में उसे कितना समय लगेगा?
   (a) 1 घंटा 4 मिनट (b) 1 घंटा
   (c) 1 घंटा 20 मिनट (d) 1 घंटा 30 मिनट
9. एक आदमी नदी के बहाव के साथ 6 किमी/घंटा की दर से नाव चलाता है और बहाव के विपरीत 4 किमी/घंटा की दर से, तो पानी के प्रवाह की गति क्या होगी?
   (a) 4 किमी/घंटा (b) 5 किमी/घंटा
   (c) 1 किमी/घंटा (d) 3 किमी/घंटा
10. एक नाव धारा के साथ 10 घंटे में 100 किमी जाती है और धारा के विपरीत 15 घंटे में 75 किमी जाती है, तो धारा की चाल है
    (a) 3 किमी/घंटा (b) 5 किमी/घंटा
    (c) 7 किमी/घंटा (d) $2\frac{1}{2}$ किमी/घंटा
11. एक नाविक धारा की दिशा में 7.5 मिनट में 1 किमी जाता है तथा धारा की विपरीत दिशा में 5 किमी/घंटा की चाल से जाता है। शांत जल में नाव की चाल क्या है?
    (a) 6 किमी/घंटा (b) 7.5 किमी/घंटा
    (c) 6.5 किमी/घंटा (d) 7 किमी/घंटा
12. एक नाव एक स्थिर बिन्दु से 6 किमी दूरी तक जाने तथा उसी बिन्दु तक वापस आने में 2 घंटे लेता है। यदि धारा की चाल 4 किमी/घंटा है, तो शांत जल में नाव की चाल क्या होगी?
    (a) 8 किमी/घंटा (b) 6.8 किमी/घंटा
    (c) 6 किमी/घंटा (d) 7.5 किमी/घंटा
13. एक व्यक्ति स्थिर जल में नाव 10 किमी/घंटा की गति से चला सकता है। यदि धारा की चाल 6 किमी/घंटा है, तो उसे 80 किमी दूरी धारा के साथ जाने में कितना समय लगेगा?
    (a) 8 घंटा (b) 5 घंटा
    (c) 10 घंटा (d) 20 घंटा

14. एक व्यक्ति धारा की दिशा में 11 किमी/घंटा की गति से तथा धारा के विपरीत दिशा में 8 किमी/घंटा की गति से नाव चला सकता है, तो धारा की चाल क्या है?
(a) 9.5 किमी/घंटा (b) 3 किमी/घंटा
(c) 6 किमी/घंटा (d) 1.5 किमी/घंटा

15. एक नाविक धारा की दिशा में 1 किमी 10 मिनट में जाता है तथा धारा की विपरीत दिशा में 2 किमी 1 घंटे में जाता है। वह स्थिर पानी में 5 किमी जाने मे कितना समय लेगा?
(a) 1 घंटा (b) $1\frac{1}{2}$ घंटा
(c) 40 मिनट (d) 1 घंटा 15 मिनट

16. एक आदमी धारा के विपरीत 675 सेकेण्ड में 750 मीटर जाता है तथा $7\frac{1}{2}$ मिनट में वापस आता है। शांत जल में आदमी की चाल क्या होगी?
(a) 4 किमी/घंटा (b) 3 किमी/घंटा
(c) 6 किमी/घंटा (d) 5 किमी/घंटा

17. एक नौका अनुप्रवाह की दिशा में चलते हुए 30 किमी की दूरी 2 घंटे में तय करता है जबकि वापस आने में उसे 6 घंटे लग जाता है। यदि प्रवाह की गति नौका की गति से आधी है, तो उस नौका की गति कितने किमी/घंटा है?
(a) 15 किमी/घंटा (b) 10 किमी/घंटा
(c) 5 किमी/घंटा (d) 12 किमी/घंटा

18. एक नाव नदी के प्रवाह की दिशा में 4 घंटे में 60 किमी जाती है। यदि नाव की चाल नदी की चाल की दुगुनी है, तो बताएँ नदी के प्रवाह की विपरीत दिशा में नाव 2 घंटे में कितनी दूर जाएगी?
(a) 10 किमी (b) 13 किमी
(c) 30 किमी (d) 20 किमी

19. एक नाव धारा की दिशा में 16 किमी की दूरी 2 घंटे में तय करती है। धारा के विपरीत दिशा में उसी दूरी को 4 घंटे में तय करती है। स्थिर पानी में नाव की चाल क्या होगी?
(a) 4 किमी/घंटा (b) 8 किमी/घंटा
(c) 10 किमी/घंटा (d) 6 किमी/घंटा

20. एक नाव धारा के साथ 20 किमी 1 घंटे में जाती है तथा धारा के विपरीत उतनी ही दूरी 2 घंटे में तय करती है। शांत जल में नाव की चाल क्या है?
(a) 10 किमी/घंटा (b) 5 किमी/घंटा
(c) 7.5 किमी/घंटा (d) 15 किमी/घंटा

21. एक आदमी धारा के साथ 12 मिनट में 1 किमी तथा धारा के विपरीत 20 मिनट में 1 किमी जा सकता है। वह शांत पानी में किस गति से जा पाएगा?
(a) 3 किमी/घंटा (b) 6 किमी/घंटा
(c) 8 किमी/घंटा (d) 4 किमी/घंटा

22. एक नाव अनुप्रवाह में 2 किमी 6 मिनट में तथा उर्ध्वप्रवाह में 2 किमी 20 मिनट में जाती है, तो धारा की गति क्या है?
(a) 8 किमी/घंटा (b) 9 किमी/घंटा
(c) 7 किमी/घंटा (d) 10 किमी/घंटा

23. एक नाव की गति स्थिर जल में 16 किमी/घंटा तथा धारा की चाल 2 किमी/घंटा है। धारा के उर्ध्वप्रवाह में 15 मिनट में नाव कितनी दूरी जा सकेगी?
(a) 4.5 किमी (b) 3.5 किमी
(c) 3 किमी (d) 4 किमी

24. धारा के अनुप्रवाह में एक नाव की गति 15 किमी/घंटा है तथा धारा की गति 2.5 किमी/घंटा है। उर्ध्वप्रवाह में नाव की गति क्या है?
(a) 12 किमी/घंटा (b) 10 किमी/घंटा
(c) 6 किमी/घंटा (d) 8 किमी/घंटा

25. एक नाव 45 किमी धारा के साथ 9 घंटे में तथा 54 किमी धारा के विपरीत 18 घंटे में जा सकती है। शांत जल में नाव की चाल क्या होगी?
(a) 6 किमी/घंटा (b) 4 किमी/घंटा
(c) 8 किमी/घंटा (d) 3 किमी/घंटा

26. एक नाव की चाल शांत जल में 6 किमी/घंटा है। यदि एक नदी 1.5 किमी/घंटा की गति से बह रही है। तो पानी के साथ 3 घंटे में नाव कितनी दूरी तय करेगी?
(a) 20 किमी (b) 24 किमी
(c) 17.5 किमी (d) 22.5 किमी

27. एक नाव A से B तक 90 मिनट में धारा के साथ चलती हुई पहुँच जाती है। यदि शांत जल में नाव की चाल 7.2 किमी/घंटा तथा जल की गति 1.8 किमी/घंटा हो, तो A से B की दूरी कितनी है?
(a) 12 किमी (b) 12.5 किमी
(c) 13 किमी (d) 13.5 किमी

28. P तथा Q के बीच की दूरी 20 किमी है। एक नाव धारा के विपरीत इस दूरी को $2\frac{1}{2}$ घंटे में तय करती है। यदि धारा की चाल 2.5 किमी/घंटा हो, तो शांत जल में नाव की चाल क्या होगी?
(a) 12 किमी/घंटा (b) 10 किमी/घंटा
(c) 9 किमी/घंटा (d) 10.5 किमी/घंटा

29. एक नदी में M तथा N दो स्थान हैं जिनके बीच की दूरी 16 किमी है। एक नाव M से N तक जाने और वापस आने में 6 घंटे समय लेती है। यदि स्थिर जल में नाव की चाल 6 किमी/घंटा हो, तो धारा की चाल क्या होगी?
(a) 2 किमी/घंटा (b) 3 किमी/घंटा
(c) 3.5 किमी/घंटा (d) 2.5 किमी/घंटा

30. किसी नाव के अनुप्रवाह में गति तथा उर्ध्वप्रवाह में गति का अनुपात 4:3 है। शांत जल में धारा की गति तथा नाव की गति का अनुपात क्या होगा?
(a) 5 : 6 (b) 1 : 7
(c) 2 : 3 (d) 3 : 4

31. किसी नाव के अनुप्रवाह और उर्ध्वप्रवाह में गति का अनुपात 13:10 है। यदि धारा की चाल 3 किमी/घंटा है, तो शांत जल में नाव की चाल क्या होगी?
(a) 22 किमी/घंटा (b) 23 किमी/घंटा
(c) 20 किमी/घंटा (d) 24 किमी/घंटा

32. एक नाव धारा के साथ 15 किमी/घंटा की चाल से चल रही है। धारा की चाल 3 किमी/घंटा है। शांत जल में 60 किमी की दूरी तय करने में वह नाव कितना समय लेगी?
(a) $4\frac{1}{2}$ घंटे (b) $5\frac{1}{2}$ घंटे
(c) 5 घंटे (d) 4 घंटे

33. शांत जल में दो नावों की चालों का अनुपात 4:5 है। धारा की चाल 2 किमी/घंटा है। एक निश्चित दूरी तय करने में धारा के साथ वे क्रमशः 12 घंटे तथा 10 घंटे का समय लेती है। शांत जल में तेज गति से चलने वाली नाव की चाल कितने किमी/घंटा होगी?
(a) 10 किमी/घंटा (b) 12 किमी/घंटा
(c) 9 किमी/घंटा (d) 8 किमी/घंटा

34. किसी निश्चित दूरी को धारा के विपरीत दिशा में तय करने में लगा समय धारा की दिशा में लगे समय का $3\frac{1}{2}$ गुना है। यदि धारा की चाल 3 किमी/घंटा हो तो शांत जल में नाव की चाल क्या होगी?
(a) 5.2 किमी/घंटा (b) 5.6 किमी/घंटा
(c) 5.4 किमी/घंटा (d) 5.8 किमी/घंटा

35. एक नदी 2 किमी/घंटा की चाल से बह रही है। यदि एक नाव उस नदी में 30 किमी की दूरी 8 घंटे में जाकर वापस आ जाती है। तो शांत जल में नाव की चाल क्या होगी?
(a) 12 किमी/घंटा (b) 9 किमी/घंटा
(c) 8 किमी/घंटा (d) 10 किमी/घंटा

36. एक नाव A से B तक जाने और वापस आने में 6 घंटे का समय लेती है। यदि नाव की चाल शांत जल में 7 किमी/घंटा तथा धारा की चाल 2 किमी/घंटा है, तो A से B तक की दूरी कितनी है?
(a) $18\frac{2}{7}$ किमी (b) $20\frac{2}{7}$ किमी
(c) $21\frac{2}{7}$ किमी (d) $19\frac{2}{7}$ किमी

37. एक आदमी धारा के अनुकूल 1 किमी का $\frac{3}{4}$ भाग 40 मिनट में तथा धारा के प्रतिकूल उतनी ही दूरी का $\frac{9}{10}$ भाग 90 मिनट में तैरता है, तो धारा की गति कितने मीटर प्रति सेकण्ड है?
(a) $\frac{10}{81}$ मीटर/सेकण्ड (b) $\frac{15}{96}$ मीटर/सेकण्ड
(c) $\frac{8}{81}$ मीटर/सेकण्ड (d) $\frac{7}{96}$ मीटर/सेकण्ड

38. धारा के अनुप्रवाह में एक नाव की गति 3 किमी/घंटा है तथा धारा की गति 1 किमी/घंटा है। स्थिर जल में नाव की गति कितने किमी/घंटा है?
(a) 1 (b) 2
(c) 1.5 (d) 2.5

39. किसी नदी में दो स्थानों के बीच की दूरी 24 किमी है। एक नाव अनुप्रवाह में यह दूरी 3 घंटे में तय करती है। यदि धारा की गति 2 किमी/घंटा है तो शांत जल में नाव की गति किमी/घंटा में क्या होगी?
(a) 4 किमी/घंटा (b) 5 किमी/घंटा
(c) 6 किमी/घंटा (d) 7 किमी/घंटा

40. एक नाव की गति शांत जल में 7 किमी/घंटा तथा उर्ध्वप्रवाह में उसकी गति 4 किमी/घंटा है। धारा की गति क्या है?
(a) 3 किमी/घंटा (b) 3.5 किमी/घंटा
(c) 4 किमी/घंटा (d) 3.25 किमी/घंटा

उत्तरमाला (Answer Key)

1. (c)	2. (b)	3. (a)	4. (d)	5. (b)	6. (c)	7. (c)	8. (a)	9. (c)	10 (d)
11. (c)	12. (a)	13. (b)	14. (d)	15. (d)	16. (b)	17. (b)	18. (a)	19. (d)	20. (d)
21. (d)	22. (c)	23. (b)	24. (b)	25. (b)	26. (d)	27. (d)	28. (d)	29. (a)	30. (b)
31. (b)	32. (c)	33. (a)	34. (c)	35. (c)	36. (d)	37. (d)	38. (b)	39. (c)	40. (a)

हल (Solutions)

1. (c)

$\frac{1}{2}\times\left(\frac{18}{4}-\frac{18}{12}\right)=\frac{1}{2}\times\frac{36}{12}=1.5$ किमी/घंटा

2. (b)

माना ठहरे पानी में नाव की चाल $= x$ किमी/घंटा

धारा की चाल $= 1$ किमी/घंटा

प्रश्न से,

$\frac{35}{x-1}+\frac{35}{x+1}=12$

$\Rightarrow \frac{35x+35+35x-35}{x^2-1}=12$

$\Rightarrow 12x^2 - 70x - 12 = 0$

$\Rightarrow 6x^2 - 35x - 6 = 0$

$\Rightarrow 6x^2 - 36x + x - 6 = 0$

$\Rightarrow 6x(x-6) + 1(x-6) = 0$

$(x-6)(6x+1) = 0$

$v \,.\, x = 6$ किमी/घंटा

3. (a)

धारा की चाल $= \frac{1}{2}\times\left(\frac{28}{5}-\frac{13}{5}\right)$

$= \frac{1}{2}\times\frac{15}{5}=\frac{3}{2}=1.5$ किमी/घंटा

4. (d)

माना धारा की चाल $= x$ किमी/घंटा

दूरी $= y$ किमी

धारा के अनुकूल जाने में लगा समय $= \frac{y}{6+x}$

धारा के प्रतिकूल जाने में लगा समय $= \frac{y}{6-x}$

$3\times\frac{y}{6+x}=\frac{y}{6-x}$

$\frac{3}{6+x}=\frac{1}{6-x}$

$6 + x = 18 - 3x$

$4x = 12$

$x = 3$ किमी/घंटा

5. (b)

नाव की चाल $= \frac{1}{2}\times\left(\frac{24}{3}+\frac{24}{6}\right)$

$= \frac{1}{2}(8+4)=6$ किमी/घंटा

6. (c)

माना A और B के बीच की दूरी $= x$ किमी

धारा की दिशा में नाव की चाल $= 9 + 3$

$= 12$ किमी/घंटा

धारा की विपरीत दिशा में नाव की चाल $= 9 - 3$

$= 6$

किमी/घंटा

प्रश्न से,

$\frac{x}{12}+\frac{x}{6}=3$

$\Rightarrow \frac{x+2x}{12}=3$

$\Rightarrow x=\frac{36}{3}=12$ किमी

7. (c)

धारा के विपरीत दिशा में व्यक्ति की चाल $= 3 - 2 = 1$ किमी/घंटा

धारा की दिशा में व्यक्ति की चाल $= 3 + 2$ $= 5$ किमी/घंटा

धारा के विपरीत दिशा में 6 किमी जाने में लगा समय $= \frac{6}{1} = 6$ घंटा

धारा की दिशा में 6 किमी जाने में लगा समय $= \frac{6}{5} = 1\frac{1}{5}$ घंटा

कुल समय $= 6 + 1$ घंटा 12 मिनट

$= 1$ घंटा 12 मिनट

$= 7$ घंटा 12 मिनट

8. (a)

स्थिर जल में नाव की चाल $= \frac{1}{2}\left(\frac{12}{1}+\frac{12}{4}\right)$

$= \frac{15}{2}$ किमी/घंटा

8 किमी जाने में लगा समय $= \frac{8}{\frac{15}{2}} = 8\times\frac{2}{15}$

$= \frac{16}{15} = 1\frac{1}{15}$ घंटा

$= 1$ घंटा 4 मिनट

9. (c)

पानी के प्रवाह की गति $= \frac{1}{2}\times(6-4)$

$= \frac{1}{2}\times 2 = 1$ किमी/घंटा

10. (d)

धारा के साथ गति $= \frac{100}{10} = 10$ किमी/घंटा

धारा के विपरीत गति $= \frac{75}{15} = 5$ किमी/घंटा

धारा की चाल $= \frac{10-5}{2} = \frac{5}{2} = 2\frac{1}{2}$ किमी/घंटा

11. (c)

नाव की चाल $= \frac{1}{2}\times\left[\frac{1}{7.5}\times 60+5\right]$

$= \frac{1}{2}\times\left[\frac{600}{75}+5\right]$

$= \frac{13}{2} = 6.5$ किमी/घंटा

12. (a)

माना शांत जल में नाव की चाल $= x$ किमी/घंटा

प्रश्न से,

$$\frac{6}{x+4}+\frac{6}{x-4} = 2$$

$$\Rightarrow \frac{6x-24+6x+24}{x^2-16} = 2$$

$$\Rightarrow 2x^2 - 12x - 32 = 0$$

$$\Rightarrow x^2 - 6x - 16 = 0$$

$$\Rightarrow x^2 - 8x + 2x - 16 = 0$$

$$\Rightarrow x(x-8) + 2(x-8) = 0$$

$$\Rightarrow (x-8)(x+2) = 0$$

$\therefore$ $x = 8$ किमी/घंटा

13. (b)

स्थिर जल में नाव की चाल $= 10$ किमी/घंटा

धारा की चाल $= 6$ किमी/घंटा

धारा के साथ चाल $= 10 + 6 = 16$ किमी/घंटा

दूरी $= 80$ किमी

समय $= \frac{80}{16} = 5$ घंटा

14. (d)

धारा की चाल $= \frac{1}{2}\times(11-8) = \frac{3}{2} = 1.5$ किमी/घंटा

15. (d)

माना नाविक की गति $= x$ किमी/घंटा

धारा की गति $= y$ किमी/घंटा

प्रश्न से,

$$\frac{2}{x-y} = 1 \Rightarrow x - y = 2$$

$$\frac{1}{x+y} = \frac{10}{60} \Rightarrow x + y = 6$$

$x = 4$ किमी/घंटा

16. (b)

धारा के विपरीत चाल $= \frac{750}{675}\times\frac{18}{5}$

$= 4$ किमी/घंटा

धारा की दिशा में चाल $= \frac{750}{450}\times\frac{18}{5}$

$= 6$ किमी/घंटा

शांत जल में आदमी की चाल $= \frac{4+6}{2}$

$= 5$ किमी/घंटा

17. (b)

माना स्थिर जल में नौका की गति $= x$ किमी/घंटा

प्रवाह की गति $= y$ किमी/घंटा

प्रश्न से,

$$x + y = \frac{30}{2} = 15 \quad .....(i)$$

$$x - y = \frac{30}{6} = 5 \quad ....(ii)$$

समीकरण (i) और (ii) से

$x = 10$ किमी/घंटा

18. (a)

प्रवाह की दिशा में नाव की चाल = किमी/घंटा

माना नदी की चाल = x किमी/घंटा

प्रश्न से, $2x + x = 15 \Rightarrow x = 5$ किमी/घंटा

प्रवाह के विपरीत दिशा में नाव की चाल

$= 10 - 5 = 5$ किमी/घंटा

प्रवाह के विपरीत दिशा में 2 घंटे में तय की गयी दूरी $= 2 \times 5 = 10$ किमी

19. (d)

नाव की चाल $= \frac{1}{2} \times \left(\frac{16}{2} + \frac{16}{4}\right)$

$= \frac{1}{2} \times (8 + 4) = 6$ किमी/घंटा

20. (d)

शांत जल में नाव की चाल $= \frac{1}{2} \times (20 + 10)$

$= \frac{1}{2} \times 30 = 15$ किमी/घंटा

21. (d)

धारा के साथ आदमी की चाल $= \frac{1}{12} \times 60$

$= 5$ किमी/घंटा

धारा के विपरीत आदमी की चाल $= \frac{1}{20} \times 60$

$= 3$ किमी/घंटा

शांत पानी में आदमी की चाल $= \frac{5 \quad 3}{2} = \frac{8}{2}$

$= 4$ किमी/घंटा

22. (c)

अनुप्रवाह में नाव की गति $= \frac{2}{6} \times 60$

$= 20$ कमी/घंटा

उर्ध्वप्रवाह में नाव की गति $= \frac{2}{20} \times 60$

$= 6$ किमी/घंटा

धारा की गति $= \frac{20 - 6}{2} = \frac{14}{2} = 7$ किमी/घंटा

23. (b)

उर्ध्वप्रवाह में नाव की चाल $= 16 - 2$

$= 14$ किमी/घंटा

15 मिनट में तय की गयी दूरी

$= \frac{15}{60} \times 14 = \frac{14}{4} = \frac{7}{2} = 3.5$ किमी

24. (b)

माना नाव की गति = x किमी/घंटा

$x + 2.5 = 15$

$x = 12.5$ किमी/घंटा

उर्ध्वप्रवाह में नाव की गति $= 12.5 - 2.5$

$= 10$ किमी/घंटा

25. (b)

धारा के साथ नाव की चाल $= \frac{45}{9} = 5$ किमी/घंटा

धारा के विपरीत नाव की चाल $= \frac{54}{18} = 3$ किमी/घंटा

शांत जल में नाव की चाल $= \frac{5 + 3}{2} = \frac{8}{2}$

$= 4$ किमी/घंटा

26. (d)

पानी के साथ नाव द्वारा तय की गयी दूरी

$= 3 \times (6 + 1.5)$

$= 3 \times 7.5 = 22.5$ किमी

27. (d)

माना A से B की दूरी $= x$ किमी

$= \frac{x}{7.2 + 1.8} = \frac{90}{60}$

$\frac{x}{9} = \frac{3}{2} \Rightarrow x = \frac{9 \times 3}{2} = \frac{27}{2} = 13.5$ किमी

28. (d)

माना शांत जल में नाव की चाल $= x$ किमी/घंटा

$= \frac{20}{x - 2.5} = \frac{5}{2}$

$5x - 12.5 = 40 \Rightarrow 5x = 52.5$

$x = \frac{52.5}{5} = 10.5$ किमी/घंटा

29. (a)

माना धारा की चाल $= x$ किमी/घंटा

$$\frac{16}{6+x}+\frac{16}{6-x}=6$$

$$\Rightarrow \frac{96-16x+96+16x}{(6+x)(6-x)}=6$$

$$\Rightarrow \frac{192}{36-x^2}=6$$

$$\Rightarrow 36-x^2=32$$

$$\Rightarrow x^2=36-32=4$$

$x=2$ किमी/घंटा

30. (b)

माना नाव की गति $= x$ किमी/घंटा

धारा की गति $= y$ किमी/घंटा

$$\frac{x+y}{x-y}=\frac{4}{3}$$

$$4x-3x=3y+4y$$

$$x=7y$$

$$\frac{y}{x}=\frac{1}{7}=1:7$$

31. (b)

माना नाव की चाल x किमी/घंटा

$$\frac{x+3}{x-3}=\frac{13}{10}$$

$13x - 39 = 10x + 30$

$3x = 69$

$x = 23$ किमी/घंटा

32. (c)

माना नाव की चाल $= x$ किमी/घंटा

$x + 3 = 15$

$x = 12$ किमी/घंटा

अभीष्ट समय $= \frac{60}{12} = 5$ घंटे

33. (a)

माना नावों की गति $4x$ तथा $5x$ है।

माना दूरी $= d$ किमी

प्रश्न से,

$$\frac{d}{4x+2}=12$$

$d = 12\,(4x + 2)$ ....(i)

$$\frac{d}{5x+2}=10$$

$d = 10\,(5x + 2)$ ......(ii)

समीकरण (i) और (ii) से,

$12\,(4x + 2) = 10\,(5x + 2)$

$48x + 24 = 50x + 20$

$2x = 4$

$x = 2$

तेज गति से चलने वाली नाव की चाल $= 5x$

$= 5 \times 2 = 10$ किमी/घंटा

34. (c)

माना शांत जल में नाव की चाल $= x$ किमी/घंटा

$$\frac{\frac{1}{7}}{2}=\frac{x-3}{x+3}$$

$$\frac{2}{7}=\frac{x-3}{x+3}$$

$2x + 6 = 7x - 21$

$7x - 2x = 6 + 21$

$5x = 27$

$x = \frac{27}{5} = 5\frac{2}{5}$ किमी/घंटा

$= 5.4$ किमी/घंटा

35. (c)

माना शांत जल में नाव की चाल $= x$ किमी/घंटा

$$\frac{30}{x+2}+\frac{30}{x-2}=8$$

$$\Rightarrow \frac{30x-60+30x+60}{(x+2)(x-2)}=8$$

$60x = 8\,(x^2 - 4)$

$8x^2 - 60x - 32 = 0$

$2x^2 - 15x - 8 = 0$

$2x^2 - 16x + x - 8 = 0$

$2x\,(x - 8) + 1\,(x - 8) = 0$

$(x - 8)\,(2x + 1) = 0$

$x - 8 = 0$

$x = 8$ किमी/घंटा

36. (d)

माना A से B तक की दूरी $= x$ किमी

$$\frac{x}{7+2}+\frac{x}{7-2}=6$$

$$\frac{x}{9}+\frac{x}{5}=6$$

$$\frac{5x+9x}{45}=6 \Rightarrow x=\frac{6\times 45}{14}$$

$= \frac{135}{7} = 19\frac{2}{7}$ किमी

37. (d)

धारा के अनुकूल आदमी की चाल

$$= \frac{1\times\frac{3}{4}}{40}\times 60 = \frac{9}{8} \text{ किमी/घंटा}$$

धारा के प्रतिकूल आदमी की चाल

$$= \frac{1\times\frac{9}{10}}{90}\times 60 = \frac{3}{5} \text{ किमी/घंटा}$$

धारा की गति $= \left(\frac{9}{8}-\frac{3}{5}\right)\times\frac{1}{2} = \frac{21}{40}\times\frac{1}{2} = \frac{21}{80}$ किमी/घंटा

$$\frac{21}{80}\times\frac{5}{18} = \frac{7}{96} \text{ मीटर/सेकेण्ड}$$

38. (b)

माना नाव की गति $= x$ किमी/घंटा

$x + 1 = 3$

$x = 2$ किमी/घंटा

39. (c)

माना शांत जल में नाव की चाल $= x$ किमी/घंटा

प्रश्न से,

$$\frac{24}{x+2} = 3$$

$3x + 6 = 24$

$3x = 18$

$x = 6$

नाव की चाल $= 6$ किमी/घंटा

40. (a)

माना धारा की गति $= x$ किमी/घंटा

$7 - x = 4$

$x = 7 - 4 = 3$ किमी/घंटा

साधारण ब्याज
Simple Interest

जब हम कोई धन किसी दूसरे व्यक्ति या बैंक से उधार या ऋण के रूप में लेते हैं तो बदले में उसे कुछ अतिरिक्त धन देना पड़ता है इसी अतिरिक्त धन को ब्याज (Interest) कहते हैं।

उधार लिए गए धन को मूलधन (Principal) कहते हैं। यदि ब्याज हमेशा समान समय के लिए समान रहता है। तो इसे साधारण ब्याज (Simple Interest) कहा जाता है। साधारण ब्याज SI के द्वारा भी निरूपित किया जाता है।

महत्वपूर्ण सूत्र (Important Formulae)

$$\text{साधारण ब्याज} = \frac{\text{मूलधन} \times \text{समय} \times \text{दर}}{100}$$

$$\text{मूलधन} = \frac{100 \times \text{साधारण ब्याज}}{\text{दर} \times \text{समय}}$$

$$\text{दर} = \frac{100 \times \text{साधारण ब्याज}}{\text{मूलधन} \times \text{समय}}$$

$$\text{समय} = \frac{100 \times \text{साधारण ब्याज}}{\text{मूलधन} \times \text{दर}}$$

मिश्रधन = मूलधन + ब्याज

$A = P + I$

उसी तरह

मूलधन = मिश्रधन − ब्याज

$P = A - I$

सांकेतिक पद (Symbolic Terms)

मूलधन = P (Principal)

दर = R (Rates)

मिश्रधन = (Amount)

समय = (Time)

साधारण ब्याज = I (Simple Interest)

महत्त्वपूर्ण तथ्य (Important Facts)

- ❑ साधारण ब्याज मासिक, त्रैमासिक, छमाही तथा वार्षिक हो सकती है।
- ❑ यदि मूलधन को दूना किया जाए, तो साधारण ब्याज भी दूना हो जाता है।
- ❑ जिस दिन धन जमा होता है वह दिन ब्याज के लिए निकाला जाता है वह दिन गिना जाता है।

उदाहरण (Examples)

1. साधारण ब्याज किसी निश्चित ब्याज की दर से 8 वर्ष में मूलधन का 40% है प्रतिशत ब्याज की दर बताओ?

$$\text{साधारण ब्याज} = \frac{\text{मू0} \times \text{स0} \times \text{दर}}{100}$$

$$P \times 40\% = \frac{\text{मू0} \times \text{स0} \times \text{दर}}{100}$$

$$\frac{40}{400} \times P = \frac{\text{मू0} \times 8 \times \text{दर}}{100}$$

$$\text{दर} = 5\%$$

2. साधारण ब्याज मूलधन का 1/9 वॉं भाग है, और समय तथा ब्याज की दर समान है। दर की गणना करें?

माना, मूलधन $= x$

$$\text{ब्याज} = \frac{\text{मू0} \times \text{स0} \times \text{दर}}{100}$$

$$\frac{1}{9}x = \frac{x \times \text{स0} \times \text{दर}}{100}$$

$$(\text{दर})^2 = \frac{100}{9} = 18$$

$$(\text{दर}) = \frac{10}{3} = 3\frac{1}{3}\%$$

3. कोई धन का 2 वर्ष में मिश्रधन 4672 रू0 तथा $3\frac{1}{2}$ वर्ष में 5438.50 रूपया हो जाता है। मूलधन तथा ब्याज की दर क्या होगी?

(मू0 + 2 वर्ष का ब्याज) = 4672   i)

मू0 + $3\frac{1}{2}$ वर्ष का ब्याज = 5438.50   ii)

समी० (ii) एवं (i) से

$-$ वर्ष का ब्याज $= 766.50$

2 वर्ष का ब्याज $= \left(766.50 \times \frac{2}{3} \times 2\right) = 1022$ रू०

मूलधन = 2 वर्ष का मिश्रधन − 2 वर्ष का ब्याज

= (4672 − 1022) रू0

= 3650 रू0

अत:

$$\text{दर} = \frac{100 \times \text{साधारण ब्याज}}{\text{मू0} \times \text{समय}} = \left(\frac{100 \times 1022}{3650 \times 2}\right)$$

$$= 14\%$$

4. किस प्रतिशत वार्षिक दर से कोई धन 8 वर्ष में दुगुना हो जायेगा?

माना मूलधन $= x$

दर = R % वार्षिक

स्पष्ट है कि x रू0 का 8 वर्ष का साधारण ब्याज $= x$ रू0

$$\therefore \frac{x \times 8 \times R}{100} = x$$

$$R = \frac{100}{8}\% = 12\frac{1}{2}\%$$

अभीष्ट दर $= 12\frac{1}{2}\%$ वार्षिक

5. एक व्यक्ति ने दो साहुकारों से 45000 रू0 का ऋण लिया। एक ऋण के लिए 9% वार्षिक ब्याज दिया तथा दूसरे के लिए 16% वार्षिक। यदि पूरे वर्ष का ब्याज 5548 रू0 दिया गया हो, तो प्रत्येक दर पर लिए गए धन के गान ज्ञात कीजिए।

माना 9% वार्षिक दर पर लिया गया धन $= x$ रू0

तब 16% वार्षिक दर पर लिया गया धन

$$= (45000 - x)$$

$$\frac{x \times 9 \times 1}{100} + \frac{(45000 - x) \times 16 \times 1}{100} = 5548$$

$$9x + 720000 - 16x = 554800$$

$$7x = 165200$$

$$x = 23600$$

पहला मान = 23600 रू0

दूसरा मान = (45000 − 23600) = 21400 रू0

6. 28740 रू0 को तीन भागों में इस प्रकार बाँटे कि 12% वार्षिक दर से इनके कमश: 1, 2 तथा 3 वर्ष में मिश्रधन बराबर हो।

माना तीनों भाग x, y, z हैं।

तब,

$$x + \frac{x \times 1 \times 12}{100} = y + \frac{y \times 2 \times 12}{100} = z + \frac{z \times 3 \times 12}{100} = k$$

$$\frac{28x}{25} = \frac{31y}{25} = \frac{34z}{25} = k$$

$$28x = 31y = 34z = 25k$$

$$x = \frac{25k}{28}, y = \frac{25k}{31} \text{ तथा } z = \frac{25k}{34}$$

$$x : y : z = \frac{1}{28} : \frac{1}{31} : \frac{1}{34}$$

$$x : y : z = 31 \times 34 : 28 \times 34 : 28 \times 31 = 527 : 476 : 434$$

$$\therefore A = \frac{28740 \times 527}{1437} = 10540$$

$$B = \frac{28740 \times 476}{1437} = 9520$$

c = 8680

7. एक व्यक्ति ने बैंक में लगातार 3 वर्ष तक 11% साधारण ब्याज पर प्रत्येक वर्ष के आरम्भ में एक निश्चित धनराशि जमा की। यदि 3 वर्ष बाद बैंक में उसके खाते में 15006 रू0 हो, तो प्रतिवर्ष उसने कितना रूपया जमा किया?

माना प्रतिवर्ष उसने जमा किया $= x$ रू0

$$\left[x + \frac{x \times 11 \times 3}{100}\right] + \left[x + \frac{x \times 11 \times 2}{100}\right] + \left[x + \frac{x \times 11 \times 1}{100}\right] = 15006$$

$x = 4100$ रू0

8. नरेन्द्र कुछ धन प्रथम 3 वर्षो के लिए 6% वार्षिक दर, अगले 5 वर्षो के लिए 9% वार्षिक दर से और 8 वर्ष के बाद की समयावधि के लिए 13% वार्षिक दर से उधार लेता है। यह वह 11 वर्षो में कुल 8160 रू0 ब्याज के रूप में अदा करता है। उसने कितना धन उधार लिया था?

माना मूलधन रू0 x है

$$\left(\frac{x\times6\times3}{100}\right)+\left(\frac{x\times9\times5}{100}\right)+\left(\frac{x\times13\times3}{100}\right)=8160$$

$$18x+45x+39x=8160\times100$$

$$102x = 816000$$

$$x = 8000$$

9. किसी राशि पर 10 वर्षो में साधारण ब्याज 600 रू0 हो जाता है यदि मूलधन 5 वर्षो के पश्चात् 3 गुना हो जाता है तो 10 वर्ष के बाद कुल ब्याज क्या होगा?

माना मूलधन $= x$ रू0

ब्याज $= 600$, समय $= 10$ वर्ष

दर $=\left(\frac{100\times600}{x\times100}\right)\%$

$=\left(\frac{6000}{x}\right)\%$

पहले पाँच वर्षों के लिए साधारण ब्याज

$$\frac{x\times5\times6000}{x\times100}=300 \text{ रू0}$$

अंतिम पाँच वर्षों के लिए साधारण ब्याज

$$\left(3x\times5\times\frac{6000}{x\times100}\right)=900$$

कुल ब्याज $= 1200$ रू0

10. 5% वार्षिक ब्याज की दर से निवेशित धन 4 वर्ष मे बढ़कर 504 रू0 हो जाता है। 10% वार्षिक दर से समान धन $2\frac{1}{2}$ वर्ष में बढ़कर हो जाएगा:-

माना मूलधन $= x$

साधारण ब्याज $= (504 - x)$

$$\therefore \left(\frac{x\times5\times4}{100}\right)=504-x$$

$$20x=50400$$

$$100x=120x=50400$$

$$x=420$$

अब मूलधन $= 420$ रू0,

दर $= 10\%$ समय $\frac{5}{2}$ वर्ष

साधारण ब्याज $=\left(\frac{420\times10}{100}\times\frac{5}{2}\right)=105$ रू0

मिश्रधन $= (420 + 105)\ 525$ रू0

अभ्यास प्रश्न (Practice Questions)

1. कोई धन किस साधारण ब्याज की दर से 20 वर्षों में तिगुना हो जाएगा?
   (a) 20% (b) 10%
   (c) 12% (d) 30%

2. किस वार्षिक ब्याज की दर से किसी राशि पर 10 वर्षों का साधारण ब्याज मिश्रधन का $\frac{2}{5}$ होगा?
   (a) 4% (b) 6%
   (c) $6\frac{2}{3}\%$ (d) $5\frac{2}{3}\%$

3. साधारण ब्याज की दर ज्ञात करें, जिससे कोई राशि 5 वर्षों में दुगुनी हो जाती है-
   (a) 30% (b) 20%
   (c) 15% (d) 10%

4. कोई धन किसी दर से 15 वर्षों में साधारण ब्याज की दर से चार गुना हो जाता है, तो ब्याज दर क्या होगी?
   (a) 25% (b) 20%
   (c) 15% (d) $17\frac{1}{2}\%$

5. किसी धन पर 5 वर्ष का साधारण ब्याज धन का एक चौथाई है। ब्याज की दर क्या होगी?
   (a) 4% (b) 5%
   (c) 6% (d) 10%

6. यदि $2\frac{1}{2}$ वर्ष बाद मिश्रधन 161 रु. तथा ब्याज 21 रु. हो, तो साधारण ब्याज की दर क्या है?
   (a) 7% (b) 4%
   (c) 6% (d) 5%

7. साधारण ब्याज पर 2000 रुपये का मिश्रधन 5 वर्ष में 2600 रुपये हो जाता है तो प्रतिवर्ष ब्याज दर क्या होगी?
   (a) 5% (b) 8%
   (c) 6% (d) 4%

8. यदि एक रुपये पर 1 माह का ब्याज 1 पैसा है, तो ब्याज की दर क्या होगी?
   (a) 12% (b) 9%
   (c) 10% (d) 7%

9. 1 रुपये का 60 वर्ष में साधारण ब्याज 9 रुपये हो जाता है, तो प्रतिवर्ष ब्याज दर क्या होगी?
   (a) 15% (b) $12\frac{1}{2}\%$
   (c) 14% (d) $13\frac{1}{3}\%$

10. यदि कोई धन 16 वर्ष में दुगुना हो जाता है, तो 8 वर्षों में कितना गुना हो जाएगा?
   (a) $\frac{1}{2}$ (b) $\frac{2}{3}$
   (c) $1\frac{1}{2}$ (d) $2\frac{1}{2}$

11. किसी धन को 10% साधारण ब्याज की दर से दुगुना होने में कितना समय लगेगा?
   (a) 5 वर्ष (b) 10 वर्ष
   (c) 20 वर्ष (d) 12 वर्ष

12. एक धन राशि 16 वर्ष में दुगुना हो जाती है, तो उस धन राशि को तीन गुना होने में कितने वर्ष लगेंगे?
   (a) 48 (b) 24
   (c) 32 (d) 64

13. यदि कोई धन साधारण ब्याज से 5 वर्ष में दुगना हो जाता है, तो उसी दर से 300 रु. कितने वर्ष में 2400 रु. हो जाएगा?
   (a) 40 वर्ष (b) 30 वर्ष
   (c) 25 वर्ष (d) 35 वर्ष

14. कितने वर्ष में 5000 रु. 6% साधारण ब्याज की दर से 6200 रु. हो जाएगा?
   (a) 4 (b) $4\frac{1}{2}$
   (c) 5 (d) 3

15. साधारण ब्याज की दर से 800 रु. 3 वर्ष में 920 रु. हो जाता है। यदि ब्याज की दर 3% बढ़ जाए, तो कुल राशि कितनी हो जाएगी?
   (a) 1192 रु. (b) 1056 रु.
   (c) 992 रु. (d) 1112 रु.

16. एक व्यक्ति को किसी राशि पर प्रथम वर्ष 300 रु. तथा द्वितीय वर्ष में 330 रु. ब्याज प्राप्त होते हैं, तो मूलधन क्या होगा?
   (a) 3000 रु. (b) 1000 रु.
   (c) 690 रु. (d) 900 रु.

17. साधारण ब्याज की वार्षिक दर 10% से बढ़कर $12\frac{1}{2}\%$ हो जाने पर किसी व्यक्ति की वार्षिक आय 1250 रु. बढ़ जाती है। उसका मूलधन कितना है

(a) 50000 रु. (b) 45000 रु.
(c) 60000 रु. (d) 65000 रु.

18. किसी राशि पर $2\frac{1}{2}$ वर्ष में 12% वार्षिक ब्याज की दर से साधारण ब्याज, उसी राशि पर $3\frac{1}{2}$ वर्ष में 10% वार्षिक की दर से साधारण ब्याज 40 रु. कम है, तो वह राशि क्या है?

(a) 600 रु. (b) 800 रु.
(c) 700 रु. (d) 900 रु.

19. कोई राशि साधारण ब्याज की किसी दर से 2 वर्ष के लिए लगायी जाती है। यदि उसी राशि को 3% अधिक दर पर लगाया जाता तो 72 रु. अधिक ब्याज प्राप्त होता है, तो वह राशि क्या है?

(a) 1200 रु. (b) 1000 रु.
(c) 2500 रु. (d) 800 रु.

20. एक निश्चित राशि 10% वार्षिक ब्याज की दर से 4 वर्षों में 7420 रुपये हो जाती है, तो वह राशि क्या है?

(a) 5200 रु. (b) 5260 रु.
(c) 5300 रु. (d) 5400 रु.

21. किसी धन पर 5% साधारण ब्याज की दर से 10 वर्ष में ब्याज मूलधन का आधा है, तो वह धन कितना है?

(a) 10000 रु. (b) 20000 रु.
(c) 12000 रु. (d) आँकड़े अपर्याप्त हैं

22. किसी धन पर 3 वर्ष के लिए 14% प्रतिवर्ष की दर से साधारण ब्याज 201.60 रु. हो जाता है। वह धनराशि कितनी है?

(a) 720 रु. (b) 650 रु.
(c) 560 रु. (d) 480 रु.

23. किसी धनराशि पर 14% वार्षिक ब्याज की दर से 3 वर्षों का साधारण ब्याज 235.20 रुपये हैं, तो धन राशि क्या है?

(a) 480 रु. (b) 650 रु.
(c) 560 रु. (d) 720 रु.

24. किसी धन पर 5% साधारण ब्याज की दर से ब्याज 4 वर्ष में 800 रु. है, तो धन राशि क्या है?

(a) 4000 रु. (b) 1000 रु.
(c) 12000 रु. (d) 8000 रु.

25. किसी राशि पर 12 वर्षों में 1200 रु. साधारण ब्याज प्राप्त होता है। यदि मूलधन को 4 वर्षों के बाद तिगुना कर दिया जाए, तो बताएँ 12 वर्षों के बाद कितना साधारण ब्याज प्राप्त होगा?

(a) 3600 रु. (b) 3500 रु.
(c) 4000 रु. (d) 2800 रु.

26. किसी मूलधन पर 6% वार्षिक दर से 7 वर्ष में प्राप्त मिश्रधन 994 रूपये हैं, तो मूलधन क्या है?

(a) 750 रु. (b) 700 रु.
(c) 800 रु. (d) 810 रु.

27. कोई राशि 12 वर्षों में तीन गुनी हो जाती है। साधारण ब्याज की दर क्या है?

(a) $12\frac{1}{2}\%$ (b) 20%
(c) 25% (d) $16\frac{2}{3}\%$

28. कोई राशि $8\frac{1}{3}\%$ वार्षिक साधारण ब्याज से एक निश्चित समय में चार गुनी हो जाती है। वह समय क्या है?

(a) 36 वर्ष (b) 32 वर्ष
(c) 35 वर्ष (d) 24 वर्ष

29. कोई धन 4 वर्ष में 750 रु. तथा 7 वर्ष में 900 रु. हो जाता है। साधारण ब्याज की दर क्या है?

(a) 10% (b) $12\frac{1}{2}\%$
(c) $8\frac{3}{11}\%$ (d) $9\frac{1}{11}\%$

30. 7400 रुपये की राशि 5 वर्ष में 8100 रुपये हो जाती है। दर को कितना कम कर दिया जाए, ताकि मिश्रधन 7545 रुपये प्राप्त हो?

(a) 1.5% (b) 1.25%
(c) 1% (d) 2.5%

31. कोई धनराशि 4 वर्षों में 5 गुना हो जाती है, तो कितने वर्षों में वह सात गुना हो जाएगी?

(a) 6 वर्ष (b) 12 वर्ष
(c) 8 वर्ष (d) 24 वर्ष

32. कोई धन राशि $4\frac{1}{2}\%$ वार्षिक दर से 5 गुना हो जाती है, तो किस दर से वह तीन गुना हो जाएगी?

(a) $3\frac{1}{2}\%$ (b) $2\frac{1}{2}\%$

(c) 3% (d) $2\frac{1}{4}\%$

33. किसी मूलधन का साधारण ब्याज मूलधन का 81% है। यदि वार्षिक दर तथा समय का संख्यात्मक मान समान हो, तो समय क्या है?

(a) $8\frac{1}{3}$ वर्ष (b) 9 वर्ष

(c) $\frac{9}{2}$ वर्ष (d) 12 वर्ष

34. जब मूलधन को चार गुना, समय को $\frac{5}{4}$ गुना तथा दर को $\frac{7}{10}$ गुना कर दिया जाए, तो साधारण ब्याज कितना गुना हो जाएगा?

(a) $\frac{9}{2}$ (b) $\frac{7}{2}$

(c) $\frac{3}{2}$ (d) $\frac{5}{2}$

35. 6 वर्ष में निश्चित ब्याज दर पर किसी राशि का साधारण ब्याज उस राशि का 42% है। यदि मिश्रधन 1988 रुपये हो, तो साधारण ब्याज कितना है?

(a) 584 रु. (b) 604 रु.

(c) 588 रु. (d) 612 रु.

36. एक धन राशि पर 18 वर्ष में साधारण ब्याज की राशि 2700 रुपये है। यदि 12 वर्षों के बाद दर को 60% से बढ़ा दिया जाए, तो समय की समाप्ति पर साधारण ब्याज की राशि क्या होगी?

(a) 3460 रु. (b) 3680 रु.

(c) 3150 रु. (d) 3240 रु.

37. 5 वर्ष में देय 2400 रुपये 10% दर से बराबर वार्षिक किस्तों में चुकता किया जाता है। प्रत्येक किस्त कितने रुपये की होगी?

(a) 410 रु. (b) 380 रु.

(c) 420 रु. (d) 400 रु.

38. कोई धन राशि $6\frac{1}{4}\%$ वार्षिक दर से 4 वर्ष में प्राप्त मिश्रधन से 72 रुपये कम है। वह मिश्रधन क्या है?

(a) 400 रु. (b) 480 रु.

(c) 360 रु. (d) 440 रु.

39. यदि $3\frac{1}{2}$ वर्ष में 2000 रुपये पर प्राप्त साधारण ब्याज उतने ही समय में 1600 रुपये पर प्राप्त साधारण ब्याज से 84 रुपये अधिक है, तो वार्षिक दर कितना है?

(a) 7 % (b) 6 %

(c) 4 % (d) $5\frac{1}{2}\%$

40. 5 वर्ष में निश्चित ब्याज दर पर किसी राशि का साधारण ब्याज उस राशि का 56% है। यदि मिश्रधन 4680 रुपये हो, तो साधारण ब्याज की राशि क्या है?

(a) 1580 रु. (b) 1620 रु.

(c) 1600 रु. (d) 1680 रु.

41. 9800 रुपये को दो भागों में इस प्रकार विभाजित किया जाए कि पहले भाग पर 10% वार्षिक ब्याज दर से 5 वर्ष का साधारण ब्याज तथा दूसरे भाग पर 8% वार्षिक ब्याज दर पर 6 वर्ष का साधारण ब्याज समान है। 8% दर वाला भाग क्या है?

(a) 5400 रु. (b) 5500 रु.

(c) 5000 रु. (d) 4800 रु.

42. 500 रुपये की राशि पर 9 महीने में 5 पैसे प्रति रुपया प्रति महीना की दर से साधारण ब्याज की राशि क्या होगी?

(a) 200 रु. (b) 160 रु.

(c) 225 रु. (d) 180 रु.

43. कितने प्रतिशत वार्षिक दर पर कोई धन राशि $8\frac{1}{3}$ वर्ष में छह गुना हो जाएगी?

(a) 45% (b) 30%

(c) 40% (d) 60%

44. किसी धन राशि को 5% वार्षिक दर पर $2\frac{1}{2}$ वर्ष के लिए उधार देने पर प्राप्त मिश्रधन मूलधन का कितने प्रतिशत है?

(a) 115% (b) 112.5%

(c) 120% (d) 112%

45. किसी धन को साधारण ब्याज के 6% वार्षिक दर पर 4 वर्ष के लिए उधार देने से जो ब्याज प्राप्त होता है, वह मूलधन से 608 रु. कम है। वह ब्याज क्या है?

(a) 204 रु. (b) 194 रु.

(c) 208 रु. (d) 192 रु.

46. वह धन क्या है, जिस पर 8% वार्षिक दर से एक दिन में 2 रु. साधारण ब्याज के रूप में प्राप्त होता है?
(a) 9600 रु. (b) 9500 रु.
(c) 9250 रु. (d) 9125 रु.

47. किसी मूलधन पर 12 वर्षों में किसी निश्चित दर पर साधारण ब्याज की राशि 1800 रु. है। यदि 4 वर्ष के बाद मूलधन को तीन गुना कर दिया जाए, तो समय की समाप्ति पर ब्याज की राशि क्या होगी?
(a) 3600 रु. (b) 3200 रु.
(c) 4800 रु. (d) 4200 रु.

48. कोई धनराशि $4\frac{1}{2}$ वर्ष में 163% हो जाती है। साधारण ब्याज की वार्षिक दर क्या है?
(a) 12% (b) 14%
(c) $16\frac{2}{3}\%$ (d) $8\frac{1}{3}\%$

49. राम ने कोई धन 4% वार्षिक ब्याज की दर से उधार दिया। 8 वर्ष बाद उसने मूलधन से 340 रु. कम ब्याज पाया। मूलधन क्या था?
(a) 500 रु. (b) 400 रु.
(c) 100 रु. (d) 800 रु.

50. साधारण ब्याज की दर से 4 वर्ष में 6000 रुपये की राशि 7200 रुपये हो जाती है। यदि ब्याज दर 2% बढ़ा दी जाए, तो मिश्रधन क्या होगा?
(a) 7240 रु. (b) 7680 रु.
(c) 7236 रु. (d) 7480 रु.

51. 4000 रुपये पर पहले 4 वर्षों के लिए ब्याज की दर 3% वार्षिक, अगले 3 वर्षों के लिए 4% वार्षिक तथा अगले वर्षों के लिए 5% वार्षिक है। इस धन पर 11 वर्ष बाद कितना मिश्रधन प्राप्त होगा?
(a) 5650 रु. (b) 5760 रु.
(c) 5000 रु. (d) 4500 रु.

52. 5 वर्ष बाद देय 4480 रु., 6% वार्षिक ब्याज की दर से वार्षिक किस्तों में चुकता किया जाना है। वार्षिक किस्त कितने रुपये की होगी?
(a) 800 रु. (b) 1000 रु.
(c) 700 रु. (d) 500 रु.

53. किसी धन राशि का 12 वर्ष में साधारण ब्याज 600 रु. हो जाएगा। यदि वह धन 6 वर्ष बाद चौगुना हो जाता है, तो वह धन क्या है?
(a) 300 रु. (b) 200 रु.
(c) 150 रु. (d) 100 रु.

54. कोई धन साधारण ब्याज पर 3 वर्ष में 1800 रु. तथा 7 वर्ष में 2600 रु. हो जाती है, तो वह धन क्या है?
(a) 1200 रु. (b) 1500 रु.
(c) 1000 रु. (d) 1100 रु.

55. कितने प्रतिशत वार्षिक साधारण ब्याज की दर से एक निश्चित समय में कोई धन अपने से 4 गुना हो जाएगा, जबकि उतने ही समय में 6% वार्षिक ब्याज की दर से 6 गुना हो जाता है?
(a) 10% (b) 7%
(c) $3\frac{3}{5}\%$ (d) 9%

56. एक व्यक्ति ने 10% वार्षिक ब्याज की दर से 1000 रु. का ऋण लिया। एक वर्ष के अन्त में उसने 500 वापिस कर दिया। 2 वर्ष के अन्त में उसे कितना रुपया और देना होगा?
(a) 750 रु. (b) 650 रु.
(c) 560 रु. (d) इनमें से कोई नहीं

57. किसी धन का साधारण ब्याज उस धन का $\frac{1}{16}$ भाग है तथा वर्ष की संख्या वार्षिक ब्याज की दर की संख्या के बराबर है। वार्षिक ब्याज की दर क्या है?
(a) $2\frac{1}{2}\%$ (b) $3\frac{1}{2}\%$
(c) 5% (d) $4\frac{1}{2}\%$

58. एक व्यक्ति ने दो बराबर धन राशियों में से प्रत्येक को क्रमश: 5% तथा 3% वार्षिक साधारण ब्याज की दर से उधार दिया। पहले धन पर एक निश्चित समय के बाद तथा दूसरे धन पर 3 वर्ष अधिक समय के बाद बराबर-बराबर धन 980 रु. पाया। प्रत्येक धन क्या था?
(a) 1000 रु. (b) 700 रु.
(c) 800 रु. (d) 1500 रु.

59. 45000 रु. में से कुछ धन 4% वार्षिक दर पर तथा शेष धन 6% वार्षिक दर पर उधार दिया गया। यदि दोनों प्रकार के धन राशियों पर बराबर-बराबर ब्याज प्राप्त हुआ हो, तो कुल धन पर ब्याज की दर प्रतिशत क्या होगी?
(a) $15\frac{1}{5}\%$ (b) $5\frac{2}{5}\%$
(c) $4\frac{1}{4}\%$ (d) $4\frac{4}{5}\%$

60. एक साहूकार को मालूम पड़ा कि ब्याज दर 4% से $3\frac{3}{4}\%$ होने पर उसकी वार्षिक आय में 56 रु. की कमी हुई है। उसकी पूँजी कितनी है?
(a) 24000 रु. (b) 24600 रु.
(c) 22000 रु. (d) 22400 रु.

61. कितने समय में 6% वार्षिक दर से 900 रु. का साधारण ब्याज उतना ही हो जाएगा, जितना कि 540 रु. का 8 वर्ष में 5% वार्षिक दर से साधारण ब्याज हो जाता है?
(a) $4\frac{1}{2}$ वर्ष (b) 4 वर्ष
(c) 5 वर्ष (d) $3\frac{1}{2}$ वर्ष

62. कितने प्रतिशत वार्षिक साधारण ब्याज की दर से 8 वर्ष में कोई धन अपने 48% से अधिक हो जाएगा?
(a) 6% (b) 5%
(c) 3% (d) 4%

63. 2902 रु. को तीन भागों में इस प्रकार विभक्त किया गया कि क्रमश: 1 वर्ष, 2 वर्ष तथा 3 वर्ष का मिश्रधन बराबर हो। सभी के लिए वार्षिक दर 5% है। सबसे बड़ा तथा सबसे छोटे भाग का अन्तर क्या है?
(a) 85 रु. (b) 44 रु.
(c) 176 रु. (d) 88 रु.

64. 2160 रु. को दो भागों में उधार दिया गया। पहले भाग को 6% वार्षिक दर पर 5 वर्ष के लिए तथा दूसरे भाग को 10% वार्षिक दर पर 4 वर्ष के लिए उधार दिया गया। यदि दोनों भागों के साधारण ब्याज में 3 : 5 का अनुपात हो, तो पहला भाग क्या था?
(a) 960 रु. (b) 480 रु.
(c) 560 रु. (d) 820 रु.

65. यदि 360 रु. की धनराशि 3 वर्ष में 435.60रु. हो जाए, तो $5\frac{1}{2}$ वर्ष में 700 रु. की धनराशि कितनी हो जाएगी?
(a) 976.40 रु. (b) 969.50 रु.
(c) 872.60 रु. (d) 869.60 रु.

66. किसी धन का $12\frac{1}{2}\%$ वार्षिक साधारण ब्याज की दर से 3 वर्ष में ब्याज 5100 रु. हो जाता है, तो वह धन क्या है?
(a) 10500 रु. (b) 11500 रु.
(c) 13600 रु. (d) 8300 रु.

67. कोई धन साधारण ब्याज पर 25 वर्षों में तिगुना हो जाता है, ब्याज की वार्षिक दर क्या है?
(a) 5% (b) 8%
(c) 10% (d) 9%

68. कोई धनराशि साधारण ब्याज पर 3 वर्ष में 2400 रु. तथा 5 वर्ष में 3000 रु. हो जाती है, तो वह धन क्या है?
(a) 1700 रु. (b) 1400 रु.
(c) 1500 रु. (d) 2000 रु.

69. कोई धन साधारण ब्याज पर 15% वार्षिक ब्याज की दर से कितने समय में अपने से चौगुना हो जाएगा?
(a) 15 वर्ष (b) 20 वर्ष
(c) 10 वर्ष (d) 16 वर्ष

70. किसी धन का साधारण ब्याज 4 वर्ष में उस धन का $\frac{1}{5}$ भाग है। दर प्रतिशत प्रति वर्ष क्या है?
(a) 7% (b) 8%
(c) 10% (d) 5%

उत्तरमाला (Answer Key)

1. (b)	2. (c)	3. (b)	4. (b)	5. (b)	6. (b)	7. (c)	8. (a)	9. (a)	10 (c)
11. (b)	12. (c)	13. (d)	14. (a)	15. (c)	16. (a)	17. (a)	18. (b)	19. (a)	20. (c)
21. (d)	22. (d)	23. (c)	24. (a)	25. (d)	26. (b)	27. (d)	28. (a)	29. (d)	30. (a)
31. (a)	32. (d)	33. (b)	34. (b)	35. (c)	36. (d)	37. (d)	38. (c)	39. (b)	40. (d)
41. (c)	42. (c)	43. (d)	44. (b)	45. (d)	46. (d)	47. (d)	48. (b)	49. (a)	50. (b)
51. (b)	52. (a)	53. (d)	54. (a)	55. (c)	56. (b)	57. (a)	58. (c)	59. (d)	60. (d)
61. (b)	62. (a)	63. (d)	64. (a)	65. (b)	66. (c)	67. (b)	68. (c)	69. (b)	70. (d)

हल (Solutions)

1. (b)

माना मूलधन $= P$

मिश्रधन $= 3P$, समय $= 20$ वर्ष

ब्याज $= 3P - P = 2P$

दर $= \frac{2P \times 100}{20 \times P} = 10\%$

2. (c)

माना मिश्रधन x रु. है।

ब्याज $= x$ का $\frac{2}{5} = \frac{2x}{5}$

मूलधन $= x = \frac{2x}{5} = \frac{3x}{5}$, समय $= 10$ वर्ष

दर $= \frac{\frac{2x}{5} \times 100}{\frac{3x}{5} \times 10} = \frac{20}{3} = 6\frac{2}{3}\%$

3. (b)

माना मूलधन $= 100$ रु.

मिश्रधन $= 100 \times 2 = 200$ रु.

ब्याज $= 200 - 100 = 100$ रु., समय $= 5$ वर्ष

दर $= \frac{\text{ब्याज} \times 100}{\text{मूलधन} \times \text{समय}} = \frac{100 \times 100}{100 \times 5} = 5\%$

4. (b)

माना धन $= x$ रु.

मिश्रधन $= 4x$, समय $= 15$ वर्ष

ब्याज $= 4x - x = 3x$

दर $= \frac{3x \times 100}{x \times 15} = 20\%$

5. (b)

माना मूलधन $= P$

ब्याज $= \frac{P}{4}$, समय $= 5$ वर्ष

दर $= \frac{\text{ब्याज} \times 100}{\text{मूलधन} \times \text{समय}} = \frac{\frac{P}{4} \times 100}{P \times 5} = 5\%$

6. (b)

मिश्रधन $= 161$ रु., ब्याज $= 21$ रु.

समय $=$ — वर्ष

मूलधन $= 161 - 21 = 140$ रु.

दर $= \frac{21 \times 100}{\frac{5}{2} \times 140} = \frac{21 \times 100 \times 2}{5 \times 140} = 4\%$

7. (c)

ब्याज $= 2600 - 2000 = 600$ रु.

समय $= 5$ वर्ष

दर $= \frac{600 \times 100}{5 \times 2000} = 6\%$

8. (a)

मूलधन $= 1$ रु., समय $= \frac{1}{12}$ वर्ष, ब्याज $= \frac{1}{100}$ रु.

दर $= \frac{\frac{1}{100} \times 100}{\frac{1}{12} \times 1} = 12\%$

9. (a)

मूलधन $= 1$ रु., समय $= 60$ वर्ष, ब्याज $= 9$ रु.

दर $= \frac{9 \times 100}{1 \times 60} = 15\%$

10. (c)

मूलधन $= 100$ रु. मिश्रधन $= 200$ रु.

ब्याज $= 200 - 100 = 100$ रु.

समय $= 16$ वर्ष

दर $= \frac{100 \times 100}{16 \times 100} = \frac{25}{4}\%$

8 वर्ष में साधारण ब्याज $= \frac{100 \times 8 \times \frac{25}{4}}{100} = 50$ रु.

मिश्रधन $= 100 + 50 = 150$ रु.

मिश्रधन $1\frac{1}{2}$ गुना हो जाएगा।

11. (b)

माना मूलधन $= 100$ रु.

मिश्रधन $= 200$ रु., ब्याज $= 200 - 100 = 100$ रु.

दर $= 10\%$

समय $= \frac{100 \times 100}{10 \times 100} = 10$ वर्ष

12. (c)

$\frac{n_2 - 1}{n_1 - 1} \times t = \frac{3-1}{2-1} \times 16 = \frac{2}{1} \times 16 = 32$ वर्ष

13. (d)

दर $= \frac{100(2-1)}{5} = \frac{100\times1}{5} = 20\%$

दूसरी स्थिति में,

मूलधन $= 300$ रु.

ब्याज $= 2400 - 300 = 2100$ रु.

समय $= \frac{\text{ब्याज} \times 100}{\text{मूलधन} \times \text{दर}} = \frac{2100\times100}{300\times20} = 35$ वर्ष

14. (a)

मूलधन $= 5000$ रु.

मिश्रधन $= 6200$ रु.

ब्याज $= 6200 - 5000 = 1200$ रु.

दर $= 6\%$

समय $= \frac{1200\times100}{5000\times6} = 4$ वर्ष

15. (c)

दर $= \frac{120\times100}{800\times3} = 5\%$

नया दर $= 5\% + 3\% = 8\%$

ब्याज $= \frac{800\times8\times3}{100} = 64 \times 3 = 192$

मिश्रधन $= 800 + 192 = 992$ रु.

16. (a)

दर $= \frac{30}{300}\times100 = 10\%$

मूलधन $= \frac{600\times100}{2\times10} = 3000$ रु.

17. (a)

माना मूलधन $= x$ रु.

प्रश्न से,

$$\frac{x\times1\times25}{2\times100} - \frac{x\times1\times10}{100} = 1250$$

$$\frac{x}{8} - \frac{x}{10} = 1250$$

$$5x - 4x = 1250 \times 40$$

$x = 50000$ रु.

18. (b)

माना राशि $= P$ रु.

$$\frac{P\times10\times7}{2\times100} - \frac{P\times12\times5}{2\times100} = 40$$

$10P = 40 \times 200$

$P = \frac{40\times200}{10} = 800$ रु.

19. (a)

माना राशि $= P$ रु., दर $= r\,\%$

प्रश्न से,

$$\frac{P(r+3)2}{100} - \frac{P\times r\times2}{100} = 72$$

$2rP + 6P - 2rP = 72 \times 100$

$6P = 72 \times 100$

$P = \frac{72\times100}{6} = 1200$ रु.

20. (c)

माना वह राशि P रु. है।

ब्याज $= \frac{P\times10\times4}{100} = \frac{4P}{10}$

$P + \frac{4P}{10} = 7420$

$14P = 7420 \times 10$

$P = \frac{7420\times10}{14} = 5300$ रु.

21. (d)

माना वह धन P है।

ब्याज = —

ब्याज $= \frac{P\times5\times10}{100}$

$\frac{P}{2} = \frac{P\times5\times10}{100}$

$100P = 100P$

आँकड़े अपर्याप्त हैं।

22. (d)

मूलधन $= \frac{\text{ब्याज} \times 100}{\text{मूलधन} \times \text{दर}} = \frac{201.60\times100}{3\times14}$

$= \frac{14.4\times100}{3}$

$= 480$ रु.

23. (c)

मूलधन $= \frac{235.20\times100}{3\times14}$

$= \frac{16.8\times100}{3} = 560$ रु.

24. (a)

मूलधन $= \frac{800\times100}{4\times5} = 4000$ रु.

25. (d)

∵ 12 वर्ष में 1200 रु. ब्याज मिलता है।

4 वर्ष में 400 रु.

8 वर्ष में 800 रु.

मूलधन तिगुना करने पर ब्याज $= 800 \times 3 = 2400$ रु.

कुल ब्याज $= 2400 + 400 = 2800$ रु.

26. (b)

माना मूलधन $= P$ रु.

ब्याज $= \frac{P \times 7 \times 6}{100} = \frac{42P}{100}$

$P + \frac{42P}{100} = 994$

$142P = 994 \times 100$

$P = \frac{994 \times 100}{142} = 700$ रु.

27. (d)

माना मूलधन $= P$

ब्याज $= 3P - P = 2P$

दर $= \frac{\text{ब्याज} \times 100}{\text{मूलधन} \times \text{दर}}$

$= \frac{2P \times 100}{12 \times P} = \frac{50}{3} = 16\frac{2}{3}\%$

28. (a)

समय $= \frac{\text{ब्याज} \times 100}{\text{मूलधन} \times \text{दर}} = \frac{3P \times 100 \times 3}{25 \times P} = 36$ वर्ष

29. (d)

मूलधन $= 750 - \frac{(900 - 750)}{(7 - 4)} \times 4$

$= 750 - \frac{150 \times 4}{3} = 750 - 200 = 550$ रु.

4 वर्ष का ब्याज $= 750 - 550 = 200$

दर $= \frac{200 \times 100}{4 \times 550} = \frac{100}{11} = 9\frac{1}{11}\%$

30. (a)

$7545 = 8100 - \frac{7400 \times 5 \times r}{100}$

$7545 = 8100 - 370\,r$

$370\,r = 555$

$r = \frac{555}{370} = 1.5\%$

31. (a)

$\frac{5-1}{4} = \frac{7-1}{t_2}$

$\frac{4}{4} = \frac{6}{t_2} \Rightarrow t_2 = 6$ वर्ष

32. (d)

$\frac{5-1}{\frac{9}{2}} = \frac{3-1}{r_2}$

$\frac{4 \times 2}{9} = \frac{2}{r_2} \Rightarrow r_2 = \frac{9 \times 2}{4 \times 2} = \frac{9}{4} = 2\frac{1}{4}\%$

33. (b)

समय $= \sqrt{\frac{81}{100} \times 100} = \sqrt{81} = 9$ वर्ष

34. (b)

$4 \times \frac{5}{4} \times \frac{7}{10} = \frac{7}{2}$ गुना

35. (c)

माना मूलधन $= P$

साधारण ब्याज $= \frac{42P}{100}$

दर $= \frac{42P \times 100}{100 \times 6 \times P} = 7\%$

$P + \frac{P \times 7 \times 6}{100} = 1988$

$142P = 1988 \times 100$

$P = \frac{1988 \times 100}{142} = 1400$

साधारण ब्याज $= 1988 - 1400 = 588$ रु.

36. (d)

18 वर्ष का साधारण ब्याज $= 2700$ रु.

12 वर्ष का साधारण ब्याज $= \frac{2700 \times 12}{18}$

$= 1800$ रु.

शेष 6 वर्ष का ब्याज $= 2700 - 1800 = 900$ रु.

दर बढ़ाने पर साधारण ब्याज $= 900 \times \frac{160}{100}$

$= 1440$ रु.

कुल ब्याज $= 1800 + 1440$

$= 3240$ रु.

37. (d)

प्रत्येक वार्षिक किस्त

$= \dfrac{2400\times100}{100\times5+(4+3+2+1)\times10}$

$= \dfrac{2400\times100}{500+100} = \dfrac{2400\times100}{600} = 400$

38. (c)

ब्याज $= 72$ रु.

मूलधन $= \dfrac{72\times100\times4}{4\times25} = 288$ रु.

मिश्रधन $= 288 + 72 = 360$ रु.

39. (b)

प्रश्न से,

$\dfrac{2000\times7\times r}{2\times100} - \dfrac{1600\times7\times r}{2\times100} = 84$

$400 \times 7 \times r = 84 \times 2 \times 100$

$r = \dfrac{84\times2\times100}{400\times7} = 6\%$

40. (d)

माना मूलधन $= 100$ रु.

मिश्रधन $= 100 + 56 = 156$

मिश्रधन 156 रु. तो ब्याज $= 56$ रु.

मिश्रधन 4680 रु. तो ब्याज $= \dfrac{56\times4680}{1560}$

$= 1680$ रु.

41. (c)

$\dfrac{\text{पहला भाग}}{\text{दूसरा भाग}} = \dfrac{8\times6}{10\times5} = \dfrac{24}{25}$

8% वाला भाग $= \dfrac{25}{24+25}\times9800 = \dfrac{25\times9800}{49}$

$= 5000$ रु.

42. (c)

साधारण ब्याज $= 500 \times 0.05 \times 9 = 225$ रु.

43. (d)

दर % $= \dfrac{5P\times100}{\frac{25}{3}\times P} = \dfrac{5\times100\times3}{25} = 60\%$

44. (b)

माना मूलधन $= 100$ रु.

ब्याज $= \dfrac{100\times5\times5}{100\times2} = \dfrac{25}{2}$ रु.

मिश्रधन $= 100+\dfrac{25}{2} = 112.50$ रु.

45. (d)

माना मूलधन $= 100$ रु.

ब्याज $= \dfrac{100\times6\times4}{100} = 24$ रु.

मूलधन – ब्याज $= 100 - 24 = 76$ रु.

ब्याज 76 रु. कम है तो ब्याज $= 24$ रु.

ब्याज 608 रु. कम है तो ब्याज $= \dfrac{24\times608}{76}$

$= 192$ रु.

46. (d)

मूलधन $= \dfrac{2\times100}{8\times\frac{1}{365}} = \dfrac{2\times365\times100}{8} = 9125$ रु.

47. (d)

12 वर्ष का ब्याज $= 1800$ रु.

4 वर्ष का ब्याज $= \dfrac{1800\times4}{12} = 600$ रु.

शेष 8 वर्ष का ब्याज $= 1800 - 600 = 1200$ रु.

मूलधन तीन गुना होने पर ब्याज $= 1200 \times 3$

$= 3600$ रु.

कुल ब्याज $= 3600 + 600 = 4200$ रु.

48. (b)

माना मूलधन $= P$ रु.

मिश्रधन $= \dfrac{163P}{100}$

ब्याज $= \dfrac{163P}{100} - P = \dfrac{63P}{100}$

दर $= \dfrac{63P\times100}{100\times\frac{9}{2}\times P} = \dfrac{63\times2}{9} = 14\%$

49. (a)

माना मूलधन $= P$ रु.

ब्याज $= \dfrac{P\times8\times4}{100} = \dfrac{32P}{100}$

$P - 340 = \dfrac{32P}{100}$

$100P - 340 \times 100 = 32P$

$100P - 32P = 340 \times 100$

$P = \dfrac{340\times100}{68} = 500$ रु.

50. (b)

$$\text{दर} = \frac{1200\times100}{4\times6000} = 5\%$$

नया दर $= 5\% + 2\% = 7\%$

$$\text{मिश्रधन} = 6000+\frac{6000\times7\times4}{100}$$

$= 6000 + 1680$

$= 7680$ रु.

51. (b)

$$\text{मिश्रधन} = 4000\left[1+\frac{4\times3+3\times4+4\times5}{100}\right]$$

$$= 4000\times\frac{144}{100} = 5760 \text{ रु.}$$

52. (a)

वार्षिक किस्त

$$= \frac{4480\times100}{5\times100+\begin{bmatrix}(5-1)+(5-2)+(5-3)\\+(5-4)+(5-5)\end{bmatrix}\times6}$$

$$= \frac{4480\times100}{500+60} = \frac{4480\times100}{560} = 800 \text{ रु.}$$

53. (d)

$$\text{दर} = \frac{3P\times100}{6\times P} = 50\%$$

$$\text{धन} = \frac{600\times300}{12\times50} = 100 \text{ रु.}$$

54. (a)

$$P = 1800 - \frac{3}{(7-3)}(2600-1800)$$

$$= 1800 - \frac{3}{4}\times800$$

$= 1800 - 600 = 1200$ रु.

55. (c)

$$r_2 = \frac{(4-1)}{(6-1)}\times6\% = \frac{3}{5}\times6 = \frac{18}{5} = 3\frac{3}{5}\%$$

56. (b)

$$1000 \text{ रु. का 1 वर्ष का ब्याज} = \frac{1000\times10\times1}{100}$$

$= 100$ रु.

$1000 - 500 = 500$ रु.

$$500 \text{ रु. का 1 वर्ष का ब्याज} = \frac{500\times10\times1}{100}$$

$= 50$ रु.

2 वर्ष के अंत में दी जाने वाली राशि

$= 500 + 100 + 50 = 650$ रु.

57. (a)

माना मूलधन $= P$ रु.

$$\text{साधारण ब्याज} = \frac{P}{16}$$

$$(\text{दर})^2 = \frac{100}{16}$$

$$\Rightarrow \text{दर} = \frac{10}{4} = \frac{5}{2} = 2\frac{1}{2}\%$$

58. (c)

माना समय $= x$ वर्ष

मूलधन $= P$ रु.

$$\frac{P\times x\times5}{100} = \frac{P\times(x+3)\times3}{100}$$

$5x = 3x + 9 \Rightarrow 2x = 9 \Rightarrow x =$ वर्ष

$$P = \frac{980\times100}{100+5\times\frac{9}{2}} = \frac{980\times100\times2}{245} = 800 \text{ रु.}$$

59. (d)

$$4\% \text{ ब्याज पर दिया गया धन} = \frac{3}{5}\times45000$$

$= 27000$ रु.

$$6\% \text{ ब्याज पर दिया गया धन} = \frac{2}{5}\times45000$$

$= 18000$ रु.

$$\text{कुल ब्याज} = \frac{27000\times4\times1}{100}+\frac{18000\times6\times1}{100}$$

$= 1080 + 1080 = 2160$ रु.

$$\text{दर} = \frac{2160\times100}{1\times45000} = \frac{24}{5} = 4\frac{4}{5}\%$$

60. (d)

$$\text{पूँजी} = \frac{56\times100}{\left(4-3\frac{3}{4}\right)\times1} = \frac{56\times100\times4}{16-15} = 22400 \text{ रु.}$$

61. (b)

$$\frac{540\times8\times5}{100} = \frac{540\times40}{100} = 216 \text{ रु.}$$

$$\text{अभीष्ट समय} = \frac{216\times100}{6\times900} = 4 \text{ वर्ष}$$

62. (a)

माना मूलधन = 100 रु.

मिश्रधन = 148 रु.

ब्याज = 148 – 100 = 48

दर $= \frac{48\times100}{8\times100} = 6\%$

63. (d)

1 वर्ष बाद मिश्रधन = 105%

2 वर्ष बाद मिश्रधन = 110%

3 वर्ष बाद मिश्रधन = 115%

105 I = 110 II = 115 III

21 I = 22 II = 23 III

I : II : III = (22 × 23) : (21 × 23) : (21 × 22)

= 506 : 483 : 462

सबसे बड़ा भाग $= \frac{506}{506+483+462}\times2902$

$= \frac{506\times2902}{1451} = 1012$ रु.

सबसे छोटा भाग $= \frac{462}{506+483+462}\times2902$

$= \frac{462\times2902}{1451} = 924$ रु.

अंतर = 1012 – 924 = 88 रु.

64. (a)

माना पहला भाग = x रु.,

दूसरा भाग = $(2160 - x)$ रु.

$$\frac{\frac{x\times5\times6}{100}}{\frac{(2160-x)\times4\times10}{100}} = \frac{3}{5} \Rightarrow \frac{3x}{(2160-x)4} = \frac{3}{5}$$

$5x = 2160 \times 4 - 4x$

$9x = 2160 \times 4$

$x = \frac{2160\times4}{9} = 960$ रु.

65. (b)

दर $= \frac{(435.60-360)\times100}{360\times3}$

$= \frac{75.60\times100}{360\times3} = 7\%$

मिश्रधन $= 700\left(1+\frac{7\times11}{2\times100}\right)$

$= \frac{700\times277}{200} = \frac{7\times277}{2} = 969.50$ रु.

66. (c)

माना वह धन P है।

$\frac{P\times25\times3}{2\times100} = 5100$

$\frac{3P}{8} = 5100$

$P = \frac{5100\times8}{3} = 13600$ रु.

67. (b)

दर $= \frac{2P\times100}{25\times P} = 8\%$

68. (c)

$P = 2400 - \frac{3}{(5-3)} \times (3000 - 2400)$

$= 2400 - \frac{3}{2} \times 600$

$= 2400 - 900 = 1500$रु.

69. (b)

समय $= \frac{3P\times100}{P\times15} = 20$ वर्ष

70. (d)

दर $= \frac{\frac{P}{5}\times100}{4\times P} = \frac{P\times100}{5\times4\times P} = 5\%$

चक्रवृद्धि ब्याज
Compound Interest

चक्रवृद्धि ब्याज (Compound Interest)

मिश्रधन और मूलधन के अंतर को चक्रवृद्धि ब्याज कहते है। दूसरे शब्दों में कुछ निश्चित अवधि के बाद मूलधन में ब्याज जोड़कर नया मूलधन प्राप्त करने और पुन: नये मूलधन पर ब्याज प्राप्त करने की सतत् क्रिया को चक्रवृद्धि ब्याज कहते हैं।

नोट:

साधारण ब्याज का मान प्रत्येक साल समान होता है, जबकि चक्रवृद्धि ब्याज का मान प्रत्येक साल बदलते रहता है।

प्रथम वर्ष के लिए साधारण ब्याज तथा चक्रवृद्धि ब्याज के मान समान होते हैं।

महत्वपूर्ण सूत्र (Important Formulae)

- जब मूलधन $= P$, दर $= R\%$, समय $= n$ वर्ष जब ब्याज वार्षिक देय हो तो

  चक्रवृद्धि मिश्रधन $= P\left(1+\dfrac{R}{100}\right)^n$

- जब ब्याज छमाही देय हो

  चक्रवृद्धि मिश्रधन $= P\left(1+\dfrac{R/2}{100}\right)^{2n}$

- जब ब्याज तिमाही देय हो

  चक्रवृद्धि मिश्रधन $= P\left(1+\dfrac{R/4}{100}\right)^{4n}$

- जब समय एक परिमेय संख्या में हो, जैसे $5\frac{7}{5}$ वर्ष तो चक्रवृद्धि मिश्रधन

  $$= P\left(1+\frac{R}{100}\right)^5 \cdot \left(1+\frac{\frac{7}{5}R}{100}\right)$$

- जब ब्याज की दर पहले वर्ष $r_1\%$ दूसरे वर्ष $r_2\%$ व तीसरे वर्ष $r_3\%$ हो, तो तीन वर्ष बाद चक्रवृद्धि मिश्रधन

  $$= P\left(1+\frac{r_1}{100}\right)\left(1+\frac{r_2}{100}\right)\left(1+\frac{r_3}{100}\right)$$

- यदि कोई धन X, N वर्ष बाद देय है तो उसका

  वर्तमान मूल्य $= \dfrac{X}{\left(1+\dfrac{R}{100}\right)^N}$

- चक्रवृद्धि ब्याज

  $$= P\left(1+\frac{r_1}{100}\right)\left(1+\frac{r_2}{100}\right)\left(1+\frac{r_3}{100}\right) - P$$

  $$= P\left[\left(1+\frac{r_1}{100}\right)\left(1+\frac{r_2}{100}\right)\left(1+\frac{r_3}{100}\right) - 1\right]$$

उदाहरण (Examples)

1. $16\frac{2}{3}\%$ वर्षिक चक्रवृद्धि ब्याज की दर से 3 वर्ष बाद देय 34300 रु का वर्तमान मूल्य ज्ञात कीजिए।

   वर्तमान मूल्य $= \dfrac{34300}{\left(1+\dfrac{50}{3\times100}\right)^3}$

   $$= \left(34300\times\frac{6}{7}\times\frac{6}{7}\times\frac{6}{7}\right) = 21600 \text{ रु}$$

2. चक्रवृद्धि ब्याज की 8% वार्षिक दर से 3 वर्ष बाद देय 8116 रु का कर्ज 3 बराबर वार्षिक किस्तों में चुकाना है। प्रत्येक किस्त का मान ज्ञात कीजिए।

   माना प्रत्येक किस्त का मान x रु0

   (1 वर्ष बाद देय x रु0) (2 वर्ष बाद देय x रु0) (3 वर्ष बाद x रु0) के वर्तमान मूल्यों का योग 3 वर्ष बाद देय 8116 रु के समतुल्य होगा

   $$\frac{x}{\left(1+\frac{8}{100}\right)} + \frac{x}{\left(1+\frac{8}{100}\right)^2} + \frac{x}{\left(1+\frac{8}{100}\right)^3} = \frac{8116}{\left(1+\frac{8}{100}\right)^3}$$

   $$\frac{25x}{27} + \frac{625x}{729} + \frac{15625x}{19683} = \frac{8116\times15625}{19683}$$

   $$\frac{50725x}{19683} = \frac{8116\times15625}{19683}$$

   अर्थात् $x = \dfrac{8116\times15625}{50725} = 2500$

   अत: प्रत्येक किस्त का मान = 2500 रु0

3. सुनीता ने 2000 रु एक राष्ट्रीयकृत बैंक से एक बुनाई की मशीन खरीदने के लिए उधार लिए। यदि ब्याज की दर 5% वार्षिक हो तो तीन वर्ष के पश्चात् सुनीता कितना चक्रवृद्धि ब्याज बैंक को देगी।

पहले वर्ष का मूलधन = 2000 रु0

पहले वर्ष का ब्याज = 100 रु0 (5 से गुणा करके 100 से भाग देने पर)

पहले वर्ष के अन्त में मिश्रधन अथवा दूसरे वर्ष के लिए मूलधन $= 2000 + 100 = 2100$ रु0

दूसरे वर्ष का ब्याज = 105 रु0 (2100 को 5 से गुणा एवं दशमलव दो स्थान बाई ओर हटाने पर)

दूसरे वर्ष के अन्त में मिश्रधन अथवा तीसरे वर्ष का मूलधन

= 2205 रु0 (2100 + 105)

तीसरे वर्ष का ब्याज = 110.25

तीसरे वर्ष के अन्त में CI = (100 + 105 + 110.25)रु0

= 315.25 रु0

4. भारत भूषण ने अपनी सावधि जमा योजना में जमा राशि से 64000 का ऋण लिया। यदि ब्याज की दर 2.5 पैसे प्रति रुपया वार्षिक हो, तो 3 वर्ष का चक्रवृद्धि ब्याज कितना होगा?

यहाँ P = 64000 रु0

n = 3 वर्ष

n = 2.5 पैसे = 0.025 रु0 (प्रति रुपया वार्षिक)

$$\text{CI} = P\left[(1+r)^n - 1\right]$$
$$= 64000\left[(1+0.025)^3 - 1\right]$$
$$= 4921$$

5. 4000 रु0 पर $1\frac{1}{2}$ वर्ष का 10% वार्षिक ब्याज की दर से चक्रवृद्धि ब्याज क्या होगा यदि ब्याज की देयता छमाही होता है।

यहाँ, मूलधन (P) = 4000 रु0

ब्याज का संयोजन छमाही होता है अतः $1\frac{1}{2}$ वर्ष में रूपांतरण अंतराल 3 हुआ। साथ ही ब्याज की दर प्रति छमाही $\left(\frac{1}{2}\times 10\right)\% = 5\%$

$$A = P(1+R\times 0.1)^n$$
$$= 4000(1+5\times .01)^3$$
$$= 4000\times(1.05)^3 = 4630.50$$

चक्रवृद्धि ब्याज = (4630.50 − 4000) रु0

= 630.50 रु0

6. 2560 रु0 पर 1 वर्ष का $12\frac{1}{2}\%$ वार्षिक की दर से चक्रवृद्धि ब्याज की गणना करें जबकि ब्याज प्रति छमाही देय हो।

यहाँ,

$P =$ 2560 रु0, $n = 2$

रूपांतरण अंतराल तथा

$R = \frac{1}{2}\times 12.5 = 6.25\%$ प्रति छमाही,

अतः चक्रवृद्धि ब्याज

$$C.I. = P\left[(1+R\times 0.1)^n - 1\right]$$
$$= 2560\left[(1+6.25\times .01)^2 - 1\right]$$
$$= 2560\left[(1.0625)^2 - 1\right]$$
$$= 2560\times 2.0625\times .0625$$
$$= 330 \text{ रु0}$$

7. किस राशि पर 5% वार्षिक दर से 2 वर्ष के लिए चक्रवृद्धि ब्याज 164 रु0 हो जाएगा, जबकि ब्याज का संयोजन वार्षिक होता है।

माना मूलधन (P) = 100 रु0

दर (R) = 5%

समय (n) = 2 वर्ष

$\therefore$ 100 रु0 पर चक्रवृद्धि ब्याज (रुपयों में)

$$= P\left[(1+R\times .01)^n - 1\right]$$
$$= 100\left[(1+5\times .01)^2 - 1\right] \text{ रु0}$$
$$= 100[1.1025 - 1] \text{ रु0}$$
$$= 100[.1025] \text{ रु0}$$
$$= 10.25 \text{ रु0}$$

अब यदि चक्रवृद्धि ब्याज 10.25 रु0 हो

तो P = 100 रु0

यदि चक्रवृद्धि ब्याज 1 रु0 हो तो $P = \frac{100}{10.25}$

यदि चक्रवृद्धि ब्याज 164 रु0 हो तो $P = \frac{100 \times 164}{10.25}$

अतः अभीष्ट राशि = 1600 रु0

8. यदि 2000 रु0 $1\frac{1}{2}$ वर्ष में 2315.25 रु0 हो पाए, जबकि ब्याज छमाही संयोजित होता हो, तो ब्याज की दर ज्ञात करो।

P = 2000, A = 2315.25 रु0, $n = 1\frac{1}{2}$ वर्ष

$A = P(1+r)^n$

$(1+r)^n = \frac{A}{P} = \frac{2315.25}{2000}$

= 1.157625

$= (1.05)^3 = (1+.05)^3$

अतः दर = .05 प्रति रुपया प्रति छमाही

= 5% छमाही

$5 \times 2 = 10\%$ वार्षिक

9. अंकुश प्रतिवर्ष 200 रु0 बचाता है और 5% वार्षिक चक्रवृद्धि की दर से उधार देता है। 3 वर्ष के अंत में यह कितना हो जाएगा?

$\left[200\left(1+\frac{5}{100}\right)^3 + 200\left(1+\frac{5}{100}\right)^2 200\left(1+\frac{5}{100}\right)\right]$ रु0

$\left[200\times\frac{21}{20}\times\frac{21}{20}\times\frac{21}{20}+200\times\frac{21}{20}\times\frac{21}{20}+200\times\frac{21}{20}\right]$

$=\left[200\times\frac{21}{20}\left(\frac{21}{20}\times\frac{21}{20}+\frac{21}{20}+1\right)\right]$ रु0

= 662.02 रु0

10. कृष्णा 15000 रु0 10% वार्षिक दर से 1 वर्ष के लिए निवेशित करता है। यदि चक्रवृद्धि ब्याज अर्द्धवार्षिक संयोजित होता है तो कृष्णा द्वारा प्राप्त एक वर्ष के अंत में धन कितना होगा?

मूलधन = 15000 रु0, दर = 10%, वार्षिक = 5% छमाही, समय = 1 वर्ष = छमाही = 2

$=\left[15000\times\left(1+\frac{5}{100}\right)^R\right]$ रु0

$\left(15000\times\frac{21}{20}\times\frac{21}{20}\right) = 16537.50$ रु0

अभ्यास प्रश्न (Practice Questions)

1. 800 रुपये का 5% वार्षिक ब्याज की दर से 2 वर्ष का चक्रवृद्धि ब्याज क्या होगा?
   (a) 84 रु. (b) 88 रु.
   (c) 80 रु. (d) 82 रु.
2. 2000 रुपये का 10% वार्षिक ब्याज की दर से 3 वर्षों का चक्रवृद्धि ब्याज क्या होगा, यदि ब्याज प्रति छमाही संयोजित होता है–
   (a) 600 रु. (b) 662 रु.
   (c) 680.19 रु. (d) 630 रु.
3. 7500 रुपये 4% चक्रवृद्धि ब्याज की दर से 2 वर्ष में कितना हो जाएगा?
   (a) 8100 रु. (b) 7800 रु.
   (c) 8112 रु. (d) 8082 रु.
4. एक निश्चित राशि 5% साधारण ब्याज की दर से 2 वर्ष में 880 रुपये हो जाती है। यदि इसी राशि को उसी ब्याज की दर से उतने ही समय के लिए चक्रवृद्धि ब्याज पर लगाया जाए, तो मिश्रधन क्या होगा?
   (a) 884 रु. (b) 882 रु.
   (c) 883 रु. (d) 881 रु.
5. किसी मूलधन पर 5% वार्षिक ब्याज की दर से 2 वर्ष का चक्रवृद्धि ब्याज 328 रुपये है। उसी दर से उस मूलधन पर उतने ही समय का साधारण ब्याज कितना होगा?
   (a) 322 रु. (b) 325 रु.
   (c) 326 रु. (d) 320 रु.
6. एक राशि 12% वार्षिक चक्रवृद्धि ब्याज की दर से एक योजना में निवेश की जो 2 वर्षों में 25088 रु. हुई, तो निवेश की गयी राशि कितनी थी?
   (a) 20500 रु. (b) 18500 रु.
   (c) 20800 रु. (d) 20000 रु.
7. किसी राशि पर 2 वर्ष के लिए 5% वार्षिक ब्याज की दर से साधारण ब्याज तथा चक्रवृद्धि ब्याज का अंतर 25 रु. है, तो वह राशि कितनी है?
   (a) 9500 रु. (b) 11000 रु.
   (c) 10000 रु. (d) 9000 रु.
8. किसी धन पर 4% वार्षिक ब्याज की दर से 2 वर्ष के साधारण ब्याज और चक्रवृद्धि ब्याज का अंतर 1 रु. है, तो धन कितना है?
   (a) 625 रु. (b) 2500 रु.
   (c) 2400 रु. (d) 2600 रु.
9. किसी मूलधन पर 15% वार्षिक दर से 2 वर्ष के साधारण ब्याज तथा चक्रवृद्धि ब्याज का अंतर 144 रु. है, तो मूलधन ज्ञात करें–
   (a) 6200 रु. (b) 6400 रु.
   (c) 6000 रु. (d) 6300 रु.
10. किसी मूलधन पर 2 वर्ष में 5% वार्षिक दर पर साधारण ब्याज और चक्रवृद्धि ब्याज का अंतर 20 रु. है, तो मूलधन क्या होगा?
    (a) 6000 रु. (b) 10000 रु.
    (c) 4000 रु. (d) 8000 रु.
11. किसी धन पर 2 वर्ष का साधारण ब्याज 800 रु. है तथा चक्रवृद्धि ब्याज 832 रुपये है। उसी धन पर 3 वर्ष के साधारण ब्याज और चक्रवृद्धि ब्याज में अंतर क्या होगा?
    (a) 66.56 रु. (b) 48 रु.
    (c) 98.56 रु. (d) इनमें से कोई नहीं
12. 5000 रुपये का 1 वर्ष में 10% वार्षिक ब्याज की दर से साधारण ब्याज तथा चक्रवृद्धि ब्याज का अंतर होगा–
    (a) 5 रु. (b) 10 रु.
    (c) 0 रु. (d) 1 रु.
13. किसी राशि पर 2 वर्ष में साधारण ब्याज और चक्रवृद्धि ब्याज का अंतर 160 रुपये है। यदि 2 वर्ष में साधारण ब्याज 2880 रु. है तो ब्याज दर है?
    (a) $11\frac{1}{9}\%$ (b) 9%
    (c) $5\frac{5}{9}\%$ (d) $12\frac{1}{2}\%$
14. 1000 रुपये की राशि पर 2 वर्ष के साधारण ब्याज और चक्रवृद्धि ब्याज का अंतर 10 रु. है, तो वार्षिक ब्याज दर क्या होगी?
    (a) 5% (b) 12%
    (c) 6% (d) 10%
15. किसी धन का 2 वर्ष का चक्रवृद्धि ब्याज 812 रुपये है तथा 3 वर्ष का साधारण ब्याज 1200 रुपये है, तो वार्षिक ब्याज दर क्या है?
    (a) 5% (b) 6%
    (c) 3% (d) 4%

16. कितने प्रतिशत चक्रवृद्धि ब्याज की दर से 3 वर्ष में 16000 रु., 18522 रु. हो जाएगा?
(a) 3% (b) 7%
(c) 5% (d) 7.5%

17. कोई राशि 3 वर्ष में चक्रवृद्धि ब्याज में 800 रुपये तथा 4 वर्ष में 840 रुपये हो जाती है, तो ब्याज दर क्या है?
(a) 4% (b) 5%
(c) 2% (d) 10%

18. कोई धनराशि चक्रवृद्धि ब्याज से 2 वर्ष के बाद 4500 रुपये तथा 4 वर्ष के बाद 6750 रुपये हो जाती है, तो वह धनराशि है-
(a) 3050 रु. (b) 2500 रु.
(c) 4000 रु. (d) 3000 रु.

19. कितने समय में 12000 रुपये की धनराशि 5% वार्षिक चक्रवृद्धि ब्याज की दर से 13230 रुपये हो जाएगी?
(a) 4 वर्ष (b) 2 वर्ष
(c) 7 वर्ष (d) 5 वर्ष

20. कोई धन चक्रवृद्धि ब्याज पर 4 वर्ष में दुगुना हो जाता है। कितने समय में वह धन 8 गुना हो जाएगा?
(a) 12 वर्ष (b) 16 वर्ष
(c) 8 वर्ष (d) 6 वर्ष

21. कितने समय में 2000 रुपये 20% प्रतिवर्ष की दर से तथा अर्द्ध वार्षिक संकलित चक्रवृद्धि ब्याज से 2420 रुपये हो जाएगी?
(a) 3 वर्ष (b) 4 वर्ष
(c) 1 वर्ष (d) 2 वर्ष

22. कोई धन चक्रवृद्धि ब्याज से 3 वर्ष में मूलधन की दुगुनी हो जाती है, तो उसी दर से कितने वर्षों में धन 32 गुना हो जाएगा।
(a) 20 वर्ष (b) 15 वर्ष
(c) 54 वर्ष (d) 64 वर्ष

23. कितने समय में 1000 रुपये की राशि 20% वार्षिक ब्याज की दर से 1331 रुपये हो जाएगी, जबकि ब्याज प्रति छमाही संयोजित होता है?
(a) 3 वर्ष (b) 2 वर्ष
(c) $2\frac{1}{2}$ वर्ष (d) $1\frac{1}{2}$ वर्ष

24. कोई राशि चक्रवृद्धि ब्याज से पहले वर्ष के अंत में 650 रुपये तथा दूसरे वर्ष के अंत में 676 रुपये हो जाती है, तो वह राशि है?
(a) 600 रु. (b) 625 रु.
(c) 540 रु. (d) 560 रु.

25. एक कस्बे की जनसंख्या 64000 है और वृद्धि दर 10 प्रतिशत प्रतिवर्ष है। 3 वर्ष के अंत में जनसंख्या में वृद्धि होगी?
(a) 19200 (b) 46656
(c) 85184 (d) 21184

26. किसी नगर की जनसंख्या प्रतिवर्ष 5% बढ़ती है। यदि इसकी जनसंख्या 1981 में 138915 रही हो, तो 1978 में यह कितनी थी?
(a) 120000 (b) 90000
(c) 110000 (d) 100000

27. कोई धन उधार लेकर 121 रुपये वार्षिक की दो किस्तों में चुकता किया गया। यदि चक्रवृद्धि ब्याज की दर 10% वार्षिक हो, तो कितना धन उधार लिया गया?
(a) 210 रु. (b) 220 रु.
(c) 200 रु. (d) 217.80 रु.

28. एक गाँव की जनसंख्या 8000 है। वह पहली वर्ष में 10% तथा दूसरे वर्ष में 20% बढ़ती है। 2 वर्ष बाद जनसंख्या कितनी हो जाएगी?
(a) 10560 (b) 15600
(c) 15060 (d) 80160

29. 441 रुपये की राशि पर 2 वर्ष में कितने प्रतिशत वार्षिक चक्रवृद्धि ब्याज की दर से चक्रवृद्धि ब्याज तथा साधारण ब्याज का अंतर 9 रु. होगा?
(a) $14\frac{2}{7}\%$ (b) $10\frac{1}{7}\%$
(c) $16\frac{2}{3}\%$ (d) $10\frac{1}{2}\%$

30. दो मूलधन की राशियों में 4 : 5 का अनुपात है। यदि दूसरी राशि को 1 वर्ष के लिए तथा पहली राशि को 2 वर्ष के लिए कर्ज देने के पश्चात् समान राशि प्राप्त होती है, तो वार्षिक चक्रवृद्धि दर प्रतिशत क्या है?
(a) 25% (b) 10%
(c) 15% (d) 20%

31. 512 रुपये की राशि किसी निश्चित दर से 3 वर्ष में 1000 रु. हो जाती है। चक्रवृद्धि ब्याज की वार्षिक दर क्या है?
(a) 20% (b) 40%
(c) 30% (d) 25%

32. कोई धन 6 वर्षों में 16 गुना तथा 10 वर्षों में 81 गुना हो जाता है। चक्रवृद्धि ब्याज की दर क्या है?
(a) 40% (b) 60%
(c) 80% (d) 50%

33. किसी मूलधन पर 2 वर्ष में 5% वार्षिक दर से साधारण ब्याज 410 रुपये है। किसी अन्य मूलधन पर उतने ही समय तथा उसी दर पर चक्रवृद्धि ब्याज उतना ही रुपया है जितना कि साधारण ब्याज है। दोनों मूलधनों में क्या अंतर है?
(a) 150 रु. (b) 120 रु.
(c) 100 रु. (d) 80 रु.

34. किसी ऋण को दो बराबर किस्तों में चुकता किया जाना है। यदि वार्षिक दर $6\frac{2}{3}\%$ तथा प्रत्येक किस्त 5120 रुपये की हो, तो वह ऋण कितना है?
(a) 9500 रु. (b) 9300 रु.
(c) 9000 रु. (d) 9100 रु.

35. 25% वार्षिक चक्रवृद्धि ब्याज की दर से कम से कम कितने पूर्ण वर्षों में कोई राशि अपने दूने से अधिक हो जाएगी?
(a) 4 वर्ष (b) 3 वर्ष
(c) 2 वर्ष (d) 5 वर्ष

36. 1296 रुपया $16\frac{2}{3}\%$ वार्षिक चक्रवृद्धि ब्याज की दर से कितने वर्ष में 2401 रुपये हो जाएगी?
(a) 3 वर्ष (b) 5 वर्ष
(c) 4 वर्ष (d) $4\frac{1}{2}$ वर्ष

37. 5500 रुपया 6 वर्ष में 3 गुना हो जाता है। चक्रवृद्धि ब्याज की वार्षिक दर से 12 वर्ष में वह राशि कितनी हो जाएगी?
(a) 51300 रु. (b) 48400 रु.
(c) 52000 रु. (d) 49500 रु.

38. यदि 800 रु. चक्रवृद्धि ब्याज की दर से 7 वर्ष में 1200 रुपये हो जाता है, तो 14 वर्ष में कितना हो जाएगा?
(a) 1800 रु. (b) 2000 रु.
(c) 1500 रु. (d) 1900 रु.

39. 12% वार्षिक चक्रवृद्धि ब्याज की दर से 2 वर्ष के लिए 3750 रु. कर्ज के रुप में दिया जाता है। समय पूर्ण होने पर कितने अतिरिक्त रुपये लौटाये जाएँगे?
(a) 904 रु. (b) 954 रु.
(c) 984 रु. (d) 944 रु.

40. एक धनराशि 5 वर्ष में 1800 रु. तथा 10 वर्ष में 2700 रु. हो जाती है, तो वह धनराशि क्या है?
(a) 1400 रु. (b) 1200 रु.
(c) 1250 रु. (d) 1000 रु.

41. 3825 रुपये के एक ऋण को 4% वार्षिक दर से दो बराबर किस्तों में भुगतान किया जाना है। प्रत्येक किस्त कितने रुपये की होगी?
(a) 2070 रु. (b) 2110 रु.
(c) 2028 रु. (d) 2068 रु.

42. वह राशि क्या है, जिस पर 2 वर्ष में 15% वार्षिक ब्याज की दर से चक्रवृद्धि ब्याज और साधारण ब्याज का अंतर 2.25 रु. होगा?
(a) 1000 रु. (b) 100 रु.
(c) 250 रु. (d) 200 रु.

43. कोई धन 8 वर्ष में 6 गुना हो जाता है। चक्रवृद्धि ब्याज की वार्षिक दर से वही धन कितने वर्ष में 216 गुना हो जाएगा?
(a) 32 वर्ष (b) 25 वर्ष
(c) $16\frac{2}{3}$ वर्ष (d) 24 वर्ष

44. वार्षिक चक्रवृद्धि ब्याज अदायगी पर एक धनराशि निवेशित की गयी। दो क्रमागत वर्षों में ब्याज क्रमश: 225 रु. तथा 236.25 रु. था। वह धनराशि क्या है?
(a) 4000 रु. (b) 4250 रु.
(c) 4100 रु. (d) 4500 रु.

45. एक पेड़ की ऊँचाई में प्रतिवर्ष $\frac{1}{10}$ की भाग वृद्धि हो जाती है। यदि पेड़ की ऊँचाई 600 सेमी हो, तो 2 वर्ष बाद इसकी ऊँचाई कितनी हो जाएगी?
(a) 720 सेंमी (b) 820 सेंमी
(c) 726 सेंमी (d) 626 सेंमी

46. कोई धनराशि चक्रवृद्धि ब्याज की दर से 2 वर्ष बाद 5000 रु. तथा 4 वर्ष बाद 8450 रु. हो जाता है। दर प्रतिशत प्रतिवर्ष क्या है?
(a) 20% (b) 30%
(c) 15% (d) 10%

47. चक्रवृद्धि ब्याज दर पर कोई धनराशि 2 वर्ष में तिगुनी हो जाती है तो वह कितने वर्ष में 27 गुनी हो जाएगी?
(a) 12 वर्ष (b) 6 वर्ष
(c) 18 वर्ष (d) 8 वर्ष

48. एक व्यापारी कुछ पूँजी के साथ काम शुरू करता है और सलाना 25% की दर से लाभ कमाता है। 3 वर्ष के बाद उसके पास 10000 रु. हो, तो मूल पूँजी क्या है?

(a) 5120 रु. (b) 4120 रु.

(c) 5000 रु. (d) 5520 रु.

49. कोई धनराशि चक्रवृद्धि ब्याज पर 4 वर्ष में 16 गुनी हो जाती है, तो ब्याज की दर क्या है?

(a) 100% (b) 60%

(c) 80% (d) इनमें से कोई नहीं

50. किसी धन का 12% वार्षिक दर से 2 वर्ष का चक्रवृद्धि ब्याज 1590 रु. है। इसी धन का इतने ही समय में इसी दर से साधारण ब्याज क्या होगा?

(a) 1540 रु. (b) 1470 रु.

(c) 1530 रु. (d) 1500 रु.

51. किसी धन का दूसरे वर्ष का साधारण ब्याज 650 रु. तथा दूसरे वर्ष का चक्रवृद्धि ब्याज 780 रु. है तो वह धनराशि क्या है?

(a) 3200 रु. (b) 3210 रु.

(c) 3000 रु. (d) 3250 रु.

52. कितना धन 2 वर्ष में 4% वार्षिक चक्रवृद्धि ब्याज की दर से 1352 रु. हो जाएगी?

(a) 1250 रु. (b) 1300 रु.

(c) 1500 रु. (d) 1800 रु.

53. 25600 रु. का $12\frac{1}{2}\%$ वार्षिक दर से 1 वर्ष का चक्रवृद्धि ब्याज क्या होगा, यदि ब्याज प्रति छमाही देय हो?

(a) 6500 रु. (b) 8900 रु.

(c) 6600 रु. (d) 3300 रु.

54. 20% चक्रवृद्धि ब्याज पर कोई धनराशि सबसे कम कितने पूर्ण वर्षों में दुगुनी हो जाएगी?

(a) 2 वर्ष (b) 4 वर्ष

(c) 3 वर्ष (d) 5 वर्ष

55. A और B ने मिलकर 17, 261 रु. 5% वार्षिक चक्रवृद्धि ब्याज की दर पर इस प्रकार उधार दिए कि A की धनराशि के 2 वर्ष का मिश्रधन वही हो, जो B की धनराशि का 5 वर्ष में होता है। A की धनराशि B की धनराशि से कितना अधिक है?

(a) 1261 रु. (b) 8261 रु.

(c) 9000 रु. (d) 5000 रु.

56. 1200 रुपये कितने समय में 5% चक्रवृद्धि ब्याज की दर से 1323 रु. हो जाएगा?

(a) 4 वर्ष (b) 5 वर्ष

(c) 3 वर्ष (d) 2 वर्ष

57. एक रेफ्रीजरेटर का नकद मूल्य 4022 रु. है। एक ग्राहक ने 1500 रु. नकद दिया और शेष धन को 5% वार्षिक चक्रवृद्धि ब्याज की दर से तीन समान किस्तों में चुकाना है, तो प्रत्येक किस्त कितने रुपये की है?

(a) 830.60 रु. (b) 609.00 रु.

(c) 926.10 रु. (d) 829.30 रु.

58. एक व्यक्ति बैंक से 6400 रु. 25% वार्षिक ब्याज पर उधार लेता है तथा प्रत्येक वर्ष 1600 रु. का आंशिक भुगतान कर देता है। 3 बार भुगतान करने के बाद उसको बैंक का शेष धन कितना देना है?

(a) 6500 रु. (b) 6000 रु.

(c) 6400 रु. (d) 5500 रु.

59. चक्रवृद्धि ब्याज पर 1600 रु. 2 वर्ष में 2500 रु. हो जाता है। उसी दर से 4500 रु. 3 वर्ष में बढकर लगभग कितना हो जाएगा?

(a) 8789 रु. (b) 8500 रु.

(c) 9000 रु. (d) 8514 रु.

60. किसी धनराशि का 10% वार्षिक ब्याज की दर से दूसरे वर्ष का चक्रवृद्धि ब्याज 770 रु. है, तो वह धन क्या है?

(a) 3200 रु. (b) 3000 रु.

(c) 2500 रु. (d) 7000 रु.

61. कितने रुपये का 5% वार्षिक ब्याज की दर से 2 वर्ष का चक्रवृद्धि ब्याज 82 रु. होगा?

(a) 900 रु. (b) 800 रु.

(c) 1000 रु. (d) 600 रु.

62. किसी धन पर 15% वार्षिक दर से 2 वर्ष का साधारण ब्याज 2400 रु. है। इसी धन पर इसी दर से इतने ही समय में चक्रवृद्धि ब्याज कितना होगा?

(a) 2800 रु. (b) 2500 रु.

(c) 3000 रु. (d) 2580 रु.

63. कितने प्रतिशत वार्षिक चक्रवृद्धि ब्याज की दर से कोई धन 4 वर्ष में 2.7 गुनी तथा 7 वर्ष में 6.4 गुना हो जाएगा?

(a) 20% (b) 30%

(c) $12\frac{1}{2}\%$ (d) $33\frac{1}{3}\%$

64. वर्ष के प्रारंभ से एक मशीन की कीमत में प्रतिवर्ष 10% की दर पर मूल्यह्रास होता है। यदि इस समय उस मशीन की कीमत 729 रु. हो, तो 3 वर्ष पूर्व उसकी कीमत क्या थी?

(a) 750.87 रु. (b) 947.10 रु.
(c) 1000 रु. (d) 800 रु.

65. कितने प्रतिशत वार्षिक चक्रवृद्धि ब्याज की दर से 3 वर्ष में 4000 रु. का मिश्रधन 6912 रु. हो जाएगा?

(a) 15% (b) 18%
(c) 12% (d) 20%

66. 8000 रु. की पूँजी पर वार्षिक आधार पर 3 वर्ष का चक्रवृद्धि ब्याज 1261 रु. है, तो वार्षिक ब्याज की दर क्या है?

(a) 10% (b) 8%
(c) 5% (d) 4%

67. कितने रुपये का 20% वार्षिक दर से 9 माह का चक्रवृद्धि ब्याज 3783 रुपये होगा, यदि ब्याज प्रति तिमाही देय हो?

(a) 24000 रु. (b) 20000 रु.
(c) 25000 रु. (d) 15000 रु.

68. किसी धन का 5% वार्षिक दर से 2 वर्ष में साधारण ब्याज उसके चक्रवृद्धि ब्याज से 1 रु. कम है, वह धन क्या है?

(a) 1000 रु. (b) 800 रु.
(c) 500 रु. (d) 400 रु.

69. चक्रवृद्धि ब्याज पर कोई धनराशि 2 वर्ष में 4 गुनी हो जाती है, तो वह कितने वर्ष में 64 गुनी हो जाएगी?

(a) 18 वर्ष (b) 8 वर्ष
(c) 6 वर्ष (d) 12 वर्ष

70. कोई धनराशि चक्रवृद्धि ब्याज पर 9 माह में 3 गुनी हो जाती है, तो वह कितने वर्ष में 81 गुनी हो जाएगी?

(a) 3 वर्ष (b) 4 वर्ष
(c) 5 वर्ष (d) 6 वर्ष

उत्तरमाला (Answer Key)

1. (d)	2. (c)	3. (c)	4. (b)	5. (d)	6. (d)	7. (c)	8. (a)	9. (b)	10. (d)
11. (c)	12. (c)	13. (a)	14. (d)	15. (c)	16. (c)	17. (b)	18. (d)	19. (b)	20. (a)
21. (d)	22. (b)	23. (a)	24. (b)	25. (d)	26. (a)	27. (a)	28. (a)	29. (a)	30. (a)
31. (a)	32. (d)	33. (c)	34. (b)	35. (a)	36. (c)	37. (d)	38. (a)	39. (b)	40. (b)
41. (c)	42. (b)	43. (b)	44. (d)	45. (c)	46. (b)	47. (b)	48. (a)	49. (a)	50. (d)
51. (d)	52. (a)	53. (d)	54. (b)	55. (a)	56. (d)	57. (c)	58. (c)	59. (a)	60. (d)
61. (b)	62. (d)	63. (d)	64. (c)	65. (d)	66. (c)	67. (a)	68. (d)	69. (c)	70. (a)

हल (Solutions)

1. (d)

$$\text{चक्रवृद्धि ब्याज} = 800\left[\left(1+\frac{5}{100}\right)^2 - 1\right]$$

$$= 800\left(\frac{441-400}{400}\right)$$

$= 2 \times 41 = 82$ रु.

2. (c)

$$\text{चक्रवृद्धि ब्याज} = 2000\left[\left(1+\frac{5}{100}\right)^6 - 1\right]$$

$$= 2000\left[\left(\frac{21}{20}\right)^6 - 1\right]$$

$$= 2000\left(\frac{85766121-64000000}{64000000}\right)$$

$$= \frac{21766121}{32000} = 680.19 \text{ रु.}$$

3. (c)

$$\text{मिश्रधन} = 7500\left(1+\frac{4}{100}\right)^2$$

$$= 7500\left(\frac{26}{25}\right)^2$$

$$= 7500\times\frac{26}{25}\times\frac{26}{25} = 8112 \text{ रु.}$$

4. (b)

$$\text{मूलधन} = \frac{\text{ब्याज}\times 100}{100+\text{समय}\times\text{दर}} = \frac{880\times 100}{100+2\times 5}$$

$$= \frac{880\times 100}{110} = 800 \text{ रु.}$$

$$\text{मिश्रधन} = 800\left[\left(1+\frac{5}{100}\right)^2\right]$$

$$= 800\left[\left(\frac{21}{20}\right)^2\right] = 800\times\frac{441}{400} = 882 \text{ रु.}$$

5. (d)

माना मूलधन = P रु.

$$328 = P\left[\left(1+\frac{5}{100}\right)^2 - 1\right] = P\left[\left(\frac{21}{20}\right)^2 - 1\right]$$

$$328 = P\times\frac{41}{400} = P = \frac{328\times 400}{41} = 3200 \text{ रु.}$$

$$\text{साधारण ब्याज} = \frac{3200\times 5\times 2}{100} = 320 \text{ रु.}$$

6. (d)

माना निवेश की गयी राशि = P रु.

$$25088 = P\left(1+\frac{12}{100}\right)^2$$

$$25088 = P\left(\frac{112}{100}\right)^2$$

$$P = \frac{25088\times 100\times 100}{112\times 112} = 20000 \text{ रु.}$$

7. (c)

माना राशि = P रु.

$$\text{साधारण ब्याज} = \frac{P\times 5\times 2}{100} = \frac{P}{10}$$

$$\text{चक्रवृद्धि ब्याज} = P\left[\left(1+\frac{5}{100}\right)^2 - 1\right]$$

$$= P\left[\left(\frac{21}{20}\right)^2 - 1\right] = \frac{41P}{400}$$

प्रश्न से,

$$\frac{41P}{400} - \frac{P}{10} = 25$$

$$\Rightarrow \frac{41P-40P}{400} = 25$$

P = 25 × 400 = 10000 रु.

8. (a)

माना धन = 100 रु. है।

$$\text{साधारण ब्याज} = \frac{100\times 4\times 2}{100} = 8 \text{ रु.}$$

$$\text{चक्रवृद्धि ब्याज} = 100\left[\left(1+\frac{4}{100}\right)^2 - 1\right]$$

$$= 100\left[\left(\frac{26}{25}\right)^2 - 1\right]$$

$$= 100\times\frac{676-625}{625}$$

$$= 100\times\frac{51}{625} = \frac{204}{25} \text{ रु.}$$

अंतर $= \frac{204}{25} - 8 = \frac{4}{25}$ रु.

यदि अंतर $\frac{4}{25}$ रु. है तो धन $= 100$ रु.

यदि अंतर 1 रु. है तो धन $= \frac{100\times25}{4} = 625$ रु.

9. (b)

माना मूलधन $= 100$ रु.

साधारण ब्याज $= \frac{100\times15\times2}{100} = 30$ रु.

चक्रवृद्धि ब्याज $= 100\left[\left(1+\frac{15}{100}\right)^2 - 1\right]$

$$= 100\left[\left(\frac{115}{100}\right)^2 - 1\right]$$

$$= 100\left[\frac{529-400}{400}\right]$$

$$= \frac{100\times129}{400} = \frac{129}{4} \text{ रु.}$$

अंतर $= \frac{129}{4} - 30 = \frac{9}{4}$ रु.

अंतर $\frac{9}{4}$ रु. है तो मूलधन 100 रु. है।

अंतर 144 रु. है तो मूलधन $= \frac{100\times144\times4}{9}$

$= 6400$ रु.

10. (d)

माना मूलधन $= 100$ रु.

साधारण ब्याज $= \frac{100\times2\times5}{100} = 10$ रु.

चक्रवृद्धि ब्याज $= 100\left[\left(1+\frac{5}{100}\right)^2 - 1\right]$

$$= 100\left[\left(\frac{21}{20}\right)^2 - 1\right] = 100\left[\frac{441-400}{400}\right]$$

$$= \frac{100\times41}{400} = \frac{41}{4} \text{ रु.}$$

अंतर $= \frac{41}{4} - 10 = \frac{1}{4}$ रु.

अंतर $\frac{1}{4}$ रु. है तो मूलधन $= 100$ रु.

अंतर 20 रु. है तो मूलधन $= \frac{100\times20\times4}{1}$

$= 8000$ रु.

11. (c)

2 वर्ष का साधारण ब्याज $= 800$ रु.

$\therefore$ 1 वर्ष का साधारण ब्याज $= 400$ रु.

2 वर्ष के चक्रवृद्धि ब्याज और साधारण ब्याज में अंतर $= 32$ रु.

यह पहले वर्ष के साधारण ब्याज का साधारण ब्याज है।

दर $= \frac{32\times100}{400} = 8\%$

मूलधन $= \frac{800\times100}{8\times2} = 5000$ रु.

3 वर्ष के लिए अंतर

$$= \text{मूलधन}\left(\frac{\text{दर}}{100}\right)^2 \times \frac{300+\text{दर}}{100}$$

$$= 5000\left(\frac{8}{100}\right)^2 \times \frac{308}{100} = 98.56 \text{ रु.}$$

12. (c)

साधारण ब्याज $= \frac{5000\times1\times10}{100} = 500$ रु.

चक्रवृद्धि ब्याज $= 5000\left[\left(1+\frac{10}{100}\right)^1 - 1\right]$

$$= 5000\left[\left(\frac{11}{10}\right)^1 - 1\right]$$

$$= 5000\times\frac{21}{10} = 500 \text{ रु.}$$

अंतर $= 500 - 500 = 0$

13. (a)

चक्रवृद्धि ब्याज – साधारण ब्याज $= 160$

चक्रवृद्धि ब्याज $= 2880 + 160 = 3040$ रु.

दर $= \frac{2(\text{चक्रवृद्धि ब्याज} - \text{साधारण ब्याज})}{\text{साधारण ब्याज}} \times 100$

$$= \frac{2\times160}{2880}\times100 = 11\frac{1}{9}\%$$

14. (d)

दो वर्ष का चक्रवृद्धि ब्याज और साधारण ब्याज का अंतर $= \frac{\text{मूलधन} \times (\text{दर})^2}{(100)^2}$

$$10 = \frac{1000\times(\text{दर})^2}{100\times100}$$

$$\text{दर} = \sqrt{\frac{10\times100\times100}{1000}} = 10\%$$

15. (c)

$$\text{दर} = \frac{2(\text{चक्रवृद्धि ब्याज} - \text{साधारण ब्याज})}{\text{साधारण ब्याज}}\times100$$

$$\text{दर} = \frac{2\times(812-800)}{800}\times100$$

$$= \frac{2\times12}{8} = 3\%$$

16. (c)

$$A = P\left(1+\frac{r}{100}\right)^n$$

$$18522 = 16000\left(1+\frac{r}{100}\right)^3$$

$$\frac{18522}{16000} = \left(1+\frac{r}{100}\right)^3$$

$$\frac{9261}{8000} = \left(1+\frac{r}{100}\right)^3$$

$$\left(\frac{21}{20}\right)^3 = \left(1+\frac{r}{100}\right)^3$$

$$1+\frac{r}{100} = \frac{21}{20} \Rightarrow \frac{r}{100} = \frac{21}{20}-1$$

$$\frac{r}{100} = \frac{1}{20}$$

r = 5%

17. (b)

$$\text{दर} = \frac{840-800}{800}\times100$$

$$= \frac{40\times100}{800} = 5\%$$

18. (d)

$$A = P\left(1+\frac{R}{100}\right)^2 = 4500 \qquad \text{..........(i)}$$

$$P\left(1+\frac{R}{100}\right)^4 = 6750 \qquad \text{..........(ii)}$$

समीकरण (ii) में (i) से भाग देने पर,

$$\frac{\left(1+\frac{R}{100}\right)^4}{\left(1+\frac{R}{100}\right)^2} = \frac{6750}{4500}$$

$$\left(1+\frac{R}{100}\right)^2 = \frac{6750}{4500}$$

$$P = \frac{4500\times4500}{6750} = 3000$$

19. (b)

$$A = P\left(1+\frac{r}{100}\right)^n$$

$$13230 = 12000\left(1+\frac{5}{100}\right)^n$$

$$\frac{13230}{12000} = \left(\frac{21}{20}\right)^n \Rightarrow \frac{441}{400} = \left(\frac{21}{20}\right)^n$$

$$\left(\frac{21}{20}\right)^2 = \left(\frac{21}{20}\right)$$

$n = 2$ वर्ष

20. (a)

कोई धन 2 गुना होता है 4 वर्ष में

कोई धन 2^3 गुना होता है $4 \times 3 = 12$ वर्ष में

21. (d)

$$2420 = 2000\left(1+\frac{10}{100}\right)^n$$

$$\frac{2420}{2000} = \left(\frac{11}{10}\right)^n$$

$$\frac{121}{100} = \left(\frac{11}{10}\right)^n \Rightarrow \left(\frac{11}{10}\right)^2 = \left(\frac{11}{10}\right)^n = n = 2$$

22. (b)

32 गुनी $= 2^5$ गुनी

कोई धन दुगुना हो जाता है 3 वर्ष में

कोई धन 2^5 गुना हो जाता है $3 \times 5 = 15$ वर्ष

23. (a)

$$1331 = 1000\left(1+\frac{10}{100}\right)^n$$

$$\frac{1331}{1000} = \left(\frac{11}{10}\right)^n$$

$$\left(\frac{11}{10}\right)^3 = \left(\frac{11}{10}\right)^n \quad n = 3$$

24. (b)

माना वह धनराशि P है।

दर $= r\%$

$$650 = P\left(1+\frac{r}{100}\right) \quad ....(i)$$

$$676 = P\left(1+\frac{r}{100}\right)^2 \quad ....(ii)$$

$$\frac{(650)^2}{676} = \frac{P^2\left(1+\frac{r}{100}\right)^2}{P\left(1+\frac{r}{100}\right)^2}$$

$$\frac{650\times650}{676} = P$$

$P = 625$ रु.

25. (d)

जनसंख्या में वृद्धि $= 64000$ का 33.1%

$$= 64000\times\frac{33.1}{100}$$

$$= 21184$$

26. (a)

माना 1978 में जनसंख्या $= P$

$$P\left(1+\frac{5}{100}\right)^3 = 138915$$

$$P\left(\frac{21}{20}\right)^3 = 138915$$

$$P = \frac{138915\times20\times20\times20}{21\times21\times21} = 120000$$

27. (a)

माना उधार लिया गया धन $= P$ रु.

$$\frac{P}{\left(\frac{100}{100+10}\right)+\left(\frac{100}{100+10}\right)^2} = 121$$

$$\frac{P}{\frac{10}{11}+\frac{100}{121}} = 121$$

$$\frac{P}{\frac{110+100}{121}} = 121$$

$$P = 121\times\frac{210}{121} = 210 \text{ रु.}$$

28. (a)

2 वर्ष के बाद जनसंख्या

$$= 8000\left(1+\frac{10}{100}\right)\left(1+\frac{20}{100}\right)$$

$$= 8000\times\frac{11}{10}\times\frac{6}{5}$$

$$= 10560$$

29. (a)

$$\text{दर} = \sqrt{\frac{9}{441}}\times100 = \frac{3}{21}\times100 = \frac{100}{7}\% = 14\frac{2}{7}\%$$

30. (a)

माना पहला मूलधन $= 4x$

दूसरा मूलधन $= 5x$

$$4x\left(1+\frac{r}{100}\right)^2 = 5x\left(1+\frac{r}{100}\right)$$

$$\frac{\left(1+\frac{r}{100}\right)^2}{\left(1+\frac{r}{100}\right)} = \frac{5x}{4x}$$

$$1+\frac{r}{100} = \frac{5}{4} \Rightarrow \frac{r}{100} = \frac{1}{4}$$

$$r = \frac{100}{4} = 25\%$$

31. (a)

$$\text{दर} = \left[\left(\frac{1000}{512}\right)^{\frac{1}{3}} - 1\right]\times100$$

$$= \left(\frac{10}{8}-1\right)\times100 = \frac{2}{8}\times100 = 25\%$$

32. (d)

$$\text{दर} = \left[\left(\frac{81}{16}\right)^{\frac{1}{10-6}} - 1\right] \times 100$$

$$= \left[\left(\frac{81}{16}\right)^{\frac{1}{4}} - 1\right] \times 100$$

$$= \left[\frac{3}{2} - 1\right] \times 100$$

$$= \frac{1}{2} \times 100$$

$= 50\%$

33. (c)

साधारण ब्याज से

मूलधन $= \frac{410 \times 100}{5 \times 2} = 4100$ रु.

चक्रवृद्धि ब्याज से,

मूलधन $= \frac{410}{\frac{5}{50} + \left(\frac{5}{100}\right)^2} = \frac{410}{\frac{1}{10} + \frac{1}{400}} = \frac{410}{\frac{41}{400}}$

मूलधन $= \frac{410 \times 400}{41} = 4000$ रु.

अंतर $= 4100 - 4000 = 100$ रु.

34. (b)

माना ऋण P रु. है।

$$P = \frac{5120}{\left(1 + \frac{20}{3 \times 100}\right)} + \frac{5120}{\left(1 + \frac{20}{3 \times 100}\right)^2}$$

$$P = \frac{5120 \times 15}{16} + \frac{5120 \times 15 \times 15}{16 \times 16}$$

$P = 4800 + 4500 = 9300$ रु.

35. (a)

$$2P > P\left(1 + \frac{25}{100}\right)^t$$

$$2 > \left(\frac{5}{4}\right)^t$$

जब $t = 1 \Rightarrow \frac{5}{4} < 2$

जब $t = 2 \Rightarrow \frac{25}{16} < 2$

जब $t = 3 \Rightarrow \frac{125}{64} < 2$

जब $t = 4 \Rightarrow \frac{625}{256} > 2$

36. (c)

$$2401 = 1296\left(1 + \frac{50}{3 \times 100}\right)^t$$

$$\frac{2401}{1296} = \left(\frac{7}{6}\right)^t \Rightarrow \left(\frac{7}{6}\right)^4 = \left(\frac{7}{6}\right)^t \Rightarrow t = 4$$

37. (d)

$12 = 6 \times 2$

राशि $= 3^2 = 9$ गुनी हो जाएगी।

अभीष्ट मिश्रधन $= 5500 \times 9 = 49500$ रु.

38. (a)

अभीष्ट राशि $= \frac{(1200)^2}{800} = \frac{1200 \times 1200}{800}$

$= 1800$ रु.

39. (b)

$$\text{चक्रवृद्धि ब्याज} = 3750\left[\left(1 + \frac{12}{100}\right)^2 - 1\right]$$

$$= 3750\left[\left(\frac{28}{25}\right)^2 - 1\right]$$

$$= 3750\left[\frac{784 - 625}{625}\right]$$

$$= 3750 \times \frac{159}{625} = 954 \text{ रु.}$$

40. (b)

धनराशि $= \frac{(1800)^2}{2700} = \frac{1800 \times 1800}{2700} = 1200$ रु.

41. (c)

माना प्रत्येक किस्त x रु. की है।

$$3825 = \frac{x}{\left(1 + \frac{4}{100}\right)} + \frac{x}{\left(1 + \frac{4}{100}\right)^2}$$

$$3825 = \frac{25x}{26} + \frac{625x}{676}$$

$$3825 = \frac{650x + 625x}{676}$$

$$x = \frac{3825 \times 676}{1275} = 2028 \text{ रु.}$$

42. (b)

माना मूलधन $= x$ रु.

$$x = \frac{2.25 \times (100)^2}{(15)^2} = \frac{2.25 \times 100 \times 100}{225} = 100 \text{ रु.}$$

43. (b)

$216 = 6^3$

अभीष्ट समय $= 8\frac{1}{3} \times 3 = \frac{25}{3} \times 3 = 25$ वर्ष

44. (d)

$$r = \frac{236.25 - 225}{225} \times 100 = \frac{11.25 \times 100}{225} = 5\%$$

2 वर्ष का चक्रवृद्धि ब्याज $= 225 + 236.25$

$= 461.25$

$$461.25 = P\left(1 + \frac{5}{100}\right)^2 - P$$

$$461.25 = P\left(\frac{21}{20}\right)^2 - P$$

$$461.25 = \frac{441P - 400P}{400}$$

$$P = \frac{461.25 \times 400}{41} = 4500 \text{ रु.}$$

45. (c)

$$\frac{P \times r \times 1}{100} = \frac{1}{10} P \Rightarrow \frac{r}{100} = \frac{1}{10} \Rightarrow r = 10\%$$

$$A - 600\left(1 + \frac{10}{100}\right)^2 - 600\left(\frac{11}{10}\right)^2$$

$$= 600 \times \frac{121}{100} = 726 \text{ सेंमी}$$

46. (b)

$$5000 = P\left(1 + \frac{r}{100}\right)^2 \quad \ldots\ldots(i)$$

$$8450 = P\left(1 + \frac{r}{100}\right)^4 \quad \ldots\ldots(ii)$$

समीकरण (ii) में समीकरण (i) से भाग देने पर,

$$\frac{P\left(1 + \frac{r}{100}\right)^4}{P\left(1 + \frac{r}{100}\right)^2} = \frac{8450}{5000}$$

$$\left(1 + \frac{r}{100}\right)^2 = \frac{845}{500} = \frac{169}{100} = \left(\frac{13}{10}\right)^2$$

$$1 + \frac{r}{100} = \frac{13}{10} \Rightarrow \frac{r}{100} = \frac{13}{10} - 1 = \frac{3}{10}$$

$$\Rightarrow r = \frac{300}{10} = r = 30\%$$

47. (b)

$$3P = P\left(1 + \frac{r}{100}\right)^2$$

$$3 = \left(1 + \frac{r}{100}\right)^2$$

$$3^3 = \left[\left(1 + \frac{r}{100}\right)^2\right]^3$$

$$27 = \left(1 + \frac{r}{100}\right)^6$$

$n = 6$ वर्ष

48. (a)

$$P\left(1 + \frac{25}{100}\right)^3 = 10000$$

$$P\left(\frac{5}{4}\right)^3 = 10000$$

$$P = \frac{10000 \times 4 \times 4 \times 4}{5 \times 5 \times 5} = 5120 \text{ रु.}$$

49. (a)

$$16P = P\left(1 + \frac{r}{100}\right)^4$$

$$16 = \left(1 + \frac{r}{100}\right)^4 \Rightarrow 2^4 = \left(1 + \frac{r}{100}\right)^4$$

$$1 + \frac{r}{100} = 2 \Rightarrow \frac{r}{100} = 1 \Rightarrow r = 100\%$$

50. (d)

साधारण ब्याज $= \dfrac{1590}{1 + \frac{12}{200}} = \dfrac{1590 \times 200}{212}$

$= 1500$ रु.

51. (d)

$$P = \frac{650 \times 650}{780 - 650} = \frac{650 \times 650}{130} = 3250 \text{ रु.}$$

52. (a)

$$P\left(1 + \frac{4}{100}\right)^2 = 1352$$

$$P\left(\frac{26}{25}\right)^2 = 1352 \Rightarrow P = \frac{1352 \times 625}{676} = 1250 \text{ रु.}$$

53. (d)

$r = \frac{25}{2}\%$ वार्षिक $= \frac{25}{4}\%$ छमाही

समय $= 1$ वर्ष $= 2$ छमाही

$n = 2$

$$A = 25600\left(1 + \frac{\frac{25}{4}}{100}\right)^2$$

$$= 25600\left(1 + \frac{25}{4} \times \frac{1}{100}\right)^2$$

$$= 25600\left(\frac{17}{16}\right)^2$$

$$= \frac{25600 \times 17 \times 17}{16 \times 16} = 28900$$

चक्रवृद्धि ब्याज $= 28900 - 25600 = 3300$ रु.

54. (b)

$$P\left(1 + \frac{20}{100}\right)^n > 2P$$

$$P\left(\frac{6}{5}\right)^n > 2P$$

$P(1.2)n > 2P$

$n = 4$ रखने पर

$P\,(2.0736) > 2P$

$\therefore\ n = 4$

55. (a)

$$A\left(1 + \frac{5}{100}\right)^2 = B\left(1 + \frac{5}{100}\right)^5$$

$$A\left(\frac{21}{20}\right)^2 = B\left(\frac{21}{20}\right)^5$$

$$\frac{A}{B} = \left(\frac{21}{20}\right)^3 = \frac{9261}{8000}$$

धन राशि का अंतर $= \frac{9261 - 8000}{9261 + 8000} \times 17261$

$$= \frac{1261}{17261} \times 17261 = 1261 \text{ रु.}$$

56. (d)

$$1323 = 1200\left(1 + \frac{5}{100}\right)^n$$

$$\frac{1323}{1200} = \left(\frac{21}{20}\right)^n \Rightarrow \frac{441}{400} = \left(\frac{21}{20}\right)^n$$

$$= \left(\frac{21}{20}\right)^2 = \left(\frac{21}{20}\right)^n \Rightarrow \text{n} = 2$$

57. (c)

शेष राशि $= 4022 - 1500 = 2522$ रु.

माना प्रत्येक किस्त x रु. की है।

$$\frac{x}{\left(1 + \frac{5}{100}\right)} + \frac{x}{\left(1 + \frac{5}{100}\right)^2} + \frac{x}{\left(1 + \frac{5}{100}\right)^3} = 2522$$

$$\frac{20x}{21} + \frac{400x}{441} + \frac{8000x}{9261} = 2522$$

$$\Rightarrow \frac{8820x + 8400x + 8000x}{9261} = 2522$$

$$x = \frac{2522 \times 9261}{25220} = 926.10 \text{ रु.}$$

58. (c)

शेष धन $= \left(1 + \frac{25}{100}\right)^3 - 1600\left(1 + \frac{25}{100}\right)^2$

$$-1600\left(1 + \frac{25}{100}\right) - 1600$$

$= 12500 - 2500 - 2000 - 1600$

$= 12500 - 6100$

$= 6400$ रु.

59. (a)

$$2500 = 1600\left(1 + \frac{r}{100}\right)^2 \Rightarrow \left(\frac{5}{4}\right)^2 = \left(1 + \frac{r}{100}\right)^2$$

$$1 + \frac{r}{100} = \frac{5}{4} \Rightarrow \frac{r}{100} = \frac{5}{4} - 1 = \frac{1}{4}$$

$$r = \frac{100}{4} = 25\%$$

$$A = 4500\left(1+\frac{25}{100}\right)^3$$

$$= 4500 \times \frac{5}{4} \times \frac{5}{4} \times \frac{5}{4} = 8789.0625 \text{ रु.}$$

60. (d)

$$P = \frac{770 \times 100}{\left(1+\frac{10}{100}\right) \times 10} = \frac{770 \times 100}{\frac{110}{100} \times 10}$$

$$= \frac{770 \times 100 \times 100}{110 \times 10}$$

$$= 7000 \text{ रु.}$$

61. (b)

चक्रवृद्धि ब्याज $= P\left(1+\frac{5}{100}\right)^2 - P$

$$82 = P\left(\frac{21}{20}\right)^2 - P$$

$$82 = \frac{441P}{400} - P$$

$$\Rightarrow \frac{441P - 400P}{400} = 82$$

$$P = \frac{82 \times 400}{41}$$

$$P = 800 \text{ रु.}$$

62. (d)

चक्रवृद्धि ब्याज $= 2400\left(1+\frac{15}{200}\right)$

$$= 2400 \times \frac{215}{200} = 2580 \text{ रु.}$$

63. (d)

$$2.7P = P\left(1+\frac{r}{100}\right)^4$$

$$2.7 = \left(1+\frac{r}{100}\right)^4 \quad \text{.........(i)}$$

$$6.4 = \left(1+\frac{r}{100}\right)^7 \quad \text{........(ii)}$$

समीकरण (ii) में (i) से भाग देने पर

$$\left(1+\frac{r}{100}\right)^3 = \frac{6.4}{2.7} = \frac{64}{27} = \left(\frac{4}{3}\right)^3$$

$$1+\frac{r}{100} = \frac{4}{3} \Rightarrow \frac{r}{100} = \frac{4}{3} - 1 = \frac{1}{3}$$

$$\Rightarrow r = \frac{100}{3} = 33\frac{1}{3}\%$$

64. (c)

माना मशीन की कीमत $= P$ रु.

$$P\left(1-\frac{10}{100}\right)^3 = 729$$

$$P\left(\frac{9}{10}\right)^3 = 729$$

$$P = 729 \times \frac{10}{9} \times \frac{10}{9} \times \frac{10}{9} = 1000 \text{ रु.}$$

65. (d)

$$A = P\left(1+\frac{r}{100}\right)^n$$

$$6912 = 4000\left(1+\frac{r}{100}\right)^3$$

$$\frac{6912}{4000} = \left(1+\frac{r}{100}\right)^3$$

$$\frac{1728}{1000} = \left(1+\frac{r}{100}\right)^3$$

$$\left(\frac{12}{10}\right)^3 = \left(1+\frac{r}{100}\right)^3$$

$$1+\frac{r}{100} = \frac{12}{10} \Rightarrow \frac{r}{100} = \frac{12}{10} - 1 = \frac{2}{10}$$

$$r = \frac{2 \times 100}{10} = 20\%$$

66. (c)

$$r = \left\{\left(\frac{9261}{8000}\right)^{\frac{1}{3}} - 1\right\} \times 100\%$$

$$r = \left(\frac{21}{20} - 1\right) \times 100 = \frac{1}{20} \times 100 = 5\%$$

67. (a)

$r = 20\%$ वार्षिक $= 5\%$ तिमाही

$n = 9$ माह $= 3$ तिमाही

$$3783 = P\left(1+\frac{5}{100}\right)^3 - P$$

$$3783 = P\left(\frac{21}{20}\right)^3 - P$$

$$\Rightarrow 3783 = \frac{9261P - 8000P}{8000}$$

$$P = \frac{3780\times 8000}{1261} = 24000 \text{ रु.}$$

68. (d)

$$\frac{P\times 5^2}{(100)^2} = 1$$

$$P = \frac{100\times 100}{25} = 400 \text{ रु.}$$

69. (c)

$$4P = P\left(1+\frac{r}{100}\right)^2$$

$$\Rightarrow 4 = \left(1+\frac{r}{100}\right)^2$$

$$\Rightarrow (4)^3 = \left[\left(1+\frac{r}{100}\right)^2\right]^3$$

$$\Rightarrow 64 = \left(1+\frac{r}{100}\right)^6$$

$\therefore$ 6 वर्ष

70. (a)

$$3P = P\left(1+\frac{r}{100}\right)^{\frac{9}{12}} \left\{9 \text{ माह} = \frac{9}{12} \text{ वर्ष}\right\}$$

$$\Rightarrow (3)^4 = \left[\left(1+\frac{r}{100}\right)^{\frac{3}{4}}\right]^4$$

$$\Rightarrow 81 = \left(1+\frac{r}{100}\right)^3$$

$\Rightarrow \therefore$ 3 वर्ष

भाग–2 : बीजगणित (Algebra)

रेखीय एवं द्विघात समीकरण
Linear and Binomial Equations

द्विघात समीकरण का प्रमाणिक रूप होता है: $ax^2 + bx + c$

जहाँ $a \neq 0$ और a, b, c वास्तविक संख्याएँ हैं।

$a = x^2$ का गुणांक

$b = x$ का गुणांक

$c =$ अचर संख्या

द्विघात समीकरण के मूल

$ax^2 + bx + c = 0$

के दो मूल होंगे,

$$x = \frac{-b + \sqrt{b^2 - 4ac}}{2a} = \alpha$$

$$x = \frac{-b - \sqrt{b^2 - 4ac}}{2a} = \beta$$

जहाँ $b^2 - 4ac =$ द्विघात समीकरण का विवेचक है।

मूलों के लक्षण

(i) मूल वास्तविक होंगे यदि $b^2 - 4ac \geq 0$

(ii) मूल परिमेय तथा समान होंगे यदि $b^2 - 4ac = 0$

(iii) मूल अपरिमेय होंगे यदि $b^2 - 4ac > 0$ तथा पूर्ण वर्ग नहीं है।

(iv) मूल परिमेय तथा असमान होगे यदि $b^2 - 4ac > 0$

(v) मूल अवास्तविक होगे यदि $b^2 - 4ac < 0$

मूलों का योगफल $\Rightarrow \alpha + \beta = -b/a$

मूलों का गुणनफल $\Rightarrow \alpha \cdot \beta = c/a$

अगर मूल अवास्तविक हो,

तो $\alpha + \sqrt{\beta}$ के साथ वाला मूल $\alpha - \sqrt{\beta}$ होगा।

उदाहरण (Example)

1. $x^2 + 5x + 4 = 0$ के मूलों के लक्षण को स्पष्ट करें तथा मूलों का योग तथा गुणक ज्ञात करें।

$x^2 + 5x + 4 = 0$

$a = 1, b = 5, c = 4$

$\therefore$ विवेचक $= b^2 - 4ac$

$= (5)^2 - 4 \times 1 \times 4$

$= 25 - 9 = 16$

$b^2 - 4ac > 0$

$\therefore$ मूल वास्तविक तथा असमान होंगे।

अब,

मूलों का योगफल $-b/a = -5/1 = 5$

मूलों का गुणनफल $= c/a = 4/1 = 4$

2. $2x^2 + 3x + 2 = 0$ के मूलों के लक्षण को स्पष्ट करें तथा मूल ज्ञात करें।

$2x^2 + 3x + 2$

$a = 2, b = 3, c = 2$

विवेचक $= b^2 - 4ac$

$= (3)^2 - 4 \times 2 \times 2$

$= 1$

$b^2 - 4ac > 0$

$\therefore$ मूल वास्तविक एवं असमान होंगे।

$$\text{मूल} = \alpha = \frac{-b + \sqrt{b^2 - 4ac}}{2a} = \frac{-3 + \sqrt{1}}{2 \times 2} = \frac{-3 + 1}{4}$$

$= -1/2$

$$\beta = \frac{-b - \sqrt{b^2 - 4ac}}{2a} = \frac{-3 - \sqrt{1}}{2 \times 2} = \frac{-3 - 1}{4}$$

$= -\frac{4}{4} = -1$

3. यदि किसी द्विघात समीकरण के मूल -2 और 5 हैं, तो द्विघात समीकरण ज्ञात करें।

$\alpha = -2, \beta = 5$

प्रमेय से, द्विघात समीकरण

$x^2 - (\alpha + \beta)\, x + \alpha\beta = 0$

$x^2 - (-2 + 5)x + (-2)\, 5 = 0$

$x^2 + 3x - 10 = 0$

4. यदि किसी द्विघात समीकरण का एक मूल $4+3i$ है, जहाँ $i=\sqrt{-1}$ हो, तो समीकरण के मूलों का गुणन एवं योग ज्ञात करें।

प्रमेय से,

यदि एक मूल $4-3i$ दूसरा मूल $4-3i$ होगा

$\therefore$ मूलों का योग $=(4+3i)+(4-3i)=8$

मूलों का गुणन $=(4+3i)(4-3i)$

$=(4)^2-(3i)^2$

$=16-9i^2$

$=16-9(-1)$

$=61+9$

$=25$

5. $x^2+2x+3=0$ के मूल ज्ञात करें, एवं मूलों के लक्षण स्पष्ट करें।

$x^2+2x+3=0$ में

$a=1, b=2, c=3$

मूल

$$\alpha=\frac{-b+\sqrt{b^2-4ac}}{2a}=\frac{-2+\sqrt{(2)^2-3\times 4}}{2\times 2}$$

$$=\frac{-2+\sqrt{4-12}}{2}$$

$$=\frac{-2+\sqrt{-8}}{2}$$

$$=-1+\sqrt{2}\,i$$

जहाँ $= i=\sqrt{-1}$

$\beta=-1-\sqrt{2i}$ (प्रमेय से)

मूलों के लक्षण

$b^2-4ac=(2)^2-3\times 4$

$=-8$

$\therefore\ b^2-4ac<0\{-8<0\}$

$\therefore$ मूल अवास्तविक होंगे।

6. $2x^2-16x+32=0$ के मूल निकालें एवं मूलों के लक्षण स्पष्ट करें।

$a=2, b=-16, c=32$

विवेचक $=b^2-4ac$

$=(16)^2-4\times 32\times 2$

$256-256=0$

$\therefore b^2-4ac=0$

$\therefore$ मूल वास्तविक तथा समान $(\alpha=\beta)$ होंगे।

मूल:

$$\alpha=\frac{-b+\sqrt{b^2-4ac}}{2a}=\frac{+16+\sqrt{(16)^2-4\times 32\times 2}}{2\times 2}$$

$$=\frac{16}{4}=4$$

$\therefore \alpha=\beta$

$\therefore \alpha=\beta=4$

मूलों का योग $=\alpha+\beta=+4=8$

7. यदि समीकरण $x^2+5x+4=0$ के मूल α एवं β हो तो ज्ञात करें

(a) $\alpha^2+\beta^2$

(b) $\alpha^4+\beta^4$

(c) $\alpha^3+\beta^3$

$a=1, b=5, c=4$

मूलों का योग $\alpha+\beta=\frac{-b}{a}=\frac{-5}{1}=-5$

मूलों का गुणन $\alpha\beta=\frac{c}{a}=\frac{4}{1}=4$

(i) $(\alpha+\beta)^2=\alpha^2+\beta^2+2\alpha\beta$

$\alpha^2+\beta^2=(\alpha+\beta)^2-2\alpha\beta$

$=(-5)^2-2\times 4$ $\left\{\begin{matrix}\alpha+\beta=5\\ \alpha\beta=4\end{matrix}\right\}$ उपयुक्त समी. से

$=25-8=17$

(ii) $\alpha^4+\beta^4=(\alpha^2+\beta^2)-2\alpha^2\beta^2$

$=(17)^2-2(\alpha\beta)^2$

$=(17)^2-2\times(4)^2$

($\alpha^2+\beta^2$ का मान समी. (i) से)

$289-32=257$

(iii) $\alpha^3+\beta^3=(\alpha+\beta)(\alpha^2+\beta^2-\alpha\beta)$

$=(-5)(17-4)$

($\alpha^2+\beta^2$ का मान (i) से)

$=-5\times 13=65$

8. यदि किसी कक्षा में लड़कों की संख्या लड़कियों के संख्या के 11 गुणा है और कक्षा में कुल छात्रों की संख्या 48 है, तो लड़कियों की संख्या क्या है?

माना लड़कियों की संख्या $=x$

लड़कों की संख्या $=11x$

$12x=48,\ x=4$

9. यदि किसी बक्से में सिक्के हैं जिसमें कुछ 25 पैसे कुछ, 50 पैसे और 1 रू के सिक्के हैं, अगर कुल राशि 31 रू है तो 25, 50, 1 रू के सिक्कों की संख्या निकालें : अनुपात 1 : 5 : 5

$$\frac{x}{4}+\frac{5x}{2}+5x=31$$

$$x=4$$

25 पैसा $=\frac{1}{4}$ रू, 50 पैसा $=\frac{1}{2}$ रू

$$\frac{1}{4}\times x+\frac{1}{2}x\times 5+5x=31$$

या $x+5x+5x=44$

$$x=4$$

10. यदि किसी द्रव का तापमान $x°$ k (केल्विन में) है और $y°$ f (फॉरेनहाइट) में है।

संबंध $=y=\frac{9}{5}(x-273)+32$

जब केल्विन में ताप $=313$ तो फॉरेनहाइट में ताप कितना होगा?

$$y=\frac{9}{5}(40)+32=104°\text{F}$$

यदि $ax^2+bx+c=0$ और $mx^2+nx+p=0$ के दोनों मूल उभयनिष्ठ हो, तो

$$\frac{a}{m}=\frac{b}{n}=\frac{c}{p}$$

अभ्यास प्रश्न (Practice Questions)

1. यदि α, β किसी समीकरण $(x-a)(x-b)=c$ के मूल हों, तो समीकरण $(x-\alpha)(x-\beta)+c=0$ के मूल होंगे

   (a) a, c (b) b, c
   (c) a, b (d) a + c, b + c

2. पिता की वर्तमान आयु, पुत्र की वर्तमान आयु के दोगुने से 16 वर्ष अधिक है। कितने वर्षों के बाद पिता की आयु, पुत्र की आयु की दोगुनी हो जाएगी?

   (a) 15 (b) 16
   (c) 12 (d) 10

3. यदि समीकरण $x^2-px+q=0$ के मूल α, β हैं, तो $\left(\frac{\alpha}{\beta}+\frac{\beta}{\alpha}\right)$ का मान होगा?

   (a) $\frac{p^2-2q^2}{p}$ (b) $\frac{p^2-2q^2}{q}$
   (c) $\frac{p^2-2q}{q}$ (d) $\frac{p^2+2q^2}{q}$

4. यदि किसी संख्या को उसके वर्ग में से घटाया जाए, तो शेष 20 रहता है, वह संख्या क्या है?

   (a) 7 (b) 4
   (c) 6 (d) 5

5. दो क्रमागत सम संख्याओं के वर्गों का योग 244 है, तो वे संख्याएँ क्या होंगी

   (a) 11, 12 (b) 9, 10
   (c) 10, 12 (d) 13, 11

6. समीकरण $\left(x-\frac{1}{x}\right)^2+9=\frac{5}{2}\left(x+\frac{1}{x}+2\right)$ में x का मान है?

   (a) $\frac{1}{2}, 2$ (b) $\frac{-3}{5}, \frac{5}{4}$
   (c) 1 (d) $\frac{1}{5}$ या $\frac{3}{7}$

7. एक छात्र से दी हुई संख्या $\frac{7}{19}$ से गुणा करने के लिए कहा गया। इसकी बजाय उसने $\frac{7}{19}$ से भाग कर दिया तथा उसने यथार्थ उत्तर पाने के स्थान पर, उस उत्तर को 624 अधिक पाया, तो दी गई संख्या क्या है?

   (a) 133 (b) 266
   (c) 312 (d) 361

8. एक पूर्ण संख्या का 7 गुना, संख्या के वर्ग के दो गुने से 4 कम है, तो वह संख्या क्या है?

   (a) 4 (b) $\frac{1}{2}$ या 4
   (c) 2 (d) $\frac{-1}{2}$ या 4

9. एक परीक्षा में पास होने वाले तथा फेल होने वालों की संख्या का अनुपात 3:1 था। यदि 20 छात्र अधिक बैठे होते तथा 10 कम पास होते, तो यह अनुपात 2:1 होता, तो परीक्षा में बैठने वालों की संख्या क्या थी?

   (a) 136 (b) 280
   (c) 150 (d) 130

10. यदि $x+y-4=0$, हो, तो x^3+y^3+12xy का मान होगा।

    (a) 60 (b) 64
    (c) 48 (d) 80

11. $x^2-nx+54=0$ के मूल यदि 2:3 के अनुपात में हैं, तो n का मान होगा?

    (a) 12 (b) 15
    (c) 21 (d) 18

12. यदि समीकरण $x^2+ax+b=0$ और $x^2+bx+a=0$ का एक मूल उभयनिष्ठ हो, तो (a + b) का मान होगा?

    (a) –1 (b) $\frac{1}{2}$
    (c) 1 (d) 2

13. यदि समीकरण $3x^2-(2k+1)x-k-5=0$ के मूलों का योग, उसके मूलों के गुणनफल के बराबर है, तो k होगा?

    (a) –2 (b) $\frac{1}{2}$
    (c) 4 (d) –1

14. एक कक्षा में 65 विद्यार्थी हैं। उनमें 3900 रु. इस प्रकार वितरित किए जाते हैं कि प्रत्येक लड़के को 80 रु. प्राप्त हों तथा प्रत्येक लड़की को

30 रु. प्राप्त हों, तो उस कक्षा में लड़कियों की संख्या कितनी है?

(a) 24 (b) 26
(c) 27 (d) 28

15. दो अंकों की एक संख्या जिनका योग 9 है, अंकों को बदल देने से बनी संख्या 27 अधिक है, तो संख्या क्या है?

(a) 36 (b) 63
(c) 18 (d) 45

16. A और B की मासिक आय 5:6 के अनुपात में है तथा उनके मासिक व्यय का अनुपात 3:4 है। यदि वे प्रति माह क्रमशः 1800 रु. और 1600 रु. की बचत करते हैं, तो B की मासिक आय है?

(a) 1720 रु. (b) 7200 रु.
(c) 3400 रु. (d) 2700 रु.

17. यदि $\frac{x}{a-b}=\frac{y}{b-c}=\frac{z}{c-a}$ तो $x+y+z$ का मान होगा?

(a) a + b + c (b) 2a + b – 3c
(c) 0 (d) 4a + 3b

18. यदि $\sqrt{\left[x+\sqrt{\left\{x+\sqrt{x+\sqrt{x+.........\infty}}\right\}}\right]}=6$ तो x का मान होगा?

(a) 20 (b) 25
(c) 30 (d) 36

19. आधे लड़के औद्योगिक भ्रमण पर गए। संस्था में लड़कों की संख्या के वर्गमूल के 12 गुना लड़के औद्योगिक मेला देखने गए तथा शेष 128 लड़कों को प्रोजेक्ट का कार्य दिया गया। संस्था में लड़कों की संख्या क्या है?

(a) 1024 (b) 576
(c) 388 (d) 288

20. यदि $\sqrt{\frac{x}{y}}+\sqrt{\frac{y}{x}}=\frac{10}{3}$ तथा $x = y = 10$, तो xy का मान क्या होगा?

(a) 24 (b) 3
(c) 9 (d) 36

21. $\frac{x}{0.5}-\frac{1}{0.05}+\frac{x}{0.005}-\frac{1}{0.0005}=0$ हो तो

(a) $x=-10$ (b) $x=10$
(c) $x=-5$ (d) $x=5$

22. यदि $\frac{x}{6}=\frac{y-3}{8}=\frac{z-5}{12}$ तथा $x+y+z=21$ हो, तो y^2 का मान क्या होगा?

(a) 110 (b) 32
(c) 77 (d) 24

23. यदि समीकरण $px^2+qx+r=0$ के मूल a, b हों, तो समीकरण जिसके मूल $\frac{1}{a},\frac{1}{b}$ हों, होगी?

(a) $qx^2-px-r=0$ (b) $rx^2+qx+p=0$
(c) $\frac{x^2}{p}+\frac{x}{q}+\frac{1}{r}=0$ (d) $rx^2-qx+p=0$

24. समीकरण $(a^2-bc)x^2+2(b^2-ac)x+(c^2-ab)=0$ के मूल बराबर होंगे, यदि

(a) $a+b+c=abc$
(b) $a+b+c=0$
(c) $a^3+b^3+c^3=3abc$
(d) $a^2+b^2+c^2=2abc$

25. $x=\sqrt{12+\sqrt{12+\sqrt{12+\sqrt{12+.......\infty}}}}$ तो x का मान होगा।

(a) – 3 (b) – 4
(c) 3 (d) 12

26. राम की आमदनी, रवि की आमदनी से 3 रु. गुनी ज्यादा है। यदि उनकी प्रतिदिन की आमदनी का गुणनफल 460 रु. हो, तो राम की प्रतिदिन की आमदनी क्या होगी?

(a) 17 रु. (b) 23 रु.
(c) 26 रु. (d) 20 रु.

27. यदि $x^2-px+q=0$ के मूल α, β हो, तो $\alpha^2+\beta^2$ का मान क्या होगा

(a) $p+q$ (b) p^2+q
(c) p^2-2q (d) p^2+2q^2

28. यदि $x+y+z=6, xy+yz+zx=11$ हो, तो $x^2+y^2+z^2$ का मान क्या होगा?

(a) 58 (b) 36
(c) 25 (d) 14

29. यदि 4 कुर्सियाँ तथा 7 मेजों का मूल्य 3600 रु. तथा 6 कुर्सियाँ तथा 10 मेजों का मूल्य 520 रु. हो, तो एक कुर्सी तथा एक मेज का मूल्य क्रमशः क्या होगा?

(a) 200 रु., 400 रु. (b) 100 रु., 250 रु.
(c) 200 रु., 300 रु. (d) 100 रु., 500 रु.

30. यदि दो धनात्मक संख्याओं का योग 25 एवं उनका गुणनफल 144 हो, तो उन संख्याओं का अन्तर क्या होगा?

(a) 11 (b) 7

(c) 2 (d) 3

31. समीकरण $x^2 - 11x + 5 = 0$ में मूलों का योगफल क्या होगा?

(a) 10 (b) 11

(c) 12 (d) 13

32. वह समीकरण जिसके मूल 5 व 3 हैं, क्या होगी।

(a) $x^2 - 8x + 15 = 0$ (b) $x^2 + 8x + 15 = 0$

(c) $x^2 - 8x - 15 = 0$ (d) $x^2 + 8x - 15 = 0$

33. $x^2 - 16x + k = 0$ के मूल बराबर हैं, तो k का मान होगा?

(a) 64 (b) 63

(c) 61 (d) 60

34. $x^2 - 5x + 6 = 0$ के मूल होंगे।

(a) वास्तविक और समान

(b) वास्तविक और असमान

(c) परिमेय और असमान

(d) अधिकल्पित

35. k° के निश्चित मान के लिए $a^2 - 3ka + 3k^2 - 1 = 0$ के मूलों का गुणनफल 26 है, तो मूल क्या होगा?

(a) धनात्मक एवं पूर्णांक

(b) ऋणात्मक एवं पूर्णांक

(c) अधिकल्पित

(d) वास्तविक एवं असमान

36. $x^2 + kx + 6 = 0$ का एक मूल यदि 2 है, तो k का मान क्या होगा?

(a) – 1 (b) – 3

(c) – 5 (d) – 4

37. समीकरण $6x - 5y = 11$ और $2x + y = 17$ से y का विलोपन करने पर x में प्राप्त समीकरण क्या होगा?

(a) $4x = -6$ (b) $-4x = -74$

(c) $16x = 96$ (d) $8x = 28$

38. 5 वर्ष पूर्व A की आयु B की आयु की तीन गुनी थी तथा 10 वर्ष बाद A की आयु B की आयु की दोगुनी होगी, तो A और B की वर्तमान आयु क्या होगी? (वर्ष में)

(a) 50, 20 (b) 20, 30

(c) 15, 65 (d) 60, 40

39. दो संख्याओं का योगफल 15 है। पहली संख्या का दोगुना दूसरी संख्या के तीन गुने से 5 अधिक है, तो वे संख्याएँ क्या होंगी?

(a) 6, 9 (b) 7, 8

(c) 9, 6 (d) 10, 5

40. $x + y = 13$ और $2x + 3y = 32$ समीकरणों का हल क्या होगा?

(a) $x = 5, y = 8$

(b) $x = 4, y = 9$

(c) $x = 3, y = 10$

(d) $x = 7, y = 6$

41. एक व्यक्ति के पास सिर्फ 25 पैसे एवं 20 पैसे के सिक्के हैं, यदि उसके पास कुल 100 सिक्के हैं, जिसकी कुल राशि 20.00 रु. है, तो 25 पैसे के सिक्कों की संख्या ज्ञात करें?

(a) 50 (b) 40

(c) 60 (d) 70

42. यदि A एवं B की मासिक आय का अनुपात 5:4 है एवं उनके मासिक व्ययों का अनुपात 7:5 है। यदि A एवं B एक माह में 3000 रु. बचाते हैं, तो A की मासिक आय क्या होगी

(a) 8000 रु. (b) 6000 रु.

(c) 10,000 रु. (d) 4000 रु.

43. किसी कमरे की लम्बाई उसके चौड़ाई से 3 मी. लंबी है। यदि लम्बाई 3 मी. से बढ़ा दी जाए एवं चौड़ाई 2 मी. घटाई जाए, तो क्षेत्रफल समान रहता है। कमरे की लम्बाई (मी0) में क्या होगी?

(a) 10 मी. (b) 12 मी.

(c) 15 मी. (d) 18 मी.

44. यदि किसी भिन्न के अंश में 2 जोड़ा जाए, तो नया भिन्न $\left(\frac{1}{2}\right)$ होता है, एवं यदि उसके हर से 1 घटाया जाए, तो भिन्न $\left(\frac{1}{3}\right)$ होगा तो वह भिन्न क्या होगा?

(a) $\frac{3}{10}$ (b) $\frac{5}{14}$

(c) $\frac{2}{11}$ (d) $\frac{7}{6}$

45. हल करें, $5^{x+1} + 5^{(2-x)} = 5^3 + 1$

(a) 1, –2 (b) 2, –1

(c) –1, –2 (d) –1, 3

46. यदि $3x^2 - 2x + c = 0$ एवं $6x^2 + 17x + 12 = 0$ का एक मूल उभयनिष्ठ है, तो c का मान क्या होगा?
(a) –7 (b) –8
(c) –9 (d) –10

47. यदि समीकरण $ax^2 + bx + c = 0$ के दोनों मूल शून्य हैं, तो
(a) $a + b = 0$ (b) $b = c = 0$
(c) $a = c = 0$ (d) $a = b = 0$

48. x के सत्य मानों के लिए $5 + 20x - 4x^2$ का अधिकतम मान क्या होगा?
(a) 21 (b) 25
(c) 5 (d) 30

49. यदि α, β समीकरण $x^2 - x + 2 = 0$, तो $\alpha^3\beta + \alpha\beta^3$ का मान क्या होगा?
(a) – 4 (b) – 6
(c) – 5 (d) –10

50. यदि x एक धनात्मक संख्या है, तो $x+\frac{1}{x}$ का न्यूनतम मान क्या होगा?
(a) 2 (b) –2
(c) 1 (d) 4

51. α का मान ज्ञात करें, यदि समीकरण $12x^2 + \alpha x + 5 = 0$ के मूल $3:2$ के अनुपात में हों।
(a) $\frac{1}{12}$ (b) $\frac{5}{12}$
(c) $5\sqrt{10}$ (d) $\frac{5\sqrt{10}}{12}$

52. 10 वर्ष पूर्व मोहन की बुआ की आयु मोहन की आयु की चार गुनी थी। 10 वर्ष बाद बुआ की उम्र मोहन के उम्र की दुगुनी हो जाएगी, तो मोहन की वर्तमान आयु क्या है?
(a) 15 वर्ष (b) 30 वर्ष
(c) 20 वर्ष (d) 40 वर्ष

53. श्याम की आयु घनश्याम की 2 वर्ष पहले की आयु की दुगुनी थी। यदि दोनों की वर्तमान आयु का अंतर 2 वर्ष है, तो श्याम की वर्तमान आयु ज्ञात करें?
(a) 12 वर्ष (b) 8 वर्ष
(c) 10 वर्ष (d) 6 वर्ष

54. A एवं B की वर्तमान आयु का योग 100 वर्ष है। 20 वर्ष पूर्व उनकी आयु का अनुपात 1 : 5 था, तो 20 वर्ष बाद दोनों की आयु का अनुपात क्या होगा?
(a) 5 : 9 (b) 4 : 9
(c) 9 : 4 (d) 9 : 5

55. A एवं B एक नगर P से चलना शुरू करते हैं। यदि दोनों की चालों का योग 100 किमी./घंटा है एवं शुरुआत करने के 2 घंटे बाद दोनों गाड़ियों के बीच की दूरी 60 किमी. है, तो तेज गाड़ी की चाल क्या होगी?
(a) 64 किमी./घंटा (b) 55 किमी./घंटा
(c) 60 किमी./घंटा (d) 65 किमी./घंटा

56. यदि आयत की लम्बाई उसकी चौड़ाई के दो गुने से 3 मी. कम है एवं क्षेत्रफल 740 वर्ग मीटर है, तो लम्बाई क्या होगी?
(a) 34 मी. (b) 37 मी.
(c) 27 मी. (d) 20 मी.

57. दो अंकों की एक संख्या में अंकों का गुणनफल 48 है एवं अंक बदलने पर आई नयी संख्या दी गई संख्या से 18 ज्यादा है, तो नई संख्या क्या होगी?
(a) 68 (b) 86
(c) 69 (d) 96

58. 4 वर्ष पहले A तथा B की औसत आयु 35 वर्ष थी। C के साथ उनकी वर्तमान आयु का औसत 34 वर्ष है, तो C की आयु 2 वर्ष बाद क्या होगी?
(a) 30 वर्ष (b) 18 वर्ष
(c) 26 वर्ष (d) 22 वर्ष

59. एक पिता तथा उसके पुत्र की आयु का योगफल 26 वर्ष है। 2 वर्ष पहले दोनों की आयु का गुणनफल उस समय पिता की आयु का 2 गुना था। उस समय पुत्र की आयु कितनी होगी?
(a) 8 वर्ष (b) 6 वर्ष
(c) 4 वर्ष (d) 2 वर्ष

60. हल करें: $\frac{x+2}{x-2} - \frac{x-2}{x+2} = \frac{5}{6}$
(a) 10 (b) 12
(c) 15 (d) 16

61. हल करें: $3^x + 3^{-x} = \frac{82}{9}$
(a) ± 2 (b) ± 3
(c) ± 4 (d) $\pm\frac{1}{2}$

62. $(x^2 - x + 3)$ का न्यूनतम मान क्या होगा?
(a) $-2\frac{3}{4}$ (b) $1\frac{3}{4}$
(c) $3\frac{3}{4}$ (d) $2\frac{3}{4}$

63. एक नाव धारा की दिशा में 24 किमी. की दूरी 3 घंटे में, जबकि धारा की विपरीत दिशा में वहीं दूरी 6 घंटे में तय करती है, तो स्थिर जल में नाव की चाल क्या होगी?

(a) 4 किमी./घंटा (b) 6 किमी./घंटा
(c) 8 किमी./घंटा (d) 10 किमी./घंटा

64. हल करें: $\left(5+2\sqrt{6}\right)^{x^2-3}+\left(5-2\sqrt{6}\right)^{x^2-3}=10$

(a) ± 1 (b) $\pm\sqrt{3}$
(c) $\pm\sqrt{2}$ (d) ± 2

65. दो स्टेशनों P एवं Q के बीच की दूरी 100 किमी. है। A, P से Q की तरफ चलना आरंभ करती है एवं उसी वक्त B, Q से P की तरफ चलना आरंभ करती है। यदि दोनों की चालों का अन्तर 20 किमी./घंटा है एवं दोनों गाड़ियाँ 2 घंटे बाद मिलती है, तो A एवं B की चाल ज्ञात करें?

(a) 60, 40 किमी./घंटा (b) 45, 25 किमी./घंटा
(c) 35, 15 किमी./घंटा (d) 30, 10 किमी./घंटा

66. समीकरण : $a(b-c)x^2+b(c-a)x+c(a-b)=0$ के दोनों मूल बराबर हैं, तो, a, b, c

(a) बराबर होंगे
(b) गणोत्तर
(c) हरात्मक
(d) समांतर श्रेणी में होंगे।

67. $x^{\frac{1}{2}}+x^{\frac{1}{4}}=12$ हो तो, x का मान है

(a) 16 या 81 (b) 81 या 256
(c) 81 (d) 16 या 256

68. एक नाव धारा की दिशा के साथ 12 किमी. जाने में 1 घंटा का समय लेती है। धारा के विपरीत लौटने में उसे 4 घंटे समय लगता है, तो स्थिर जल में 8 किमी जाने में उसे कितना समय लगेगा?

(a) 1 घंटा 4 मिनट (b) 1 घंटा
(c) 1 घंटा 20 मिनट (d) 1 घंटा 30 मिनट

69. एक पायलट एक निश्चित गति से हवाई जहाज को 800 किमी. उड़ाता है। वह हवाई जहाज की औसत गति को 40 किमी./घंटा बढ़ाकर 40 मिनट समय बचा सकता था, तो हवाई जहाज की औसत गति कितनी थी? (किमी./घंटा में)

(a) 1269.31 (b) 1356.31
(c) 1451.56 (d) 1256.31

70. यदि समीकरण $Px^2-14x+8=0$ का एक मूल दूसरे मूल के छह गुना है, तो P का मान क्या होगा?

(a) 1 (b) 2
(c) 3 (d) –2

उत्तरमाला (Answer Key)

1. (c)	2. (b)	3. (c)	4. (d)	5. (c)	6. (a)	7. (b)	8. (d)	9. (b)	10 (b)
11. (b)	12. (a)	13. (a)	14. (b)	15. (b)	16. (b)	17. (c)	18. (c)	19. (a)	20. (c)
21. (b)	22. (c)	23. (b)	24. (c)	25. (a)	26. (b)	27. (c)	28. (d)	29. (a)	30. (b)
31. (b)	32. (a)	33. (a)	34. (b)	35. (c)	36. (c)	37. (c)	38. (a)	39. (d)	40. (d)
41. (b)	42. (c)	43. (c)	44. (b)	45. (b)	46. (b)	47. (b)	48. (d)	49. (b)	50. (a)
51. (c)	52. (c)	53. (b)	54. (a)	55. (d)	56. (b)	57. (b)	58. (c)	59. (d)	60. (a)
61. (a)	62. (d)	63. (c)	64. (d)	65. (c)	66. (c)	67. (b)	68. (a)	69. (a)	70. (c)

हल (Solutions)

1. (c)

$(x-a)(x-b)-c=(x-\alpha)(x-\beta)$

{∵ α, β समीकरण के मूल हैं}

∴ $(x-\alpha)(x-\beta)+c=0 \Rightarrow (x-a)(x-b)=0$

∴ समीकरण के मूल a, b हैं।

2. (b)

माना कि x वर्षों के बाद पिता की आयु पुत्र की आयु की दोगुनी हो जाएगी।

माना कि पिता की आयु p है एवं पुत्र की आयु q है। (p, q वर्ष में है)

∴ $p=16+2q$

$\Rightarrow (16+2q+x)=2(q+x)$

$\Rightarrow (16+2q+x)=2q+2x$

$\Rightarrow x=16$

3. (c)

$\alpha+\beta=\dfrac{-(-P)}{1}=P$

$\alpha\beta=\dfrac{q}{1}=q$

∴ $\dfrac{\alpha}{\beta}+\dfrac{\beta}{\alpha}=\dfrac{\alpha^2+\beta^2}{\alpha\beta}$

$$=\frac{(\alpha+\beta)^2-2\alpha\beta}{\alpha\beta}=\frac{p^2-2q}{q}$$

4. (d)

माना कि संख्या x है,

∴ प्रश्नानुसार,

$x^2-x=20$

$\Rightarrow x^2-x-20=0$

$\Rightarrow x^2-5x-4x-20=0$

$\Rightarrow (x-5)(x+4)=0$

$\Rightarrow x=-4, 5$

∴ विकल्प के अनुसार, $x=5$

5. (c)

माना कि सम संख्या x,

∴ क्रमागत सम संख्या $=x+2$

∴ प्रश्न के अनुसार,

$x^2+(x+2)^2=244$

$\Rightarrow 2x^2+4+4x=244$

$\Rightarrow 2x^2+4x-240=0$

$\Rightarrow x^2+2x-120=0$

$\Rightarrow x^2+12x-10x-120=0$

$\Rightarrow (x-10)(x+12)=0$

$\Rightarrow x=10, -12$

∴ सम संख्याएँ = 10, 12

6. (a)

$$\left(x-\frac{1}{x}\right)^2+9=\frac{5}{2}\left(x+\frac{1}{x}+2\right)$$

$$\Rightarrow \left(x^2+\frac{1}{x^2}-2+7\right)=\frac{5}{2}\left(x+\frac{1}{x}+2\right)$$

$$\Rightarrow \left(x^2+\frac{1}{x^2}+5+2\right)=\frac{5}{2}\left(x+\frac{1}{x}+2\right)$$

$$\Rightarrow \left(x+\frac{1}{x}\right)^2+3+2=\frac{5}{2}\left(x+\frac{1}{x}+2\right)$$

माना कि $\left(x+\dfrac{1}{x}\right)=t$

∴ $t^2+3+2=\dfrac{5}{2}(t+2)$

$\Rightarrow 2t^2+6+4=5t+10$

$\Rightarrow 2t^2-5t=0$

$\Rightarrow t(2t-5)=0$

$\Rightarrow t=0$ या $t=\dfrac{5}{2}$

$x+\dfrac{1}{x}-\dfrac{5}{2}=0$

$\Rightarrow 2x^2-5x+2=0$

$\Rightarrow x=\dfrac{1}{2}, 2$

7. (b)

माना कि दी गई संख्या x है,

$$\frac{19x}{7}=\frac{7x}{19}+624$$

$$\Rightarrow \frac{19x}{7}-\frac{7x}{19}=624$$

$$\Rightarrow x=\frac{624\times7\times19}{\left[(19)^2-(7)^2\right]}=266$$

8. (d)

माना कि संख्या x है,

∴ प्रश्न के अनुसार,

$2x^2 - 4 = 7x$

$\Rightarrow 2x^2 - 7x - 4 = 0$

$\Rightarrow 2x^2 - 8x + x - 4 = 0$

$\Rightarrow (2x+1)(x-4) = 0$

$\Rightarrow x = -\frac{1}{2}, 4$

9. (b)

माना कि परीक्षा में बैठने वाले छात्रों की संख्या x है,

पास होने वालों की संख्या = $\frac{3x}{4}$

फेल होने वालों की संख्या = $\frac{x}{4}$

⇒ प्रश्न के अनुसार,

नए पास होने वालों की संख्या = $\frac{2(x+20)}{3}$

नए फेल होने वालों की संख्या = $\frac{x+20}{3}$

∴ प्रश्नानुसार,

$\frac{3x}{4} - 10 = \frac{2(x+20)}{3}$

$\Rightarrow \frac{3x-40}{4} = \frac{2x+40}{3}$

$\Rightarrow 9x - 120 = 8x + 160$

$\Rightarrow x = 280$

10. (b)

$x + y = 4$ .... (i)

$x^3 + y^3 = (x+y)(x^2 + y^2 - xy)$

$= 4(x^2 + y^2 - xy)$ .... (ii)

समीकरण (i) से,

$(x+y)^2 = (4)^2$

$\Rightarrow x^2 + y^2 + 2xy = 16$

$\Rightarrow x^2 + y^2 = 16 - 2xy$ .... (iii)

समीकरण (ii) एवं (iii) से,

$x^3 + y^3 = 4(16 - 3xy) = 64 - 12xy$

$\Rightarrow x^3 + y^3 + 12xy = 64$

11. (b)

$x^2 - nx + 54 = 0$

$\frac{\alpha}{\beta} = \frac{2}{3}$ $(\alpha + \beta)^2 = n^2$ ...... (i)

$\alpha\beta = 54$ .... (ii)

दोनों समीकरणों को भाग करने पर,

$2 + \frac{\alpha^2}{\alpha\beta} + \frac{\beta^2}{\alpha\beta} = \frac{n}{54}$

$\Rightarrow \frac{\alpha}{\beta} + \frac{\beta}{\alpha} = \frac{n^2}{54} - 2$

$\Rightarrow \frac{2}{3} + \frac{3}{2} = \frac{n^2}{54} - 2$

$\Rightarrow n^2 = 54 \times \frac{25}{6} = 25 \times 9$

$\Rightarrow n = 5 \times 3 = 15$

12. (a)

माना कि उभयनिष्ठ मूल α है,

$\frac{\alpha^2}{a^2 - b^2} = \frac{\alpha}{b-a} = \frac{1}{b-a}$

∴ $\alpha = 1$

$\alpha = -(a+b)$

$\Rightarrow -(a+b) = 1$

$\Rightarrow (a+b) = -1$

13. (a)

मूलों का योग = मूलों का गुणनफल

$\frac{-(-(2k+1))}{3} = \frac{-k-5}{3}$

$\Rightarrow 2k + 1 = -k - 5$

$\Rightarrow k = -2$

14. (b)

माना कि कक्षा में लड़कियों की संख्या x है, तथा लड़कों की संख्या y है,

∴ प्रश्न के अनुसार,

$x + y = 65$ .....(i)

$30x + 80y = 3900$ ....(ii)

– – –

$50x = 5200 - 3900$

$50x = 1300$

$x = 26$

15. (b)

माना कि ईकाई के स्थान पर x है एवं दहाई के स्थान पर y है,

∴ संख्या = $10y + x$

⇒ प्रश्न के अनुसार,

$x + y = 9$ ....(i)

$10x + y + 27 = 10y + y$ .....(ii)

समीकरण (i) एवं (ii) को हल करने पर,

$y = 6, x = 3$

$\therefore$ संख्या $= 10 \times 6 + 3 = 63$

16. (b)

माना कि B की मासिक आय x है, {x ₹ में है}

$\therefore$ A की मासिक आय $= \frac{5}{6}x$

माना कि B का मासिक व्यय $= y$ ₹

$\therefore$ A की मासिक व्यय $= \frac{3}{4}y$

प्रश्न के अनुसार,

$\frac{5}{6}x - \frac{3}{4}y = 1800.....(i)$

$x - y = 1600..........(ii) \times \frac{3}{4}$

$-\quad +\quad -$

$\frac{5}{6}x - \frac{3}{4}x = 1800 - 1600 \times \frac{3}{4}$

$x = 600 \times 12$

$= 7200$ ₹

17. (c)

$\frac{x}{a-b} = \frac{y}{b-c} = \frac{z}{c-a} = k$

$\therefore x = k(a-b), y = k(b-c), z = k(c-a)$

$\therefore x + y + z = k(a - b + b - c + c - a) = 0$

18. (c)

$\sqrt{x + \sqrt{x + \sqrt{x + ...}}} = P$

$\therefore \sqrt{x + P} = P$

$\Rightarrow x + P = P^2$

$\Rightarrow x = 36 - 6 = 30$

19. (a)

माना कि संस्था में लड़कों की कुल संख्या x है,

प्रश्नानुसार,

$\frac{x}{2} - 12\sqrt{x} = 128$

$\Rightarrow x - 24\sqrt{x} - 256 = 0$

माना $\sqrt{x} = P$,

$P^2 - 24P - 256 = 0$

$\Rightarrow (P + 8)(P - 32) = 0$

$\Rightarrow P = +32, -8$

$\Rightarrow \sqrt{x} = 32, -8$

$x = 1024 \qquad \sqrt{x} \neq -8\}$

$\because$ लड़कों की संख्या ऋणात्मक नहीं हो सकती।

20. (c)

माना कि $\sqrt{-}$

$t + \frac{1}{t} = \frac{10}{3}$

$\Rightarrow 3(t^2 + 1) = 10t$

$\Rightarrow 3t^2 - 10t - 3 = 0$

$\Rightarrow t = \frac{1}{3}, 3 \Rightarrow \sqrt{\frac{x}{y}} = \frac{1}{3}, 3 \Rightarrow \frac{x}{y} = \frac{1}{9}, 9$

$x + y = 10$

$\Rightarrow (x + y)^2 = 100$

$\Rightarrow x^2 + y^2 + 2xy = 100$

$\Rightarrow \frac{x^2}{xy} + \frac{y^2}{xy} + 2 = \frac{100}{xy}$

$\Rightarrow \frac{1}{9} + 9 + 2 = \frac{100}{xy}$

$\Rightarrow \frac{100}{9} = \frac{100}{xy}$

$\Rightarrow xy = 9$

21. (b)

$\frac{10x}{5} - \frac{100}{5} + \frac{1000x}{5} - \frac{10000}{5} = 0$

$\Rightarrow 1010x - 10100 = 0$

$\Rightarrow x = \frac{10100}{1010} = 10$

22. (c)

$\frac{x}{6} = \frac{y-3}{8} = \frac{z-5}{12} = k$

$\Rightarrow x = 6k, y = 8k + 3, z = 12k + 5$

$\Rightarrow x + y + z = 6k + (8k + 3) + 12k + 5 = 26k + 8$

$= 21$

$\Rightarrow k = \frac{21-3-5}{26} = \frac{18+5}{26} = \frac{9+4}{13 \times 2} = \frac{1}{2}$

$\therefore yz = 8 \times \frac{1}{2} + 3\left(12 \times \frac{1}{2} + 5\right) = 4 + 3(6 + 5)$

$= 7 \times 11 = 77$

23. (b)

$\frac{1}{a} + \frac{1}{b} = \frac{a+b}{ab}$ = मूलों का योग $= \frac{a+b}{ab} = \frac{-q}{r}$

मूलों का गुणनफल $= \frac{1}{a \times b} = \frac{1}{ab} = \frac{P}{r}$

$\therefore$ नया द्विघात समीकरण होगा $\Rightarrow$

$x^2 - \left(\frac{-q}{r}\right)x + \frac{P}{r} = 0$

$\Rightarrow rx^2 + qx + P = 0$

24. (c)

समीकरण के मूल बराबर होंगे, यदि

$D = b^2 - 4ac = 0 \Rightarrow b^2 = 4ac$

$\Rightarrow [2 (b^2 - ac)]^2 = 4 [a^2 - bc] [c^2 - ab]$

$\Rightarrow b^4 + a^2c^2 - 2b^2ac = a^2c^2 + ab^2c - bc^3 - a^3b$

$\Rightarrow b^4 - 3b^2ac = - bc^3 - a^3b$

$\Rightarrow b^3 - 3abc = c^3 - a^3$

$\Rightarrow a^3 + b^3 + c^3 = 3abc$

25. (a)

$\sqrt{12+x} = x$

$\Rightarrow x^2 - x - 12 = 0$

$\Rightarrow x^2 - 4x + 3x - 12 = 0$

$\Rightarrow x = -3, 4$

$\therefore x = -3$ {विकल्प के अनुसार}

26. (b)

माना कि रवि की प्रतिदिन की आमदनी x रु. है,

∴ राम की प्रतिदिन की आमदनी = $(x + 3)$ रु.

प्रश्न के अनुसार,

$x(x + 3) = 460$

$\Rightarrow \quad x^2 + 3x - 460 = 0$

$\Rightarrow \quad x^2 + 23x - 20x - 460 = 0$

$\Rightarrow \quad x = 20, -23$

∴ राम की प्रतिदिन की आमदनी $= (x + 3)$

= 23 रु.

27. (c)

$\alpha^2 + \beta^2 = (\alpha + \beta)^2 - 2\alpha\beta$

$= (+P)^2 - 2q = P^2 - 2q$

28. (d)

$(x + y + z)^2 = (6)^2$

$\Rightarrow \quad x^2 + y^2 + z^2 + 2 (xy + yz + zx) = 36$

$\Rightarrow \quad x^2 + y^2 + z^2 + 2 \times 11 = 36$

$\Rightarrow \quad x^2 + y^2 + z^2 = 36 - 22 = 14$

29. (a)

माना कि एक कुर्सी का मूल्य x रु. है एवं एक मेज का मूल्य y रु. है।

∴ प्रश्नानुसार,

$4x + 7y = 3600$ ....(i)

$6x + 10y = 5200$ ....(ii)

दोनों समीकरणों को हल करने पर,

$x = 200, y = 400$

30. (b)

माना कि एक संख्या x तथा दूसरी y है

$x + y = 25$ .....(i)

$xy = 144$ ......(ii)

$(x - y)^2 = (x + y)^2 - 4xy$

$\Rightarrow \quad (x - y)^2 = (25)^2 - 4 \times 144$

$\Rightarrow \quad (x - y)^2 = 625 - 576 = 49$

$\Rightarrow \quad x - y = 7$

31. (b)

$x^2 - 11x + 5 = 0$ में मूलों का योगफल

$= \dfrac{-(-11)}{1} = 11$

32. (a)

मूलों का योगफल $= (5 + 3) = 8$

मूलों का गुणनफल $= 5 \times 3 = 15$

∴ अभीष्ट द्विघात समीकरण $\Rightarrow x^2 - 8x + 15 = 0$

33. (a)

मूल बराबर होंगे, जब, $D = 0$

$\Rightarrow b^2 - 4ac = 0$

$\Rightarrow b^2 = 4ac$

$\Rightarrow (16)^2 = 4 \times 1 \times k$

$\Rightarrow k = \dfrac{16 \times 16}{4} = 64$

34. (b)

$x^2 - 5x + 6 = 0$

$D = b^2 - 4ac = (-5)^2 - 4 \times 6 \times 1 = 1$

$\because D > 0$

∴ मूल वास्तविक तथा असमान होंगे।

35. (c)

मूलों का गुणनफल $= \dfrac{3k^2 - 1}{1} = 26$

$\Rightarrow \quad k^2 = \dfrac{27}{3} = 9$

$\Rightarrow \quad k = 3$

तब समीकरण $a^2 - 9a + 26 = 0$ है,

$b^2 - 4ac = 81 - 4 \times 26 < 0$

∴ अत: मूल काल्पनिक होंगे।

36. (c)

मूलों का योगफल $= -k = \alpha + \beta$

$\Rightarrow \quad \alpha + 2 = -k$ ......(i)

$\alpha\beta = 6$

$\Rightarrow \quad 2\alpha = 6$

$\Rightarrow \quad \alpha = 3$

$K = -5$ {समीकरण (i) से}

37. (c)

$6x - 5y = 11$ ....(i)

$2x + y = 17$ ....(ii) × 5

$16x = 11 + 85$

$16x = 96$

38. (a)

माना कि A की आयु $= x$ वर्ष

B की आयु $= y$ वर्ष

तब, $(x - 5) = 3(y - 5)$

$x - 3y = -10$ ....(i)

तथा, $(x + 10) = 2(y + 10)$

$\Rightarrow x - 2y = 10$ ....(ii)

समीकरण (i) एवं (ii) को हल करने पर,

$x = 50, y = 20$

39. (d)

माना संख्याएँ x तथा y हैं।

∴ प्रश्न के अनुसार,

$x + y = 15$ ....(i) × 2

$2x = 3y + 5$ ....(ii)

$- \quad - \quad -$

$5y = 25$

$y = 5, x = 10$

40. (d)

$x + y = 13$ ....(i) × 2

$2x + 3y = 32$ ....(ii)

$- \quad - \quad -$

$-y = -6$

$y = 6, x = 7$

41. (b)

माना कि 25 पैसे एवं 20 पैसे के सिक्कों की संख्या x तथा y है।

∴ प्रश्न के अनुसार,

$x + y = 100$ ....$(i) \times \frac{1}{4}$

$\frac{25}{100}x + \frac{20}{100}y = 22$ ....(ii)

$- \quad -$

$\left(\frac{1}{4} - \frac{1}{5}\right)y = 3$

$y = 60, x = 40$

42. (c)

माना कि B की मासिक आय x है।

∴ A की मासिक आय $= \frac{5x}{4}$

अब, माना कि B की मासिक व्यय $= y$

∴ A की मासिक व्यय $= \frac{7y}{5}$

$x - y = 3000 \qquad (i) \times \frac{7}{5}$

$\frac{5x}{4} - \frac{7y}{5} = 3000 \quad (ii)$

$- \quad + \quad -$

$\frac{3}{20}x = 1200$

$\Rightarrow x = 8000$

$\Rightarrow \frac{5x}{4} = 10000$ रु.

43. (c)

माना कि कमरे की चौड़ाई x मी. है।

∴ कमरे की लम्बाई $= (x + 3)$ मी.

∴ प्रश्न के अनुसार,

$(x + 6)(x - 2) = x(x + 3)$

$\Rightarrow x^2 + 4x - 12 = x^2 + 3x$

$\Rightarrow x = 12$

$\Rightarrow (x + 3) = 15$ मी.

44. (b)

माना कि भिन्न $\frac{x}{y}$ है।

∴ प्रश्न के अनुसार,

$\frac{x+2}{y} = \frac{1}{2}$ ....(i)

$\frac{x}{y-1} = \frac{1}{3}$ ....(ii)

$2x + 4 = y$

$3x - y = 1$

$- \quad + \quad -$

$-x = -5$

$\Rightarrow x = 5, y = 14$

∴ भिन्न $= \frac{5}{14}$

45. (b)

माना कि $5^x = y$

$$5^x . 5 + \frac{25}{5^x} = 5^3 + 1$$

$\Rightarrow \quad 5y + \frac{25}{y} = 126$

$\Rightarrow \quad 5y^2 + 25 = 126y$

$\Rightarrow \quad 5y^2 - 16y + 25 = 0$

$\Rightarrow \quad 5y^2 - 125y - y + 25 = 0$

$\Rightarrow \quad 5y (y - 25) - 1 (y - 25) = 0$

$\Rightarrow \quad y = \frac{1}{5}, \ y = 25$

$\Rightarrow \quad 5^x = \frac{1}{5}, 25$

$\Rightarrow \quad 5^x = 5^{-1}, 5^2$

$\Rightarrow \quad x = -1, 2$

46. (b)

$6x^2 + 17y + 12 = 0$

$x = \frac{-3}{2}, \frac{-4}{3}$ समीकरण के दो मूल होंगे।

यदि — एक उभयनिष्ठ मूल है, तो

$3\left(\frac{-4}{3}\right) - 2\left(\frac{-4}{3}\right) + \quad = 0$

$\Rightarrow C = -8$

47. (b)

मूल्यों का योग = मूलों का गुणनफल = 0

$\Rightarrow \quad \frac{-b}{a} = \frac{c}{a} = 0$

$\Rightarrow \quad b = c = 0$

48. (d)

$-\{4x^2 - 20x - 5\}$

$= -\{4x^2 - 2 \times (2x) \times 50 + \left(\frac{10}{2}\right)^2 - 5^2 - 5\}$

$= -\{(2x - 5)^2 - 30\}$

$A = 30 - (2x - 5)^2$

A का मान अधिकतम होगा, जब $2x - 5 = 0$

$$\Rightarrow x = \frac{5}{2}$$

$\therefore$ अधिकतम मान = 30

49. (b)

$\alpha^3\beta + \alpha\beta^3 = \alpha\beta (\alpha^2 + \beta^2)$

$= \alpha\beta \{(\alpha + \beta)^2 - 2\alpha\beta\}$

$\left[\alpha\beta = \frac{c}{a} = \frac{2}{1}, \alpha + \beta = \frac{-b}{a} = \frac{-(-1)}{1} = 1\right]$

$= 2 \{(1)^2 - 2 \times 2\}$

$= 2 \{-3\} = -6$

50. (a)

$\therefore$ समान्तर माध्य $\geq$ गणोत्तर माध्य

$\therefore \quad \frac{x + \frac{1}{x}}{2} \geq \sqrt{x \times \frac{1}{x}}$

$\Rightarrow \quad x + \frac{1}{x} \geq 2$

51. (c)

माना कि समीकरण के मूल $3a, 2a$ हैं।

$\therefore$ मूलों का योग $= \frac{-\alpha}{12} = (3a + 2a) = 5a$ .....(i)

मूलों का योग $= \frac{5}{12} = 6a^2 \Rightarrow a = \sqrt{\frac{5}{72}}$

a का मान समीकरण (i) में रखने पर,

$-\alpha = 60a$

$\Rightarrow \quad \alpha = -60\sqrt{\frac{5}{72}} = -60 \times \sqrt{\frac{5}{2}} \times \frac{1}{6}$

$= -10\sqrt{\frac{5}{2}} = \sqrt[15]{10}$

52. (c)

माना मोहन की वर्तमान आयु x वर्ष है एवं उसके बुआ की आयु y वर्ष है।

$\therefore$ प्रश्न के अनुसार,

$4 (x - 10) = (y - 10)$ ....(i)

$2 (x + 10) = y + 10$ ....(ii)

समीकरण (i) व समीकरण (ii) को हल करने पर

$2x - 60 = -20$

$2x = 40$

$\Rightarrow \quad x = 20$ वर्ष

53. (b)

माना, श्याम की वर्तमान आयु x वर्ष तथा घनश्याम की आयु y वर्ष है।

$\therefore$ प्रश्न के अनुसार,

$2 (y - 2) = x$ ....(i)

$x - y = 2$ ....(ii)

समी. (i) एवं (ii) से,

$x = 8, \ y = 6$

$\therefore$ श्याम की आयु = 8 वर्ष

54. (a)

माना कि A की वर्तमान आयु x वर्ष है एवं B की y वर्ष है।

∴ प्रश्नानुसार,

$x + x = 100$ ......(i)

$\frac{x-20}{y-20} = \frac{1}{5} \Rightarrow 5x - y = 80$ ......(ii)

समी. (i) एवं (ii) से,

$x = 30,\ y = 70$

20 वर्ष बाद,

A की आयु $= (30 + 20) = 50$

B की आयु $= (70 + 20) = 90$

∴ $A : B = 5 : 9$

55. (d)

माना A की चाल x किमी./घंटा एवं B की चाल y किमी./घंटा है।

∴ प्रश्नानुसार,

$x + y = 100$ ....(i)

$2x - 2y = 60$ ......(ii)

$x = 65$

$y = 35$

∴ तेज गाड़ी की चाल $= 65$ km/h

56. (b)

माना कि आयत की चौड़ाई $= x$ मी.

∴ लम्बाई $= (2x - 3)$ मी.

प्रश्नानुसार,

$x(2x - 3) = 740$

$\Rightarrow\ 2x^2 - 3x - 740 = 0$

$\Rightarrow\ 2x^2 - 40x + 37x - 740 = 0$

$\Rightarrow\ x = 20,\ -37$

∴ चौड़ाई $= 20$ मी.

∴ लम्बाई $= 37$ मी.

57. (b)

माना कि इकाई के स्थान पर x तथा दहाई के स्थान पर y है।

∴ संख्या $= 10y + x$

प्रश्न के अनुसार,

$xy = 48$ ....(i)

अंकों को बदलने पर बनी नई संख्या $= 10x + y$

∴ $(10x + y) - (10y + x) = 18$

$\Rightarrow 9x - 9y = 18$

$\Rightarrow x - y = 2$ .....(ii)

∵ $(x - y)^2 = (x + y)^2 - 4xy$

$(2)^2 = (x + y)^2 - 4 \times 48$

$\Rightarrow (x + y)^2 = 4 \times 49 \Rightarrow (x + y) = 14$ ....(iii)

समी. (ii) एवं (iii) से,

$x = 8, y = 6$

नई संख्या $= 10x + y = 86$

58. (c)

माना कि A एवं B की वर्तमान आयु क्रमशः x तथा y है एवं C की आयु z वर्ष है।

∴ $\frac{(x-4)+(y-4)}{2} = 35$

$\Rightarrow x + y = 78$ ....(i)

एवं, $\frac{x+y+z}{3} = 34$

$\Rightarrow x + y + z = 102$

$\Rightarrow z = 102 - (x + y) = 102 - 78$ {समी. (i) से.}

$= 24$

∴ 2 वर्ष बाद C की आयु $= (24 + 2) = 26$ वर्ष

59. (d)

माना कि पिता की वर्तमान आयु x वर्ष तथा पुत्र की आयु y वर्ष है।

∴ प्रश्नानुसार,

$x + y = 26$ ....(i)

$(x - 2)(y - 2) = 2(x - 2)$

$\Rightarrow y - 2 = 2 \Rightarrow y = 4$

∴ पुत्र की आयु (2 वर्ष पहले) $= 4 - 2$

$= 2$ वर्ष

60. (a)

$48x = 5(x^2 - 4)$

$\Rightarrow\ 5x^2 - 48x - 20 = 0$

$\Rightarrow\ 5x^2 - 50x + 2x - 20 = 0$

$\Rightarrow\ 5x(x - 10) + 2(x - 10) = 0$

$\Rightarrow\ x = \frac{-2}{5}, 10$

(a) विकल्पानुसार सही है।

61. (a)

माना कि $3^x = y$

$\therefore \quad y+\frac{1}{y}=\frac{82}{9}$

$\Rightarrow \quad \frac{y^2+1}{y}=\frac{82}{9}$

$\Rightarrow \quad 9y^2 - 82y + 9 = 0$

$\Rightarrow \quad 9y^2 - 81y - y + 9 = 0$

$\Rightarrow \quad 9y(y-9) - 1(y-9) = 0$

$\Rightarrow \quad y = 9, \frac{1}{9}$

$\therefore \quad 3^x = 9, \frac{1}{9} \Rightarrow 3^x, 3^{-2}$

$\Rightarrow \quad x = \pm 2$

62. (d)

$\left(x^2 - 2.x.\frac{1}{2}+\frac{1}{4}\right)-\frac{1}{4}+3$

$\Rightarrow \left(x-\frac{1}{2}\right)^2+\frac{11}{4}$

$\therefore$ न्यूनतम मान $=\frac{11}{4}=2\frac{3}{4}$

63. (c)

माना स्थिर जल में नाव की चाल x किमी./घंटा है एवं धारा की चाल y किमी./घंटा है।

$\therefore$ प्रश्नानुसार,

$3(x+y) = 24$ ....(i)

$6(x-y) = 24$ ....(ii)

$2x = 12 \Rightarrow x = 6, y = 2$

$\therefore$ स्थिर जल में नाव की चाल = 8 किमी./घंटा

64. (d)

$5+2\sqrt{6} = 5+2\sqrt{6}\times\frac{5-2\sqrt{6}}{5-2\sqrt{6}}=\frac{1}{5-2\sqrt{6}}$

माना कि $\left(5+2\sqrt{6}\right)^{x^2-3} = a$

$= \quad \left(5+2\sqrt{6}\right)^{x^2-3} = \left(\frac{1}{a}\right)$

$\therefore \quad a+\frac{1}{a}=10$

$\Rightarrow \quad a^2 - 10a + 1 = 0$

$\Rightarrow \quad a = \frac{5\pm2\sqrt{6}}{1}$

$\Rightarrow \quad \left(5+2\sqrt{6}\right)^{x^2-3} = 5+2\sqrt{6}$

$\Rightarrow \quad x^2 - 3 = 1$

$\Rightarrow \quad x^2 = 4 \Rightarrow x = \pm 2$

65. (c)

माना कि A की चाल x किमी./घंटा एवं B की चाल y किमी./घंटा है।

$\therefore \quad 2x + 2y = 100$ ....(i)

$x - y = 20$ ....(ii)

$x = 35, y = 15$

66. (c)

यदि द्विघात के दोनों मूल बराबर हैं, तो,

$B^2 - 4AC = 0$

$\therefore$ $[b(c-a)]^2 - 4[a(b-c)\times c(a-b)] = 0$

$\Rightarrow b^2[c^2 + a^2 - 2ac] - 4ac[-b^2 - ca + bc + ab] = 0$

$\Rightarrow b^2c^2 + a^2b^2 - 2acb^2 + 4acb^2 + 4a^2c^2 - 4abc^2 - 4a^2bc = 0$

$\Rightarrow (bc)^2 + (ab)^2 + 2acb^2 + (2ac)^2 - 4abc^2 - 4a^2bc = 0$

$\Rightarrow (bc + ab - 2ac)^2 = 0$

$\Rightarrow bc + ab - 2ac = 0$

$\Rightarrow bc + ab = 2ac$

$\Rightarrow b = \frac{2ac}{a+c}$

$\Rightarrow$ a, b, c हरात्मक श्रेणी में है।

67. (b)

माना $x^{\frac{1}{4}} = y$

$\therefore \quad x^{\frac{1}{2}} = \left(x^{\frac{1}{4}}\right)^2 = y^2$

$\therefore \quad y^2 + y = 12$

$\Rightarrow \quad y^2 + y - 12 = 0$

$\Rightarrow \quad y^2 + 4y - 3y - 12 = 0$

$\Rightarrow \quad y(y+4) - 3(y+4) = 0$

$y = 3, -4$

$\therefore \quad x^{\frac{1}{4}} = 3, -4$

$\Rightarrow \quad x = (3)^4$ या $(-4)^4$

$= 81$ या 256

68. (a)

माना कि स्थिर जल में नाव की चाल x किमी./घंटा है एवं धारा की चाल y किमी./घंटा है।

∴ प्रश्नानुसार,

$1\,(x + y) = 12$ ....(i)

$4\,(x - y) = 12$ ....(ii)

समी. (i) एवं (ii) से,

$x = \frac{15}{2}$ किमी./घंटा

∴ स्थिर जल में 8 किमी. में लगा समय

$= \frac{8}{\frac{15}{2}} = \frac{16}{15}$ घंटा $= 64$ मिनट

∴ 1 घंटा 4 मिनट समय लगेगा।

69. (a)

माना हवाई जहाज की औसत गति x किमी./घंटा है।

800 किमी. उड़ने में लगा समय $= t$

∴ प्रश्नानुसार

$\frac{800}{x} = t$ .....(i)

$\frac{800}{x+40} = t - \frac{40}{60}$ ....(ii)

समी. (i) एवं (ii) से,

$\frac{800}{x} = \frac{800}{x+4} + \frac{2}{3}$

$\Rightarrow \quad \frac{4 \times 800}{x(x+4)} = \frac{2}{3}$

$\Rightarrow \quad 2x^2 + 8x = 9600$

$\Rightarrow \quad x^2 + 4x - 4800 = 0$

$x = 1269.3109, 1130.8$ (किमी./घंटा)

∴ विमान की गति 1269.3109 किमी./घंटा होगी

70. (c)

माना कि एक मूल a है।

∴ दूसरा मूल $= 6a$

मूलों का योग $= 7a = \frac{14}{P}$ ......(i)

मूलों का गुणन $= \frac{8}{P} = 6a^2$ ....(ii)

$\frac{8}{6P} = \left(\frac{14}{7P}\right)^2$

$\frac{8}{6P} = \frac{4}{P^2}$

$\Rightarrow \quad 8P^2 = 24P$

$\Rightarrow \quad P = 3$

श्रेणी
Progression

श्रेणी तीन प्रकार के होते हैं। समान्तर श्रेणी (Arithmetic Progression) गुणोत्तर श्रेणी (Geometric Progression) एवं हरात्मक श्रेणी (Harmonic Progression)

समान्तर श्रेणी (Arithmetic Progression)

यदि श्रेणी के दो लगातार पदों (Terms) का अन्तर समान हो तो उसे समान्तर श्रेणी जिसे संक्षेप में (A.P), कहेंगे। एवं समान अन्तर को सर्वान्तर (Common Difference) कहते हैं और इसे (d) से सूचित करते हैं।

4, 7, 10, 13…………….. यह A.P में है।

पहले पद को a से सूचित करते हैं।

Common Difference को d से सूचित करते हैं।

- A.P का n वाँ पद $= a + (n-1)\,d$
- A.P में n पदों को योग $= \frac{n}{2}\{2a + (n-1)\,d\}$ या $\frac{n}{2}(a+l)$ यहाँ $l =$ अंतिम पद
- समान्तर माध्य (Arithmetic Mean): यदि किसी समान्तर श्रेणी के तीन लगातार पद दिये जाये तो बीच वाली संख्या समान्तर माध्य कहलाती है। यदि $a, b, c,$ A.P में हो तो $b = \frac{a+c}{2}$; AM $= b$
- यदि दो समान्तर श्रेणियों को जोड़कर नया श्रेणी बनाया जाय तो वह भी A.P में होगा।

गुणोत्तर श्रेणी (Geometric Progression)

यदि किसी श्रेणी के दो लगातार पदों का अनुपात बराबर हो तो उसे गुणोत्तर श्रेणी कहेंगे और समान अनुपात को Common ratio कहते हैं।

2, 4, 8, 16, 32, 64,……….. G.P

जिससे गुणा किया जाये उसे Common ratio कहते हैं।

$r = \frac{\text{दूसरा पद}}{\text{पहला पद}}$

$a =$ पहला पद

Common Ratio $= r$

n वाँ पद $(t_n) = ar^{n-1}$

n पदों का योग $= \frac{a(r^n - 1)}{r-1}$ जब $r > 1$

n पदों का योग $= \frac{a(1 - r^n)}{r - r}$ जब $r < 1$

अनन्त पदों का योग $= \frac{a}{1-r}$ जब $r < 1$

जब ratio, $r > 1$ तो अनन्तः पदों का योग नहीं निकाला जा सकता।

गुणोत्तर माध्य (Geometric Mean)

यदि a, b, c G.P में हो तब गुणोत्तर माध्य (NM) b होगा

गुणोत्तर माध्य (G.M) $= \sqrt{ac}$

$\therefore\ b = \sqrt{ac}$

हरात्मक श्रेणी (Harmonic Progression)

यदि कोई श्रेणी समांतर श्रेणी (A.P) के व्यत्क्रम से बनी हुई हो तो उसे हरात्मक श्रेणी (H.P) कहते हैं।

$a, b, c,$ ……………. (A.P)

$\frac{1}{a}, \frac{1}{b}, \frac{1}{c}$ ……….. (H.P)

जब किसी दूरी को बराबर भागों में बाँट कर विभिन्न चालों द्वारा तय किया जाय तो औसत चाल हरात्मक माध्य के बराबर होगा।

हरात्मक माध्य (Harmonic Mean) $= \frac{2ab}{a+b}$.

उदाहरण (Examples)

1. श्रेणी 4, 9, 14, 19, ……….. का कौन-सा पद 109 होगा?

हल: $a = 4$

$a = 5$

t_n या $l = 109$

$n = ?$

$t_n = a + (n-1)\,d$

या

$l = a + (n-1)\,d$

$109 = 4 + (n-1)5$

$(n-1)5 = 109 - 4$

$(n-1)5 = 105$

$n - 1 = 21$

$n = 21 + 1 = 22$

$n = 22$ वाँ पद

2. श्रेणी $1 + 3 + 5 + 7 + ... + 73 + 75$ में कुल कितने पद हैं?

हल: $a = 1,\ d = 2,\ t_n = 75, n = ?$

$t_n = a + (n-1)d$

$75 = 1 + (n-1)2$

$(n-1)^2 = 75 - 1$

$n - 1 = \frac{74}{2}$

$n - 1 = 37$

$n = 37 + 1$

$n = 38$

अर्थात् कुल 38 पद हैं।

3. 3 तथा 200 के बीच 7 से विभक्त होने वाली कितनी प्राकृत संख्याएँ हैं।

हल: 7, 14, 21 ………….. 196

$a = 7$

$t_n = 196$

$d = 7$

$n = ?$

$t_n = a + (n-1)d$

$196 = 7 + (n-1)7$

$(n-1)7 = 196 - 7$

$(n-1) = 189$

$-1 = 27$

$n = 27 + 1$

$x = 28$

3 तथा 200 के बीच से विभक्त होने वाली कुल 28 प्राकृत संख्याएँ हैं।

4. 51 से 100 तक की प्राकृत संख्याओं का योग कितना है?

$51 + 52 + ... + 100$

हल: $a = 51$

$l = 100$

$n = 50$

$s_n = \frac{n}{2}(a + l)$

$= \frac{50}{2}(51 + 100)$

$= 25 \times 151 = 3775$

5. 100 से कम सभी सम संख्याओं का योग कितना है।

हल: $2 + 4 + 6 + ... + 98$

$n = \frac{\text{अंतिम पद}}{2}$

$= \frac{98}{2} = 49$

योग $d = n(n + 1)$

$49 \times 50 = 2450$

6. $(1 + 2 + 3 + 3 + ... + 49 +$
$50 + 49 + 48 + ... + 3 + 2 + 1 = ?$
$(1 + 2 + 3 + ... + 49 + 50)$
$+ (49 + 48 + ... + 3 + 2 + 1)$

हल: $= \frac{50 \times 56}{2} + \frac{49 \times 50}{2}$

$= 25 \times 51 + 49 \times 25$

$= 1275 + 1225$

$= 2500$

7. श्रेणी 5, 10, 20, 40 ………… का कौन-सा पद 1280 है?

हल: $a = 5$

$n = 2$

$t_m = 1280$

$n = ?$

$t_m = ar^{n-1}$

$1280 = 5(2)^{n-1}$

$256 = (2)^{n-1}$

$2^8 = 2^{n-1}$

$8 = n - 1$

$n = 9$

8. एक गुणोत्तर श्रेणी के प्रथम 8 पदों का योग 6560 तथा सर्वानुपात 3 है। इस श्रेणी का प्रथम पद क्या है?

हल: $s = 6560$

$r = 3$

$n = 8$

$a = ?$

$n > 1$

n पदों का योग $= \dfrac{a(r^n - 1)}{r_1}$

$$6560 = \frac{a(3^8 - 1)}{3 - 1}$$

$$6560 = \frac{a\,(3^8 - 1)}{2}$$

$$6560 = \frac{a\left\{(3^4)^2 - (1)^2\right\}}{2}$$

$$3^8 - 1^2 = (3^4)^2 - 1^2$$

$$= (3^4 - 1)\,(3^4 + 1)$$

$$= 80 \times 82$$

$$a\left\{(3^4)^2 - 1^2\right\} = 6560 \times 2$$

$$a \times 80 \times 82 = 6560 \times 2$$

$$a = \frac{6560 \times 2}{80 \times 82}$$

9. यदि $(k - 2), (2k + 1), (6k + 3)$ गुणोत्तर श्रेणी में हो तो $k = ?$ अगर a, b, c G.P में हो तब

हल: $b^2 = ac$

$$(2k + 1)^2 = (k - 2)\,(6k + 3)$$

$$4k^2\ 4k + 1 = 6k^2 + 3k - 12k - 6$$

$$4k^2 + 4k + 1 = 6k^2 - 9k - 6$$

$$6k^2 - 9k - 6 - 4k^2 - 4k - 1 = 0$$

$$2k^2 - 14k + k - 7 = 0$$

$$2k\,(k - 7) + 1\,(k - 7) = 0$$

$$(2k + 1)\,(k - 7) = 0$$

$$2k + 1 = 0$$

$$2k = -1$$

$$k = \frac{-1}{2}$$

$$k - 7 = 0$$

$$k = 7$$

10. हरात्मक श्रेणी $\frac{3}{2}, \frac{6}{5}, 1 \ldots\ldots$ का 16वाँ पद, क्या है?

$\frac{2}{3}, \frac{5}{6}, 1 \ldots\ldots\ldots\ldots$ (A.P)

हल: $a = \dfrac{2}{3}$

$$a = \frac{5}{6} - \frac{2}{3} = \frac{5 - 4}{6} = \frac{1}{6}$$

$$d = 1 - \frac{5}{6} = \frac{6 - 5}{6} = \frac{1}{6}$$

$$n = 16$$

16वाँ पद $= a + (n - 1)\,d$

$$= \frac{2}{3} + (16 - 1) \times \frac{1}{6}$$

$$= \frac{2}{3} + 15 \times \frac{1}{6}$$

$$\frac{2}{3} + \frac{5}{2} < \frac{4 + 15}{6}$$

$$= \frac{19}{6}$$

अभ्यास प्रश्न (Practice Questions)

1. दो संख्याओं की सभी संख्याओं का योग निकालें। जिन्हें 4 से विभाजित करने पर शेष 1 बचता है?
   (a) 1200 (b) 1210
   (c) 1250 (d) इनमें से कोई नहीं।
2. प्रथम n संख्याओं का योग $3n^2 - n$ है। समांतर श्रेणी का सार्व अंतर 6 है, तो प्रथम पद क्या है?
   (a) 2 (b) 3
   (c) 1 (d) 4
3. किसी समांतर श्रेणी का पहला और अंतिम पद क्रमशः 1 और 11 हैं। यदि उनका योग 36 है, तो पदों की संख्या क्या है?
   (a) 5 (b) 6
   (c) 7 (d) 8
4. किसी समांतर श्रेणी के n पदों का योग $3n^2 + 5n$ है। उसका कौन सा पद 164 है?
   (a) 26वाँ (b) 28वाँ
   (c) 25वाँ (d) 27वाँ
5. किसी समांतर श्रेणी के n पदों का योग $2n^2 + 5n$ है, उसका n वाँ पद क्या होगा?
   (a) $4n - 3$ (b) $3n - 4$
   (c) $4n + 3$ (d) $3n + 4$
6. समांतर श्रेणी 3, 7, 11, 15,....... के कितने पदों का योग 406 है?
   (a) 10 (b) 12
   (c) 14 (d) 20
7. किसी समांतर श्रेणी का प्रथम पद 2 तथा सार्व अंतर 4 है, तो 40 पदों का योग क्या होगा?
   (a) 3200 (b) 1600
   (c) 200 (d) 2800
8. किसी समांतर श्रेणी का 7वाँ तथा 13वाँ पद क्रमशः 34 और 64 है। उसका 18वाँ पद क्या होगा?
   (a) 90 (b) 88
   (c) 87 (d) 89
9. 100 और 200 के बीच सभी विषम संख्याओं का योग क्या होगा?
   (a) 7500 (b) 7200
   (c) 7800 (d) 7000
10. किसी समांतर श्रेणी का तीसरा पद 7 है। सातवाँ पद तीसरे पद के तीन गुने से 2 अधिक है, तो सार्व अंतर क्या है?
   (a) 4 (b) 2
   (c) 6 (d) –2
11. किसी समांतर श्रेणी का 5वाँ तथा 12वाँ पद क्रमशः 30 और 65 है। प्रथम 20 पदों का योग क्या होगा?
   (a) 1200 (b) 1150
   (c) 1250 (d) 1500
12. किसी समांतर श्रेणी का पहला पद 2 तथा अंतिम पद 50 है, इन पदों का योग 442 है। सार्व अंतर क्या है?
   (a) 3 (b) –3
   (c) 2 (d) 4
13. समांतर श्रेणी 50, 46, 42, ... के 10 पदों का योग क्या होगा?
   (a) 320 (b) 300
   (c) 420 (d) 400
14. समांतर श्रेणी 1, 4, 7, 10, ... का 10वाँ पद क्या होगा?
   (a) 28 (b) 30
   (c) 25 (d) 32
15. समांतर श्रेणी 3, 8, 13, ... का कौन सा पद 248 है?
   (a) 50वाँ (b) 48वाँ
   (c) 45वाँ (d) इनमें से कोई नहीं।
16. समांतर श्रेणी 7, 10, 13, ...43 में कितने पद हैं?
   (a) 12 (b) 10
   (c) 13 (d) 11
17. किसी समांतर श्रेणी का 6वाँ तथा 17वाँ पद क्रमशः 19 और 41 हैं, तो 40वाँ पद क्या होगा?
   (a) 77 (b) 80
   (c) 87 (d) इनमें से कोई नहीं।

18. किसी समांतर श्रेणी का 10वाँ तथा 17वाँ पद क्रमशः 19 और 41 हैं, तो 40वाँ पद क्या होगा?
(a) 105 (b) 108
(c) 95 (d) इनमें से कोई नहीं।

19. 12 और -8 का समांतर माध्य क्या होगा?
(a) 2 (b) 10
(c) 4 (d) 8

20. प्रथम n सम प्राकृत संख्याओं का योग प्रथम n विषम संख्याओं के योग का K गुणा है। K = ?
(a) $\frac{1}{n}$ (b) $\frac{n-1}{n}$
(c) $\frac{n+1}{2n}$ (d) $\frac{n+1}{n}$

21. किसी गुणोत्तर श्रेणी में $(P+d)$ वाँ पद m है तथा (P – d) वाँ पद n है, तो इसका P वाँ पद क्या होगा?
(a) mn (b) $\sqrt{mn}$
(c) $\frac{1}{2}(m+n)$ (d) 0

22. किसी गुणोत्तर श्रेणी का 10वाँ पद 9 है तथा चौथा पद 4 है, तो इसका 7वाँ पद क्या होगा?
(a) 36 (b) 6
(c) $\frac{4}{9}$ (d) $\frac{9}{4}$

23. $32, (32)^{\frac{1}{36}}, (32)^{\frac{1}{36}}, ...\infty$ का गुणनफल क्या होगा?
(a) 32 (b) 16
(c) 64 (d) 0

24. $9^{\frac{1}{3}} \times 9^{\frac{1}{9}} \times 9^{\frac{1}{27}} \times ....\infty = ?$
(a) 1 (b) 9
(c) 3 (d) 27

25. किसी गुणोत्तर श्रेणी का nवाँ पद 128 है। उसके n पदों का योग 225 है। यदि सार्व अनुपात 2 हो, तो पहला पद क्या है?
(a) 8 (b) 31
(c) 1 (d) 2

26. $1 + 2 + 3 + \ldots\ldots + 80 = ?$
(a) 6480 (b) 3240
(c) 1620 (d) 2430

27. किसी अनंत श्रेणी का योग B है तथा इसका दूसरा पद 2 है तो सार्व अनुपात क्या होगा?
(a) $\frac{3}{4}$ (b) $\frac{2}{3}$
(c) $\frac{1}{4}$ (d) $\frac{1}{2}$

28. किसी गुणोत्तर श्रेणी के n पदों का योग $2^n - 1$ है। इसका सार्व अनुपात क्या है?
(a) $-\frac{1}{2}$ (b) $\frac{1}{2}$
(c) 3 (d) 2

29. गुणोत्तर श्रेणी $3, \sqrt{3}, 1, \ldots\ldots$ का nवाँ पद $\frac{1}{243}$ है, तो n का मान क्या है?
(a) 12 (b) 13
(c) 14 (d) 15

30. 27 और 243 का गुणोत्तर माध्य क्या है?
(a) 135 (b) 81
(c) $3\sqrt{30}$ (d) 40.5

31. किसी चतुर्भुज के कोण समांतर श्रेणी में हैं। सार्व अंतर 10° है, तो सबसे बड़ा कोण कौन सा है?
(a) 110° (b) 120°
(c) 105° (d) 130°

32. गुणोत्तर श्रेणी $2, \sqrt{8}, 4, \sqrt{32}$ का 17 वाँ पद क्या है?
(a) 256 (b) 512
(c) $128\sqrt{2}$ (d) $256\sqrt{2}$

33. किसी समांत्तर श्रेणी के तीन पदों का योग 24 तथा गुणनफल 440 है, तो उन तीनों में सबसे बड़ी संख्या क्या है?
(a) 13 (b) 11
(c) 9 (d) 12

34. किसी गुणोत्तर श्रेणी 3, 6, 12, 24, …… 12288 का अंतिम से 8वाँ पद क्या होगा?
(a) 96 (b) 192
(c) 48 (d) 288

35. किसी गुणोत्तर श्रेणी का 4 वाँ पद $\frac{1}{18}$ तथा 7 वाँ पद $-\frac{1}{486}$ है तो पहला पद क्या होगा?
(a) $\frac{2}{3}$ (b) $-\frac{2}{3}$
(c) $\frac{3}{2}$ (d) $-\frac{3}{2}$

36. गुणोत्तर श्रेणी $\sqrt{3},3,3\sqrt{3}$ का कौन सा पद 729 होगा?

(a) 11वाँ (b) 12वाँ
(c) 10वाँ (d) 13वाँ

37. किसी समांतर श्रेणी का तीसरा पद 1 तथा 6वाँ पद –11 है। उस श्रेणी के 32 पदों का योग क्या होगा?

(a) 1696 (b) –1696
(c) 848 (d) –848

38. किसी समकोण त्रिभुज की भुजाएँ समांतर श्रेणी में हैं, तो भुजाओं का अनुपात क्या है?

(a) 1:2:3 (b) 2:3:4
(c) 3:4:5 (d) 5:8:3

39. 4 एवं 26 के बीच 10 समांतर माध्यों का योग है।

(a) 300 (b) 150
(c) 15 (d) NOT

40. $1^2+2^2+3^2+4^2 \ldots\ldots + n^2$

(a) $\left[n\left(\frac{n+1}{2}\right)^2\right]$ (b) $\frac{n(n+1)}{2}$
(c) $\frac{n(n+1)(2n+1)}{6}$ (d) $\frac{n^2(2n+1)^2}{6}$

41. किसी समांतर श्रेणी का nवाँ पद (2n+1) है, तो शुरू से n पदों का योग है:

(a) $n^2 + 2n$ (b) $n^2 + n$
(c) n(n + 3) (d) n(n + 5)

42. $1.4 + 2.5 + \ldots\ldots + n(n + 3) = ?$

(a) $\frac{n(n^2+6n+5)}{3}$ (b) $\frac{n(n^2-6n+5)}{3}$
(c) $\frac{n(n^2-7n+6)}{3}$ (d) $\frac{n^3+6n^2+7n}{4}$

43. 3 + 7 + 13 + 21 + 31 ….. n पदों का योग होगा।

(a) $\frac{n(n^2+3n+5)}{5}$ (b) $\frac{n(n^2-3n+5)}{5}$
(c) $\frac{n^3+6n^2+5n}{5}$ (d) $\frac{n^3+7n^2+7}{6}$

44. 6 + 66 + 666 + 6666 = ??

(a) 7404 (b) 8466
(c) 8464 (d) 6174

45. यदि किसी गुणोत्तर श्रेणी का प्रथम पद 1 है, एवं सार्व अनुपात 3 है, एवं nवाँ पद 243 है, तो n का मान होगा।

(a) 10 (b) 6
(c) 8 (d) 5

46. $\tan\frac{\pi}{3}, \tan\frac{\pi}{4}, \tan\frac{\pi}{6}$

(a) समांतर (b) गुणोत्तर
(c) हरात्मक श्रेणी में होगे।

47. यदि गुणोत्तर माध्य का तीसरा पद 4 है, तो शुरू के पाँच पदों का गुणनफल होगा।

(a) 4^3 (b) 4^5
(c) 4^4 (d) NOT

48. यदि गुणोत्तर माध्य 4 है, एवं उनमें से दो संख्याएँ 2 एवं 4 हैं, तो तीसरी संख्या होगी:

(a) 5 (b) 6
(c) 8 (d) 16

49. $1^3 + 2^3 + 3^3 + 4^3 \ldots\ldots$ 9 पदों का योग होगा:

(a) 285 (b) 45
(c) 1325 (d) 2025

50. $\frac{1}{1.2}+\frac{1}{2.3}+\frac{1}{3.4}\ldots\ldots$ श्रेणी के 8 पदों का योग होगा:

(a) $\frac{7}{9}$ (b) $\frac{8}{9}$
(c) $\frac{16}{7}$ (d) $\frac{17}{9}$

51. $\frac{1}{8},\frac{1}{16},\frac{1}{32},\frac{1}{64}$ का 7वाँ पद होगा।

(a) $\frac{1}{64}$ (b) $\frac{1}{512}$
(c) $\frac{1}{1024}$ (d) $\frac{1}{256}$

52. $1^2 + 3^2 + 5^2 + 7^2 \ldots\ldots$ श्रेणी के 11 पदों को योग होगा।

(a) 1131 (b) 867
(c) 121 (d) 891

53. यदि एक घड़ी एक बजने पर एक बार, दो बजने पर दो बार बजती है एवं इसी क्रम को बनाए रखती है, तो 12 घंटे में घड़ी कितने बार बजेगी?

(a) 36 (b) 144
(c) 78 (d) 12

54. एक बगीचे में 25 पेड़ समान दूरी पर लगाए गए हैं। यदि पहले और आखिरी पेड़ के बीच की दूरी 125 मी. है एवं एक माली पेड़ों को पानी देने के लिए पहले पेड़ से 10मी. की दूरी पर स्थित एक तालाब से पानी लेता है एवं लौटकर पानी देता है, तो सभी पड़ों को पानी देने के लिए उसे कितनी दूरी तय करनी पड़ेगी?

(a) 3370 मी. (b) 3070 मी.
(c) 3360 मी. (d) 3980 मी.

55. 54 + 51 + 48 + 45 + ... के कितने पदों का योग 513 होगा?

(a) 21 (b) 18
(c) 17, 18 (d) 18, 19

56. 101 एवं 999 के बीच की सभी सम संख्याओं का योग क्या है?

(a) 246950 (b) 246850
(c) 247850 (d) 256950

57. यदि किसी सामांतर श्रेणी के P पदों का योग 9 है, तथा 9 पदों का योग P है, तो (P + 9) पदों का योग होगा।

(a) शून्य (b) 1
(c) 2(p + 9) (d) –(p + 9)

58. गुणोत्तर श्रेणी में तीन संख्याओं का योग 21 है एवं उनके वर्गों का योग 189 है, तो तीनों संख्याएँ होंगी

(a) 16, 12, 3 (b) 3, 6, 12
(c) 4, 7, 10 (d) 5, 10, 6

59. एक आदमी पहले दिन 2 रुपये बचाता है, दूसरे दिन 4 रुपये बचाता है, तीसरे दिन 8 रुपये बचाता है, तो 10 वें दिन की उसकी बचत राशि क्या होगी?

(a) 512 (b) 64
(c) 1024 (d) 256

60. 5 एवं 8 का गुणोत्तर तथा हरात्मक माध्य क्या होगा।

(a) $2\sqrt{5}, \frac{80}{13}$ (b) $2\sqrt{10}, \frac{64}{13}$
(c) $2\sqrt{5}, \frac{80}{13}$ (d) $2\sqrt{10}, \frac{80}{13}$

61. $1, \frac{1}{3}, \frac{1}{5}, \frac{1}{7}, ...$ श्रेणी का 61वाँ पद क्या होगा?

(a) $\frac{1}{123}$ (b) $\frac{1}{120}$
(c) $\frac{1}{121}$ (d) $\frac{1}{119}$

62. $1 + (1 + 2) + (1 + 2 + 2^2)$ ..... श्रेणी के छह पदों का योग है

(a) 126 (b) 120
(c) 63 (d) 173

63. 25, 27, 5 का गुणोत्तर माध्य क्या होगा?

(a) 15 (b) 20
(c) $\sqrt{75}$ (d) 45

64. एक लड़का पहले दिन 1 रुपया कमाता है, दूसरे दिन 2 रुपया कमाता है तीसरे दिन 4 रुपये कमाता है तथा चौथे दिन 8 रुपये कमाता है, तो 110 दिनों बाद उसके पास कुल जमा राशि होगी

(a) $2^{109} - 1$ रु. (b) $2^{111} - 1$ रु.
(c) $2^{110} - 1$ रु. (d) 2^{110-1} रु.

65. यदि दो संख्याओं का गुणोत्तर तथा सामांतर माध्य क्रमश: 16 एवं 4 है, तो हरात्मक माध्य होगा?

(a) 7 (b) 8
(c) 10 (d) 9

66. $1 + \frac{1}{4} + \frac{1}{16} + \frac{1}{64} ......\infty$ का योग है

(a) $\frac{7}{2}$ (b) $\frac{5}{3}$
(c) $\frac{3}{2}$ (d) $\frac{4}{3}$

67. यदि किसी श्रेणी का nवाँ पद $3.2^n - 4$ है, तो 100 पदों का योग क्या होगा?

(a) $6.2^{99} - 106$ (b) $6.2^{100} - 106$
(c) $6.2^{100} - 105$ (d) $9.2^{98} - 106$

68. प्रथम दस पदों का योग क्या होगा

श्रेणी : 3 + 5 + 9 + 17 + 33 ....

(a) 1024 (b) 1032
(c) 1036 (d) 1028

69. 5 एवं 160 के बीच 2 गुणोत्तर माध्यों का गुणनफल क्या होगा?

(a) 200 (b) 800
(c) 400 (d) 250

70. 24, 36, 48, 60, 72 ......, 264 दिए गए श्रेणी में प्रथम से पाँचवें एवं आखिरी से तीसरे पद का योग क्या होगा?

(a) 288 (b) 256
(c) 416 (d) 312

उत्तरमाला (Answer Key)

1. (b)	2. (a)	3. (b)	4. (d)	5. (c)	6. (c)	7. (a)	8. (d)	9. (a)	10. (a)
11. (b)	12. (a)	13. (a)	14. (a)	15. (a)	16. (c)	17. (d)	18. (a)	19. (a)	20. (d)
21. (b)	22. (b)	23. (c)	24. (c)	25. (b)	26. (d)	27. (d)	28. (d)	29. (b)	30. (b)
31. (c)	32. (b)	33. (b)	34. (a)	35. (d)	36. (b)	37. (b)	38. (c)	39. (b)	40. (c)
41. (a)	42. (c)	43. (a)	44. (a)	45. (b)	46. (b)	47. (b)	48. (c)	49. (d)	50. (b)
51. (b)	52. (d)	53. (c)	54. (c)	55. (d)	56. (a)	57. (a)	58. (b)	59. (c)	60. (d)
61. (c)	62. (b)	63. (a)	64. (c)	65. (b)	66. (d)	67. (b)	68. (b)	69. (b)	70. (d)

हल (Solutions)

1. (b)

श्रेणी का समान पद $= (4r + 1)$

$\therefore$ श्रेणी होगी $\rightarrow$ 13, 17, 21 ……, 97

प्रथम पद $= 13$

सार्व अन्तर $= (17 - 13) = 4$

$\therefore 13 + 17 + 21 \ldots\ldots + 97$ में पदों की संख्या $= n$

$\Rightarrow 13 + (n - 1)\,4 = 97$

$n = 22$

$\therefore$ योग $= \frac{22}{2}[13 + 97] = 11 \times 110 = 1210$

2. (a)

प्रथम n संख्याओं का योग $= \frac{n}{2}[2a + (n - 1)\,d]$

जहाँ $d = 6$

$\therefore$ प्रश्न के अनुसार,

$\frac{n}{2}[2a + (n - 1)\,6] = 3n^2 - n$

$\Rightarrow 2a + 6n - 6 = 6n - 2$

$\Rightarrow 2a = 4$

$\Rightarrow a = 2$

$\therefore$ प्रथम पद $= 2$

3. (b)

प्रथम n संख्याओं का योग (समांतर श्रेणी)

$= \frac{n}{2}[2a + (n - 1)\,d]$

$= \frac{n}{2}[a + \{a + (n - 1)\,d\}]$

$= \frac{n}{2}[a + l]$

जहाँ, l समांतर श्रेणी का अंतिम पद है।

$\therefore$ प्रश्न के अनुसार,

$S = \frac{n}{2}[a + l]$

$\Rightarrow 36 = \frac{n}{2}[1 + 11]$

$\Rightarrow n = 6$

4. (d)

$S_n = 3n^2 + 5n$

$\therefore\ S_1 = 3(1)^2 + 5(1) = 8$

$S_2 = 3(2)^2 + 5(2) = 22$

$\Rightarrow S_1 = a_1 = 8$, और $a_2 = S_2 - S_1 = 22 - 8 = 14$

$\therefore d = a_2 - a_1 = 14 - 8 = 6$

$\therefore a_n = a_1 + (n - 1)d$

$\Rightarrow 164 = 8 + (n - 1)\,6$

$\Rightarrow 26 = n - 1$

$\Rightarrow n = 27$

5. (c)

$a_n = S_n - S_{n-1}$

$= (2n^2 + 5n) - \{2(n-1)^2 + 5(n-1)\}$

$= 2n^2 + 5n - \{2n^2 + 2 - 4n + 5n - 5\}$

$= 3 + 4n$

6. (c)

माना कि समांतर श्रेणी के n पदों का योग 406 है,

$\therefore\ S_n = 406$

$\Rightarrow S_n = \frac{n}{2}[2a + (n-1)d]$ $\{d = 7 - 3 = 4\}$

$\Rightarrow 406 = \frac{n}{2}[2 \times 3 + (n-1)4]$

$\Rightarrow 812 = 6n + 4n^2 - 4n$

$\Rightarrow 812 = 4n^2 + 2n$

$\Rightarrow 2n^2 + n - 406 = 0$

⇒ इस समीकरण को हल करने पर,

$n = 14$

7. (a)

$a = 2, d = 4, n = 40$

$S_n = \frac{n}{2}[2a + (n-1)d]$

$= \frac{40}{2}[2 \times 2 + 39 \times 4]$

$= 80 + 39 \times 40 \times 2 = 80(39 + 1) = 80 \times 40$

$= 3200$

8. (d)

a_7 = समांतर श्रेणी का सातवाँ पद

a_{13} = समांतर श्रेणी का तेरहवाँ पद

$a_n = a + (n-1)d \ \therefore a_7 = a + 6d = 34$ ......(i)

$a_{13} = a + 12d = 64$ ......(ii)

समीकरण (i) एवं (ii) को हल करने पर,

$d = 5, a = 4$

∴ 18वाँ पद $= a_{18} = a + 17d$

$= 4 + 17 \times 5$

$= 89$

9. (a)

पहली विषम संख्या = 101 एवं अंतिम विषम संख्या = 199

दो विषम संख्याओं के बीच का अन्तर = सर्वांतर = 2

$a_n = a + (n-1)d$

$\therefore\ 199 = 101 + (n-1)d$

$\Rightarrow n = 50$

$\therefore S_n = \frac{n}{2}[a + l]$

$= \frac{50}{2}[101 + 199] = 25 \times 300 = 7500$

10. (a)

तीसरा पद $= a + (3-1)d = a + 2d = 7$ ....(i)

सातवाँ पद $= a + (7-1)d = a + 6d$

∴ प्रश्न के अनुसार,

$3[a + 2d] + 2 = a + 6d$

$\Rightarrow\ 2a + 6d - 6d = -2$

$\Rightarrow 2a = -2$ ....(ii)

समीकरण (ii) से a का मान समी. (i) में रखने पर,

$2d = 8$

$\Rightarrow d = 4$

सार्वअंतर = 4

11. (b)

समांतर श्रेणी का 5वाँ पद $= a + 4d = 30$ ......(i)

समांतर श्रेणी का 12वाँ पद $= a + 11d = 65$ ...(ii)

दोनों समीकरणों को हल करने पर,

$d = 5, a = 10$

प्रथम 20 पदों का योग

$= S_{20} = \frac{20}{2}[2 \times 10 + (20-1)5]$

$= 10[20 + 95] = 115 \times 10 = 1150$

12. (a)

$S_n = \frac{n}{2}[a + l]$

$\Rightarrow 442 = \frac{n}{2}[2 + 50]$

$\Rightarrow n = \frac{442 \times 2}{52} = 17$

$\therefore a_n = a + (n-1)d$

$\Rightarrow 50 = 2 + (17-1)d$

$\Rightarrow 16d = 48$

$\Rightarrow d = 3$

13. (a)

सार्वअंतर $= 46 - 50 = -4$

$S_{10} = \frac{10}{2}[2 \times 50 + (10-1) - 4] = 5[100 - 36]$

$= 5 \times 64 = 320$

14. (a)

सार्वअंतर $= 4 - 1 = 3$

दसवाँ पद $= a_{10} = a + (10 - 1)\, d = a + 9d$

$= 1 + 9 \times 3$

$= 28$

15. (a)

$a_n = a + (n - 1)d$

$\Rightarrow \quad 248 = 3 + (n - 1)5 \qquad \{d = 8 - 3 = 5\}$

$\Rightarrow \quad (n - 1) = \dfrac{245}{5} = 49$

$\Rightarrow \quad n = 50$

16. (c)

$a_n = 43, a = 7, d = 10 - 7 = 3$

$\Rightarrow \quad a_n = a + (n - 1)\, d$

$\Rightarrow \quad 43 = 7 + (n - 1)\, 3$

$\Rightarrow \quad 36 = (n - 1)\, 3$

$\Rightarrow \quad n = 13$

17. (d)

समांतर श्रेणी का छठा पद $= a + 5d = 19$.......(i)

समांतर श्रेणी का 17वाँ पद $= a + 16d = 41$..(ii)

दोनों समीकरणों से, $a = 9, d = \dfrac{22}{11} = 2$

$\therefore$ 40वाँ पद $= a + (40 - 1)\, d = a + 39d$

$= 9 + (39 \times 2) = 81$

18. (a)

समांतर श्रेणी का 10वाँ पद $= a + 9d = 41$.....(i)

समांतर श्रेणी का 18वाँ पद $= a + 17d = 73$...(ii)

दोनों समीकरणों से, $d = 4, a = 5$

$\therefore$ 26 वाँ पद $= a + (26 - 1)d = a + 25d$

$= 5 + 25 \times 4 = 105$

19. (a)

a तथा b का समांतर माध्य $= \dfrac{a+b}{2}$

$\therefore$ 12 तथा -8 का समांतर माध्य $= \dfrac{(12)+(-8)}{2}$

$= 2$

20. (d)

प्रथम n सम प्राकृत संख्याओं का योग

$= n\,(n + 1)$

एवं प्रथम n विषम प्राकृत संख्याओं का योग

$= n^2$

$\therefore$ प्रश्न के अनुसार,

$Kn^2 = n\,(n + 1)$

$\Rightarrow k = \dfrac{n+1}{n}$

21. (b)

माना कि गुणोत्तर श्रेणी का सार्व अनुपात r है, एवं, प्रथम पद a है।

$\therefore$ $(p + d)$ वाँ पद $= a(r)^{p+d-1} = m$ ......(i)

$P - d$ वाँ पद $= a(r)^{p-d-1} = n$ ......(ii)

समी. (i) ÷ समी. (ii)

$(r)^{2d} = \dfrac{m}{n} \Rightarrow r = \left(\dfrac{m}{n}\right)^{\frac{1}{2d}}$

समी. (i) में r का मान रखने पर,

$a = mr^{1-d-p} = m\left(\dfrac{m}{n}\right)^{\frac{1-d-p}{2d}}$

$\therefore$ p वाँ पद $= a(r)^{p-1} = m\left(\dfrac{m}{n}\right)^{\frac{1-d-p}{2d}}\left(\dfrac{m}{n}\right)^{\frac{p-1}{2d}}$

$= m\left(\dfrac{m}{n}\right)^{-1/2} = \dfrac{m\sqrt{n}}{\sqrt{m}} = \sqrt{mn}$

22. (b)

गुणोत्तर श्रेणी का 10वाँ पद $= a(r)^{10-1} = ar^9 = 9$ .....(i)

गुणोत्तर श्रेणी का चौथा पद $= a(r)^{(4-1)} = ar^3 = 4$ .....(ii)

समी. (i) को समी. (iii) से भाग देने पर

$r^6 = \dfrac{9}{4}$ .....(iii)

समी. (i) × समी. (ii)

$a^2\, r^{12} = (a)^2\, (r^2)^6 = a^2(r^6)^2 = a^2 \times \left(\dfrac{9}{4}\right)^2 = 36$

$\Rightarrow a = \dfrac{6\times4}{9} = \dfrac{24}{9}$

$\therefore$ $ar^6 =$ सातवाँ पद $= \dfrac{24}{9}\times\dfrac{9}{4} = 6$

23. (c)

$(32)\times(32)^{1/6}\times(32)^{1/36}$........∞

$= (32)^{1+1/6+1/36......\infty}$ [∞ तक योग $= \dfrac{a}{1-r}$]

$= (32)^{\frac{1}{1-1/6}} = (32)^{\frac{6}{5}} = 64$

24. (c)

$9^{1/3}\times9^{\frac{1}{9}}\times9^{\frac{1}{27}......\infty} = (9)^{\frac{1}{3}+\frac{1}{9}+\frac{1}{27}.....\infty}$

$S_\infty = \dfrac{1}{3}+\dfrac{1}{9}+\dfrac{1}{27}......\infty$ में $r = \dfrac{1}{3}$, एवं, $a = \dfrac{1}{3}$

$\therefore S_\infty = \dfrac{a}{1-r} = \dfrac{\frac{1}{3}}{1-\frac{1}{3}} = \dfrac{1}{2}$

$\therefore$ गुणनफल $= (9)^{\frac{1}{2}} = 3$

25. (b)

सार्व अनुपात $= r = 2$

गुणोत्तर श्रेणी का nवाँ पद $= a(r)^{n-1} = a(2)^{n-1}$

$\Rightarrow a(2)^{n-1} = 128$ .....(i)

गुणोत्तर श्रेणी के पदों का योग $= S_n = \frac{a(r^n - 1)}{r-1}$

$\Rightarrow 225 = \frac{a(2^n - 1)}{2-1} = a(2^n - 1)$ .....(ii)

$a(2)^n = 256$ {समी. से}

$\Rightarrow a(2^n - 1) = 225$

$\Rightarrow 256 - a = 225$

$\Rightarrow a = 31$

प्रथम n प्राकृत संख्याओं का योग $= \frac{n(n+1)}{2}$

$\therefore$ प्रथम 80 प्राकृत संख्याओं का योग $= \frac{80 \times 81}{2}$

$= 40 \times 81$

$= 3240$

27. (d)

अनंत श्रेणी का योग $= 8 = \frac{a}{1-r}$ ....(i)

दूसरा पद $= ar = 2 \Rightarrow a = \frac{2}{r}$ ....(ii)

समी. (ii) से a का मान समी. (i) में रखने पर,

$\Rightarrow \frac{2}{r(1-r)} = 8$

$\Rightarrow 4(r - r^2) = 1$

$\Rightarrow 4r^2 - 4r + 1 = 0$

$r = \frac{4 \pm \sqrt{(4)^2 - 4 \times 4 \times 1}}{2 \times 4} = \frac{1}{2}$

28. (d)

गुणोत्तर श्रेणी के पदों का योग $= \frac{a(r^n - 1)}{r-1}$

$= (2^n - 1)$

$\therefore r = 2$

सार्व अनुपात $= 2$

29. (b)

सार्व अनुपात $= \frac{\sqrt{3}}{3} = \frac{1}{\sqrt{3}}$

प्रथम पद $= 3$

$\therefore$ nवाँ पद $= ar^{n-1} = 3\left(\frac{1}{\sqrt{3}}\right)^{n-1} = \frac{1}{243}$

$\Rightarrow \left(\frac{1}{\sqrt{3}}\right)^{n-1} = \left(\frac{1}{3}\right)^{6}$

$\Rightarrow \quad n - 1 = 12$

$\Rightarrow \quad n = 13$

30. (b)

a तथा b का गुणोत्तर माध्य $= \sqrt{ab}$

$\therefore$ अभीष्ट गुणोत्तर माध्य $= (27 \times 243)^{\frac{1}{2}}$

$= (3)^{\frac{8}{2}} = (3)^4 = 81$

31. (c)

माना कि सबसे छोटा कोण $= x°$

$\therefore$ अन्य कोण $= (x + 10)°, (x + 20)°, (x + 30)°$

चतुभुर्ज के सभी कोणों का योग $= 360°$

$\Rightarrow 4x + 60 = 360$

$\Rightarrow \quad 4x = 300$

$\Rightarrow \quad x = 75°$

$(x + 30)° = 105°$

32. (b)

$2, \sqrt{8}, 4, \sqrt{32}$

$a = 2, r = \frac{\sqrt{8}}{2} = \sqrt{2}$

$\therefore$ 17 वाँ पद $= 0(r)^{16} = (2)\left(\sqrt{2}\right)^{16} = (2)^9$

$= (2^3)^3 = 512$

33. (b)

माना कि समांतर श्रेणी के तीन पद a – d, a, a + d हैं।

$\therefore (a - d) + a + (a + d) = 24$

$\Rightarrow 3a = 24 \Rightarrow a = 8$

गुणनफल $= a(a^2 - d^2) = 440$

$\Rightarrow 8(64 - d^2) = 440$

$\Rightarrow d^2 = 9$

$\Rightarrow d = 3$

$\therefore$ बड़ी संख्या $= (a + d) = 11$

34. (a)

सार्व अनुपात $= r = \frac{6}{3} = 2$

प्रथम पद $= 3$

$\therefore$ 8वाँ पद $= 3 \times (2)^7 = 128 \times 3 = 384$ (प्रथम से)

$\because$ गुणोत्तर श्रेणी में,

प्रथम से 8वाँ पद × अंतिम से 8वाँ पद

= पहला पद × अंतिम पद

अंतिम से 8वाँ पद $= \frac{3 \times 12288}{384}$

$= 96$

35. (d)

4वाँ पद $ar^3 = \frac{1}{18}$ .....(i)

7वाँ पद $ar^6 = -\frac{1}{486}$ .....(ii)

समी0 (i) का वर्ग को समी0 (ii) से भाग देने पर

$a = -\frac{486}{324} = -\frac{3}{2}$

36. (b)

सार्व अनुपात $= \frac{3}{\sqrt{3}} = \sqrt{3}$

$\Rightarrow$ प्रथम पद $= \sqrt{3}$

$\Rightarrow$ nवाँ पद $= ar^{n-1} = (\sqrt{3})(\sqrt{3})^{n-1} = (\sqrt{3})^n$

$= 729$

$(\sqrt{3})^n = (3)^6$

$n = 12$

37. (b)

समांतर श्रेणी का तीसरा पद $= (a + 2d) = 1$ ....(i)

समांतर श्रेणी का 6वाँ पद $= (a + 5d) = -11$ ...(ii)

दोनों समीकरणों को हल करने पर,

$\Rightarrow -3d = 12$

$\Rightarrow d = -4$

$\Rightarrow a = 9$

$\therefore$ प्रथम 32 पदों का योग

$= S_{32} = \frac{32}{2}[2\times9+31\times-4]$

$= 16\ [18 - 124]$

$= 16\ [-106] = -1696$

38. (c)

माना कि समकोण त्रिभुज की भुजाएँ

$a - d, a + d$ हैं, तो

$\Rightarrow (a + d)^2 = a^2 + (a - d)^2$

$\Rightarrow 4d = a^2$

$\therefore$ भुजाएँ हैं : $a-\frac{a^2}{4}, a, a+\frac{a^2}{4}$

अनुपात $\Rightarrow 4 - a^2 : 4a : 4 + a^2$

यदि $a = 1$ हो, तो

अनुपात $\Rightarrow 3 : 4 : 5$

39. (b)

4, 10 पद, 26 $\Rightarrow$ श्रेणी समांतर होगी।

$\therefore a_n = a + (n - 1)d$

$\Rightarrow 26 = 4 + (12 - 1)d$

$\Rightarrow d = 2$

$\therefore S_n = S_{10} = \frac{10}{2}[a+a_n] = \frac{10}{2}[6+24] = 150$

40. (c)

$1^2 + 2^2 + 3^2 + 4_2 \ldots.. + n^2 = \frac{n(n+1)(2n+1)}{6}$

41. (a)

$a_n = (2n + 1)$

$a_1 = 2 \times 1 + 1 = 3$

$a_2 = 2 \times 2 + 1 = 5$

$\Rightarrow d = a_2 - a_1 = 2$

$\therefore$ n पदों का योग $= S_n = \frac{n}{2}[2a + (n - 1) d]$

$= -[6 + (n - 1) 2]$

$= 3n + n^2 - n = n^2 + 2n$

42. (c)

सामान्य पद $= r(r + 3)$

$\therefore \sum_{r=1}^{n} r(r+3) = \sum_{r=1}^{n} r^2 + 3r = \sum_{r=1}^{n} r^2 + 3\sum_{r=1}^{n} r$

$= \frac{n(n+1)(2n+1)}{6} + \frac{3n(n+1)}{2}$

$= \frac{n(n+1)}{6}[2n+1+9]$

$= \frac{n(n+1)(2n+10)}{6}$

$= \frac{n(n+1)(n+5)}{3}$

43. (a)

$S_n = 3 + 7 + 13 + 21 + 31 \ldots.. + (n^2 + n + 1)$

$S_n = 3 + 7 + 13 + 21 \ldots + (n^2 - n + 1) + (n^2 + n + 1)$

$- \quad - \quad - \quad - \quad -$

$0 = 3 + 4 + 6 + 8 + 10 \ldots\ldots + 2n - a_n$

$\Rightarrow a_n = 3 + 2\ [2 + 3 + 4 \ldots.. + n]$

$= 3 + 2\left[\frac{n(n+1)}{2} - 1\right]$

$= 3 + n^2 + n - 4 = (n^2 + n - 1)$

$S_n = \sum a_n = \sum n^2 + n - 1$

$= \frac{n(n+1)(2n+1)}{6} + \frac{n(n+1)}{2} - n$

$= n\left[\frac{2n^2+1+3n+3n+3-6}{6}\right]$

$= n\left[\frac{2n^2+6n-2}{6}\right]$

44. (a)

$6(1 + 11 + 111 + 1111)$

$= \frac{6}{9}(9 + 99 + 999 + 9999)$

$= \frac{6}{9}[(10 - 1) + (100 - 1) + (10^3 - 1) + (10^4 - 1)]$

$= \frac{6}{9}[10 + 10^2 + 10^3 + 10^4 - 4]$

$= \frac{6}{9}[11106] = \frac{2}{3} \times 11106 = 2 \times 3702 = 7404$

45. (b)

$a = 1, r = 3, a_n = 243$

$\because a_n = a(r)^{n-1} = 1(3)^{n-1}$

$\Rightarrow 3^{n-1} = 243$

$\Rightarrow n - 1 = 5$

$\Rightarrow n = 6$

46. (b)

$\tan\frac{\pi}{4} = 1,\ \tan\frac{\pi}{3} = \sqrt{3},\ \tan\frac{\pi}{6} = \frac{1}{\sqrt{3}}$

$\therefore \tan\frac{\pi}{3}, \tan\frac{\pi}{4}, \tan\frac{\pi}{6}$ गुणोत्तर श्रेणी में है

जिसका सार्व अनुपात $\frac{1}{\sqrt{3}}$ है।

47. (b)

गुणोत्तर माध्य का तीसरा पद $= ar^2 = 4$

$\therefore$ प्रथम पाँच पदों का गुणनफल $= a \times ar^2 \times ar^3 \times ar^4 \times ar$

$= a^5r^{10} = (ar^2)^5$

$= (4)^5$

48. (c)

तीन संख्याओं का गुणोत्तर माध्य $= (abc)^{1/3}$

$\Rightarrow \quad 4 = (2 \times 4 \times c)^{1/3}$

$\Rightarrow \quad 4^3 = 2 \times 4 \times c$

$\Rightarrow \quad c = 8$

49. (d)

$1^3 + 2^3 + 3^3 \ldots\ldots + n^3 = \left[\frac{n(n+1)}{2}\right]^2$

$\therefore n = 9$ रखने पर,

योग $= \left[\frac{9\times10}{2}\right]^2 = (45)^2 = 2025$

50. (b)

$\frac{1}{1.2} = \frac{1}{1} - \frac{1}{2},\ \frac{1}{2.3} = \frac{1}{2} - \frac{1}{3} \ldots..$

$\therefore$ आठवाँ पद $= \frac{1}{8.9} = \frac{1}{8} - \frac{1}{9}$

योग $= 1 - \frac{1}{2} + \frac{1}{2} - \frac{1}{3} + \frac{1}{3} - \frac{1}{4} \ldots.. + \frac{1}{8} - \frac{1}{9}$

$= 1 - \frac{1}{9} = \frac{8}{9}$

51. (b)

$a = \frac{1}{8},\ r = \frac{\frac{1}{16}}{\frac{1}{8}} = \frac{1}{2}$

$\therefore a_7 = ar^6 = \frac{1}{8} \times \left(\frac{1}{2}\right)^6 = \frac{1}{512}$

52. (d)

सामान्य पद $= (2r - 1)^2$

$\therefore S_{11} = \sum_{r=1}^{11}(2r-1)^2$

$= 4\sum_{r=1}^{11} r^2 - 4\sum_{r=1}^{11} r + \sum_{r=1}^{11} 1$

$= \frac{4\times11\times12\times23}{6} - \frac{4\times11\times12}{2} + 11$

$= 1144 - 264 + 11 = 891$

53. (c)

$\because$ घड़ी 1 बजने पर 1 बार, दो बजने पर 2 बार बजती है, तो 12 बजने पर 12 बार बजेगी।

$\therefore$ अभीष्ट योग $= 1 + 2 + 3 + 4 \ldots.. + 12$

$= \frac{12\times(12+1)}{2} = 6 \times 13 = 78$

54. (c)

दो क्रमागत पेड़ों के बीच की दूरी $= \frac{125}{25} = 5$ मी.

पहले पेड़ को पानी देने के लिए चली गई दूरी $= 10$ मी.

दूसरे पेड़ को पानी देने के लिए चली गई दूरी $= (10 + 10) + 5 = 25$ मी.

तीसरे पेड़ को पानी देने के लिए चली गई दूरी $= (15 + 15) + 5 = 35$ मी.

चौथे पेड़ को पानी देने के लिए चली गई दूरी $= (20 + 20) + 5 = 45m$

$\therefore$ चली गई कुल दूरी

$= 10 + (25 + 35 + 45 \ldots.$ 24 पदों तक)

$= 10 + \left[\frac{24}{2}(25 + 23\times10)\right]$

= 10 + [12 (250 + 230)]
= 10 + [12 × 250]
= 3370 मी.

55. (d)

$S_n = \frac{n}{2}[2a + (n-1) d]$

$\Rightarrow 513 = \frac{n}{2}[2 \times 54 + (n-1) - 3]$

$\{d = (51 - 54) = -3\}$

$\Rightarrow 1026 = 108n + 3n - 3n^2$

$\Rightarrow n^2 - 37n + \frac{1026}{3} = 0$

$\Rightarrow n^2 - 37n + 342 = 0$

$\Rightarrow (n-18)(n-19) = 0$

$\Rightarrow n = 18, 19$

$a_{19} = 54 + 18 \times -3 = 0$

$\because$ 19वाँ पद 0 है।

$\therefore S_{18} = S_{19} = 513$

56. (a)

102, 104, 106, 108 ….. , 998 एक सामांतर श्रेणी होगी।

$\therefore S_n = \frac{n}{2}[2 \times 102 + (n-1) 2]$

$\Rightarrow 998 = 102 + (n-1) 2$

$\Rightarrow \frac{896}{2} = n - 1$

$\Rightarrow n = 449$

$S_{449} = \frac{449}{2}[204 + 448 \times 2]$

$= 246950$

57. (a)

$S_p = \frac{p}{2}\ [2a + (p-1) d] = q$

$\Rightarrow \frac{2q}{p} = 2a + pd - d$ ………….(i)

इसी प्रकार,

$\Rightarrow \frac{2p}{q} = 2a + 9d - d$ ………….(ii)

$\Rightarrow \frac{2q}{p} - \frac{2p}{q} = (p-q) d$

$\Rightarrow 2\left(\frac{q^2 - p^2}{qp}\right) = (p-q) d \quad \therefore a + (n-1) d = 0$

$\Rightarrow d = \frac{-2(p+q)}{pq}$

58. (b)

$a + ar^2 + ar = 21$ ….(i)

$a^2 + a^2 r^4 + a^2 r^2 = 189$ ….(ii)

समी. (i) का वर्ग करके एवं समीकरण (ii) में भाग देने पर,

$\Rightarrow \frac{1+r^2+r^4}{(1+r+r^2)^2} = \frac{189}{441} = \frac{3}{7}$

$\Rightarrow \frac{(1+r^2)^2 - r^2}{(1+r+r^2)^2} = \frac{3}{7}$

$\Rightarrow \frac{(1+r^2+r)(1+r^2-r)}{(1+r+r^2)^2} = \frac{3}{7}$

$\Rightarrow \frac{1+r^2-r}{1+r+r^2} = \frac{3}{7}$

$\Rightarrow 4r^2 - 10r + 4 = 0$

$\Rightarrow 2r^2 - 5r + 2 = 0$

$\Rightarrow 2r^2 - 4r - r + 2 = 0$

$\Rightarrow r = \frac{1}{2}, 2$

यदि $r = 2, a(1 + 4 + 2) = 21$

$\Rightarrow a = 3$

$\therefore$ गुणोत्तर श्रेणी होगी 3, 6, 12

59. (c)

2, 4, 8, 16 ….

यह एक गुणोत्तर श्रेणी है।

$\therefore a_{10} = ar^9 = 2(2)^9 = 2^{10} = 1024$

60. (d)

5 एवं 8 का गुणोत्तर माध्य $= \sqrt{5 \times 8} = 2\sqrt{10}$

5 एवं 8 का हरात्मक माध्य $= \frac{2 \times (5 * 8)}{5+8} - \frac{80}{13}$

61. (c)

दिए गए क्रम से पता चलता है कि यह हरात्मक श्रेणी है।

$\therefore$ 61वाँ पद $= \frac{1}{a_{61}} = \frac{1}{1+(60)\times 2} = \frac{1}{121}$

62. (b)

rवाँ पद $= \frac{1(1-2^r)}{1-2} = 2^r - 1$

$\therefore S_n = \sum_{r=1}^{n} 2^r - 1 = \sum_{r=1}^{n} 2^r - \sum_{r=1}^{n} 1$

$$= \frac{2(1-2^n)}{1-2} - n$$

$= 2^{n+1} - 2 - n$

$\therefore S_6 = 2^7 - 2 - 6$

$= 128 - 8 = 120$

63. (a)

गुणोत्तर माध्य $= (25 \times 27 \times 5)^{1/3}$

$= 5 \times 3 = 15$

64. (b)

1, 2, 4, 8, ...

यह एक गुणोत्तर श्रेणी है।

$$\therefore S_{110} = \frac{1(1-2^{110})}{1-2} = 2^{110} - 1$$

65. (b)

गुणोत्तर माध्य × सामांतर माध्य = (हरात्मक माध्य)^2

$\Rightarrow (HM)^2 = 16 \times 4$

$\Rightarrow HM = 8$

66. (d)

$$S_\infty = \frac{a}{1-r} = \frac{1}{1-1} = \frac{4}{3}$$

67. (b)

r पदों का योग $= \sum_{n=1}^{r} 3.2^n - 4\sum_{n=1}^{r} 1$

$$= \frac{3\times 2(1-2^r)}{(1-2)} - r$$

$= 6\,(2^r - 1) - r$

$\therefore$ 100 पदों का योग $= 6\,(2^{100} - 1) - 100$

$= 6.2^{100} - 106$

68. (b)

$S_n = 3 + 5 + 9 + 17 + 33 \ldots\ldots + T_r$

$S_n = \quad 3 + 5 + 9 + 17 \ldots\ldots\ldots + T_{r-1} + T_r$

$- \quad - \quad - \quad - \quad - \quad -$

$0 = 3 + 2 + 4 + 8 + 16 \ldots\ldots\ldots\ldots + (T_r - T_{r-1}) - T_r$

$\Rightarrow T_r = 2^r + 1$

$$\therefore \sum_{r=1}^{10} T_r = \sum_{r=1}^{10} 2^r + \sum_{r=1}^{10} 1$$

$$= \frac{2(1-2^{10})}{1-2} + 10$$

$= 2^{10} + 8 = 1032$

69. (b)

$5, x_1, x_2, 160$

जहाँ $5, x_1, x_2, 160$ गुणोत्तर श्रेणी में है।

$\therefore x_1.x_2 = 5 \times 160 = 800$

70. (d)

प्रथम से पाँचवाँ पद $= 24 + (5 - 1)\,12 = 72$

अंतिम से तीसरा पद $= 264 + (3 - 1) - 12$

$= 264 - 24 = 240$

$\therefore$ योग $= 312$

क्रमचय एवं संचय
Permutation and Combination

क्रमगुणितः इसे $\lfloor n$ या $n!$ से प्रदर्शित करते हैं।

जहाँ $n! = n \cdot (n-1) \cdot (n-2)$

i.e. $5! = 5 \cdot 4 \cdot 3 \cdot 2 \cdot 1 = 120$

समान्यतः $n! = n(n-1)!$

क्रमचय (Permutation) – (व्यवस्थित करना): दिए गए संख्याओं या वस्तुओं में से सभी या कुछ को अलग-अलग तरीकों से व्यवस्थित करने की प्रक्रिया को क्रमचय कहते हैं।

क्रमचय की संख्याः n विभिन्न वस्तुओं में से, एक बार में r वस्तुओं को लेकर बनाये गये सभी क्रमचयों की संख्या

$$^{n}\mathrm{P}_{r} = \frac{n!}{n!-r!}$$

विभिन्न वस्तुओं में से सभी को एक साथ लेकर बनाये गये क्रमचयों की संख्या $= n!$

संचय (Combination): दिये गए संख्याओं या वस्तुओं में से सभी या कुछ को लेकर चयन करने की प्रक्रिया को संचय कहते हैं।

संचय की संख्याः n विभिन्न वस्तुओं में से एक बार में r वस्तुओं को लेकर बनाये गए सभी संचयों की संख्या

$$^{n}\mathrm{C}_{r} = \frac{n!}{r! \times (n-r)!}$$

नोटः $^{n}\mathrm{C}_{r} = 1$ यदि $n = r$ तो $^{n}\mathrm{C}_{n} = 1 = {}^{n}\mathrm{C}_{0} = 1$

- $^{n}\mathrm{C}_{r} = {}^{n}\mathrm{C}_{(n-r)}$
- $r \,.\, {}^{n}\mathrm{C}_{r} = n \,.\, {}^{n}\mathrm{C}_{r-1}$
- $^{n}\mathrm{C}_{0} + {}^{n}\mathrm{C}_{2} + {}^{n}\mathrm{C}_{4} + \ldots\ldots$

  $= {}^{n}\mathrm{C}_{1} + {}^{n}\mathrm{C}_{3} + {}^{n}\mathrm{C}_{5} + \ldots\ldots\ldots = 2^{n-1}$
- $^{n}\mathrm{C}_{0} + {}^{n}\mathrm{C}_{1} + {}^{n}\mathrm{C}_{2} + \ldots\ldots\ldots\ldots + {}^{n}\mathrm{C}_{n} = 2^{n}$
- $^{n}\mathrm{C}_{x} = {}^{n}\mathrm{C}_{y}$

  $x = y$ or $x + y = n$

समूहों का भाग (विभाजन)

- जहाँ $m + n$ दो अलग-अलग संख्याएँ है दोनों को दो अलग-अलग समूहों m और n से विभाजित करने का सूत्र से किया जाएगा।

  $$= \frac{(m+n)!}{m!\,n!}$$

  उसी तरह तीन संख्याएँ $m + n + P$ हैं उन्हों तीन समूह m, n एवं P विभाजित करने का सूत्र

  $$= \frac{(m+n+p)!}{m!\,n!\,p!}$$

दो समूह के लिएः

$\frac{(2\,m!)}{(m!)^2}$ अगर समूहों के बीच भेद हो

$\frac{(2\,m)!}{2!\,(m!)^2}$ अगर समूहों के बीच भेद न हो

तीन समूहों के लिएः

$\frac{(3\,m)!}{(m!)^3}$ अगर समूहों के बीच भेद हो

$\frac{3m!}{3!\,(m!)^3}$ अगर समूहों के बीच भेद न हो

$^{n}\mathrm{C}_{r}$ का महत्तम मान

$^{n}\mathrm{C}_{r}$ का महत्तम मान $^{n}\mathrm{C}_{k}$ होगा

जहाँ

(i) $k = \frac{n}{2}$, अगर n सम हो $^{n}\mathrm{C}_{n/2} (0 \le r \le n)$

(ii) $k = \frac{n-1}{2}$ या $\frac{n+1}{2}$ अगर n विषम होगा।

(iii) $^{n}\mathrm{C}_{r}, {}^{n}\mathrm{C}_{r-1} = \frac{n-r+1}{r}$

क्रमचय एवं संचय में आधारभूत अंतर

क्रमचय: तीन अक्षरों a, b, c में से एक बार में दो अक्षर लेकर बनाये गये क्रमचय निम्न हैं:

$$\left.\begin{array}{l} ab \\ ac \\ bc \\ ba \\ ca \\ cb \end{array}\right\} \text{6 तरीके}$$

यहाँ ab तथा ba संभव है।

संचय: तीन व्यक्तियों A, B, C में से एक बार में दो अक्षर लेकर बनाये गये क्रमचय निम्नलिखित होंगे

$$\left.\begin{array}{c} AB \\ AC \\ \times BA \\ BC \\ \times CA \\ \times CB \end{array}\right\} \text{3 तरीके}$$

यहाँ AB संभव है तो BA संभव नहीं होगा।

उपर्युक्त वर्णन से हम कह सकते हैं कि यदि AB संभव है तथा BA भी संभव है तो क्रमचय लागू होगा, और यदि AB संभव है तथा BA संभव नहीं हो तो संचय लागू होगा।

उदाहरण (Examples)

1. शब्द 'COFFEE' के अक्षरों को कितने अलग-अलग तरीके से व्यवस्थित किया जा सकता है?

   शब्द COFFEE के अक्षरों में 'F' दो बार और 'E' दो बार दोहराया जा रहा है

$$\frac{{}^6P_6}{{}^2P_2 \times {}^2P_2} = \frac{\dfrac{6!}{(6-6)!}}{\dfrac{2!}{(2-2)!} \times \dfrac{2!}{(2-2)!}}$$

$$= \frac{6!}{2! \times 2!}$$

$$= \frac{6 \times 5 \times 4 \times 3 \times 2 \times 1}{2 \times 1 \times 2 \times 1} = 180$$

2. शब्द 'COFFEE' के अक्षरों को कितने अलग-अलग तरीके से व्यवस्थित किया जा सकता है जबकि सभी स्वर एक साथ रहे?

   F दो बार तथा E दो बार दोहराया गया इसमें तीन स्वर है O, E, E अब हम O, E, E को एक यूनिट ही मानेंगे।

   CFF, OEE

$$\frac{4! \times 3!}{2! \times 2!} = \frac{4 \times 3 \times 2 \times 1 \times 3 \times 2 \times 1}{2 \times 1 \times 2 \times 1}$$

$$= 36$$

3. 10 आदमी और 5 महिलाओं में से 4 व्यक्तियों को लेकर कितने अलग-अलग तरीके से समूह बनाया जा सकता है जबकि समूह में 3 आदमी और 1 महिला होना आवश्यक है?

$${}^{10}C_3 \times {}^5C_1$$

$$\frac{\lfloor 10}{\lfloor 3 \times \lfloor 7} \times \frac{\lfloor 5}{\lfloor 1 \lfloor 4} = \frac{\lfloor 10}{\lfloor 3 \lfloor 7} \times \frac{\lfloor 5}{\lfloor 4}$$

$$= \frac{10 \times 9 \times 8}{3 \times 2} \times 5$$

$$= 120 \times 5 = 600$$

4. 10 आदमी 5 महिलाओं में से 4 व्यक्तियों को लेकर कितने अलग-अलग तरीके से समूह बनाया जा सकता है जबकि समूह में 4 आदमी हो या 4 महिलाएँ हों?

$${}^{10}C_4 + {}^5C_4$$

$$= \frac{\lfloor 10}{\lfloor 4 \lfloor 6} + \frac{\lfloor 5}{\lfloor 4 \lfloor 1}$$

$$= \frac{10 \times 9 \times 8 \times 7}{4 \times 3 \times 2} + 5$$

$$= 210 + 5 = 215$$

5. 4 आदमी और 5 महिलाओं में से 5 व्यक्तियों की कमेटी बनानी है।

   (i) कितने प्रकार से यह कमेटी बन सकती है जबकि कमेटी में कम से कम 1 महिला होनी चाहिए?

   (ii) कितने प्रकार से यह कमेटी बन सकती है जबकि कमेटी में 3 आदमी और 2 महिलाये हो?

(i) $^5C_1 \times {}^4C_4 + {}^5C_2 \times {}^4C_3 + {}^5C_3 \times {}^4C_2$
$+ {}^5C_4 \times {}^4C_1 + {}^5C_5 \times {}^4C_0$
$= 5 \times 1 + 10 \times 4 + 10 \times 6 + 5 \times 4 + 1$
$= 126$

(ii) $^4C_3 \times {}^5C_3 = \frac{\underline{|4}}{\underline{|3}\,\underline{|1}} \times \frac{\underline{|5}}{\underline{|2}\,\underline{|3}}$

$$= \frac{4 \times 5 \times 4}{2} = 40$$

6. किसी तरह समूह में 15 व्यक्ति हैं वे सभी एक दूसरे से हाथ मिलाते हैं तो अलग-अलग मिलाये गये हाथों की संख्या बताओं?

$$^{15}C_2 = \frac{\underline{|15}}{\underline{|2}\,\underline{|13}} = \frac{15 \times 14}{2} = 105$$

7. 10 आदमी और 5 महिलाओं में से 4 व्यक्तियों को लेकर कितने अलग-अलग तरीके से समूह बनाया जा सकता है?

$$^{15}C_4 = \frac{\underline{|15}}{\underline{|4}\,\underline{|15-4}} = \frac{\underline{|15}}{\underline{|4}\,\underline{|11}}$$

$$= \frac{15 \times 14 \times 13 \times 12}{4 \times 3 \times 2}$$

$$= 105 \times 13$$

$$= 1365$$

8. अगर $^nC_{r-1} = 36, {}^nC_r = 84$ और $^nC_{r+1} = 126$ तब r बराबर होगा?

$^nC_{r-1} = 36$

$^nC_r = 84, \; {}^nC_{r+1} = 126$

$$\frac{n!}{(r-1)!\,(n-r+1)!} = 36 \qquad \text{(i)}$$

$$\frac{n!}{r!\,(n-r)!} = 84 \qquad \text{(ii)}$$

$$\frac{n!}{(r+1)!\,(n-r-1)!} = 126 \qquad \text{(iii)}$$

समी. (ii) में (i) से भाग देने पर

$$\frac{(r-1)!\,(n-r+1)!}{r!\,(n-r)!} = \frac{84}{36}$$

$$\frac{n-r+1}{r} = \frac{7}{3}$$

$$3n - 102 = -3 \qquad \text{(iv)}$$

समी. (iii) में समी. (ii) से भाग देने पर

$$\frac{r!\,(n \quad r)!}{(r+1)!\,(n-r-1)} \quad \frac{126}{84}$$

$$\frac{n-r}{r+1} = \frac{3}{2}$$

$$2n - 5r = 3 \qquad \text{(v)}$$

समी. (iv) और (v) को हल करने पर

$n = 9, r = 3$

9. किसी स्कूल में 36 अध्यापक हैं इनमें से एक प्रध ानाचार्य तथा उप प्रधानाचार्य चुनने के लिए कितने अलग-अलग तरीके हो सकते हैं?

कुल 36 अध्यापकों में से एक प्रधानाचार्य चुनने के तरीके = 36

अत: प्रधानाचार्य चुनने के बाद उपप्रधानाचार्य के उम्मीदवार = 35

अत: एक प्रधानाचार्य एवं एक उपप्रधानाचार्य के चुनने के तरीके $= 36 \times 35 = 1260$

10. शब्द SERIES के अक्षरों को कितने अलग-अलग तरीके से व्यवस्थित कर सकते हैं?

कुल तरीके $= \frac{\underline{|6}}{\underline{|2} \times \underline{|2}} = \frac{720}{4} = 180$

अभ्यास प्रश्न (Practice Questions)

1. MATHEMATICS शब्द के अक्षरों को कितने प्रकार से सजाया जाये कि सभी स्वर एक साथ रहें?
   (a) 10080 (b) 120960
   (c) 4989600 (d) 4092600
2. RUMOUR शब्द के अक्षरों को कितने विभिन्न तरीकों से क्रमबद्ध किया जा सकता है?
   (a) 30 (b) 180
   (c) 90 (d) 720
3. BANKING शब्द के अक्षरों को कितने अलग - अलग तरीकों से क्रमबद्ध किया जाये, ताकि स्वर सदा एक साथ रहें?
   (a) 720 (b) 360
   (c) 540 (d) 240
4. 4 पुरुषों और 3 महिलाओं में 4 लोगों की एक समिति बनानी है। यह चयन कितने विभिन्न तरीकों से किया जा सकता है, ताकि समिति में पुरुषों एवं महिलाओं की संख्या समान रहे?
   (a) 18 (b) 24
   (c) 28 (d) 12
5. 8 कुर्सियों पर 5 लड़के कितने विभिन्न तरीकों से बैठ सकते हैं?
   (a) 56 (b) 336
   (c) 40 (d) 32768
6. 3 पार्सल और 6 डाकखाने हैं। पार्सलों की कितने प्रकार से रजिस्ट्री करायी जा सकती है?
   (a) 18 (b) 30
   (c) 729 (d) 216
7. 2, 3, 4, 5, 6, 0 अंकों से 400 और 1000 के बीच की कितनी संख्याएँ बन सकती हैं?
   (a) 60 (b) 80
   (c) 20 (d) 40
8. LEADER शब्द के अक्षर कितने अलग-अलग तरीकों से सजाए जा सकते हैं?
   (a) 144 (b) 360
   (c) 720 (d) 72
9. 25 लड़के एवं 10 लड़कियों से नौकाविहार के लिए 8 के कितने अलग-अलग दल बनाये जा सकते हैं, ताकि प्रत्येक दल में 5 लड़के और 3 लड़कियाँ रहें?
   (a) 6375600 (b) 636075
   (c) 754526 (d) 767162
10. ALLAHABAD शब्द के अक्षरों को कितने ढंग से सजाया जाये कि शब्द में उपस्थित सारे स्वर समस्थानों पर रहें?
   (a) 50 (b) 40
   (c) 60 (d) 125
11. 8 पुरुष और 6 स्त्रियों के समूह में 6 व्यक्तियों की कितने प्रकार से कमिटी बनायी जाए जिसमें कम से कम 3 पुरुष हों?
   (a) 1050 (b) 1120
   (c) 2506 (d) 2534
12. 7 पुरुषों और 8 महिलाओं में से 4 पुरुषों और 4 महिलाओं का समूह अलग-अलग कितने प्रकार से बनाया जा सकता है?
   (a) 2450 (b) 1170
   (c) 105 (d) 1050
13. ADJUST शब्द के अक्षरों को कितने विभिन्न प्रकार से सजाया जा सकता है, ताकि स्वर पास-पास न रहें?
   (a) 120 (b) 480
   (c) 720 (d) 240
14. 6 लड़कों एवं 4 लड़कियों के एक समूह से 4 बच्चों का चयन करना है। यह चयन कितने प्रकार से किया जा सकता है, ताकि समूह में कम से कम एक लड़का अवश्य रहे?
   (a) 209 (b) 205
   (c) 159 (d) 194
15. 5 पुरुष और 5 स्त्रियाँ एक गोलमेज के चारों ओर कितने प्रकार से बैठ सकते हैं, ताकि कोई दो स्त्रियाँ पास-पास न बैठें?
   (a) 2880 (b) 1440
   (c) 1480 (d) 2840
16. यदि ${}^{20}C_r = {}^{20}C_{r-10}$ तो ${}^{18}C_r$ का मान क्या होगा?
   (a) 4896 (b) 816
   (c) 1632 (d) 832
17. ${}^5C_1 + {}^5C_2 + {}^5C_3 + {}^5C_4 + {}^5C_5$ किसके बराबर हैं?
   (a) 30 (b) 32
   (c) 31 (d) 33

18. ${}^{n}C_{12} = {}^{n}C_{8}$ तो n का मान क्या होगा?

(a) 30 (b) 6
(c) 12 (d) 20

19. ${}^{20}C_{r+1} = {}^{20}C_{r-1}$ तो r का मान क्या है?

(a) 10 (b) 11
(c) 19 (d) 12

20. यदि ${}^{20}C_{r} = {}^{20}C_{r+4}$ तो ${}^{r}C_{3}$ का मान क्या होगा?

(a) 54 (b) 58
(c) 56 (d) इनमें से कोई नहीं

21. 4 स्वर और 5 व्यंजन में से 2 स्वर और 3 व्यंजन को मिलाकर कुल कितने शब्द बनाए जा सकते हैं?

(a) 120 (b) 60
(c) 7200 (d) 3600

22. BHARAT शब्द के अक्षरों को किस प्रकार सजाया जाए, ताकि 3 अक्षर एक साथ लिए जाएँ?

(a) 72 (b) 14
(c) 120 (d) 60

23. ARTICLE शब्द के अक्षरों को कितने विभिन्न प्रकार से सजाया जाये कि स्वर सम स्थानों पर रहें?

(a) 144 (b) 754
(c) 36 (d) 574

24. ARTICLE शब्द के अक्षरों को कितने अलग-अलग तरीकों से क्रमबद्ध किया जाये कि व्यंजन सदा सम स्थानों पर रहें?

(a) 36 (b) 35
(c) 18 (d) इनमें से कोई नहीं

25. BHARAT शब्द के अक्षरों को कितने विभिन्न तरीकों से सजाया जाये कि B और H कभी साथ न आयें?

(a) 120 (b) 240
(c) 360 (d) 720

26. COMMITTEE शब्द के अक्षरों से कितने शब्द बनाये जा सकते हैं?

(a) 9! (b) $\frac{9!}{2!}$
(c) $\frac{9!}{(2!)^2}$ (d) $\frac{9!}{(2!)^3}$

27. DELHI शब्द के अक्षरों से कितने ऐसे शब्द बनाये जा सकते हैं, ताकि E हमेशा I से पहले आए?

(a) 30 (b) 120
(c) 60 (d) 59

28. CHEESE शब्द के अक्षरों को कितने अलग-अलग तरीकों से सजाया जा सकता है?

(a) 120 (b) 240
(c) 720 (d) 6

29. 2, 3, 0, 3, 4, 2, 3 से बनी कितनी संख्याएँ होंगी, जो 10 लाख से बड़ी हैं?

(a) 300 (b) 400
(c) 360 (d) 420

30. 14 खिलाड़ियों में 5 गेंदबाज हैं। 11 खिलाड़ियों की टीम कितने प्रकार से बनायी जा सकती है, ताकि टीम में कम से कम चार गेंदबाज हों?

(a) 275 (b) 264
(c) 265 (d) 263

31. किसी अष्टभुज के शीर्षों को मिलाकर कितने विकर्ण खींचे जा सकते हैं?

(a) 16 (b) 8
(c) 28 (d) 20

32. तीन लोग एक रेलवे कम्पार्टमेंट में प्रवेश करते हैं। 5 सीटें खाली हैं। कितने तरीके से वे सीटों पर बैठ सकते हैं?

(a) 60 (b) 20
(c) 15 (d) 125

33. किसी तल में 12 बिन्दु हैं। दो बिन्दुओं को मिलाकर कितनी सरल रेखाएँ खींची जा सकती हैं, जबकि उनमें से 3 बिन्दु एकरेखीय हैं?

(a) 62 (b) 63
(c) 64 (d) 65

34. 6 पुरुषों और 4 महिलाओं में से 5 व्यक्तियों की एक समिति कितने तरीकों से बनायी जा सकती है, ताकि समिति में ठीक तीन पुरुष और दो महिलाएँ हों?

(a) 6 (b) 20
(c) 60 (d) 120

35. 13 क्रिकेट खिलाड़ियों में 4 गेंदबाज हैं। कितने तरीकों से 11 खिलाड़ियों की टीम बनायी जा सकती है, ताकि टीम में कम से कम दो गेंदबाज रहें?

(a) 72 (b) 78
(c) 42 (d) इनमें से कोई नहीं।

36. 3 अंकों की ऐसी कितनी संख्याएँ हैं, जिसमें कोई अंक दुबारा नहीं आया हो?

(a) 720 (b) 729
(c) 648 (d) इनमें से कोई नहीं

37. किसी प्रतियोगिता में 10 विद्यार्थी भाग लेते हैं। प्रथम पुरस्कार जीतने के कितने अलग तरीके हैं?
(a) 720 (b) 60
(c) 120 (d) 30

38. APPLE शब्द के अक्षरों को कितने प्रकार से सजाया जा सकता है?
(a) 60 (b) 6
(c) 120 (d) 90

39. एक परीक्षा में एक विद्यार्थी को 5 विषयों में प्रत्येक में उत्तीर्ण होना है। वह कितने प्रकार से फेल हो सकता है?
(a) 21 (b) 31
(c) 10 (d) 8

40. 6 लड़कियाँ वृत्ताकार रूप में कितने प्रकार से बैठ सकती हैं?
(a) 6! (b) 6
(c) 5! (d) $2\times5!$

41. PENCIL शब्द के अक्षरों को कितने प्रकार से सजाया जा सकता है, ताकि N हमेशा E के बाद आए?
(a) 720 (b) 240
(c) 360 (d) 1440

42. LAUGHTER शब्द के अक्षरों से कितने शब्द बनाए जा सकते हैं, ताकि स्वर कभी एक साथ न आएँ।
(a) 3600 (b) 40320
(c) 4320 (d) 36000

43. MACHINE शब्द के अक्षरों को कितने प्रकार से सजाया जा सकता है, ताकि स्वर हमेशा विषम स्थानों पर आयें?
(a) 288 (b) 576
(c) 5040 (d) इनमें से कोई नहीं।

44. 3 अँगूठियों को 4 अँगुलियों में कितने प्रकार से पहनाया जा सकता है?
(a) 24 (b) 12
(c) 64 (d) 81

45. 5 बच्चे किसी कतार में कितने तरीके से खड़े हो सकते हैं?
(a) 5 (b) 60
(c) 25 (d) 120

46. किसी बहुभुज में 54 विकर्ण हैं, तो उसके भुजाओं की संख्या क्या होगी?
(a) 16 (b) 15
(c) 12 (d) 9

47. A, B तथा C को लेकर कितने शब्द बनाए जा सकते हैं, जिसमें A तीन बार, B दो बार तथा C एक बार आया हो?
(a) 90 (b) 60
(c) 6 (d) 120

48. 10 खिलाड़ियों में से 7 खिलाड़ियों की कितनी भिन्न-भिन्न टीम बनायी जा सकती हैं?
(a) 120 (b) 70
(c) 720 (d) इनमें से कोई नहीं।

49. एक तल में 10 बिन्दु हैं, जिसमें चार एक रेखीय हैं। इन बिन्दुओं द्वारा कितने त्रिभुज बनाए जा सकते हैं?
(a) 116 (b) 120
(c) 20 (d) 40

50. 7 व्यंजन और 4 स्वर में से 3 व्यंजन और 2 स्वर को लेकर कितने शब्द बनाए जा सकते हैं?
(a) 1050 (b) 330
(c) 6300 (d) 25200

51. 'DIRECTOR' शब्द के अक्षरों को कितने प्रकार से सजाएँ, ताकि तीनों स्वर कभी साथ न रहें।
(a) 16000 (b) 17600
(c) 18000 (d) 20000

52. 'BENEVOLENT' को सजाने के कितने तरीके होंगे, जिनमें L अंतिम में आए?
(a) $\frac{10!}{3!2!}$ (b) $\frac{9!}{3!2!}$
(c) $\frac{9!}{3!}$ (d) $\frac{10!}{2!}$

53. 'TOUGH' शब्द का शब्दकोश में स्थान क्या होगा?
(a) 86 (b) 90
(c) 81 (d) 89

54. 1, 2, 4, 5, 7 से 4 अंकों की कितनी संख्याएँ बन सकती हैं?
(a) 80 (b) 120
(c) 24 (d) 90

55. तीन अंकों की वह संख्याएँ, जिनमें अंकों की पुनरावृत्ति नहीं है, उनकी संख्या क्या है?
(a) 90 (b) 891
(c) 252 (d) 180

56. यदि ${}^{n}P_{13} = {}^{n+1}P_{12}$ तो n का मान होगा
(a) 15 (b) 16
(c) 17 (d) 14

57. 5 मोतियों से भिन्न प्रकार की कितनी मालाएँ बन सकती हैं?

(a) 60 (b) 90
(c) 12 (d) 150

58. 6 व्यक्तियों को गोलमेज के किनारे कितने तरीकों से बैठा सकते हैं?

(a) 120 (b) 150
(c) 180 (d) 720

59. एक ही प्रकार के छह गेंदों को सजाने के कुल कितने तरीके होंगें?

(a) 720 (b) 1
(c) 120 (d) 24

60. यदि किसी समारोह में हरेक व्यक्ति, दूसरे व्यक्ति से हाथ मिलाता है एवं कुल मिलानों की संख्या 105 है, तो व्यक्तियों की संख्या क्या होगी?

(a) 7 (b) 17
(c) 14 (d) 15

61. एक गोलमेज के चारों ओर 7 आदमियों एवं 6 महिलाओं को कितने प्रकार से बैठाया जा सकता है कि सभी महिलाएँ साथ में हों?

(a) $7 \times (\angle 6)^2$ (b) $6 \times (\angle 5)^2$
(c) $7 \times \angle 6 \times \angle 4$ (d) $7 \times (\angle 5)^2$

62. एक समारोह में 8 जवान एवं 4 अधिकारी हैं। इनमें 6 लोगों को कैसे चुनें कि उसमें एक अधिकारी जरूर हो।

(a) ${}^{11}C_6$ (b) ${}^{11}C_7$
(c) ${}^{11}C_4$ (d) ${}^{12}C_6$

63. 20 सेबों को 5 व्यक्तियों में कितने तरीकों से बाँटा जा सकता है?

(a) 10625 (b) 10626
(c) 10527 (d) 15504

64. 'EXAMINATION' शब्द में से 4 शब्दों को चुनने के कितने तरीके होंगे

(a) 136 (b) 24
(c) 132 (d) 120

65. 12 प्रतिनिधियों में से 6 प्रतिनिधियों को चुनने के कितने तरीके होन चाहिए, जिनमें कोई दो व्यक्ति ऐसे न चुने जाएँ, जो पहले भी चुने गए हों?

(a) 120 (b) 210
(c) 924 (d) 252

66. यदि ${}^{n}C_{r} = 21$ एवं ${}^{n}P_{6} = 2520$ तो r का मान क्या होगा?

(a) 4 (b) 6
(c) 7 (d) 5

67. एक रेलवे लाईन पर n स्टेशन है, तो कितने प्रकार के टिकट छापे जा सकते हैं?

(a) n (b) $n!$
(c) ${}^{n}C_2$ (d) n^2

68. एक टोकरी में 5 सेब, 4 नारंगी, तथा 3 आम हैं, तो कितने तरीकों से फलों का चयन किया जा सकता है?

(a) 30 (b) 60
(c) 120 (d) 90

69. किसी बहुभुज में 104 विकर्ण हैं। बहुभुज में कोणों की संख्या कितनी होगी?

(a) 11 (b) 13
(c) 16 (d) 17

70. 15 किताबों को 4, 5 एवं 6 के समूह में बाँटने के कितने तरीके होंगे?

(a) 120 (b) $\frac{15!}{4!5!}$
(c) $\frac{11!}{4!6!}$ (d) $\frac{15!}{4!5!6!}$

उत्तरमाला (Answer Key)

1. (b)	2. (a)	3. (a)	4. (a)	5. (d)	6. (d)	7. (a)	8. (b)	9. (b)	10 (c)
11. (d)	12. (a)	13. (b)	14. (a)	15. (a)	16. (b)	17. (c)	18. (d)	19. (a)	20. (c)
21. (c)	22. (a)	23. (a)	24. (d)	25. (b)	26. (d)	27. (c)	28. (a)	29. (c)	30. (b)
31. (d)	32. (a)	33. (c)	34. (d)	35. (b)	36. (c)	37. (a)	38. (a)	39. (b)	40. (c)
41. (c)	42. (d)	43. (b)	44. (a)	45. (d)	46. (c)	47. (b)	48. (a)	49. (a)	50. (d)
51. (c)	52. (b)	53. (d)	54. (b)	55. (c)	56. (a)	57. (c)	58. (a)	59. (b)	60. (d)
61. (a)	62. (a)	63. (b)	64. (a)	65. (b)	66. (d)	67. (c)	68. (c)	69. (c)	70. (d)

हल (Solutions)

1. (b)

MATHEMATICS

MTHMTCS AEAI E - स्वर

अभीष्ट प्रकार $= \frac{8!}{2!\times 2!}\times\frac{4!}{2!} = 120960$

2. (a)

अभीष्ट प्रकार $= \frac{6!}{2!2!} = \frac{6\times5\times3}{2} = 30$

3. (a)

BNKNG AI I - स्वर

अभीष्ट प्रकार $= \frac{6!}{2!}\times 2! = 6! = 720$

4. (a)

समिति में पुरुषों एवं महिलाओं की संख्या $= \frac{4}{2} = 2$

∴ अभीष्ट तरीके $= {}^4C_2 \times {}^3C_2 = \frac{4!}{2!2!}\times\frac{3!}{2!1!}$

$= 6 \times 3 = 18$

5. (d)

8 में से 5 कुर्सी चुनने के तरीके $= {}^8C_5$

∴ अभीष्ट तरीके $= 8^5 = 32768$

6. (d)

अभीष्ट तरीके $= 6 \times 6 \times 6 = 216$

7. (a)

सैकड़े के स्थान के लिए अभीष्ट अंक 4, 5, 6 हैं, दहाई के स्थान के लिए अभीष्ट अंक 2, 3, 4, 5, 6, 0 हैं।

इकाई के स्थान के लिए अभीष्ट अंक 2, 3, 4, 5, 6, 0 हैं।

∴ अभीष्ट तरीके $= 3 \times {}^5P_2 = 3 \times 20 = 60$

8. (b)

अभीष्ट तरीके $= \frac{6!}{2!} = \frac{720}{2} = 360$

9. (b)

25 में से 5 लड़कों को चुनने के तरीके $= {}^{25}C_5$

10 लड़कियों में से 3 को चुनने के तरीके $= {}^{10}C_3$

∴ अभीष्ट तरीके $= {}^{25}C_5 \times {}^{10}C_3$

$= \frac{\angle 25}{\angle 5 \angle 20}\times\frac{\angle 10}{\angle 3 \angle 7} = 6375600$

10. (c)

सम स्थानों की संख्या $= 4$

स्वरों की संख्या $= 4$ [चारों A]

चारों 'A' को व्यवस्थित करने के कुल तरीके $= \frac{\angle 4}{\angle 4} = 1$

अब शेष 5 स्थानों पर व्यंजन आएगा, जिनमें 'i' दो बार आया है

∴ व्यंजन को व्यस्थित करने के कुल तरीके

$$= \frac{\angle 5}{\angle 2} = 60$$

∴ अभीष्ट तरीके $= 60 \times 1 = 60$

11. (d)

6 व्यक्तियों में से कम से कम 3 पुरुषों को चुनने के कुल तरीके,

$= ({}^7C_4 \times {}^8C_4)$

$= \left({}^8C_3 \times {}^6C_3\right) + \left({}^8C_4 \times {}^6C_2\right) + \left({}^8C_5 \times {}^6C_1\right) + \left({}^8C_6 \times {}^6C_0\right)$

$= 2534$

12. (a)

7 पुरुषों में से 4 को चुनने के कुल तरीके $= {}^7C_4$

8 पुरुषों में से 4 को चुनने के कुल तरीके $= {}^8C_4$

∴ अभीष्ट तरीके $= {}^7C_4 \times {}^8C_4$

$$= \frac{\angle 7}{\angle 4 \angle 3} \times \frac{\angle 8}{\angle 4 \angle 4}$$

$$= \frac{7.6.5}{3.2.1} \times \frac{8.7.6.5.}{4.3.2.1}$$

$= 35 \times 2 \times 7 \times 5$

$= 70 \times 35$

$= 2450$

13. (b)

स्वरों की संख्या $= 2$ {A, U}

∴ ऐसे तरीके जिनमें स्वर साथ में हों $= 5! \times 2!$

$= 120 \times 2 = 240$

ADJUST शब्द के कुल क्रमचय $= 6! = 720$

∴ अभीष्ट तरीके $= 720 - 240 = 480$

14. (a)

अभीष्ट तरीके

$= {}^6C_1 + {}^4C_3 + {}^6C_2 + {}^4C_2 + {}^6C_3 + {}^4C_1 + {}^6C_4 + {}^4C_0$

$$= 6 \times 4 + \frac{6!}{2!4!} \times \frac{4!}{2!2!} + \frac{6!}{3!3!} \times 4 + \frac{6!}{4!2!} \times 1$$

$= 24 + 15 \times 6 + 20 \times 4 + 15$

$= 24 + 90 + 80 + 15$

$= 209$

15. (a)

पुरुष

महिलाएँ

∴ अभीष्ट तरीके $= 4! \times 5! = 2880$

पुरुषों के बैठने के तरीके

महिलाओं के बैठने के तरीके

16. (b)

यदि, ${}^{20}C_r = {}^{20}C_{r-10}$

$\therefore r + (r - 10) = 20$

$\Rightarrow r = 15$

$$\therefore {}^{18}C_r = {}^{18}C_{15} = \frac{18!}{15!3!} = \frac{18 \times 17 \times 16}{6}$$

$= 48 \times 17 = 816$

17. (c)

${}^5C_1 + {}^5C_2 + {}^5C_3 + {}^5C_4 + {}^5C_5$

$\Rightarrow (1 + x)^5$

$= {}^5C_0 . x^0 + {}^5C_1 . x + {}^5C_2 . x^2 + {}^5C_3 . x^3 + {}^5C_4 . x^4 + {}^5C_5 . x^5$ ....(i)

समीकरण (i) में x को 1 रखने पर,

$x = 1$

$2^5 = {}^5C_0 + {}^5C_1 + {}^5C_2 + {}^5C_3 + {}^5C_4 + {}^5C_5$

$\Rightarrow {}^5C_1 + {}^5C_2 + {}^5C_3 + {}^5C_4 + {}^5C_5$

$= 2 - 1 = 32 - 1 = 31$

18. (d)

${}^nC_{12} + {}^nC_8$

$\Rightarrow n = 12 + 8 = 20$

19. (a)

${}^{20}C_{r+1} + {}^{20}C_{r-1}$

$\Rightarrow (r + 1) + (r - 1) = 20$

$\Rightarrow r = 10$

20. (c)

${}^{20}C_r + {}^{20}C_{r+4}$

$\Rightarrow r + (r + 4) = 20$

$\Rightarrow 2r = 16$

$\Rightarrow r = 8$

$$\therefore {}^8C_3 = {}^rC_3 = {}^8C_3 = \frac{8!}{5!3!} = \frac{8 \times 7 \times 6}{6} = 56$$

21. (c)

4 स्वर से 2 स्वर चुनने के तरीके $= {}^4C_2$

5 व्यंजन से 3 व्यंजन चुनने के तरीके $= {}^5C_3$

∴ अभीष्ट शब्द $= \left({}^4C_2 \times {}^5C_3\right) \times 5!$

$= 6 \times 10 \times 120$

$= 7200$

22. (a)

यदि कोई A ना चुना जाए, तो तरीके होगें,

$${}^4C_3 \times 3! = 4 \times 6 = 24$$

यदि एक A चुना जाए, तो

$${}^4C_3 \times 3! = 6 \times 6 = 36$$

यदि दो A चुने जाएँ, तो

$${}^4C_1 \times \frac{3!}{2!} = 4 \times 3 = 12$$

∴ कुल अभीष्ट तरीके $= (24 + 36 + 12) = 72$

23. (a)

∵ 'ARTICLE' में A, E, I तीन स्वर हैं, एवं सम स्थान भी 3 है,

∴ अभीष्ट प्रकार $= 3! \times 4! = 144$

24. (d)

'ARTICLE' शब्द में 4 व्यंजन हैं एवं 3 सम स्थान हैं,

∴ व्यंजनों को सजाने के कुल प्रकार

$= {}^4C_3 \times 3! = 24$

∴ कुल अभीष्ट प्रकार $= 24 \times 4! = 24 \times 24$

$= 576$

25. (b)

BHARAT शब्द के अक्षरों को क्रमबद्ध करने के कुल तरीके $= \frac{6!}{2!} = 360$

ऐसे शब्द जिनमें B एवं H साथ रहें $= \frac{5!}{2!} \times 2!$

$= 120$

∴ ऐसे शब्द, जिनमें B एवं H अलग रहें

$= (360 - 120) = 240$

26. (d)

COMMITTEE शब्द के कुल बनने वाले शब्द होंगे,

$$\frac{9!}{2! \times 2! \times 2!} = \frac{9!}{(2!)^3}$$

27. (c)

'DELHI' शब्द को क्रमबद्धता में आधे ऐसे शब्द होगें, जिनमें E, I से पहले आएगा एवं आधे ऐसे शब्द होंगे, जिनमें I, E से पहले आएगा।

∴ अभीष्ट प्रकार $= \frac{5!}{2} = 60$

28. (a)

'CHEESE' शब्द को क्रमबद्ध करने के कुल तरीके

$= \frac{6!}{3!} = 120$

29. (c)

2, 3, 0, 3, 4, 2, 3 से बनने वाली ऐसी संख्याएँ 10 लाख से बड़ी हों

$= 3 \times \frac{6!}{3!2!} + 2 \times \frac{6!}{2! \times 2!}$

$= 180 + 180 = 360$

30. (b)

अभीष्ट तरीके $= {}^5C_4 \times {}^9C_7 + {}^5C_5 \times {}^9C_6$

$= 5 \times \frac{9!}{7!2!} + 1 \times \frac{9!}{6!3!}$

$= 5 \times 36 + \frac{9 \times 8 \times 7}{6}$

$= 180 + 84 = 264$

31. (d)

विकर्णों की संख्या $= {}^nC_2 - n$

$= {}^8C_2 - 8$

$= \frac{8!}{2!6!} - 8$

$= 28 - 8 = 20$

32. (a)

अभीष्ट तरीके $= {}^5C_3 \times 3! = 60$

33. (c)

12 बिन्दुओं से बनने वाली कुल रेखाएँ $= {}^{12}C_3$

3 बिन्दुओं से बनने वाली रेखाएँ $= {}^3C_2 = 3$

∴ कुल रेखाएँ $= \left({}^{12}C_2 - 3\right) + 1$ एक रेखीय बिन्दु

$= \left(\frac{12!}{2!10!} - 3\right) + 1$

$= 66 - 3 + 1 = 64$

34. (d)

6 पुरुषों में से 3 पुरुषों को चुनने के तरीके $= {}^6C_3$

4 महिलाओं में से 2 को चुनने के तरीके $= {}^4C_2$

$\therefore$ अभीष्ट तरीके $= {}^6C_3 \times {}^4C_2 = \frac{6!}{3!\times 3!} \times \frac{4!}{2!2!}$

$= 20 \times 6 = 120$

35. (b)

अभीष्ट तरीके

$= {}^4C_2 \times {}^{13}C_9 + {}^4C_3 \times {}^{13}C_8 + {}^8C_4 \times {}^{13}C_7$

$= 6 \times \frac{13!}{9!4!} + 4 \times \frac{13!}{8!5!} + 1 \times \frac{13!}{7!6!}$

$= 78$

36. (c)

3 अंक की ऐसी संख्याएँ, जिनमें कोई अंक दुबारा न आया हो

$= 9 \times 9 \times 8 = 81 \times 8 = 648$

37. (a)

प्रथम पुरस्कार जीतने के तरीके $= {}^{10}P_3$

$= 10 \times 9 \times 8$

$= 720$

38. (a)

'APPLE' शब्द के अक्षरों को सजाने के तरीके

$= \frac{5!}{2!} = 60$

39. (b)

विद्यार्थी के फेल होने के तरीके

$= {}^5C_1 + {}^5C_2 + {}^5C_3 + {}^5C_4 + {}^5C_5$

$= 2^5 - 1 = 31$

40. (c)

6 लड़कियों को वृत्ताकार रूप में बैठने के तरीके

$= (6 - 1)! = 5!$

41. (c)

अभीष्ट तरीके $= \frac{6!}{2} = \frac{720}{2} = 360$

42. (d)

स्वरों की संख्या = 3, व्यंजनों की संख्या = 5

- A - U - E -

$\therefore$ अभीष्ट तरीके = (LAUGHTER से बने कुल शब्द) – (ऐसे शब्द जिनमें स्वर एक साथ हों)

= (40320) – (4320) = 36000

43. (b)

स्वरों की संख्या = 3

$\therefore$ अभीष्ट प्रकार $= {}^4C_3 \times 3! \times 4!$

$= 4 \times 6 \times 4!$

$= 96 \times 3!$

$= 96 \times 6 = 576$

44. (a)

अभीष्ट प्रकार $= {}^4C_3 \times 3!$

$= {}^4P_3$

$= \frac{4!}{1!} = 24$

45. (d)

अभीष्ट प्रकार $= {}^5P_5 = 5! = 120$

46. (c)

विकर्णों की संख्या $= {}^nC_2 - n$, जहाँ n बहुभुज के भुजाओं की संख्या है।

$\therefore {}^nC_2 - n = 54$

$\Rightarrow n(n-1) - 2n = 108$

$\Rightarrow n^2 - 3n - 108 = 0$

$\Rightarrow n^2 - 12n + 9n - 108 = 0$

$\Rightarrow (n+9)(n-12) = 0$

$\Rightarrow n = 12$

47. (b)

अभीष्ट प्रकार

$= \frac{(3+2+1)!}{3!2!1!} = \frac{6!}{3!2!} = \frac{5\times6\times4}{2} = 60$

48. (a)

अभीष्ट प्रकार $= {}^{10}C_7 = \frac{10!}{7!3!} = \frac{10\times9\times8}{6} = 120$

49. (a)

10 बिन्दुओं से बने त्रिभुजों की संख्या $= {}^{10}C_3$

4 बिन्दुओं से बने त्रिभुजों की संख्या $= {}^4C_3$

$\therefore$ अभीष्ट प्रकार

$= ({}^{10}C_3 - {}^4C_3) = (120 - 4) = 116$

50. (d)

7 व्यंजन में से 3 व्यंजन चुनने के तरीके = ${}^7C_3$

4 स्वर में से 2 स्वर चुनने के तरीके = ${}^4C_2$

∴ अभीष्ट प्रकार = ${}^7C_3 \times {}^4C_2 \times 5!$

$= \frac{7!}{3!4!} \times \frac{4!}{2!2!} \times 5!$

$= \frac{7 \times 6 \times 5}{6} \times \frac{12}{2} \times 120$

$= 35 \times 6 \times 120$

$= 210 \times 120 = 25200$

51. (c)

DIRECTOR शब्द के कुल क्रमचय $\frac{8!}{2!}$ होंगे।

ऐसे क्रमचय जिनमें स्वर साथ में हों = $\frac{6!}{2!} \times 3!$

∴ ऐसे शब्द जिनमें तीनों स्वर साथ नहीं हैं

$= \frac{8!}{2!} - \frac{6!}{2!} \times 3!$

$= 20160 - 2160$

$= 18,000$

52. (b)

यदि 'BENEVOLENT' शब्द के अंतिम में L हो, तो कुल क्रमचय = $\frac{9!}{3!2!}$

53. (d)

'TOUGH' शब्द के अक्षरों को क्रम में सजाने पर G, H, O, T, U

∴ G से शुरू होने वाले शब्द = 4! = 24,

H से शुरू होने वाले शब्द = 4! = 24,

O से शुरू होने वाले शब्द = 4! = 24,

'TG' से शुरू होने वाले शब्द = 3! = 6,

'TH' से शुरू होने वाले शब्द = 3! = 6,

'TOG' से शुरू होने वाले शब्द = 2! = 2,

'TOH' से शरू होने वाले शब्द = 2! = 2,

∴ 'TOUGH' शब्द का स्थान (24 + 24 + 24 + 6 + 6 + 2 + 2 + 1) वाँ होगा

⇒ 'TOUGH' का शब्दकोष में 89वाँ स्थान है।

54. (b)

1, 2, 4, 5, 7 से बनने वाली 4 अंकों की संख्याओं की संख्या होगी

$= {}^5C_4 \times 4! = {}^5P_4 = \frac{5!}{5-4!} = 5! = 120$

55. (c)

तीन अंकों की कुल संख्या = 9 × 10 × 10 = 900

ऐसी संख्याएँ जिनमें अंकों की पुनरावृत्ति हुई हो

= 9 × 9 × 8

= 81 × 8

= 648

∴ अभीष्ट प्रकार = 900 – 648

= 252

56. (a)

${}^nP_{13} = \frac{n!}{n-13!}, \ {}^{n+1}P_{12} = \frac{n+1!}{n-11!}$

${}^nP_{13} : {}^{n+1}P_{12} = \frac{(n-11)(n-12)}{(n+1)} = \frac{3}{4}$

$\Rightarrow 4\,(n^2 - 23n + 132) = 3n + 3$

$\Rightarrow 4n^2 - 95n + 525 = 0$

$\Rightarrow 4n^2 - 60n - 35n + 525 = 0$

$\Rightarrow 4n\,(n - 15) - 35\,(n - 15) = 0$

$\Rightarrow n = 15, \frac{35}{4}$

∵ n एक प्राकृत संख्या है।

∴ $n = 15$

57. (c)

अभीष्ट प्रकार = $\frac{n-1!}{2} = \frac{4!}{2} = 12$

58. (a)

6 लोगों को गोलमेज के किनारे बैठाने के तरीके

= 5! = 120

59. (b)

∵ गेंदें एक ही प्रकार की हैं।

∴ अभीष्ट प्रकार = 1

60. (d)

कुल मिलानों की संख्या = ${}^nC_2$

$\Rightarrow {}^nC_2 = 105$

$\Rightarrow \frac{\quad}{2!2!} \quad 105$

$\Rightarrow n\,(n - 1) = 210$

$\Rightarrow n^2 - n - 210 = 0$

∴ $n = 15$

61. (a)

माना कि छह महिलाएँ 1 समूह है।

∴ कुल जन $= (7 + 1) = 8$

∴ अभीष्ट प्रकार $= \angle 8-1 \times \angle 6$

$= \angle 7 \times \angle 6 = 7 \times (\angle 6)^2$

62. (a)

यदि 1 अधिकारी को चुन लिया गया, तो अब शेष लोग $= (8 + 4 - 1) = 11$

∴ अभीष्ट प्रकार $= {}^{11}C_6$

63. (b)

5 व्यक्तियों में 20 सेबों के आवंटन के तरीके

$= {}^{5+20-1}C_{5-1}$

$= {}^{24}C_4$

$= 10626$

64. (a)

अभीष्ट प्रकार

$= {}^{8}C_4 + 1 \times {}^{7}C_2 + 1 \times {}^{7}C_2 + 1 \times {}^{7}C_2 + 1 + 1 + 1$

$= 136$

65. (b)

दो व्यक्तियों को हटाने के बाद बचे कुल लोग

$= 12 - 2 = 10$

∴ अभीष्ट प्रकार $= {}^{10}C_6 = \frac{10!}{6!4!} = \frac{10 \times 9 \times 8 \times 7}{4 \times 3 \times 2}$

$= 210$

66. (d)

$\frac{n!}{r!n-r!} = 21, \quad \frac{n!}{n-r!} = 2520$

$\Rightarrow \frac{2520}{r!} = 21$

$\Rightarrow r! = \frac{2520}{21} = 120$

$\Rightarrow r = 5$

67. (c)

टिकट दो स्टेशनों के बीच का छापा जाएगा।

∴ अभीष्ट प्रकार $= {}^{n}C_2$

68. (c)

फलों के चयन करने का तरीका $= {}^{5}C_1 \times {}^{4}C_1 \times {}^{3}C_1$

$= 60$

69. (c)

विकर्णों की संख्या $= {}^{n}C_2 - C$

$= \frac{n(n-1)-2n}{2} = \frac{n^2-3n}{2} = 104$

$\Rightarrow n^2 - 3n - 208 = 0$

$\Rightarrow n^2 - 16n + 13n - 208 = 0$

$\Rightarrow n = 16, -13$

$\therefore n = 16$

70. (d)

अभीष्ट प्रकार $= \frac{15!}{4!5!6!}$

प्रायिकता
Probability

प्रयिकताः अनिश्चितता का माप प्रायिकता या सम्भाविता कहलाता है।

महत्वपूर्ण तथ्य (Important Facts)

यदि एक पासे को यादृच्छया फेंका जाता है तो सभी सम्भव परिणाम $\{1, 2, 3, 4, 5, 6\}$ होगा तथा सम संख्या का परिणाम $\{2, 4, 6\}$ होगा।

उपर्युक्त तथ्य से कुछ महत्त्वपूर्ण परिभाषायें:-

प्रयोगः पासे को फेंकने की प्रक्रिया को प्रयोग कहा जाएगा

यादृच्छया प्रयोगः पासे को यादृच्छया फेंकने की प्रक्रिया को यादृच्छया प्रयोग कहा जाएगा

- ❑ पासे को फेंकना
- ❑ सिक्कों को उछालना
- ❑ ताश के पत्ते निकालना
- ❑ किसी बैग में से विभिन्न रंगों के गेंदों में से एक निश्चित गेंद निकालना

प्रतिदर्श समष्टिः किसी प्रयोग में सभी सम्भव परिणाम का समुच्चय प्रतिदर्श समष्टि कहलाता है। इसे S से निरूपित किया जाता है।

एक पासे के लिए $S = \{1, 2, 3, 4, 5, 6\}$

एक सिक्के के लिए $= S = \{H, T\}$

दो सिक्कों के लिए

$S = \{HH, HT, TH, TT\}$

घटनाः प्रतिदर्श समष्टि का उप समुच्चय घटना कहलाता है। इसे E से निरूपित किया जाता है।

उपर्युक्त उदाहरण में $E = \{2, 4, 6\}$ एक घटना को व्यक्त करता है।

E⊆S

प्रायिकताः किसी घटना की प्रायिकता अभिष्ट घटनाओं की संख्या सभी सम्भव परिणाम प्रतिदर्श समष्टि की संख्या

$$= \frac{n(E)}{n(S)} \text{ i.e. } P(E) = \frac{n(E)}{n(S)}$$

यहाँ n(E) = कुल आवश्यक परिणाम

n(S) = कुल संभव परिणाम

P(E) = घटना की प्रायिकता

सम संख्या आने की संभावना $= \frac{3}{6}$

$$P(E) = \frac{1}{2}$$

परिणाम

i) $P(S) = 1$ ...(अधिकतम प्रयिकता 1 होती है)

ii) $P(\phi) = 0$ ......(निम्नतम प्रयिकता 0 होती है)

iii) $0 \le P(E) \le 1$

iv) $P(E) + P(\overline{E}) = 1$

अर्थात् $P(E) = 1 - P(\overline{E})$......... जहाँ $\overline{E}, E$ का व्युत्क्रम है।

माना किसी प्रश्न के पाँच विकल्प में एक विकल्प सही होता है तथा चार विकल्प गलत विकल्प होते हैं। यदि एक विकल्प यदृच्छया चुना जाए तो :

प्रश्न सही होने की प्रयिकता तथा प्रश्न गलत होने की प्रायिकता

$$P(E) = \frac{1}{5} \quad \text{........i)}$$

$$P(\overline{E}) = \frac{4}{5} \quad \text{........ii)}$$

समी0 i) एंव ii) को जोड़ने पर

$$P(E) + P(\overline{E}) = \frac{1}{5} + \frac{4}{5}$$

अर्थात् $P(E) + P(\overline{E}) = 1$

उदाहरण (Examples)

1. यदि एक सिक्के को यादृच्छया उछाला जाए तो शीर्ष आने की प्रयिकता बताओ?

(a) $\frac{1}{2}$ (b) $\frac{3}{2}$

(c) $\frac{1}{4}$ (d) $\frac{5}{2}$

एक सिक्के के लिए

$n(E) = 1$ {H}

$n(S) = 2$ {H, T}

$$P(E) = \frac{1}{2}$$

2. यदि दो सिक्कों को एक साथ यदृच्छया उछाला जाए तो एक शीर्ष आने की प्रायिकता बताओ?

(a) $\frac{3}{2}$ (b) $\frac{1}{2}$

(c) $\frac{2}{4}$ (d) $\frac{3}{4}$

दो सिक्कों के लिए

n(S) = 4 {(H, H) (T, T) (H, T) (T, H)}

n(E) = 2 { (H, T)) (T, H)}

$$P(E) = \frac{2}{4} = \frac{1}{2}$$

3. यदि दो सिक्कों को एक साथ यदृच्छया उछाला जाए तो कम से कम एक शीर्ष आने की प्रायिकता बताओ?

(a) $\frac{3}{4}$ (b) $\frac{1}{2}$

(c) $\frac{6}{8}$ (d) $\frac{9}{16}$

दो सिक्कों के लिए

n(S) = 4 {(H, H) (T, T) (H, T) (T, H)}

यहाँ

n(E) = 3 {(H, H) (H, T) (T, H)}

$$P(E) = \frac{3}{4}$$

4. यदि दो सिक्कों को एक साथ यदृच्छया उछाला जाए तो अधिक से अधिक एक शीर्ष आने की प्रयिकता बताओ?

(a) $\frac{4}{3}$ (b) $\frac{3}{4}$

(c) $\frac{1}{2}$ (d) $\frac{3}{2}$

n(S) = 4 {(H, H) (T, T) H, T) (T, H)}

n(E) = 3 {(T, T) (H, T) (T, H)}

$$P(E) = \frac{3}{4}$$

5. यदि एक पासा यदृच्छया फेंका जाए तो शीर्ष पर 3 का गुणन होने की प्रायिकता बताओ?

(a) $\frac{1}{9}$ (b) $\frac{1}{3}$

(c) $\frac{4}{3}$ (d) $\frac{3}{9}$

n(S) = 6 {1, 2, 3, 4, 5, 6}

n(E) = 2 {3, 6}

$$P(E) = \frac{2}{6} = \frac{1}{3}$$

6. यदि एक पासा यदृच्छया फेंका जाए तो शीर्ष पर 2 का गुणन होने की प्रायिकता बताओ?

(a) $\frac{1}{2}$ (b) $\frac{3}{7}$

(c) $\frac{4}{7}$ (d) $\frac{5}{2}$

n(S) = 6 {1, 2, 3, 4, 5, 6}

n(E) = 3 {2, 4, 6}

$$P(E) = \frac{3}{6} = \frac{1}{2}$$

7. यदि दो पासों को एक साथ यदृच्छया फेंका जाए तो दोनों शीर्षों का योगफल 9 होने की प्रायिकता बताओ?

(a) $\frac{1}{4}$ (b) $\frac{1}{9}$

(c) $\frac{3}{9}$ (d) $\frac{3}{4}$

n(S) = 36

n(E) = 4

$$P(E) = \frac{4}{36} = \frac{1}{9}$$

8. किसी बैग में 3 नीली, 2 हरी और 5 लाल गेंदें हैं यदि तीन गेंदें यदृच्छया निगली जाऐं तो कम से कम एक गेंद के लाल होने की प्रायिकता बताओ?

(a) $\frac{12}{11}$ (b) $\frac{11}{12}$

(c) $\frac{13}{11}$ (d) $\frac{9}{12}$

$$P(E) = 1 - \frac{5C_3}{10C_3} = 1 - \frac{\frac{5 \times 4}{2}}{\frac{10 \times 9 \times 8}{3 \times 2}}$$

$$= 1 - \frac{10}{120} = \frac{11}{12}$$

ताश के पत्ते

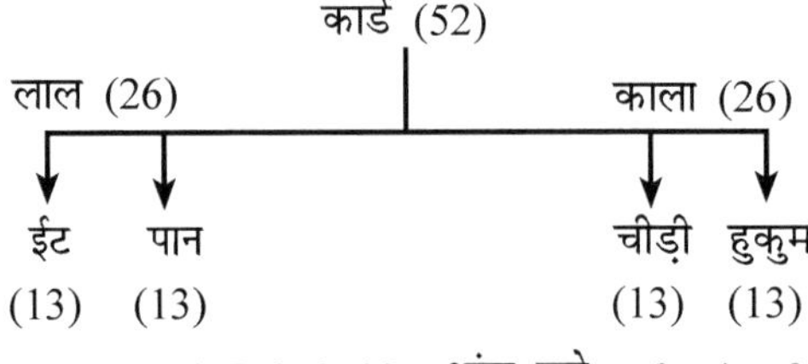

2, 3, 4, 5, 6, 7, 8, 9, 10 – अंक पत्ते – $9 \times 4 = 36$

इक्का, बादशाह, बेगम, गुलाम $= 4 \times 4 = 16$

कुल पत्ता $= 36 + 16 = 52$

9. 52 पत्तों के पैक से, एक कार्ड यदृच्छया मिलाने पर उसके इक्का होने की प्रायिकता बताओ?

(a) $\frac{}{13}$ (b) $\frac{1}{22}$

(c) $\frac{2}{26}$ (d) $\frac{5}{12}$

$$P(E) = \frac{n(E)}{n(S)}$$

$$\frac{4C_1}{5C_1} = \frac{4}{52} = \frac{1}{13}$$

10. 52 पत्तों के पैक से, एक कार्ड यदृच्छया खींचने पर उसके या तो बादशाह या बेगम होने की प्रायिकता बताओ?

(a) $\frac{1}{13}$ (b) $\frac{2}{13}$

(c) $\frac{4}{14}$ (d) $\frac{5}{3}$

$$P(E) = \frac{4C_1 + 4C_1}{52C_1}$$

$$= \frac{8}{52} = \frac{2}{13}$$

अभ्यास प्रश्न (Practice Questions)

1. तीन सिक्कों की उछाल में तीन शीर्ष आने की प्रायिकता क्या है?
(a) $\frac{1}{8}$ (b) $\frac{3}{8}$
(c) $\frac{1}{4}$ (d) $\frac{1}{3}$

2. 6 लड़के तथा 6 लड़कियाँ यदृच्छया एक कक्षा में बैठते है। सभी 6 लड़कियों की एक साथ बैठने की क्या प्रायिकता है?
(a) $\frac{1}{264}$ (b) $\frac{1}{132}$
(c) $\frac{1}{66}$ (d) $\frac{1}{33}$

3. दो पासों के फेंकने के क्रम में दोनों में असमान अंक आने की क्या प्रायिकता हैं?
(a) $\frac{1}{6}$ (b) $\frac{5}{6}$
(c) $\frac{1}{3}$ (d) $\frac{1}{2}$

4. एक कक्षा में पढ़ने वाले विद्यार्थियों में से 7 महाराष्ट्र के, 5 बिहार के तथा 3 केरल के हैं। चार विद्यार्थियों को अक्रमिक रूप से चुनना है। कम से कम एक विद्यार्थी बिहार का हो, इसकी प्राकिता क्या है?
(a) $\frac{11}{13}$ (b) $\frac{10}{13}$
(c) $\frac{12}{13}$ (d) $\frac{1}{13}$

5. दो पासों को फेंकने पर ऊपर आयी संख्याओं का योग 5 या 6 होने की क्या प्रायिकता है?
(a) $\frac{1}{4}$ (b) $\frac{1}{2}$
(c) $\frac{1}{9}$ (d) $\frac{5}{36}$

6. 7 पुरुषों और 5 महिलाओं में से 4 की एक समिति बनानी है। समिति में 4 महिलाएँ होने की प्रायिकता क्या है?
(a) $\frac{14}{99}$ (b) $\frac{1}{99}$
(c) $\frac{4}{99}$ (d) इनमें से कोई नही

7. एक टोकरी में 4 हरे तथा 2 लाल गेंद हैं। यदि दो गेंद यदृच्छया निकाले जाते हैं, तो उनके हरे होने की प्रायिकता कितनी है।
(a) $\frac{2}{5}$ (b) $\frac{3}{5}$
(c) $\frac{1}{5}$ (d) $\frac{4}{5}$

8. किसी थैले में 20 लाल तथा 15 हरे गेंद हैं। उसमें से एक लाल गेंद को चुनने की क्या प्रायिकता होगी?
(a) $\frac{1}{20}$ (b) $\frac{3}{4}$
(c) $\frac{4}{7}$ (d) $\frac{1}{35}$

9. किसी प्रतियोगिता में A के पुरस्कार जीतने की प्रायिकता $\frac{1}{5}$ तथा B के पुरस्कार जीतने की प्रायिकता $\frac{3}{4}$ है। दोनों के पुरस्कार जीतने की प्रायिकता क्या होगी?
(a) $\frac{1}{5}$ (b) $\frac{3}{20}$
(c) $\frac{7}{10}$ (d) $\frac{1}{12}$

10. 5 लड़कियाँ तथा 4 लड़के एक ही पंक्ति में बैठे हैं। इसकी कितनी प्रायिकता है कि सभी 4 लड़के साथ-साथ बैठे हों?
(a) $\frac{4}{13}$ (b) $\frac{1}{21}$
(c) $\frac{3}{7}$ (d) $\frac{2}{7}$

11. शब्द ADJUST के अक्षरों को कितने विभिन्न प्रकार से सजाया जा सकता है ताकि स्वर एक साथ नहीं आएँ?
(a) 250 (b) 480
(c) 520 (d) 290

12. तीन सिक्कों के उछाल में कम से कम एक शीर्ष आने की क्या प्रायिकता हैं?
(a) $\frac{1}{2}$ (b) $\frac{1}{8}$
(c) $\frac{7}{8}$ (d) $\frac{1}{3}$

13. एक बॉक्स में 4 हरी तथा 7 नीली गोलियाँ हैं। यदि बेतरतीब 3 गोलियाँ उठायी जाएँ, तो इनमें किन्ही दो के नीली होने की क्या प्रायिकता है?

(a) $\frac{28}{55}$ (b) $\frac{3}{55}$

(c) $\frac{7}{55}$ (d) $\frac{1}{55}$

14. किसी लीप वर्ष में 53 शुक्रवार या 53 शनिवार होने की प्रायिकता क्या है?

(a) $\frac{2}{7}$ (b) $\frac{3}{7}$

(c) $\frac{4}{7}$ (d) $\frac{1}{7}$

15. एक बॉक्स में 10 अच्छे और 6 खराब सामान रखे हैं। उनमें से एक सामान को यदृच्छया निकाला जाता है। उसके अच्छे या खराब होने की क्या प्रायिकता है?

(a) $\frac{16}{64}$ (b) $\frac{64}{64}$

(c) $\frac{49}{64}$ (d) $\frac{24}{64}$

16. दो पासों को उछालने पर ऊपर आए अंकों का योग 7 होने की क्या प्रायिकता है?

(a) $\frac{1}{36}$ (b) $\frac{6}{36}$

(c) $\frac{7}{36}$ (d) $\frac{8}{36}$

17. एक समूह में 3 पुरुष 2 महिलाएँ तथा 4 बच्चे हैं। चार व्यक्तियों को चुनने में ठीक दो बच्चे होने की प्रायिकता क्या है?

(a) $\frac{11}{21}$ (b) $\frac{9}{21}$

(c) $\frac{10}{21}$ (d) $\frac{8}{21}$

18. दो पासों को उछालने पर ऊपर आयी संख्याओं का कुल योग 5 होने की प्रायिकता क्या है?

(a) $\frac{1}{9}$ (b) $\frac{1}{12}$

(c) $\frac{1}{18}$ (d) $\frac{1}{15}$

19. 6 लड़के और 6 लड़कियाँ एक ही पंक्ति में बैठे हैं। सभी लड़कियों के एक साथ बैठने की प्रायिकता क्या है?

(a) $\frac{1}{102}$ (b) $\frac{1}{112}$

(c) $\frac{1}{122}$ (d) $\frac{1}{132}$

20. ताश के 52 पत्तों में से एक पत्ता निकाला जाता है। उसके बादशाह या काला पान होने की प्रायिकता क्या है?

(a) $\frac{1}{26}$ (b) $\frac{3}{26}$

(c) $\frac{4}{13}$ (d) $\frac{3}{13}$

21. एक बैग में 5 काले 4 सफेद तथा 3 लाल गेंदें है, यदि एक गेंद यदृच्छया निकाला जाए तो उसके काला या लाल होने की क्या प्रायिकता है?

(a) $\frac{1}{3}$ (b) $\frac{1}{4}$

(c) $\frac{5}{12}$ (d) $\frac{2}{3}$

22. एक बैग में 3 सफेद 5 काली तथा 4 लाल गेंद है। एक गेंद निकाली जाती है, उसकी क्या प्रायिकता होगी, यदि निकाली गयी गेंद न तो काली है न सफेद है?

(a) $\frac{3}{4}$ (b) $\frac{1}{3}$

(c) $\frac{1}{2}$ (d) $\frac{1}{4}$

23. किसी लॉटरी में 8 इनाम तथा 16 खाली है। एक इनाम आने की प्रायिकता क्या हैं?

(a) $\frac{1}{2}$ (b) $\frac{2}{3}$

(c) $\frac{1}{3}$ (d) इनमें से कोई नहीं।

24. किसी निश्चित घटना के घटित होने की प्रायिकता क्या होगी ?

(a) 0 (b) $\frac{1}{2}$

(c) 1 (d) इनमें से कोई नहीं।

25. 52 पत्ते की गड्डी में से एक पत्ता निकाला जाता है, उस पत्ते के फेस कार्ड होने की प्रायिकता क्या है?

(a) $\frac{4}{13}$ (b) $\frac{3}{26}$

(c) $\frac{1}{26}$ (d) $\frac{3}{13}$

26. एक पाशे के उछाल में अभाज्य संख्या आने की प्रायिकता क्या होगी?

(a) $\frac{1}{2}$ (b) $\frac{1}{3}$

(c) $\frac{5}{6}$ (d) $\frac{2}{3}$

27. 52 पत्ते की गड्डी में से एक कार्ड निकाला जाता है, उसके काला फेस कार्ड होने की प्रायिकता क्या है?

(a) $\frac{3}{14}$ (b) $\frac{1}{26}$

(c) $\frac{3}{26}$ (d) $\frac{3}{13}$

28. एक बैग में 8 लाल, 2 काली तथा 5 सफेद गेंदें हैं। यदि एक गेंद यदृच्छया निकाली जाए, तो उसकी प्रायिकता क्या होगी कि निकाली गयी गेंद काली न हो?

(a) $\frac{2}{15}$ (b) $\frac{13}{15}$

(c) $\frac{1}{3}$ (d) $\frac{8}{15}$

29. किसी सामान्य वर्ष में 53 सोमवार होने की क्या प्रायिकता है?

(a) $\frac{2}{7}$ (b) $\frac{1}{7}$

(c) $\frac{7}{53}$ (d) $\frac{7}{52}$

30. 25 कार्ड है जिन पर 1 से 25 तक अंक लिखे हुए है। एक कार्ड अचानक निकाला जाता है। उसकी प्रायिकता क्या होगी, यदि कार्ड पर अंकित अंक 4 से विभाजित न हो ?

(a) $\frac{4}{25}$ (b) $\frac{21}{25}$

(c) $\frac{6}{25}$ (d) $\frac{19}{25}$

31. 20 टिकटों पर 1 से 20 तक अंक अंकित हैं। अचानक एक टिकट निकाला जाता हैं। यदि उस टिकट पर अंकित अंक 5 का गुणज हो, तो इसकी प्रायिकता क्या होगी?

(a) $\frac{3}{10}$ (b) $\frac{2}{5}$

(c) $\frac{1}{5}$ (d) $\frac{1}{4}$

32. 52 पत्तों के ताश में से एक कार्ड निकाला जाता है, उसके एक्का होने की प्रायिकता क्या है?

(a) $\frac{1}{26}$ (b) $\frac{1}{4}$

(c) $\frac{4}{13}$ (d) $\frac{1}{13}$

33. एक लीप वर्ष में 53 शुक्रवार होने की प्रायिकता क्या है?

(a) $\frac{1}{7}$ (b) $\frac{2}{7}$

(c) $\frac{3}{7}$ (d) 1

34. किसी प्रतियोगिता में जीतने की प्रायिकता 0.6 है। उसमें हारने की प्रायिकता क्या होगी?

(a) 0.4 (b) 0.6

(c) 1 (d) इनमें से कोई नही

35. 30 टिकटों पर 1 से 30 तक अंक अंकित है। एक कार्ड अचानक निकाला जाता है। उसकी प्रायिकता क्या होगी, यदि उस निकाले गये टिकट पर अंकित अंक 3 से विभाजित न हो ?

(a) $\frac{2}{3}$ (b) $\frac{1}{3}$

(c) $\frac{1}{7}$ (d) $\frac{2}{7}$

36. किसी सामान्य वर्ष में 53 रविवार होने की प्रायिकता क्या होगी ?

(a) $\frac{2}{7}$ (b) –

(c) $\frac{3}{7}$ (d) $\frac{4}{7}$

37. 52 पत्तों के समूह में से एक पत्ता निकाला जाता है। उसकी क्या प्रायिकता होगी, यदि निकाला गया पत्ता न बादशाह है, न रानी है?

(a) $\frac{11}{13}$ (b) $\frac{1}{2}$

(c) $\frac{1}{13}$ (d) $\frac{2}{13}$

38. किसी लॉटरी में 10 इनाम हैं तथा 25 खाली हैं। उसके एक इनाम आने की प्रायिकता क्या होगी?

(a) $\frac{2}{7}$ (b) $\frac{1}{7}$

(c) $\frac{3}{7}$ (d) $\frac{5}{7}$

39. 52 पत्तों के एक समूह में से एक कार्ड निकाला जाता है। उसके ताश लाल रंग के बादशाह होने की प्रायिकता क्या है?

(a) $\frac{1}{13}$ (b) $\frac{1}{26}$

(c) $\frac{1}{2}$ (d) $\frac{1}{4}$

40. एक बक्से में 5 लाल एवं 10 काली गेदें हैं। यदि उनमें से 8 को निकालकर दूसरे बक्से में रखा गया, तो नए बक्से में 2 लाल एवं 6 काली गेदें होने की क्या प्रायिकता है?

(a) $\frac{120}{369}$ (b) $\frac{61}{246}$

(c) $\frac{120}{492}$ (d) $\frac{140}{492}$

41. एक पासे को तीन बार फेंका गया। कुल योग 18 आने की क्या प्रायिकता है?

(a) $\frac{18}{216}$ (b) $\frac{7}{216}$

(c) $\frac{3}{216}$ (d) $\frac{1}{216}$

42. एक बक्से में 3 लाल 7 काली एवं 8 नीली गेदें हैं। यदि बक्से से 4 गेंदे निकाली गयी, तो चारों गेंदे नीली होने की क्या प्रायिकता है?

(a) $\frac{1}{51}$ (b) $\frac{5}{306}$

(c) $\frac{4}{153}$ (d) $\frac{7}{306}$

43. प्रश्न 43 में 2 लाल एवं बाकी काली गेदें आने की प्रायिकता क्या है?

(a) 0.03 (b) 0.02

(c) 0.04 (d) 0.06

44. एक कक्षा में 8 मोटे एवं 6 पतले लड़के हैं। यदि उनमें से दो बच्चों को चुना गया, तो एक तरह के लड़के चुने जाने की क्या प्रायिकता है?

(a) $\frac{45}{91}$ (b) $\frac{43}{91}$

(c) $\frac{47}{91}$ (d) $\frac{420}{8281}$

45. एक इक्का, एक काला पान या दोनों आने की क्या प्रायिकता है?

(a) $\frac{1}{4}$ (b) $\frac{9}{26}$

(c) $\frac{17}{52}$ (d) $\frac{4}{13}$

46. 'ADJUST' शब्द् के अक्षरों को सभी संभावित क्रमों मे लिखा गया है। उन शब्दों में T के U से पहले आने की क्या प्रायिकता है?

(a) $\frac{1}{3}$ (b) $\frac{1}{2}$

(c) $\frac{1}{6}$ (d) $\frac{1}{4}$

47. एक विद्यालय में 9 लोगों की एक समिति बनाई गई जिनमें 2 लोग शिक्षक वर्ग से थे, 3 लोग छात्र वर्ग से थे एवं बाकी लोग प्रशासनिक वर्ग से थे। उनमें से 3 लोगों को एक जगह बुलाया गया । इस बात की क्या प्रायिकता है कि तीनों लोग अलग-अलग वर्ग के हों?

(a) $\frac{5}{7}$ (b) $\frac{1}{7}$

(c) $\frac{2}{7}$ (d) $\frac{3}{7}$

48. 52 पत्तों की एक गड्डी से एक कार्ड निकाला गया। उस कार्ड की रानी या काला पान होने की क्या प्रायिकता हैं?

(a) $\frac{17}{52}$ (b) $\frac{2}{13}$

(c) $\frac{3}{13}$ (d) $\frac{4}{13}$

49. एक ताश की गड्डी से 2 कार्ड्स एक-एक करके बिना वापसी निकाले गये। पहले कार्ड की बादशाह एवं दूसरे कार्ड के रानी होने की क्या प्रायिकता है?

(a) $\frac{103}{663}$ (b) $\frac{5}{663}$

(c) $\frac{1}{221}$ (d) $\frac{4}{663}$

50. एक कंपनी में 28 लोग हैं, जिनमें 5 लोग ग्रेजुएट हैं। अगर उनमे से 3 लोगों को चुना गया, तो तीनों के ग्रेजुएट होने की क्या प्रायिकता है?

(a) $\frac{1}{114}$ (b) $\frac{9}{1140}$

(c) $\frac{7}{1140}$ (d) $\frac{5}{1140}$

51. 52 ताश के पत्तों में से चार पत्ते निकाले गए। चारों के अलग-अलग रंग के होने की क्या प्रायिकता है?

(a) $\frac{(12)^4}{^{52}C_4}$ (b) $\frac{(13)^4}{^{52}C_4}$

(c) $\frac{(13)^2(12)^2}{^{52}C_4}$ (d) $\frac{(13)^3.12}{^{52}C_4}$

52. एक पुस्तकालय में 50 किताबें हैं जिनमें 3 किताबें मूल्यवान हैं। यदि पुस्तकालय से 5 किताबें चोरी हो गयी, तो एक भी मूल्यवान किताब चोरी न होने की प्रायिकता क्या है?

(a) $\frac{1137}{5880}$ (b) $\frac{4257}{5880}$

(c) $\frac{4136}{5880}$ (d) $\frac{4236}{5880}$

53. एक थैले में 10 सफेद एवं 15 काली गेंदें एक साथ निकाली गयी, तो दोनों के अलग-अलग रंग के होने की क्या प्रायिकता है?

(a) $\frac{1}{2}$ (b) $\frac{1}{3}$

(c) $\frac{1}{4}$ (d) $\frac{1}{5}$

54. सुशील के एक प्रश्न को हल करने की प्रायिकता $\frac{1}{4}$ है। कृष्ण के उसी प्रश्न को हल करने की प्रायिकता $\frac{2}{3}$ है। यदि प्रश्न हल हो गया, तो उसके हल की क्या प्रायिकता है?

(a) $\frac{3}{4}$ (b) $\frac{1}{6}$

(c) $\frac{1}{3}$ (d) $\frac{1}{4}$

55. एक ऑफिस में 1 से 20 नंबर तक की टिकटें हैं यदि एक टिकट चुना गया तो क्या प्रायिकता हैं कि वह संख्या 3 या 5 से पूर्णतः भाज्य हो ?

(a) $\frac{7}{20}$ (b) $\frac{10}{20}$

(c) $\frac{9}{20}$ (d) $\frac{2}{5}$

56. एक प्रश्न के राम श्याम एवं मोहन द्वारा हल होने की प्रायिकता क्रमशः $\frac{1}{2}, \frac{1}{3}$ एवं $\frac{1}{4}$ है। यदि प्रश्न को तीनों एक साथ बनाते हैं, तो प्रश्न के हल होने की प्रायिकता क्या है?

(a) $\frac{}{12}$ (b) $\frac{3}{4}$

(c) $\frac{1}{4}$ (d) $\frac{1}{24}$

57. एक पासे को तीन बार उछालने पर योग 17 आने की क्या प्रायिकता है?

(a) $\frac{1}{216}$ (b) $\frac{1}{108}$

(c) $\frac{3}{216}$ (d) $\frac{1}{54}$

58. यदि एक गोलमेज के किनारे 5 लोगों को बैठाया जाए, तो कोई दो निश्चित लोगों के साथ न बैठने की क्या प्रायिकता होगी?

(a) $\frac{1}{3}$ (b) $\frac{1}{6}$

(c) $\frac{1}{2}$ (d) $\frac{4}{5}$

59. 'ABOUT' के अक्षरों को सभी संभावित क्रमों में लिखकर एक डिक्शनरी बनाई गई। डिक्शनरी में से शब्द चुना गया । उस शब्द में तीनों स्वरों के साथ होने की क्या प्रायिकता है?

(a) $\frac{2}{10}$ (b) $\frac{}{10}$

(c) $\frac{35}{120}$ (d) $\frac{9}{10}$

60. यदि एक सिक्के को 8 बार उछाला गया, तो 6 शीर्ष आने की क्या प्रायिकता है?

(a) $\frac{5}{64}$ (b) $\frac{15}{128}$

(c) $\frac{7}{64}$ (d) $\frac{17}{128}$

61. एक कक्षा में 6 लड़के एवं 3 लड़कियाँ है, लड़कों के एक साथ बैठने की क्या प्रायिकता होगी?

(a) $\frac{1}{21}$ (b) $\frac{1}{23}$

(c) $\frac{23}{504}$ (d) $\frac{26}{504}$

62. यदि $P(A \cup B) = P(A)$, तो $P(A/B)$ का मान क्या होगा?

(a) 0 (b) 1

(c) P(B) (d) P(A)

63. P(A∪B), का मान क्या होगा, यदि 2P(A) = P(B) = $\frac{5}{13}$ एवं P(A/B) = $\frac{2}{5}$

(a) $\frac{6}{13}$ (b) $\frac{13}{26}$

(c) $\frac{11}{26}$ (d) $\frac{7}{13}$

64. यदि A और B स्वतंत्र घटनाये हैं, तो P(B) का मान निकालें, यदि P(A∪B) = 0.6, P(A) = 0.2

(a) 0.2 (b) 0.3

(c) 0.4 (d) 0.5

65. एक सिक्के को 5 बार उछाला गया, तो कम से कम 4 शीर्ष के आने की क्या प्रायिकता है?

(a) $\frac{3}{16}$ (b) $\frac{1}{4}$

(c) $\frac{5}{16}$ (d) $\frac{3}{16}$

66. P(A∪B) = $\frac{1}{2}$, P(A) = 0.3 P(B) = 0.4 तो P(B ⊥ A) का मान क्या है ?

(a) $\frac{2}{3}$ (b) $\frac{1}{3}$

(c) $\frac{1}{2}$ (d) $\frac{1}{4}$

67. 1,7,3,5 से चार अंकों की ऐसी संख्याएँ बनाई गयी, जिनमें कोई भी अंक दुबारा न आया हो। संख्या की 5 से भाज्य होने की क्या प्रायिकता है?

(a) $\frac{1}{2}$ (b) $\frac{1}{3}$

(c) $\frac{1}{4}$ (d) $\frac{1}{6}$

68. यदि 'PAPER' शब्द के अक्षरों को सभी संभावित क्रमों में लिखा गया हो, तो दोनों 'P' के एक साथ न होने की क्या प्रायिकता है?

(a) $\frac{2}{5}$ (b) $\frac{3}{5}$

(c) $\frac{4}{5}$ (d) $\frac{1}{5}$

69. यदि A और B दो स्वतंत्र घटनाये हैं। तो P(B) ज्ञात करें, यदि P(A∪B) = 0.69, P(A) = 0.38

(a) 0.5 (b) 0.6

(c) 0.4 (d) 0.3

उत्तरमाला (Answer Key)

1. (a)	2. (b)	3. (b)	4. (a)	5. (a)	6. (b)	7. (a)	8. (c)	9. (b)	10. (b)
11. (b)	12. (c)	13. (a)	14. (b)	15. (b)	16. (b)	17. (c)	18. (a)	19. (d)	20. (c)
21. (d)	22. (b)	23. (c)	24. (c)	25. (d)	26. (a)	27. (c)	28. (b)	29. (b)	30. (d)
31. (c)	32. (d)	33. (b)	34. (a)	35. (a)	36. (a)	37. (a)	38. (a)	39. (b)	40. (d)
41. (d)	42. (d)	43. (b)	44. (b)	45. (d)	46. (b)	47. (c)	48. (d)	49. (d)	50. (a)
51. (b)	52. (b)	53. (a)	54. (a)	55. (c)	56. (b)	57. (c)	58. (c)	59. (b)	60. (c)
61. (c)	62. (b)	63. (c)	64. (d)	65. (a)	66. (b)	67. (c)	68. (b)	69. (a)	

हल (Solutions)

1. (a)

तीन शीर्ष आने की प्रायिकता $= \frac{1}{2^3} = \frac{1}{8}$

2. (b)

सभी लड़कियों के एक साथ बैठने की प्रायिकता

$$= \frac{7! \times 6!}{12!}$$

$$= \frac{7 \times 6! \times 6!}{12 \times 11 \times 10 \times 8 \times 7 \times 6 \times 5! \times 9}$$

$$= \frac{1 \times 6 \times 5 \times 4 \times 3 \times 2}{12 \times 11 \times 10 \times 9 \times 8}$$

$$= \frac{1}{132}$$

3. (b)

दो पासों में असमान अंक आने की प्रायिकता

$$= \frac{30}{36} = \frac{5}{6}$$

4. (a)

कम से कम एक बिहार के विद्यार्थी को चुनने के तरीके

$= {}^5C_1 \times {}^{10}C_3 + {}^5C_2 \times {}^{10}C_2 \times {}^5C_3 \times {}^{10}C_1 + {}^5C_4 \times {}^{10}C_0$

कुल तरीके $= {}^{15}C_4 = 1365$

प्रायिकता $= \frac{1155}{1665} = \frac{11}{13}$

5. (a)

5 या 6 आने के तरीके ये हैं-

(2, 3) (3, 2) (1, 4) (4, 1) (3, 3) (2, 4) (4, 2) (1, 5) (5, 1) = 9

कुल तरीके = 36

∴ अभीष्ट प्रायिकता $= \frac{9}{36} = \frac{1}{4}$

6. (b)

समिति में 4 महिलाओं के होने की प्रायिकता

$$= \frac{{}^5C_4 \times {}^7C_0}{{}^{12}C_4}$$

$$= \frac{5}{495} = \frac{1}{99}$$

7. (a)

प्रायिकता (2 हरी गेंद आने का)

$$= \frac{{}^4C_2}{{}^6C_2} = \frac{6}{15} = \frac{2}{5}$$

8. (c)

एक लाल गेंद को चुनने की प्रायिकता

$$= \frac{{}^{20}C_1}{{}^{35}C_1} = \frac{20}{35} = \frac{4}{7}$$

9. (b)

A एवं B दोनों के पुरस्कार जीतने की प्रायिकता

$$= \frac{1}{5} \times \frac{3}{4} = \frac{3}{20}$$

10. (b)

अभीष्ट प्रकार = 6! ×4!

कुल प्रकार = 9!

अभीष्ट प्रायिकता

$$= \frac{6! \times 4!}{9!} = \frac{6! \times 24}{9 \times 8 \times 7 \times 6!} = \frac{24}{9 \times 8 \times 7} = \frac{1}{21}$$

11. (b)

अभीष्ट प्रकार = (कुल क्रमचय)−(ऐसे शब्द जिनमें स्वर साथ हों)

= 6! − 5!2!

= 720−240

= 480

12. (c)

तीन सिक्कों के उछाल में कम से कम एक शीर्ष आने की प्रायिकता $= \frac{7}{8}$

13. (a)

तीन गोलियों मे दो नीली होने की प्रायिकता

$$= \frac{{}^7C_2 \times {}^4C_1}{{}^{11}C_3} = \frac{21 \times 4}{165}$$

$$= \frac{84}{165} = \frac{28}{55}$$

14. (b)

किसी लीप वर्ष में 366 दिन होते हैं, जनमें 52 हफ्ते में 364 दिन होते हैं।

53 वाँ दिन शुक्रवार होने की प्रायिकता $= \frac{2}{7}$

53 वाँ दिन शनिवार होने की प्रायिकता $= \frac{2}{7}$

$\therefore$ कुल प्रायिकता $= \frac{4}{7} - \frac{1}{7} = \frac{3}{7}$

15. (b)

सामान के अच्छे या खराब होने की प्रायिकता

$$= 1 = \frac{64}{64}$$

16. (b)

7 आने के तरीके (1, 6)(6, 1)(2, 5)(5, 2) (3, 4)(4, 3)

$\therefore$ 6 तरीके हैं।

$\therefore$ प्रायिकता $= \frac{6}{36} = \frac{1}{6}$

17. (c)

ठीक दो बच्चे होने की प्रायिकता $= \frac{{}^4C_2 \times {}^5C_2}{{}^9C_4}$

$$= \frac{6 \times 10}{126} = \frac{10}{21}$$

18. (a)

5 आने की प्रायिकता $= \frac{4}{36} = \frac{1}{9}$

19. (d)

सभी लड़कियों के एक साथ बैठने की प्रायिकता

$$= \frac{7! \times 6!}{12!} = \frac{1}{132}$$

20. (c)

बादशाह या काला पान की संख्या $= \frac{(13+4)-1}{52}$

$$= \frac{16}{52} = \frac{4}{13}$$

21. (d)

काला या लाल गेंद बाहर आने की प्रायिकता

$$= \frac{5+3}{12} = \frac{8}{12} = \frac{2}{3}$$

22. (b)

प्रायिकता (लाल गेंद बाहर आने का)

$$= \frac{4}{3+5+4} = \frac{4}{12} = \frac{1}{3}$$

23. (c)

प्रायिकता (एक इनाम आने की)

$$= \frac{8}{8+16} = \frac{8}{24} = \frac{1}{3}$$

24. (c)

किसी निश्चित घटना के घटित होने की प्रायिकता $= 1$

25. (d)

52 पत्तों की गड्डी में फेस कार्ड की संख्या

$$= 4 \times 3 = 12$$

$\therefore$ फेस कार्ड होने की प्रायिकता $= \frac{12}{52} = \frac{3}{13}$

26. (a)

पाशे में (2, 3, 5) अभाज्य संख्याएँ हैं।

$\therefore$ पाशे के उछाल में अभाज्य संख्या आने की प्रायिकता $= \frac{3}{6} = \frac{1}{2}$

27. (c)

काले फेस कार्ड की संख्या $= 2 \times 3 = 6$

$\therefore$ काला फेस कार्ड आने की प्रायिकता

$$= \frac{6}{52} = \frac{3}{26}$$

28. (b)

काले गेंद आने की प्रायिकता $= \frac{2}{8+2+5} = \frac{2}{15}$

$\therefore$ काली गेंद न आने की प्रायिकता $= \frac{1-2}{15} = \frac{13}{15}$

29. (b)

सामान्य वर्ष में 52 हफ्ते यानि($52 \times 7 = 364$) दिन होते हैं।

$\therefore$ शेष दिन $= 365 - 364 = 1$ दिन

53 वाँ हफ्ता सोमवार से शुरू होने की प्रायिकता

$$= \frac{1}{7}$$

30. (d)

1 से 25 के बीच 6 अंक (4, 8, 12, 16, 20, 24)

4 से भाज्य हैं।

$\therefore$ 4 से भाज्य अंक के आने की प्रायिकता $= \frac{6}{25}$

$\therefore$ 4 से भाज्य अंक न आने की प्रायिकता

$$= 1 - \frac{6}{25} = \frac{19}{25}$$

31. (c)

1 से 20 तक 5 के 4 गुणज (5, 10, 15, 20) हैं।

$\therefore$ अंकित अंक 5 का गुणज आने की प्रायिकता

$$= \frac{4}{20} = \frac{1}{5}$$

32. (d)

52 पत्तों के ताश की गड्डी में 4 एक्के होते हैं।

∴ एक्का आने की प्रायिकता $= \frac{4}{52} = \frac{1}{13}$

33. (b)

एक लीप वर्ष में दो दिन शेष बचेंगे (53 वें हफ्ते के लिए)

MT, TW, WTh, ThF, FS, SSu

∴ 53 शुक्रवार (F)आने की प्रायिकता $= \frac{2}{7}$

34. (a)

प्रतियोगिता में हारने की प्रायिकता $= (1 - 0.6)$
$= 0.4$

35. (a)

1 से 30 तक 10 अंक (3, 6, 9----30) 3 से विभाजित हैं।

∴ 3 से विभाजित अंक आने की प्रायिकता

$= \frac{10}{30} = \frac{1}{3}$

∴ 3 से विभाजित अंक न आने की प्रायिकता

$= 1 - \frac{1}{3} = \frac{2}{3}$

36. (a)

53 रविवार आने की प्रायिकता $= \frac{2}{7}$

{प्रश्न (33) देखें}

37. (a)

बादशाह एवं रानी की कुल संख्या $= 2 \times 4 = 8$

बादशाह या रानी आने की प्रायिकता $= \frac{8}{52}$

बादशाह या रानी न आने की प्रायिकता

$= 1 - \frac{8}{52} = \frac{11}{13}$

38. (a)

एक इनाम आने की प्रायिकता $= \frac{10}{10+25}$

$= \frac{10}{35} = \frac{2}{7}$

39. (b)

लाल रंग के बादशाह की संख्या $= 2$

∴ लाल रंग के बादशाह होने की प्रायिकता

$= \frac{2}{52} = \frac{1}{26}$

40. (d)

2 लाल एवं 6 काली गेंदो को निकालने के तरीके $= {}^5C_2 \times {}^{10}C_6$

8 गेंद निकालने के कुल तरीके $= 10 + {}^{10}C_8 = {}^{15}C_8$

∴ अभीष्ट प्रायिकता $= \frac{{}^5C_2 \times {}^{10}C_6}{{}^{15}C_8} = \frac{140}{492}$

41. (d)

तीन पासों पर कुल योग 18 तब ही आएगा जब तीनों पर 6 आए

∴ अभीष्ट प्रायिकता $= \frac{1}{6 \times 6 \times 6} = \frac{1}{216}$

42. (d)

चारों गेंदें नीली होने के तरीके $= {}^8C_4$

$$∴ \text{अभीष्ट प्रायिकता} = \frac{{}^8C_4}{{}^{18}C_4} = \frac{\frac{8 \times 7 \times 6 \times 5}{4 \times 3 \times 2 \times 1}}{\frac{18 \times 17 \times 16 \times 15}{4 \times 3 \times 2 \times 1}}$$

$$= \frac{8 \times 7 \times 6 \times 5}{18 \times 17 \times 16 \times 15} = \frac{7}{306}$$

43. (b)

$$\text{अभीष्ट प्रायिकता} = \frac{{}^3C_2 \times {}^7C_2}{{}^{18}C_4} = \frac{\frac{3 \times 7 \times 6}{2}}{\frac{18 \times 17 \times 16 \times 15}{4 \times 3 \times 2 \times 1}}$$

$$= \frac{21 \times 6 \times 12}{18 \times 17 \times 16 \times 15}$$

$$= \frac{15.2}{73440} = 0.02$$

44. (b)

दो मोटे लड़के चुनने की प्रायिकता $= \frac{{}^8C_2}{{}^{14}C_2}$

दो मोटे लड़के चुनने प्रायिकता $= \frac{{}^6C_2}{{}^{14}C_2}$

∴ P(A+B) = एक ही तरह के दोनों बच्चे चुनने

की प्रायिकता $= \frac{{}^8C_2}{{}^{14}C_2} + \frac{{}^6C_2}{{}^{14}C_2}$

$= \frac{28+15}{91} = \frac{43}{91}$

45. (d)

एक्का या काला पान की संख्या $= (4 + 13) - 1$

{काला पान का एक्का दोबारा न गिनें}

$= 16$

∴ अभीष्ट प्रायिकता $= \frac{16}{52} = \frac{4}{13}$

46. (b)

'ADJUST' शब्द के क्रमचयों में आधे में T,U के पहले आएगा

∴ अभीष्ट प्रायिकता $= \frac{1}{2}$

47. (c)

तीनों लोग अलग-अलग वर्ग से तभी आएँगे, जब तीनों वर्गों से 1-1 व्यक्ति आएगा।

∴ अभीष्ट प्रायिकता $= \frac{{}^2C_1 \times {}^3C_1 \times {}^4C_1}{{}^9C_3}$

$= \frac{24}{84} = \frac{2}{7}$

48. (d)

रानी या काला पान की संख्या $= (4 + 13) - 1 = 16$

∴ अभीष्ट प्रायिकता $= \frac{16}{52} = \frac{4}{13}$

49. (d)

पहले कार्ड के बादशाह होने की प्रायिकता

$= \frac{4}{52} = \frac{1}{13}$

दूसरे कार्ड के रानी होने की प्रायिकता

$= \frac{4}{(52-1)} = \frac{4}{51}$

∴ अभीष्ट प्रायिकता $= \frac{1}{13} \times \frac{4}{51} = \frac{4}{663}$

50. (a)

तीनों के ग्रेजुएट होने के तरीके $= {}^5C_3$

∴ अभीष्ट प्रायिकता $= \frac{{}^5C_3}{{}^{20}C_3} = \frac{10}{1140} = \frac{1}{114}$

51. (b)

चारों पत्तें अलग-अलग रंग के तभी होंगे जब हरेक रंग का एक पत्ता आए।

∴ अभीष्ट तरीके $= 13 \times 13 \times 13 \times 13$

∴ अभीष्ट प्रायिकता $= \frac{(13)^4}{{}^{52}C_4}$

52. (b)

अभीष्ट तरीके $= 50 - {}^3C_5 = {}^{47}C_5$

∴ अभीष्ट प्रायिकता

$= \frac{{}^{47}C_5}{{}^{50}C_5} = \frac{47 \times 46 \times 45 \times 44 \times 43}{50 \times 49 \times 48 \times 47 \times 46}$

$= \frac{4257}{5880}$

53. (a)

अभीष्ट प्रायिकता $= \frac{10 \times 15}{{}^{25}C_2} = \frac{10 \times 15}{25 \times 12} = \frac{1}{2}$

54. (a)

सुशील के प्रश्न न हल करने की प्रायिकता

$= 1 - \frac{1}{4} = \frac{3}{4}$

कृष्णा के प्रश्न न हल करने की प्रायिकता

$= 1 - \frac{2}{3} = \frac{1}{3}$

∴ अभीष्ट प्रायिकता $= 1 - \frac{1}{4} = \frac{3}{4}$

55. (c)

3 से भाज्य संख्याएँ $= 6(3, 6, 9 .... 18)$

5 से भाज्य संख्याएँ $= 4(5, 10, 15, 20)$

3 एवं 5 दोनों से भाज्य संख्या $= 1(15)$

∴ अभीष्ट प्रायिकता $= \frac{(6+4)-1}{20} = \frac{9}{20}$

56. (b)

अभीष्ट प्रायिकता $= 1 - \left(1 - \frac{1}{2}\right)\left(1 - \frac{1}{3}\right)\left(1 - \frac{1}{4}\right)$

$= 1 - \left(\frac{1}{2} \times \frac{2}{3} \times \frac{3}{4}\right)$

$= \frac{3}{4}$

57. (c)

कुल योग छह आने के तरीके

$= 3[(6, 6, 5), (5, 6, 6,), (6, 5, 6)]$

∴ अभीष्ट तरीके $= \frac{3}{216}$

58. (c)

गोलमेज के किनारे 5 लोगों को बैठाने के कुल तरीके $= 4! = 24$

ऐसे तरीके जिनमें दो निश्चित लोग साथ बैठें

$= 3!\ 2! = 12$

∴ अभीष्ट प्रायिकता $= 1 - \left(\frac{12}{24}\right) = \frac{1}{2}$

$1 - \left(\frac{12}{24}\right) = \frac{1}{2}$

59. (b)

'ABOUT' शब्द के कुल क्रमचय = 5! = 120

ऐसे तरीके जिनके तीनों स्वर (A,O,U) साथ हो

= 3! 3!

= 36

$\therefore$ अभीष्ट प्रायिकता $= \frac{36}{120} = \frac{3}{10}$

60. (c)

HHHHHHTT ⇨ 6H एवं 2T को सजाने के कुल तरीके $= \frac{8!}{6!2!}$

= 28

$\therefore$ अभीष्ट तरीके $= \frac{28}{256} = \frac{14}{1280}$

$= \frac{7\times2}{128} = \frac{7}{64}$

61. (c)

कुल क्रमचय = 9!

अभीष्ट तरीके = 4! 6!

$\therefore$ अभीष्ट प्रायिकता $= \frac{4!6!}{9!} = \frac{(4\times3\times2\times1)\times6!}{9\times8\times7\times6!}$

$= \frac{24}{63\times8} = \frac{1}{21}$

62. (b)

$P(A/B) = \frac{P(A\cap B)}{P(B)}$ ——(i)

$P(A\cup B) = P(A) + P(B) - P(A\cap B)$

$\therefore P(B) = P(A\cap B)$ ——(ii)

समी (i) एवं (ii) से, P(A /B) =1

63. (c)

$P(A\cup B) = P(A) + P(B) - P(A\cap B)$ —(i)

$P(A/B) = \frac{2}{5} = \frac{P(A\cap B)}{P(B)} - \frac{P(A\cap B)}{\frac{5}{13}}$

$\therefore \frac{P(A\cap B)}{\frac{5}{13}}$ $P(A\cap B) = \frac{2}{13}$

$\therefore$ $P(A\cup B) = \frac{5}{26} + \frac{5}{13} - \frac{2}{13} = \frac{11}{26}$

$\frac{5}{26} + \frac{5}{13} - \frac{2}{13} = \frac{11}{26}$

64. (d)

$P(A\cup B) = P(A) + P(B) - P(A\cap B)$

$\{P(A\cap B) = P(A).P(B)\}$

⇨ $0.6 = 0.2 + P(B) - P(A).P(B)$

⇨ $0.4 = 0.8\,P(B)$ ⇨ $P(B) = \frac{1}{2} = 0.5$

65. (a)

HHHHT, HHHHH

$\frac{5!}{4!} + 1 = 5 + 1 = 6$

$\therefore$ अभीष्ट प्रायिकता $= \frac{6}{32} = \frac{3}{16}$

66. (b)

$P(A\cup B) = P(A) + P(B) - P(A\cap B)$

⇨ $0.5 = 0.3 + 0.4 - P(A\cap B)$

⇨ $P(A\cap B) = 0.2$

$P(B/A) = \frac{P(A\cap B)}{P(A)} = \frac{0.2}{0.3} = \frac{2}{3}$

$\therefore P(B/A) = 1 - \frac{2}{3} = \frac{1}{3}$

67. (c)

5 से भाज्य होने के लिए 5 अंतिम अंक होना चाहिए।

$\therefore$ अभीष्ट तरीके = 3!

कुल क्रमचय = 4!

$\therefore$ अभीष्ट प्रायिकता $= \frac{3!}{4!} = \frac{1}{4}$

68. (b)

'PAPER' शब्द के कुल क्रमचय $= \frac{5!}{2!}$

ऐसे शब्द जिनमें दोनों एक साथ हो = 4!

$\therefore$ अभीष्ट प्रायिकता $= 1 - \frac{3!2!}{5!} = 1 - \frac{2}{5} = \frac{3}{5}$

69.(a)

$P(A\cup B) = P(A) . P(B)$ {$\therefore$ A एवं B independent events हैं।}

$P(A\cup B) = P(A) + P(B) - P(A) . P(B)$

⇨ $0.69 = 0.38 + P(B) - 0.38[P(B)]$

⇨ $0.31 = 0.62\ P(B)$

⇨ $P(B) = \frac{0.31}{0.62} = \frac{1}{2} = 0.5$

आव्यूह एवं सारणिक
Matrices and Determinants

आव्यूह (Matrix)

एक आव्यूह $m\ n$ संख्याओं का एक आयताकार क्रम. विन्यास है जिसमे m पंक्तियों और n स्तम्भ हैं। इस आव्यूह को हम $m \times n$ कोटि का आव्यूह कहते हैं।

आव्यूह की कोटि (Order of a Matrix)

यदि किसी आव्यूह में m rows और n columns हों, तो उस आव्यूह को $m \times n$ कोटि का आव्यूह कहा जाता है।

आव्यूह के प्रकार (Kinds of Matrix)

आयताकार आव्यूह (Rectangular Matrix)

एक Matrix जिसमें rows एवं Columns की संख्या समान ना हो, अर्थात् $m \neq n$, आयताकार आव्यूह कहलाता हैं।

वर्ग आव्यूह (Square Matrix)

जिस Matrix में rows की संख्या और Columns की संख्या समान हो अर्थात् $m = n$, उस Matrix को वर्ग आव्यूह कहा जाता है।

पंक्ति आव्यूह (Row Matrix or Row Vector)

एक Matrix जिसमें यदि केवल एक पंक्ति (row) हो उसे पंक्ति आव्यूह कहते है।

स्तम्भ आव्यूह (Column Matrix)

एक आव्यूह जिसमें यदि केवल एक स्तम्भ (Column) हो, उसे स्तम्भ आव्यूह कहा जाता है।

शून्य आव्यूह (Zero or Null Matrix)

एक आव्यूह चाहे आयताकार हो या वर्ग हो, जिसमे सभी अवयव शून्य शून्य हो, शून्य आव्यूह कहलाया है।

तत्समक आव्यूह (Unit Matrix)

एक वर्ग आव्यूह में यदि leading diagonal के सभी अवयव में 1 हो तथा शेष अन्य सभी अवयव 0 (शून्य) हो, तब उस Matrix को तत्समक आव्यूह कहा जाता हैं। और उसे I द्वारा सूचित किया जाता है।

विकर्ण आव्यूह (Diagonal Matrix)

एक Square matrix, जिसमें leading diagonal के अतिरिक्त इसके अन्य सभी अवयव शून्य हो, तो इसे विकर्ण आव्यूह कहा जाता है।

ऊपरी त्रिभुजाकार आव्यूह (Upper Triangular Matrix)

एक Square matrix $A = [a_{ij}]$ जिसके अवयव $a_{ij} = 0$ हों जब $i > j$ ऊपरी त्रिभुजाकार आव्यूह कहलाता है।

निचली त्रिभुजाकार आव्यूह (Lower Triangular Matrix)

एक Square matrix $A = [a_{ij}]$ जिसके अवयव $a_{ij} = 0$ हों जब $i < j$, निचली त्रिभुजाकार आव्यूह कहलाता है।

सममित आव्यूह (Symmetric Matrix)

यदि एक वर्ग आव्यूह $A = [a_{ij}]$ में, $A^{\prime} = A$ अर्थात् i, j के सभी मानों के लिए $a_{ij} = a_{ji}$ तब अव्यूह A सममित आव्यूह कहलाता हैं।

विषम सममित आव्यूह (Skew Symmetric Matrix)

यदि एक वर्ग आव्यूह A में, $A^{\prime} = -A$ अर्थात् i, j के सभी मानों के लिए $a_{ij} = -a_{ji}$ तब A विषम सममित आव्यूह कहलाता हैं।

व्युत्क्रमणीय आव्यूह (Invertible Matrices)

मान लिया कि A (Non–singular square matrix) है। यदि एक अन्य Square matrix B का अस्तित्व इस प्रकार है कि AB = BA = I जहाँ I unit matrix है, तो Matrix B को Matrix A का व्युत्क्रम आव्यूह कहते हैं और इसे A^{-1} द्वारा निरूपित करते हैं।

अव्युत्क्रमणीय आव्यूह (Singular Matrix)

यदि किसी Square Matrix A के सारणिक का मान शून्य हो, तब Matrix A को अव्युत्क्रमणीय आव्यूह कहा जाता है अर्थात यदि $|A| = 0$, तब A एक अव्युत्क्रमणीय आव्यूह है।

व्युत्क्रमणीय आव्यूह (Non-Singular Matrix)

यदि किसी Square Matrix के सारणिक का मान शून्य नहीं है, तब Matrix A को व्युत्क्रमणीय आव्यूह कहा जाता है। अर्थात यदि $|A| \neq 0$ तब A व्युत्क्रमणीय आव्यूह कहलाता है।

आव्यूहों का योग (Addition of Matrices)

यदि दो Matrices $A = [a_{ij}]$ और $B = [b_{ij}]$ एक ही Order $m \times n$ के हों, तो उनका योगफल उनके संगत अवयवों को जोड़ने से प्राप्त किया जाता हैं। जिसे हम $A + B$ द्वारा व्यक्त करते हैं।

आव्यूहों के योग के गुणधर्म (Properties of Matrix Addition)

क्रम विनिमेय नियम (Commutative Law)

यदि A और B समान कोटि $m \times n$ वाले आव्यूह हैं तो $A + B = B + A$

साहचर्य नियम (Associative Law)

यदि A, B और C समान कोटि $m \times n$ वाले तीन आव्यूह है, तब $(A + B) + C = A + (B + C)$

योग के तत्समक (Additive Identity)

यदि A एक $m \times n$ आव्यूह है, और O एक $m \times n$ शून्य आव्यूह है, तो $A + O = O + A = A$

योग का प्रतिलोम (Additive Inverse)

प्रत्येक Matrix A के लिए Matrix-A का अस्तित्व है जिससे कि $A + (-A) = O$

कटान नियम (Cancellation Law)

मान लीजिए कि एक ही कोटि के A,B और C तीन आव्यूह हैं जो $A + B = A + C$ को सन्तुष्ट करते हैं। तब $B = C$

सारणिक (Determinant)

हम प्रत्येक Square matrix $A = [a_{ij}]$ को एक संख्या द्वारा सम्बन्धित करा सकते हैं जिसे A का सारणिक कहते हैं और इसे det. (A) या $|A|$ द्वारा निरूपित किया जाता है। कभी-कभी इसे Δ के द्वारा भी निरूपित किया जाता हैं।

सारणिकों के गुणधर्म (Properties of Determinants)

- किसी सारणिक का मान इसकी पंक्तियों और स्तम्भों के परस्पर परिवर्तन करने पर नहीं बदलता है।
- यदि किसी सारणिक के कोई दो स्तम्भ या पंक्तियों में परस्पर परिवर्तन कर दिया जाए तो सारणिक का चिन्ह् परिवर्तित हो जाता है।
- यदि एक सारणिक की कोई दो पंक्तियाँ या दो स्तंम्भ समान हैं, तो सारणिक का मान शून्य होता हैं।
- यदि एक सारणिक के किसी एक पंक्ति या स्तम्भ के प्रत्येक अवयव को एक अचर से गुणा करते हैं तो उसका मान भी उसी अचर से गुणित हो जाता हैं।
- यदि एक सारणिक की एक पंक्ति या स्तम्भ के प्रत्येक अवयव दो या अधिक पदों के योगफल के रूप में व्यक्त हों, तो सारणिक को दो या दो से अधिक सारणिकों के योगफल के रूप व्यक्त किया जा सकता हैं।
- यदि एक सारणिक के किसी पंक्ति या स्तम्भ के प्रत्येक अवयव में, दूसरी पंक्ति या स्तम्भ के संगत अवयवों के समान गुणजों को जोड़ दिया जाता है, तो सारणिक का मान वही रहता हैं।

त्रिभुज का क्षेत्रफल (Area of a Triangle)

एक त्रिभुज ABC जिसके शीर्ष बिन्दु $A(x_1, y_1), B(x_2, y_2)$ और $C(x_3, y_3)$ हो, तो उसका क्षेत्रफल

$$\Delta = \frac{1}{2}\left[x_1 (y_2 - y_3) + x_2 (y_3 - y_1) + x_3 (y_1 - y_2)\right]$$

अतः एक Δ का क्षेत्रफल जिनके शीर्ष बिन्दु $(x_1, y_1), (x_2, y_2), (x_3, y_3)$ हैं निम्न द्वारा प्रदत्त हैं

$$\Delta = \frac{1}{2}\begin{vmatrix} x_1 & y_1 & 1 \\ x_2 & y_2 & 1 \\ x_3 & y_3 & 1 \end{vmatrix}$$

उपसारणिक (Minors)

किसी सारणिक के element कहिए a_{ij}, का उपसारणिक एक सारणिक है जो i^{th} row और j^{th} column जिसमें element a_{ij} स्थित है, को हटाने से प्राप्त होता है।

सहखंड (Cofactors)

एक a_{ij} के सहखंड को (जो i^{th} row और j^{th} column में स्थित है) $A_{ij} = (-1)^{i+j} M_{ij}$ द्वारा परिभाषित करते हैं जहा M_{ij}, a_{ij} का उपसारणिक है।

आव्यूह का सहखंडज (Adjoint of a Matrix)

यदि $A = [a_{ij}]$ एक $n \times n$ कोटि का वर्ग आव्यूह है और A का सहखंड आव्यूह $[A_{ij}]$ है जहाँ A_{ij}, A में a_{ij} का सहखंड है, तब सहखंड आव्यूह $[A_{ij}]$ के परिवर्त आव्यूह को A का सहखंडज आव्यूह कहा जाता है। और इसे adj. A द्वारा व्यक्ति किया जाता है।

रैखिक समीकरणों का आव्यूह हल (Matrix Solution of Linear Equations)

मान लीजिए कि 3 अज्ञात चरों में 3 रैखिक समीकरण इस प्रकार है:-

$a_1x + b_1y + c_1z = d_1$

$a_2x + b_2y + c_2z = d_2$

$a_3x + b_3y + c_3z = d_3$

दिए हुए समीकरण के समुच्चय (1) को एक आव्यूह के रूप में इस प्रकार व्यक्त किया जा सकता है

$$\begin{bmatrix} a_1 & b_1 & c_1 \\ a_2 & b_2 & c_2 \\ a_3 & b_3 & c_3 \end{bmatrix}\begin{bmatrix} x \\ y \\ z \end{bmatrix} = \begin{bmatrix} d_1 \\ d_2 \\ d_3 \end{bmatrix}$$

उदाहरण (Examples)

1. अगर $\begin{bmatrix} x+y & y \\ 2x & x-y \end{bmatrix}\begin{bmatrix} 2 \\ -1 \end{bmatrix} = \begin{bmatrix} 3 \\ 2 \end{bmatrix}$ तब xy बराबर होगा

$$\begin{bmatrix} x+y & y \\ 2x & x-y \end{bmatrix}\begin{bmatrix} 2 \\ -1 \end{bmatrix} = \begin{bmatrix} 3 \\ 2 \end{bmatrix}$$

$$\begin{bmatrix} 2(x+y) - y \\ 4x - (x-y) \end{bmatrix} = \begin{bmatrix} 3 \\ 2 \end{bmatrix}$$

$$\begin{bmatrix} 2x+y \\ 3x+y \end{bmatrix} = \begin{bmatrix} 3 \\ 2 \end{bmatrix}$$

$2x + y = 3$ और $3x + y = 2$

$x = -1, y = 5$

$xy = -5$

2. $\begin{vmatrix} 2 & 4 \\ -5 & -1 \end{vmatrix}$ का मान क्या होगा?

$$\begin{vmatrix} 2 & 4 \\ -5 & -1 \end{vmatrix} = 2 \times (-1) - 4 \times (-5)$$

$$= -2 + 20 = 18$$

3. मान ज्ञात करें: $\begin{vmatrix} x^2 - x + 1 & x-1 \\ x+1 & x+1 \end{vmatrix}$

$$\begin{vmatrix} x^2 - x + 1 & x-1 \\ x+1 & x+1 \end{vmatrix}$$

$$= (x^2 - x + 1)(x+1) - (x-1)(x+1)$$

$$= (x^3 + 1) - (x^2 - 1) = x^3 + 1 - x^2 + 1$$

$$= x^3 - x^2 + 2$$

4. मान ज्ञात करें:

$$\begin{vmatrix} 3 & -1 & -2 \\ 0 & 0 & -1 \\ 3 & -5 & 0 \end{vmatrix}$$

$$|A| = \begin{vmatrix} 3 & -1 & -2 \\ 0 & 0 & -1 \\ 3 & -5 & 0 \end{vmatrix}$$

दूसरी पंक्ति के अनुदिश $|A|$ का प्रसारण

$$= -0 \times \begin{vmatrix} -1 & -2 \\ -5 & 0 \end{vmatrix} + 0 \times \begin{vmatrix} 3 & -2 \\ 3 & 0 \end{vmatrix} - (-1) \times \begin{vmatrix} 3 & -1 \\ 3 & -5 \end{vmatrix}$$

$$= 0 + 0 + \begin{vmatrix} 3 & -1 \\ 3 & -5 \end{vmatrix} = \begin{vmatrix} 3 & -1 \\ 3 & -5 \end{vmatrix}$$

$$3 \times (-5) - (-1) \times 3 = -15 + 3 = -12$$

5. यदि $A = \begin{bmatrix} 1 & 1 & -2 \\ 2 & 1 & -3 \\ 5 & 4 & -9 \end{bmatrix}$ हो तो $|A|$ ज्ञात करें।

पहली पंक्ति R_1 के अनुदिश विस्तार करने पर हम पाते हैं कि

$$|A| = 1\begin{vmatrix} 1 & -3 \\ 4 & -9 \end{vmatrix} - 1\begin{vmatrix} 2 & -3 \\ 5 & -9 \end{vmatrix} - 2\begin{vmatrix} 2 & 1 \\ 5 & 4 \end{vmatrix}$$

$$= 1(-9 + 12) - (-18 + 15) - 2(8 - 5)$$

$$= 3 - (-3) - 2(3) = 3 + 3 - 6 = 0$$

6. x का मान ज्ञात करें:

$$\begin{vmatrix}2 & 4\\5 & 1\end{vmatrix}=\begin{vmatrix}2x & 4\\6 & x\end{vmatrix}$$

$$\begin{vmatrix}2 & 4\\5 & 1\end{vmatrix}=\begin{vmatrix}2x & 4\\6 & x\end{vmatrix}$$

$2-20=2x^2-24$

$-18=2x^2-24$

$2x^2=24-18=6$

$x^2=3$

$\therefore \quad x=\pm\sqrt{3}$

7. निम्न प्रश्न में a, b, c और d के मान ज्ञात करें:

$$\begin{bmatrix}a-b & 2a+c\\2a-b & 3c+d\end{bmatrix}=\begin{bmatrix}-1 & 5\\0 & 13\end{bmatrix}$$

दो Matrices की समानता की परिभाषा से हम पाते हैं कि

$a-b=-1$ (i)

$2a+c=5$ (ii)

$2a-b=0$ (iii)

$3c+d=13$ (iv)

(iii)-(i) से हमें $a=1 \quad \therefore \quad b=2$

(ii) से $\therefore\ a=1, 2+c=5 \therefore\ c=3$

(iv) $\therefore\ c=3, 3\cdot 3+d=13=d \ =13-9=4$

$\therefore\ a=1, b=2, c=3$ और $d=4$

8. परिकलित करें:

$$\begin{bmatrix}a & b\\-b & a\end{bmatrix}+\begin{bmatrix}a & b\\b & a\end{bmatrix}$$

$$\begin{vmatrix}a & b\\-b & a\end{vmatrix}+\begin{vmatrix}a & b\\b & a\end{vmatrix}=\begin{bmatrix}a+a & b+b\\-b+a & a+a\end{bmatrix}$$

$$=\begin{vmatrix}2a & 2b\\0 & 2a\end{vmatrix}$$

9. परिकलित करें:

$$\begin{bmatrix}\cos^2 x & \sin^2 x\\\sin^2 x & \cos^2 2x\end{bmatrix}+\begin{bmatrix}\sin^2 x & \cos^2 x\\\cos^2 x & \sin^2 x\end{bmatrix}$$

$$\begin{vmatrix}\cos^2 x & \sin^2 x\\\sin^2 x & \cos^2 x\end{vmatrix}+\begin{bmatrix}\sin^2 x & \cos^2 x\\\cos^2 x & \sin^2 x\end{bmatrix}$$

$$\begin{bmatrix}\cos^2 x+\sin^2 x & \sin^2 x+\cos^2 x\\\sin^2 x+\cos^2 x & \cos^2 x+\sin^2 x\end{bmatrix}=\begin{bmatrix}1 & 1\\1 & 1\end{bmatrix}$$

10. निर्देशित गुणनफल परिकलित करें:

$$\begin{bmatrix}a & b\\-b & a\end{bmatrix}\begin{bmatrix}a & -b\\b & a\end{bmatrix}$$

मान लिया कि $A=\begin{bmatrix}a & b\\-b & a\end{bmatrix}$ और $B=\begin{bmatrix}a & -b\\b & a\end{bmatrix}$

यहाँ A, 2×2 matrix है और B एक 2×2 matrix है। AB एक 2×2 matrix होगा।

$$AB=\begin{bmatrix}a & b\\-b & a\end{bmatrix}\begin{bmatrix}a & -b\\b & a\end{bmatrix}=\begin{bmatrix}a\cdot a+b\cdot b & a\cdot(\cdot b)+ba\\(-b)\cdot a+a\cdot b & (-b)(-b)+a\cdot a\end{bmatrix}$$

$$\begin{bmatrix}a^2+b^2 & 0\\0 & a^2+b^2\end{bmatrix}$$

अभ्यास प्रश्न (Practice Questions)

1. यदि $A=\begin{bmatrix}2&1&4\\4&1&5\end{bmatrix}$, और $B=\begin{bmatrix}3&-1\\2&2\\1&3\end{bmatrix}$ तो Matrix AB का order क्या होगा ?
(a) 2×2 (b) 2×3
(c) 3×2 (d) 3×3

2. यदि $A=\begin{bmatrix}1\\2\\3\end{bmatrix}$, तो $A, A^T = ?$
(a) $\begin{bmatrix}1&3&2\\1&6&4\\3&6&9\end{bmatrix}$ (b) $\begin{bmatrix}1&2&3\\2&4&6\\3&6&9\end{bmatrix}$
(c) $\begin{bmatrix}1&2&3\\2&4&6\\3&9&4\end{bmatrix}$ (d) इनमें से कोई नहीं

3. यदि $A=\begin{bmatrix}4&14\\8&8\end{bmatrix}$, तो $A, A^T = ?$
(a) $\begin{bmatrix}4&8\\8&14\end{bmatrix}$ (b) $\begin{bmatrix}4&14\\8&8\end{bmatrix}$
(c) $\begin{bmatrix}4&0\\14&8\end{bmatrix}$ (d) इनमें से कोई नहीं

4. यदि $A=\begin{bmatrix}\cos & -\sin x\\ \sin x & \cos x\end{bmatrix}$ तो $A, A^T = ?$
(a) $\begin{bmatrix}0&0\\0&0\end{bmatrix}$ (b) $\begin{bmatrix}1&0\\0&1\end{bmatrix}$
(c) $\begin{bmatrix}0&1\\1&0\end{bmatrix}$ (d) $\begin{bmatrix}1&0\\1&1\end{bmatrix}$

5. यदि $[x \;\; 2]\begin{bmatrix}3\\4\end{bmatrix}=2$ तो x का मान क्या है?
(a) 2 (b) −2
(c) 3 (d) −3

6. यदि $A=\begin{bmatrix}5&x\\y&0\end{bmatrix}$, और $A=A^T$ तो x, y का मान क्या होगा?
(a) $x=0, y=5$ (b) $x+y=5$
(c) $x=y$ (d) इनमें से कोई नहीं

7. यदि $A=\begin{bmatrix}i&0\\0&i\end{bmatrix}$, $n\in N$ तों $A^{un}=?$
(a) $\begin{bmatrix}0&i\\i&0\end{bmatrix}$ (b) $\begin{bmatrix}1&0\\0&1\end{bmatrix}$
(c) $\begin{bmatrix}0&1\\i&0\end{bmatrix}$ (d) $\begin{bmatrix}0&0\\0&0\end{bmatrix}$

8. यदि $\begin{bmatrix}x+3&4\\y-4&x+y\end{bmatrix}=\begin{bmatrix}5&4\\3&9\end{bmatrix}$, तो x, y का मान क्या होगा ?
(a) $x=2, y=7$ (b) $x=7$, y = 2
(c) $x=0$, y =7 (d) इनमें से कोई नहीं

9. यदि $\begin{bmatrix}1&0\\y&5\end{bmatrix}+2\begin{bmatrix}x&0\\1&-2\end{bmatrix}=$ I, जहाँ I, 2 × 2 का इकाई Matrix हो, तो x और y का मान क्या है?
(a) $x=0, y=-2$ (b) $x=2, y=2$
(c) $x=0, y=2$ (d) इनमें से कोई नहीं

10. यदि $A=\begin{bmatrix}1&-1\\-1&1\end{bmatrix}$, समीकण $A^2=KA$ को संतुष्ट करता है, तो K का मान क्या है?
(a) −2 (b) 2
(c) 1 (d) −1

11. यदि $A=\begin{vmatrix}\sin 20° & -\cos 20°\\ \sin 70° & \cos 70°\end{vmatrix}$, समीकण $A^4=\lambda A$ को संतुष्ट करता है, तो λ का मान क्या है?
(a) 8 (b) 6
(c) 4 (d) −8

12. $\begin{vmatrix}\sin 20° & -\cos 20°\\ \sin 70° & \cos 70°\end{vmatrix}=?$
(a) 0 (b) 1
(c) 2 (d) इनमें से कोई नहीं

13. यदि $A=\begin{vmatrix}2x+5&3\\5x+2&9\end{vmatrix}=0$ तो $x=0$ |?
(a) 13 (b) −13
(c) 12 (d) −12

14. $\begin{vmatrix} a+ib & c+id \\ -c+id & a-ib \end{vmatrix}$ का मान क्या होगा?

(a) 1 (b) $a^2+b^2+c^2+d^2$

(c) $a^2-b^2+c^2-a^2$ (d) इनमें से कोई नहीं

15. Determinant $\begin{vmatrix} 2 & -3 & 5 \\ 4 & -6 & 10 \\ 6 & -9 & 15 \end{vmatrix}$ का मान क्या है?

(a) 0 (b) 1

(c) 4 (d) इनमें से कोई नहीं

16. यदि ω इकाई का cube root है, तो $\begin{vmatrix} 1 & \omega & \omega^2 \\ \omega & \omega^2 & 1 \\ \omega^2 & 1 & \omega \end{vmatrix}$ का मान क्या होगा?

(a) 1 (b) −ω

(c) 0 (d) 1×ω

17. यदि Matrix A = $\begin{bmatrix} 1 & k & 3 \\ 3 & k & -2 \\ 2 & 3 & -4 \end{bmatrix}$ singular है, तो k का मान क्या होगा?

(a) $\frac{16}{3}$ (b) $\frac{34}{5}$

(c) $\frac{33}{2}$ (d) इनमें से कोई नहीं

18. यदि A = $\begin{bmatrix} \cos\theta & \sin\theta \\ -\sin\theta & \cos\theta \end{bmatrix}$ ऐसा है कि $AA^1 = I$ तो θ का मान क्या होगा?

(a) π (b) $\frac{\pi}{3}$

(c) $\frac{\pi}{2}$ (d) $\frac{2\pi}{2}$

19. यदि 2A-B = $\begin{bmatrix} 6 & -6 & 0 \\ -4 & 2 & 1 \end{bmatrix}$ $\begin{bmatrix} 3 & 2 & 5 \\ -2 & 1 & -7 \end{bmatrix}$ 2B+A है, तो A = ?

(a) $\begin{bmatrix} -3 & 2 & 1 \\ 2 & 1 & -1 \end{bmatrix}$ (b) $\begin{bmatrix} 3 & 2 & -1 \\ 2 & -1 & 1 \end{bmatrix}$

(c) $\begin{bmatrix} 3 & -2 & 1 \\ -2 & 1 & -1 \end{bmatrix}$ (d) इनमें से कोई नहीं

20. यदि $\begin{bmatrix} 3 & -2 \\ 5 & 6 \end{bmatrix} + 2A = \begin{bmatrix} 5 & 6 \\ 7 & 10 \end{bmatrix}$ तो A = ?

(a) $\begin{bmatrix} 1 & 3 \\ -5 & 4 \end{bmatrix}$ (b) $\begin{bmatrix} -1 & 5 \\ -3 & 4 \end{bmatrix}$

(c) $\begin{bmatrix} 1 & 4 \\ -6 & 2 \end{bmatrix}$ (d) इनमें से कोई नहीं

21. यदि Matrix A = $\begin{bmatrix} 3-2x & x+1 \\ 2 & 4 \end{bmatrix}$ singular है, तो x का मान क्या होगा?

(a) 0 (b) −1

(c) 1 (d) −2

22. यदि A एक 3 rows वाला Square Matrix है और $|A| = 5$ तो $|adj\ A| = ?$

(a) 5 (b) 125

(c) 25 (d) इनमें से कोई नहीं

23. किसी 2 rows वाले का Square Matrix A.(adjA) = $\begin{bmatrix} 8 & 0 \\ 0 & 8 \end{bmatrix}$, तो $|A| = ?$

(a) 0 (b) 8

(c) 4 (d) 64

24. यदि A = $\begin{bmatrix} 2 & -1 \\ 1 & 3 \end{bmatrix}$ तो $A^{-1} = ?$

(a) $\begin{bmatrix} \frac{3}{7} & \frac{-1}{7} \\ \frac{1}{7} & \frac{2}{7} \end{bmatrix}$ (b) $\begin{bmatrix} \frac{3}{7} & \frac{1}{7} \\ \frac{-1}{7} & \frac{2}{7} \end{bmatrix}$

(c) $\begin{bmatrix} \frac{1}{3} & \frac{1}{7} \\ \frac{1}{7} & \frac{2}{7} \end{bmatrix}$ (d) इनमें से कोई नहीं

25. यदि A = $\begin{bmatrix} 1 & 2 \\ 4 & -3 \end{bmatrix}$ तथा $f(x) = 2x^2 - 4x + 5$ तो f(A) = ?

(a) $\begin{bmatrix} 19 & -32 \\ -16 & 51 \end{bmatrix}$ (b) $\begin{bmatrix} 19 & -16 \\ -32 & 51 \end{bmatrix}$

(c) $\begin{bmatrix} 19 & -11 \\ -27 & 51 \end{bmatrix}$ (d) इनमें से कोई नहीं

26. यदि A एक 3 rows वाला Square Matrix है तथा $|3A| = K\,|A|$ तो K =?

(a) 3 (b) 27

(c) 9 (d) 1

27. यदि $A = \begin{bmatrix} 3 & 4 & 1 \\ 1 & 0 & -2 \\ -2 & -1 & 2 \end{bmatrix}$ तो $A^{-1} = ?$ का मान क्या है?

(a) $\begin{bmatrix} 2 & 9 & -8 \\ -2 & 8 & 7 \\ -1 & 5 & -4 \end{bmatrix}$ (b) $\begin{bmatrix} -2 & 9 & 8 \\ 2 & 8 & 7 \\ -1 & -5 & 4 \end{bmatrix}$

(c) $\begin{bmatrix} -2 & -9 & -8 \\ 2 & 8 & 7 \\ -1 & -5 & -4 \end{bmatrix}$ (d) इनमें से कोई नहीं

28. $\begin{vmatrix} \cos 15^\circ & \sin 15^\circ \\ \sin 15^\circ & \cos 15^\circ \end{vmatrix} = ?$

(a) 1 (b) $\frac{1}{2}$

(c) $\frac{\sqrt{3}}{2}$ (d) इनमें से कोई नहीं

29. $\begin{vmatrix} x+y & x & x \\ 5x+4y & 4x & 2x \\ 10x+8y & 8x & 3x \end{vmatrix} = ?$

(a) x^3 (b) y^3

(c) 0 (d) इनमें से कोई नहीं

30. $\begin{vmatrix} a+b & a & b \\ a & a+c & c \\ b & c & b+c \end{vmatrix} = ?$

(a) abc (b) 4abc

(c) $a^2b^2c^2$ (d) a + b + c

31. $\begin{vmatrix} x+1 & x+2 & x+y \\ x+3 & x+5 & x+8 \\ x+7 & x+10 & x+14 \end{vmatrix} = ?$

(a) −2 (b) 2

(c) $x^2 - 2$ (d) $x^2 + 2$

32. यदि A (3,−2), B (K,2) तथा C(8,8) एक रेखीय है, तो Δ का मान क्या है?

(a) 2 (b) −3

(c) 5 (d) −4

33. यदि A (−2, 4), B (2, −6) तथा C (5, 4) त्रिभुज ABC के शीर्ष है, तो ΔABC का क्षेत्रफल क्या है।

(a) 35 वर्ग इकाई (b) 31 वर्ग इकाई

(c) 28 वर्ग इकाई (d) 17.5 वर्ग इकाई

34. $\begin{vmatrix} 1^2 & 2^2 & 3^2 \\ 2^2 & 3^2 & 4^2 \\ 3^2 & 4^2 & 5^2 \end{vmatrix} = ?$

(a) 8 (b) −8

(c) 16 (d) 142

35. $\begin{vmatrix} b+c & a & a \\ b & c+a & b \\ c & c & a+b \end{vmatrix} = ?$

(a) 2(a + b + c) (b) ab + bc + ca

(c) 4abc (d) इनमें से कोई नहीं

36. यदि $A = \begin{bmatrix} 2 & 5 \\ 1 & 3 \end{bmatrix}$ = तों adj A = ?

(a) $\begin{bmatrix} 3 & -5 \\ -1 & 2 \end{bmatrix}$ (b) $\begin{bmatrix} 3 & -1 \\ -5 & 2 \end{bmatrix}$

(c) $\begin{bmatrix} 1 & 2 \\ 3 & 5 \end{bmatrix}$ (d) इनमें से कोई नहीं

37. यदि $A = \begin{bmatrix} 3 & -4 \\ -1 & 2 \end{bmatrix}$ तथा B 2×2 order का Square Matrix है, ताकि AB = I तो B = ?

(a) $\begin{bmatrix} 1 & 2 \\ 2 & 3 \end{bmatrix}$ (b) $\begin{bmatrix} 1 & 2 \\ \frac{1}{2} & \frac{3}{2} \end{bmatrix}$

(c) $\begin{bmatrix} 1 & 2 \\ \frac{1}{2} & \frac{3}{2} \end{bmatrix}$ (d) इनमें से कोई नहीं

38. यदि $|A| = 3$ तथा $A^{-1} = \begin{bmatrix} 3 & -1 \\ -\frac{5}{3} & \frac{2}{3} \end{bmatrix}$ तो adj A = ?

(a) $\begin{bmatrix} 9 & 3 \\ -5 & -2 \end{bmatrix}$ (b) $\begin{bmatrix} 9 & -3 \\ -5 & 2 \end{bmatrix}$

(c) $\begin{bmatrix} 9 & -3 \\ 5 & -2 \end{bmatrix}$ (d) $\begin{bmatrix} 9 & -3 \\ 5 & -2 \end{bmatrix}$

39. यदि $A = \begin{bmatrix} 2x & 0 \\ x & x \end{bmatrix}$ तथा $A^{-1} = \begin{bmatrix} 1 & 0 \\ -1 & 2 \end{bmatrix}$ तो $x = ?$

(a) 1 (b) 2

(c) – 2 (d) $\frac{1}{2}$

40. यदि $A = \begin{bmatrix} 4 & -3 \\ -6 & 2 \end{bmatrix}$ तथा $B = \begin{bmatrix} 4 & -3 \\ -6 & 2 \end{bmatrix}$ ऐसा है ताकि $4A + 3x = 5B$ तो $x = ?$

(a) $\begin{bmatrix} 4 & -5 \\ -6 & 2 \end{bmatrix}$ (b) $\begin{bmatrix} 4 & 5 \\ -6 & -2 \end{bmatrix}$

(c) $\begin{bmatrix} -4 & 5 \\ 6 & -2 \end{bmatrix}$ (d) इनमें से कोई नहीं

41. $A = \begin{bmatrix} 2 & 6 \\ 7 & 5 \end{bmatrix}$, तो $A - A^T$ का मान क्या होगा?

(a) $\begin{bmatrix} 1 & 0 \\ 0 & 1 \end{bmatrix}$ (b) $\begin{bmatrix} 0 & -1 \\ 1 & 0 \end{bmatrix}$

(c) $\begin{bmatrix} -1 & -1 \\ 0 & -1 \end{bmatrix}$ (d) $\begin{bmatrix} 1 & -1 \\ 0 & 0 \end{bmatrix}$

42. $x + y + 2z = 6$

$2x + y - z = 1$

$x - y - 2z = -4$ y का हाल होगा

(a) 1 (b) –1

(c) 2 (d) –2

43. $A = \begin{bmatrix} 1 & 2 & 3 \\ 4 & 6 & 8 \\ 9 & 11 & 16 \end{bmatrix}$, तो $|A^T|$ का मान क्या होगा?

(a) 13 (b) –14

(c) 14 (d) 16

44. यदि रेखाएँ $2x + y = 3$, $x + 6y = k$ एक निश्चित बिन्दु से गुजरती है, तो k का मान क्या होगा ?

(a) 3 (b) 4

(c) 5 (d) 6

45. यदि $A^{-1} = \begin{bmatrix} 2 & 3 \\ 4 & 5 \end{bmatrix}$, $(\text{adj } A) = \begin{bmatrix} 6 & 9 \\ 12 & 15 \end{bmatrix}$ तो, $|A|$ का मान क्या होगा?

(a) 3 (b) 5

(c) 4 (d) +2

46. यदि $|A| = 6$ है, तो A (adj A) का मान होगा {A एक 2×2 square matrix है।}

(a) $\begin{bmatrix} 12 & 0 \\ 0 & 12 \end{bmatrix}$ (b) $\begin{bmatrix} 6 & 0 \\ 0 & 6 \end{bmatrix}$

(c) $\begin{bmatrix} 1 & 0 \\ 0 & 1 \end{bmatrix}$ (d) $\begin{bmatrix} 12 & 0 \\ 0 & 12 \end{bmatrix}$

47. $x + 2y + z = 0$

$2x + 3y + 5z = 0$ एवं

$5x + 4y + 3z = 0$, z का मान क्या होगा?

(a) 2 (b) –1

(c) 1 (d) 0

48. $A = \begin{bmatrix} \sin 20° & \sin 70° \\ \cos(x + 50° & \cos x \end{bmatrix}$, तो x का मान ज्ञात करे यदि $|A| = 0$

(a) 20° (b) 70°

(c) 90° (d) 50°

49. $A = \begin{bmatrix} 4 \\ 5 \\ 6 \end{bmatrix}$ तथा $B = [1 \ 2 \ 3]$ है, तो प्रमुख विकर्ण के संख्याओं का योग क्या होगा?

(a) 28 (b) 32

(c) 90 (d) 24

50. यदि $x = \begin{bmatrix} 1 & 4 & 3 & 9 \\ 2 & 5 & 6 & 11 \end{bmatrix}$, $y = \begin{bmatrix} 16 \\ \\ \\ \end{bmatrix}$ तो xy का order क्या होगा?

(a) 4×1 (b) 2×4

(c) 4×2 (d) 2×1

51. x का मान ज्ञात करें:

$3x + y + 2z = 3$

$2x - 3y - z = -3$

$n + 2y + z = 4$

(a) 2 (b) 3

(c) 1 (d) –2

52. यदि $\begin{bmatrix} 2 & 3 & 6 \\ y-3 & 5 & 9 \\ x+3 & x+y & 7 \end{bmatrix}$ एक upper triangular matrix है, तो x एवं y के मान क्या होंगे?

(a) 3, −3 (b) −3, 3
(c) −2, 2 (d) 4, −4

53. यदि $\begin{bmatrix} 1 & 0 & 0 \\ 0 & 3x & 2y & 0 \\ x & y & 0 & 1 \end{bmatrix}$ एक इकाई matrix है, तो $x^2 + y^2$ का मान क्या होगा?

(a) 2 (b) 13
(c) 5 (d) 10

54. यदि $\begin{bmatrix} x^2 - 2y^2 \\ x+y \end{bmatrix}$ एक null matrix है, तो $x + 3y$ का मान क्या होगा?

(a) 4 (b) 0
(c) −2 (d) 1

55. $A = \begin{bmatrix} \cos x & -\sin x \\ \sin x & \cos x \end{bmatrix}$, symmetric matrix है, तो x का मान होगा?

(a) $\frac{\pi}{3}$ (b) $\frac{\pi}{2}$
(c) 0 (d) $\frac{\pi}{4}$

56. $\begin{vmatrix} x & 1 & x+2 \\ 2 & 6 & 1 \\ 3 & 5 & 2 \end{vmatrix} = 0$, तो x का मान क्या होगा?

(a) 15 (b) − 13
(c) 17 (d) −17

57. यदि $|\text{adj}A| = 9$ है एवं A 3×5 matrix है, तो $|A|$ का मान क्या होगा?

(a) 3 (b) 27
(c) 9 (d) 81

58. यदि matrix $\begin{bmatrix} x+3y & 0 \\ 3 & 2 \end{bmatrix}$ एक singular matrix है, एवं $\begin{bmatrix} 2 & 0 \\ 0 & x-5y \end{bmatrix}$ एक scalar matrix है, तो x तथा y का मान क्या होगा?

(a) $\frac{3}{4}, \frac{1}{4}$ (b) $\frac{3}{2}, \frac{-1}{2}$
(c) $\frac{3}{4}, \frac{-1}{4}$ (d) $\frac{3}{2}, \frac{1}{2}$

59. $\begin{bmatrix} 4 & 6 \\ 7 & 3 \end{bmatrix} - A = \begin{bmatrix} x+y & 6 \\ 7 & -2x+y \end{bmatrix}$ एवं A एक 2×2 identity matrix है, तो x तथा y का मान क्या होगा?

(a) $\frac{1}{3}, \frac{8}{3}$ (b) $\frac{1}{3}, \frac{-8}{3}$
(c) $\frac{1}{3}, \frac{-8}{3}$ (d) $\frac{-1}{3}, \frac{-8}{3}$

60. $A = \begin{bmatrix} 2 & -1 \\ 3 & 7 \end{bmatrix}$, तो (adj A) का मान क्या होगा?

(a) $\frac{1}{3}, \frac{8}{3}$ (b) $\frac{1}{3}, \frac{-8}{3}$
(c) $\frac{1}{3}, \frac{-8}{3}$ (d) $\frac{-1}{3}, \frac{-8}{3}$

61. यदि x एक 4×4 matrix है एवं $|mx| = 16|x|$ तो m का मान क्या होगा?

(a) ±2 (b) ±4
(c) $\pm\sqrt{2}$ (d) $\pm 2\sqrt{2}$

62. यदि $A = \begin{bmatrix} 1 & 3 \\ 7 & 3 \end{bmatrix}$, तो B ज्ञात करें, यदि AB = 0

(a) $\begin{bmatrix} 1 & 0 \\ 3 & 0 \end{bmatrix}$ (b) $\begin{bmatrix} 0 & 0 \\ 3 & 7 \end{bmatrix}$
(c) $\begin{bmatrix} 1 & 0 \\ 0 & 1 \end{bmatrix}$ (d) $\begin{bmatrix} 0 & 0 \\ 0 & 0 \end{bmatrix}$

63. यदि $x = \begin{bmatrix} 1 & 7 \\ 8 & 3 \end{bmatrix}$ एवं $y = \begin{bmatrix} 3 & 2 \\ 1 & 6 \end{bmatrix}$ है, तो $x + y$ का मान क्या होगा?

(a) $\begin{bmatrix} 4 & 9 \\ 9 & 9 \end{bmatrix}$ (b) $\begin{bmatrix} -2 & 5 \\ 7 & -3 \end{bmatrix}$
(c) $\begin{bmatrix} 4 & 9 \\ -9 & 9 \end{bmatrix}$ (d) $\begin{bmatrix} 4 & -9 \\ 9 & 9 \end{bmatrix}$

64. यदि $A = \begin{bmatrix} 3 & 1 \\ 7 & 4 \end{bmatrix}$ है, तो $f(x) = x^2 - 2x + 3$ से $f(A)$ का मान ज्ञात करे

(a) $\begin{bmatrix} 8 & 15 \\ 10 & 13 \end{bmatrix}$ (b) $\begin{bmatrix} -8 & 5 \\ 13 & 10 \end{bmatrix}$

(c) $\begin{bmatrix} 8 & 5 \\ 10 & 13 \end{bmatrix}$ (d) $\begin{bmatrix} 20 & 9 \\ 18 & 29 \end{bmatrix}$

65. $\begin{vmatrix} 1 & 1 & 1 \\ x & y & z \\ x^2 & y^2 & z^2 \end{vmatrix} = ?$

(a) $(x-y)(y-z)(z-x)$

(b) $(x+y)(y+z)(z+x)$

(c) $(x+y)(y-z)(z-x)$

(d) $(x+y)(y+z)(z-x)$

66. $\begin{vmatrix} 0 & a & -b \\ -a & 0 & -c \\ b & c & 0 \end{vmatrix} = ?$

(a) 0 (b) abc

(c) 4abc (d) $(a+b)^2 - 4abc$

67. $\begin{vmatrix} a+b+c & -c & -b \\ -c & a+b+c & -a \\ -b & -a & a+b+c \end{vmatrix} = ?$

(a) $2(a+b)(b+c)(c+a)$

(b) $2(a-b)(b-c)(c-a)$

(c) $2(a+b)(b+c)(c-a)$

(d) $2(a-b)(b-c)(c-a)$

68. $\begin{vmatrix} 1 & a & a^2-bc \\ 1 & b & b^2-ac \\ 1 & c & c^2-ab \end{vmatrix} = ?$

(a) 4abc (b) 0

(c) $c^2 - b^2 - a^2$ (d) abc

69. $\begin{vmatrix} x-y & x & x \\ 5x+4y & 4x & 2x \\ 10x+8y & 8x & 3x \end{vmatrix} = ?$

(a) y^2 (b) $x^3 + y^3$

(c) x^3 (d) $x^3 - y^3$

70. $\begin{vmatrix} a+b+2c & a & b \\ c & b+c+2b & b \\ c & a & c+a+2b \end{vmatrix} = ?$

(a) $2(a+b+c)^3$ (b) $2(a+b+-c)^3$

(c) $2(a-b+c)^3$ (d) $2(a-b-c)^3$

उत्तरमाला (Answer Key)

1. (a)	2. (b)	3. (a)	4. (b)	5. (b)	6. (c)	7. (b)	8. (a)	9. (a)	10. (b)
11. (a)	12. (b)	13. (b)	14. (b)	15. (a)	16. (c)	17. (c)	18. (b)	19. (c)	20. (d)
21. (c)	22. (c)	23. (b)	24. (b)	25. (b)	26. (b)	27. (c)	28. (c)	29. (a)	30. (b)
31. (a)	32. (c)	33. (b)	34. (b)	35. (c)	36. (a)	37. (c)	38. (b)	39. (d)	40. (a)
41. (b)	42. (b)	43. (c)	44. (b)	45. (a)	46. (b)	47. (d)	48. (a)	49. (b)	50. (d)
51. (c)	52. (b)	53. (a)	54. (b)	55. (c)	56. (d)	57. (a)	58. (c)	59. (a)	60. (c)
61. (a)	62. (d)	63. (a)	64. (c)	65. (a)	66. (a)	67. (a)	68. (b)	69. (c)	70. (a)

हल (Solutions)

1.(a)

A का order = 2×3

B का order = 3×2

∴ AB का order = 2×2

2.(b)

$A^T = [1 \quad 2 \quad 3]$

$$\therefore AA^T = \begin{bmatrix}1\\2\\3\end{bmatrix}[1 \quad 2 \quad 3] = \begin{bmatrix}1 & 2 & 3\\2 & 4 & 6\\3 & 6 & 9\end{bmatrix}$$

3.(a)

$$A^T = \begin{bmatrix}2 & 5\\3 & 7\end{bmatrix}$$

$$\therefore A + A^T = \begin{bmatrix}2 & 3\\5 & 7\end{bmatrix} + \begin{bmatrix}2 & 5\\3 & 7\end{bmatrix} = \begin{bmatrix}4 & 8\\8 & 14\end{bmatrix}$$

4.(b)

$$A^T = \begin{bmatrix}\cos x & \sin x\\-\sin & \cos x\end{bmatrix}$$

$$\therefore A A^T = \begin{bmatrix}\cos x & -\sin x\\+\sin x & \cos x\end{bmatrix}\begin{bmatrix}\cos x & \sin x\\-\sin & \cos x\end{bmatrix}$$

$$= \begin{bmatrix}(\cos^2 x + \sin^2) & 0\\0 & (\sin^2 x + \cos^2 x)\end{bmatrix} = \begin{bmatrix}1 & 0\\0 & 1\end{bmatrix}$$

$$\begin{bmatrix}(\cos^2 x + \sin^2) & 0\\ & (\sin^2 x + \cos^2 x)\end{bmatrix} = \begin{bmatrix}1 & 0\\0 & 1\end{bmatrix}$$

5.(b)

$$[x \quad 2]\begin{bmatrix}3\\4\end{bmatrix} = 2$$

$[3x + 8] = 2$

$\Rightarrow x = -2$

6(c)

$$A^T = \begin{bmatrix}5 & y\\x & 0\end{bmatrix}$$

$\because A - A^T$

$$\therefore \begin{bmatrix}5 & x\\y & 0\end{bmatrix} = \begin{bmatrix}5 & y\\x & 0\end{bmatrix}$$

$\Rightarrow x = y \; \{R_{12} = R_{12}\}$

7.(b)

$$A = \begin{bmatrix}i & 0\\0 & i\end{bmatrix}$$

$$A^2 = \begin{bmatrix}i & 0\\0 & i\end{bmatrix} \times \begin{bmatrix}i & 0\\0 & i\end{bmatrix} = \begin{bmatrix}i^2 & 0\\0 & i^2\end{bmatrix} = \begin{bmatrix}-1 & 0\\0 & -1\end{bmatrix}$$

$$A^2 = \begin{bmatrix}-1 & 0\\0 & -1\end{bmatrix} \times \begin{bmatrix}-1 & 0\\0 & -1\end{bmatrix} = \begin{bmatrix}1 & 0\\0 & 1\end{bmatrix}$$

$$\therefore A^{4n} = \begin{bmatrix}1 & 0\\0 & 1\end{bmatrix}$$

8.(a)

LHS एवं RHS के आव्यूहों को बराबर करने पर,

$x + 3 = 5$ ———(i)

$4 = 4$ ———(ii)

$y - 4 = 3$ ———(iii)

$x + y = 9$ ———(iv)

$x = 2, y = 7$ { समी0 (i) एवं (iv) से}

9.(a)

$$\begin{bmatrix}1 & 0\\y & 5\end{bmatrix} + \begin{bmatrix}2x & 0\\1\times 2 & -2\times 2\end{bmatrix}$$

$$= \begin{bmatrix}2x+1 & 0\\2+y & 5-40\end{bmatrix} = \begin{bmatrix}1 & 0\\0 & 1\end{bmatrix}$$

∴ $2x + 1 = 1 \quad \Rightarrow x = 0$

$2 + y = 0 \quad \Rightarrow y = -2$

10.(b)

$$A = \begin{bmatrix}1 & -1\\-1 & 1\end{bmatrix}$$

$$A^2 = \begin{bmatrix}1 & -1\\-1 & 1\end{bmatrix} \times \begin{bmatrix}1 & 1\\-1 & 1\end{bmatrix} \quad \text{———(i)}$$

$$KA = \begin{bmatrix}k & -k\\-k & k\end{bmatrix} \quad \text{———(ii)}$$

समी0 (i) एवं (iii) से

K = 2

11.(a)

$A^2 = A.A = \begin{bmatrix}1 & 1\\1 & 1\end{bmatrix}\times\begin{bmatrix}1 & 1\\1 & 1\end{bmatrix} = \begin{bmatrix}2 & 2\\2 & 2\end{bmatrix}$

$A^4 = \begin{bmatrix}4\times2 & 4\times2\\4\times2 & 4\times2\end{bmatrix} = \begin{bmatrix}8 & 8\\8 & 8\end{bmatrix}$ ———— (i)

$\lambda A = \begin{bmatrix}\lambda & \lambda\\\lambda & \lambda\end{bmatrix}$ ———— (ii)

समी0 (i) एवं (iii) से,

$\lambda = 8$

12.(b)

sin20° cos70° – (–sin70° cos20°)

= sin20° cos70° + sin70° cos20°

= sin(20° + 70°) = sin90° = 1

13.(b)

$9(2x + 5) - 3(5x + 2) = 0$

$3x + 39 = 0$

$x = -13$

14.(b)

(a + ib)(a – ib) – (id + c) (id – c)

$(a^2 + b^2) - (-d^2 - c^2)$

⇨ $a^2 + b^2 + c^2 + d^2$

15.(a)

$A = \begin{vmatrix}2 & -3 & 5\\4 & -6 & 10\\6 & -9 & 15\end{vmatrix}$

C_1 से 2, C_2 से –3 एवं C_3 से 5 निकालने पर,

$A = 2\times-3\times5\begin{vmatrix}1 & 1 & 1\\2 & 2 & 2\\3 & 3 & 3\end{vmatrix}$

अब, ∴ $C_1 = C_2 = C_3$

∴ $A = 2\times-3\times5\times0 = 0$

16.(c)

इस determinant का सरलीकरण करने पर,

$R_1 \to R_1 + R_2 + R_3$

$= \begin{vmatrix}(1+\omega+\omega^2) & (\omega+\omega^2+1) & (\omega^2+1+\omega)\\\omega & \omega^2 & 1\\\omega^2 & 1 & \omega\end{vmatrix}$

हम जानते है कि $(\omega+\omega^2+1) = 0$

∴ R_1 के सभी तत्व 0 होंगे।

∴ Determinant का मान 0 होगा।

17.(c)

यदि matrix A singular है, तो $|A| = 0$,

∴ $1(-4k + 6) - k(-12 + 4) + 3(9 - 2k) = 0$

⇨ $-4k + 6 + 12k - 4k + 27 - 6k = 0$

⇨ $4k - 6k + 33 = 0$

⇨ $k = \frac{33}{2}$

18.(b)

$\begin{bmatrix}\cos\theta & \sin\theta\\-\sin\theta & \cos\theta\end{bmatrix} + \begin{bmatrix}\cos\theta & -\sin\theta\\\sin\theta & \cos\theta\end{bmatrix}$

$= \begin{bmatrix}2\cos\theta & 0\\0 & 2\cos\theta\end{bmatrix} = \begin{bmatrix}1 & 0\\0 & 1\end{bmatrix}$

⇨ $2\cos\theta = 1$

⇨ $\cos\theta = \frac{1}{2}$

⇨ $\theta = \frac{\eta}{3}$

19.(c)

$2B + A = \begin{bmatrix}3 & 2 & 5\\-2 & 1 & -7\end{bmatrix}$ ⇨ $B + \frac{A}{2}$

$= \begin{bmatrix}3/2 & 2/2 & 5/2\\-2/2 & 1/2 & -7/2\end{bmatrix}$ ————(i)

$2A - B = \begin{bmatrix}6 & -6 & 0\\-4 & 2 & 1\end{bmatrix}$ ————(ii)

समी0 (i) एवं (ii) को जोड़ने पर,

$2A + \frac{A}{2} = \begin{bmatrix}3/2+6 & 1-6 & 0+5/2\\-5 & 2+1/2 & -7/2+1\end{bmatrix}$

$= \begin{bmatrix}15/2 & -5 & 5/2\\-5 & 5/2 & -5/2\end{bmatrix}$

$A = \begin{bmatrix}3 & -2 & 1\\-2 & 1 & -1\end{bmatrix}\begin{bmatrix}3 & -2 & 1\\-2 & 1 & -1\end{bmatrix}$

$= \begin{bmatrix}3 & -2 & 1\\-2 & 1 & -1\end{bmatrix}$

20.(d)

$$2A = \begin{bmatrix} 5 & 6 \\ 7 & 10 \end{bmatrix} - \begin{bmatrix} 3 & -2 \\ 5 & 6 \end{bmatrix} = \begin{bmatrix} (5-3)\{6-(-2)\} \\ 7-5 \quad (10-6 \end{bmatrix}$$

$$\Rightarrow 2A = \begin{bmatrix} 2 & 8 \\ 2 & 4 \end{bmatrix}$$

$$\Rightarrow \quad A = \begin{bmatrix} 1 & 4 \\ 1 & 2 \end{bmatrix}\begin{bmatrix} 1 & 4 \\ 1 & 2 \end{bmatrix}$$

21.(c)

$|A| = 0$

$\Rightarrow 4(3 - 2x) - 2(x + 1) = 0$

$\Rightarrow \quad 12 - 8x - 2x - 2 = 0$

$\Rightarrow \quad -10x + 10 = 0$

$\Rightarrow \quad x = 1$

22.(c)

$$|adj\ A| = |A|^{n-1} = (5)^{3-1} = 25$$

23.(b)

$$A.(\text{adj } A) = |A|\,I = \begin{bmatrix} 8 & 0 \\ 0 & 8 \end{bmatrix} = 8\,I$$

$\Rightarrow |A| = 8$

24.(b)

$$\text{adj } A = \begin{bmatrix} 3 & 1 \\ -1 & 2 \end{bmatrix}$$

$$A^{-1} = \frac{(adjA)}{|A|} = \frac{\begin{bmatrix} 3 & 1 \\ -1 & 2 \end{bmatrix}}{7} = \begin{bmatrix} \frac{3}{7} & \frac{1}{7} \\ \frac{-1}{7} & \frac{2}{7} \end{bmatrix}$$

25.(b)

$f(x) = 2x^2 - 4x + 5$

$f(A) = 2x^2 - 4x + 5I$

$$A^2 = \begin{bmatrix} 1 & 2 \\ 4 & -3 \end{bmatrix}\begin{bmatrix} 1 & 2 \\ 4 & -3 \end{bmatrix} = \begin{bmatrix} 9 & -4 \\ -8 & 17 \end{bmatrix}$$

$\Rightarrow 2x^2 - 4x + 5I$

$$\begin{bmatrix} 18 & -8 \\ -16 & 34 \end{bmatrix} - \begin{bmatrix} 4 & 8 \\ 16 & -1 \end{bmatrix} + \begin{bmatrix} 5 & 0 \\ 0 & 5 \end{bmatrix}$$

$$= \begin{bmatrix} 18 & -4 & +5 \\ -16 & -16 & +0 \end{bmatrix}\begin{bmatrix} -8 & -8 & +0 \\ 34 & +12 & +5 \end{bmatrix}$$

$$= \begin{bmatrix} 19 & -16 \\ -32 & 51 \end{bmatrix}$$

26.(b)

$|3A| = 3^n\ |A| = 3^3\ |A| = 27|A|$

$\therefore \quad K = 27$

27.(c)

A का cofactor matrix होगा,

$$M = \begin{bmatrix} -2 & 2 & -1 \\ -9 & 8 & -5 \\ -8 & 7 & -4 \end{bmatrix}$$

$$(\text{adj } A) = M^T = \begin{bmatrix} -2 & -9 & -8 \\ 2 & 8 & 7 \\ -1 & -5 & -4 \end{bmatrix}$$

$$\Rightarrow A^{-1} = \frac{adj\ A}{|A|} = \text{adj } A\ \{\therefore |A| = 1\}$$

28.(c)

$$\cos^2 15° - \sin^2 15° = \cos 30° = \frac{\sqrt{3}}{2}$$

29.(a)

$$\begin{vmatrix} x & x & x \\ 5x & 4x & 2x \\ 10x & 8x & 3x \end{vmatrix} + \begin{vmatrix} y & x & x \\ 4y & 4x & 2x \\ 8y & 8x & 3x \end{vmatrix}$$

$$\Rightarrow \quad x^3 \begin{vmatrix} 1 & 1 & 1 \\ 5 & 4 & 2 \\ 10 & 8 & 3 \end{vmatrix} + x^2y \begin{vmatrix} 1 & 1 & 1 \\ 4 & 4 & 2 \\ 8 & 8 & 3 \end{vmatrix}$$

$$\Rightarrow \quad x^3 \begin{vmatrix} 0 & 0 & 1 \\ 1 & 2 & 2 \\ 2 & 5 & 3 \end{vmatrix}$$ $\{x^2y$ का गुणांक 0 होगा

होगा क्योंकि दो columns}

$\Rightarrow \quad x^3(5 - 4) = x^3$

30.(b)

$(a + b)\ \{(b + c)\ (a + c) - c^2\} - a\{a(b + c) - bc\}$
$+ b\ \{ac + b(a + c)\}$

$\Rightarrow (a + b)\ \{ab + ac + bc\} - a\{ab + ac) - bc\} + b$
$\{- ab - bc + ac + ac\}$

$\Rightarrow a\ \{ab + ac + bc - ab - ac - bc\} + b\ \{ab - ac +$
$bc - ab - bc + ac\}$

$\Rightarrow a\{2ab\} + b\{2ac\}$

$= 4abc$

31.(a)

$c_1 \to c_1 - c_2$ एवं $c_2 \to c_2 - c_3$

$$\begin{vmatrix} -1 & -2 & x+4 \\ -2 & -3 & x+8 \\ -3 & -4 & x+14 \end{vmatrix}$$

अब, $R_1 \to R_1 - R_2$ एवं $R_2 \to R_2 - R_3$ करने पर, आया नया आव्यूह होगा,

$$\begin{vmatrix} 0 & 1 & -4 \\ 0 & 1 & -6 \\ 1 & -4 & x+14 \end{vmatrix}$$ अब, $c_1 \to c_1 - c_2$

$$\begin{vmatrix} 1 & 1 & -4 \\ 1 & 1 & -6 \\ 1 & -4 & x+14 \end{vmatrix}$$

अब, c_1 के सापेक्ष expand करने पर,

$1(-6+4) = -2$

32.(c)

A,B,C यदि संरेखी है, तो $\Delta = 0$

$$\Delta = \begin{vmatrix} 1 & 1 & 1 \\ 3 & k & 8 \\ -2 & 2 & 8 \end{vmatrix} = 0$$

$\to \quad 1(8k - 16) - 1(40) + 1(6 + 2k) = 0$

$\to \quad 10k - 56 = -6$

$\to \quad k = \dfrac{50}{10} = 5$

33.(b)

ΔABC का क्षेत्रफल $= \dfrac{1}{2}\begin{vmatrix} 1 & 1 & 1 \\ -2 & 2 & 5 \\ 4 & -6 & 4 \end{vmatrix}$

$= \dfrac{1}{2}\{38 + 28 - 4\}$

$= \dfrac{1}{2} \times 62 = 31$ वर्ग इकाई

34.(b)

$c_1 \to c_1 - c_2,\ c_2 \to c_2 - c_3,$ एवं $a^2 - b^2$

$= (a+b)(a-b)$

$$\begin{vmatrix} 1^2-2^2 & 2^2-3^2 & 3^3 \\ 2^2-3^2 & 3^2-4^2 & 4^2 \\ 3^2-4^2 & 4^2-5^2 & 5^2 \end{vmatrix} = \begin{vmatrix} -3 & -5 & 3^3 \\ -5 & -7 & 4^2 \\ -7 & -9 & 5^2 \end{vmatrix}$$

$\therefore$ अब, $R_1 \to R_1 - R_2$ एवं $R_2 \to R_2 - R_3$

$$\begin{vmatrix} 2 & 2 & -7 \\ 2 & 2 & -9 \\ -7 & -9 & 25 \end{vmatrix}$$

अब $c_1 \to c_1 - c_2$

$$\begin{vmatrix} 0 & 2 & -7 \\ 0 & 2 & -9 \\ 2 & -9 & 25 \end{vmatrix}$$

$= 2(-18 + 14) = -8$

35.(c)

$(b+c)\{(c+a)(a+b) - cb\} - a\{b(a+b) - bc\} + a\{bc - c^2ac\}$

$\Rightarrow (b+c)\{a^2 + ab + ac) + a\{bc - c^2 - ac - b^2 - ab + bc\}$

$\Rightarrow a^2b + ab^2 + abc + a^2c + abc + ac^2 + abc - ac^2 - a^2c - b^2a - a^2b + abc$

$= 4abc$

36.(a)

$$\text{adj } A = \begin{bmatrix} 3 & -5 \\ -1 & 2 \end{bmatrix}$$

37.(c)

$AB = I$

$\Rightarrow B = A^{-1}I$

$\Rightarrow B = \dfrac{adj A}{|A|} I$

$\Rightarrow |A| = 6 - 4 = 2$

$$\therefore B = \frac{1}{2}\begin{bmatrix} 2 & 4 \\ 1 & 3 \end{bmatrix}\begin{bmatrix} 1 & 0 \\ 0 & 1 \end{bmatrix}$$

$$= \frac{1}{2}\begin{bmatrix} 2 & 4 \\ 1 & 3 \end{bmatrix}$$

$$= \begin{bmatrix} 1 & 2 \\ 1/2 & 3/2 \end{bmatrix}$$

38.(b)

$$A^{-1} = \frac{(adj\ A)}{|A|}$$

$\Rightarrow (\text{adj } A) = A^{-}|A|$

$$= \begin{bmatrix} 3 & -1 \\ -5/3 & 2/3 \end{bmatrix} \times 3 = \begin{bmatrix} 9 & -3 \\ -5 & 2 \end{bmatrix}$$

39.(d)

$$A^{-1} = \frac{(adj\ A)}{|A|} = \frac{\begin{bmatrix} x & 0 \\ -x & 2x \end{bmatrix}}{2x^2} = \begin{bmatrix} 1 & 0 \\ -1 & 2 \end{bmatrix}$$

$$\Rightarrow \frac{x}{2x^2} = 1$$

$$\Rightarrow x = \frac{1}{2}$$

40.(a)

$4A + 3x = 5B$

$$\Rightarrow x = \frac{5B}{3} - \frac{4A}{3}$$

$$= \frac{5}{3}\begin{bmatrix} 4 & -3 \\ -6 & 2 \end{bmatrix} - \frac{4}{3}\begin{bmatrix} 2 & 0 \\ -3 & 1 \end{bmatrix}$$

$$= \begin{bmatrix} \frac{20}{3} & -5 \\ -10 & \frac{10}{3} \end{bmatrix} - \begin{bmatrix} \frac{8}{3} & 0 \\ -4 & \frac{4}{3} \end{bmatrix}$$

$$= \begin{bmatrix} \frac{12}{3} & -5 \\ -6 & \frac{6}{3} \end{bmatrix} = \begin{bmatrix} 4 & -5 \\ -6 & 2 \end{bmatrix}$$

41.(b)

$$A^T = \begin{bmatrix} 2 & 7 \\ 6 & 5 \end{bmatrix}, \text{ एवं } A = \begin{bmatrix} 2 & 6 \\ 7 & 5 \end{bmatrix}$$

$$\therefore A - A^T = \begin{bmatrix} 0 & -1 \\ 1 & 0 \end{bmatrix}$$

42.(b)

$$y = \frac{\Delta y}{\Delta} = \frac{\begin{vmatrix} 1 & 6 & 2 \\ 2 & 1 & -1 \\ 1 & -4 & -2 \end{vmatrix}}{\begin{vmatrix} 1 & 1 & 2 \\ 2 & 1 & -1 \\ 1 & -1 & -2 \end{vmatrix}} = -1$$

43.(c)

$$|A^T| = 1 \quad A = \begin{vmatrix} 1 & 2 & 3 \\ 4 & 6 & 8 \\ 9 & 11 & 6 \end{vmatrix}$$

$= (36 - 88) - 2(24 - 72) + 3(44 - 54)$

$= -52 + 96 - 30$

$= 14$

44.(b)

$2x + y = 3$ एवं $x + 6y = 7$ को हल करने पर,

$x = y = 1$

$\therefore k\,3(1) + (1) = 4$

या,

$$\begin{vmatrix} 2 & 1 & -3 \\ 1 & 6 & -7 \\ 3 & 1 & -k \end{vmatrix} = 0$$

$\Rightarrow k = 4$

45.(a)

$$\frac{(adjA)}{|A|} = (A^{-1})$$

$(adj\ A) = |A|\ (A^{-1})$

$$\begin{bmatrix} 6 & 9 \\ 12 & 15 \end{bmatrix} = |A|\begin{bmatrix} 2 & 3 \\ 4 & 5 \end{bmatrix}$$

$\Rightarrow |A| = 3$

46.(b)

$A(adjA) = |A|\, I$

$$= 6\begin{bmatrix} 1 & 0 \\ 0 & 1 \end{bmatrix} = \begin{bmatrix} 6 & 0 \\ 0 & 6 \end{bmatrix}$$

47.(d)

$$z = \frac{\Delta Z}{\Delta} = \frac{\Delta Z}{\begin{vmatrix} 1 & 2 & 1 \\ 2 & 3 & 5 \\ 5 & 4 & 3 \end{vmatrix}}$$

$\therefore \Delta \neq 0$ एवं RHS में zero है।

$\therefore\ z = \Delta_z = 0$

48.(a)

$|A| = \sin 20° \cos x - \sin 70° \cos(x - 50°)$

$= 0$

$$\Rightarrow \frac{Sin 20°}{Sin 70°} = \frac{\cos(x + 50°)}{\cos x}$$

$\therefore\ x = 20°$ {LHS एवं RHS की तुलना करना करने पर}.

49.(b)

प्रमुख विकर्ण की संख्याएँ $\begin{bmatrix} 4\times1 & & \\ & 5\times2 & \\ & & 6\times3 \end{bmatrix}$

$\therefore$ योग $= 4 \times 1 + 5 \times 2 + 6 \times 3$

$= 32$

50.(d)

x एक 2×4 matrix है, एवं y एक 4×1 matrix है।

$\therefore$ xy का order $(2 \times 4) \times (4 \times 1) = 2 \times 1$ होगा।

51.(c)

$$x = \frac{\Delta x}{\Delta} = \frac{\begin{vmatrix} 3 & 1 & 2 \\ -3 & -3 & -1 \\ 4 & 2 & 1 \end{vmatrix}}{\begin{vmatrix} 3 & 1 & 2 \\ 2 & -3 & -1 \\ 1 & 2 & 1 \end{vmatrix}} = \frac{8}{8} = \mathbf{1}$$

52.(b)

$\because$ दिया गया matrix एक upper triangular matrix है।

$\therefore \begin{bmatrix} a & b & c \\ 0 & m & n \\ 0 & 0 & p \end{bmatrix}$ की तरह का होगा।

जहाँ a, b, c, m, n ? $\neq 0$

$\therefore y - 3 = x + 3 = x + y = 0$

$\because y = 3,\ x = -3$

$\Rightarrow (x, y) = (-3, 3)$

53.(a)

इकाई matrix का रूप $\begin{vmatrix} 1 & 0 & 0 \\ 0 & 1 & 0 \\ 0 & 0 & 1 \end{vmatrix}$ की तरह का। होगा।

$\therefore 3x - 2y = 1$, एवं, $x - y = 0$

$\therefore x = 1, y = 1$

$\Rightarrow x^2 + y^2 = 2$

54.(b)

$\because$ null matrix के सभी अवयव 0 होंगे।

$\therefore x^2 - 2y^2 = x + y = 0$

$\Rightarrow \quad x = -y$

$\Rightarrow x^2 - 2x^2 = 0$

$\Rightarrow -x^2 = 0 \Rightarrow x = 0, y = 0$

$\therefore x + 3y = 0$

55.(c)

$\because$ A एक symmetric matrix है।

$\therefore A = A^T$

$\Rightarrow \begin{bmatrix} \cos x & \sin x \\ -\sin x & \cos x \end{bmatrix} = \begin{bmatrix} \cos x & -\sin x \\ \sin x & \cos x \end{bmatrix}$

$\Rightarrow \sin x = -\sin x$

$\Rightarrow x = 0$ {विकल्पानुसार}

56.(d)

R_1 के सापेक्ष हल करने पर,

$x(12 - 5) - 1(4 - 3) + (x + 2)(10 - 18) = 0$

$\Rightarrow 7x - 1 + (x + 2)(-8) = 0$

$\Rightarrow 7x - 1 - 8x - 16 = 0$

$\Rightarrow x = -17$

57.(a)

$|adjA| = |A|^{n-1}$

$= |A|^{3-1} = |A|^2$

$\Rightarrow |A|^2 = 9$

$\Rightarrow |A| = 3$

58.(c)

यदि matrix singular है, तो $|A| = 0$

$\therefore 2(x + 3y) = 0$ ——————(i)

तो उसका रूप $\begin{bmatrix} \lambda & 0 \\ 0 & \lambda \end{bmatrix}$ की तरह होगा।

$\therefore x + 5y = 2$ ——————(ii)

$-3y - 5y = 2$

$\Rightarrow y = \frac{-1}{4}, \quad x = \frac{3}{4}$

{ समी0 (i) एवं (ii) से }

59.(a)

$\because$ A एक 2×2 identity matrix है।

$\therefore \begin{bmatrix} 1 & 0 \\ 0 & 1 \end{bmatrix}$

$\Rightarrow \begin{bmatrix} 3 & 6 \\ 7 & 2 \end{bmatrix} = \begin{bmatrix} x+y & 6 \\ 7 & -2x+y \end{bmatrix}$

$\Rightarrow x + y = 3, -2x + y = 2$

$\Rightarrow 3x = 1$

$\Rightarrow x = \frac{1}{3}, y = 3 - \frac{1}{3} = \frac{8}{3}$

60.(c)

$(\text{adj A}) = \text{adj}\left(\begin{bmatrix} 2 & -1 \\ 3 & 7 \end{bmatrix}\right)$

$(\text{adj A}) = \begin{bmatrix} 7 & 1 \\ -3 & 2 \end{bmatrix}$

61.(a)

$|mx| = 16|x|$

$m|x| = (2)^4 |x|$

$\therefore$ m = ±2

62.(d)

$\because$ AB = 0

$\therefore A^{-1} AB = A^{-1}(0)$

$\Rightarrow B = A^{-1} (0)$

$\Rightarrow B \begin{bmatrix} \frac{3}{-18} & \frac{-3}{-10} \\ \frac{-7}{-18} & \frac{1}{-18} \end{bmatrix} \begin{bmatrix} 0 & 0 \\ 0 & 0 \end{bmatrix} = \begin{bmatrix} 0 & 0 \\ 0 & 0 \end{bmatrix}$

63.(a)

$x = \begin{bmatrix} 1 & 7 \\ 8 & 3 \end{bmatrix}, y = \begin{bmatrix} 3 & 2 \\ 1 & 6 \end{bmatrix}$

$\therefore x + y = \begin{bmatrix} 1+3 & 7+2 \\ 8+1 & 3+6 \end{bmatrix}$

$= \begin{bmatrix} 4 & 9 \\ 9 & 9 \end{bmatrix}$

64.(c)

$f(A) = A^2 - 2A + 3I$

$= \begin{bmatrix} 3 & 1 \\ 2 & 4 \end{bmatrix}\begin{bmatrix} 3 & 1 \\ 2 & 4 \end{bmatrix} - 2\begin{bmatrix} 3 & 1 \\ 2 & 4 \end{bmatrix} + \begin{bmatrix} 1 & 0 \\ 0 & 1 \end{bmatrix}$

$= \begin{bmatrix} 11 & 7 \\ 14 & 18 \end{bmatrix} - \begin{bmatrix} 6 & 2 \\ 4 & 8 \end{bmatrix} + \begin{bmatrix} 3 & 0 \\ 0 & 3 \end{bmatrix}$

$= \begin{bmatrix} 8 & 5 \\ 10 & 13 \end{bmatrix}$

65.(a)

$c_1 \rightarrow c_1 - c_2 \rightarrow c_2 - c_3$

$\begin{bmatrix} 0 & 0 & 1 \\ x-y & y-z & z \\ x^2-y^2 & y^2-z^2 & z^2 \end{bmatrix}$ $\{\because x^2 - y^2\}$

$= (x+y)(x-y)$ एवं $y^2 - z^2 = (y+z)(y-z)$

$\therefore$ c_1 एवं c_2 से क्रमश: $(x-y)$ एवं $(y-z)$ निकालने पर,

$(x-y)(y-z)\begin{vmatrix} 0 & 0 & 1 \\ 1 & 1 & z \\ x+y & y+z & z^2 \end{vmatrix}$

$(x-y)(y-z)[(y+z)-(x+y)]$

$= (x-y)(y-z)(z-x)$

66.(a)

R_1 के सापेक्ष हल करने पर :

$0[0 + c^2] - a[0 + bc] - b[-ac] = -abc + abc = 0$

67.(a)

$R_1 \rightarrow R_1 + R_2$ एवं $R_2 \rightarrow R_2 + R_3$

$\begin{vmatrix} a+b+c & -c & -b \\ -c & a+b+c & -a \\ -b & a & a+b+c \end{vmatrix}$

$= \begin{vmatrix} (a+b) & (a+b) & -(a+b) \\ -(b+c) & (b+c) & (b+c) \\ -b & -a & a+b+c \end{vmatrix}$

R_1 से (a+b) एवं R_2 से (b+c) निकालकर वापस $R_1(R_1 + R_2)$ करने पर,

$(a+b)(b+c)\begin{vmatrix} 0 & 2 & 0 \\ 1 & 1 & 1 \\ -b & -a & a+b+c \end{vmatrix}$, R_1 के सापेक्ष हल करने पर,

(a + b) (b + c) {–(2) (a + b + c) –b)}

= 2(a + b) (b + c) (c + a)

68.(b)

$R_1 \rightarrow R_1 - R_2, R_2 \rightarrow R_2 + R_3$

$\begin{vmatrix} 0 & a-b & a^2-b^2-bc+ac \\ 0 & b-c & b^2-c^2-ac+ab \\ 1 & c & c^2-ab \end{vmatrix}$

R_1 से (a – b) एवं R_2 से (b – c) निकालने पर,

$$(a-b)(b-c)\begin{vmatrix} 0 & 1 & a+b+c \\ 0 & 1 & a+b+c \\ 1 & c & c^2-ab \end{vmatrix}$$

$R_1 \to R_1 - R_2$ करने पर, R_1 के सभी अवयव शून्य होंगे।

∴ अभीष्ट उत्तर = 0

69.(c)

c_1 से x तथा c_2 से एवं c_3 से भी x निकालने पर,

$$\begin{vmatrix} 1 & 1 & 1 \\ 5 & 4 & 2 \\ 10 & 8 & 3 \end{vmatrix} + x^2y\begin{vmatrix} 1 & 1 & 1 \\ 4 & 4 & 2 \\ 8 & 8 & 3 \end{vmatrix}$$

∵ के साथ वाले determinant मे दो columns एक समान हैं।

∵ उस determinant का मान शून्य होगा।

∴ अभीष्ट उत्तर = $x^3 \begin{vmatrix} 1 & 1 & 1 \\ 5 & 4 & 2 \\ 10 & 8 & 3 \end{vmatrix}$

अब, $c_1 \to c_1 - c_2$, एवं $c_2 \to c_2 - c_3$ करने पर,

$$x^3\begin{vmatrix} 0 & 0 & 1 \\ 1 & 2 & 2 \\ 2 & 5 & 3 \end{vmatrix} = x^3(5-4) = x^3$$

70.(a)

$$\begin{vmatrix} 2c & a & b \\ c & 2a & b \\ c & a & 2a \end{vmatrix} + \begin{vmatrix} a+b & a & b \\ c & b+c & b \\ c & a & a+c \end{vmatrix}$$

$$abc\begin{vmatrix} 2 & 1 & 1 \\ 1 & 2 & 1 \\ 1 & 1 & 2 \end{vmatrix} + [(a+b)\{(b+c)(c+a)-ab\}]-$$

$[a\{c(a+c-bc\} + b\{ac - bc - c^2\}]$

$\Rightarrow 2[a^3 + b^3 + c^3 + 3bc(b+c) + 3a(b+c)(a+b+c)\}$

$\Rightarrow 2[(a+b+c)^3]$

भाग-3 : क्षेत्रमिति एवं ज्यामिति
(Mensuration and Geometry)

क्षेत्रमिति 2D
Mensuration 2D

प्रस्तुत अध्याय में हम क्षेत्रमिति के द्विविमाएँ (Two dimensional) आकृतियों का अध्ययन करेंगे। द्वि विमाएँ आकृतियों के अन्तर्गत त्रिभुज (Triangle), वर्ग (Square) आयत (Rectangle), चतुर्भुज (Quadrilateral) समान्तर चतुर्भुज (Parallel quadrilateral) समलम्ब चतुर्भुज (Trapezium), समचतुर्भुज (Rhombus) बहुभुज (Polygon), एवं वृत्त (Circle) से संबंधित प्रश्नों का विवेचना करेंगे।

महत्वपूर्ण सूत्र (Important Formulae)

त्रिभुज (Triangle)

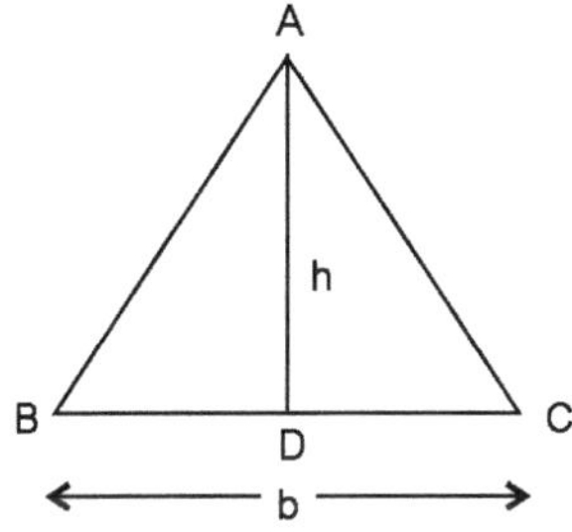

अगर एक त्रिभुज ABC की ऊँचाई (height) h एवं आधार (Base) b हो तो

- त्रिभुज का क्षे. $= \frac{1}{2} \times$ आधार $\times$ ऊँचाई

  $= \frac{1}{2} \times b \times h$

- त्रिभुज की परिमिति (perimeter) $= a + b + c$
- त्रिभुज की अर्द्ध परिमिति $(S) = \frac{a+b+c}{2}$

  जहाँ a, b, c त्रिभुज की भुजाएँ है।
- समकोण त्रिभुज

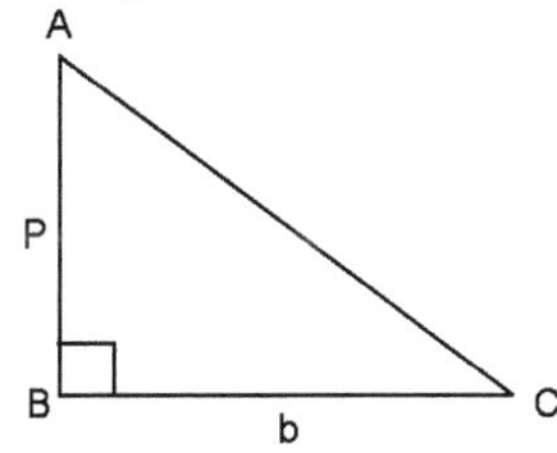

- समकोण त्रिभुज का क्षेत्रफल

  $= \frac{1}{2} \times$ आधार $\times$ लंबाई

  $= \frac{1}{2} \times b \times p$

- त्रिभुज का क्षे. $= \frac{1}{2} pb \sin\theta$

  [जहाँ θ भुजा p और b के बीच का कोण है।]
- त्रिभुज की ऊँचाई (Height), $H = \frac{2A}{b}$ जहाँ A = क्षेत्रफल तथा $b =$ आधार
- समद्विबाहु समकोण त्रिभुज का क्षेत्रफल

  $= \frac{1}{4} \times$ (कर्ण)^2

  $= \frac{h^2}{4}$

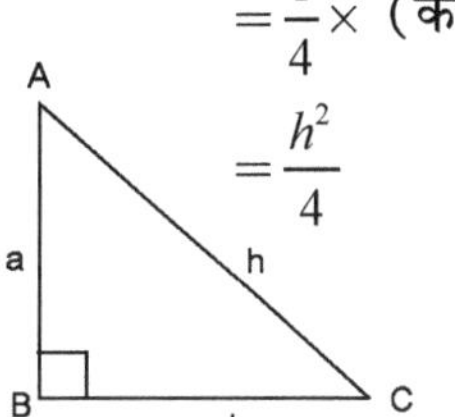

- समद्विबाहु समकोण Δ का क्षे. $= \frac{(\text{समान भुजा})^2}{2}$

  $= \frac{a^2}{2}$

- समद्विबाहु समकोण Δ का कर्ण (h)

  $= 2\sqrt{\text{क्षे.}} = 2\sqrt{A}$

- समद्विबाहु समकोण त्रिभुज का कर्ण $(h) = \sqrt{2} \times$ भुजा $= \sqrt{2}\, a$
- समद्विबाहु समकोण Δ की एकसमान भुजा

  $= \sqrt{2 \times \text{क्षे.}}$

  $= \sqrt{2 \times A}$

- समद्विबाहु समकोण Δ की एकसमान भुजा (a) $= \frac{\text{कर्ण}}{\sqrt{2}} = \frac{h}{\sqrt{2}}$

- समद्विबाहु Δ का क्षे. $= \frac{1}{2} \times (\text{भुजा})^2 . \sin\theta$

  $= \frac{1}{2} a^2 \sin\theta$

  जहाँ $\theta =$ दो समान भुजाओं के बीच का कोण है।

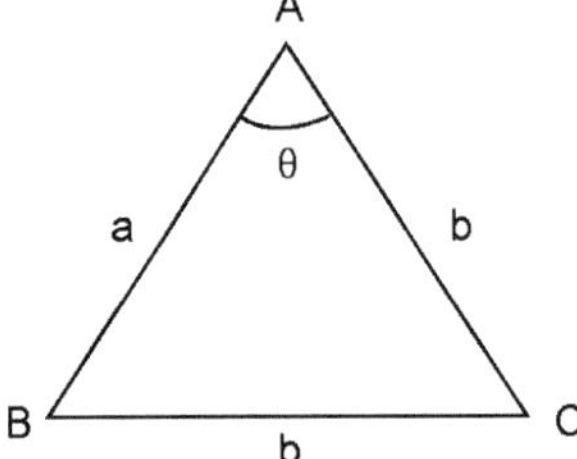

- समद्विबाहु Δ की यदि समान भुजा a तथा अन्य भुजा b हो तो,

  क्षे.

  $= \frac{1}{4} \times b\sqrt{(2a+b)(2a-b)} = \frac{1}{4} \times b\sqrt{4a^2 - b^2}$

- हीरोन का सूत्र (Heron's Formulae) से त्रिभुज का क्षे.

  $= \sqrt{s(s-a)(s-b)(s-c)}$

  जहाँ a, b, c त्रिभुज की भुजाएँ

  $s =$ त्रिभुज की अर्द्ध परिमित (semi-perimeter)

  $s = \frac{a+b+c}{2}$

- समद्विबाहु Δ का क्षे. $= \sqrt{s(s-a)^2 (s-b)}$

समबाहु त्रिभुज (Equilateral Triangle)

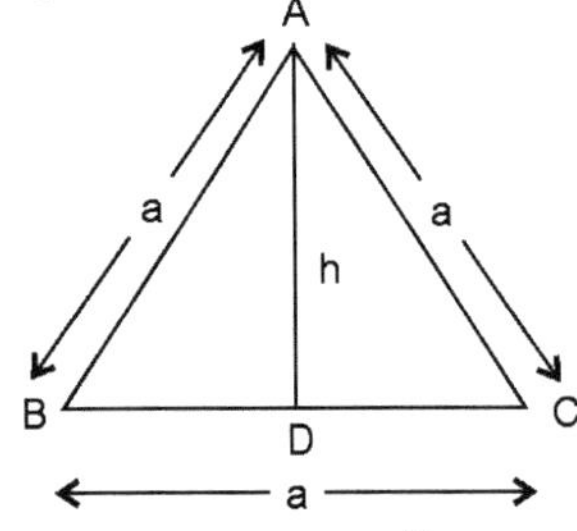

- समबाहु Δ का क्षे. $= \frac{\sqrt{3}}{4} (\text{भुजा})^2 = \frac{\sqrt{3}}{4} a^2$

- समबाहु Δ की ऊँचाई $(h) = \frac{\sqrt{3}}{2} \times \text{भुजा}$

  $= \frac{\sqrt{3}}{a} \times a$

- समबाहु Δ की परिमिति (perimeter) $= 3 \times$ एक भुजा $= 3a$

- समबाहु Δ की भुजा $(a) = \frac{\sqrt{4 \times \text{क्षे.}}}{\sqrt{3}} = \frac{\sqrt{4 \times A}}{\sqrt{3}}$

- समबाहु Δ की भुजा $(a) = \frac{2}{\sqrt{3}} \times h$

- समबाहु Δ के अंतर्गत वृत्त की त्रिज्या $(r) = \frac{a}{2\sqrt{3}}$

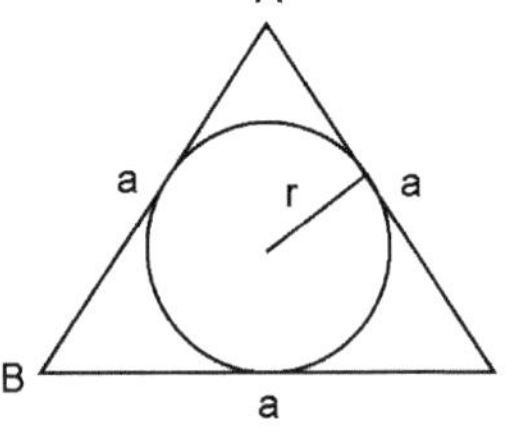

जहाँ $a\,\Delta$ की भुजा है।

वर्ग (Square)

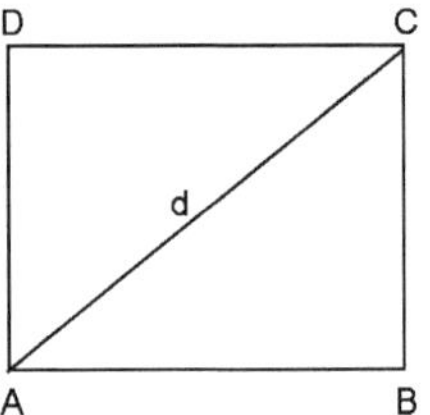

- वर्ग का क्षे. $= (\text{भुजा})^2 = \frac{(\text{विकर्ण})^2}{2} = \frac{d^2}{2}$

- विकर्ण $(d) = \sqrt{2} \times \text{भुजा} = \sqrt{2}a$

- परिमाप $= 4 \times \text{भुजा} = 4 \times a$

- भुजा $(a) = \sqrt{\text{क्षेत्रफल}} = \sqrt{d}$

  $= \frac{(\text{विकर्ण})}{\sqrt{2}} = \frac{d}{\sqrt{2}}$

- भुजा $(a) = \frac{\text{परिमाप}}{4}$

- विकर्ण $(d) = \sqrt{2 \times \text{क्षेत्रफल}} = \sqrt{2a}$

आयात (Rectangle)

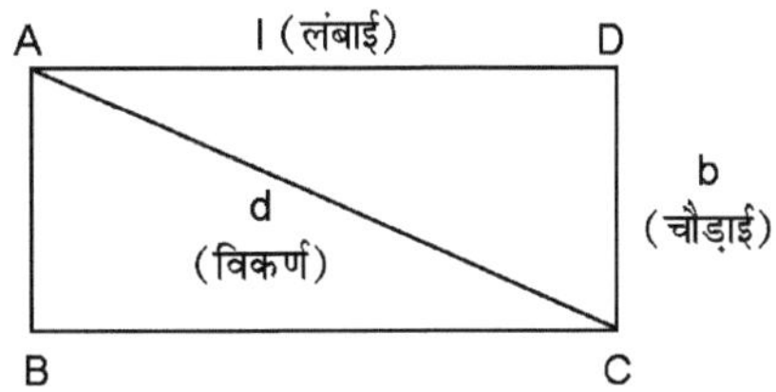

- आयत का क्षे. = लं. × चौ. $= l \times b$
- परिमाप $= 2$ (लं. + चौ.) $= (l+b)$
- आयत का विकर्ण (d)

  $= \sqrt{(\text{लंबाई})^2 + (\text{चौडाई})^2}$

  $= \sqrt{l^2 + b^2}$
- आयत की लंबाई $= \dfrac{\text{क्षे.}}{\text{चौ}}$
- आयत की चौ. $= \dfrac{\text{क्षे.}}{\text{ल}}$
- आयत की परिमिति (p) $= 2\sqrt{2(\text{क्षे.}) + \text{विकर्ण}^2}$

  $= 2\sqrt{2A + d^2}$
- आयत की बड़ी भुजा (a)

  $= \dfrac{\sqrt{2 \times \text{क्षे.} + \text{विकर्ण}^2} + \sqrt{\text{विकर्ण}^2 - 2 \times \text{क्षे.}}}{2}$
- आयत की छोटी भुजा (b)

  $= \dfrac{\sqrt{2 \times \text{क्षे.} + \text{विकर्ण}^2} - \sqrt{\text{विकर्ण}^2 - 2 \times \text{क्षे.}}}{2}$
- चारों दीवारों का क्षे. = 2(ल + चौ) × ऊँचाई

  $2(l+b) \times h$

चतुर्भुज (Quadrilateral)

- चतुर्भुज का क्षे. $= \frac{1}{2} d (p_1 + p_2)$

  जहाँ, $d =$ विकर्ण, p_1 तथा p_2 विकर्ण पर लंब

समान्तर चतुर्भुज (Parallel Quadrilateral)

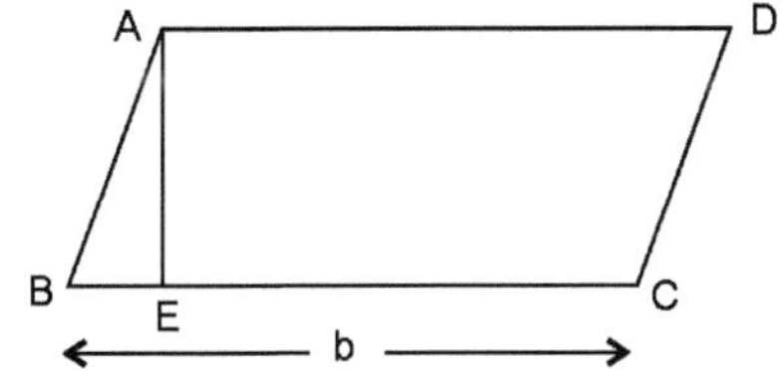

- समान्तर चतुर्भुज (Parallelogram) का क्षे.

  = आधार × ऊँचाई

  $= b \times h$

  क्षेत्रफल $= ab \sin\theta$

  जहाँ a, एवं b दो भुजा, $\theta =$ कोण
- परिमिति $(p) = 2$ (लं + चौ) $= 2(a+b)$

समलम्ब चतुर्भुज (Trapezium)

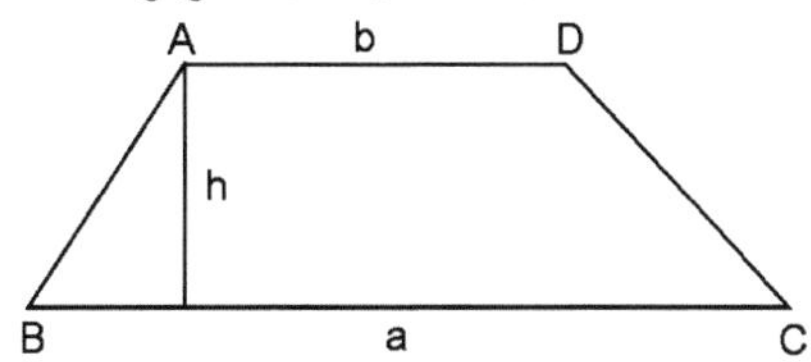

- समलम्ब चतुर्भुज का क्षे.

  $= \frac{1}{2} \times$ समांतर भुजाओं का योग × ऊँचाई

  $= \frac{1}{2} \times (a+b) \times h$

समचतुर्भुज (Rhombus)

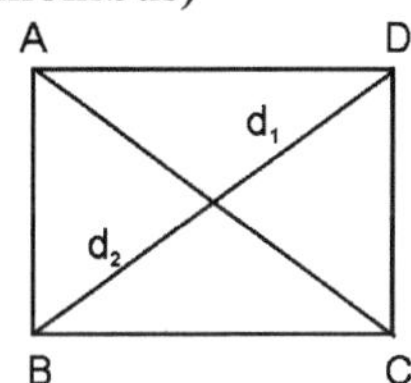

- समचतुर्भुज का क्षे. $\frac{1}{2} \times$ विकर्णों का गुणनफल

  $= \frac{1}{2} \times d_1 \times d_2$
- समचतुर्भुज की एक भुजा a तथा ऊँचाई h हो, तो क्षेत्रफल (A) = भुजा × ऊँचाई $= a \times h$
- समचतुर्भुज की भुजा $(a) = \frac{1}{2}\sqrt{d_1^2 + d_2^2}$

बहुभुज (Polygon)

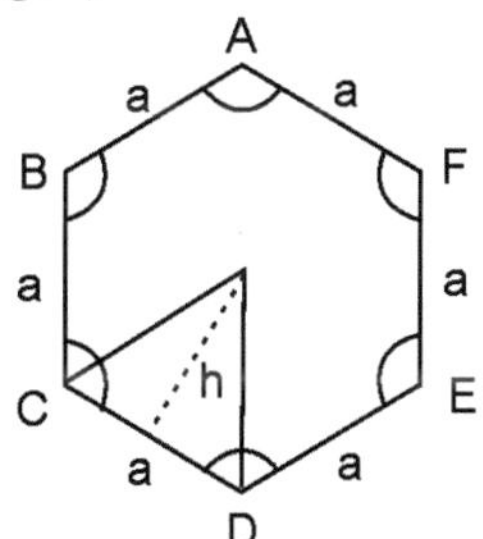

- समबहुभुज का प्रत्येक कोण $= \frac{(n-2)}{n} \times 180°$
- समबहुभुज का परिमिति = na
- समषट्भुज का परिमाप = 6 × भुजा
- समबहुभुज का क्षे. $= n \times \frac{1}{2} \times a \times h$
- समषट्भुज का क्षे. $= 6 \times 3\frac{\sqrt{3}}{4} \times (\text{भुजा})^2$
- n भुजा वाले बहुभुजाकार क्षेत्र को यदि $n\,\Delta$ में बाँटा जाय, तो प्रत्येक शीर्षकोण $= \frac{360°}{n}$

वृत्त (Circle)

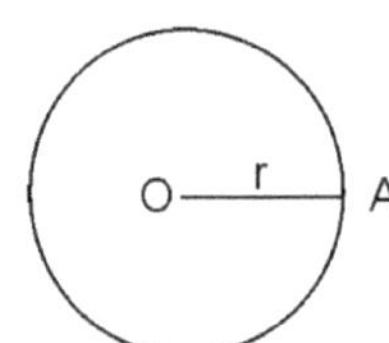

- वृत का क्षेत्रफल $(A) = \pi r^2$

$$= \frac{\pi d^2}{4}$$

- अर्द्धवृत्त का क्षे. $= \frac{\pi r^2}{2}$
- वृत की त्रिज्या $(r) = \frac{\sqrt{\text{क्षे.}}}{\pi}$
- वृत्त की परिधि $= \pi d = 2\pi r$
- त्रिज्या $(r) = \frac{\text{परिधि (c)}}{2\pi}$

  व्यास $(d) = \frac{\text{परिधि (c)}}{\pi}$

- छल्ला या वलय का क्षे. (A)

  $= \pi R^2 - \pi r^2$

  $= \pi (R^2 - r^2)$

  $= \pi (R + r)(R - r)$

  जहाँ R और r क्रमशः बाहय और आंतरिक वलय की त्रिज्याएँ है।

उदाहरण (Examples)

1. एक समचतुर्भुज के विकर्ण 24 सेंमी. और 10 सेंमी. है। इस समचतुर्भुज की परिमाप (सेमी. में) है।

D C O A B

$AC = 24$ सेमी.

$BC = 10$ सेमी.

$AO = \frac{AC}{2} = 12$ सेमी.

$BO = \frac{BD}{2} = 5$ सेमी.

समचतुर्भुज के विकर्ण परस्पर लम्बवत् एक दूसरे को समद्विभाजित करते हैं।

$AB = \sqrt{(12)^2 + (5)^2} = 13$

$\therefore$ परिमाप $= 13 \times 4 = 52$ सेमी.

2. यदि किसी समचतुर्भुज की एक भुजा तथा उसके एक विकर्ण की माप क्रमशः 10 सेमी. तथा 16 सेमी हो तो सेमी[2] उसका क्षेत्रफल होगा?

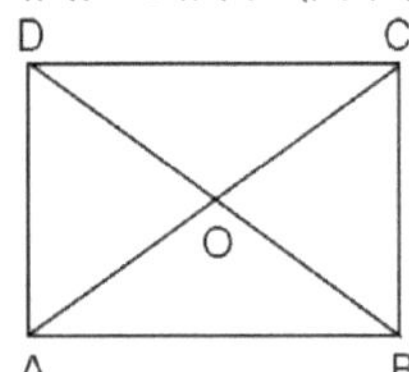

समचतुर्भुज की एक भुजा = 10 सेमी० = AB

समचतुर्भुज का एक विकर्ण = 16 सेमी० = AC

अतः $AO = \frac{AC}{2} = \frac{16}{2} = 8$ सेमी०

अतः ΔAOB से

$AB^2 = AO^2 + BO^2$

$10^2 = 8^2 + BO^2$

$BO^2 = 100 - 64 = 36$

$BO = 6$

$BD = 6 \times 2 = 12$ सेमी.

$$\text{समचतुर्भुज का क्षे.} = \frac{\text{विकर्णों का गुणनफल}}{2}$$

$$= \frac{AC \times BD}{2} = \frac{16 \times 12}{2} = 16 \times 16 = 96 \text{ वर्ग सेमी.}$$

3. 20 मीटर लम्बी सीढ़ी को एक गली में इस प्रकार खड़ा किया जाता है कि यह 16 मीटर ऊँचाई वाली एक खिड़की तक पहुँचती है। सीढ़ी को गली के दूसरी ओर पलटने पर यह 12 मी. ऊँचाई वाले एक बिन्दु तक पहुँचती है, तो गली की चौड़ाई किमी० है?

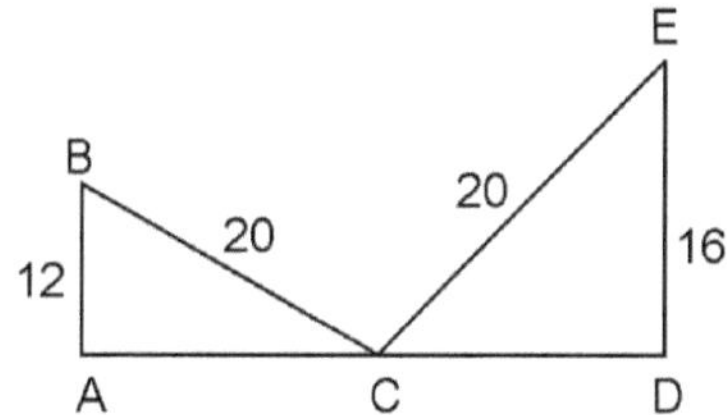

चित्र से,

$AC = \sqrt{BC^2 - AB^2}$

$= \sqrt{20^2 - 12^2}$

$= \sqrt{400 - 144}$

$= \sqrt{256}$

= 16 मीटर

$CD = \sqrt{20^2 - 16^2}$

$= \sqrt{144}$

= 12 मीटर

अतः गली की चौड़ाई $AD = AC + CD$

$= 16 + 12 = 28$ मी०

4. तीन वृतों, जिनमें से प्रत्येक की त्रिज्या 3.5 सेमी है, को इस प्रकार रखा जाता है कि प्रत्येक, वृत्त अन्य दोनों वृत्तों को स्पर्श करता है। इन वृतों द्वारा परिबद्ध भाग का क्षे. है:-

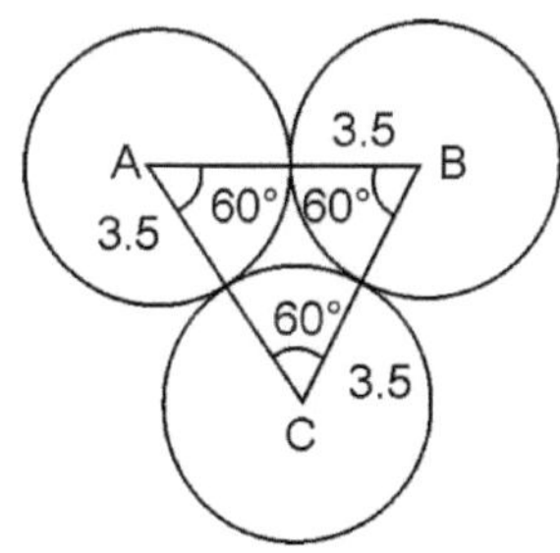

तीन वृत्तो, को प्रश्न के अनुसार समाने पर तथा केन्द्रों को एक सीधी रेखा से जोड़ने पर एक समबाहु Δ ABC का निर्माण होता है जिसकी प्रत्येक भुजा $(3.5 + 3.5) = 7$ सेमी की होगी

अर्थात् Δ समबाहु होगा, तब प्रत्येक कोण $60°$ का होगा

$$\text{समबाहु } \Delta \text{ का क्षे.} = \frac{\sqrt{3}}{4}(a)^2$$

$$= \frac{\sqrt{3}}{4} \times 7 \times 7 \left[\sqrt{3} = 1.732\right]$$

$$= 21.217 \text{ वर्ग सेमी.}$$

तथा इस त्रिभुज में वृत्तो द्वारा घिरा क्षेत्रफल

$$= \left(\pi r^2 \times \frac{60}{360} \times 3\right) = \frac{22}{7} \times 3.5 \times 3.5 \times \frac{1}{2}$$

$$= 19.25 \text{ वर्ग सेमी}$$

अभीष्ट क्षे. $= 21.217 - 19.25 = 1.967$ वर्ग सेमी

5. किसी वृत्ताकार मार्ग को वाह्य तथा आन्तरिक परिमापों का अनुपात 23 : 22 है। यदि मार्ग की चौड़ाई 5 मी. है तो आन्तरिक वृत्त का व्यास होगा?

माना आंतरिक त्रिज्या $= r$

बाह्य त्रिज्या $R = r + 5$

$$\frac{2\pi(r+5)}{2\pi r} = \frac{23}{22}$$

$22r + 110 = 23R$

$r = 110$ मी.

6. किसी वृत्ताकार पार्क के चारों ओर एक समान चौ. का एक पथ बना हुआ है। इस वृत्ताकार पथ की आंतरिक और बाहरी परिधियों का अंतर 132 मीटर है, उसकी चौड़ाई है। $\left(\pi = \frac{22}{7}\right)$

माना भीतरी परिधि $= x$ मी

तब बाहरी परिधि $= x + 132$ मीटर

माना भीतरी त्रिज्या $= r_1$

बाहरी त्रिज्या $= r_2$

तब,

$x = 2\pi r_1$ (i)

समी (i) से x का मान रखने पर

$$x + 132 = 2\pi r_2 \qquad \text{(ii)}$$

$$132 = 2\pi (r_2 - r_1)$$

$$r_2 - r_1 = \frac{132 \times 7}{2 \times 22} = 21 \text{ मी}$$

$\therefore$ रास्ते की चौड़ाई $r_2 - r_1 = 21$ मीटर

7. किसी वृत्त का क्षेत्रफल 38.3 वर्ग समी. है। उसके परिधि की लम्बाई (सेमी. में) है $\left(\pi = \frac{22}{7}\right)$

$$38.5 = \frac{22}{7} \times r^2$$

$$r^2 = \frac{38.5 \times 7}{22} = 12.25$$

$$r = \sqrt{12.25} = 3.5$$

$\therefore$ परिधि $= 2\pi r$

$$2 \times \frac{22}{7} \times 3.5 = 22 \text{ सेमी}$$

8. एक समांतर चतुर्भुज की भुजाएँ 15 सेमी. तथा 7 सेमी है। उसके एक विकर्ण की लंबाई 20 सेमी है। तदनुसार उसका क्षे. कितना होगा?

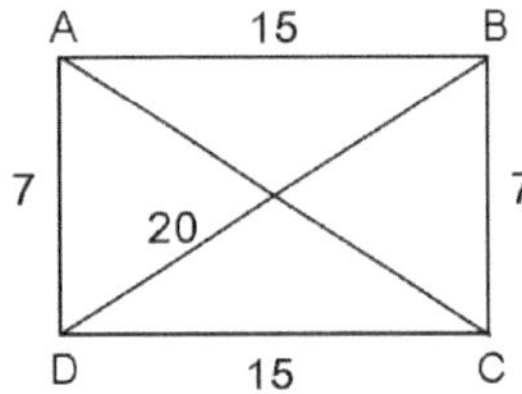

ΔADB में

$$s = \frac{a + b + c}{2}$$

$$= \frac{20 + 15 + 7}{2} = 21 \text{ सेमी}$$

Δ का क्षे. $s = \sqrt{(s-a)(s-b)(s-c)}$

ΔABC का क्षे.

$$= \sqrt{21(21-15)(21-20)(21-7)}$$

$$= \sqrt{21 \times 6 \times 1 \times 14}$$

$$= \sqrt{7 \times 3 \times 2 \times 3 \times 2 \times 7}$$

$$= 7 \times 3 \times 2 = 42 \text{ सेमी.}$$

समान्तर चतुर्भुज का क्षे. $= 42 \times 2 = 84$ सेमी^{2}

9. समलम्ब आकार के एक क्षेत्र का क्षेत्रफल 1440 मीटर^2 है। समान्तर भुजाओं के बीच की लम्बवत दूरी 24 मी. है। यदि समान्तर भुजाओं का अनुपात 5 : 3 हो, तो बड़ी समान्तर भुजा की लम्बाई होगी?

समलम्ब चतुर्भुज का क्षे.

$$= \frac{1}{2} \times \text{ऊँचाई} \times (\text{समांतर भुजाओं का}) \text{ योग}$$

$$1440 = \frac{1}{2} \times 24 \times (5x + 3x)$$

$$x = \frac{1440 \times 2}{8 \times 24} = 15 \text{ मीटर}$$

$\therefore$ बड़ी समांतर भुजा की लंबाई

$$= 5x = 5 \times 15 = 75 \text{ मीटर}$$

10. एक समलंब की समानांतर भुजाओं की लंबाई का अनुपात 3 : 2 है। उनके बीच की न्यूनतम दूरी 15 सेमी है तथा समलंब का क्षेत्रफल 450 सेमी^{2} है। तदनुसार समांतर भुजाओं की लंबाई जोड़ कितना होगा?

माना समलंब की समान्तर भुजाएँ क्रमश: $3x$ व $2x$ है।

प्रश्नानुसार

$$\frac{(3x + 2x)}{2} \times 15 = 450$$

$$5x = \frac{450 \times 2}{15}$$

$$5x = 60$$

$$x = 12$$

समांतर भुजाओ का योग $= 3x + 2x = 5x$

$$= 5 \times 12 = 60 \text{ सेमी.}$$

अभ्यास प्रश्न (Practice Questions)

1. यदि किसी समबाहु त्रिभुज का क्षेत्रफल $\sqrt{3}$ सेमी^{2} है, तो उसकी भुजा क्या होगी?
   (a) 2 सेमी (b) 4 सेमी
   (c) 1 सेमी (d) 3 सेमी
2. किसी त्रिभुज की भुजाएँ 3 सेमी, 4 सेमी तथा 5 सेमी हैं। इस त्रिभुज की भुजाओं के मध्य बिन्दु को मिलाने से बने त्रिभुज का क्षेत्रफल क्या होगा?
   (a) 6 सेमी^{2} (b) $\frac{3}{4}$ सेमी^{2}
   (c) 3 सेमी^{2} (d) $\frac{3}{2}$ सेमी^{2}
3. एक त्रिभुज की भुजाएँ 3 : 4 : 5 के अनुपात में हैं। यदि त्रिभुज का परिमाप 24 सेमी है, तो त्रिभुज का क्षेत्रफल क्या होगा?
   (a) 24 सेमी^{2} (b) 48 सेमी^{2}
   (c) 6 सेमी^{2} (d) 12 सेमी^{2}
4. यदि किसी समकोण त्रिभुज का परिमाप उसकी सबसे छोटी भुजा का 6 गुना है। उसके भुजाओं का अनुपात क्या होगा?
   (a) 7 : 6 : 1 (b) 13 : 12 : 5
   (c) 5 : 3 : 1 (d) 11 : 10 : 4
5. किसी त्रिभुज का क्षेत्रफल 30 वर्ग सेमी तथा परिमाप 30 सेमी है। यदि त्रिभुज की सबसे बड़ी भुजा की लम्बाई 13 सेमी है, तो उसकी सबसे छोटी भुजा की लम्बाई क्या होगी?
   (a) 4 सेमी (b) 6 सेमी
   (c) 3 सेमी (d) 5 सेमी
6. किसी त्रिभुज की भुजाएँ 3 : 4 : 5 के अनुपात में है। त्रिभुज का क्षेत्रफल 216 वर्ग सेमी है, तो उसका परिमाप क्या होगा?
   (a) 12 सेमी (b) 72 सेमी
   (c) 36 सेमी (d) 6 सेमी
7. किसी समबाहु त्रिभुज का क्षेत्रफल $400\sqrt{3}$ वर्ग मीटर है, उसका परिमाप क्या होगा?
   (a) 150 मीटर (b) 120 मीटर
   (c) 90 मीटर (d) 135 मीटर
8. एक आयताकार मैदान का क्षेत्रफल 396 मीटर^2 है। यदि उसकी लम्बाई 22 मीटर है, तो उसकी चौड़ाई और परिमिति क्या होगी?
   (a) 18 मी.; 80 मी. (b) 18 मी.; 60 मी.
   (c) 16 मी.; 80 मी. (d) 16 मी.; 90 मी.
9. एक समकोण त्रिभुज का आधार 6 सेमी तथा कर्ण 10 सेमी है, तो उसका क्षेत्रफल क्या होगा?
   (a) 30 सेमी^{2} (b) 48 सेमी^{2}
   (c) 40 सेमी^{2} (d) 24 सेमी^{2}
10. यदि दो वर्गों के क्षेत्रफलों का अनुपात 1:2 है, तो उनके परिमापों में क्या अनुपात होगा?
    (a) 1 : 2 (b) 1 : 4
    (c) 1 : $\sqrt{2}$ (d) 2 : 1
11. यदि एक आयत की एक भुजा 4 मीटर तथा एक विकर्ण की लम्बाई 5 मीटर है, तो आयत का क्षेत्रफल क्या होगा?
    (a) 16 मी.^{2} (b) 15 मी.^{2}
    (c) 20 मी.^{2} (d) 12 मी.^{2}
12. एक आयताकार खेत की लम्बाई उसकी चौड़ाई से 5 मीटर अधिक है। खेत का क्षेत्रफल 750 वर्ग मीटर है। खेत की लम्बाई क्या है?
    (a) 22.5 मीटर (b) 15 मीटर
    (c) 25 मीटर (d) 30 मीटर
13. 7 मीटर लंबे तथा 5.6 मीटर चौड़े एक कमरे में चारों तरफ 30 सेमी. जगह छोड़कर कालीन बिछाने का क्षेत्रफल कितना होगा?
    (a) 30 मी.^{2} (b) 28 मी.^{2}
    (c) 35 मी.^{2} (d) 32 मी.^{2}
14. 42 सेमी त्रिज्या वाले एक वृत्ताकार तार को काटकर एक आयत के रूप में मोड़ा जाता है, जिसकी लम्बाई तथा चौड़ाई का अनुपात 6 : 5 है। आयत की छोटी भुजा क्या होगी?
    (a) 132 सेमी (b) 72 सेमी
    (c) 60 सेमी (d) 30 सेमी
15. एक आयताकार मैदान की चौड़ाई और लम्बाई में 2:5 का अनुपात है। यदि लम्बाई चौड़ाई से 16 मीटर अधिक है, तो मैदान का क्षेत्रफल क्या होगा?
    (a) 960 वर्ग मीटर (b) 800 वर्ग मीटर
    (c) 10000 वर्ग मीटर (d) इनमें से कोई नहीं
16. एक आयताकार खेत की लम्बाई चौड़ाई से 4 मीटर अधिक है। यदि उसका क्षेत्रफल 480 वर्ग मीटर है, तो खेत की चौड़ाई क्या है?

(a) 18 मीटर (b) 16 मीटर
(c) 24 मीटर (d) 20 मीटर

17. एक वर्ग का विकर्ण 6 मीटर है। उसका क्षेत्रफल क्या होगा?
(a) 12 वर्ग मीटर (b) 18 वर्ग मीटर
(c) 36 वर्ग मीटर (d) 9 वर्ग मीटर

18. किसी वर्ग के विकर्ण पर बने वर्ग का क्षेत्रफल मूल वर्ग के क्षेत्रफल का कितना गुना होगा?
(a) तीन गुना (b) चार गुना
(c) आधा (d) दुगुना

19. 30 मीटर भुजा वाले एक वर्गाकार क्षेत्र के चारों ओर बाहर समान चौड़ाई का एक रास्ता बना हुआ है। यदि रास्ते का क्षेत्रफल 256 वर्ग मीटर है, तो रास्ते की चौड़ाई क्या है?
(a) 16 मीटर (b) 14 मीटर
(c) 2 मीटर (d) 4 मीटर

20. एक अर्द्धगोलाकार खिड़की जिसका व्यास 63 सेमी है, तो उसकी परिधि क्या होगी?
(a) 162 सेमी (b) 126 सेमी
(c) 198 सेमी (d) 216 सेमी

21. दो वर्गों का परिमाप 40 सेमी और 32 सेमी है। उस तीसरे वर्ग का परिमाप जिसका क्षेत्रफल इन दोनों वर्गों के क्षेत्रफलों का अंतर है, क्या होगा?
(a) 42 सेमी (b) 20 सेमी
(c) 40 सेमी (d) 24 सेमी

22. उस वृत्त की परिधि क्या होगी, जिसकी त्रिज्या 21 सेमी है?
(a) 146 सेमी (b) 154 सेमी
(c) 172 सेमी (d) 132 सेमी

23. एक अर्द्धवृत का व्यास 56 सेमी है, तो उस अर्द्धवृत्त का परिमाप क्या होगा?
(a) 154 सेमी (b) 144 सेमी
(c) 232 सेमी (d) 166 सेमी

24. एक पहिए का व्यास 1.26 मीटर है। वह 500 चक्कर में कितनी दूरी तय करेगा?
(a) 2880 मीटर (b) 1980 मीटर
(c) 2530 मीटर (d) 1492 मीटर

25. यदि दो संकेन्द्री वृत्तों की त्रिज्याएँ क्रमशः 15 सेमी और 13 सेमी हो, तो दोनों वृत्तों के बीच के भाग का क्षेत्रफल कितना होगा?
(a) 176 सेमी^{2} (b) $6\frac{2}{7}$ सेमी^{2}
(c) 88 सेमी^{2} (d) $12\frac{4}{7}$ सेमी^{2}

26. यदि एक वृत्त का क्षेत्रफल और परिमाप समान हो, तो वृत्त का अर्द्धव्यास क्या होगा?
(a) 7 इकाई (b) 4 इकाई
(c) 2 इकाई (d) π इकाई

27. यदि किसी वृत्त की त्रिज्या दूनी कर दी जाए, तो उस वृत्त के परिधि तथा व्यास में क्या अनुपात होगा?
(a) $\frac{\pi}{2}$ (b) 2π
(c) π (d) $\pi + 2$

28. दो संकेन्द्री वृत्तों का क्षेत्रफल क्रमशः 154 सेमी^{2} तथा 616 सेमी^{2} है। उनके बीच की चौड़ाई क्या है?
(a) 28 सेमी (b) 21 सेमी
(c) 7 सेमी (d) 14 सेमी

29. एक वृत्त की परिधि और त्रिज्या में 37 सेमी का अंतर है। उस वृत्त का व्यास क्या होगा?
(a) 7 सेमी (b) 37 सेमी
(c) $33\frac{6}{7}$ सेमी (d) 14 सेमी

30. जब किसी वृत्त का अर्द्धव्यास 1 सेमी बढ़ाया जाता है, तो वृत्त का क्षेत्रफल 22 वर्ग सेमी बढ़ जाता है, तो मूल त्रिज्या क्या होगी?
(a) 3.2 सेमी (b) 3 सेमी
(c) 6 सेमी (d) इनमें से कोई नहीं।

31. किसी समचतुर्भुज के विकर्णों की माप 4 सेमी तथा 6 सेमी है, तो उसका क्षेत्रफल क्या होगा?
(a) 8 (b) 6
(c) 24 (d) 12

32. किसी वृत्ताकार मार्ग की बाहरी तथा भीतरी परिमापों का अनुपात 23 : 22 है। यदि मार्ग की चौड़ाई 5 मीटर है, तो भीतरी वृत्त का व्यास क्या होगा?
(a) 55 मीटर (b) 230 मीटर
(c) 220 मीटर (d) 110 मीटर

33. किसी समचतुर्भुज का परिमाप 40 सेमी है। यदि इसके एक विकर्ण की लम्बाई 12 सेमी है, तो दूसरे विकर्ण की लम्बाई क्या होगी?
(a) 15 सेमी (b) 16 सेमी
(c) 12 सेमी (d) 14 सेमी

34. किसी समचतुर्भुज के एक विकर्ण की लम्बाई 10 सेमी है तथा उसका क्षेत्रफल 150 वर्ग सेमी है। दूसरे विकर्ण की लम्बाई क्या होगी?
(a) 30 सेमी (b) 40 सेमी
(c) 25 सेमी (d) 35 सेमी

35. यदि एक वृत्त के अर्द्धव्यास में 50% की कमी कर दी जाए, तो उसकी परिधि में कितने प्रतिशत की कमी हो जाएगी?

(a) 100% (b) 50%

(c) 25% (d) 75%

36. यदि एक आयत की लम्बाई में 30% की वृद्धि और चौड़ाई में 15% की कमी कर दी जाए, तो आयत के क्षेत्रफल में कितने प्रतिशत की वृद्धि होगी?

(a) 7.5% (b) 4.5%

(c) 9.5% (d) 10.5%

37. यदि किसी वृत्त की त्रिज्या में 100% की वृद्धि की जाए, तो उसके क्षेत्रफल में कितने प्रतिशत की वृद्धि होगी?

(a) 300% (b) 400%

(c) 200% (d) 900%

38. एक वर्ग की परिमाप 24 मीटर तथा दूसरे वर्ग की परिमाप 32 मीटर है। एक वर्ग जिसका क्षेत्रफल दोनों वर्गों के क्षेत्रफल के बराबर हो, तो उस वर्ग का परिमाप क्या होगा?

(a) 30 मीटर (b) 50 मीटर

(c) 40 मीटर (d) 60 मीटर

39. किसी आयत की लम्बाई 20% बढ़ा दी जाती है। उसकी चौड़ाई कितने प्रतिशत कम कर दी जाए कि क्षेत्रफल में कोई अन्तर न हो?

(a) $16\frac{2}{3}\%$ (b) $12\frac{1}{2}\%$

(c) 20% (d) $37\frac{1}{2}\%$

40. एक वर्ग तथा समबाहु त्रिभुज के परिमाप समान हैं। यदि वर्ग के विकर्ण की लम्बाई $6\sqrt{2}$ सेमी है, तो त्रिभुज का क्षेत्रफल क्या है?

(a) $16\sqrt{3}$ सेमी^{2} (b) $30\sqrt{2}$ सेमी^{2}

(c) $40\sqrt{3}$ सेमी^{2} (d) 32 सेमी^{2}

41. एक समलंब चतुर्भुज की समानांतर भुजाएँ 6 सेमी तथा 10 सेमी हैं तथा उनके बीच का अंतर 4 सेमी है, तो उसका क्षेत्रफल क्या होगा?

(a) 48 वर्ग सेमी (b) 32 वर्ग सेमी

(c) 64 वर्ग सेमी (d) 24 वर्ग सेमी

42. 43 मीटर लंबे तथा 28 मीटर चौड़े एक आयताकार मैदान के बीच में दो लम्बवत रास्ते, जिनकी चौड़ाई 3 मीटर है। रास्ते को छोड़कर शेष भाग में घास लगायी गयी है। घास वाले पूरे क्षेत्र का क्षेत्रफल क्या होगा?

(a) 7500 मी^{2} (b) 1000 मी^{2}

(c) 1250 मी^{2} (d) 8000 मी^{2}

43. किसी समानांतर चतुर्भुज की एक भुजा 18 सेमी है तथा इस भुजा के विपरीत भुजा से दूरी 8 सेमी है, तो समानांतर चतुर्भुज का क्षेत्रफल क्या होगा?

(a) 72 सेमी^{2} (b) 100 सेमी^{2}

(c) 144 सेमी^{2} (d) 48 सेमी^{2}

44. एक समबाहु त्रिभुज की प्रत्येक भुजा उस वृत्त की त्रिज्या के बराबर हैं, जिसका क्षेत्रफल 154 वर्ग सेमी है, तो उस समबाहु त्रिभुज का क्षेत्रफल क्या होगा?

(a) $10\sqrt{3}$ सेमी^{2} (b) $40\sqrt{3}$ सेमी^{2}

(c) $\frac{49\sqrt{3}}{4}$ सेमी^{2} (d) $\frac{45\sqrt{3}}{4}$ सेमी^{2}

45. एक वृत्ताकार मैदान की त्रिज्या 7 सेमी है। उस मैदान के 10 चक्कर लगाने में कितनी दूरी तय की जाएगी?

(a) 440 मीटर (b) 525 मीटर

(c) 500 मीटर (d) 330 मीटर

46. यदि किसी वर्ग की भुजा में 10% वृद्धि की जाए तो नये वर्ग के क्षेत्रफल तथा मूल वर्ग के क्षेत्रफल में क्या अनुपात होगा?

(a) 11 : 10 (b) 10 : 11

(c) 10 : 9 (d) 9 : 10

47. एक आयत की लम्बाई में 20% वृद्धि तथा चौड़ाई में 20% कमी कर देने पर क्षेत्रफल पर क्या प्रभाव पड़ेगा?

(a) 2% वृद्धि (b) 4% वृद्धि

(c) 2% कमी (d) 4% कमी

48. एक आयताकार हॉल के फर्श का क्षेत्रफल 5325 वर्ग मीटर है। उसमें 2.5 मीटर लंबे तथा 1.5 मीटर चौड़े पत्थर के टुकड़े बिछाने हैं। पूरे फर्श के लिए कितने टुकड़ों की जरूरत है?

(a) 1420 टुकड़े (b) 1520 टुकड़े

(c) 1225 टुकड़े (d) 1300 टुकड़े

49. यदि किसी वृत्त की त्रिज्या अपने मूल त्रिज्या का तिगुना हो जाए, तो वृत्त के क्षेत्रफल में कितने प्रतिशत की वृद्धि होगी?

(a) 100% (b) 200%

(c) 150% (d) 800%

50. किसी वर्गाकार खेत का विकर्ण 110 मीटर है, तो क्षेत्रफल क्या होगा?
(a) 2100 मी^{2} (b) 1200 मी^{2}
(c) 6000 मी^{2} (d) 6050 मी^{2}

51. यदि दो वर्गों के क्षेत्रफलों का अनुपात 9:1 है, तो परिमापों का अनुपात क्या होगा?
(a) 3 : 4 (b) 9 : 1
(c) 3 : 1 (d) 1 : 3

52. एक वर्ग और उस वर्ग के विकर्ण पर खींचे गए वर्ग के क्षेत्रफलों में क्या अनुपात होगा?
(a) 1 : 1 (b) 1 : 3
(c) 1 : 4 (d) 1 : 2

53. एक वर्ग का परिमाप 12 सेमी है एवं दूसरे वर्ग का क्षेत्रफल 9 सेमी^{2} है। दोनों वर्गों को साथ जोड़कर एक आयत बनाया जाता है, तो आयत का परिमाप होगा?
(a) 30 सेमी (b) 24 सेमी
(c) 15 सेमी (d) 20 सेमी

54. छायांकित क्षेत्र का क्षेत्रफल होगा : (वर्ग इकाई में)

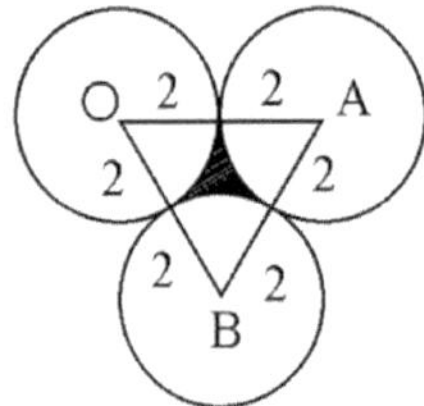

(a) $2\left(\sqrt{3}-\pi\right)$ (b) $4\left(\sqrt{3}-\pi\right)$
(c) $2\left(\sqrt{3}-\frac{\pi}{2}\right)$ (d) $4\left(\sqrt{3}-\frac{\pi}{2}\right)$

55. एक वर्गाकार मैदान में एक छोर से एक घोड़े को बाँध दिया गया। यदि वर्ग की लम्बाई 10 मी. है एवं घोड़े की रस्सी की लम्बाई 2 मी. है, तो घोड़ा कितने अधिकतम क्षेत्रफल का घास चर सकता है?
(a) 3.14 मी^{2} (b) 6.28 मी^{2}
(c) 12.56 मी^{2} (d) 1.57 मी^{2}

56. यदि किसी समचतुर्भुज का परिमाप 56 सेमी. है एवं विकर्ण की लम्बाई $4\sqrt{13}$ सेमी है, तो समचतुर्भुज का क्षेत्रफल ज्ञात करें।
(a) 24 सेमी (b) $24\sqrt{13}$ सेमी
(c) $48\sqrt{13}$ सेमी (d) 48 सेमी

57. प्रश्न सं. 56 में समचतुर्भुज के विकर्णों की लम्बाई क्या होगी?
(a) 18 सेमी (b) 24 सेमी
(c) 26 सेमी (d) 28 सेमी

58. एक अंगूठी का बाह्य क्षेत्रफल 154 सेमी^{2} है एवं चौड़ाई 2 सेमी है, तो आंतरिक (inner) वृत्त की त्रिज्या होगी?
(a) 7 सेमी (b) 5 सेमी
(c) 6 सेमी (d) 3 सेमी

59. Sector OAB का क्षेत्रफल क्या होगा? (सेमी^{2} में)

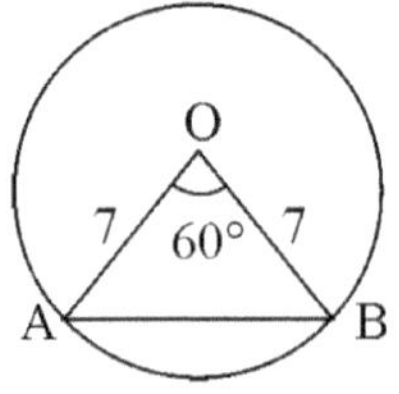

(a) 30.67 (b) 27.5
(c) 25.67 (d) 30.5

60. यदि ABCD का क्षेत्रफल 116 सेमी^{2} है, तो ΔBCA का क्षेत्रफल क्या होगा, यदि ABCD एक समांतर चतुर्भुज है?

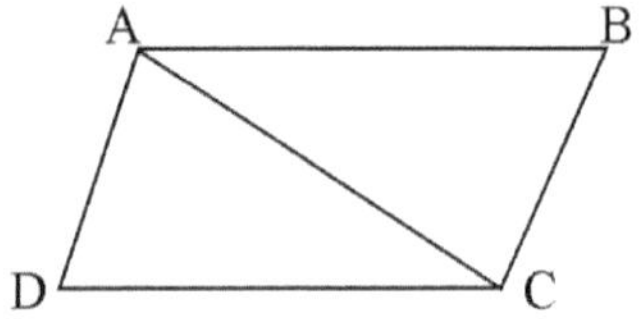

(a) 58 सेमी^{2} (b) 116 सेमी^{2}
(c) 87 सेमी^{2} (d) NOT

61. ABCD एक सामांतर चतुर्भुज है। ABCD का क्षेत्रफल 112 सेमी^{2} एवं $AM \perp DC$ और $AD \perp CN$। यदि AM = 8 सेमी. हो, तो CN की लम्बाई होगी?

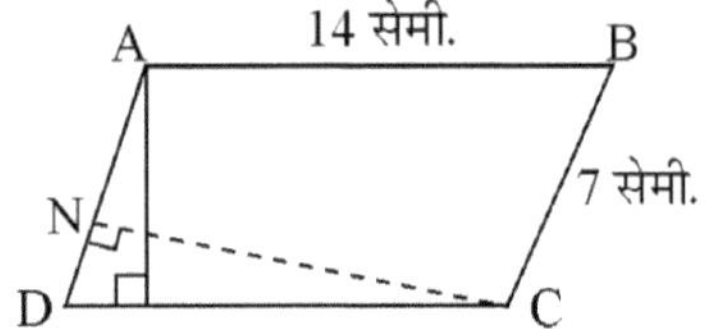

(a) 12 सेमी (b) 14 सेमी
(c) 16 सेमी (d) 18 सेमी

62. दो वर्गों के विकर्णों का योग $50\sqrt{2}$ सेमी. है। यदि उनके क्षेत्रफलों का योग 1450 सेमी^{2} है, तो छोटे वर्ग का क्षेत्रफल होगा?

(a) 400 सेमी^{2} (b) 1225 सेमी^{2}
(c) 225 सेमी^{2} (d) 100 सेमी^{2}

63. यदि किसी वृत्त की परिधि एवं व्यास का योग 29 सेमी है, तो वृत्त का क्षेत्रफल क्या होगा?

(a) 38.5 सेमी^{2} (b) 77.5 सेमी^{2}
(c) 76.7 सेमी^{2} (d) 19.25 सेमी^{2}

64. यदि एक वृत्त का व्यास 14 सेमी है एवं एक व्यक्ति उस वृत्त पर 880 सेमी. दूरी तय करता है, तो उसने कितने चक्कर लगाए?

(a) 25 (b) 18
(c) 15 (d) 20

65. यदि एक 14 सेमी तार से न्यूनतम क्षेत्रफल घेरना हो, तो क्षेत्रफल का आकार क्या होगा? क्षेत्रफल भी ज्ञात करें?

(a) वर्ग, 121 सेमी^{2} (b) वृत्त, 154 सेमी^{2}
(c) वृत्त, 77 सेमी^{2} (d) आयत, 120 सेमी^{2}

66. यदि एक अर्द्धवृत्ताकार मैदान का क्षेत्रफल 1232 मी.^{2} है, तो उसे चारों ओर से घेरने के लिए कितना तार लगेगा?

(a) 100 मी. (b) 56 मी.
(c) 88 मी. (d) 144 मी.

67. बराबर लम्बाई के तारों को मोड़कर वर्गाकार एवं वृत्ताकार रूप दिया गया। दोनों के क्षेत्रफलों का अनुपात होगा?

(a) $2\pi : 3$ (b) $\pi : 1$
(c) $4\pi : 3$ (d) $2\pi : 1$

68. छायांकित क्षेत्र का क्षेत्रफल ज्ञात करें, यदि वर्ग की भुजा की लम्बाई 7 मी. है।

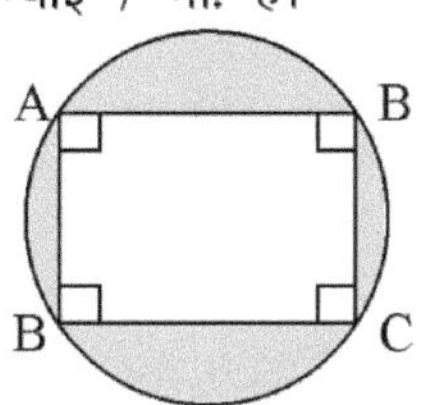

(a) 105 (b) 35
(c) 28 (d) 49

69. यदि वर्ग की भुजा की लम्बाई 14 सेमी है, तो छायांकित भाग का क्षेत्रफल क्या होगा?

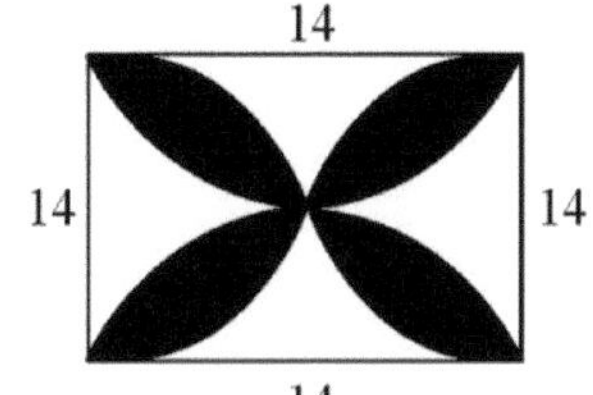

(a) 42 (b) 84
(c) 112 (d) 154

70. समान लम्बाई के तारों से वृत्त एवं वर्ग बनाया गया, तो उनकी

(a) परिधि एवं परिमाप बराबर होगें
(b) क्षेत्रफल बराबर होगें
(c) त्रिज्या एवं भुजा बराबर होगें
(d) व्यास एवं भुजा समान होगी। बराबर होगें

उत्तरमाला (Answer Key)

1. (a)	2. (d)	3. (a)	4. (b)	5. (d)	6. (b)	7. (b)	8. (a)	9. (d)	10 (c)
11. (d)	12. (d)	13. (d)	14. (c)	15. (a)	16. (d)	17. (b)	18. (d)	19. (c)	20. (a)
21. (d)	22. (d)	23. (b)	24. (b)	25. (a)	26. (c)	27. (c)	28. (c)	29. (a)	30. (b)
31. (d)	32. (c)	33. (b)	34. (a)	35. (b)	36. (d)	37. (a)	38. (c)	39. (a)	40. (a)
41. (b)	42. (b)	43. (c)	44. (c)	45. (a)	46. (a)	47. (d)	48. (a)	49. (d)	50. (d)
51. (c)	52. (d)	53. (b)	54. (d)	55. (a)	56. (c)	57. (b)	58. (b)	59. (c)	60. (d)
61. (c)	62. (c)	63. (a)	64. (d)	65. (a)	66. (d)	67. (b)	68. (c)	69. (c)	70. (a)

हल (Solutions)

1. (a)

$\frac{\sqrt{3}}{4} \times$ भुजा$^2 = \sqrt{3}$ सेमी.^{2}

∴ भुजा $= \sqrt{4} = 2$ सेमी.

2. (d)

मध्य बिन्दुओं को मिलाने वाली रेखा सामने की भुजा की आधी होती है। तब भुजाएँ क्रमशः 1.5 सेमी, 2 सेमी.। तथा 2.5 सेमी. होंगी तथा बना त्रिभुज समकोण होगा।

∴ अभीष्ट क्षेत्रफल $= \frac{1}{2} \times$ आधार $\times$ लम्ब

$= \frac{1}{2} \times 1.5 \times 2 = 1.5$ वर्ग सेमी.

3. (a)

माना त्रिभुज की भुजाएँ $= 3x, 4x$ और $5x$

प्रश्नानुसार,

$3x + 4x + 5x = 24$

$12x = 24$

$x = 2$

अतः भुजाएँ 6, 8 तथा 10 सेमी.

$\therefore S = \frac{6+8+10}{2} = 12$ सेमी.

∴ Δ का क्षेत्रफल

$= \sqrt{12(12-6)(12-8)(12-10)}$

$= \sqrt{12 \times 6 \times 4 \times 2} = 24$ वर्ग सेमी.

4. (b)

माना सबसे छोटी भुजा की लम्बाई x है तथा दूसरी भुजा की लम्बाई y है।

$\therefore \quad \sqrt{x^2+y^2} =$ कर्ण

$\therefore \quad x + y + \sqrt{x^2+y^2} = 6x$

या, $\sqrt{x^2+y^2} = 5x - y$

या, $x^2 + y^2 = (5x - y)^2 = 25x^2 + y^2 - 10xy$

या, $24x^2 = 10xy$ या, $12x = 5y$

$\therefore \quad x : y = 5 : 12$

तथा $x : \sqrt{x^2+y^2} = 5 : \sqrt{25+144}$

$= 5 : 13$

∴ अभीष्ट अनुपात $= 5 : 12 : 13$

$= 13 : 12 : 5$

5. (d)

माना कि त्रिभुज की सबसे छोटी भुजा $= x$ सेमी

तब मध्य की भुजा $= 30 - (13 + x)$

$= (17 - x)$ सेमी.

$\therefore S = \frac{a+b+c}{2} = \frac{13+x+17-x}{2} = 15$ सेमी.

$\therefore 30 = \sqrt{15(15-13)(15-x)(15-17+x)}$

या, $900 = 30\ (17x - x^2 - 30)$

या, $x^2 - 17 + 60 = 0$

या, $(x - 12)\ (x - 5) = 0$

या, $x = 12$ या $x = 5$, जहाँ 12 अमान्य है।

∴ सबसे छोटी भुजा 5 सेमी.

6. (b)

माना त्रिभुज की भुजाएँ $3x, 4x, 5x$ हैं।

$\because (5x)^2 = (3x)^2 + (4x)^2$

∴ त्रिभुज समकोण त्रिभुज है।

तब $\frac{1}{2} \times 3x \times 4x = 216$

या $x = 6$

∴ त्रिभुज का परिमाप $= (3x + 4x + 5x) = 12x$

$= 12 \times 6 = 72$ सेमी.

7. (b)

समबाहु त्रिभुज का क्षेत्रफल $= \frac{\sqrt{3}}{4} \times$ (भुजा)^2

या, $400\sqrt{3} = \frac{\sqrt{3}}{4} \times$ (भुजा)^2

भुजा $= 40$

∴ त्रिभुज का परिमाप $= 40 \times 3$

$= 120$ मीटर

8. (a)

आयत का क्षेत्रफल = लम्बाई × चौड़ाई

∴ चौड़ाई $= \frac{396}{22} = 18$ मी.

∴ परिमिति = 2 (लम्बाई + चौड़ाई)

$= 2\,(22 + 18) = 2 \times 40 = 80$ मीटर

9. (d)

समकोण Δ की ऊँचाई $= \sqrt{10^2 - 6^2}$
$= 8$ सेमी.

$\therefore$ Δ का क्षेत्रफल $= \frac{1}{2} \times 6 \times 8$
$= 24$ सेमी.^{2}

10. (c)

परिमापों का अनुपात $= \sqrt{\frac{1}{2}} = \frac{1}{\sqrt{2}} = 1 : \sqrt{2}$

11. (d)

दूसरी भुजा $= \sqrt{(5)^2 \quad (4)^2} = \sqrt{9} = 3$ मी.

$\therefore$ मैदान का क्षेत्रफल $= 4 \times 3$
$= 12$ वर्ग मी.

12. (d)

माना आयताकार खेत की चौड़ाई $= x$ मी.

तब, आयताकार खेत की लम्बाई $= (x + 5)$ मी.

$\therefore$ $x \times (x + 5) = 750$

या, $x^2 + 5x - 750 = 0$

या, $(x - 25)(x + 30) = 0$

या, $x = 25$

तब खेत की लम्बाई $(25 + 5) = 30$ मी.

13. (d)

कालीन की लम्बाई $= 7.0 - 2 \times 0.3$
$= 6.4$ मी.

कालीन की चौड़ाई $= 5.6 - 2 \times 0.3 = 5$ मी.

$\therefore$ कालीन का क्षेत्रफल $= 6.4 \times 5 = 32$ वर्ग मी.

14. (c)

तार की लम्बाई $= 2 \times \frac{22}{7} \times 42 = 264$ सेमी.

$\therefore$ आयत की लम्बाई और चौड़ाई का योग
$= \frac{1}{2} \times 264$
$= 132$ सेमी.

$\therefore$ आयत की छोटी भुजा
$= \frac{5}{6+5} \times 132 = 60$ सेमी.

15. (a)

माना कि लम्बाई $= 5x$ मी. तथा चौड़ाई $= 3x$ मी.

तब, $5x - 3x = 16$

$\therefore$ $x = 8$

$\therefore$ लम्बाई $= 40$ मी. और चौड़ाई $= 24$ मी.

अतः क्षेत्रफल $= 40 \times 24 = 960$ वर्ग मी.

16. (d)

माना चौड़ाई $= x$ मी.

$\therefore$ लम्बाई $= (x + 4)$ मी.

$\therefore$ $x\,(x + 4) = 480$

या, $x^2 + 4x - 480 = 0$

या, $(x + 24)(x - 20) = 0$

$\therefore$ $x = 20$

अतः मैदान की चौड़ाई $= 20$ मी.

17. (b)

वर्ग का क्षेत्रफल $= \frac{1}{2}$ (विकर्ण)^2 $= \frac{1}{2} \times (6)^2$
$= 18$ वर्ग मी.

18. (d)

वर्ग का क्षेत्रफल $= a^2$ तथा

विकर्ण पर बने वर्ग का क्षेत्रफल $= \left(\sqrt{2}a\right)^2$
$= 2a^2$

अतः दुगुना होगा।

19. (c)

माना रास्ते की चौड़ाई x मीटर है

$\therefore (30 + 2x)^2 - (30)^2 = 256$

या, $(30 + 2x + 30)(30 + 2x - 30) = 256$

या, $(60 + 2x) \times 2x = 256$

या, $(30 + x)\,x = 64$

या, $x^2 + 30x - 64 = 0$

या, $(x - 2)(x + 32) = 0$

$\therefore x = 2$, या $x = -32$

$\therefore$ रास्ते की चौड़ाई 2 मीटर है।

20. (a)

$$r = \frac{63}{2}$$

$\therefore$ गोलाकार खिड़की की परिधि

$$= \frac{2\pi r}{2} + 2r$$

$$= \frac{22}{7} \times \frac{63}{2} + 2 \times \frac{63}{2}$$

$= 99 + 63 = 162$ सेमी.

21. (d)

तीसरे वर्ग का क्षेत्रफल $= \left(\frac{40}{4}\right)^2 - \left(\frac{32}{4}\right)^2$

$= 36$ वर्ग सेमी.

∴ तीसरे वर्ग का परिमाप $= 4 \times \sqrt{36} = 24$ सेमी.

22. (d)

परिधि $= 2\pi r$

$= 2 \times \frac{22}{7} \times 21 = 132$ सेमी

23. (b)

$\pi r = \frac{22}{7} \times 28 = 88$ सेमी

∴ अर्द्धवृत्त का परिमाप $= 88 + 56 = 144$ सेमी.

24. (b)

पहिए की परिधि $= \frac{22}{7} \times 1.26 = 3.96$ मीटर

∴ 500 चक्करों को पूरा करने में चली गई दूरी

$= 3.96 \times 500 = 1980$ मीटर

25. (a)

दोनों वृत्तों के बीच के भाग का क्षेत्रफल

$= \pi (15^2 - 13^2)$

$= 56 \times \frac{22}{7} = 176$ वर्ग सेमी.

26. (c)

$\because 2\pi r = \pi r^2$

∴ $r = 2$ इकाई

27. (c)

माना वृत्त की त्रिज्या $= r$

∴ वृत्त की परिधि $= 2\pi r$

वृत्त की त्रिज्या $= 2r$

∴ वृत्त की परिधि $= 2.2\ \pi r = 4\pi r$

नए वृत्त का व्यास $= 2.2r = 4r$

∴ अनुपात $= \frac{4\pi r}{4r} = \pi$

28. (c)

$\pi r_1^2 = 616$

या, $r_1 = 14$ सेमी

फिर, $\pi r_2^2 = 154$ या, $r_2 = 7$

∴ $r_1 - r_2 = 14 - 7 = 7$ सेमी.

29. (a)

माना त्रिज्या $= r$

प्रश्नानुसार, $2\pi r - r = 37$

∴ $r = \frac{37}{2\pi - 1} = \frac{37}{\frac{44}{7} - 1} = \frac{37}{37} \times 7$

$= 7$ सेमी.

30. (b)

माना कि मूल त्रिज्या r है।

∴ $\pi (r + 1)^2 - \pi r^2 = 22$

या, $\pi (r^2 + 1 + 2r - r^2) = 22$

या, $\frac{22}{7} (1 + 2r) = 22$

या, $r = \frac{(7-1)}{2} = 3$ सेमी.

31. (d)

क्षेत्रफल $= \frac{1}{2} \times$ विकर्णों का गुणनफल

$= \frac{1}{2} \times 4 \times 6 = 12$ वर्ग सेमी.

32. (c)

अगर आन्तरिक और बाह्य वृत्त की त्रिज्या क्रमशः r_1 तथा r_2 हो तो $r_2 = 5 + r_1$

प्रश्नानुसार,

$\frac{2\pi r_2}{2\pi r_1} = \frac{23}{22}$

या, $\frac{5 - r_1}{r_1} = \frac{23}{22}$

या, $110 + 22r_1 = 23r_1$

∴ $r_1 = 110$ मी.

∴ आन्तरिक वृत्त का व्यास $= 220$ मीटर

33. (b)

समचतुर्भुज की प्रत्येक भुजा $= \frac{40}{4} = 10$ सेमी.

तथा विकर्ण $= 12$ सेमी.

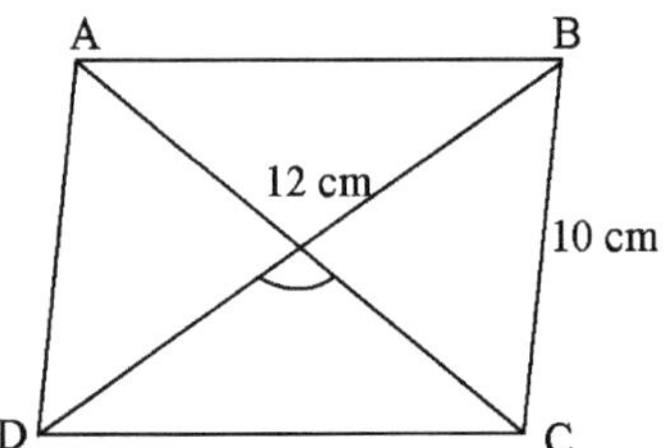

समचतुर्भुज के विकर्ण परस्पर समद्विभाजित करते हैं तथा 90° के कोण पर काटते हैं।

$\therefore$ BO = $\frac{BD}{2} = \frac{12}{2}$ = 6 सेमी.

तब, समकोण त्रिभुज BOC से,

OC = $\sqrt{BC^2 - BO^2} = \sqrt{100-36}$ = 8 सेमी.

$\therefore$ AC = 2 × OC = 2 × 8 = 16 सेमी.

34. (a)

माना दूसरे विकर्ण की लम्बाई = x सेमी.

$\therefore \frac{1}{2}(x \times 10) = 150$

या, $x = \frac{150 \times 2}{10}$ = 30 सेमी.

35. (b)

माना वृत्त का अर्द्धव्यास = त्रिज्या = r

अतः इस वृत्त की परिधि = $2\pi r$

नया अर्द्धव्यास = $\frac{r}{2}$

$\therefore$ इसकी वृत्त की परिधि = $2\pi\frac{r}{2} = \pi r$

$\therefore$ परिधि में % कमी = $\frac{2\pi r - \pi r}{2\pi r} \times 100$

$= \frac{\pi r}{2\pi r} \times 100 = 50\%$

36. (d)

आयत का प्रारंभिक क्षेत्रफल = $l \times b$

लम्बाई तथा चौड़ाई में परिवर्तन के बाद क्षेत्रफल

$= \frac{130l}{100} \times \frac{85b}{100} = 1.105\ lb$

$\therefore$ क्षेत्रफल में वृद्धि = $1.105\ lb - lb$
= $1.105\ lb$

$\therefore$ क्षेत्रफल में प्रतिशत वृद्धि = $\frac{0.105lb \times 100}{lb}$
= 10.5%

37. (a)

माना त्रिज्या = a

$\therefore$ क्षेत्रफल = πa^2

वृद्धि के बाद त्रिज्या = $2a$

क्षेत्रफल = $4\pi a^2$

$\therefore$ % वृद्धि = $\frac{3\pi a^2}{\pi a^2} \times 100 = 300\%$

38. (c)

24 मी. परिमाप वाले वर्ग की भुजा = $\frac{24}{4}$
= 6 मी.

32 मी. परिमाप वाले वर्ग की भुजा = $\frac{32}{4}$
= 8 मी.

$\therefore$ दोनों वर्गों का क्षेत्रफल = $6^2 + 8^2$
= 100 वर्ग मी.

तीसरे वर्ग की क्षेत्रफल = 100 मी.

$\therefore$ भुजा = 10 मी.

अतः परिमाप = 4 × 10 = 40 मी.

39. (a)

अभीष्ट कमी = $\frac{20}{(100+20)} \times 100\%$

$= \left(\frac{20}{120} \times 100\right)\%$

$= \frac{50}{3}\% = 16\frac{2}{3}\%$

40. (a)

माना कि वर्ग की भुजा = x सेमी.

$\sqrt{2}\,x = 6\sqrt{2} \Rightarrow x = 6$ सेमी.

परिमाप = $4x$ = (4 × 6) = 24 सेमी.

$\therefore$ समबाहु त्रिभुज की भुजा = $\left(\frac{24}{3}\right)$ सेमी.
= 8 सेमी.

$\therefore$ क्षेत्रफल = $\left(\frac{\sqrt{3}}{4} \times 8 \times 8\right)$ वर्ग सेमी.
= $16\sqrt{3}$ वर्ग सेमी.

41. (b)

समलम्ब चतुर्भुज का क्षेत्रफल

$= \frac{1}{2} \times (6 + 10) \times 4$ वर्ग सेमी.

$= \frac{1}{2}(16 \times 4)$ वर्ग सेमी.

= 32 वर्ग सेमी.

42. (b)

अभीष्ट क्षेत्रफल

$= (43 - 3) \times (28 - 3)$ वर्ग मी.

$= (40 \times 25)$ वर्ग मी. $= 1000$ वर्ग मी.

43. (c)

समानान्तर चतुर्भुज का क्षेत्रफल

$= (18 \times 8)$ वर्ग सेमी.

$= 144$ वर्ग सेमी.

44. (c)

$\pi r^2 = 154$

$\Rightarrow \quad r^2 = \frac{154}{\pi} = \left(\frac{154 \times 7}{22}\right)$

$\Rightarrow \quad r^2 = 49 = 7^2$

$\Rightarrow \quad r = 7$ सेमी.

$\therefore$ समबाहु त्रिभुज की प्रत्येक भुजा $= 7$ सेमी.

$\therefore$ क्षेत्रफल $= \left(\frac{\sqrt{3}}{4} \times 7^2\right)$ वर्ग सेमी.

$= \frac{49\sqrt{3}}{4}$ वर्ग सेमी.

45. (a)

कुल दूरी $= \left(2 \times \frac{22}{7} \times 7 \times 10\right)$ सेमी.

$= (2 \times 22 \times 10)$ मी.

$= 440$ मी.

46. (a)

अभीष्ट अनुपात $= (100 + 10)^2 : (100)^2$

$= (110)^2 : (100)^2$

$= 11^2 : 10^2$

$= 121 : 100$

47. (d)

कमी $= \frac{(20)^2}{100}\% = \frac{400}{100}\% = 4\%$

48. (a)

पत्थर के टुकड़ों की संख्या

$= \left(\frac{5325}{2.5 \times 1.5}\right) = \frac{5325 \times 100}{25 \times 15} = 1420$

49. (d)

अभीष्ट वृद्धि $= (3^2 - 1) \times 100\%$

$= (9 - 1) \times 100\% = 800\%$

50. (d)

वर्गाकार खेत का क्षेत्रफल $= \frac{1}{2} \times (110)^2$

$= 6050$ वर्ग मी.

51. (c)

$\frac{x^2}{y^2} = \frac{9}{1} \Rightarrow \frac{x}{y} = \frac{3}{1}$

$\frac{4x}{4y} = \frac{12}{4} = \frac{3}{1}$

$\Rightarrow 3 : 1$

52. (d)

माना वर्ग की भुजा $= x$ इकाई

$\therefore$ विकर्ण की लम्बाई $= \sqrt{2}x$ इकाई

$\therefore \frac{\text{वर्ग का क्षेत्रफल}}{\text{विकर्ण पर बने वर्ग का क्षेत्रफल}} = \frac{x^2}{(\sqrt{2}x)^2}$

$= \frac{x^2}{2x^2} = 1 : 2$

53. (b)

$\because$ वर्गों को साथ जोड़ने पर परिमाप, नए आयत के परिमाप के बराबर होगा।

$\therefore$ आयत का परिमाप $= 12 + 4\sqrt{9} = 12 + 4 \times 3$

$= 24$ सेमी.

54. (d)

$\therefore$ OAB एक समबाहु त्रिभुज है।

$\therefore$ कोण $= 60°$

$\therefore$ छायांकित क्षेत्र का क्षेत्रफल

$= -3 \times \left(\frac{22}{7} \times (2)^2 \times \frac{60°}{360°}\right) + \frac{\sqrt{3} \times (4)^2}{4}$

$= \frac{-44}{7} + 4\sqrt{3} = \frac{-4\pi}{2} + 4\sqrt{3}$

$= 4\left(\sqrt{3} - \frac{\pi}{2}\right)$

55. (a)

$\therefore$ मैदान वर्गाकार है।

$\therefore$ कोण $= 90°$

$\therefore$ घोड़े द्वारा चरा गया अधिकतम क्षेत्रफल

$= \frac{22}{7} \times (2)^2 \times \frac{90°}{360°}$

$= \frac{22}{7} = 3.14$

56. (c)

समचतुर्भुज की भुजा की लम्बाई

$= \frac{56}{4} = 14$ सेमी.

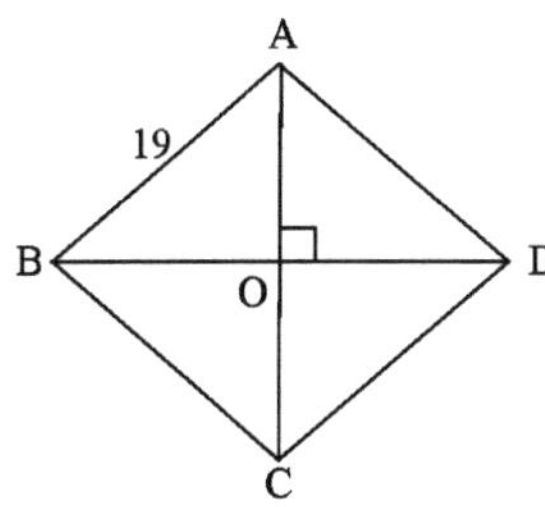

AC = $4\sqrt{13}$ सेमी.

OA = $2\sqrt{13}$ सेमी.

Δ OAB से,

$OA^2 + OB^2 = AB^2$

$\Rightarrow OB = \sqrt{AB^2 - OA^2} = \sqrt{196-52}$

$= \sqrt{144} = 12$ सेमी.

$\therefore$ Δ OAB का क्षेत्रफल $= \frac{1}{2}\times 2\sqrt{3}\times 12$

$= 12\sqrt{13}$ सेमी.

$\therefore$ ABCD का क्षेत्रफल $= 4 \times 12\sqrt{13}$

$= 48\sqrt{13}$ सेमी.

57. (b)

$\because$ OB = 12 सेमी.

$\therefore$ BD = 2 × OB = 2 × 12 = 24 सेमी.

58. (b)

$\pi (R^2 - r^2)$ = अँगूठी का क्षेत्रफल

अँगूठी की चौड़ाई $= (R - r) = 2$

बाह्य वृत्त की त्रिज्या $= \sqrt{\frac{154}{\pi}} = 7$ सेमी.

$\therefore R - r = 2$

$\Rightarrow r = R - 2 = 7 - 2 = 5$ सेमी.

59. (c)

Sector OAB का क्षेत्रफल $= \frac{22}{7}\times(7)^2\times\frac{60°}{360°}$

$= \frac{154}{6} = \frac{77}{3} = 25.67$ सेमी.

60. (d)

ΔBCD का क्षेत्रफल

= 58 सेमी.^{2}

61. (c)

ABCD का क्षेत्रफल = AM × DC = AD × NC

= 8 × 14 = 7 × NC

$\Rightarrow$ NC = 8 × 2 = 16 सेमी.

62. (c)

माना कि वर्गों की भुजाएँ a तथा b हैं।

$\therefore$ प्रश्नानुसार,

$a\sqrt{2} + b\sqrt{2} = 50\sqrt{2}$

$\Rightarrow a + b = 50$ ....(i)

एवं, $a^2 + b^2 = 1450$ सेमी^{2} .....(ii)

समी. (i) से,

$(a + b)^2 = a^2 + b^2 + 2ab = 1450 + 2ab = 2500$

$ab = \frac{1050}{2} = 525$ ....(iii)

$\Rightarrow (a - b)^2 = (a + b)^2 - 4ab$

$= 2500 - 2100$

$= 400$

$\Rightarrow a - b = 20$ ....(iv)

सेमी. (i) एवं (iv) से,

a = 35, b = 15

$\therefore$ छोटे वर्ग का क्षेत्रफल $= (15)^2 = 225$ सेमी^{2}

63. (a)

परिधि $= \pi d$

व्यास = d

$\therefore$ प्रश्न के अनुसार,

$\pi d + d = 29$ सेमी.

$\Rightarrow \left(\frac{22}{7}+1\right) d = 29$

$\Rightarrow$ d = 7 सेमी.

$\therefore$ क्षेत्रफल $= \frac{\pi d^2}{4} = \frac{22}{7}\times\frac{(7)^2}{4}$

$= \frac{154}{4} = 38.5$ सेमी^{2}

64. (d)

एक चक्कर में तय की गयी दूरी $= \pi d$

$= 2 \times \frac{22}{7} \times 7 = 2 \times 22$ सेमी. = 44 सेमी.

$\therefore$ कुल चक्कर = 20

65. (a)

माना कि न्यूनतम क्षेत्रफल के लिए आकार वृत्त का होना चाहिए।

∴ परिधि $= 44$ सेमी

∴ $\frac{22}{7} \times d = 44$

$\Rightarrow d = 14$ सेमी.

∴ $r = 7$ सेमी.

∴ क्षेत्रफल $= \frac{22}{7} \times (7)^2 = 154$ सेमी^{2}

अगर, यही हम वर्ग के लिए माने तो,

वर्ग का क्षेत्रफल $= \left(\frac{44}{4}\right)^2 = 121$ सेमी^{2}

66. (d)

$\frac{1}{2} \times \frac{22}{7} \times (r)^2 = 1232$ मी.

$(r)^2 = \frac{1232 \times 7 \times 2}{22}$

$(r)^2 = 56 \times 14$

$r = 14 \times 2 = 28$ सेमी.

∴ परिमाप $= \frac{22}{7} \times 28 + 2 \times 28$

$= 56 + 88 = 144$ मी.

67. (b)

क्षेत्रफलों का अनुपात $= \dfrac{\left(\frac{a}{4}\right)^2}{\pi \times \left(\frac{a}{2\pi}\right)2} = \pi : 1$

68. (c)

AC की लम्बाई $= 7\sqrt{2}$ मी.

AC = वृत्त का व्यास

∴ अभीष्ट क्षेत्रफल $= \left[\frac{22}{7} \times \left(\frac{7}{2}\sqrt{2}\right)^2\right] - \left[(7)^2\right]$

$= \left(\frac{22}{7} \times \frac{49}{4} \times 2\right) - 49$

$= (11 \times 7) - 49 = 28$ मी^{2}

69. (c)

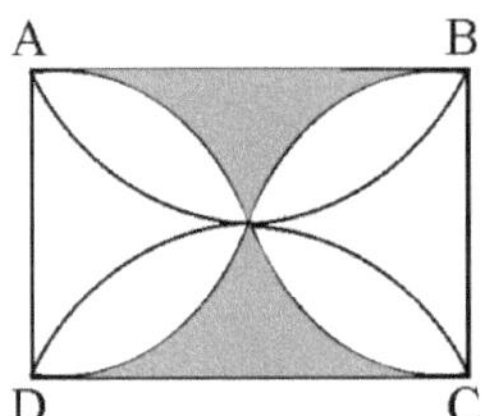

चित्र में छायांकित भाग का क्षेत्रफल

$= (14 \times 14) - \left(\frac{22}{7} \times 7 \times 7\right)$

$= 196 - 154$

$= 42$ सेमी^{2}

∴ अभीष्ट क्षेत्रफल $= (14 \times 14) - (2 \times 42)$

$= 196 - 84$

$= 112$ सेमी^{2}

70. (a)

वृत्त की परिधि वर्ग के परिमाप के बराबर होगी।

क्षेत्रमिति 3D
Mensuration 3D

इस अध्याय के अन्तर्गत ऐसी आकृतियों का अध्ययन किया गया है जिनका ब्रह्माण्ड में तीन स्थानों में अस्तित्व होता है जिसमें सम्मिलित है: लंबाई चौड़ाई और ऊँचाई। वैसी आकृतियों को ही त्रिविमिय (Three dimensional) आकृति कहते हैं।

इस अध्याय के अन्तर्गत हम घन (cube) घनाभ (cuboid) शंकु (cone) गोला (sphere) अर्द्धगोला (semisphere) आदि का अध्ययन करते हैं।

महत्वपूर्ण सूत्र (Important Formulae)

घन (Cube): घन का फलक वर्गाकार होता है। घन के कुल पृष्ठ तलों की संख्या 6 होती है कुल किनारों की संख्या 12 होती है, कुल शीर्षों की संख्या 8 होती है, विकर्णों की संख्या 4 होती है और घन के कुल संलग्न सतह तीन होते हैं।

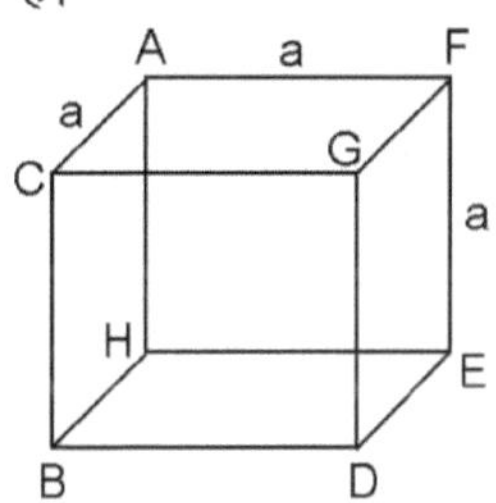

- घन का आयतन = $(\text{भुजा})^3$ $[a = \text{भुजा}] = a^3$
- घन का विकर्ण (diagonal) = $\sqrt{3}$ भुजा $= \sqrt{3}\,a$
- घन का पृष्ठ क्षेत्रफल (surface area) $= 6 \times \text{भुजा}^2$
- घन की एक भुजा = $\sqrt[3]{\text{आयतन}}$
- घन का आयतन (V) $= \dfrac{d^3}{3\sqrt{3}}$ $[d = \text{विकर्ण}]$
- घन का किनारा $(a) = \dfrac{d}{\sqrt{3}}$
- घन की सम्पूर्ण सतह का क्षेत्रफल (Total Surface Area) $= 2d^2$

घनाभ (Cuboid)

घनाभ के फलक आयताकार होते हैं। घनाभ में 6 सतहें या फलकें, 12 किनारे तथा 8 शीर्ष होते हैं।

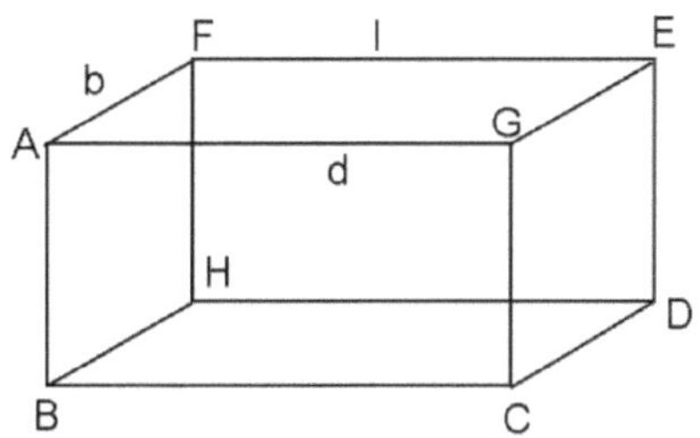

- घनाभ का आयतन = लंबाई × चौड़ाई × ऊँचाई $= l\,b\,h$
- घनाभ की लंबाई $= \dfrac{\text{आयतन}}{\text{चौ0} \times \text{ऊँ0}} = \dfrac{v}{b \times h}$
- घनाभ की लंबाई $= \dfrac{\text{आयतन}}{\text{ल0} \times \text{ऊँ0}} = \dfrac{v}{l \times h}$
- घनाभ की लंबाई $= \dfrac{\text{आयतन}}{\text{ल0} \times \text{ऊँ0}} = \dfrac{v}{l \times b}$
- घनाभ का पृष्ठ क्षेत्रफल (A) = 2(ल0 × च0 + चौ0 × ऊँ0 + ल0 × ऊँ) $= 2(lb \times bh + lh)$
- घनाभ के संलग्न पृष्ठो के क्षेत्रफल x, y, z हो तो $xyz = v^2$
- घनाम का विकर्ण (d) $= \sqrt{\text{ल0}^2 + \text{चौ0} + \text{ऊँ}^2}$ $= \sqrt{l^2 + b^2 + h^2}$

  [l = लंबाई, b = चौड़ाई, d = विकर्ण, h = ऊँचाई]

शंकु (Cone)

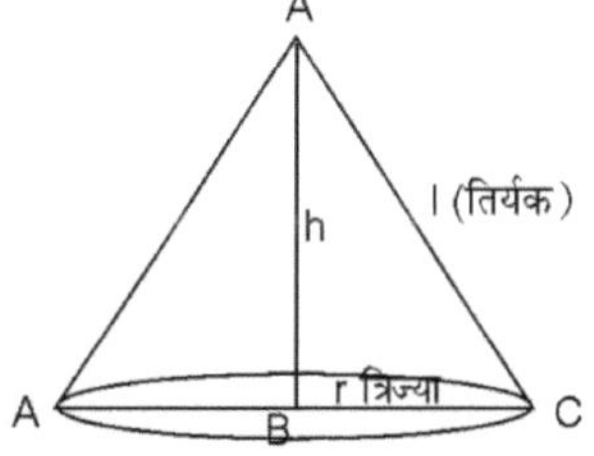

- ❑ शंकु के वक्र पृष्ठ का क्षेत्रफल $= \pi r l$
- ❑ शंकु के सम्पूर्ण पृष्ठ का क्षेत्रफल $= \pi r (l + r)$
- ❑ शंकु का आयतन $= \frac{1}{3}\pi^2 h$
- ❑ शंकु की त्रिज्या m गुना करने पर आयतन m^2 गुना हो जाता है।

बेलन (Cylinder)

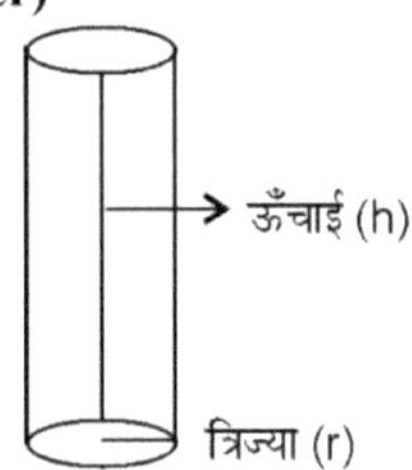

- ❑ बेलन का वक्रपृष्ठ क्षेत्रफल $= 2\pi r h$
- ❑ सम्पूर्ण पृष्ठ का क्षेत्रफल $= 2\pi r (r + h)$
- ❑ बेलन का आयतन $= \pi r^2 h$

  [यहाँ $r =$ त्रिज्या, $h =$ ऊँचाई]
- ❑ खोखले बेलन का आयतन $= \pi h (R^2 - r^2)$

  $= \pi h (R + r)(R - r)$

बाल्टी (Bucket/Frustum)

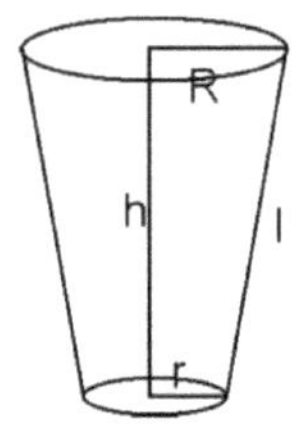

- ❑ बाल्टी की तिर्यक ऊँचाई $= \sqrt{h^2 + (R - r)^2}$
- ❑ बाल्टी का वक्रपृष्ठ $= \pi l (R + r)$
- ❑ बाल्टी का पूर्ण पृष्ठ $= \pi l (R + r) + \pi r^2$
- ❑ बाल्टी की धारिता $= \frac{1}{3}\pi h (R^2 + r^2 + Rr)$

  जहाँ $l =$ तिरछी ऊँचाई

  $h =$ ऊँचाई, सिरों की त्रिज्याएँ R तथा r है।

गोला (Sphere)

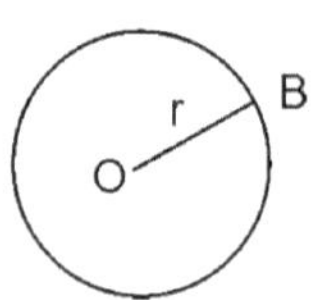

- ❑ गोले का आयतन $(v) = \frac{4}{3}\pi r^3$

  (जहाँ $r =$ त्रिज्या)
- ❑ गोले के सम्पूर्ण पृष्ठों का क्षेत्रफल (A)

  $= 4\pi r^2 = \pi d^2$
- ❑ सम्पूर्ण पृष्ठीय क्षेत्रफल $= 4\pi (R^2 - r^2)$

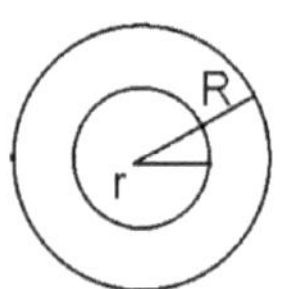

- ❑ गोले की त्रिज्या $(r) = \sqrt[3]{\frac{3}{4A}}$ गोले का आयतन

  [आयतन $= \frac{4}{3}\pi (R^3 - r^3)$

अर्द्धगोला (Hemi Sphere)

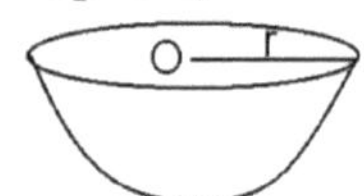

- ❑ गोले का सम्पूर्ण पृष्ठीय क्षेत्रफल $2\pi r^2 + \pi r^2$

  $= 3\pi r^2$
- ❑ खोखले अर्द्धगोले का वक्रपृष्ठीय क्षेत्रफल $= 2\pi r^2$
- ❑ अर्द्धगोले का आयतन $(v) = \frac{2}{3}\pi r^3$

उदाहरण (Examples)

1. लोहे के बने एक खोखले बेलनाकार पाईप की लंबाई 3.5 मीटर, बाहरी व्यास 2.4 सेमी. तथा दीवारों की मोटाई 2 मि.मि. है। इस पाइप का भार क्या होगा, जबकि 1 घन सेमी. लोहे का भार 11.4 ग्राम है?

   पाइप की बाहरी त्रिज्या $= 1.2$ सेमी.

   अन्दर की त्रिज्या $= (1.2 - 0.2) = 1$ सेमी.

   लोहे का आयतन $= \pi r^2 h - \pi r^2 h$

   $= \pi h (R^2 - r^2)$

$= \frac{22}{7} \times 350 \times [(1.2)^2 - 1^2] = 484$ घन सेमी.

पाईप का भार $\left(\frac{484 \times 11.4}{1000}\right)$ डिग्री

$= 5.5176$ डिग्री

2. 30 सेमी. लम्बी तथा 24 सेमी. चौड़ी एक लोहे की चादर के चारों कोनों से चार बराबर वर्ग काटे गए है, जिनमें से प्रत्येक की भुजा 6 सेमी. है। शेष बची चादर को मोड़कर एक खुला डिब्बा बनाया गया है। डिब्बे की धारिता कितनी है?

डिब्बे की लम्बाई = 18 सेमी, चौड़ाई = 12 सेमी, ऊँचाई = 6 सेमी

डिब्बे की धारिता = डिब्बे का आयतन

$= (18 \times 12 \times 6) = 1296$ घन सेमी।

3. एक आयताकार लकड़ी का टुकड़ा 15 सेमी. लम्बा, 12 सेमी. चौड़ा तथा 6 सेमी. ऊँचा है। इसे काटकर बराबर-बराबर आयतन के घन बनाये गये हैं, जिनकी संख्या पूर्ण है। ऐसे घनों की कम से कम संख्या कितनी है।

लकड़ी के टुकड़े का आयतन $= (6 \times 12 \times 15)$ घन सेमी.

$= 1080$ घन सेमी.

सबसे बड़ी घन की भुजा $= 6, 12, 15$ का म. स.

$= 3$ सेमी.

घन का आयतन $= (3 \times 3 \times 3)$ घन सेमी

$= 27$ घन सेमी.

अभीष्ट घनों की संख्या $= \left(\frac{1080}{27}\right) = 40$

4. एक कमरा 10 मीटर लम्बा, 8 मीटर चौड़ा तथा 3.3 मीटर ऊँचा है। इस कमरे में कितने व्यक्ति बैठ पायेंगे जबकि प्रत्येक व्यक्ति को 3 घन मीटर की जगह की आवश्यकता है?

व्यक्तियों की संख्या $= \left(\frac{10 \times 8 \times 3.3}{3}\right) = 88$

5. एक दीवार की ऊँचाई, चौड़ाई से 5 गुनी तथा इसकी लम्बाई ऊँचाई से 8 गुनी है। यदि इस दीवार का आयतन 12.8 घन मीटर हो, तो दीवार की चौड़ाई कितनी है?

माना चौड़ाई $= x$ मीटर

ऊँचाई $= 5x$ मीटर

लम्बाई $= 40x$ मीटर

तब $x \times 5x \times 40x = 12.8$

$x^3 = \frac{12.8}{220} = \frac{64}{100}$

$= \left(\frac{4}{10}\right)^3$

$x = \frac{4}{10} = \frac{2}{5}$

दीवार की चौड़ाई $= \frac{2}{5}$ मी. $= \left(\frac{2}{5} \times 100\right)$ सेमी.

$= 40$ सेमी.

6. किसी ठोस गोलार्द्ध का सम्पूर्ण पृष्ठ 108π सेमी^{2} है। गोलार्द्ध का आयतन क्या होगा?

मना गोले की त्रिज्या $= r$ सेमी. है।

अर्द्धगोले का सम्पूर्ण पृष्ठ = अर्द्ध गोले के बाहरी भाग का क्षेत्रफल + आधार का क्षेत्रफल

$= \frac{4\pi r^2}{2} + \pi r^2$

$= 2\pi r^2 + \pi r^2$

$= 3\pi r^2$

प्रश्न से,

$3\pi r^2 = 108\pi$

$r^2 = \frac{108}{3} = 36$

$r = 6$

गोलार्द्ध का आयतन

$= \frac{2}{3} \pi r^2$

$= \frac{2}{3} \times \pi (6)^3$

$= 2 \times \pi \times 2 \times 6 \times 6$

$= 144\pi$ घन सेमी.

7. एक तेल के कनस्तर का $\frac{4}{5}$ भाग तेल से भरा था। इसमें से 6 बोतल तेल निकाला गया और फिर 4 बोतल तेल इसमें डाला गया, तब यह तीन चौथाई भरा रह गया। कनस्तर में कुल कितनी बोतल तेल आ सकता है?

कनस्तर में से 6 बोतल तेल निकाला गया एवं 4 बोतल डाला गया अर्थात 2 बोतल तेल कनस्तर से निकाला गया।

अतः 2 बोतल तेल द्वारा कनस्तर का छोडा गया भाग

$$= \frac{4}{5} - \frac{3}{4}$$

$$= \frac{16 - 15}{20}$$

$$= \frac{1}{20}$$

$\therefore$ कनस्तर के $\frac{1}{20}$ भाग को भरती है 2 बोतल

$\therefore$ पूरा कनस्तर भरेगा $= 20 \times 2 = 40$ बोतल से

8. 20 मी. व्यास वाला एक कुआँ 14 मी. की गहराई तक खोदा जाता है और इससे निकाली गयी मिट्टी को उसके चारो ओर के 5 मी. की चौड़ाई तक फैलाकर एक चबूतरा बना दिया जाता है। इस चबूतरे की ऊँचाई होगी।

कुएँ से निकाली गई कुल मिट्टी का आयतन

$= \frac{22}{7} \times 10^2 \times 14$

1400π घन मीटर

चबूतरे का क्षेत्रफल $= \pi(R^2 - r^2)$

$= \pi(15^2 - 10^2)$

$= \pi(125) = 125\pi$ मीटर^2

$\therefore$ चबूतरे की ऊँचाई $= \frac{\text{आयतन}}{\text{क्षेत्रफल}} = \frac{1400\pi}{125\pi}$

$= 11.2$ मीटर

9. धातु की एक खोखली गेंद का बाहरी व्यास 6 सेमी. है तथा उसकी मोटाई $\frac{1}{2}$ सेमी है। इस गेंद का आयतन (सेमी^{3} में) क्या होगा?

गेंद का बाहरी व्यास $= 6$ सेमी

मोटाई $= \frac{1}{2}$ सेमी.

आतंरिक व्यास $= 6 - \left(\frac{1}{2} + \frac{1}{2}\right)$

$= 5$ सेमी.

बाहरी तथा भीतरी त्रिज्याएँ क्रमशः 3 सेमी एवं 2.5 सेमी

गोले में लगी धातु का आयतन $= \frac{4}{3}\pi(R^2 - r^2)$

$\frac{4}{3} \times \frac{22}{7}(3^2 - 2.5^2)$

$\frac{2}{3} \times \frac{22}{7} \times 11.375$

$= \frac{1001}{21}$

$= 47\frac{2}{3}$ घन सेमी.

10. शॉट फुट खेल के लिए प्रयुक्त की जाने वाली लोहे की गेंद का व्यास 14 सेमी. है। इसे पिघलाकर एक $2\frac{1}{3}$ सेमी. ऊँचाई का ठोस बेलन बनाया गया है। बेलन के एक आधार का व्यास कितना होगा?

गोले की त्रिज्या $= \frac{14}{2} = 7$ सेमी.

$$h = 2\frac{1}{3} = \frac{7}{3} \text{ सेमी.}$$

गोले का आयतन = बेलन का आयतन

$\frac{4}{3}\pi r^3 = \pi r_1^2 h$

$\frac{4}{7} \times (7)^3 = r_1^2 \times \frac{7}{3}$

$r_1^2 = 4 \times 7^2$

$r_1 = 2 \times 7 = 14$

बेलन का व्यास $= 2 \times 14 = 28$ सेमी.

अभ्यास प्रश्न (Practice Questions)

1. एक घनाभ की लम्बाई 15 मीटर, चौड़ाई 10 मीटर तथा ऊँचाई 4 मीटर है। इसका सम्पूर्ण पृष्ठ है?
   (a) 450 वर्ग मी. (b) 500 वर्ग मी.
   (c) 420 वर्ग मी. (d) इनमें से कोई नहीं
2. एक ठोस घन दो समान आयतन के घनाभों में काटा जाता है। दिए हुए घन तथा बने घनाभों में से एक के पृष्ठ क्षेत्रफल का अनुपात क्या होगा?
   (a) 9 : 4 (b) 3 : 4
   (c) 2 : 1 (d) 3 : 2
3. चार घनाकार लकड़ी के टुकड़े पास-पास ऐसे रखे जाते हैं कि एक घनाभ बन जाए। यदि प्रत्येक टुकड़े की भुजा 5 सेमी. है, तो परिणामी घनाभ का कुल पृष्ठ क्षेत्रफल क्या होगा?
   (a) 400 सेमी.^{2} (b) 350 सेमी.^{2}
   (c) 600 सेमी.^{2} (d) 450 सेमी.^{2}
4. एक घनाभाकार पानी की टंकी में 216 लीटर पानी है। उसकी गहराई उसकी लम्बाई का $\frac{1}{3}$ है और चौड़ाई उसकी लम्बाई और गहराई के अन्तर का $\frac{1}{3}$ का $\frac{1}{2}$ है। टंकी की लम्बाई है?
   (a) 72 डेमी. (b) 2 डेमी.
   (c) 6 डेमी. (d) 18 डेमी.
5. किसी कमरे की चौड़ाई, ऊँचाई की दुगुनी परन्तु लम्बाई की आधी है। कमरे का आयतन 512 घन मीटर है। कमरे की लम्बाई
   (a) 10 मी. (b) 12 मी.
   (c) 16 मी. (d) 32 मी.
6. 6 सेमी. भुजा का सीसे का 1 घन पिघलाया जाता है और उससे फिर 27 समान घन बनाए जाते हैं, तो नए घनों की भुजा क्या होगी
   (a) 2 सेमी. (b) 3 सेमी.
   (c) 4 सेमी. (d) इनमें से कोई नहीं
7. दो घनों के आयतनों का अनुपात 8:1 है, इनके कोरों की लम्बाई का अनुपात क्या होगा?
   (a) 3 : 1 (b) $2\sqrt{2}:1$
   (c) 2 : 1 (d) 8 : 1
8. 20 मी. व्यास वाला एक कुँआ 14 मी. की गहराई तक खोदा जाता है और इससे निकाली गई मिट्टी को उसके चारों ओर 5 मी. की चौड़ाई तक फैलाकर एक चबूतरा बना दिया जाता है। इस चबूतरे की ऊँचाई क्या होगी?
   (a) 11.5 मी. (b) 11.2 मी.
   (c) 11 मी. (d) 10 मी.
9. यदि किसी लम्बवृत्तीय शंकु के आधार का व्यास 14 मीटर और ऊँचाई 3 मीटर हो, तो उसका आयतन होगा।
   (a) $\frac{1}{2}\pi(14)^2\times3$ घन मी.
   (b) 154 घन मी.
   (c) $\pi\ (7)^2\times3$ घन मी.
   (d) $\pi\ (14)^2\times3$ घन मी.
10. 14 सेमी. त्रिज्या के एक अर्द्धवृत्ताकार कागज के टुकड़े को मोड़कर एक शंकु बनाया गया, तो शंकु की धारिता होगी?
    (a) 645.32 सेमी.^{3} (b) 329.24 सेमी.^{3}
    (c) 622.37 सेमी.^{3} (d) 324.42 सेमी.^{3}
11. एक बेलन का वक्रपृष्ठ 264 वर्ग मीटर है। उसका आयतन 924 घन मीटर है, तो बेलन की ऊँचाई कितनी है?
    (a) 10 मीटर (b) 8 मीटर
    (c) 6 मीटर (d) 4 मीटर
12. एक शंकु के आधार की त्रिज्या तथा उसकी ऊँचाई क्रमशः 3 सेमी. तथा 5 सेमी. है, जबकि एक बेलन के आधार की त्रिज्या तथा उसकी ऊँचाई क्रमशः 2 सेमी. और 4 सेमी. है। शंकु के आयतन का बेलन के आयतन से क्या अनुपात होगा?
    (a) 1 : 3 (b) 15 : 16
    (c) 15 : 8 (d) 45 : 16
13. यदि एक शंकु की ऊँचाई दुगुनी कर दी जाए, तो उसका आयतन कितने प्रतिशत बढ़ेगा?
    (a) 100 % (b) 200 %
    (c) 300 % (d) 400 %
14. दो बेलनाकार बर्तन में एक समान मात्रा में पानी है। यदि उनके व्यास का अनुपात 2 : 3 है, तो उनकी ऊँचाइयों का अनुपात क्या होगा?
    (a) 9 : 4 (b) 9 : 3
    (c) 9 : 2 (d) 2 : 3

15. एक बेलन की ऊँचाई 80 सेमी. तथा उसके आधार का व्यास 7 सेमी. है। बेलन की सम्पूर्ण पृष्ठ का क्षेत्रफल क्या है?

(a) 1837 वर्ग सेमी. (b) 183.7 वर्ग सेमी.
(c) 817.3 वर्ग सेमी. (d) 1873 वर्ग सेमी.

16. 14 सेमी. त्रिज्या और 20 सेमी. ऊँचाई के किसी वृत्ताकार बेलनाकार टुकड़े को ढालकर इतनी ही त्रिज्या वाले आधार का एक ठोस शंकु बनाया गया, तो शंकु की ऊँचाई क्या होगी?

(a) 36 सेमी. (b) 60 सेमी.
(c) 40 सेमी. (d) इनमें से कोई नहीं।

17. एक ताँबे के गोले जिसका व्यास 18 सेमी. है, को पिघलाकर 4 मिमी. व्यास वाले तार का रूप दिया जाता है, तार की लम्बाई क्या है?

(a) 743 मीटर (b) 343 मीटर
(c) 243 मीटर (d) 143 मीटर

18. एक बेलन तथा शंकु के आधार की त्रिज्याएँ एवं ऊँचाइयाँ समान हैं। उनके आयतनों का अनुपात क्या होगा?

(a) 9 : 1 (b) 1 : 9
(c) 3 : 1 (d) 1 : 3

19. धातु के तीन ठोस गोलों, जिनकी त्रिज्याएँ 3 सेमी., 4 सेमी., 5 सेमी., हैं, इनको पिघलाकर एक अन्य ठोस गेंद बनाई जाती है। इस नई गेंद की त्रिज्या क्या है?

(a) 6 सेमी. (b) 3 सेमी.
(c) 2 सेमी. (d) 4 सेमी.

20. एक 3 सेमी ऊँचे धातु के ठोस बेलन के आधार की त्रिज्या को शंकु में ढाला जाता है। शंकु की ऊँचाई क्या होगी?

(a) 27 सेमी. (b) 9 सेमी.
(c) 6 सेमी. (d) 3 सेमी.

21. एक धातु का ठोस गोला, जिसकी त्रिज्या 8 सेमी. है, जिसको पिघलाकर 2 सेमी. त्रिज्या की गोलाई में ढाला जाता है। इस प्रकार प्राप्त गोलों की संख्या क्या है?

(a) 16 (b) 32
(c) 48 (d) 64

22. लोहे की एक बेलनाकार छड़ जिसकी ऊँचाई उसकी त्रिज्या से 8 गुनी है, को पिघलाकर गोले बनाए जाते हैं जिनकी त्रिज्या बेलन की त्रिज्या से आधी है। गोलों की संख्या क्या है?

(a) 4 (b) 12
(c) 16 (d) 48

23. दो शंकुओं के आयतनों का अनुपात 2 : 3 है और उनके आधारों की त्रिज्याओं का अनुपात 1 : 2 है। उनकी ऊँचाइयों का अनुपात क्या है?

(a) 3 : 4 (b) 4 : 3
(c) 8 : 3 (d) 3 : 8

24. एक घन का सम्पूर्ण पृष्ठ 726 वर्ग मीटर है। इसका आयतन क्या होगा?

(a) 1542 घनमीटर (b) 1452 घनमीटर
(c) 1331 घनमीटर (d) 1330 घनमीटर

25. एक बेलन की ऊँचाई 80 सेमी. तथा उसके आधार का व्यास 7 सेमी. है। बेलन के सम्पूर्ण पृष्ठ का क्षेत्रफल क्या है?

(a) 1837 वर्ग सेमी. (b) 183.7 वर्ग सेमी.
(c) 1873 वर्ग सेमी. (d) इनमें से कोई नहीं।

26. यदि किसी गोले की त्रिज्या तिगुनी हो जाती है, तो उसका आयतन क्या होगा?

(a) 3 गुना (b) 9 गुना
(c) 27 गुना (d) 6 गुना

27. यदि एक गोले की त्रिज्या दुगुनी कर दी जाए, तो उसके पृष्ठ के क्षेत्रफल में कितने गुना वृद्धि होगी?

(a) 8 गुना (b) 6 गुना
(c) 4 गुना (d) 2 गुना

28. एक ठोस प्रिज्म का आधार त्रिभुजाकार है जिसकी भुजाएँ 3, 4 तथा 5 सेमी है। इसका सम्पूर्ण पृष्ठ क्षेत्रफल क्या है, यदि इसकी ऊँचाई 8 सेमी है?

(a) 110 वर्ग सेमी. (b) 108 वर्ग सेमी.
(c) 96 वर्ग सेमी. (d) 72 वर्ग सेमी.

29. यदि गोले की त्रिज्या में 50% की वृद्धि की जाए, तो उसके पृष्ठ क्षेत्रफल में कितने प्रतिशत की वृद्धि होगी?

(a) 200% (b) 150%
(c) 125% (d) 100%

30. 4.5 सेमी. व्यास और 10 सेमी. ऊँचाई के एक लम्ब वृत्तीय बेलन के वृत्ताकार चक्रों को पिघलाने वाली संख्या ज्ञात कीजिए?

(a) 450 (b) 350
(c) 250 (d) 900

31. 8 सेमी. त्रिज्या वाले एक गोले से 1 सेमी. त्रिज्या वाली कितनी गोलियाँ बनाई जा सकती हैं?
(a) 960 (b) 872
(c) 1280 (d) 512

32. 10 सेमी. त्रिज्या वाले गोलाकार गेंद को पिघलाकर 0.5 सेमी. त्रिज्या वाली गोलाकार छोटे गेंदे बनाने पर गेदों की संख्या क्या होगी?
(a) 8000 (b) 400
(c) 125 (d) 20

33. 60 सेमी. व्यास वाले एक बेलनाकार बर्तन में कुछ पानी भरा हुआ है। 30 सेमी. व्यास वाला एक गोला पूर्ण रूप से उस पानी में डुबाया जाता है। इस प्रकार बर्तन में रखे पानी की सतह में कितनी वृद्धि होगी?
(a) 5 सेमी. (b) 4 सेमी.
(c) 3 सेमी. (d) 2 सेमी.

34. एक r त्रिज्या के ठोस अर्ध गोले में से काटकर निकाले गए शंकु का अधिक से अधिक आयतन कितना होगा?
(a) $\frac{4}{3}\pi r^3$ (b) $\frac{2}{3}\pi r^3$
(c) $\frac{1}{3}\pi r^3$ (d) πr^3

35. धातु के 12 सेमी. त्रिज्या वाले शंकु जिसकी ऊँचाई 24 सेमी. है, को पिघलाकर 2 सेमी. त्रिज्या वाले गोले बनाए जाते हैं, गोलो की संख्या क्या है?
(a) 180 (b) 144
(c) 108 (d) 120

36. एक लम्ब वृत्ताकार समबेलन का आयतन, 11 सेमी. के किनारे पर बनाए गए घन के आयतन के बराबर है। यदि बेलन की ऊँचाई 14 सेमी. हो, तो बेलन की त्रिज्या निकालें
(a) 4.2 सेमी. (b) 3.4 सेमी.
(c) 2.6 सेमी. (d) 5.5 सेमी.

37. 4.5 सेमी. व्यास और 10 सेमी. ऊँचाई के एक लम्ब वृत्तीय बेलन को बनाने के लिए 0.2 सेमी. मोटी तथा 105 सेमी. व्यास के वृत्ताकार चक्रों को पिघलाने वाली संख्या ज्ञात कीजिए?
(a) 900 (b) 450
(c) 350 (d) 250

38. एक कुएँ की मिट्टी खोदने में 75 पैसे प्रति घन मीटर की दर से 115.50 रु. खर्च होते हैं। यदि कुएँ का व्यास 2.8 मीटर हो, तो इसकी गहराई कितनी होगी
(a) 17 मीटर (b) 25 मीटर
(c) 36 मीटर (d) 40 मीटर

39. 1 सेमी. व्यास और 8 सेमी. लम्बी एक ताँबे की छड़ को खींचकर एक समान व्यास वाले एक तार के रूप में बनाया जाता है जिसकी लम्बाई 18 मीटर है। इस तार की त्रिज्या (सेमी. में) क्या है
(a) 15 (b) $\frac{1}{30}$
(c) $\frac{2}{15}$ (d) $\frac{1}{15}$

40. 8 सेमी. भुजवालें दो घन बराबर से जोड़ दिए गए हैं। परिणामी घनाभ का पृष्ठ क्षेत्रफल क्या होगा
(a) 512 घन सेमी. (b) 420 घन सेमी.
(c) 640 घन सेमी. (d) 1744 घन सेमी.

41. समबेलन की संपूर्ण सतह क्या होगी यदि ऊँचाई 5 सेमी. और आधार का क्षेत्रफल 616 वर्ग सेमी. हो
(a) 1345 वर्ग सेमी. (b) 1432 वर्ग सेमी.
(c) 1476 वर्ग सेमी. (d) 1672 वर्ग सेमी.

42. एक घन जिसका किनारा 20 सेमी माप का है, में से कितने 5 सेमी माप के घन काटे जा सकते हैं?
(a) 100 (b) 64
(c) 32 (d) 4

43. एक घन का संपूर्ण पृष्ठ 600 वर्ग सेमी. है। उस घन के विकर्ण की लम्बाई क्या है?
(a) $10/\sqrt{3}$ सेमी. (b) $10/\sqrt{2}$ सेमी.
(c) $10\sqrt{3}$ सेमी. (d) $10\sqrt{2}$ सेमी.

44. एक 10 सेमी. × 4 सेमी. × 3 सेमी. ईंट का पृष्ठीय क्षेत्रफल (वर्ग सेमी. में) निकालिए–
(a) 61 (b) 124
(c) 164 (d) 180

45. एक बेलनाकार बिना ढक्कन के पात्र को बाहर एवं भीतर दोनों ओर पेंट किया जाना है। यदि आधार की त्रिज्या 70 सेमी. है। इसकी ऊँचाई 1.4 मी. है, तो 3.50रु प्रति 1000 वर्ग सेमी. की दर से पेंटिंग की कीमत आएगी।
(a) 539 रु. (b) 317.50 रु.
(c) 269.50 रु. (d) 635 रु.

46. एक गोदाम की लम्बाई, चौड़ाई, ऊँचाई क्रमश: 15, 8 व 10 मी है। यह 1200 बोरे अनाज रखने के लिए प्रयोग होता है। यदि गोदाम की सभी विमाओं को दोगुना कर दिया जाए, तो इसमें रखे जा सकने वाले बोरों की अधिकतम संख्या क्या होगी?

(a) 9600 (b) 2400
(c) 4800 (d) इनमें से कोई नहीं।

47. एक बेलनाकार स्तम्भ का वक्रपृष्ठ 264मी^{2} है और उसका आयतन 924मी^{3} है, इसके व्यास का उसकी ऊँचाई से अनुपात कितना होगा?
(a) 3 : 7 (b) 7 : 6
(c) 6 : 7 (d) 7 : 3

48. एक आयताकार कागज का टुकड़ा 44 सेमी × 10 सेमी का है। इस कागज को मोड़कर ऐसा बेलन बनाया जाता है, जिसकी ऊँचाई 10 सेमी है, तो बेलन का आयतन होगा?
(a) 1440 सेमी^{3} (b) 4400 सेमी^{3}
(c) 1540 सेमी^{3} (d) 144 सेमी^{3}

49. यदि किसी घन की सम्पूर्ण पृष्ठ 384 सेमी^{2} है, तो उसका आयतन है?
(a) 64 सेमी^{3} (b) 96 सेमी^{3}
(c) $384\sqrt{6}$ सेमी^{3} (d) 512 सेमी^{3}

50. 8 सेमी. आन्तरिक अर्द्धव्यास एवं 10 सेमी ऊँचाई वाला बेलनाकार पात्र पानी से आधा भरा हुआ है। एक लड़का एक पत्थर, जिसका आयतन 128π घन सेमी है, को पात्र में डालता है। पात्र के पानी के तल की ऊँचाई में हुई वृद्धि कितनी होगी? (पानी पात्र से बाहर नहीं फैलता है।)
(a) 32 सेमी. (b) 16 सेमी.
(c) 2 सेमी. (d) 4 सेमी.

51. एक घनाकार बक्से में 13 सेमी लम्बाई की सबसे लम्बी छड़ रखी जा सकती हैं। यदि बक्से के सभी कोरों की लम्बाई का योग 76 सेमी है, तो बक्से की संपूर्ण सतह का क्षेत्रफल क्या है?
(a) 155 सेमी^{2} (b) 152 सेमी^{2}
(c) 195 सेमी^{2} (d) 192 सेमी^{2}

52. दो बेलनों की त्रिज्याएँ 2:3 के अनुपात में तथा उनकी ऊँचाईयों के अनुपात में हैं। उनके आयतनों का अनुपात क्या होगा
(a) 27:20 (b) 20:27
(c) 9:4 (d) 4:9

53. एक बेलन का आयतन 924 घन सेमी तथा वक्रपृष्ठ 264 वर्ग मी है। बेलन की ऊँचाई क्या होगी?
(a) 7 सेमी. (b) 5 सेमी.
(c) 6 सेमी. (d) 4 सेमी.

54. 14 सेमी. ऊँचे खोखले बेलन का आयतन 176 घन सेमी है। यदि इसके बाह्य व अन्तः वक्रपृष्ठों का अन्तर 88 वर्ग सेमी हो, तो इसकी अन्तः एवं बाह्य त्रिज्याओं की लम्बाई क्या होगी?
(a) 7 सेमी., 8 सेमी
(b) 1.5 सेमी., 2.5 सेमी.
(c) 11 सेमी., 4 सेमी.
(d) 2.5 सेमी., 3.5 सेमी.

55. एक कमरा 7 मी लम्बा, 6.5 मी चौड़ा तथा 4 मी ऊँचा है। इसमें 3 मी × 1.4 मी का एक दरवाजा तथा 2 मी × 1 मी माप वाली तीन खिड़की है। इसकी आन्तरिक दीवारों पर सफेदी करनी है। एक ठेकेदार 5.25 प्रति मी^{2} की दर से सफेदी करने का ठेका लेता है, तो सफेदी करने का कुल खर्च कितना है
(a) 519.45 रु. (b) 513.45 रु.
(c) 419.45 रु. (d) 159.45 रु.

56. किसी त्रिभुज की भुजाएँ 12 सेमी तथा 5 सेमी हैं तथा इन भुजाओं के बीच का कोण समकोण है। यदि त्रिभुज को 12 सेमी भुजा के परितः घुमाया जाए, तो इस प्रकार बने शंकु का वक्रपृष्ठ क्या होगा?
(a) 78π सेमी.^{2} (b) 130π सेमी.^{2}
(c) 65π सेमी.^{2} (d) 156π सेमी.^{2}

57. एक लम्ब पिरामिड की ऊँचाई 12 सेमी और आधार 6 सेमी भुजा का वर्ग है। उनमें से दीर्घतम संभव घन काटा जाता है। जिसका एक फलक पिरामिड के आधार में है, घन की कोर होगी?
(a) 2 सेमी. (b) 4 सेमी.
(c) 6 सेमी. (d) 3 सेमी.

58. किसी पिरामिड की तीन आसन्न कोरें परस्पर लम्ब हैं। उनकी लम्बाइयाँ 3, 4 और 5 सेमी हैं। उनका आयतन कितना होगा?
(a) 60 सेमी.^{3} (b) 30 सेमी.^{3}
(c) 20 सेमी.^{3} (d) 10 सेमी.^{3}

59. एक सम पिरामिड का आधार 10 सेमी भुजा वाला वर्ग है तथा इसकी ऊँचाई 12 सेमी है, तो इसका तिर्यक पृष्ठ होगा?
(a) $80\sqrt{61}$ सेमी.^{2} (b) $40\sqrt{61}$ सेमी.^{2}
(c) 260 सेमी.^{2} (d) 520 सेमी.^{2}

60. एक 12 मी लम्बे भुजा वाले वर्गाकार मैदान पर 20 मी ऊँचा पिरामिड के आकार का तम्बू तानना है, तो आवश्यक कपड़े की मात्रा होगी?
(a) 960 वर्ग मी. (b) 360 वर्ग मी.
(c) 1440 वर्ग मी. (d) 501.6 वर्ग मी.

61. 10 सेमी भुजा के एक समबाहु त्रिभुज के अपनी एक भुजा के परित: परिक्रमा करने से उत्पादित ठोस का आयतन कितना होगा?
(a) 350 π सेमी.^{3} (b) 300 π सेमी.^{3}
(c) 200 π सेमी.^{3} (d) $\frac{250}{\sqrt{3}}\pi$ सेमी.^{3}

62. किसी लम्ब पिरामिड का आधार 16 सेमी का समषट्भुज है और उसका पार्श्व पृष्ठ 720 वर्ग सेमी है। पिरामिड की ऊँचाई कितनी होगी?
(a) $\sqrt{33}$ सेमी. (b) $\sqrt{23}$ सेमी.
(c) $\sqrt{43}$ सेमी. (d) $\sqrt{34}$ सेमी.

63. किसी शंक्वाकार तम्बू के निर्माण के लिए 264 वर्ग मी कपड़ा दिया गया और 12 मी तिर्यक ऊँचाई का तम्बू बनाया गया। उस तम्बू की ऊँचाई होगी
(a) $\sqrt{87}$ मी. (b) $\sqrt{95}$ मी.
(c) 13 मी. (d) 5 मी.

64. 3 मी ऊँचा ऐसा शंक्वाकार डेरा बनाया गया है कि उसमें 2 मी ऊँचाई का व्यक्ति केन्द्र से 1 मी की त्रिज्या के वृत्त में सीधा खड़ा हो सके। ऐसे डेरे के लिए किरमिच चाहिए।
(a) 60 वर्ग मी. (b) 50 वर्ग मी.
(c) 40 वर्ग मी. (d) 30 वर्ग मी.

65. 3 सेमी त्रिज्या वाले बेलनाकार लकड़ी से बने हुए विकेट के एक सिरे को छीलकर शंक्वाकार बनाया गया है। यदि इस भाग की लम्बाई 5 सेमी हो, तो छीलन में निकली लकड़ी का आयतन कितना होगा?
(a) 10 π सेमी.^{3} (b) 20 π सेमी.^{3}
(c) 25 π सेमी.^{3} (d) 30 π सेमी.^{3}

66. 12 सेमी ऊँचाई तथा 6 सेमी आधार त्रिज्या के ठोस शंकु का ऊपरी 4 सेमी भाग काट दिया गया है। काट का तल आधार के सामान्तर है। शेष आकृति का सम्पूर्ण पृष्ठ कितना है?
(a) 324.46 सेमी.^{2} (b) 449.49 सेमी.^{2}
(c) 249.49 सेमी.^{2} (d) 349.49 सेमी.^{2}

67. उस समअष्टभुज की भुजा (मीटर में) क्या है, जिसका क्षेत्रफल 1 हेक्टेयर है?
(a) 60 मी. (b) 55 मी.
(c) 46 मी. (d) 40 मी.

68. उस समषट्भुज का क्षेत्रफल क्या होगा, जिसकी प्रत्येक भुजा 9 सेमी है?
(a) 201.50 वर्ग सेमी. (b) 210.40 वर्ग सेमी.
(c) 240.10 वर्ग सेमी. (d) इनमें से कोई नहीं

69. एक शंकु तथा बेलन के आधारीय तथा वक्रपृष्ठीय क्षेत्रफल समान हैं। यदि बेलन की ऊँचाई 2 मी है, तो शंकु की तिर्यक ऊँचाई क्या होगी?
(a) 8 मी. (b) 6 मी.
(c) 4 मी. (d) 2 मी.

70. सर्कस का एक तम्बू 2 मी ऊँचाई तक बेलनाकार और फिर शंक्वाकार है। यदि उसका व्यास 30 मी तथा तिरछी ऊँचाई 25 मी हो, तो उसमें कैनवास कितनी लगेगी?
(a) 960 π मी.^{2} (b) 375 π मी.^{2}
(c) 360 π मी.^{2} (d) 435 π मी.^{2}

उत्तरमाला (Answer Key)

1. (b)	2. (d)	3. (a)	4. (d)	5. (c)	6. (a)	7. (c)	8. (b)	9. (b)	10 (c)
11. (c)	12. (b)	13. (a)	14. (a)	15. (a)	16. (b)	17. (c)	18. (c)	19. (a)	20. (b)
21. (d)	22. (d)	23. (c)	24. (c)	25. (a)	26. (c)	27. (c)	28. (b)	29. (c)	30. (a)
31. (d)	32. (a)	33. (a)	34. (c)	35. (c)	36. (d)	37. (b)	38. (b)	39. (b)	40. (c)
41. (d)	42. (b)	43. (c)	44. (c)	45. (a)	46. (a)	47. (d)	48. (c)	49. (d)	50. (c)
51. (d)	52. (b)	53. (c)	54. (b)	55. (b)	56. (c)	57. (b)	58. (d)	59. (c)	60. (d)
61. (d)	62. (a)	63. (b)	64. (c)	65. (d)	66. (d)	67. (c)	68. (b)	69. (c)	70. (d)

हल (Solutions)

1. (b)

घनाभ का सम्पूर्ण पृष्ठ

= 2 (15 × 10 + 10 × 4 + 4 × 15)

= 500 वर्ग मी.

2. (d)

माना ठोस घन की भुजा x हो,

तो घन का पृष्ठ क्षेत्रफल = $6x^2$

समान आयतन के घनाभों में काटने के बाद एक घनाभ का पृष्ठ क्षेत्रफल

$= 2\left(\frac{x}{2}\times x+\frac{x}{2}\times x+x\times x\right)$

= $4x^2$ वर्ग इकाई

∴ अभीष्ट अनुपात $= \frac{6x^2}{4x^2} = 3 : 2$

3. (a)

चार घनाकार लकड़ी के टुकड़े पास-पास निम्न प्रकार रखे जाएँगे

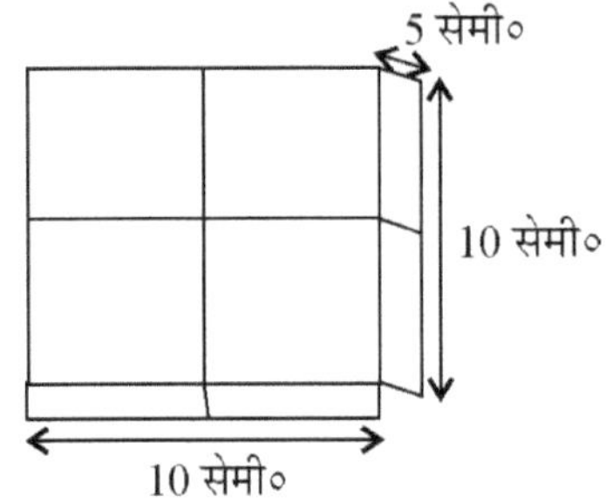

∴ घनाभ का कुल पृष्ठ क्षेत्रफल

= 2 (10 × 5 + 10 × 5 + 10 × 10)

= 400 सेमी.^{2}

4. (d)

माना टंकी की लम्बाई = x डेमी.

तो गहराई $= \frac{x}{3}$ डेमी.

तथा चौड़ाई $= \left(x-\frac{x}{3}\right)\times\frac{1}{3}\times\frac{1}{2}=\frac{x}{9}$ डेमी.

∴ टंकी का आयतन $= x\times\frac{x}{9}\times\frac{x}{3}=216$

या, $x^3 = 216 \times 27$

या, $x = 18$ डेमी.

5. (c)

माना ऊँचाई = h मीटर, तो चौड़ाई = 2h मीटर

और लम्बाई = 4h मीटर

∴ $4h \times 2h \times h = 512$

या, $h^3 = 64$

या, h = 4 मीटर

∴ लम्बाई = 4 × 4 = 16 मीटर

6. (a)

नए घनों का आयतन $= \frac{(6)^3}{27} = 8$ घन सेमी.

∴ नए घनों की भुजा $= \sqrt[3]{8} = 2$ सेमी.

7. (c)

माना घनों की कोरें क्रमशः a तथा b है, तो

$\frac{a^3}{b^3}=\frac{8}{1}$ अर्थात् $\left(\frac{a}{b}\right)^3=\left(\frac{2}{1}\right)^3$

∴ $\frac{a}{b}=\frac{2}{1} = 2 : 1$

8. (b)

कुएँ से निकाली गई कुल मिट्टी का आयतन

$= \frac{22}{7}\times(10)^2\times 14 = 1400\pi$ घन मी^{2}

चबूतरे का क्षेत्रफल = $\pi\,(R^2 - r^2)$

= $\pi(15^2 - 10^2) = 125\,\pi$ मी.

∴ चबूतरे की ऊँचाई $= \frac{1400\pi}{125\pi} = 11.2$ मी.

9. (b)

अभीष्ट आयतन $= \frac{1}{3}\pi r^2 h$

$= \frac{1}{3}\times\frac{22}{7}\times(7)^2\times 3$

= 154 घन मी.

10. (c)

शंकु की तिर्यक ऊँचाई = 14 सेमी.,

लम्बाई $= \frac{1}{2} \times 2\pi r = \frac{22}{7} \times 14 = 44$ सेमी.

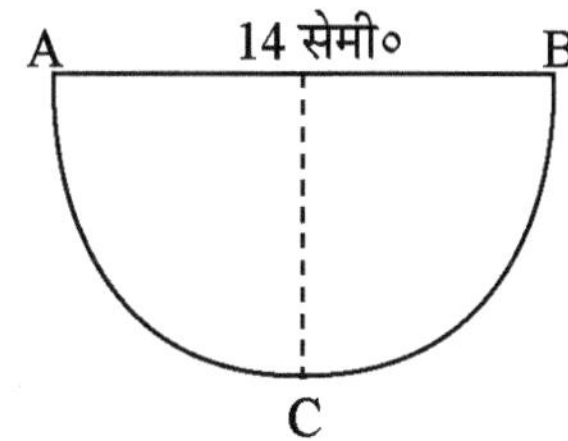

आधार वृत्त की परिधि $= 2\pi R$,

(जहाँ आधार त्रिज्या)

$\therefore 2\pi R = 44$

या, $2 \times \frac{22}{7} \times R = 44$

$\therefore R = 7$ सेमी.

$\therefore$ शंकु की ऊँचाई $= h$

$= \sqrt{h^2 - R^2} = \sqrt{14^2 - 7^2} = 7\sqrt{3}$ सेमी.

$\therefore$ शंकु की धारिता $= \frac{1}{3}\pi R^2 h$

$= \frac{1}{3} \times \frac{22}{7} \times (7)^2 \times 7\sqrt{3}$

$\Rightarrow \frac{1078 \times 1732}{3}$ सेमी.

$= 622.37$ सेमी.^{3}

11. (c)

बेलन का वक्रपृष्ठ $= 2\pi rh$

प्रश्नानुसार,

$264 = 2 \times \frac{22}{7} \times rh$

या, $rh = 42$

फिर, $\pi rh = 924$ या, $r = 7$

$\therefore \quad h = 6$ मी.

12. (b)

शंकु का आयतन $= - \quad (r) \quad h$

$= \frac{1}{3}\pi(3)^2 \times 5$

$= 15\pi$ घन सेमी.

तथा बेलन का आयतन

$= \pi (2)^2 \times 4$

$= 16\pi$ घन सेमी.

$\therefore$ अभीष्ट अनुपात $= 15 : 16$

13. (a)

आयतन में अभीष्ट प्रतिशत वृद्धि

$$= \frac{\frac{1}{3}\pi r^2 \times 2h - \frac{1}{3}\pi^2 h}{\frac{1}{3}\pi r^2 h} \times 100 = 100\%$$

14. (a)

$$\frac{\pi\left(\frac{2}{2}\right)^2 h_1}{\pi\left(\frac{3}{2}\right)^2 h_2} = 1$$

$\therefore \frac{h_1}{h_2} = 9 : 4$

15. (a)

बेलन के सम्पूर्ण पृष्ठ का क्षेत्रफल

$= 2\pi r (r + h) = 2 \times \frac{22}{7} \times \frac{7}{2}\left(\frac{7}{2} + 80\right)$

$= 1837$ वर्ग सेमी.

16. (b)

माना ठोस शंकु की ऊँचाई $= h$ सेमी.

तब, $= \frac{1}{3}\pi \times (14)^2 \times h$

$= \pi \times (14)^2 \times 20$

या, $h = 60$ सेमी.

17. (c)

माना तार की लम्बाई x मीटर है।

$\therefore \quad \pi\left(\frac{2}{1000}\right)^2 \times x = \frac{4}{3}\pi\left(\frac{9}{100}\right)^3$

$\therefore \quad x = \frac{4}{3} \times \frac{9 \times 9 \times 9 \times 1000 \times 1000}{100 \times 100 \times 100 \times 2 \times 2}$

$= 243$ मीटर

18. (c)

माना प्रत्येक की त्रिज्या $= r$ तथा ऊँचाई $= h$

तब, अभीष्ट अनुपात $= \frac{\pi r^2 h}{\frac{1}{3}\pi r^2 h} = \frac{3}{1} = 3 : 1$

19. (a)

$$\frac{4}{3}\pi r^3 = \frac{4}{3}\pi\left(r_1^3 + r_2^3 + r_3^3\right)$$

या, $R^3 = (3)^3 + (4)^3 + (5)^3$

या, $R = 6$ सेमी.

20. (b)

बेलन का आयतन $= \pi r^2 \times 3$ घन सेमी.

शंकु का आयतन $= \frac{1}{3}\pi r^2 h$ घन सेमी.

शंकु का ऊँचाई $= \frac{1}{3}\pi r^2 h = 3\pi r^2$

$\therefore$ $h = 9$ सेमी.

21. (d)

माना गोलियों की संख्या $= x$

अतः $\frac{4}{3}\pi(2)^3 \times x = \frac{4}{3}\pi(8)^3$

$\therefore$ $x = \frac{8^3}{2^3} = \left(\frac{8}{2}\right)^3 = 64$

22. (d)

माना बेलनाकार छड़ की त्रिज्या r है।

$\therefore$ ऊँचाई $= 8r$

बेलनाकार छड़ का आयतन $= \pi r^2 h$

$= \pi r^2 . 8r = 8\pi r^3$

तथा गोले का आयतन $= \frac{4}{3}\pi\left(\frac{r}{2}\right)^3$

$= \frac{4}{3}\pi\frac{r^3}{8} = \frac{\pi r^3}{6}$

$\therefore$ कुल गोलों की संख्या $= \dfrac{8\pi r^3}{\frac{\pi r^3}{6}} = 48$

23. (c)

ऊँचाईयों का अभीष्ट अनुपात

$$= \frac{\frac{1}{3}\pi(R_1)^2 h_1}{\frac{1}{3}\pi(R_2)^2 h_2} = \frac{2}{3}$$

या, $\frac{(1)^2 h_1}{4h_2} = \frac{2}{3}$

या, $\frac{h_1}{h_2} = \frac{2}{3} \times \frac{4}{1} = \frac{8}{3}$

$= 8 : 3$

24. (c)

माना घन की प्रत्येक भुजा $= a$ मीटर

तब, $6a^2 = 726$

या, $a^2 = \frac{726}{6} = 121$

$\therefore$ $a = 11$

$\therefore$ घन का आयतन

$= (11 \times 11 \times 11)$ घन मीटर

$= 1331$ घन मीटर

25. (a)

बेलन के सम्पूर्ण पृष्ठ का क्षेत्रफल

$= 2\pi r\,(r + h) = 2 \times \frac{22}{7} \times \frac{7}{2}\left(\frac{7}{2} + 80\right)$

$= 1837$ वर्ग सेमी.

26. (c)

आयतन $= \frac{4}{3}\pi r^3$

नया आयतन $= \frac{4}{3}\pi(3r)^3 = \frac{4}{3}\pi r^3 \times 27$

अर्थात् 27 गुना होगा।

27. (c)

माना गोले की त्रिज्या $= r$

$\therefore$ पृष्ठ क्षेत्रफल $= 4\pi r^2$

गोले की त्रिज्या $= 2r$

$\therefore$ पृष्ठ क्षेत्रफल $= 4\pi\,(2r)^2$

$= 4 \times 4\,\pi r^2$

अतः गोले के पृष्ठ का क्षेत्रफल चार गुना होगा।

28. (b)

$\therefore$ $3^2 + 4^2 = 5^2$ अतः त्रिभुजाकार आधार एक समकोण त्रिभुज है।

प्रिज्म का सम्पूर्ण पृष्ठ क्षेत्रफल

$= 2 \times \frac{1}{2} \times 3 \times 4 + (3 + 4 + 5) \times 8$

$= 108$ सेमी.^{2}

29. (c)

माना त्रिज्या $= r$

$\therefore$ पृष्ठ क्षेत्रफल $= 4\pi r^2$

अब त्रिज्या $= r + \frac{r}{2} = \frac{3r}{2}$

$\therefore$ पृष्ठ क्षेत्रफल $= 4\pi\left(\frac{3r}{2}\right)^2 = 9\pi r^2$

$\therefore$ % वृद्धि $= \frac{5\pi r^2}{4\pi r^2} \times 100 = 125\%$

30. (a)

माना वृत्ताकार चक्रों की संख्या = x

तो प्रश्नानुसार,

$$\pi\times\left(\frac{1.5}{2}\right)^2\times0.2\times x = \pi\times\left(\frac{4.5}{2}\right)^2\times100$$

या, $x = 450$

31. (d)

बड़ी गोली का आयतन $= \frac{4}{3}\pi r^3$

$= \frac{4}{3}\times\frac{22}{7}\times8^3$ सेमी.^{3}

छोटी गोली का आयतन $= \frac{4}{3}\pi r^3$

$= \frac{4}{3}\times\frac{22}{7}\times(1)^3$ सेमी.^{3}

∴ अभीष्ट गोलियों की संख्या

$$= \frac{\frac{4}{3}\times\frac{22}{7}\times8^3}{\frac{4}{3}\times\frac{22}{7}\times1^3} = 8^3 = 512$$

32. (a)

$$\frac{\frac{4}{3}\pi(10)^3}{\frac{4}{3}\pi(0.5)^3} = \frac{1000}{125}\times1000 = 8000$$

33. (a)

गोले का आयतन

$= \frac{4}{3}\pi$ 15 × 15 × 15 घन सेमी.

$= 4500\,\pi$ घन सेमी.

∴ पानी की सतह में वृद्धि $= \frac{4500\pi}{\pi\times30\times30}$

$= 5$ सेमी.

34. (c)

अधिक से अधिक आयतन वाले शंकु की त्रिज्या और ऊँचाई r होगी।

∴ अभीष्ट शंकु का आयतन $= \frac{1}{3}\pi r^2\times r$

$= \frac{1}{3}\pi r^3$

35. (c)

शंकु का आयतन $= \frac{1}{3}\pi r^2h$

$= \frac{1}{3}\pi \times 144\times24 = 1152\,\pi$ सेमी.^{3}

गोले का आयतन $= \frac{4}{3}\pi(2)^3 = \frac{32\pi}{3}$ सेमी.^{3}

∴ गोलों की संख्या $= \frac{1152\pi}{\frac{32\pi}{3}} = 108$

36. (d)

घन का आयतन $= (11)^3$ सेमी.

यदि बेलन की त्रिज्या r सेमी. है।

जहाँ $h = 14$ सेमी.

∴ समबेलन का आयतन $= \pi r^2h$

$= \frac{22}{7}\times r^2\times14$ घन सेमी.

$= 44r^2$ घन सेमी.

प्रश्न से,

समबेलन का आयतन = घन का आयतन

$\therefore 44\,r^2 = 11\times11\times11$

$\therefore r = \frac{11}{2} = 5.5$

∴ बेलन की त्रिज्या 5.5

37. (b)

माना वृत्ताकार चक्रों की संख्या $= x$

तो प्रश्नानुसार,

$$\pi\times\left(\frac{1.5}{2}\right)^2\times0.2\times x = \pi\times\left(\frac{4.5}{2}\right)^2\times100$$

या, $x = 450$

38. (b)

75 पैसा लगता है 1 घन मीटर मिट्टी खोदने में

∴ 115.50 रु. लगेगा $\frac{100}{75}\times\frac{11550}{100}$

$= 154$ घन मीटर

खोदने में कुएँ की त्रिज्या $= \frac{2.8}{2} = 1.4$ मीटर

माना कुएँ की गहराई = h मीटर

∴ कुएँ का आयतन $= \pi r^2h$ घन मीटर

$$= \frac{22}{7}\times\frac{14}{10}\times\frac{14}{10}\,h \text{ घन मीटर}$$

$$\therefore \quad = \frac{22}{7}\times\frac{14}{10}\times\frac{14}{10}h = 154$$

$h = 25$

अर्थात् कुएँ की गहराई 25 मीटर होगी।

39. (b)

ताँबे की छड़ का आयतन $= \pi \times (0.5)^2 \times 8$

तथा तार का आयतन $= \pi \times r^2 \times 1800$

तब, $\pi \times r^2 \times 1800 = \pi \times 0.25 \times 8$

या, $r^2 = \frac{0.25\times8}{1800} = \frac{1}{900}$

या, $r = \frac{1}{30}$ सेमी.

40. (c)

परिणामी घनाभ की आसन्न भुजाएँ क्रमश: 16 सेमी., 8 सेमी. और 8 सेमी. हो जाएगी।

अत: उसका पृष्ठ क्षेत्रफल

= 2 (ल. × चौ. + चौ. × ऊ. + ऊ. × ल.)

$= 2\,(16 \times 8 + 8 \times 8 + 8 \times 10)$

$= 2\,(128 + 64 + 128) = 640$ वर्ग सेमी.

41. (d)

माना आधार की त्रिज्या = r सेमी.

तो $\pi r^2 = 616$

$$\therefore r^2 = \frac{616}{\pi} = \frac{616\times7}{22} = 28 \times 7$$

$$\therefore r = \sqrt{28\times7} = 14$$

सम्पूर्ण सतह $= 2\pi r\,(r + h)$ वर्ग सेमी.

$= 2 \times \frac{22}{7} \times 14\,(14 + 5)$ वर्ग सेमी.

$= 2 \times 22 \times 2 \times 19 = 1672$ वर्ग सेमी.

42. (b)

छोटे घनों की संख्या $= \frac{20\times20\times20}{5\times5\times5} = 64$

43. (c)

$6 \times$ (भुजा)$^2 = 600$ वर्ग सेमी.

∴ भुजा = 10 सेमी.

घन का विकर्ण $= 10\sqrt{3}$ सेमी.

44. (c)

ईट का पृष्ठीय क्षेत्रफल

$= 2\,(10 \times 4 + 4 \times 3 + 3 \times 10)$

$= 2\,(40 + 12 + 30) = 164$ वर्ग सेमी.

45. (a)

कुल क्षेत्रफल जिसे रंगा जाना है

$= 2\,(2\pi rh + \pi r^2)$

$$= 2\left(2\times\frac{22}{7}\times70\times140+\frac{22}{7}\times70\times70\right)$$

$= 2\,(61600 + 15400)$

$= 2 \times 77000 = 154000$ वर्ग सेमी.

∴ रंगने में अभीष्ट लागत $= \frac{154000}{1000}\times3.50$

= 539 रु.

46. (a)

नई विमाएँ = (15 × 2) मी, (8 × 2) मी, (10 × 2) मी

$$\therefore \frac{\text{नया आयतन}}{\text{पुराना आयतन}} = \frac{15\times2\times8\times2\times10\times2}{15\times8\times10} = 8 \text{ गुना}$$

∴ बोरों की नई संख्या = 1200 × 8 = 9600

47. (d)

माना बेलनाकार स्तम्भ की ऊँचाई और आधार की त्रिज्या क्रमश: h मी और r मी है, तब

प्रश्नानुसार,

$$\frac{\text{बेलन का वक्रपृष्ट}}{\text{बेलन का आयतन}} = \frac{264}{924}$$

$$\frac{2\pi rh}{\pi r^2 h} = \frac{22}{7} = \frac{2}{7}$$

∴ r = 7 मी

पुन: $2\pi rh = 2 \times \frac{22}{7} \times 7 \times h = 264$

h = 6 मी

$$\therefore \text{अभीष्ट अनुपात} = \frac{\text{व्यास}}{\text{ऊँचाई}} = \frac{2r}{h} = \frac{7}{3}$$

= 7 : 3

48. (c)

इस प्रकार बने बेलन के आधार की परिधि = 44 सेमी.

माना आधार की त्रिज्या r सेमी है।

अब,

$2\pi r = 44 \Rightarrow r = 7$

अत: बेलन का आयतन $= \pi r^2 h = \pi\,(7)^2 \times 10$

$= 1540$ सेमी.^{3}

49. (d)

घन का सम्पूर्ण पृष्ठ क्षेत्रफल $= 6 \times$ (भुजा)^2 $= 384$

या, (भुजा)^2 $= \frac{384}{6} = 64$

या, भुजा $= 8$ सेमी.

$\therefore$ आयतन $= (8)^3$ सेमी.^{3}

$= 512$ सेमी.^{3}

50. (c)

बेलनाकार पात्र की त्रिज्या $= 8$ सेमी.

$\therefore$ आधार का क्षेत्रफल $= \pi (8)^2 = 64\pi$ वर्ग सेमी.

पात्र में पानी के तल में वृद्धि

$= \frac{128\pi}{64\pi} = 2$ सेमी.

51. (d)

माना घनाकार बक्से की कोर a, b तथा c हैं।

$\therefore \sqrt{a^2+b^2+c^2} = 13$

$\Rightarrow a^2 + b^2 + c^2 = 169$

तथा $a + b + c = \frac{76}{4} = 19$

अब, $(a + b + c)^2 = a^2 + b^2 + c^2 + 2(ab + bc + ca)$

$\Rightarrow (19)^2 = 169 + 2(ab + bc + ca)$

$\Rightarrow 2(ab + bc + ca) = 361 - 169 = 192$ सेमी.^{2}

52. (b)

$$\frac{\text{पहले बेलन का आयतन}}{\text{दूसरे बेलन का आयतन}} = \frac{\pi r_1^2 h_1}{\pi r_2^2 h_2}$$

$$= \left(\frac{r_1}{r_2}\right)^2 \times \frac{h_1}{h_2}$$

$$= \left(\frac{2}{3}\right)^2 \times \frac{5}{3} = \frac{4}{9} \times \frac{5}{3}$$

$= 20 : 27$

53. (c)

आयतन $= \pi r^2 h = 924$

वक्रपृष्ठ $= 2\pi rh = 264$

$\therefore \frac{\pi r^2 h}{2\pi rh} = \frac{924}{264} \Rightarrow \frac{r}{2} = \frac{7}{2} \Rightarrow r = 7$

अब,

$= 2\pi rh = 264$

$\Rightarrow 2 \times \frac{22}{7} \times 7 \times h = 264$

$h = \frac{264}{2 \times 22} = 6$ सेमी.

54. (b)

बेलन की लम्बाई $h = 14$ सेमी.

माना कि बाह्य तथा अन्तः त्रिज्याएँ क्रमशः r_1 तथा r_2 है।

बाह्य पृष्ठ – अन्तः पृष्ठ $= 88$

$2\pi r_1 h - 2\pi r_2 h = 88$

$2\pi (r_1 - r_2) h = 88$

$\Rightarrow 2 \times \frac{22}{7} \times (r_1 - r_2) \times 14 = 88$

$\therefore r_1 - r_2 = \frac{88 \times 7}{2 \times 22 \times 14} = 1$

$\because$ खोखले बेलन का आयतन $= 176$

$\pi (r_1^2 - r_2^2) h = 176$

$\Rightarrow \frac{22}{7} \times (r_1 - r_2)(r_1 + r_2) h = 176$

$\Rightarrow \frac{22}{7} \times 1 \times (r_1 + r_2) \times 14 = 176$

$\Rightarrow (r_1 + r_2) = \frac{176 \times 7}{22 \times 14} = 4$

समी. (i) व (ii) को हल करने पर,

$r_1 = \frac{5}{2}$ सेमी., $r_2 = \frac{3}{2}$ सेमी.

55. (b)

सफेदी कराने वाली दीवारों का क्षेत्रफल

= (चारों दीवारों का क्षेत्रफल) – (एक दरवाजे का क्षेत्रफल + 3 खिड़कियों का क्षेत्रफल)

$= 2 \times 4 (7 + 6.5) - (3 \times 1.4 + 3 \times 2 \times 1)$

$= 108 - 10.2 = 97.8$ मी^{2}

अतः सफेदी कराने का कुल खर्च $= 97.8 \times 5.25$

$= 513.45$

56. (c)

12 सेमी. वाली भुजा के परितः घुमाने से बने शंकु के आधार की त्रिज्या $r = 5$ सेमी.

तथा ऊँचाई $h = 12$ सेमी. है

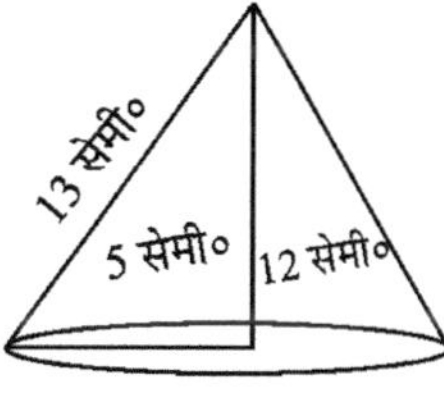

$\therefore \quad l = \sqrt{5^2 + (12)^2} = 13$ सेमी.

$\therefore$ वक्रपृष्ठ $= \pi rl = \pi \times 5 \times 13$

$= 65\pi$ वर्ग सेमी.

57. (b)

ΔVOC तथा $\Delta VO'C'$ समरूप हैं।

$$\frac{VO}{VO'} = \frac{OC}{O'C'}$$

$$\Rightarrow \quad \frac{12}{12-x} = \frac{6\sqrt{2}}{x\sqrt{2}}$$

$$\Rightarrow \quad 12x = 72 - 6x$$

$$18x = 72$$

$x = 4$ सेमी.

58. (d)

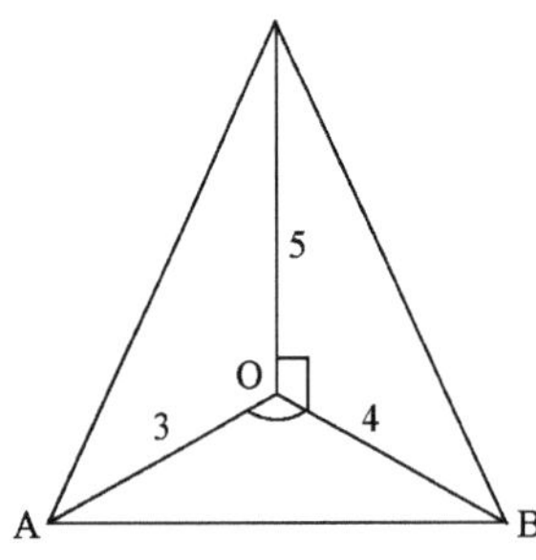

$V = \frac{1}{3}$ आधार का क्षेत्रफल $\times$ ऊँचाई

$\frac{1}{3}\left(\frac{1}{2}\times3\times4\right)\times5 = 10$ सेमी^{3}

59. (c)

तिर्यक ऊँचाई,

$$VM = \sqrt{h^2 + \left(\frac{Hkqtk}{2}\right)^2} = \sqrt{(12)^2 + (5)^2}$$

$= 13$ सेमी.

$\therefore$ तिर्यक पृष्ठ $= \frac{1}{2} \times$ आधार का परिमाप $\times$ तिर्यक ऊँचाई

$= \frac{1}{2} \times (4 \times 10) \times 13 = 260$ वर्ग सेमी.

60. (d)

तिर्यक ऊँचाई $= \sqrt{h^2 + \left(\frac{Hkqtk}{2}\right)^2}$

$= \sqrt{20^2 + 6^2} = \sqrt{436} = 20.9$

तिर्यक पृष्ठ $= \frac{1}{2} \times$ आधार का परिमाप $\times$ तिर्यक ऊँचाई

$= \frac{1}{2} \times (4 \times 12) \times 20.9 = 501.6$

$\therefore$ तम्बू बनाने के लिये आवश्यक कपड़ा

$= 501.6$ वर्ग मी.

61. (d)

10 सेमी भुजा के एक समबाहु ΔABC को अपनी एक भुजा AC के परितः परिक्रमण करने पर दो शंकुओं की आकृति प्राप्त होती है।

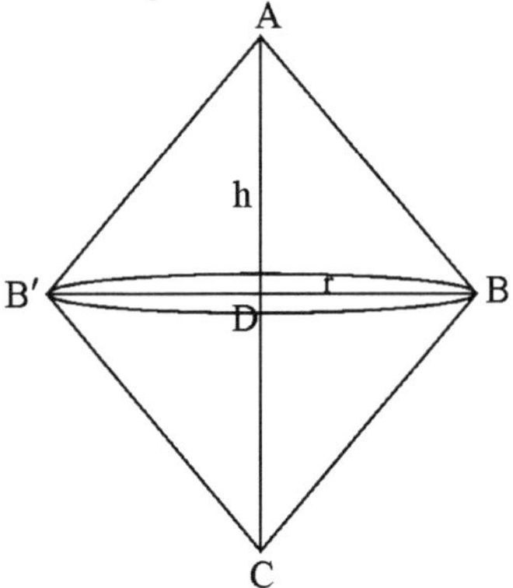

ΔADB में, $AD^2 = AB^2 - BD^2$

$$= 10^2 - \left(\frac{10}{2}\right)^2 = 75$$

$$AD = 5\sqrt{3}$$

अतः अभीष्ट आकृति का आयतन

$$= 2 \times \frac{1}{3}\pi (BD)^2 \times AD$$

$$= 2 \times \frac{1}{3}\pi \times 25 \times 5\sqrt{3}$$

$= \frac{250}{\sqrt{3}}\pi$ सेमी^{3}

62. (a)

$\frac{1}{2} \times$ आधार का परिमाप $\times$ तिरछी ऊँचाई

$=$ पार्श्व पृष्ठ

$$= \frac{1}{2} \times (16 \times 6) \times l = 720$$

$l = \frac{720}{16\times3} = 15$ सेमी.

(पिरामिड की ऊँचाई)^2 + $\left(\frac{\text{आधार की भुजा}\sqrt{3}}{2}\right)^2$

$=$ (तिरछी ऊँचाई)^2

$$\Rightarrow \quad h^2 + \left(\frac{16\sqrt{3}}{2}\right)^2 = (15)^2$$

$$\Rightarrow \quad h^2 = 15^2 - \left(8\sqrt{3}\right)^2$$

$$\Rightarrow \quad h^2 = 225 - 192 = 33$$

$h = \sqrt{33}$ सेमी.

63. (b)

$\pi rl = 264$

$\Rightarrow \pi \times r \times 12 = 264$

$\Rightarrow r = \frac{264}{12\times\pi} = \frac{264\times7}{12\times22} = 7$ सेमी.

$\because \quad l^2 = h^2 + r^2$

$\therefore \quad (12)^2 = h^2 + (7)^2$

$\Rightarrow h = \sqrt{144-49} = \sqrt{95}$ सेमी.

$\therefore$ तंबू की उँचाई $\sqrt{95}$ मी. होगी।

64. (c)

माना OB = r

$\because$ ΔVOB तथा ΔVO'B' समरूप हैं

$\therefore \quad \frac{VO}{VO'} = \frac{OB}{O'B'}$

$\Rightarrow \frac{3}{1} = \frac{r}{1}$

$\Rightarrow r = 3$ मी.

तिर्यक ऊँचाई $l = VB = \sqrt{VO^2} + OB^2$

$= \sqrt{3^2} + 3^2 = 3\sqrt{2}$ मी.

आवश्यक किरमिच $= \pi rl = \frac{22}{7} \times 3 \times 3\sqrt{2}$

$= 39.996$

$= 40$ वर्ग मी.

65. (d)

शंकु के आधार की त्रिज्या भी 3 सेमी होगी।

शंकु का आयतन $= \frac{1}{3}\pi(3)^2 \times h = \frac{1}{3} \times \pi \times 9 \times 5$

$= 15\pi$ घन सेमी

5 सेमी ऊँचाई वाले बेलन का आयतन

$= \pi r^2h = \pi \times 3^2 \times 5 = 45\pi$ घन सेमी.

छीलन का आयतन $= 45\pi - 15\pi = 30\pi$ घन सेमी.

66. (d)

शंकु का ऊपरी भाग (VA' O' B') काट देने पर शेष भाग (ABB 'A' A) शंकु का छिन्नक है।

$\because$ ΔVO'B' तथा ΔVOB समरूप हैं

$\therefore \frac{VO'}{VO} = \frac{O'B'}{OB} \Rightarrow \frac{4}{12} = \frac{O'B'}{6}$

O'B' = 2 सेमी.

BC = OB – OC = 6 – 2 = 4 सेमी.

B'C = OO' = 12 – 4 = 8 सेमी.

तिर्यक ऊँचाई BB' $= \sqrt{64+16} = 8.9$ सेमी.

छिन्नक का सम्पूर्ण पृष्ठ

$= \pi(6+2) \times 8.9 + \pi \times (6)^2 + \pi \times (2)^2$

$= 71.2\pi + 40\pi$

$= 111.2 \times \frac{22}{7} = 349.486$ सेमी^{2}

$= 349.49$ सेमी^{2}

67. (c)

समअष्टभुज का क्षेत्रफल $= 2(l + \sqrt{2})a^2$

प्रश्नानुसार, $2(l + \sqrt{2})a^2 = 1$ हेक्ट

$\therefore \quad a^2 = \frac{10000}{2(1+\sqrt{2})}$ वर्ग मी

या $\quad a^2 = 2071.25$ वर्ग मी.

$a = 46$ मी (लगभग)

68. (b)

समबहुभुज का क्षेत्रफल $= \frac{3\sqrt{3}a^2}{2}$

यहाँ a = 9 सेमी.

$\therefore$ क्षेत्रफल $= \frac{3\sqrt{3}\times9^2}{2}$ वर्ग सेमी.

$= \frac{243\sqrt{3}}{2}$ वर्ग सेमी.

$= 210.4$ वर्ग सेमी. (लगभग)

69. (c)

$\therefore$ बेलन व शंकु के आधार समान हैं। अत: त्रिज्या भी समान होगी। बेलन की ऊँचाई h = 2 मी

परन्तु बेलन का वक्रपृष्ठीय क्षेत्रफल = शंकु का वक्रपृष्ठीय क्षेत्रफल

$2\pi rh = \pi rl$

$2h = l$

$\Rightarrow \quad l = 2 \times 2 = 4$मी.

70. (d)

कैनवास = बेलन का पृष्ठ + शंकु का तिर्यक पृष्ठ

$= 25\pi \times 15 \times 2 + \pi \times 15 \times 25$

$= 60\pi + 375\pi = 435\pi$ वर्ग मी.

ज्यामिति
Geometry

इस अध्याय में हम कोण (Angle), रेखा (Line) एवं त्रिभुज (Triangle) से संबंधित गुणों का अध्ययन करेंगे।

रेखा एवं कोण

जब दो असमांतर रेखाएँ परस्पर काटती है तो कोण का निर्माण होता है। रचना की दृष्टि से कुछ महत्वपूर्ण कोण है।

न्यून कोण (Acule Angle): जब कोण की माप 0° से 90° के बीच हो उसे न्यून कोण कहते हैं।

जैसे

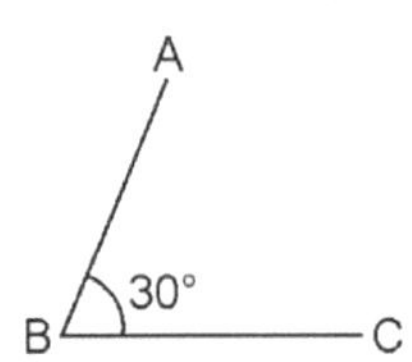

∠ABC एक न्यून कोण है।

अधिक कोण (Obtuse Angle) : 90° एवं 180° के बीच के कोण को अधिक कोण कहते हैं।

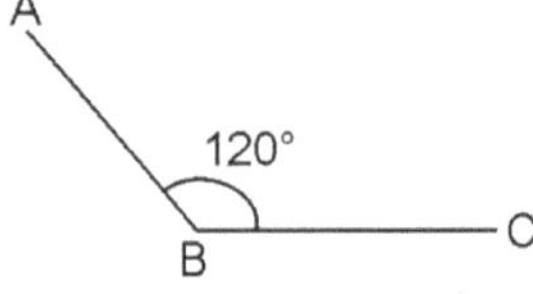

∠ABC एक अधिक कोण है।

मापन के आधार पर कोण

सम्पूरक कोण (Supplimentary Angles) : यदि दो कोणों का योग 180° हो तो उसे सम्पूरक कोण कहते हैं।

$x + y = 180$

पूरक कोण (Complementary Angles) : यदि दो कोणों का योग 90° हो तो उसे पूरक कोण कहते हैं।

$x + y = 90°$

आसन्न कोण (Adjcent Angle) : वैसे दो कोण जिनकी एक भुजा उभयनिष्ठ हो और उनका एक ही शीर्ष हो, आसन्न कोण कहलाता है।

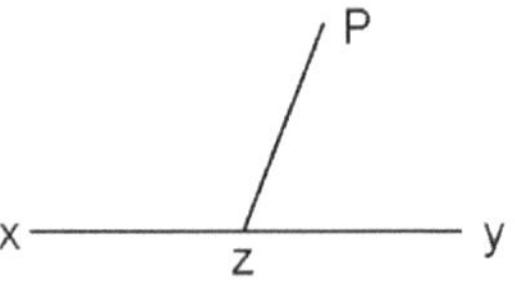

$\angle x = p$

और

$\angle y = p$

आसन्न कोण हैं।

शीर्षाभिमुखकोण: जब दो रेखाएँ एक दूसरे को काटती है तो एक दूसरे के विपरीत बना कोण शीर्षाभिमुख कोण कहलाता हैं।

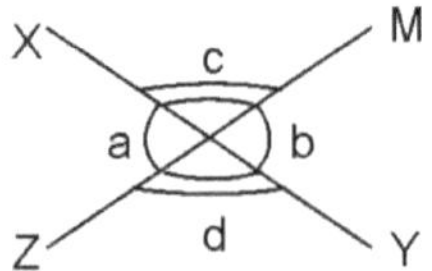

$\angle a = \angle b$

$\angle c = \angle d$

शीर्षाभिमुख कोण है।

जब कोई किरण किसी रेखा पर आधारित हो तो इस प्रकार बने दो आसन्न कोणों का योग होता 180° है।

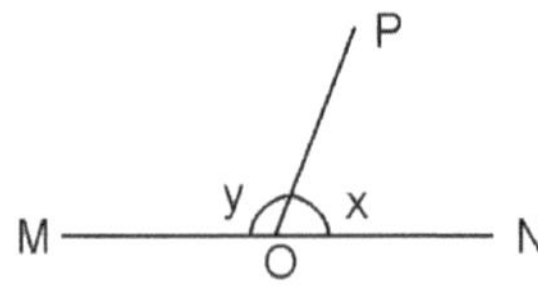

$x + y = 180°$

रेखा (Line) : रेखा बिंदुओं का एक समुच्चय है, जो एक सीध में अनंत बिंदुओं तक जा सकती है।

रेखा दो प्रकार की होती है:

(i) सरल रेखा (Straight Line) (ii) वक्ररेखा (Curve Line)

सरल रेखा: वह रेखा जो एक बिंदु से दूसरे बिंदु तक बिना दिशा बदले बदली जाती है।

समान्तर रेखा (Parallel Lines) : एक ही धरातल में स्थित वे रेखाएँ, जिनके बीच की दूरी हमेशा नियत रहती

है तथा आगे या पीछे बढ़ाये जाने पर एक दूसरे से कहीं भी नहीं मिलती हैं समांतर रेखाएँ कहलाती हैं।

l एवं m समांतर रेखाएँ हैं।

जब दो समांतर रेखाओं को एक तिर्यक छेदी रेखा काटती है तो

- ❑ एकान्तर कोण (Alternate Angles) समान होंगे।
- ❑ संगत कोण (Corresponding Angles) समान होंगे।
- ❑ एक ही ओर के अन्तः कोणों का योग 180° होता है।
- ❑ एक ही ओर के अन्तः कोणों के समद्विभाजक द्वारा बनाया गया कोण समकोण होता है।

त्रिभुज (Triangle) : तीन भुजाओं से घिरी आकृति को त्रिभुज कहते हैं। ΔABC

भुजा के विचार से त्रिभुज के प्रकार

विषमबाहु त्रिभुज (Scalene Triangle) : वह त्रिभुज, जिसकी भुजाएँ आपस में बराबर नहीं हो, विषमबाहु त्रिभुज कहलाता हैं।

समद्विबाहु त्रिभुज (Isosceles Triangle) : वह त्रिभुज जिसकी दो भुजाएँ आपस में बराबर हो, समद्विबाहु त्रिभुज कहलाता हैं।

समबाहु त्रिभुज (Equilateral Triangle) : वह त्रिभुज जिसकी तीनों भुजाएँ समान हों, समबाहु त्रिभुज कहलाता है।

कोण के विचार से त्रिभुज के प्रकार

न्यूनकोण त्रिभुज (Acute-Angled Triangle) : जिस त्रिभुज का प्रत्येक कोण 90° से छोटा हो, उसे न्यूनकोण त्रिभुज कहते हैं।

समकोण त्रिभुज (Right Angled Triangle) : जिस त्रिभुज का एक कोण समकोण (90°) उसे समकोण त्रिभुज कहते हैं।

अधिक कोण त्रिभुज (Obtuse-Angled Triangle) : जिस त्रिभुज का एक कोण 90° से बड़ा हो, उसे अधिक कोण त्रिभुज कहते हैं।

महत्वपूर्ण तथ्य (Important Facts)

- ❑ किसी त्रिभुज के तीनों कोणों का योगफल 180° होता है।

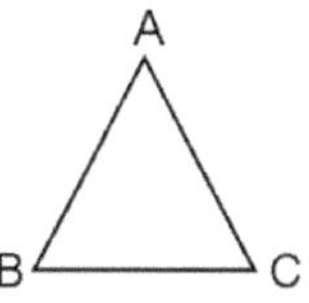

$\angle A + \angle B + \angle C = 180°$

- ❑ किसी त्रिभुज के दो अन्तः कोणों का योग तीसरे कोण के बहिष्य कोण के बराबर होता है।

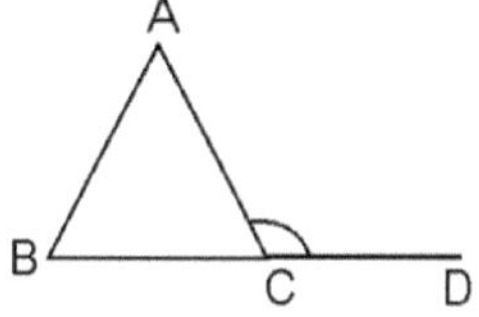

$\angle ACD = \angle A + \angle B$

- ❑ किसी त्रिभुज का बाह्य कोण सदैव किसी एक अभिभुख अंत कोण से बड़ा होता है।

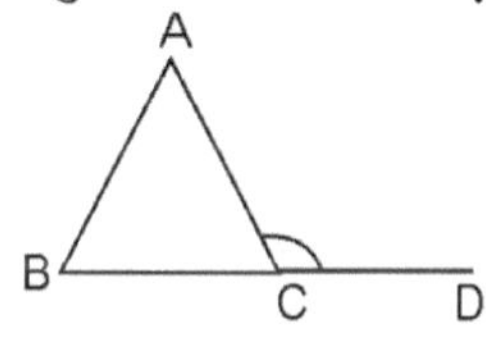

$\angle ACD > \angle A$

किसी त्रिभुज के दो कोणों के समद्विभाजक द्वारा बनाया गया कोण समकोण एवं तीसरे कोण के आधा के बराबर होता है।

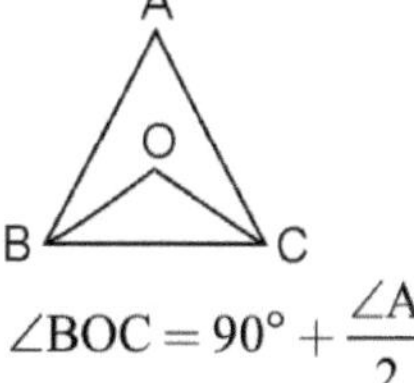

$\angle BOC = 90° + \frac{\angle A}{2}$

दो त्रिभुज निम्न तरीके से सर्वांगासम हो सकते हैं।

(i) भुजा-भुजा-भुजा (S-S-S)
(ii) कोण-भुजा-कोण (A-S-A)
(iii) भुजा-कोण-भुजा (S-A-S)
(iv) कोण-कोण-भुजा (A-A-S)
(v) समकोण-कर्ण-भुजा (R-H-S)

भुजा-भुजा-भुजा (S-S-S)

यदि एक त्रिभुज की तीनों भुजाएँ दूसरे त्रिभुज की तीनों भुजाओ के बराबर हो तो वे दोनों त्रिभुज सर्वांगसम होते हैं।

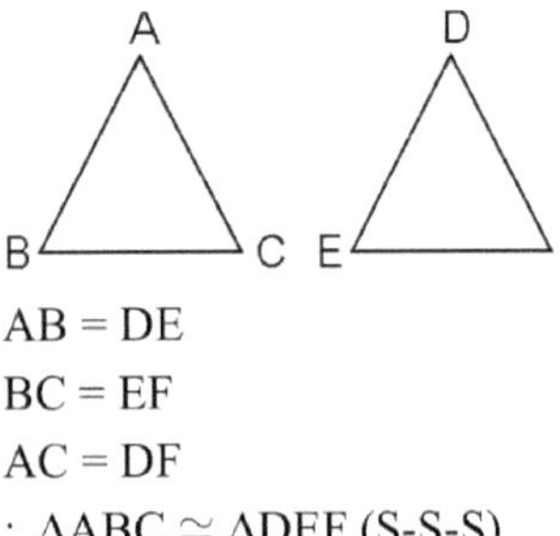

AB = DE

BC = EF

AC = DF

$\therefore \Delta ABC \cong \Delta DEF$ (S-S-S)

कोण-भुजा-कोण (A-S-A)

एक त्रिभुज के दो कोण और उनकी अंतरित भुजा क्रमशः दूसरे त्रिभुज के दो संगत कोण और उनकी अंतरित भुजा के बराबर हो, तो वे त्रिभुज सर्वांगसम होते हैं।

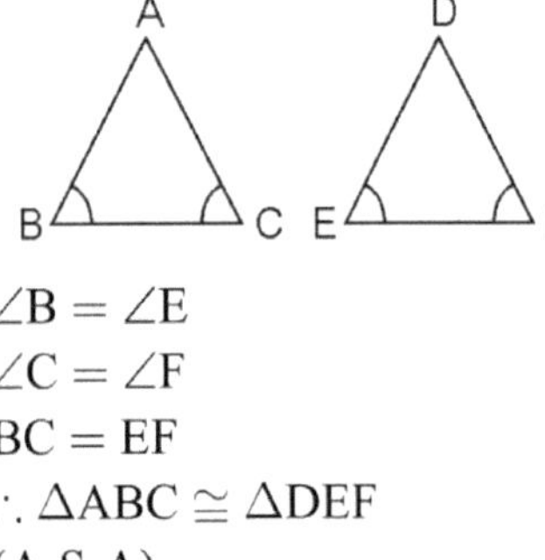

$\angle B = \angle E$

$\angle C = \angle F$

BC = EF

$\therefore \Delta ABC \cong \Delta DEF$

(A-S-A)

भुजा-कोण-भुजा (S-A-S)

दो त्रिभुज सर्वांगसम होते हैं यदि एक त्रिभुज की दो भुजाएँ तथा उनके अंतर्गत कोण, दूसरे त्रिभुज की तदनरूप दोनों भुजाओं तथा उनके अंतर्गत कोण के बराबर हो।

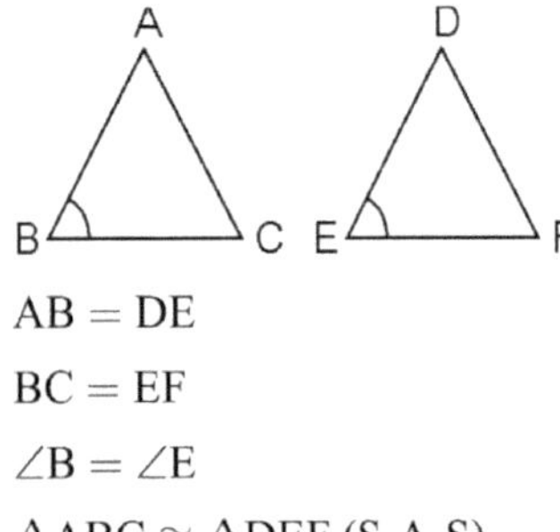

AB = DE

BC = EF

$\angle B = \angle E$

$\Delta ABC \cong \Delta DEF$ (S-A-S)

कोण-कोण-भुजा (A-A-S)

यदि एक त्रिभुज के दो कोण और एक भुजा (जो कोण के अंतर्गत न हो) क्रमशः दूसरे त्रिभुज के संगत कोण ों और भुजा के बराबर हो, तो दोनों त्रिभुज सर्वांगसम होते हैं।

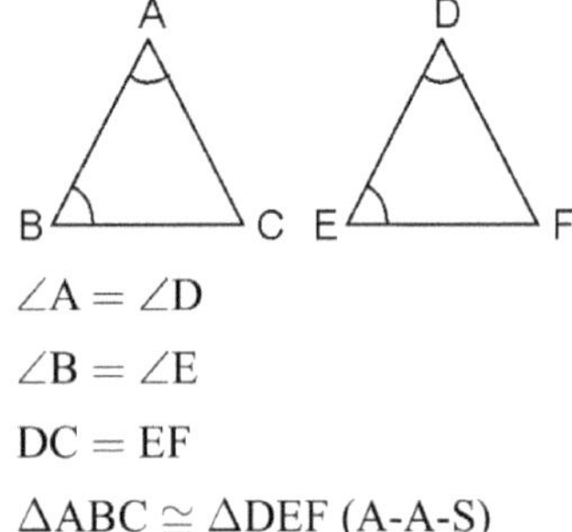

$\angle A = \angle D$

$\angle B = \angle E$

DC = EF

$\Delta ABC \cong \Delta DEF$ (A-A-S)

समकोण-कर्ण-भुजा (R-H-S)

यदि एक समकोण त्रिभुज का कर्ण और एक भुजा दूसरे समकोण त्रिभुज के क्रमशः कर्ण और संगत भुजा के बराबर हो तो वे समकोण त्रिभुज सर्वांगसम होते हैं।

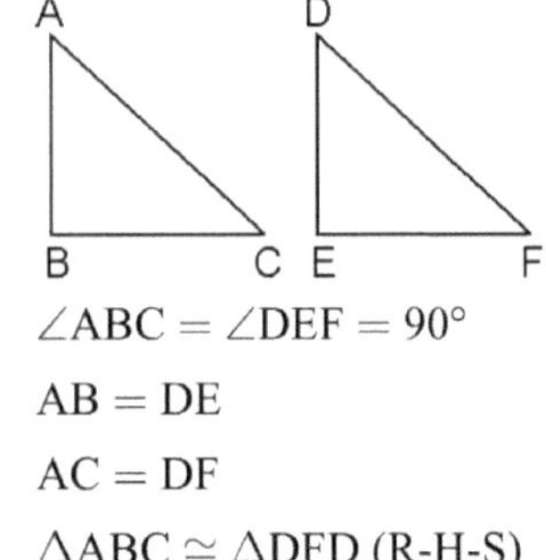

$\angle ABC = \angle DEF = 90°$

AB = DE

AC = DF

$\Delta ABC \cong \Delta DFD$ (R-H-S)

उदाहरण (Examples)

1. एक कोण उसके कोटिपूरक कोण का चार गुना है तो कोण की माप अंशों (degree) में क्या होगी?

   माना की कोण $= \theta$

   θ का कोटिपूरक $= 90° - \theta$

   $\theta = 4(90° - \theta)$

   $\theta = 360° - 4\theta$

   $5\theta = 360°$

   $\theta = 72°$

   एक कोण $= 72°$

   दूसरा कोण $= 90° - 72° = 18°$

2. उस कोण का माप कितना होगा जो अपने सम्पूरक का पाँच गुना है?

माना कि एक कोण $= \theta$

θ का सम्पूरक कोण $= (180° - \theta)$

$\theta = 5\,(180° - \theta)$

$\theta = 900° - 5\theta$

$6\theta = 900°$

$\theta = 150°$

सम्पूरक कोण $= (180° - 150°) = 30°$

3. नीचे दिए गए आकृति में AB || CD तथा CD || EF है तो θ का मान कितना होगा?

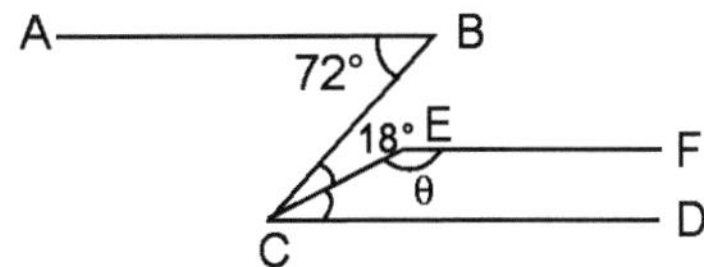

माना $\angle DCE = x$

AB || CD

$\angle ABC = \angle BCD = 72°$

$\angle BCD = \angle BCE + \angle DCE$

$72° = 18° + x$

$x = 72° - 18$

$x = 54$

CD || EF

$\theta + x = 180°$

$\theta + 54° = 180°$

$\theta = 180° - 54°$

$\theta = 126°$

4. नीचे दी गयी आकृति में AB || CD तो θ का मान कितना होगा?

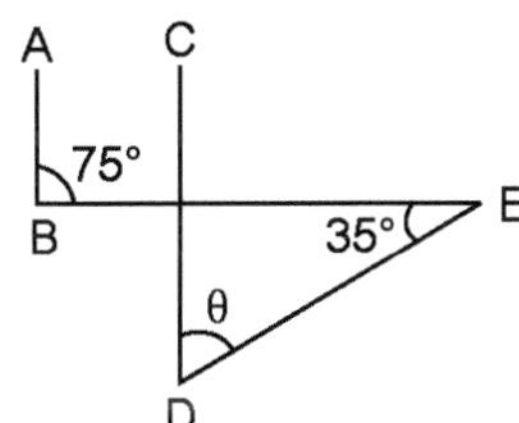

AB || CD

$\angle ABO + \angle BOC = 180°$

$75 + \angle BOC = 180°$

$\angle BOC = 105°$

$\angle BOC = \angle DOE = 105°$

$\angle DOE$ में

$105° + 35° + \theta = 180°$

$\theta = 180° - 140°$

$\theta = 40°$

5. नीचे दी गयी आकृति में AB | | CD, $\angle ABC = 100°$ $\angle EDC = 120°$ हो तो $\angle BCD$ का मान ज्ञात करें।

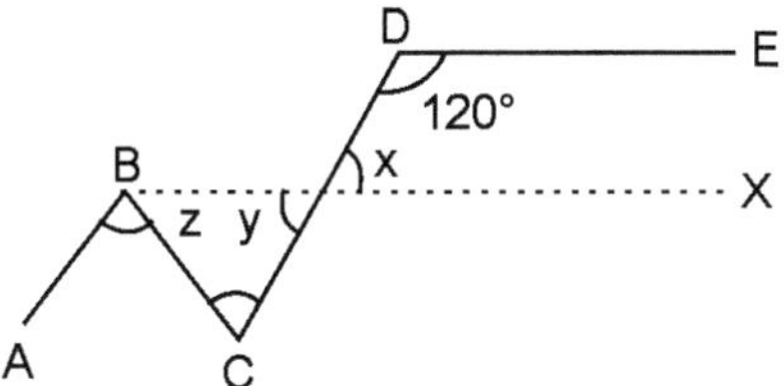

BX | | DE

$120 + x = 180°$

$x = 180° - 0\ 120°$

$x = 60°$

$\angle x = \angle y = 60°$

AB | | CD

$\angle ABO + \angle COB = 180°$

$100 + z + y = 180°$

$z = 180° - 160° = 20°$

ΔBOC में,

$\angle CBO + \angle BCO + \angle BOC = 180°$

$20° + \angle BCD + 60° = 180°$

$[\because \angle BCO = \angle BCD]$

$\angle BCD = 180° - 10° = 100°$

6. समकोण ΔABC में $AD \perp BC$ तो सिद्ध करें $AD^2 = BD.DC$

प्रश्न से

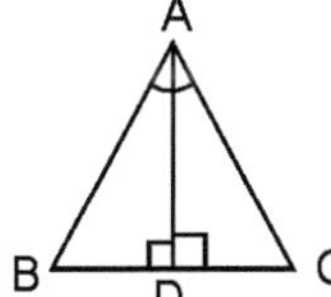

$AD \perp BC$

$AB^2 = AD^2 + BD^2$ (i)

ΔADC में

$AC^2 = AD^2 + DC^2$ (ii)

समी. (i) और समी. (ii) को जोड़ने पर

$AB^2 + AC^2 = 2AD^2 + BD^2 + DC^2$

$BC^2 = 2AD^2 + BD^2 + DC^2$

$(BC + DC)^2 = 2AD^2 + BD^2 + DC^2$

$BD^2 + DC^2 + 2BC \cdot DC = 2AD^2 + BD^2 + DC^2$

$2BD \cdot DC = 2AD^2$

$AD^2 = BD \cdot DC$

7. दिये गए चित्र में $\angle B = 90°$ और BM रेखा AC को समान रूप से विभाजित करती है तो BM निकालें।

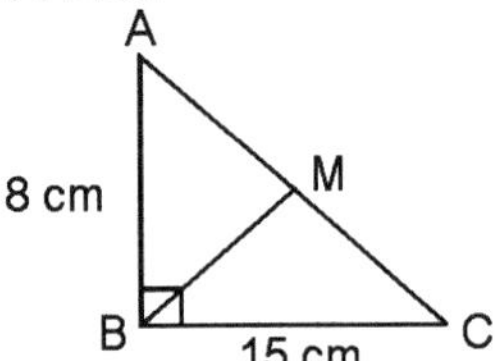

$AC^2 = AB^2 + BC^2$

$AC^2 = 8^2 + 15^2$

$AC^2 = 64 + 225$

$AC^2 = 289$

$AC = 17$ cm

$AM = BM = MC$

$BM = \frac{17}{2} = 8.5$ cm

$BM = 8.5$ cm

8. त्रिभुज ABC के आधार BC के समान्तर एक सरल रेखा उस त्रिभुज की AB तथा AC भुजाओं को क्रमशः D तथा E बिन्दुओं पर काटती है। तदनुसार यदि ΔABE का क्षेत्रफल 36 वर्ग सेमी हो तो ΔACD का क्षेत्रफल कितना होगा।

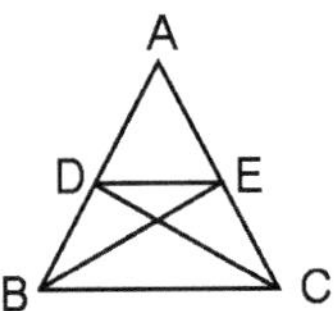

ΔABE का क्षेत्रफल $= \Delta ACD$ का क्षेत्रफल

(DE || BC है अतः क्षेत्रफल समान होगा)

= 36 वर्ग सेमी

9. ΔABC की भुजाओं AB तथा AC पर दो बिंदु D तथा E इस प्रकार चुने गए हैं कि $AD = \frac{1}{3} AB$ तथा $AE = \frac{1}{3} AC$ है। यदि BC की लंबाई 15 सेमी हो तो DE की लंबाई क्या है?

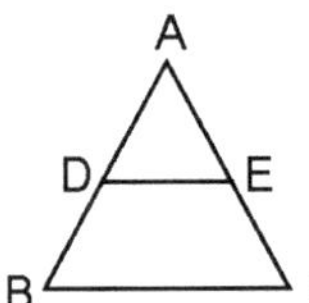

$\frac{AD}{AB} = \frac{1}{3}$

$\frac{AD}{BD} = \frac{1}{2}$

$\frac{AE}{AC} = \frac{1}{3}$

$\frac{AE}{CF} = \frac{1}{2}$

DE || BC

$DE = \frac{1}{3} BC$

$= \frac{1}{3} \times 15 = 5\,\text{cm}$

10. एक समत्रिबाहु त्रिभुज की आंतरिक त्रिज्या 3 सेमी है। तब उस त्रिभुज की प्रत्येक माध्यिका की लंबाई कितनी होगी?

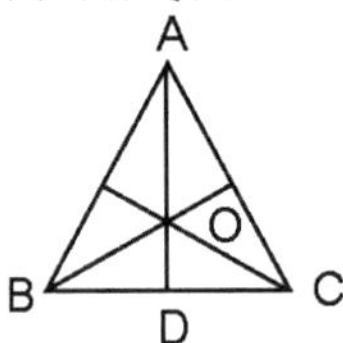

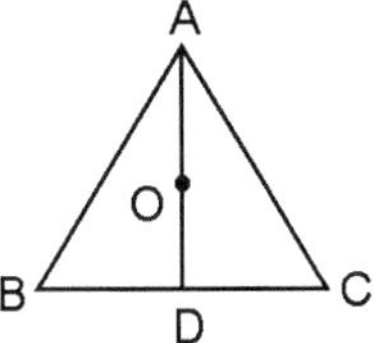

अभ्यास प्रश्न (Practice Questions)

1. किसी वृत्त में AB तथा BC दो जीवाएँ हैं और दोनों केन्द्र O से 3 सेमी. की दूरी पर हैं। यदि AB = 8 सेमी. हो, तो BC होगा?

   (a) 4 सेमी (b) 6 सेमी
   (c) 5 सेमी (d) 8 सेमी

2. उस कोण की माप क्या है, जिसका पूरक कोण और सम्पूरक कोण का योग 120° है?

   (a) 90° (b) 80°
   (c) 75° (d) 85°

3. उस कोण की माप क्या है, जिसका सम्पूरक कोण, उसके पूरक कोण का छह गुना है?

   (a) 65° (b) 72°
   (c) 60° (d) 57°

4. यदि एक वृत्त की जीवा उसके त्रिज्या के बराबर है, तो जीवा द्वारा वृत्त के एक बिन्दु पर बनने वाला कोण होगा?

   (a) 45° (b) 60°
   (c) 30° (d) 90°

5. किसी बहुभुज के अन्त: कोणों का जोड़ 8 समकोण है, तो बहुभुज में भुजाओं की संख्या क्या है?

   (a) 8 (b) 5
   (c) 6 (d) 7

6. उस कोण की माप क्या है, जो पूरक कोण का चार गुना है?

   (a) 90° (b) 108°
   (c) 72° (d) 36°

7. किसी वृत्त में जीवा की लम्बाई 16 सेमी. है और इस पर केन्द्र से डाले गए लम्ब की लम्बाई 15 सेमी. है, तो वृत्त की त्रिज्या होगी?

   (a) 19 सेमी (b) 17 सेमी
   (c) 16 सेमी (d) 15 सेमी

8. निम्नलिखित में कौन उस कोण की माप है, जो अपने सम्पूरक का पाँच गुना है?

   (a) 180° (b) 150°
   (c) 36° (d) 30°

9. x का मान ज्ञात करें

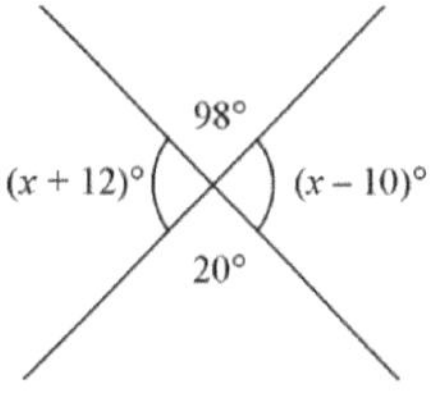

   (a) 90° (b) 60°
   (c) 120° (d) 140°

10. एक न्यूनकोण ΔABC में ∠ABC = 60° है। यदि O बिन्दु ΔABC का लम्ब केन्द्र है, तो ∠OAC + ∠OCA का मान है?

   (a) 30° (b) 120°
   (c) 60° (d) 150°

11. किसी 5 सेमी. त्रिज्या वाले वृत्त में दिया है कि दो जीवा PQ = PR = 6 सेमी. है, तो जीवा की लम्बाई होगी?

   (a) 8.0 सेमी (b) 7.2 सेमी
   (c) 9.6 सेमी (d) 10 सेमी

12. ABCD एक वर्ग है। AB, BC और CD में क्रमश: M, N और R बिन्दु इस प्रकार है कि AM = BN = CR, यदि ∠MNR = 90° हो, तो ∠MRN होगा?

   (a) 60° (b) 75°
   (c) 45° (d) 30°

13. ABCD एक समान्तर चतुर्भुज है। AB भुजा पर P कोई बिन्दु है। यदि DP और CP को इस प्रकार मिलाया गया कि वे क्रमश: ∠ADC और ∠BCD को समद्विभाजित करें, तो DC किसके बराबर है?

   (a) 3 CB (b) CB
   (c) 2 CB (d) 4 CB

14. दिए हुए चित्र में OC = 4 सेमी. तथा वृत्त की त्रिज्या 5 सेमी. है, तो AB होगी?

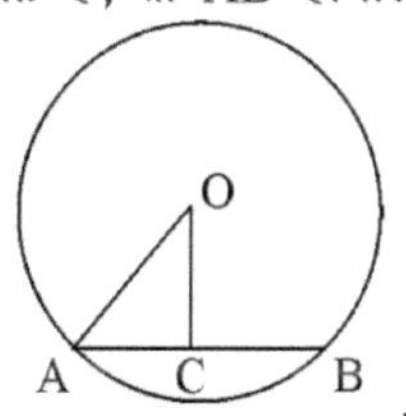

   (a) 5 सेमी (b) 6 सेमी
   (c) 4 सेमी (d) 3 सेमी

15. नीचे दिए गए त्रिभुज ABC में AB = BC, ∠B = x और ∠A = 2x = 20° है, तो ∠B का मान क्या होगा?

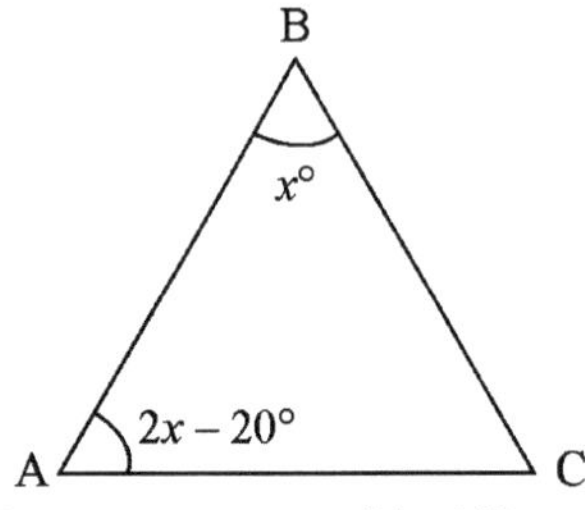

(a) 64° (b) 44°
(c) 40° (d) 30°

16. किसी वृत्त के दो जीवा AB तथा CD एक दूसरे को E पर काटती है और AE = 5, EB = 6, CE = 15 है, तो ED होगा?
(a) 11 (b) 7
(c) 4 (d) 2

17. यदि किसी त्रिभुज के कोणों का अनुपात $2x : 3x : 4x$ है, तो x का मान क्या होगा?
(a) 45° (b) 35°
(c) 20° (d) 15°

18. एक समकोण त्रिभुज में, यदि कर्ण का वर्ग बाकी दोनों भुजाओं के गुणनफल का दोगुना है, तो त्रिभुज का एक कोण होगा?
(a) 30° (b) 60°
(c) 15° (d) 45°

19. एक 6 सेमी. त्रिज्या वाले वृत्त में केन्द्र से 8 सेमी. वाली जीवा पर डाले गए लम्ब की दूरी होगी?
(a) $\sqrt{5}$ सेमी (b) $2\sqrt{5}$ सेमी
(c) $\sqrt{7}$ सेमी (d) $2\sqrt{7}$ सेमी

20. एक समकोणीय समद्विबाहु त्रिभुज जो एक वृत्त में अन्तर्वृत्त है, के क्षेत्रफल से उस वृत्त का क्षेत्रफल जिसमें वह अन्तर्वृत्त है, का अनुपात होगा?
(a) $\frac{\pi}{2}$ (b) π
(c) $\frac{3\pi}{4}$ (d) $\frac{\pi}{4}$

21. चित्र में ∠CAB = 90° तथा AD ⊥BC यदि AC = 75 सेमी., AB = 100 सेमी. तथा BC = 125 सेमी. है, तो CD की लम्बाई ज्ञात कीजिए

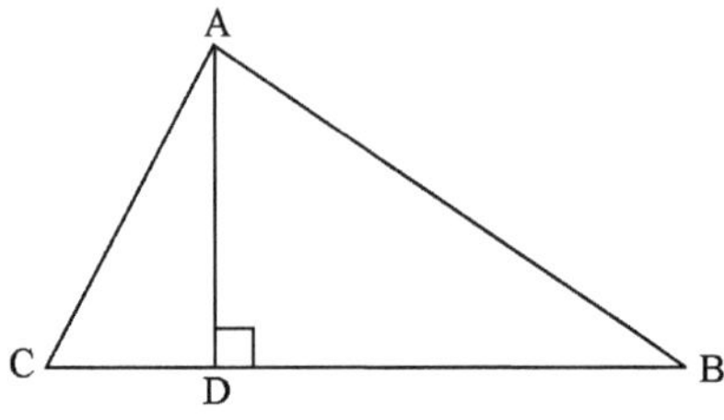

(a) 45 सेमी (b) 41 सेमी
(c) 35 सेमी (d) 51 सेमी

22. ΔABC, क्रमानुसार ΔFDE का समरूप है। यदि ∠A = 60° तथा ∠B = 45° हो, तो ∠F = ?
(a) 45° (b) 75°
(c) 60° (d) इनमें से कोई नहीं।

23. AB और CD एक वृत्त C (0, r) के व्यास हैं। यदि ∠OBD = 50° हो, तब ∠AOC की माप है
(a) 100° (b) 80°
(c) 25° (d) 40°

24. ABD एक सीधी रेखा है, जो एक वृत्त के केन्द्र 'O' से गुजरती है। DC वृत्त का टैन्जेन्ट है। यदि ∠CAB = x और ∠CDA = 20°, तो x का मान क्या है

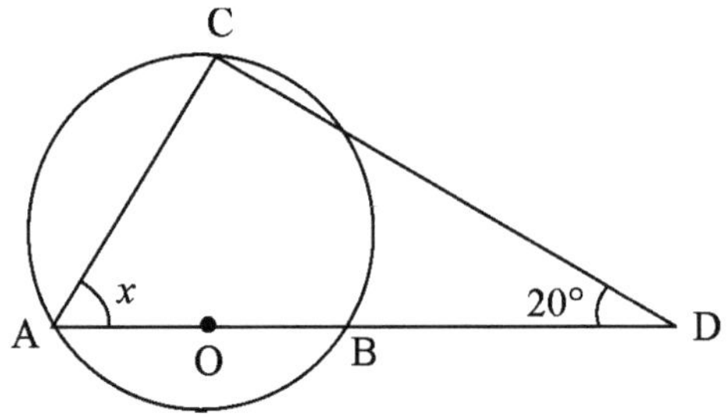

(a) 35° (b) 60°
(c) 40° (d) 20°

25. ∠SPR = 40° है। वृत्त की बिन्दु R पर PT कोई स्पर्श रेखा है, तो ∠QRP का मान क्या होगा?

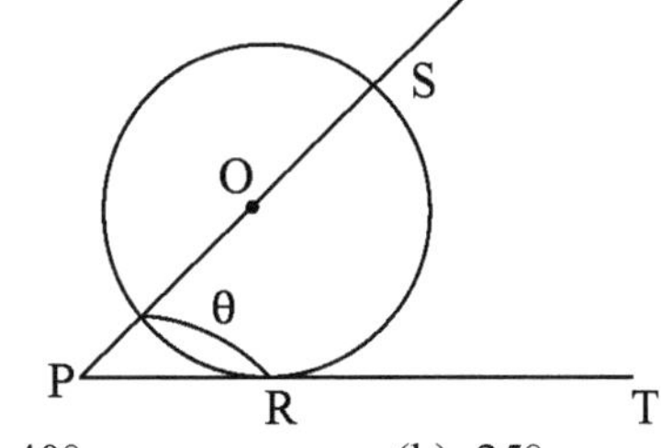

(a) 40° (b) 25°
(c) 45° (d) 50°

26. AB व्यास है, $\angle BAC = 30°$ है, CD स्पर्श रेखा है C पर तो

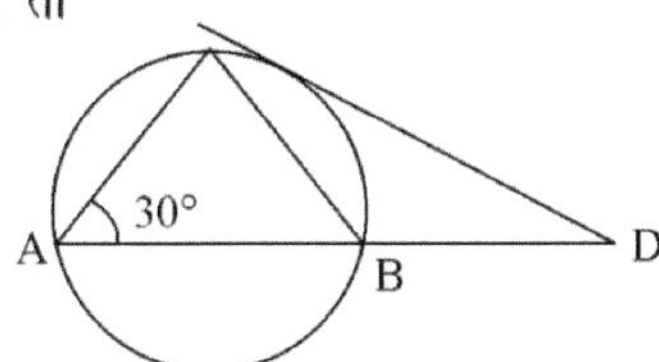

(a) BC = BD (b) $BC = \sqrt{2}\,BD$

(c) $BC = \frac{1}{2}BD$ (d) $BC = \frac{1}{\sqrt{2}}BD$

27. ΔABC की भुजाओं BC, CA तथा AB को क्रम से आगे बढ़ाने पर बहिष्कोण ∠ACD, ∠BAE और ∠CBF बनते हैं, तब ∠ACD + ∠BAE + ∠CBF का मान क्या है?

(a) 210° (b) 360°

(c) 540° (d) 180°

28. यदि ΔABC में ∠A < 90°, तो निम्न में से कौन-सा कथन सत्य है?

(a) $BC^2 > AB^2 + AC^2$ (b) $BC^2 < AB^2 + AC^2$

(c) $BC^2 = AB^2 + AC^2$ (d) इनमें से कोई नहीं।

29. एक त्रिभुज ABC में, ∠ACB = 64° है। AB के बिन्दु Q पर लम्बवत अर्द्धक BC को P पर मिलता है। यदि ∠PAC = 48° है, तो ∠ABC का मान है?

(a) 40° (b) 38°

(c) 36° (d) 34°

30. एक त्रिभुज के अधिककोण तथा एक न्यूनकोण में 20° का अन्तर है। त्रिभुज के दोनों न्यूनकोणों में 59° का अन्तर है। दोनों न्यूनकोणों में 59° का अन्तर है। दोनों न्यूनकोणों में से कौन-सा न्यूनकोण का मान है-

(a) 14° (b) 15°

(c) 16° (d) इनमें से कोई नहीं

31. ΔABC में ∠B एवं ∠C के अन्तः अर्द्धक बिन्दु O पर मिलते हैं। यदि ∠A = 70° है, तो ∠BOC होगा?

(a) 140° (b) 125°

(c) 130° (d) 110°

32. एक समबाहु ΔABC में बिन्दु D, भुजा BC में इस प्रकार है कि $BD = \left(\frac{1}{5}\right)BC$, तो AD^2 और AB^2 में अनुपात है?

(a) $\frac{21}{25}$ (b) $\frac{16}{25}$

(c) $\frac{18}{25}$ (d) $\frac{24}{25}$

33. ABC एक समद्विबाहु त्रिभुज है, जिसमें AB = AC है। भुजा AB पर एक बिन्दु L व AC पर एक बिन्दु M इस प्रकार है कि BC, CL, LM तथा AM बराबर है, तो कोण A तथा B में अनुपात क्या होगा?

(a) 1 : 4 (b) 1 : 1

(c) 1 : 2 (d) 1 : 3

34. यदि ΔABC में, ∠ABC तथा ∠ACB के अर्द्धक O पर मिलते हैं, तो ∠BOC किसके बराबर है?

(a) (180°– A) (b) (90°+ A)

(c) 90° (d) (90°+ A/2)

35. ΔABC के कोणों B तथा C के आन्तरिक द्विभाजक X पर मिलते हैं। यदि ∠A = 60°, तो ∠BXC का मान क्या है?

(a) 150° (b) 105°

(c) 120° (d) 60°

36. समबाहु ΔABC में, CD भुजा AB की माध्यिका है, तो CD^2 बराबर है?

(a) $\frac{3}{4}AB^2$ (b) $\frac{2}{3}AB^2$

(c) $3\,AB^2$ (d) AB^2

37. यदि त्रिभुज ABC में,
$AB^2 = BC^2 + AC^2 + BC \cdot AC$, तो ∠C का मान क्या होगा?

(a) 120° (b) 75°

(c) 60° (d) 30°

38. एक समान्तर चतुर्भुज की संलग्न भुजाएँ 16 तथा 18 सेमी लम्बी है। एक विकर्ण 26 सेमी है, तो दूसरे विकर्ण की लम्बाई क्या होगी?

(a) 22 सेमी. (b) 14 सेमी.

(c) 20 सेमी. (d) 11 सेमी.

39. यदि किसी त्रिभुज की दो भुजाएँ 16 तथा 18 सेमी हैं तथा तीसरी भुजा की माध्यिका की लम्बाई 11 सेमी है, तो तीसरी भुजा की लम्बाई क्या होगी?

(a) 13 सेमी. (b) 28 सेमी.

(c) 26 सेमी. (d) 24 सेमी.

40. एक समकोण समद्विबाहु त्रिभुज की भुजा 8 सेमी. है। भुजा का कर्ण पर प्रक्षेप होगा?

(a) $4\sqrt{2}$ सेमी. (b) $8\sqrt{2}$ सेमी.

(c) 8 सेमी. (d) इनमें से कोई नहीं

41. ABCDEF एक समषट्भुज है, जिसकी प्रत्येक भुजा a है। इस समषट्भुज के विकर्ण AC की लम्बाई होगी?

(a) 2a (b) $a\sqrt{2}$

(c) $\frac{a}{2}$ (d) $a\sqrt{3}$

42. एक समकोण ΔABC, B पर इस प्रकार समकोणिक है कि AB = 12 सेमी. तथा BC = 16 सेमी.। बिन्दु B से कर्ण AC पर लम्ब बनाया जाता है, जो कि D पर मिलता है। लम्ब BD की लगभग लम्बाई है

(a) 15 सेमी. (b) 7.5 सेमी.

(c) 9.6 सेमी. (d) इनमें से कोई नहीं

43. त्रिभुज ABC में, लम्ब AD की लम्बाई 10 सेमी. है। यदि $BD = \frac{10}{\sqrt{3}}$ सेमी. तथा $CD = 10\sqrt{3}$ सेमी. तो ∠BAC बराबर है?

(a) 105° (b) 90°

(c) 120° (d) 75°

44. त्रिभुज ABC में ∠B = 70°, ∠C = 40° BC पर बिन्दु P तथा Q इस प्रकार हैं कि AP, ∠BAC का आन्तरिक अर्द्धक है तथा AQ ⊥ BC है। ऐसी स्थिति में ∠QAP बराबर है?

(a) 30° (b) 15°

(c) 0° (d) इनमें से कोई नहीं।

45. एक समकोणिक त्रिभुज ABC, B पर समकोण बनाता है। A से खींची गई रेखा AB को D पर इस प्रकार मिलती है कि AE = CD = 13 सेमी., BE = 5 सेमी. तथा AD = CE तब, AD की लम्बाई होगी?

(a) 12 सेमी. (b) 8 सेमी.

(c) 7 सेमी. (d) 6 सेमी.

46. चित्र में, रेखा DE ∥ BC यदि AB : DB = 3 : 1 और रेखाखण्ड EA = 3.3 सेमी. हो, तो रेखाखण्ड EC की माप क्या होगी?

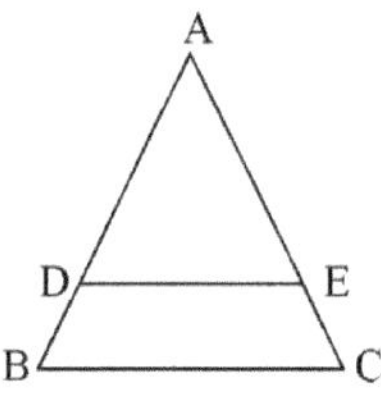

(a) 2.1 सेमी. (b) 1.1 सेमी.

(c) 3.3 सेमी. (d) इनमें से कोई नहीं

47. चित्र में AC ∥ MN, BN = 5 सेमी., NC = 2.5 सेमी हो, तो BM : MP का मान होगा

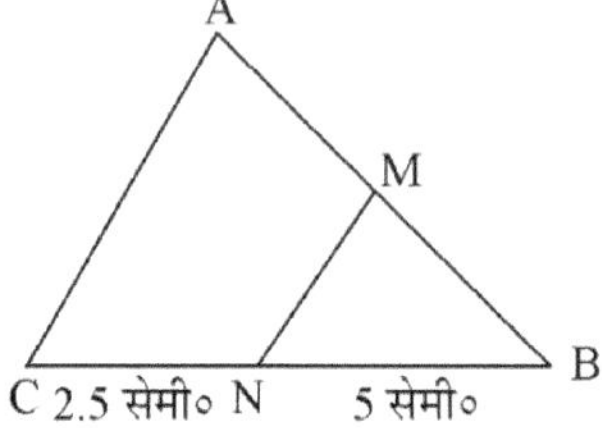

(a) 2 : 1 (b) 1 : 2

(c) 2 : 2 (d) इनमें से कोई नहीं।

48. चित्र में रेखाखण्ड AD, ΔABC के ∠A का अर्द्धक है। बिन्दु D भुजा BC पर स्थित है। BD : DC का मान क्या होगा?

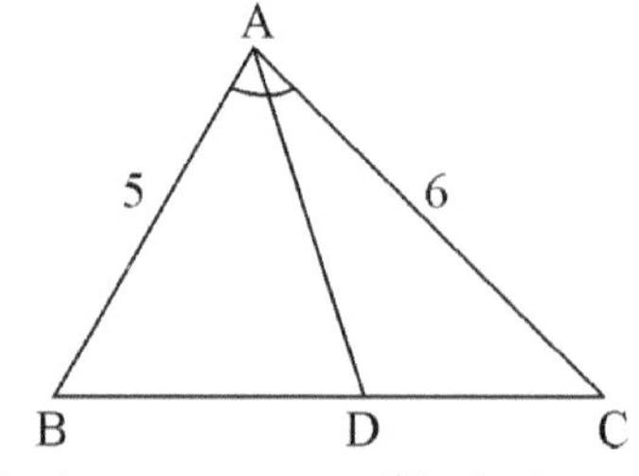

(a) 5 : 6 (b) 6 : 5

(c) 4 : 5 (d) इनमें से कोई नहीं।

49. त्रिभुज ABC का आधार 10 सेमी. है। एक रेखा 'XY' जिसकी लम्बाई 3 सेमी है, आधार BC के समान्तर खींची गई है, जो भुजा AB व AC को क्रमश: X तथा Y पर काटती है। यदि AC = 5 सेमी हो, तो AY का मान होगा?

(a) 1.5 सेमी. (b) 3.5 सेमी.

(c) 3 सेमी. (d) 2 सेमी.

50. संलग्न चित्र में, ΔABO ~ ΔDOC यदि AB = 3 सेमी., CD = 2 सेमी, OC = 3.8 सेमी. और OD = 3.2 सेमी. तब (OA + OB) बराबर है

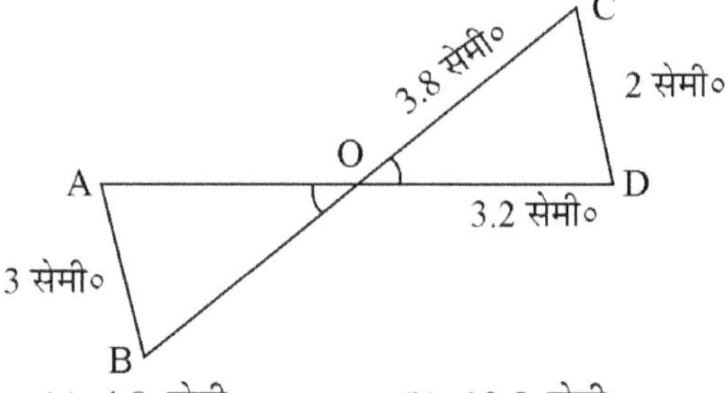

(a) 4.8 सेमी. (b) 10.5 सेमी.

(c) 11.5 सेमी. (d) 5.7 सेमी.

51. दो समरूप त्रिभुजों की ऊँचाइयाँ क्रमशः 2 सेमी. तथा 3 सेमी. है। उनके क्षेत्रफलों में अनुपात क्या है?

(a) 4 : 9 (b) 9 : 4
(c) 14 : 9 (d) 2 : 3

52. एक त्रिभुज ABC में बिन्दु D रेखा AB पर तथा बिन्दु E रेखा AC पर इस प्रकार है कि DE, BC के समान्तर है। यदि AD = $2x - 3$, BD = $x - 1$, AE = $5x - 7$ तथा EC = $2(x - 1)$ तो x का मान है?

(a) 1 (b) 1
(c) 1 अथवा $\frac{-1}{2}$ (d) इनमें से कोई नहीं।

53. ΔABC इस प्रकार है, कि AB = 3 सेमी., BC = 2 सेमी. और AC = 2.5 सेमी.। ΔDEF, ΔABC के समरूप हैं, यदि EF = 4 सेमी है, तब ΔDEF का परिमाप क्या है?

(a) 15 सेमी. (b) 18 सेमी.
(c) 5 सेमी. (d) 7.5 सेमी.

54. संलग्न चित्र में, ABCD एक समलम्ब है, जिसमें BC ∥ AD और इसके विकर्ण O पर काटते हैं, यदि AO = $(3x - L)$, OC = $(5x - 3)$, BO = $(2x + 1)$ और OD = $(6x - 5)$ हो, तो x का मान क्या है?

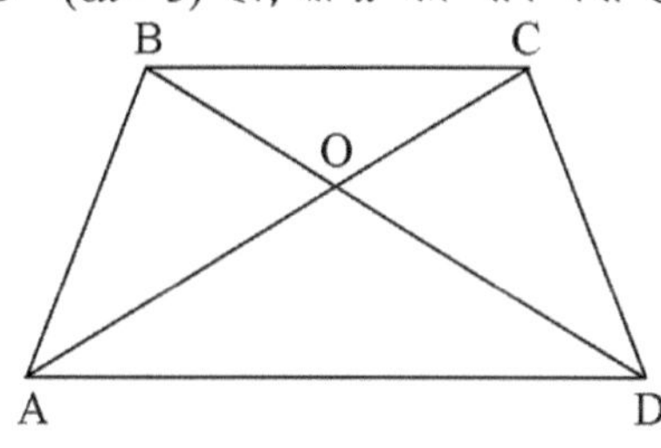

(a) 4 (b) 2
(c) 3 (d) 1

55. त्रिभुज ABC की भुजा AB पर बिन्दु D ऐसा है कि AD : DB = 2 : 5 तथा BC पर बिन्दु E ऐसा है कि BE : BC = 5 : 7, तब,

(a) DE : AC = 1 : 2
(b) DE : AC = 2 : 5
(c) DE : AC = 5 : 2
(d) AC तथा DE समान्तर हैं।

56. एक वृत्त की तीन जीवाएँ AB, BC और AC लम्बाई में बराबर हैं। यदि वृत्त का केन्द्र 'O' है, तो ∠AOC का मान क्या होगा?

(a) 45° (b) 30°
(c) 60° (d) 120°

57. निम्न चित्र में ∠OAC का मान क्या होगा?

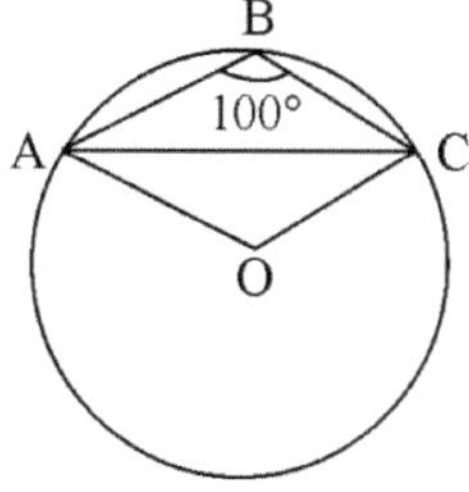

(a) 50° (b) 10°
(c) 40° (d) 20°

58. ABCD एक चक्रीय चतुर्भुज है। वृत्त के बिन्दु A पर एक स्पर्श रेखा PQ है। यदि BD वृत्त का व्यास है तथा ∠ABD = 20°, ∠CDB = 50°, तो ∠CBD का मान क्या होगा?

(a) 70° (b) 40°
(c) 20° (d) इनमें से कोई नहीं।

59. ABCD एक चक्रीय चतुर्भुज है जिसकी भुजा AB वृत्त का व्यास है। यदि ∠ADC = 150° हो, तो ∠BAC का मान क्या होगा?

(a) 100° (b) 50°
(c) 130° (d) 60°

60. AB और CD एक वृत्त के व्यास हैं, यदि ∠OBD = 50° हो, तब ∠AOC की क्या माप है?

(a) 25° (b) 40°
(c) 80° (d) 100°

61. किसी वृत्त की दो समान्तर जीवाएँ, जो केन्द्र के एक ही ओर हैं, उनके बीच की दूरी 7 सेमी. है। यदि उनकी लम्बाइयाँ 24 मी. तथा 10 मी. हो, तो वृत्त की त्रिज्या क्या होगी?

(a) 12 मी (b) 14 मी
(c) 10 मी (d) 13 मी

62. निम्न चित्र में O वृत्त का केन्द्र है। ∠ACB का मान क्या होगा?

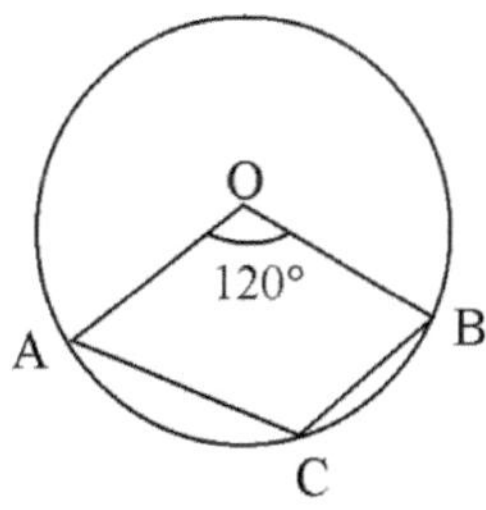

(a) 140° (b) 120°
(c) 240° (d) 100°

63. एक वृत्त की त्रिज्या 12 सेमी है। उसकी 24 सेमी जीवा वाले चाप द्वारा शेष परिधि पर बने कोण का मान क्या होगा?

(a) 60° (b) 75°

(c) 45° (d) 90°

64. वृत्त O में एक जीवा AB है। B पर स्पर्श रेखा बढ़ाई गई रेखा AO से P पर मिलती है। यदि ∠BAP = 40°, तो ∠BPA मान क्या होगा?

(a) 10° (b) 40°

(c) 20°

(d) इनमें से कोई नहीं।

65. निम्न चित्र में ∠AEB = 130° तथा ∠EBC = 20°, तो ∠BDA का मान क्या होगा?

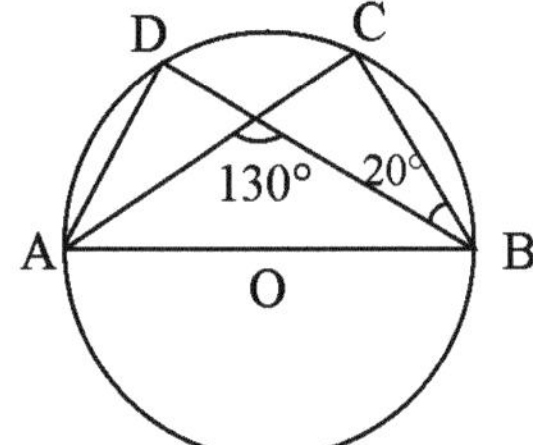

(a) 110° (b) 70°

(c) 100° (d) 130°

66. निम्न चित्र में, यदि ∠BAP = 80° तथा ∠ABC = 30° तो ∠AQC का मान क्या होगा?

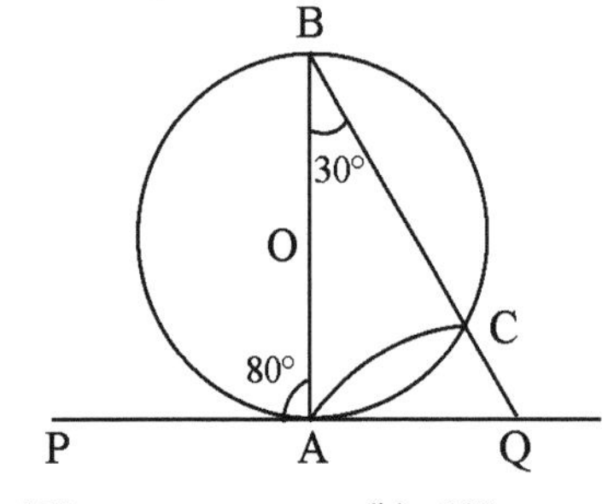

(a) 45° (b) 50°

(c) 80° (d) 110°

67. एक चक्रीय समलम्ब चतुर्भुज ABCD का ∠ABC = 52° है। यदि BC और AD समान्तर हैं, तो ∠BCD का मान क्या होगा?

(a) 104° (b) 64°

(c) 128° (d) 52°

68. ABCD एक चक्रीय समलम्ब चतुर्भुज हैं, जिसमें AD तथा BC समान्तर हैं। यदि ∠B = 70° हो, तो सत्य कथन क्या है?

(a) ∠C = 110°, ∠D = 110°

(b) ∠D = 110°, ∠C = 70°

(c) ∠C = 70°, ∠D = 70°

(d) ∠C = 110°, ∠D = 70°

69. समान्तर चतुर्भुज ABCD में x का मान क्या होगा?

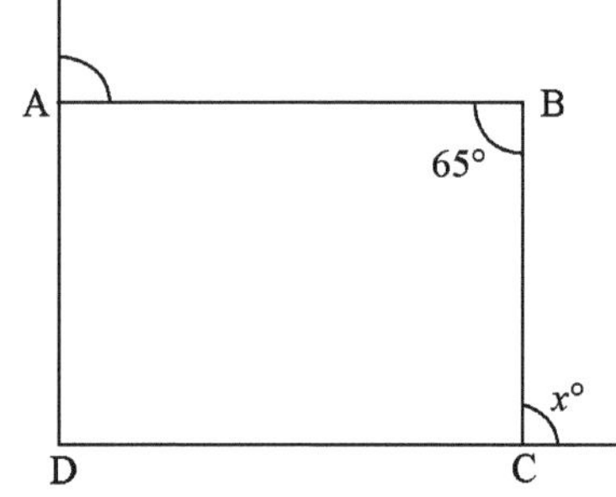

(a) 25° (b) 125°

(c) 20° (d) 65°

70. O वृत्त का केन्द्र है, चित्र में स्पर्श रेखाएँ AP तथा BP एक दूसरे को P पर काटती हैं, तो x का मान क्या होगा?

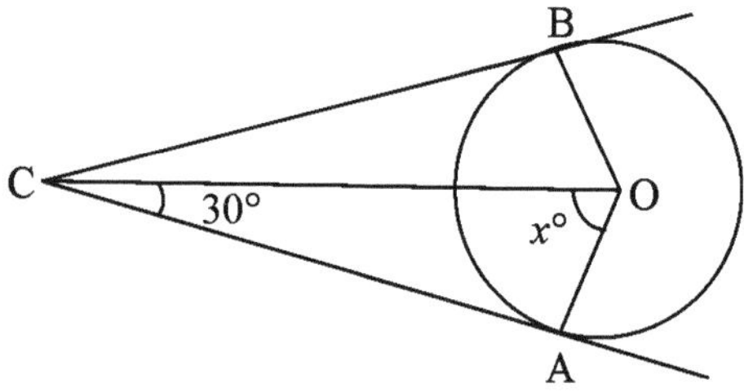

(a) 60° (b) 50°

(c) 30° (d) 40°

उत्तरमाला (Answer Key)

1. (d)	2. (c)	3. (b)	4. (c)	5. (c)	6. (c)	7. (b)	8. (b)	9. (c)	10 (c)
11. (c)	12. (c)	13. (c)	14. (b)	15. (b)	16. (d)	17. (c)	18. (d)	19. (b)	20. (d)
21. (a)	22. (c)	23. (b)	24. (a)	25. (b)	26. (a)	27. (b)	28. (b)	29. (d)	30. (b)
31. (b)	32. (a)	33. (d)	34. (d)	35. (c)	36. (a)	37. (c)	38. (a)	39. (c)	40. (a)
41. (a)	42. (c)	43. (b)	44. (b)	45. (c)	46. (d)	47. (a)	48. (b)	49. (a)	50. (b)
51. (a)	52. (a)	53. (a)	54. (b)	55. (d)	56. (d)	57. (b)	58. (b)	59. (d)	60. (c)
61. (d)	62. (b)	63. (d)	64. (a)	65. (a)	66. (b)	67. (d)	68. (a)	69. (d)	70. (a)

हल (Solutions)

1. (d)

केन्द्र O से दोनों जीवाओं की लम्बवत दूरी

$= OM = ON = 3$ सेमी.

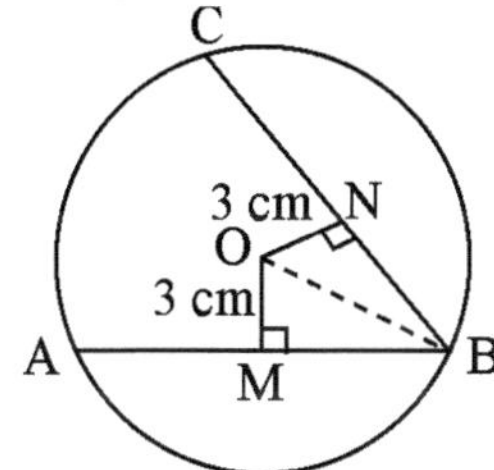

$\because AB = 8$ सेमी.

$\therefore AM = BM = \frac{1}{2} AB = 4$ सेमी.

$OB^2 = OM^2 + BM^2$

$= 3^2 + 4^2 = 5^2$

$\therefore OB = 5$ सेमी.

समकोण ΔOBN में,

$BN^2 = OB^2 - ON^2 = 5^2 - 3^2 = 4^2$

$\therefore BN = 4$ सेमी.

$\Rightarrow BC = 2 \times BN = 2 \times 4 = 8$ सेमी.

2. (c)

माना कि कोण की माप $= x°$

पूरक कोण $= 90° - x°$

सम्पूरक कोण $= 180° - x°$

$\therefore$ योग $= (90° - x°) + (180° - x°) = 270° - 2x°$

$\Rightarrow 270° - 2x° = 120°$

$\Rightarrow x° = 75°$

3. (b)

माना कि कोण की माप $= \theta°$

पूरक कोण $= (90° - \theta°)$

सम्पूरक कोण $= 180° - \theta°$

$\therefore (180° - \theta°) = 6\,(90° - \theta°)$

$\theta° = 72°$

4. (c)

माना कि वृत्त की त्रिज्या r है एवं केन्द्र O है,

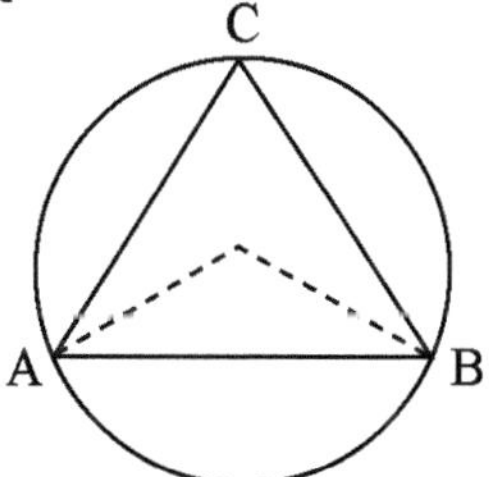

वृत्त की जीवा $= AB = r$

एवं, $OA = OB = r$

$\therefore \Delta OAB$ समबाहु त्रिभुज है

$\therefore \angle AOB = 60°$

$\therefore$AB द्वारा किसी बिन्दु C पर बनने वाला कोण

$= \frac{1}{2} \times 60° = 30°$

5. (c)

अन्त: कोणों का कुल योग $= 8 \times 90° = 720°$

{$\because$ समकोण का माप $= 90°$}

किसी बहुभुज के अन्त: कोणों का योग $= (n - 2)$ $180°$

जहाँ, n बहुभुज के भुजाओं की संख्या है,

$\therefore (n - 2)\, 180° = 720°$

$\Rightarrow \quad n = 6$

6. (c)

माना कि कोण की माप $= x°$

पूरक कोण का माप $= 90° - x°$

$\Rightarrow \quad x° = 4\,(90° - x°)$

या, $5x° = 360°$

या, $x° = 72°$

7. (b)

वृत्त का केन्द्र O है तथा त्रिज्या r है,

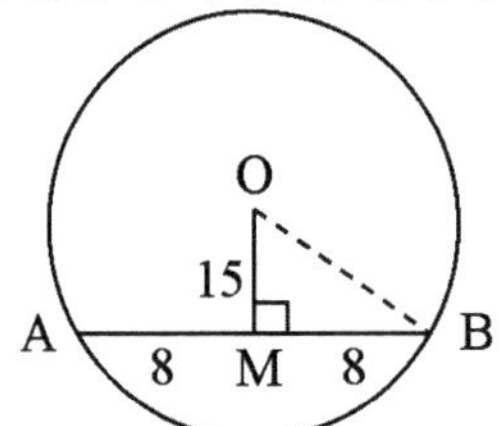

$\therefore OB = r$

AB की लम्बाई $= 16cm$

$\therefore MB = \frac{1}{2} \times AB = 8cm$

ΔOMB में,

$OB^2 = OM^2 + MB^2$

या, $r^2 = 15^2 + 8^2$

या, $r = 17cm$

8. (b)

माना कि कोण की माप $= x°$

सम्पूरक कोण $= 180° - x°$

$\therefore \quad x° = 5\,(180° - x°)$

या, $6x° = 5 \times 180°$

$x° = 150°$

9. (c)

$(x° - 10°) + (x° + 12°) + 98° + 20° = 360°$

या, $x° = 120°$

10. (c)

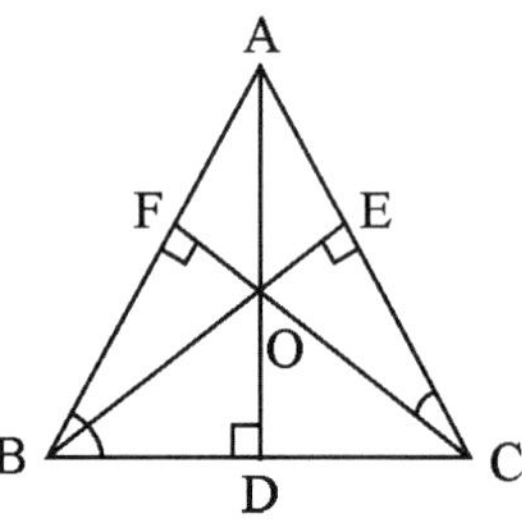

$\because \angle ODB = \angle OFB = 90°$

$\therefore \angle FOD = 180° - 60° = 120°$

$\therefore \angle AOC = \angle FOD = 120°$

$\therefore \angle OAC + \angle OCA = 180° - 120°$

$= 60°$

11. (c)

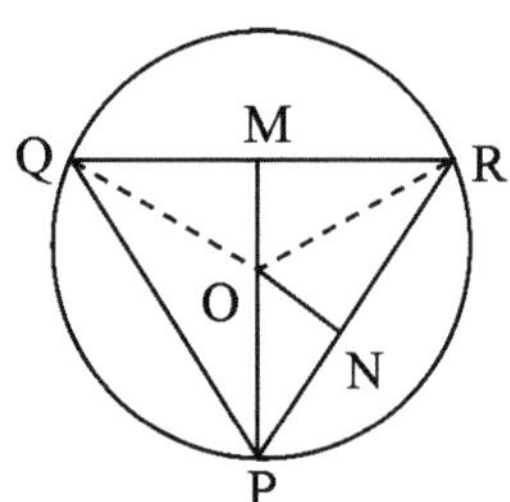

O केन्द्र है।

PR = 6 सेमी.

PN = 3 सेमी.

OR = 5 सेमी.

$ON = \sqrt{5^2 - 4^2} = 3$ सेमी.

$\text{Sin}\,\angle OPQ = \frac{4}{5}$

$\angle QPR = 2\,\angle OPQ = 2 \sin^{-1} \frac{4}{5}$

$\therefore \angle QOR = 4 \sin^{-1} -$

$\angle ROM = 2 \sin^{-1} \frac{4}{5}$

या, $MR = CR \sin \angle MCR$

$= CR \sin (2 \sin^{-1} \frac{4}{5})$

$= 5 \times 2 \sin (\sin^{-1} \frac{4}{5}) \cos (\sin^{-1} \frac{4}{5})$

$= 10 \times \frac{4}{5} \times \frac{3}{5} = \frac{24}{5} = \frac{9.6}{2} = 4.8$ सेमी.

$\therefore QR = 2 \times MR = 9.6$ सेमी.

12. (c)

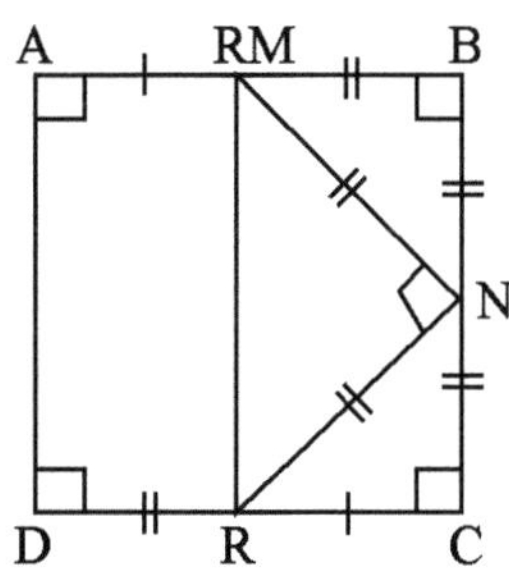

∵ AM = BN = CR

∴ MB = NC = RD

ΔBMN और ΔNRC में,

NM = NR (दोनों त्रिभुज सर्वांगसम है)

∵ NM = NR

∴ ∠MRN = ∠RMN = 45°

13. (c)

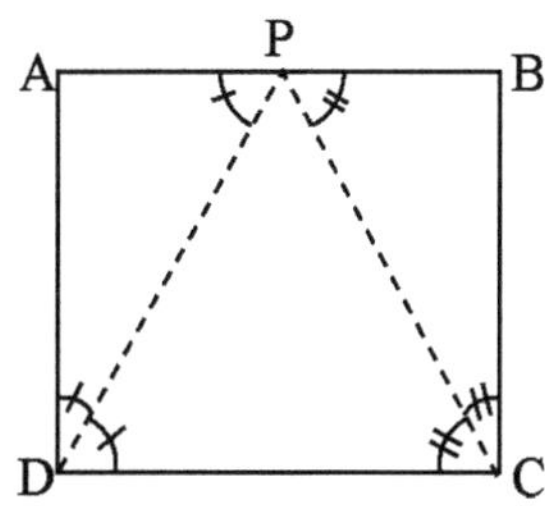

∵ ∠ADC + ∠BCD = 180°

∴ ∠PDC + ∠PCD = 90°

∴ ∠DPC = 90°

∵ ∠PCD = ∠BCP = ∠BPC

∴ PB = BC, और

AP = AD, और AD = BC

∴ AP = PB

∴ DC = 2 AP = 2 AD = 2 BC

∴ DC = 2 CB

14. (b)

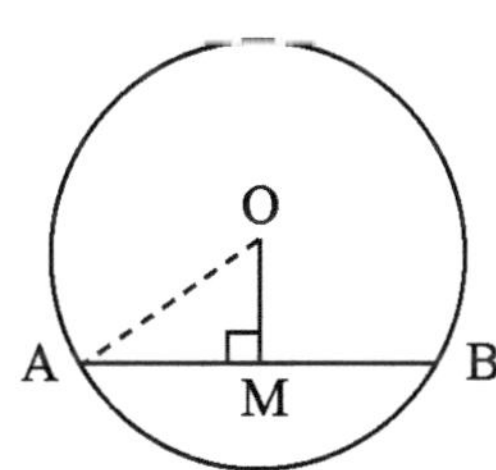

OC = 4 सेमी.

OA = 5 सेमी.

∴ AC = $\sqrt{5^2-4^2}$ = 3 सेमी.

AB = 2 × AC = 6 सेमी.

15. (b)

ΔABC में

AB = BC

∴ ∠A = ∠C

2x – 20° = 180° – (x° + 2x° – 20°)

2x – 20 = 180° – 3x° + 20°

5x° = 220°

x° = 44°

⇒ ∠B = 44°

16. (d)

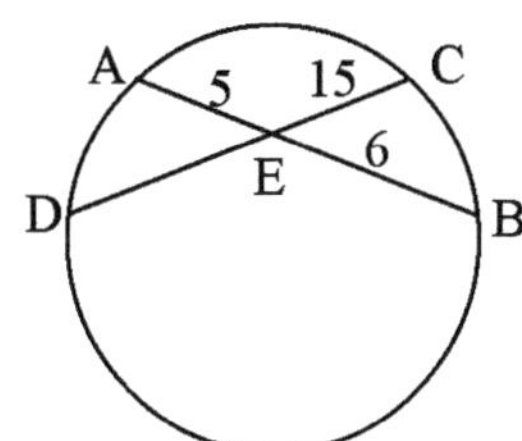

माना कि ED = x सेमी.

∴ ED = $\dfrac{AE \times EB}{EC} = \dfrac{5\times6}{15} = 2$

17. (c)

$2x + 3x + 4x = 180°$

$9x = 180°$

$x = 20°$

18. (d)

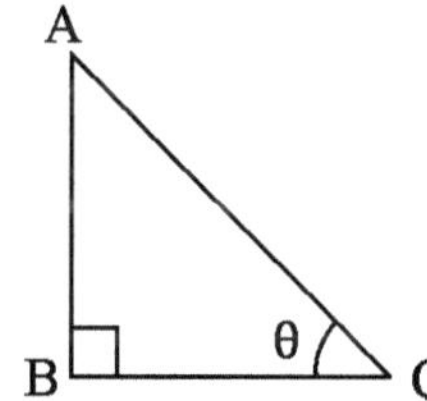

माना कि ΔABC में ∠ABC = 90° (समकोण) है,

AC कर्ण है,

∴ $AC^2 = (AB.BC)^2$

∵ ΔABC समकोण त्रिभुज है

∴ $AC^2 = AB^2 + BC^2$

$2\,(AB\,.\,BC) = AB^2 + BC^2$

$2 = \dfrac{AB}{BC} + \dfrac{BC}{AB}$

माना कि, $\dfrac{AB}{BC} = x$

∴ $x + \dfrac{1}{x} = 2$

$x^2 + 1 = 2x$

$x^2 - 2x + 1 = 0$

गुणनखंड से

$x = 1$

$\Rightarrow \tan\theta = 1$

$\Rightarrow \theta = 45°$

19. (b)

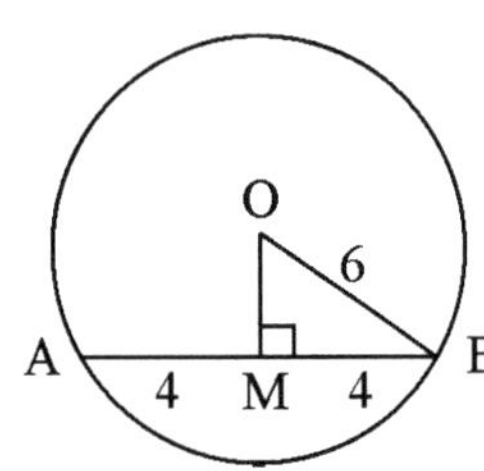

O केन्द्र है,

OB = r = 6 सेमी.

$MB = AM = \frac{1}{2} \times OB = 4$ सेमी.

$\therefore OM = \sqrt{6^2 - 4^2} = \sqrt{20} = 2\sqrt{5}$ सेमी.

20. (d)

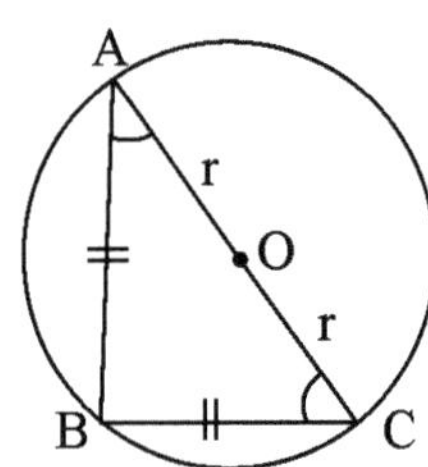

O केन्द्र है,

$AB^2 + BC^2 = AC^2$

$AC = 2r = \sqrt{2AB^2}$

$\Rightarrow AB = \sqrt{2}\,r$

$\therefore \frac{\pi r^2}{\frac{1}{2} \times \sqrt{2}r \times \sqrt{2}r} = \pi$

21. (a)

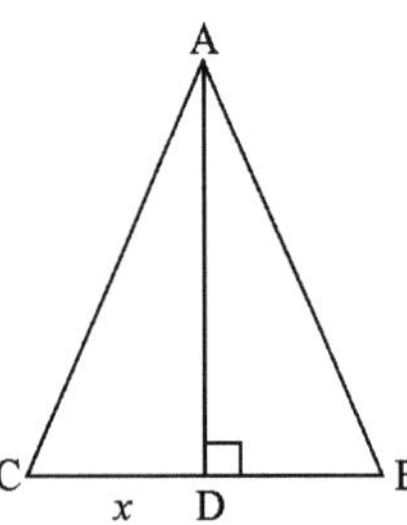

$\angle CAB = 90°$

$AD \perp BC$, AC = 75 सेमी.

AB = 100 सेमी.,

BC = 125 सेमी.,

माना, CD = x सेमी.

$\therefore BD = (125 - x)$ सेमी.

ΔADC में,

$AD^2 + CD^2 = AC^2$

$AD^2 + x^2 = (75)^2$ ....(i)

ΔABD में,

$AD^2 + BD^2 = AB^2$

$AD^2 + (125 - x)^2 = (100)^2$ ....(ii)

समीकरण (i) एवं (ii) से,

$x^2 - (125 - x)^2 = (75)^2 - (100)^2$

$\{a^2 - b^2 = (a + b)(a - b)\}$

या, $\{x + (125 - x)\}\{2x - 125\} = (-25) \times (175)$

या, $(125)(2x - 125) = -25 \times 175$

या, $(2x - 125) = \frac{-25 \times 175}{125} = -35$

या, $2x = 90$

या, $x = 45$ सेमी.

22. (c)

ΔABC, ΔFDE समरूप हैं,

$\therefore \angle A = \angle F = 60°$

23. (b)

केन्द्र O और त्रिज्या r है,

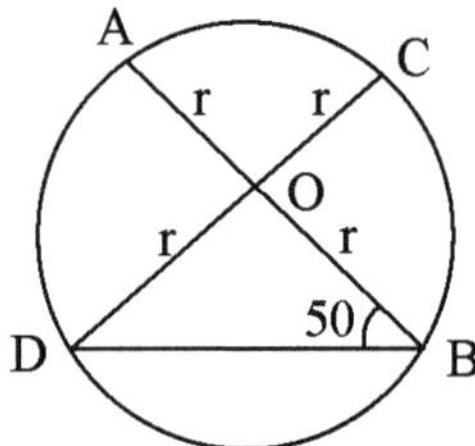

ΔODB में,

$\because OD = OB = r$

$\therefore \angle OBD = \angle ODB = 50°$

$\therefore \angle BOD = 180° - (2 \times 50°) = 80°$

$\therefore \angle AOC = 80°$

24. (a)

$\angle CAB = x°$, $\angle CDA = 20°$

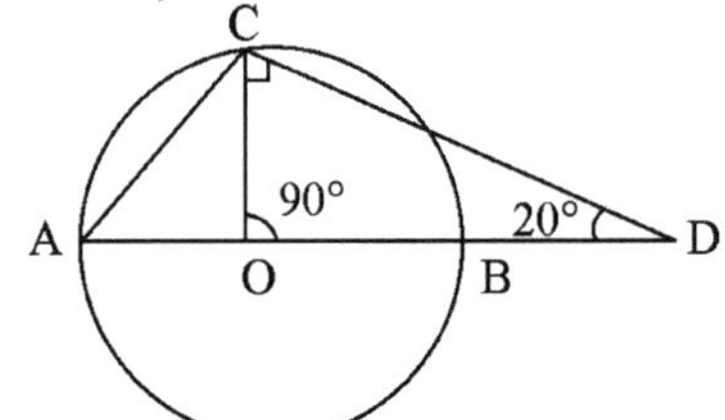

∠OCD = 90° (∵ DC Tangent है)
∠COD = 70°
∵ OC = OA
∴ ∠OAC = ∠OCA
∴ 2 ∠OAC = 180° – 110° = 70°
∴ ∠OAC = 35° = x

25. (b)

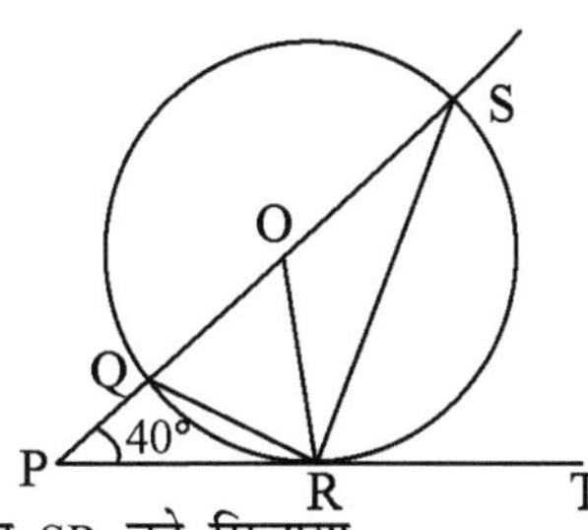

QR तथा SR को मिलाया,
∠SPR = 40°, ∠PRO = 90°
∠POR = 50°
∠SOR = 130°
∴ ∠S = ∠R = 25°
∴ ∠QRP =25°

26. (a)

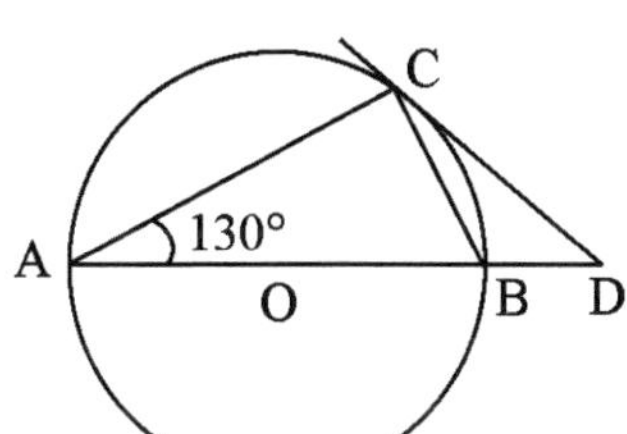

∠ACB = 90° {अर्धवृत्त का कोण}
∠CBA = 180° – 120° = 60°
∴ ∠CBD = 120° {रैखिक युग्म}
∠BCD = ∠CAB = 30° {∵DC स्पर्श रेखा है एवं C से व्यास पर बिन्दु B वृत्त पर है}
∴ ∠CDB = 30°
∵ ∠CDB = ∠BCD = 30°
∴ BC = BD

27. (b)

∠ACD = ∠ABC + ∠BAC
∠BAE = ∠BCA + ∠ABC
∠CBF = ∠BCA + ∠BAC
∠ACD + ∠BAE + ∠CBF = 2 (∠ABC + ∠BAC + ∠BCA)
= 2 × 180° = 360°

28. (b)

ΔABC एक न्यूनकोण त्रिभुज है, {∵ ∠A < 90°}
∴ $BC^2 < AB^2 + AC^2$

29. (d)

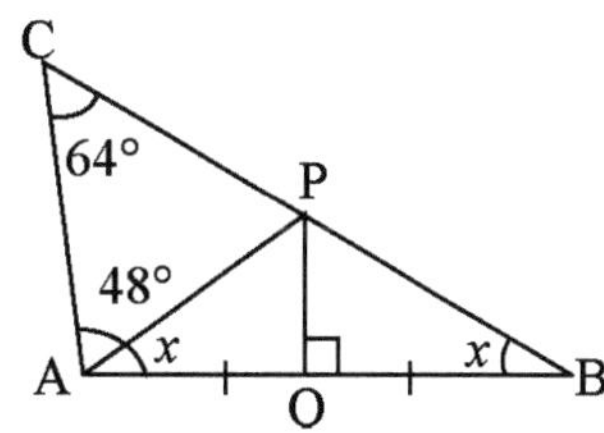

∠APC = 180° – 64° – 48°
= 68°
लेकिन ∠PBA + ∠PBA = ∠APC
$x + x = 68°$
⇒ ∠ABC = 34°

30. (b)

माना कि एक न्यूनकोण $x°$ है।
$(59)° + (x + 20)°$ = अधिककोण का माप,
$(x + 59)°$ = दूसरे न्यूनकोण का माप,
$59° + 3x + 79° = 180°$
या, $3x = 42°$
$x = 14°$

31. (b)

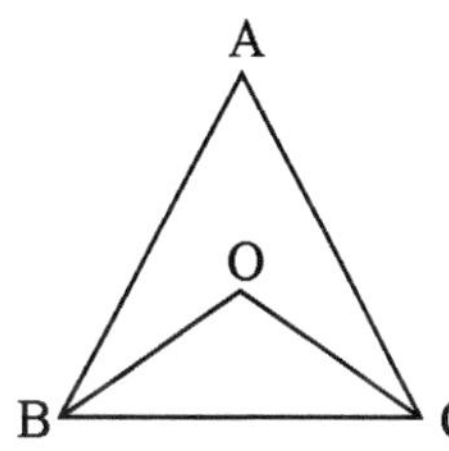

∠BOC = $x°$
∠BAC = 70°

$$180° - \left(\frac{\angle B}{2} + \frac{\angle C}{2}\right) = \angle BOC$$

$$\therefore 180° - \left(\frac{\angle B + \angle C}{2}\right) = 180° - \left(\frac{110°}{2}\right) = 125°$$

32. (a)

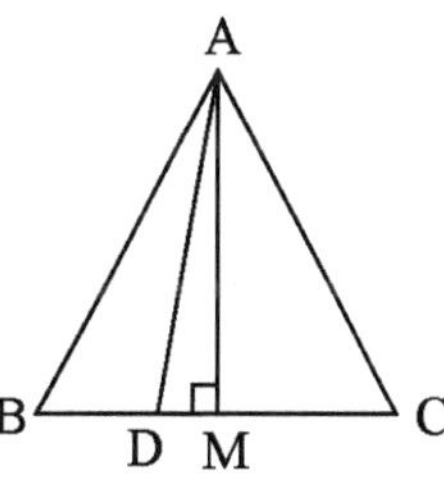

AM ⊥ BC
ΔAMD में,
$AM^2 + DM^2 = AD^2$ ....(i)

ΔAMB में,

$AM^2 + BM^2 = AB^2$ ....(ii)

$$\frac{AD^2}{AB^2} = \frac{AM^2 + DM^2}{AM^2 + BM^2}$$

$$= \frac{\left(\frac{\sqrt{3}}{2}AB\right)^2 + \left(\frac{AB}{2} - \frac{AB}{5}\right)^2}{\left(\frac{\sqrt{3}}{2}AB\right)^2 + \left(\frac{AB}{2}\right)^2}$$

$$= \frac{\frac{3}{4} + \frac{9}{100}}{\frac{3}{4} + \frac{1}{4}} = \frac{84}{100} = \frac{21}{25}$$

33. (d)

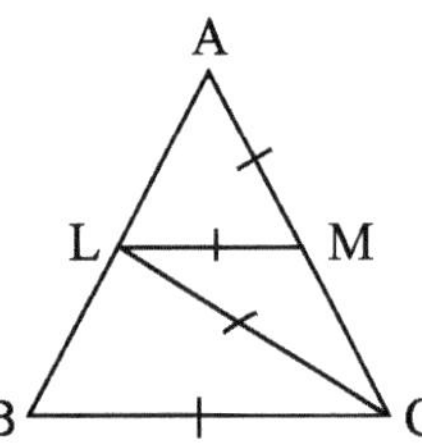

ΔALM में,

$\angle A = \angle ALM$ ....(i)

$\angle LMC = \angle A + \angle ALM = 2\angle A$

$\angle BLC = \angle A + (180° - 2\angle A) - (180° - 4\angle A)$
$= 3\angle A$

$$\therefore \frac{\angle A}{\angle BLC} = \frac{\angle A}{\angle B} = \frac{1}{3} = 1 : 3$$

34. (d)

$$\angle BOC = 90° + \frac{A}{2}$$

35. (c)

$$\angle B \times C = 90° + \frac{A}{2} = 90° + \frac{60°}{2} = 120°$$

36. (a)

समबाहु त्रिभुज में,

$$\text{माध्यिका} = \frac{\sqrt{3}}{2}\ (\text{भुजा})$$

$$\Rightarrow CD^2 = \frac{3}{4}(\text{भुजा})^2 = \frac{3}{4}(AB)^2$$

37. (c)

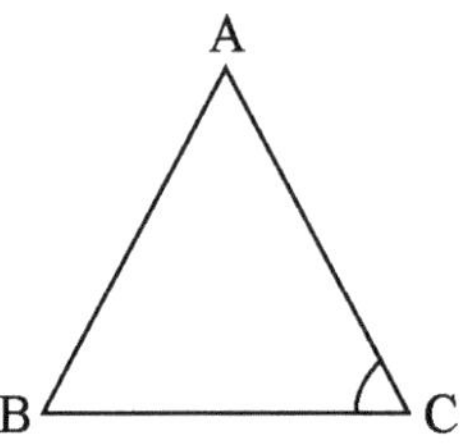

$AB^2 = BC^2 + AC^2 + BC \,.\, AC$

$$\text{Cos } C = \frac{AC^2 + BC^2 - AB^2}{2.BC.AC} = \frac{1}{2}$$

$\Rightarrow \angle C = 60°$

38. (a)

माना कि दूसरे विकर्ण की लम्बाई $= l$

$2\,[(16)^2 + (18)^2] = (26)^2 + l^2$

$\Rightarrow 2\,[256 + 324] = 676 + x^2$

$\Rightarrow x = \sqrt{484} = 22$ सेमी.

39. (c)

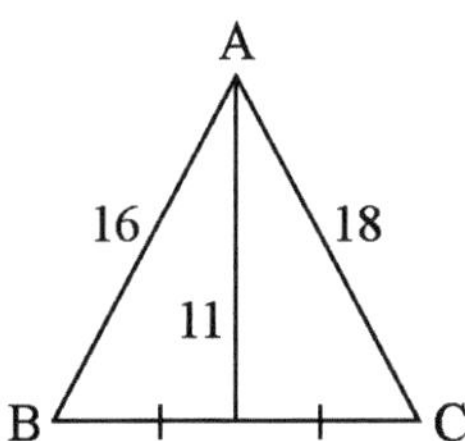

तीसरी भुजा $= a$

$$2\left[\left(\frac{a}{2}\right)^2 + (11)^2\right] = (16)^2 + (18)^2$$

$$\Rightarrow \frac{a^2}{4} + 121 = 290$$

$\Rightarrow a^2 = 169 \times 4$

$\Rightarrow a = 13 \times 2 = 26$ सेमी.

40. (a)

कर्ण $= \sqrt{2} \times$ भुजा $= 8\sqrt{2}$

$$\therefore \text{प्रक्षेप} = \frac{8\sqrt{2}}{2} = 4\sqrt{2}$$

41. (a)

समषट्भुज के विकर्ण की लम्बाई $= 2 \times$ भुजा
$= 2 \times a = 2a$

42. (c)

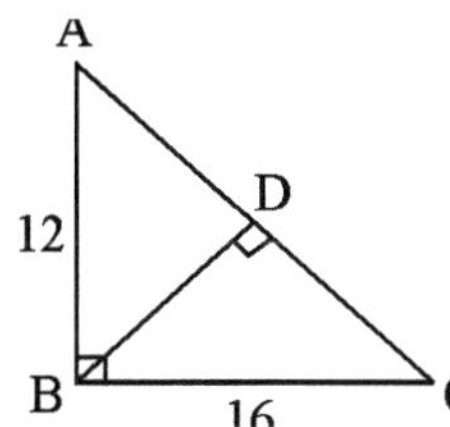

माना BD की लम्बाई $= x$

$\sqrt{x^2+12^2}+\sqrt{x^2+16^2} = AC$ ....(i)

$AC = \sqrt{12^2+16^2} = 20$

$x = 9.6$ सेमी.

43. (b)

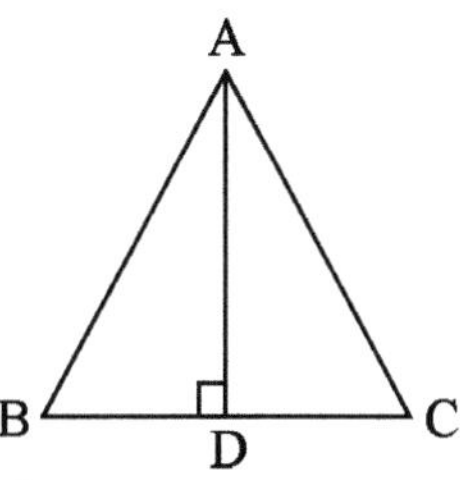

AD = 10 सेमी.

$BD = \frac{10}{\sqrt{3}}$ सेमी.

$CD = 10\sqrt{3}$ सेमी.

$\tan(\angle BAD) = \left(\frac{10}{\sqrt{3}}\right)\times\frac{1}{10} = \frac{1}{\sqrt{3}}$

$\angle BAD = 30°$

$\tan(\angle DAC) = \sqrt{3}$

$\Rightarrow \angle DAC = 60°$

$\therefore \angle BAD + \angle DAC = \angle A = 60° + 30° = 90°$

44. (b)

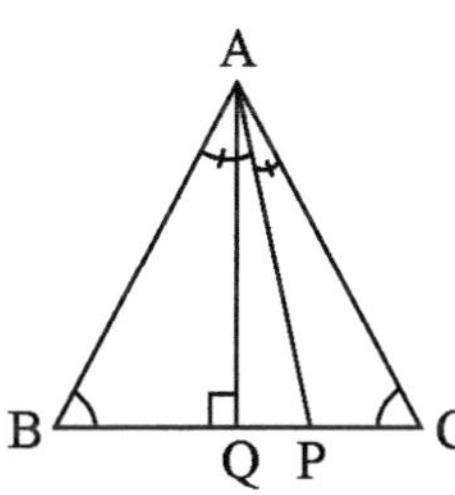

$\angle BAQ = 180° - (90° + 70°) = 20°$

$\angle QAP = \left(\frac{1}{2}\times\angle A\right) - (\angle BAQ)$

$= \left(\frac{1}{2}\times 70°\right) - (120°)$

$= 15°$

45. (c)

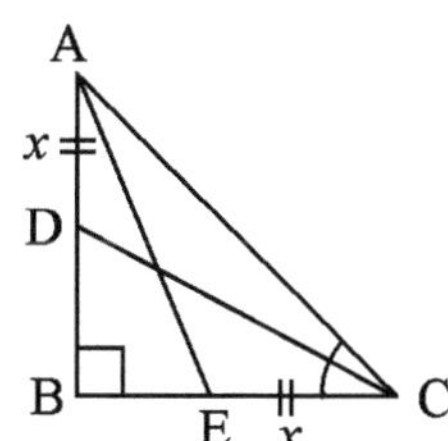

$BD^2 + BC^2 = CD^2$

$\Rightarrow (12 - x)^2 + (5 + x)^2 = 13^2$

$\Rightarrow 2x^2 - 14x = 0$

$\Rightarrow x = 0, 7$

$\Rightarrow$ AD = 7 सेमी.

46. (d)

$\because DE \parallel BC$

$\therefore \angle ADE = \angle ABC$

$\angle AED = \angle ACB$

$\therefore \Delta ABC$ एवं ΔADE समरूप हैं।

$\therefore \frac{AD}{AB} = \frac{AE}{AC}$

$\Rightarrow \frac{AD}{AD+BD} = \frac{AE}{AE+EC}$

$\Rightarrow \frac{AD+BD}{DB} = \frac{AC}{EC}$

$\Rightarrow \frac{3}{1} = \frac{AC}{AC-3.3}$

$\Rightarrow$ EC = 1.65 सेमी.

47. (a)

$\frac{BM}{AM} = \frac{BN}{NC}$ {$\because \Delta ABC$ एवं ΔMBN समरूप हैं।}

$\Rightarrow \frac{BM}{AM} = \frac{5}{2.5} = 2$

$\Rightarrow BM : AM = 2 : 1$

48. (b)

$\because$ AD, $\angle A$ का अर्द्धक है,

$\therefore \frac{BD}{DC} = \frac{AB}{AC}$

$\Rightarrow BD : DC = 5 : 6$

49. (a)

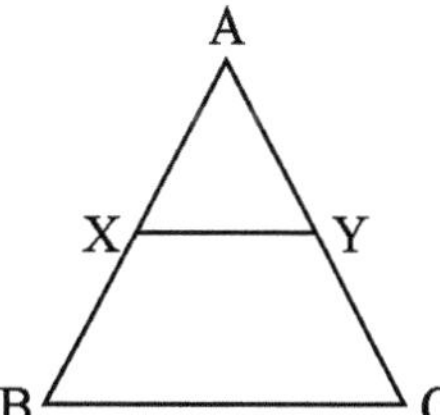

ΔAXY एवं ΔABC समरूप है।

$\Rightarrow \frac{AX}{AB}=\frac{AY}{AC}=\frac{XY}{BC}$

$\Rightarrow$ AY = $\frac{3}{10}\times AC=\frac{3}{10}\times 5$ = 1.5 सेमी.

50. (b)

ΔAOB एवं ΔDOC समरूप हैं।

$\therefore \frac{AO}{OD}=\frac{BO}{OC}=\frac{AB}{DC}$

$\Rightarrow \frac{AB}{DC}=\frac{AO}{OD}$

$\Rightarrow \frac{3}{2}=\frac{AO}{3.2}$

$\Rightarrow$ AO = 4.8 सेमी.

$\Rightarrow \frac{AB}{DC}=\frac{BO}{OC}$

$\Rightarrow \frac{3}{2}=\frac{BO}{3.8}$

$\Rightarrow$ OB = 5.7 सेमी.

$\therefore$ OA + OB = 10.5 सेमी.

51. (a)

$$\frac{\Delta ABC \text{ का क्षेत्रफल}}{\Delta PQR \text{ का क्षेत्रफल}}=\frac{\frac{1}{2}\times b_1\times h_1}{\frac{1}{2}\times b_2\times h_2}$$

$$=\frac{2\times 2}{3\times 3}=\frac{4}{9}=4:9$$

52. (a)

ΔADE ~ ΔABC ($\because$ DE ∥ BC)

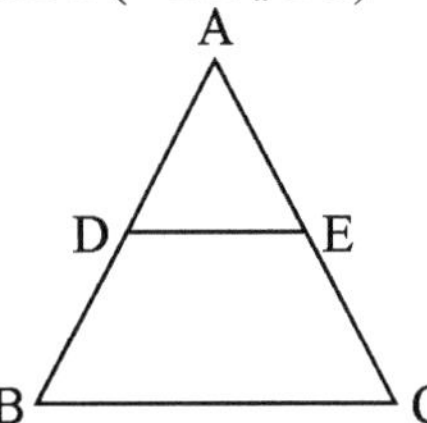

$\frac{AB}{AD}=\frac{AC}{AE}$

$\Rightarrow \frac{AD+DB}{AD}=\frac{AE+EC}{AE}$

$\Rightarrow \frac{DB}{AD}=\frac{EC}{AE}$

$\Rightarrow \frac{x-1}{2x-3}=\frac{2(x-1)}{5x-7}$

$\Rightarrow 5x^2-7x-5x+7=4x^2-6x-4x+6$

$\Rightarrow x^2-2x+1=0$

$\Rightarrow (x-1)^2=0$

$\Rightarrow x=1$

53. (a)

$\frac{EF}{BC}=\frac{DE}{AB}=\frac{DF}{AC}$

$\Rightarrow \frac{4}{2}=\frac{DE}{3}=\frac{DF}{2.5}$

$\Rightarrow$ DE = 6 सेमी., DF = 5 सेमी.

$\Rightarrow$ ΔDEF का परिमाप = 4 + 6 + 5 = 15 सेमी.

54. (b)

$\frac{AO}{OC}=\frac{BO}{OD}$

$\Rightarrow \frac{3x-1}{5x-3}=\frac{2x+1}{6x-5}$

$\Rightarrow 18x^2-21x+5=10x^2-x-3$

$\Rightarrow 8x^2-20x+8=0$

$\Rightarrow (8x-4)(x-2)=0$

$\Rightarrow x=2, \frac{1}{2}$ {यदि $x=\frac{1}{2}$ है तो OD = $6\times\frac{1}{2}-5$ = – 2 है, जो संभव नहीं है।}

$\therefore x=2$

55. (d)

$\frac{BD}{DA}=\frac{5}{2}$

या, $\frac{BD}{BA}=\frac{5}{5+2}=\frac{5}{7}$ .....(i)

और, $\frac{BE}{BC}=\frac{5}{7}$ .....(ii)

समीकरण (i) एवं (ii) से,

$\frac{BD}{BA}=\frac{BE}{BC}=\frac{5}{7}$

$\therefore$ DE ∥ AC

56. (d)

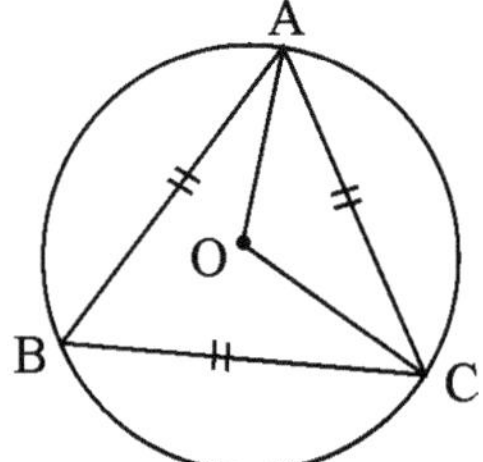

∵ AB = BC = AC

∴ ΔABC समबाहु त्रिभुज है।

∴ $\angle$ABC = 60°

∴ $\angle$AOC = 2 × $\angle$ABC = 2 × 60° = 120°

57. (b)

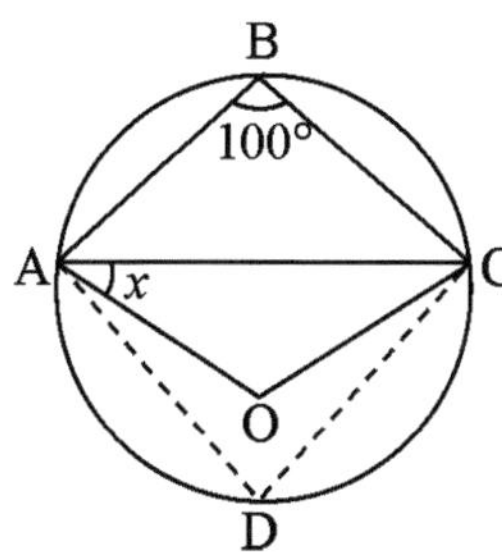

AD एवं CD खींचने पर,

ABCD एक चक्रीय चतुर्भुज है,

∴ $\angle B + \angle D = 180°$

⇒ $\angle D = 80°$

∴ $\angle AOC = 2 \times \angle D = 160°$

$\angle OAC = \angle ACO = x$

∴ $160° + 2x = 180°$

$x = 10°$

58. (b)

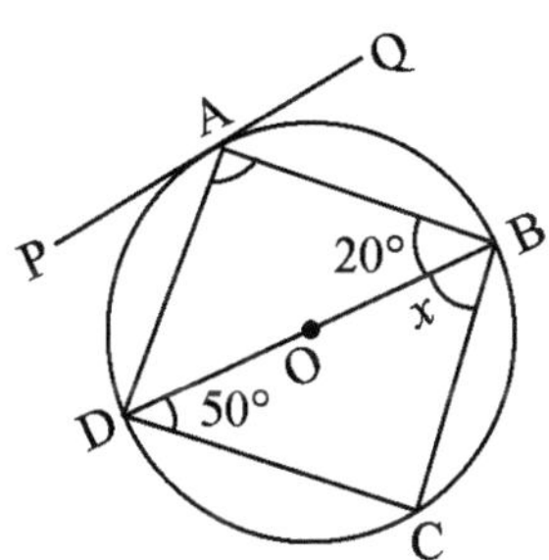

O वृत्त का केन्द्र है।

$\angle DAB = \angle DCB = 90°$ (अर्द्धवृत्त का कोण)

∴ $\angle ADB = 180° - (90° + 20°) = 70°$

∵ ABCD एक चक्रीय चतुर्भुज है,

∴ $\angle D + \angle B = 180°$

$50° + 70° + x + 20° = 180°$

⇒ $x = 40°$

59. (d)

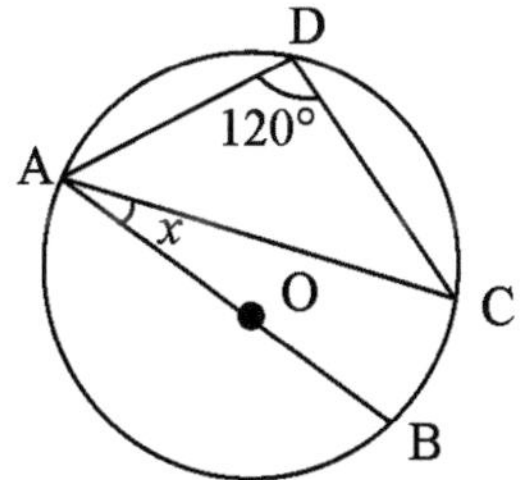

O वृत्त का केन्द्र है।

$\angle BAC = x°$,

$\angle ACB = 90°$ (अर्धवृत्त का कोण)

$\angle B + \angle D = 180°$ {∵ ABCD चक्रीय चतुर्भुज है}

∴ $\angle B = 30°$

∴ $x + 90° + 30° = 180°$

⇒ $x = 60°$

60. (c)

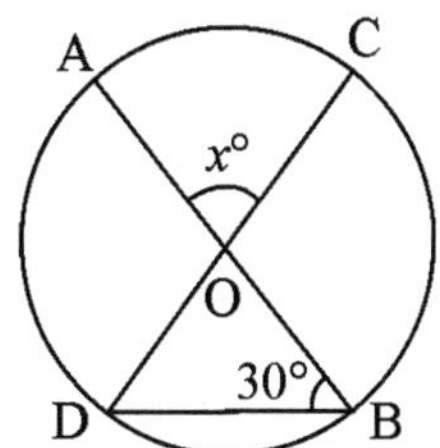

ΔODB में,

OD = OB = r

∴ $\angle ODB = \angle OBD = 50°$

∴ $\angle DOB = 180° - (2 \times 50)° = 80°$

∴ $\angle AOC = 80°$ (शीर्षाभिमुख कोण)

61. (d)

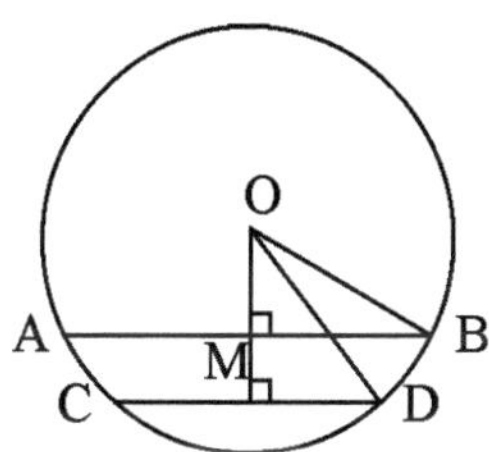

AB = 24 सेमी.

MN = 7 सेमी.

CD = 10 सेमी.

माना कि वृत्त की त्रिज्या r है,

∴ ΔOMB से

$OM^2 + (12)^2 = r^2$ .....(i)

और ΔOND से,

$ON^2 + ND^2 = OD^2$

$ON^2 + (5)^2 = r^2$ ...(ii)

अब, माना $OM = x$,

∴ $x^2 + (12)^2 = r^2$

और $(x + 1)^2 + 5^2 = r^2$

⇒ दोनों समीकरणों को हल करने पर,

$x = 5$ एवं $r^2 = 169$

⇒ r = 13 सेमी.

62. (b)

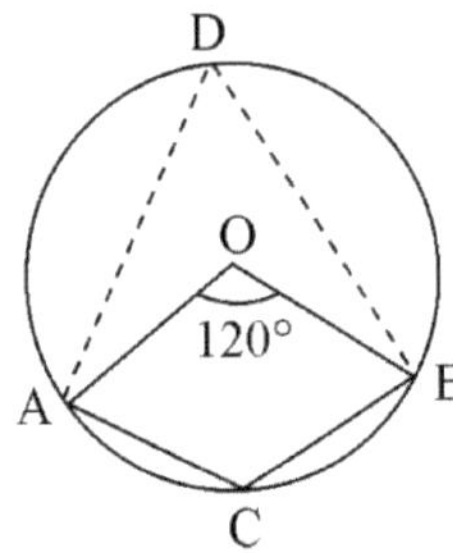

AD एवं BD रेखा खींचने पर,

$\angle ADB = \frac{1}{2} \times \angle AOB = 60°$

अब $\because$ ABCD एक चक्रीय चतुर्भुज है,

$\therefore \angle C + \angle D = 180°$

$\Rightarrow \angle C = 120°$

63. (d)

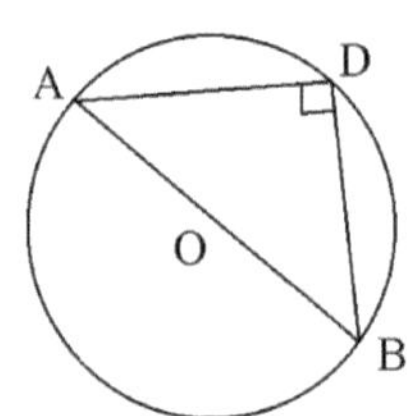

$\because$ जीवा की लम्बाई = 24 सेमी.

$\therefore$ जीवा की लम्बाई = व्यास की लम्बाई

$\therefore$ AB वृत्त का व्यास होगा,

$\therefore \angle ADB = 90°$ (अर्धवृत्त का कोण)

64. (a)

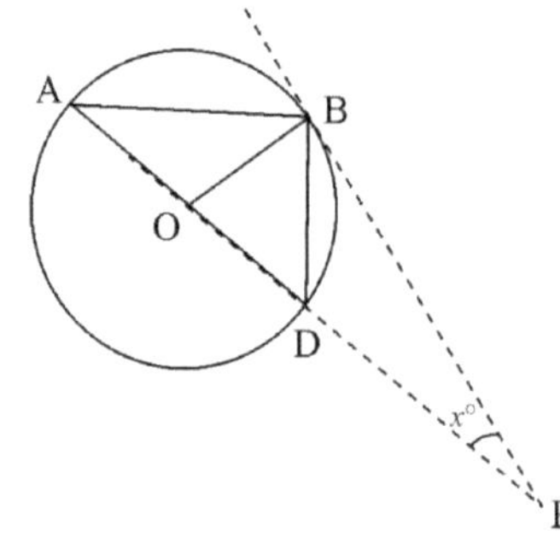

$\angle BAP = 40°$

$\angle ABD = 90°$ (अर्धवृत्त का कोण)

$\angle BAD = \angle DBP$ {$\because$ BP स्पर्श रेखा है}

$\therefore \Delta BDP$ में,

$\angle P = 180° - (40° + 130°)$

$= 10°$

65. (a)

$\angle BCE + \angle EBC = 130°$

$\Rightarrow \angle BCE = 130° - 20° = 110°$

$\Rightarrow \angle BCA = \angle ADB = 110°$

66. (b)

ΔBQA में,

$\angle ABQ + \angle BQA = 80°$

$\Rightarrow \angle BQA = 80° - 30° = 50° = \angle AQC$

67. (d)

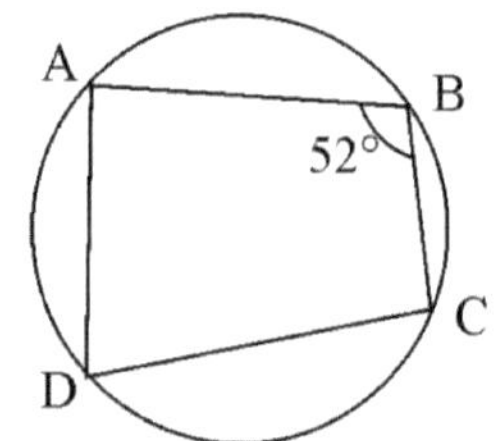

$\because AD \parallel BC$

$\therefore \angle BAD + \angle ABC = 180°$

$\Rightarrow \angle BAD = 180° - 52°$

$= 128°$

$\therefore \angle BCD = 180° - 128° = 52°$ {$\because$ ABCD चक्रीय चतुर्भुज है}

68. (a)

$\because AD \parallel BC$

$\therefore \angle B = \angle C = 70°$

एवं $\because$ ABCD एक चक्रीय चतुर्भुज है

$\therefore \angle D + \angle B = 180°$

$\Rightarrow \angle D = 180° - 70° = 110°$

69. (d)

$\angle BAD + \angle ABC = 180°$ {$\because$ ABCD एक समांतर चतुर्भुज है।}

$\therefore \angle BAD = 180° - 65°$

$= 115°$

$\therefore x + 115° = 180°$ {रैखिक युग्म}

$\Rightarrow x = 65°$

70. (a)

ΔOAC में,

$\angle OAC + \angle OCA + \angle COA = 180°$

$\Rightarrow 90° + 30° + \angle COA = 180°$

$\Rightarrow \angle COA = x = 60°$

भाग–4 : उच्चगणित
(Higher Mathematics)

समुच्चय सिद्धान्त
Set Theory

समुच्चय वस्तुओं के सुनिश्चित संग्रह (Collection) अथवा समूह को कहते हैं। जिन वस्तुओं के संग्रह से कोई समुच्चय बनता है, उन्हें समुच्चय का सदस्य या अवयव कहते हैं।

समुच्चय को व्यक्त करने की विधियाँ

(i) सारणी विधि (Tabular method)

(ii) समुच्चय निर्माण विधि (Set-builder method)

सारणी-विधि (Tabular Method): इस विधि में अवयवों को अलग-अलग लिखकर व्यक्त किया जाता है। जैसे 1, 2, 3, 4, 5 से बने समुच्चय x को संकेत में $x = \{1, 2, 3, 4, 5\}$ लिखते हैं।

समुच्चय-निर्माण विधि (Set Builder Method): इस विधि में गुण के आधार पर समुच्चय का निर्माण किया जाता है। जैसे $-x =$ {6 से छोटी प्राकृत संख्या

समुच्चय के प्रकार (Types of Sets)

- **एकल (Singleton set):** जिस समुच्चय में एक और केवल एक सदस्य हों
- **युग्म समुच्चय (Pair set):** यदि किसी समुच्चय के दो और केवल दो सदस्य हों।
- **परिमित समुच्चय (Finite set):** वह समुच्चय जिसमें अवयवों की गिनती संभव है, परिमित समुच्चय कहलाता है।
- **अपरिमित समुच्चय (Infinite set):** वह समुच्चय जिसमें अवयवों की गिनती नहीं की जा सकती।
- **रिक्त समुच्चय (Empty set):** वह समुच्चय जिसमें अवयवों की संख्या शून्य होती है, रिक्त समुच्चय कहलाता है। संकेत में इसे ϕ से निरूपित करते हैं।

  $n(\phi) = 0$
- **समुच्चयों का समुच्चय (Set of sets):** यदि समुच्चय का प्रत्येक सदस्य स्वंय एक समुच्चय हो, तो उसे समुच्चयों का समुच्चय कहते हैं।
- **अधिसमुच्चय (Super set):** यदि समुच्चय A, समुच्चय B का वास्तविक उपसमुच्चय हो, तो समुच्चय B, समुच्चय A का अधिसमुच्चय होता है। जैसे $B \supseteq A$
- **असंयुक्त समुच्चय (Disjoint set):** यदि दो समुच्चयों में कोई उभयनिष्ठ अवयव शामिल नहीं हो, तो उसे असंयुक्त समुच्चय कहते हैं। जैसे:

  $A = \{1, 2, 3), B = \{a, b, c\}$

  $\therefore A \cap B = \phi$ (रिक्त समुच्चय)
- **समष्टीय समुच्चय (Universal set):** किसी विशेष स्थिति में यदि किसी समुच्चय किसी निश्चित समुच्चय के उपसमुच्चय हो तो उन्हें निश्चित समुच्चय का समष्टीय समुच्चय कहते हैं। इसे U, X या S से दर्शाते हैं।

  यदि $A = \{1, 2\}, B = \{2, 3\}, C = \{3, 4\}$

  समष्टीय समुच्चय

  $(U) = \{1, 2, 3, 4, 5\}$
- **पूरक समुच्चय (Complementary set):** किसी समुच्चय A का पूरक समुच्चय वह समुच्चय है, जिसके सदस्य वे सभी हैं, जो A के सदस्य नहीं हैं। A के पूरक समुच्चय को संकेत में A^0 या A^1 से सूचित करते हैं।

  यदि $U = \{1, 2, 3, 4, 5, 6, 7\}$, $A = \{2, 3, 4\}$

  A का पूरक समुच्चय (A^1 या A^0) $= \{1, 5, 6, 7\}$

  यदि A और B दो समुच्चय हों तो

  $n(A \cup B) = n(A) + n(B) - n(A \cap B)$

  यदि A तथा B दो असंयुक्त समुच्चय हों, तो

  $n(A \cup B) = n(A) + n(B)$

  यदि $A = \{1, 3\}, B = \{4, 5\}$ तो समुच्चयों का कार्त्तीय गुणन

$A \times B = \{1, 3\} \times \{4, 5\} = \{1, 4\}, \{1, 5\}, \{3, 4\} \{3, 5\}$

$B \times A = \{4, 5\} \times \{1, 3\} = \{4, 1\}, \{4, 3\}, \{5, 1\} \{5, 3\}$

फलन या प्रतिचित्रण (Function or Mapping)

फलन या प्रतिचित्रण f एक नियम है, जिसके आधार पर समुच्चय A के प्रत्येक सदस्य x के संगत समुच्चय B में एक सुनिश्चित सदस्य y प्राप्त होता है। इस फलन को हम संकेत में $A \xrightarrow{f} B$ या $f: A \rightarrow B$ लिखतें हैं।

किसी समुच्चय A में एक समुच्चय B में फलन f हो, तो

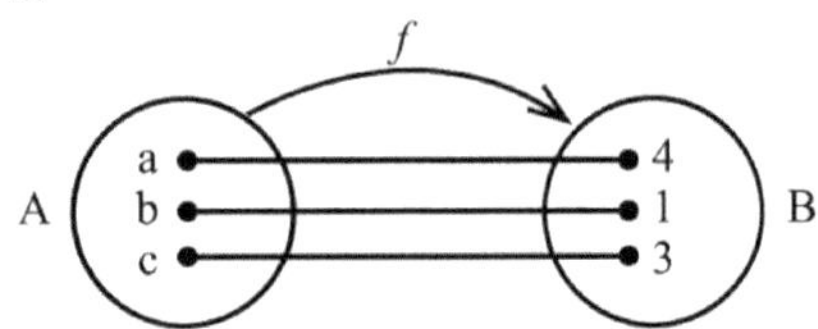

संकेत में इसे $f: A \rightarrow B$ या $A \xrightarrow{f} B$ लिखते हैं।

- x के प्रतिबिम्ब या संगत मान को $f(x)$ से सूचित करते हैं।
- समुच्चय A के प्रत्येक सदस्य का समुच्चय B में प्रतिबिम्ब या संगत होना चाहिए।
- A के एक सदस्य का B में एक से अधिक प्रतिबिम्ब नहीं हो सकता है।
- A के एक से अधिक सदस्यों का B में एक ही प्रतिबिम्ब हो सकता है।
- B में ऐसे सदस्य भी हो सकते हैं, जो A के किसी भी सदस्य के प्रतिबिम्ब न हों।

फलन का प्रभाव क्षेत्र व परास (Domain and Range of a Function):

यदि $f: A \rightarrow B$ यदि f एक फलन है, जिसके आधार पर समुच्चय A के प्रत्येक सदस्य का B में सुनिश्चित प्रतिबिम्ब हो, तो समुच्चय A को फलन f का प्रभाव-क्षेत्र या परास (Domain) कहते हैं और प्रतिबिंबों के समुच्चय को फलन f का परास (Rang) कहते हैं। परास को संकेत में $f(A)$ लिखते हैं।

समुच्चय को सहप्रभाव-क्षेत्र (Co-domain) कहा जाता है।

वास्तविक फलन (Real Function): कुछ ऐसे फलन है, जिनके प्रभाव क्षेत्र और परास दोनों ही वास्तविक संख्याओं के समुच्चय होते हैं, तो ऐसे फलन को वास्तविक फलन कहते हैं। वास्तविक फलन को समुच्चय R से सूचित किया जाता है।

उदाहरण (Examples)

1. $A = \{1, 2, 3, 7, 9, 10, 12\}$ $B = \{1, 4, 7, 9, 10, 11, 12\}$

   $A \cup B, A \cap B$ ज्ञात करें।

   $A \cup B = \{1, 2, 3, 4, 7, 9, 10, 11, 12\}$

   $A \cap B = \{1, 7, 9, 10, 12\}$

2. यदि किसी सर्वे में यह पाया गया कि 100 में से 25 लोग चाय पीते हैं, 80 लोग कॉफी पीते हैं, और 14 लोग चाय एवं कॉफी दोनों पीते हैं, तो कितने लोग हैं, जो कुछ नहीं पीते

   $A \cup B =$ ऐसे लोग जो कुछ ना कुछ पीते हैं।

   $A =$ सिर्फ चाय पीने वाले

   $B =$ सिर्फ कॉफी पीने वाले

   $A \cap B =$ दोनों पीने वाले

   $A \cup B = A + B - (A \cap B)$

   $A \cup B = 25 + 80 - 14 = 91$

   $\therefore$ ऐसे लोग जो कुछ नहीं पीते $= 100 - 91 = 9$

3. 20 लोगों की एक कक्षा में, 12 लोगों ने टेनिस के खेल में हिस्सा लिया, 10 लोगों ने क्रिकेट में हिस्सा लिया, तो कितने लोग थे, जिन्होंने हिस्सा नहीं लिया।

   $(A \cup B)$
   $= A + B - (A \cap B)$

   जहाँ $A \cup B =$ जो दोनों में से कुछ खेलते हैं।

   $A =$ सिर्फ टेनिस खेलते हैं।

   $B =$ सिर्फ क्रिकेट खेलते हैं।

   $A \cap B =$ दोनों खेल खेलने वाले।

   $A \cup B = 12 + 10 - 6 = 16$

   $\therefore$ 4 लोगों ने हिस्सा नहीं लिया।

4. यदि किसी कक्षा में 11 बच्चे विज्ञान और गणित दोनों पढ़ते हैं, 22 बच्चे सिर्फ विज्ञान पढ़ते हैं, तो ऐसे कितने बच्चे हैं जो केवल गणित पढ़ते हैं, यदि कुल संख्या 26 हो।

   $A \cup B = A + B - A \cap B$

   $26 = -22 + B - 11$

   $B = 15$

5. यदि $A = 20, B = 30, C = 40, A \cap B \cap C = 22$, $A \cap B = 2$, $A \cap C = 1$, $A \cap B = 3$ तो $A \cup B \cup C$ निकालें।

$A \cup B \cup C = A + B + C - A \cap B - A \cap C$

$- B \cap C + 2(A \cap B \cap C)$

$A \cup B \cup C = 20 + 30 + 40 - 2 - 1 - 3 + 22 \times 2$

$= 90 + 44 - 6$

$= 128$

6. किसी सर्वे में यह पाया गया कि कुछ बच्चे टेनिस, फुटबॉल एवं क्रिकेट खेलते हैं।

100 में से सिर्फ क्रिकेट = 75, सिर्फ फुटबॉल 60 खेलते हैं, सिर्फ टेनिस 10 खेलते हैं, क्रिकेट एवं फुटबॉल दोनों खेलने वाले 55 खिलाड़ी हैं, टेनिस एवं फुटबॉल खेलने वाले 30 खिलाड़ी हैं। टेनिस एवं क्रिकेट खेलने वाले 20 खिलाड़ी हैं। ऐसे कितने बच्चे हैं जो तीनों ही खेल खेलते हैं।

$A \cup B \cup C = A + B + C - A \cap B - A \cap C$
$- B \cap C + 2(A \cap B \cap C)$

$100 = 75 + 60 + 10 - 55 - 30 - 20 + 2x$

$2x = 60$

$x = 30$

7. अगर

$A = \{1, 2, 3, 4, 5, 6\}, B = \{3, 4, 6, 7, 9, 10\}$

तो $A + B = ?$

$A - B = ?$

$A + B = \{1, 2, 3, 4, 5, 6, 7, 9, 10\}$

$A - B = A \cap B' = \{1, 2, 5\}$

$B' =$ वह तत्व जो B में नहीं है।

$A \cap B' =$ ऐसे अवयव जो A में हैं लेकिन B में नहीं हैं।

8. यदि $A = \{1, 2, 3, 6, 7, 9, 10\}$

$B = \{1, 4, 6, 8, 10\}$

तो, $A \cup B'$ निकालें।

$A \cup B' = \{1, 2, 3, 6, 7, 9, 10\} = A$

9. $(A \cup B)^1 \cap A - (A \sim B) = ?$

$= \{U - (A \cup B) \cap A\} - (A - B)$

$= \{(U \cap A) - \{A \cup B) \cap A\} - (A - B)$

$\{-A - A\} - (A - B)$

$= \phi - (A - B) = \phi$

10. यदि $A = \{(2^{2n} - 3n - 1) \mid n \in N\}$

$B = \{9(n-1) \mid n \in N\}$ तो A एवं B में संबंध क्या होगा?

$A = \{(2^{2n} - 3n - 1) \mid n \in N\}$

$= \{0, 9, 54, 243, ...\}$

$= \{0, 9, 18, 27, ...\}$

अतः स्पष्ट है कि $A \subset B$

अभ्यास प्रश्न (Practice Questions)

1. निम्नलिखित समुच्चय का प्रतीकात्मक रूप $\{1, 3, 5, 7, ...\}$
   (a) $\{x : x$ एक विषम संख्या है $\}$
   (b) $\{x : x$ एक अभाज्य संख्या है $\}$
   (c) $\{x : x$ एक सम संख्या है $\}$
   (d) इनमें से कोई नहीं।

2. एक टी.वी सर्वेक्षण, टी.वी दर्शकों के निम्नलिखित आँकड़े दर्शाता है। 60% दर्शक कार्यक्रम A देखते है, 50% दर्शक कार्यक्रम B देखते हैं तथा 50% दर्शक कार्यक्रम C देखते हैं। 30% कार्यक्रम A तथा C देखते हैं। 10% तीनों कार्यक्रम देखते हैं। जो केवल दो कार्यक्रम देखते हैं। ऐसे लोगों का प्रतिशत क्या होगा?
   (a) 80 (b) 70
   (c) 20 (d) 40

3. यदि $A = \{1, 3, 8, 11\}$ और $B = \{5, 7, 9, 11\}$, तो $A \cup B$ का मान क्या होगा?
   (a) $\{5,7\}$ (b) $\{1, 3, 7, 9\}$
   (c) $\{1, 3, 7, 9\}$ (d) $\{1, 3, 5, 7, 8, 9, 11\}$

4. यदि $\cup = I^+$, $A = \{1, 3, 8, ...\}$ तो A' का मान क्या होगा?
   (a) $\{1, 2, 3, 4\}$ (b) $\{2, 3, 4, 5......\}$
   (c) $\{1, 3, 5, 7, ...\}$ (d) इनमें से कोई नही

5. यदि A समस्त समबहुभुजों का समुच्चय हो एवं B समस्त चतुर्भुजों का समुच्चय हो, तब $A \cap B$ समुच्चय होगा समस्त-
   (a) समान्तर चतुर्भुजों का (b) आयतों का
   (c) वर्गों का (d) समचतुर्भुजों का

6. यदि $A = \{a, b, c, d\}$, $B = \{a, c, e, f\}$, $C = \{b, d, e, f\}$. तो $A \cap B \cap C$ का मान क्या होगा?
   (a) $\{b, d\}$ (b) $\{c, f\}$
   (c) $\{a, c\}$ (d) $\emptyset$

7. यदि $A = \{1, 2, 4,\}$, $B = \{2, 4, 6, 8\}$ $C = \{3, 4, 5, 6\}$. तो $(A \cup B) \cup C$ का मान क्या होगा?
   (a) $\{2, 4, 6, 8,\}$ (b) $\{1, 3, 5, 6\}$
   (c) $\{1, 3, 4, 6, 8\}$ (d) $\{1, 2, 3, 4, 5, 6, 8,\}$

8. 32 के भाजकों का समुच्चय क्या होगा?
   (a) $\{1, 2, 4\}$ (b) $\{2, 4, 8, 16\}$
   (c) $\{2, 4, 8, 16, 32\}$ (d) $\{1, 2, 4, 8, 16, 32\}$

9. समुच्चय $A = \{a, b\}$ के उपसमुच्चयों की संख्या है-
   (a) 1 (b) 4
   (c) 2 (d) 3

10. निम्नलिखित समुच्चयों में एकल समुच्चय है-
    (a) $\{x : x$ स्वर्ण पदक विजेता है$\}$
    (b) $\{x : x$ भारत में मुख्यमंत्री है$\}$
    (c) $\{x : x$ समीकरण $(x^3 - 1)$ का एक मूल है संख्या है$\}$
    (d) $\{x : x$ एक सम संख्या है तथा अभाज्य है$\}$

11. निम्नलिखित में से कौन-सा समूह समुच्चय नहीं है?
    (a) अपरिमेय संख्याओं का समूह
    (b) भारत की नदियों का समूह
    (c) कक्षा के विद्यार्थियों का समूह
    (d) क्रिकेट के प्रसिद्ध खिलाड़ियों का समूह

12. निम्नलिखित में से कौन-सा समुच्चय समष्टीय समुच्चय है?
    (a) $\{x : x$ एक चतुर्भुज है$\}$
    (b) $\{x : x$ एक आयत है$\}$
    (c) $\{x : x$ एक समान्तर चतुर्भुज है$\}$
    (d) $\{x : x$ एक वर्ग है$\}$

13. निम्नलिखित समुच्चयों में से कौन–सा समुच्चय अपरिमित है?
    (a) प्राकृतिक संख्याओं का समुच्चय
    (b) $\{4, 4, 4.......$अनन्त$\}$
    (c) पृथ्वी पर जीवित व्यक्तियों का समुच्चय
    (d) $\{1, 2, 1, 2, 11, 2.........$ अनन्त$\}$

14. यदि $A = \{2, 4, \{5, 6\}, 8\}$ तब निम्नलिखित में से कौन–सा असत्य है?
    (a) $\{2, 4, 8\} \subset A$ (b) $2, 4, 8 \in A$
    (c) $\{5, 6\} \in A$ (d) $\{5, 6\} \subset A$

15. A= 20 एवं 70 के बीच सभी पूर्णाकों का, दोनों को सम्मिलित करते हुए, एक समुच्चय है

B = { $x : x \in$ A x एक पूर्ण वर्ग है}

C = { $x : x \in$ A x एक अभाज्य पूर्णांक है}

D = { $x : x \in$ A x का प्रथम अंक > दूसरा अंक} (B ∩ C ∩ D) होगा

(a) {64} (b) {∅}

(c) {25, 49} (d) इनमें से कोई नहीं।

16. यदि S = {0, 1, 5, 4, 7} तब समुच्चय 'S' में उपसमुच्चयों की कुल संख्या क्या होगी?

(a) 20 (b) 40

(c) 64 (d) 32

17. यदि A = {3, 4, 7, 8}, B = {1, 5, 6, 4, 3}, C = {4, 5, 9, 3, 8, 6}, तो A ∩ B ∩ C है-

(a) {3, 4}

(b) {3, 4, 5, 6, 8}

(c) {1, 3, 4, 5, 6, 7, 8, 9}

(d) इनमें से कोई नहीं

18. निम्न में से कौन—सा कथन सत्य है?

(a) $x \notin A \cap B \rightarrow x \notin A \cap x \notin B$

(b) $x \notin A \cap B \rightarrow x \in A \cap x \in B$

(c) $x \notin A \cup B \rightarrow x \in A \cap x \in B$

(d) $x \notin A \cup B \rightarrow x \in A \cap x \in B$

19. समुच्चय A तथा B में क्रमशः 5 तथा 10 अवयव हैं। A∪B में अवयवों की न्यूनतम संख्या क्या होगी?

(a) 5 (b) 8

(c) 10 (d) 15

20. यदि A = {1, 2, 5}, B = {1, 2, 5, 7}, C = {2, 5, 8} तो निम्न में से कौन—सा समुच्चय रिक्त समुच्चय होगा?

(a) (A – B) (b) (B – A)

(c) (B – C) (d) (A – C)

21. यदि A = {$x : x^2 + 6x - 7 = 0$}, तब B = { $x : x^2 + 9x + 14 = 0$}, तो (A – B) बराबर है

(a) {1} (b) {–7}

(c) {–2} (d) {1,–7}

22. यदि U = {1,2,3,4,5,6,7,8} तथा A = {2,4,6,7,8}, तो A' का मान होगा –

(a) {$x : x$ एक सम संख्या है $\cap x \leq 8$}

(b) {$x : x$ एक विषम संख्या है $\cap x < 7$}

(c) {$x : x$ एक विषम संख्या है $\cap x < 8$}

(d) उपरोक्त में से कोई नहीं।

23. यदि A = {1,3,5,8}, B = {2,3,5,6} तथा C ={1,4,5,7}, तब [A∪(B∩C) –{(A∪B)∪(A∪C)}] का मान हैं –

(a) 0 (b) {0}

(c) ϕ (d) इनमें से कोई नही

24. एक कक्षा के 45 छात्र विज्ञान अथवा गणित अथवा दोनों विषय पढ़ने के लिए चुनते हैं। 10 छात्र दोनों विषय चुनते हैं तथा 20 छात्र गणित चुनते हैं। विज्ञान चुनने वालों की संख्या क्या है

(a) 15 (b) 25

(c) 35 (d) इनमें से कोई नही

25. एक कक्षा के 25 विद्यार्थियों में से 12 ने गणित लिया है। 8 विद्यार्थियों ने गणित लिया है, परन्तु सांख्यिकी नहीं ली है। कितने विद्यार्थियों ने सांख्यिकी लिया है, परन्तु गणित नहीं ?

(a) 4 (b) 13

(c) 17 (d) 5

26. यदि समष्टीय समुच्चय ∪ = {1, 2, 3, 4, 5, 6, 7, 8, 9}, B = {6, 7, 8} तथा A ∪ C = {1, 2, 3, 4, 5, 6}, तो समुच्चय (A ∪ B ∪ C) होगा-

(a) {1, 2, 3} (b) {9}

(c) {1, 2, 3, 4, 5} (d) {1, 2, 3, 4, 5, 6, 7, 8}

27. यदि A = {3, 4, 7, 8}, B = {1, 5, 6, 4, 3} C = {1, 2, 3, 4, 5, 6}, तो (A ∪ B ∩ C) है-

(a) {3, 4} (b) {1, 3, 4, 5, 6, 8, 9}

(c) { 3, 4, 5, 6, 8} (d) इनमें से कोई नहीं

28. यदि A = {$x : x$ शब्द 'owl' का अक्षर है}

B = {x : x शब्द 'low' का अक्षर है}

C = {x : x शब्द 'wol' का अक्षर है}, तो

(a) A = B = C (b) A= B, ≠ C

(c) B = C, A ≠ B (d) A≠ B, ≠ C

29. यदि सार्वत्रिक (Universal) समुच्चय E {1, 2, 3, 4, 5, 6,} उपसमुच्चय A = {1, 2, 5}, B = {3, 4, 5, 6}, तो समुच्चय ∪ = (A ∪ B') में अवयवों की संख्या क्या हैं?

(a) 2 (b) 3

(c) 6 (d) 5

30. A तथा B एक समष्टीय ∪ के उपसमुच्चय हैं। यदि n(A) = 15, n (B) = 5, n(A∩B) = 3, n(∪) = 30, तो n(A∪B) होगा-

(a) 10 (b) 20

(c) 17 (d) 23

31. 120 छात्रों के समूह में 100 गणित लेते हैं तथा 70 भौतिक शास्त्र लेते है। यदि 10 छात्र दोनों में से कोई विषय नहीं लेते, तो कितने छात्र दोनों विषय लेते हैं?

(a) 60 (b) 40
(c) 50 (d) इनमें से कोई नही

32. एक स्कूल में 100 छात्रों ने हिन्दी वैकल्पिक विषय लिया, 70 ने फ्रेंच लिया तथा 70 ने संस्कृत लिया। इनमें से 63 ने केवल हिन्दी वैकल्पिक विषय लिया, 47 ने केवल फ्रेंच लिया, 11 ने केवल हिन्दी तथा फ्रेंच लिया तथा 6 ने केवल फ्रेंच तथा संस्कृत लिए। जिन्होंने केवल संस्कृत वैकल्पिक विषय लिया, उन छात्रों की संख्या है-

(a) 50 (b) 38
(c) 78 (d) इनमें से कोई नही

33. एक परीक्षा में कुल छात्रों के 35% छात्र हिन्दी में अनुत्तीर्ण हुए और 55% छात्र अंग्रेजी में अनुत्तीर्ण हुए तथा 20% छात्र दोनों विषयों में। कितने प्रतिशत छात्र उत्तीर्ण हुए?

(a) 10 (b) 50
(c) 30 (d) 70

34. 53 छात्रों की कक्षा में 26 फुटबाल खेलते हैं, 24 क्रिकेट खेलते हैं, 20 हॉकी खेलते हैं, 10 छात्र तीनों में से कोई खेल नहीं खेलते हैं, 8 छात्र सभी तीन खेल खेलते है, 4 केवल क्रिकेट तथा हॉकी खेलते हैं, 2 केवल फुटबॉल तथा हॉकी खेलते हैं और 5 छात्र केवल क्रिकेट एवं फुटबाल खेलते हैं। उन छात्रों की संख्या क्या होगी जो केवल हॉकी खेलते हैं?

(a) 3 (b) 6
(c) 10 (d) इनमें से कोई नहीं।

35. यदि $A = \{2, 4, 5, 6\}$ तथा $B = \{1, 3, 5\}$ है, तो $(A \times B)$ में अवयवों की संख्या क्या है?

(a) 9 (b) 6
(c) 10 (d) 11

36. यदि $A = \{1, 2, 3\}$ $B = \{3, 4, 5, 6\}$ तथा $C = \{4, 5\}$, तब $(A \cap B) \times (B \cup C)$ है:

(a) $\{3, 4, 5, 6\}$
(b) $\{(3,4),(3,6)\}$
(c) $\{(3, 3)(3, 4)(3, 5)(3, 6)\}$
(d) इनमें से कोई नहीं।

37. यदि $f(x) = 3x + 7, \forall x \in R$, तब प्रतिचित्रण $f : R \to R$ होगा:

(a) आच्छादक प्रतिचित्रण
(b) एकैकी प्रतिचित्रण
(c) अन्त:क्षेपी प्रतिचित्रण
(d) इनमें से कोई नहीं।

38. यदि $f(x) = \cos x, x \in R$ तब $f : R \to R$ (जहाँ R वास्तविक संख्याओं का समुच्चय है)होगा:

(a) एकैकी और आच्छादक
(b) एकैकी परन्तु और आच्छादक नहीं
(c) न तो एकैकी और न ही आच्छादक
(d) आच्छादक परन्तु एकैकी नहीं

39. परीक्षा में सम्मिलित होने वाले छात्रों के लिए तीन विषयों में से प्रत्येक में उत्तीर्ण होना आवश्यक था। फिर भी 25% छात्र पेपर I में, 30% छात्र पेपर II में तथा 40% छात्र पेपर III में, 10% छात्र पेपर I व III में 15% छात्र I तथा II में, 15% छात्र II व III मे तथा 5% छात्र तीनों विषयों में अनुत्तीर्ण हुए । यदि परीक्षा में 300 छात्र सम्मिलित हुए हो, तो कितने छात्र उत्तीर्ण हो पाए ?

(a) 75 (b) 60
(c) 120 (d) 105

40. समुच्चय $A = \{m, n, p\}$ के उपसमुच्चयों की संख्या क्या होगी?

(a) 4 (b) 16
(c) 9 (d) 3

उत्तरमाला (Answer Key)

1. (a)	2. (d)	3. (d)	4. (c)	5. (c)	6. (d)	7. (d)	8. (d)	9. (b)	10 (d)
11. (d)	12. (a)	13. (a)	14. (d)	15. (a)	16. (d)	17. (b)	18. (b)	19. (c)	20. (a)
21. (a)	22. (b)	23. (c)	24. (c)	25. (b)	26. (b)	27. (c)	28. (a)	29. (d)	30. (c)
31. (a)	32. (b)	33. (c)	34. (b)	35. (a)	36. (c)	37. (b)	38. (c)	39. (c)	40. (c)

हल (Solutions)

1(a)

{1, 3, 5, 7---} विषम संख्याओं का समुच्चय है।

2(d)

माना n(A∩B) = x

n(B∩C) = y

n(C∩A) = z = 20

∴ 60 – (30 + x) + x + 10 + 20 + 50 – (10 + x +y) + y + 50 – (30 + y) = 100

⇒ 120 – x – y = 100

⇒ x + y = 20

ऐसे व्यक्ति जो केवल दो कार्यक्रम देखते हैं।

(x + y) + 20 = 40

3.(d)

(A∪B) {1, 3, 5, 7, 8, 9, 11}

4.(c)

∪ = I+ {1, 2, 3, 4, 5, 6….}

A = {2, 4, 6, 8…..}

A1 = {1, 3, 5, 7, 9….}

5.(c)

समबहुभुज का समुच्चय वह है, जिसमें बहुभुज की सभी भुजाएँ एवं कोण समान हो।

∴ A∩B = वर्गों का समुच्चय है।

6.(d)

(A∩B∩C) = {∅}

7.(d)

(A∪B) = {1, 2, 3, 4, 6, 8}

(A∪B)∪C = {1, 2, 3, 4, 5, 6, 7, 8}

8.(d)

32 के भाजक 1, 2, 4, 8, 16 एवं 32 होंगे।

9.(b)

A = {a, b} के 4 उपसमुच्चय होंगे।

{a},{b},{a, b}, ∅

10(d)

स्वर्ण पदक विजेता की जीत एकल नहीं है।

भारत में एक से ज्यादा मुख्यमंत्री हैं।

समीकरण (x^3–1) के तीन मूल होंगे {एक वास्तविक एवं दो काल्पनिक}सम संख्या जो अभाज्य है = 2 (एकल)

11.(d)

क्रिकेट के प्रसिद्ध खिलाड़ियों का समुच्च।

12.(a)

{x : x एक चतुर्भुज है।}

13.(a)

प्राकृतिक संख्याओं का समुच्चय {1, 2, 3… }

14.(d)

विकल्प (d) असत्य है, चूँकि {5, 6}, A का उपसमुच्चय नहीं है बल्कि पूरा समुच्चय A अवयव है अर्थात् (5, 6)⊂A

15.(a)

समुच्चय (A∩C∩D)

जो संख्या पूर्ण है, वह एक अभाज्य पूर्णांक नहीं होगा

∴ B∩C = {∅}

∴ B∩C∩D = {∅}

16.(d)

∵ समुच्चय में 5 तत्व हैं।

∴ उपसमुच्चयों की संख्या = 2^5 = 32

17.(b)

(A∪B) = {1, 3, 4, 5, 6, 7, 8}

A∪B∩C = {4, 5, 3, 8, 6}

18.(b)

x ∉ A∩B⟶ x ∉ A ∩ x ∉ B

19.(c)

यदि ACB, तो n(A∪B) = 10

यदि ACB, तो n(A∪B) ≥ 10

20.(a)

∵ A – B = {∅}, B –A ={7}

A – B = {1}

21.(a)

A = {x : x + 6x –7 = 0}

$x^2 + 7x - x - 7 = 0$

$(x + 7)(x - 1) = 0$

⇒ x = –7, 1 A = {1, –7)

B = { x : $x^2 + 7x + 2x + 14 = 0$ }

x = –2, –7 B = {–2, –7)

A – B = {1}

22.(b)

A″ = ∪ – A = {1, 3, 5}

∴ A′ = { x : x एक विषम संख्या है ∩ x < 7}

{ ∵ 1, 2, 5, < 7 }

23.(c)

$(B \cup C) = \{5\}$

$A \cup (B \cup C) = \{1, 3, 5, 8\}$

$(A \cup B) = \{1, 2, 3, 5, 6, 8\}$

$(A \cup C) = \{1, 2, 3, 5, 7, 8\}$

$[(A \cup B) \cup (A \cup C) = \{(A \cup B) \cup (A \cup C)\}] = \{\emptyset\}$

24.(b)

माना कि विज्ञान चुनने वालों की संख्या x है।

$n(A \cup B) = n(A) + n(B) + [-(A \cap B)]$

जहाँ $n(A \cup B)$ = कुल छात्रों की संख्या

$n(A)$ = विज्ञान चुनने वाले छात्रों की संख्या

$n(B)$ = गणित चुनने वाले छात्रों की संख्या

$n(A \cap B)$ = दोनों विषय पढ़ने वालों की संख्या

$\Rightarrow 45 = x + 20 - 10$

$\Rightarrow x = 35$

25.(b)

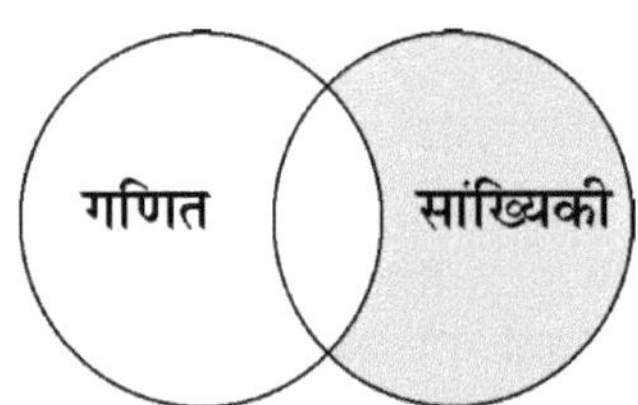

वेन आरेख से

वैसे विद्यार्थी जो गणित एवं सांख्यिकी दोनो पढ़ते हैं $= (12 - 8) = 4$

वैसे विद्यार्थी जो सांख्यिकी पढ़ते हैं,परन्तु गणित नहीं पढ़ते हैं$= (25 - 12) = 13$

26.(b)

$A \cup B \cup C = \{1, 2, 3, 4, 5, 6, 7, 8\}$

$(A \cup B \cup C) = U - (A \cup B \cup C) = \{9\}$

27.(c)

$(A \cup B) = \{1,3,4,5,6,7,8\}$

$(A \cup B) \cap C = \{4,5,6,3,8\}$

28.(a)

$A = B = C$

$\because$ जो शब्द owl, या wol में हैं, वही शब्द low में भी हैं।

29.(d)

$A' = \{3,4,6\}$

$B' = \{1,2,5\}$

$(A' \cup B') = \{1, 2, 3, 4, 6\}$

$(A \cup B') = \{1, 2\}$

$\therefore (A' \cup B') \cup (A \cap B')$

$= \{1, 2, 3, 4, 6\}$

30.(c)

$n(A \cup B) = n(A) + n(B) - n(A \cap B)$

$= 15 + 5 - 3$

$= 17$

31.(a)

$n(A \cup B) = n(A) + n(B) - n(A \cap B)$

$= 100 + 70 - \{120 - 10\}$ $[n(A \cap B) = n(U) - n(A \cap B')]$

$= 60$

32.(b)

$\because$ 100 छात्रों ने हिन्दी ली,

$n(H) = 100$

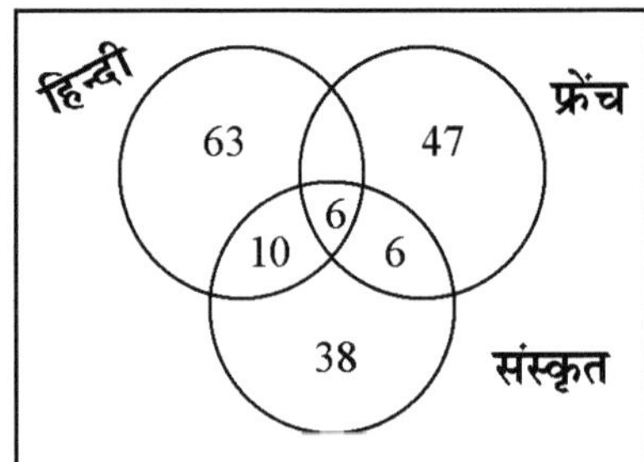

70 ने संस्कृत और 70 ने फ्रेंच ली,

$\Rightarrow n(S) = 70$

तथा, $n(F) = 70$

n(केवल हिन्दी) = 63

n (केवल फ्रेंच) = 47

और n(केवल हिन्दी और फ्रेंच) = 11

n (केवल फ्रेंच और संस्कृत) = 6

$n(F) = 70$

$\Rightarrow 47 + 11 + 6 + n(H \cap F \cap S) = 70$

$\Rightarrow n(H \cap F \cap S) = 70 - 64 = 6$

$\Rightarrow n(H) = 100$

$\Rightarrow$ n(केवल हिन्दी और संस्कृत) = 20

$\Rightarrow$ n(केवल संस्कृत) = 70 – (20 + 6 + 6) = 38

33.(c)

माना कि परीक्षा में कुल 100 छात्र हैं।

n (H) = हिन्दी में अनुत्तीर्ण छात्र = 35

n (E) = अंग्रेजी में अनुत्तीर्ण छात्र = 55

$n(F \cap H)$ = दोनों में अनुत्तीर्ण छात्र = 20

$n(E \cup H)$ = कुल अनुत्तीर्ण छात्र

$= n(H) + n(E) - n(F \cap H)$

$= 35 + 55 - 20 = 70$

$\therefore$ उत्तीर्ण छात्र = (100 – 70) = 30%

34.(b)

कक्षा में छात्रों की संख्या = n = 53

केवल हॉकी खेलने वाले छात्र = 20 – (8 + 2+4)

= 6

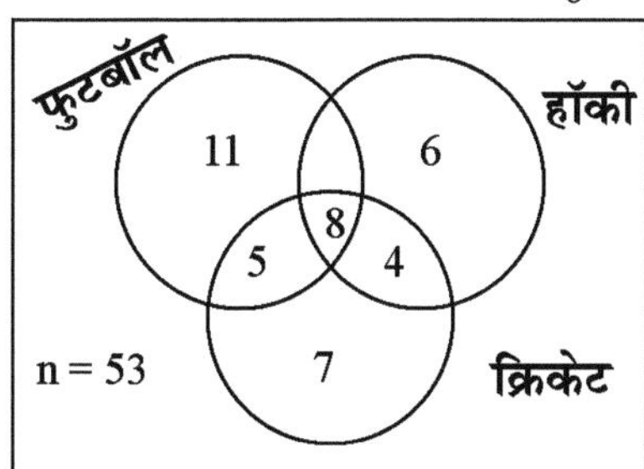

35.(a)

A× B में अवयवों की संख्या = (A में अवयवों की संख्या) × (B में अवयवों की संख्या)

= 3 × 3 = 9

36.(c)

$(A \cap B) = \{3\}$

$(B \cup C) = \{3,4,5,6\}$

$(A \cap B) \times (B \cup C) = \{(3,3),(3,4),(3,6)\}$

37.(b)

$f(x) = 3x + 7 \not< x \in R$

$(3x + 7)$ में x के अगल–अलग मान के लिए $f(x)$ के अगल–अलग मान आएँगे एवं कोई भी दो मान समान नही होंगे।

∴ $f(x)$ एकैकी प्रतिचित्रण है।

38.(c)

$f(x) = \cos x$

∵ $\cos x$ एक एकैकी प्रतिचित्रण नहीं है।

∴ $\cos x$ आच्छादक भी नहीं है।

39.(c)

$n(I) = 25\% = 300 \times \frac{25}{100} = 25$

$n(II) = 30\% = 90$

$n(III) = 40\% = 120$, $n(I \cap III) = 10\% = 30$, $n(I \cap II) = 45$

$n(II \cap III) = 15\% = 45$, $n(I \cap II \cap III) = 5\% = 15$

∴ कुल अनुत्तीर्ण छात्र $= n(I \cup II \cup III)$

$= n(I) + n(II)\ n(III) - n(I \cap II) - n(II \cap III) - n(I \cap III)\ n(I \cap II \cap III)$

∴ उत्तीर्ण छात्र = 300 –180 = 120

40.(c)

उपसम्मुचयों की कुल संख्या = n^2

∴ $n = 3$

∴ $n^2 = (3)^2 = 9$

त्रिकोणमिति
Trigonometry

किसी क्षैतीज रेखा को जब कोई उदग्र (vertical) रेखा काटती है, तो तल चार प्रमुख हिस्सों में विभक्त हो जाता है। यहाँ Ist, IInd, IIIrd, IVth, चार पद हैं जो XX^1 तथा YY^1 रेखा के लम्बवत् करने से बने हैं।

O को मध्यबिन्दु माना गया है।

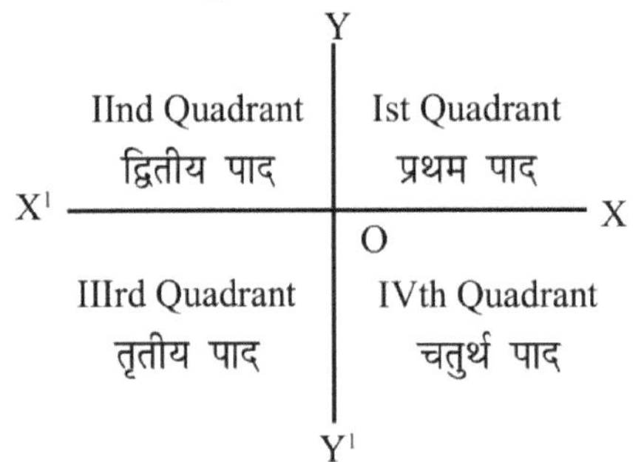

महत्वपूर्ण तथ्य (Important Facts)

O से सरल रेखा में दाएँ बढ़ने पर धनात्मक (Xve) मान आता है अर्थात् O से X धनात्मक

O से सरल रेखा में बाएँ बढ़ने पर ऋणात्मक मान आता है। अर्थात् O से X^1 ऋणात्मक

O से सरल रेखा पर ऊपर बढ़ने पर धनात्मक तथा नीचे बढ़ने पर ऋणात्मक मान आता है।

अर्थात् O से Y धनात्मक

O से Y^1 ऋणात्मक

X से X^1, X अक्ष तथा Y से Y^1–y अक्ष कहलाता है।

XOY क्षेत्र Ist पाद, YOX^1 क्षेत्र IInd पाद

X^1OY^1 क्षेत्र IIIrd पाद, Y^1OX क्षेत्र IV पाद

समकोण त्रिभुज

वैसा त्रिभुज जिसका कोई एक कोण समकोण (90°) हो समकोण त्रिभुज कहलाता है।

यहाँ ABC एक समकोण Δ है, जिसका ∠B = 90° है।

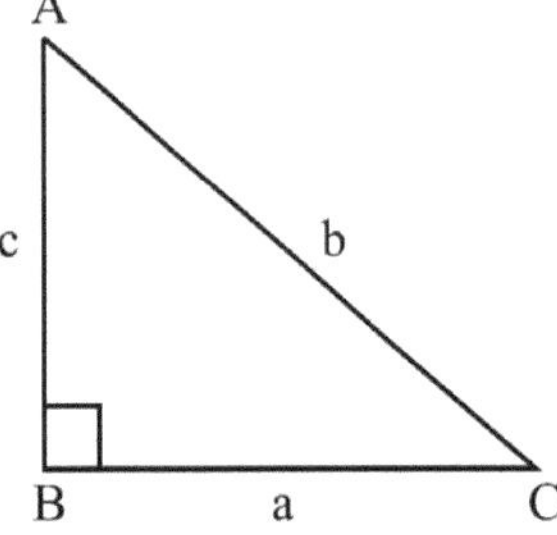

त्रिभुज में तीन भुजाएँ AB = c, BC = a, CA = b तथा तीन कोण ∠A, ∠B, एवं ∠C, हैं।

त्रिभुज की भुजाओं को दोनों किनारों के बड़े अक्षरों से निरूपित किया जाता है, यथा, AB, BC, CA तीन भुजाएँ हैं।

भुजा का छोटा नाम भुजा के सामने के कोण के छोटे अक्षरों से निरूपित किया जाता है, यथा, यहाँ BC भुजा ∠A के सामने है

अत: BC = 9

इसी प्रकार AC = b, AB = c

कर्ण (Hypoteneuse)

समकोण त्रिभुज में समकोण के सामने की भुजा कर्ण कहलाती है। इसे h से निरूपित किया जाता है।

जैसे:- ऊपर के त्रिभुज में ∠B = 90°, अत: ∠B के सामने की भुजा AC(b) ΔABC का कर्ण होगा।

लम्ब (Perpendicular)

त्रिभुज में जिस कोण के बारे में पूछा जाए उसके लिए उस कोण के सामने की भुजा लम्ब कहलाती है इसे P से दर्शाते हैं।

आधार (Base)

लम्ब तथा कर्ण के निर्धारण के बाद जो भुजा बच जाए आधार कहलाती है। इसे b से दर्शाते है।

त्रिकोणमितीय निष्पत्तियाँ

$$\sin\theta = \frac{\text{लम्ब}}{\text{कर्ण}}\left(\frac{p}{h}\right) \quad \cos\theta = \frac{\text{आधार}}{\text{कर्ण}}\left(\frac{b}{h}\right)$$

$$\tan\theta = \frac{\text{लम्ब}}{\text{आधार}}\left(\frac{p}{b}\right) \quad \text{cosec}\theta = \frac{\text{कर्ण}}{\text{लम्ब}}\left(\frac{h}{p}\right)$$

$$\sec\theta = \frac{\text{आधार}}{\text{कर्ण}}\left(\frac{h}{b}\right) \quad \cot\theta = \frac{\text{आधार}}{\text{लम्ब}}\left(\frac{b}{p}\right)$$

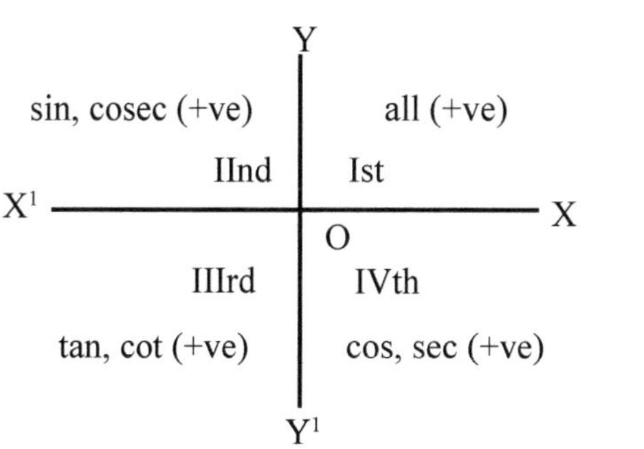

Ist पाद:- (0° to 90°) sin, cos, tan, cosec, sec, cot, सभी धनात्मक

IInd पाद:- (90° to 180°) sin, cosec धनात्मक शेष सभी ऋणात्मक

IIIrd पाद:- (180° to 270°) tan, cot धनात्मक शेष सभी ऋणात्मक

IVth पाद:- (270° to 360°) cos, sec धनात्मक तथा शेष सभी ऋणात्मक।

महत्वपूर्ण सूत्र (Important Formulae)

1. $\pi = \frac{22}{7} = 3.1416$ (लगभग)

   $\frac{1}{\pi} = \frac{7}{22} = 0.31831$ (लगभग)

2. i) $\sin\theta = \frac{p}{h}, \cos\theta = \frac{b}{h}, \tan\theta = \frac{p}{b}$

   $\operatorname{cosec}\theta = \frac{h}{p}, \sec\theta = \frac{h}{b}, \cot\theta = \frac{b}{p}$

   जहाँ p = Perpendicular (लम्ब)

   b = base (आधार)

   h = Hypotenuse (कर्ण)

   ii) $\sin\theta \cdot \operatorname{cosec}\theta = 1$

   $\cos\theta \cdot \sec\theta = 1$

   $\tan\theta \cdot \cot\theta = 1$

   iii) $\sin^2\theta + \cos^2\theta = 1, \sec^2\theta - \tan^2\theta = 1$

   $\operatorname{cosec}^2\theta - \cot^2\theta = 1$

3.

	0°	30° या $\frac{\pi}{6}$	45° या $\frac{\pi}{4}$	60° या $\frac{\pi}{3}$	90° या $\frac{\pi}{2}$
Sin	0	$\frac{1}{2}$	$\frac{1}{\sqrt{2}}$	$\frac{\sqrt{3}}{2}$	1
Cos	1	$\frac{\sqrt{3}}{2}$	$\frac{1}{\sqrt{2}}$	$\frac{1}{2}$	0
Tan	0	$\frac{1}{\sqrt{3}}$	1	$\sqrt{3}$	$\propto$
Cosec	$\propto$	2	$\sqrt{2}$	$\frac{2}{\sqrt{3}}$	1
Sec	1	$\frac{2}{\sqrt{3}}$	$\sqrt{2}$	2	$\propto$
Cot	$\propto$	$\sqrt{3}$	1	$\frac{1}{\sqrt{3}}$	0

$$\sin 18^\circ = \frac{\sqrt{5}-1}{4}, \cos 18^\circ = \frac{\sqrt{10+2\sqrt{5}}}{4}$$

$$\sin 36^\circ = \frac{\sqrt{5}+1}{4}, \cos 36^\circ = \frac{\sqrt{10-2\sqrt{6}}}{4}$$

4.

	$-\theta$	$(90-\theta)$ or $\left(\frac{\pi}{2}-\theta\right)$	$(90+\theta)$ or $\left(\frac{\pi}{2}+\theta\right)$	$(180-\theta)$ or $(\pi-\theta)$	$(180+\theta)$ or $(\pi+\theta)$
sin	$-\sin\theta$	$\cos\theta$	$\cos\theta$	$\sin\theta$	$-\sin\theta$
cos	$\cos\theta$	$\sin\theta$	$-\sin\theta$	$-\cos\theta$	$-\cos\theta$
tan	$-\tan\theta$	$\cot\theta$	$-\cot\theta$	$-\tan\theta$	$\tan\theta$
cosec	$-\text{cosec}\,\theta$	$\sec\theta$	$\sec\theta$	$\text{cosec}\,\theta$	$-\text{cosec}\,\theta$
cot	$-\cot\theta$	$\tan\theta$	$-\tan\theta$	$-\cot\theta$	$\cot\theta$
sec	$\sec\theta$	$\text{cosec}\,\theta$	$-\text{cosec}\,\theta$	$-\sec\theta$	$-\sec\theta$

5.

$$\sin(A+B) = \sin A\cdot\cos B + \cos A\cdot\sin B$$
$$\sin(A-B) = \sin A\cdot\cos B - \cos A\cdot\sin B$$
$$\cos(A+B) = \cos A\cdot\cos B - \sin A\cdot\sin B$$
$$\cos(A-B) = \cos A\cdot\cos B + \sin A\cdot\sin B$$
$$\tan(A+B) = \frac{\tan A+\tan B}{1-\tan A\cdot\tan B}$$
$$\tan(A-B) = \frac{\tan A-\tan B}{1+\tan A\cdot\tan B}$$
$$\cot(A+B) = \frac{\cot A\cdot\cot B-1}{\cot B+\cot A}$$
$$\cot(A-B) = \frac{\cot A-\cot B+1}{\cot B-\cot A}$$
$$\sin(A+B)\cdot\sin(A-B) = \sin^2 A - \sin^2 B = \cos^2 B\cdot\cos^2 A$$
$$\cos(A+B)\cdot\cos(A-B) = \cos^2 A - \sin^2 B = \cos^2 B - \sin^2 A$$
$$\tan(A+B+C) = \frac{\tan A+\tan B+\tan C-\tan A\cdot\tan B\cdot\tan C}{1-\tan A\cdot\tan B-\tan B\cdot\tan C-\tan C\cdot\tan A}$$

उदाहरण (Examples)

1. $\dfrac{\sin\theta}{1+\cos\theta}$ बराबर है

(a) $\cot\theta$ (b) $\dfrac{\cos\theta-1}{\sin\theta}$

(c) $\dfrac{1-\cos\theta}{\sin\theta}$ (d) इनमें से कोई नहीं

हलः $\dfrac{\sin\theta}{1+\cos\theta} = \dfrac{\sin\theta}{1+\cos\theta}\times\dfrac{1-\cos\theta}{1-\cos\theta}$

$$\frac{\sin\theta(1-\cos\theta)}{1-\cos^2\theta}$$
$$= \frac{\sin\theta(1-\cos\theta)}{\sin^2\theta}$$
$$[\because 1-\cos^2\theta = \sin^2\theta]$$
$$= \frac{1-\cos\theta}{\sin\theta}$$

उत्तर (c)

2. $\tan^2\theta + \cot^2\theta + 2$ बराबर है।

(a) $\sin^2\theta\cos^2\theta$ (b) $\sec^2\theta\,\text{cosec}^2\theta$

(c) $\sec^2\theta\cot\theta$ (d) इनमें से कोई नहीं

हलः $\tan^2\theta + \cot^2\theta + 2 = \tan^2\theta + \dfrac{1}{\tan^2\theta} + 2$

$$= \frac{\tan^4\theta + 1 + 2\tan^2\theta}{\tan^2\theta}$$

$$= \frac{(1+\tan^2\theta)^2}{\tan^2\theta}$$

$$= \frac{(\sec^2\theta)^2}{\tan^2\theta}$$

$$= \frac{(\sec^2\theta)^2}{\tan^2\theta} \qquad [\because 1+\tan^2\theta = \sec^2\theta]$$

$$= \frac{\sec^2\theta\cdot\sec^2\theta}{\tan^2\theta}$$

$$= \frac{1}{\cos^2\theta}\frac{\sec^2\theta}{\frac{\sin^2\theta}{\cos^2\theta}}$$

$$= \frac{\sec^2\theta}{\sin^2\theta} = \sec^2\theta\cos^2\theta$$

उत्तर (b)

3. $\frac{1-\cos\theta}{1+\cos\theta}$ बराबर है।

(a) $(\tan\theta - \text{cosec}\,\theta)^2$ (b) $(\cot\theta - \sec\theta)^2$

(c) $(\cot\theta - \text{cosec}\,\theta)^2$ (d) इनमें से कोई नहीं।

हल: $\frac{1-\cos\theta}{1+\cos\theta} = \frac{1-\cos\theta}{1+\cos\theta}\times\frac{1-\cos\theta}{1-\cos\theta}$

$$= \frac{(1-\cos\theta)^2}{1-\cos^2\theta}$$

$$= \frac{(1-\cos\theta)^2}{\sin^2\theta}$$

$$= \left(\frac{1-\cos\theta}{\sin\theta}\right)^2$$

$$= \left(\frac{1}{\sin\theta} - \frac{\cos\theta}{\sin\theta}\right)^2$$

$$= (\text{cosec}\,\theta - \cos\theta)^2$$

$$= (\cot\theta - \text{cosec}\,\theta)^2 \quad [\because (a-b)^2 = (b-a)]$$

उत्तर (b)

4. $\frac{\cot A + \tan B}{\cot B + \tan A}$

(a) $\cot B \tan A$ (b) $\cot A \tan A$

(c) $\cot A \tan B$ (d) इनमें से कोई नहीं

हल: $\frac{\cot A + \tan B}{\cot B + \tan A} = \frac{\frac{\cos A}{\sin A} + \frac{\sin B}{\cos B}}{\frac{\cos B}{\sin B} + \frac{\sin A}{\cos A}}$

$$= \frac{\frac{\cos A\cos B + \sin A\sin B}{\sin A\ \cos B}}{\frac{\cos A\cos B + \sin A\sin B}{\cos A\ \sin B}}$$

$$= \frac{\cos A\sin B}{\sin A\cos B} = \cot A\cdot\tan B$$

उत्तर (c)

5. $\sqrt{\frac{1+\cos\theta}{1-\cos\theta}} = ?$

(a) $\cos\theta + \tan\theta$ (b) $\text{cosec}\,\theta + \cot\theta$

(c) $\cot\theta + \cot^2\theta$ (d) इनमें से कोई नहीं

हल: $\sqrt{\frac{1+\cos\theta}{1-\cos\theta}} = \sqrt{\frac{1+\cos\theta}{1+\cos\theta}\times\frac{1+\cos\theta}{1+\cos\theta}}$

$$= \sqrt{\frac{(1+\cos\theta)^2}{1+\cos^2\theta}}$$

$$= \sqrt{\frac{(1+\cos\theta)^2}{\sin^2\theta}}$$

$$= \sqrt{\left(\frac{1}{\sin\theta} + \frac{\cos\theta}{\sin\theta}\right)^2}$$

$$= \sqrt{(\text{cosec}\,\theta + \cot\theta)^2}$$

$$= \text{cosec}\,\theta + \cot\theta$$

उत्तर (b)

6. $\tan 1^\circ \tan 2^\circ \tan 3^\circ \ldots\ldots \tan 45^\circ \ldots \tan 89^{\circ}$ का मान ज्ञात करें।

हल: $\tan 1^\circ \tan 2^\circ \tan 3^\circ \ldots \tan 45^\circ \ldots \tan 89^\circ$

$$= (\tan 1^\circ \tan 89^\circ)(\tan 2^\circ \tan 88^\circ)\ldots(\tan 44^\circ \tan 46^\circ)\ldots\tan 45^\circ$$

$$= [\tan 1^\circ \tan(90^\circ - 1^\circ)][\tan 2^\circ \tan(90^\circ - 2^\circ)]$$

$$[\tan 44^\circ \tan(99^\circ - 44^\circ)] \ldots\ldots \tan 45^\circ$$

$$= [\tan 1^\circ\cdot\cot 1^\circ][\tan 2^\circ\cdot\cot 2^\circ][\tan 4^\circ\cdot\cot 44^\circ] \quad 1$$

1 1 1 1

= 1 उत्तर

7. $\frac{\cos 41^\circ}{\sin 49^\circ}-\frac{\sin 72^\circ}{\cos 18^\circ}$ का मान ज्ञात करें।

(a) 0 (b) 1

(c) 2 (d) इनमें से कोई नहीं

हल:

$$\frac{\cos 41^\circ}{\sin 49^\circ}-\frac{\sin 72^\circ}{\cos 18^\circ}=\frac{\cos(90^\circ-45^\circ)}{\sin 45^\circ}-\frac{\sin(90^\circ-18^\circ)}{\cos 18^\circ}$$

$$=\frac{\sin 45^\circ}{\sin 45^\circ}-\frac{\cos 18^\circ}{\cos 18^\circ}$$

$$=1-1=0$$

उत्तर (a)

8. अगर $\sin A=\frac{4}{5}\cos B=\frac{5}{13}$ और 0 $\angle A$ $\angle 90^\circ$, 0 $\angle B$ $\angle 90^\circ$ तब $\sin(A+B)$ बराबर है।

(a) $\frac{2}{13}$ (b) $\frac{51}{65}$

(c) $\frac{53}{65}$ (d) इनमें से कोई नहीं

हल: पाइथागोरस प्रमेय से:-

अगर $\sin A=\frac{4}{5}$

तब $\cos A=\frac{3}{5}$

उसी प्रकार, अगर $\cos B=\frac{5}{13}$

तब $=\sin B=\frac{12}{13}$

अब,

$$\sin(A+B)=\sin A\cos B+\cos A\sin B$$

$$=\frac{4}{5}\times\frac{5}{13}+\frac{3}{5}\times\frac{12}{13}=\frac{56}{65}$$

9. $\sqrt{2+\sqrt{2+2\cos 4\theta}}=?$

(a) $2\sec\theta$ (b) $2\cos\theta$

(c) $2\tan\theta$ (d) इनमें से कोई नहीं

हल : $\sqrt{2+\sqrt{2+(1+\cos 2\theta)}}=\sqrt{2+\sqrt{2\times 2\cos^2 2\theta}}$

$$=\sqrt{2+2\cos^2\theta}$$

$$=\sqrt{2+(1+\cos^2\theta)}$$

$$=\sqrt{2-2\cos^2\theta}$$

$$=2\cos\theta$$

उत्तर (b)

10. $\frac{\tan 40^\circ+\tan 20^\circ}{1-\tan 40^\circ\cdot\tan 20^\circ}$ का मान है

(a) $\sqrt{3}$ (b) $\frac{1}{\sqrt{3}}$

(c) 2 (d) इनमें से कोई नहीं

हल :

$$\frac{\tan 40^\circ+\tan 20^\circ}{1-\tan 40^\circ\cdot\tan 20^\circ}=\tan(40^\circ+20^\circ)=\tan 60^\circ$$

$$=\sqrt{3}$$

उत्तर (a)

11. यदि $4x=\sec\theta$ तथा $\frac{4}{x}=\tan\theta$ हो, तो $8\left(x^2-\frac{1}{x^2}\right)$ क्या होगा?

(a) $\frac{1}{16}$ (b) $\frac{1}{8}$

(c) – (d) $\frac{1}{4}$

हल : $4x=\sec\theta$

$$x=\frac{\sec\theta}{4}$$

$$\frac{4}{x}=\tan\theta$$

$$\frac{1}{x}=\tan\theta$$

$$\therefore 8\left(x^2-\frac{1}{x^2}\right)$$

$$=8\left(\frac{\sec^2\theta}{16}-\frac{\tan^2\theta}{16}\right)=\frac{8}{16}(\sec^2\theta-\tan^2\theta)=\frac{1}{2}$$

उत्तर (c)

12. यदि $2-\cos^2\theta = 3\sin\theta\cos\theta, \sin\theta \neq \cos\theta$ हो तो $\tan\theta$ कितना होगा?

(a) $\frac{1}{2}$ (b) 0

(c) $\frac{2}{3}$ (d) $\frac{1}{3}$

हल: $2-\cos^2\theta = 3\sin\theta\cdot\cos\theta$

$\cos^2\theta$ से भाग देने पर,

$$\frac{2}{\cos^2\theta}-1=\frac{3\sin\theta\cdot\cos\theta}{\cos^2\theta}$$

$$2\sec^2\theta-1=3\tan\theta$$

$$2(1+\tan^2\theta)-1=3\tan\theta$$

$$2\tan^2\theta+2-1=3\tan\theta$$

$$2\tan^2\theta-3\tan\theta+1=0$$

$$2\tan^2\theta-2\tan\theta-\tan\theta+1=0$$

$$2\tan\theta(\tan\theta-1)-1(\tan\theta-1)=0$$

$$(2\tan\theta-1)(\tan\theta-1)=0$$

$=\tan\theta=\frac{1}{2}$ या 1

उत्तर (a)

13. यदि $\sec\theta-\text{cosec}\,\theta=0$ हो, तो $(\sec\theta+\text{cosec}\,\theta)$ का मान कितना होगा?

(a) $\frac{\sqrt{3}}{2}$ (b) $\frac{2}{\sqrt{3}}$

(c) 0 (d) $2\sqrt{2}$

हल : $\sec\theta-\text{cosec}\,\theta=0 \Rightarrow \sec\theta=\text{cosec}\,\theta$

$$\frac{1}{\cos\theta}=\frac{1}{\sin\theta}$$

$$\sin\theta=\cos\theta$$

$$\tan\theta=1\tan 45^\circ$$

$$\theta=45^\circ$$

$$\therefore \sec\theta+\cos ec\theta$$

$$=\sec 45^\circ+\text{cosec}\,45^\circ=\sqrt{2}+\sqrt{2}=2\sqrt{2}$$

उत्तर (d)

14. $\sin\theta+\cos\theta=\sqrt{2}\cos(90-\theta)$ हो, तो $\cot\theta$ कितना होगा?

(a) $\sqrt{2}+1$ (b) 0

(c) $\sqrt{2}$ (d) $\sqrt{2}-1$

हल : $\sin\theta+\cos\theta$

$$=\sqrt{2}\cos(90^\circ-\theta)$$

$$\sin\theta+\cos\theta=\sqrt{2}\sin\theta$$

वर्ग करने पर

$$\cos^2\theta+\sin^2\theta+2\cos\theta-\sin\theta=2\sin^2\theta$$

$$\Rightarrow \cos^2\theta=\sin^2\theta-2\cos\theta-\sin\theta$$

$\sin^2\theta$ से भाग देने पर

$$\cot^2\theta=1-2\cot\theta$$

$$\Rightarrow \cot^2\theta+2\cot\theta-1=0$$

$$\therefore \cot\theta=\frac{-2\pm\sqrt{4+4}}{2}=\frac{-2\pm2\sqrt{2}}{2}=\sqrt{2}-1$$

उत्तर (d)

15. यदि $P\sin\theta=\sqrt{3}$ तथा $P\cos\theta=1$ हो तो P का मान कितना होगा?

(a) $\frac{1}{2}$ (b) $\frac{2}{\sqrt{3}}$

(c) $\frac{-1}{3}$ (d) 2

हल : $P\cos\theta=\sqrt{3}:P\cos\theta=1$

वर्ग करके जोडने पर

$$P^2\sin^2\theta+P^2\cos^2\theta=3+1$$

$$P^2(\sin^2\theta+\cos^2\theta)=4$$

$$P^2=4\Rightarrow P=2$$

उत्तर (d)

16. $[1+\sec 20^\circ+\cot 70^\circ]$
$[1-\text{cosec}\,20^\circ+\tan 70^\circ]$ का मान कितना होगा

(a) 0 (b) -1

(c) 2 (d) 1

हल : $(1+\sec 20^\circ+\cot 70^\circ)(1-\text{cosec}\,20^\circ+\tan 70^\circ)$

$$=(1+\sec 20^\circ+\tan 70^\circ)(1-\text{cosec}\,20^\circ+\cot 20^\circ)$$

$$[\because \tan(90^\circ-\theta)]=\cot\theta;\cot(90^\circ-\theta)\tan\theta]$$

$$=\left(1+\frac{1}{\cos 20^\circ}+\frac{\sin 20^\circ}{\cos 20^\circ}\right)\left(1-\frac{1}{\sin 20^\circ}+\frac{\cos 20^\circ}{\sin 20^\circ}\right)$$

$$=\frac{1+\cos 20^\circ+\sin 20^\circ}{\cos 20^\circ}\times\frac{\sin 20^\circ-1+\cos 20^\circ}{\sin 20^\circ}$$

$$\frac{(\cos 20^\circ+\sin 20^\circ)\ -1}{\sin 20\cdot\cos 20}$$

$$=\frac{\cos^2 20^\circ+\sin^2 20^\circ+2\sin 20^\circ\cdot\cos 20^\circ-1}{\sin 20^\circ\cdot\cos 20^\circ}$$

$[\because \sin^2\theta+\cos^2\theta=1]$

$=2$

उत्तर (c)

17. यदि $0\le\alpha\le\frac{\pi}{2}$ तथा $2\sin\alpha+15\cos^2\alpha=7$ हो तो $\cot\alpha$ का मान कितना होगा?

(a) $\frac{1}{2}$ (b) $\frac{5}{4}$

(c) $\frac{3}{4}$ (d) $\frac{1}{4}$

हल : $2\sin\alpha+15\cos^2\alpha=7$

$2\sin\alpha+15-15\sin^2\alpha=7$

$15\sin^2\alpha-2\sin\alpha-8=0$

$15\sin^2\alpha-12\sin^2\alpha+10\sin\alpha-8=0$

$3\sin\alpha[5\sin\alpha-4]+2(5\sin\alpha-4)=0$

$(3\sin\alpha+2)(5\sin\alpha-4)=0$

sin – क्योंकि $\sin\alpha\ne\frac{-2}{3}$

$$\cos\alpha=\sqrt{1-\frac{16}{25}}=\frac{3}{5}$$

$$\therefore \cot\alpha=\frac{\cos\alpha}{\sin\alpha}=\frac{\frac{3}{5}}{\frac{4}{5}}=\frac{3}{4}$$

उत्तर (c)

18. यदि $\sin 2\theta=\frac{1}{2}$ हो तो, $\cos(75^\circ-\theta)$ का मान क्या होगा?

(a) 1 (b) $\frac{1}{2}$

(c) $\frac{\sqrt{3}}{2}$ (d) $\frac{1}{\sqrt{2}}$

हल : $\sin 2\theta=\frac{1}{2}\sin 30^\circ$

$2\theta=30^\circ$

$\theta=15^\circ$

$\therefore \cos(75-\theta)=\cos(75^\circ-15^\circ)=\cos 60^\circ=\frac{1}{2}$

उत्तर (b)

19. यदि $\sin p+\operatorname{cosec} p=2$ तो, $\sin^7 p+\operatorname{cosec}^7 p$ का मान क्या है?

(a) 2^7 (b) 0

(c) 1 (d) 2

हल : $\sin p+\operatorname{cosec} p=2$

$\sin p+\frac{1}{\sin p}=2$

$\sin^2 p+1=2\sin p$

$\sin^2 p-2\ \sin p+1=0$

$(\sin p-1)^2=0$

$\sin p=1$ एवं $\operatorname{cosec} p=1$

$\sin^7 p+\operatorname{cosec}^7 p=1+1=2$

उत्तर (d)

20. $\sin(45+\theta)-\cos(45-\theta)$ किसके बराबर है?

(a) $2\sin\theta$ (b) 1

(c) $2\cos\theta$ (d) 0

हल : $\cos(90^\circ-(45+\theta)-\cos(45-\theta)$

$[\because \cos(90^\circ-\theta)=\sin\theta]$

$=\cos(45-\theta)-\cos(45-\theta)=0$

उत्तर (d)

ऊँचाई एवं दूरी (Height and Distance)

इस अध्याय में सामान्यतः एक या एक से अधिक समकोण त्रिभुज पर आधारित प्रश्न पूछे जाते हैं, जिसमे,

लम्ब, कर्ण, आधार में से कोई एक या एक से अधिक हिस्सा ज्ञात करना होता है।

महत्त्वपूर्ण तथ्य (Important Facts)

कोण (Angle): किसी वस्तु के अवलोकन में क्षैतिज रेखा तथा दृश्य रेखा के बीच के कोण का अध्ययन इस अध्याय में होता है।

क्षैतिज रेखा (Horizontal Line): अभिदृश्य के सामने धरती के सामानान्तर खींची गई रेखा क्षैतिज रेखा कहलाती है।

दृश्य रेखा (Line of vision): अभिदृश्य से देखी जाने वाली वस्तु का मिलान रेखा दृश्य रेखा कहलाती है।

उन्नयन कोण (Angle of Elevation): जब वस्तु के अवलोकन के लिए आँख (अभिदृश्यक) को ऊपर उठाना पड़े तो क्षैतिज रेखा और दृश्य रेखा के बीच अभिदृश्यक (आँख) पर बना कोण उन्नयन कोण कहलाता है।

अवनमन कोण (Angle of Depression): जब वस्तु के अवलोकन के लिए अभिदृश्यक (आँख) को नीचे झुकाना पड़े तो क्षैतिज रेखा और दृश्य रेखा के बीच अभिदृश्यक (आँख) पर बना कोण अवनमन कोण कहलाता है।

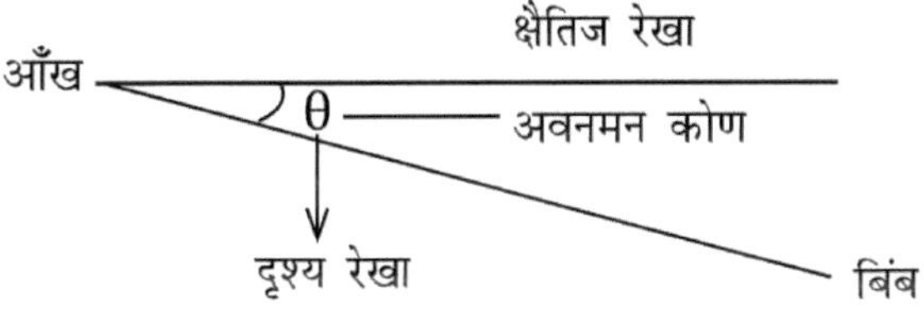

उदाहरण (Examples)

1. 15 मीटर लम्बा एक खम्बा दीवार के सहारे जमीन से 60° कोण पर टिका हुआ है, तो खंभा दीवार की किस ऊँचाई पर पहुँचेगा?

   (a) 10 मीटर (b) 12.99 मीटर
   (c) 9 मीटर (d) 11.50 मीटर

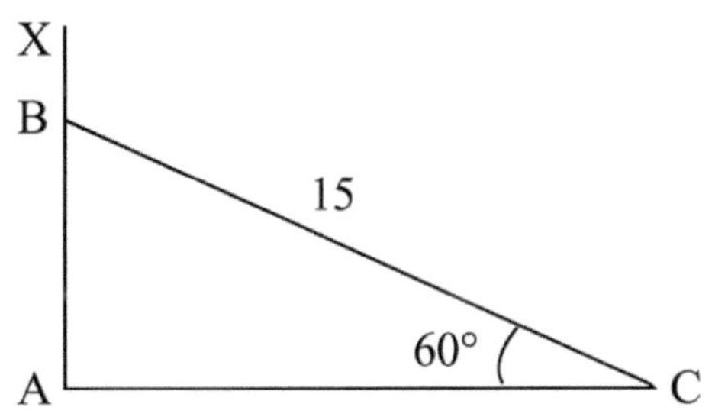

हल: माना AX दीवार के B बिन्दु पर BC खंभा जमीन से 60° का कोण बनाते हुए छूता है।

$$\therefore \sin 60^\circ = \frac{BA}{15} \Rightarrow \frac{\sqrt{3}}{2} = \frac{BA}{15}$$

$$\Rightarrow BA = \frac{15\sqrt{3}}{2}$$

∴ दीवार की उँचाई जहाँ खंभा छूता है।

$$= AB = \frac{15\sqrt{3}}{2}$$

$$\frac{15 \times 1.732}{2} = 12.99 \text{ मी0}$$

उत्तर (b)

2. जब सूर्य क्षैतिज से 30° ऊपर हो, तो 50 मीटर ऊँचे भवन द्वारा डाली गई परछाई क्या होगी?

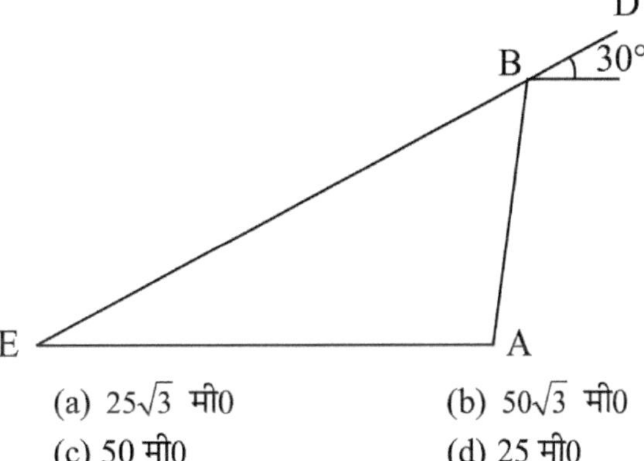

   (a) $25\sqrt{3}$ मी0 (b) $50\sqrt{3}$ मी0
   (c) 50 मी0 (d) 25 मी0

हल: माना AB भवन तथा D सूर्य है।

∴ छाया = AE तथा $\angle E = 30^\circ$ होगा

$$\therefore \tan 30^\circ = \frac{AB}{AE} = \frac{1}{\sqrt{3}} = \frac{50}{AE}$$

∴ AE (छाया) $= 50\sqrt{3}$ मीटर

उत्तर (b)

अभ्यास प्रश्न (Practice Questions)

1. निम्नलिखित में से $\sin^4\theta-\cos^4\theta$ का मान क्या होगा ?
   (a) $\sin^2\theta-\cos^2\theta$ (b) $(\sin\theta-\cos\theta)^4$
   (c) $(\sin^2\theta-\cos^2\theta)^2$ (d) $(\sin^2\theta-\cos^2\theta)^2$

2. यदि $\cos\theta=\frac{1}{3}$ हो, तो $\sin\theta+\tan\theta$ का मान क्या होगा ?
   (a) 4 (b) 3.5
   (c) 3.75 (d) $\frac{8\sqrt{2}}{3}$

3. यदि $\tan\theta=1$ हो, तो $\frac{\sin\theta-2\cos\theta}{\sin\theta+3\cos\theta}$ का मान क्या होगा ?
   (a) $\frac{1}{4}$ (b) 0
   (c) 1 (d) $-\frac{1}{4}$

4. $(\text{cosec}\theta-\sin\theta)(\sec\theta-\cos\theta)(\tan\theta+\cot\theta)=?$
   (a) $\sec\theta\,\text{cosec}\theta$ (b) $\sin\theta\cos\theta$
   (c) 1 (d) 2

5. यदि $\frac{\sin\theta}{1+\cos\theta}+\frac{\sin\theta}{1-\cos\theta}=4$ तथा $0°<\theta<90°$, तो θ का मान क्या होगा ?
   (a) 10° (b) 45°
   (c) 30° (d) 15°

6. $\frac{\text{cosec}\theta}{\text{cosec}-1}+\frac{\text{cosec}\theta}{\text{cosec}+1}=?$
   (a) $2\tan^2\theta$ (b) $2\,\text{cosec}^2\theta$
   (c) $2\sec^2\theta$ (d) $2\sin^2\theta$

7. $\sin^6\theta+\cos^6\theta+3\sin^2\theta\cos^2\theta=?$
   (a) 2 (b) 5
   (c) 3 (d) 1

8. यदि $\alpha+\beta=90°$, तो $\text{cosec}^2\alpha+\text{cosec}^2\beta=?$
   (a) $\sec^2\alpha.\tan^2\alpha$ (b) $\tan^2\alpha.\tan^2\beta$
   (c) $\sin^2\alpha.\sin^2\beta$ (d) $\text{cosec}^2\alpha.\text{cosec}^2\beta$

9. यदि $\cos\theta=\frac{m}{n}$ हो, तो $\tan\theta$ का मान क्या होगा ?
   (a) $\frac{\sqrt{n^2-m^2}}{m}$ (b) $\frac{\sqrt{m^2}}{n^2-m^2}$
   (c) $\frac{n^2+m^2}{m}$ (d) इनमें से कोई नहीं

10. यदि $x=7\cos\theta$ और $y=9\sin\theta$ तो $\frac{x^2}{49}+\frac{y^2}{81}=?$
   (a) 81 (b) 49
   (c) 0 (d) 1

11. $\cot 9°\cot 27°\cot 63°\cot 81°=?$
   (a) 1 (b) 2
   (c) 0 (d) $\frac{1}{\sqrt{3}}$

12. $\sin 75°$ का मान क्या होगा?
   (a) $\frac{\sqrt{3}+1}{2\sqrt{2}}$ (b) $\frac{\sqrt{3}}{\sqrt{2}}$
   (c) $\frac{\sqrt{3}-1}{2\sqrt{2}}$ (d) $\frac{3}{4}$

13. यदि $\tan\theta=\frac{4}{5}$, तो $\frac{5\sin\theta-3\cos\theta}{5\sin\theta+3\cos\theta}=?$
   (a) 1 (b) $\frac{2}{7}$
   (c) 0 (d) $\frac{1}{7}$

14. $(\cos\theta-\sin\theta)^2(\cos\theta-\sin\theta)^2=?$
   (a) 1 (b) 2
   (c) 4 (d) 0

15. यदि $7\sin^2\theta+3\cos^2\theta=4$ और θ न्यूनकोण है तो $\tan^2\theta$ का मान क्या होगा?
   (a) $\frac{1}{7}$ (b) $\frac{1}{3}$
   (c) $\frac{3}{7}$ (d) $\frac{2}{7}$

16. $\tan(A+B)=\frac{1}{2}$ और $\tan(A-B)=\frac{1}{3}$ हो, तो $\tan^2 A$ का मान क्या होगा?
   (a) 1 (b) $\frac{5}{6}$
   (c) $\frac{1}{7}$ (d) $\frac{1}{6}$

17. यदि $(\tan 35°.\tan 55°)=\sin A$ तो $\angle A$ कितने डिग्री के बराबर होगा?
   (a) 55° (b) 90°
   (c) 180° (d) 35°

18. $\frac{3\tan 20^0 + \tan^3 20^0}{1-3\tan^2 20^0}\ \frac{1}{4}$ का मान क्या होगा?

(a) 1 (b) $\frac{1}{\sqrt{3}}$

(c) $\sqrt{3}$ (d) ∞

19. यदि $\cos\theta = x, x > 0$ तो $\tan\theta$ का मान क्या होगा?

(a) $\frac{\sqrt{1+x^2}}{x}$ (b) $\frac{\sqrt{1-x^2}}{x}$

(c) $\frac{x}{\sqrt{1+x^2}}$ (d) $\frac{x}{\sqrt{1+x^2}}$

20. यदि $\tan\theta + \sin\theta = a$ और $\tan\theta - \sin\theta = b$ तो

$\frac{1}{4}(a^2 - b^2) = ?$

(a) ab (b) $\sqrt{\frac{a}{b}}$

(c) $\sqrt{ab}$ (d) $\sqrt[4]{ab}$

21. $\frac{\cos A - \cos B}{\sin A + \sin B} + \frac{\cos A - \cos B}{\sin A + \sin B} = ?$

(a) sinA cosB (b) tanA tanB

(c) 0 (d) cosA cosB

22. $\tan^{-1}\frac{1}{2} + \tan^{-1}\frac{1}{3} + \tan^{-1}\frac{1}{4} = ?$

(a) $\tan^{-1}\frac{3}{5}$ (b) $\tan^{-1}\frac{7}{3}$

(c) $\tan^{-1}\frac{3}{4}$ (d) $\tan^{-1}\frac{5}{3}$

23. $\sqrt{\frac{1-\sin\theta}{1+\sin\theta}}$ निम्न में किसके बराबर है?

(a) $\sec\theta - \tan\theta$ (b) $\sin\theta + \cos\theta$

(c) $\sin\theta - \cos\theta$ (d) $\sec\theta + \cos\theta$

24. $\frac{\tan 35^0}{\cot 55^0} + \frac{\sin 40^0}{\cos 20^0} + \frac{\sin 40^0}{\cos 20^0} + \frac{\sec 40^0}{\cos 140^0} - 1 = ?$

(a) 4 (b) 3

(c) $\frac{\sqrt{3}}{4}$ (d) इनमें से कोई नही

25. यदि $\sec\theta - \tan\theta = \frac{1}{\sqrt{3}}$, तो $\tan\theta$ का मान क्या है?

(a) $\sqrt{3}$ (b) $\frac{\sqrt{3}}{2}$

(c) $\frac{1}{\sqrt{3}}$ (d) $\frac{1}{\sqrt{3}}$

26. यदि $\sec 11\theta = \text{cosec}\, 7\theta\ (0° \le \theta \le 20°)$, तो θ का मान क्या होगा?

(a) 10° (b) 18°

(c) 15° (d) 5°

27. tan70° किसके बराबर है

(a) tan50° + tan20° (b) tan50° + tan20°

(c) 2tan50° + tan20° (d) 2tan50° + 2tan20°

28. यदि $\tan\theta = \frac{4}{3}$ तो $\sqrt{\frac{1-\sin\theta}{1+\sin\theta}} = ?$

(a) $\frac{2}{3}$ (b) $\frac{3}{4}$

(c) $-\frac{1}{3}$ (d) $\pm\frac{1}{3}$

29. यदि $\sin 2\theta = \cos 3\theta$ तथा θ एक न्यूनकोण है, तो θ का मान क्या होगा ?

(a) 27° (b) 18°

(c) 36° (d) 45°

30. $\sin^3 15° - \cos^3 15°$ का मान क्या होगा ?

(a) $\frac{5}{8\sqrt{2}}$ (b) $\frac{-5}{8\sqrt{2}}$

(c) $\frac{3}{4}(\sin 15° + \cos 15°)$ (d) $\frac{-5}{4\sqrt{2}}$

31. यदि $2\cos^2\theta + 11\sin\theta - 7 = 0$, तो $\sin\theta$ का मान क्या होगा ?

(a) $\frac{1}{2}$ (b) $-\frac{1}{2}$

(c) 5 (d) $\frac{1}{\sqrt{2}}$

32. $\frac{\sin 9°}{\sin 48°} - \frac{\cos 81°}{\cos 42°}$ का संख्यात्मक मान क्या है?

(a) 1 (b) 0

(c) $\frac{1}{2}$ (d) – 1

33. $4\cot^2\frac{\pi}{3} + \sec^2\frac{\pi}{6} - \sin\frac{\pi}{4} = ?$

(a) $\frac{17}{6}$ (b) $\frac{5}{2}$

(c) $\frac{13}{6}$ (d) $\frac{19}{6}$

34. यदि $\sin(A + B) = \frac{1}{\sqrt{2}}$ तथा $\sin(A-B) = \frac{1}{\sqrt{2}}$ हो तो $(\cos^2 B - \cos^2 A)$ का मान क्या है।?

(a) 1 (b) $\frac{1}{2}$

(c) $\sqrt{2}$ (d) 0

35. $\sin\left(\frac{\pi}{18}\right)\times\sin\left(\frac{5\pi}{18}\right)\times\sin\left(\frac{7\pi}{18}\right)=?$

(a) $\frac{1}{16}$ (b) $\frac{1}{2}$

(c) $\frac{1}{8}$ (d) $\frac{1}{4}$

36. यदि $\cot\theta + \text{cosec}\theta = 5$, तो $\cos\theta$ का मान क्या होगा?

(a) $\frac{15}{17}$ (b) $\frac{-15}{17}$

(c) $\frac{12}{13}$ (d) $\frac{-12}{13}$

37. यदि $3\sec^4\theta + 8 = 10\sec^2\theta$, तो $\tan\theta$ के मान क्या होंगे?

(a) $1, -\sqrt{3}$ (b) $\pm\frac{1}{\sqrt{3}}$

(c) $1, \sqrt{3}$ (d) $-1, \sqrt{3}$

38. यदि $\sec\theta + \tan\theta = P$, जब $P\neq0$ तो $\sin\theta$?

(a) $\frac{p^2+1}{2p}$ (b) $\frac{p^2-1}{p^2+1}$

(c) $\frac{2p}{p^2+1}$ (d) इनमें से कोई नहीं

39. $\sin^4 x + \sin^2 x\ \cos^2 x$ का मान किसके बराबर है?

(a) $\sin^2 x + \cos^2 x$ (b) $\cos^2 x$

(c) $\sin^2 x$ (d) इनमें से कोई नहीं।

40. $\cos^6\theta + \sin^6\theta$ का मान किसके बराबर है?

(a) $(\cos^2\theta + \sin^2\theta)^3$

(b) $(\cos^3\theta + \sin^3\theta)^2$

(c) $(\sin^2\theta + \cos^2\theta)(1+ \sin^2\theta\cos^2\theta)$

(d) $1-3\sin^2\theta\cos^2\theta$

41. $\frac{\sec A-\tan A}{\sec A+\tan A}$ का मान किसके बराबर है?

(a) $1-2\sec A\tan A+\tan^2 A$

(b) $2\tan^2 A + 2\sec A\tan A-1$

(c) $1-\sec A\tan A+2\tan^2 A$

(d) $1-2\sec A\tan A+2\tan^2 A$

42. $\text{cosec}^4\theta-1$ का मान बराबर है-

(a) $1-\tan^2\theta$ (b) $1+\cot^2\theta$

(c) $2\cot^2\theta + \cot^4\theta$ (d) इनमें से कोई नहीं।

43. $\sin^4\theta - \cos^4\theta + 2\cos^2\theta = ?$

(a) $\cos^2\theta$ (b) $\sin^2\theta$

(c) 1 (d) -1

44. यदि $\tan\theta + \sin\theta = m$ तथा $\tan\theta - \sin\theta = n$, तो $m^2 - n^2 = ?$

(a) $\sqrt{mn}$ (b) 4mn

(c) $2\sqrt{mn}$ (d) $\sqrt{mn}$

45. $\tan9° - \tan63° + \cot27° - \cot81° = ?$

(a) 0 (b) 1

(c) $\frac{\sqrt{3}+1}{3\sqrt{2}}$ (d) $\frac{1}{2}$

46. $\frac{\sin135°\cos(-225°)\sin1125°}{\tan135°\sin315°} = ?$

(a) $\frac{1}{2}$ (b) $-\frac{1}{2}$

(c) $\frac{1}{2\sqrt{2}}$ (d) -1

47. $\frac{\sin1920°}{\cos1500°} = ?$

(a) $\frac{1}{\sqrt{3}}$ (b) $\frac{1}{2}$

(c) $\sqrt{3}$ (d) $\frac{1}{2}$

48. $\sec\theta + \tan\theta = 2-\sqrt{3}$ तो $\sec\theta - \tan\theta = ?$

(a) $2-\sqrt{3}$ (b) $2+\sqrt{3}$

(c) 1 (d) इनमें से कोई नहीं

49. $\frac{1}{2}\times(11-8)=\frac{3}{2}=1.5 \ = ?$

(a) 0 (b) -2

(c) 3 (d) 1

50. यदि $\cos60° - \cos120° = \sin x°$, तो x का मान रेडियन में क्या होगा?

(a) $\frac{\pi}{3}$ (b) $\frac{2\pi}{3}$

(c) $\frac{\pi}{2}$ (d) $\frac{\pi}{6}$

51. $\frac{\sin 330° \times \tan 495° \times \text{cosec} 150°}{\tan 120°}$ का मान किसके बराबर है?

(a) $\frac{1}{\sqrt{3}}$ (b) $\sqrt{3}$

(c) $-\sqrt{3}$ (d) $-\frac{1}{\sqrt{3}}$

52. cos 225°– sin 210° का मान क्या है?

(a) $\frac{1-\sqrt{2}}{2}$ (b) $\frac{\sqrt{3}+2}{4}$

(c) $\frac{\sqrt{3}-2}{2}$ (d) $\frac{\sqrt{3}-2}{4}$

53. $\frac{\sin 1920°}{\cos 1500°} = ?$

(a) $\frac{1}{\sqrt{3}}$ (b) $\frac{1}{2}$

(c) $\sqrt{3}$ (d) $\frac{1}{\sqrt{2}}$

54. जब $A = \frac{11\pi}{3}$, तो cosA– sinA का मान क्या होगा?

(a) $\frac{\sqrt{3}}{2}$ (b) $\frac{1-\sqrt{3}}{2}$

(c) $\frac{\sqrt{3}+1}{2}$ (d) $\frac{\sqrt{3}-1}{2}$

55. sin1875° का मान क्या होगा?

(a) $\frac{\sqrt{3}+1}{2\sqrt{2}}$ (b) $\frac{\sqrt{3}-1}{2\sqrt{2}}$

(c) $\frac{2\sqrt{2}}{\sqrt{3}-1}$ (d) $\frac{2\sqrt{2}}{\sqrt{3}+1}$

56. यदि tan (A + B – C) = 1, sin (B + C – A) = 1 तथा cot (C + A – B) = 1 तब A का मान क्या होगा?

(a) 67.5° (b) 22.5°

(c) 45° (d) 60°

57. $\tan^2\frac{\pi}{3}+\sin^2\frac{\pi}{3}\cos^2\frac{\pi}{3}-\cot^2\frac{\pi}{2} = ?$

(a) $\frac{51}{16}$ (b) $\frac{24}{40}$

(c) $\frac{25}{40}$ (d) $\frac{25}{48}$

58. यदि sin (A + B) = 1 तथा cos (A–B) = $\frac{\sqrt{3}}{2}$, तो A का मान क्या है?

(a) 50° (b) 75°

(c) 60° (d) 45°

59. यदि A और B दो कोण प्रथम चर्तुथांश में हों $\tan A = \frac{1}{7}$ $\sin B = \frac{1}{\sqrt{10}}$, तब A + 2B =?

(a) 40° (b) 30°

(c) 45° (d) 75°

60. $\frac{\cos 17° + \sin 17°}{\cos 17° - \sin 17°} = ?$

(a) tan 62° (b) tan 34°

(c) tan 51° (d) tan 68°

61. sin15° + cos 105° का मान क्या है?

(a) 1 (b) 0

(c) 2 (d) −1

62. cos (45° – θ)–sin(45° + θ) = का मान क्या है?

(a) $\sqrt{2}\,\text{Cos}\,\theta$ (b) $\sqrt{2}\sin\theta$

(c) $\sqrt{2}(\sin\theta+\cos\theta)$ (d) 0

63. sin47° cos13° + cos 47°sin13° = ?

(a) $\frac{3}{2}$ (b) $\frac{\sqrt{2}}{3}$

(c) $\frac{\sqrt{3}}{2}$ (d) 1

64. cos20° + cos100° + cos 140° + cos90° = ?

(a) $\frac{\sqrt{3}}{2}$ (b) −2

(c) 1 (d) 0

65. $\tan\left(\frac{\pi}{4}+\frac{\theta}{2}\right)+\tan\left(\frac{\pi}{4}-\frac{\theta}{2}\right) = ?$

(a) secθ (b) 2 secθ

(c) cosθ (d) 2 cosθ

66. 2sin105° sin75° का मान क्या है?

(a) $\frac{\sqrt{3}-2}{4}$ (b) $\frac{\sqrt{3}-2}{2}$

(c) $\frac{\sqrt{3}+2}{4}$ (d) $\frac{\sqrt{3}+2}{2}$

67. $\frac{\cos 20° - \sin 20°}{\cos 20° + \sin 20°}$ का मान क्या होगा?

(a) sin40° (b) tan25°

(c) cos20° (d) इनमें से कोई नहीं।

68. $\dfrac{\sin\theta+\sin 2\theta}{1+\cos\theta+\cos 2\theta}=?$

(a) $\tan\theta$ (b) $\cot\theta$
(c) $\cos\theta$ 2 (d) $\sec\theta$

69. $\cos^2\dfrac{\pi}{16}+\cos^2\dfrac{3\pi}{16}+\cos^2\dfrac{9\pi}{16}+\cos^2\dfrac{11\pi}{16}=?$

(a) 0 (b) 1
(c) 2 (d) –1

70. $\dfrac{\sin\theta+\sin 3\theta+\sin 5\theta}{\cos\theta+\cos 3\theta+\cos 5\theta}=?$

(a) $\tan\theta$ (b) $\tan 2\theta$
(c) $\tan 3\theta$ (d) $3\tan\theta$

उत्तरमाला (Answer Key)

1. (a)	2. (d)	3. (d)	4. (c)	5. (c)	6. (c)	7. (d)	8. (d)	9. (a)	10 (d)
11. (a)	12. (a)	13. (d)	14. (b)	15. (b)	16. (a)	17. (b)	18. (c)	19. (b)	20. (c)
21. (c)	22. (d)	23. (a)	24. (d)	25. (c)	26. (d)	27. (a)	28. (d)	29. (b)	30. (d)
31. (a)	32. (b)	33. (c)	34. (b)	35. (c)	36. (c)	37. (b)	38. (b)	39. (c)	40. (d)
41. (d)	42. (d)	43. (c)	44. (a)	45. (a)	46. (c)	47. (c)	48. (b)	49. (a)	50. (c)
51. (d)	52. (a)	53. (c)	54. (c)	55. (a)	56. (b)	57. (a)	58. (c)	59. (c)	60. (a)
61. (b)	62. (d)	63. (c)	64. (d)	65. (a)	66. (d)	67. (b)	68. (a)	69. (c)	70. (c)

हल (Solutions)

1.(a)

$\sin^4\theta-\cos^4\theta=(\sin^2\theta)^2-(\cos^2\theta)^2$

$=(\sin^2\theta+\cos^2\theta)\ (\sin^2\theta-\cos^2\theta)$

$=\sin^2\theta-\cos^2\theta$

2.(d)

$\cos\theta=\dfrac{1}{3}=\dfrac{\text{आधार}}{\text{कर्ण}}$

लम्ब $=\sqrt{3^2-1^2}=\sqrt{8}=2\sqrt{2}$

$\sin\theta=\dfrac{2\sqrt{2}}{3},\tan\theta=\dfrac{2\sqrt{2}}{1}$

$\sin\theta+\tan\theta=\dfrac{2\sqrt{2}}{3}+\dfrac{2\sqrt{2}}{1}=\dfrac{8\sqrt{2}}{3}$

3.(d)

tan =1

$=\dfrac{\sin\theta-2\cos\theta}{\sin\theta+3\cos\theta}=\dfrac{\dfrac{\sin\theta}{\cos\theta}-\dfrac{2\cos\theta}{\cos\theta}}{\dfrac{\sin\theta}{\cos\theta}+3\dfrac{\cos\theta}{\cos\theta}}$

$=\dfrac{\tan\theta-2}{\tan\theta+3}=\dfrac{1-2}{1+3}=-\dfrac{1}{4}$

4.(c)

$(\operatorname{cosec}\theta-\sin\theta)\ (\sec\theta-\cos\theta)\ (\tan\theta+\cot\theta)$

$=\left(\dfrac{1}{\sin\theta}-\sin\theta\right)\left(\dfrac{1}{\cos\theta}-\cos\theta\right)\left(\dfrac{\sin\theta}{\cos\theta}+\dfrac{\cos\theta}{\sin\theta}\right)$

$=\dfrac{1-\sin^2\theta}{\sin\theta}\times\left(\dfrac{1-\cos^2\theta}{\cos\theta}\right)\left(\dfrac{\sin^2\theta+\cos^2\theta}{\sin\theta\cos\theta}\right)$

$=\dfrac{\cos^2\theta}{\sin\theta}\times\dfrac{\sin^2\theta}{\cos\theta}\times\dfrac{1}{\sin\theta\cos\theta}=1$

5.(c)

$\dfrac{\sin\theta}{1+\cos\theta}+\dfrac{\sin\theta}{1-\cos\theta}$

$=\dfrac{\sin\theta(1-\cos\theta)+\sin\theta(1+\cos\theta)}{(1+\cos\theta)(1-\cos\theta)}=4$

$\dfrac{2\sin\theta}{1-\cos^2\theta}=4\Rightarrow\dfrac{2\sin\theta}{\sin^2\theta}=4$

$\Rightarrow\sin\theta=\dfrac{1}{2}=\sin 30^\circ$

6.(c) $\dfrac{\text{cosec }\theta}{\text{cosec }\theta-1}+\dfrac{\text{cosec }\theta}{\text{cosec }\theta+1}$

$=\dfrac{\text{cosec }\theta(\text{cosec }\theta+1)+\text{cosec }\theta(\text{cosec }\theta-1)}{(\text{cosec }\theta-1)(\text{cosec }\theta+1)}$

$=\dfrac{2\text{cosec}^2\theta}{\text{cosec}^2\theta\ -1}=\dfrac{2(1+\cot^2\theta)}{\cot^2\theta}$

$=2\left(\dfrac{1}{\cot^2\theta}+\dfrac{\cot^2\theta}{\cot^2\theta}\right)$

$=2(\tan^2\theta+1)=2\sec^2\theta$

7.(d)

$\sin^6\theta+\cos^6\theta+3\sin^2\theta\cos^2\theta$

$[(\sin^2\theta)^3+(\cos^2\theta)^3]+3\sin^2\theta\cos^2\theta$

$[(\sin^2\theta+\cos^2\theta)^3-3\sin^2\theta\cos^2\theta\,(\sin^2\theta+\cos^2\theta)]+3\sin^2\theta\cos^2\theta$

$1-3\sin^2\theta\cos^2\theta+3\sin^2\theta\cos^2\theta$

$=1$

8.(d)

$\text{cosec}2\alpha+\text{cosec}2\beta$

$\dfrac{1}{\sin^2\alpha}+\dfrac{1}{\sin^2\beta}=\dfrac{\sin^2\beta+\sin^2\alpha}{\sin^2\alpha\sin^2\beta}$

$=\dfrac{1-\cos2\beta+1-\cos2\alpha}{2\sin^2\alpha\sin^2\beta}$

$=\dfrac{2-(\cos2\alpha+\cos2\beta)}{2\sin^2\alpha\sin^2\beta}$

$=\dfrac{2-2\cos(\alpha+\beta)\cos(\alpha-\beta)}{2\sin^2\alpha\sin^2\beta}$

$=\dfrac{2-2\cos90^\circ\cos(\alpha+\beta)}{2\sin^2\alpha\sin^2\beta}$

$=\dfrac{2-0}{2\sin^2\alpha\sin^2\beta}$

$=\text{cosec}^2\alpha.\text{cosec}^2\beta$

9.(a)

$\cos\theta=\dfrac{m}{n}=\dfrac{\text{आधार}}{\text{कर्ण}}$

$\text{लम्ब}=\sqrt{n^2-m^2}$

$\tan\theta=\dfrac{\text{लंब}}{\text{आधार}}=\dfrac{\sqrt{n^2-m^2}}{m}$

10.(d)

$x=7\cos\theta\quad\Rightarrow\cos\theta=\dfrac{x}{7}$

$y=9\sin\theta\quad\Rightarrow\sin\theta=\dfrac{y}{9}$

$\cos^2\theta+\sin^2\theta=\dfrac{x^2}{49}+\dfrac{y^2}{81}$

$1=\dfrac{x^2}{49}+\dfrac{y^2}{81}$

11.(a)

$\cot9^\circ.\ \cot27^\circ.\ \cot63^\circ.\ \cot81^\circ$

$=\cot9^\circ.\ \cot81^\circ.\ \cot27^\circ.\ \cot63^\circ$

$=\cot9^\circ.\ \cot(90^\circ-9^\circ)\ .\ \cot27^\circ.\ \cot(90^\circ-27^\circ)$

$=(\cot9^\circ.\ \tan9^\circ)\ (\cot27^\circ.\ \tan27^\circ)$

$=1\times1=1$

12.(a)

$\sin75^\circ=\sin(45^\circ+30^\circ)$

$=\sin45^\circ\cos30^\circ+\cos45^\circ\sin30^\circ$

$=\dfrac{1}{\sqrt2}\times\dfrac{\sqrt3}{2}+\dfrac{1}{\sqrt2}\times\dfrac{1}{2}$

$=\dfrac{\sqrt3+1}{2\sqrt2}$

13.(d)

$\tan\theta=\dfrac{4}{5}$

$\dfrac{5\sin\theta\ -\ 3\cos\theta}{5\sin\theta+3\cos\theta}=\dfrac{\dfrac{5\sin\theta}{\cos\theta}-\dfrac{3\cos\theta}{\cos\theta}}{\dfrac{5\sin\theta}{\cos\theta}+\dfrac{3\cos\theta}{\cos\theta}}$

$=\dfrac{5\tan\theta-3}{5\tan\theta+3}=\dfrac{5\times\frac{4}{5}-3}{5\times\frac{4}{5}+3}=\dfrac{1}{7}$

14.(b)

$(\cos\theta+\sin\theta)^2+(\cos\theta-\sin\theta)^2=\dfrac{1}{7}$

$=\cos^2\theta+\sin^2\theta+2\cos\theta\sin\theta+\cos^2\theta+\sin^2\theta-2\cos\theta\sin\theta$

$=1+1=2$

15.(b)

$7\sin^2\theta+3\cos^2\theta=4$

$4\sin^2\theta+3(\sin^2\theta+\cos^2\theta)=4$

$4\sin^2\theta+3=4$

$4\sin^2\theta=1\quad\Rightarrow\sin^2\theta=\dfrac{1}{4}$

$\tan^2\theta=\dfrac{\sin^2\theta}{1-\sin^2\theta}=\dfrac{\frac{1}{4}}{1-\frac{1}{4}}\ \dfrac{\frac{1}{4}}{\frac{3}{4}}=-$

16.(a)

$\tan(A+B) = \frac{1}{2}$

$A + B = \tan^{-1}\left(\frac{1}{2}\right)$ —— (i)

$\tan(A+B) = \frac{1}{3}$

$A - B = \tan^{-1}\left(\frac{1}{3}\right)$ —— (ii)

समीकरण (i) और (ii) को जोड़ने पर

$2A = \tan^{-1}\frac{1}{2} + \tan^{-1}\frac{1}{3}$

$$2A = \tan^{-1}\frac{\frac{1}{2}+\frac{1}{3}}{1-\frac{1}{2}\times\frac{1}{3}} = \tan^{-1}\frac{\frac{5}{6}}{\frac{5}{6}}$$

$2A = \tan^{-1}1 \Rightarrow \tan 2A = 1$

17.(b)

$\tan 35°.\tan 55° = \sin A$

$\tan(90°-55°).\tan 55° = \sin A$

$\cot 55°.\tan 55° = \sin A$

$\sin 90° = \sin A \Rightarrow A = 90°$

18.(c)

$$\frac{3\tan 20° + \tan^3 20°}{1-3\tan^2 20°} = \tan 3(20°)$$

$= \tan 60° = \sqrt{3}$

19.(b)

$\cos\theta = x$

$$\tan = \frac{\sin\theta}{\cos\theta} = \frac{\sqrt{1-\cos^2\theta}}{\cos\theta} = \frac{\sqrt{1-x^2}}{x}$$

20.(c)

$\tan\theta + \sin\theta = a$ ———— (i)

$\tan\theta - \sin\theta = b$ ———— (ii)

समीकरण (i) + (ii)

$\Rightarrow 2\tan\theta = a + b \Rightarrow \tan\theta = \frac{a+b}{2}$

समीकरण (i) व (ii)

$\Rightarrow 2\sin\theta = a - b \Rightarrow \tan\theta = \frac{a-b}{2}$

$\tan\theta = \frac{a+b}{2}$

$\frac{\sin\theta}{\cos\theta} = \frac{a \quad b}{}$

$\Rightarrow \cos\theta = \frac{2\sin\theta}{a+b}$

$\cos\theta = \frac{a-b}{a+b}$

$\sin^2\theta = 1 - \cos^2\theta$

$$\left(\frac{a-b}{2}\right)^2 = 1-\left(\frac{a-b}{a+b}\right)^2$$

$$\frac{(a-b)^2}{4} = \frac{(a+b)^2-(a-b)^2}{(a+b)^2}$$

$(a-b)^2(a+b)^2 = 16ab$

$(a-b)(a+b) = 4\sqrt{ab}$

$a^2 - b^2 = 4\sqrt{ab}$

$\frac{1}{4}\left(a^2-b^2\right) = \sqrt{ab}$

21.(c)

$$\frac{\sin A-\sin B}{\cos A+\cos B} + \frac{\cos A-\cos B}{\sin A+\sin B}$$

$$= \frac{\sin^2 A-\sin^2 B+\cos^2 A-\cos^2 B}{(\cos A+\cos B)(\sin A+\sin B)}$$

$$= \frac{\left(\sin^2 A+\cos^2 A\right)-\left(\sin^2 B+\cos^2 B\right)}{(\cos A+\cos B)(\sin A+\sin B)}$$

$$= \frac{1-1}{(\cos A+\cos B)(\sin A+\sin B)} = 0$$

22.(d)

$$\tan^{-1}\frac{1}{2}+\tan^{-1}\frac{1}{3}+\tan^{-1}\frac{1}{4}$$

$$= \tan^{-1}\frac{\frac{1}{2}+\frac{1}{3}}{1-\frac{1}{2}\times\frac{1}{3}}+\tan^{-1}\frac{1}{4}$$

$$= \tan^{-1}1+\tan^{-1}\frac{1}{4}$$

$$= \tan^{-1}\frac{1+\frac{1}{4}}{1-\frac{1}{4}} = \tan^{-1}\frac{\frac{5}{4}}{\frac{3}{4}} = \tan^{-1}\frac{5}{3}$$

23.(a)

$$\sqrt{\frac{1-\sin\theta}{1+\sin\theta}} = \sqrt{\frac{1-\sin\theta}{1+\sin\theta}\times\frac{1-\sin\theta}{1-\sin\theta}} = \frac{1-\sin\theta}{\cos\theta}$$

$$= \frac{1}{\cos\theta}-\frac{\sin\theta}{\cos\theta} = \sec\theta - \tan\theta$$

24.(d)

$$\frac{\tan 35°}{\cot 55°}+\frac{\cot 78°}{\tan 12°}+\frac{\sin 160°}{\cos 20°}+\frac{\sec 40°}{\cos 40°} = -1$$

$$= 1 + 1 + \frac{\sin(180°-20°)}{\cos 20°} + \frac{1}{\cos^2 40°} - 1$$

$= 1 + 1 + \frac{\sin 20°}{\cos 20°} + \sec^2 40° - 1$

$= 1 + \tan 20° + \sec^2 40°$

25.(c)

$\sec\theta - \tan\theta = \frac{1}{\sqrt{3}}$

$\sec\theta = \frac{1}{\sqrt{3}} + \tan\theta$

$\sec^2\theta = \frac{1}{3} + \tan^2\theta + \frac{2}{\sqrt{3}}\tan\theta$

$1 + \tan^2\theta = \frac{1}{3}\tan^2\theta + \frac{2}{\sqrt{3}}\tan\theta$

$\frac{2}{\sqrt{3}}\tan\theta = \frac{2}{3}$

$\tan\theta = \frac{1}{\sqrt{3}}$

26.(d)

$\sec 11\theta = \text{cosec}\, 7\theta$

$\frac{1}{\cos 11\theta} = \frac{1}{\sin 7\theta}$

$\text{Sin}\, 7\theta = \cos 11\theta = \sin(90° - 11\theta)$

$7\theta + 11\theta = 90°$

$\theta = 5°$

27.(a)

$\tan 70° = \tan(20° + 50°)$

$\tan 70° = \frac{\tan 20° + \tan 50°}{1 - \tan 20° \tan 50°}$

$\tan 70° - \tan 70° \tan 20° \tan 50° = \tan 20° + \tan 50°$

$\tan 70° - \cot 20° \tan 20° \tan 50° = \tan 20° + \tan 50°$

$\tan 70° = \tan 50° + \tan 20°$

28.(d)

$\tan\theta = \frac{4}{3} = \frac{\text{लंब}}{\text{आधार}}$

$\text{कर्ण} = \sqrt{4^2 + 3^2} = \sqrt{25} = 5$

$\sin\theta = \frac{\text{लंब}}{\text{कर्ण}} = \frac{4}{5}$

$\sqrt{\frac{1-\sin\theta}{1+\sin\theta}} = \sqrt{\frac{1-\frac{4}{5}}{1+\frac{4}{5}}} = \sqrt{\frac{1}{9}} = \pm\frac{1}{3}$

29.(b)

$\sin 2\theta = \cos 3\theta$

$\text{Sin}\, 2\theta = \sin(90° - 3\theta) = 2\theta = 90° - 3\theta$

$\Rightarrow 5\theta = 90° \Rightarrow \theta = 18°$

30. (d)

$\sin^3 15° - \cos^3 15°$

$(\sin 15° - \cos 15°)(\sin^2 15° + \cos^2 15° + \sin 15° \cos 15°)$

$= (\sin 15° - \sin 75°)(1 + \frac{1}{2}\sin 30°)$

$2\cos\frac{90°}{2}\left(-\sin\frac{60°}{2}\right)\left(1 + \frac{1}{2} \times \frac{1}{2}\right)$

$(-2\cos 45° \sin 30°)\left(1 + \frac{1}{4}\right)$

$\left(-2 \times \frac{1}{\sqrt{2}} \times \frac{1}{2}\right)\left(\frac{5}{4}\right) = \frac{-5}{4\sqrt{2}}$

31. (a)

$2\cos 2\theta + 11\sin\theta - 7 = 0$

$2(1 - \sin^2\theta) + 11\sin\theta - 7 = 0$

$(2\sin^2\theta) - 11\sin + 5 = 0$

$\sin\theta = \frac{11 \pm \sqrt{121 - 40}}{4} = \frac{11 \pm 9}{4}$

$\sin\theta = \frac{20}{4}$ या $\frac{2}{4}$

$\sin\theta = 5$ या $\frac{1}{2}$ (अमान्य)

32. (b)

$\frac{\sin 9°}{\sin 48°} - \frac{\cos 81°}{\cos 42°} = \frac{\sin 9°}{\sin 48°} - \frac{\cos(90° - 9°)}{\cos(90° - 42°)}$

$= \frac{\sin 9°}{\sin 48°} - \frac{\sin 9°}{\sin 48°}$

$= 0$

33.(c)

$4\cot^2\frac{\pi}{3} + \sec^2\frac{\pi}{6} - \sin^2\frac{\pi}{4}$

$= 4\cot 60° + \sec^2 30° - \sin^2 45°$

$= 4\left(\frac{1}{\sqrt{3}}\right)^2 + \left(\frac{2}{\sqrt{3}}\right)^2 - \left(\frac{1}{\sqrt{2}}\right)^2$

$= \frac{4}{3} + \frac{4}{3} - \frac{1}{2} = \frac{13}{6}$

34.(b)

$\cos^2 B - \cos^2 A$

$= \sin(A + B), \sin(A - B)$

$= \frac{1}{\sqrt{2}} \times \frac{1}{\sqrt{2}} = \frac{1}{2}$

35. (c)

$$\sin\frac{\pi}{18}\times\sin\frac{5\pi}{18}\times\sin\frac{7\pi}{18}$$

$$= \cos\left(\frac{\pi}{2}-\frac{\pi}{18}\right)\times\cos\left(\frac{\pi}{2}-\frac{5\pi}{18}\right)\times\cos\left(\frac{\pi}{2}-\frac{7\pi}{18}\right)$$

$$= \cos\frac{4\pi}{9}\times\cos\frac{2\pi}{9}\times\cos\frac{\pi}{9} = \frac{\sin\left[2^3\times\frac{\pi}{9}\right]}{2^3\sin\frac{\pi}{9}}$$

$$= \frac{1}{8}.\frac{\sin\frac{8\pi}{9}}{\sin\frac{\pi}{9}} = \frac{1}{8}\frac{\sin\left(\pi-\frac{\pi}{9}\right)}{\sin\frac{\pi}{9}} = \frac{1}{8}$$

36. (c)

$\cot\theta + \operatorname{cosec}\theta = 5$

$$\frac{\cos\theta}{\sin\theta}+\frac{1}{\sin\theta} = 5$$

$\cos\theta + 1 = 5\sin\theta$

$(1+\cos\theta)^2 = (5\sin\theta)^2$

⇨ $1+\cos^2\theta + 2\cos\theta = 25\sin^2\theta = 25(1-\cos^2\theta)$

⇨ $26\cos^2\theta + 2\cos\theta - 24 = 0$

⇨ $13\cos^2\theta + \cos\theta - 12 = 0$

⇨ $13\cos^2\theta + 13\cos\theta - 12\cos - 12 = 0$

⇨ $13\cos\theta(\cos\theta+1) - 12(\cos - 1) = 0$

$(\cos\theta+1)\ (13\cos - 12) = 0$

$\cos\theta = -1,\ \cos\theta = \frac{12}{13}$

37.(b)

$3\sec^4\theta + 8 = 10\sec^2\theta$

$3\sec^4\theta - 10\sec^2\theta + 8 = 0$

माना $\sec^2\theta = z$

$3z^2 - 10z + 8 = 0$

$3z^2 - 6z - 4z + 8 = 0$

$3z(z-2) - 4(z-2) = 0$

$(z-2)(3z-4) = 0$

$z = 2,\ z = \frac{4}{3}$

$\sec^2\theta = 2$

$1+\tan^2\theta = 2$ ⇨ $\tan^2\theta = 1$

$\tan\theta = \pm 1$

$\sec^2\theta = \frac{4}{3}$

$1+\tan^2\theta = \frac{4}{3}$ ⇨ $\tan^2\theta = \frac{1}{3}$

$\tan\theta = \pm\frac{1}{\sqrt{3}}$

38.(b)

$\sec\theta + \tan\theta = p$

$$\frac{1}{\cos\theta}+\frac{\sin\theta}{\cos\theta} = P$$

$$\frac{1+\sin\theta}{\cos\theta} = P$$

$$\frac{(1+\sin\theta)^2}{\cos^2\theta} = \frac{p^2}{1}$$

$$\frac{(1+\sin\theta)^2-(1-\sin^2\theta)}{(1+\sin\theta)^2+(1-\sin^2\theta)} = \frac{p^2-1}{p^2+1}$$

$$\frac{2\sin\theta+2\sin^2\theta}{2+2\sin\theta} = \frac{p^2-1}{p^2+1}$$

$$\frac{2\sin\theta\ (1+\sin\theta)}{(1+\sin\theta)} = \frac{p^2-1}{p^2+1}$$

$$\sin\theta = \frac{p^2-1}{p^2+1}$$

39.(c)

$\sin^4 x + \sin^2\cos^2 x$

$= \sin^4 x(\sin^2 + \cos^2 x) = \sin^2 x.1 = \sin^2 x$

40.(d)

$\cos^6\theta + \sin^6\theta$

$= (\cos^2\theta)^3 + (\sin^2\theta)^3$

$= (\cos^2\theta + \sin^2\theta)(\cos^4\theta + \sin^4\theta - \cos^2\theta\sin^2\theta)$

$= (\cos^2\theta + \sin^2\theta)^2 - 3\cos^2\theta\sin^2\theta$

$= 1 - 3\sin^2\theta\cos^2\theta$

41.(d)

$$\frac{\sec A-\tan A}{\sec A+\tan A}\times\frac{\sec A-\tan A}{\sec A-\tan A}$$

$$\frac{(\sec A-\tan A)^2}{\sec^2 A+\tan^2 A}$$

$= \sec^2 A + \tan^2 A - 2\sec A\tan A$

$= 1+\tan^2 A + \tan^2 A - 2\sec A\tan A$

$= 1 + 2\tan^2 A - 2\sec A\tan A$

42.(d)

$\operatorname{Cosec}^4\theta$

$= (\operatorname{cosec}^2\theta)^2 - 1 = (\operatorname{cosec}^2\theta - 1)(\operatorname{cosec}^2\theta + 1)$

$= \cot^2\theta(1 + \cot^2\theta + 1)$

$= \cot^2\theta(2 + \cot^2\theta)$

$= 2\cot^2\theta + \cot^4\theta$

43.(c)

$\sin^4\theta - \cos^4\theta + 2\cos^2\theta$

$= (\sin^2\theta)^2 - (\cos^2\theta) + 2\cos^2\theta$

$= (\sin^2\theta - \cos^2\theta) + (\sin^2\theta - \cos^2\theta) + 2\cos^2\theta$

$= \sin^2\theta - \cos^2\theta + 2\cos^2\theta = \sin^2 + \cos^2\theta = 1$

44.(a)

$m = \tan\theta + \sin\theta$

$n = \tan\theta - \sin\theta$

$m^2 - n^2 = (m + n)(m - n)$

$\Rightarrow m^2 - n^2 = (\tan\theta + \sin\theta + \tan\theta - \sin\theta)(\tan\theta + \sin\theta - \tan\theta + \sin\theta)$

$\Rightarrow m^2 - n^2 = (2\tan\theta)(2\sin\theta) = 4\tan\theta\sin\theta$

$mn = (\tan\theta + \sin\theta)(\tan\theta - \sin\theta)$

$= \tan^2\theta - \sin\theta$

$= \frac{\sin^2\theta}{\cos^2\theta} - \sin^2\theta$

$= \frac{\sin^2\theta}{\cos^2\theta} = (1 - \cos^2\theta)$

$mn = \tan^2\theta \,.\, \sin^2\theta$

$\sqrt{mn} = \tan\theta\sin\theta$

45.(a)

$\tan 9° - \tan 63° + \cot 27° - \cot 81°$

$= \tan 9° - \tan 63° + \cot(90° - 63°) - \cot(90° - 9°)$

$= \tan 9° - \tan 63° + \tan 63° - \tan 9°$

$= 0$

46.(c)

$$\frac{\sin 135°.\cos(-225°)\sin 1125°}{\tan(135°)\sin 315°}$$

$$\frac{\sin(90°+45°)\cos 225°.\sin(90\times 12+45°)}{\tan(90°+45°)\sin(360°-45°)}$$

$$\frac{\cos 45°.\cos(180°+45°)\sin 45°}{(-\cot 45°)\sin 45°}$$

$$\frac{\cos 45°.(-\cos 45°)\sin 45°}{(-\cot 45°)\sin 45°} = \frac{\frac{1}{\sqrt{2}}\times-\frac{1}{2}\times\frac{1}{\sqrt{2}}}{-1\times\frac{1}{\sqrt{2}}}$$

$$\frac{1}{2\sqrt{2}}$$

47. (c)

$$\frac{\sin 1920°}{\cos 1500°} = \frac{\sin[360°\times 5+120°]}{\cos[360°\times 4+60°]} = \frac{\sin 120°}{\cos 60°}$$

$$\frac{\sin(180°-60°)}{\cos 60°} = \frac{\sin 60°}{\cos 60°} = \frac{\frac{\sqrt{3}}{2}}{\frac{1}{2}}$$

$= \sqrt{3}$

48. (b)

$\sec\theta + \tan\theta = (2-\sqrt{3})$

$\Rightarrow (\sec\theta + \tan\theta)(\sec\theta - \tan\theta)$

$= (2-\sqrt{3})(\sec\theta - \tan\theta)$

$\Rightarrow \sec 2\theta + \tan 2\theta = (2-\sqrt{3})(\sec\theta - \tan\theta)$

$\Rightarrow 1 = (2-\sqrt{3})(\sec\theta - \tan\theta)$

$\sec 2\theta + \tan 2\theta = \frac{1}{2-\sqrt{3}}$

$= \frac{1}{2-\sqrt{3}}\times\frac{2+\sqrt{3}}{2+\sqrt{3}} = \frac{2+\sqrt{3}}{4-3}$

$= 2+\sqrt{3}$

49.(c)

$$\frac{\cot 54°}{\tan 36°} + \frac{\tan 20°}{\cot 70°} - 2$$

$$= \frac{\cot 54°}{(90°-54°)} + \frac{\tan 20°}{(90°-20°)} - 2$$

$$= \frac{\cot 54°}{\cot 54°} + \frac{\tan 20°}{\tan 20°} - 2$$

$= 1 + 1 - 2 = 0$

50.(c)

$\cos 60° - \cos 120° = \sin x°$

$\cos 60° - \cos(180° - 60°) = \sin x°$

$\cos 60° + \cos 60° = \sin x°$

$\frac{1}{2} + \frac{1}{2} = \sin x$

$1 = \sin x°$

$\sin 90° = \sin x°$

$x = 90° = \frac{90\pi}{180} = \frac{\pi}{2}$ रेडियन

51.(d)

$$\frac{\sin 330°\times\tan 495°\times\text{cosec } 150°}{\tan 120°}$$

$$= \frac{\sin(360°-30°)\times\tan(360°+135°)\times\text{cosec }(180°-30°)}{\tan(180°-60°)}$$

$$= \frac{-\sin 30°\times\tan 135°\times\text{cosec } 30°}{-\tan 60°}$$

$$= \frac{-\sin 30° \times \tan(90° + 45°) \times \text{cosec } 30°}{-\tan 60°}$$

$$= \frac{-\sin 30° - \cot 45° \times \text{cosec } 30°}{-\tan 60°}$$

$$= \frac{-1 \times -1}{-\sqrt{3}} = -\frac{1}{\sqrt{3}}$$

52.(a)

$\cos 225° - \sin 210°$

$= \cos(180° + 45°) - \sin(180° + 30°)$

$= -\cos 45° + \sin 30°$

$$= -\frac{1}{\sqrt{2}} + \frac{1}{2} = \frac{-2+\sqrt{2}}{2\sqrt{2}}$$

$$= \frac{\sqrt{2}-2}{2\sqrt{2}} = \frac{\sqrt{2}(1-\sqrt{2})}{2\sqrt{2}}$$

53.(c)

$$\frac{\sin 1920°}{\cos 1500°}$$

$$\frac{\sin(5 \times 360 + 120)}{\cos(4 \times 360 + 60)}$$

$$\frac{\sin 120}{\cos 60} \Rightarrow \frac{\sin(180 - 60)}{\cos 60}$$

$$\frac{\sin 60}{\cos 60} = \tan 60°$$

$$= \sqrt{3}$$

54.(c)

$$A = \frac{11\pi}{3} = \frac{11 \times 180°}{3} = 660°$$

$\cos A - \sin A = \cos 660° - \sin 660°$

$= \cos[2 \times 360° - 60°] - \sin[2 \times 360° - 60°]$

$= \cos 60° + \sin 60°$

$$= \frac{1}{2} + \frac{\sqrt{3}}{2} = \frac{1+\sqrt{3}}{2}$$

55.(a)

$\sin 1875°$

$= \sin[5 \times 360° + 75°] = 75°$

$= \sin(45° + 30°)$

$= \sin 45° \cos 30° + \cos 45° \sin 30°$

$$= \frac{1}{\sqrt{2}} \times \frac{\sqrt{3}}{2} + \frac{1}{\sqrt{2}} \times \frac{1}{2} = \frac{\sqrt{3}+1}{2\sqrt{2}}$$

56.(b)

$\tan(A + B - C) = 1 = \tan 45°$

$A + B - C = 45°$ ——(i)

$\sin(B + C - A) = 1 = \sin 90°$

$B + C - A = 90°$ ——(ii)

$\cos(C + A - B) = 1 = \cos 0°$

$C + A - B = 0°$ ——(iii)

(i), (ii) और (iii) को जोड़ने से

$A + B - C + B + C - A + C + A - B = 135°$

$A + B + C = 135°$

समीकरण (ii) से $B + C = 90° + A$

$A + 90° + A = 135°$

$\Rightarrow \quad 2A = 45°$

$A = 22.5°$

57.(a)

$$\tan^2\frac{\pi}{3} + \sin^2\frac{\pi}{3}\cos^2\frac{\pi}{3} - \cot^2\frac{\pi}{2}$$

$$(\sqrt{3})^2 + \left(\frac{\sqrt{3}}{2}\right)^2 \times \left(\frac{1}{2}\right)^2 - (0)^2$$

$$= 3 + \frac{3}{4} \times \frac{1}{4} = 3 + \frac{3}{16} = \frac{51}{16}$$

58.(c)

$\sin(A + B) = 1 = \sin 90°$

$\Rightarrow A + B = 90°$ —— (i)

$$\cos(A - B) = \frac{\sqrt{3}}{2} = \cos 30°$$

$\Rightarrow A - B = 30°$ ——(ii)

समीकरण (i) और (ii) को जोड़ने से $A = 60°$

59.(c)

$$\tan A = \frac{1}{7} \Rightarrow A = \tan^{-1}\frac{1}{7}, \quad \sin B = \frac{1}{\sqrt{10}}$$

$$\Rightarrow \sin^{-1}\frac{1}{\sqrt{10}}$$

$$A + 2B = \tan^{-1}\frac{1}{7} + 2\tan^{-1}\frac{1}{3}$$

$$= \tan^{-1}\frac{1}{7} + \tan^{-1}\frac{3}{4} = \tan^{-1}\frac{1}{3}$$

$$= \tan^{-1}\frac{\frac{1}{7}+\frac{3}{4}}{1-\frac{1}{7}\times\frac{3}{4}} = \tan^{-1}1$$

$= \tan^{-1}(\tan 45°) = 45°$

60.(a)

$$\frac{\cos 17°+\sin 17°}{\cos 17°-\sin 17°}$$

$$=\frac{\frac{\cos 17°}{\cos 17°}+\frac{\sin 17°}{\cos 17°}}{\frac{\cos 17°}{\cos 17°}-\frac{\sin 17°}{\cos 17°}}=\frac{1+\tan 17°}{1-\tan 17°}$$

$$=\frac{\tan 45°+\tan 17°}{1-\tan 45°.\tan 17°}\ \tan(45°+17°)=\tan 62°$$

61.(b)

$\sin 15° + \cos 105°$

$\sin 15° + \cos(90° + 15°) = \sin 15° - \sin 15° = 0$

62.(d)

$\cos(45° - \theta) - \sin(45° + \theta)$

$= \cos 45° \cos\theta + \sin 45° \sin\theta - \sin 45° \cos\theta - \cos 45° \sin\theta$

$$=\frac{1}{\sqrt{2}}\cos\theta+\frac{1}{\sqrt{2}}\sin\theta-\frac{1}{\sqrt{2}}\cos\theta-\frac{1}{\sqrt{2}}\sin\theta=\mathbf{0}$$

63.(c)

$\sin 47° \cos 13° + \cos 47° + \sin 13°$

$$=\sin(47°+13°)=\sin 60°=\frac{\sqrt{3}}{2}$$

64.(d)

$\cos 20° + \cos 100° + \cos 140° + \cos 90°$

$$2\cos\frac{20°+100°}{2}\cos\frac{20°-100°}{2}+\cos(180°-40°)+0$$

$= 2\cos 60°, \cos 40° - \cos 40°$

$$2\times\frac{1}{2}\cos 40° - \cos 40° = \mathbf{0}$$

65.(a)

$$\tan\left(\frac{\pi}{4}+\frac{\theta}{2}\right)+\tan\left(\frac{\pi}{4}-\frac{\theta}{2}\right)$$

$$=\frac{\tan\frac{\pi}{4}+\tan\frac{\theta}{2}}{1-\tan\frac{\pi}{4}\tan\frac{\theta}{2}}+\frac{\tan\frac{\pi}{4}-\tan\frac{\theta}{2}}{1+\tan\frac{\pi}{4}\tan\frac{\theta}{2}}$$

$$=\frac{1+\tan\frac{\theta}{2}}{1-\tan\frac{\theta}{2}}+\frac{1-\tan\frac{\theta}{2}}{1+\tan\frac{\theta}{2}}$$

$$=\frac{1+\tan^2\frac{\theta}{2}+2\tan\frac{\theta}{2}+1+\tan^2\frac{\theta}{2}-2\tan\frac{\theta}{2}}{\left(1-\tan\frac{\theta}{2}\right)\left(1+\tan\frac{\theta}{2}\right)}$$

$$=2\sec^2\frac{\theta}{2}=\frac{2\sec^2\frac{\theta}{2}\cos^2\frac{\theta}{2}}{\cos^2\frac{\theta}{2}-\sin^2\frac{\theta}{2}}=\frac{2}{\cos\theta}=\sec\theta$$

66.(d)

$2\sin 105° \sin 75°$

$= \cos(105° - 75°) - \cos(105° + 75°)$

$= \cos 30° - \cos 180°$

$$=\frac{\sqrt{3}}{2}-(-1)=\frac{\sqrt{3}}{2}+1=\frac{\sqrt{3}+2}{2}$$

67.(b)

$$\frac{\cos 20°-\sin 20°}{\cos 20°+\sin 20°}=\frac{\cos 20°-\sin(90°-70°)}{\cos 20°+\sin(90°-70°)}$$

$$=\frac{\cos 20°-\cos 70°}{\cos 20°+\cos 70°}$$

$$=\frac{2\sin 45°.\sin 25°}{2\cos 45°.\cos 25°}=\tan 25°$$

68.(a)

$$\frac{\sin\theta+\sin 2\theta}{1+\cos\theta+\cos 2\theta}=\frac{\sin\theta+2\sin\theta\cos\theta}{2\cos^2\theta+\cos\theta}$$

$$=\frac{\sin\theta(1+2\cos\theta)}{\cos\theta(1+2\cos\theta)}=\tan\theta$$

69.(c)

$$\cos^2\frac{\pi}{16}+\cos^2\frac{3\pi}{16}+\cos^2\frac{9\pi}{16}+\cos^2\frac{11\pi}{16}$$

$$=\frac{1}{2}\left[\left(1+\cos\frac{\pi}{8}\right)+\left(1+\cos\frac{3\pi}{8}\right)+\left(1+\cos\frac{9\pi}{8}\right)+\left(1+\cos\frac{11\pi}{8}\right)\right]$$

$$=\frac{1}{2}\left[4+\cos\frac{\pi}{8}+\cos\frac{3\pi}{8}+\cos\left(\pi+\frac{\pi}{8}\right)+\cos\left(\pi+\frac{3\pi}{8}\right)\right]$$

$$=\frac{1}{2}\left[4+\cos\frac{\pi}{8}+\cos\frac{3\pi}{8}-\cos\frac{\pi}{8}-\cos\frac{3\pi}{8}\right]$$

$$=\frac{1}{2}\times 4=2$$

70.(c)

$$\frac{\sin\theta+\sin 3\theta+\sin 5\theta}{\cos\theta+\cos 3\theta+\cos 5\theta}$$

$$=\frac{2\sin 3\theta\cos 2\theta+\sin 3\theta}{2\cos 3\theta\cos 2\theta+\cos 3\theta}$$

$$=\frac{\sin 3\theta(2\cos 2\theta+1)}{\cos 3\theta(2\cos 2\theta+1)}=\tan 3\theta$$

सांख्यिकी
Statistics

केन्द्रीय प्रवृत्ति की माप (Measures of Central Tendency)

सांख्यकीय माध्य समंकों के विस्तार के अंतर्गत स्थिर एक ऐसा मूल्य है, जिसका प्रयोग श्रेणी के समस्त मूल्यों का प्रतिनिधित्व करने के लिए किया जाता है। इसे केन्द्रीय प्रकृति की माप भी कहा जाता हैं।

सांख्यकी के माध्यों का विज्ञान भी कहा जाता है। माध्यों को दो भागों में वर्गीकृत किया जा सकता हैं:

(1) गणितीय माध्य

(2) स्थिति संबंधी माध्य

गणितीय माध्य मुख्य रूप से तीन प्रकार के होते हैं :

(1) समानान्तर माध्य (Arithmetic Mean)

(2) गुणोत्तर माध्य (Geometric Mean)

(3) हरात्मक माध्य (Harmonic Mean)

स्थिति संबंधी माध्य दो प्रकार के होते हैं :

(1) माध्यिका (Median)

(2) बहुलक (Mode)

सामानान्तर माध्य (Arithmetic Mean)

किसी समंक्र श्रेणी का सामानान्तर माध्य वह मूल्य होता हैं, जो उस श्रेणी के समस्त मूल्यों के योग को उनकी संख्या से भाग देने पर प्राप्त होता हैं। इसे सामान्य बोलचाल में औसत भी कहा जाता हैं।

अगर $X_1, X_2 .... X_N$ श्रेणी के विभिन्न मूल्य हो, पदों की संख्या N हो तो समांतर माध्य निकालने का सूत्र :

$$\overline{X} = \frac{X_1 + X_2 + X_3 + ... + X_N}{N}$$

$$\overline{X} = \frac{\sum X}{N}$$

यहाँ $\overline{X}$ = सामांतर माध्य

$\sum X$ = समस्त मूल्यों का योग

N = इकाइयों की संख्या

भारित समानान्तर माध्य (Weighted Arithmetic Mean)

जिसमें मदों को उसके सापेक्षिक महत्व के अनुसार भाग देकर माध्य की गणना की जाती है उसे भारित समांतर माध्य कहते हैं।

$$\overline{X}_w = \frac{\sum WX}{\sum W}$$

जहाँ $\overline{X}_w$ = भारित समानान्तर माध्य

W = भार

गुणोत्तर माध्य (Geometric Mean)

किसी संमक श्रेणी का गुणोत्तर माध्य उसके सभी मानों के गुणनफल का वह मूल (Root) होता है जितनी उस श्रेणी में इकाइयाँ हैं।

$$\text{G.M.} = n\sqrt{X_1 \times X_2 \times X_3 .... = X_n}$$

यहाँ

$(X_1)] (X_2)] (X_3)$ = चर के विभिन्न मान

n = मदों की संख्या

लेकिन यदि मदों की संख्या चार या चार से अधिक है तो

$$\text{G.M.} = \text{Antilog}\left[\frac{\log X_1 + \log X_2 .... \log X_n}{\text{n}}\right]$$

या गुणोत्तर माध्य $\text{Antilog}\left[\frac{\sum \log x}{n}\right]$

हरात्मक माध्य (Harmonic Mean)

यदि किसी श्रेणी के मदों की संख्या को उन मदों के व्युत्क्रमों के योग से भाग दिया जाये तो जो भागफल प्राप्त होता हैं, उसे उस श्रेणी का हरात्मक माध्य कहते हैं।

$$\text{H.M.} = \text{Rec.} \frac{\frac{1}{x_1} + \frac{1}{x_2} + ... + \frac{1}{x_n}}{n}$$

$$= \frac{n}{\sum \text{Rec. X}}$$

n = संमको की संख्या

Rec = व्युत्क्रम

समान्तर माध्य, गुणोत्तर माध्य, तथा हरात्मक माध्य में संबंध :

A.M. ≥ G.M. ≥ H.M.

माध्यिका (Median) : माध्यिका वितरण के मध्य मूल्य के रूप में परिभाषित की जाती है :

एक ऐसा मूल्य जिससे क्रम व अधिक मूल्य समान आवृत्तियों के साथ हों :

$$\text{मध्यिका} = \frac{N+1}{2}$$

N = पदों की कुल संख्या

अविच्छित (Continuous) श्रेणी में माध्यिका की गणना उपर्युक्त सूत्र से नहीं की जा सकती।

इसके लिए निम्न सूत्र है :

$$M = L_0 + \frac{h}{f} \times (m - c)$$

या

$$M = L_0 + \frac{h}{f} \times \left(\frac{n}{2} - c\right)$$

जहाँ,

M = मध्यिका

L_0 = माध्यिका वर्ग की निम्न सीमा

f = माध्यिका वर्ग की आवृत्ति

h = वर्ग विस्तार

m = N/2 = माध्यिका संख्या

c = माध्यिका वर्ग से पूर्व वाले वर्ग की संचयी आवृत्ति

N = कुल पदों की संख्या

बहुलक (Mode)

जिसकी आवृत्ति प्रदत्त श्रेणी में सर्वाधिक हो उसे बहुलक कहते हैं।

बहुलक निकालने का सूत्र

$$Z = L_0 + \frac{f_1 - f_0}{2f_1 - f_0 - f_2} \times h$$

जहाँ,

Z = बहुलक

L_0 = बहुलक वर्ग की निम्न सीमा

f_1 = बहुलक वर्ग की आवृत्ति

f_0 = बहुलक वर्ग से पूर्व वर्ग की आवृत्ति

f_2 = बहुलक वर्ग के आगे वाले वर्ग की आवृत्ति

प्रमाप विचलन (Standard Deviation)

इसे σ (सिग्मा) से प्रदर्शित किया जाता हैं।

$$\sigma = \sqrt{\frac{\sum dx^2}{N}}$$

यहाँ σ = प्रमाप विचलन

$dx = X - \bar{X}$

dx^2 = समानान्तर माध्य से ज्ञात किये गये विचलनों का वर्ग

N = पदों की संख्या

विचरण गुणांक (Coefficient of Variation)

$$C.V. = \frac{\sigma}{\bar{X}} \times 100$$

इसे σ^2 से भी सूचित किया जाता हैं।

उदाहरण (Examples)

1. किसी कम्पनी के सम्पूर्ण कर्मचारियों में पूरुष और स्त्री कर्मचारियों की संख्या क्रमशः 60 और 40 है। यदि पुरुष और स्त्री कर्मचारियों का औसत वार्षिक वेतन क्रमशः 3,200 रुपये और 2,200 रुपये हो, तो कम्पनी में कार्यरत सम्पूर्ण कर्मचारियों का औसत वार्षिक वेतन क्या होगा?

यहाँ सामूहिक समान्तर माध्य के सूत्र से :

$$\bar{X}_{12} = \frac{\bar{X}_1 N_1 + \bar{X}_2 N_2}{N_1 + N_2}$$

यहाँ $\bar{X}_{12}$ = सामूहिक समानान्तर माध्य = सम्पूर्ण कर्मचारियों का औसत वार्षिक वेतन

N_1 = पुरुष कर्मचारियों की संख्या = 60

N_2 = स्त्री कर्मचारियों की संख्या = 40

X_1 = पुरुष कर्मचारियों का औसत वार्षिक वेतन = 3200 रुपये

X_2 = स्त्री कर्मचारियों का औसत वार्षिक वेतन = 2,200 रुपये

$$\therefore \bar{X}_{12} = \frac{(60 \times 3{,}200) + (40 \times 2{,}200)}{60 + 40}$$

$$= \frac{1{,}92{,}000 + 88000}{100}$$

$$= \frac{280000}{100} = 2800 \text{ रुपये}$$

2. नीचे कुछ छात्रों के प्राप्त अंक से संबंधित आँकड़ें दिए गए हैं। इनकी सहायता से माध्यिका निकालें।

प्राप्तांक	10	20	30	40	50	60	70	80
छात्रों की संख्या	25	40	60	75	95	120	185	250

सर्वप्रथम संचयी आवृत्ति ज्ञात करेंगे।

प्राप्तांक	छात्रों की संख्या	संचयी आवृत्ति
10	25	25
20	40	65
30	60	125
40	75	200
50	95	295
60	120	415
70	185	600
80	250	850

$N = 850$

मध्यिका संख्या $= \frac{N+1}{2}$ वाँ पद

$= \frac{850+1}{2}$ वाँ पद

$= \frac{851}{2}$ वाँ पद

$= 425.5$ वाँ पद

425.5 वाँ पद संचयी आवृत्ति 600 में आता हैं।

चूँकि उसके सामने वाला पद माध्यिका का मान होता हैं।

माध्यिका $= 70$ अंक

3. माध्यिका ज्ञात करें।

वर्ग अन्तराल	0–10	10–20	20–30	30–40	40–50	50–60	60–70
आवृत्ति	8	10	15	20	16	12	9

सर्वप्रथम संचयी आवृत्ति निकालते हैं।

वर्ग अंतराल	आवृत्ति	संचयी आवृत्ति
0–10	8	8
10–20	10	18
20–30	15	33
30–40	20	53
40–50	16	69
50–60	12	81
60–70	9	90

माध्यिका संख्या $= \frac{N}{2}$ वाँ पद

$= \frac{90}{2}$ वाँ पद $= 45$ वाँ पद

45 संचयी आवृत्ति 53 के सामने आ रहा हैं।

संचयी आवृत्ति 53 के सामने वाला वर्ग माध्यिका वर्ग होगा।

माध्यिका वर्ग $= 30–40$

$$M = L_0 + \frac{h}{f} \times (m - c)$$

$L_0 = 30 h = 10$

$f = 20 m = 45$

$c = 33$

$$M = 30 + \frac{10}{20}(45 - 33)$$

$$= 30 + \frac{1}{2} \times 12 = 30 + 6 = 36$$

4. एक फैक्ट्री में मजदूरी का वितरण निम्न सारणी में दिया हुआ है। इससे बहुलक निकालें।

मजदूरी (रु. में)	0–10	10–20	20–30	30–40	40–50	50–60	60–70
कर्मचारियों की संख्या	5	11	10	16	12	6	3

बहुलक वर्ग 30-40 हैं, क्योंकि इस वर्ग की आवृत्ति 16 (सबसे अधिक) हैं।

बहुलक की निम्न सीमा से

$$Z = L_0 + \frac{f_1 - f_0}{2f_1 - f_0 - f_2} \times h$$

यहाँ

$L_0 = 30, f_1 = 16, f_0 = 10, f_2 = 12, h = 10$

$$Z = 30 + \frac{16-10}{2\times16-10-12}\times10$$

$$Z = 30 + \frac{6}{32-22}\times10 = 30 + \frac{6}{10}\times10$$

$Z = 30 + 6 = 36$

बहुलक = 36 रु.

बहुलक वर्ग की ऊपरी सीमा (L_1)

$$Z = L_1 - \frac{f_1 - f_2}{2f_1 - f_0 - f_2}\times h$$

$$= 40 - \frac{16-12}{32-10-12}\times10$$

$$= 40 - \frac{4}{32-22}\times10$$

$$= 40 - \frac{4}{10}\times10$$

$= 40 - 4 = 36$

बहुलक = 36 रु.

5. निम्न सूचना से ज्ञात कीजिए कि :

a) कौन-सी फैक्ट्री अधिक मजदूरी देती हैं?

b) दोनों फैक्ट्रीयों में काम करने वालों की सम्मिलित औसत मजदूरी क्या हैं?

	फैक्ट्री'A'	फैक्ट्री'B'
मजदूरों की संख्या :	250	200
औसत प्रतिदिन मजदूरी :	28 रु.	25 रु.

फैक्ट्री A में मजदूरों को दी गयी धनराशि

$= 250 \times 28 - 7000$

फैक्ट्री B में मजदूरों को दी गयी धनराशि

$= 200 \times 25 = 5000$

अत: फैक्ट्री A अधिक मजदूरी देती हैं।

$$\bar{X}_{12} = \frac{\bar{X}_1 N_1 + \bar{X}_2 N_2}{N_1 + N_2}$$

$N_1 = 250, N_2 = 200, \bar{X}_1 = 18, \bar{X}_2 = 25$

$$\therefore X_{12} = \frac{(250\times28)+(200\times25)}{250+200}$$

$$= \frac{7000+5000}{450} = 26.67 \text{ रु.}$$

6. रेडिमेड वस्त्रों का व्यापार करने वाली एक फर्म पुरुषों तथा स्त्रियों के वस्त्र बनाती हैं। इनका औसत लाभ बिक्री का 5 प्रतिशत है। पुरुषों के वस्त्रों पर औसत लाभ बिक्री का 8 प्रतिशत है और स्त्रियों के वस्त्र का उत्पादन 60% के बराबर हैं। स्त्रियों के वस्त्रों पर औसत लाभ क्या हैं?

माना कुल कमीजें = 100

स्त्रियों की कमीजें = 60

पुरुषों + स्त्री की कमीजों पर लाभ = 6%

पुरुषों के कमीजों पर कुल लाभ = 40 × 8/100

= 3.20 रु.

स्त्रियों की कमीजों पर लाभ = 6 – 3.20

= 2.80 रु.

स्त्रियों की 60 कमीजों पर लाभ = 2.8

स्त्रियों के 100 कमीजों पर लाभ

$$= \frac{2.8}{60}\times100 = 4\frac{2}{3}\%$$

7. पुरुषों तथा महिलाओं के एक मिश्रित समूह की माध्य आयु 25 वर्ष हैं। यदि समूह में पुरुषों की माध्य आयु 26 वर्ष तथा महिलाओं की माध्य आयु 21 वर्ष है तो समूह में पुरुषों एवं महिलाओं का प्रतिशत ज्ञात करें।

$\bar{X}_{12} = 25, \bar{X}_1 = 26, \bar{X}_2 = 21$ दिया हैं।

माना पुरुषों का प्रतिशत N_1 तथा महिलाओं का N_2

$N_1 + N_2 = 100$

$$\bar{X}_{12} = \frac{\bar{X}_1 N_1 + \bar{X}_2 N_2}{N_1 + N_2}$$

$$25 = \frac{N_1(26) + (100 - N_1)21}{100}$$

$2500 = 26 N_1 + 2100 - 21 N_1$

$5 N_1 = 2500 - 2100$

$N_1 = 80$

$N_2 = 100 - 80 = 20$

अत: पुरुषों का प्रतिशत = 80

स्त्रियों का प्रतिशत = 20

8. एक कम्पनी में 10 विक्रेताओं की औसत मासिक बिक्री 7,200 रुपये निर्धारित की गई। बाद में यह पता चला कि एक विक्रेता द्वारा की गयी बिक्री गलती से 9,228 रुपये के स्थान पर 6,228 रुपया लिखा गया था। इस अशुद्धि का निवारण करके शुद्ध माध्य बिक्री ज्ञात करें।

विक्रेताओं की संख्या $= n = 10$

माध्य मासिक बिक्री, $\overline{X} = 7200$ रु.

कुल बिक्री मूल्य = अशुद्ध बिक्री मूल्य − अशुद्ध संख्या + शुद्ध संख्या

$= 72000 - 6,228 + 9,228 = 75000$ रु.

शुद्ध मासिक बिक्री $= \dfrac{75000}{10} = 7500$ रु.

9. पहले 100 प्राकृतिक अंकों का माध्य(Mean), माध्यिका (Median) तथा बहुलक (Mode) ज्ञात करें :

पहले n प्राकृतिक अंकों का योग

$$= \frac{n(n+1)}{2}$$

पहले 100 प्राकृतिक अंकों का

योग $= \dfrac{100\,(100+1)}{2} = \dfrac{10100}{2} = 5050$

माध्यिका $= \dfrac{n+1}{2}$th पद

अर्थात् $= \dfrac{(100+1)}{2} = 5.5$ वे पद का मूल्य

50 तथा 51वें पद का मूल्य = 51

मध्यिका $= \dfrac{50+51}{2} = 50.50$

चूँकि पहले 100 प्राकृतिक अकों में कोई भी अंक एक बार से अधिक नहीं आयेगी ∴ इसका बहुलक नहीं ज्ञात किया जा सकता।

10. एक रेलगाड़ी ने 500 कि. मी. की दूरी चार बार में तय की। प्रथम बार उसकी गति 50 कि. मी./घं द्वितीय बार 20 कि.मी.। तथा तृतीय बार 40 कि. मी. /घं व चतुर्थ बार 25 कि. मी./घं थी। रेलगाड़ी की माध्य गति क्या हैं?

रेलगाड़ी की माध्य गति प्राप्त करने के लिए हरात्मक माध्य का प्रयोग करना होगा।

औसत गति

$$= \frac{4}{\frac{1}{50} + \frac{1}{20} + \frac{1}{40} + \frac{1}{25}}$$

$$= \frac{4}{\frac{4+10+5+8}{200}}$$

$$= \frac{4 \times 200}{27} = 29.63 \text{ किमी०/घंटा}$$

अभ्यास प्रश्न (Practice Questions)

1. एक छात्र ने विभिन्न प्रश्न पत्रों में जो अंक प्राप्त किए, वे नीचे दिए गए हैं, 74, 36, 42, 48, 37, 42, 36, 58, 74, 32। इन प्राप्त परिणामों की माध्यिका निकालें:

(a) 45 (b) 39.5
(c) 42 (d) 49

2. एक कक्षा के 15 बच्चों के वजन नीचे दी गई सारणी के अनुसार है-

वजन (किग्रा० में)	31	34	35	36	37
बच्चों की संख्या	2	3	4	5	1

बच्चों के वजन की माध्यिका होगी-

(a) 34.5 किग्रा० (b) 35 किग्रा०
(c) 35.5 किग्रा० (d) 46.5 किग्रा०

3. एक विद्यालय के 15 शिक्षकों के भारों का समान्तर माध्य 58 किग्रा० अभिलिखित किया गया है। बाद में पाया गया कि एक शिक्षक जिसका वास्तविक भार 87 किग्रा० था, 78 किग्रा०अभिलिखित कर दिया गया था। वास्तविक समान्तर माध्य था?

(a) 58.6 किग्रा० (b) 43 किग्रा०
(c) 45 किग्रा० (d) 44 किग्रा०

4. M छात्रों की एक कक्षा के प्रति छात्र औसत अंक N पाए गए । सत्यापन के पश्चात् दो छात्रों के अंकों में त्रुटि पाई गई। त्रुटि निवारण के उपरान्त एक छात्र के 5 अंक बढ़े, जबकि दूसरे छात्र के 7 अंक कम हुए। सभी औसत अंक होंगे?

(a) (MN – 2) (b) (MN – 2)/M
(c) (MN + 2)M (d) (MN + 2M)

5. किसी व्यक्ति पर एक इन्जेक्शन की प्रतिक्रिया का समय क्रमशः 0.57, 0.45, 0.50, 0.49, 0.52, 0.54, 0.42, तथा 0.55 सेकण्ड पाया गया। व्यक्ति पर इन्जेक्शन की प्रतिक्रिया माध्यिका एवं समान्तर माध्य का अन्तर होगा।

(a) 0.10 सेकण्ड (b) 0.005 सेकण्ड
(c) 0.02 सेकण्ड (d) 0.01 सेकण्ड

6. किसी कक्षा A में 49 छात्रों की उपस्थिति का समान्तर माध्य 40% है तथा 53 छात्रों की कक्षा B में इसका मान 35% है, तो कक्षा A तथा B का सम्मिलित माध्य होगा।

(a) 37.3% (b) 56.25%
(c) 51.13% (d) 37.40%

7. निम्नलिखित आंकड़ों के लिए माध्य, माध्यिका और बहुलक सम्बन्ध क्या हैं?

–3, –20, 2, 3, 5, 5, 7, 8, 9, 10

(a) माध्य = माध्यिका ≠ बहुलक
(b) माध्य ≠ माध्यिका = बहुलक
(c) माध्य ≠ माध्यिका 7 बहुलक
(d) माध्य = माध्यिका = बहुलक

8. आंकड़ों को आरोही या अवरोही क्रम में रखकर ही केन्द्रीय प्रवृति की कौन-सी माप ज्ञात की जाती है?

(a) समान्तर माध्य (b) माध्यिका
(c) बहुलक (d) इनमें से कोई नहीं।

9. कक्षा 9 के 30 छात्रों की औसत आयु 15.5 वर्ष तथा कक्षा 10 से 25 छात्रों की औसत आयु 16.6 वर्ष है। कक्षा 9 व 10 के छात्रों की आयु का संयुक्त मध्यमान क्या होगा?

(a) 16.05 वर्ष (b) 16.08 वर्ष
(c) 15.90 वर्ष (d) 16 वर्ष

10. 47, x और 9 का समान्तर माध्य 7 है। x का मान होगा-

(a) $\frac{30+x}{4}$ (b) 5
(c) 9 (d) 8

11. वर्ष 1971 की जनगणना के अनुसार दस शहरों की जनसंख्या (हजारों में) निम्न है 2100, 1080, 1885, 1600, 560, 782, 485, 1200, 1025, 2002 हो, तो इनका माध्य होगा:

(a) 1093.9 (b) 1025.5
(c) 671 (d) 782

12. गणित के एक प्रश्न-पत्र में प्राप्त छात्रों के अंकों की बारम्बारता का वितरण नीचे दिया गया है।

वर्ग अन्तराल	0-10	10-20	20-30	30-40	40-50
बारम्बारता	5	6	9	12	4

अंकों की माध्यिका है।

(a) 27.7 (b) 25
(c) 17.3 (d) 9

13. तीन संख्याओं 4, 6 और 8 की बारम्बारताएँ क्रमश: $(x + 2), x$ व $(x - 1)$ है। यदि बंटन का समान्तर माध्य 5.76 हो, तो x का मान क्या है?

(a) 7 (b) 6

(c) 8 (d) 10

14. आरोही क्रम में रखी संख्याओं 1, 3, 5, 7, 12, $(x + 1)$ $(x + 3)$, 16, 17, $(x + 7)$, 22 और 25 की माध्यिका 14 है, तब x का मान क्या है?

(a) 12 (b) 13

(c) 14 (d) 15

15. एक कक्षा के 30 छात्रों की ऊँचाई निम्नवत् है।

ऊँचाई (सेंमी० में)	आवृत्ति
120 –129	2
130 –139	8
140 –149	10
150 –159	7
160 –169	3

एक छात्र जिसकी ऊँचाई 144 सेंमी० है, कक्षा में सम्मिलित होने पर ऊँचाई की माध्यिका में परिवर्तन होगा–

(a) 0 (b) 0.1

(c) 0.2 (d) इनमें से कोई नहीं।

16. 10 व्यक्तियों के समूह की मासिक आय का औसत 1500 रु. है। एक सदस्य जिसकी मासिक आय 1350 रु. है, समूह से चुना गया एवं एक नया सदस्य जिसकी मासिक आय 1200 रु. है, समूह में सम्मिलत हो गया। नए समूह की मासिक आय क्या है?

(a) 1350 रु. (b) 2700 रु.

(c) 1650 रु. (d) 1485 रु.

17. बहुलक बताएँ।

प्राप्तांक	3	13	23	33	43
बारम्बारता	7	11	15	8	3

(a) 23 (b) 13

(c) 33 (d) 0

18. माध्यिका होती है।

(a) न्यूनतम आकृति मान

(b) अधिकतम आकृति मान

(c) सबसे मध्यवर्ती मान

(d) इनमें से कोई नहीं।

19. n संख्याओं x_1, x_2, x_3............ x_n का औसत M है। यदि x_1 को बदलकर x^1 कर दिया जाए, तो नया औसत क्या होगा

(a) $\frac{nM - x^1 - x_2}{n}$ (b) $\frac{nM - x_1 - x^1}{n}$

(c) $\frac{(n - x_1)M + x^1}{n}$ (d) इनमें से कोई नहीं

20. एक विद्यार्थी के मासिक परीक्षा में पाँच विषयों के प्राप्तांक 2, 5, 6 हैं। प्राप्तांक 4 दिए गए अंकों का

(a) माध्य एवं माध्यिका है

(b) माध्य है, माध्यिका नहीं

(c) माध्य है, माध्यिका नहीं

(d) बहुलक है।

21. एक मासिक परीक्षा में कक्षा के 16 विद्यार्थियों के गणित में प्राप्तांक है, 0, 0, 2, 2, 3, 3, 3,4, 5, 5, 5, 6, 6, 7, 8 प्राप्तांकों का समान्तर माध्य है।

(a) 3 (b) 4

(c) 5 (d) 6

22. एक साधारण बंटन का माध्य और माध्यिका क्रमश: 38 और 39 है। बहुलक क्या होगा?

(a) 1 (b) –1

(c) 36 (d) 41

23. मजदूरी के मान की माध्यिका निकालें

मजदूरी	20-30	30-40	40-50	50-60	60-70
मजदूरों की संख्या	5	8	15	12	3

(a) 49 (b) 96.74

(c) 45.67 (d) 45

24. 20 मापों के माध्य की गणना 56 सेमी० की गई। बाद में यह पाया गया कि 64 सेमी० का एक माप गलती से 61 सेमी० अभिलिखित किया गया। सही माध्य है।

(a) 58.25 सेमी० (b) 57.58 सेमी०

(c) 55.4 सेमी० (d) 56.15 सेमी०

25. एक कक्षा के 15 छात्र क्लास टेस्ट में नीचे दिए गए अंक प्राप्त करते हैं, जहाँ सम्पूर्ण अंक योग 50 है।

20, 24, 27, 38, 18, 42, 35, 21, 44,28, 19, 31, 26, 36, 41 माध्यिका प्राप्तांक है।

(a) 28 (b) 26

(c) 31 (d) 24

26. माध्य निकालें

वर्ग	0–10	10–20	20–30	30–40	40–50
आवृत्ति	2	8	30	12	3

(a) 20.5 (b) 25
(c) 26.09 (d) इनमें से कोई नहीं।

27. माध्य अंक निकालें

वर्ग	0–9	10–19	20–29	30–39	40–49	50–59
आवृत्ति	4	6	12	6	7	5

(a) 24.50 (b) 29.50
(c) 29.75 (d) इनमें से कोई नहीं।

28. श्रेणी 48, 44, 45, 50, 46, 42, 54, 62, 50, 47, 52, 60 में कक्षा के 2 छात्रों के भार (किग्रा० में) दिए गए हैं। इन आँकड़ों से भार का मानक विचलन होगा–
(a) 6.2 (b) 5.9
(c) 6.9 (d) 9.8

29. निम्न सारणी का मानक विचलन तथा प्रसरण होगा

वर्ग अन्तराल	0–10	10–20	20–30
आवृत्ति	10	1	28

(a) 8, 42, 64 (b) 9, 29, 66
(c) 9, 81 (d) 8, 12, 66

30. यदि $n = 50, \Sigma x = 250$ तथा $\Sigma x^2 = 2500$ हो, तो मानक विचलन है:
(a) $\sqrt{5}$ (b) 5
(c) 25 (d) इनमें से कोई नहीं।

31. श्रेणी 22, 16, 18, 32, 24, 48, 44, 26, 28 में प्राप्तांकों का समान्तर माध्य से माध्य विचलन होगा–
(a) 11.2 (b) 11.3
(c) 11 (d) 10

32. यदि 6 आंकड़ों के विचलन 2, 1, –2, –1, 0, –3 हों, तो उसका माध्य विचलन होगा:
(a) 6 (b) 0
(c) 2.5 (d) – 0.5

33. संख्याओं के सम्मुच्चय 8, 4, 7, 3, 15 तथा 11 का मानक विचलन होगा–
(a) $10\sqrt{6}$ (b) $10\frac{1}{\sqrt{3}}$
(c) $\frac{10}{\sqrt{6}}$ (d) $5\sqrt{2}$

34. माध्य विचलन होगा–

प्राप्तांक	40–44	35–39	30–34	25–29
आवृत्ति	2	3	4	5

(a) 7.24 (b) 4.48
(c) 6.44 (d) 34.8

35. माध्य विचलन होगा–

आवृत्ति	4	6	8	10	12	14	16
बारम्बारता	5	4	3	2	4	1	6

(a) 4 (b) 3.92
(c) 4.01 (d) 4.2

36. किसी विद्यालय में छात्रों का भार किलोग्राम में निम्नलिखित है– 60, 41, 62, 30, 42, 54, 35, 38, 25 उनके विचलन का मान होगा–
(a) 10.44 (b) 10.40
(c) 10.30 (d) इनमें से कोई नहीं।

37. निम्नलिखित श्रेणी से विक्षेपण के गुणांक का मान होगा–
25, 30, 35, 37, 40, 48, 51
(a) 22.57 (b) 24.5
(c) 26.5 (d) 28.5

38. निम्न का परिसर ज्ञात करें: 25, 30, 35, 37, 40, 48, 51
(a) 0.63 (b) 0.36
(c) 0.34 (d) 0.40

39. दो नगरों की जनसंख्या क्रमशः 854320 तथा 545680 है तथा उसकी मृत्यु दर क्रमशः 15.0 तथा 18.2 प्रति हजार है। दोनों नगरों को एक साथ लेते हुए उनकी मृत्यु दर प्रति हजार है, लगभग
(a) 14.25 (b) 15.25
(c) 17.25 (d) 16.25

40. मानक विचलन निकालें–

x	6	8	9	10	11	16
f	6	12	13	8	5	4

(a) 1.5 (b 1.55
(c) 1.75 (d) 1.64

41. 5, 6, 7, 8, 9 स्कोर के समुच्चय का मानक विचलन है–
(a) $\sqrt{2}$ (b) 7
(c) 2 (d) $\sqrt{10}$

42. संख्याओं $(y-3), (y-2), (y-1), (y, 1), (y-5)$, के समुच्चय का मानक विचलन है–

(a) 2　(b) 4
(c) 0　(d) इनमें से कोई नहीं।

43. संख्याओं 1, 4, 5, 7, 8, 10, 12, 13, 15, 17 की संख्या में 10 जोड़ा जाए, तो नए समुच्चय का मानक विचलन होगा–

(a) 14.85　(b) 4.85
(c) 4.48　(d) 0.485

44. संख्याओं $x_1, x_2, x_3, \ldots\ldots x_n$ के समुच्चय के विचलनों का योग 50 से ज्ञात करने पर 10 आया और 46 से ज्ञात करने पर 70 आया। x तथा माध्य का मान है–

(a) 10, 39.5　(b) 20, 49.5
(c) 20, 39.5　(d) 48, 40.5

45. संख्याओं के एक समूह 11, 14, 15, 17, 18 के लिए मानक विचलन का मान 2.45 है। यदि प्रत्येक संख्या से 10 घटा दिया जाए, तो मानक विचलन होगा–

(a) 0.245　(b) 2.45
(c) 7.55　(d) 12.45

46. साधारणत: किसी दिए हुए बंटन में माध्य विचलन का मान निम्न में से किस राशि के सापेक्ष नापने पर न्यूनतम प्राप्त होगा–

(a) माध्य　(b) बहुलक
(c) माध्यिका　(d) भारित माध्य

47. पदों 3, 4, 7, 9, 12 के लिए मानक विचलन क्या है।

(a) 7　(b) 10.8
(c) $\sqrt{10}.8$　(d) 9

48. 12, 14, 16, 18, 20 का मानक विचलन है–

(a) $2\sqrt{2}$　(b) 16
(c) 2　(d) इनमें से कोई नहीं।

निम्नांकित पाई चित्र में एक विद्यार्थी द्वारा विभिन्न विषयों में प्राप्त अंकों के त्रिज्यखण्ड कोण प्रदर्शित हैं। यदि उसके द्वारा प्राप्त कुल अंक 540 है, तो पाई चित्र का अध्ययन करके निम्न प्रश्नों के उत्तर दें।

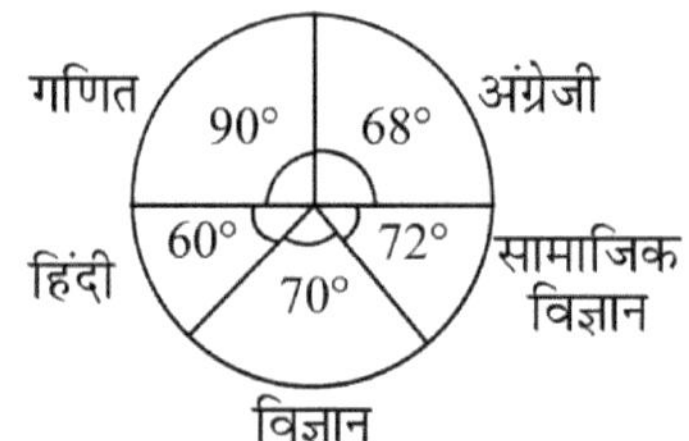

49. विद्यार्थी द्वारा गणित विषय में प्राप्त अंक क्या हैं।

(a) 135　(b) 140
(c) 142.5　(d) 139.2

50. विद्यार्थी द्वारा किस विषय में 108 अंक प्राप्त किए गए हैं।

(a) विज्ञान　(b) अंग्रेजी
(c) सामाजिक विज्ञान　(d) इनमें से कोई नहीं।

उत्तरमाला (Answer Key)

1. (a)	2. (b)	3. (a)	4. (b)	5. (d)	6. (d)	7. (b)	8. (b)	9. (d)	10 (d)
11. (a)	12. (a)	13. (c)	14. (a)	15. (a)	16. (d)	17. (a)	18. (c)	19. (a)	20. (a)
21. (b)	22. (d)	23. (c)	24. (d)	25. (a)	26. (c)	27. (c)	28. (c)	29. (d)	30. (d)
31. (a)	32. (d)	33. (c)	34. (a)	35. (a)	36. (a)	37. (a)	38. (c)	39. (d)	40. (d)
41. (a)	42. (a)	43. (b)	44. (b)	45. (b)	46. (c)	47. (c)	48. (a)	49. (a)	50. (c)

हल (Solutions)

1. (a)

माध्यिका

$= \{32, 36, 36, 37, 42, 42, 48, 58, 74, 74\}$

$= \frac{42+42}{2} = 42$

2. (b)

n = 15

∴ माध्यिका = 2

∵ 8वाँ पद संचयी बारम्बारता 9 में है।

∴ माध्यिका = 35 किग्रा०

3. (a)

भार में त्रुटि = (87 – 78) = 9 किग्रा०

∴ वास्तविक समांतर माध्य $= 58 + \frac{9}{15}$

$= 58 + 0.6$

$= 58.6$ किग्रा०

4. (b)

M छात्रों के अंकों का योग = MN

अंक में कुल परिवर्तन = 5 – 7 = –2

∴ अंकों का वास्तविक योग = MN – 2

∴ सही औसत $= \frac{MN-2}{M}$

5. (d)

आरोही क्रम में लिखने पर,

0.42, 0.45, 0.49, 0.5, 0.52, 0.53, 0.54, 0.55

पदों की संख्या = 8

माध्यिका $= \frac{\text{चौथा पद + पाँचवा पद}}{2}$

$= \frac{0.5+0.52}{2} = 0.51$ से०

समान्तर माध्य

$$= \frac{0.42+0.45+0.49+0.5+0.52+0.53+0.54+0.55}{8}$$

$= \frac{4.00}{8} = 0.50$

∴ माध्यिका - समान्तर माध्य = 0.01 से०

6. (d)

A एवं B का सम्मिलित माध्य $= \frac{49\times40+53\times35}{49+53}$

$= \frac{1960+1855}{102} = 37.40\%$

7. (b)

माध्य $= \frac{\text{पदों का योग}}{\text{पदों की संख्या}} = \frac{49}{12} = 4.08$

माध्यिका $= \frac{5+5}{2} = 5$

बहुलक = 5

∴ माध्य ≠ माध्यिका = बहुलक

8. (b)

आँकड़ों को आरोही क्रम में रखकर माध्यिका ज्ञात की जाती है।

9. (d)

संयुक्त मध्यमान $= \frac{30\times15.5+25\times16.6}{30+25}$

$= \frac{465+415}{55}$

$= \frac{880}{55} = 16$ वर्ष

10. (d)

माध्य = 7

$\Rightarrow \frac{4+7+x+9}{4} = 7$

$\Rightarrow 20 + x = 28 \Rightarrow x = 8$

11. (a)

पदों का योग = 2100 + 1080 + 1885 + 1600 + 560 + 782 + 485 + 1200 + 1025 + 222 = 10939

∴ समान्तर माध्य $= \frac{10939}{10} = 1093.9$

12. (a)

यहाँ जो कि तीसरे वर्ग अंतराल की संचयी बारंबारता में आता है।

अतः तीसरा वर्ग अन्तराल (20–30) मध्यक वर्ग है।

∴ h = 30 – 20 = 10

$l = 20$, c = 11, $f = 9$

$\therefore$ माध्यिका $= 20+\frac{18-11}{9}\times10 = 20+\frac{70}{9}$

$= 20 + 7.7 = 27.7$

13. (c)

माध्य $= \frac{f_1x_1+f_2x_2+f_3x_3}{\sum f}$

$= 5.76 = \frac{(x+2)\times4+x\times6+(x-1)\times8}{(x+2)+(x)+(x-1)}$

$\Rightarrow \quad 5.76 = \frac{48x}{3x+1}$

$\Rightarrow \quad 0.72x = 5.76$

$\Rightarrow \quad x = 8$

14. (a)

कुल पदों की संख्या 12 है।

माध्यिका $=$ $\frac{\text{छठा पद + सातवाँ पद}}{2}$

$\Rightarrow \quad 14 = \frac{(x+1)(x+3)}{2}$

$\Rightarrow \quad 2x + 4 = 28$

$\Rightarrow \quad x = 12$

15. (a)

पदों की संख्या $= n = 30$

$\frac{n}{2} = 15$, माध्यिका वर्ग (140-149) होगा।

144 सेमी० ऊँचे छात्र को जोड़ने पर भी माध्यिका वर्ग वही रहेगा। अतः माध्यिका के मान में परिवर्तन 0

16. (d)

आय में अन्तर = 1200 – 1350 = रु. 150

नए समूह की औसत आय $= 1500-\frac{150}{10}=$ रु. 1485

17. (a)

$\therefore$ 23 प्राप्तांक की बारंबरता सर्वाधिक है।

$\therefore$ बहुलक = 23

18. (c)

माध्यिका सबसे मध्यवर्ती मान होती है।

19. (a)

n संख्याओं $x_1, x_1, x_1, \ldots\ldots\ldots\ldots x_n$ का औसत M है।

$\frac{x_1+x_2+x_3\ldots\ldots+x_n}{n} = \text{M}$

$\Rightarrow x_1+x_2+x_3\ldots\ldots\ldots\ldots+x_n = \text{nM}$

अब x_1 को बदलकर x' रखा जाता है।

$\Rightarrow (x'-x_1)\ (x_1+x_2+x_3\ldots\ldots\ldots\ldots+x_n)$

$= \text{nM} + (x'-x_1)$

$\Rightarrow x'+x_2+x_3\ldots\ldots\ldots\ldots+x_n = \text{nM} + (x'-x_1)$

नया औसत $= \frac{x'+x_2+x_3\ldots\ldots+x_n}{n}$

$= \frac{\text{nM}+(x'-x_1)}{n}$

20. (a)

4 बंटन का माध्य पद है।

$\therefore$ माध्यिका = 4

समांतर माध्य $= \frac{2+3+4+5+6}{5} = 4$

अतः बंटन का समांतर माध्य तथा माध्यिका 4 है।

21. (b)

समान्तर माध्य $=$ $\frac{\text{कुल प्राप्तांक}}{\text{कुल छात्रों की संख्या}}$

$= \frac{64}{16}$

$= 4$

22. (d)

बहुलक = 3 × माध्यिका – 2 × माध्य

$= 3\times39 - 2\times38$

$= 117 - 76 = 41$

23. (c)

माध्यिका $= \frac{5+8+15+12+3+1}{2} = 22$वाँ पद

40-50 का वर्ग अन्तराल माध्यिका का अन्तराल होगा।

माध्यिका $= 40 + \frac{22-13}{15}\times10$

$= 40 + \frac{8}{15}\times10$

$= 45.67$

24. (d)

$\frac{x_1+x_2+x_3+x_4\ldots\ldots+x_{20}}{20} = 56$

$\Rightarrow x_1+x_2+x_3\ldots\ldots\ldots\ldots+x_{20} = 1120$

$\therefore$ सही योग $= 1120 + (64 - 61)$

$= 1123$

$\therefore$ सही माध्य $= \frac{1123}{20} = 56.15$

25. (a)

आरोही क्रम में अंकों को सजाने पर,

18, 19, 20, 21, 24, 26, 27, 28, 31, 35, 36, 38, 41, 42, 44

माध्यिका $= \frac{15+1}{2} = 8$

माध्यिका = 28

26. (c)

माध्य $= \frac{f_1x_1 + f_2x_2 ...... + f_5x_5}{\sum f}$

$x_1 = \frac{0+10}{2} = 5, x_2 = 15, x_3 = 25, x_4 = 35, x_5 = 45$

माध्य $= \frac{5\times2+15\times8+25\times30+35\times12+45\times3}{2+8+30+12+3}$

$= \frac{10+120+750+420+135}{55} = 26.09$

27. (c)

वर्ग	आवृत्ति (f)	क्लास मार्क (x)	(fx)
0 – 9	4	5	20
10 – 19	6	45.5	87
20 – 29	12	24.5	294
30 – 39	6	34.5	207
40 – 49	7	44.5	311.5
50 – 59	5	54.5	272.5

N = 40

$\Sigma fx = 1192$

माध्य $= \frac{\sum fx}{\sum N} = \frac{1192}{40} = 29.8$

28. (a)

माध्य $= \frac{48+44+45+50+46+42+54+62+50+47+52+60}{12}$

$= 50$

माध्य $= \sqrt{\frac{2^2+6^2+5^2+0^2+4^2+8^2+4^2+12^2+0^2+3^2+2^2+10^2}{12}}$

$= \sqrt{\frac{4+36+25+16+64+16+144+9+4+100}{12}}$

$= 6.9$

29. (d)

$x_i = 5, 15, 25 \Rightarrow \Sigma f_i x_i = 50 + 15 + 450 = 515$

$f_i = 10, 1, 18 \Rightarrow n = 10 + 1 + 18 = 29$

मानक विचलन $\sigma = \sqrt{\frac{1}{n}\Sigma x^2 f_i x_i^2 - \left(\frac{1}{n}\sum_{i=1}^{n} f_i x_i\right)^2}$

$= \sqrt{\frac{1}{29}\{10\times25+1\times225+18\times625\}^2\left(\frac{1}{29}\times515\right)^2}$

$= \sqrt{404.31-315.36} = 8.12$

प्रसरण $= (8.12)^2 = 66$

30. (d)

$n = 50, \Sigma x = 250, \Sigma x^2 = 2500$

$= \frac{250}{50} = 5$

मानक विचलन $= \sqrt{\frac{\sum(x-\bar{x})^2}{2}}$

$\sigma = \sqrt{\frac{\sum(x-\bar{x})^2}{n}}$

$= \sqrt{\frac{\sum x^2 + \sum \bar{x}^2 - 2\sum x\bar{x}}{n}}$

$= \sqrt{\frac{2500+25-2\times5\times250}{50}} = \sqrt{\frac{1}{2}}$

31. (a)

मानक विचलन $= \frac{1}{10}\sum_{i=1}^{n}|x_i - \bar{x}|$

माध्य =

$\bar{x} = \frac{22+16+18+32+24+48+44+2+6+28}{10}$

$= 24$

$= \frac{1}{10}\begin{Bmatrix}|24-22|+|24-16|+|24-18| \\ +|24-32|+|24-24|+|24-48| \\ +|24-44|+|24-2|+|24-6|+|24-28|\end{Bmatrix}$

$= \frac{1}{10\times112} = 11.2$

32. (d)

माध्य $= \frac{2+1+(-2)+0+(-3)}{6} = -\frac{1}{2}$

$\therefore$ माध्य विचलन $= -0.5$

33. (c)

माध्य विचलन $= \sqrt{\frac{\sum(x-\bar{x})^2}{n}}$

$\Rightarrow$ माध्य $= \frac{48}{6} = 8$

$= \sqrt{\frac{0^2+4^2+1^2+5^2+7^2+3^2}{6}}$

$= \sqrt{\frac{100}{6}} = \frac{10}{\sqrt{6}}$

34. (a)

$x_i = 27, 32, 37, 42$

$f_i = 5, 4, 3, 2$

$f_i x_i = 135, 128, 111, 84$

$|x_i - \bar{x}| = 5.7, 0.7, 4.3, 9.3$

$\sum f_i |x_i - \bar{x}| = 28.5 + 2.8 + 12.9 + 18.6$

$\sum f_i |x_i - \bar{x}| = 62.8$

$\bar{x} = \frac{\sum f_i x_i}{\sum f_i} = \frac{458}{14} = 32.7$

$\therefore$ माध्य विचलन $= \frac{\sum f_i |x_i - \bar{x}|}{\sum f_i} = \frac{62.8}{14} = 4.48$

35. (a)

माध्य $=$

$\frac{4\times9+6\times4+8\times3+10\times2+12\times4+14\times1+16\times6}{5+4+3+2+4+1+6}$

$= \frac{20+24+24+20+48+14+96}{25} = 9.84$

माध्य $= \frac{\sum f_i |x_i - \bar{x}|}{\sum f_i}$

$\frac{5\times5.84+4\times3.84+3\times1.84+2\times0.16+4\times2.16+1\times4.16+6\times6.16}{25}$

$= \frac{100.16}{25} = 4.0067$

36. (a)

$\sum x = 25 + 30 + 35 + 38 + 41 + 42 + 54 + 60 + 62$
$= 387$

$\sum |x - \bar{x}| = 18 + 13 + 8 + 5 + 2 + 1 + 11 + 17 + 19$
$= 94$

माध्य $= \frac{\sum x}{n} = \frac{387}{9} = 43$

माध्य विचलन $= \frac{\sum |x-\bar{x}|}{n} = \frac{94}{9} = 10.44$

37. (a)

x	25	30	35	37	40	48	51
$(x-\bar{x})$	–13	–8	–3	–1	2	10	13
$(x-\bar{x})^2$	169	64	9	1	4	100	169

$\sum(x-\bar{x})^2 = 516$

मानक विचलन $= \frac{\sum(x-\bar{x})^2}{\sum f} = \sqrt{\frac{516}{7}} = \frac{94}{9}$

विक्षेपन गुणांक $= \frac{\text{मानक विचलन}}{\text{समान्तर माध्य}} \times 100$

$= \frac{8.58}{38} \times 100$

विक्षेपन गुणांक $= 22.57$

38. (c)

परिसर का मान $\frac{51-25}{51+25} = \frac{26}{76} = 0.34$

39. (d)

पहले नगर में मरने वालों की संख्या $= \frac{15}{1000} \times 854320$
$= 12814.8$

दूसरे नगर में मरने वालों की संख्या $= \frac{18.2}{1000} \times 545680$
$= 9931.376$

कुल मरने वालों की संख्या $= 22746$

कुल जनसंख्या $= 854320 + 545680 = 1400000$

मिश्रित मृत्यु दर प्रति हजार $= \frac{22746}{1400000} \times 100$
$= 16.247 \approx 16.25$

40. (d)

माध्य $= \frac{6\times6+8\times12+9\times13+10\times8+11\times5+12\times4}{6+12+13+8+5+4}$

$= \frac{36+96+117+80+55+48}{48}$

$= 9$

मानक विचलन $= \sqrt{\dfrac{\Sigma f_i\left(x_1-\bar{x}\right)^2}{48}}$

$= \sqrt{\dfrac{6\times(3^2)+12\times(1^2)+13\times(0^2)+8\times(1^2)+5\times(2^2)+4\times(3^2)}{48}}$

$= \sqrt{\dfrac{54+12+8+20+36}{48}}$

$= \sqrt{2.108} = 1.64$

41. (a)

मानक विचलन $= \sqrt{\dfrac{\Sigma\left(x_1-\bar{x}\right)^2}{5}} \quad \left\{\bar{x} = \dfrac{35}{5} = 7\right\}$

$= \sqrt{\dfrac{(2)^2+(1)^2+(0)^2+(1)^2+(2)^2}{5}}$

$= \sqrt{\dfrac{10}{5}} = \sqrt{2}$

42. (a)

मानक विचलन $= \sqrt{\dfrac{\Sigma\left(x_1-\bar{x}\right)^2}{5}}$

$\left\{\begin{aligned} x &= \dfrac{(y-3)+(y-2)+(y-1)+(y+1)+y-5}{5} \\ &= \dfrac{5y-10}{5} = y-2 \end{aligned}\right\}$

$= \sqrt{\dfrac{(1)^2+(0)^2+(1)^2+(3)^2+(3)^2}{5}}$

$= \sqrt{\dfrac{20}{5}} = \sqrt{4} = 2$

43. (b)

प्रत्येक संख्या में किसी एक ही संख्या को जोड़ने या घटाने से मानक विचलन में कोई अंतर नहीं आता है।

∴ मानक विचलन = 4.85

44. (b)

$m = \dfrac{a+\Sigma d}{n}$ से,

$m = 50 - \dfrac{10}{n}$ ------ (i)

तथा, $m = 46 + \dfrac{70}{n}$ ------ (ii)

समी० (i) व (ii) से,

$50 - \dfrac{10}{n} = 46 + \dfrac{70}{n}$

$\Rightarrow \dfrac{80}{n} = 4$

$\Rightarrow n = 20$

$\Rightarrow m = 50 - \dfrac{10}{20} = \dfrac{99}{2}$

$\Rightarrow m = 49.5$

45. (b)

प्रत्येक संख्या में किसी एक ही संख्या को जोड़ने या घटाने से मानक विचलन में कोई अन्तर नहीं आता है।

∴ मानक विचलन = 2.45

46. (c)

माध्यिका के सापेक्ष माध्य विचलन नापने पर न्यूनतम प्राप्त होगा।

अत: विकल्प (c) सही है।

47. (a)

3, 4, 7, 9, 12 का योग, $\Sigma x = 35$

पदों की संख्या, n = 5

∴ समान्तर माध्य, $\bar{x} = \dfrac{35}{5} = 7$

$\Sigma\left(x-\bar{x}\right)^2 = (3-7)^2 + (4-7)^2 + (7-7)^2 + (9-7)^2 + (12-7)^2$

$= 54$

मानक विचलन $= \sqrt{\dfrac{\Sigma\left(x-\bar{x}\right)^2}{n}} = \sqrt{\dfrac{54}{5}} = \sqrt{10.8}$

48. (a)

समान्तर माध्य $= \dfrac{12+14+16+18+20}{5}$

$= \dfrac{80}{5} = 16$

मानक विचलन $= \sqrt{\dfrac{4^2+2^2+0^2+2^2+4^2}{5}}$

$= \sqrt{\dfrac{40}{5}} = \sqrt{8} = 2\sqrt{2}$

49. (a)

गणित विषय में प्राप्तांक $= \dfrac{90°}{360°} \times 540$

$= 135$

50. (c)

प्राप्तांक $= 108$

माना कि वह वृत्त के केन्द्र पर $x°$ का कोण बनाता है।

$\therefore \frac{x°}{360°} \times 540 = 108$

$x° = x° = \frac{1}{5} \times 360° = 72°$

$\therefore$ $72°$ अर्थात् सामाजिक विज्ञान।

सदिश विश्लेषण
Vector Analysis

किसी भी सदिश PQ को निरूपित करने हेतु दो चीजें आवश्यक है:-

(i) लम्बाई $= |PQ|$

(ii) दिशा $\underset{P \qquad\quad Q}{\longrightarrow}$

समान सदिश (Equal Vectors): समान सदिश वह होंगे जिनकी लम्बाई एवं दिशा समान होगी।

सदिशों के प्रकार (Types of Vector)

- **शून्य सदिश (Null Vector):** वह सदिश जिसके प्रारंभिक एवं अंत बिन्दु समान हो शून्य सदिश कहे जाते हैं।
- **इकाई सदिश (Unit Vector):** वह सदिश जिसकी लम्बाई 1 unit हो उसे इकाई सदिश कहते हैं।
- **सरेख सदिश:** वे सदिश जो एक दूसरे के समानान्तर हो सरेख सदिश कहते हैं।
- **समतलीय सदिश:** वे सदिश जो एक तल में हो उन्हें समतलीय सदिश कहते हैं।
  नोट: दो सदिश हमेशा समतलीय होंगे।
- **ऋणात्मक सदिश:** यदि एक $\overrightarrow{PQ}$ एक सदिश है, तो इसका ऋणात्मक सदिश $\overrightarrow{QP}$ होगा।
  P ⟶ Q
  Q ⟶ P
- **सदिश का व्युत्क्रम:** यदि $\overrightarrow{PQ} = \vec{a}$ और $|\overrightarrow{PQ}| = |\vec{a}|$ तो इसका व्युत्क्रम होगा $z = \frac{1}{|\vec{a}|}\hat{a}$
  इसका अर्थ हुआ कि इसकी दिशा समान होगी और परिणाम (Magnitude) $\frac{1}{|\vec{a}|}$ होगा

सदिशों का जोड़ (Addition of vectors)

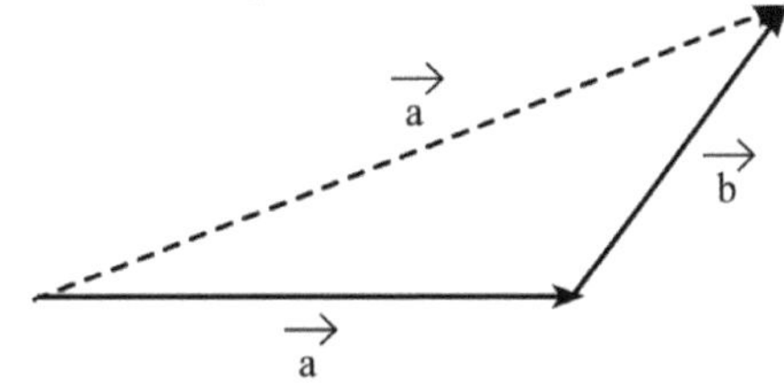

$\vec{a}$ के head (arrow) पर $\vec{b}$ का tail (अंतिम बिंदु) रख कर मिला दिया जाता है।

$$\boxed{\vec{c} = \vec{a} + \vec{b}}$$

$$|\vec{c}| = |\vec{a} + \vec{b}| = \sqrt{|a|^2 + |\bar{b}|^2 + 2|\vec{a}||\vec{b}|\cos\theta}$$

जहाँ θ सदिशों के बीच का कोण है। कोण हमेशा tails के बीच निकलेगा।

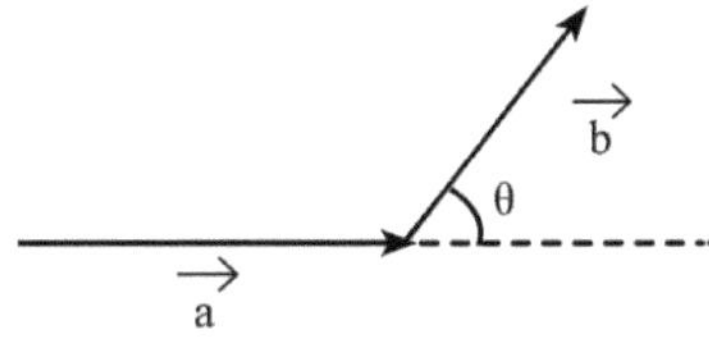

Vector को extend करके θ निकाला जाता है।

- **Subtraction (घटाने)** के लिए एक vector को उलट कर जोड़ा जाता है।

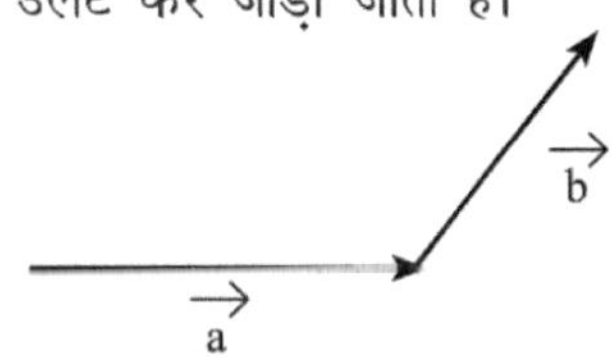

यहाँ $\vec{a} - \vec{b}$ निकालना है।
जिसके पहले (–) है अर्थात् ($\vec{b}$) उसको उलट कर जोड़ देना है।

- **स्थित सदिश (Position vector):** मूल बिन्दु से किसी बिन्दु P से मिलाने वाली रेखा को स्थित सदिश कहते हैं।

Section Formula:

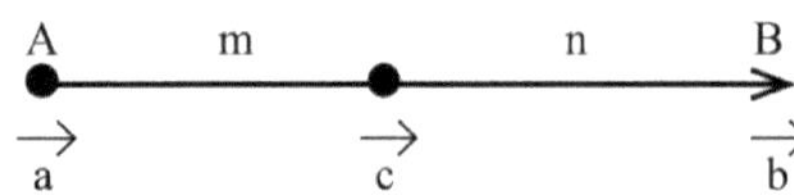

$\vec{C}, \overrightarrow{AB}$ को m : n के अनुपात में काटता है, तो $\vec{C}$ का स्थित सदिश (Position vector)

$$= \frac{m\vec{b} + n\vec{a}}{m+n}$$

दो सदिश हमेशा समतलीय होंगे।

3 सदिश तब संरेखी होंगे जब

$$\vec{c} = \frac{x\vec{a} + y\vec{b}}{x+y}$$

जहाँ $\vec{a}, \vec{b}, \vec{c}$ तीन सदिश हैं, x तथा y कोई संख्या है।

अदिश गुणन (Scalar Product) या Dot Product:

$\vec{a} \cdot \vec{b} = |\vec{a}||\vec{b}|\cos\theta.$

जहाँ $\cos\theta$ vectors के बीच का कोण है।

Note:

$\vec{a} \cdot \vec{b} = \vec{b} \cdot \vec{a}| \rightarrow$ क्रमचयी

$\vec{a} \cdot (\vec{b} + \vec{c}) = (\vec{a} + \vec{b}) \cdot \vec{c}$ (Associative)

$\vec{a} \cdot (\vec{b} + \vec{c}) = \vec{a} . \vec{b} + \vec{a} . \vec{c}$

$\hat{i}\,\hat{j} = 0, \hat{j} \cdot \hat{k} = 0, \hat{k} \cdot \hat{i} = 0.$

$\hat{i}\,\hat{i} = \hat{j}, \hat{j} = \hat{k} \cdot \hat{k} = 1$

$\Rightarrow \vec{a} \cdot \vec{b} = |\vec{a}||\vec{a}|\cos 0° = |\vec{a}|^2$

उदाहरण (Examples)

1. जब O = मूल बिंदु, P = $(-4, 3)$ xy के तल में कोई बिन्दु है तो $\overrightarrow{OP}$ $\hat{i}$ और $\hat{j}$ में व्यक्त करें।

   $\overrightarrow{OP} = -4\hat{i} + 3\hat{j}$

   $\therefore \overrightarrow{OP} = \sqrt{(4)^2 + (3)^2}$

   = 5 इकाई (Unit)

2. स्थित सदिश (Position vectors) $\vec{a}$ of a बिन्दु (12, n) यह ऐसा है कि $|\vec{a}| = 13$ तो n = ?

   $|\vec{a}| = \sqrt{12^2 + n^2} = 13$

   $n^2 = 13^2 - 12^2$

   $n = 15$

3. $-3\hat{i} + 4\hat{j}$ की दिशा में इकाई सदिश ज्ञात करें।

   $\vec{a} = -3\hat{i} + 4\hat{j}$

   $\vec{a} = \sqrt{(-3)^2 + (4)^2}$

   $= 5$

   $\therefore \hat{a} = \frac{-3\hat{i} + 4\hat{j}}{5}$

4. ऐसा सदिश ज्ञात करें जो $2\hat{i} - \hat{j}$ के समांतर हो और उसका परिमाण 5 इकाई हो।

   $2\hat{i} - \hat{j}$ के समानांतर सदिश $= \lambda(2\hat{i} - \hat{j})$

   $\lambda > 0$

   $\because |\vec{a}| = 5$

   $\therefore \sqrt{(2\lambda)^2 + (-\lambda)^2} = 5$

   $\Rightarrow 4\lambda^2 + \lambda^2 = 25$

   $\lambda^2 = 5$

   $\lambda = \pm\sqrt{5}\ (-\sqrt{5} < 0)$

   $\therefore$ अमान्य

   $\therefore$ इच्छित सदिश $= \sqrt{5}\,(2\hat{i} \cdot \hat{j})$

5. $3\hat{i} - 6\hat{j} + 2\hat{k}$ की दिशा में इकाई सदिश ज्ञात करें।

   $|\vec{a}| = \sqrt{9 + 4 + 36} = 7$

   इकाई सदिश $= \frac{3\hat{i} - 6\hat{j} + 2\hat{k}}{7}$

6. A (2, 3, 1) एवं B (–1, 2, 3) के बीच की दूरी ज्ञात करें।

   $\overrightarrow{AB}$ = PV of B – PV of A

   जहाँ PV = Position vector

   $= -\hat{i} + 2\hat{j} + 3\hat{k} - (2\hat{i} + 3\hat{j} + \hat{k})$

   $= -3\hat{i} - \hat{j} + 2\hat{k}$

   $|\overrightarrow{AB}| = 7$

7. समानांतर चतुर्भुज का क्षेत्रफल निकालें

   $2\hat{i}, 3\hat{j}$ (संलग्न भुजाएँ)

   $2\hat{i} + \hat{k}, \hat{i} + \hat{j} + \hat{k}$ कर्ण

   $2\hat{i} + 3\hat{j} + 6\hat{k}, 3\hat{i} - 6\hat{j} + 2\hat{k}$ विकर्ण

   यहाँ सभी cure में area $= |\vec{a} \times \vec{b}|$ होगा,

   $|2\hat{i} \times 3\hat{j}| = 6\hat{k} = 6$

   $(2\hat{j} + \hat{k}) \times (\hat{i} + \hat{j} + \hat{k})$

   $(2\hat{i} + 3\hat{j} + 6\hat{k}) \times (3\hat{i} - 6\hat{j} + 2\hat{k})$

अभ्यास प्रश्न (Practice Questions)

1. ABCD एक समांतर चतुर्भुज है जिसमें AC और BD विकर्ण हैं, तो $\overrightarrow{AC}-\overrightarrow{BD}=?$
   (a) $\overrightarrow{AB}$ (b) $2\overrightarrow{AB}$
   (c) $3\overrightarrow{AB}$ (d) $4\overrightarrow{AB}$
2. यदि ABCD एक समषट्भुज है तो $\overrightarrow{AD}+\overrightarrow{EB}+\overrightarrow{Fe}$ किसके बराबर हैं?
   (a) $\vec{0}$ (b) $2\overrightarrow{AB}$
   (c) $3\overrightarrow{AB}$ (d) $4\overrightarrow{AB}$
3. यदि बिन्दु $A\left(60\hat{i}+3\hat{j}\right)$, $B\left(40\hat{i}-8\hat{j}\right)$ तथा एक $C\left(a\hat{i}-52\hat{j}\right)$ एक रेखीय हैं, तो a = ?
   (a) 20 (b) 40
   (c) – 40 (d) –20
4. बल $3\overrightarrow{OA}$, $5\overrightarrow{OB}$, $\overrightarrow{OA}$ तथा $\overrightarrow{OB}$ की दिशा में लग रहे हैं, तो उनका परिणामी C से होकर AB पर क्या होगा?
   (a) 3AC = 5 CB
   (b) 2AC = 3 CB
   (c) C, AB का मध्य बिन्दु है
   (d) C, AB को 2 : 1 के अनुपात में बाँटता है।
5. $\vec{a},\vec{b},\vec{c}$ तीन सदिश हैं, जिसमें कोई भी दो एकरेखीय नहीं हैं। सदिश $\vec{a}+\vec{b},\vec{c}$ के साथ एकरेखीय हैं तथा $\vec{b}+\vec{c},\vec{a}$ के साथ एकरेखीय हैं, तो $\vec{a}+\vec{b}+\vec{c}=?$
   (a) $\vec{a}$ (b) $\vec{b}$
   (c) $\vec{c}$ (d) इनमें से कोई नहीं।
6. यदि $\vec{a}$ तथा $\vec{b}$ एक समषट्भुज ABCDEF की आसन्न भुजाएँ हैं, तो वह सदिश क्या है जो भुजा CD को निरूपित करता है?
   (a) $\vec{a}+\vec{b}$ (b) $\vec{a}-\vec{b}$
   (c) $\vec{b}-\vec{a}$ (d) $-\left(\vec{a}+\vec{b}\right)$
7. सदिश $\vec{a}, b$ तथा $\vec{c}$ से गुजरने वाले तल का सदिश समीकरण $\vec{r}=\alpha\vec{a}+\beta\vec{b}+\gamma\vec{c}$ है तो
   (a) $\alpha+\beta+\gamma=0$
   (b) $\alpha+\beta+\gamma=1$
   (c) $\alpha+\beta=\gamma$
   (d) $\alpha^2+\beta^2+\gamma^2=1$
8. यदि G समांतर चतुर्भुज ABCD के विकर्णों का छेदन बिन्दु है तथा O कोई बिन्दु है, तो $\overrightarrow{OA}+\overrightarrow{OB}+\overrightarrow{OC}+\overrightarrow{OD}=?$
   (a) $2\overrightarrow{OG}$ (b) $4\overrightarrow{OG}$
   (c) $5\overrightarrow{OG}$ (d) $3\overrightarrow{OG}$
9. एक समषट्भुज ABCD में $\overrightarrow{AB}=\vec{a}$, $\overrightarrow{BC}=\vec{b}$, $\overrightarrow{CD}=\vec{c}$ तो $\overrightarrow{AE}=?$
   (a) $\vec{a}+\vec{b}+\vec{c}$ (b) $2\vec{a}+\vec{b}+\vec{c}$
   (c) $\vec{b}+\vec{c}$ (d) $\vec{a}+2\vec{b}+2\vec{c}$
10. समांतर चतुर्भुज OACB में $\overrightarrow{OC}=\vec{a}$ तथा $\overrightarrow{AB}=\vec{b}$ तो $\overrightarrow{OA}=?$
    (a) $\vec{a}+\vec{b}$ (b) $\vec{a}-\vec{b}$
    (c) $\frac{1}{2}\left(\vec{b}-\vec{a}\right)$ (d) $\frac{1}{2}\left(\vec{a}-\vec{b}\right)$
11. यदि G त्रिभुज ABC का गुरुत्वकेंद्र है और $\overrightarrow{AB}=\vec{a}$ $\overrightarrow{AC}=\vec{b}$, तो $\overrightarrow{AG}$ का समद्विभाजक $\vec{a}$ और $\vec{b}$ के रूप में क्या होगा?
    (a) $\frac{2}{3}\left(\vec{a}+\vec{b}\right)$ (b) $\frac{1}{6}\left(\vec{a}+\vec{b}\right)$
    (c) $\frac{1}{3}\left(\vec{a}+\vec{b}\right)$ (d) $\frac{1}{2}\left(\vec{a}-\vec{b}\right)$
12. तीन बिन्दुओं A, B तथा C के स्थानीय सदिश क्रमशः $2\hat{i}+\hat{j}-\hat{k}$, $3\hat{i}-2\hat{j}+\hat{k}$ तथा $\hat{i}+4\hat{j}-3\hat{k}$ है, तो उन बिन्दुओं से क्या बनता है?
    (a) समद्विबाहु त्रिभुज
    (b) विषमबाहु त्रिभुज
    (c) तीनों बिन्दु एकरेखीय हैं
    (d) समकोण त्रिभुज
13. यदि तीन बिन्दुओं के स्थानीय सदिश क्रमशः $\hat{i}+x\hat{j}+3\hat{k}$, $3\hat{i}+4\hat{j}+7\hat{k}$ तथा $y\hat{i}-2\hat{j}-5\hat{k}$ है जो एकरेखीय हैं, तो $(x, y)=?$
    (a) (2, –3) (b) (–2, 3)
    (c) (–2, –3) (d) (2, 3)

14. सदिश $\hat{a}=\hat{i}-\hat{j}+\hat{k}$ तथा $\hat{b}=\hat{i}+\hat{j}-\hat{k}$ के बीच का कोण क्या होगा?

(a) $\cos^{-1}\left(-\frac{1}{3}\right)$ (b) $\cos^{-1}\left(-\frac{1}{3}\right)$

(c) $\sin^{-1}\left(\frac{1}{3}\right)$ (d) $\sin^{-1}\left(-\frac{1}{3}\right)$

15. यदि सदिश $3\hat{i}+m\hat{j}+\hat{k}$ तथा $2\hat{i}-\hat{j}-8\hat{k}$ एक दूसरे पर लम्ब हैं, तो m = ?

(a) 2 (b) – 2

(c) 4 (d) – 4

16. सदिश $\hat{a}$ और $\hat{b}$ के मापांक क्रमशः 2 तथा $\sqrt{3}$ हैं तथा $\vec{a}.\vec{b}=\sqrt{3}$, तो उनके बीच का कोण होगा?

(a) $\frac{\pi}{2}$ (b) $\frac{\pi}{3}$

(c) $\frac{\pi}{6}$ (d) $-\frac{1}{4}$

17. यदि सदिश $3\hat{i}-2\hat{j}-4\hat{k}$ तथा $18\hat{i}-12\hat{j}-m\hat{k}$ समांतर हैं, तो m = ?

(a) 24 (b) – 12

(c) – 24 (d) 12

18. यदि $|\vec{a}|$ = 2, $|\vec{b}|=5$ तथा $\vec{a}.\vec{b}$ = 2, तो $|\vec{a}-\vec{b}|$ = ?

(a) 4 (b) 5

(c) 3 (d) –4

19. $(\vec{a}.\hat{i})\hat{i}+(\vec{a}.\hat{j})\hat{j}+(\vec{a}.\hat{k})\hat{k}=?$

(a) $\vec{a}$ (b) $3\vec{a}$

(c) 2 (d) इनमें से कोई नहीं

20. यदि $\vec{a}=\hat{i}-\hat{j}, \vec{b}=-\hat{j}+\hat{k}$, तो $\vec{a}$ का पर प्रक्षेप क्या होगा?

(a) $\frac{1}{2}$ (b) $\frac{1}{\sqrt{2}}$

(c) $\sqrt{2}$ (d) $\frac{}{\sqrt{}}$

21. यदि $\vec{b}$ एक इकाई सदिश है तथा $(\vec{a}+\vec{b}).(\vec{a}-\vec{b})=8$, तो $|\vec{a}|=?$

(a) 2 (b) 3

(c) 1 (d) इनमें से कोई नहीं।

22. यदि $\vec{a}$ और $\vec{b}$ दो सादिश हैं, ताकि $\vec{a}-\vec{b}$ = 6, $|\vec{a}|=3$, $|\vec{b}|=4$, तो $\vec{a}$ का $\vec{b}$ पर प्रक्षेप क्या होगा?

(a) 2 (b) $\frac{3}{2}$

(c) 4 (d) $\frac{5}{2}$

23. यदि $\vec{a}$ और $\vec{b}$ का मापांक समान है, तो $(\vec{a}+\vec{b}).(\vec{a}-\vec{b})=?$

(a) 1 (b) 0

(c) 2 (d) इनमें से कोई नहीं।

24. सादिश $\vec{r}=3\hat{i}-4\hat{j}+12\hat{k}$ का x - अक्ष पर प्रक्षेप क्या होगा?

(a) 2 (b) 3

(c) –3 (d) इनमें से कोई नहीं

25. यदि $\vec{a}, \vec{b}$ तथा $\vec{c}$ परस्पर लंब तथा इकाई सदिश हैं, तो $|\vec{a}+\vec{b}+\vec{c}|=?$

(a) 1 (b) 2

(c) $\sqrt{3}$ (d) $\sqrt{2}$

26. यदि सदिश $3\hat{i}+\lambda\hat{j}+\hat{k}$ तथा $2\hat{i}-\hat{j}+8\hat{k}$ एक दूसरे पर लंब हैं, तो λ = ?

(a) 14 (b) 7

(c) –14 (d) $\frac{1}{7}$

27. यदि $\vec{a}+\vec{b}+\vec{c}=\vec{0}$, $|\vec{a}|=3$, $|\vec{b}|=5$, $|\vec{c}|=7$ तो $\vec{a}$ और $\vec{b}$ के बीच का कोण क्या होगा?

(a) $\frac{\pi}{3}$ (b) $\frac{\pi}{6}$

(c) $\frac{2\pi}{3}$ (d) $\frac{5\pi}{3}$

28. यदि $\vec{a}.\hat{i}=\vec{a}.(\hat{i}+\hat{j})=\vec{a}.(\hat{i}+\hat{j}+\hat{k})=1$ तो $\vec{a}$ = ?

(a) $\vec{0}$ (b) $\hat{i}$

(c) $\hat{j}$ (d) $\hat{i}+\hat{j}+\hat{k}$

29. यदि $\vec{a}$ और $\vec{b}$ इकाई सदिश जो θ कोण पर झुके हैं, तो $|\vec{a}-\vec{b}|$ का मान होगा?

(a) $2\sin^2\frac{\theta}{2}$ (b) 2 sin θ

(c) 2 cos θ (d) $2\cos\frac{\theta}{2}$

30. यदि G, ΔABC का गुरुत्व केंद्र है, तो $G\vec{A}+G\vec{B}+G\vec{C}$ का मान क्या होगा?
(a) $\vec{0}$ (b) 1
(c) 2 (d) 3

31. यदि $\vec{a}=\hat{i}+\hat{j}, \vec{b}=\hat{j}+\hat{k}$, $\vec{c}=\hat{k}+\hat{i}, \vec{a}+\vec{b}+\vec{c}$ के दिशा में इकाई सदिश है?
(a) $\frac{1}{3}(\hat{i}+\hat{j}+\hat{k})$ (b) $\hat{i}+\hat{j}+\hat{k}$
(c) $\frac{1}{\sqrt{3}}(\hat{i}+\hat{j}+\hat{k})$ (d) $\frac{1}{2}(\hat{i}+\hat{j}+\hat{k})$

32. यदि $\vec{a}=\hat{i}+2\hat{j}-3\hat{k}$ तथा $\vec{b}=2\hat{i}+4\hat{j}+9\hat{k}$ हैं, तो $\vec{a}+\vec{b}$ के समांतर इकाई सदिश क्या है?
(a) $\frac{3}{7}\hat{i}+\frac{6}{7}\hat{j}+\frac{6}{7}\hat{k}$
(b) $\frac{2}{7}\hat{i}+\frac{2}{7}\hat{j}+\frac{2}{7}\hat{k}$
(c) $\frac{4}{7}\hat{i}+\frac{4}{7}\hat{j}+\frac{4}{7}\hat{k}$
(d) इनमें से कोई नहीं।

33. यदि D, E, F किसी त्रिभुज ABC के भुजा BC, CA तथा AB के मध्य बिन्दु हैं, तो $\overrightarrow{AD}+\overrightarrow{BE}+\overrightarrow{CF}$ का मान क्या होगा?
(a) 0 (b) 1
(c) 2 (d) इनमें से कोई नहीं।

34. $(\hat{i}\times\hat{j}).\hat{k}+\hat{i}.\hat{j}$ का मान क्या होगा?
(a) 1 (b) 0
(c) 2 (d) 3

35. $\hat{i}.(\hat{j}\times\hat{k})+\hat{j}.(\hat{k}\times\hat{i})+\hat{k}.(\hat{i}\times\hat{j})$ का मान क्या होगा?
(a) 1 (b) 2
(c) 3 (d) 0

36. वह इकाई सदिश जो $\hat{i}+\hat{j}$ तथा $\hat{j}+\hat{k}$ पर लंब है, क्या है
(a) $\hat{i}-\hat{j}+\hat{k}$
(b) $\frac{1}{\sqrt{3}}(\hat{i}-\hat{j}+\hat{k})$
(c) $\frac{1}{\sqrt{2}}(\hat{i}-\hat{j}+\hat{k})$
(d) इनमें से कोई नहीं।

37. यदि $\hat{i}, \hat{j}, \hat{k}$ इकाई सदिश हैं, तो
(a) $\hat{i}.\hat{j}=1$ (b) $\hat{i}\times\hat{j}=1$
(c) $\hat{i}\times\hat{j}=1-40$ (d) $\hat{i}\times(\hat{j}\times\hat{k})=1$

38. इकाई सदिश, जो $\hat{i}+\hat{j}$ तथा $\hat{j}+\hat{k}$ पर लंब हैं
(a) $\hat{i}-\hat{j}+\hat{k}$ (b) $\hat{i}+\hat{j}+\hat{k}$
(c) $\frac{\hat{i}+\hat{j}+\hat{k}}{\sqrt{3}}$ (d) $\frac{\hat{i}-\hat{j}+\hat{k}}{\sqrt{3}}$

39. यदि $\vec{a}=2\hat{i}-3\hat{j}-\hat{k}$ तथा $\vec{b}=\hat{i}+4\hat{j}-2\hat{k}$, तो $\vec{a}\times\vec{b}=?$
(a) $10\hat{i}+2\hat{j}+11\hat{k}$ (b) $10\hat{i}+3\hat{j}+11\hat{k}$
(c) $10\hat{i}-3\hat{j}+11\hat{k}$ (d) $10\hat{i}-3\hat{j}-10\hat{k}$

40. यदि सदिश $2\hat{i}-2\hat{j}+4\hat{k}$ तथा $3\hat{i}+\hat{j}+2\hat{k}$ के बीच का कोण θ हो, तो $\sin\theta=?$
(a) $\frac{2}{3}$ (b) $\frac{2}{\sqrt{7}}$
(c) $\frac{\sqrt{2}}{7}$ (d) $\sqrt{\frac{2}{7}}$

41. यदि $|\vec{a}\times\vec{b}|=4, |\vec{a}\,.\,\vec{b}|=2$ तो $|\vec{a}|^2|\vec{b}|^2=?$
(a) 6 (b) 2
(c) 20 (d) 8

42. यदि $|\vec{a}\times\vec{b}|^2+(\vec{a}.\vec{b})^2=144$ तथा $|\vec{a}|=4$, तो $|\vec{b}|=?$
(a) 3 (b) 1
(c) 2 (d) 0

43. $\hat{i}\times(\hat{j}\times\hat{k})$ का मान क्या होगा?
(a) 1 (b) 0
(c) –1 (d) इनमें से कोई नहीं।

44. यदि दो सदिश $\vec{a}$ तथा $\vec{b}$, इस प्रकार हैं कि $|\vec{a}|=2$, $|\vec{b}|=1$ एवं $\hat{a}.\hat{b}=1$ तो, $(3\hat{a}-5\hat{b}).(2\hat{a}+7\hat{b})$ का मान क्या होगा?
(a) 7 (b) 0
(c) 11 (d) –5

45. यदि A (1, 1, 2) B (2, 3, 5) एवं C (1, 5, 5,) एक त्रिभुज की संरचना करते हैं, तो ΔABC का क्षेत्रफल क्या होगा? (वर्ग इकाई में)

(a) $\frac{\sqrt{73}}{2}$ (b) $\frac{\sqrt{65}}{2}$

(c) $\frac{13}{2}$ (d) $\frac{\sqrt{61}}{2}$

46. $\hat{a}=\hat{i}+2\hat{j}-\hat{k}$, $\hat{b}=3\hat{i}+\hat{j}-5\hat{k}$ तो $\vec{a}-\vec{b}$ की दिशा में इकाई सदिश क्या होगा?

(a) $\frac{-\hat{i}+\hat{j}+2\hat{k}}{\sqrt{6}}$ (b) $\frac{-2\hat{i}+\hat{j}+4\hat{k}}{\sqrt{21}}$

(c) $\frac{-2\hat{i}-\hat{j}-4\hat{k}}{\sqrt{21}}$ (d) $\frac{2\hat{i}-\hat{j}+4\hat{k}}{\sqrt{21}}$

47. $\vec{a}=\hat{i}-2\hat{j}$ की दिशा में वह सदिश ज्ञात करें, जिसका परिमाण 7 इकाई हो।

(a) $-\frac{7}{\sqrt{5}}\left(\hat{i}-2\hat{j}\right)$ (b) $\frac{7}{\sqrt{5}}\left(\hat{i}-2\hat{j}\right)$

(c) $\frac{\sqrt{5}}{7}\left(\hat{i}-2\hat{j}\right)$ (d) $7\left(\hat{i}-2\hat{j}\right)$

48. बिन्दु (2, 3, 4) से x–अक्ष की दूरी क्या होगी? (इकाई में)

(a) $\sqrt{29}$ (b) 3

(c) 5 (d) 4

49. $\vec{a}=2\hat{i}+3\hat{j}+2\hat{k}$, $\vec{b}=-\hat{i}+2\hat{j}+\hat{k}$, $\vec{c}=3\hat{i}+\hat{j}$ इस प्रकार हैं कि $\vec{a}+\lambda\vec{b}$, $\vec{c}$ के समलम्ब है, तो λ का मान होगा।

(a) – 8 (b) 8

(c) 6 (d) –3

50. यदि $\vec{a}=\hat{i}+\hat{j}+\hat{k}$, $\vec{b}=\hat{j}-\hat{k}$, $\hat{c}$ ज्ञात करें, ताकि $\hat{a}\times\hat{c}=\vec{b}$ एवं $\hat{a}.\hat{c}=3$.

(a) $\frac{1}{3}\left(\hat{i}-\hat{j}+\hat{k}\right)$ (b) $\frac{1}{3}\left(\hat{i}+2\hat{j}+2\hat{k}\right)$

(c) $\frac{1}{3}\left(5\hat{i}+2\hat{j}+2\hat{k}\right)$ (d) $\frac{1}{3}\left(5\hat{i}-2\hat{j}+2\hat{k}\right)$

51. $\vec{b}+\vec{c}$ का $\vec{a}$ पर प्रक्षेप ज्ञात करें, जहाँ $\vec{a}=2\hat{i}-2\hat{j}+\hat{k}$, $\vec{b}=\hat{i}+2\hat{j}-2\hat{k}$, $\vec{c}=2\hat{i}-\hat{j}+4\hat{k}$ हो, तो

(a) 2 (b) $\frac{7}{3}$

(c) $\frac{8}{3}$ (d) 3

52. λ का मान ज्ञात करें, ताकि $-\lambda\hat{i}+3\hat{j}+5\hat{k}$, $\hat{i}+\lambda\hat{j}+3\hat{k}$ एवं $7\hat{i}-\hat{k}$ संरेखी हों।

(a) 1 (b) –1

(c) 2 (d) –2

53. $\vec{a},\vec{b},\vec{c}$ यदि एक दूसरे के योग के समलम्ब हैं, तो $\left|\vec{a}+\vec{b}+\vec{c}\right|$ का मान क्या होगा, यदि, $\left|\vec{a}\right|=3, \left|\vec{b}\right|=4, \left|\vec{c}\right|=5$ (इकाई)

(a) $5\sqrt{2}$ (b) 5

(c) $3\sqrt{2}$ (d) 6

54. यदि $\left|\vec{a}\right|=\sqrt{3}$, $\left|\vec{b}\right|=2$ एवं $\vec{a}\,.\,\vec{b}=\sqrt{3}$, तो $\vec{a}$ एवं $\vec{b}$ के बीच का कोण क्या होगा?

(a) $\frac{\pi}{4}$ (b) $\frac{\pi}{6}$

(c) $\frac{\pi}{3}$ (d) $\frac{\pi}{2}$

55. λ का मान ज्ञात करें, ताकि, $\vec{a}=3\hat{i}+2\hat{j}+9\hat{k}$, एवं, $\vec{b}=\hat{i}+\lambda\hat{j}+3\hat{k}$ समानांतर हों?

(a) $\frac{3}{2}$ (b) $\frac{2}{3}$

(c) $\frac{2}{5}$ (d) 3

56. यदि $\vec{a}+\vec{b}+\vec{c}=0$, एवं $\vec{a}.\vec{b}+\vec{b}.\vec{c}+\vec{c}.\vec{a}=-25$, एवं $\left|\vec{a}\right|=3, \left|\vec{b}\right|=4, \left|\vec{c}\right|=x$ हैं, तो x का मान क्या होगा?

(a) 5 (b) 3

(c) 4 (d) $5\sqrt{2}$

57. यदि $\vec{a},\vec{b},\vec{c}$ एक दूसरे पर परस्पर लम्ब हैं, तो, $\left(\vec{a}+\vec{b}+\vec{c}\right)$ एवं किसी एक सदिश के बीच का कोण क्या होगा? {$\vec{a},\vec{b},\vec{c}$ इकाई सदिश हैं।}

(a) $\cos^{-1}\left(\frac{1}{3}\right)$ (b) $\cos^{-1}\left(\frac{1}{\sqrt{3}}\right)$

(c) $\frac{\pi}{3}$ (d) $\cos^{-1}\left(\frac{2}{3}\right)$

58. यदि, $\left|\vec{a}\right|=3, \left|\vec{b}\right|=\frac{\sqrt{2}}{3}$ एवं, $\vec{a}\times\vec{b}$ एक इकाई सदिश हैं, तो $\vec{a}$ एवं $\vec{b}$ के बीच का कोण क्या होगा?

(a) $\frac{\pi}{6}$ (b) $\frac{\pi}{4}$

(c) $\frac{\pi}{3}$ (d) $\frac{\pi}{2}$

59. यदि A (2, 3, 4) एवं B (–1, 1, 1) को कोई बिन्दु C बाहर से (externally) 1: 4 के अनुपात में बाँटता है, तो C का Position vector क्या होगा?

(a) $\frac{1}{3}(2\hat{i}+\hat{j})$ (b) $\frac{1}{3}(2\hat{i}-\hat{j})$

(c) $\frac{1}{5}(2\hat{i}+\hat{j})$ (d) $\frac{1}{5}(2\hat{i}-\hat{j})$

60. किसी $\vec{a}$ का $\vec{b}$ के लम्ब पर क्या प्रक्षेप होगा?

(a) $\left(\frac{\vec{a}.\vec{b}}{|\vec{a}|^2}\right)\vec{b}$ (b) $\left(\frac{\vec{a}.\vec{b}}{|\vec{b}|^2}\right)\vec{b}$

(c) $\vec{b}-\left(\frac{\vec{a}.\vec{b}}{|\vec{b}|^2}\right)\vec{b}$ (d) $\vec{a}-\left(\frac{\vec{a}.\vec{b}}{|\vec{b}|^2}\right)\vec{b}$

61. $\vec{a}=3\hat{i}+2\hat{j}+2\hat{k},\ \vec{b}=\hat{i}+2\hat{j}-2\hat{k}$, तो $\vec{a}+\vec{b}$ एवं $\vec{a}-\vec{b}$ पर लम्ब की दिशा में इकाई सदिश क्या होगा?

(a) $\frac{8}{3}(2\hat{i}-2\hat{j}-\hat{k})$ (b) $\frac{8}{3}(2\hat{i}+2\hat{j}-\hat{k})$

(c) $\frac{8}{3}(2\hat{i}+\hat{j}+2\hat{k})$ (d) $\frac{8}{3}(\hat{i}+2\hat{j}-2\hat{k})$

62. $(2\vec{a}+\vec{b})$ एवं को 1: 2 के अनुपात में (externally) विभाजित करने वाला Position vector क्या होगा?

(a) $2\vec{a}+5\vec{b}$ (b) $3\vec{a}+5\vec{b}$

(c) $2\vec{a}+3\vec{b}$ (d) $3\vec{a}+\vec{b}$

63. λ का मान ज्ञात करें, ताकि A, B, C, एवं D संरेखी हो,

$\vec{a}=\lambda(\hat{i}+\hat{j}+\hat{k})$

$\vec{b}=2\lambda\hat{i}+5\hat{j}$

$\vec{c}=3\hat{i}+2\hat{j}-3\hat{k}$, एवं,

$\vec{d}=\hat{i}-6\hat{j}-\hat{k}$

(a) 1 (b) –1

(c) $\frac{1}{2}$ (d) –2

64. यदि $\vec{d},\vec{a}$ एवं $\vec{b}$ पर लम्ब है एवं $\vec{c}.\vec{d}=1$ है, तो $\vec{d}$ क्या होगा?

$$\begin{Bmatrix}\vec{a}=\hat{i}-\hat{j}\\ \vec{b}=3\hat{j}-\hat{k}\\ \vec{c}=7\hat{i}-\hat{k}\end{Bmatrix}$$

(a) $\frac{1}{4}(\hat{i}+\hat{j}+3\hat{k})$ (b) $\frac{1}{5}(\hat{i}+\hat{j}+3\hat{k})$

(c) $\frac{1}{4}(\hat{i}-\hat{j}+3\hat{k})$ (d) $\frac{1}{5}(\hat{i}+\hat{j}-3\hat{k})$

65. x का मान क्या होगा, यदि

$(2\hat{i}+6\hat{i}+14\hat{k})\times(\hat{i}-x\hat{j}-7\hat{k})=0$

(a) 3 (b) –3

(c) – 4 (d) 4

66. यदि किसी समानांतर चतुर्भुज के विकर्णों को $(3\hat{i}+\hat{j}-2\hat{k})$ एवं $(\hat{i}-3\hat{j}+4\hat{k})$ से दर्शाया जाता है, तो चतुर्भुज का क्षेत्रफल क्या होगा? (वर्ग इकाई में)

(a) $5\sqrt{2}$ (b) $5\sqrt{3}$

(c) $4\sqrt{3}$ (d) $6\sqrt{3}$

67. यदि दो बल $(2\hat{i}+5\hat{j}+6\hat{k})$ एवं $(-\hat{i}+2\hat{j}-\hat{k})$ एक पिंड पर लगते हैं, तो $A(4,-3,-2)$ से $B(6,1,-3)$ तक पिंड को विस्थापित करने के लिए कितना कार्य करना पड़ेगा? (Joule)

(a) 20 J (b) 22 J

(c) 25 J (d) 30 J

68. $\vec{a}=2\hat{i}+2\hat{j}+\hat{k},\ \vec{b}=\hat{i}+\hat{j}+2\hat{k}$ किसी त्रिभुज के दो भुजाएँ हैं, तो त्रिभुज का क्षेत्रफल (वर्ग²) में क्या होगा?

(a) $\sqrt{2}$ (b) $\frac{\sqrt{3}}{2}$

(c) $\frac{3\sqrt{2}}{2}$ (d) $\frac{5\sqrt{2}}{2}$

69. यदि $\vec{a}=2\hat{i}+3\hat{j}-\hat{k}$, एवं $\vec{b}=4\hat{i}+6\hat{j}+p\hat{k}$, समानांतर हैं, तो p का मान क्या होगा?

(a) –2 (b) 2

(c) 3 (d) –3

70. यदि दो $\vec{a}$ सदिश $\vec{b}$ के बीच का कोण θ हैं, तो tan θ का मान क्या होगा?

(a) $\left(\frac{\vec{a}.\vec{b}}{|\vec{a}|}\right)^2$ (b) $\left(\frac{\vec{a}.\vec{b}}{|\vec{a}||\vec{b}|}\right)^2$

(c) $\sqrt{\frac{(\vec{a}.\vec{b})^2+|\vec{a}|^2|\vec{b}|^2}{|\vec{a}|^2|\vec{b}|^2}}$

(d) $\sqrt{\frac{(\vec{a}.\vec{b})^2+|\vec{a}|^2|\vec{b}|^2}{(\vec{a}.\vec{b})^2}}$

उत्तरमाला (Answer Key)

1. (b)	2. (d)	3. (c)	4. (a)	5. (d)	6. (c)	7. (b)	8. (b)	9. (c)	10 (c)
11. (a)	12. (c)	13. (a)	14. (a)	15. (b)	16. (b)	17. (a)	18. (b)	19. (a)	20. (b)
21. (b)	22. (b)	23. (b)	24. (b)	25. (c)	26. (c)	27. (a)	28. (b)	29. (c)	30. (c)
31. (c)	32. (d)	33. (a)	34. (a)	35. (c)	36. (b)	37. (c)	38. (d)	39. (c)	40. (b)
41. (c)	42. (a)	43. (b)	44. (b)	45. (d)	46. (b)	47. (b)	48. (c)	49. (b)	50. (c)
51. (a)	52. (c)	53. (a)	54. (c)	55. (b)	56. (a)	57. (b)	58. (b)	59. (a)	60. (d)
61. (a)	62. (b)	63. (a)	64. (a)	65. (b)	66. (b)	67. (c)	68. (c)	69. (a)	70. (c)

हल (Solutions)

1. (b)

$\because$ ABCD एक समांतर चतुर्भुज है।

$\therefore \quad \overrightarrow{AC} = \overrightarrow{AB} + \overrightarrow{BC}$

एवं, $\overrightarrow{BD} = \overrightarrow{AB} - \overrightarrow{BC}$

$\therefore \quad \overrightarrow{AC} - \overrightarrow{BD} = 2\overrightarrow{AB}$

2. (d)

$\overrightarrow{AD} + \overrightarrow{EB} + \overrightarrow{FC}$

$= 2\left(\overrightarrow{BC} + \overrightarrow{FA} + \overrightarrow{AB}\right) \qquad \left\{\because \overrightarrow{FA} = -\overrightarrow{CD}\right\}$

$= 2\left(\overrightarrow{BC} - \overrightarrow{CD} + \overrightarrow{AB}\right)$

$= 2\left(\overrightarrow{AB} + \overrightarrow{BC}\right) - 2\overrightarrow{CD}$

$= 2\left(\overrightarrow{AC} - \overrightarrow{CD}\right)$

$= 2\left(\overrightarrow{AB} + \overrightarrow{AB}\right) = 4\overrightarrow{AB}$

3. (c)

$\because$ A, B एवं C एकरेखीय हैं।

$\therefore Ar(\Delta ABC) = 0$

$$\begin{vmatrix} 1 & 1 & 1 \\ 60 & 40 & a \\ 3 & -8 & -52 \end{vmatrix} = 0 \Rightarrow \begin{vmatrix} 0 & 0 & 1 \\ 20 & 40-a & a \\ 11 & 44 & -52 \end{vmatrix}$$

$\Rightarrow (40-a) = \dfrac{20 \times 44}{11}$

$= 80 = a = -40$

4. (c)

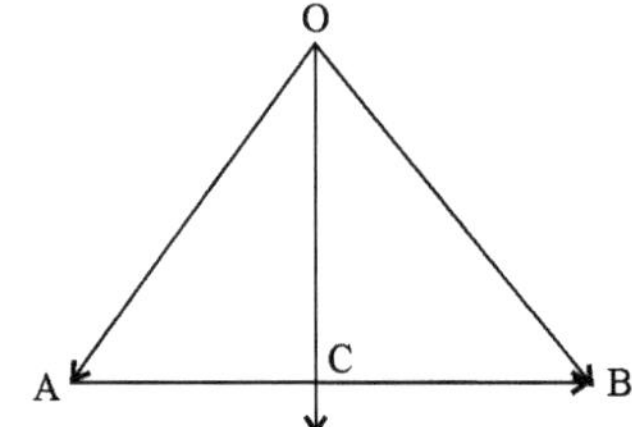

$3\overrightarrow{OA} + 5\overrightarrow{OB} = \overrightarrow{OD}$

$\overrightarrow{OA}$ की AC Projection (छाया) एवं $\overrightarrow{OB}$ की BC छाया से, 3AC = 5CB

5. (d)

$\vec{a} + \vec{b} = \lambda \vec{c}$

$\vec{b} + \vec{c} = \mu \vec{a}$

$\therefore \vec{a} + \vec{b} + \vec{c} \neq \vec{a} \neq \vec{b} \neq \vec{c}$

6. (c)

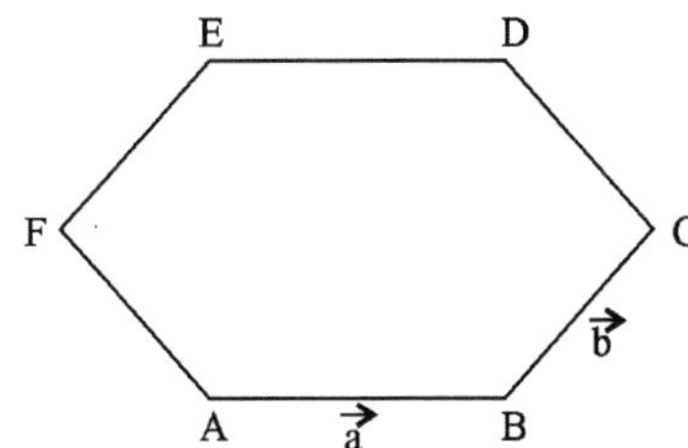

$\overrightarrow{AD} = 2\vec{b}$

$\Rightarrow \overrightarrow{AD} = \overrightarrow{AB} + \overrightarrow{BC} + \overrightarrow{CD}$

$\Rightarrow \ 2\vec{b} = \vec{a} + \vec{b} + \overrightarrow{CD}$

$\Rightarrow \ \overrightarrow{CD} = \vec{b} - \vec{a}$

7. (b)

$\vec{r} = \alpha\vec{a} + \beta\vec{a} + \gamma\vec{a}$

अगर, एक ऐसे तल से गुजरता है, जिसमें,

$\vec{a}, \vec{b}, \vec{c}$ हैं, तो, $\alpha + \beta + \gamma = 1$

8. (b)

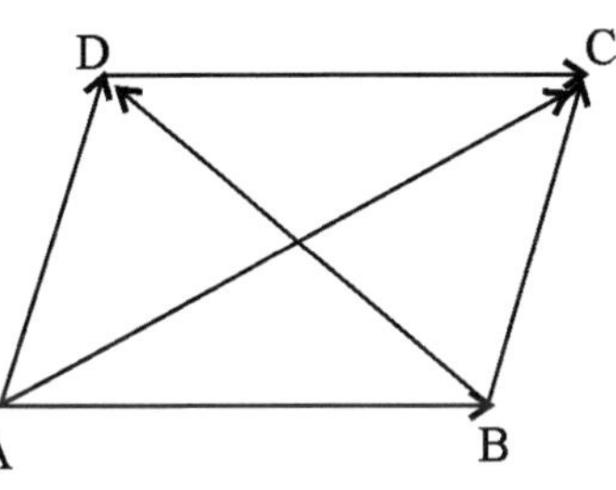

$\overrightarrow{OA} + \overrightarrow{OB} + \overrightarrow{OC} + \overrightarrow{OD}$

$= 4\overrightarrow{OG}$

9. (c)

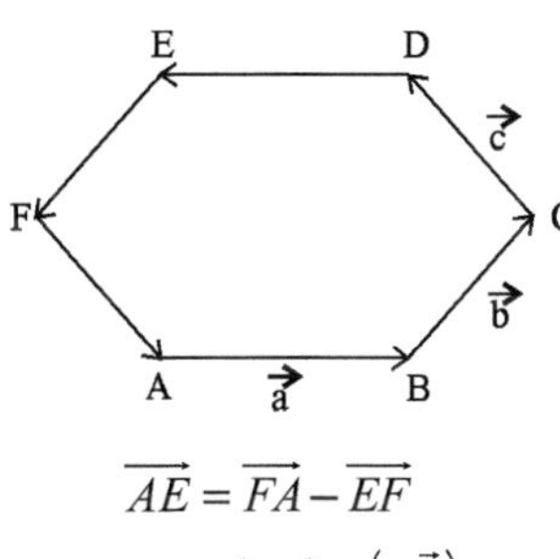

$\overrightarrow{AE} = \overrightarrow{FA} - \overrightarrow{EF}$

$= (+\vec{c}) - (-\vec{b})$

$= \vec{b} + \vec{c}$

10. (c)

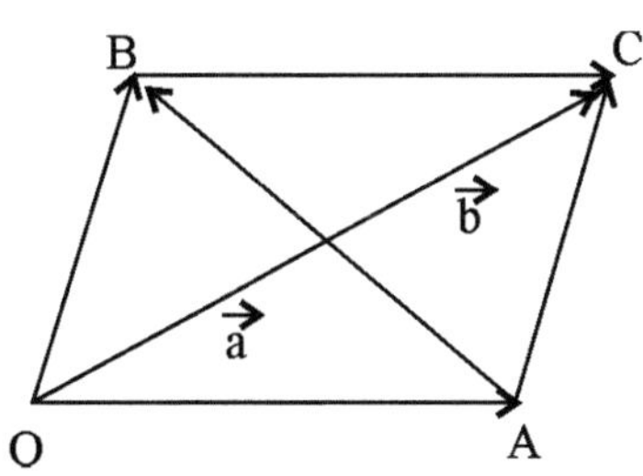

$\vec{a} = \overrightarrow{OC}$

$\overrightarrow{OC} = \vec{a} = \overrightarrow{AB} + \overrightarrow{OA}$

$\overrightarrow{AB} = \vec{b} = \overrightarrow{AB} - \overrightarrow{OA}$

$\overrightarrow{OA} = \frac{1}{2}\left(\vec{a} - \vec{b}\right)$

11. (a)

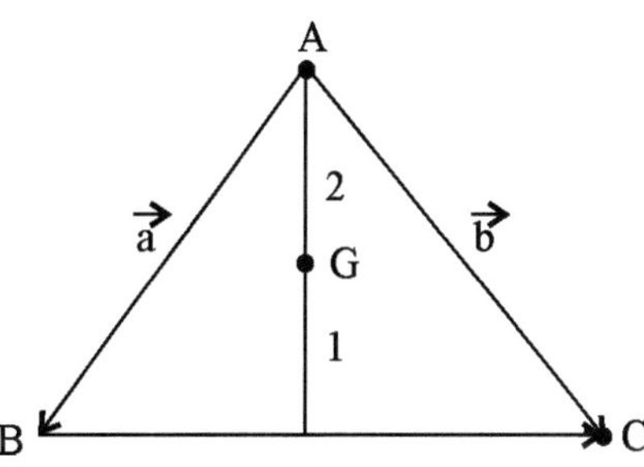

माना कि A (0, 0) है।

$\therefore$ B का Position vector = $\vec{a}$

C का Position vector = $\vec{b}$

G का Position vector = $\frac{\vec{a} + \vec{b}}{3}$

$\therefore$ $\overrightarrow{AG}$ का समद्विभाजक $= \frac{2}{3}\left(\vec{a} + \vec{b}\right)$

12. (c)

A का Position vector = $2\hat{i} + \hat{j} - \hat{k}$

B का Position vector = $3\hat{i} - 2\hat{j} + \hat{k}$

C का Position vector = $\hat{i} + 4\hat{j} - 3\hat{k}$

$\therefore \overrightarrow{AB} = \left(3\hat{i} - 2\hat{j} + \hat{k}\right) - \left(2\hat{i} + \hat{j} + \hat{k}\right) = \hat{i} - 3\hat{j} + 2\hat{k}$

$\Rightarrow \left|\overrightarrow{AB}\right| = \sqrt{14}$

$\overrightarrow{BC} = \left(\hat{i} + 4\hat{j} - 3\hat{k}\right) - \left(3\hat{i} - 2\hat{j} + \hat{k}\right) = -2\hat{i} + 6\hat{j} - 4\hat{k}$

$\left|\overrightarrow{BC}\right| = \sqrt{56}$

$\overrightarrow{AC} = -\hat{i} + 3\hat{j} - 2\hat{k} \ \Rightarrow \overrightarrow{AC} = \sqrt{14}$

$\therefore$ ABC एक समद्विबाहु त्रिभुज है।

13. (a)

A का Position vector = $\hat{i}+x\hat{j}+3\hat{k}$

B का Position vector = $3\hat{i}+4\hat{j}+7\hat{k}$

C का Position vector = $y\hat{i}-2\hat{j}-5\hat{k}$

$\therefore \quad \overrightarrow{AB}=2\hat{i}+(4-x)\hat{j}+4\hat{k}$

$\overrightarrow{BC}=(y-3)\hat{i}-6\hat{j}-12\hat{k}$

$\because$ A, B, C संरेखी है।

$\therefore \overrightarrow{AB}=\lambda\overrightarrow{BC}$

$4=-12\lambda$ { $\overline{x}$ के गुणांक बराबर करने पर}

$\lambda=-\frac{1}{3}$

$-\frac{1}{3}-6\times-\frac{1}{3}=4-x$

{ $\hat{j}$ के गुणांक बराबर करने पर}

$x=2, y=-3$

14. (a)

$$\cos\theta=\frac{\vec{a}.\vec{b}}{|\vec{a}||\vec{b}|}$$

$$=\frac{(\vec{i}-\vec{j}+\vec{k}).(\vec{i}+\vec{j}-\vec{k})}{(\sqrt{3})(\sqrt{3})}$$

$$=\frac{1-1-1}{3}=-\frac{1}{3}$$

$$\therefore \quad \theta=\cos^{-1}\left(-\frac{1}{3}\right)$$

15. (b)

यदि दो सदिश परस्पर लम्ब हैं, तो,

$\vec{a}.\vec{b}=0$

$\Rightarrow \quad (3\hat{i}+m\hat{j}+\hat{k}).(2\hat{i}-\hat{j}-8\hat{k})=0$

$\Rightarrow \quad 6+(-m)-8=0$

$\Rightarrow \quad m=-2$

16. (b)

$$\cos\theta=\frac{\vec{a}.\vec{b}}{|\vec{a}||\vec{b}|}$$

$$=\frac{\sqrt{3}}{(2)(\sqrt{3})}=\frac{1}{2}$$

$$\theta=60°=\frac{\pi}{3}$$

17. (a)

यदि, $\vec{a}=\lambda\vec{b}$ तो $\vec{a}$ एवं $\vec{b}$ समांतर होंगे।

$(3\hat{i}-2\hat{j}-4\hat{k})=\lambda(18\hat{i}-12\hat{j}-m\hat{k})$

$\Rightarrow \quad 18\lambda=3 \qquad \Rightarrow \lambda=\frac{1}{6}$

$\therefore \quad -4=-\lambda m$ {के गुणांकों को बराबर करने पर}.

$\Rightarrow \quad \frac{1}{6}m=4$

$\Rightarrow \quad M=24$

18. (b)

$|\vec{a}-\vec{b}|^2=|\vec{a}|^2+|\vec{b}|^2-2(\vec{a}.\vec{b})$

$=(2)^2+(5)^2-2(2)$

$=25$

$|\vec{a}-\vec{b}|=5$

19. (a)

माना, $\vec{a}=x\hat{i}-y\hat{j}+z\hat{k}$

$\therefore$ प्रश्न के अनुसार

$(\vec{a}.\hat{i})\hat{i}+(\vec{a}.\hat{j})\hat{j}+(\vec{a}.\hat{k})\hat{k}$

$\Rightarrow (x)\hat{i}+(y)\hat{j}+(z)\hat{k}=\vec{a}$

20. (b)

$\vec{a}$ का $\vec{b}$ पर प्रक्षेप $=|\vec{a}|\cos\theta$

$$=(\sqrt{2})\left\{\frac{(\vec{i}-\vec{j}).(-\vec{j}+\vec{k})}{\sqrt{2}\times\sqrt{2}}\right\}$$

$$=\frac{1}{\sqrt{2}}$$

21. (b)

$(\vec{a}+\vec{b}).(\vec{a}-\vec{b})=|\vec{a}|^2-|\vec{b}|^2$

$\Rightarrow \quad |\vec{a}|^2-|\vec{b}|^2=8 \qquad \{|\vec{b}|=1\}$

$\Rightarrow \quad |\vec{a}|^2=8+|\vec{b}|^2=8+1=9$

$\Rightarrow \quad |\vec{a}|=3$

22. (b)

$\vec{a}$ का $\vec{b}$ पर प्रक्षेप $=|\vec{a}|\cos\theta$

$$=|\vec{a}|\left\{\frac{\vec{a}.\vec{b}}{|\vec{a}||\vec{b}|}\right\}$$

$$=\frac{\vec{a}.\vec{b}}{|\vec{b}|}=\frac{6}{4}=\frac{3}{2}$$

23. (b)

$$(\vec{a}+\vec{b}).(\vec{a}-\vec{b})=|\vec{a}|^2-|\vec{b}|^2$$
$$=0\ \{\because |\vec{a}|=|\vec{b}|\}$$

24. (b)

$\vec{r}=3\hat{i}-4\hat{j}+12\hat{k}$

$\therefore x$ अक्ष पर प्रक्षेप $=|\vec{r}|\cos\theta$

$$=|\vec{r}|\left\{\frac{\vec{r}.\hat{i}}{|\vec{r}||\hat{i}|}\right\}$$
$$=3$$

25. (c)

$$|\vec{a}+\vec{b}+\vec{c}|^2=|\vec{a}|^2+|\vec{b}|^2+|\vec{c}|^2+2(\vec{a}.\vec{b}+\vec{b}.\vec{c}+\vec{c}.\vec{a})$$
$$=1+1+1=3$$

$\therefore |\vec{a}+\vec{b}+\vec{c}|=\sqrt{3}\quad \left\{\begin{matrix}\because & |\vec{a}|=|\vec{b}|=|\vec{c}|=1\\ \text{एवं} & \vec{a}.\vec{b}=\vec{b}.\vec{c}=\vec{c}.\vec{a}=0\end{matrix}\right\}$

26. (c)

यदि सदिश लम्ब हैं, तो

$$\vec{a}.\vec{b}=0$$
$$(3\hat{i}+\lambda\hat{j}+\hat{k}).(2\hat{i}-\hat{j}+8\hat{k})=0$$

$\Rightarrow\quad 6-\lambda+8=0$

$\Rightarrow\quad \lambda=-14$

27. (a)

$\vec{a}+\vec{b}=-\vec{c}$

$\Rightarrow\quad |\vec{a}+\vec{b}|^2=|\vec{c}|^2$

$\Rightarrow\quad |\vec{a}+\vec{b}|^2=|\vec{c}|^2$

$\Rightarrow\quad |\vec{a}|^2+|\vec{b}|^2+2|\vec{a}.\vec{b}|=|\vec{c}|^2$

$\Rightarrow\quad (3)^2+(5)^2+2\{3\times5\times\cos\theta\}=(7)^2$

$\Rightarrow\quad \cos\theta=\frac{1}{2}\quad \theta=60^\circ=\frac{\pi}{3}$

28. (b)

माना, $\vec{a}=x\hat{i}+y\hat{j}+z\hat{k}$

$\therefore$ प्रश्न के अनुसार,

$\vec{a}.\hat{i}=\vec{a}.(\hat{i}+\hat{j})=\vec{a}.(\hat{i}+\hat{j}+\hat{k})=1$

$\Rightarrow\quad x=x+y=x+y+z=1$

$\Rightarrow\quad x=1, y=0, z=0$

$\Rightarrow\quad \vec{a}=\hat{i}$

29. (c)

$|\vec{a}+\vec{b}|^2=|\vec{a}|^2+|\vec{b}|^2-2|\vec{a}||\vec{b}|\cos\theta$

$\because\ |\vec{a}|=|\vec{b}|=1$

$\therefore\ |\vec{a}-\vec{b}|^2=1+1(2\cos\theta)$

$=2(1+\cos\theta)=2\times2\sin^2\frac{\theta}{2}$

$|\vec{a}-\vec{b}|=2\sin^2\frac{\theta}{2}$

30. (c)

किसी त्रिभुज ABC में, यदि G गुरुत्व केन्द्र है, तो, $G\vec{A}+G\vec{B}+G\vec{C}=\vec{O}$

31. (c)

$\vec{a}+\vec{b}+\vec{c}=2(\hat{i}+\hat{j}+\hat{k})$

$(\vec{a}+\vec{b}+\vec{c})$ की दिशा में इकाई सदिश होगा,

$$\frac{2(\hat{i}+\hat{j}+\hat{k})}{\sqrt{2^2+2^2+2^2}}$$
$$=\frac{2(\hat{i}+\hat{j}+\hat{k})}{\sqrt{12}}=\frac{\hat{i}+\hat{j}+\hat{k}}{\sqrt{3}}$$

32. (d)

$\vec{a}+\vec{b}=3\hat{i}+6\hat{j}+6\hat{k}$

$\vec{a}+\vec{b}$ के समांतर सदिश इकाई होगा,

$$\frac{3\hat{i}+6\hat{j}+6\hat{k}}{\sqrt{3^2+6^2+6^2}}=\frac{3\hat{i}+6\hat{j}+6\hat{k}}{\sqrt{9+36+36}}$$
$$=\frac{3(\hat{i}+2\hat{j}+2\hat{k})}{\sqrt{9}}$$
$$=\frac{(\hat{i}+2\hat{j}+2\hat{k})}{3}$$

33. (a)

$$\overrightarrow{AD}+\overrightarrow{BE}+\overrightarrow{CF}=0$$

34. (a)

$(\hat{i}\times\hat{j})\hat{k}+\hat{i}.\hat{j}$

$\Rightarrow (\hat{k})\hat{k}+\hat{0}=1$

35. (c)

$$\hat{i}\left(\hat{j}\times\hat{k}\right)+\hat{j}\left(\hat{k}\times\hat{i}\right)+\hat{k}\left(\hat{i}\times\hat{j}\right)$$

$$\hat{i}\left(\hat{i}\right)+\hat{j}\left(\hat{j}\right)+\hat{k}\left(\hat{k}\right)=1+1+1=3$$

36. (b)

$$\left(\hat{i}+\hat{j}\right)\times\left(\hat{j}+\hat{k}\right)=\left(\hat{i}\times\hat{j}\right)+\left(\hat{i}\times\hat{k}\right)+\left(\hat{j}\times\hat{j}\right)+\left(\hat{j}+\hat{k}\right)$$

$$=\hat{k}-\hat{j}+\hat{i}$$

$\therefore$ इकाई सदिश $=\dfrac{\hat{i}+\hat{j}+\hat{k}}{\sqrt{3}}$

37. (c)

$\therefore \quad \hat{i}.\hat{i}=1$

38. (d)

$$\left(\hat{i}\times\hat{j}\right)\times\left(\hat{j}\times\hat{k}\right)=\left(\hat{i}-\hat{j}+\hat{k}\right)$$

$\therefore$ इकाई सदिश $=\left(\dfrac{\hat{i}-\hat{j}+\hat{k}}{\sqrt{3}}\right)$

39. (c)

$$\vec{a}\times\vec{b}=\begin{vmatrix}\hat{i} & \hat{j} & \hat{k}\\ 2 & -3 & -1\\ 1 & 4 & -2\end{vmatrix}$$

$$=(6+4)i-(-4+1)\hat{j}+(8+3)\hat{k}$$

$$=10\hat{i}+3\hat{j}+11\hat{k}$$

40. (b)

$$\cos\theta=\frac{\vec{a}.\vec{b}}{|\vec{a}||\vec{b}|}=\frac{\left(2\hat{i}-2\hat{j}+4\hat{k}\right).\left(3\hat{i}+\hat{j}+2\hat{k}\right)}{\sqrt{24}\qquad\sqrt{14}}$$

$$=\frac{6-2+8}{\sqrt{2\times3\times2\times2\times2\times7}}=\frac{12}{4\sqrt{21}}=\frac{3}{\sqrt{21}}=\sqrt{\frac{3}{7}}$$

$$\sin\theta=\sqrt{1-\cos^2\theta}=\sqrt{1-\frac{3}{7}}=\frac{2}{\sqrt{7}}$$

41. (c)

$$\left|\vec{a}\times\vec{b}\right|=|\vec{a}||\vec{b}|\sin\theta=4 \qquad \text{......(i)}$$

$$\left|\vec{a}\times\vec{b}\right|=|\vec{a}||\vec{b}|\cos\theta=2 \text{ ...... (ii)}$$

दोनों समीकरणों को वर्ग करने एवं जोड़ने पर,

$$|a|^2|\vec{b}|^2\left(\cos^2\theta+\sin^2\theta\right)=(4)^2+(2)^2$$

$$\Rightarrow \quad |\vec{a}|^2|\vec{b}|^2=20$$

42. (a)

$$|\vec{a}|^2|\vec{b}|^2=144$$

$$\Rightarrow \quad |4|^2|\vec{b}|^2=144$$

$$\Rightarrow \quad |\vec{b}|^2=3$$

43. (b)

$$\hat{i}\times\left(\hat{j}+\hat{k}\right)$$

$$=\hat{i}\times\hat{i}$$

$$=0$$

44. (b)

$$\left(3\vec{a}-5\vec{b}\right).\left(2\vec{a}+7\vec{b}\right)$$

$$=3.2.|\vec{a}|^2-35|\vec{b}|^2-10\left(\vec{a}.\vec{b}\right)+21\left(\vec{a}.\vec{b}\right)$$

$$=6|\vec{a}|^2-35|\vec{b}|^2+11\left(\vec{a}.\vec{b}\right)$$

$$=6\times(2)^2-35(1)^2+11\times1$$

$$=24+11-35=35-35=0$$

45. (d)

$$\overrightarrow{AB}=\left(2\hat{i}+3\hat{j}+5\hat{k}\right)-\left(\hat{i}+\hat{j}+2\hat{k}\right)$$

$$=\hat{i}+2\hat{j}+3\hat{k}$$

एवं $\overrightarrow{BC}=-\hat{i}+2\hat{j}$

$\therefore \quad \Delta$ABC का क्षेत्रफल $=\dfrac{1}{2}\left|\overrightarrow{AB}\times\overrightarrow{BC}\right|$

$$=\frac{1}{2}\begin{vmatrix}\hat{i} & \hat{j} & \hat{k}\\ 1 & 2 & 3\\ -1 & 2 & 0\end{vmatrix}$$

$$=\frac{1}{2}\left|\left\{-6\hat{i}+3\hat{j}+4\hat{k}\right\}\right|$$

$=\dfrac{\sqrt{61}}{2}$ वर्ग इकाई

$$\left\{\because \sqrt{6^2+3^2+4^2}=\sqrt{61}\right\}$$

46. (b)

$$\vec{a}-\vec{b}=\left(\hat{i}+2\hat{j}-\hat{k}\right)-\left(3\hat{i}+\hat{j}+5\hat{k}\right)$$

$$=-2\hat{i}+\hat{j}+4\hat{k}$$

$$\therefore\left|\vec{a}-\vec{b}\right|=\sqrt{21}$$

$\therefore \vec{a}-\vec{b}$ की दिशा में इकाई सदिश $=\dfrac{-2\hat{i}+\hat{j}+4\hat{k}}{\sqrt{21}}$

47. (b)

$|\vec{a}| = \sqrt{2^2+1^2} = \sqrt{5}$

$\therefore \vec{a}$ की दिशा में इकाई सदिश $= \dfrac{\hat{i}-2\hat{j}}{\sqrt{5}}$

$\therefore$ अभीष्ट सदिश $= \left(\dfrac{\hat{i}-2\hat{j}}{\sqrt{5}}\right)7$

$= \dfrac{7}{\sqrt{5}}\left(\hat{i}-2\hat{j}\right)$

48. (c)

Positive vector = $2\hat{i}+3\hat{j}+4\hat{k}$

$\therefore x$ अक्ष पर बिन्दु से गिराया गया लम्ब $2\hat{i}+0\hat{j}+0\hat{k}$ पर x अक्ष को काटेगा।

$\therefore$ बिन्दु एवं x अक्ष की दूरी $= \sqrt{3^2+4^2}$

$= 5$ इकाई

49. (b)

$\left(\vec{a}+\lambda\vec{b}\right).\vec{c} = 0$

$\Rightarrow \quad \left(\vec{a}.\vec{c}\right) = -\lambda\left(\vec{b}.\vec{c}\right)$

$\Rightarrow \quad 6+2 = -\lambda(-3+2)$

$\Rightarrow \quad 8 = -\lambda(-1)$

$\Rightarrow \quad \lambda = 8$

50. (c)

माना $\vec{c} = x\hat{i}+y\hat{j}+z\hat{k}$

$$\vec{a}\times\vec{c} = \begin{vmatrix} \hat{i} & \hat{j} & \hat{k} \\ 1 & 1 & 1 \\ x & y & z \end{vmatrix}$$

$= (z-y)\hat{i}-(z-x)\hat{j}+(z-x)\hat{k}$

$= \hat{j}-\hat{k}$

$z-x = -1$ एवं $x-y = 1$

$x-z = 1 = x-y \qquad$ ....(i)

$\vec{a}.\vec{c} \;= x+y+z = 3 \qquad$ ....(ii)

समीकरण (i) एवं (ii) से

$x+(2x-2) = 3$

$\Rightarrow \quad 3x = 5$

$\Rightarrow \quad x = \dfrac{5}{3},\; y = \dfrac{2}{3},\; z = \dfrac{2}{3}$

$\therefore \quad \vec{c} = \dfrac{1}{3}\left(5\hat{i}+2\hat{j}+2\hat{k}\right)$

51. (a)

$\vec{b}+\vec{c} = 3\hat{i}+\hat{j}+2\hat{k}$

$\vec{a} = 2\hat{i}-2\hat{j}+\hat{k}$

$\therefore \vec{b}+\vec{c}$ का $\vec{a}$ पर प्रक्षेप $= \left|\vec{b}+\vec{c}\right| = \left\{\dfrac{\vec{a}.\left(\vec{b}+\vec{c}\right)}{|\vec{a}|\left|\vec{b}+\vec{c}\right|}\right\}$

$= \dfrac{\vec{a}.\left(\vec{b}+\vec{c}\right)}{|\vec{a}|}$

$= \dfrac{6-2+2}{3} = \dfrac{86}{3} = 2$

52. (c)

$\overrightarrow{AB} = (1+\lambda)\hat{i}+(\lambda-3)\hat{j}-2\hat{k}$

$\overrightarrow{BC} = 6\hat{i}+\lambda\hat{j}-4\hat{k}$

$\because \overrightarrow{AB}$ एवं $\overrightarrow{BC}$ एक ही दिशा में होंगे।

$\therefore \dfrac{1+\lambda}{6} = \dfrac{\lambda-3}{-\lambda} = \dfrac{-2}{-4}$

$\Rightarrow \quad 2(1+\lambda) = 6$

$\Rightarrow \quad \lambda = 2$

53. (a)

$\left|\vec{a}+\vec{b}+\vec{c}\right|^2 = |\vec{a}|^2+|\vec{b}|^2+|\vec{c}|^2+2\left(\vec{a}.\left(\vec{b}+\vec{c}\right)+\vec{c}.\vec{a}\right)$

$\because \quad \vec{a}.\left(\vec{b}+\vec{c}\right) = \vec{b}.\left(\vec{c}+\vec{a}\right) = \vec{c}.\left(\vec{a}+\vec{b}\right) = 0$

$\therefore 2\left(\vec{a}.\vec{b}+\vec{b}.\vec{c}+\vec{c}.\vec{a}\right) = 0$

$\therefore \quad \left|\vec{a}+\vec{b}+\vec{c}\right|^2 = |3|^2+|4|^2+|5|^2$

$\left|\vec{a}+\vec{b}+\vec{c}\right| = 5\sqrt{2}$ units

54. (c)

$\vec{a}.\vec{b} = |\vec{a}||\vec{b}|\cos\theta$

$\Rightarrow \quad \cos\theta = \dfrac{\vec{a}.\vec{b}}{|\vec{a}||\vec{b}|} = \dfrac{\sqrt{3}}{\sqrt{3}\times 2} = \dfrac{1}{2}$

$\Rightarrow \quad \theta = \dfrac{\pi}{3}$

55. (b)

$\because \quad \vec{a}$ एवं $\vec{b}$ समानांतर हैं।

$\therefore \quad \dfrac{3}{1} = \dfrac{2}{\lambda} = \dfrac{9}{3}$

$\Rightarrow \quad \lambda = \dfrac{2}{3}$

56. (a)

$$\left|\vec{a}+\vec{b}+\vec{c}\right|^2 = \left|\vec{a}\right|^2 + \left|\vec{b}\right|^2 + \left|\vec{c}\right|^2 + 2\left(\vec{a}.\vec{b}+\vec{b}.\vec{c}+\vec{c}.\vec{a}\right)$$

$0 = (3)^2 + (4)^2 + x^2 + 2\,(-25)$

$0 = \ x^2 - 25$

$\Rightarrow \quad x = 5$

$\therefore \quad \left|\vec{c}\right| = 5$

57. (b)

$$\cos\theta = \frac{\vec{a}.\left(\vec{a}+\vec{b}+\vec{c}\right)}{\left|\vec{a}\right|\left|\vec{a}+\vec{b}+\vec{c}\right|}$$

$$= \frac{\left|\vec{a}\right|^2 + \vec{a}.\vec{b}+\vec{a}.\vec{c}}{\left|\vec{a}\right|\left|\vec{a}+\vec{b}+\vec{c}\right|} \quad \begin{Bmatrix} \because \ \vec{a}+\vec{b}, \vec{b}+\vec{c}, \vec{c}+\vec{a} \\ \therefore \ \vec{a}.\vec{b} = \vec{a}.\vec{c} = 0 \end{Bmatrix}$$

$$= \frac{\left|\vec{a}\right|}{\left|\vec{a}+\vec{b}+\vec{c}\right|}$$

अब, $\left|\vec{a}+\vec{b}+\vec{c}\right|^2 = \left|\vec{a}\right|^2 + \left|\vec{b}\right|^2 + \left|\vec{c}\right|^2$

{$\because$ $\vec{a}, \vec{b}, \vec{c}$ आपस में लंब हैं।}

$= (1)^2 + (1)^2 + (1)^2$

$= 3$

$\left|\vec{a}+\vec{b}+\vec{c}\right| = \sqrt{3}$

$\left|\vec{a}\right| = 1$

$\therefore \quad \cos\theta = \dfrac{1}{\sqrt{3}} \qquad \Rightarrow \theta = \cos^{-1}\left(\dfrac{1}{\sqrt{3}}\right)$

58. (b)

$\left|\vec{a}\times\vec{b}\right| = \left|\vec{a}\right|\left|\vec{b}\right|\sin\theta$

$\Rightarrow \quad 1 = 3\times\dfrac{\sqrt{2}}{3}\sin\theta$

$\Rightarrow \quad \sin\theta = \dfrac{1}{\sqrt{2}}$

$\Rightarrow \quad \theta = \dfrac{\pi}{4}$

59. (a)

$$\vec{c} = \frac{-n\vec{a}+m\vec{b}}{m-n} = \frac{-4\left(\hat{i}+\hat{j}+\hat{k}\right)+1\left(2\hat{i}+3\hat{j}+4\hat{k}\right)}{1-4}$$

$$= \frac{-2\hat{i}-\hat{j}}{-3}$$

$$= \frac{1}{-3}\left(2\hat{i}+\hat{j}\right)$$

60. (d)

$\vec{a}$ का $\vec{b}$ पर प्रक्षेप $= \left|\vec{a}\right|\cos\theta\,\hat{b}$

$$= \left(\frac{\left|\vec{a}.\vec{b}\right|}{\left|\vec{b}\right|}\right).\vec{b}$$

$\vec{a}$ का $\vec{b}$ के लम्ब पर प्रक्षेप $= \vec{a} - \left(\dfrac{\left|\vec{a}.\vec{b}\right|}{\left|\vec{b}\right|^2}\right).\vec{b}$

61. (a)

$\left(\vec{a}+\vec{b}\right)\times\left(\vec{a}-\vec{b}\right)$

$= \left(4\hat{i}-4\hat{j}\right)\times\left(2\hat{i}+4\hat{k}\right)$

$$= \begin{vmatrix} \hat{i} & \hat{j} & \hat{k} \\ 4 & 4 & 0 \\ 2 & 0 & 4 \end{vmatrix}$$

$= 16\hat{i} - 16\hat{j} + \left(-8\hat{k}\right)$

$\therefore$ इकाई सदिश $= \dfrac{8\left(2\hat{i}-2\hat{j}-\hat{k}\right)}{3}$

62. (b)

$$\vec{c} = \frac{-n\vec{a}+m\vec{b}}{m-n}$$

$$= \frac{-2\left(2\vec{a}+\vec{b}\right)+1\left(\vec{a}-3\vec{b}\right)}{1-2}$$

$$= \frac{-4\vec{a}-2\vec{b}+\vec{a}-3\vec{b}}{-1}$$

$$= 3\vec{a}+5\vec{b}$$

63. (d)

$\overrightarrow{AB} = \vec{b}-\vec{a}, \ \overrightarrow{BC} = \vec{c}-\vec{b}, \ \overrightarrow{CD} = -2\hat{i}-8\hat{j}+2\hat{k}$

$\Rightarrow \quad \overrightarrow{AB} = \lambda\hat{i}+(5-\lambda)\hat{j}-\lambda\hat{k}, \ \overrightarrow{BCD} = -2\hat{i}-8\hat{j}+2\hat{k}$

$\because \quad \overrightarrow{AB}$ एवं $\overrightarrow{CD}$ एक ही दिशा में हैं।

$\therefore \quad \dfrac{\lambda}{-2} = \dfrac{5-\lambda}{-8} = \dfrac{-\lambda}{2}$

$\Rightarrow \quad 2\,(5-\lambda) = 8\,\lambda$

$\Rightarrow \quad 10 - 2\lambda) = 8\,\lambda$

$\Rightarrow \quad \lambda = 1$

64. (a)

$$\vec{d} = \lambda(\vec{a}\times\vec{b})$$

$$= \lambda\begin{vmatrix}\hat{i} & \hat{j} & \hat{k}\\ 1 & -1 & 0\\ 0 & 3 & -1\end{vmatrix}$$

$$= \lambda\left[\hat{i}+\hat{j}+3\hat{k}\right]$$

$$\vec{c}.\vec{b} = 1$$

$$7\lambda - 3\lambda = 1$$

$$\lambda = \frac{1}{4}$$

$$\vec{d} = \frac{1}{4}(\hat{i}+\hat{j}+3\hat{k})$$

65. (b)

$\because \quad \vec{A}\times\vec{B} = 0$

$\therefore \quad \vec{A}$ एवं $\vec{B}$ एक ही दिशा में होंगे।

$\therefore \quad \frac{2}{1} = \frac{6}{-x} = \frac{14}{7}$

$\Rightarrow \quad x = -3$

66. (b)

$\vec{a}+\vec{b} = 3\hat{i}+\hat{j}-2\hat{k}$ .... (i)

$\vec{a}-\vec{b} = \hat{i}+3\hat{j}+4\hat{k}$ .... (ii)

$\vec{a} = 2\hat{i}-\hat{j}+\hat{k},\ \vec{b} = \hat{i}+2\hat{j}-3\hat{k}$

$\therefore$ चतुर्भुज का क्षेत्रफल $= \begin{vmatrix}\hat{i} & \hat{j} & \hat{k}\\ 2 & -1 & 1\\ 1 & 2 & -3\end{vmatrix}$

$$= \left|\hat{i}-7\hat{j}+5\hat{k}\right|$$

$$= \sqrt{75} \quad = 5\sqrt{3}$$

67. (c)

$\vec{F} =$ कुल बल $= (2\hat{i}+5\hat{j}+6\hat{k})+(-\hat{i}+2\hat{j}-\hat{k})$

$= \hat{i}+7\hat{j}+5\hat{k}$

$\overrightarrow{AB} = 2\hat{i}+4\hat{j}-\hat{k}$

$\therefore$ कार्य $= \vec{F}.\overrightarrow{AB} = 2+28-5 = 25$ J

68. (c)

ΔABC का क्षेत्रफल $= \frac{1}{2}|\vec{a}\times\vec{b}|$

$$= \frac{1}{2}\begin{vmatrix}\hat{i} & \hat{j} & \hat{k}\\ 2 & 2 & 1\\ 1 & 2 & 2\end{vmatrix} = \frac{1}{2}\left|3\hat{i}-3\hat{j}+0\hat{k}\right|$$

$$= \frac{1}{2}\times 3\sqrt{2} = \frac{3\sqrt{2}}{2}$$

69. (a)

$\because \vec{a}$ एवं $\vec{b}$ समानांतर है।

$\therefore \quad \frac{2}{4} = \frac{3}{6} = \frac{-1}{P}$

$\Rightarrow \quad -P = 2 \quad \Rightarrow \quad P = -2$

70. (c)

$$\cos\theta = \frac{\vec{a}.\vec{b}}{|\vec{a}||\vec{b}|}$$

$$\cos^2\theta = \left(\frac{\vec{a}.\vec{b}}{|\vec{a}||\vec{b}|}\right)^2$$

$$\therefore \sec^2\theta = \frac{|\vec{a}|^2|\vec{b}|^2}{(\vec{a}.\vec{b})^2}$$

$$\tan\theta = \sqrt{\frac{(\vec{a}.\vec{b})^2+|\vec{a}|^2|\vec{b}|^2}{(\vec{a}.\vec{b})^2}}$$

गतिविज्ञान
Dynamics

गति विज्ञान या गति विद्या अन्तर्गत हम गति के विभिन्न पहलुओं पर चर्चा करेगे। गति विज्ञान को Science of Mechanical Force भी कहते हैं।

महत्वपूर्ण बिन्दु (Important Points)

- **चाल (Velocity) :** विस्थापन परिवर्तन की दर को गति कहते हैं।
- औसत गति $= \dfrac{\text{कुल तय की गई दूरी}}{\text{कुल लिया गया समय}}$
- **गति के समीकरण (Equations of Motion):** माना किसी वस्तु की प्रारंभिक चाल u त्वरण (Acceleration) a और t समय के बाद वस्तु की चाल v हो जाती है तब
  (a) $v = u + at$
  (b) $s = ut + \dfrac{1}{2} at^2$
  (c) $v^2 = u^2 + 2as$
  (d) $s = ut + \dfrac{1}{2} a\,(2t - 1)$
- गुरूत्व के अधीन गति के समीकरण
  (a) $v = u + gt$
  (b) $h = ut + \dfrac{1}{2} gt^2$
  (c) $v^2 = u^2 + 2gh$
  (d) $s = ut + \dfrac{1}{2} g\,(2t - 1)$

यदि दो वस्तुएँ जिनका द्रव्यमान m और M $(m > \text{M})$ एक पतली रस्सी से जुड़ी हों जो एक चिकनी छोटी और स्थिर कुण्डली (pully) से गुजरती है तब

- त्वरण (Acceleration) $f = \left(\dfrac{m - \text{M}}{m + \text{M}}\right) g$
- रस्सी में तनाव, $\text{T} = \dfrac{2m\,\text{M}}{m + \text{M}} g$
- Pully पर दबाब, $\text{R} = \dfrac{4m\,\text{M}}{m + \text{M}} g$
- गतिज ऊर्जा (Kinetic Energy) $= \dfrac{1}{2} mv^2$
- स्थिर ऊर्जा (Potential Energy = mgh)
- किया गया कार्य (Work done) = बल × बल की दिशा में विस्थापन
- दो वस्तुएँ जिनके द्रव्यमान m_1 एवं m_2 हो, एवं टकराने से पहली जिनकी चाल u_1 एवं u_2 एवं टकराने के बाद v_1 एवं v_2 हो जाती है तब,
  $m_1 u_1 + m_2 u_2 = m_1 v_1 + m_2 u_2$ और
  $v_2 - v_1 = -e\,(u_1 - u_2)$
  जहाँ $e =$ प्रत्यास्थता गुणांक (Coefficient of elasticity) है।
- अगर किसी वस्तु का प्रक्षेप की गति u एवं प्रक्षेप का कोण θ हो तब
- प्रक्षेप की क्षैतिज चाल $= 4 \cos \alpha$
- t सेकेण्ड के बाद प्रक्षेप की गति
  $= \sqrt{u^2 + g^2 t^2 - 2ugt + \sin \theta}$
- $\tan \beta = \dfrac{4 \sin \theta - gt}{u \cos \theta}$
- ऊँचाई h पर वस्तु की चाल $= \sqrt{u^2 - 2gh}$
  और $\beta = \tan^{-1} \left\{ \dfrac{\sqrt{u^2 \sin^2 \theta - 2gh}}{v \cos \theta} \right\}$
- ऊँचाई, $h = \dfrac{u^2 \sin^2 \theta}{2g}$
- उड़ान का समय (Time of flight) $\text{T} = \dfrac{2u \sin \theta}{g}$
- परास (Range) $\text{R} = \dfrac{u^2 \sin^2 \theta}{g}$

❑ उच्चतम परास (Maximum Range) $= \frac{u^2}{g}$

❑ उच्चतम ऊँचाई (Maximum height) $= \frac{u^2}{2g}$

उदाहरण (Examples)

1. क्षैतिज सतह से कोई वस्तु प्रक्षेपित की गई जब इसका परास इसकी ऊँचाई से $4\sqrt{3}$ गुणा ज्यादा है। तब प्रेक्षण का कोण (Angle of projection) ज्ञात करें।

   माना α प्रेक्षण का कोण एवं

   $u =$ प्रेक्षण की गति, तब

   $$\frac{u^2 \sin 2\alpha}{g} \quad \frac{u\sqrt{3}\, u^2 \sin^2 \alpha}{g}$$

   $$2 \sin \alpha \cos \alpha = 2\sqrt{3} \sin^2 \alpha$$

   $$\frac{\sin \alpha}{\cos \alpha} = \frac{1}{\sqrt{3}}$$

   $$\tan \alpha = \frac{1}{\sqrt{3}}$$

   $$\alpha = 30°$$

2. m_1 द्रव्यमान की एक गेंद m_2 द्रव्यमान के एक गेंद जो की स्थिर है टकराती है टकराने के बाद m_1 द्रव्यमान की गेंद भी स्थिर हो जाती है एवं restitution गुणंक e है तब m_1 एवं m_2 किसके समतुल्य होंगे।

   मना $u =$ प्रथम गेंद की चाल टकराने से पहले,
   $v =$ दूसरी गेंद की चाल टकराने के बाद

   तब,

   $$0 - v = e(u - 0) = v = eu \qquad \text{(i)}$$

   और

   $$m_1 u + m_2 \times 0 = m \times 0 + m_2 v = m_1 u = m_2 v$$

   $m_1 u = m_2 ue$ (समी. (i) से)

   $$\frac{m_1}{m_2} = \frac{e}{1}$$

   $$m_1 : m_2 = e : 1$$

3. एक गतिमान कण v वेग से गति कर रहा है, $v^2 = a + \frac{2b}{s}$ तब इसका त्वरण (acceleration) क्या होगा?

   $$v^2 = a + \frac{2b}{s}$$

   $$2v\frac{dv}{ds} = \frac{-2b}{s^2}$$

   $$\frac{v\, dv}{ds} = \frac{-b}{s^2}$$

   त्वरण $= \frac{-b}{s^2}$

4. 60° के कोण पर एक वस्तु की दो चालें क्रमशः 10m/sec एवं 15m/sec हैं तब उसकी परिणामी चाल क्या होगी?

   यहाँ

   $$u = 10 \text{ m/sec}$$

   $$v = 15 \text{ m / sec}$$

   $$\theta = 65°$$

   $$v = \sqrt{10^2 + 15^2 + 2 \times 10 \times 15 \cos 60°}$$

   $$= \sqrt{100 + 225 + 300 \times \frac{1}{2}}$$

   $$= \sqrt{100 + 225 + 1150}$$

   $$= \sqrt{475}$$

   $$= 5\sqrt{19} \text{ m / sec}$$

5. दो समानान्तर बल 8 N और 6 N के बिन्दु A और B पर परस्पर लगते हैं। अगर AB = 7 cm तब resultant का परिमाण एवं प्रयोग बिन्दु (point of application) ज्ञात करें।

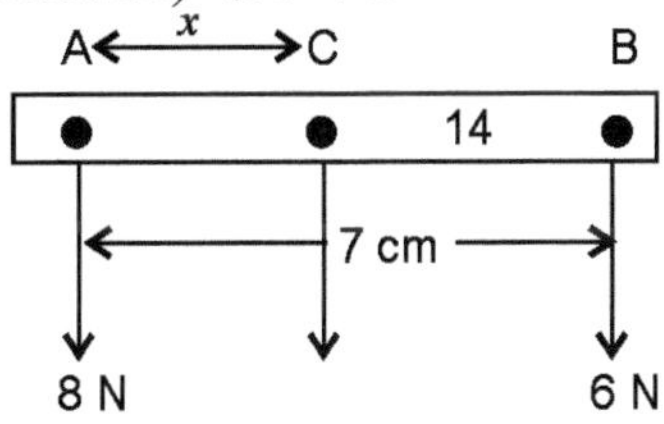

   resultant $= 8 + 6 = 14$N

   ($\because$ बल समानांतर है)

   प्रयोग बिन्दु A के सापेक्ष $= 7 \times 6 = 14 \times x$

[$x =$ A और c के बीच की दूरी]

$x = 3$ cm

6. एक बल जिनका परिमाण 10 N है, जो समतल क्षितिज से 30° का कोण बनाती है, तो इसका अवयव x तथा y अक्षों पर निकालें।

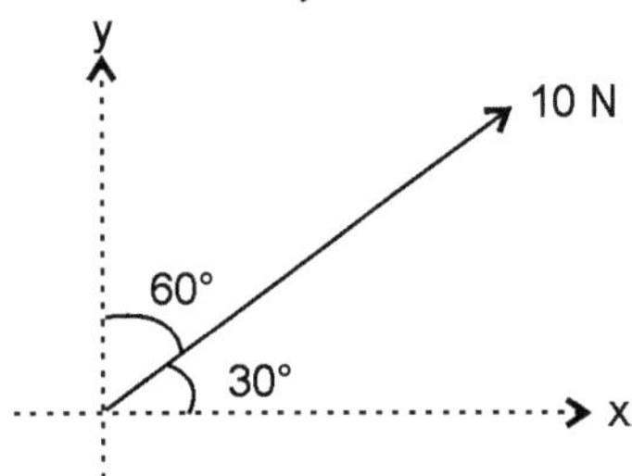

x के along बल का अवयव

$= 10 \cos 30°$

$= 10 \times \sqrt{3}/2$

$= 5\sqrt{3}$ N

y के along बल का अवयव

$10 \cos (90° - 30°)$

$= 10 \times \cos 60°$

$= 5$N

7. एक पिंड पर 40N का बल लगता है, जो दो धागों से बंधा है, जो लम्बरूप से क्रमशः 30° एवं 60° का कोण बनाते हैं तो T_1 एवं T_2 ज्ञात करें।

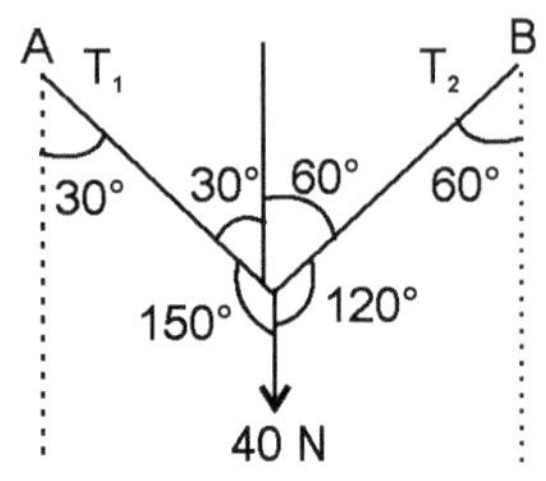

$$\frac{T_1}{\sin 120°} = \frac{T_2}{\sin 150°} = \frac{40}{\sin 90°}$$

$$\frac{T_1}{\frac{\sqrt{3}}{2}} = \frac{T_2}{1/2} = \frac{40}{1}$$

$\therefore \quad T_2 = 20$N

$T_1 = 20\sqrt{3}$ N

अभ्यास प्रश्न (Practice Questions)

1. यदि $F_1 = 4$ N, एवं पिंड A स्थिर है, तो $|\vec{F_2}|$ होगा?

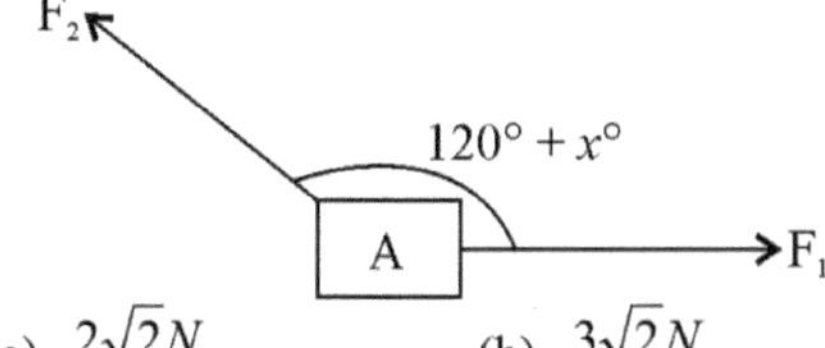

(a) $2\sqrt{2}N$ (b) $3\sqrt{2}N$
(c) $4\sqrt{2}N$ (d) $5\sqrt{2}N$

2. यदि $F_1 = 3N$, एवं $F_2 = 4N$ है, तो उनका परिणामी बल कितना होगा?

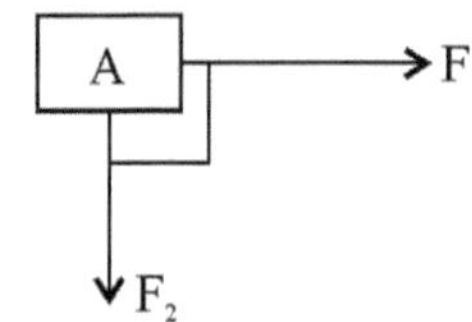

(a) 5N (b) 7N
(c) 3N (d) 1N

3. प्रश्न (2) में परिणामी बल एवं F_2 के बीच का कोण होगा?
(a) $\tan^{-1}\left(\frac{4}{3}\right)$ (b) $\tan^{-1}\left(\frac{3}{4}\right)$
(c) $\tan^{-1}\left(\frac{2}{3}\right)$ (d) $\tan^{-1}\left(\frac{3}{2}\right)$

4. यदि $a = 5t^2 + 6$, जहाँ a त्वरण एवं t समय (सेकंड में) हैं, तो t = 3 पर पिंड की गति कितनी होगी, यदि t = 0 पर पिंड की गति 5m/s है?
(a) 50m/s (b) 77m/s
(c) 68m/s (d) 59m/s

5. $\frac{ds}{dt} = \sin t$, जहाँ s विस्थापन (m) एवं t समय (sec.) में हैं, तो t = 6.28 sec. पर पिंड का विस्थापन ज्ञात करें, यदि t = 0, पर पिंड s = 6 m पर था?
(a) 6m (b) 7m
(c) 9m (d) 12m

6. $x = 12\,t + 5\,t^2$, है, तो वेग एवं त्वरण का मान, t = 3 से. पर कितना होगा?
(a) 5 मी./से. (b) 15 मी./से.
(c) 10 मी./से. (d) 30 मी./से.

7. $s = 80t - 8t^2$ है, तो कितने समय बाद विस्थापन अधिकतम होगा?
(a) 5 सेकंड (b) 10 सेकंड
(c) 15 सेकंड (d) 20 सेकंड

8. यदि, त्वरण, $a = 3x$ है, जहाँ x विस्थापन है, तो वह वेग ज्ञात करें जिससे पिंड अपने प्रारंभिक बिन्दु को दोबारा पार करेगा, यदि $x = 3$ मी. पर वेग 2m/s हैं?
(a) 11.5m/s (b) 12.5m/s
(c) –11.5m/s (d) –12.5m/s

9. यदि, $a = -10 m/s^2$ है, एवं S = 3 मी. पर वेग 5m/s है, तो S = 6 मी. पर पिंड का वेग ज्ञात करें?
(a) $\sqrt{35}$ 5 m/s (b) 5 m/s
(c) 10 m/s
(d) ज्ञात नहीं किया जा सकता।

10. एक मनुष्य जो शान्त जल में 4 m/s की दर से तैरता है, यदि नदी की चाल 3 m/s हो, तो सबसे कम समय में नदी पार करने के लिए उसे कितना समय लगेगा? {नदी की चौड़ाई = 200m}
(a) 40 सेकंड (b) 50 सेकंड
(c) 100 सेकंड (d) 25 सेकंड

11. एक तैराक शान्त जल में 5 मील/घण्टा की दर से तैरता है। यदि 220 गज चौड़ी एक नदी को पार करना चाहता है, और नदी का वेग 3 मील / घण्टा हो, तो सबसे छोटे मार्ग से उस पार जाने में उसे कितना समय लगेगा?
(a) $1\frac{1}{8}$ मिनट (b) – मिनट
(c) $1\frac{2}{8}$ मिनट (d) $1\frac{3}{8}$ मिनट

12. एक कण का परस्पर वेग, 120° के कोण बनाते हुए, क्रमशः 3, 7 एवं 13 है। उनका परिणामी होगा?
(a) $\sqrt{125}$ (b) $\sqrt{127}$
(c) $\sqrt{129}$ (d) $\sqrt{131}$

13. यदि दो बराबर वेगों का परिणाम महत्ता में उनमें किसी के भी बराबर हो, तो उनके बीच का कोण होगा।
(a) 30° (b) 60°
(c) 45° (d) 120°

14. किसी कण के दो वेगों u एवं v का महत्तम परिणामी वेग है

(a) $\sqrt{u^2+v^2}$ (b) $\sqrt{u(u+v)}$

(c) u + v (d) $\frac{1}{2}(u+v)$

15. यदि 12m/s, 20m/s वेग का एक समलम्बीय संघटक है, तो दूसरा है?

(a) 10m/s (b) 16m/s

(c) 8m/s (d) N.O.T

16. यदि दो समान वेगों का परिणामी उनमें से किसी एक और $\sqrt{3}$ के गुणनफल के बराबर हो, तो दोनों वेगों के बीच का कोण है?

(a) 135° (b) 120°

(c) 30° (d) 60°

17. यदि विरामावस्था के बाद एक कण 2m/s^2 त्वरण से चलना शुरू करे, तो 4 सेकंड में इसके द्वारा तय की गई दूरी है?

(a) 2m (b) 4m

(c) 6m (d) 8m

18. यदि 50 मी की दूरी तय करने में किसी कण का वेग 15m/s से बढ़कर 25m/s हो जाए, तो इसका त्वरण है? (m/s^2 में)

(a) 8 m/s^2 (b) 5 m/s^2

(c) 4 m/s^2 (d) 2.5 m/s^2

19. यदि किसी कण का प्रारंभिक वेग 40 मी./से. और वेगह्रास 4 मी./से.^{2} हो, तो इसके गति के 8 वें सेकंड में तय की गई दूरी है?

(a) 8m (b) 70m

(c) 10m (d) 24m

20. यदि दो लंबीय अक्षों के संदर्भ में समतल में गतिशील एक कण की स्थिति t समय बाद x = a(t + sin^{-1}), y = a(1 – cos t) हों, तो इसके त्वरण का परिणाम है?

(a) 4a (b) a

(c) 2a (d) –a

21. दो मित्र A तथा B विरामावस्था के बाद सीधी सड़क पर एक ही दिशा में चलना प्रारंभ करते हैं। A जहाँ 10 मी./मिनट के समरूप चाल से गतिशील है, B समरूप त्वरण 10 मी./मिनट^2 से चलता है। दोनों फिर कितने मिनट बाद मिलेंगे?

(a) 2 (b) 10

(c) 8 (d) 15

22. सीधी सड़क पर एक मोटरगाड़ी 126 km/h की चाल से जा रही है। ब्रेक लगाकर इसे 200मी. में रोक दिया गया। इसे विरामावस्था में लाने में कितना समय लगा?

(a) 7.65 सेकंड (b) 11.43 सेकंड

(c) 5 सेकंड (d) NOT

23. किसी सरल रेखा पर जब एक कण चलना शुरू करता है, तो 10 सेकंड में इसका वेग 120m/s से 80m/s हो जाता है, यदि t सेकंड में, एवं x मीटर में है तो, $\frac{d^2x}{dt^2}$ का मान क्या होगा?

(a) 4 (b) – 4

(c) 2 (d) – 2

24. प्रश्न - 23 के आधार पर गाड़ी के रुकने तक चली गई कुल दूरी क्या होगी?

(a) 1600 (b) 2000

(c) 1800 (d) 1500

25. समरूप त्वरण से रैखिक गति में जब कोई x मी. चलता है, तो उसका प्रवेग v m/s है। यदि $v^2 = 16 + 40x$, तो अपने गति के दूसरे सेकंड में कण द्वारा तय की गई दूरी क्या होगी?

(a) 37 m (b) 35 m

(c) 34 m (d) 33 m

26. एक पत्थर को ऊपर की ओर 10 m/s से फेंका गया। वह धरती पर आने में कितना समय लेगा? (सेकंड में)

(a) 2 (b) 2.5

(c) $\frac{3}{2}$ (d) 5

27. यदि एक पत्थर को 20m/s से उपर की ओर फेंका गया, तो उसे धरती से अधिकतम ऊँचाई पर जाने में कितना समय लगेगा

(a) 1 सेकंड (b) 2 सेकंड

(c) 3 सेकंड (d) 2.5 सेकंड

28. प्रश्न - 27 में पत्थर द्वारा तय की गई अधिकतम ऊँचाई क्या होगी?

(a) 10 मी. (b) 20 मी.

(c) 30 मी. (d) 40 मी.

29. नीचे गिरती हुई वस्तु यदि 1 सेकंड में x मी. दूरी तय करती है, तो आगामी सेकंड में कितनी दूरी तय करेगी?

(a) > S (b) < S

(c) = S (d) = S^2

30. किसी ऊँचाई से एक कण सीधा गिराने पर 5 सेकंड में धरती पर पहुँचता है। यदि 3 सेकंड के बाद इसे रोककर फिर छोड़ दिया जाए, तो धरती पर पहुँचने में उसे कितना समय लगेगा?

(a) 2 से. (b) 3 से.

(c) 4 से. (d) 2.5 से.

31. 300 मी. ऊँचे तल से विरामावस्था के बाद कोई कण लुढ़कता है। यदि नीचे आने में यह 20 सेकंड लेता है, तो इस तल का जमीन से झुकाव क्या है?

(a) 60° (b) 30°

(c) $\sin^{-1}\left(\frac{\sqrt{3}}{10}\right)$ (d) $\sin^{-1}\left(\frac{\sqrt{3}}{2\sqrt{5}}\right)$

32. यदि एक कण का आदिवेग 40m/s है, एवं त्वरण $5m/s^2$ है, तो उसके द्वारा 10 वें सेकंड में चली गई दूरी है?

(a) 38.5 मी. (b) 87.5 मी.

(c) 88.5 मी. (d) 81 मी.

33. यदि हवा अवरोधक की तरह काम करती है, एवं एक गेंद को नीचे से अधिकतम ऊँचाई तक पहुँचने में 't' समय लगता है, तो नीचे आने में कितना समय लगेगा?

(a) > t (b) < t

(c) = t (d) = t^2

34. उत्तर-पूर्व दिशा में कोई बिन्दु वेग $6\sqrt{2}$ m/s से जा रहा है और इसका वेगवर्द्धन (acceleration) उत्तर की ओर $8m/s^2$ एवं पूर्व की ओर $6m/s^2$ है, तो 1 सेकंड बाद इसकी स्थिति (m) में बताएँ?

(a) (9, 10) (b) (10, 9)

(c) (8, 10) (d) (10, 8)

35. एक कण को 96m/s से ऊपर की ओर फेंका गया। 5 सेकंड बाद इस कण का वेग क्या होगा?

(a) 46 मी/से. (b) 48 मी/से.

(c) 49 मी/से. (d) 60 मी/से.

36. यदि एक पिंड गुरुत्वाकर्षण के अधीन गिरते हुए पहले सेकंड में 80 फुट की दूरी तय करता है, तो अगले 112 फुट की दूरी तय करने में इसे कितना समय लगेगा?

(a) 1 सेकंड (b) 2 सेकंड

(c) 3 सेकंड (d) 6 सेकंड

37. एक कण को किसी मीनार की चोटी से मुक्तावस्था से छोड़ा गया। वह अपनी पूरी ऊँचाई के $\frac{5}{9}$ वें हिस्से से गिरता है (अंतिम सेकंड में) मीनार की ऊँचाई कितनी होगी?

(a) 144 फुट (b) 170 फुट

(c) 176 फुट (d) 180 फुट

38. 400 फुट ऊँचे एक टीले की जड़ से एक पत्थर ऊपर की ओर ठीक उतने ही वेग से फेंका जाता है कि वह चोटी तक पहुँच सके। एक सेकंड बाद दूसरा पत्थर चोटी से गिराया जाता है, तो वे दोनों कब मिलेंगे?

(a) 3 से. (b) 4 से.

(c) 2 से. (d) 7 से.

39. 1500 फुट की ऊँचाई पर 80 फुट / से. से खड़ी दिशा में उठते हुए एक बैलून से एक पत्थर गिराया जाता है। वह बैलून छोड़ने के बाद कितनी देर तक हवा में रहेगा?

(a) 12 से. (b) 10 से.

(c) 2.5 से. (d) 12.5 से.

40. 32 फुट/से. के वेग से ऊपर उठते हुए एक बैलून से एक पत्थर गिराया जाता है। यह धरती पर 17 सेकंड में पहुँचता है। जब पत्थर गिराया गया, तब बैलून कितनी ऊँचाई पर था?

(a) 4132 फुट (b) 4186 फुट

(c) 4080 फुट (d) 4264 फुट

41. यदि एक कण को इस तरह फेंका जाए कि किसी क्षैतिज तल पर इसका अधिकतम परास है, तो इसका संपूर्ण उड्डयन काल क्या है?

(a) 1 सेकंड (b) 2 सेकंड

(c) 3 सेकंड (d) 4 सेकंड

42. यदि एक कण को $50\sqrt{2}$ के कोण पर फेंका गया तो अधिक ऊँचाई पर इस कण का वेग क्या होगा?

(a) 75 मी/से. (b) 100 मी/से.

(c) 125 मी/से. (d) 200 मी/से.

43. यदि किसी गेंद को आप अधिकतम दूरी तय पदाक्षेप करके फेंकना चाहते हैं, तो इसका प्रक्षेपण कोण होना चाहिए?

(a) $30°$ (b) $45°$
(c) $60°$ (d) $90°$

44. उदग्र के साथ α कोण बनाते हुए प्रारंभिक वेग u से कोई कण प्रक्षिप्त हो, तो इसका सम्पूर्ण उड्डयन काल क्या होगा?

(a) $\frac{2u\sin\alpha}{g}$ (b) $\frac{2u\cos\alpha}{g}$
(c) $\frac{u\cos 2\alpha}{g}$ (d) $\frac{u\sin 2\alpha}{g}$

45. यदि एक कण को 10 मी/से. से $60°$ कोण पर प्रक्षेपित किया गया, तो 2 सेकंड बाद कण की स्थिति क्या होगी? { x में}

(a) 5 मी. (b) 8 मी.
(c) 10 मी. (d) 12 मी.

46. क्षितिज के साथ α कोण पर एक कण u वेग से प्रक्षिप्त किया जाता है, तो अधिकतम परास क्या होगा?

(a) $\frac{u^2\sin 2\alpha}{g}$ (b) $\frac{u^2\cos 2\alpha}{g}$
(c) $\frac{u^2}{2g}$ (d) $\frac{2u^2}{g}$

47. प्रश्न - 46 की स्थिति में कण द्वारा प्राप्त की गई ऊँचाई क्या होगी?

(a) $\frac{u^2}{g}$ (b) $\frac{u^2}{2g}$
(c) $\frac{u^2}{4g}$ (d) $\frac{2u^2}{g}$

48. गुरुत्वाकर्षण = 9.8 m/s² के अधीन एक वेग 29.43 मी./से., $30°$ के उन्नांश पर प्रक्षिप्त होता है। सेकंडों में 9.81m की ऊँचाई पर इसका उड्डयन काल है?

(a) 0.5, 1.5 (b) 1, 2
(c) 1.5, 2 (d) 2, 3

49. एक कण को 9.8 मी./से. वेग से ऐसे स्थान पर अग्नि प्रेक्षिप्त किया जाता है, जहाँ पर गुरुत्वाकर्षण = 9.8 मी./से. है। कण द्वारा तय की गई अधिकतम ऊँचाई क्या होगी?

(a) 50 मी. (b) 5 मी.
(c) 49 मी. (d) 4.9 मी.

50. यदि $R = 4\sqrt{3}H$, जहाँ R परास एवं H, कण द्वारा तय की गई अधिकतम ऊँचाई है, तो प्रक्षेपित कोण का मान है?

(a) $30°$ (b) $45°$
(c) $60°$ (d) $75°$

51. यदि किसी कण को गुरुत्वीय क्षेत्र में आदि गति u से फेंका गया, तो उसका पथ समीकरण, $y = \sqrt{3x} - \frac{4gx^2}{2u^2}$ है, तो प्रक्षेपित कोण क्या होगा?

(a) $30°$ (b) $60°$
(c) $45°$ (d) $90°$

52. प्रश्न- 51 से कण का परास ज्ञात करें?

(a) $\frac{u^2}{2g}$ (b) $\frac{u^2}{g}$
(c) $\frac{\sqrt{3}u^2}{2g}$ (d) $\frac{\sqrt{3}u^2}{g}$

53. क्षितिज से $45°$ का कोण बनाते हुए $120\sqrt{2}$ फुट/से. के वेग से एक कण फेंका जाता है, तो 100 फुट की ऊँचाई पर इसका वेग क्या होगा?

(a) $60\sqrt{7}$ फी/से. (b) $60\sqrt{8}$ फी/से.
(c) 180 फी/से. (d) $60\sqrt{10}$ फी/से.

54. 144 फुट ऊँची एक मीनार की चोटी से एक कण क्षैतिज दिशा में 96 फुट/से. के वेग से फेंका जाता है। जब यह जमीन पर पहुँचता है, तब उसका वेग बताइए? (y में)

(a) 180 फी/से. (b) 160 फी/से.
(c) 150 फी/से. (d) 120 फी/से.

55. यदि एक पिंड का द्रव्यमान 3 कि. है, एवं 1 सेकंड में उसकी गति 20 मी/से. से 30 मी/से. हो जाती है, तो उस पिंड पर लगे बल का परिमाण क्या होगा?

(a) 10 N (b) 20 N
(c) 30 N (d) 35 N

56. यदि एक पिंड का द्रव्यमान 2 कि/ग्रा. है, एवं 20 N का बल उस पर लगता है, तो 10 सेकंड में उसकी गति में कितना परिवर्तन होगा?

(a) 50 मी/से. (b) 75 मी/से.
(c) 100 मी/से. (d) 120 मी/से.

57. यदि किसी पिंड का निश्चित काल में 10 किग्रा./से. आवेग बढ़ता है, तो उस काल में पिंड पर लग रहा बल क्या होगा?

(a) 10 N (b) 20 N
(c) 30 N (d) 40 N

58. यदि किसी गेंद को 2 मी/से. से ऊपर की ओर ऊछाला जाता है, तो 0.3 से. बाद उसके आवेग मे कितना परिवर्तन आएगा। (गेंद का द्रव्यमान = 200 ग्रा.)
(a) 0.2 मी/से.
(b) 0.3 मी/से.
(c) 0.6 मी/से.
(d) 1.2 मी/से.

59. यदि एक आदमी का द्रव्यमान 30 कि.ग्रा. है, एवं वह एक लिफ्ट से ऊपर जा रहा है, तो उसे अपना वजन कितना महसूस होगा?
(लिफ्ट का त्वरण = 10 मी/से.^{2})
(a) 200 N
(b) 300 N
(c) 500 N
(d) 600 N

60. यदि एक आदमी एस्केलेटर से ऊपर चढ़ रहा है, तो उसे ऊपर की मंजिल पर पहुँचने में लगा समय क्या होगा?
एस्केलेटर की गति (ऊपर की ओर) = 3 मी/से. दूरी (दो मंजिलों के बीच के एस्केलेटर की दूरी) = 30 मी आदमी की गति = 2 मी/से.
(a) 10 सेकंड
(b) 15 सेकंड
(c) 5 सेकंड
(d) 6 सेकंड

61. यदि $(3\hat{i}+4\hat{j})$N बल एक खिड़की पर (2, 5) पर लग रहा है, तो मूल बिन्दु के सापेक्ष बलाहूर्ण क्या होगा?
(a) 6 N - m
(b) 7 N - m
(c) 8 N - m
(d) 10 N - m

62. यदि 5N का बल एक पिंड पर किसी निश्चित बिन्दु 'O' से 3 मी. की दूरी पर लगता है, $\vec{r}$ और $\vec{F}$ के बीच का कोण क्या होगा, यदि O के सापेक्ष बलाहूर्ण $\frac{15}{2}Nm$ है।
(a) 30°
(b) 45°
(c) 60°
(d) 90°

63. एक पिंड पर दो बल $(2\hat{i}+3\hat{j})$N एवं $(3\hat{i}+4\hat{j})$ N लगते हैं। उस पिंड को (2, 3) से (4, 5) तक ले जाने के लिए कितना कार्य करना पड़ेगा? (J में)
(a) 20
(b) 24
(c) 28
(d) 30

64. यदि मूल बिन्दु के सापेक्ष बलाघूर्ण शून्य है, एवं बल = $(3\hat{i}+4\hat{j}+6\hat{k})$ है, तो x ज्ञात करें। बल का केंद्र बिन्दु = $(6\hat{i}+x\hat{j}+12\hat{k})$
(a) 8
(b) 6
(c) 12
(d) 24

65. 12 कि.ग्रा. का आदमी लिफ्ट से नीचे की ओर जा रहा है। यदि लिफ्ट का त्वरण 4 मी/से.^{2} है, तो आदमी के द्वारा फर्श पर लगाया गया बल क्या होगा?
(a) 120 N
(b) 48 N
(c) 72 N
(d) 80 N

66. यदि एक 10 ग्रा. द्रव्यमान की गोली की रफ्तार 1000 मी/से. से 800 मी/से. हो जाती है, एवं वह इस क्रम में 100 मी. की दूरी तय करता है, तो हवा के दबाव का बल क्या होगा?
(a) 18 N
(b) 180 N
(c) 1.8 N
(d) 10 N

67. जब 25 N का एक बल किसी स्थिर पत्थर पर काम करता है, तो यह 4 सेकंड में क्षैतिज दिशा की ओर 400 मी/से. से गतिशील होता है। पत्थर का द्रव्यमान क्या है?
(a) 0.125 N
(b) 0.25 N
(c) 0.5 N
(d) 0.75 N

68. यदि फेंके जाने पर एक गेंद 20 फुट की दूरी पर स्थित 12 फुट ऊँची एक दीवार के ठीक ऊपर से क्षैतिज दिशा में गुजरे, तो गेंद के प्रक्षेप की दिशा क्या है?
(a) $\tan^{-1}\frac{6}{5}$
(b) $\tan^{-1}\frac{5}{6}$
(c) $\tan^{-1}\frac{2}{3}$
(d) $\tan^{-1}\frac{3}{4}$

69. 64 फुट की ऊँचाई से एक गेंद गिरती है एवं 36 फुट की ऊँचाई तक उछलती है, तो प्रत्यास्थता गुणांक क्या होगा?
(a) $\frac{3}{4}$
(b) $\frac{2}{3}$
(c) $\frac{7}{8}$
(d) $\frac{1}{4}$

70. 16 फुट की ऊँचाई से एक प्रत्यास्थ गेंद गिरायी जाती है। यदि प्रत्यास्थता गुणांक $\frac{1}{2}$ है, तो स्थिर होने के पहले गेंद कितनी देर तक उछलती रहेगी?
(a) 2 सेकंड
(b) 3.5 सेकंड
(c) 3 सेकंड
(d) 4.3 सेकंड

उत्तरमाला (Answer Key)

1. (c)	2. (a)	3. (b)	4. (c)	5. (a)	6. (c)	7. (a)	8. (c)	9. (d)	10 (b)
11. (b)	12. (b)	13. (d)	14. (c)	15. (b)	16. (d)	17. (c)	18. (c)	19. (c)	20. (b)
21. (a)	22. (b)	23. (b)	24. (c)	25. (c)	26. (a)	27. (b)	28. (b)	29. (a)	30. (a)
31. (d)	32. (b)	33. (a)	34. (a)	35. (a)	36. (a)	37. (a)	38. (a)	39. (d)	40. (c)
41. (b)	42. (c)	43. (b)	44. (b)	45. (c)	46. (d)	47. (c)	48. (b)	49. (d)	50. (a)
51. (b)	52. (c)	53. (d)	54. (b)	55. (c)	56. (c)	57. (a)	58. (c)	59. (d)	60. (d)
61. (b)	62. (a)	63. (b)	64. (a)	65. (c)	66. (a)	67. (b)	68. (a)	69. (a)	70. (c)

हल (Solutions)

1. (c)

$x^\circ = 60^\circ$ होना चाहिए। {∵ पिंड A स्थिर है}

$\therefore F_2 = 4N$

2. (a)

परिणामी बल $= \sqrt{3^2+4^2} = 5N$

3. (b)

परिणामी बल एवं F_2 के बीच के कोण

$$= \frac{|\vec{F_1}|\cos\theta}{|\vec{F_2}|+|\vec{F_1}|\cos\theta}$$

$$\tan\alpha = \frac{|\vec{F_1}|}{|\vec{F_2}|} = \frac{3}{4}$$

$$\alpha = \tan^{-1}\left(\frac{3}{4}\right)$$

4. (c)

$$a = \frac{dv}{dt} = 5t^2+6$$

$$\Rightarrow \int_5^v dv = \int_0^3 5t^2\,dt + \int_0^3 dt$$

$$\Rightarrow v - 5 = 5 \times \frac{27}{3} + 6 \times 3$$

$$\Rightarrow v - 5 = 45 + 18$$

$$\Rightarrow v = 68 \text{ m/s}$$

5. (a)

$$\int_6^5 ds = \int_0^{6.28} \sin t\,dt$$

$$\Rightarrow s - 6 = (-\cos t)_0^{2\pi}$$

$$\Rightarrow s - 6 = 0$$

$$\Rightarrow s = 6$$

6. (c)

$x = 12t + 5t^2$

$$\Rightarrow \frac{dx}{dt} = 12+10t$$

$$\Rightarrow \frac{d^2x}{dt^2} = a = 10 \text{ m/s}^2$$

7. (a)

जब $v = 0$, तब विस्थापन अधिकतम होगा,

$$\Rightarrow \frac{dx}{dt} = 80 - 16t = 0$$

t = 5 sec.

8. (c)

$$a = \frac{vdv}{dx} = 3x$$

$$\Rightarrow \int_2^v vdv = \int_3^0 3x\,dx$$

$$\Rightarrow v - 2 = 3 \times \frac{-9}{2}$$

$\Rightarrow v = 2 - \frac{27}{2} = \frac{-23}{2} = -11.5 m/s$

9. (d)

$S = ut + \frac{1}{2}at^2$

माना कि आदिवेग 5m/s है, एवं $S = (6 - 3)$ $= 3$ मी. है।

$\therefore \quad v^2 - u^2 = 2 \times a \times 5$

$\Rightarrow \quad v^2 = (5)^2 + 2 \times -10 \times 3$

$= 25 - 60 = -35$

$\therefore$ v ज्ञात करना संभव नहीं है।

10. (b)

सबसे कम समय में नदी पार करने के लिए V_{mR} एवं V_R को लम्ब होना चाहिए।

जहाँ,

V_{MR} = नदी के सापेक्ष आदमी का वेग (स्थिर जल में वेग)

V_R = नदी का वेग,

$\therefore$ नदी पार करने में लगा सबसे कम समय

$= \frac{200}{4} = 50$ से.

11. (b)

सबसे छोटे मार्ग से पार करने के लिए उसे नदी की धारा से (90° + θ) कोण पर तैरना होगा, ताकि $\overrightarrow{V_{MR}} + \overrightarrow{V_R} = \overrightarrow{V_M}$ नदी की धारा से लंब की दिशा में हो।

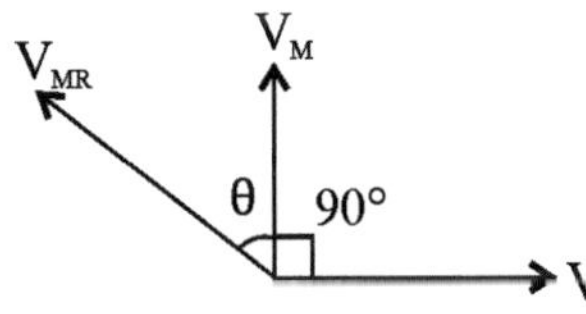

$V_{MR} \sin\theta = V_R$ ......(i)

$V_{MR} \cos\theta = V_M$ ....(ii)

समी. (i) एवं (ii) से,

$(5)^2 = (3)^2 + (V_M)^2$

$\Rightarrow V_M = 4$ मील / घण्टा

220 गज $= \frac{220}{1760} = \frac{1}{8}$ मील

$\therefore$ समय $= \frac{1}{8 \times 4}$ घण्टा $= 1\frac{7}{8}$ मिनट

12. (b)

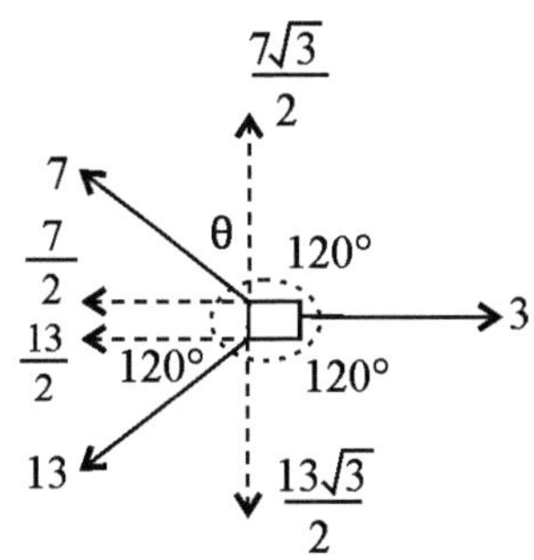

$\therefore$ Net velocity

$= \sqrt{\left(\frac{6\sqrt{3}}{2}\right)^2 + (10)^2}$

$= \sqrt{127} m/s$

13. (d)

$v = \sqrt{v^2 + v^2 + 2v^2 \cos\theta}$

$\Rightarrow \frac{-v^2}{2v^2} = \cos\theta$

$\Rightarrow \cos\theta = \frac{-1}{2}$

$\Rightarrow \theta = 120°$

14. (c)

u एवं v का परिणामी होगा

$\sqrt{u^2 + v^2 + 2uv\cos\theta}$ का मान महत्तम तब होगा, जब $\theta = 0°$

$\therefore$ अभीष्ट मान $= \sqrt{u^2 + v^2 + 2uv} = (u + v)$

15. (b)

प्रश्नानुसार,

$20 = \sqrt{(12)^2 + x^2}$

$\Rightarrow x^2 = 400 - 144 = 256$

$\Rightarrow x = 16 m/s$

16. (d)

प्रश्नानुसार,

$\sqrt{3}v = \sqrt{v^2 + v^2 + 2v^2 \cos\theta}$

$\Rightarrow \cos\theta = \frac{v^2}{2v^2} = \frac{1}{2}$

$\Rightarrow \theta = 60°$

17. (c)

तय की गई दूरी $= x = \frac{1}{2}at^2 = \frac{1}{2} \times 2 \times (4)^2$
$= 16m$

18. (c)

$v^2 - u^2 = 2as$

$\Rightarrow (25)^2 - (15)^2 = 2 \times a \times 50$

$\Rightarrow [40 \times 10] = 2 \times a \times 50$

$\Rightarrow a = 4\ m/s^2$

19. (c)

$S_7 = \left[4(7) + \frac{1}{2} \times (-4) \times (7)^2\right]$

$S_8 = \left[4(8) + \frac{1}{2} \times -4 \times (8)^2\right]$

$S_8 - S_7 = \left[4(8) + \frac{1}{2} \times -4 \times (8)^2\right] -$

$\left[4(7) + \frac{1}{2} \times (-4) \times (7)^2\right]$

$= 40 + \frac{1}{2} \times -4 \times 15$

$= 40 - 30 = 10M$

20. (b)

$v_x = \frac{dx}{dt} = a + a\cos t$

$\Rightarrow \quad a_x = \frac{dv_x}{dt} = -a\sin t$

$v_y = \frac{dy}{dt} = +a\sin t$

$\Rightarrow \quad a_y = \frac{dv_y}{dt} = a\cos t$

21. (a)

माना कि दोनों मित्र 't' मिनट बाद मिलेंगे।

$\therefore$ A द्वारा तय की गई दूरी = 10 मी.

B द्वारा तय की गई दूरी $= \frac{1}{2} \times 10 \times t^2$ मी.

$\Rightarrow t = 2$ मिनट

22. (b)

$v = 0,\ u = 126\ km/h = 35m/s$

$\because v^2 - u^2 = 2as$

$\Rightarrow (0)^2 - (35)^2 = 2 \times a \times 200$

$\Rightarrow a = \frac{-35 \times 35}{400}$

अब,

$v = u + at$, लगाने पर,

$-35 = \frac{-35 \times 35}{400} \times t$

$t = \frac{400}{35} = \frac{80}{7} = 11.43$ से.

23. (b)

$a = \frac{d^2x}{dt^2}$, $u = 120m/s,\ v = 80m/s,\ t = 10sec.$

$\therefore$ अब,

$v - u = at$, लगाने पर,

$-40 = a \times 10$

$\Rightarrow a = -4\ m/s^2$

24. (c)

$v = 0,\ a = -4\ m/s^2,\ u = 120m/s$

अब, $v^2 - u^2 = 2as$ लगाने पर,

$(0)^2 - (120)^2 = 2 \times -4 \times s$

$\Rightarrow \frac{-120 \times 120}{-8} = S$

$\Rightarrow S = 15 \times 120 = 1800m$

25. (c)

$S_2 - S_1 = u(2-1) + \frac{1}{2} \times a \times (2^2 - 1^2)$

$= u + \frac{3a}{2} \quad ....(i)$

$\Rightarrow$ दिये गए समीकरण से,

$v^2 - 16 = 2 \times 20 \times x$ को,

$v^2 - u^2 = 2 \times a \times s$ से,

तुलना करने पर, $u = 4$ एवं $a = 20$

$\therefore \quad S_2 - S_1 = u + \frac{3a}{2} = 4 + \frac{3 \times 20}{2}$
$= 34\ m$

26. (a)

धरती पर आने में लिया गया समय $= \frac{2u}{g}$

$= \frac{2 \times 10}{10} = 2$ सेकंड

27. (b)

धरती से अधिकतम ऊँचाई पर जाने में लगा समय

$= \frac{u}{g}$

$= \frac{20m/s}{10m/s^2} = 2$ सेकंड

28. (b)

अधिकतम ऊँचाई $= S$

$v^2 - u^2 = 2 \times g \times h$

$\Rightarrow \quad (0)^2 - (20)^2 = 2 \times (10) \times h$

$\Rightarrow \quad h = 20m$

29. (a)

यदि 1 सेकंड में तय की गई दूरी x है,

$S_t - S_{t-1} = u + \frac{1}{2} g \{2t - 1\} = u + gt - \frac{g}{2}$

$= \left(u - \frac{g}{2}\right) + gt$

∵ प्रत्येक t वें सेकंड में चली गई दूरी 't' पर आधारित है।

∴ आगामी सेकंड में चली गई दूरी > S

30. (a)

$h = \frac{1}{2} \times 10 \times (5)^2 = 125m$

∴ कुल ऊँचाई = 125m

3 से. में तय की गई दूरी, $= \frac{1}{2} \times 10 \times (3)^2$

$= 45m$

∴ शेष दूरी $= 125 - 45 = 80m$

3 से. बाद वेग $= 10 \times 3 = 30m/s$

∴ नीचे पहुँचने में लगा समय $= t$

$\Rightarrow \quad 80 = 30t + 5t^2$

$\Rightarrow \quad 16 = 6t + 5t^2$

$\Rightarrow \quad t^2 + 6t - 16 = 0$

$\Rightarrow \quad t^2 + 8t - 2t - 16 = 0$

$\Rightarrow \quad t = 2sec.$

31. (d)

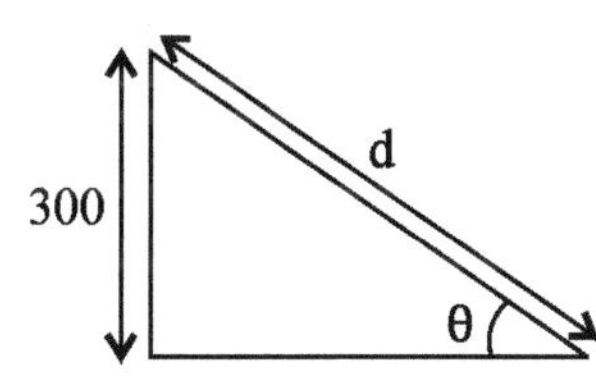

$\frac{300}{\sin\theta} = d$

तल के सापेक्ष त्वरण $= g \sin\theta$

∴ नीचे आने में लगा समय $= t$, तो,

$d = \frac{1}{2} g \sin t^2 \{\because u = 0\}$

$\Rightarrow \frac{300}{\sin\theta} = \frac{1}{2} \times 10 \times (20)^2 (\sin\theta)$

$\Rightarrow \sin^2\theta = \frac{300}{400 \times 5} = \left(\frac{3}{20}\right)$

$\Rightarrow \sin\theta = \frac{\sqrt{3}}{2\sqrt{5}}$

$\Rightarrow \theta = \sin^{-1}\left(\frac{\sqrt{3}}{2\sqrt{5}}\right)$

32. (b)

$S_{10} - S_9 = \left\{u(10) + \frac{1}{2}a(10)^2\right\} - \left\{u(9) + \frac{1}{2}a(9)^2\right\}$

$= u + \frac{1}{2} a \{19\} = 40 + \frac{1}{2} \times 5 \times 19$

$= 87.5$ मी.

33. (a)

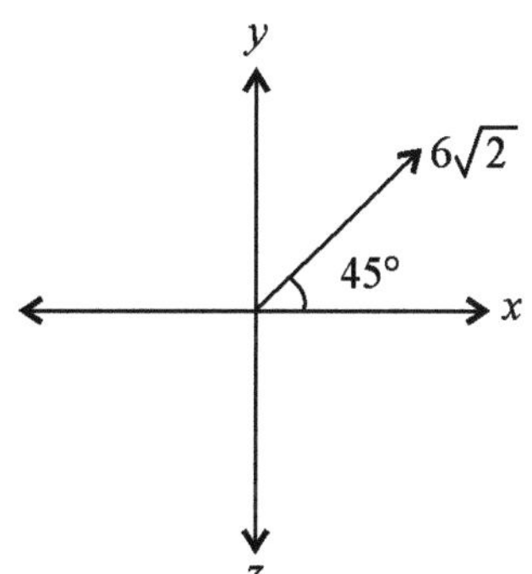

यदि हवा अवरोधक है, तो नीचे आने में लगा समय $> t$

34. (a)

उत्तर की ओर वेग $= 6\sqrt{2} \cos 45° = 6$ m/s

पूर्व की ओर वेग $= 6\sqrt{2} \sin 45° = 6$ m/s

∴ उत्तर की ओर चली गई दूरी

$= 6 \times 1 + \frac{1}{2} \times 8 \times (1)^2 = 10m$

पूर्व की ओर चली गई दूरी

$= 6 \times 1 + \frac{1}{2} \times 6 \times (1)^2 = 9m$

∴ स्थिति $= (9, 10)$

35. (a)

5 सेकंड बाद कण का वेग = v

$\Rightarrow v = u + at \{u = 96 \text{ m/s}, a = -10\text{m/s}^2\}$

$\Rightarrow v = 96 + (-10) \times 5$

$= 46\text{m/s}$

36. (a)

पहले सेकंड में तय की गई दूरी = 80 फुट।

$\therefore +80 = +u(1) + \frac{1}{2} \times +32 \times (1)^2$

$\Rightarrow u = 80 - 16 = 64$ फुट /से.

80 फुट गिरने के बाद वेग $= 64 + (-32) \times 1$

$= 32$ फुट/से.

अब, 32 फुट/से. को u एवं 112 फुट को s मानकर t का मान होगा

$\Rightarrow 112 = 32t + \frac{1}{2} \times 32 \times t^2$

$\Rightarrow 7 = 6t + t^2$

$\Rightarrow t^2 + 6t - 7 = 0$

$\Rightarrow t = 1\text{sec.}$

37. (a)

अंतिम सेकंड में चली गई दूरी

$= u(1) + 16(1)^2$ ....(i)

जहाँ, u कण के जमीन पर गिरने के 1 sec. पहले का वेग है।

$\therefore u^2 = (0)^2 + 2 \times a \times \left(1 - \frac{5}{9}\right) S$

{जहाँ कुल दूरी है।}

$\Rightarrow u^2 = \frac{2 \times 4}{9} S \times 32$

$\Rightarrow u = \frac{2 \times 8}{3}\sqrt{S}$ ....(ii)

$\Rightarrow \frac{5}{9}s = \frac{16}{3}\sqrt{S} + 16$

ऊपर के समीकरण को हल करने पर,

S = 144 फुट

38. (a)

ऊपर फेंके जाने वाले पत्थर के लिए,

$(0)^2 - u^2 = 2 \times -32 \times 400$

$\Rightarrow u = 8 \times 20$ ....(i)

इसके द्वारा (t + 1) sec. में चली गई दूरी

$= 160 - \frac{32}{2}(t+1)^2$ ....(ii)

अब ऊपर से छोड़े गए पत्थर द्वारा चली गई दूरी

$= \frac{1}{2} \times 32 \times t^2$

∴ प्रश्नानुसार,

$160(t+1) - 16(t+1)^2 + 16t^2 = 400$

$\Rightarrow 160t + 160 - 32t - 16 = 400$

$\Rightarrow 128t = 400 - 160 + 16$

$\Rightarrow 128t = 256$

$\Rightarrow t = 2$ सेकंड

$\therefore (t + 1) = $ (3 सेकंड) {∵ ऊपर की ओर फेंका जाने वाला पत्थर 3 से. तक चलने के बाद मिला।}

39. (d)

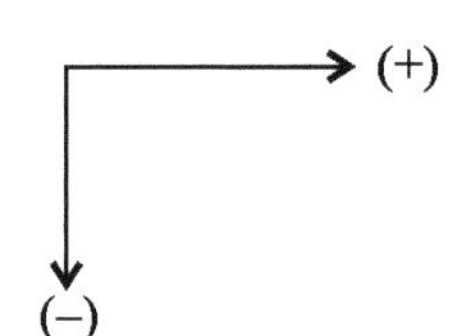

u = 80 फुट/सेकंड

s = 1500 फुट

$S = ut + \frac{1}{2}gt^2$, करने पर,

$\Rightarrow -1500 = 80t + \frac{1}{2} \times (-32) \times t^2$

$\Rightarrow 80t = 16t^2 - 1500$

$\Rightarrow 5t = t^2 - \frac{1500}{16}$

$\Rightarrow t^2 - 5t - \frac{25 \times 15}{4} = 0$

$\Rightarrow t = \frac{5 + \sqrt{25 + \frac{1500}{4}}}{2}$

$= \frac{5 + \frac{40}{2}}{2} = 12.5$ से.

40. (c)

माना कि बैलून x ऊँचाई पर था।

$u = 32\text{ft/sec.}, g = 32 \text{ ft/sec}^2$

$\Rightarrow \quad S = 32t - \frac{1}{2} \times 32 \times t^2$

$= 32 \times 17 - 16 \times 289 = -4080$ फुट

(–) का चिह्न के नीचे की ओर होने को दर्शा रहा है।

41. (b)

अधिकतम परास $= \frac{u^2}{g} = 10\text{m/s}$

$\Rightarrow u = \sqrt{10\times10} = 10\text{m/s.}$

$\therefore$ संपूर्ण उड्डयन काल $= \frac{2\times10}{10} = 2$ से.

42. (c)

अधिकतम ऊँचाई $= \frac{u^2\sin^2\theta}{2g} = \frac{\left(50\sqrt{2}\right)^2\left(\frac{1}{\sqrt{2}}\right)^2}{2\times10}$

$= \frac{2500}{20} = 125\text{m}$

43. (b)

प्रक्षेपण परास $= \frac{u^2\sin2\theta}{g}$

का मान अधिकतम तब होगा, जब, $\sin 2\theta = 1$

$\Rightarrow 2\theta = 90°$

$\Rightarrow \theta = \frac{90°}{2} = 45°$

44. (b)

संपूर्ण उड्डयन काल $= \frac{2u\sin\theta}{g}$

जहाँ, θ horizon से मापा गया कोण है।

$\{\therefore\ \theta + \alpha = 90°\}$

$\therefore$ अभीष्ट उड्डयन काल $= \frac{2u\cos\alpha}{g}$

45. (c)

x में चली गई दूरी $= v_x t$

$= (10\cos 60°)\times 2$

$= 5\times 2 = 10\text{m}$

46. (d)

अधिकतम परास $= \frac{u^2}{g}$ {जब $\alpha = 45°$}

47. (c)

अधिकतम ऊँचाई $\{\alpha = 45°, u = 4\}$

$= \frac{u^2(\sin45°)^2}{2g} = \frac{u^2}{4g}$

48. (b)

$Y = (29.43\sin30°)t - \frac{1}{2}\times(9.81)\times t^2$

$\Rightarrow 1 = \frac{3\sqrt{0}}{2}t - \frac{1}{2}t^2$

$\Rightarrow t^2 - 3\sqrt{0}\ t + 2 = 0$

$\Rightarrow t = \frac{3\sqrt{0}\pm\sqrt{0-1}}{2} = \frac{3\pm1}{2} = 2, 1$

49. (d)

अधिकतम ऊँचाई $= \frac{u^2\sin^2\theta}{2g}$

$= \frac{(9.8)^2\sin^2\theta}{2\times9.8}$

$= 4.9\sin^2\theta$

का अधिकतम मान 4.9m होगा।

50. (a)

$\because R = 4H\frac{1}{\tan\theta}$

$\Rightarrow R = 4H\left(\sqrt{3}\right)$

$\therefore \frac{1}{\tan\theta} = \sqrt{3}$

$\Rightarrow \theta = 30°$

51. (b)

$y = x\tan\theta - \frac{gx^2}{2u^2\cos^2\theta}$, एवं,

प्रश्न के समीकरण की तुलना करने पर,

$\tan\theta = \sqrt{3}$

$\Rightarrow \theta = 60°$

52. (c)

कण जब परास तय कर रहा होगा, तब $y = 0$ होगा।

$\therefore y = 0$, रखने पर,

$\Rightarrow \quad \sqrt{3}\,x = \frac{2gx^2}{u^2}$

$\Rightarrow \quad x = \frac{\sqrt{3}u^2}{2g}$

53. (d)

Y = 100 फुट, $\theta = 45°$, $u_x = 120$, $u_y = 120$ ft/sec.

$v_x = 120$ ft/sec. {x. में वेग समान रहता है।}

$v_y^2 = (120)^2 + 2\times32\times100$

$v_y^2 = (120)^2 + 6400 = 14400 + 6400 = 20800$

$v_y = 10\sqrt{208} = 60\sqrt{6}$

$\therefore v = \sqrt{v_x^2 + v_y^2} = \sqrt{14400 + (3600)6}$

$= 60\times\sqrt{10} = 60\sqrt{10}$ m/s

54. (b)

h = 144ft; u_x = 96 ft/sec. v_x = ?

v_y^2 = $uy^2 + 2 \times 32 \times 400$

⇒ $v_y = 8 \times 20 = 160$ ft/sec.

⇒ $v_x = 96$ ft/sec.

55. (c)

बल = m × a

$= 3 \times \left(\frac{30-20}{1}\right) = 3 \times 10 = 30N$

56. (c)

बल $= m \times \frac{dv}{dt}$

$\Rightarrow dv = \frac{(dt)F}{m} = \frac{20\times10}{2} = 100m/s$

57. (a)

आवेग में परिवर्तन $= \frac{d}{dt}(mv) = m\frac{dv}{dt} = ma$

= बल = 10N

58. (c)

यदि गेंद को ऊपर उछाला गया, तो वह

0 = 2 – 10t

⇒ t = 0.2 sec. पर अपनी अधिकतम ऊँचाई पर होगा।

∴ t = 0.3 से. पर वेग,

⇒ v = 10 × 0.1 = 1m/s (↓) . (+ve)

u = 2m/s (↑) . (–ve)

∴ आवेग परिवर्तन = |m(v – u)|

$= \left|\frac{200}{1000}\times(1-(-2)\right| = \left|\frac{2}{10}\times3\right| = 0.6$ kgm/s.

59. (d)

महसूस किया गया वजन = m (g + a)

= 30 (10 + 10)

= 600N

60. (d)

आदमी की चाल = (3 + 2)m/s = 5m/s

∴ समय = $\frac{\text{दूरी}}{\text{चाल}} = \frac{30}{5}$ = 6sec.

61. (b)

बलाघूर्ण $= \vec{r}\times\vec{F}$

$= (2\hat{i}+5\hat{j})\times(3\hat{i}\times4\hat{j})$

$= \begin{vmatrix}\hat{i} & \hat{j} & \hat{k}\\ 2 & 5 & 0\\ 3 & 4 & 0\end{vmatrix} = |-7\hat{k}|$ = 7 N - m

62. (a)

बलाघूर्ण $= |\vec{r}|\times|\vec{F}|\sin\theta$

$\frac{15}{2} = 3 \times 5 \times \sin\theta$

$\Rightarrow \sin\theta \frac{1}{2}$

$\Rightarrow \theta = 30°$

63. (b)

$\vec{F}$ = परिणामी बल = $\vec{F_1}+\vec{F_2}$

$= 5\hat{i}+7\hat{j}$

$\vec{d}$ = विस्थापन = $2\hat{i}+2\hat{j}$

∴ कार्य = $\vec{F}\,.\,\vec{d}$ = 10 + 14 = 24J

64. (a)

∵ मूल बिन्दु के सापेक्ष बलाघूर्ण = 0

∴ $\sin\theta = 0$

∴ $\vec{F}$ और $\vec{r}$ सामानांतर होने चाहिए।

∴ $3\hat{i}+4\hat{j}+6\hat{k} = \lambda(6\hat{i}+x\hat{j}+12\hat{k})$

∴ $x\lambda = 4$

$\Rightarrow x = \frac{4}{\lambda} = \frac{4}{1/2} = 8$

65. (c)

फर्श पर लगा बल N = 12 (g – 4)

= 12 (10 – 4) = 72N

66. (a)

ΔP = आवेग परिवर्तन = $\frac{10}{1000} \times (1000 - 800)$

$= \frac{10}{1000} \times 200 = 2$ kgm/s.

$\because s = ut + \frac{1}{2}at^2$

$\Rightarrow 100 = 1000\,t + \frac{1}{2} \times \left(\frac{\Delta P}{mt}\right) \times t^2$

$\Rightarrow 100 = 1000\,t + \frac{1}{2} \times \left(\frac{2\times1000}{10}\right) \times t$

$$\Rightarrow \frac{1}{10} = t + \left(\frac{-t}{10}\right)$$

$$\Rightarrow t = \frac{1}{9}$$

$$\therefore F = \frac{\Delta P}{t} = 18N$$

67. (b)

$v = at \{\because u = 0\}$

$$\Rightarrow 400 = \frac{F}{m}\times 4$$

$$\Rightarrow F = 100m$$

$$\Rightarrow m = \frac{F}{100} = \frac{1}{4} = 0.25N$$

68. (a)

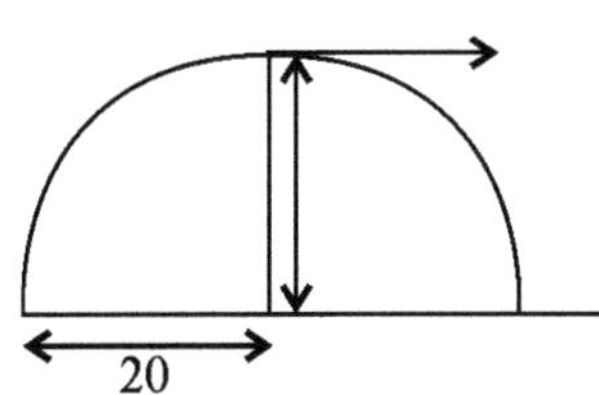

$$\therefore R = 4H \cot\theta$$

$$\Rightarrow 2 \times 20 = 4 \times 12 \times \frac{1}{\tan\theta}$$

$$\Rightarrow \frac{1}{\tan\theta} = \frac{5}{6}$$

$$\Rightarrow \tan\theta = \frac{6}{5}$$

$$\Rightarrow \theta = \tan^{-1}\left(\frac{6}{5}\right)$$

69. (a)

$$e = \frac{\sqrt{2gh_2}}{\sqrt{2gh_1}} = \frac{v_2}{v_1} = \sqrt{\frac{h_2}{h_1}}$$

$$= \sqrt{\frac{36}{64}} = \frac{6}{8} = \frac{3}{4}$$

70. (c)

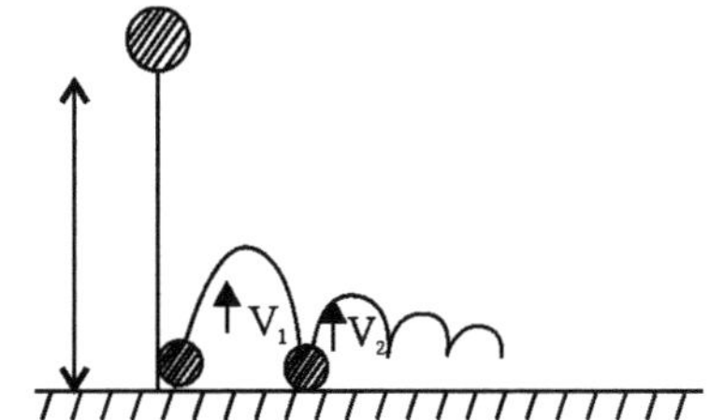

पहली बार नीचे आने में तय की गई दूरी

= 16 फुट

समय $= \sqrt{\frac{2\times16}{32}} = 1$ से.

$v_1 = \frac{\sqrt{2\times32\times16}}{2} \quad \frac{32}{2} = 16$ फीट/सेकंड

∴ अधिकतम ऊँचाई पर (16 फीट/सेकंड) पहुँचने में लगा समय $= \frac{1}{2}$ से.

∴ वापस जमीन पर पहुँचने में लगा समय,

$= \frac{1}{2} \times 2 = 1$ से.

इसी तरह,

$$v_2 = \frac{\sqrt{2\times32\times4}}{2} = \frac{16}{2} = 8\text{ft/s}$$

∴ वापस जमीन पर आने में लगा समय

$$= 2 \times \frac{8}{32} = \frac{1}{4}\times2 = \frac{1}{2}\text{ sec.}$$

इसी प्रकार गेंद ऊपर-नीचे जाती रहेगी, उसके द्वारा तय की गई अधिकतम ऊँचाई एवं जमीन पर लौटने वाला वेग कम होता रहेगा।

माना कि गेंद अनंत उछालों के बाद पूर्णतः रुक जाती है।

$$\therefore t_{Total} = 1 + \left(1 + \frac{1}{2} + \frac{1}{4} + \frac{1}{8}.....\right)$$

$$= 1 + \left(\frac{1}{1-\frac{1}{2}}\right) = 1 + 2 = 3 \text{ से}$$

कलन
Calculus

इस अध्याय के अन्तर्गत हम सांतत्य (continuity) अवकलन (Differentiation), समाकलन (Integration), आदि का अध्ययन करेंगे।

महत्त्वपूर्ण सूत्र एवं परिभाषाएँ

बायीं सीमा (Left-hand limit): यदि चर x, a की ओर बायीं तरफ से अर्थात् लघुतर मानों से अग्रसर होता है तो इसको फलन $f(x)$ की $x = \text{a}$ पर बायीं सीमा कहते हैं।

दायीं सीमा (Right-hand limit): यदि चर x, a की ओर दायीं तरफ से अर्थात् महत्तम मानों से अग्रसर होता है तो इसको फलन $f(x)$ की $x = \text{a}$ पर दायीं सीमा कहते हैं।

फलन के सांतत्य की परिभाषा (Definition of continuity): फलन $f(x)$ बिन्दु a पर संतत कहलाता है यदि किसी स्वेच्छ धनात्मक छोटी-से-छोटी संख्या $\in$ के लिए एक दूसरी धनात्मक संख्या f इस प्रकार ज्ञात की जा सके कि $|f(x) - f(a)| < \in, x$ के उन सभी मानों के लिए जिनके लिए $0 < |x - a| < \delta.$

एक अंतराल में असांत्य (Discontinuity in an interval): एक फलन $f(x)$ किसी अंतराल में असंतत कहलाता है यदि यह फलन इस अंतराल में किसी एक बिन्दु अथवा एक से अधिक बिन्दुओं पर असंतत् हो अर्थात् संतत न हो।

अपनेय असांतत्य (Removable discontinuity): एक फलन $f(x)$ बिन्दु पर $x = a$ पर अपनेय असंतत कहलाता है, यदि

$$\underset{h \to 0}{\text{Lt}}\, f(a+h) = \underset{h \to 0}{\text{Lt}}\, f(a-h) \neq f(a)$$

अर्थात् $f(a+0) = f(a-0) \neq f(a)$

फलनों का फलन या निहित फलन (Functions of a function or composite function): अब हम फलन $y = f\{g(x)\}$ पर विचार करेंगे। यहाँ f, $g(x)$ का एक फलन है, जबकि $g(x)$, x का फलन है। अत: दिया हुआ फलन y फलन का फलन अथवा 'निहित फलन' कहलाता है।

अस्पष्ट फलन (Implicit function): कुछ समीकरण x तथा y में ऐसे भी होते हैं जिनमें x को y से या y को x से आसानी से अलग करना संभव नहीं होता है। ऐसे फलनों को अस्पष्ट फलन कहते हैं।

प्राचलिक समीकरण (Parametric equation): कभी x तथा y के मान किसी तीसरी चल राशि के रूप में दिए रहते हैं। इस तीसरी चल राशि को प्राचल कहा जाता है और x तथा y के इस तरह के समीकरण को प्राचलिक समीकरण कहा जाता है।

लघुगणकीय अवकलन (Logarithmic differentiation): कुछ स्पष्ट फलन जैसे $y = x^x$ और कुछ अस्पष्ट फलन जैसे $x^y = y^x$ इस प्रकार के होते हैं कि उनका अवकलन न तो x^n वाले सूत्र और न ही a^x वाले सूत्र का उपयोग करके किया जा सकता है क्योंकि x^n जैसी अवस्था में घात n को अचल होना चाहिए और a^x वाली अवस्था में आधार a को ही अचल होना चाहिए जबकि x^n या y^n या x^y जैसी अवस्था के आधार और घात दोनों ही चल है।

ऐसी अवस्था में अवकलन करने के पहले लघुगणक लेना पड़ता है, जिससे घात गुणा के रूप में बदल जाती है। (सूत्र $\log_e m^n = n \log_e m$ से) इस प्रकार के अवकलन की विधि को लघुगुणकीय अवकलन कहा जाता है।

फलनों के दो कोटि के अवकलन (Derivatives up to order two): यदि y [अथवा $f(x)$], x का फलन है, तो साधारणतया इसका अवकल गुणांक $\frac{dy}{dx}$ [अथवा $f'(x)$] भी x का एक फलन होता है जिसका x के सापेक्ष अवकलन किया जा सकता है। $\frac{dy}{dx}$ [अथवा $f'(x)$] y का x के सापेक्ष प्रथम अवकलज कहलाता है। तथा $\frac{dy}{dx}$ [अथवा $f'(x)$] का x के सापेक्ष अवकलज y [अथवा $f(x)$] का x के सापेक्ष द्वितीय अवकलज कहलाता है तथा जिसे $\frac{d^2y}{dx^2}$ [अथवा $f''(x)$] द्वारा निरुपित किया जाता है।

रॉले का प्रमेय (Rolle's Theorem): यदि फलन $f(x)$ बंद अतंराल $[a, b]$ में इस प्रकार परिभाषित हो कि (i) $f(x)$ बंद अंतराल $[a, b]$ में संतत हो, (ii) $f'(x)$ खुले अंतराल $]a\, b[$ में अवकलनीय हो अर्थात् $]a, b[$ के प्रत्येक बिन्दु पर $f'(x)$ का अस्तित्व है, तथा (iii) $f(a) = f(b)$ तो अतंराल $]a, b[$ में कम से कम एक बिन्दु c इस प्रकार के है।

लैग्रांजे का मध्यमान प्रमेय (Lagrange's mean value theorem): यदि एक फलन $f(x)$ बंद अंतराल $[a, b]$ में इस प्रकार परिभाषित हो कि (i) $f(x)$ बंद अंतराल $[a, b]$ में संतत है। (i) खुले अंतराल $]a, b[$ में अवकलनीय हो, तो खुले अंतराल $]a, b[$ में एक बिन्दु इस प्रकार का है जिससे कि $f'(c) = \dfrac{f(b) - f(a)}{b - a}$

$\dfrac{dy}{dx}$ का दर मापक रूप $\left(\dfrac{dy}{dx}\text{ as a rate measures}\right)$

: मान लिया कि y एक चल x का फलन है और x, समय t का फलन है। स्पष्ट है कि y भी t का फलन होगा। अब यदि t में अत्यल्प वृद्धि δt होने पर x तथा y में संगत वृद्धि क्रमशः δx तथा δy हो हो, तब $\delta t \to 0$ होने पर $\delta x \to 0$ तथा $\delta y \to 0$ भी होगा।

मूलभूत बिन्दु (Basic Points)

- ❑ $\dfrac{d}{dx}(\text{स्थिर}) = 0$
- ❑ $\dfrac{d}{dx}\{k\,f(x)\} = k\dfrac{d}{dx}\,f(x)$ जहाँ k स्थिरांक है।
- ❑ $\dfrac{d}{dx}(u \pm v) = \dfrac{du}{dx} + \dfrac{dv}{dx}$
- ❑ $\dfrac{d}{dx}(u, v) = u\dfrac{dv}{dx} + v\dfrac{du}{dx}$
- ❑ $\dfrac{d}{dx}\left(\dfrac{u}{v}\right) = \dfrac{v\dfrac{du}{dx} - u\dfrac{dv}{dx}}{v^2}$
- ❑ $\dfrac{d}{dx}|u| = \dfrac{1}{|u|}\dfrac{du}{dx} = (u \neq 0)$
- ❑ $\dfrac{d}{dx}\left(\dfrac{1}{u}\right) = -\dfrac{1}{u^2}\dfrac{du}{dx} = (u \neq 0)$
- ❑ $\dfrac{d}{dx}(x^n) = x^x\,(1 + \log x)$

महत्त्वपूर्ण परिणाम (Important Results)

$$y = x^n, \frac{dy}{dx} = nx^{n-1}$$

$$y = u^n, \frac{dy}{dx} = nu^{n-1}\frac{du}{dx}$$

$$y = e^x, \frac{dy}{dx} = e^x$$

$$y = \log x, \frac{dy}{dx} = \frac{1}{x}$$

$$y = a^x, \frac{dy}{dx} = a^n \log_e a$$

$$y = \sin x, \frac{dy}{dx} = \cos x$$

$$y = \cos x, \frac{dy}{dx} = -\sin x$$

$$y = \tan x, \frac{dy}{dx} = \sec^2 x$$

$$y = \cot x, \frac{dy}{dx} = -\operatorname{cosec}^2 x$$

$$y = \sec x, \frac{dy}{dx} = \sec x \cdot \tan x$$

$$y = \operatorname{cosec} x, \frac{dy}{dx} = -\operatorname{cosec} x \cdot \cot x$$

$$y = \sin^{-1} x, \frac{dy}{dx} = \frac{1}{\sqrt{1 - x^2}}$$

$$y = \cos^{-1} x, \frac{dy}{dx} = -\frac{1}{\sqrt{1 - x^2}}$$

$$y = \tan^{-1} x, \frac{dy}{dx} = \frac{1}{1 + x^2}$$

$$y = \cot^{-1} x, \frac{dy}{dx} = -\frac{1}{1 + x^2}$$

$$y = \sec^{-1} x, \frac{dy}{dx} = \frac{1}{x\sqrt{x^2 - 1}}$$

$$y = \operatorname{cosec}^{-1} x, \frac{dy}{dx} = \frac{-1}{x\sqrt{x^2 - 1}}$$

महत्त्वपूर्ण सीमायें (Important Limits)

$$\lim_{x\to\infty}\left(1+\frac{y}{x}\right)^{x}=e^{y}$$

$$\lim_{x\to 0}(1+yx)^{1/x}=e^{y}$$

$$\lim_{x\to 0}\frac{\sin x}{x}=1 \qquad [\text{where } x=\theta]$$

$$\lim_{x\to 0}\frac{\tan x}{x}=1 \qquad [\therefore x=\theta]$$

$$\lim_{x\to a}\frac{x^{n}-a^{n}}{x-a}=na^{n-1}, n\neq 1$$

$$\lim_{x\to 0}\frac{\log_{e}(1+x)}{x}=1$$

$$\lim_{x\to 0}\frac{a^{x}-1}{x}=\log_{e}a \quad (a>0)$$

$$\lim_{x\to 0}\frac{e^{x}-1}{x}=1$$

$$\lim_{x\to\infty}\frac{\log x}{x^{m}}=0 \quad (m>0)$$

$$\lim_{x\to a}\{f(x)^{g(x)}=e^{\lim\limits_{x\to 0}\{f(x)-1\}g(x)}$$

as $g(x)\to\infty, f(x)\to 1 \;\; x\to$ a के लिए

अनिश्चित समाकलन (Indefinite Integral): $f(x)$ के अनुकलन का एक निश्चित या अद्वितीय मान न होकर भिन्न-भिन्न मान भी हो सकते हैं परन्तु उन सभी में भिन्नता केवल एक अचल की होता है। इस कारण भी हम इसे अनिश्चित अनुकलन कहते हैं।

अत: व्यापक रूप में $\int F(x)\,dx=f(x)+c$ लिखा जाता है।

इस c को अनुकलन का अचल कहा जाता है।

वास्तविक भिन्न (Proper Fraction): जिस भिन्न के अंश का घात हर के घात से अधिक या बराबर हो, तो वह भिन्न वास्तविक भिन्न कहलाती है।

अवास्तविक भिन्न (Improper Fraction): जिस भिन्न के अंश का घात हर के घात से अधिक या बराबर हो, तो वह भिन्न अवास्तविक भिन्न कहलाती है।

निश्चित अनुकलन (Definite Integral): जब किसी फलन का अनुकलन, किन्हीं दो निश्चित सीमाओं के बीच ज्ञात किया जाता है, तो उसे निश्चित अनुकलन (समाकलन) कहा जाता है। $x=a$ और $x=b$ के बीच फलन $f(x)$ के निश्चित अनुकलन को निम्न प्रकार से प्रदर्शित किया जाता है:

$$\int_{a}^{b} f(x)\,dx$$

महत्वपूर्ण सूत्र (Important Formulae)

- ❑ $\int \text{O}\cdot dx=c$ (cosnstant)
- ❑ $\int \frac{dx}{x}=\log_{e}|x|+c$
- ❑ $\int x^{n}dx=\frac{x^{n+1}}{n+1}+c$ अगर $n\neq -1$
- ❑ $\int e^{x}dx=e^{x}+c$
- ❑ $\int a^{x}\,dx=\frac{a^{x}}{\log_{e}|a|}+c$
- ❑ $\int \sin x\,dx=-\cos x+c$
- ❑ $\int \cos x\,dx=\sec x+c$
- ❑ $\int \sec^{2}x\,dx=\tan x+c$
- ❑ $\int \text{cosec}^{2}x\,dx=-\cot x+c$
- ❑ $\int \sec x\tan x\,dx=\sec x+c$
- ❑ $\int \text{cosec}\,x\cot x\,dx=-\text{cosec}\,x+c$
- ❑ $\int \cot x\,dx=\log|\sin x|+c$
- ❑ $\int \tan x\,dx=\log|\sec x|+c$
- ❑ $\int \sec x\,dx=\log|\sec x+\tan x|+c$

  $$=\log\left(\tan\frac{\pi}{4}+\frac{\pi}{2}\right)+c$$
- ❑ $\int \text{cosec}\,x\,dx=\log|\text{cosec}\,x-\cot x|+c$

  $$=\log\left(\tan\frac{x}{2}\right)+c$$
- ❑ $\int \frac{dx}{\sqrt{a^{2}-x^{2}}}=\sin^{-1}\left(\frac{x}{a}\right)+c$

  $$=-\cos^{-1}\left(\frac{x}{a}\right)+c, |x|<|a|$$

- ❑ $\int \frac{dx}{x^2+a^2} = \frac{1}{a}\tan^{-1}\left(\frac{x}{a}\right) + c = -\frac{1}{a}\cot^{-1}\left(\frac{x}{a}\right) + c$
- ❑ $\int \frac{dx}{x\sqrt{x^2-a^2}} = \frac{1}{a}\sec^{-1}\left(\frac{x}{a}\right) + c$

  $= -\frac{1}{a}\operatorname{cosec}^{-1}\left(\frac{x}{a}\right) + c, |x| > |a|$
- ❑ $\int \frac{dx}{x^2-a^2} = -\frac{1}{a}\cot h^{-1}\left(\frac{x}{a}\right) + c$

  $= \frac{1}{2a}\log\left|\frac{x-a}{x+a}\right| + c, |x| > |a|$
- ❑ $\int \frac{dx}{a^2-x^2} = \frac{1}{a}\tan h^{-1}\left(\frac{x}{a}\right) + c$

  $= \frac{1}{2a}\log\left|\frac{a+x}{a-x}\right| + c, |x| < |a|$
- ❑ $\int \frac{dx}{\sqrt{x^2-a^2}} = \log\left|x+\sqrt{x^2-a^2}\right| + c$

  $= \cos h^{-1}\left(\frac{x}{a}\right) + c, |x| < |a|$
- ❑ $\int \frac{dx}{\sqrt{x^2+a^2}} = \sin h^{-1}\left(\frac{x}{a}\right) + c$

  $= \log\left|x+\sqrt{x^2+a^2}\right| + c$
- ❑ $\int \sqrt{x^2+a^2}\, dx = \frac{x\sqrt{x^2+a^2}}{2}$

  $+ \frac{a^2}{2}\log\left|x+\sqrt{x^2+a^2}\right| + c$

  $= \frac{x\sqrt{x^2-a^2}}{2} + \frac{a^2}{2}\sin h^{-1}\left(\frac{x}{a}\right) + c$
- ❑ $\int \sqrt{x^2-a^2}\, dx = \frac{x\sqrt{x^2-a^2}}{2}$

  $- \frac{a^2}{2}\log\left|x+\sqrt{x^2-a^2}\right| + c$

  $= \frac{x\sqrt{x^2-a^2}}{2} - \frac{a^2}{2}\cos h^{-1}\left(\frac{x}{a}\right) + c$
- ❑ $\int \sqrt{a^2-x^2}\, dx = \frac{x}{2}\sqrt{a^2-x^2} + \frac{a^2}{2}\sin^{-1}\frac{x}{a} + c$
- ❑ $\int \frac{dx}{x\sqrt{x^2+a^2}} = -\operatorname{cosec} h^{-1}\frac{x}{a} + c$
- ❑ $\int [f(x)]^n f'(x)dx = \frac{[f(x)]^{n+1}}{n+1} + c, n \neq -1$
- ❑ $\int \frac{f'(x)}{f(x)}dx = \log|f(x)| + c$
- ❑ $\int a^{f(x)}\, f'(x)\, dx = \frac{a^{f(x)}}{\log a} + c, a > 0$
- ❑ $\int e^{f(x)}\, f'(x)\, dx = e^{f(x)} + c$

उदाहरण (Examples)

1. $\lim_{x\to\infty} \frac{1}{1.3} + \frac{1}{3.5} + \frac{1}{5.7} + \frac{1}{7.9} + \cdots\cdots + \frac{1}{(2n-1)(2n+1)}$

   का मान क्या होगा?

   $\lim_{x\to\infty} \frac{1}{2}\left[\left(1-\frac{1}{3}\right) + \left(\frac{1}{3}-\frac{1}{5}\right) + \left(\frac{1}{5}-\frac{1}{7}\right) + \cdots\cdots + \left(\frac{1}{(2n-1)} - \frac{1}{(2n+1)}\right)\right]$

   $\lim_{x\to\infty} \frac{1}{2}\left[1-\frac{1}{2n+1}\right] = \frac{1}{2}$

2. $\lim_{x\to\infty}\left(\frac{3x-4}{3x+2}\right)^{\frac{x+1}{3}}$ का मान क्या होगा?

   $\lim_{x\to\infty}\left(\frac{3x-4}{3x+2}\right)^{\frac{x+1}{3}}$

   $= \lim_{x\to\infty}\left(\frac{3x+2-6}{3x+2}\right)^{\frac{x+1}{3}}$

   $= \lim_{x\to\infty}\left(1-\frac{6}{3x+2}\right)^{\frac{x+1}{3}}$

   $= \lim_{x\to\infty}\left[\left(1-\frac{6}{3x+2}\right)^{\frac{3x+2}{-6}}\right]^{\frac{-6}{3x+2}\cdot\frac{x+1}{3}}$

   $= \lim_{x\to\infty}\frac{-2(x+1)}{3x+2} = e^{-2/3}\left\{\lim_{x\to\infty}\frac{-2(x+1)}{3x+2} = \frac{-2}{3}\right\}$

3. अगर $f(x)=\cot^{-1}\left(\dfrac{3x-x^3}{1-3x^2}\right)$ और

$g(x)=\cos^{-1}\left(\dfrac{1-x^2}{1+x^2}\right)$ तब

$\lim\limits_{x\to a}\dfrac{f(x)-f(a)}{g(x)-g(a)}, 0<a<\dfrac{1}{2}$ का मान है:

$f(x)=\cot^{-1}\left(\dfrac{3x-x^3}{1-3x^2}\right)$ और

$g(x)=\cos^{-1}\left(\dfrac{1-x^2}{1+x^2}\right)$

$x=\tan\theta$ रखने पर

$$f(\theta)=\cot^{-1}\left(\frac{3\tan\theta-\tan^3\theta}{1-3\tan^2\theta}\right)$$

$$=\cot^{-1}(\tan 3\theta)$$

$$f(\theta)=\cot^{-1}\cot\left(\frac{\pi}{2}-3\theta\right)=\frac{\pi}{2}-3\theta$$

$$f'(\theta)=-3$$

और $g(\theta)=\cos^{-1}\left(\dfrac{1-\tan^2\theta}{1+\tan^2\theta}\right)$

$$=\cos^{-1}(\cos 2\theta)=2\theta$$

$$g'(\theta)=2$$

अब

$$\lim_{x\to a}\left(\frac{f(x)-f(a)}{g(x)-g(a)}\right)=\lim_{x\to a}\left(\frac{f(x)-f(a)}{x-a}\right)$$

$$\times\frac{1}{\lim\limits_{x\to a}\left(\dfrac{g(x)-g(a)}{x-a}\right)}$$

$$=f'(x)\cdot\frac{1}{g'(x)}$$

$$=-3\times\frac{1}{2}=\frac{-3}{2}$$

4. अगर $x=\dfrac{2t}{1+t^2}, y=\dfrac{1-t^2}{1+t^2}$ तब $\dfrac{dy}{dx}=?$

$x=\dfrac{2t}{1+t^2}, y=\dfrac{1-t^2}{1+t^2}$

$t=\tan\theta$ रखने पर

$$x=\frac{2\tan\theta}{1+\tan^2\theta}=\sin 2\theta$$

$$y=\frac{1-\tan^2\theta}{1+\tan^2\theta}=\cos 2\theta$$

$$\frac{dy}{dx}=\frac{dy/d\theta}{dx/d\theta}=\frac{-2\sin 2\theta}{2\cos 2\theta}$$

$$=-\tan 2\theta$$

$$=\frac{-2\tan\theta}{1-\tan^2\theta}=\frac{-2t}{1-t^2}$$

$$=\frac{2t}{t^2-1}$$

5. अगर $2^x+2^y=2^{x+y}$ तब $\dfrac{dy}{dx}$ at $x=y=1$ का मान क्या होगा?

$2^x+2^y=2^{x+y}$ दिया है।

x के सापेक्ष अवकलन करने पर, हम पाते हैं।

$$2^x(\log 2)+2^y(\log 2)\frac{dy}{dx}=2^{(x\ \ y)}(\log 2)\left[1+\frac{dy}{dx}\right]$$

$$=2^x+2^y\frac{dy}{dx}=2^{x+y}+2^{x+y}\left[\frac{dy}{dx}\right]$$

$$=\frac{dy}{dx}(2^y-2^{x+y})=2^{x+y}-2^x$$

$$\frac{dy}{dx}=\frac{2^{x+y}-2^x}{2^y-2^{x+y}}$$

$$\left[\frac{dy}{dx}\right]_{x=y=1}=\frac{2^2-2}{2-2^2}=\frac{2}{-2}=-1$$

6. यदि $\sqrt{1-x^2}+\sqrt{1-y^2}=a(x-y)$ तब $\dfrac{dy}{dx}=?$

$x=\sin\theta$ और $y=\sin\phi$ रखने पर

$$\therefore \cos\theta+\cos\phi=a(\sin\theta-\sin\phi)$$

$$2\cos\left(\frac{\theta+\phi}{2}\right)\cos\left(\frac{\theta-\phi}{2}\right)$$

$$=a\left\{2\cos\left(\frac{\theta+\phi}{2}\right)\sin\left(\frac{\theta-\phi}{2}\right)\right\}$$

$$\frac{\theta-\phi}{2}=\cot^{-1}\alpha$$

$$\theta - \phi = 2\cot^{-1}\alpha$$

$$\sin^{-1}x - \sin^{-1}y = 2\cot^{-1}\alpha$$

$$\frac{1}{\sqrt{1-x^2}} - \frac{1}{\sqrt{1-y^2}}\frac{dy}{dx} = 0$$

$$\frac{dy}{dx} = \sqrt{\frac{1-y^2}{1-x^2}}$$

7. माना $f(x) = \int \frac{x^2 dx}{(1+x^2)(1+\sqrt{1+x^2})}$ और f (0) तब $f(1)$ का मान क्या होगा?

$$f(x) = \int \frac{x^2 dx}{(1+x^2)(1+\sqrt{1+x^2})}$$

$x = \tan\theta$ रखने पर

$$dx = \sec^2\theta\, d\theta$$

$$= (1+x^2)\, d\theta$$

$$f(x) = \int \frac{\tan^2\theta \cos^2\theta\, d\theta}{\tan^2\theta\,(1+\cos\theta)}$$

$$f(x) = \int \frac{1-\cos^2\theta\, d\theta}{\cos\theta\,(1+\cos\theta)} = \int \sec\theta\, d\theta - \int d\theta$$

$$= \log(\sec\theta + \tan\theta) - \theta + c$$

$$= \log(x + \sqrt{1+x^2}) - \tan^{-1}x + c$$

$$f(0) = \log(0 + \sqrt{1+0}) - \tan^{-1}(0) + c$$

और $f(1) = \log(1+\sqrt{2}) - \frac{\pi}{4}$

8. $\int \frac{(\sin\theta + \cos\theta)}{\sqrt{\sin 2\theta}}\, d\theta$ का मान बराबर होगा

माना $I = \int \frac{\sin\theta + \cos\theta}{\sqrt{1-(1-2\sin\theta\cos\theta)}}\, d\theta$

$$= \int \frac{\sin\theta + \cos\theta}{\sqrt{1-(\sin\theta - \cos\theta)^2}}\, d\theta$$

$\sin\theta - \cos\theta = t$ रखने पर

$$= (\cos\theta + \sin\theta)\, d\theta = dt$$

$$I = \int \frac{dt}{\sqrt{1-t^2}} = \sin^{-1}(t) + c$$

$$= \sin^{-1}(\sin\theta - \cos\theta) + c$$

9. $\int \cos^{-3/7} \times \sin^{-11/7} x\, dx = ?$

यहाँ $m + n = \frac{-3}{7} + \left(\frac{-11}{7}\right) = -2$

$$I = \int \cos^{-3/7} x\,(\sin^{(-2+3/7)})x\, dx$$

$$= \int \cos^{-3/7} x \sin^{-2} x \sin^{3/7} x\, dx$$

$$= \int \frac{\operatorname{cosec}^2 x}{\left(\frac{\cos^{3/7} x}{\sin^{3/7} x}\right)}\, dx$$

$$= \int \frac{\operatorname{cosec}^2 x}{\cot^2 x}\, dx$$

$\cot x = t$ रखने पर

$$-\operatorname{cosec}^2 x\, dx = dt$$

$$I = -\int \frac{dt}{t^{3/7}} = \frac{-7}{4} t^{4/7} + c$$

$$= -\frac{7}{4}\tan^{-4/7} x + c$$

10. $\int [\sin(\log x) + \cos(\log x)]\, dx$ किसके बराबर होगा?

$$\int \sin(\log x)\, dx + \int \cos(\log x)\, dx$$

$$= x\sin(\log x) + c$$

अभ्यास प्रश्न (Practice Questions)

1. $\lim_{x\to 0}\frac{\sin 2x}{x}=?$
   (a) 0 (b) 1
   (c) $\frac{1}{2}$ (d) 2

2. $\lim_{x\to 0}\frac{1-\cos 2x}{x}=?$
   (a) 0 (b) 1
   (c) 2 (d) 4

3. $\lim_{x\to 0}\frac{x}{\tan x}=?$
   (a) 1 (b) 0
   (c) 4 (d) अपरिभाषित

4. $\lim_{x\to 0}\frac{\sin x^\circ}{x}=?$
   (a) π (b) 1
   (c) x (d) $\frac{\pi}{180}$

5. $\lim_{x\to a}\frac{x^n-a^n}{x-a}=?$
   (a) na^{n-1} (b) na
   (c) 1 (d) na^n

6. $\lim_{x\to 1}\frac{x+x^2+x^3+......+x^n-n}{x-1}=5050$ तो n = ?
   (a) 100 (b) 10
   (c) 150 (d) इनमें से कोई नहीं

7. $\lim_{x\to 0}\frac{\sqrt{1+x}-1}{x}=?$
   (a) $\frac{1}{2}$ (b) 2
   (c) 1 (d) 0

8. $\lim_{x\to 0}\frac{\sqrt{1+x^4}+(1+x^2)}{x^2}=?$
   (a) –1 (b) 2
   (c) 1 (d) इनमें से कोई नहीं

9. $\lim_{x\to\infty}\frac{n!}{(n+1)!\,n!}=?$
   (a) $\frac{1}{2}$ (b) 0
   (c) 2 (d) 1

10. $\lim_{x\to\frac{\pi}{2}}(\sec x-\tan x)=?$
    (a) 0 (b) 1
    (c) –1 (d) 2

11. $\lim_{\theta\to 0}\frac{\sin 4\theta}{\tan 3\theta}=?$
    (a) $\frac{4}{3}$ (b) 1
    (c) $\frac{3}{4}$ (d) इनमें से कोई नहीं

12. $\lim_{x\to 0}\frac{\tan 2x-\sin 2x}{x^3}=?$
    (a) 4 (b) 2
    (c) 1 (d) 3

13. $\lim_{x\to 0}\frac{\sin ax+bx}{ax+\sin bx}=?$
    (a) a (b) 1
    (c) b (d) $\frac{a}{b}$

14. $\lim_{\theta\to 0}\frac{1-\cos 4\theta}{1-\cos 6\theta}=?$
    (a) 4 (b) $\frac{4}{9}$
    (c) 6 (d) 1

15. $\lim_{x\to 4}\frac{x^3-64}{x^2-16}=?$
    (a) 6 (b) 8
    (c) 4 (d) 3

16. $\lim_{x\to -1}\frac{x^3+1}{x+1}=?$
    (a) 3 (b) –1
    (c) 1 (d) इनमें से कोई नहीं

17. $\lim_{x\to 0}\frac{\sqrt{1+x}-\sqrt{1-x}}{2x}=?$
    (a) $\frac{1}{2}$ (b) 1
    (c) 2 (d) इनमें से कोई नहीं

18. $\lim_{x\to 5}\frac{x-5}{\sqrt{6x-5}-\sqrt{4x+5}}=?$
    (a) 1 (b) $\frac{1}{2}$
    (c) 5 (d) इनमें से कोई नहीं

19. $\lim_{x\to -1} \frac{x^2-\sqrt{x}}{\sqrt{x}-1} = ?$

(a) 1 (b) 3

(c) 2 (d) –1

20. $\sec(\tan^{-1}x)$ का अवकल गुणांक है-

(a) $\frac{1}{\sqrt{1+x^2}}$ (b) $\frac{x}{\sqrt{1+x^2}}$

(c) $\frac{x}{1+x^2}$ (d) $x\sqrt{1+x^2}$

21. यदि $x^y = e^{x-y}$ तो $\frac{dy}{dx} = ?$

(a) $\frac{1+x}{1+\log x}$ (b) $\frac{1-\log x}{1+\log x}$

(c) $\frac{\log x}{(1+\log x)^2}$ (d) अपरिभाषित

22. यदि $\sin(x+y) = \log(x+y)$ तो $\frac{dy}{dx} = ?$

(a) 2 (b) 1

(c) –2 (d) –1

23. यदि $y = \sqrt{\sin x + y}$ तो $\frac{dy}{dx} = ?$

(a) $\frac{\sin x}{2y-1}$ (b) $\frac{\sin x}{1-2y}$

(c) $\frac{\cos x}{1-2y}$ (d) $\frac{\cos x}{2y-1}$

24. यदि $y = \sin^{-1}\left(\frac{1-x^2}{1+x^2}\right)$ तो $\frac{dy}{dx} = ?$

(a) $\frac{2}{1+x^2}$ (b) $\frac{2}{2-x^2}$

(c) $\frac{1}{2-x^2}$ (d) $\frac{-2}{1+x^2}$

25. $\cos^{-1}(2x^2-1)$ को $\cos^{-1}x$ के सापेक्ष अवकलित करने पर क्या होगा?

(a) $\frac{2}{x}$ (b) $1-x^2$

(c) $\frac{1}{2\sqrt{1-x^2}}$ (d) 2

26. यदि $y = \log\sqrt{\tan x}$ तो $x = \frac{\pi}{4}$ पर $\frac{dy}{dx} = ?$

(a) 1 (b) ∞

(c) 0 (d) $\frac{1}{2}$

27. यदि $y = \tan^{-1}\left(\frac{\sin x + \cos x}{\cos x - \sin x}\right)$ तो $\frac{dy}{dx}$ का मान क्या होगा?

(a) $\frac{1}{2}$ (b) 0

(c) 1 (d) इनमें से कोई नहीं

28. यदि $\sin y = x\sin(a+y)$ तो $\frac{dy}{dx} = ?$

(a) $\frac{\sin^2(a+y)}{\sin a}$ (b) $\sin a \sin^2(a+y)$

(c) $\frac{\sin^2(a-y)}{\sin a}1$ (d) $\frac{\sin a}{\sin a \sin^2(a+y)}$

29. $y = \sqrt{\sin x + y}$ तो $\frac{dy}{dx} = ?$

(a) $\frac{\cos x}{2y-1}$ (b) $\frac{\cos x}{1-2y}$

(c) $\frac{\sin x}{1-2y}$ (d) $\frac{\sin x}{2y-1}$

30. यदि $y = \log\left(\frac{1-x^2}{1+x^2}\right)$ तो $\frac{dy}{dx} = ?$

(a) $\frac{4x^3}{1-x^4}$ (b) $-\frac{4x}{1-x^4}$

(c) $\frac{1}{4-x^4}$ (d) $\frac{4x^3}{1+x^4}$

31. यदि $x = at^2$ तथा $y = 2at$ तो $\frac{d^2h}{dx^2} = ?$

(a) $-\frac{1}{t^2}$ (b) $\frac{1}{2at^3}$

(c) $-\frac{1}{t^3}$ (d) $-\frac{1}{2at^3}$

32. यदि $y = a + bx^2$, जहाँ a और b अचर हैं, तो

(a) $\frac{d^2y}{dx^2} = 2xy$ (b) $x\frac{d^2y}{dx^2} = y_1$

(c) $x\frac{d^2y}{dx^2} - \frac{dy}{dx} + y = 0$ (d) $x\frac{d^2y}{dx^2} = 2xy$

33. यदि $y = a\sin mx + b\cos mx$ तो $\frac{d^2y}{dx^2} = ?$

(a) $-m^2y$ (b) m^2y

(c) $-my$ (d) my

34. यदि $y = e^{\tan x}$ तो $(\cos^2 x)\, y_2 = ?$

(a) $(1-\sin 2x)\, y_1$ (b) $-(1-\sin 2x)\, y_1$

(c) $(1+\sin 2x)\, y_1$ (d) इनमें से कोई नहीं

35. यदि $y = x^{n-1}\log x$, तो $x^2y_2 + (3-2n)\,xy_2 = ?$

(a) $-(n-1)^2y$ (b) $(n-1)^2y$

(c) $-n^2y$ (d) n^2y

36. यदि $y^2 = ax^2 + bx + c$ तो $y_3 \dfrac{d^2y}{dx^2} = ?$

(a) एक अचर (b) केवल x का फलन

(c) केवल y का फलन (d) x और y का फलन

37. $\int \tan^2 x\, dx = ?$

(a) $\tan x - x$ (b) $\sec x$

(c) $\sec x - x$ (d) $\cot x - x$

38. $\int \dfrac{dx}{\sin^2 x \cos^2 x}$ का मान क्या होगा?

(a) $\tan x - \cot x$ (b) $\cot x - \tan x$

(c) $\sec x + \tan x$ (d) $\sec x - \tan x$

39. $\int \sqrt{1+\cos 2x}\, dx$ का मान क्या होगा?

(a) $\sqrt{2}\sin x$ (b) $\sqrt{2}\cos x$

(c) $\sqrt{\tan x}$ (d) $\sqrt{2}\tan x$

40. $\int \sqrt{1+\sin 2x}\, dx = ?$ का मान क्या होगा?

(a) $\sqrt{2}\sin x$ (b) $\sqrt{2}\cos x$

(c) $\sqrt{\tan x}$ (d) $\sqrt{2}\tan x$

41. $\int \tan x\, dx$ का मान क्या होगा?

(a) $-\log \tan x$ (b) $-\log \sin x$

(c) $\log |\sec x|$ (d) $\log |\operatorname{cosec} x|$

42. $\int \dfrac{dx}{x \log x} = ?$

(a) $\log |\log x|$ (b) $(\log x)^2$

(c) $\log x$ (d) $\dfrac{1}{\log x}$

43. $\int \dfrac{1+\cot x}{x+\log \sin x} dx = ?$

(a) $x + \log \sin x$ (b) $\dfrac{1}{x+\log \sin x}$

(c) $\log |x + \log \sin x|$ (d) इनमें से कोई नहीं

44. $\int \dfrac{\sin 2x}{a^2 + b^2 \sin^2 x} dx = ?$

(a) $\dfrac{1}{b^2}\log |a^2 + b^2 \sin^2 x|$ (b) $\dfrac{1}{a^2 + b^2 \sin^2 x}$

(c) $\log (a^2 + b^2\sin^2 x)$ (d) $\log \sin 2x$

45. $\int \dfrac{\tan x}{\sec x + \cos x} dx = ?$

(a) $\log |x + \cos^2 x|$ (b) $x + \cos^2 x$

(c) $1 + 2\sin x$ (d) $1 + 2\cos x$

46. $\int \dfrac{\tan x}{\sec x + \cos x} dx = ?$

(a) $-\tan^{-1} x$ (b) $-\tan^{-1}(\cos x)$

(c) $x + \log \cos x$ (d) $\log \cos x$

47. $\int \dfrac{e^{m \tan^{-1} x}}{1+x^2} dx = ?$

(a) $\log (1 + x^2)$ (b) $\dfrac{e^{m \tan^{-1} x}}{m}$

(c) $e^{m \tan^{-1} x}$ (d) $\tan^{-1} x$

48. $\int \cos 4x \cos x\, dx = ?$

(a) $\dfrac{\sin 5x}{10} + \dfrac{\sin 3x}{6}$ (b) $\sin 4x \sin x$

(c) $\sec 4x$ (d) $\dfrac{\cos 5x}{10} + \dfrac{\cos 3x}{6}$

49. $\int \sin^3 x \cos x\, dx$

(a) $\dfrac{\sin^4 x}{4}$ (b) $\dfrac{\cos^4 x}{4}$

(c) $\sin^3 x$ (d) $\cos^3 x$

50. $\int \log x\, dx$

(a) $x (\log x - 1)$ (b) $x \log x$

(c) $(\log x)^2$ (d) $\log x$

51. $\int e^x (\tan x + \log \sec x)\, dx = ?$

(a) $e^x \tan x$ (b) $e^x \log \sec x$

(c) $\log \sec x$ (d) $e^x (\tan x)^2$

52. $\int e^x \dfrac{(1+\sin x)}{1+\cos x} dx = ?$

(a) $e^x \tan \dfrac{x}{2}$ (b) $e^x (1 + \sin x)$

(c) $\dfrac{e^x}{1+\cos x}$ (d) $e^x (1 + \cos x)$

53. $\int e^x \dfrac{x}{(1+x)^2} dx = ?$

(a) $\dfrac{e^x}{(1+x)^2}$ (b) $\dfrac{e^x}{1+x}$

(c) $e^x (1 + x)$ (d) $e^x (1 + x)^2$

54. $\int \frac{dx}{\sqrt{a^2-x^2}} = ?$

(a) $\sin^{-1}\frac{x}{a}$ (b) $\cos^{-1}\frac{x}{a}$

(c) $\frac{1}{\sqrt{a^2-x^2}}1$ (d) $\sqrt{a^2-x^2}$

55. $\int \frac{\cos x}{\sqrt{4-\sin^2 x}}dx = ?$

(a) $\log\sqrt{4-\sin^2 x}$ (b) $\sin^{-1}\left(\frac{\sin x}{2}\right)$

(c) $\cos^{-1}\left(\frac{\cos x}{2}\right)$ (d) $\frac{1}{\sqrt{4-\sin^2 x}}$

56. $\int_0^{\pi} \sin 5x\, dx = ?$

(a) $\frac{1}{5}$ (b) $\frac{2}{5}$

(c) 1 (d) 0

57. $\int_0^{\pi/4} \tan^2 x\, dx = ?$

(a) $1-\frac{\pi}{4}$ (b) $\frac{\pi}{4}$

(c) 1 (d) $\frac{1}{2}$

58. $\int_0^{\pi/4} \sqrt{1+\sin 2x}\, dx$

(a) 1 (b) $\frac{1}{2}$

(c) 0 (d) 2

59. $\int_2^4 5\, dx = ?$

(a) 5 (b) 10

(c) 4 (d) 2

60. $\int_0^{\pi/2} \sin x \sin 2x\ dx = ?$

(a) $\frac{2}{3}$ (b) $\frac{3}{2}$

(c) 1 (d) 2

61. $\int_{-\pi/2}^{\pi/2} \sin^7 x\, dx = ?$

(a) 1 (b) 0

(c) 2 (d) $\frac{1}{2}$

62. $\int_{-1}^{2} |x|\, dx = ?$

(a) $\frac{2}{5}$ (b) $\frac{5}{2}$

(c) 1 (d) 2

63. $\int_{-\pi/2}^{\pi/2} |\sin x|\, dx = ?$

(a) 1 (b) 2

(c) 0 (d) –1

64. $\int_0^{2\pi} |\sin x|\, dx = ?$

(a) 2 (b) 3

(c) 4 (d) 1

65. $\int \frac{dx}{\sqrt{9-25x^2}} = ?$

(a) $\frac{1}{5}\sin^{-1}\left(\frac{5x}{3}\right)$ (b) $\frac{1}{3}\sin^{-1}\frac{3x}{5}$

(c) $\sin^{-1}\frac{3x}{5}$ (d) $\sin^{-1}\frac{5x}{3}$

66. $\int \frac{\log x}{x}dx = ?$

(a) $\frac{1}{2}(\log x)^2 + C$ (b) $(\log x)^2$

(c) $\frac{1}{2}\log x$ (d) $\frac{1}{\log x}$

67. $\int \frac{dx}{\sin 5x}$

(a) $\frac{\log|\operatorname{cosec} x - \cot x|}{5} + C$

(b) $\frac{\log|\operatorname{cosec} 5x - \cot 5x|}{5} + C$

(c) $\log|\operatorname{cosec} x - \cot x|$

(d) $\frac{-\cos 5x}{5} + C$

68. $\int \frac{dx}{\sqrt{x^2+4}}$

(a) $ln\left\{\left|x+\sqrt{x^2+4}\right|\right\}+C$

(b) $\frac{1}{2}ln\left\{\left|x+\sqrt{x^2+4}\right|\right\}+C$

(c) $2\,ln\left\{\left|x+\sqrt{x^2+4}\right|\right\}+C$

(d) इनमें से कोई नहीं

69. यदि, $y = \log\left(\frac{2x}{1+x^2}\right)$ तो $\frac{dy}{dx} = ?$

(a) $\frac{4x}{1-x^4}$ (b) $\frac{1}{4-x^4}$

(c) $\frac{4x^3}{1-x^4}$ (d) $\frac{1-x^2}{x(1+x^2)}$

उत्तरमाला (Answer Key)

1. (b)	2. (a)	3. (a)	4. (d)	5. (a)	6. (a)	7. (a)	8. (b)	9. (b)	10. (a)
11. (a)	12. (a)	13. (b)	14. (b)	15. (a)	16. (a)	17. (a)	18. (c)	19. (d)	20. (b)
21. (c)	22. (d)	23. (d)	24. (d)	25. (d)	26. (a)	27. (c)	28. (a)	29. (a)	30. (b)
31. (d)	32. (b)	33. (a)	34. (d)	35. (a)	36. (a)	37. (a)	38. (a)	39. (a)	40. (c)
41. (c)	42. (a)	43. (c)	44. (a)	45. (a)	46. (c)	47. (b)	48. (a)	49. (a)	50. (a)
51. (b)	52. (a)	53. (b)	54. (a)	55. (b)	56. (b)	57. (a)	58. (a)	59. (b)	60. (c)
61. (b)	62. (b)	63. (b)	64. (c)	65. (a)	66. (a)	67. (b)	68. (b)	69. (d)	

हल (Solutions)

1. (b)

$$\lim_{x\to 0}\frac{\sin x}{x}=\lim_{x\to 0}\left(\frac{\sin 2x}{2x}\right)2=2$$

$$\left\{\lim_{x\to 0}\frac{\sin 2x}{2x}=1\right\}$$

2. (a)

$$\lim_{x\to 0}\frac{1-\cos 2x}{x}=\lim_{x\to 0}\frac{2\sin^2 x}{x}=0$$

3. (a)

$$\lim_{x\to 0}\frac{x}{\tan x}=1\ \{\because x\to 0, \tan x\to 0\}$$

4. (d)

$$\lim_{x\to 0}\frac{\sin x^\circ}{x}=\lim_{x\to 0}\frac{\sin\frac{\pi x}{180}}{x}$$

$$\left\{\because x^\circ=\frac{\pi x}{180}\text{ रेडियन}\right\}$$

$$=\lim_{x\to 0}\frac{\sin\frac{\pi x}{180}}{\frac{\pi x}{180}\times\frac{180}{\pi}}=\lim_{x\to 0}\frac{\sin\frac{\pi x}{180}}{\frac{\pi x}{180}}\times\frac{\pi}{180}$$

$$=\frac{\pi}{180}\left\{\because\frac{\sin\frac{\pi x}{180}}{\frac{\pi x}{180}}=1\right\}$$

5. (a)

$$\lim_{x\to 0}\frac{x^n-a^n}{x-a}$$

$$=\lim_{\to}\frac{(x-a)\left(x^{n-1}+x^{n-2}a+x^{n-3}a^2.....+a^{n-1}\right)}{(x\quad a)}$$

$$=na^{n-1}$$

6. (a)

$$\lim_{x\to 1}\frac{\left(x+x^2+x^3+.....+x^n\right)-n}{x-1}$$

$$=\lim_{x\to 1}\left\{\frac{(x-1)}{(x-1)}+\frac{(x^2-1)}{(x-1)}+\frac{(x^3-1)}{(x-1)}+.....\frac{x^n-1}{x-1}\right\}$$

$$=\lim_{x\to 1}\left(\frac{x-1}{x-1}\right)+\lim_{x\to 1}\left(\frac{x^2-1}{x-1}\right)+......+\lim_{x\to 1}\left(\frac{x^n-1}{x-1}\right)$$

$$=1(1)^{1-1}+2.(1)^{2-1}+3.(1)^{3-1}+......+n(1)^{n-1}$$

$$=1+2+3+......n=\frac{n(n+1)}{2}$$

प्रश्न से,

$$\Rightarrow\frac{n(n+1)}{2}=5050\qquad\Rightarrow n^2+n=2\,(5050)$$

$$\Rightarrow n=100$$

7. (a)

$$\lim_{x\to 0}\frac{\sqrt{1+x}-1}{x}$$

$$= \lim_{x\to 0}\frac{(1+x)^{1/2}-(1)^{1/2}}{(1+x)-1} = \frac{1}{2}\times(1)^{\frac{1}{2}-1}$$

$$= \frac{1}{2}\left\{\because \lim_{x\to 0}\frac{x^n-a^n}{n-a}=1\right\}$$

8. (b)

$$\lim_{x\to\infty}\frac{\sqrt{1+x^4}+(1+x^2)}{x^2}$$

$$= \lim_{x\to\infty}\frac{\sqrt{1+x^4}}{x^4}+\lim_{x\to\infty}\frac{1}{x^2}+\lim_{x\to\infty}\frac{x^2}{x^2}$$

$$= 1+0+1=2 \quad \left\{\because \lim_{x\to\infty}\frac{1}{x^2}=0\right\}$$

9. (b)

$$\lim_{x\to\infty}\frac{n!}{(n+1)!n!} = \lim_{x\to\infty}\frac{1}{(n+1)!}=0$$

10. (a)

$$\lim_{x\to\frac{\pi}{2}}(\sec x-\tan x)$$

$$= \lim_{x\to\frac{\pi}{2}}(\sec x-\tan x)\times\frac{(\sec x-\tan x)}{(\sec x+\tan x)}$$

$$= \lim_{x\to\frac{\pi}{2}}\frac{(\sec^2 x-\tan^2 x)}{\sec x+\tan x}$$

$$= \lim_{x\to\frac{\pi}{2}}\frac{1}{\sec x+\tan x}$$

$$\left\{= \lim_{x\to\frac{\pi}{2}}(\sec x+\tan x)\to\infty\right\}$$

$$= 0$$

11. (a)

$$\lim_{\theta\to 0}\frac{\sin 4\theta}{\tan 3\theta} = \lim_{\theta\to 0}\frac{\frac{\sin 4\theta}{4\theta}\times 4\theta}{\frac{\tan 3\theta}{3\theta}\times 3\theta}$$

$$= \lim_{\theta\to 0}\frac{4\theta}{3\theta}=\frac{4}{3} \quad \left\{\begin{array}{l}\because \lim_{\theta\to 0}\frac{\sin\theta}{\theta}=1\\ \lim_{\theta\to 0}\frac{\tan\theta}{\theta}=1\end{array}\right\}$$

12. (a)

$$\lim_{x\to 0}\frac{\tan 2x-\sin 2x}{x^3}$$

$$= \lim_{x\to 0}\frac{\left(2x+\frac{(x)^3}{3}\right)-\left(2x+\frac{(2x)^3}{3!}\right)}{x^3}$$

$$= \lim_{x\to 0}\frac{\frac{8x^3}{6}+\left(\frac{1}{3}\right)8x^3}{x^3}=4$$

13. (b)

$$\lim_{x\to 0}\frac{\sin ax+bx}{ax+\sin bx} = \lim_{x\to 0}\frac{\frac{\sin ax}{ax}\times ax+bx}{ax+\frac{\sin bx}{bx}\times bx}$$

$$= \lim_{x\to 0}\frac{ax+bx}{ax+bx}=1$$

$$\left\{\because \lim_{x\to 0}\frac{\sin x}{x}=1\right\}$$

14. (b)

$$\lim_{\theta\to 0}\frac{1-\cos 4\theta}{1-\cos 6\theta} = \lim_{\theta\to 0}\frac{\frac{1-\cos 4\theta}{16\theta^2}\times(4\theta)^2}{\frac{1-\cos 6\theta}{(6\theta)^2}\times(6\theta)^2}$$

$$= \lim_{\theta\to 0}\frac{\frac{1}{2}}{\frac{1}{2}}\times\frac{(4\theta)^2}{(6\theta)^2}$$

$$= \frac{4}{9} \quad \left\{\because \lim_{\theta\to 0}\frac{1-\cos\theta}{\theta^2}=\frac{1}{2}\right\}$$

15. (a)

$$\lim_{x\to 0}\frac{x^3-64}{x^2-16} = \lim_{x\to 0} = \lim_{x\to 0}\frac{\frac{x^3-64}{(x-4)}}{\frac{x^2-16}{(x-4)}} = \frac{3.(4)^{3-1}}{2.(4)^{2-1}}$$

$$= \frac{3}{2}\times\frac{16}{4}=6$$

16. (a) $\lim_{x\to -1}\frac{x^3+1}{x+1} = \lim_{x\to -1}\frac{x^3-(-1)^3}{x-(-1)}$

$= 3.\ (-1)^{3-1} = 3\ (-1)^2 = 3$

17. (a) $\lim\limits_{x\to0}\dfrac{\sqrt{1+x}-\sqrt{1-x}}{2x}$

$=\lim\limits_{x\to0}\dfrac{\sqrt{1+x}-\sqrt{1-x}}{2x}\times\dfrac{\sqrt{1+x}+\sqrt{1-x}}{\sqrt{1+x}+\sqrt{1-x}}$

$=\lim\limits_{x\to0}\dfrac{(1+x)-(1-x)}{2\left(\sqrt{1+x}+\sqrt{1-x}\right)}$

$=\lim\limits_{x\to0}\dfrac{2x}{2x\left(\sqrt{1+x}+\sqrt{1-x}\right)}=\dfrac{1}{2}$

18. (c) $\lim\limits_{x\to5}\dfrac{x-5}{\sqrt{6x-5}+\sqrt{4x+5}}$

$=\lim\limits_{x\to5}\dfrac{x-5}{\sqrt{6x-5}-\sqrt{4x+5}}\times\dfrac{\sqrt{6x-5}+\sqrt{4x+5}}{\sqrt{6x-5}+\sqrt{4x+5}}$

$=\lim\limits_{x\to5}\dfrac{(x-5)\left(\sqrt{6x-5}-\sqrt{4x+5}\right)}{(2x-10)}$

$=\lim\limits_{x\to5}\dfrac{1}{2}\times\left(\sqrt{6x-5}+\sqrt{4x+5}\right)=5$

19. (d) $\lim\limits_{x\to-1}\dfrac{\sqrt{x}\left(\sqrt{x}\right)^3-1}{\sqrt{x}-1}$

$\lim\limits_{x\to-1}\dfrac{\sqrt{x}\left(\sqrt{x}-1\right)\left(x+1+\sqrt{x}\right)}{\sqrt{x}-1}$

lim का मान रखने पर $x=-1$

20. (b)

$\sec\left(\tan^{-1}x\right)$ का अवकल गुणांक,

माना कि $\tan^{-1}x=\theta \Rightarrow \tan\theta=x$

$\therefore \sec\theta=\sqrt{1+x^2}$

$\therefore \sec\left(\tan^{-1}x\right)=\sec\theta\ \sqrt{1+x^2}$

$\therefore \dfrac{d}{dx}\left\{\sec\left(\tan^{-1}x\right)\right\}=\dfrac{d}{dx}\sqrt{1+x^2}$

$=\dfrac{1}{2\sqrt{1+x^2}}\times2x=\dfrac{x}{\sqrt{1+x^2}}$

21. (c)

$x^y=e^{x-y}$

दोनों तरफ log लेने पर,

$\log(xy)=(x-y)$

$\Rightarrow y\log x=x-y$

$\Rightarrow y(1+\log x)=x \Rightarrow y=\dfrac{x}{(1+\log x)}$

अब दोनों तरफ x के

$\dfrac{dy}{dx}(\log x)+\dfrac{1}{x}y=1-\dfrac{dy}{dx}$

$\dfrac{dx}{dy}=\dfrac{1\mp\frac{y}{x}}{1+\log x}=\dfrac{x\mp y}{x(\log x+1)}$

$=\dfrac{(1+\log x\mp1)}{(1+\log x)^2}=\dfrac{\log x}{(1+\log x)^2}$

22. (d)

Sin $(x+y)=\log(x+y)$

माना कि $(x+y)=$ t,

$\Rightarrow\dfrac{dx}{dx}+\dfrac{dy}{dx}=\dfrac{dt}{dx}$

$\Rightarrow\dfrac{dy}{dx}=\dfrac{dt}{dx}-1$

अब, sin t = log t

दोनों ओर x के अवकलन करने पर,

$\left(\dfrac{dt}{dx}\right)\cos t=\left(\dfrac{1}{t}\right)\left(\dfrac{dt}{dx}\right)$

$1+\left(\dfrac{dy}{dx}\right)(\cos(x+y))=\dfrac{1}{x+y}\left(1+\dfrac{dy}{dx}\right)$

$\dfrac{1}{x+y}\left(1+\dfrac{dy}{dx}\right)$

अवकलन करने पर $\dfrac{dy}{dx}=-1$

23. (d)

$y=\sqrt{\sin x+y}$

दोनों तरफ वर्ग करने पर,

$y^2=\sin x+y$

अवकल करने पर,

$\Rightarrow\ 2y\dfrac{dy}{dx}=\cos x+\dfrac{dy}{dx}$

$\Rightarrow\dfrac{dy}{dx}=\dfrac{\cos x}{2y-1}$

24. (d)

$y=\sin^{-1}\left(\dfrac{1-x^2}{1+x^2}\right)$

माना कि $\tan\theta = \tan^{-1} x$

$$\Rightarrow \frac{1-x^2}{1+x^2} = \frac{1-\tan^2\theta}{1+\tan^2\theta} = \cos 2\theta = \sin\left(\frac{\pi}{2} - 2\theta\right).$$

$$\therefore y = \sin^{-1}\left(\sin\left(\frac{\pi}{2} - 2\theta\right)\right) = \frac{\pi}{2} - 2\theta$$

अब, $\frac{dy}{dx} = \frac{dy}{d\theta}.\frac{d\theta}{dx} = (-2).\frac{1}{1+x^2} = \frac{-2}{(1+x^2)}$

25. (d)

$y = \cos^{-1}(2x^2 - 1)$

माना कि $x = \cos\theta \quad \Rightarrow 2x^2 - 1 = 2\cos^2\theta - 1$
$= \cos 2\theta$

$\Rightarrow \quad \theta = \cos^{-1} x$

$\cos^{-1}(2x^2 - 1) = \cos^{-1}(\cos 2\theta) = 2\theta$

$$\frac{dy}{d(\cos^{-1} x)} = \frac{dy}{d\theta}.\frac{d\theta}{d(\cos^{-1} x)} = (2).1 = 2$$

26. (a)

$y = \log\sqrt{\tan x}$

$$\frac{dy}{dx} = \frac{d}{d(\sqrt{\tan x})}(\log\sqrt{\tan x}).\frac{d(\sqrt{\tan x})}{d(\tan x)}.\frac{d}{dx}(\tan x)$$

$$= \left(\frac{1}{\sqrt{\tan x}}\right)\left(\frac{1}{2\sqrt{\tan x}}\right).(\sec^2 x)$$

$$\Rightarrow \left.\frac{dy}{dx}\right]_{x=\frac{\pi}{4}} = \frac{1}{2} \times (\sqrt{2})^2 = 1$$

27. (c)

$$y = \tan^{-1}\left(\frac{\sin x + \cos x}{\cos x - \sin x}\right)$$

$$\frac{\sin x + \cos x}{\cos x - \sin x} = \frac{\tan x + 1}{1 - \tan x}$$

$\left(\frac{\sin x + \cos x}{\cos x - \sin x}\right.$ में अंश और हर में $\cos x$ से भाग देने पर$\Big)$

$$= \tan\left(\frac{\pi}{4} + x\right)$$

$$\therefore y = \tan^{-1}\left(\tan\left(\frac{\pi}{4} + x\right)\right)$$

$$= \frac{\pi}{4} + x$$

$$\Rightarrow \frac{dy}{dx} = \frac{d}{dx}\left(\frac{\pi}{4} + x\right)$$

$$= 1$$

28(a)

$\sin y = x(\sin(a + y))$

x के अवकल करने पर,

$$(\cos y)\frac{dy}{dx} = \frac{d}{dx} \times \{\sin(a+y)\} + \frac{d}{dx}\{\sin(a+y)\}.(x)$$

$$(\cos y)\frac{dy}{dx} = \sin(a+y) + x\cos(a+y)\frac{dy}{dx}$$

$$\frac{dy}{dx} = \frac{\sin(a+y)}{\cos y - x\cos(a+y)}$$

$$= \frac{\sin^2(a+y)}{\cos y \sin(a+y) - \sin y \cos(a+y)}$$

$$\left\{\therefore x = \frac{\sin y}{\sin(a+y)}\right\}$$

$$= \frac{\sin^2(a+y)}{\sin(a+y-y)} = \frac{\sin^2(a+y)}{\sin a}$$

29. (a)

$y = \sqrt{\sin x + y}$

$$\Rightarrow \frac{dy}{dx} = \frac{\cos x}{2y - 1}$$

30. (b)

$$y = \log\left(\frac{1-x^2}{1+x^2}\right)$$

$\Rightarrow$ माना कि $x = \tan\theta \Rightarrow \theta = \tan^{-1} x$

$y = \log(\cos 2\theta)$

$$\Rightarrow \frac{dy}{dx} = \frac{dy}{d(\cos 2\theta)}.\frac{dy}{d(\cos 2\theta)}.\frac{d}{d\theta}(\cos 2\theta).\frac{d\theta}{dx}$$

$$= \frac{1}{\cos 2\theta}.(-\sin 2\theta)(2).\left(\frac{1}{1+x^2}\right)$$

$$= \frac{-2}{(1+x^2)}.\tan 2\theta = \left(\frac{-2}{1+x^2}\right)\left(\frac{2\tan\theta}{1-\tan^2\theta}\right)$$

$$= \frac{-4x}{1-x^4}$$

31. (d)

$$\frac{dy}{dx}=\frac{dy/dt}{dx/dt}=\frac{2a}{2at}=\frac{1}{t}$$

$$\frac{d^2y}{dx^2}=\frac{d}{dx}\left(\frac{dy}{dx}\right)=\frac{d}{dx}\left(\frac{1}{t}\right)$$

$$=\sqrt{a}\frac{d}{dx}x^{-1/2}$$

$$=\frac{-1}{2}\sqrt{a}.x^{-3/2}$$

$$=\frac{-1}{2}\sqrt{a}\times(at^2)^{-3/2}$$

$$=\frac{-1}{2}\times(a)^{-1}t^{-3}\quad=\frac{-1}{2at^3}$$

32. (b)

$$\frac{dy}{dx}=2bx$$

$$\frac{d^2y}{dx^2}=2b$$

$$\therefore\frac{xd^2y}{dx^2}=y_1=\frac{dy}{dx}$$

33. (a)

$$\frac{dy}{dx}=\text{am cos mn}-\text{bm sin mn}$$

$$\frac{d^2y}{dx^2}=\frac{d}{dx}\left(\frac{dy}{dx}\right)=-\text{am}^2\text{ sin mn}-\text{bm}^2\text{ cos mn}$$

$$=-\text{m}^2(\text{a sin m}x+\text{b cos m}x)=-\text{m}^2\text{y}$$

34. (d)

$$y=e^{\tan x}$$

$$y_1=\frac{dy}{dx}=\frac{d}{d(\tan x)}e^{\tan x}.\frac{d(\tan x)}{dx}$$

$$=e^{\tan x}.(\sec^2x)$$

$$y_2=\frac{d^2y}{dx^2}=\frac{d}{dx}\left(\frac{dy}{dx}\right)=\frac{d}{dx}e^{\tan x}.\sec^2x$$

$$=e^{\tan x}\frac{d}{dx}(\sec^2x)+\frac{d}{dx}(e^{\tan x}).\sec^2x$$

$$=e^{\tan x}.(2\sec^2x\tan x)+e^{\tan x}\sec^4x$$

$$=e^{\tan x}\sec^2x(2\tan x+\sec^2x)$$

35. (a)

$$y=x^{n-1}\log x$$

$$\Rightarrow y_1=(n-1)x^{n-2}\log x+\frac{1}{x}.x^{n-1}$$

$$=x^{n-2}[(n-1)\log x+1]$$

$$\Rightarrow y_2=(n-1)(n-2)x^{n-3}\log x+(n-2)x^{n-3}$$

$$=x^{n-3}(n-2)[(n-1)\log x+1]+(n-1)x^{n-3}$$

$$x^2y_2=(n-2)x^{n-1}[(n-1)\log x+1]$$

$$x(3-2n)y_1=(3-2n)x^{n-1}[(n-1)\log x+1]$$

दोनों समीकरणों को जोड़ने पर,

$x^2y_2+x(3-2\text{n})y_1=[(\text{n}-1)\log x+1]x^{\text{n}-1}$
$[(\text{n}-2)+(3-2\text{n})]$

$=x^{\text{n}-1}[\text{n}-1]=-(\text{n}-1)^2y$

36. (a) $y^2=\text{a}x^2+\text{b}x+\text{c}$

x के सापेक्ष अवकलित करने पर

$$2y.\frac{dy}{dx}=2\text{a}x+\text{b}$$

पुनः x के सापेक्ष अवकलित करने पर

$$2y\frac{b^2y}{bx^2}+\frac{dy}{dx}.\frac{2dy}{dx}=2a$$

$$2y\frac{b^2y}{bx^2}+2\left(\frac{dy}{dx}\right)^2=2a$$

अतः $y^3\frac{b^2y}{bx^2}=x$ एक अचर

37. (a)

$$\int\tan^2x\,dx$$

$$=\int(\sec^2x-1)dx$$

$$=\int\sec^2x\,dx-\int dx=\tan x-x$$

38. (a)

$$\int\frac{dx}{\sin^2x\cos^2x}$$

$$=\int\frac{\sin^2x+\cos^2x}{\sin^2x\cos^2x}dx$$

$$=\int\frac{\sin^2x}{\sin^2x\cos^2x}dx+\int\frac{\cos^2x\,dx}{\sin^2x\cos^2x}$$

$$=\int\sec^2x\,dx+\int\text{cos}ec^2x\,dx$$

$$=\tan x-\cot x$$

39. (a)

$$\int \sqrt{1+\cos 2x}\, dx$$

$$= \int \sqrt{2\cos^2 x}\, dx = \sqrt{2}\int \cos x dx$$

$$= \sqrt{2}\sin x$$

40. (c)

$$\int \sqrt{1+\sin 2x}\ dx$$

$$= \int \sqrt{\sin^2 x + \cos^2 x + 2\sin x\ \cos x}\ dx$$

$$\int \sqrt{(\sin x + \cos x)^2}\ dx = \int (\sin x + \cos x)\, dx$$

$= -\cos x + \sin x$

41. (c)

$$\int \tan x\, dx = \int \frac{\sin x}{\cos x} dx$$

माना $\cos x = z$

$= \int -\frac{dz}{z}$ x के सापेक्ष अवकलित करने पर,

$-\sin x\ dx = dz$

$= -\log z = -\log \cos x = \log(\cos x)^{-1}$

$= \log (\sec x)$

42. (a)

$$\int \frac{dx}{x \log x}$$

माना $\log x = z$

x के सापेक्ष अवकलित करने पर,

$$-\frac{1}{x} dx = dz$$

$$\int \frac{dz}{z} = \log z = \log |\log x|$$

43. (c)

$$\int \frac{1+\cot x}{x+\log \sin x} dx$$

माना $x + \log \sin x = z$

x के सापेक्ष अवकलित करने पर,

$$\left(1+\frac{1}{\sin x}\cos x\right) dx = dz$$

$$\int \frac{dz}{z} = \log z = \log|x+\log\sin x|$$

44. (a)

$$\int \frac{\sin 2x}{x+\log \sin x} dx$$

माना $a^2 + b^2 + \sin^2 x = z$

x के सापेक्ष अवकलित करने पर,

$(0 + b^2 x \sin x \cos x)\ dx = dz$

$b^2 x \sin 2x = dz$

$$\sin 2x\ dx = \frac{dz}{b^2}$$

$$= \frac{1}{b^2}\int \frac{dz}{z}$$

$$= \frac{1}{b^2}\log z = \frac{1}{b^2}\log\left|a^2 + b^2 \sin^2 x\right|$$

45. (a)

$$\int \frac{1-\sin 2x}{x+\cos^2 x} dx$$

माना

$x + \cos^2 x = z$

x के सापेक्ष अवकलित करने पर,

$(1 - 2 \cos x \sin x)\ dx = dz$

$(1 - \sin 2x)\ dx = dz$

$$\int \frac{dz}{z} = \log z = \log\left|x+\cos^2 x\right|$$

46. (c)

$$\int \frac{1-\tan x}{x+\log \cos x} dx$$

माना $x + \log \cos x = z$

x के सापेक्ष अवकलित करने पर,

$$1 +\ \ 1+\frac{1}{\cos x}(-\sin x) = \frac{dz}{dx}$$

$(1 - \tan x)\ dx = dz$

$$= \int \frac{dz}{z} = \log z = \log|x+\log\cos x|$$

47. (b)

माना $\tan^{-1} x = z$

x के सापेक्ष अवकलित करने पर,

$$\frac{1}{1+x^2} dx = dz$$

$$\int e^{mz} dz = \frac{e^{mz}}{m} = \frac{1}{m} e^{m \tan -1 x}$$

48. (a)

$\int \cos 4x \cos x dx$

$\frac{1}{2}\int 2\cos 4x \cos x dx$

$=\frac{1}{2}\int (\cos 5x + \cos 3x)\, dx$

$=\frac{\sin 5x}{10}+\frac{\sin 3x}{6}$

49. (a)

$\int \sin^3 x \cos x \; dx$

माना $\sin x = z$

x के सापेक्ष अवकलित करने पर,

$\cos dx = dz$

$=\int z^3 dz$

$=\frac{z^4}{4}+c=\frac{1}{4}\sin^4 x$

50. (a)

$\int \log x.1dx$

$=\log \int 1dx - \int\left[\frac{d}{dx}(\log x)\int 1dx\right]dx$

$=x\log x - \int \frac{1}{x}.x\, dx$

$=x\log x - \int dx = x\log x - x = x(\log x - 1)$

51. (b)

$\int e^x(\tan x + \log \sec x)\, dx$

माना $f(x)=\log \sec x$

$f'(x)=\tan x$

$=\int e^x\left[f'(x)+f(x)\right] dx$

$e^x f(x)=e^x \log \sec x$

52. (a)

$\int e^x\left(\frac{1+\sin x}{1+\cos x}\right)dx$

$=\int e^x\left[\frac{1}{1+\cos x}+\frac{\sin x}{1+\cos x}\right]dx$

$=\int e^x\left[\frac{1}{2\cos^2\frac{x}{2}}+\frac{2\sin\frac{x}{2}\cos\frac{x}{2}}{2\cos^2\frac{x}{2}}\right]dx$

$=\int e^x\left[\frac{1}{2}\sec^2\frac{x}{2}+\tan\frac{x}{2}\right]dx$

माना $f(x)=\tan\frac{x}{2}$

$f'(x)=\frac{1}{2}\sec^2\frac{x}{2}$

$=\int e^x\left[f'(x)+f(x)\right]dx$

$=e^x f(x)+C$

$=e^x \tan\frac{x}{2}$

53. (b)

$\int e^x \frac{x}{(1+x)^2}dx$

$=\int e^x \frac{1+x-1}{(1+x)^2}dx$

$=\int e^x\left[\frac{1}{1+x}-\frac{1}{(1+x)^2}\right]dx$

माना $f(x)=\frac{1}{1+x}$

$f'(x)=\frac{1}{(1+x)^2}$

$=e^x f(x)=\frac{e^x}{1+x}$

54. (a)

$\int \frac{dx}{\sqrt{a^2-x^2}}$

माना $x = a\sin\theta \quad \Rightarrow \sin\theta = \frac{x}{a}$

x के सापेक्ष अवकलित करने पर,

$dx = a\cos\theta\, d\theta$

$=\int \frac{a\cos\theta\, d\theta}{\sqrt{a^2-a^2\sin^2\theta}}=\int \frac{a\cos\theta\, d\theta}{\sqrt{a^2\left(1-\sin^2\theta\right)}}$

$= \int \frac{a\cos\theta \, d\theta}{a\cos\theta} = \int d\theta = \theta$

$\theta = \sin^{-1}\frac{x}{a}$

55. (b)

$\int \frac{\cos x}{\sqrt{4-\sin^2 x}} dx$

माना $\sin x = z$

$\cos x \, dx = dz$

$\int \frac{dz}{\sqrt{4-z^2}} = \int \frac{dz}{\sqrt{2-z^2}} = \sin^{-1}\frac{z}{2}$

$= \sin^{-1}\left(\frac{\sin x}{2}\right)$

56. (b)

$\int_0^{\pi} \sin 5x \, dx$

$= -\frac{1}{5}[\cos 5x]_0^{\pi}$

$= -\frac{1}{5}[\cos 5\pi - \cos 0]$

$= -\frac{1}{5}[-1-1] = \frac{2}{5}$

57. (a)

$\int_0^{\pi/4} \tan^2 x dx$

$= \int_0^{\pi/4} (\sec^2 x - 1) dx$

$= [\tan x - x]_0^{\pi/4}$

$= \left[\left(\tan\frac{\pi}{4} - \frac{\pi}{4}\right) - 0\right]$

$= 1 - \frac{\pi}{4}$

58. (a)

$\int_0^{\pi/4} \sqrt{1+\sin 2x} \, dx$

$= \int_0^{\pi/4} \sqrt{\sin^2 x + \cos^2 x + 2\sin x \cos x} \, dx$

$= \int_0^{\pi/4} (\sin x + \cos x) dx$

$= [\sin x - \cos x]_0^{\pi/4}$

$= \left[\left(\sin\frac{\pi}{4} - \cos\frac{\pi}{4}\right) - (\sin 0 - \cos 0)\right]$

$= \left[\left(\frac{1}{\sqrt{2}} - \frac{1}{\sqrt{2}}\right) - (0-1)\right]$

$= 1$

59. (b)

$\int_2^4 5 \, dx = 5[x]_2^4$

$= 5 \, [4-2] = 5 \times 2 = 10$

60. (c)

$\frac{1}{2}\int_0^{\pi/2} 2\sin x \sin 2x$

$= \frac{1}{2}\int_0^{\pi/2} (\cos x - \cos 3x) dx$

$= \frac{1}{2}\left[\sin x - \frac{\sin 3x}{3}\right]_0^{\pi/4}$

$= \frac{1}{2}\left(\sin\frac{\pi}{2} - \frac{1}{3}\sin\frac{3\pi}{2}\right)$

$= \left(\sin 0 - \frac{\sin 0}{3}\right) = \frac{1}{2}(1+1) = 1$

61. (b)

$\int_{-\pi/2}^{\pi/2} \sin^7 x \, dx$

$f(x) = \sin^7 x$

$f(-x) = \sin^7(-x)$

$= (-\sin x)^7 \quad = -\sin^7 x$

$= -f(x)$

अतः $f(x)$ विषम फलन है।

अतः $\int_{-\pi/2}^{\pi/2} \sin^7 x \, dx = 0$

62. (b)

$\int_{-1}^{2} |x| dx$

$|x| = -x$ जब $-1 < x < 0$

$= x$ जब $0 < x < 2$

$\int_{-1}^{2} |x| dx = \int_{-1}^{0} (-x) dx + \int_{0}^{2} x \, dx$

$$=-\frac{1}{2}\left[x^2\right]_{-1}^{0}+\frac{1}{2}\left[x^2\right]_{0}^{2}$$

$$=-\frac{1}{2}\left[0^2-(-1)^2\right]+\frac{1}{2}\left[2^2-0^2\right]$$

$$=\frac{1}{2}\times1+\frac{1}{2}\times4=\frac{1}{2}+2=\frac{5}{2}$$

63. (b)

$$\int_{-\pi/2}^{\pi/2}|\sin x|\,dx$$

$f(x)$ $|\sin(-x)| = |-\sin x| = |\sin x|$

यह एक सम फलन है।

$$\int_{-\pi/2}^{\pi/2}|\sin x|\,dx=2\int_{0}^{\pi/2}\sin x\,dx$$

$$=2\left[-\cos\right]_0^{\pi/2}$$

$$=2\left[-\cos\frac{\pi}{2}-\cos 0\right]$$

$= -2[0-1] = 2$

64. (c)

$$\int_0^{2\pi}|\sin x|\,dx$$

$|\sin x| = \sin x$ जब $0 < x < \pi$

$= -\sin x$ जब $\pi < x < 2\pi$

$$\int_\pi^{2\pi}(\sin x)\,dx=\int_0^\pi \sin x dx+\int_\pi^{2\pi}-\sin x dx$$

$$=-\left[\cos x\right]_0^\pi+\left[\cos x\right]_\pi^{2\pi}$$

$= -[\cos\pi - \cos 0] + [\cos 2\pi - \cos\pi]$

$= -[1-1] + [1-(-1)]$

$= 2 + (1+1) = 2 + 2 = 4$

65. (a)

$$\int\frac{dx}{\sqrt{9-25x^2}}$$

$$=\int\frac{dx}{\sqrt{25\left(\frac{9}{25}-x^2\right)}}=\frac{1}{5}\int\frac{dx}{\sqrt{\left(\frac{3}{5}\right)^2-x^2}}$$

$$=\frac{1}{5}\sin^{-1}\frac{x}{\frac{3}{5}}=\frac{1}{5}\sin^{-1}\left(\frac{5x}{3}\right)$$

66. (a)

$$\int\frac{\log x}{x}dx$$

जब $\log x = z$

x के सापेक्ष अवकलित करने पर,

$$\frac{1}{x}dx=dz$$

$$\int z\,dz=\frac{z^2}{2}+c$$

$$=\frac{1}{2}(\log x)^2+c$$

67. (b)

$$\int\frac{dx}{\sin 5x}$$

$$=\int\operatorname{cosec} x\,dx$$

$$=\frac{\log\left|\operatorname{cosec}5x-\cot 5x\right|}{5}+C$$

68. (b)

$$\int\frac{dx}{\sqrt{x^2+4}}$$

$$\because\int\frac{dx}{\sqrt{x^2+a^2}}=\frac{1}{a}\,ln\left|\sqrt{x^2+a^2}+x\right|+C$$

$\Rightarrow a = 2$

$$\Rightarrow\int\frac{dx}{\sqrt{x^2+4}}=\frac{1}{2}\,ln\left|\sqrt{x^2+4}+x\right|+C$$

जहाँ $ln\, x = \log_e x$

69. (d)

$$y=\log\left(\frac{2x}{1+x^2}\right)$$

$x = \tan\theta$ रखने पर, $y=\log\left(\frac{2\tan\theta}{1+\tan^2\theta}\right)$

$\Rightarrow y = \log(\sin 2\theta)$

$$\therefore\frac{dy}{dx}=\frac{\frac{dy}{d\theta}}{\frac{dx}{d\theta}}=\frac{\frac{1}{\sin 2\theta}.\cos 2\theta.2}{\sec^2\theta}$$

$$=\frac{2\cot 2\theta}{\sec^2\theta}$$

$$=\frac{2}{\tan 2\theta.\sec^2\theta}$$

$$=\frac{2\left(1-x^2\right)}{(2x).\left(1+x^2\right)}=\frac{1-x^2}{x\left(1+x^2\right)}$$

RAPIDEX ENGLISH SPEAKING COURSE/EXCEL ENGLISH SPEAKING COURSE

ISBN : 9789381448908
(Telugu)

ISBN : 9789381448915
(Bangla)

ISBN : 9789381448922
(Oriya)

ISBN : 9789381448939
(Assamese)

ISBN : 9789381448946
(Nepalese)

Published in sixteen languages
Hindi, Malayalam, Tamil, Telugu, Kannada, Marathi, Gujarati, Bangla, Oriya, Urdu, Assamese, Punjabi, Nepalese, Persian, Arabic and Sinhalese

REGIONAL LANGUAGE/SPOKEN ENGLISH/LEARNING COURSES

ISBN : 9789357940054
(Bangla)

ISBN : 9789357940016
(Bangla)

ISBN :9789357940023
(Bangla)

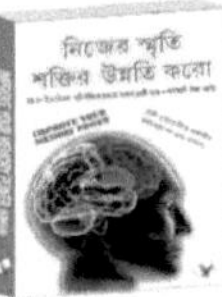
ISBN : 9789357940085
(Bangla)

ISBN : 9789357940825
(Bangla)

ISBN : 9789357940092
(Bangla)

ISBN : 9789357940009
(Bangla)

ISBN : 9789357940030
(Bangla)

ISBN : 9789357941303
(2 Colour Book)

ISBN : 9789357940061
(Bangla)

ISBN : 9789357940047
(Bangla)

ISBN : 9788122310924
(Bangla)

ISBN : 9789357940078
(Bangla)

ISBN 9789350570357
(Kannada)

ISBN : 9789350571200
(Kannada)

ISBN : 9789350570340
(Kannada)

ISBN : 9789350570944
(Kannada)

(Coming Soon)
Marathi

ISBN : 9789350570951
(Kannada)

ISBN : 9789350571309
(Kannada)

ISBN : 9789350571828
(Gujarati)

ISBN : 9789350571781
(Gujarati)

ISBN : 9789350571811
(Marathi)

ISBN : 9789350571804
(Marathi)

ISBN : 9789381384138
(Tamil)

ISBN : 9789381384121
(Tamil)

(Coming Soon)
Punjabi

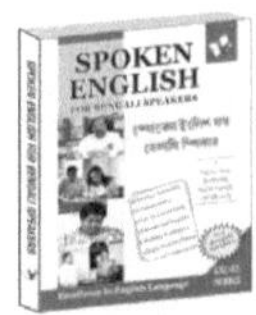
ISBN : 9789357940153
(Eng.-Bangla)

ISBN : 9789357940399
(Eng.-Kannada)

ISBN : 9789357940375
(Eng.-Odia)

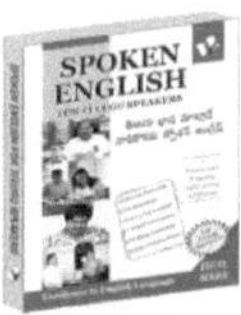
ISBN : 9789357940382
(Eng.-Telugu)

ISBN : 9789357941358
(Eng.-Malayalam)

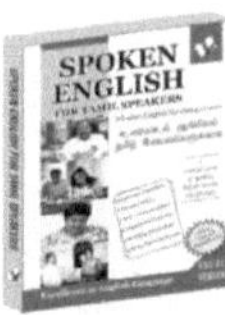
ISBN : 9789357941327
(Eng.-Tamil)

ISBN : 9789357940856
(Eng.-Marathi)

ISBN : 9789357940849
(Eng.-Gujarati)

(Coming Soon)
Kannada

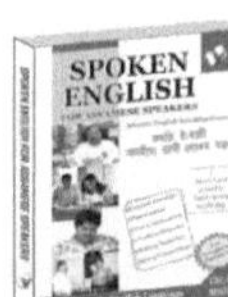
ISBN : 9789357941334
(Eng.-Assamese)

ISBN : 9789357941341
(Eng.-Urdu)

ISBN : 9789350570760
(Telugu)

ISBN : 9789350570098
(Telugu)

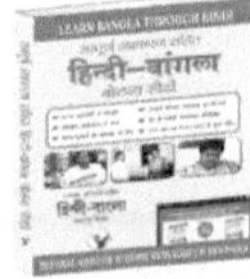
ISBN : 9789350571699
(Bangla)

ISBN : 9789350571125
(Bangla)

ISBN : 9789357940146
(Kannada)

ISBN : 9789357940139
(Kannada)

(Coming Soon)
Gujarati

ISBN : 9789350571620
(Odia)

ISBN : 9789350571118
(Odia)

ISBN : 9789350570982
(Marathi)

ISBN : 9789350571835
(Marathi)

ISBN : 9789357940795
Bangla

ISBN : 9789357940801
Odia

ISBN : 9789357940818
Telugu

All Books Available on Flipkart, Amazon, Infibeam, Snapdeal, Shopcluse • marketing@vspublishers.com

V&S OLYMPIAD SERIES FOR CLASSES 1-10

MATHS OLYMPIAD (CLASS 1-10)

ISBN : 9789357940504 | ISBN : 9789357940511 | ISBN : 9789357940528 | ISBN : 9789357940535 | ISBN : 9789357940542

ISBN : 9789357940559 | ISBN : 9789357940566 | ISBN : 9789357940573 | ISBN : 9789357940580 | ISBN : 9789357940597

SCIENCE OLYMPIAD (CLASS 1-10)

ISBN : 9789357940405 | ISBN : 9789357940412 | ISBN : 9789357940429 | ISBN : 9789357940436 | ISBN : 9789357940443

ISBN : 9789357940450 | ISBN : 9789357940467 | ISBN : 9789357940474 | ISBN : 9789357940481 | ISBN : 9789357940498

CYBER OLYMPIAD (CLASS 1-10)

ISBN : 9789357942102 | ISBN : 9789357940603 | ISBN : 9789357940610 | ISBN : 9789357940627 | ISBN : 9789357940634

ISBN : 9789357940641 | ISBN : 9789357940658 | ISBN : 9789357940665 | ISBN : 9789357940672 | ISBN : 9789357940689

ENGLISH OLYMPIAD (CLASS 1-10)

ISBN : 9789357940696 | ISBN : 9789357940702 | ISBN : 9789357940719 | ISBN : 9789357940726 | ISBN : 9789357940733

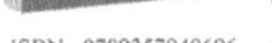   

ISBN : 9789357940740 | ISBN : 9789357940757 | ISBN : 9789357940764 | ISBN : 9789357940771 | ISBN : 9789357940788

OLYMPIAD ONLINE TEST PACKAGE (CLASS 1-10)

ISBN : 9789357941754 | ISBN : 9789357941761 | ISBN : 9789357941778 | ISBN : 9789357941785

ISBN : 9789357941792 | ISBN : 9789357941808 | ISBN : 9789357941815 | ISBN : 9789357941822

ISBN : 9789357941839 | ISBN : 9789357941846

OLYMPIAD ONLINE TEST PACKAGE
CLASS 1-10
with CD with Activation Voucher
web Portal: www.vsexamprep.com

OLYMPIAD COMBO PACK (4 BOOK SET)

ISBN : 9789357942003 | ISBN : 9789357942010 | ISBN : 9789357942027

ISBN : 9789357942034 | ISBN : 9789357942041 | ISBN : 9789357942058

ISBN : 9789357942065 | ISBN : 9789357942072 | ISBN : 9789357942089

ISBN : 9789357942096

CLASS 1-10 ENGLISH, MATHS, CYBER, SCIENCE OLYMPIAD 4 BOOKS SAVER COMBO PACK

All Books Available on Flipkart, Amazon, Infibeam, Snapdeal, Shopcluse • marketing@vspublishers.com

9 789350 571958

Printed by Libri Plureos GmbH in Hamburg,
Germany